U0225185

国家出版基金项目

NATIONAL PUBLICATION FOUNDATION

中国植物保护百科全书

昆虫卷

一 二 三

中国林业出版社

外骨骼　exoskeleton

节肢动物体壁骨化区的总称，是节肢动物重要特征之一。具有支持身体、保护内脏、供肌肉着生的功能，它的弹性还可以代替部分肌肉的作用。外骨骼背面的骨化区为背板，腹面的为腹板，侧面的为侧板。各板被沟或膜分隔成若干小区，每一小区称为骨片。背板、侧板和腹板分别由背片、侧片和腹片组成。

（撰稿：吴超、刘春香；审稿：康乐）

外生殖器　genitalia

昆虫生殖系统的体外部分，是交配、授精、产卵用的器官，主要由腹部附肢特化而成。

雌性昆虫的外生殖器一般指产卵器（图1），由第八、九腹节的生殖肢形成；生殖孔位于第八、九节间的节间膜上。产卵器有剑状、管状、针状及栓状等，适于划破寄主组织或挖开土壤后产卵；产卵器包括3对产卵瓣，瓣基部为负瓣片，发生在第八腹节上的为第一产卵瓣，即产卵器的腹瓣，基部骨片称第一负瓣片；第九腹节的产卵瓣为第二产卵瓣，又称为背瓣，基部骨片为第二负瓣片。在第二负瓣片上常另向后伸出一个瓣状的外长物，为第三产卵瓣，或称为内瓣。背瓣通常形成产卵器的鞘。膜翅目部分类群的产卵器已无产卵功

能，腹瓣转化为蛰针。无真正由附肢形成产卵器的昆虫，如长翅目、鳞翅目、鞘翅目、双翅目等，以腹部末端延长成细管，亦称外生殖器（即产卵管）。

雄性外生殖器（图2）则包括将精子输入雌体的阳具及交配时挟持雌体的一对抱器（clasper 或 harpagon），一般发生在第九或第十腹节。雄性昆虫的阳具源于第九节腹板后的节间膜，此膜在有翅亚纲昆虫中常内陷成生殖腔，阳具隐藏在腔内。第九腹节腹板常扩大形成下生殖板，也有由第七或第八腹板形成的。阳具包括1个阳茎及1对位于基部两侧的阳基侧突。阳茎多是单一的骨化管状构造，是有翅昆虫进行交配时插入雌体的器官。射精管开口于阳茎端的生殖孔。少数无翅亚纲昆虫无阳茎，而蜉蝣目和革翅目等昆虫并无射精管，以成对的输精管直接开口于体外，其阳茎成对。阳茎亦可由围在生殖孔周围的数个阳茎叶组成，如螳螂和蜚蠊。阳茎端部有时内陷，称内阳茎，端部的开口为阳茎口。内阳茎壁为膜质，交配时翻出，伸入雌体的交配囊中，生殖孔则位于内阳茎端。内阳茎的膜壁上常有小针突、小刺等不同形状的骨化物。阳基侧突由生殖突演变而成。鞘翅目昆虫的阳基侧突两侧常不对称；长翅目、脉翅目、部分毛翅目、蚤目和双翅目短角亚目中部分昆虫的阳基侧突分节；鳞翅目昆虫的阳基侧突转化成抱器（见鳞翅目）。阳茎与阳基侧突在基

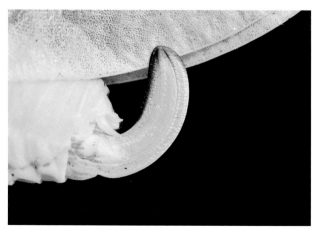

图1　直翅目雌性的产卵器（吴超摄）

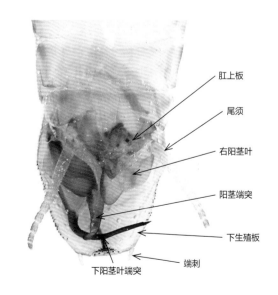

图2　昆虫的雄性外生殖器，以螳螂目为例（吴超提供）

肛上板

尾须

右阳茎叶

阳茎端突

下生殖板

端刺

下阳茎叶端突

部未分开时，基部粗大形成 1 个支持阳茎的构造，称阳基。阳基发育程度在各类昆虫中变化较大。阳基和阳茎之间常有较宽的膜质部分，阳茎得以缩入阳基内。此时阳基的外壁形成管状的阳基鞘，缩入的膜质部分称内阳基鞘。有阳基鞘和内阳基鞘的阳具中，阳茎或退化或全部消失，其功能为前二者所取代。这种情况见于半翅目的叶蝉科、蝉科等昆虫中。抱器多为第九腹节的刺突或肢基片和刺突联合形成，也包括生殖节前、后腹节作为辅助交尾的突起物。抱器形状有宽叶状、钳状和钩状不等，见于蜉蝣目、脉翅目、长翅目、半翅目、鳞翅目和双翅目中。蜻蜓目昆虫的交尾器极为特殊，位于第二节腹面，是一种后生构造，后生的阳茎位于腹板内陷的洼中，而原生的生殖孔仍开口在第九腹节退化的阳茎上。

（撰稿：吴超、刘春香；审稿：康乐）

弯刺黑蝽 *Scotinophara horvathi* Distant

一种区域性分布的以危害玉米等禾本科作物为主的害虫。又名屁斑虫。半翅目（Hemiptera）蝽科（Pentatomidae）黑蝽属（*Scotinophara*）。国外分布于朝鲜半岛、日本。中国分布于四川、陕西、湖北、湖南、贵州、云南、台湾等地的部分山区。

寄主 主要危害玉米，还危害旱稻、高粱、小麦、薏苡等禾本科作物以及旱稗、雀稗、狗尾草、牛筋草等禾本科杂草。

危害状 以成虫和若虫在玉米苗茎基部和根部刺吸汁液（图 1）。2～5 叶玉米苗被害后，心叶萎蔫、叶片变黄、植株枯死。5～10 叶期被害，叶片出现排孔，生长点被破坏，心叶卷曲、色浓、皱缩、纵裂，植株矮化、扭曲、分蘖丛生（图 2），呈畸形而无收。以玉米拔节期前的玉米苗受害最重。

形态特征

成虫 雌成虫体长 9～10mm，雄成虫体长 8～9mm。头部黑色，前端呈小缺刻状。前胸背板、小盾片及前翅的爪片、革片暗黄色。前胸背板背板中央有 1 条淡黄褐色的细纵线。前胸背板前角尖长而略弯，指向前方，其侧角伸出体外，端部略向下弯。后足胫节中部黄褐色，身体其余部分黑色。体表密被短毛，成虫常沾满泥土，呈黑褐色。

卵 杯状，卵盖隆起。初产灰绿色或蓝灰色，后变为暗灰色，孵化前呈暗紫色。

若虫 有 4～6 个龄期。若虫一龄时腹部背面突出如小瓢虫状，上有桃红色斑。头部中叶比侧叶长，端部较侧叶略宽。二龄与一龄相似，头部中叶较侧叶长，但前端与侧叶等宽。三龄若虫深褐色，头部中叶与侧叶前端几乎等长，翅芽可见。四龄若虫黄褐色或黑褐色。头部中叶较侧叶略狭，略短，翅芽短，超出后胸侧缘。五龄若虫头部中叶较侧叶略短，宽约为侧叶之半。末龄（包括四、五、六、龄）若虫，体色似四龄若虫，头部中叶比侧叶短、狭，翅芽伸至腹部第三节背面。

生活史及习性 1 年 1～2 代。以二代成虫和少量若虫越冬，越冬场所为土中、玉米残体茎基部及杂草中。无休眠滞育，气温在 12℃ 以上能活动取食。第二年春天，越冬代成虫危害早播春玉米。卵块产于表土土块下或近地叶背面，成双排状，每块卵 5～10 粒，卵历期 5～12 天。若虫和成虫有假死性、畏光性，喜食幼嫩的叶片和嫩茎的汁液。成虫和若虫均具负趋光性，在土下可昼夜取食，雨后积水时才到地面上活动。一代弯刺黑蝽成虫在 7 月下旬到 8 月上旬羽化。雌成虫寿命 8～10 个月，多为 8 个月，雄成虫寿命 7～9 个月，多为 7 个月，雌雄性比为 1：1.03。1 年 1 代的雌虫在越冬前不产卵。由于成虫寿命很长，产卵期也很长，因此玉米生长期间，田间成虫、若虫混合发生。成虫、若虫活动范围不大，田间虫口分布很不均匀。

发生规律

气候条件 弯刺黑蝽常在一定海拔高度的深丘和山区的山沟坡地危害。以较阴湿处发生危害较重。冬春温暖及少雨年份发生较重。

种植结构 免耕田、杂草多的田块、连作禾本科作物田重于轮作田。田埂边、树林边、岩壳田发生危害重，平坝地、田块中间发生较轻。

防治方法

农业防治 弯刺黑蝽重发区域推广水旱轮作或玉米与大豆、红薯、烟草等非禾本科作物的轮作，可减轻危害。破坏弯刺黑蝽的越冬场所，压低虫口基数。在玉米收获后，要清除玉米根茬，带出田外集中处理；及时翻耕，有条件的进行灌水，恶化害虫越冬环境。

化学防治 使用具有内吸性化学农药如吡虫啉或噻虫嗪悬浮型种衣剂包衣，或在播种时用 3% 辛硫磷颗粒剂施入玉米穴中。当田间出现被害株时，可采用 40% 毒死蜱乳油或 10% 氯氰菊酯乳油在玉米苗基部喷雾。化学防治应在玉米 5 叶期之前进行，因为早期该虫危害症状轻，只见排孔，而无皱缩畸形植株，被害株还可继续生长结实。

参考文献

崔丽娜，李晓，罗怀海，等，2009. 四川玉米弯刺黑蝽的为害与防治研究初报 [J]. 西南农业学报，22（增刊）：102-104.

李天春，陈文瑞，何树峰，1985. 弯刺黑蝽研究初报 [J]. 昆虫知识，22(6): 257-260.

（撰稿：王振营；审稿：王兴亮）

图 1 弯刺黑蝽在玉米苗基部刺吸危害 　图 2 被害苗分蘖丛生
（王振营摄）　　　　　　　（王振营摄）

豌豆彩潜蝇　*Chromatomyia horticola* (Goureau)

一种危害十字花科和豆科作物为主的多食性害虫。又名豌豆潜叶蝇、豌豆植潜蝇、油菜潜叶蝇。英文名 garden pea leaf miner。双翅目（Diptera）潜蝇科（Agromyzidae）彩潜蝇属（*Chromatomyia*）。国外分布于欧洲、非洲及亚洲各地。中国大部分地区均有分布。

寄主　豌豆、菜豆、豇豆、甘蓝、花椰菜、白菜、油菜、萝卜、莴苣、番茄、茄子、大蒜、马铃薯等。

危害状　早春尤其喜欢在油菜和莴苣上取食危害。幼虫潜叶为害，蛀食叶肉留下上下表皮，形成曲折隧道，虫道中虫粪较少，在虫道中化蛹，影响蔬菜生长（图1）。

形态特征

成虫　体长 2mm 左右。头部黄色，复眼红褐色。胸部、腹部及足灰黑色，但中胸侧板、翅基、腿节末端、各腹节后缘黄色，中胸背板黑色、无光泽，小盾片灰黑色。翅透明，有彩虹光彩；翅前缘脉达于 R_{4+5} 脉的末端，无中室，无中横脉（图2）。

图 1　豌豆彩潜蝇危害状（杜予州提供）

图 2　豌豆彩潜蝇成虫（杜予州提供）

卵　长约 0.3mm，长椭圆形，乳白色。

幼虫　老熟幼虫体长约 3mm，体表光滑透明，前气门成叉状，向前伸出；后气门在腹部末端背面，为一对明显的小突起，末端褐色。

蛹　长 2.0～2.6mm，长椭圆形，黄褐至黑褐色。雄虫外生殖器端阳体骨化强，呈"V"形，末端略钩曲。

生活史及习性　全国均有发生。在华北地区 1 年发生4～5代，以蛹在被害的叶片内越冬。翌春 4 月中下旬成虫羽化，第一代幼虫危害阳畦菜苗、留种十字花科蔬菜、油菜及豌豆，5～6 月危害最重；夏季气温高时很少见到为害，到秋天又有活动，但数量不大。成虫白天活动，吸食花蜜，交尾产卵。产卵多选择幼嫩绿叶，产于叶背边缘的叶肉里，尤以近叶尖处为多，卵散产，每次 1 粒，每雌可产 50～100粒。幼虫孵化后即蛀食叶肉，隧道随虫龄增大而加宽。幼虫三龄老熟，即在隧道末端化蛹。

防治方法

农业防治　清洁田园，处理残茬枯叶，铲除杂草，将其集中深埋或沤肥，减少菜田内成虫羽化数量。在保护地，利用蔬菜换茬的间隔期，高温闷棚，消灭虫源。

物理防治　在保护地可设置 25 目的防虫网，避免豌豆彩潜蝇春季往露地迅速扩散。在田间悬挂黄板诱杀，在早春大棚内能起到一定的控制作用。

生物防治　充分利用自然天敌控制该虫危害。在华北地区的保护地，春季 3 月下旬天敌种群数量开始上升，4 月寄生率可达到 20%，5～6 月可达到 70% 以上。

药剂防治　在田间种群数量大时，需要进行药剂防治。一般在该虫种群上升初期田间有成虫飞翔、叶面可见灰白色小点，群体叶害率在 5%～8% 时进行一次药剂防治，但药剂防治应掌握在采收前 20 天。药剂可选择 20% 灭蝇胺可溶性粉剂、2% 甲胺基阿维菌素苯甲酸盐、1.8% 阿维菌素、5%氟啶脲（抑太保）、10% 吡虫啉可湿性粉剂、10% 氯氰菊酯。

参考文献

陈乃中, 1999. 美洲斑潜蝇等重要潜蝇的鉴别 [J]. 应用昆虫学报, 36(4): 222-226.

石宝才, 宫亚军, 魏书军, 等, 2011. 豌豆彩潜蝇的识别与防治 [J]. 中国蔬菜 (13): 24-25.

王莉萍, 杜予州, 嵇怡, 等, 2005. 豌豆彩潜蝇的发生危害及对寄主的选择性 [J]. 植物保护学报, 32(4): 397-401.

王莉萍, 杜予州, 何娅婷, 等, 2006. 扬州地区豌豆彩潜蝇在蔬菜上的发生及防治 [J]. 扬州大学学报 (农业与生命科学版), 27(1): 77-80.

王昌家, 王玉阳, 于文来, 等, 2002. 豌豆彩潜蝇的发生与防治 [J]. 现代化农业 (7): 5-6.

CHEN X X, LANG F Y, XU Z H, et al, 2003. The occurrence of leafminers and their parasitoids on vegetables and weeds in Hangzhou area, Southeast China [J]. BioControl, 48: 515-527.

FATHI S A A, 2010. Host preference and life cycle parameters of *Chromatomya horticola* Goureau (Diptera: Agromyzidae) on canola cultivars [J]. Munis entomology & zoology, 5 (1): 247-252.

（撰稿：杜予州、常亚文；审稿：雷仲仁）

W

豌豆象　*Bruchus pisorum* (Linnaeus)

豌豆的重要害虫。又名豌豆虫、豌豆牛。英文名 broad bean weevil。鞘翅目（Coleoptera）豆象科（Bruchidae）豆象属（*Bruchus*）。是一种世界性害虫，在中国除黑龙江尚未报道外，其他各地均有分布。

寄主　主要寄主为豌豆、野豌豆、扁豆和山黧豆等。

危害状　以幼虫蛀食豌豆籽粒，导致种皮外部形成微突的褐色小点，收获后，幼虫在豆粒内蛀食，使豆粒中心变为空腔，受害严重时，豌豆的重量损失高达60%，被害豆粒失去食用和商品价值。

形态特征

成虫　长约4.5mm，宽约2.7mm，椭圆形，灰褐色。头具刻点，被淡褐色毛。触角锯齿状，11节；鞘翅上具10条纵纹，被褐色毛。前胸背板两侧中央齿尖向后方，后缘中央白色毛斑椭圆形。臀板外露，左右各有1黑色毛斑，中央的毛斑呈"T"形。后足腿节近端有1明显的长尖齿，雄虫中足胫节末端有1根尖刺，雌虫则无（见图）。

卵　长约0.8mm，较细的一端具2根长约0.5mm的丝状物。

幼虫　复变态，共4龄。

蛹　长约5.5mm，椭圆形，鞘翅具暗褐色斑5个。

生活史及习性　豌豆象1年发生1代，成虫在仓内缝隙、夹缝、豆粒内、仓外草垛等处越冬。翌年豌豆开花期，飞往田间活动。

成虫具有假死性，飞翔力强，每日有2次活动高峰，一为10：00～13：00，另一为15：00～18：00，其他时间多隐藏于花苞及嫩苞中，阴雨天则躲藏不出。成虫需经6～14天取食豌豆花蜜、花粉、花瓣或叶片，进行补充营养后才开始交配、产卵。成虫交配产卵后很快死亡，而且雄虫早于雌虫。卵一般散产于豌豆荚两侧，多为植株中部的豆荚上，每雌可产卵约800粒，产卵盛期一般在5月中下旬。幼虫孵化后，先蛀入豆荚，再侵入豆粒。豌豆象幼虫蛀入豆荚、豆粒能力很强，但有互相残杀习性，故粒中仅有1头成虫。随着

豌豆象甲成虫（段灿星提供）

豆粒的长大，幼虫在其中取食并逐渐老熟，在豆粒内化蛹。化蛹前，将豌豆粒蛀成圆孔，外围仅留一层豆皮。

发生规律　发生与危害常与以下因素有关。

温度　发育起点温度为10℃，发育有效积温为360℃，25～30℃最有利于生长发育，而35℃以上的高温对豌豆象生长发育不利。在20℃和25℃下，从二龄幼虫发育至成虫的历期分别为30天和25天。

寄主植物　主要取食豌豆，成虫需要取食豌豆的花蜜、花粉或花瓣后才开始交配、产卵，豌豆花开的盛期，是成虫外出活动的高峰，因此，豌豆的花期与豌豆象成虫活动密切相关。

防治方法　豌豆花期可作为预测室内成虫外出活动的重要依据。目前，对豌豆象的防治主要采用化学药剂熏蒸法。在豌豆收获后半个月内，将脱粒晒干的籽粒置入密闭容器内，用56%磷化铝熏蒸，每200kg豌豆用药量3.3g，密闭3～5天后，再晾4天。在豌豆开花和结荚期利用高效氯氰菊酯乳油、灭虫灵、敌百虫或灭多威可湿性粉剂等进行田间防治，杀灭成虫和初孵幼虫。或在豌豆脱粒后，立即暴晒5～6天，可杀死豆粒内90%以上幼虫。

参考文献

李隆术，朱炳文，2009.储藏物昆虫学 [M].重庆：重庆出版社.

王晓鸣，朱振东，段灿星，等，2007.蚕豆豌豆病虫害鉴别与控制技术 [M].北京：中国农业科学技术出版社.

SMITH A M, WARD S A, 1995. Temperature effects on larval and pupal development, adult emergence, and survival of the pea weevil (Coleoptera: Chrysomelidae) [J]. Environmental entomology, 24: 623-634.

（撰稿：段灿星；审稿：朱振东）

豌豆蚜　*Acyrthosiphon pisum* (Harris)

一种危害豆科作物及牧草的重要经济害虫。又名豆无网长管蚜。英文名 pea aphid。半翅目（Hemiptera）蚜科（Aphididae）无网蚜属（*Acyrthosiphon*）。具有红、绿两种主要色型。

绿色型豌豆蚜历史悠久，国内外广泛分布。红色型豌豆蚜于1945年国外首次报道。中国于2004年发现并记录。在中国，红色型豌豆蚜仅分布于甘肃、宁夏、青海、新疆等地。

寄主　主要为豌豆、香豌豆、蚕豆、大豆、苜蓿、苕草、黄芪、山黧豆、三叶草等豆科植物。

危害状　以若蚜和成蚜在植株叶片和茎秆上刺吸植物汁液，导致植物萎蔫、干枯死亡。豌豆蚜除直接取食为害外，还能传播苜蓿花叶病毒、豌豆耳突花叶病毒等植物病毒，对豆类作物以及苜蓿生产造成严重经济损失（图1）。

形态特征

有翅胎生成蚜　体长2.8～3.1mm。绿色型体色为黄绿色，额瘤大，向外突出。触角淡黄色，超过体长，前5节端部（黑色环）和第六节深色，第三节细长，上有感觉圈8～19个。腹管淡黄色，细长弯曲。尾片淡黄色，细而尖，两侧生

刚毛约 10 根（图 2 ①②）。

无翅胎生成蚜 体长 4.1～4.6mm，触角第三节基部有感觉圈 3 个，其余同有翅蚜。红色型体色主要为粉红色，其余同绿色型（图 1）。

若蚜 共 4 龄。一龄若蚜体长约 1mm，四龄若蚜体长 3.0～3.5mm，一至二龄触角鞭节为 3 节，三龄后触角鞭节为 4 节。若蚜尾片圆锥形，其余同成蚜（图 2 ③）。

卵 长椭圆形，初产为淡绿色，后变为紫黑色（图 2 ④）。

生活史及习性 渐变态。在年生活史中，具有世代交替现象。在夏季长日照条件下，豌豆蚜以孤雌胎生繁殖，世代周期短，繁殖速度快，在西北地区每年繁殖 20～30 代。在秋末短日照条件下，孤雌胎生蚜产生性蚜交配后以滞育卵越冬。在西北地区，每年 4 月上旬气温达到 10℃ 以上、苜蓿返青时，开始发生为害，5～10 月为主要发生期。最适发育温度 20～24℃，成蚜寿命 5～15 天，孤雌胎生繁殖，每雌产蚜量 30～100 头，完成一代 5～7 天。成蚜能释放报警激素，能跌落逃避敌害，抗干扰能力差。在高温和多雨季节种群密度显著下降。

图 1 豌豆蚜危害状（刘长仲提供）

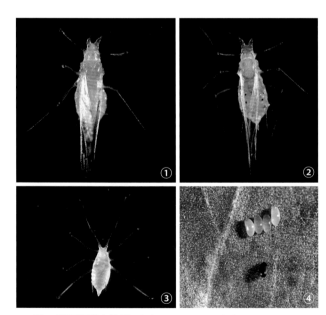

图 2 豌豆蚜形态特征（①②由刘长仲提供；③④由张廷伟提供）
①②成蚜；③若蚜；④卵

防治方法

农业防治 选育和选用抗蚜品种对控制蚜害具有重要作用。灌溉或刈割可减少种群数量的发生。在田间，作物合理布局，避免其适宜寄主邻作或连作。

物理防治 保护和利用龟纹瓢虫、多异瓢虫、异色瓢虫、草蛉、食蚜蝇和蚜茧蜂等豌豆蚜天敌，有利于发挥自然的控制作用。

化学防治 可选用吡虫啉、抗蚜威、啶虫脒等内吸型药剂进行喷雾防治，有良好防治效果。

参考文献

杜军利，武德功，刘长仲，等，2015. 不同温度条件下两种色型豌豆蚜的种群参数 [J]. 草业学报，24 (11): 91-99.

韩秀楠，王小强，刘长仲，等，2012. 不同寄主植物对豌豆蚜生长发育和繁殖的影响 [J]. 植物保护，38 (1): 40-43.

张廷伟，陈万斌，刘长仲，等，2017. 不同光周期条件下绿色型豌豆蚜性divide分化规律研究 [J]. 中国生态农业学报，25 (2): 166-171.

张廷伟，杜军利，刘长仲，2015. 阿尔蚜茧蜂对不同龄期豌豆蚜的寄生及后代适合度研究 [J]. 中国生态农业学报，23 (7): 914-918.

MORGAN D, WALTERS K F A, AEGERTER J N, 2001. Effect of temperature and cultivar on pea aphid, *Acyrthosiphon pisum* (Hemiptera: Aphididae) life history [J]. Bulletin of entomological research, 91(1): 47-52.

（撰稿：刘长仲、张廷伟；审稿：吴青君）

网锦斑蛾 *Trypanophora semihyalina* Kollar

一种在茶园偶发的食叶害虫。又名沙罗双透点黑斑蛾。英文名 tea spot moth。鳞翅目（Lepidoptera）斑蛾科（Zygaenidae）网锦斑蛾属（*Trypanophora*）。国外主要分布于印度、缅甸、巴基斯坦、日本等。中国主要分布于台湾、香港、湖南、浙江、四川等地。

寄主 茶、油茶、枫香、毛荭、小果柿、榄仁、云南石梓、罗氏娑罗双、枣、红花玉蕊、木棉、林那果、栀子花、蓖麻、玫瑰等。

危害状 以幼虫取食叶片进行为害。幼虫常居于正面，嗜食成叶，低龄幼虫取食叶表皮和叶肉，留下下表皮（图 1 ①）；大龄幼虫从叶缘开始取食，取食后叶片呈不规则状或较平直的缺刻（图 1 ②）。

形态特征

成虫 雄蛾翅展 31～35mm，雌蛾翅展 35～40mm。额白色，触角蓝黑色短双栉齿状，雌虫触角中部靠近端部为白色。胸部两侧有橙黄色斑纹。腹部为黄色和黑色交替出现，至腹部末端全为黑色，并具有蓝色光泽。前翅底色蓝黑色，基角黄色；近中部有 1 条黑色的宽横带，两侧分布有大小不一的透明斑，基部 2 个，在翅脉明显时可见 3～4 个；外侧 9 个主要位为中室外半部及其周围区域，雄蛾中室外半部及中部向后的透明斑有时为黄色斑；翅脉黑色；中室端有 1 黑斑延伸至顶角，外缘及后缘黑色。后翅前缘赭黄色，翅中部至后缘有不规则蓝黑色横带（雄虫有时在臀区部分只有黑

W

色翅脉），靠翅前半部横带两侧有黄色斑，基部黄斑色浅，外侧黄色斑下有3个透明斑；顶角及后缘蓝黑色，翅脉黑色（图2）。

幼虫 老熟幼虫体长13～19mm，宽6～9mm。头小缩在前胸下，棕黄色；体扁阔肥厚，近长方形而中部较宽。体多疣突并生有短毛。胸部1对红色瘤突向前方膨大成球状；腹部第一至五腹节气门线下1疣突红色，第六腹节门线下1疣突为黄白色，第七至八腹节气门上、下方2疣突黄白色，第九腹节开始所有疣突均为黄白色（图3）。

生活史及习性 1年发生2代。在福建福州、浙江杭州

图1 网锦斑蛾危害状（周红春、周孝贵提供）

①低龄幼虫危害状；②高龄幼虫危害状

图2 网锦斑蛾成虫（周红春提供）

①雌成虫；②雄成虫

图3 网锦斑蛾幼虫（周孝贵提供）

①幼虫侧面观；②幼虫头胸部

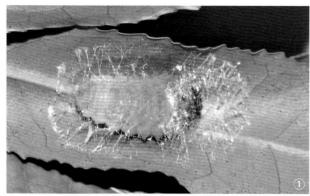

图 4　网锦斑蛾结茧化蛹过程（周孝贵提供）
①开始结茧；②完成结茧

和绍兴、湖南长沙等地，越冬代成虫翌年 4 月中旬羽化，第一代幼虫 7 月底开始结茧化蛹，8 月中旬成虫羽化。第二代幼虫在 9～11 月发生，10～11 月结茧化蛹，部分羽化出成虫，部分以蛹越冬。老熟幼虫结茧时先沿叶片纵向吐白色丝结成椭圆形网（图 4 ①），后逐步用丝将叶片边缘拉紧合在一起，盖住大部分茧（图 4 ②），然后在其中化蛹，蛹期 11～15 天。

防治方法　目前对茶叶生产未构成影响，无需专门防治。

参考文献

何学友，2016. 油茶常见病及昆虫原色生态图鉴 [M]. 北京：科学出版社.

黄邦侃，2001. 福建昆虫志：第五卷 [M]. 福州：福建科学技术出版社.

唐美君，肖强，2018. 茶树病虫及天敌图谱 [M]. 北京：中国农业出版社.

周红春，李密，谭琳，等，2011. 记述我国茶树 4 种鳞翅类新害虫 [J]. 茶叶通讯，38(1): 9-10.

（撰稿：周孝贵；审稿：肖强）

网目拟地甲　*Opatrum subaratum* Faldermann

中国北方旱区农作物的苗期害虫。又名沙潜、类沙土甲等。英文名 pitchy darkling beetle。鞘翅目（Coleoptera）拟步甲科（Tenebrionidae）沙土甲属（*Oparum*）。国外分布于哈萨克斯坦、蒙古及俄罗斯（远东地区）等。中国分布于西北、华北、东北、华东地区以及河南。

寄主　多食性昆虫，除危害烟草外，还可危害禾谷类粮食作物、棉花、花生、大豆、果树林木幼苗、花卉、蔬菜等植物的嫩茎、叶芽、嫩根等。

危害状　成虫和幼虫均在苗期危害。成虫取食烟苗的叶片和茎秆，多呈缺刻和孔洞状，重则使烟苗光秆或折断。幼虫危害根茎，使烟苗生长不良，或造成枯萎，甚至死亡（图 1）。

形态特征

成虫　体长 6.5～9mm。椭圆形，黑色略带锈红色。体背无光泽，常覆泥土而呈土灰色；腹面略有光泽。触角、口须和足锈红色。触角棒状，11 节，向后伸达前胸背板中部。前胸背板横阔，两侧弧突，侧边宽平，前角圆，后角尖。鞘翅具明显隆起的纵线，纵线两侧瘤突成行，每行有 5～8 个。后翅退化。前足胫节端外齿窄而突出，外缘无明显锯齿。雄虫第一、二节腹板中央有 1 纵凹（图 2）。

卵　长 1.2～1.5mm，椭圆形，乳白色，表面光滑。

幼虫　初孵幼虫体长 2.8～3.6mm，乳白色。老熟幼虫

图 1　网目拟地甲幼虫危害状（任广伟提供）

图 2　网目拟地甲成虫（方红提供）

W

图 3 网目拟地甲幼虫（任广伟提供）

体长 15.0～18.3mm，暗灰黄色，背板灰褐色。前足比中、后足粗大，中足和后足大小略等。腹部末节小，纺锤形。其背板两侧缘及端部各有 4 根刺毛，共计 12 根；背板前部稍突起成 1 横沟，横沟前有褐色钩形纹 1 对；背板末端中央有乳头状隆起的褐色部分（图 3）。

蛹 裸蛹，体长 6.8～8.7mm。黄白色，羽化前黄褐色。腹部末端有 2 刺状尾突，尾突端间距约为长的 2 倍。

生活史及习性 1 年发生 1 代，以成虫在表土中或枯草、落叶下越冬。越冬成虫早春即活动，4～5 月是危害盛期。春季交配后 1～2 天即可产卵，卵散产于表土层。幼虫 6 龄或 7 龄，孵化后即在表土层中活动、危害。6～7 月幼虫老熟后，在土中做土室化蛹，蛹期 10 天左右。成虫羽化后，多趋于烟株和杂草根部越夏，秋季向外转移活动，危害秋播作物。成虫羽化后当年不交配，秋季田间作物收获后，成虫向杂草多的田埂、地边等处迁移越冬。成虫只爬不飞，具假死性。

发生规律 网目拟地甲喜干燥，一般多发生在旱地或较黏性土壤中。春季成虫活动与气候条件有密切关系，当土温达 15℃时开始爬行，温度低时潜入土中，遇微风也立即蜷缩不动。

防治方法

农业防治 清除田间和地头的残株、杂草，减少虫源。

化学防治 成虫大发生时，用 40% 辛硫磷乳油或 2.5% 溴氰菊酯乳油兑水后灌根效果较好。

参考文献

李景华，李甲林，申庆喜，1989. 网目拟地甲在烟田的发生为害与防治要点 [J]. 烟草科技 (5): 45-46.

任国栋，于有志，1999. 中国荒漠半荒漠的拟步甲科昆虫 [M]. 保定：河北大学出版社.

魏鸿钧，张治良，王荫长，1989. 中国地下害虫 [M]. 上海：上海科学技术出版社.

（撰稿：方红；审稿：徐蓬军）

威格尔斯沃思·V. B. Vincent Brian Wigglesworth

威格尔斯沃思·V. B.（1899—1994），英国昆虫学家，昆虫生理学的奠基人。1899 年 4 月 17 日生于兰开夏郡柯克姆。1919 年入剑桥大学冈维尔与凯斯学院，1920 和 1921 年分别获该校学士和硕士学位，1929 年获医学博士学位。1926—1945 年任伦敦卫生与热带医学院医学昆虫学讲师。1936—1944 年任伦敦大学昆虫学高级讲师。1943—1967 年任英国农业研究委员会昆虫生理学部主任。1945—1952 年任剑桥大学昆虫学高级讲师，1955—1966 年任该校生物学教授。1967 年退休，成为剑桥大学荣休教授。1994 年 2 月 11 日在剑桥逝世。

威格尔斯沃思从事昆虫生理学研究，涉及领域广泛，建树颇多，尤其在昆虫激素与变态的方面，他以普热猎蝽为研究对象发现了脑神经分泌细胞、促前胸腺激素和保幼激素，并阐释了其蜕皮和变态的机制。1934 年出版了世界上第一部昆虫生理学专著《昆虫生理学》，1939 年出版了更为全面的《昆虫生理学原理》，成为该学科领域的经典著作，标志着昆虫生理学这门分支学科的诞生与成熟。发表论文 200 多篇，出版《昆虫变态的生理学》（1954）、《昆虫激素》（1970）、《昆虫与人的生活》（1976）等多部专著，1984 年重写《昆虫生理学》，这部著作对昆虫生理学进行了全面综述，成为公认的优秀教材。他在几十年的教学生涯中，培养了大量的昆虫学工作者。

威格尔斯沃思于 1963—1964 年任英国皇家昆虫学会主席。1966—1967 年任应用生物学家协会主席。1939 年当选为英国皇家学会会员，1948 年当选为荷兰皇家科学院外籍院士，1956 年当选为比利时科学院外籍院士，1960 年当选为美国艺术与科学院、联邦德国卡塞利希自然科学院外籍院士，1967 年当选为剑桥大学冈维尔与凯斯学院院士，他还是苏联科学院外籍院士。1950 年获颁大英帝国司令勋章，1964 年获封爵士。1992 年获第十九届国际昆虫学大会金质奖章。

（撰稿：陈卓、赵章武；审稿：彩万志）

威格尔斯沃思·V. B.（陈卓提供）

微红梢斑螟　*Dioryctria rubella* Hampson

一种广泛分布、严重危害的松梢、球果害虫。又名松梢螟、云杉球果螟。英文名 pine shoot moth。鳞翅目（Lepidoptera）螟蛾总科（Pyraloidea）螟蛾科（Pyralidae）斑螟亚科（Phycitinae）斑螟族（Phycitini）梢斑螟属（*Dioryctria*）。国外分布于欧洲、朝鲜、日本、菲律宾等地。中国各地广泛分布。

寄主　马尾松、湿地松、思茅松、火炬松、黄山松、油松、赤松、白皮松、黑松、华山松等。

危害状　以幼虫危害松树的球果和枝梢。被蛀食后的球果发育畸形、结实率低，种子空瘪，严重影响种子园产种量。在中幼林，主要危害松树主梢及侧枝。枝梢被害后枝叶先枯黄，而后枝梢弯曲、枯死。在枯死顶梢下端丛生多个侧梢，生长最快的侧梢代替主梢继续向上生长，引起偏冠、干形弯曲，降低木材质量；亦有多个侧梢生长，没有明显的主干，树冠呈扫帚状（图1）。

形态特征

成虫　雌虫体长 12～15mm，翅展 25～30mm，雄虫略小，虫体灰褐色。触角丝状，雄虫触角有细毛，基部有鳞片状突起。前翅暗褐色，有3条灰白色波状横纹，中室有1灰白肾形斑，后缘近内横线内侧有1黄斑，外缘黑色。后翅灰白色（图2①）。

卵　椭圆形，长 0.8～1.0mm，有光泽。一端尖，初产乳白色至黄白色，近孵化时呈殷红色（图2②）。

幼虫　共5龄。老熟幼虫体长 15～30mm。体淡褐色，部分个体淡绿色。头、前胸背板褐色，中、后胸及腹部各节有4对褐色毛片，上生短刚毛，中胸及第八腹节背面的褐色毛片中部透明（图2③）。

蛹　长 11～15mm，黄褐色，羽化前变黑褐色。腹部末节背面有粗糙的横纹，腹端有一深色横骨片，其上生有3对臀棘，中央1对较长（图2④）。

生活史及习性　东北地区如吉林1年发生1代；北京、河北及湖南1年发生2代；安徽合肥、浙江和江苏南京地区1年发生2～3代；云南普洱1年发生3代；福建明溪1年发生3～4代；广东1年4～5代。生活史极不整齐，世代重叠。

主要以幼虫和蛹在被害枯梢内越冬，北方地区也有以成虫越冬的，而在云南普洱则越冬态不明显。1年发生1代的地区如吉林，幼虫于9月下旬即进入越冬状态，翌年5月初幼虫恢复取食，6月末至7月初化蛹，7月中旬成虫开始羽化。1年发生2代的地区如河北等地，以四、五龄幼虫在被害枝梢内越冬，翌年3月底或4月初开始在原被害梢内蛀食，同时一部分越冬幼虫开始转移到新梢，形成新的蛀道；5月上旬老熟幼虫开始化蛹，5月下旬开始羽化。1年发生3代的地区如云南省普洱市，第一代从1月中下旬至7月中下旬；第二代从5月中下旬至11月中下旬；第三代从9月中下旬至翌年3月中下旬。而1年发生4～5代的地区如广东，老熟幼虫和蛹于11月下旬开始越冬，翌年1月中旬老熟幼虫化蛹，2月下旬即进入羽化盛期；9月中旬为第三代幼虫的危害盛期。

成虫羽化全天发生，但多在夜间或阴天的 9∶00～12∶00。羽化时，成虫向上爬行顶破蛹壳和蛹室上端的薄丝网而出。蛹壳及丝状网仍留在被害枯梢中，不外露。刚羽化的成虫在枝梢上作短距离爬行或静伏，白天多隐蔽在阴暗浓密枝梢针叶基部或粗皮间隙处。夜间成虫活跃，产卵在夜间进行，每次产卵多为1粒，亦有2粒的。成虫平均寿命：普洱市平均4～6天，北京、河北等地平均2～5天。成虫需补充营养，具有趋光、趋糖酒醋液习性；产卵具有趋微红色或枯黄色习性，卵多产在主梢尖端绒毛下，不易被发现。

幼虫共分5龄，危害松梢时，幼虫孵出后，即从松梢顶端绒毛下的孵化处向下钻破嫩芽皮，进入嫩皮下来回蛀食幼嫩组织，蛀食成丝状弯曲、不规则隧道或块状，并逐步向下取食入髓心，沿枝梢髓心由上而下或转梢后再由下而上取食

图1　微红梢斑螟典型危害状（思茅松）（童清提供）
①枝梢危害状；②林间危害状

图 2 微红梢斑螟各虫态（刘悦提供）
①成虫；②卵；③幼虫；④蛹

危害，具虫枝梢多呈钩状弯曲。一个枝梢中仅有一头幼虫，蛀孔与外界相通并有颗粒状粪便向外排出。当幼虫危害至木质处时具有转梢、转枝、转株习性。蛀道的长短，蛀道的直径因嫩梢至木质部的位置长短、大小而定，一般长 5～40cm，直径在 0.5～1.0cm。蛀道内壁光滑，被危害的枝梢中空，7～8 天后干枯死亡。

老熟幼虫移至被危害枝梢尖端，化蛹前先咬 1 个圆形羽化孔。在羽化孔下稍下做一个蛹室，吐丝连缀木屑封闭孔口，然后织成薄丝网堵塞蛹室两端。幼虫头部向上。在丝状薄网的蛹室内，静伏不食不动进入预蛹期，1～3 天后预蛹蜕皮进入蛹期。危害球果时，幼虫孵化后，在 2 年生球果中下部果鳞两弯角下端结 1 简单虫网，随后逐渐蛀入果鳞内，虫粪从蛀孔排出，并能蛀入相邻果鳞内。二、三龄后幼虫可钻出果鳞转到另一球果进行危害。

防治方法

物理防治 采用波长 380nm 太阳能灯或糖酒醋液诱杀成虫。还可采用性引诱剂诱捕雄蛾。

生物防治 采用白僵菌袋（含孢量为 65 亿 /g）防治初孵幼虫，每袋 5～20g，用量为 120～150 袋 /hm²；用苏云金杆菌（Bt）乳剂 200 倍液喷施。在成虫羽化高峰期释放松毛虫赤眼蜂。在冬末春初及时修剪被害枝梢，将修剪下的虫害梢置于寄生蜂保护器内，保护天敌。

化学防治 最佳防治时期为初孵幼虫盛期，可采用 5%

氟虫腈乳油 750～1000 倍液、5% 甲氨基阿维菌素苯甲酸盐水分散粒剂 1000～1500 倍液、40% 氯虫·噻虫嗪水分散粒剂 2000 倍液等进行喷施。

参考文献

高江勇，嵇保中，刘曙雯，等，2008. 南京地区微红梢斑螟对松林的危害调查 [J]. 林业科技开发，22(6): 54-56.

梁军生，谭新辉，周刚，等，2011. 林间释放松毛虫赤眼蜂防治微红梢斑螟试验 [J]. 湖南林业科技，38(1): 9-11.

梁军生，周刚，童新旺，等，2014. 微红梢斑螟的研究进展与防治对策 [J]. 中国森林病虫，30(2): 29-32.

刘京阳，2014. 微红梢斑螟灾害应急管理工作实践 [J]. 中国森林病虫，33(6): 45-48.

孙淑萍，郭志红，张瑶琦，等，2006. 沈阳地区寄生微红梢斑螟的姬蜂 [J]. 中国森林病虫，25(2): 11-13.

童清，孔祥波，2010. 思茅松微红梢斑螟生物学和生态学特性研究 [J]. 应用昆虫学报，47(2): 331-334.

王国兴，嵇保中，刘曙雯，等，2010. 微红梢斑螟发育进度和成虫行为的初步研究 [J]. 中国森林病虫，29(1): 1-4.

王丽平，嵇保中，刘曙雯，等，2014. 微红梢斑螟雌雄形态识别 [J]. 中国森林病虫，33(5): 13-16,29.

周舜，徐晓丽，陈波，等，2016. 微红梢斑螟对马尾松种子园的危害及生物学特性 [J]. 西部林业科学，45(6): 95-98,103.

（撰稿：童清；审稿：嵇保中）

伪秦岭梢小蠹　*Cryphalus pseudochinlingensis* Tsai et Li

一种危害华山松和油松的钻蛀害虫。鞘翅目（Coleoptera）象虫科（Curculionidae）小蠹亚科（Scolytinae）梢小蠹属（*Cryphalus*）。中国主要分布于陕西。

寄主　华山松、油松。

危害状　在华山松上以树梢和侧枝为主要入侵和危害部位。与近缘种华山松梢小蠹和秦岭梢小蠹危害特性相似，生态位宽度也几乎相同。但华山松梢小蠹主要在衰弱木和枯萎木主梢和阳面的侧枝上危害，而秦岭梢小蠹则相对集中于枯萎木阴面的侧枝，伪秦岭梢小蠹种群数量主要集中于枯死木的主梢和侧枝。

形态特征

成虫　体长 1.5～1.8mm。长椭圆形，有光泽，褐色，前胸背板较鞘翅色深（图①②③）。鞘上部略突，下部低平，雄虫额上方有一锐利的横向隆堤，雌虫无；中隆线微弱；额面的绒毛疏少，两侧齐向中隆线倾伏；口上片中央缺刻几乎不存在。背板侧缘自基向端收缩明显，前部较窄；背板前缘有 2～4 枚颗瘤，以中间两枚较大。瘤区颗瘤细小稀疏，背顶部强烈突起，顶部颗瘤松散，构成直角形的瘤区后缘；刻点区的刻点粗糙，突起成粒；刻点区中只有绒毛，匍匐向前，指向背顶。鞘翅基缘与前胸背板基缘等宽，鞘翅侧缘向后直线延伸，尾端圆钝。刻点沟不凹陷，沟中刻点细小，点心生微毛；鞘翅前半部沟间部轻皱，沟间部鳞片狭窄，鞘翅后半部沟间部平坦，鳞片宽阔圆钝，密覆在翅面上，各沟间部横排 3～4 枚；沟间部竖立刚毛短小柔弱，排列规则。

参考文献

陈辉，唐明，叶宏谋，袁锋，1999. 秦岭华山松小蠹生态位研究 [J]. 林业科学，35(4): 41-45.

殷蕙芬，黄复生，李兆麟，1984. 中国经济昆虫志：第二十九册 鞘翅目　小蠹科 [M]. 北京：科学出版社 .

（撰稿：任利利；审稿：骆有庆）

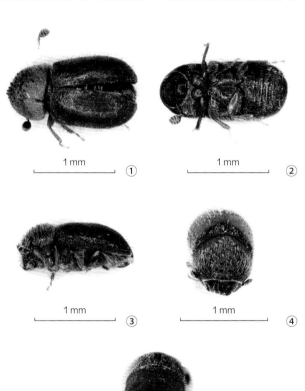

①　1 mm　②　1 mm

③　1 mm　④　1 mm

⑤　1 mm

伪秦岭梢小蠹成虫特征（任利利提供）

①成虫背面；②成虫腹面；③成虫侧面；④成虫头部；⑤成虫鞘翅

尾须　cercus

由昆虫第十一腹节附肢演化而成的 1 对须状外突物。典型的位于肛上板和肛侧板之间的膜上，常有许多感觉毛，其肌肉起源于第十节。尾须变化多样，如衣鱼成很长的尾须，螳螂特化成 1 对不分节的尾铗。尾须常为具有感觉器官的结构，可起接触刺激和空气的流动，以至声音感受器的作用。

图 1　分节的尾须（螳螂目）（吴超提供）

图 2　不分节的尾须（直翅目）（吴超提供）

W

在衣鱼、石蛃和蜉蝣中，1 对尾须之间还有 1 根与尾须相似的细长分节的丝状外突物，但它不是由附肢演化而来的，而是末端腹节背板向后延伸而成的，称为中尾丝（median caudal filiament）。

（撰稿：吴超、刘春香；审稿：康乐）

卫矛巢蛾 *Yponomeuta polystigmellus* (Felder et Felder)

一种危害卫矛科植物的食叶害虫。英文名 euonymus ermine moth。鳞翅目（Lepidoptera）巢蛾总科（Yponomeutoidea）巢蛾科（Yponomeutidae）巢蛾亚科（Yponomeutinae）巢蛾属（*Yponomeuta*）。国外分布于欧洲、地中海等地。中国广泛分布于东北、华北及甘肃、陕西、江苏、浙江、江西、湖北、四川、安徽、福建等地。

寄主 卫矛、栎树、花椒、丝棉木等。

危害状 幼虫蛀芽、卷叶危害，影响枝叶抽伸，导致树木生长发育不良，树势衰弱。

形态特征

成虫 体长 9～13mm，翅展 25～29mm，雄虫较雌虫瘦小。虫体、足及翅均为白色，触角细长丝状白色并有光泽。复眼黑色。下唇须较长，白色，常伸出头外。中胸背面有 2 个黑点，连同两翅基片的黑点，较整齐地排列在 1 条横线上。尾端具有白色毛丛。前翅狭长，翅面白色的鳞片上有 40 个左右的黑点，大致排列成 4 纵行。前翅背面为灰白色。后翅的正反两面均为灰白色。前、后翅的缘毛均为白色（图 1、图 2）。

卵 扁平，淡黄色，长径约 0.5mm，短径约 0.4mm。卵壳上有细密的纵纹。

幼虫 老熟幼虫体长 15～21mm，头、胸、足黑色，体淡绿色，体背中部为灰黄色，前胸背板后缘两侧灰黑色，中、后胸各有 4 个毛瘤，腹部每节具 6 个毛瘤，臀板黑色。

蛹 椭圆形、黄褐色，外被白色薄茧。长 9～11mm，初化蛹翠绿色，复眼褐色，翅芽黄色，3 天后复眼黑色，翅芽白色，翅芽上可见黑色小点。

生活史及习性 陕西 1 年发生 1 代，以初孵幼虫在粗皮裂缝或叶腋处结白色丝质小囊越冬。翌年 5 月初越冬幼虫出蛰危害。幼虫 4 龄，二龄以后开始吐丝网叶在内取食，幼虫期 40～45 天，6 月中旬幼虫老熟在被害的卷叶内结白色长椭圆形丝茧化蛹。一般每片叶内有蛹 1 头，最多 3 头，6 月中旬始见蛹，预蛹期 1～2 天，蛹期 10～14 天。7 月初始见成虫，7 月中旬为羽化盛期，成虫多在夜间活动，但趋光性不强。成虫羽化后第二天即可交尾产卵，卵多产在叶背近叶柄的部位或小嫩枝上，每卵块有卵 10～30 粒。卵期 8～10 天，幼虫孵化后不取食，在枝上叶腋处吐丝结囊，8 月上旬幼虫开始越冬，历期长达 8 个月之久。

防治方法

物理防治 老龄幼虫在树干枝杈处结茧化蛹时，人工摘除。

化学防治 早春幼虫危害期，利用速灭杀丁 4000～

图 1 卫矛巢蛾成虫（郝德君提供）
①自然状态；②展翅后

图 2 卫矛巢蛾栖息状（张培毅摄）

5000 倍液，或灭幼脲Ⅲ号 1000～2000 倍液，或 10% 吡虫啉乳油 2000 倍液，或 1.8% 阿维菌素 10000 倍液喷雾。

参考文献

庞震，周汉辉，龙淑文，1979. 卫矛巢蛾的初步观察 [J]. 山西林业科技 (2): 17-20.

王中武，孟庆珍，范文忠，2004. 卫矛巢蛾发生与危害 [J]. 植物保护，30(1): 91.

张英俊，1976. 卫矛巢蛾的初步研究 [J]. 西北大学学报（自然科学版）(Z1): 108-111.

MENKEN S B J, 1996. Pattern and process in the evolution of insect-plant associations: *Yponomeuta* as an example[J]. Entomologia experimentalis et applicata, 80(1): 297-305.

（撰稿：郝德君；审稿：嵇保中）

文山松毛虫　*Dendrolimus punctatus wenshanensis* Tsai et Liu

一种主要分布中国西南地区的重要松林食叶害虫。英文名 wenshan pine caterpillar moth。鳞翅目（Lepidoptera）枯叶蛾科（Lasiocampidae）松毛虫属（*Dendrolimus*）。中国分布于广西（上思、金秀、那坡、防城），云南（文山、玉溪、红河、昆明），贵州（兴义、兴仁、贞丰、安龙、盘梁、望谟、水城）。

寄主　云南松、思茅松、马尾松、华山松、湿地松等。

危害状　初孵幼虫先吃卵壳，然后群集啃食附近松针边缘使呈缺刻，受害针叶常弯曲枯黄（图⑥）。三龄后取食整个针叶。危害重时将叶片吃光，呈火烧状。

形态特征

成虫　雄蛾体深褐色，变异小，体长 21～29mm，翅展 50～56mm；触角羽状。前翅从翅基至亚外缘具 5 条深褐色波状横线，其中亚基线和外横线不大清晰，亚外缘线由 9 个黑褐色点状斑组成，最后 2 个斑相连；内横线和中横线最宽，色深而明显，亚外缘斑列内侧色浅，呈褐色，中室末端具 1 个小白点，较清楚；后翅颜色与前翅基本相同，无花纹。生殖器的大抱针长而粗，圆柱形，末端钝，表面生有一些长短不等的刚毛，上部有 1 条纵沟；小抱针短而细，尖锥状，长度相当于大抱针的 1/3，抱针基部及其下方半球体上生有许多长刚毛；阳具较长，呈尖刀状，前半部上方表面有

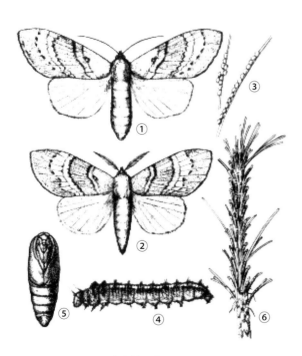

文山松毛虫（张翔绘）

①雌成虫；②雄成虫；③卵；④幼虫；⑤蛹；⑥危害状

小齿，抱器末端高度骨化而向上弯曲，外缘有 1 列齿突（图 1②）。雌蛾腹部及后翅颜色变异较大，多数为褐色，头、胸及前翅颜色变异较大，多为褐色或淡褐色，少数为灰褐色或深灰色；体长 22～35mm，翅展 58～73mm；触角栉齿状。前翅 5 条横线除亚基线和外横线不甚清晰外，其余都很清晰；内横线与中横线宽大而明显，由于外横线不大清晰，因而与中横线和亚外缘斑列所形成的两条横带比较模糊，中室小白点有时清晰，有时模糊；后翅颜色较前翅略浅，腹部粗肥，布满褐色绒毛。生殖器的前阴片呈舌状，在基部 2/3 部分比较膨大，前端成半圆形，中部凹陷较深；侧阴片不大规则，褶皱较多，前端有袋和刚毛（图①）。

卵　椭圆形，长径约 1.5mm，短径约 1mm。初产为淡黄色，逐渐呈粉红、淡红色，然后变为紫红色（图③）。

幼虫　颜色变异较大，主要为黑色、黑褐色，其次为暗红褐色。一龄幼虫体黄绿色，头宽 0.9mm，体长 4～6mm，胸部背面第二至第三节毒毛带微显痕迹。二龄幼虫体色有红褐、黄褐、黄白几种，头宽 1.1mm，体长 6～12mm，腹部背面第四、五节之间显露灰白色蝶形花斑。三龄幼虫头宽 1.3mm，体长 13～15mm，中、后胸背面毒毛带增宽，腹部背面两侧长毛束较发达，背面各节刚毛粗壮。五龄幼虫头部深褐色，头宽 2.8～3mm，体长 25～34mm，胸、腹部背面各节毛丛呈蓝黑褐色，具金属光泽，以中、后胸尤为显著；体各节两侧着生稠密的黄白色长毛丛。六、七龄幼虫体灰黑或黑褐色，被发达长毛丛，六龄幼虫头宽 3.5～3.8mm，体长 40～55mm；七龄幼虫头宽 4～5mm，体长 58～65mm，虫体粗大，易与各龄区别（图④）。

蛹　纺锤形，栗褐色。茧为长椭圆形，灰褐或灰白色，一端略尖，表面具黑色金属光泽毛丛。雌茧平均长 38mm，雄茧平均长 31mm（图⑤）。

生活史及习性　1 年发生 2 代，以四龄和五龄幼虫越冬。至翌年 2 月中下旬开始活动，4 月中旬结茧化蛹，5 月中旬成虫羽化，第一代卵于 5 月中旬始见，6 月上旬孵出幼虫，8 月下旬开始结茧化蛹，9 月中旬成虫羽化。第二代卵于 9 月中旬始见，10 月上旬孵出幼虫，12 月中下旬在针叶密集处和树皮下越冬，天气晴和之日，爬出微微取食，越冬期 3 个月以上。在海拔 1400m 以下的林区，各代各虫期要比前述时间提早 10～15 天。

成虫多在 19：00～20：00 羽化。羽化时要求较高的湿度，如天气过分干燥，羽化便会延迟。成虫白天静伏，夜晚活动、交尾产卵。交尾后的雌蛾，当夜就能产卵，但也有延迟至次夜才产卵的。每头雌蛾产卵 230～406 粒，平均 338 粒，分 3～5 次产完。每次产卵数不一，少则几粒，多则 100～200 粒。雌蛾死后有遗腹卵。卵多产于林缘和健壮的针叶上，排列多呈块状，有的呈念珠状。卵发育成幼虫约需半月。雌蛾寿命 7～8 天，雄蛾 6 天。成虫有较强的飞翔力和趋光性。

幼虫多集中在 7：00～9：00 孵化，出壳后，有取食卵壳习性。2 个世代的幼虫，多数为 7 龄，少数 6 龄，个别 9 龄。幼虫蜕皮前 1～2 天停食，蜕皮后 1 天左右开始取食。一龄幼虫有群集性，咬食针叶成缺刻或食去半面。二龄幼虫亦多群集，活动范围不大，食量也小。一、二龄幼虫，遇惊即吐丝下垂，借风力扩散。三、四龄幼虫，活动力及取食量渐增，

遇物触及其体，便立即弹跳。五龄以上幼虫，体上毒毛发达，触及人体皮肤会引起红肿。当食料缺乏时，成群迁移觅食，树上老龄幼虫身受惊扰，即口吐绿液汁，挺胸昂头，竖起毒毛，以示抗御。老熟幼虫停食1～3天后，即下树在根部附近杂草中吐丝结茧；也有极少数结在枝条上的，但多是被天敌寄生或发育不良的，其茧小而薄，与正常茧有明显区别。幼虫结茧后3～5天化蛹，蛹期20多天。接近羽化的蛹，其重量减轻，腹部各节伸长。

防治方法

营林措施　营造混交林和封山育林是抑制松毛虫发生的根本技术措施。

物理防治　在成虫羽化期，设置黑光灯诱杀成虫。

生物防治　用文山松毛虫 NPV 和 CPV 病毒混合液进行防治，或应用 Bt 乳剂和文山松毛虫质型多角体病毒（OpwCeV）进行防治。

化学防治　低龄幼虫期喷洒高效低毒农药或烟剂防治。如0.5%藜芦碱可湿性粉剂对文山松毛虫有较好的速效性和持效性，还可用甲维盐进行防治。

参考文献

陈鹏，吴曾奎，金建，等，2012. 0.5%藜芦碱可湿性粉剂防治文山松毛虫林间试验 [J]. 森林保护 - 林业实用技术 (4): 35-36.

冯玉元，任金龙，杨林，2002. 文山松毛虫的生活习性及烟剂防治技术 [J]. 云南林业科技 (2): 56-58.

刘友樵，武春生，2006. 中国动物志：第四十七卷　鳞翅目　枯叶蛾科 [M]. 北京：科学出版社.

罗从富，1992. 文山松毛虫 Dendrolimus punctatus wenshanensis Tsai et Liu [M]// 萧刚柔. 中国森林昆虫. 2版. 北京：中国林业出版社.

许国莲，柴守权，谢开立，等，2002. 文山松毛虫生物学特性及两种生物杀虫剂防治试验 [J]. 中国森林病虫，21(5): 15-18.

查广林，2003. 采用文山松毛虫 NPV、CPV 病毒混合液对虫害进行控制的研究 [J]. 林业调查规划，28(2): 105-108.

张永安，罗从富，2020. 文山松毛虫 [M]// 萧刚柔，李镇宇. 中国森林昆虫. 3版. 北京：中国林业出版社.

（撰稿：张永安；审稿：张真）

蜗牛　snails

蜗牛为中国常见的危害农作物的陆生软体动物。又名狗螺螺、螺蛳、水牛等。软体动物门（Mollusca）腹足纲（Gastropoda）柄眼目（Stylommatophora）。蜗牛是蜗牛类近似种的一个总称。在棉田危害的常见有灰巴蜗牛（*Bradybaena ravida* Benson）、同型巴蜗牛（*B. similaris* Ferussac）、江西巴蜗牛（*B. kiangsinensis* Martens）和条华蜗牛（*Cathaica fasciola* Draparnaud）。

寄主　有58科206种，包括多种大田农作物、蔬菜、花卉等。

危害状　蜗牛以成贝和幼贝危害棉花嫩叶及嫩茎，用齿舌和颚片刮锉，形成不整齐的缺刻和空洞。同时其可分泌白色有光泽的黏液，食痕部易受细菌侵染，粪便和分泌黏液还可产生霉菌，附着在爬行痕上，影响作物生长。

发生规律

气候条件　蜗牛对气候条件尤其是温湿度十分敏感，喜多雨潮湿的生态环境，惧怕强光直射及高温干旱。蜗牛的适宜活动温度为16～22℃，但在10～35℃的范围内均可取食活动。一年中如春雨连绵、梅雨期长和有间断秋雨对蜗牛繁殖为害最为有利。

种植结构　蜗牛在田间的种群密度与作物布局、耕作制度关系密切。蜗牛重发区主要的间套方式有麦棉间套、玉米套种豆类、麦垄点播玉米等形式。凡是间套田蜗牛发生明显高于单种田。同时蜗牛发生与水肥的关系也较密切。蜗牛严重发生区为渠井双保险的灌溉区，也是施肥水平较高的高产区。大水大肥的栽培方式，作物生长茂密，田间阴湿郁蔽，为蜗牛繁衍生息提供了良好的生态环境。

天敌　蜗牛的天敌有鸡、鸭、蛙、鸟、鼠、步甲、虎甲、隐翅虫等。据江苏东台观察，艳步甲幼虫每天可取食1年生蜗牛3～4头或2年生蜗牛2～3头。

化学农药　蜗牛属软体动物，一般杀虫剂对其没有防治效果，需选择杀螺药剂，且药剂不宜与化肥、农药混合使用。目前生产上有灭蜗灵（四聚乙醛）、除蜗特（四聚乙醛与甲萘威混剂）、灭蜗净（硫酸铜与碳酸钠混剂）等药剂用于防治蜗牛。除蜗特可达到70%～90%的灭贝效果，但有轻度药害，不宜喷雾。灭蜗净对蜗牛有显著的趋避作用，保苗保叶效果达90%以上。但由于种种原因，这两种防治蜗牛的复配剂在生产推广应用上的面积均不理想。因此，生产上迫切需求高效、安全且经济的防蜗剂。

防治方法

农业防治　结合轮作、耕翻、中耕暴卵、清理越冬场所等方式减少蜗牛发生基数，进而压低其种群密度。

物理防治　在蜗牛发生严重的地块，冬春季和秋季翻耕土地的时候留一小块杂草地，引诱蜗牛，然后集中消灭。人工捕杀，晴天夜晚，一般在19：00以后蜗牛开始活动时进行捕捉，捕捉的最佳时间为20：00～21：00。

生物防治　尽量保护蛙、鸟及棉田步甲、虎甲、隐翅虫等天敌。同时可在蜗牛危害高峰期放鸡、鸭于蜗牛重发生田啄食。据报道，3～5月1只训练有素的鸭子可食蜗牛13080头，每亩棉田放养1只鸭子即可。

化学防治　5月上中旬幼贝盛发期和6～8月多雨年份，当成、幼贝密度达到3～5头/m² 或棉苗被害率达5%左右时，用6%四聚乙醛（密达）颗粒剂或6%甲萘四聚（除蜗灵）毒饵距棉株30～40cm顺行撒施诱杀。当清晨蜗牛未潜入土时，可用硫酸铜800倍液、氨水100倍液或1%食盐水喷洒防治。

参考文献

刘延虹，陈雯，谢飞舟，2007. 灰巴蜗牛发生规律研究 [J]. 陕西农业科学 (4): 126-127.

湛孝东，王克霞，李朝品，等，2006. 安徽淮南地区江西巴蜗牛生态的初步观察 [J]. 热带病与寄生虫学，4(2): 107-108.

张君明，虞国跃，周卫川，2011. 条华蜗牛的识别与防治 [J]. 植物保护，37(6): 208-209.

张文斌，任丽，杨慧平，等，2012. 农田蜗牛的发生规律及其防

治技术研究 [J]. 陕西农业科学 , 58(5): 267-269.

中国农业科学院植物保护研究所 , 中国植物保护学会 , 等 , 2015. 中国农作物病虫害 [M]. 北京 : 中国农业出版社 : 1270-1274.

（撰稿：肖留斌；审稿：柏立新）

乌贡尺蛾　*Odontopera urania* (Werhli)

一种危害西藏高原绿化林、农田林网和行道树的重要害虫之一。鳞翅目（Lepidoptera）尺蛾科（Geometridae）贡尺蛾属（*Odontopera*）。国外分布于尼泊尔。中国分布于西藏。

寄主　主要危害白柳和左旋柳，同时也危害皂柳、藏川杨和银白杨。

危害状　一般年份，每 30cm 长不分权的左旋柳枝条有幼虫 2～3 头，最多的枝条上可达 6 头。

形态特征

成虫　黄褐色至暗黄褐色，体长 14～18mm。头小，复眼深土黄色，具黑斑，圆形，额区具灰白色毛丛。雄蛾触角双栉形，雌蛾丝形。胸、腹部密被黄白色至暗黄褐色鳞毛。胸部及腹部末端有长鳞毛。前足外侧黄白色，内侧及中、后足均为暗褐色，有黑斑点。前翅深黄至暗黄褐色，顶角尖、略厚向下弯，边缘在 M_1 和 M_3 处各突出 1 齿，外横线清晰，白色，外缘线以内颜色明显较深；多数个体内横线也较清晰，两线之间颜色明显深于两线之外；中点清晰，为 1 个黑褐色小圆圈，圈内具 1 个白点。后翅斑纹和线条与前翅相似，淡黄至深黄色，内横线不清晰（见图）。

幼虫　老熟幼虫体长 31～42mm，头宽 2.78～2.98mm。头部黄色，具黑褐色斑点；颅侧区顶部突出略呈角状，使整个头部似方形，两角之间的区域内凹，两角之下的颅侧区黄色至深黄褐色；冠缝、额缝及傍额片的一部分黑色；额从顶部的黄白色逐渐变到下部的黄褐色；上唇黑褐色；单眼 6 个，半透明，内中有黑点。胸、腹部灰白色，略带粉红至紫红色。亚背线黑褐色，在胸部为双线，第三至第五和第八、九腹节上为或粗或细的单线，在其余腹节上亚背线消失，或线条极细。气门椭圆形，褐色，黑边，第一胸节气门最大，腹部气门较小。第八腹节在背面突起呈角状。第三跗节腹足完全退化，第四、五腹节各具 1 对退化的极小腹足，且具半圆单行趾钩，第六腹节腹足发达，具半圆双行趾钩。

生活史及习性　在西藏日喀则 1 年发生 1 代，以老熟幼虫在树下浅土层中、树皮裂缝中或树下石头缝隙、枯枝落叶中结丝茧化蛹过冬。越冬蛹于 5 月中、下旬开始羽化，6 月中、下旬为盛期，7 月中、下旬为末期，整个成虫期拖得很长。6 月中旬至 7 月上旬为产卵盛期，6 月下旬至 7 月中旬为孵化盛期。8 月中、下旬幼虫发育至四、五龄，食量大增，是严重危害期。8 月底至 9 月中旬是化蛹盛期。由于每年春季气温回升早晚不一致，早发年和晚发年的成虫高峰日相差 12 天左右。

成虫喜傍晚至上半夜活动，外出飞翔、交尾、产卵，雄蛾比雌蛾更具较强的趋光性，多在 20：00～23：00 时上灯。成虫期 7 天左右。每头雌蛾产卵 100～600 粒。卵大多数堆产在叶片、枝条的尖端。每堆卵至少 8 粒，最多 98 粒，一般 40～60 粒，雌虫产完卵后两到三天即死亡，田间雌、雄性比约为 1：1。

林间卵自然受精可达 97.2%，受精卵孵化率可达 100%，在日平均温度 17.4°C 的条件下，卵期为 13 天。

幼虫孵化后，即分散栖息，取食。各龄幼虫均有吐丝下垂、随风飘移的习性。不惧光。幼虫一般白天不取食，拟态很强，静伏在枝叶上靠腹足和臀足握住枝叶，体躯伸直，形似枯枝。受惊后即活动逃走。幼虫 5 龄。耐饥饿能力很强，初孵幼虫 1 天不取食，四、五龄幼虫缺食 2～3 天对发育没有影响。在日平均温度 17.2°C 的条件下，幼虫期 55～62 天，平均 58 天。幼虫老熟后即寻找合适场所吐丝结不规则薄丝茧化蛹越冬。在石块下等处化蛹的也有不结茧但多数入土 2～3cm 结土茧化蛹。蛹期长达 280～333 天，平均 290 天左右。

参考文献

胡顺昌 , 1989. 乌贡尺蛾的生物学特性观察 [J]. 应用昆虫学报 (6): 348-350.

（撰稿：南小宁；审稿：陈辉）

乌贡尺蛾成虫（南小宁提供）

乌黑副盔蚧　*Parasaissetia nigra* (Nietner)

一种多食性广布蚧虫。又名橡副珠蜡蚧、橡胶盔蚧、乌副盔蚧、黑网珠蜡蚧、黑软蚧、黑光硬介壳虫。英文名 nigra scale。半翅目（Hemiptera）蚧总科（Coccoidea）蚧科（Coccidae）副盔蚧属（*Parasaissetia*）。广布于全球热带和亚热带地区，冷地可在温室危害。中国分布于海南、广东、云南、台湾、香港、福建、内蒙古等地。

寄主　橡胶、香蕉、美人蕉、棕榈、驳骨丹、番荔枝、柑橘、咖啡、无花果、榕树、木槿、槟榔、重阳木、百香果、番石榴、珊瑚刺桐、莲雾等 92 科 242 属 300 余种植物。

危害状　以雌成虫和若虫刺吸汁液危害寄主植物的叶片和嫩枝（见图），造成枝叶发黄、萎缩、落叶，果品或胶产量降低，严重者整株枯死。

W

形态特征

成虫　雌成虫在枝条寄生者体多长椭圆形，叶片上寄生者多呈圆形，有时两侧不对称，体长 2～5mm；背面略突；年轻个体黄色，有时有褐色或红色斑点，产卵时变成暗褐色至紫黑色，且具光泽；老死个体暗褐色至黑色，背面有"H"纹，体皮多角形密集成网状。触角 7 或 8 节；足细长，胫、跗关节不硬化；气门刺有洼 3 根，中刺为侧刺的 3～4 倍长；肛板三角形。背刺棒槌状。

若虫　体扁平，黄色。

生活史及习性　1 年发生代数因地区、寄主而异，云南西双版纳橡胶树上 1 年 4 代，完成 1 个世代需要 60～110 天，海南儋州橡胶树上 1 年 5 代，广东广州驳骨丹上 1 年 8～9 代，完成 1 个世代需 28～66 天。世代重叠严重，没有明显越冬现象。没有发现雄虫，营孤雌生殖，卵生。每雌产卵量差别很大，在广州驳骨丹上为 64～206 粒，西双版纳橡胶上平均 1345 粒。卵产在虫体腹面，随着产卵量的增加，背部逐渐隆起呈头盔状。若虫孵化后多在母体下停留 1～2 天，待天气适合从母体后面缝隙爬出，涌散到邻近的枝叶，特别是刚抽出的新枝上，寻找合适位置固定取食。二龄若虫通常静止，但如果取食条件恶化，仍可移动。三龄若虫不动，分泌大量蜜露，聚集成不透明的滴状。常见蚂蚁与之共生。

捕食性天敌有 20 多种，优势种为黑褐举腹蚁和普通草蛉；寄生性天敌 16 种，斑翅食蚧蚜小蜂和副珠蜡蚧阔柄跳

乌黑副盔蚧危害状（武三安摄）

小蜂具有潜在应用价值。

防治方法

生物防治　保护和利用天敌。

化学防治　最佳防治时期是从 2 月下旬第一代初孵若虫始盛期到 4 月上旬低龄若虫高峰期，每 10 天进行 1 次药剂防治，连续防治 4～5 次。中、幼龄橡胶林采用喷雾法，开割胶林则采用烟雾法。

参考文献

卢川川，伍慧雄，1991. 乌副盔蚧的生物学及其防治研究 [J]. 环境昆虫学报，13(6): 101-106.

吴忠华，李国华，侯建勇，等，2008. 橡胶盔蚧生物学特性研究 [J]. 云南农业大学学报（自然科学版），23 (5): 701-704.

殷山山，钏相仙，白燕冰，等，2017. 橡副珠蜡蚧生物学、生态学特性及防治研究现状与展望 [J]. 热带农业科学，37 (3): 41-46.

张方平，符悦冠，彭正强，等，2006. 橡副珠蜡蚧生物学特性及防治概述 [J]. 热带农业科学，26 (1): 38-41.

（撰稿：武三安；审稿：张志勇）

乌桕大蚕蛾　*Attacus atlas* (Linnaeus)

一种主要危害乌桕等多种树木的食叶害虫。又名大乌桕蚕，俗名大柏蚕、山蚕、猪仔蚕。英文名 atlas moth。鳞翅目（Lepidoptera）大蚕蛾科（Saturniidae）巨大蚕蛾亚科（Attacinae）大蚕蛾属（*Attacus*）。国外分布于印度、印度尼西亚、马来半岛、缅甸等地。中国分布于福建、广东、广西、湖南、江西、云南、海南、台湾等地。

寄主　寄主有 22 科近 40 种，主要危害乌桕、风吹楠、樟、柳、泡桐、冬青、桦木、油茶、肉桂、依蓝香、金鸡纳、苹果、桃、李、柿、儿茶等。

危害状　初孵幼虫群集于叶背主脉两侧，虫体略呈"C"形，并蚕食叶片，仅剩中脉和叶柄。三、四龄幼虫食剩叶柄，五龄幼虫食尽全叶成秃枝后转移。老熟幼虫在小枝条和叶柄上吐丝，再将宽叶的两边收卷和叶尖部分上卷做茧。

形态特征

成虫　雌蛾翅展 206～276mm，雄蛾翅展 175～20lmm。体、翅赤褐色，前翅顶角显著突出，钝圆形。前、后翅的内线及外线白色，内线内侧和外线外侧有紫红色线及白色线并行，两线间杂有粉红色及白色鳞毛；中室端部有较大的三角形透明斑，雄蛾的透明斑略窄于雌蛾，前翅透明斑的前方有 1 个长圆形小透明斑；前后翅外缘部黄褐色，并有较细的波状纹；前翅顶角粉红色，内侧近前缘有半月形黑斑 1 个，下方有紫红色纵条纹。后翅内侧棕黑色，内线与外线形成耳状半环形纹，外缘黄褐色并有黑色波状端线，黑色线内侧有并行的黄褐色线，围绕着近三角形黑褐色点（图 1）。

幼虫　初孵幼虫体长 7.4～8.7mm，头、胸、腹背黑褐色，腹面灰黑色，末节淡黄。各胸节和第八腹节的背面和侧面以及第九、十腹节背面分别着生枝刺 2～4 对，枝刺主干柔软、淡黄色，端部褐色有细刺。二龄幼虫头部黄褐色，胴部背面和侧面淡黄绿色，体被粉状白蜡物，各胸节侧有枝刺

2 对，1～8 腹节侧各有 1 对，呈黑色。五龄幼虫胴部白色部分密生淡黄绿色小点，体被粉状白蜡物增多；臀板三角形深蓝色，胸背及第九、十腹的枝刺退化成小泡突。六龄幼虫体长 70～120mm，头淡黄绿色，胴部多皱褶微带灰紫色，气门片蓝绿色（图 2）。

生活史及习性　福建北部 1 年发生 2 代，云南 2～3 代，以蛹茧（图 3）挂在寄主枝条上越冬。第一代 5 月中旬到 7 月下旬；第二代 8 月上旬到翌年 4 月中旬；第三代 10 月上旬到翌年 4 月下旬。第一代幼虫期 31～50 天，蛹期 22～29 天，成虫期 10～12 天，卵期 8～11 天。第二代幼虫期 40～53 天，蛹期 20～45 天，成虫期 6～10 天，卵期 10～12 天。第三代幼虫期 46～76 天，蛹期 28～111 天，最长 279 天，成虫期 9～13 天，卵期 8～10 天。

成虫在 20：00 至清晨 7：00 前羽化，当晚即可交尾。卵多产于下层枝梢第二轮嫩叶端 1/3 处。幼虫共 6 龄。

图 1　乌桕大蚕蛾成虫
（贺虹提供）

图 2　乌桕大蚕蛾幼虫（贺虹提供）

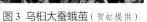

图 3　乌桕大蚕蛾茧（贺虹提供）

图 4　乌桕大蚕蛾卵（贺虹提供）

图 5　乌桕大蚕蛾蛹（贺虹提供）

乌桕大蚕蛾的发生与气候关系密切。5～9 月，平均气温在 21.3～26℃，月降水量 100mm 以上，有利于此虫发生。9 月高温干旱，月平均温度 25℃，降水量 48mm 下，导致第二代蛹滞育，不发生第三代。

防治方法

农业防治　产卵季节人工摘除枝条嫩叶端半部红色卵粒；在 3 月抽新梢以前剪掉枝条上的蛹茧；地面上散落较多的虫粪时，由此向上寻找捕杀幼虫。

物理防治　灯光诱杀成虫。

生物防治　天敌有黄瘤黑纹囊爪姬蜂（*Theronia zebra diluta* Gupta）和松毛虫黑点瘤姬蜂（*Xanthoptimola predator* Krieger）。

化学防治　喷洒 7216 细菌农药防治各龄幼虫。

参考文献

司徒英贤，1984. 西双版纳大乌桕蚕发生和习性的初步探讨 [J]. 热带农业科技 (4): 33-37.

中国科学院动物研究所，1983. 中国蛾类图鉴 IV [M]. 北京：科学出版社：408.

朱弘复，王林瑶，1996. 中国动物志：昆虫纲　第五卷　鳞翅目（蚕蛾科，大蚕蛾科，网蛾科）[M]. 北京：科学出版社.

朱弘复，王林瑶，方承莱，1978. 蛾类图册 [M]. 北京：科学出版社：142.

（撰稿：贺虹；审稿：陈辉）

乌桕祝蛾　*Scythropiodes malivora* (Meyrick)

一种危害乌桕等阔叶树的食叶害虫。又名苹果绢祝蛾、乌桕木蛾。鳞翅目（Lepidoptera）麦蛾总科（Gelechioidea）祝蛾科（Lecithoceridae）绢祝蛾属（*Scythropiodes*）。国外分布于俄罗斯、韩国、日本。中国分布于黑龙江、甘肃、天津、河北、河南、山东、安徽、浙江、福建、湖南、广东、四川、贵州、重庆、云南。

寄主　水曲柳、日本栗、欧美杨、乌桕、麻栎、板栗、紫薇、苹果、梨。

危害状　幼虫食叶，严重时将整株树叶取食殆尽，严重影响生长。

形态特征

成虫　体长 8～11mm，翅展 21～25mm。体灰色或淡黄色。下唇须发达而前伸。前翅近长方形，有 3 个小黑点，位于中室附近，近似等边三角形排列。静止时翅呈屋脊状。后足胫节有长鳞毛，在其端部和离端部 2/3 处各着生 1 对距，内距约长于外距 1 倍（图①）。

卵　圆形。长 0.5mm，宽 0.3mm。初产时淡黄色，后变成肉红色（图②）。

幼虫　老熟幼虫体长 18～23mm。淡黄色或乳白色，头壳及前胸背板棕色或黑色，胸足末端褐色。臀足上着生 1 簇刚毛。腹部第八节珊瑚气门比其他体节的大，成为明显可见的 2 个小黑点。第九节体背着生 2 排黑色刚毛，成 2 横行排列（图③）。

W

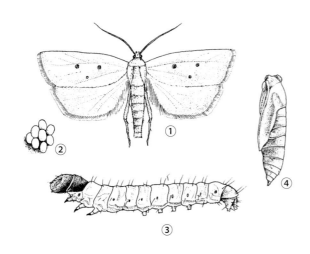

乌桕祝蛾各虫态（朱兴才绘）
①成虫；②卵；③幼虫；④蛹

蛹　纺锤形，雌蛹长 11～12mm，宽 3.5～4.0mm；雄蛹长 9～11mm，宽 2.9～3.5mm。初化蛹黄色，后变黄褐色（图④）。

生活史及习性　1 年发生 1 代。越冬卵于翌年 4 月上旬开始孵化，5 月中旬开始化蛹，5 月下旬出现越冬代成虫，6 月初开始产卵，以卵越夏越冬。成虫在 18：00～20：00 羽化最多，白天栖于树叶或杂草上，晚上在枝叶间飞行。有趋光性。成虫在 23：00 以后于树叶上交尾，交尾历时 4～5 小时。雌蛾 22：00 左右在树干上爬动，寻找有地衣附生的部位产卵。卵每堆数十粒不等。幼虫卷叶形成虫苞，将虫体末端固定在苞中，伸出体躯取食叶片，当虫苞周围叶片吃光后，另卷新叶，继续危害。

防治方法

物理防治　清除树表地衣可降低虫口密度。利用灯光诱杀成虫。

生物防治　幼虫和蛹期天敌有广大腿小蜂等 2 种寄生蜂，捕食性天敌有鸟类、蚂蚁等，应注意保护利用。

化学防治　喷洒 50% 杀螟松乳油或 50% 辛硫磷乳油 1000 倍液防治幼虫。

参考文献

柴希民，邓陈仁，1992. 乌桕木蛾 Odites xenophaea Meyrick [M]// 萧刚柔 . 中国森林昆虫 . 2 版 . 北京：中国林业出版社：747-748.

张家亮，王毅，丁建清，2015. 乌桕害虫名录 [J]. 中国森林病虫，34(5)：25-35.

WANG Q, LI H, 2016. Review of the genus Scythropiodes Matsumura, 1931 (Lepidoptera, Lecithoceridae, Oditinae) from China, with a checklist of the world [J]. Zootaxa, 4132 (3): 301-329.

（撰稿：嵇保中；审稿：骆有庆）

无斑弧丽金龟　*Popillia mutans* Newman

国内蛴螬主要种类之一，严重危害果树、花卉、棉花等植物的地下和地上部分。又名棉花弧丽金龟。鞘翅目（Coleoptera）金龟科（Scarabaeidae）丽金龟亚科（Rutelinae）弧丽金龟属（*Popillia*）。国外主要分布于日本、朝鲜、越南。中国分布于山西、辽宁、甘肃、河北、陕西、山东、河南、江苏、浙江、江西、台湾、四川等地。

寄主　苹果、山楂、桃、杏、柑橘、板栗、猕猴桃、草莓、黑莓、大豆、玉米、高粱、棉花、芙蓉、蜀葵、紫藤、木槿、月季、玫瑰、合欢等。

危害状　成虫和幼虫均能危害。成虫危害果树，造成果树叶片残缺不全，甚至把果树叶片全部吃光。成虫喜食鲜嫩的玉米花丝和棉花雄蕊，还咬食葡萄、杨树、玉米、豆类和红薯等作物的嫩叶，造成严重危害。幼虫咬食植物的根部。

形态特征

成虫　体长 9～14mm，宽 6～8mm，椭圆形，体躯颜色多为蓝、蓝黑、墨绿色，具金属光泽。体背中间稍宽，扁平，头与尾较窄，触角 9 节，唇基近似半圆形，边缘稍弯曲。前胸背板隆拱，前侧角锐而前伸，后侧角圆钝。小盾片三角形，后角圆钝，疏布刻点。鞘翅于小盾片之后有横陷，背面有 6 条粗刻点沟。臀板隆拱，密布粗横刻纹，无毛斑。足黑色粗壮，前足胫节外缘 2 齿（图①②）。

幼虫　体长 24～28mm，弯曲呈"C"形，头黄褐色，体多皱褶，肛门孔呈横裂缝状。臀节腹面腹毛区有两列纵向的刺毛列，每列 5～7 根，由前向后稍分开，两刺毛列的尖端相遇或交叉，刺毛列的附近有斜向上方的长针状刺毛（图③）。

生活史及习性　1 年发生 1 代，以二、三龄幼虫在地下 24～35cm 深处越冬。以成虫危害为主，成虫在中国由南到北于 5～9 月出现，为害期长，7 月中旬至 8 月中旬为成虫活动盛期。通常白天活动，且飞翔能力强，在一处为害后，便飞往另处为害，个别地区发生量大，有潜在危险。成虫有趋光性和假死性。幼虫取食植物地下部分，幼虫的生长发育对土壤肥力有一定的选择性，肥力高的幼虫危害严重。幼虫发生严重与否还与土壤质地有关，土地黏重，田间管理粗放，田间杂草多，有利于种群生长发育。

防治方法

物理防治　依据无斑弧丽金龟趋性，在果园种植区，于 6 月下旬始架设 20W 的黑光灯进行诱杀。

人工灭虫　早晨或傍晚在花上捕捉成虫，或利用其假死性振落，杀死。

农业防治　合理轮作，降低虫口基数。秋冬深耕，杀死活虫。合理的肥水管理，使用已腐熟的粪肥。

生物防治　充分保护和利用其天敌昆虫金毛长腹土蜂、日本土蜂等。利用病原微生物药剂白僵菌、绿僵菌、拟青霉菌等防治幼虫。

化学防治　10% 氰戊菊酯乳油 2500～3000 倍液喷雾防治成虫。

参考文献

李素娟，刘爱芝，武予清，等，2003. 河南省主要金龟子（蛴螬）种类分布、危害特点及综合防治技术（一）[J]. 河南农业科学 (4)：16-18.

无斑弧丽金龟（①②赵川德摄；③冯玉增摄）

①②成虫；③幼虫——蛴螬

刘广瑞，章有为，王瑞，1997. 中国北方常见金龟子彩色图鉴 [M]. 中国林业出版社 : 29-48.

汪洪江，胡森，吴文龙，等，2008. 南京地区常见金龟子种类及防治方法 [J]. 林业工程学报，22(3): 98-102.

叶玉珠，许元科，袁媛，等，2001. 危害板栗的金龟子种类调查 [J]. 中国森林病虫，20(3): 36-38.

（撰稿：周洪旭；审稿：郑桂玲）

无齿稻蝗　*Oxya adentata* Willemse

对水稻等粮食作物危害严重，是中国南部地区稻田重要的农业害虫之一。直翅目（Orthoptera）蝗总科（Acridoidea）斑腿蝗科（Catantopidae）稻蝗属（*Oxya*）。在中国主要分布于辽宁、吉林、黑龙江、内蒙古、宁夏、甘肃、青海、河北、山西、陕西、云南、西藏等地。

寄主　水稻、玉米、高粱、芦苇等禾本科植物。

危害状　无齿稻蝗主要危害水稻、玉米、高粱等禾本科作物，蝗蝻及成虫主要咬食禾本科植物的叶片成缺刻。

形态特征

雄性　体长 15.5～22.5mm，前胸背板长 4～5mm，前翅长 16.5～20.5mm，后足股节长 11.5～15.5mm。

雌性　体长 23～30mm，前胸背板长 6.5～7mm，前翅长 19.4～24mm，后足股节长 16～17mm。

无齿稻蝗体中小型，体色为黄绿色或绿色，眼后带黑褐色，后足股节黄绿色，膝部褐色，后足胫节黄绿色，端半部略带淡红褐色。头大而短，较短于前胸背板，头顶钝圆。触角细长，到达或超过前胸背板的后缘。复眼卵圆形。前胸背板宽平，侧缘平行，后缘呈圆角形突出，中隆线低，线状。前翅发达，超过后足股节顶端（图1）。雄性肛上板三角形，侧缘较直，长宽相等。尾须长锥形，顶端上缘斜切，顶尖。下生殖板短锥形，顶尖。阳茎基背片桥狭，无锚状突，外冠突钩状，内冠突齿状。雌性下生殖板无侧隆线，无中央纵沟，下生殖板后缘中央略凹，无齿突。下产卵瓣下外缘各齿近等长，腹基瓣片内缘具 1～2 齿（图2）。

生活史及习性

无齿稻蝗主要分布在东北、华北和西北地区，每年发生

图 1 无齿稻蝗（李涛提供）

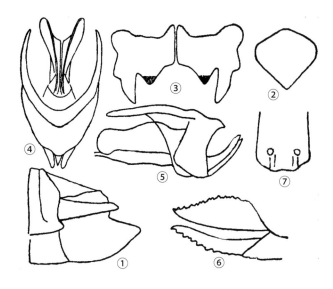

图 2 无齿稻蝗分类特征（仿郑哲民，张晓洁绘）

①雄性腹端腹面；②雄性肛上板；③阳茎基背片；④阳茎复合体背面；⑤阳茎复合体侧面；⑥雌性产卵瓣；⑦雌性下生殖板

1代。喜欢生活在禾本科植物生长茂盛的潮湿环境中，在田埂及低洼积水的草滩中也常有发生。常产卵于湿度较低、土壤松软的田埂土内或草丛中。一般5月上中旬蝗卵开始孵化为蝗蝻，8～9月间进入羽化盛期，9月下旬为产卵盛期，以卵在土中越冬。

发生规律 发生规律与中华稻蝗基本相同。

无齿稻蝗大发生的主要原因：①蝗虫的繁殖速度快。②气候变暖，使蝗卵越冬死亡率低，蝗蝻发生期提前。③对当地水情、旱情和气候变化的监测不足，对无齿稻蝗的预测预报不够准确及时。

防治方法 见小稻蝗。

参考文献

刘举鹏，1990.中国蝗虫鉴定手册 [M].西安：天则出版社.

马恩波，郑哲民，1989.五种稻蝗染色体核型和C带带型的比较 [J].昆虫学报，32(4)：399-405.

郑哲民，1985.云贵川陕宁地区的蝗虫 [M].北京：科学出版社：130-131.

郑哲民，1993.蝗虫分类学 [M].西安：陕西师范大学出版社：80.

（撰稿：李涛；审稿：张建珍）

梧桐木虱 *Carsidara limbata* (Enderlein)

一种吸食梧桐幼嫩枝、叶汁液的害虫。又名青桐木虱、梧桐裂木虱。英文名：sycamoreal lice。异名：*Tasanogida limbata* Enderlein。半翅目（Hemiptera）裂木虱科（Carsidaridae）裂木虱亚科（Carsidarinae）裂木虱属（*Carsidara*）。中国主要分布于辽宁、北京、河北、山西、陕西、四川、重庆、山东、河南、安徽、湖北、浙江、福建、贵州、江西、湖南、江苏等地。

寄主 梧桐。

危害状 成虫和若虫都群集于生长点附近的枝条和叶片背面吸食树液。若虫分泌白色棉絮状蜡质物，影响叶的正常光合作用和呼吸作用。同时其分泌物含有大量糖分，能诱致霉菌寄生，招致寄主烟煤病。受害叶具浅色斑，严重时会造成叶片枯死脱落。此外，若虫分泌的大量白色蜡质物造成叶片和路面污染，影响景观（图1）。

形态特征

成虫 体长3.5～5.0mm，体翅长5.6～7.2mm。体黄色至黄褐色，具黑色或黑褐色斑纹，被稀短毛。头顶黄绿色，中缝黑褐色；触角黄色，10节，末两节黑色，最末端二分叉。前胸背板中央、后缘及两侧凹陷黑色；中胸前盾片前段具褐色斑，盾片两侧具宽的黑色纵带，中央具1条褐色带。足黄褐色，腿节背面黑褐色。前翅透明，稍有污黄色；翅痣不透明，黄褐色；脉黄色。腹部褐色，雄虫第三节背板及生殖节黄色，雌腹板及生殖节褐色。

卵 具卵柄，越冬卵乳白色，二代卵白色，长卵圆形，卵面有分泌的黏附物组成的花纹。

若虫 若虫共5龄（图2），第一、二龄若虫身体扁平，体乳白色，腹部透出黄色，翅芽不明显。末龄若虫身体近圆筒形，体茶黄色常带绿色，臀板大，腹部有发达的蜡腺，因此全身被白色蜡絮。触角10节，末2节褐色；翅芽发达，前翅芽缘有披针形刚毛。足长，褐色。

生活史及习性 该虫在北方1年发生2～3代，以卵越冬，越冬卵多产于枝条基部，节痕或疤痕附近，多单产，附着牢固。翌年4月底5月初越冬卵孵化后在叶柄基部聚集危害，5月底6月上旬成虫羽化产卵，成虫羽化后需补充营养才能产卵。二代若虫6月中下旬开始出现，7月中旬为活动盛期，8月上中旬羽化产卵，二代卵主要产于叶背、叶柄的白色蜡絮里，枝干上较少，附着性不如越冬卵牢固。9月上中旬三代若虫危害，10月下旬成虫逐渐产卵越冬。各代发育很不整齐，有世代重叠现象。若虫和成虫均有群居性，常常十多头至数十头群居在叶背等处。若虫潜居生活于白色蜡质物中，

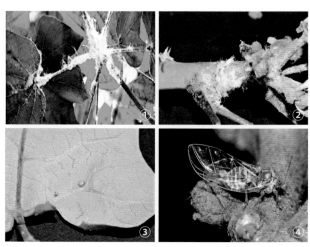

图 1 梧桐木虱危害状（任利利提供）

①寄主枝叶受害状；②生长点受害；③叶背面受害；④成虫及若虫危害

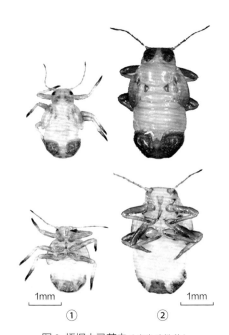

图2 梧桐木虱若虫（李嘉乐提供）

① 4 龄若虫背腹观；② 5 龄若虫背腹观

行走迅速；成虫飞翔力差，有很强的跳跃能力。

防治方法

化学防治　在树干根基处喷施或注射内吸杀虫剂。

物理防治　冬剪，除去多余侧枝、病虫枝。

生物防治　保护瓢虫、草蛉、食虫虻及寄生蜂等天敌。

参考文献

胡薇宁，2009.青桐木虱的生物学特性及综合防治 [J]. 现代农村科技 (9): 28.

蒋文忠，叶黎红，孙兴全，2010.梧桐木虱生活习性及室外防治研究 [J].安徽农学通报，16(2): 108-109.

李法圣，2011.中国木虱志 [M].科学出版社 .

李嘉乐，任利利，骆有庆，2018.梧桐木虱各龄若虫蜡腺和蜡泌物超微结构观察 [J].昆虫学报，61(7): 825-834.

王川才，周政华，1994.梧桐木虱生物学及其防治 [J].应用昆虫学报，31(1): 24-25.

（撰稿：任利利、李嘉乐；审稿：骆有庆）

舞毒蛾　*Lymantria dispar* (Linnaeus)

世界性害虫。基于地理分布、幼虫寄主和雌成虫飞行能力，舞毒蛾分欧洲型舞毒蛾和亚洲型舞毒蛾。又名秋千毛虫、苹果毒蛾、柿毛虫、柿巨虫、松针黄毒蛾、杨树毛虫。英文名 gypsy moth。鳞翅目（Lepidoptera）目夜蛾科（Erebidae）毒蛾属（*Lymantria*）。亚洲型舞毒蛾卵打破低温滞育时间短，幼虫寄主树种比欧洲型舞毒蛾多且雌成虫飞翔能力强且有趋光性，而欧洲型舞毒蛾雌成虫无飞翔能力，因此亚洲型舞毒蛾危害更大。亚洲型舞毒蛾主要分布在乌拉尔山脉以东，包括中国、韩国、日本、俄罗斯远东等地。欧洲型舞毒蛾分布在

欧洲、北美东部、亚洲西部、非洲北部、印度北部、巴基斯坦和阿富汗等地。中国的舞毒蛾为亚洲型舞毒蛾，主要分布在东北、内蒙古、陕西、河北、山东、山西、江苏、四川、宁夏、甘肃、青海、新疆、河南、贵州、台湾。

寄主　亚洲型舞毒蛾幼虫能够取食大多数针、阔叶树种，如橡树、白蜡、桦木、栎树、杨树、柳树、漆树、苹果属、榆树、山楂、柿、云杉、落叶松等 500 余种植物。

危害状　舞毒蛾食量较大，对寄主树种快速造成危害；若周围环境缺乏幼虫喜好的寄主植物，它们也会攻击非喜好寄主植物从而造成破坏（图1）。亚洲型雌成虫可通过远距离飞行，将虫害扩散到非感染区；新孵化的幼虫能够吐丝互相缠绕悬在空气中，在气流和风力的作用下将虫害传播开来；此外，人类活动也是该害虫远距离传播的一个潜在途径，舞毒蛾雌成虫将卵产在集装箱、户外家具、木材、汽车等表面，卵期的舞毒蛾处于滞育期，能够在数月保持活力但静止不孵化，这为附着在货物上的卵块运输到新的生境提供了机会。幼虫取食叶片成缺刻或将叶吃光，严重时可将全树叶片吃光，影响树木生长。

形态特征

成虫　中型至大型，体粗壮多毛，雌蛾腹端有刚毛簇。口器退化，下唇须小，无单眼，触角双栉齿状，雄蛾栉齿比

图1 舞毒蛾危害状（王青华提供）

①危害状远景；②危害状近景

雌蛾长。成虫大小、色泽往往具有性二型性。雄成虫翅呈灰褐色，上有黑色斑纹，栉状触角；雌成虫体型大于雄虫，翅呈白色，有黑色斑纹，线状触角（图2⑤⑥）。亚洲型舞毒蛾整体体型比欧洲型大，雄蛾前翅长23～28mm，雌蛾前翅长28～41mm；而欧洲型舞毒蛾雄蛾前翅长14.5～22mm，雌蛾前翅长20～30mm。

　　卵　圆形，有光泽，直径0.8～1.3mm。初产时为杏黄色，后逐渐变为黑褐色。卵粒密集成块，覆黄褐色绒毛（图2①②）。

　　幼虫　静止时多毛的前足伸出。幼虫体被长短不一的毛，在瘤上形成毛束或毛刷。幼虫第六、七腹节或仅第七腹节具有翻缩腺，是本科幼虫的重要鉴别特征。幼龄幼虫有群集和吐丝下垂的习性（图2③）。

　　蛹　为被蛹，体被毛束，体表光滑或有小孔、小瘤，有臀棘。老熟幼虫在地表枯枝落叶中或树皮缝隙中以丝、叶片和幼虫体毛缠绕成茧，在茧中化蛹。卵多成堆产于树皮、树枝、树叶背面、林中地被物或雌蛾茧上。卵堆上常覆盖雌蛾的分泌物或雌蛾腹部末端的毛（图2④）。

　　生活史及习性　成虫多在黄昏和夜间活动，少数白天活动。舞毒蛾雌蛾羽化后对雄蛾有较强的引诱力，雄蛾较活跃，善飞翔，日间常在林中成群飞舞，故称"舞毒蛾"。夏季雌成虫交尾后以卵块的形式将卵成堆产在寄主树种的叶背面、树枝或树干上、树洞中、林中地被物或雌蛾茧上、石块下、屋檐下等。卵块约3.8cm×1.9cm，每块卵的卵粒数与幼虫取食种类有关，500～1500粒不等。亚洲型舞毒蛾雌成虫有趋光性，因此卵块经常产于光源附近，卵块上覆盖有淡黄色或黄褐色绒毛，但长时间在日光下暴露会几乎全为白色。4～6周，卵内胚胎发育完成形成幼虫，但直到翌年春天才会孵化。

　　幼虫孵化时间与温度有关，一般与寄主植物发芽保持同步。幼虫取食叶片，幼虫期也是舞毒蛾对寄主植物造成危害的唯一时期。幼龄幼虫有群聚和吐丝下垂的习性。一龄幼虫能借助风力及自体上的"风帆"飘移很远，像流浪的吉普赛人一样，这也是英文名的由来。二龄以后日间潜伏在落叶及树上的枯叶内或树皮缝里，黄昏后出来危害。幼虫有5～6个龄期。老熟幼虫在地表枯枝落叶中或树皮缝隙中以丝、叶片和幼虫体毛缠绕成茧，在茧中化蛹。蛹期一般10～15天。成虫羽化后不再取食，雌成虫释放性激素吸引雄虫交配，交配当天即产卵，2～3天后死亡。

　　舞毒蛾发生与郁闭度、土壤瘠薄程度和面积有直接关系，土壤越瘠薄危害越严重，郁闭度大危害轻，林地面积大，危害轻。

防治方法

　　信息素检测监测及防治　舞毒蛾信息素制成的引诱剂是该害虫预测预报的重要手段，同时可诱杀成虫。

　　灯光诱杀　黑光灯、频振式杀虫灯均可诱杀舞毒蛾。

　　人工防治　大发生时，其卵一般大量集中在石崖下、树干、草丛等处，卵期长达9个月，因此容易人工集中销毁。还可以在毒蛾幼虫暴食期前的三、四龄期采集幼虫，这种方法可作为采集卵块方法的延伸和补充。

　　生物防治　林间应用舞毒蛾核型多角体病毒混悬液进行幼虫防治，可在林间维持病毒种群，达到长期控制的目的。舞毒蛾核型多角体病毒阳光直射下容易失活，需注意添加阳光保护剂。Bt作为成熟的微生物杀虫剂，在舞毒蛾防治中也是一项较好的措施，可推广使用。

　　化学防治　作为急救手段，在舞毒蛾大发生时，以烟剂为首选剂型。也可喷洒20%除虫脲悬浮剂7000倍液等高效低毒农药，但在防治时需注意避开天敌活动期。

参考文献

冯继华，闫国增，姚德富，等，1999.北京地区舞毒蛾天敌昆虫及其自然控制研究[J].林业科学，35(2):53-59.

胡春祥，2002.舞毒蛾生物防治研究进展[J].东北林业大学学报，30(4):40-43.

李镇宇，乔秀荣，许文儒，2020.舞毒蛾[M]//萧刚柔，李镇宇.中国森林昆虫.3版.北京:中国林业出版社:963-966.

王清树，慈维华，2007.舞毒蛾的发生与防治技术[J].现代化农业(7):44-45.

许文儒，李亚杰，1992.舞毒蛾 Lymantira dispar Linnaeus[M]//萧刚柔.中国森林昆虫.2版.北京:中国林业出版社:1086-1087.

张国财，2002.舞毒蛾防治技术的研究[D].哈尔滨:东北林业大学.

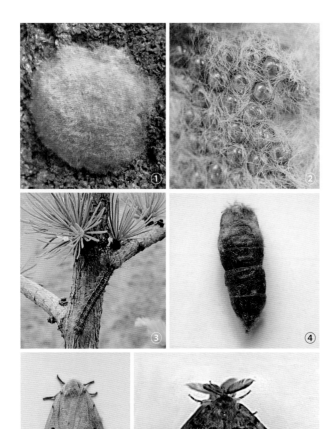

图2 舞毒蛾各虫态（王青华提供）

①卵块；②绒毛下的卵；③幼虫；④蛹；⑤雌成虫；⑥雄成虫

钟锋, 韩宙, 黄其亮, 2015. 我国舞毒蛾防治技术的研究进展 [J]. 世界农药, 37(3): 33-36, 53.

（撰稿：张苏芳；审稿：张真）

物理防治　physical control

通过机械工具或物理因素，如热、光、电、声、温湿度或放射能等，达到杀灭、隔离和诱集有害生物的目的。又名机械防治。物理防治包括简单的徒手灭虫及人工清除病株，是一类历史悠久的防治手段。相比化学防治而言，传统物理防治人力成本高且效率低下，然而由于化学防治带来的农药残留、有害生物抗药性和再猖獗问题日益突出，物理防治因为其环境友好性重新受到重视。随着有害生物行为学的突破以及近代物理技术的发展，物理防治的效率和特异性得到了极大的提高，在未来有害生物综合治理中将有巨大潜力。

常用的物理防治方法如下：

设置物理障碍　利用塑料膜等人工材料将作物和有害生物阻隔开，降低接触概率。例如塑料棚搭建和果实套袋等。

诱杀陷阱　释放对有害生物有引诱作用的物理信号，辅助胶水或毒物限制有害生物的活动，降低有害生物的数量。例如利用蚜虫、飞虱和潜叶蝇对黄色的偏好，可在田间悬挂黄色黏虫板进行防治；利用昆虫对紫外光的趋性，在夜间悬挂黑光灯诱杀蚊蝇。

温湿度控制　通过提高或降低温湿度直接杀灭有害生物。例如将蔬果放在冷库中储存以降低有害生物的活性；晒种或热水浸种以预防种传病害和杀灭虫卵。

诱发不育或干扰交配　利用物理信号影响有害生物的繁殖。例如射线可诱发基因突变从而构建害虫不育品系；模拟某些昆虫交配过程的声音可对正常的交配产生干扰，以降低害虫交配成功率。

参考文献

BANKS J, FIELDS P G, 1995. Physical methods for insect control in stored-grain ecosystems [M]. New York: Marcel Dekker.

POLAJNAR J, ERIKSSON A, LUCCHI A, et al, 2015. Manipulating behaviour with substrate-borne vibrations–potential for insect pest control [J]. Pest management science, 71(1): 15-23.

VINCENT C, HALLMAN G, PANNETON B, et al, 2003. Management of agricultural insects with physical control methods [J]. Annual review of entomology, 48(1): 261-281.

（撰稿：葛璿；审稿：王宪辉）

W

X

西北豆芫菁　*Epicauta sibirica* (Pallas)

中国北方草原常见的一种广食性草食昆虫。危害豆科、藜科、茄科、菊科等多类植物、牧草和农作物。幼虫取食蝗卵，对蝗灾有一定的控制效果。又名中华豆芫菁、中华黑芫菁、疑豆芫菁、黑头黑芫菁、红头黑芫菁等。鞘翅目（Coleoptera）芫菁科（Meloidae）豆芫菁属（*Epicauta*）。国外分布于俄罗斯、蒙古、朝鲜半岛、日本、哈萨克斯坦。中国分布于黑龙江、吉林、辽宁、内蒙古、北京、河北、山西、山东、河南、陕西、宁夏、甘肃、青海、新疆、江苏、安徽、浙江、江西、台湾、广东、海南、四川、贵州、云南、西藏。

寄主　豆科（花生、黄芪、紫花苜蓿、苜蓿、紫穗槐、槐树）、藜科（甜菜、灰菜）、茄科（马铃薯）、旋花科（蕹菜）、菊科（向日葵）、葫芦科（南瓜等瓜类）、薯蓣科（甘薯）、锦葵科（棉花）、禾本科（糜子、玉米）等。

危害状　成虫群集取食寄主叶片、花器，造成叶、花表面形状不规则缺刻，吃光后转移为害（图①）。严重时可将植株叶片蚕食殆尽，影响植株正常生长与结实。

形态特征

成虫　体长 11.0～20.0mm。体黑色，额中央及两颊红色，唇基前缘和上唇端部中央红色，触角基节和下颚须各节基部暗红色。触角第一至六节腹面，下颚须背面、头腹面、各足基节窝周围、前足腿、胫节和第一跗节内侧，前、中足腿节外侧被灰白毛，有时前、中胸腹板和后胸两侧，鞘翅侧缘和端缘亦被灰白毛。头顶中央具 1 深色纵纹；雄性触角第四至九节扁，向一侧展宽，第六节最宽；雌性触角近丝状，略扁。前胸背板中央具 1 明显纵沟，基部中央具 1 凹洼。前足第一跗节雄性侧扁，基部细，端部膨阔，斧状；雌性正常柱状。腹部第六可见腹板雄性后缘中央缺刻，雌性后缘平直（图②）。

卵　长 2.0～3.0mm，宽 0.8～1.2mm。长椭圆形，初期乳白色，后淡黄褐色。以黏液粘连呈块状（图③）。

幼虫　初孵幼虫蛃型（图④）。体棕褐色，头部端部、第一至三节和第六至八腹节近黑色，前胸背板两侧各具 1 黑斑。二至四龄和六龄幼虫蛴螬型；五龄幼虫象甲型。

生活史及习性　1 年 1 代。幼虫 6 龄，以五龄幼虫越冬，翌年春季蜕皮成为六龄幼虫，继而化蛹。5 月下旬开始羽化，6 月为羽化盛期。成虫期 60～80 天，7 月为产卵盛期，8 月为孵化盛期。室温条件下，卵期约 20 天。

防治方法

农业防治　害虫发生严重地区或田块，收获后及时深耕翻土，将正在越冬的幼虫翻入深土层中，打乱或破坏其生存环境，减少翌年为害。靠近农田的荒滩若蝗虫发生较重，要及时消灭蝗虫，控制成虫产卵，减少其产卵，减少芫菁幼虫的食料，以消灭幼虫。

参考文献

巴兰清，柴武高，2015. 豆芫菁在民乐县的发生与防治 [J]. 甘肃农业科技 (3): 92-93.

潘昭，任国栋，李亚林，等，2011. 河北省芫菁种类记述（鞘翅目：芫菁科）[J]. 四川动物，30(5): 728-730.

申春新，赵书文，王晋瑜，2012. 豆芫菁的发生与防治 [J]. 植物医生，25(5): 19-20.

杨春清，孙明舒，丁万隆，2004. 黄芪病虫害种类及为害情况调查 [J]. 中国中药杂志，29(12): 12-14.

（撰稿：潘昭；审稿：任国栋）

西北豆芫菁危害状及形态（潘昭提供）

①成虫危害灰菜；②成虫；③卵；④初孵幼虫

西伯利亚大足蝗　*Aeropus sibiricus* (Linnaeus)

一种中国新疆牧区危害牧草的主要害虫。英文名

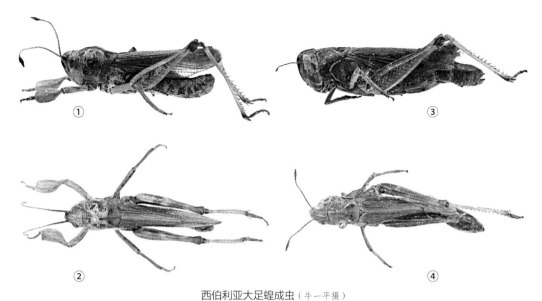

西伯利亚大足蝗成虫（牛一平摄）

①雄成虫侧面观；②雄成虫背面观；③雌成虫侧面观；④雌成虫背面观

siberian grasshoppe。直翅目（Orthoptera）蝗科（Acrididae）槌角蝗亚科（Gomphocerinae）大足蝗属（*Aeropus*）。国外分布于前苏联区域、蒙古和朝鲜。中国分布于黑龙江、吉林、内蒙古、甘肃、新疆。

寄主　禾本科牧草和禾谷类作物。

危害状　参见西藏飞蝗。

形态特征

成虫　体长雄虫 18.0～23.4mm，雌虫 19.0～25.5mm。暗褐或黄褐色，头黑褐色。头侧窝明显四角形；颜面后倾，隆起具深纵沟。上唇和唇基中央黑褐色。下唇须和小颚须淡黄色。复眼卵形。触角细，超过前胸背板后缘，端部明显膨大，略褐色；雌虫达或略超过前胸背板后缘，端部略膨大。前胸背板黑褐色，圆隆，前缘中央略前突，后缘弧形；中隆线和弧形弯曲的侧隆线均明显；雌虫前胸背板不隆起；前胸背板长雄虫 4.2～5.0mm，雌虫 4.4～5.2mm。后胸腹板侧叶全长彼此分开。前翅褐色，发达，超过后足股节末端；前翅前肘脉和后肘脉部分或全部合并；雌虫前翅不达、达或略超过后足股节末端，前翅前、后肘脉不合并；前翅长雄虫 13.0～16.5mm，雌虫 12.0～17.0mm。后翅顶端淡烟色。前足胫节明显梨形膨大，雌虫不膨大。后足股节末端黑色；后足股节长雄虫 11.0～12.0mm，雌虫 13.5～15.0mm。后足胫节雄虫橙黄色，雌虫黄色，基部黑褐色；外缘具 13～14 个刺，跗节爪间中垫较长，达或略超爪中部。腹部背板两侧黑色。雄虫下生殖板短锥形，顶端钝圆。雌虫产卵瓣粗短，上产卵瓣上外缘光滑无细齿（见图）。

卵　卵囊直或略弯，形状多样，两端细中间粗或底端钝圆向上渐细；卵囊顶端有近圆帽状卵囊盖。卵粒灰白、浅黄或略带紫色；卵粒直或略弯，中间较粗，两端渐细，上端钝圆，下端稍狭圆。卵壳薄而平滑，未吸水前仅在卵孔带附近有很浅的网状花纹小室，吸水后卵壳表面出现纵裂状花纹。卵孔可见，卵孔带由 40～44 个黄褐色近漏斗状的卵孔组成。

若虫　若虫期 4 龄。

生活史及习性　在新疆 1 年发生 1 代。以卵在土中越冬，于 5 月初孵化，5 月中旬达孵化盛期，6 月中旬为羽化盛期，7 月初可见成虫。成虫寿命雄虫 5.0～23.5 天，雌虫 7.0～42.0 天。多分布在土壤含水量较高、土质疏松的多种类型草原上。

防治方法　在蝗灾发生区可利用物理、化学、生物等技术进行防治。

参考文献

刘举鹏，席瑞华，1986. 中国蝗卵的研究：十二种有危害性蝗虫卵形态记述 [J]. 昆虫学报，29(4): 409-414.

乔璋，乌麻尔别克·纳斯尔吾拉，杜刚，等，1995. 小翅曲背蝗和西伯利亚蝗生物学特性研究 [J]. 新疆农业科学 (4): 176-177.

魏淑花，朱猛蒙，张蓉，等，2016. 宁夏草原蝗虫防治技术 [J]. 宁夏农林科技，57(11): 33-35.

印象初，夏凯龄，等，2003. 中国动物志：昆虫纲　第三十二卷　直翅目　蝗总科　槌角蝗科　剑角蝗科 [M]. 北京：科学出版社.

（撰稿：刘杉杉；审稿：任国栋）

西昌杂毛虫　*Kunugia xichangensis* (Tsai et Liu)

一种主要分布中国南方的重要松林食叶害虫。又名西昌杂枯叶蛾、西昌松毛虫。英文名 xichang pine caterpillar moth。鳞翅目（Lepidoptera）枯叶蛾科（Lasiocampidae）杂枯叶蛾属（*Kunugia*）。中国分布于四川（西昌、会理）、贵州、云南（昆明、维西、丽江、永胜、个旧）、湖南（衡山）、陕西（西乡）。

寄主　云南松、粗皮青冈、槲树、槲栎、四川杨桐、细叶鹅观草、委陵菜。

形态特征

成虫　雌蛾体长 37～45mm，翅展 78～95mm；体淡褐

X

色；前翅黄褐色，前缘呈弧形，外缘倾斜较小，翅面中部有1条褐色横带，宽6~8mm；亚外缘斑点淡黑色，排列成波状；中室末端有一个白点；后翅淡褐色；触角栉齿状。雄蛾体长34~40mm，翅展60~90mm；体褐色，翅面横带宽1~6mm，赭色；触角羽状（图①）。

卵　长圆形，长径1.7mm，短径1.49mm，表面光滑。卵壳上有互相嵌合的赤色和白色斑纹。

幼虫　初孵幼虫蓝黑色，体长5~10mm。二龄幼虫在胸部两侧各节有肉瘤1个，上生黑褐色短毛。五龄以上幼虫，体暗红褐色，头部褐黄色，中、后胸背面有短的黑色丛毛，腹部背面有不明显的花斑，背板和侧板前缘有黑色丛毛。体侧黑色丛毛中有"八"字形的毛列。老熟幼虫体长80~100mm（图②）。

蛹　初为绿色，经1天后变为褐色。头顶及腹部各节密生金黄色短毛。茧长椭圆形，黑褐色，上有黑色毒毛。

生活史及习性　在四川1年发生1代，以四、五龄幼虫越冬。翌年2月中下旬出蛰。6月上中旬至8月上旬为结茧化蛹期，盛期在6月下旬至7月上旬。7月中旬至8月下旬为成虫羽化、产卵期，7月上旬至8月上旬为盛期。卵于8月上旬至9月上中旬为孵化盛期。幼虫12月上中旬越冬。卵期11~20天，平均14.9天；幼虫期298~312天；前蛹期3~6天，平均4.2天；蛹期21~32天，平均26.6天；成虫寿命5~12天，平均8天。不交尾的雌蛾，平均寿命可达11天。

成虫羽化后1~2天交尾，时间多在20：00到次日天亮前，尤以20：00~24：00最多。交尾历时18~30小时，一般多为20小时。雌蛾一生能交尾1~5次，亦有少数不交尾者。雌蛾交尾后，立即产卵。卵多产在杂草上，亦有产在青冈或四川杨桐叶背面的，但云南松上还未发现卵。第一次交尾后，即可产出50%左右的卵。产卵量为261~513粒，平均425粒。产卵期约8天，一般6天，未交尾的可延长到11天。成虫在白天不太活动，常潜伏于杂草或阔叶树叶背面，或其他隐蔽地方。成虫傍晚开始活动，以22：00最为活跃。能趋向微弱的光源。

卵块由几十粒至数百粒组成，孵化率为57.2%~100%，平均85.7%。孵化时间为10：00~16：00，以14：00左右孵化最多。在日平均气温为16.5~25.1°C，相对湿度为70%~90%条件下均有孵化。而以日平均气温18.5°C、相对湿度80%较为适宜，这种条件下孵化率为48.7%。

幼虫孵出后经4~6小时开始取食、活动。初孵幼虫有吐丝下垂、借风迁移的习性。一、二龄幼虫仅取食一部分叶肉，三龄以后取食全针叶。多在早晚及夜间取食。幼虫9：00左右开始爬至树下背阴面杂草丛中潜伏，到17：00前后上树取食。若遇惊扰，即蜷缩成团，坠落草丛。越冬前，每一龄历期22~28天，一般25天左右；越冬后则为33~38天，一般35天左右。在12月上中旬日平均气温下降到12°C以下，幼虫开始越冬。越冬期间，白天室内温度在12°C以上时，亦有少数幼虫取食。翌年2月中下旬平均气温上升达12°C以上，幼虫开始活动，上树取食。老熟幼虫在杂草或枯枝落叶下吐丝结茧化蛹。化蛹的适宜温度为日平均温度23.3°C，相对湿度为75.7%，在此种条件下所化的蛹约占总化蛹数的35.7%。

接近羽化时，蛹体变黑，腹部节间伸长，尾端亦不活动。羽化时间多在晚上，尤以21：00~24：00为多。羽化的日平均温度为22.1~22.6°C，相对湿度为80%；在此条件下所羽化成虫占全部羽化成虫的56.2%。

防治方法

营林措施　营造混交林和封山育林是抑制松毛虫发生的根本技术措施。

物理防治　在成虫羽化期，设置黑光灯诱杀成虫，将成虫消灭在产卵之前，可达到预防和除治。

生物防治　应用Bt乳剂防治。

化学防治　低龄幼虫期喷洒高效低毒农药或烟剂防治。

参考文献

陈素芬，1992. 西昌杂毛虫 Cyclophragma xichangensis (Tsai et Liu) [M]// 萧刚柔. 中国森林昆虫. 2版. 北京：中国林业出版社：943-944.

侯陶谦，1987. 中国松毛虫 [M]. 北京：科学出版社.

张永安，陈素芬，2020. 西昌杂枯叶蛾 [M]// 萧刚柔，李镇宇. 中国森林昆虫. 3版. 北京：中国林业出版社：788-789.

（撰稿：张永安；审稿：张真）

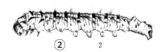

西昌杂毛虫（朱兴才绘）
①成虫；②幼虫

西花蓟马　*Frankliniella occidentalis* (Pergande)

一种园艺作物上最主要的危险性入侵害虫。又名苜蓿蓟马。英文名 western flower thrips。缨翅目（Thysanoptera）蓟马科（Thripidae）花蓟马属（*Frankliniella*）。

西花蓟马起源于美国和加拿大的西部山区，最早记载于1895年，随着国际贸易的增加，主要是花卉和蔬菜的调运促进了西花蓟马的传播。20世纪70年代末和80年代初西花蓟马已遍及整个北美洲，特别是自1983年在荷兰温室发现后迅速向世界各地扩散，1990年后扩展至亚洲，目前已在74个国家和地区有报道，其中在美国、荷兰、英国、西班牙、以色列等国家广泛分布，成为世界性的园艺作物上最重要的害虫之一。1996年，西花蓟马被中国农业部列为进境植物检疫潜在的危险性害虫，2000年在昆明国际花卉节参展的缅甸盆景上截获此虫。2003年在北京首次发现西花蓟马严重危害，随后在云南、山东、天津、贵州、江苏、湖南、浙江、新疆、宁夏、西藏、吉林、内蒙古等地陆续发现。西花蓟马通常与花蓟马、棕榈蓟马等其他种类蓟马混合发生。

寄主 食性杂，寄主植物有65科500余种，以温室种花卉、茄果类植物受害最重。西花蓟马还可以取食花粉和花蜜甚至捕食叶螨卵，一度被视为传粉昆虫和捕食性天敌。

危害状 以锉吸式口器刺吸寄主植物的叶、芽、花或茄果汁液。被害叶片初呈白色斑点，后连成片，叶片正面似斑点病害，叶背则有黑色虫粪，严重危害时叶片变小、皱缩，甚至黄化、干枯、凋萎，花器受害呈白斑点或变成褐色，果实受害多留下创痕，甚至造成疮疤。花卉受害后表现为叶片和花瓣褪色并留下食痕，影响花卉的外观和商品价值，受侵染的花蕾、花朵畸形，严重者造成花不能正常开放。西花蓟马除直接危害寄主植物外，还能传播许多种病害，其中最重要的是 *Tospovirus* 属的两种病毒：番茄斑点萎蔫病毒［tomato spotted wilt virus（TSWV）］和凤仙花斑病毒［impatiens necrotic spot virus（INSV）］，病毒病造成的经济损失远大于西花蓟马本身的危害，导致蔬菜、花卉生产减产，甚至绝收（图1）。

形态特征

成虫 雌虫体长1.2～1.3mm。体黄色至深褐色，头及胸部色略淡，腹部各节前缘线暗棕色。触角8节，第三至第五节黄色，但端部棕色，其余各节淡棕色，第三、四节上有叉状感觉锥。头短于前胸，两颊后部略收窄。单眼3个，呈三角形排列；单眼间鬃发达，位于前、后单眼中心连线上，其中1对长鬃与复眼后方的长鬃等长。前胸背板有4对长鬃，其中从中央向外第二对鬃最长。中后胸背板愈合，后胸背板中央具长形网状线纹，后方有1对钟形感觉孔。前翅淡黄色，上脉鬃18～21根，下脉鬃13～16根，排列均匀完整。腹部第五至第八节背板两侧有微弯梳，第八背板后缘有梳状毛12～15根。第九节背板有2对钟状感觉器。第三至第七节腹板后缘有鬃3对，无附鬃。雄虫体长0.9～1.1mm。体黄色，腹部第三至第七节腹板前部有小的椭圆形腺室，第八节背板后缘无梳状毛（图2）。

卵 肾形，半透明白色，0.25～0.55mm。雌虫用其锯齿状的产卵器在叶片、茎、芽、花瓣或果实上切口，然后将一粒卵产进其中，雌虫一生可产150～300粒卵。

若虫 有两个龄期，无翅，眼睛为红色。初孵若虫细小，为半透明白色，蜕皮后变为黄色。二龄若虫金黄色，大小和形状与成虫相似。若虫孵化后即开始取食，非常活跃，在植物表面快速爬行和跳跃，二龄若虫取食量为一龄若虫的3倍。接近成熟时表现负趋光性，离开植物入土或残株败叶中（图3）。

蛹 分为前蛹和蛹，前蛹与二龄若虫相似，但可见短的翅芽，其触角前伸。蛹的翅芽长，长度超过腹部一半，几乎达腹末端，触角向头后弯曲。除非受到惊扰，预蛹和蛹都不吃不动。西花蓟马通常在花中或土中化蛹。

生活史及习性 具有群集习性，白天活跃，晚上活性差，也极少取食。成虫行动敏捷，能飞善跳，常聚集在植物花中，取食花粉和花蜜，遇到惊扰会迅速扩散，花的另一项生态功能可能是为西花蓟马提供了交配场所。太阳刚升起时西花蓟马开始往花上聚集，中午时数量最大，午后虫量开始减少，晚上数量最低；花中多数为成虫，雌虫上虫量稍高于雄花，有少量的一龄和二龄若虫，一龄若虫的数量显著低于二龄若虫，花中从未发现预蛹和蛹。西花蓟马若虫行动迅速，常在叶片上爬行、跳跃或取食。西花蓟马具有单双倍体的生殖系统，营两性生殖和孤雌产雄生殖，受精卵发育成雌虫，未受精卵发育成雄虫。偶尔有的未受精卵（约0.5%）也可以发育成雌虫。自然条件下，西花蓟马为偏雌性，雌虫的比例为70%～90%，但性别会随着温度、季节、种群密度的改变而改变，农药的使用、病原物的侵染等也能影响西花蓟马的性比分配策略。西花蓟马具有种内竞争特性，随着种群密度增加变得更具攻击性。

图1 西花蓟马危害状（吴青君提供）

图2 西花蓟马成虫（吴青君提供）

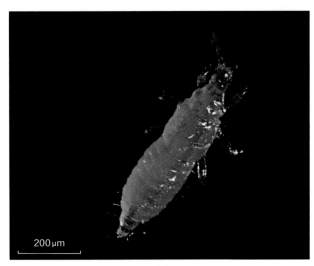

图3 西花蓟马二龄若虫（吴青君提供）

对蓝颜色以及蓝色光（波长范围为438.2～506.6nm）有特殊偏好，蓝色粘虫板已广泛用于西花蓟马的防治。从西花蓟马雄虫体内分离鉴定到两种信息素，（R)-lavandulyl acetate 和 neryl（S)-2-methylbutanoate，两种组分经人工合成后开发出相应的生防产品。将 neryl（S)-2-methylbutanoate 单独或者以1∶1比例与（R)-lavandulyl acetate 混合，蓝板上诱集西花蓟马雌成虫和雄成虫数量显著增加，而（R)-lavandulyl acetate 单独使用没有活性。雄虫产生的性信息素不仅有引诱异性以完成交配的功能，也有聚集两性成虫的功效，因此，西花蓟马雄虫产生的性信息素也称为聚集信息素。

适应性强，若虫和成虫的过冷却点的范围在−13～22℃，成虫耐低温的能力更强。应用有效积温法则预测西花蓟马在华南、华中、华北和东北地区的年发生代数分别为24～26、16～18、13～14和1～4代，西南地区昆明与丽江分别为13～15和8～10代。西花蓟马在不同生态区域、不同耕作方式和不同寄主植物上的种群动态趋势不同。在云南，西花蓟马在西葫芦作物上5月达到高峰，导致西葫芦过早枯萎，而在辣椒上3月底至4月初的花盛期达到高峰；在石榴树上3～6月西花蓟马的种群数量都维持较高水平，下部花朵虫量明显较中、上部多。在北方露地和塑料大棚，在植物定植后的一个月，西花蓟马种群数量增长缓慢，当植物进入开花期，数量开始快速增长，进入6月后种群保持在高数量水平，可见成虫在植株间飞行。秋茬辣椒上西花蓟马的种群数量显著低于春季，植株上的蓟马也主要在花上活动。随着温度的降低，种群数量下降，10月后数量锐减，继而转入温室中，以若虫或成虫越冬，温度适宜可周年危害。在日光温室中，西花蓟马成虫日活动具有明显的规律，采用蓝板诱集发现，诱集量从早晨7∶00开始逐渐上升，15∶00达最大，之后下降。空间上，成虫数量在日光温室内由北向南依次减少。东西方向上成虫分布表现为由中间向东西两边逐渐增多。

发生规律

温度　西花蓟马既耐高温也耐低温，在10～30℃内均能够完成生长发育。不同种群西花蓟马的发育起点温度和有

效积温等有差异，北京种群卵、一龄若虫、二龄若虫、前蛹和蛹的发育起点温度分别为10.2℃、6.2℃、5.6℃、3.5℃和7.8℃，世代的发育起点温度为7.4℃，有效积温为208日·度。最适温度下，西花蓟马卵、一龄若虫、二龄若虫、前蛹和蛹的发育历期约为3天、1天、3～4天、1天和2天，雌虫寿命约为15天，雄虫寿命约为10天。在−5℃可存活56～63天。5℃下不能完成生活史，卵不能正常孵化，但最长可存活达近40天；一龄若虫可以发育到二龄，二龄若虫发育速度缓慢，但不能发育到蛹，转入室温可以正常化蛹，最长可存活70天；可以从预蛹发育至蛹，预蛹至蛹期的平均发育历期为18天；进入蛹期后，有82%的个体能够正常羽化，蛹期至成虫期的平均发育历期为24天，最长32天；成虫阶段平均发育历期为9天，最长44天，不能产卵。从5℃转移至正常温度下，能够继续正常发育。在35℃条件下不能完成生长发育，但能从卵正常发育至二龄，到二龄末期全部死亡。35℃处理2小时，若虫、蛹和成虫的死亡率在30%以下；40℃处理2小时，各虫态的死亡率上升到80%左右，而在45℃时的死亡率均达到100%；40℃时处理6小时，成虫全部死亡，若虫的死亡率为90%。

寄主植物　寄主广泛，几乎所有的观赏花卉及蔬菜均有可能成为其寄主。西花蓟马对不同寄主植物的选择性不同，对黄瓜、四季豆、茄子、萝卜和香菜的嗜食度很高，为最适宜寄主，而对蒜、芹菜等蔬菜的嗜食度较低，为非适宜寄主。在寄主植物上的产卵量与对寄主植物的选择性呈正相关，选择性越高的寄主，在上面的产卵越多。在不同的季节对寄主的选择性不同，在没有最适宜寄主的情况下，可转移到非适宜的寄主上。在不同寄主植物上的生物学特性存在显著差异，在黄瓜叶片上的表现最好，种群增长指数最高，在辣椒上的表现最差。成虫喜欢在花中栖息，取食花粉和花蜜。取食花粉能够增加产卵量并缩短发育历期。在不同的花中进出取食，某种程度上起到了传播花粉的作用，早期也被认为是一种传粉昆虫。

天敌　包括捕食螨、捕食性蝽、病原真菌和线虫等。捕食西花蓟马的捕食螨种类很多，有的可以取食西花蓟马的地上虫态（若虫和成虫），主要包括新小绥螨属、钝绥螨属和伊绥螨属，包括胡瓜新小绥螨（又名黄瓜钝绥螨、胡瓜钝绥螨、巴氏钝绥螨和不纯伊绥螨，有的可以取食西花蓟马的地下虫态（前蛹和蛹），包括尖狭下盾螨（Hypoaspis aculeife）和兵下盾螨（H. miles）。利用捕食螨防治西花蓟马，其优势在于捕食螨易大量生产，成本低。但不足之处是植绥螨的个体均较小，通常只能取食西花蓟马初孵若虫，对第二龄后的虫态基本没有作用，释放过迟会导致防治失败；西花蓟马二龄若虫甚至可以取食其天敌捕食螨如不纯伊绥螨和黄瓜新小绥螨的卵，使捕食螨难以建立种群；多数捕食螨的卵对低湿十分敏感，低湿造成大量卵的死亡；有些作物的特性可能影响到释放捕食螨的有效性；土壤生物群落的复杂性，影响到土壤中使用的多食性捕食螨的有效性。因此，利用捕食螨防治西花蓟马需要进行大量的研究。

捕食性蝽主要种类有塔马尼猎盲蝽、矮小长脊盲蝽和一些小花蝽属天敌。花蝽是一种广泛用于防治蓟马的天敌昆虫，可以捕食许多种节肢动物，尤喜欢取食蓟马，可以捕食蓟马

若虫和成虫，成虫比若虫能够取食更多的西花蓟马若虫。花蝽主要包括小暗色花蝽、美洲小花蝽、肩毛小花蝽、微小花蝽、东亚小花蝽和南方小花蝽等，其中，暗色花蝽和美洲小花蝽已在北美商品化，并有许多成功防治西花蓟马的报道。中国花蝽的种类主要包括在中部和北部的优势种东亚小花蝽和南方优势种南方小花蝽，东亚小花蝽成虫对西花蓟马成虫有很强的捕食潜能，南方小花蝽可捕食西花蓟马的若虫和成虫，偏好取食若虫，并且龄期越高控制能力越强。

西花蓟马的寄生真菌有 5 种，包括蜡蚧轮枝菌、球孢白僵菌、金龟子绿僵菌、玫烟色拟青霉和小孢新接霉。其中蜡蚧轮枝菌已经成功用于防治菊花和黄瓜上的西花蓟马，并且蜡蚧轮枝菌也可成功用于防治土壤中西花蓟马蛹。抑制蓟马种群的线虫有两大类，一类为直接杀死蓟马，如斯氏线虫属和异小杆线虫属，可在土壤中传播，寄生生活于土壤中的西花蓟马蛹。另一类线虫感染蓟马以后不立即杀死蓟马，而是被感染的蓟马若虫发育成不育的成虫，如尼氏蓟马线虫是西花蓟马发源地加州防治西花蓟马非常普遍的天敌。线虫在高剂量使用及环境条件比较适合时才能取得比较好的防治效果，低的传播率，要求高的释放率，从而导致释放使用成本过高，限制了线虫的使用。

化学农药　由于大量化学杀虫剂的使用，加上西花蓟马世代短、繁殖快，能孤雌生雄，单倍体雄虫完全暴露于杀虫剂的选择之下，导致许多地区的田间种群都对各种杀虫剂产生了不同程度的抗药性，包括有机磷、有机氯、氨基甲酸酯、拟除虫菊酯以及多杀霉素等。因此，抗性治理是西花蓟马综合治理的主要内容。

防治方法

农业防治　重点是培育无虫苗，减少虫源。可采取畦面覆盖黑色地膜的栽培方式，一方面可以提高地温，另一方面可以阻止蓟马入土化蛹。作物收获后及时清除残株特别是有虫株，空棚至少 1 周再种植下茬作物；夏季休耕期进行高温闷棚，首先清除田间所有作物、杂草，棚室周围的植物一并铲除，将棚室温度升至 40℃左右，保持 3 周。

生物防治　天敌很多，生物防治是欧美国家防治西花蓟马的重要方法。很多生物防治产品或者防治西花蓟马的地上虫态（成虫和若虫），或者防治地下虫态前蛹和蛹，或者联合使用防治地上和地下的虫态。在国内生物防治的应用受到诸多限制，但在有条件的地区可释放捕食性花蝽或捕食螨，喷施商品性真菌或线虫等，掌握在西花蓟马发生初期使用。

物理防治　西花蓟马对蓝色有特殊趋性，保护地可悬挂蓝色粘板，一方面监测西花蓟马种群发生动态，准备把握防治时期，另一方面诱杀成虫，减少成虫产卵和危害。春季西花蓟马会借助风力在寄主间进行短距离迁移，保护地需要在通风口和门窗处加设 50～60 筛目防虫网，阻止外面的西花蓟马随气流进入棚室内。

化学防治　温室黄瓜上西花蓟马的经济阈值为每中部叶片 1.7 头成虫或 9.5 头若虫，或者是 20～50 头成虫 / 黄板·天或 3～5 头成虫 / 花，叶用莴苣上西花蓟马的防治指标是 5～6 头 / 株。登记用于防治蓟马的农药种类比较少，借鉴防治蔬菜上棕榈蓟马、茄子上蓟马的农药品种及用量，在西花蓟马数量较低时进行喷雾防治。可用 25g/L 的

多杀霉素悬浮剂 25～37.5g/hm²（有效成分），10% 吡虫啉可湿性粉剂 30～52.5g/hm²（有效成分），25% 噻虫嗪水分散粒剂 30～56.25g/hm²（有效成分），240g/L 虫螨腈悬浮剂 72～108g/hm²（有效成分），15% 唑虫酰胺乳油 112.5～180g/hm²（有效成分）。苗期灌根法是值得推荐的方法，可在幼苗定植前用内吸杀虫剂 25% 噻虫嗪水分散粒剂 3000～4000 倍液，每株用 30～50ml 灌根，对西花蓟马具良好预防和控制作用。西花蓟马极易对农药产生抗药性，因此，宜选择不同作用机制的杀虫剂或者无交互抗性的杀虫剂交替使用，降低单一药剂的选择压力，降低和延缓抗药性的产生和发展。

参考文献

龚佑辉，吴青君，张友军，等，2010. 西花蓟马的抗药性及其治理策略 [J]. 应用昆虫学报，47 (6): 1072-1080.

吕要斌，张治军，吴青君，等，2011. 外来入侵害虫西花蓟马防控技术研究与示范 [J]. 应用昆虫学报，48 (3): 488-496.

裴昌莹，张艳萍，郑长英，2010. 西花蓟马成虫在日光温室内的分布和日活动规律 [J]. 中国生态农业学报，18 (2): 384-387.

沈登荣，张宏瑞，李正跃，等，2012. 不同食物对西花蓟马生长发育的影响 [J]. 植物保护，38 (1): 55-59.

王泽华，侯文杰，郝晨彦，等，2011. 北京地区西花蓟马田间种群的抗药性监测 [J]. 应用昆虫学报，48 (3): 542-547.

吴青君，徐宝云，张友军，等，2007. 西花蓟马对不同颜色的趋性及蓝色粘板的田间效果评价 [J]. 植物保护，33 (4): 103-105.

吴青君，张友军，徐宝云，等，2005. 入侵害虫西花蓟马的生物学、危害及防治技术 [J]. 应用昆虫学报，42 (1): 11-14.

吴圣勇，徐学农，王恩东，2009. 栗真绥螨和黄瓜新小绥螨对西方花蓟马初孵若虫功能反应的比较 [J]. 中国生物防治，25(4): 295-298.

徐学农，王恩东，2010. 基于生物防治的西花蓟马治理及思考 [J]. 环境昆虫学报，32 (1): 96-105.

袁成明，郅军锐，曹宇，等，2011. 西花蓟马对蔬菜寄主的选择性 [J]. 生态学报，31 (6): 1720-1726.

张安盛，于毅，门兴元，等，2008. 东亚小花蝽若虫对西花蓟马若虫的捕食作用 [J]. 植物保护学报，35 (1): 7-11.

张友军，吴青君，徐宝云，等，2003. 危险性外来入侵生物——西花蓟马在北京发生危害 [J]. 植物保护，29 (4): 58-59.

郅军锐，李景柱，宋琼章，2007. 利用胡瓜钝绥螨防治西花蓟马研究进展 [J]. 中国生物防治，23 (S1): 60-63.

HAMILTON J G C, HALL D R, KIRK W D J, 2005. Identification of a male produced aggregation pheromone in the western flower thrips *Frankliniella occidentalis* [J]. Journal of chemical ecology, 31: 1369-1379.

KIERS E, DE KOGEL W J, BALKEMA-BOOMSTRA A, et al, 2000. Flower visitation and oviposition behaviour of *Frankliniella occidentalis* (Thysan. Thripidae) on cucumber plants [J]. Journal of applied entomology, 124: 27-32.

KIRK W D J, TERRY L I, 2003. The spread of the western flower thrips *Frankliniella occidentalis* (Pergande) [J]. Agriculture and forest entomology, 5: 301-310.

KU M S, MORITZ G, 2010. Life-cycle variation, including female production by virgin females in *Frankliniella occidentalis*

(Thysanoptera: Thripidae) [J]. Journal of applied entomology, 134 (6): 491-497.

LI X Y, WAN Y R, YUAN G D, et al, 2017. Fitness Trade-off associated with spinosad resistance in *Frankliniella occidentalis* (Thysanoptera: Thripidae) [J]. Journal of economic entomology, 110 (4): 1755-1763.

SHIPP J L, BINNS M R, HAO X, et al, 1998. Economic injury levels for western flower thrips (Thysanoptera: Thripidae) on greenhouse sweet pepper [J]. Journal of economic entomology, 91 (3): 671-677.

TRICHILO P J, LEIGH T F, 1986. Dredation on spider mite eggs by the western flower thrips, *Frankliniella occidentals* (Thysanoptera: Thripidae), an opportunity in a cotton agroecosystem [J]. Environmental entomology, 15 (4): 821-825.

ZHANG Z J, WU Q J, LI X F, et al, 2007. Life history of western flower thrips, *Frankliniella occidentalis* (Thysan. Thripae), on five different vegetable leaves [J]. Journal of applied entomology, 131 (5): 347-354.

（撰稿：吴青君；审稿：张友军）

西藏飞蝗　*Locusta migratoria tibetensis* Chen

一种中国分布海拔最高、危害性很大的蝗虫。英文名 tibetan migratory locust。直翅目（Orthoptera）斑翅蝗科（Oedipodidae）飞蝗属（*Locusta*）。中国分布于西藏的阿里地区、日喀则地区、山南地区、林芝地区，四川西部的甘孜藏族自治州、阿坝藏族羌族自治州，青海南部的玉树藏族自治州。由于其食量大、繁殖力强，已成为川西高原农作物和草场的一种重要害虫。

寄主　主要危害禾本科的青稞、小麦、狗尾草、蒿草、异针茅、披碱草、芦苇、燕麦、白羊草、早熟禾等作物和杂草。

危害状　西藏飞蝗的一至三龄蝗蝻取食茅草、白茅、雀麦等禾本科杂草；四、五龄蝗蝻取食小麦、青稞等。成虫喜食小麦、青稞、禾本科杂草、豌豆、蚕豆、苦苣等阔叶植物，尤以嫩叶为重，对萎蔫的植株取食较轻。中午和傍晚是其取食的旺盛期。

形态特征

成虫　雄性体长 25.2～32.8mm，雌性 38～52mm。黄褐色，有时带绿色。头大，略短于前胸背板；颜面隆起宽平，于中眼处略凹。头顶宽短，钝圆。复眼卵形，后方具 1 条窄黄纵纹。触角丝状，超过前胸背板后缘。前胸背板中隆线明显隆起，两侧常具暗色纵纹；侧隆线于沟前区消失。前胸腹板平坦。前、后翅均超过后足胫节中部，中间脉上具发音齿；前翅明显散布暗色斑纹；后翅略短于前翅。鼓膜器发达，鼓膜片覆盖鼓膜孔的 1/2 以上。后足股节上基片长于下基片，上侧中隆线具细齿；后足胫节橘红色，内侧具 9～12 个刺，常 11 个，外侧具 9～14 个刺，常 10 个，无外端刺。下生殖板短锥形，顶端较狭。雌性产卵瓣粗短，顶端略钩状，边缘光滑无细齿（见图）。

卵　长椭圆形。卵粒 4 列，倾斜状排列于卵囊内。

若虫　一龄前胸背板后缘近直。二龄前后翅芽相当，前胸背板后缘略向后突出。三龄翅芽似三角形，前胸背板后缘向后延伸掩盖中胸背面。四龄翅芽达第一、二腹节，前胸背板中隆线隆起明显。五龄翅芽达第四、五腹节，前胸背板中隆线隆起，后缘呈三角形。

生活史及习性　西藏飞蝗成虫最早出现在 7 月上、中旬（雄性上旬，雌性中旬），8 月上旬即可产卵，成虫喜欢在坚实平坦、湿度适宜的土壤中产卵。8 月中、下旬为交配产卵盛期。在当地以卵越冬，每年发生 1 代。蝗蝻具有群集迁移习性。该虫在西藏主要发生在河流两岸、湖泊沿岸或河流汇集的三角洲与草滩地带，在山麓草丛、草地、青稞田或菜园的禾本科草丛也有发现。

防治方法

生态治理　改造西藏飞蝗重发地植被，恶化西藏飞蝗越冬产卵场所和发生条件；提高豆科作物、油菜、苜蓿和沙棘等植物覆盖率，减少其喜食物来源。

生物防治　利用蝗虫微孢子虫等生物治蝗制剂、病原真菌绿僵菌防治。

化学防治　使用马拉硫磷等化学药剂控制其种群数量。

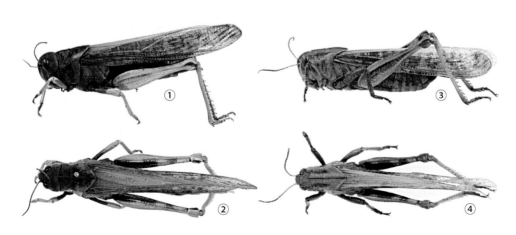

西藏飞蝗成虫（牛一平摄）
①雌性侧面观；②雌性背面观；③雄性侧面观；④雄性背面观

参考文献

陈淋，王廷萱，李婵，等，2021. 西藏飞蝗研究进展 [J]. 植物保护学报，48(1): 46-53.

苏红田，白松，姚勇，2007. 近几年西藏飞蝗的发生与分布 [J]. 草业科学，24(1): 78-80.

唐昭华，王保海，王成明，等，1992. 西藏飞蝗蝗蝻的习性 [J]. 西藏农业科技，14(1): 37-40.

吴志刚，秦萌，2015. 西藏飞蝗对西藏青稞产业的潜在经济损失评估 [J]. 中国植保导刊，35(8): 30-32.

牙森·沙力，高松，学加热，等，2011. 西藏飞蝗发生规律的分析 [J]. 草地学报，19(2): 346-350.

姚小波，王翠玲，覃荣，等，2010. 西藏飞蝗卵的发育与蝻期各龄的外部形态初步研究 [J]. 西藏农林科技，32(4): 8-11.

赵磊，周俗，严东海，等，2015. 3 种生物农药对西藏飞蝗的防治效果 [J]. 植物保护，41(5): 229-232.

郑哲民，夏凯龄，1998. 中国动物志：昆虫纲　第十卷　直翅目　蝗总科　斑翅蝗科　网翅蝗科 [M]. 北京：科学出版社.

（撰稿：董赛红；审稿：任国栋）

吸血昆虫　hematophagus insects

吸血昆虫的主要种类　昆虫种类繁多，昆虫纲是动物界最大的纲，其中不乏有很多通过吸血传播疾病的昆虫。吸血昆虫种类主要属于双翅目、半翅目、虱目、蚤目，包括至少13 个科。双翅目的吸血昆虫主要有蚊虫（伊蚊、库蚊、按蚊）：雌蚊吸血，雄蚊吸食花蜜和汁液，中国常见的有白纹伊蚊、淡色库蚊、中华按蚊和骚扰阿蚊；蠓；白蛉；蚋；虻；舌蝇；蝇；虱蝇；蛛蝇等。半翅目的吸血昆虫主要有臭虫和锥蝽。虱目的吸血昆虫主要是虱子。蚤目的吸血昆虫主要是跳蚤。

吸血生理基础　吸血昆虫吸血的主要目的之一是作为昆虫的食物来源，目的之二是从脊椎动物的血液中获得营养物质，从而能够繁殖后代和继续生长发育。成虫雌蚊吸食血餐后，中肠中的蛋白质消化为氨基酸，可以作为卵黄蛋白合成的原料，并且促进卵发育。蚊虫的刺吸式口器插入脊椎动物的毛细血管内，有些昆虫（蚋等）也可以用口器切割脊椎动物的皮肤而吸血，其吸血过程中与脊椎动物的相互作用是非常复杂的，昆虫的唾液需要释放抗凝物防止血液凝固，促进血管舒张的因子增加血流量，便于吸血，比如前列腺素、舒血管肽、NO 等。

吸血昆虫的危害　吸血昆虫通过吸食人或者动物的血液，将体内的病原微生物通过刺吸式口器注入宿主体内，使宿主患病，瘙痒，有时引起过敏，危害人类的身体健康，造成畜牧业严重的经济损失，对公共卫生健康造成极大的威胁。

双翅目的白纹伊蚊（*Aedes albopictus*）和埃及伊蚊（*Aedes aegypti*）传播多种病毒，主要是黄病毒和甲病毒，传播的黄病毒有登革热病毒（DENV）、寨卡病毒（ZIKV）、黄热病毒（YFV）、西尼罗河病毒（WNV）等，使宿主发热、头痛、四肢酸痛，严重的可以致死。寨卡病毒感染了孕妇后还可以引发胎儿小头症，对胎儿脑部发育造成严重影响，同时寨卡病毒还可以通过性、血液等方式传播，寨卡病毒发生地已由非洲扩散到美洲、东南亚等地方，目前还没有有效的疫苗防治。西尼罗河病毒主要在蚊虫、人、鸟类（乌鸦等）之间传播，还可以感染马、狗、猫等动物，可以使人患脑膜炎和脑炎。

蚊虫传播的甲病毒致死率较高的是东方马脑炎病毒（EEEV）和西方马脑炎病毒（WEEV），东方马脑炎发病症状与乙型脑炎类似，死亡率半数以上，传播的吸血蚊子有刺扰伊蚊等；西方马脑炎致死率比东方马脑炎低，严重者出现昏迷、失语、抽搐等症状，主要是由库蚊和伊蚊传播。其余由伊蚊和库蚊传播的基孔肯尼亚病毒（CHIKV）、辛德毕斯病毒（SINV）、罗斯河病毒（RRV）以及按蚊传播的阿尼昂尼昂病毒（ONNV）症状相对较轻，流行的季节也不相同，但是都能使人和家畜、鸟类等不同程度患病。

三带喙库蚊（*Culex tritaeniorhynchus*）传播的乙型脑炎病毒（JEV）对神经系统造成严重的伤害，致死率较高，庆幸的是已经有疫苗防治流行性乙型脑炎，阻断了乙型脑炎病毒在人与蚊子之间的传播。众所周知的疟疾是由按蚊传播，疟原虫的雌雄配子体在蚊子中肠内发育经过配子、合子后形成动合子，动合子穿过围食膜到达中肠上皮细胞，扩散到唾液腺，通过吸血传染给脊椎动物。恶性疟疾的典型症状是发热、头痛、腹泻等，疟原虫会经常产生抗药性，是治疗疟疾的一大问题。丝虫病的传播媒介主要是中华按蚊、致倦库蚊，世界范围内有 70 多个国家受淋巴丝虫病的威胁，明显的感染症状是淋巴水肿、阴囊积水。

舌蝇传播的锥体虫使牲畜出现昏睡、恶性贫血等症状。跳蚤（*Flea*）传播的鼠疫曾经在人类历史上造成了极大的恐慌，超过 250 种跳蚤能自然地感染瘟疫，14 世纪中期的黑死病导致大约 1/3 的欧洲人死亡。

蚤传播的立克次氏体可以感染鼠、猫、人，病症为鼠型斑疹伤寒，立克次氏体感染蚤中肠后，随着排泄物排出，接触到蚤咬伤的伤口或者黏膜时，感染人类，造成发热、头痛、肌痛等不适症状，但是致死率极低。

利什曼病是中国重要的寄生虫病，全球大约有 70 多种白蛉传播利什曼病，白蛉吸血后中肠内的利什曼寄生虫（*Leishmania*）由无鞭毛体转化为前鞭毛体，再次吸血时将寄生虫注入宿主皮肤内，引起皮肤和内脏病变，严重者出现死亡。

参考文献

程远国，吴厚永，李德昌，1997. 吸血节肢动物唾液在吸血过程中的作用 [J]. 寄生虫与医学昆虫学报，4(4): 53-60.

方美玉，林立辉，任瑞文，2003. 我国甲病毒的研究进展 [J]. 中华流行病学杂志，24(11): 104-107.

BLANTON L S, WALKER D H, 2017. Flea-borne rickettsioses and rickettsiae[J]. American journal of tropical medicine and hygiene, 96(1): 53-56.

KRASNOV B R, SHENBROT G I, MOUILLOT D, et al, 2006. Ecological characteristics of flea species relate to their suitability as plague vectors[J]. Oecologia, 149: 474-481.

MURRAY H W, BERMAN J D, DAVIES C R, et al, 2005.

Advances in leishmaniasis[J]. The Lancet, 366(9496): 1561-1577.

（撰稿：郑爱华；审稿：王琛柱）

蟋蟀　crickets

一类世界性分布的杂食性昆虫，其中部分种类会对农林业产生较为重要的危害。又名蛐蛐、促织。直翅目（Orthoptera）蟋蟀科（Gryllidae）。在中国，蟋蟀的害虫种类主要集中在油葫芦属（Teleogryllus）、棺头蟋属（Loxoblemmus）、斗蟋属（Velarifictorus）、蟋蟀属（Gryllus）、大蟋属（Tarbinskiellus）等，共计 30 余种，其中在中国大部分地区有分布，危害范围较广的有黄脸油葫芦、多伊棺头蟋和迷卡斗蟋等。

寄主　主要危害包括花生、大豆、绿豆、玉米、马铃薯、油菜、茶等多种农作物。

危害状　咬食根、茎、叶及果实等造成经济损失。

防治方法　黄脸油葫芦、多伊棺头蟋和迷卡斗蟋的生活习性和危害发生规律近似，主要危害的粮食作物、花卉、蔬菜的种类也近似，因此防治方法也相同。在农业措施方面，结合秋季和春季深耕整地和清除杂草，可有效减少蟋蟀卵的孵化，并创造不利于其发生的生境。在农药防治方面，苗期用 50% 辛硫磷乳油拌炒香的麦麸、豆饼等，撒于田间，也可用 50% 辛硫磷拌细土撒入田间。相对于农药除杀，使用物理方法诱杀更有利于环境保护，蟋蟀的若虫和成虫均有较强的避光隐居性，在田间放半干草堆，可引诱大量蟋蟀群居，定期捕杀；还可利用灯光诱杀，蟋蟀成虫有较强的趋光性，可将灯光置于水池上，蟋蟀落入水中即被淹死。

参考文献

曹雅忠，李克斌，2017. 中国常见地下害虫图鉴 [M]. 北京：中国农业科学技术出版社 .

冯殿英，任兰花，邵珠鹏，等，1991. 北京油葫芦的生物学特性与防治研究 [J]. 山东农业科学 (4): 39-41.

蒋金炜，乔红波，安世恒，2014. 农业常见昆虫图鉴 [M]. 郑州：河南科学技术出版社 .

仵光俊，陈志杰，张淑莲，等，1993. 辣椒田蟋蟀种类、生活规律与综合防治的研究 [J]. 植物保护学报，20(3): 223-228.

殷海生，刘宪伟，1995. 中国蟋蟀总科和蝼蛄总科分类概要 [M]. 上海：上海科学技术文献出版社 .

（撰稿：刘浩宇；审稿：王继良）

系统抽样　systematic sampling

系统抽样也称为等距抽样或机械抽样，它是首先将总体中各单位按一定顺序排列，根据样本容量要求确定抽选间隔，然后随机确定起点，每隔一定的间隔抽取一个单位的一种抽样方式。是纯随机抽样的变种。在系统抽样中，先将总体从 $1\sim N$ 相继编号，并计算抽样距离 $K=N/n$。式中，N 为总体单位数；n 为样本容量。然后在 $1\sim K$ 中抽一随机数 $k1$，作为样本的第一个单位，接着取 $k1+K$，$k1+2K$……，直至抽够 n 个单位为止。

系统抽样的实施方法　包括直线等距抽样、对称等距抽样和圆形等距抽样。

直线等距抽样　直线等距抽样是最常用的系统抽样方式。假设总体单位数为 N，样本容量为 n，$K=N/n$，且总体中的 N 个单位已按确定顺序编号为 1，2……N。抽取程序是从起始的 K 个单位中随机抽出一个单位编号，然后每隔 K 个单位抽取一个单位编号，直到抽出 n 个单位编号为止。

对称等距抽样　这种方法要求以每两个对称的样本单位为一对，等距离抽选若干对样本单位，设 N 为单位总量，n 为样本容量，$K=N/n$，r 为随机起点（在大于 0 小于 K 的范围内取值）。v_1，v_2……v_n 为各样本单位的位次，它们的具体确定方法如下：$v_1=r$，$v_2=2k-r$，$v_3=2k+r$，$v_4=4k-r$……。当样本单位数为偶数，依次用 2、4、6……倍的 K 值加减 r；如果 n 为奇数，则采用先抽中间再抽两边的方法。

圆形等距抽样　假设总体单位数为 N，样本容量为 n，$K\neq N/n$，且总体中的 N 个单位已按确定顺序编号为 1，2……N。如将这些编号看成首尾相接的一个环，并从 1 到 N 中按随机抽样方式抽取一个编号作为随机起点 r，然后每隔 K 个单位抽取一个单位编号，直到抽满 n 个单位为止。

系统抽样的特点　常被用来代替随机抽样；需要对总体的单位进行编号；可以确保所有单位拥有相同的概率被选取。

系统抽样的优点　可以方便抽取或弃用某个样本；样本抽取方便且成本较低；可以较均匀地覆盖所调查的样本总量。

参考文献

刘德龄，陈继信，1984. 对称等距抽样方法简介 [J]. 统计 (6): 38-39.

BANNING R, CAMSTR A, KNOTTNERUS P, 2012. Sampling theory[M]. Statistics Netherlands (7): 4-6.

IACHAN R, 1982. Systematic sampling: a critical review[J]. International statistical review, 50(3): 293-303.

（撰稿：丁玎；审稿：孙玉诚）

细皮夜蛾　*Selepa celtis* Moore

食叶害虫，大量发生时可啃食全部树叶而影响植株生长。鳞翅目（Lepidoptera）瘤蛾科（Nolidae）皮夜蛾亚科（Sarrothripinae）细皮夜蛾属（Selepa）。国外分布于印度、尼泊尔、斯里兰卡、印度尼西亚、菲律宾。中国分布于河南、浙江、江苏、湖北、江西、福建、广东、广西、海南、四川。

寄主　杧果、枇杷、波罗蜜、八宝树。

危害状　其幼虫危害叶片，低龄取食叶肉，高龄吃成孔洞、缺刻。

形态特征

成虫　翅展 20～26mm。头部灰色，额部密布鳞毛；触角线形，雄性略粗。胸部灰褐色至灰色，两侧具有黑色纵纹；

细皮夜蛾成虫（韩辉林提供）

腹部灰褐色至灰色。前翅底色灰色至棕灰色，有些个体散布淡红色；内横线淡黑色至棕褐色，较模糊；中横线黑色粗线，晕状；外横线黑色至棕褐色，后部波浪形弯曲；亚缘线棕褐色至灰色，较模糊；外缘线褐色；中、外横线间呈黑褐色至棕褐色眼斑块；肾状纹和环状纹具有毛簇。后翅灰白色至白色，有些个体外缘区色深。个体变异较大种类之一（见图）。

卵　包子形，淡黄色，顶部中央有 1 个圆形凹陷，边缘有多条竖行脊突，并有小横脊突相连，边缘有辐射状的棱。卵成块。

幼虫　一龄幼虫头黑、体淡黄，被黄色长毛。二龄幼虫后期在前胸背中央和两侧，中、后胸亚背线上及第九腹节背中央，各出现 1 褐色毛瘤。三至五龄幼虫特征基本相同，老熟幼虫体长 18～22mm，头黑色，体黄色，腹部第二、七、九节背部各有一黑斑，腹气门后上方有 1～2 个小黑斑，中、后胸的亚背线处各有 1 个小黑斑。体上刚毛白色，前、后及侧面的毛较长。趾钩为双横带。

蛹　纺锤形，黄褐色，长 10～12mm。茧扁椭圆形，长 15～20mm，结茧的材料有碎叶、树皮屑、土粒等物。

生活史及习性　在福建同安 1 年发生 4 代，以蛹越冬，发生世代重叠。成虫羽化率达 90% 以上，具趋光性，卵绝大部分产于叶面，少数产于叶背，成虫寿命 9～12 天。卵孵化时变为灰黄色，孵化率达 85%，卵期 8～10 天。幼虫孵化后先取食卵壳，然后从叶面转移到叶背取食，幼虫有群集性，一至三龄幼虫都群集一叶取食，吃光叶背的叶肉组织，仅留叶表皮和叶脉，使叶枯死，然后转叶为害。四、五龄幼虫分散为害，且食量很大。一、二龄幼虫有吐丝飘移的习性。老熟幼虫结茧之前停止取食，虫体缩短变粗，寻找结茧场所。绝大部分幼虫在地被物中化蛹越冬，少数在树干、树叶背部化蛹越冬。越冬蛹期长达 4 个多月。

在广州 1 年发生 7～8 代，世代重叠，终年发生，其中以 4～6 月发生最盛。在 6～11 月份日平均气温 22.6～28.5℃下，卵期一般为 6～9 天，幼虫期 13～19 天，蛹期 8～13 天，产卵前期 3～4 天，世代历期 34～45 天。幼虫在 6～7 月日平均气温 26.9℃下，一至四龄各龄历期均约 3 天，五龄 3.5～4.5 天。成虫夜晚羽化，卵多产于叶面上，每卵块有 30～100 粒。10 下旬的孵化率达 8.4%，但也常发现有不育卵块。幼虫一般 5 龄，少数 4 龄。幼虫有群集性，除末龄稍有分散外，始终群集。幼虫老熟后下转至树干基部、土表等处结茧化蛹，茧外附有泥土。成虫寿命 10 余天。以八宝树叶为食料，幼虫一生食叶 4747.1mm²，其中四龄幼虫取食占 31.0%，五龄幼虫取食占 58.8%。细皮夜蛾不适低温，每年 12 月至翌年 3 月数量大减。

防治方法

人工防治　幼虫群集性很强，且绝大部分时间仅取食叶背之表层及叶肉，被害叶稍干即成白色，目标非常显著，在低矮的树冠上，人工摘除被害叶及其上之幼虫很方便；老龄幼虫有受惊扰即跌落的习性，在较高的地方可用竹竿敲打使其掉落而消灭之。

化学防治　25% 可湿性西维因 2500 倍，50% 马拉松乳剂 100 倍，50% 杀螟松乳剂 600 倍，20% 杀虫净乳剂 2000 倍液喷杀，对三、四龄幼虫均有很好效果。可喷射 50% 杀螟松乳油 1000 倍液、40% 乐斯本 1500 倍液、10% 除尽 1500 倍液或 90% 敌百虫晶体 1000 倍液。

参考文献

陈一心，1999. 中国动物志：昆虫纲　第十六卷　夜蛾科 [M]. 北京：科学出版社：969.

卢川川，温瑞贞，1985. 细皮夜蛾的生活习性及防治试验 [J]. 应用昆虫学报 (2): 78-80.

罗水办，林庆源，1987. 细皮夜蛾的初步研究 [J]. 福建林业科技，53(1): 41-43.

伍建芬，黄增和，1990. 几种农药对细皮夜蛾毒杀试验初报 [J]. 林业科学研究 (5): 529-532.

（撰稿：韩辉林；审稿：李成德）

细平象　*Trochorhopalus humeralis* Chevrolat

一种主要危害甘蔗的钻蛀害虫。鞘翅目（Coleoptera）象虫科（Curculionidae）隐颏象甲亚科（Dryophthorinae）细平象属（*Trochorhopalus*）。中国主要分布于云南的景东、盈江、潞西、瑞丽、梁河、陇川、畹町、昌宁、景谷、镇沅、勐海等滇西南蔗区，特别多分布于沿江河坝地及一些低湿蔗田。

寄主　甘蔗、玉米、割手密、斑茅、类芦及白茅等粮食作物及甘蔗属野生近缘植物。

危害状　细平象以幼虫及成虫在甘蔗地下蔗头内为害，4 月中旬初孵幼虫蛀入蔗苗嫩根，并沿髓部向上蛀食，最后进入蔗头内为害，为害期长达 8～10 个月（图 1）。

形态特征

成虫　雌虫体长 6.0～9.5mm，宽 2.3～3.5mm；雄虫体长 4.5～8.5mm，宽 2.0～3.1mm。体近长椭圆形，黑色，少数褐黑色，略有光泽，体被稀疏灰白色扁平鳞毛。喙呈象鼻状，稍弯曲，基部膨大。触角着生于喙中部之后，共八节，棒 1 节呈"莲蓬状"。前胸背板长大于宽，中间可见一纵纹（图 2①）。

卵　长椭圆形，长 1～1.2mm，宽 0.4～0.5mm，初产时乳白色。

幼虫　老熟幼虫长 7～10mm，宽 3.2～4mm，体略呈拱形弯曲，多皱褶，乳白色。腹末端正面呈"梅花状"凹陷（图 2①）。

X

图1 细平象危害状（黄应昆提供）
①危害蔗头；②危害大田蔗株

 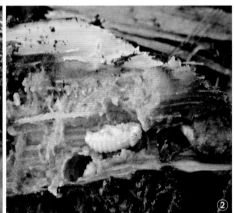

图2 细平象（黄应昆提供）
①成虫、幼虫；②蛹

蛹　裸蛹，长6.0～9.5mm，宽2.5～4.0mm，头曲向腹面，贴置胸下。头部有3对长刚毛，腿节端部外侧各有一根，腹部背面各节有横列突起，其上有黑色刚毛（图2②）。

生活史及习性　通过田间调查和室内饲养观察，细平象1年发生1代。在蔗头蛀道内越冬的成虫于翌年1月下旬，当气温上升到13℃以上时开始活动。逐渐从蛀道内外出，栖息与活动在地下的蔗蔸上或附近的土壤中，寻偶交尾。4～6月为产卵盛期。4月中旬至7月上旬为幼虫孵化盛期，初孵幼虫便蛀入蔗苗嫩根，沿髓部向上蛀食并进入蔗头危害。直到9月中旬至11月中旬，幼虫老熟在虫道内化蛹，化蛹盛期为10月下旬。10月中旬至12月中旬成虫羽化，其羽化盛期在11月中旬，羽化后的成虫仍在蛀道内越冬。成虫一般在早上羽化，越冬成虫于1月下旬开始活动、交配，雌、雄都有多次交配现象。交配后58～106天开始产卵。卵产于土表下寄主嫩根上、幼芽鳞叶间或根际附近土壤中。每头雌虫一生产卵1～70粒，平均20.2粒。成虫寿命长达7～8个月。成虫耐饥力较强，具有喜湿性、反趋光性、钻土性和假死性。

在饱和湿度条件下，4～6月卵期10～15天，多数12天。卵耐湿不耐干，在湿润条件下孵化率平均为77.2%。初孵幼虫稍待休息，即可四处爬行，当找到寄主嫩根就蛀入髓部，边食边前进，进入蔗头后，则活动变慢。整个幼虫期都在距

地表3cm以下的蔗头内取食，同一蔗头内活动，很少转移危害。幼虫老熟后，经一段不食不动的前蛹期便化蛹在蔗头里的蛀道内。蛹期的长短随温度而异，气温16.2℃，蛹期23天；气温15℃，蛹期27天。

发生规律　细平象不能飞翔，据调查其大面积远距离的扩散，主要靠沟河流水将有虫蔗蔸冲到无虫蔗地。因此，潞西的芒市河、盈江的大盈江、景东的川河等两岸蔗区都是细平象严重的地方。细平象的发生与土质和土壤的含水量关系密切。砂壤土上的细平象比胶泥土上发生重，如在潞西芒市糖厂附近调查，砂壤土蔗田受害株率15%～45%；胶泥土上受害株率0～7%。分析原因，砂壤土耐旱保湿，有利象虫入土产卵和幼虫孵化；胶泥土早春干旱开裂，土块坚硬，保湿性差，不利虫活动。同样的土质条件下，土壤潮湿的蔗田比土壤干燥的蔗田危害严重。宿根蔗一般比新植蔗受害重，且宿根年限越长，虫口累积越多，甘蔗受害就越重。如在盈江芒线村蔗地调查，新植蔗受害虫株率仅4%，1年宿根蔗升为38%；2年宿根蔗达100%，亩产甘蔗分别为9.4t、7.2t、3.1t。田间调查发现，制约细平象的天敌有白僵菌、绿僵菌、黄足肥螋、青翅蚁形隐翅虫、印度长劲步甲、红蚂蚁。其中白僵菌可侵染幼虫、蛹和成虫，发病率一般在8%～15%，有一定控制作用。

防治方法　鉴于危害甘蔗茎的象甲一生都在地下钻蛀

危害蔗头，发生期长、虫期重叠、危害严重。防治方法首选以农药防治为主，高效快速压低虫口量；其次再辅以农业防治为基础，减少虫源，新植、宿根连防统治，可达到高效、快速、持续、有效控制其发生危害。

农业防治　①翻蔸烧蔸。不留宿根的严重发虫蔗地，1月中旬前及时收砍翻犁蔗蔸集中晒干烧毁；可杀死大量的越冬成虫或老熟幼虫，降低虫口数量，控制其大面积传播。②缩短宿根年限。虫害严重蔗地，不留二年宿根，以减少象虫种群在田间积累，降低受害率。③蔗稻轮作。甘蔗与水稻轮作，通过长期淹水可消灭土壤中残存象虫，能大大降低受害。④清除灌溉沟内蔗蔸。翻挖出来的有虫蔗蔸不堆放在沟河埂上，发现灌溉沟内有蔗蔸应随时拣出，以免流水将有虫蔗蔸带入无虫蔗地。⑤认真清除田边地埂上的割手密、斑茅、类芦、白茅等象虫的野生寄主植物，最好不要与玉米轮作。⑥细平象不会飞行，从发生区引种，最好采用半茎做种，如采用全茎做种需注意不要接近土表砍，以免象虫随种苗远距离传播。

生物防治　每公顷选用2%白僵菌粉粒剂、2%绿僵菌粉粒剂40～60kg，与600kg干细土或化肥混合均匀，春植蔗在下种，宿根蔗在3～4月松蔸或5～6月大培土时均匀撒施于蔗株基部并及时覆土。

化学防治　严重发虫地块，每公顷选用3.6%广谱型杀虫双、3.6%普通型杀虫双、8%毒死蜱·辛硫磷、5%丁硫克百威、5%杀虫单·毒死蜱等颗粒剂45～90kg或15%乐斯本颗粒剂15～18kg，与600kg干细土或化肥混合均匀，春植蔗在下种，宿根蔗在3～4月松蔸或5～6月大培土时均匀撒施于蔗株基部并及时覆土；或选用95%杀虫单原粉、48%乐斯本乳油、5%锐劲特悬浮剂等，以200～300倍液淋灌蔗株基部并覆土。防治效果可达80%左右，增产效果显著，同时还可延长宿根年限，降低成本。

参考文献

黄应昆，李文凤，1995. 云南甘蔗害虫及其天敌资源 [J]. 甘蔗糖业 (5): 15-17.

黄应昆，李文凤，2002. 甘蔗主要病虫草害原色图谱 [M]. 昆明：云南科技出版社.

黄应昆，李文凤，杨琼英，1998. 云南蔗区甘蔗蛀茎象近年发生趋重 [J]. 植保技术导刊，18(4): 39.

李文凤，黄应昆，2004. 云南甘蔗害虫天敌及其自然控制作用 [J]. 环境昆虫学报，26(4): 156-162.

李文凤，黄应昆，2006. 甘蔗害虫优势天敌及其保护利用 [J]. 环境昆虫学报，28(2): 85-92.

李文凤，黄应昆，卢文洁，等，2008. 云南甘蔗地下害虫猖獗原因及防治对策 [J]. 植物保护，34(2): 110-113.

廖贻昌，杨雾，李文凤，等，1995. 甘蔗细平象的研究 [J]. 昆虫学报，38(3): 317-323.

杨雾，李文凤，黄应昆，1996. 甘蔗斑点象生物学及防治的研究 [J]. 应用昆虫学报，33(6): 332-335.

（撰稿：黄应昆；审稿：黄诚华）

细胸金针虫　*Agriotes subvittatus* Motschulsky

麦类作物的重要害虫。又名细胸叩甲、细胸锥尾叩甲等。英文名 narrow-necked click beetle。鞘翅目（Coleoptera）叩头甲科（Elateridae）锥尾叩甲属（*Agriotes*）。中国分布于包括从黑龙江沿岸至淮河流域，西至新疆、陕西、甘肃、内蒙古等地的黏土地、潮湿低洼地和水浇地。

寄主　为杂食性害虫，主要危害禾谷类、薯类、豆类、甜菜、棉花和各种蔬菜、林木幼苗等的地下部分。

危害状　细胸金针虫长期生活在土壤中，主要危害作物的种子、幼苗和幼芽，以幼虫钻入植株根部及茎的近地面部分为害，使死苗、缺苗或引起茎腐烂（小麦中后期受害可造成枯白穗）。被害部位多不整齐，呈丝状（图1、图2）。

形态特征

成虫　体长8～9mm，宽约2.5mm。体细长，暗褐色，密生灰色短毛，有光泽。触角红褐色，第二节球形。前胸背板略呈圆形，长大于宽，后缘角伸向后方，顶端上翘。鞘翅长约为胸部的2倍，末端趋尖，每翅具9条纵列的点刻。足红褐色。雄成虫前胸背面后缘角上部的隆起线不十分明显，触角超过成虫前胸。雌成虫体型相对于雄虫较大，其后缘角有1条明显隆起线，触角仅及前胸背板后缘处。

卵　乳白色，近似椭圆形，直径0.5～1.0mm。

幼虫　淡黄褐色，细长，圆筒形，有光泽。老熟幼虫体长约32mm，宽约1.5mm。头部较扁，口器呈重褐色，胴部背面中央无纵沟，尾节圆锥形，背面近前缘两侧各有褐色圆斑1个，并有4条褐色纵纹（图3）。

蛹　长纺锤形，体长8～9mm。化蛹初期乳白色，后变黄色；羽化前复眼黑色，口器淡褐色，翅芽灰黑色。

生活史及习性　在中国东北地区、华北地区以及山东等地，细胸金针虫大多3年完成1代，陕西关中大多2年完成1代，甘肃大多3年完成1代（跨4个年份），也有2年或4年1代者。主要以幼虫在土壤深层越冬，极少数成虫在隐蔽处所越冬。世代重叠，田间终年可挖到大、中、小3种类型的幼虫。在甘肃，越冬幼虫2月下旬开始从土壤深处向上移动，3月下旬至4月上旬移至表土层活动，经1个月左右的取食为害，已达老熟的幼虫于5月上旬陆续进入预蛹期，5月下旬至6月上、中旬为化蛹盛期，田间8月中旬终蛹。当年羽化的成虫始见于5月下旬，6月下旬达羽化盛期。成虫寿命最短30天，最长68天，以40～50天者为多数。但8月下旬以后羽化的少数成虫未经交配和产卵，可在避风向阳的隐蔽处所越冬，越冬成虫寿命270天左右。越冬成虫4月中旬出蛰，出土后取食小麦嫩叶，5月上旬开始产卵，下旬为产卵盛期，7月中旬为末期。6月中旬始见幼虫，幼虫期跨3个年份，超过两整年。老熟幼虫7月上旬起在20～40cm深处筑蛹室化蛹，中下旬为化蛹盛期，9月初为末期。蛹发育历期19～33天，平均21.2天。7月中旬开始羽化。羽化后的成虫在原处土室内蛰伏越冬，到第二年冬麦返青，春麦出苗后出蛰，进行取食、交配、产卵。成虫历期286～341天，平均307天。由卵至成虫发育历期1074～1191天，平均1120.65天（3.07年）。在陕西，3月

图1　细胸金针虫根部危害状（陈琦摄）

图2　细胸金针虫田间危害状（陈琦摄）

图3　细胸金针虫幼虫（冯立超摄）

上中旬越冬成虫开始出土活动，4月中下旬为活动盛期，6月中旬为末期。4月下旬开始产卵，5月上旬为产卵盛期。5月中旬卵开始孵化，孵化后的幼虫取食后越夏。9月下旬又升至表土层为害至12月。当平均气温达到1.3℃，10cm土温降至3.5℃时，向下越冬。翌年2月，幼虫开始上升到表土层为害，3～5月是幼虫为害盛期。6月下旬幼虫陆续老熟并化蛹，7月中下旬为化蛹盛期。8月成虫羽化盛期。羽化的成虫当年不出土，至第三年春季出土活动。在内蒙古河套平原6月见到蛹，蛹多在7～10cm深的土层中。6月中下旬羽化为成虫，6月下旬至7月上旬为产卵盛期，卵产于表土内。在河北4月平均气温0℃时，即开始上升到表土层为害，一般10cm深土温达7～13℃时危害严重。在黑龙江，卵历期8～21天。幼虫要求偏高的土壤湿度；耐低温能力强。黑龙江5月下旬10cm深土温达7.8～12.9℃时为害，7月上、中旬土温升达17℃即逐渐停止危害。

成虫羽化出土不久，就取食葫芦、甜瓜等植物的花瓣和花蕊，也咬食小麦、玉米、马铃薯、白菜等作物及灰条等杂草的嫩叶，取食叶肉幼嫩组织，尤喜吮食折断麦茎或其他禾本科杂草茎秆中的汁液，但食量甚小。成虫对新鲜而略萎蔫的禾本科杂草及作物枯枝落叶等腐烂发酵气味有极强的趋性，常群集于草堆下。有强叩头反跳能力和假死性，略具趋光性。

当年羽化的成虫一般是昼伏夜出，白天大多潜伏在土块缝隙间和麦根附近的土缝内，或地埂、渠边割拔下的杂草下，傍晚出来活动，黎明前又寻找隐蔽处潜藏。凡晴朗、无风、闷热的天气，成虫活动时间长，数量也多。但少数越冬成虫白天活动。

成虫多在地面或枯株落叶下和土块下交配，交配时间6～13分钟，平均10分钟。成虫多次交配，分次产卵，单雌产卵历期平均为10天。卵主要散产于0～3cm表土层。每雌产卵5～70粒，大多为30～40粒。

发生规律

气候条件　土壤温度影响细胸金针虫的垂直迁移和危害，10cm土温以17℃左右最适宜，超过24℃时便向深土层中迁移。较耐低温，故秋季危害期也较长。适生的土壤含水量为14%～18%，地温与含水量比值在1.0～2.1。

土壤理化性质及施肥　不同种类金针虫对土壤各项理化指标有一具体的适应范围，细胸金针虫适宜生存的pH范围为8～8.9，以8.6以上居多。金针虫多发生在有机质含量丰富的地块，特别是在施用未腐熟厩肥的地块中，虫口密度大，危害严重。

种植结构　农业耕作制度等因素也是影响金针虫发生为害的一个重要方面。例如，金针虫在作物田土壤中密度呈明显点块性，同一次调查的相邻两块地，一块地细胸金针虫数量较多，而与其相邻地块虫量较少，甚至挖查不到细胸金针虫。其原因可能与土壤类型、作物种类、施肥情况、栽培管理习惯、防治与否等因素有关。

防治方法

农业防治　换茬时进行精耕细作、翻耕暴晒。施用腐熟有机肥。清洁田园，铲除地头及田间杂草。

物理防治　金针虫成虫对新鲜而略萎蔫的杂草及作物枯枝落叶有极强的趋性，常群集于草堆下，可利用此习性，进行诱杀。

生物防治　①植物性农药。利用一些植物的杀虫活性物质防治细胸金针虫，如油桐叶、蓖麻叶的浸液以及马醉木、苦皮藤、臭椿、乌药和芫花等的茎、根皮磨成粉后防治金针虫效果较好。②昆虫病原微生物。可施用一些生物药剂如苏云金杆菌、绿僵菌和白僵菌等对金针虫进行防控。③性信息素诱杀。应用性信息素诱杀也成为防治金针虫的重要技术手段。

化学防治　①种子处理。播种前，以60%吡虫啉悬浮种衣剂药种比1∶200（玉米）、1∶500（小麦）包衣，或小麦播种期用50%辛硫磷乳油、40%甲基异柳磷乳油、50%二嗪磷乳油等，按药∶水∶种子＝1∶25∶500拌种后，堆闷6～12小时，摊开晾干后播种。花生在种子处理时选用缓释剂，如用18%氟虫腈·毒死蜱微囊悬浮剂、30%毒死蜱微囊悬浮剂，按药剂与花生种子1∶50的比例拌种。②土壤处理结合。播前整地，将杀虫剂兑细干土（沙）450～600kg/hm²配制成毒土（沙），混合均匀撒施于地面，然后浅锄或耙入土中。常用药剂有20%毒死蜱颗粒剂10.5～15kg/hm²、5%辛硫磷颗粒剂30～37.5kg/hm²、2%甲基异柳磷颗粒剂30kg/hm²。或将配成的毒土（沙），播种时顺沟撒施（覆盖于种子上）。③灌根处理。作物苗期地下害虫发生程度达到防治指标（被害率≥5%）时，可选用50%辛硫磷乳油2000倍液、30%毒死蜱微囊悬浮剂1000倍液等顺垄或逐株浇灌防治，用药液量6000～7500kg/hm²。

参考文献

郭亚平，李月梅，马恩波，等，2000.山西省金针虫种类、分布及生物学特性的研究 [J]. 华北农学报，15(1): 53-56.

蒋金炜，乔红波，安世恒，2013. 农田常见昆虫图鉴 [M]. 郑州：河南科学技术出版社.

李刚，尹志刚，谢旭东，等，2018. 金针虫的特征及综合防治措施 [J]. 贵州农业科学，46(9): 55-58.

刘长富，张新虎，冯玉波，等，1989. 甘肃河西地区细胸金针虫为害及发生规律的研究 [J]. 植物保护学报，16(1): 13-19.

仵均祥，2002. 农业昆虫学 北方本 [M]. 北京：中国农业出版社.

（撰稿：陈琦；审稿：武予清）

狭胸天牛　*Philus antennatus* (Gyllenhal)

一种危害严重的林木害虫。幼虫是松树、柑橘树主要的食根害虫。又名松狭胸天牛、狭胸橘天牛。鞘翅目（Coleoptera）天牛科（Cerambycidae）狭胸天牛属（*Philus*）。中国主要分布在河北、湖南、江西、浙江、福建、广西、海南、广东、安徽、江苏、河南等地。

寄主　柑橘、桑、杧果、榆等。

危害状　幼虫在 1～100mm 深的土层中为害，先取食寄主的须根、细根，最后取食侧根和主根的表皮，使根的表皮至韧皮部形成流脂伤口，然后侧根整条干枯。当局部或大多数侧根受伤害后，寄主只能抽短梢或不抽梢，老叶因水分不足提早脱落，新叶不长。针叶明显稀疏，由绿转青灰色，树干停止流脂，寄主终至死亡。植株死亡后，倘若幼虫未成熟，则向相邻的林木根系扩散，继续为害，林中便形成天窗状空地。

形态特征

成虫　体长 24～31mm，体宽 5.5～9.5mm。全身棕褐色，腹面及鞘翅后半部有时色泽较淡，略带棕红色。被灰黄色短毛，腹面及足部毛略长密。头部与前胸节等宽，分布细密刻点，前额凹下，后头稍狭，两眼极大。触角细长，柄节粗壮，短于第三节，第三节稍长，第四至末端各节近乎等长。前胸背板短小，前端稍狭，似圆筒形，后部较宽扁，前缘略翻起，两侧边缘明显；表面具细密刻点，前后共有 4 个微凸而无刻点的光滑小区。鞘翅宽于前胸节，刻点稍粗，被黄毛，呈 4 条模糊纵脊，末端圆形。腹面较光洁，刻点细密；股节内沿有缨毛。雌虫体型较大，触角细短，约伸展至鞘翅中部。雄虫体型较狭小，触角粗长，超过体长，略带锯齿状；鞘翅向后渐狭窄，靠外侧纵脊不明显，至后部近消失。

幼虫　初龄幼虫体长 2.90mm，前胸宽为 0.48mm，胸足较发达，气门为双气门室。第二龄后胸足显著短小。成熟幼虫体长 32～37mm，前胸宽 8～11mm，体粗短，乳黄色，密被均匀短绒毛。头部呈纵向椭圆形，背面拱起，额中沟基部显著，不具颧缝，颧中部前方向下凹陷，上具横向皱纹，两侧多毛。前胸背板中沟后段构成"T"形斑纹，后区在中沟两侧呈弧形拱起，各腹节 4 条纵向浅陷沟，胸足爪具节，气门不具缘室，肛门三裂片。第二龄以后，各龄幼虫除体躯大小差异以及触角孔后方的黑色素渐见模糊外，其他形态未见差别。

生活史及习性　在广西 3～4 年发生 1 代。老熟幼虫于10 月中旬化蛹，下旬蛹期结束，成虫静伏于蛹室越冬。翌年 3 月下旬成虫出土，交尾、产卵，成虫出土后寿命 7～15 天。3 月下旬至 5 月上旬为卵期，4 月上旬为产卵盛期，大量出土，夜出活动，卵多产于树干 2m 以下树皮缝内。一般为 7～150 粒一堆，排列并重叠于树皮缝内，有时则堆叠缝间，部分卵粒暴露于外，卵间有乳白色胶状物粘连。卵在 25～30℃下卵期 19～21 天。幼虫孵化即落地入土危害。产卵的雌成虫沿着树干，尾端的产卵管贴着树皮向上爬行，选择树皮缝隙较深处产卵。4 月上中旬初龄幼虫甚活跃，入土危害松树根部，随后逐渐危害根的韧皮部，受害组织大量分泌树脂，黏结土粒成痂状。由于幼虫期长，连续为害，危害严重时，植株由于树势迅速衰弱而枯死。林间害虫呈核心型分布。幼虫土栖，排水良好的砂壤土尤适宜其幼虫生存。

防治方法

成虫期防治　每年 3 月下旬到 4 月上旬，在少数成虫开始出土时，即行人工捕捉成虫。

营林防治　更换树种，营造对该天牛生存不利的树种，如马尾松及桉树品种。

保护天敌　保护天敌，如灰卷尾、黑卷尾、大山雀、极北柳莺等鸟类。

参考文献

陈世骧，等，1959. 中国重要经济昆虫志：第一册　鞘翅目　天牛科 [M]. 北京：科学出版社.

钱庭玉，沈金定，韩春兰. 1991. 桔狭胸天牛幼虫记录（鞘翅目，瘦天牛科）[J]. 热带作物学报，12(2): 99-102.

王缉健，1990. 湿地松的新害虫——狭胸桔天牛 [J]. 中国森林病虫 (1): 41.

王缉健，1994. 狭胸桔天牛的初步研究 [J]. 中国森林病虫 (2): 12–13.

（撰稿：王甦、王杰；审稿：金振宇）

夏梢小卷蛾　*Rhyacionia duplana* (Hübner)

一种松树蛀梢害虫。英文名 summer shoot moth、Elgin shoot moth。鳞翅目（Lepidoptera）卷蛾总科（Tortricoidea）卷蛾科（Tortricidae）新小卷蛾亚科（Olethreutinae）花小卷蛾族（Eucosmini）梢小卷蛾属（*Rhyacionia*）。国外分布于欧洲中南部、俄罗斯、日本、韩国。中国分布于辽宁、北京、河北、山西、陕西、山东、河南、江苏。

寄主　欧洲赤松、美国黑松、北美云杉、油松、赤松、黑松。

危害状　以幼虫蛀食新梢髓部，被害梢枯萎、弯曲，连年被害后树冠呈帚状，严重影响树木生长（图⑥）。

形态特征

成虫　翅展 16～19mm。头部淡褐色，有赤褐色冠丛。胸、腹部黑褐色。前翅灰褐色，近外缘部分锈褐色，中部有一些白色纵条斑，前缘有白色钩状纹。后翅淡灰褐色，缘毛长，灰白色（图①）。

X

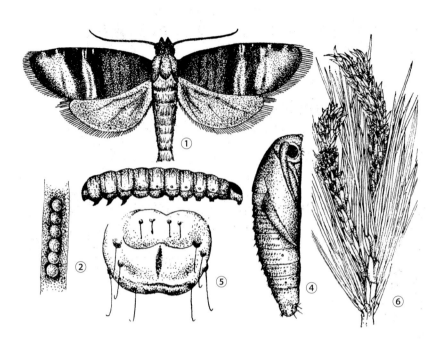

夏梢小卷蛾各虫态及危害状（于长奎绘）

①成虫；②卵；③幼虫；④蛹；⑤蛹臀部；⑥危害状

卵　长 0.6mm，宽 0.4～0.5mm。初产时淡黄色，后变红色（图②）。

幼虫　初孵时淡黄色，后变橙黄色；头部褐色。老熟幼虫体长 7～9mm（图③）。

蛹　红褐色，长 5～7mm。第二至七腹节背面各有 2 排横列的刺突。腹部末端有钩状臀棘 8 根（图④⑤）。

生活史及习性　1 年发生 1 代，以蛹在树干基部或轮枝基部茧内越冬。成虫最早于 3 月底出现，盛期为 4 月。成虫羽化以 8：00～10：00 最多。羽化后 2～3 天即交尾，交尾后 2～3 天开始产卵。卵产于新叶内侧基部，每 15～20 粒排成 1 列。每雌产卵平均 28 粒。卵期平均 22 天。卵于 5 月初开始孵化。初孵幼虫先取食叶芽，新梢抽出后蛀食韧皮都，以后蛀入木质部，致使新梢弯曲，被害处以上部分枯萎。幼虫一生只危害 1 个新梢，蛀入新梢时，常在被害处吐丝粘连松脂作成薄膜状覆盖物。幼虫在新梢内危害 25 天左右即爬向树干基部（3～7 年生）或主干轮枝节处（7～10 年生），取食树皮和边材，并吐丝粘连松脂结成椭圆形包被。随着蛀食时间的延长，包被的松脂不断增厚。约于 7 月上旬开始化蛹越冬。

防治方法

营林措施　于 5～6 月剪除并烧毁弯垂枯萎的带虫新梢。秋、冬季在轮枝部特别是向地的一面或树干基部粗皮处灭蛹。

生物防治　保护和利用赤眼蜂等天敌。

化学防治　成虫产卵期喷洒 50% 杀螟松乳剂 600～800 倍液，毒杀成虫、卵、初孵幼虫。

参考文献

刘友樵，1987. 为害种实的小蛾类 [J]. 中国森林病虫 (1): 30-35.

刘友樵，白九维，1981. 中国梢小卷蛾属研究（鳞翅目：卷蛾科）[J]. 昆虫分类学报，3(2): 99-102.

刘振陆，赵连国，1992. 夏梢小卷蛾 Rhyacionia duplana (Hübner) [M]// 萧刚柔 . 中国森林昆虫 . 2 版 . 北京：中国林业出版社：840-841.

KIM H J, 2011. A study on the growth and management status of Mansongjung forest in Hahoe, Andong [J]. Journal of Korean Nature, 4(3): 161-171.

（撰稿：嵇保中；审稿：骆有庆）

鲜黄鳃金龟 *Pseudosymmachia tumidifrons* (Fairmaire)

一种主要以幼虫进行危害的地下害虫。鞘翅目（Coleoptera）金龟科（Scarabaeidae）鳃金龟亚科（Melolonthinae）鲜黄拟鳃金龟属（*Pseudosymmachia*）。国外主要分布于朝鲜。中国分布于吉林、内蒙古、浙江、云南、贵州等地。

寄主　幼虫危害麦类、大豆、马铃薯、棉、麻等作物根部，以及禾本科、豆科、棉花、麻类、向日葵等作物地下部分，成虫基本不取食。

危害状　初孵幼虫以腐殖质为食，二龄幼虫危害玉米、花生、甘薯、高粱等作物幼嫩根茎，三龄幼虫危害麦苗。幼虫危害小麦的症状随生育期而有变化。秋苗期咬断嫩茎，造成缺苗断垅；返青到拔节初期，主要在近地表处咬断分蘖节，形成丛状死苗；拔节至孕穗，茎秆硬化前，则贴地表咬断茎部，断口不整齐，直立枯死；抽穗后，茎秆老化，则下移危害须根，形成枯死白穗株，其中以前两个时期危害最重。

形态特征

成虫　体长 11～14mm，体宽 6～8mm。身体长椭圆形，体隆起，体表光滑无毛，头部为黑色或黑褐色，身体背面为黄褐色，腹面为淡黄色。唇基新月形，黄褐色，额区中央略凹陷。触角9节，鳃片部3节，雄虫的鳃片长而略弯，明显长于柄部；雌虫的鳃片短直，短于柄部。前胸背板呈横长方形，具边檐。小盾片略呈半圆形，其上布有少数刻点。鞘翅的长度约为前胸背板宽的2倍。鞘翅黄色，有光泽。臀板三角形，密布细小刻点。体腹面被黄色细毛，以胸部腹面的毛密而长。前足胫节具3个外齿，爪为双爪式，中、后足胫节中段有1个完整的具刺横脊（见图）。

卵　初产卵乳白色稍带绿色，椭圆形。中期圆球形；近孵化前呈淡黄色，平均大小为1.56mm×1.16mm。

幼虫　三龄幼虫体长18～20mm。头部前顶刚毛各4根，排成1纵列。额中刚毛各1根。感区刺9～16根。感前片呈倒"八"字形排列。肛门孔为三射裂缝状。刺毛列由不同长度的针状刺毛组成，各为19～27根，刺列的前后两端稍微靠近，中间外扩，形似长颈瓶状。

蛹　体长14.1～15.5mm，宽6.0～6.5mm。蛹初期白色，1天后变为淡黄色，7天后为黄褐色。腹部可见8节，每节有气门1对，末节有尾角1对。雄蛹尾节腹面中央有1对乳状突起。

生活史及习性　鲜黄鳃金龟在中国东北和华北地区均为1年发生1代，由卵发育至成虫320～350天，以三龄幼虫越冬。在辽宁、山西、河北和山东，越冬成虫羽化始见于5月下旬，盛期为6月中下旬，末期在7月上旬。羽化后7～23天出土，出土始期日平均气温18.5～25.0℃，10cm深土层日平均地温19.8～25.2℃，每晚20：00～21：00出土活动，22：00以后大减，并且相继钻回土内。雄虫出土当日即行交配，交配时间30～70分钟。成虫终生不取食，昼间潜伏作物或者杂草根际附近3～5cm深处，夜间出土飞行、觅偶，成虫飞行高度多为0.5～20m，间歇式飞行，每次可飞20～30m。有较强的趋光性，但雄虫上灯量居多，雌虫仅偶尔上灯，雌虫上灯量仅占灯诱总虫量7%～19%。成虫寿命平均12天，一般雌虫寿命长于雄虫3天左右。雌虫交配后7～9天产卵，产卵盛期为6月下旬至7月上旬，产卵历

期13～22天，产卵量平均21粒，卵散产，但卵粒间非常靠近，呈核心型分布，多产在5～20cm土层深处，卵历期11.3～13天。

据山东调查，鲜黄鳃金龟一龄幼虫历期平均29.7天，以腐殖质为食，二龄幼虫历期24.5天，危害玉米、花生、甘薯、高粱等作物幼嫩根茎，三龄幼虫危害麦苗，10月中下旬，地温15～17℃是危害盛期，11月中旬，地温降到6～8℃以下时，三龄幼虫下潜越冬，历期240～250天。春季越冬幼虫上移危害时期比华北大黑鳃金龟幼虫早10～15天，4月上旬到下旬，地温10～16℃是危害盛期，5月上旬危害下降。如降中雨可抑制幼虫活动，减轻危害。总体而言，幼虫危害小麦的症状随生育期而不同。

发生规律　鲜黄鳃金龟多分布在沿河两岸、低洼潮湿的红粘土地区，这些地方虫量占总虫量25.7%～86%。麦田套种玉米田虫量大是由于提供玉米须根有利于初孵幼虫生长，玉米收获后又有利于就近危害麦田。鲜黄鳃金龟的发生与环境条件关系密切，如喜栖山坡、草格等非耕地，其虫口密度明显高于耕地；在相同的土质和地势条件下，鲜黄鳃金龟幼虫在前茬为大豆的田地中分布密度最高；土质相同，地势不同的地块中，鲜黄鳃金龟幼虫在平肥疏松的壤土田，虫口密度显著大于贫瘠干旱的黄壤坡地。

防治措施

播种期防治　采用农药拌麦种，用药量为种子量的0.2%，有良好保苗效果。如5%辛硫磷、0.3%氟虫腈颗粒剂可完全控制春季的危害。如采用50%～70%减量拌种（即50kg麦种只拌25kg，按规定量用药拌种，再将未拌麦混匀）亦可获得同样效果。

农业防治　越冬幼虫上移危害时期正是小麦返青期，结合浇水追施氨水，能完全控制幼虫危害，氨水兼有杀虫和施肥的作用。

参考文献

罗益镇，1980.鲜黄鳃金龟的生物学及其防治研究[J].山东农业科学(2): 5-8.

商学惠，1981.鲜黄鳃金龟生活史及其习性研究[J].应用昆虫学报(3): 104-105.

魏鸿钧，张治良，王荫长，1989.中国地下害虫[M].上海：上海科学技术出版社.

章士美，赵泳祥，1996.中国农林昆虫地理分布[M].北京：中国农业出版社.

（撰稿：尹姣；审稿：李克斌）

鲜黄鳃金龟成虫（张帅摄）

显纹地老虎　*Euxoa conspicua* (Hübner)

一种具潜土习性的夜蛾类多食性害虫。鳞翅目（Lepidoptera）夜蛾科（Noctuidae）切根夜蛾亚科（Agrotinae）切夜蛾属（*Euxoa*）。国外分布于俄罗斯。中国分布于新疆伊犁以及甘肃玉门一带。

寄主　寄主植物繁多，除危害粮食作物外，对一些经济作物和蔬菜等都进行危害。

危害状　见小地老虎。

形态特征

成虫　体长 17～33mm，翅展 37～48mm。前翅灰褐色，后翅灰白色，外缘色较深。前翅楔状纹不太明显，外横线、内横线、肾状纹灰色，环状纹大，中央模糊暗灰色。后翅白色带褐色。

幼虫　体长 46～52mm，灰褐色。头部前额有 2 个大斑，两侧各具深色斑纹。腹足趾钩单序缺环式。

生活史及习性　显纹地老虎在新疆伊犁 1 年发生 1 代，以卵在田埂杂草下、土表或土缝中越冬。翌年 4 月上旬（旬平均气温稳定在 9℃，土表温度达 11.6℃）开始孵化。4 月上旬末以一、二龄幼虫在杂草下危害，至下旬以三、四龄幼虫迁入农田，昼伏夜出，三龄后的幼虫食量剧增，进入暴食期，幼虫平均历期 17 天。5 月中开始入土化蛹，5 月下旬为化蛹盛期。6 月上旬田间始见成虫，中旬为成虫羽化盛期；成虫羽化后并不立即交尾产卵，日平均温度 22℃时蛰伏越夏，至 9 月中旬，当日均温降到 16.5℃，才开始恢复活动，补充营养；雌成虫在室内喂蜜水 7～12 天，卵巢发育成熟。10 月初成虫交配产卵，平均每雌产卵 457 粒，最多产 1106 粒。

防治方法　见小地老虎。

参考文献

刘晏亮，杨四美，黄先祥，1984. 显纹地老虎初步观察 [J]. 新疆农业科学，22(6).17-18.

魏鸿钧，张治良，王荫长，1989. 中国地下害虫 [M]. 上海：上海科学技术出版社.

（撰稿：陆俊娇；审稿：曹雅忠）

香蕉冠网蝽　*Stephanitis typica* (Distant)

一种外来检疫性害虫，主要危害香蕉等芭蕉科植物。又名香蕉网蝽、香蕉花编虫、香蕉花网蝽、亮冠网蝽。英文名 banana lace bug。半翅目（Hemiptera）网蝽科（Tingidae）冠网蝽属（*Stephanitis*）。国外分布于印度、斯里兰卡、巴基斯坦、日本、朝鲜、巴布亚新几内亚、印度尼西亚、马来西亚、菲律宾等地。中国分布于福建、台湾、广东、广西和云南等地。

寄主　香蕉等芭蕉科植物、番荔枝等番荔枝科植物、姜科山姜属和姜花属植物、桑科木波罗属植物。

危害状　以成虫和若虫群栖于香蕉叶片背面刺吸危害，被害叶背呈现浓密的褐色小斑点，而在叶片正面呈现花白色斑点，影响光合作用，叶片出现局部发黄。当虫口密度较大时，全叶发黄枯死，植株长势弱，影响香蕉的产量和质量，并成为黑星病菌的侵入途径，引发黑星病的发生（图 2）。

形态特征

成虫　体长 2.1～2.4mm。体刚羽化呈银白色，后渐变为灰白色。头部小，呈棕褐色，头顶部分有一块白色膜突出。复眼大，呈黑褐色。触角 4 节，呈淡黄色；第三节细长，为全长的 1/2；末节稍膨大，呈黄褐色。前胸背板呈褐色，两侧有白色膜突出，上具网状纹，似"花冠"，背中央具纵脊；侧背板呈翼状，前部呈囊状，覆盖头部，后部与三角突的壁状中脊相接，两侧为小翼状的侧脊。前翅膜质近透明，长椭圆形，具网状纹，翅基部和近端部具黑色斑纹，翅缘具毛；后翅狭长无网纹，具毛。足跗节黄色，爪淡黄褐色。腹部背面及腹面呈暗褐色（图 1）。

若虫　共 5 龄，初孵若虫体长为 0.5～0.7mm，白色，后体色变深，身体光滑，体刺不明显；头部淡黄褐色，复眼淡红色；胸部及足白色。后各龄期若虫体色加深，胸部和腹部的体刺变明显，翅芽出现。老熟若虫体长达 2.0～2.1mm，头部黑褐色，复眼紫红色；前胸背板盖及头部，两侧缘稍突出；翅芽达第三腹节，基部和末端具 1 黑色横斑。

生活史及习性　广州地区 1 年发生 6～7 代，世代重叠，无明显的越冬期。4～11 月为成虫羽化期。第一代在 4 月下旬至 5 月上旬羽化，第二代 6 月上旬，第三代 7 月中下旬，第四代 8 月中下旬，第五代 9 月下旬，第六代 11 月下旬，若冬季气温高则尚能完成 1 代。一代历期约为 34 天。卵期 13～14 天，全若虫期为 14 天，成虫期约 25 天。成虫交配后 4 天开始产卵，卵集中产于叶背的叶肉组织内，每堆 10～20 粒，并分泌紫色胶状物覆盖保护。每头雌虫产卵 50～60 粒。卵和若虫的发育起点温度为 14.7℃和 12.5℃。在 23～27℃条件下，卵期 13～15 天，若虫期 13～20 天，产卵前期 8 天，世代历期 34～43 天。低温或高温将影响交配和产卵，在 19℃和 31℃恒温条件下均不能交配产卵。卵孵化后若虫栖于叶背取食危害，成虫则喜欢在蕉株顶部 1～3 片嫩叶叶背取食和产卵为害，小于 15℃低温时成虫则静伏不动。此虫在夏秋季发生较多，旱季、少雨雪的气候为害加重，台风和雨水抑制其发生。

防治方法

农业防治　合理密植，增加通风透光度。清除周边杂草并及时割除受害植株，集中烧毁以减少虫源。

化学防治　喷洒 90% 敌百虫 1000～1500 倍液或 40% 乐果 1500 倍液。

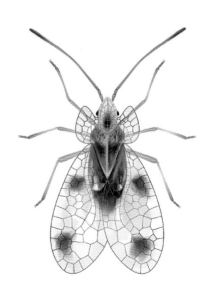

图 1　香蕉冠网蝽成虫背视（彩万志、李虎，2015）

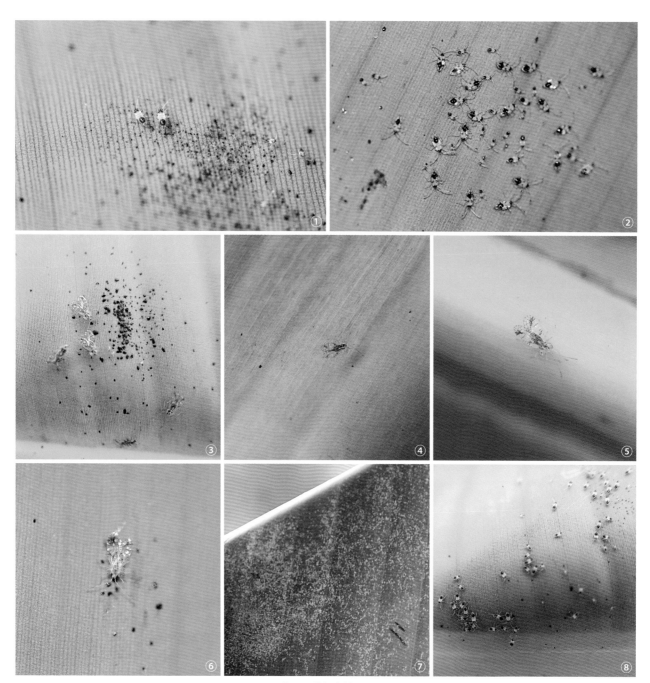

图 2　香蕉冠网蝽危害状（吴楚提供）

①～⑤芭蕉上的危害状；⑥～⑧香蕉上的危害状

参考文献

彩万志，李虎，2015. 中国昆虫图鉴 [M]. 太原：山西科学技术出版社 .

陈振耀，张洲桂，李恩杰，1984. 香蕉冠网蝽的初步研究 [J]. 应用昆虫学报 (5): 210-212.

林明光，刘福秀，彭正强，等，2009. 海南省香蕉作物害虫调查与鉴定 [J]. 西南农业学报，22(6): 1619-1622.

吕佩珂，苏慧兰，庞震，2013. 中国现代果树病虫原色图鉴 [M]. 北京：化学工业出版社 .

（撰稿：张晓、陈卓；审稿：彩万志）

香蕉假茎象甲　*Odoiporus longicollis* (Oliver)

一种以幼虫钻蛀香蕉假茎的害虫。又名香蕉长颈象甲、香蕉双黑带象甲、蛀茎象甲、偏黑象甲等。英文名 banana pseudostem weevil。鞘翅目（Coleoptera）象虫科（Curculionidae）长颈象甲属（*Odoiporus*）。国外分布于越南、泰国、马来西亚、菲律宾、印度尼西亚等地。中国分布于广东、广西、贵州、福建、云南、海南、台湾等地。

寄主　芭蕉、香蕉、大蕉、红蕉、龙牙蕉、粉蕉、香牙蕉、西贡蕉、天宝蕉、蕉麻等。

危害状　幼虫蛀食植株中、下部假茎，蛀道纵横交错，引起假茎腐烂或风折（图1）。

形态特征

成虫　大黑型为黑色，具光泽；双带型为棕褐色。体长11～14mm，宽4～5mm；喙长3～4.2mm，基部粗直，端部稍弯曲；触角膝状，端部2节稍膨大。前胸腹板和侧板有粗大刻点，背板中部纵向光滑。双带型前胸背板背中线两侧各有1条向前渐狭的黑色纵带。鞘翅面有9条刻点沟。中足较前、后足短小，各足胫节有1枚粗大的端距；跗节4节，第三跗节扩大呈扇形（图2）。

卵　长椭圆形，长2.4～2.6mm，厚1.0～1.2mm，初产时为乳黄色，渐变茶褐色。

幼虫　老熟体长15～18mm，体多横皱，头赤褐色，胸足退化，腹部中部肥大，向后渐小；前胸节和腹末节气门较大，约为其他各节气门的2倍（图3）。

蛹　长14～16mm，初期为乳黄色，近羽化时呈浅赤褐色。

生活史及习性　在广东、海南1年6代，贵州发生5代，福建4～5代，世代重叠。因温度不同，各代历期差异较大，

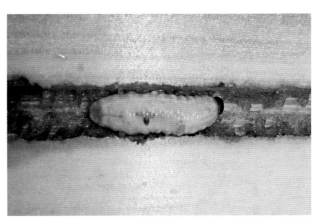

图3　香蕉假茎象甲幼虫（周祥提供）

夏季1代23～35天，而秋冬季可长达105～148天。蕉园中幼虫的虫口密度每年有2个高峰期，分别在5月下旬至6月中旬、9月下旬至10月中旬，此期危害最严重。

成虫具假死性，畏光，喜群聚，耐饥饿。雌成虫选择在植株中、下段表层叶鞘组织的空格里产卵，每格产1粒。一、二龄幼虫在外面两层叶鞘内纵向蛀食，三龄后横蛀至假茎中。高龄幼虫一昼夜蛀道长度可达30cm。

防治方法

植物检疫　实施蕉苗检疫，发现集中浇灌药液（参考化学防治），严禁将有虫蕉苗带入大田。

农业防治　收获后清除残株，机械绞碎蕉头，清除干枯叶鞘等成虫潜居场所。

化学防治　发现香蕉假茎象甲危害时，可选用3%甲氨基阿维菌素苯甲酸盐或者50%辛硫磷1000倍液或者10%联苯菊酯或者2.5%三氟氯氰菊酯或者10%氯氰菊酯3000倍液喷射果轴和心叶、叶柄。

参考文献

陆永跃，梁广文，2008. 香蕉假茎象甲虫情调查与预测预报技术 [J]. 中国南方果树，37(3): 62-64.

罗禄怡，罗黔超，姚旭，等，1985. 贵州的香蕉象甲及其生物学特性 [J]. 应用昆虫学报 (6): 265-267.

尹炯，赵冬香，卢芙萍，等，2008. 香蕉假茎象甲研究进展 [J]. 生物安全学报，17(4): 308-313.

（撰稿：周祥；审稿：张帆）

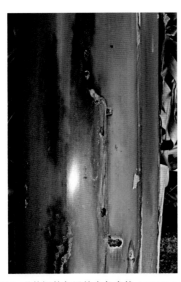

图1　香蕉假茎象甲幼虫危害状（周祥提供）

图2　香蕉假茎象甲雌成虫（①周祥提供；②朱俊洪提供）

①大黑型；②双带型

香蕉交脉蚜　*Pentalonia nigronervosa* Coquerel

该种是热带、亚热带地区常见蚜虫，也是香蕉、大蕉和麻蕉等芭蕉属植物和姜科植物的重要害虫。又名蕉蚜、蕉黑蚜、香蕉黑蚜。英文名 banana aphid。半翅目（Hemiptera）蚜科（Aphididae）蚜亚科（Aphidinae）交脉蚜属（*Pentalonia*）。分布在世界热带地区及欧洲、北美温室中。在中国分布在主要香蕉产区，如福建、台湾、广东、云南等地。

寄主　香蕉、大蕉、麻蕉等芭蕉属植物，良姜、玉桃等

良姜属植物，旅人蕉属、杯芋属、海芋属、海里康属、花叶万年青属、姜花属、鹤望兰属及仙人掌属等植物。

危害状　该种在芭蕉属和姜科植物嫩梢、幼叶和地下部分危害。能传播一种病毒病——香蕉束顶病，病叶沿叶柄或中脉下部发生不规则或呈条状的嫩绿色条斑，病叶短窄，边缘上卷，叶片脆硬易折裂。幼病株矮缩，不能长大，叶片在植株顶部聚成丛，影响香蕉和麻蕉的产量与品质（图1）。

形态特征

无翅孤雌蚜　体卵圆形，活体红褐色至黑色；体长1.40mm，体宽0.96mm。玻片标本淡色，无斑纹。触角、胫节端部和跗节黑色，腹管灰黑色，尾片和尾板灰褐色。头部背面有微刺组成的瓦纹，前胸背板有瓦纹，中、后胸背板和腹部背片有网纹，腹管后部各节背板有小刺突横纹。体背毛粗短扇形，腹面毛短尖。头部背面有毛14根，腹部第一背片有毛14根，第八背片有毛2根。中额稍隆，额瘤显著，有钝齿，内倾。触角6节，长1.5mm，为体长的1.1倍；第三节有短钝毛8～10根；触角末节鞭部约为基部的6倍。喙端部超过后足基节，第四和第五节为基宽的2倍，为后足第二跗节的1.7倍，有次生毛1对。足基节转节和股节有瓦纹，胫节光滑；后足股节为第三节触角的1.4倍，后足胫节为体长的0.71%；第一跗节毛序：3、3、2。腹管长筒状，稍长于第三节触角，为体长的0.26%，为尾片的3.7倍，有小刺突组成的瓦纹，中部稍有缢缩，端部1/4膨大，顶端收缩，缘突明显，有切迹。尾片圆锥形，基部及2/3处收缩，有小刺突瓦纹，长为基宽的1.3倍，有长曲毛4根。尾板有毛8～10根，生殖板有短毛15～17根（图2、图3）。

有翅孤雌蚜　体长卵形，体长1.7mm，体宽0.76mm。活体头胸部黑色，腹部红褐色至黑色。玻片标本腹部背片有缘斑，第二至第四节背片缘斑及腹管后斑大，腹管前斑小。第三至第五节触角分别有9～10、5～10、2～8个小圆形次生感觉圈。前翅翅脉深褐色，有宽昙，径分脉与中脉与第一分支相交；后翅退化，短而窄，仅为前翅的1/3；只有1条斜脉。其他特征与无翅孤雌蚜相似（图2、图3）。

生活史及习性　冬季蚜虫在叶柄、球茎、根部越冬；到春季气温回升，蕉树生长季节，蚜虫开始活动、繁殖。该虫以孤雌卵胎生方式繁殖，每年可发生4代，整年可见，每年4月左右和9～10月间为发生高峰期。成虫可飞行或随气流

图2　香蕉交脉蚜种群（徐婷婷摄）

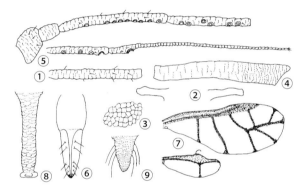

图3　香蕉交脉蚜（钟铁森绘）
无翅孤雌蚜：①触角第三节；②中胸腹岔；③腹部背纹；④后足股节
有翅孤雌蚜：⑤触角；⑥喙端部；⑦前、后翅；⑧腹管；⑨尾片

传播，能爬行或随吸芽、土壤人为移动而传播，常先在寄主下部危害，随虫口密度增加逐渐向上移转，以心叶基部虫口最多，嫩叶的荫处多聚集危害。在吸食寄主养分的同时传播病毒。

发生规律　田间种群数量发生的密度与气候关系密切，一般在干旱年份发生较多，多雨年份则较少，且易死亡。干旱或寒冷季节，蕉株生长停滞，蚜虫多躲藏在叶柄、球茎或根部，并在这些地方越冬，停止吸食为害；到春天环境条件适宜时，蕉株恢复生长，蚜虫开始活动、繁殖。因此，在冬季香蕉束顶病很少发生，到4～5月才陆续发病。

防治方法　由于蚜虫传播病毒病，应树立防病必须防虫的观念，发现病毒株必须先喷洒杀虫剂杀死蚜虫，再将病株及其吸芽彻底挖除；或使用草甘膦注射假茎，清除病株时加入杀虫剂兼杀蚜虫。有蚂蚁时，还须兼杀蚂蚁。防止病株上的蚜虫转移危害其他健株而传病。

有病毒病危害的蕉园，必须经常检查蚜虫发生情况，尤其是干旱的秋季（9～11月）和春季（4～5月）。农药有50%辟蚜雾1500倍液、40%乐果乳油（或氧化乐果）800倍液或其他有机磷杀虫剂，以喷洒吸芽和成株"把头"处为主，常结合象鼻虫防治用药。

参考文献

杨乐恩，1989. 香蕉交脉蚜的发生规律 [J]. 应用昆虫学报，

图1　香蕉交脉蚜危害状（徐婷婷摄）

X

26(3): 145-146.

张广学，钟铁森，1983. 中国经济昆虫志：第二十五册　同翅目　蚜虫类 (一) [M]. 北京 : 科学出版社 .

郑建洪，2003. 香蕉交脉蚜发生及防治技术 [J]. 福建农业 (9): 27.

（撰稿：陈静；审稿：乔格侠）

香蕉弄蝶　*Erionota torus* Evans

一种以幼虫咬食香蕉等植物叶片的害虫。又名芭蕉卷叶虫、蕉弄蝶、黄斑蕉弄蝶。英文名 banana skipper。鳞翅目 (Lepidoptera) 弄蝶科 (Hesperiidae) 蕉弄蝶属 (*Erionota*)。国外分布于越南、菲律宾、马来西亚等地。中国分布于广东、广西、云南、贵州、四川、江西、福建、湖南、海南、台湾、香港等地。

寄主　香蕉、粉蕉、大蕉、紫蕉、美人蕉、马尼拉麻蕉等。

危害状　幼虫孵化后爬至叶缘咬成缺口，吐丝将蕉叶卷成筒状苞，藏身其中，从叶苞上端与叶片相连的开口处咬食，边咬边卷，加大叶苞，致叶片残缺不全，严重时仅剩主脉（图 1 ①②）。

形态特征

成虫　体长 30～33mm，翅展 78～85mm。体黄褐色或茶褐色。头部与胸部密生黄褐色或灰褐色鳞毛。复眼赤褐色。触角黑褐色，棒状，端部膨大部分呈黄白色。前翅黄褐色，翅中央有 2 个黄色长方形斑纹，近外缘有 1 个黄色方形小斑纹；后翅均为黄褐色或茶褐色；前后翅的缘毛均呈白色（图 1 ⑤⑥、图 2）。

卵　扁球形，直径约 2.5mm。卵顶微陷，卵壳表面从中间向四周有白色放射线状纹。初产时呈黄白色，后转粉红至深红色，近孵化时变为灰黑色（图 1 ⑦）。

幼虫　初孵幼虫体长 6mm，头大黑色，体躯淡黄色。老熟幼虫体长 52～65mm，淡黄或带微绿色，体表被白色蜡粉；头部黑色，略呈三角形；前、中胸缩小呈颈状，后胸以

图 1　香蕉弄蝶（吴楚提供）
①②危害状；③④幼虫；⑤⑥成虫；⑦卵；⑧蛹

后渐肥大，各节有 5～6 条横皱纹，密生短微毛；腹足 4 对，臀足 1 对，趾钩细小双序环式（图 1 ③④）。

蛹 呈圆筒形，黄白色，体长 38～42mm，被白色蜡粉。喙伸至腹部末端，其尖端与体躯分离，腹末端具数个刺钩（图 1 ⑧）。

生活史及习性 在贵州剑河县 1 年发生 3 代，在福建福州地区 1 年发生 4 代，在广西钦州市 1 年可发生 5～6 代，在广东广州地区 1 年发生 6～7 代。卵期夏季一般 3～5 天，秋末则为 8～10 天，冬天则达 20～34 天。幼虫各龄期：夏秋季的第二至第四代的一和二龄都是 2～3 天，三龄 3～4 天，四龄 4～5 天，五龄 4～6 天，全幼虫期历时 17～21 天；蛹期 10 天，1～5 代幼虫历时为 23～29 天。越冬代的幼虫历时则长达 108～133 天；蛹期 13～26 天。

成虫喜欢在清晨及傍晚外出活动，晚上和阳光强的晴天则停栖于阴凉处。蕉园中卵至成虫各个虫态均可见到，世代重叠严重。该虫大多以五龄幼虫在叶苞内越冬，如食料欠缺则以三至四龄幼虫暂停取食，进入越冬。由于越冬虫龄不一导致化蛹、羽化时间很不一致，从翌年 2 月上旬至 3 月下旬化蛹，3 月中旬至 4 月下旬羽化为成虫。羽化多集中在 5：00～8：00，2～3 个小时后即可起飞活动，在清晨和傍晚吸食香蕉或芭蕉花蜜，并进行求偶交尾，雌成虫通常交尾 2～4 次，选择在叶片的正面或背面产卵，数粒至 30 粒不等。1 头雌成虫一般产卵 80～150 粒，最多可产卵 336 粒。卵多在 5：00～8：00 孵化，幼虫先取食卵壳，再各自分散到叶缘取食，先将叶缘咬成一个缺口，吐丝将破裂蕉叶反卷缝合成苞，幼虫在苞内取食，老熟幼虫吐丝封闭蕉叶苞口，在苞内化蛹。幼虫喜取食叶片薄、质地软、汁少的品种，故西贡蕉受害较重，而叶片厚硬多汁的香蕉品种则受害轻。

防治方法

农业防治 结合田间管理，剪除蕉叶上有虫苞的部分集中烧毁。

物理防治 人工网捕成虫；人工摘除虫苞，杀死幼虫或蛹。

生物防治 在低龄幼虫期推荐使用生物源农药，如青虫菌 6 号 300 倍液或者苏云金杆菌（Bt）粉剂（含活芽孢 100 亿个 /g）500～1000 倍液。香蕉弄蝶的天敌有寄生卵的跳小蜂（*Ooencyrtus* sp.），在 6～8 月寄生率为 2.6%～14%，到 9～10 月寄生率达 34%～56%。

化学防治 在幼虫三龄前喷洒 5% 伏虫隆乳油 1000～2000 倍液、10% 吡虫啉可湿性粉剂 3000～4000 倍液或者 2.5% 氯氟氰菊酯乳油 2500～3000 倍液。

参考文献

凌开树，林伯欣，1988. 香蕉弄蝶生物学及其防治初步研究 [J]. 福建农业学报，3(1): 17-22.

陆永跃，2007. 香蕉弄蝶虫情调查与预测预报方法 [J]. 中国南方果树，36(5): 53-54.

CHIAN H S, HWANG M T, 1991. The banana skipper, *Erionota torus* Evans (Hesperidae: Lepidoptera): establishment, distribution and extent of damage in Taiwan[J]. Pest Articles & News Summaries, 37(3): 207-210.

（撰稿：周祥；审稿：张帆）

香蕉球茎象甲 *Cosmopolites sordidus* (Germar)

一种以幼虫钻蛀香蕉球茎的害虫。又名蕉根象鼻虫、香蕉黑筒象、香蕉象甲等。英文名 banana corm weevil。鞘翅目（Coleoptera）象虫科（Curculionidae）根颈象甲属（*Cosmopolites*）。国外分布于印度、马来西亚、印度尼西亚等。中国分布于广东、广西、贵州、福建、台湾等地。

寄主 芭蕉、香蕉、大蕉、红蕉、龙牙蕉、粉蕉、香牙蕉、西贡蕉等。

危害状 幼虫在近地面的茎基部和球茎内蛀食，形成纵横交错的蛀道。蕉苗受害，叶片变黄，心叶萎缩，植株枯死。成株受害后假茎瘦小，叶少且多枯黄，生长势衰弱，不能抽穗，已抽穗的果穗、果指瘦小，严重被害植株的球茎腐烂变黑，遇到大风易倒伏（图 1）。

形态特征

成虫 体长 10～13mm，宽 4～4.5mm，圆筒形，黑色，具蜡质光泽，虫体密布粗刻点。喙圆筒状，略下弯，短于前胸，触角着生于喙基部 1/3 处，膝状。前胸长椭圆形，中部稍隆起，背板上密布大刻点，背面中部有 1 条光滑无刻点的棱形纵带。小盾片近圆形。鞘翅背面粗糙，肩部最宽，向后渐窄，具纵刻点沟 9～10 条。足腿节棒状，胫节侧扁，跗节 4 节。臀板外露，密布短绒毛（图 2）。

卵 长椭圆形，长 1.5～1.6mm。光滑，初产时乳白色，近孵化时变淡黑色。

幼虫 体长 14～16mm，乳白色。头小，赤褐色；体中间肥大，多横皱；前胸及末腹节的斜面各有 1 对气门，腹末斜面有淡褐色毛 8 对。无腹足。

蛹 长 11～13mm，乳白色。喙长达中足胫节末端，腹末背面有 2 个瘤状突起，腹面两侧各有强刺 1 根和长短刚毛 2 根。

生活史及习性 中国分布区 1 年发生 4 代。夏季卵期

图 2 香蕉弄蝶成虫（周祥提供）

图 1　香蕉球茎象甲幼虫危害状（周祥提供）

图 2　香蕉球茎象甲雌成虫（周祥提供）

5～9 天，幼虫期 20～30 天，蛹期 5～7 天，夏季 1 代需 30～45 天；冬季幼虫期可长达 90～110 天，10 月后完成 1 代需 82～127 天。

香蕉球茎象甲世代重叠，田间全年可见各虫态，无明显越冬现象。老熟幼虫以蕉茎纤维封闭隧道两端作为蛹室，在其中化蛹。成虫羽化后在蛹室内停留数日，由隧道上端钻出，常匿藏于蕉茎外层或近地面的干枯叶鞘中，补充营养后选择近地面的假茎叶鞘或小苗的组织空格中产卵，每格 1 粒。初孵幼虫自假茎蛀入球茎内，严重时 1 球茎中幼虫可达 50～100 头。成虫寿命达 6 个月。

防治方法

植物检疫　实施蕉苗检疫，严禁将有虫蕉苗带入大田，发现小苗受香蕉球茎象甲为害即应集中浇灌药液（参考化学

防治）。

农业防治　收获后清除残株，机械绞碎蕉头，清除干枯叶鞘等成虫潜居场所。

化学防治　发现香蕉球茎象甲危害时，在假茎基部浇淋 3% 甲氨基阿维菌素苯甲酸盐或者 50% 辛硫磷 1000 倍液或者 10% 联苯菊酯或者 10% 氯氰菊酯 3000 倍液。

参考文献

郭志祥，曾莉，番华彩，等，2012. 云南香蕉害虫种类及发生危害调查 [J]. 热带农业科学，32(10): 42-45.

李鄂平，2008. 香蕉根颈象甲的防治 [J]. 科学种养 (4): 28.

李科明，李嘉，金志强，等，2015. 香蕉球茎象甲成虫田间活动规律 [J]. 应用昆虫学报，52(4): 993-997.

（撰稿：周祥；审稿：张帆）

湘黄卷蛾　*Archips strojny* Razowski

一种中国南方广泛分布、偶发危害茶树和珊瑚树的的卷叶类咀嚼式害虫。鳞翅目（Lepidoptera）卷蛾科（Tortricidae）卷蛾亚科（Tortricinae）黄卷蛾族（Archipini）黄卷蛾属（*Archips*）。中国分布于江苏、上海、浙江、安徽、江西、湖北、湖南、福建、云南、海南等地。

寄主　茶树、珊瑚树。

危害状　以幼虫吐丝卷结嫩叶成苞，隐匿其中蚕食叶肉危害。被害叶片出现枯褐色斑膜，常数张叶片缀叠在一起。

形态特征

成虫　雌蛾体型较大，雄蛾相对较小，雌虫体长 8.0～11.0mm，翅展 16.3～23.8mm；雄虫体长 7.0～10.0mm，翅展 14.0～18.2mm。停息在叶片上，呈钟形。雌雄蛾前翅斑纹有明显差别。雄蛾前翅前缘褶凸出明显，前翅淡棕黄色，上有深褐色斑。共有基斑、中带和端纹 3 个深褐色斑。基斑位于前缘褶下，中带上窄下宽，端纹由前缘沿外缘向臀角延伸，形成上宽下窄，缘色黄褐色。雌蛾前翅棕黄色，基斑、中带和端纹不明显，只隐约可见褐色暗斑（图 1、图 2）。

幼虫　幼虫共有 5 龄，一至五龄头宽分别为 0.2～0.3mm、0.4～0.5mm、0.6～0.7mm、0.9～1.1mm、1.5～1.8mm。幼虫成熟后体长 12.0～21.0mm。一龄和二龄幼虫体淡黄色，三龄和四龄幼虫体色淡绿色或淡棕色，头壳及前胸背板黑褐色，五龄幼虫体淡绿色，头壳为棕色，前胸背板黑褐色，前胸背板前缘为白色。刚蜕皮的幼虫头壳为淡绿色，随即很快变为棕色或黑色（图 3）。

生活史及习性　在浙江杭州 1 年发生 4 代，以蛹越冬。各代幼虫发生期分别在 4 月上旬至 5 月上旬、6 月上旬至 7 月上旬、7 月中旬至 8 月中旬、9 月上旬至 10 月下旬。4～5 月份各虫态的发育历期为：幼虫期 29.6 天，蛹期 8.8 天，雌成虫期 8.5 天，雄成虫期 9.1 天，卵期 7.7 天。成虫羽化高峰时段为 10：00～13：00。雌雄成虫在夜晚交配产卵。成虫产卵前期为 2～7.7 天，平均 4.3 天。产卵最长可持续 7 天，平均产卵期 2.6 天。每雌产卵块数为 0.5～7 块，平均为 3 块，折合卵 353 粒。卵块产于叶片正面，多沿叶脉而产，其中沿

图 1　湘黄卷蛾雌成虫（周孝贵提供）

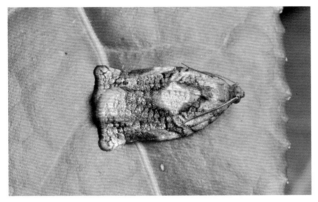

图 2　湘黄卷蛾雄成虫（周孝贵提供）

图 3　湘黄卷蛾幼虫（殷坤山提供）

主脉所产最多。通常一张叶片上 1 个卵块，偶尔也见 2～3 个卵块。每卵块平均含卵 117.7 粒。

初孵幼虫十分活泼，喜四处爬行，趋光性极强，并喜吐丝悬挂在茶枝中下部，随风扩散。约半天后，多数爬至茶丛顶部嫩叶正面的叶尖，吐丝将叶边缘向内卷，匿居其中取食表皮和叶肉。随着幼虫生长，逐步将嫩叶由叶缘纵向卷成虫苞，躲在苞内取食。在茶树顶部嫩叶缺乏时，幼虫也可在茶树自然重叠的成叶或老叶间结网取食。幼虫三龄后常吐丝将芽梢的 2 张叶片缀在一起，躲在其中取食。幼虫受惊后虫体会作 "S" 形剧烈扭动并逃脱。随幼虫龄期的增加，吐丝所缀结的叶片也越多。五龄幼虫取食后叶片上有圆形孔洞，老熟时在虫苞内结茧化蛹。

防治方法

农业措施　湘黄卷蛾卵块多产于茶蓬上中部，故茶园修

剪可剪除大部分卵块。同时，修剪后茶树上部无嫩叶，初孵幼虫由于食料恶化而被抑制。

灯光诱杀　利用成虫的趋光性，可安装诱虫灯诱杀成虫。

药剂防治　防治适期掌握在一至二龄幼虫盛发期，药剂可选用 10% 联苯菊酯水乳剂或 4.5% 高效氯氰菊酯乳油或 0.6% 苦参碱水剂。

参考文献

湖南省林业厅，1992. 湖南森林昆虫图鉴 [M]. 长沙：湖南科学技术出版社 .

刘友樵，李广武，2002. 中国动物志：第二十七卷　昆虫纲　鳞翅目　卷蛾科 [M]. 北京：科学出版社 .

唐美君，2018. 卷叶为害的茶树害虫——湘黄卷蛾 [J]. 中国茶叶，40(8): 7-9.

唐美君，郭华伟，殷坤山，等，2017. 茶树新害虫湘黄卷蛾的初步研究 [J]. 植物保护，43(2): 188-191.

（撰稿：唐美君；审稿：肖强）

向日葵螟　*Homoeosoma nebulella* (Denis et Schiffermüller)

是世界范围内向日葵的重要害虫之一。又名欧洲向日葵同斑螟、葵螟。鳞翅目（Lepidoptera）螟蛾科（Pyralidae）斑螟亚科（Phycitinae）同斑螟属（*Homoeosoma*）。主要分布于中国、法国、伊朗、西班牙等亚洲和欧洲国家。在中国主要发生于北方的向日葵产区，包括内蒙古、黑龙江、新疆以及吉林部分地区。

寄主　菊科植物为其主要寄主，主要危害向日葵。

危害状　以幼虫危害筒状花和葵花籽。雌蛾将卵产在筒状花上。一、二龄幼虫主要取食筒状花和花粉。少数幼虫从二龄开始，多数幼虫从三龄开始从向日葵籽粒间钻入，在葵花籽的中部或底部穿行蛀食，平均 1 头幼虫一生能蛀食 9 粒葵花籽。在危害的花盘表面可见到许多颗粒状虫粪，幼虫将花盘籽粒底部蛀成纵横交错的孔道，并吐丝将虫粪及取食后的碎屑粘连，被害花盘遇雨后腐烂，严重降低产量和品质。

形态特征

成虫　体灰色，体长 8～12mm，翅展 20～27mm，雌蛾稍大。前翅长形，灰褐色，有 4 个黑斑，外侧翅端 1/4 处有 1 与外缘平行的黑色斜条纹。后翅比前翅宽，色淡。复眼黑褐色。触角丝状灰褐色，基部的节粗大，较其他节长 3～4 倍。静止时，酷似向日葵种子。

卵　乳白色，椭圆形，长 0.8mm，宽 0.4mm。卵壳有光泽，具不规则浅网纹，有的卵粒在一端有 1 圈立起的褐色胶膜圈。

幼虫　4 个龄期，灰黄色，背面有 3 条暗褐色或淡棕色纵带，前胸背板淡黄色。气门黑色。腹足趾钩为双序环。老熟幼虫体长 13～17mm。

蛹　黄褐色，长 9～12mm。羽化前呈暗褐色，腹部背面各节和腹面第五至七节有圆刻点，腹部末端有 8 根钩毛。

生活史及习性　在世界各地发生代数不同。在法国 1 年

发生 3～5 代。在西班牙 1 年发生 3 代。在中国吉林和黑龙江 1 年发生 1～2 代。越冬幼虫一般在 7 月上旬咬破越冬茧，钻出后 2～3 天完成化蛹，蛹期 6～7 天。成虫在 7 月中旬至下旬陆续出现，7 月下旬至 8 月上旬为成虫羽化高峰和产卵盛期。卵期 2～3 天。幼虫共 4 龄，8 月中旬为幼虫主要危害期，幼虫期 18～20 天。8 月下旬老熟幼虫开始吐丝下垂，入土越冬。少数幼虫可以在 9 月上旬化蛹和羽化，并产出第二代幼虫，二代幼虫危害不大，也不能安全越冬，不能成为翌年虫源。在新疆，1 年发生 2～3 代，世代重叠。越冬代成虫 5 月中旬开始羽化；第一代幼虫于 7 月上旬开始全部羽化；第二代幼虫大部分于 8 月中旬开始羽化并产出第三代，少部分直接滞育越冬；第三代幼虫自 9 月中旬起陆续做茧越冬。其发生受环境影响很大，春季升温慢会压低越冬代成虫的羽化率，夏末秋初高温多雨利于害虫发生。

向日葵螟多在黄昏时羽化。成虫昼伏夜出，白天多隐匿在杂草丛中，日落后飞入向日葵田，趋光性较弱。未交配的雌、雄蛾在后半夜较活跃，求偶时，雌蛾静伏，腹部向背面弯曲近 90°，伸出产卵器以吸引雄蛾，交配可持续 1～3 小时，交配后未产卵的雌蛾表现出持续的兴奋。雌蛾交配当天即可产卵，大多数卵产在暗期的前 2 小时，产卵高峰在交配后的前 2 天。成虫产卵时，腹部弯曲伸入筒状花内，多数卵产在花药圈内壁的下方，多为散产。交配后雌蛾的寿命为 14.4 天。

防治方法

农业防治 种植抗虫品种，如‘科阳 1 号’‘RH118’等食葵品种；在周边种植诱虫植物茼蒿等，可将向日葵螟于开花前集中诱集，然后进行化学防治。

生物防治 可以应用性信息素诱捕器，在成虫高峰期前至向日葵花期后，田间棋盘式等距离放置性信息素诱捕器 25～30 枚 /hm²；利用天敌防治，在向日葵螟产卵期释放赤眼蜂进行防治，在向日葵开花量分别达到 20%、50% 和 80% 时分 3 次放蜂，3 次总释放量为 8 万头 / 亩。

化学防治 在向日葵开花后幼虫尚未进入籽粒前，可选用 90% 敌百虫可溶粉剂 500 倍液、20% 氰戊菊酯乳油 1000 倍液、2.5% 溴氰菊酯乳油 2000 倍液、4.5% 高效氯氰菊酯乳油 1500 倍液进行喷雾，喷雾共进行 2 次，间隔 4～5 天。

参考文献

雷仲仁，郭予元，李世访，2014. 中国主要农作物有害生物名录 [M]. 北京：中国农业科学技术出版社：1715-1718.

孟瑞霞，白全江，刘文明，等，2016. 向日葵对向日葵螟抗虫性的研究进展 [J]. 应用昆虫学报，53(5): 921-930.

张总泽，刘双平，罗礼智，等，2010. 内蒙古巴彦淖尔市向日葵螟成灾原因及防治措施 [J]. 植物保护，36(3): 176-178.

中国农业科学院植物保护研究所，中国植物保护学会，2015. 中国农作物病虫害：上册 [M].3 版. 北京：中国农业出版社.

（撰稿：郭巍、陆秀君；审稿：董建臻）

消化系统 digestive system

昆虫取食、嚼碎和消化食物并吸收营养的器官体系。包括贯穿体腔中央的消化道（alimentary canal）和位于消化道旁与口腔连接的唾腺（salivary gland）。

消化系统的结构 不同类型昆虫或同一种昆虫在不同发育时期，其消化系统具有不同的结构和特征，但一般由唾腺、前肠（foregut）、中肠（midgut）和后肠（hindgut）等几个主要部分组成（图 1）。

唾腺 唾腺也称唾液腺，是位于消化道旁的与口腔连接的多细胞腺体。根据其与口腔连接的位置不同分为上颚腺（mandibular gland）、下颚腺（maxillary gland）和下唇腺（labial gland）。完全变态昆虫的唾腺起源于胚胎的外胚层。唾腺分泌唾液至口腔或至猎食的宿主组织，唾液可润滑口器，并含有各种水解酶，可溶解食物，对食物进行初步消化。噬血昆虫唾液中还含有抗凝血因子，防止血液凝固，以利噬血。

前肠 前肠是消化道的前端部分，起源于胚胎的外胚层。前肠主要起嚼碎食物、临时储存和初步消化食物的作用。前肠包括口（mouth）、咽喉（pharynx）、食道（oesophagus）、嗉囊（crop）、前胃（proventriculus）、贲门瓣（cardiacvalve）等结构。口是取食食物的器官，依昆虫取食方式和结构不同可分为咀嚼式口器（chewing mouthparts）、嚼吸式口器（chewing-lapping mouthparts）、刺吸式口器（piercing-sucking mouthparts）、舐吸式口器（sponging mouthparts）和虹吸式口器（siphoning mouthparts）等。咽喉与食道是一管状结构，是食物吞咽和运送的过道。自内向外可分为内膜（intima）、肠壁细胞层（epithelium）、底膜（basement membrane）、环肌（circular muscle）、纵肌（longitudinal muscle）和肌肉围膜（peritoneal membrane）等组织结构。嗉囊是位于食道后面的膨大部分，是临时储存食物的场所。前胃是连接前肠和中肠的管道，有前胃齿和前胃垫等结构，控制着食物进入中肠。贲门瓣是前肠延伸至中肠肠腔内的结构，其作用是使食物直接进入中肠而不进入胃盲囊，并防止食物从中肠倒流回前肠。

中肠 中肠是消化道的中间部分，起源于胚胎的内胚层。前端连接前肠的前胃，后端连接后肠。中肠主要起食物消化和营养吸收的作用，是消化系统的最重要部分，所以也称作胃。中肠包括胃盲囊（gastric caeca）和中肠本身。胃盲囊是中肠肠壁在前端突出的囊状结构，其作用是扩大中肠的消化和吸收面积。中肠由肠腔起自内向外可分为围食膜（peritrophic membranes）、肠壁细胞层、底膜、环肌、纵肌和肌肉围膜等组织结构（图 2）。围食膜位于中肠肠腔一侧，是由几丁质和几丁质结合蛋白等组成的非细胞的膜状结构，具有保护肠壁细胞不受损伤和防御微生物入侵的作用。中肠肠壁细胞层由各种中肠细胞组成，包括柱状细胞（column cells）、杯状细胞（goblet cells）、再生细胞（regenerative cells）和内分泌细胞（endocrine cells）等。柱状细胞主要功能是分泌消化酶和吸收消化产物；杯状细胞与调节虫体血液中钾离子浓度有关；再生细胞主要功能是补充肠壁消耗的细胞，并在幼虫脱皮和化蛹过程中更新旧的肠壁细胞；内分泌细胞是分泌内激素的细胞。底膜是中肠靠虫体内组织一侧的非细胞膜结构。环肌和纵肌位于底膜外侧，支撑着中肠的结构和蠕动。围膜包裹着环肌和纵肌，使中肠成为一个完整的系统。

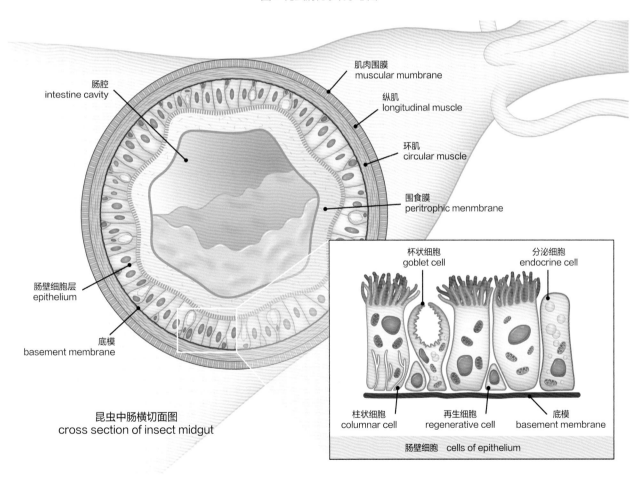

图 1　昆虫消化系统示意图

昆虫中肠横切面图
cross section of insect midgut

图 2　昆虫消化系统中肠截面图

X

　　后肠　后肠是消化道的后端部分，起源于胚胎的外胚层。前端连接中肠，后端以肛门为止。后肠主要起分泌、循环和重吸收等作用。后肠包括马氏管（malpighian tubule）、回肠（ileum）、结肠（colon）、直肠（rectum）、幽门瓣（pyloric valve）、直肠垫（rectal pads）和肛门（anus）

等结构。马氏管是位于中肠和后肠连接处的细小排泄管道，有人也将其列入中肠结构。马氏管的主要作用是排泄原尿。幽门瓣的作用是控制中肠的消化残渣进入回肠。回肠、结肠、直肠组成后肠的主要部分，主要作用是排出食物残渣和代谢废物，并从排泄物中吸收水分、无机盐和部分有机营养物质，供虫体再利用。

特别需要指出的是，不同种类的昆虫（例如鳞翅目与双翅目昆虫）、不同食性的昆虫（例如植食性与噬血性昆虫）、甚至同一种昆虫在不同发育时期（例如幼虫与成虫），其消化系统特别是消化道结构有很大的差异。食用固体食物的昆虫（咀嚼式口器）的消化道通常粗短，有较大的嗉囊和前胃帮助消化，而食用液体食物的昆虫（刺吸式口器）的消化道通常细长，前胃结构不明显，中肠常无围食膜。幼虫消化道与成虫消化道由于体型、生活环境和食物性质都发生了改变，其结构也显著发生变化。

消化系统的功能

消化　消化（digestion）是指把食物的组织细胞结构和生物大分子物质降解成可吸收利用的小分子物质的过程。例如，蛋白质、脂类和多糖分别降解为氨基酸或短肽、短链脂肪酸、寡糖或单糖等。唾腺分泌的唾液和肠道分泌的消化液含有蛋白酶、脂肪酶、纤维素酶和糖解酶等，这些酶可把大分子物质分解成可吸收利用的小分子化合物。消化可分为肠外消化和肠内消化。肠外消化是指刺吸式口器昆虫或食肉昆虫把唾液和消化液注入到寄主或猎物体内，分解其组织细胞后再吸收消化产物到昆虫体内的过程。肠内消化是指在昆虫肠道内进行的消化，包括在前肠的初步消化和中肠的完全消化。中肠肠壁细胞合成各种消化酶后，通过分泌囊泡或酶原颗粒到肠腔中，消化酶在肠道中被激活，对已被嚼碎的食物进行酶解消化。在消化道内，食物消化和吸收过程的方向与肠液（消化液）流动循环方向相反，食物自口腔沿前肠、中肠至后肠方向运送，而中肠后端的肠壁细胞合成消化酶，并吸入血液中的无机盐离子和水分后，形成消化液，向肠腔内分泌，消化液逆食物流而向前端运送，不断地消化食物。

吸收　吸收（absorption）是指被消化后的小分子营养物质如氨基酸或短肽、短链脂肪酸、寡糖和单糖、维生素、无机盐离子和水分等通过肠壁细胞并最终进入虫体血液的过程。小分子营养物质的吸收主要发生在胃盲囊和中肠。小分子物质首先渗透通过围食膜并抵达中肠肠壁细胞，通过被动扩散或依赖能量的主动运输等方式跨过细胞膜进入中肠柱状细胞，经过加工修饰后被运输进入到与中肠相邻的血液循环系统中。

排泄　虽然昆虫排泄（Excretion）作用不完全由消化系统完成，但排泄作用主要靠后肠的马氏管、回肠和直肠共同完成。马氏管将虫体内代谢废物随着水分和无机盐转运到管腔内形成原尿，原尿在经过回肠、结肠和直肠时，原尿中的无机盐和水分及部分有机物质被再吸收，残余的代谢废物通过肛门排出体外。这样，既调节着血液的渗透压和代谢平衡，尽可能地再吸收有机营养，又把废物排泄出去。

防御　食物中存在细菌、真菌和病毒等微生物，对昆虫可能有害，会伴随着食物的摄入和消化进入昆虫中肠并扩散感染到其他组织。因此，昆虫消化道的中肠形成了一道防御（defense）的结构，肠腔内有一层非细胞结构的围食膜，主要由几丁质、几丁质结合蛋白和类脂组成，它包围食物，具有选择通透性，允许消化酶和已消化的小分子营养成分透过，但保护中肠细胞免受食物中的固体颗粒挫伤，并防止有害微生物入侵到肠壁细胞。

消化道共生菌　近年来，昆虫消化道的共生菌（symbiosis）越来越受到重视，因为昆虫消化道共生菌对消化和吸收具有重要的影响。依据在消化道内驻留时间长短，共生菌可分为常驻群落（autochthonous）和过路群落（allochthonous）。常驻群落是指在肠道内定殖、其繁殖速度快于排出速度、对宿主无毒性甚至有益的细菌群落。过路群落是指不能在消化道长时间定殖、很快被排出体外、其存在不利于宿主生存或健康生长的细菌群落。按细菌的功能作用，可分为益生菌（probiotics）和病原菌（pathogen）。益生菌可保护寄主，有利于寄主的生长发育。病原菌感染宿主后可导致宿主发病甚至致死。按细菌定殖于细胞内外，可分为胞内共生菌（intracellular symbiosis）和胞外共生菌（extercellular symbiosis）。胞内共生菌是指生活在虫体或肠道细胞中，为寄主提供营养的共生菌。胞外共生菌是指生活在肠壁细胞外面或肠腔中的共生菌。狭义的消化道共生菌概念更多的是指肠道中益生的胞外共生的常驻菌群。

在消化道共生菌对宿主有多方面的作用：一是参与食物消化为宿主提供营养物质，它们分泌各种水解酶，帮助昆虫对蛋白、纤维素、脂肪和碳水化合物的分解和吸收。二是参与抵御致病菌的定殖。它们可以通过竞争营养、分泌抑制物和诱导宿主免疫反应来防御致病菌的定殖。三是改变肠道微生态。它们通过分泌代谢产物，维持或改变肠道的氧化还原态、酸碱度以及能量供给。四是激发宿主的免疫反应。昆虫的免疫机制可抑制或清除致病菌，也可抑制常驻益生菌的过度繁殖，保持平衡。另一方面，肠道细胞可通过双氧化酶产生的活性氧对消化道共生菌菌群进行调控，保持一个稳定的有利的消化道共生菌种群。

消化道与害虫防治

消化道与化学杀虫剂（chemical insecticide）　对于胃毒性化学杀虫剂来说，杀虫剂通过进食从口腔进入消化道。对于内吸性杀虫剂，被植物吸收后，在植物体内运转，刺吸式口器的昆虫取食植物汁液时，药剂进入口腔、消化道。由于中肠起源于内胚层，杀虫剂穿透昆虫中肠肠道壁细胞要通过细胞质膜。消化道对杀虫剂的吸收与药剂种类、药剂油/水分配系数、消化道生理特性和消化道酶有密切关系。由于中肠肠腔是水溶性的，而中肠肠壁细胞质膜是脂肪性膜，因此杀虫剂应同时具备一定的水溶性和脂溶性，才能有效地被肠壁细胞所吸收，发挥其毒效。消化道的酸碱度对化学杀虫剂的解离度和穿透性有极大的影响。植食性昆虫的消化液通常呈碱性，而肉食性昆虫的消化液通常呈酸性。酸性的杀虫剂在碱性消化液中的溶解度好，毒效较强，而碱性杀虫剂在酸性消化液中的溶解度大，毒效较强。消化道的氧化酶常常对化学杀虫剂起氧化作用，改变杀虫剂的化学结构，从而影响其穿透性与毒性。

消化道与生物杀虫剂（bioinsecticide）　由于消化道在昆虫进食、消化与吸收，杀虫药吸收和病原物防御等方面的重要性，一直是害虫防治的一个重要靶位系统。苏云金杆菌内毒素之所以可成为害虫生物防治药物是因为其能与中肠细胞膜上特异受体蛋白结合，引起细胞膜穿孔，细胞内外渗透压失衡，导致昆虫死亡。苏云金杆菌作为生物杀虫剂已被广泛应用，而其内毒素基因亦被广泛和成功地用于转基因抗虫植物。

在昆虫消化道内存在许多蛋白消化酶帮助昆虫消化食物，吸收营养。利用蛋白酶抑制蛋白，与蛋白酶形成复合物，可阻断或削弱蛋白酶的水解作用，使昆虫厌食或消化不良而致死，从而达到抗虫的目的。

在昆虫消化道内还存在防御蛋白，例如昆虫消化道黏蛋白（insect intestinal mucin），可抵抗病源微生物对昆虫的侵染，而病毒等病源微生物可表达增效蛋白（enhancin）来对抗昆虫消化道黏蛋白，使其能侵染昆虫。因此，如能抑制中肠的防御蛋白，就有可能增加病源微生物和病毒等生物杀虫剂的杀虫效果。

中肠肠腔内的围食膜含有大量的几丁质，可被几丁质酶降解，破坏了围食膜就有可能抑制昆虫的消化和吸收，因此，几丁质酶也常被作为生物杀虫剂应用。但单独使用几丁质酶效果低、成本高。几丁质酶与苏云金芽孢杆菌和昆虫杆状病毒等微生物杀虫剂结合使用具有一定的增效作用。昆虫几丁质酶基因也可用于构建转基因植物，当昆虫进食了昆虫几丁质酶转基因植物后，所表达的几丁质酶就会降解昆虫中肠围食膜的几丁质，从而达到防治害虫效果。

参考文献

BRAVO A, LIKITVIVATANAVONG S, GILL S S, et al, 2011. *Bacillus thuringiensis*: A story of a successful bioinsecticide[J]. Insect biochemistry and molecular biology, 41(7): 423-431.

BUCHON N, BRODERICK N A, LEMAITRE B, 2013. Gut homeostasis in a microbial world: insights from *Drosophila melanogaster*[J]. Nature review microbiology, 11(9): 615-626.

DILLON R J, DILLON V M, 2004. The gut bacteria of insects: nonpathogenic interactions[J]. Annual review of entomology, 49: 71-92.

DING X, GOPALAKRISHNAN B, JOHNSON L B, et al, 1998. Insect resistance of transgenic tobacco expressing an insect chitinase gene[J]. Transgenic research, 7(2): 77-84.

HARRISON R L, BONNING B C, 2010. Proteases as insecticidal agents[J]. Toxins (Basel), 2(5): 935-953.

WANG P, HAMMER D A, GRANADOS R R, 1994. Interaction of *Trichoplusia nigranulosis* virus-encoded enhancin with the midgut epithelium and peritrophic membrane of four lepidopteran insects[J]. Journal of general virology, 75 (8): 1961-1967.

XIAO X, YANG L, PANG X, et al, 2017. A Mesh-Duox pathway regulates homeostasis in the insect gut[J]. Nature microbiology 2(5): 1-12.

（撰稿：冯启理；审稿：王琛柱）

萧刚柔　Xiao Gangrou

萧刚柔（1918—2005），著名昆虫学家，中国林业科学研究院森林生态环境与保护研究所研究员。

个人简介　1918 年 2 月 11 日出生于湖南洞口县。1941 年毕业于浙江大学农学院植物病虫害系，获学士学位。1941—1942 年在中国蚕桑研究所从事桑树害虫研究，任助

理研究员。1942—1944 年，萧刚柔参与筹建了湖北省立农学院植物病虫害系，他本人除担任实习课教师和讲授普通昆虫学外，还兼管系里的事务工作。暑假深入鄂西各县开展虫害调查，发表《蚋之吸血习性初步观察》和《鄂西害虫之防治》等论文。1945—1946 年在四川省农业改进所从事川南及成都郊区双季稻螟虫调查与防治研究工作，1946—1948年在浙江大学理科研究所攻读研究生，研究昆虫生理学。1948—1949 年留学美国，1950 年在艾奥瓦州立农工大学研究院获硕士学位后，冲破美国和原国民党当局重重阻挠，历尽千辛万苦回到祖国，致力于新中国的昆虫学教学和科研事业。1950—1958 年先后在湖南大学农学院（1951 年组建为湖南农学院）、武汉大学农学院（1952 年组建为华中农学院）任教授。1957—1958 年，到北京林学院全国森林昆虫教师进修班教学，原来聘请的苏联专家回国后，学员们的毕业论文都在他的指导下完成。1959 年调入原林业部林业科学研究所（后更名为中国林业科学研究院）专门从事森林昆虫研究，任研究员。1979—1981 任林业研究所副所长、森林保护研究室主任。1984 年加入中国共产党。1993 年享受政府特殊津贴。2005 年 8 月 22 日病逝于北京。

萧刚柔毕生从事昆虫学方面的研究，学识渊博，造诣精深，是中国森林昆虫学的创始人之一，是中国林业科学研究院森林保护学科的第一代带头人。为中国森林昆虫学科的发展和森林保护事业做出了卓越贡献。萧刚柔曾担任林业部技术委员会委员、北京市林业局顾问、中国林学会理事、中国林学会森林昆虫分会主任委员、中国昆虫学会理事、中国林业出版社和中国农业出版社特约编审、《中国农业百科全书林业卷》编委、《林业科学》副主编、《植物保护》副主编、《昆虫学报》编委、《林业科学研究》顾问等。

成果贡献　20 世纪 50 年代初，湖南竹蝗发生严重。

萧刚柔（王小艺提供）

1951 年，萧刚柔深入蝗区从事竹蝗研究与防治，应用六六六喷粉、挖卵、打蝗蝻等方法基本上将蝗蝻控制在未上竹之前。1957 年，应用自制的"林研-5786"烟剂防治蝗蝻及成虫，效果良好，成功控制了竹蝗灾害。

1958 年，萧刚柔到内蒙古克什克腾旗白音敖包从事云杉扁叶蜂研究，采取以烟剂为主的防治方法，基本上控制了虫害。1959—1961 年，从事应用航空化学防治落叶松花蝇的研究，掌握了应用飞机喷药防治这种害虫的一整套技术和经验。1962—1966 年，对马尾松毛虫的生物学、种群动态、预测预报及防治方法开展了深入研究,成果多已应用于生产。1978—1980 年，他主持的马尾松毛虫及赤松毛虫研究取得了进一步的成果。

萧刚柔从多年来对森林害虫的研究实践中深深地体会到，要做好森林害虫的防治，必须重视营林技术、做好预测预报和正确使用防治方法。应在选种、育苗、造林、修枝、间伐、采伐、运输、原木贮存等各个技术环节上都列入害虫防治内容。他还认为森林采伐周期长，森林生态系统比较稳定，森林害虫防治很适于采用生物防治策略。

1958 年，萧刚柔进行云杉扁叶蜂研究的主要内容是生物学特性和防治方法，但在研究中遇到了扁叶蜂学名的鉴定问题。当时，国内无人能鉴定而又无法求助于国外专家，于是他便下定决心自己来解决。1958—1962 年，他利用部分时间搜集资料，采集标本，进行分类研究，解决了扁叶蜂学名的鉴定问题。1978 年，中国科学院动物研究所分类研究室建议萧刚柔组织人员承担中国整个叶蜂类的分类研究。从 1978 年至今，他发表了 1 个新属，67 个新种，写出中国第一本《中国经济叶蜂志（I）》（1991），为中国叶蜂的分类打下了良好的基础。他所定枝角叶蜂属 Cladiucha 的 2 个新种，国际著名叶蜂分类专家 D. R. Smith 认为是一个重大发现。因为自 1902 年发表该属及一个新种后，至此才有第二、第三个新种发现。萧刚柔还根据这两个新种的特征重新描述了这个属的特征。

20 世纪 80 年代初，山东及广东两省林科所有关研究人员应用一种肿腿蜂防治天牛的研究，但一直不知道这种昆虫的学名。萧刚柔从 1980 年起搜集资料，解决了这种昆虫的学名问题。他以后又为寄生于板栗兴透翅蛾和粗鞘双条杉天牛及另外两种肿腿蜂定出了学名，这 4 种肿腿蜂都是新种。

先后应邀赴印度尼西亚、日本、美国、澳大利亚、芬兰出席国际会议和考察，并将国外的先进经验和技术用于我国的科研工作中，在促进国际交流方面做出重要贡献。

为人正直，作风正派，对待科研工作一丝不苟，严肃认真。八旬高龄时仍逐期阅读期刊，亲自看显微镜、亲手作标本。在 50 余年的林业工作中，为中国森林昆虫及保护事业呕心沥血，奋斗终生，在去世的前一天，仍全身心投入《中国森林昆虫》（第三版）的编辑工作，亲自审定和修改编写大纲和昆虫名录，直至生命最后一刻。

甘当伯乐扶持青年科学家，培养研究生 9 人，到 20 世纪 80 年代初都已成为国内外高级科技人才。他还为中国培育了一大批森林昆虫学科研骨干。他对助手、学生的聪明才智极为珍爱，但对其缺点、过失从不姑息。他力主授予技术职称和学位时严格要求，以维护中国学术资格的水准和严肃

性。为纪念他对中国森林保护学科的创建和发展做出的卓越贡献，中国林学会森林昆虫分会于 2008 年设立萧刚柔森林昆虫奖。

所获奖誉 1984—1988 年在担任国家发明奖评审委员会林业专业评审组委员期间，萧刚柔对开创和推进国家发明奖励工作，做出重要贡献，受到国家科学技术委员会的表彰。参加编撰的《中国农业百科全书·林业卷》荣获第六届全国优秀科技图书一等奖。由中国科学院主持完成的"青藏高原隆起及其对自然环境和人类活动的综合研究"中，萧刚柔参与编写了《西藏昆虫》（1981）一书，该项研究 1986 年获中国科学院科学技术特等奖。1993 年作为《中国大百科全书·林业卷》编委，在编纂出版《中国大百科全书》工作中做出重要贡献，受到中华人民共和国新闻出版署的表彰。

坚持著书立说，1980 年主编《中国森林昆虫》（第一版），于 1983 年出版，1992 年修订出版第二版，2020 年修订出版第三版，该书总结了中国森林昆虫研究成果，是一部森林保护的权威巨著，1999 年获国家科技进步二等奖。1991 年主编《中国经济叶蜂志 I》，1992 年参编了《湖南森林昆虫图鉴》，1997 年主编出版了《拉汉英昆虫·蜱螨·蜘蛛·线虫名称》，2002 年主编出版《中国扁叶蜂》。此外还发表学术论文 40 多篇。

性情爱好 热爱工作，生活简朴，喜欢读书，尤其热爱古诗词。他坚持每天清晨跑步，早上坚持冲凉水澡。他为人真诚耿直，对不良现象敢于批评，不讲情面，从不明哲保身。他不讲空话套话，事事以身作则，身体力行，治学严谨，精通英、德、俄等多种语言，热心昆虫学会工作和公益事业。他乐于助人，向他求教的人都能得到热心的指点。在国家遭受灾害或周围同事遇到困难时，都能慷慨解囊。

参考文献

王小艺，吴坚，2014. 首届萧刚柔森林昆虫奖颁发 [J]. 中国森林病虫，33(1): 23.

许康，许峥. 2012. 湖南历代科学家传略：第二部 [M]. 长沙：湖南大学出版社：418-421.

杨秀元，1998. 萧刚柔 (1918—) [M] // 中国科学技术协会. 中国科学技术专家传略：农学编 植物保护卷 2. 北京：中国农业出版社：190-196.

周淑芷，2005. 深切怀念萧刚柔先生 [J]. 林业科学研究，18(5): 502.

（撰稿：王小艺；审稿：彩万志）

萧氏松茎象 *Hylobius xiaoi* (Zhang)

一种危害松科林木的钻蛀性害虫。鞘翅目（Coleoptera）象虫科（Curculionidae）树皮象属（*Hylobius*）。中国分布于福建、江西、湖北、湖南、广东、广西、贵州等地。

寄主 湿地松、火炬松、马尾松、华山松、黑松。

危害状 湿地松受害后，从蛀道流出紫红色稀浆状或花白色黏稠状油脂排泄物。火炬松和马尾松被害后排泄物多为

白色粉状或块状。

形态特征

成虫　雌虫体长 14～16mm，雄虫体长 12～15mm。体壁暗黑色，前胸背板背面中央具纵向交汇的大刻点，鞘翅行纹具较规则的大刻点。

幼虫　幼虫体白色略黄，体柔软弯曲呈"C"形，节间多皱褶。老熟幼虫体长 16～21mm。

生活史及习性　江西赣南地区 2 年 1 代。以 5 龄和 6 龄为主幼虫在蛀道、成虫在蛹室或土中越冬。2 月下旬越冬成虫出孔或出土活动，5 月上旬开始产卵。5 月中旬幼虫开始孵化，11 月下旬停止取食进入越冬，翌年 3 月重新取食，8 月中旬幼虫陆续化蛹。9 月上旬成虫开始羽化。11 月部分成虫出孔活动，然后在土中越冬。

成虫极少飞翔，善爬行，具假死性，白天在树干基部的树皮缝或枯枝落叶层下静栖，黄昏上树取食鲜嫩树皮补充营养。成虫的最适温区为 22～25℃，并且其种群适宜在高湿的环境条件下生存。成虫产卵在寄主树皮内。幼虫孵化后进入寄主韧皮部取食，5 龄后可蛀食树木形成层，切断有机养分的输送。该虫在植被盖度高、树干基部阴湿的林分发生严重。

防治方法

营林措施　清除寄主周围的杂灌及枯腐物，并结合人工清理寄主树干基部的幼虫排泄物，除掉隐藏于排泄物与地表内的成虫。

人工防治　组织人员人工捉虫，方法是用刀砍开树皮顺虫道捕杀幼虫、蛹和未出孔成虫。

生物防治　应用白僵菌无纺布菌条进行防治。3～4 月选择林间有虫株率大于 70% 的林地，按 8 条 / 亩的密度将无纺布菌条绑在 1m 高树干上，用钉子固定。

化学防治　3～5 月选择有虫株率大于 50% 的林地，用喷粉机喷 50% 巴丹可溶性粉剂 $15kg/hm^2$。选择虫株率大于 75% 的林地，于 4 月将含有 8% 氯氰菊酯的微胶囊（绿色威雷）加水 20 倍，对松林从树干基部喷雾至 1.5m 高处。

参考文献

施明清，任泽军，唐艳龙，等，2006. 95% 杀螟丹 SP 防治萧氏松茎象成虫的药效试验 [J]. 生物灾害科学，29(2)：77-78.

温小遂，匡元玉，施明清，等，2004. 萧氏松茎象的生活史、产卵和取食习性 [J]. 昆虫学报 (5)：624-629.

萧刚柔，李镇宇，2020. 中国森林昆虫 [M]. 3 版 . 北京：中国林业出版社 .

张润志，1997. 萧氏松茎象——新种记述（鞘翅目：象虫科）[J]. 林业科学，33(6)：541-545.

（撰稿：范靖宇；审稿：张润志）

小板网蝽　*Monosteira unicostata* (Mulsant et Rey)

一种危害杨树、旱柳的重要害虫。又名杨网蝽、柳网蝽。半翅目（Hemiptera）网蝽科（Tingidae）小板网蝽属（*Monosteira*）。国外分布于俄罗斯、叙利亚、摩洛哥、欧洲南部、非洲北部。中国分布于内蒙古、甘肃、宁夏、新疆。

寄主　杨树、旱柳。

危害状　以成虫和若虫危害叶片，被害叶片初现黄白色小斑点，严重时全叶干枯、脱落，甚至造成全株死亡。

形态特征

成虫　体长 1.9～2.3mm，宽 0.8～1.1mm，淡灰褐色。头部黑褐色，前缘及两复眼内侧分别有 1 似"个"字形和纵列的隆起纹，复眼上方有黄褐色的小突起。触角 4 节，基节及端节末端黑褐，其余淡黄褐。前胸背板淡褐，近前缘及末端黑，中隆线中部淡褐，其两端色淡。前翅淡色，具网状纹，中间有"C"字形的黑褐色斑纹。足淡黄褐，跗末节及爪黑褐色。

若虫　末龄若虫体长 1.6～1.9mm，宽 0.9～1.1mm，淡灰黄色。头三角形，上有 5 个刺状突（前端 3 个色淡，后部 2 个色深）。触角 4 节，第三节大部淡灰黄色，其余黑褐。前胸背板淡灰黄色，中部有 1 对大型的黑斑点，正中具纵脊，侧缘具刚毛。翅芽发达，伸达第四腹节后缘，间色淡，基部及端部黑褐，前缘具稀疏小刺，外缘及后缘具刚毛。足暗黄，腿节大部、跗节及爪为暗褐色。腹背淡灰黄色，末端黑褐色，第二、四节后部及第八节中部的正中间各有 1 个深褐色的筒状突起，各节外侧后端具小刺 1 个。

生活史及习性　1 年发生 5 代，以成虫在树皮裂缝和落叶层下越冬。4 月中旬越冬成虫普遍上树活动并不断补充营养，取食 12 天左右开始交尾，5 月初第一代卵出现，经 6～7 天孵化为若虫，若虫平均发育 12 天后即羽化为成虫，之后每完成 1 个世代需 30 天左右，成虫于 9 月底或 10 月初进入越冬。成虫不飞或少飞，但爬行迅速灵活，若受惊扰很快逃避或掉地假死，雌雄成虫多在夜晚成虫将卵散产在叶背面叶脉两侧的组织内，产卵量平均为 11.4 粒。一、二龄若虫常数十头群集在一个叶片上危害，取食过程中有列队转移的习性，三龄后分成若干小群体，也有少数单个活动的。

防治方法

化学防治　在小板网蝽出蛰后至第一次危害高峰期出现之前，选用 80% 敌敌畏乳油或 40% 乐果乳油 60～800 倍液喷雾。

参考文献

陆晓林，杨新华，2002. 林木害虫小板网蝽对棉花的危害及防治措施 [J]. 新疆农业科技 (1)：36.

章士美，1985. 中国经济昆虫志：第三十一册　半翅目（一）[M]. 北京：科学出版社 .

（撰稿：徐晗；审稿：宗世祥）

小菜蛾　*Plutella xylostella* (Linnaeus)

一种世界性分布、主要取食十字花科植物的寡食性害虫。幼虫俗称小青虫、两头尖、吊丝虫。英文名 diamondback moth。鳞翅目（Lepidoptera）菜蛾科（Plutellidae）菜蛾属（*Plutella*）。源于地中海地区，后随十字花科植物而传遍世界各地，在 128 个国家和地区有记录发生，被认为是鳞翅目中分布最广的昆虫。中国各地十字花科作物种植区均有分布。

寄主　主要危害结球甘蓝、芥蓝、花椰菜、青花菜、大白菜、油菜、萝卜和各种青菜等。亦可取食苋科的绿苋、锦葵科的秋葵以及洋葱、水仙花、豆瓣类、紫罗兰等，但相关研究报道较少。在肯尼亚中部的纳瓦莎（Naivasha），发现小菜蛾能够取食当地一种豌豆（*Pisum sativum* L.）并造成严重危害。

危害状　幼虫危害植物后的典型症状是在菜叶上形成透明斑，称为"开天窗"（图1），大龄幼虫可将菜叶食成孔洞和缺刻，严重时全叶被吃成网状（图2）。苗期小菜蛾常集中危害心叶，取食生长点，影响包心，在留种菜上危害嫩茎、幼荚和籽粒，影响结实等（图3）。在20世纪30年代前，小菜蛾是十字花科蔬菜上的次要害虫，40年代后随着广谱性杀虫剂的广泛应用，小菜蛾的为害日益严重，在很多国家和地区上升为主要害虫。中国台湾最早记录小菜蛾是1910年，专题研究始于1942年，20世纪70年代以来成为中国十字花科蔬菜上的主要害虫，并持续在南方如广东、海南、福建、云南、湖北等地严重发生，成为影响十字花科蔬菜生产的主要因素。小菜蛾严重为害可造成减产损失90%以上，甚至绝收。全世界每年用于小菜蛾的防治成本和产量损失达40亿～50亿美元，中国估计为7.7亿美元。

形态特征

成虫　灰褐色，体长6～7mm，翅展12～15mm。前后翅细长，缘毛很长，翘起如鸡尾；前翅前半部呈灰褐色，中间有1条黑色波状纹；后翅灰白色，前翅后缘呈黄白色三度曲折的波浪纹，两翅合拢时呈3个连续的菱形斑纹；停息时，两翅覆盖于体背成屋脊状。触角丝状，褐色有白纹，静止时向前伸。雌蛾较肥大，灰黄色，菱形斑纹不明显，腹部末端圆筒状；雄蛾体略小，菱形斑纹明显，腹末圆锥形，抱握器微张开（图4①）。

卵　扁平，椭圆形，长约0.5mm，宽约0.3mm。初产时乳白色，后变淡黄，具光泽，卵壳表面光滑。

幼虫　共4龄，每龄初均以头部为最宽，随幼虫成长，体型渐变纺锤形。一龄幼虫深褐色，后变绿色，偶见浅黄色和红色；一龄头壳宽约0.157mm，每次蜕皮后宽度为原来的1.57倍。末龄幼虫体长10～12mm，体上生稀疏的长而黑的刚毛；头部黄褐色，前胸背板有深褐色斑点构成的两个"U"形纹。幼虫体节明显，两头尖细，腹部第四、五节膨大，整个虫体呈纺锤形，并且臀足向后伸长。腹足趾钩单序缺环。幼虫活跃，遇惊扰即扭动、倒退或吐丝翻滚落下。幼虫体色多变，有绿、黄、褐、粉红等，通常初为淡绿色，渐呈淡黄绿色，最后变为灰褐色。据对河北张家口地区田间不同体色小菜蛾的观察，似乎红色或褐色小菜蛾的自然抵抗力强于常见的绿色个体，受病原菌的侵染率和寄生蜂的寄生率也较低（图4②）。

蛹　长5～8mm。体色有纯绿、灰褐、淡黄绿、粉红和黄白等变化。近羽化时，复眼变深，背面出现褐色纵纹，中胸气门成三角形突起，腹部气门成管状突起，无臀棘，肛门附近有钩刺3对，腹末有小钩4对。茧纺锤形，灰白色，纱网状，可透见蛹体；茧通常附着于菜叶背面或茎部。

图1　小菜蛾"开天窗"危害状（吴青君摄）

图2　小菜蛾咬食的孔洞（吴青君摄）

图3　小菜蛾危害花和幼荚（吴青君摄）

生活史及习性　1年发生的世代数因地而异，从南向北递减。东北地区1年发生2～3代，华北地区4～6代，湖南9～12代，浙江9～14代，云南10～12代，台湾18～19代，广东和海南的发生世代可超过20代，由于雌虫产卵期接近或长于下代未成熟阶段的发育历期，所以世代重叠严重。长江流域及其以南地区终年各虫态均可见到，无越冬现象。小菜蛾在东北地区不能顺利越冬，湖北武汉至河南驻马店区域为小菜蛾的越冬北限。但是在北京郊区，有的年份早春能够

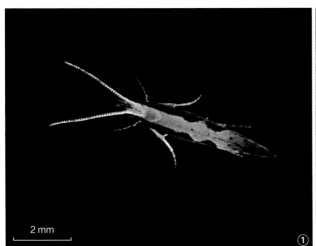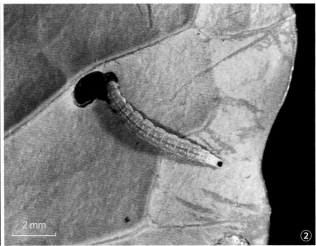

图 4 小菜蛾成虫和幼虫形态特征（吴青君提供）

①小菜蛾成虫；②小菜蛾幼虫

在植物残株上观察到存活的小菜蛾蛹。

　　小菜蛾在各地的发生规律有明显差异，其始发期从南至北逐渐向后推移，海南地区开始出现虫口高峰最早（2～3月），东北地区最迟（6～7月）。每年不同区域有1～2个发生高峰，南方一般在9～10月份发生数量最多，北方以春季为主，4～6月为害严重。广东地区小菜蛾周年发生，每年可完成20代左右，全年有春秋2个高峰期（连作田），发生高峰期出现在3～4月和8～9月。在浙江等华东地区，小菜蛾可周年发生，主要发生在5～6月和11～12月，春季和秋季高峰不同年度间有差异。小菜蛾在湖南1年发生9～12代，终年可见各虫态，世代重叠严重。不论是平原地区还是丘陵区菜田，小菜蛾年度消长规律均呈双峰型，虫口高峰期分别为4月中下旬到6月中下旬和10月中下旬到11月中下旬，丘陵区种群数量少于平原地区。小菜蛾成虫在哈尔滨地区5月中旬开始出现，6月上旬至8月上旬为成虫盛发期，高峰期在6月末，8月中旬后小菜蛾虫量显著下降。

　　在海南地区，小菜蛾主要发生为害期在每年10月至翌年4月，5～9月虽有发生，但种群数量较少，一般不造成危害。全年呈现2个发生为害盛期，分别出现在11月中旬至12月中下旬、翌年3月中下旬至4月中旬。一般每年从9月下旬开始普遍发生，10月中旬开始种群数量快速增长，11月中旬至12月上旬达到高峰；12月中下旬至翌年2月初，小菜蛾种群数量仍保持在较低水平，直至2月下旬至3月中旬，其数量开始上升，于3月下旬至4月中旬重新达到高峰，之后种群数量迅速下降，至5月中下旬降至较低水平，并持续整个夏秋季。

　　在云南地区，小菜蛾在各蔬菜产区可全年发生，发生危害程度为滇南＞滇中＞滇西南＞滇东北，以玉溪市通海县、昆明市、大理州弥渡县和曲靖陆良县发生尤其严重。滇中、滇南（昆明、玉溪）年发生约20代，全年有2个发生危害盛期，春季（3～5月）重于秋季（8～11月）。滇西南（大理、临沧等市县）年发生10～12代，周年发生，有2个高峰期，第一高峰期在3～6月，甘蓝上虫量在1500头/百株以上，7～8月幼虫数量和危害均有下降，9～10月出现第二高峰期，

甘蓝上虫量1200头/百株，进入11月幼虫数量明显下降、危害减弱。临沧发生期较大理提前1个月左右，但以大理弥渡县发生更为严重，2009年3月下旬百株虫量高达5600头。滇东北（昭通市）小菜蛾夏季发生危害重于春秋两季，同时夏季幼虫量和卵量明显高于秋季，这与其他菜区明显不同。

　　华北地区春季小菜蛾成虫最早出现在3月中旬，田间杂草萌芽，露地十字花科蔬菜尚未种植。小菜蛾先潜伏在十字花科杂草上，然后迁入种植作物上危害。一般5月中旬为危害高峰，6、7月春茬蔬菜收获后又继续在十字花科杂草上越夏，可查到成虫、卵、幼虫和蛹各个虫态。秋茬蔬菜种植后随即迁入作物上危害，形成秋季发生高峰。如果春季出现低温、夏季降雨多等极端天气，小菜蛾的始发期和春季蛾峰一般延后，8月后虫量急剧下降，秋季小菜蛾发生很轻，秋峰不明显。

　　小菜蛾成虫昼伏夜出，白天隐藏于植株隐蔽处或杂草丛中，日落后开始取食、交尾、产卵等活动，又以午夜前后活动最盛。羽化后当天即可交尾，求偶时雌蛾腹部末端腺体释放性信息素，其主要成分为（Z）-11-十六碳烯乙酸酯和（Z）-11-十六碳烯醛。雌雄虫均可多次交尾，雌虫的产卵前期仅几小时，长则一天，多数在当天即达产卵高峰。产卵量与补充营养和温度有关，平均每雌产卵250粒，最高可达600粒。卵一般散产，偶见3～5粒成堆，多产于叶背叶脉凹陷处。未经交配的雌虫能产不育卵，但产卵前期为交配雌虫的3倍以上，雄虫增多会干扰雌虫正常产卵。雌虫的平均寿命长于雄虫，适温下，雌虫平均寿命11～15天，雄虫6～10天，越冬成虫寿命长达30天。成虫有趋光性，灯下性比1∶1.4左右，自然雌雄性比在不同地区和不同季节有差异，秋季雌雄性比高于春季。成虫适应性很强，在10～35℃范围内都可生长繁殖。成虫的飞翔能力不强，可在田间进行短距离的株间飞行扩散，但可借风力作远距离迁飞。而在温度普遍偏低的环境下生长的小菜蛾个体较大，前翅较长，寿命较长，适于远距离飞行。

　　小菜蛾卵期3～11天，昼夜均能孵化。初孵幼虫不管

食料组织的厚薄和温湿度条件的变化，一般4～8小时即钻入叶片的上下表皮之间啃食叶肉或叶柄，在叶片内蛀食成小隧道，多数在一龄末，少数在二龄初才从潜入口退出，也有个体多次潜叶。二龄后不再潜叶，多数在叶背为害，取食下表皮和叶肉，仅留上表皮呈透明的斑点，俗称"开天窗"。四龄幼虫蚕食叶片呈孔洞和缺刻，严重时将叶的上下表皮食尽，仅留叶脉。幼虫对食料质量要求极低，在黄叶残株上都能完成发育。幼虫昼夜均能取食，一般不转株为害。幼虫受惊扰后剧烈扭动，倒退或吐丝下垂。幼虫老熟后，在被害叶片背面或老叶上吐丝结网化蛹，也可在叶柄腋及杂草上作茧化蛹。小菜蛾的抗寒能力强，抗寒能力蛹＞成虫＞幼虫，幼虫和蛹的高温临界温度为36℃。

发生规律

气候条件 小菜蛾对温度的适应性强，各虫态在10～35℃范围内均可发育生长，最适发育温度20～26℃。春秋季节气候适宜，小菜蛾发生重。不同地理种群的小菜蛾发育起点温度存在差异，可能存在不同的生态型。江苏扬州地区小菜蛾卵、幼虫、蛹的发育起点温度依次为13.7℃、7.4℃和7.7℃，有效积温分别为30.22℃、173.00℃、72.10℃；吉林公主岭地区小菜蛾卵、幼虫、蛹的发育起点温度依次为14.55℃、8.29℃和9.85℃，有效积温分别为32.99℃、171.29℃、66.16℃；昆明地区小菜蛾卵、一至四龄幼虫和蛹的发育起点温度依次为11.1℃、9.1℃、13.0℃、11.1℃、8.4℃和11.5℃，有效积温分别为38.3℃、45.5℃、41.4℃、60.5℃、121.8℃和50.7℃。因此，夏季高温是制约小菜蛾种群数量的关键因子。旬平均气温在18～25℃时，适宜小菜蛾生长发育，田间发生量大，旬平均气温超过27℃时，小菜蛾发生受到抑制，田间发生量小。在北方地区，春季低温对小菜蛾全年的发生有显著影响，表现在始发期延后、种群数量少等。

相对湿度对小菜蛾生长发育影响不大，但降雨对田间小菜蛾种群增长有抑制作用。雨水可冲落寄主植物叶片表面小菜蛾的卵、幼虫和部分的蛹，强降雨对成虫有致死作用。降雨亦影响小菜蛾成虫飞翔、交配、产卵等行为，从而降低田间虫口密度。另外，阴雨天气导致田间湿度大，有利于白僵菌等病原真菌的传播蔓延，导致幼虫死亡，降低虫口密度。

寄主植物 小菜蛾几乎仅取食十字花科植物，这与十字花科植物中普遍存在的次生物质——硫代葡萄糖苷有关。在植物体内经黑芥子酶作用下，硫代葡萄糖苷水解生成具有挥发性的异硫氰酸酯类化合物（芥子油），芥子油是引诱小菜蛾产卵的信息化合物。小菜蛾的产卵选择除与硫代葡萄糖苷有关外，还与被接触物的表面状况有关，有些十字花科植物中除含有产卵引诱物质以外，还含有驱避物质，引诱性物质和驱避性物质都影响小菜蛾的产卵选择。另外，小菜蛾产卵还与视觉有关。小菜蛾的寄主范围主要局限于含芥子油和葡萄糖苷的十字花科植物，对不同的十字花科植物的选择性也存在显著差异，因此，可通过作物的合理布局来控制小菜蛾的种群数量。应避免十字花科蔬菜的大片连作，在考虑耕作和施药方便及经济效益的基础上，适当间作一些其他作物，可对害虫的移动起到物理屏障作用。十字花科植物中的有些化合物，如含硫的芥子油苷及其代谢产物和丙烯基芥子油等，

能够刺激小菜蛾产卵，若种植经济价值不高但能显著吸引小菜蛾的诱虫植物，如芥菜等，也可能使商品作物免受虫害。通过切断害虫食物链的方法防治小菜蛾，也可以收到良好的防治效果。

天敌 天敌种类很多，包括寄生性天敌和捕食性天敌等，幼虫寄生蜂至少有81种，是最具优势和有效的天敌，其中，小菜蛾弯尾姬蜂（*Diadegma semiclausum* Hellen）和菜蛾绒茧蜂（*Cotesia plutellae*）等为优势种。弯尾姬蜂田间种群自然寄生率可达74.7%。菜蛾绒茧蜂是分布更为广泛的小菜蛾幼虫优势寄生蜂，主要寄生二、三龄幼虫。田间释放后自然寄生率可达60%～70%。小菜蛾的捕食性天敌种类较多，包括瓢虫、隐翅虫、蝽象、步甲、蜘蛛和鸟类等，其中以蜘蛛的种类最多，其次为瓢虫和隐翅虫。但由于蔬菜生产周期短，复种指数高，大多数捕食性天敌难以建立种群。能够侵染小菜蛾的病原微生物较多，病原微生物对小菜蛾田间种群的控制作用与温度和相对湿度有关，空气相对湿度大有利于病原微生物对小菜蛾的侵染。

化学农药 小菜蛾的适应性强，对杀虫剂很容易产生抗药性，杀虫剂的频繁使用，导致小菜蛾种群内大量的抗性个体被筛选出来，并遗传给后代。20世纪后40年代后广谱性杀虫剂的推广应用，是导致小菜蛾上升为世界性的十字花科蔬菜上主要害虫的最主要原因。小菜蛾对拟除虫菊酯类药剂的抗性发展速度最快，氨基甲酸酯类和酰基脲类次之，对有机磷类抗性发展速度相对较慢，对杀螟丹等沙蚕毒素类药剂抗性发展缓慢；相对而言，中国南方小菜蛾种群的抗性水平和抗性发展速度要比北方种群快得多。小菜蛾对各种杀虫剂都有产生抗药性的潜在能力，小菜蛾的抗性治理是小菜蛾防治的核心内容。

防治方法

农业防治 在远离生产田的苗床播种育苗，苗房覆盖防虫网，并注意及时清除苗床和菜田的作物残体耕翻入土。保护地栽培加盖防虫网，防止外源虫迁入。避免十字花科类蔬菜大片连作，在考虑耕作和施药方便及经济效益的基础上，实行十字花科蔬菜与茄果类蔬菜、葱蒜类蔬菜轮作，同时几种不同类的蔬菜进行间作套种，可对小菜蛾的转移起到物理屏障作用。避开小菜蛾发生高峰期种植，提早或推迟种植，使十字花科蔬菜的危险生育期避开小菜蛾的发生高峰，从而降低小菜蛾的虫口压力。喷灌能够降低田间的虫口数量，傍晚应用可限制成虫的活动。收获时及时清除田间枯、残株、残菜叶，清除残虫。

生物防治 利用小菜蛾性信息素诱杀成虫。十字花科蔬菜定植后即在田间摆放小菜蛾性信息素和诱捕器。诱捕器的选择和放置：使用专门的粘胶诱捕器或自制水盆诱捕器，每亩放置3～5个，沿主风向均匀摆放于田间，诱捕器之间的距离30m以上，诱捕器要稳固，防止风吹打翻，诱捕器要高于菜的顶部。水盆诱捕器上诱芯的安装：在水盆边沿相对位置穿2个孔，再用细铁丝将一个诱芯固定在水盆上方中央，诱芯口朝下，防止雨水冲淋其中的有效成分。在盆内加入0.1%～0.2%洗涤灵（或适量洗衣粉）水溶液，水面距诱芯1～1.5cm。田间放置诱芯后，每隔1～2天把盆内的蛾子捞出来，以保持盆内清洁；随着植物的生长，调整诱捕器的

位置，并根据水分蒸发情况适时加水。有条件的地区可在小菜蛾发生初期（始见幼虫时），田间释放商品化的半闭弯尾姬蜂、菜蛾啮小蜂等幼虫寄生性天敌或赤眼蜂等卵寄生性天敌。使用时注意，由于天敌昆虫对多数的化学农药敏感，在放蜂后 15 天内应停止施用任何化学杀虫剂；在放蜂区，种植适宜不同时期的蜜源植物品种，要求在放蜂期能够开花，为寄生蜂提供栖息场所与蜜源，能提高寄生蜂寄生率。

化学防治 甘蓝、白菜、菜心和小白菜等十字花科蔬菜，当小菜蛾虫口的密度达到 30 头幼虫 / 百株时进行防治。中国登记用于防治小菜蛾的单剂和复配制剂也较多，需特别注意各种药剂的合理使用。小菜蛾对拟除虫菊酯类药剂已产生高水平抗性，建议停用。不同地区可根据当地对小菜蛾抗性监测的结果选择合适的药剂。注意不同药剂之间的轮换使用，严格控制使用次数，防止和延缓小菜蛾抗药性的发生发展。施药时使用液压喷嘴喷雾，务必均匀周到，重点是心叶和叶片背面。

综合防治 小菜蛾是世界公认的最难防治的害虫之一，单一的防治方法无法将其有效控制。为了将小菜蛾的种群数量控制在经济损害水平之下，尽量协调应用农业、生物和化学等各种治理手段综合治理，维护菜田生态系统的自然平衡。

参考文献

陈宗麒，谌爱东，缪森，等，2001. 小菜蛾寄生性天敌研究及引进利用进展 [J]. 云南农业大学学报（自然科学版），16 (4): 308-312.

冯夏，李振宇，吴青君，等，2011. 小菜蛾抗性治理及可持续防控技术研究与示范 [J]. 应用昆虫学报，48 (2) :247-253.

高学文，1974. 小菜蛾研究成果概况 [J]. 科学农业，22 (1/2): 45-55.

柯礼道，方菊莲，1979. 小菜蛾生物学的研究：生活史、世代数及温度关系 [J]. 昆虫学报，22 (3): 310-319.

吴青君，张文吉，朱国仁，2001. 小菜蛾的发生危害特点及抗药性现状 [J]. 中国蔬菜 (5): 53-55.

熊立钢，吴青君，王少丽，等，2010. 小菜蛾越冬生物学特性研究 [J]. 植物保护，36 (2): 90-93.

尤民生，魏辉，2007. 小菜蛾的研究 [M]. 北京：中国农业出版社.

ANKERSMIT G W, 1953. DDT resistance in *Plutella maculipennis* (Curt.) (Lepidoptera) in Java [J]. Joural of agrcultural science, 38: 513-519.

TALEKAR N S, SHELTON A M, 1993. Biology, ecology and management of diamondback moth [M]. Annual review of entomology, 38: 275-301.

（撰稿：吴青君；审稿：张友军）

小齿短角枝䗛 *Ramulus minutidentatus* (Chen et He)

一种以啃食树木叶片为主的害虫，严重时可以将整个树冠的叶片全部吃光，造成部分幼树死亡。又名小齿短肛棒䗛。䗛目（Phasmatodea）䗛科（Phasmatidae）短角枝䗛属（*Ramulus*）。中国分布于吉林、辽宁等地。

寄主 蒙古栎、黑桦、糠椴、春榆、山丁子、忍冬、卫矛等 10 多种林木，以及玉米、大豆等多种农作物。

危害状 若虫和成虫取食叶片、嫩梢、叶柄，将树叶全部吃光，使得幼树死亡，大树枯梢，远看似火烧状，严重影响林木生长。

形态特征

成虫 雌体长 78mm，密被细颗粒，体绿至褐色。头宽于且长于前胸，中纵沟自头中央伸至后头，两侧纵沟较短。两复眼间无角突，有 1 凹陷，上有许多横皱。触角约为前足腿节长的 1/3，第一节扁宽，基窄端宽，长小于宽的 2 倍，背中脊较宽，第二节约为第一节长的 1/4，第三节约为第二节长的 2 倍，端节约等长于第一节。前胸背板长大于宽，中纵沟不伸达后缘，横沟位于中央处，横沟前两侧有较深而宽的凹陷；中胸长约为前胸的 6 倍，背中脊明显；后胸加中节约为中胸长的 6/7，中央稍窄，有背中脊；中节长宽近等，无背中脊，中央稍后方有 1 对新月形凹窝。各足棱脊上生有整齐细毛；前足腿节短于胫节，但明显长于中胸，下沿外脊线中央具小齿数枚；中、后足腿节短于前足腿节，端内脊叶突不明显，但生有小齿 3～5 枚，中足腿节基部下沿间具小齿；中、后足胫节中下方间具数枚小齿。腹部长于头、胸部之和，有背中脊。肛上板三角形，后缘略呈圆弧形，约与第十节侧叶等长，腹瓣舟形，超过肛上板，端缘较尖，端部 1/3 具明显中脊；尾须圆柱形，端部窄，稍超过第十节侧叶（见图）。

卵 长扁形，黑褐色，密被细颗粒。卵背中央突出，卵孔板凹入；卵盖平，边缘明显具有小的突起；卵背具纵隆脊，两侧凹入，卵孔板椭圆形，边缘明显，位于卵背中下部，约为卵长的 1/3，卵孔位于卵孔板的下缘，卵孔杯脊片状突出，卵孔杯下具 1 红色瘤突；中线明显，隆起成 1 脊线，伸达极区；卵腹面具纵隆起，两侧凹陷。

生活史及习性 在吉林辉南地区 2 年完成 1 个世代，跨 3 个年度。第一年，从 8 月中旬开始一直到 10 月上旬左右，卵散乱地产于地表，卵在枯枝落叶层中越冬，整个卵期长达 612 天左右。经过两个冬季及一个夏季后，于第三年 4 月下旬开始孵化，孵化一直延续到 6 月上旬左右。刚孵化出的若虫一般寄居在附近的下草和灌木上，2～3 天后开始取食，体色呈浅绿色。若虫共 6 龄。7 月下旬到 9 月中旬为

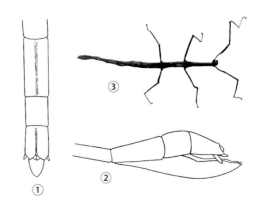

小齿短角枝䗛
（①～②引自陈树椿和何允恒，1994；③引自萧刚柔和李镇宇，2020）
①第六至九节腹节背面观；②第六至九节腹节侧面观；③整虫

成虫期。若虫一般在林地里集群活动，具有断肢再生能力，断肢一般经过两次蜕皮就可以长到正常的长度。随着虫龄增加再生能力减弱。新成虫出现后，经过7～10天取食，腹部开始变粗，然后边补充营养边开始产卵。产卵时成虫头朝上趴伏在树干上，利用腹部的弹射能力，将卵散乱地产在地面上，每天产卵2～3粒，每雌产卵量为87～113枚。成虫寿命50天左右。10月出现的成虫，由于气温骤然降低，未产完卵就被冻死。若虫和成虫阶段都危害叶片，尤以成虫产卵阶段危害最甚。成虫、若虫都有明显的假死现象，当听到响动或周围环境发生突然变化时，整个虫体就会把触角朝前伸得笔直，完全静止下来或假死落地。若虫和成虫体色会随周围环境发生变化，虫体颜色与树木枝条和叶片的颜色几乎完全一致，很难发现。种群具有明显的迁移现象，刚孵化的若虫一般居在下草和灌木上，4龄后开始向树冠上部转移，产卵时又从树冠上部转移到树干基部和灌木上。昼夜活动规律比较明显，一般多在夜间取食和产卵，白天静伏在枝叶上。

防治方法

营林措施　科学营造混交林，合理选择抗性品种，合理抚育。建立适宜林木生长而不利于该虫发育的林间环境，冬季对发生区林地合理抚育，结合清除林内枯枝落叶，破坏其卵的越冬场所，降低卵的数量和卵的孵化率。

人工防治　在9月末对枯枝落叶层进行深翻，把卵暴露出来，利用气温的急剧下降将其冻死；或者在若虫末期以及成虫产卵期利用其假死性，人工振落捕杀。

生物防治　蚂蚁、螳螂、蜘蛛、螨类、变色树蜥及多种鸟类捕食若虫和成虫，应加以保护和利用。若虫和成虫多出现在春季和夏季，施放白僵菌易感染并流行。

化学防治　在4龄若虫以前，即6月中、下旬进行。采用地面喷洒5%氰戊菊酯乳油2000倍液、2.5%溴氰菊酯乳油2000倍液或21%灭杀毙乳油2000倍液，杀虫效果达97%以上。6月下旬至7月上旬，采用烟雾剂杀虫。

参考文献

陈树椿，何允恒，1994.中国短肛棒䗛属二新种[J].昆虫学报，37(2): 196-198.

陈树椿，何允恒，2008.中国䗛目昆虫(精)[M].北京：中国林业出版社: 288-289.

高明辉，刘来福，贾晓丽，等，2013.小齿短肛棒䗛生物学特性及防治技术[J].吉林林业科技，42(2): 47.

王桂清，周长虹，2003.小齿短肛棒䗛的发生与治理[J].中国森林病虫，22(6): 31-33.

萧刚柔，李镇宇，2020.中国森林昆虫[M].3版.北京：中国林业出版社: 61-62.

（撰稿：严善春；审稿：李成德）

主要分布在亚洲，包括中国、菲律宾、新加坡和马来西亚以及东南亚等国家。在中国，小稻蝗主要分布于长江以南地区，包括福建、江西、湖南、湖北、广东、广西、海南、云南、贵州等地。

寄主　水稻、芦苇等禾本科植物。

危害状　其危害状与中华稻蝗和日本稻蝗相似。小稻蝗多发生于中国水稻产区，主要危害水稻等粮食作物，若虫和成虫均啃食水稻嫩叶，造成叶片严重受损，影响植物生长。其取食具有趋嫩绿性，植物上部叶片损害最为严重（图1）。

形态特征

成虫　小稻蝗体型较小，体态修长，其体色一般呈绿色或褐绿色，眼后带黑褐色，后足股节绿色或黄绿色，膝部褐色，后足胫节黄绿色，体表具有细小刻点。头顶较尖，其在复眼之间的宽度略宽于其颜面隆起在触角之间的宽度。复眼较大，卵圆形。触角细长，其长度到达或略超过前胸背板的后缘。其前胸背板稍平，侧缘平行，后缘圆弧形。中胸腹板侧叶间之中隔较狭。前翅较长，超过后足股节顶端，后翅略短于前翅。后足胫节匀称，跗节爪间中垫较大，常超过爪长（图1、图2）。

雄性体长17～20.5mm，前胸背板长3～4.5mm，前翅

图1　小稻蝗成虫及危害状（李涛提供）

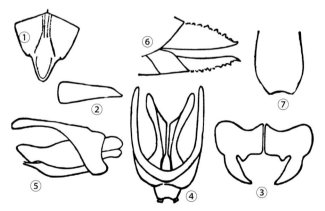

图2　小稻蝗分类特征（仿郑哲民，张晓洁绘）
①雄性肛上板；②雄性尾须；③阳茎基背片；④阳茎复合体背面；⑤阳茎复合体侧面；⑥雌性产卵瓣；⑦雌性下生殖板

小稻蝗　*Oxya intricata* (Stål)

对粮食等农作物危害严重，是世界范围内重要的农业害虫之一。直翅目（Orthoptera）蝗总科（Acridoidea）斑腿蝗科（Catantopidae）稻蝗属（*Oxya*）。小稻蝗在世界范围内

长 15.5～18.5mm，后足股节长 9.5～12.5mm；雄性肛上板三角形，长明显大于宽，侧缘中部各具 1 个突起，其端部中央向后延伸呈三角形。尾须锥形，端部上缘斜切，顶尖。阳茎基背片具狭桥，无锚状突，外冠突弯曲，钩状，内冠突齿状。

雌性体长 26～28mm，前胸背板长 5.5～6.5mm，前翅长 22.5～24mm，后足股节长 15.5～16.5mm。雌性下生殖板后缘无齿，中央微内凹，腹基瓣片内缘具 4～5 个齿突。下产卵瓣内缘具 1～2 对齿突，外缘具长短不等的钝齿（图 2）。

卵　长 4～5mm，直径 1mm，卵圆形，每 15～20 枚卵形成 1 个卵囊。

若虫　通体浅绿色，形态除翅长外，与成虫基本相同。

生活史及习性　小稻蝗主要分布在长江以南地区，每年发生 1～2 代，以 2 代为主。常产卵于湿度较低、土壤松软的田边、地埂或草丛中，产卵深度 1～1.5cm。一般 5 月中上旬蝗卵开始进入孵化期，6 月孵化旺盛。7 月中旬成虫开始羽化，8 月上旬进入羽化盛期，羽化后 15 天进行交尾，9 月中上旬产卵旺盛，10 月成虫基本死亡。

发生规律　引起蝗灾的主要原因有：①蝗虫的繁殖速度快。②气候变暖，使蝗卵越冬死亡率低，蝗蝻发生期提前。③对水情、旱情和气候变化的监测不够及时，预测预报的准确性不够。

防治方法　使用化学农药进行防治，主要以有机磷和菊酯类农药为主。

农民在暴发时期进行人工采集消灭蝗虫，或在稻田中放养禽类以消灭蝗虫。

秋冬季修整渠沟、铲除草皮，春季平整田埂、除草，可大量减少越冬虫源。

在小稻蝗若虫一、二龄期，重点对田间地头、沟渠及周围荒地杂草及时进行防治，以压低虫口密度，减少稻蝗迁移本田基数。

参考文献

刘举鹏,1990.中国蝗虫鉴定手册 [M].西安：天则出版社.

陆温,尤其儆,黎天山,1990.广西蝗虫种类的鉴别——I 概述及分科检索 [J].广西植保 (3): 52-54.

郑哲民,1985.云贵川陕宁地区的蝗虫 [M].北京：科学出版社：126-127.

郑哲民,1993.蝗虫分类学 [M].西安：陕西师范大学出版社：77-78.

（撰稿：李涛；审稿：张建珍）

小稻叶夜蛾　*Spodoptera abyssinia* Guenée

一种局部发生的水稻害虫，危害较轻。又名小叔叶夜蛾。鳞翅目（Lepidoptera）夜蛾科（Noctuidae）灰翅夜蛾属（*Spodoptera*）。以幼虫取食叶片危害。国外分布于非洲、印度、斯里兰卡、菲律宾及爪哇等地。中国分布于广东、广西、湖南等地。

寄主　水稻和禾本科杂草。

危害状　幼虫取食叶片成缺刻。

形态特征

成虫　雄蛾体长 9～10mm，翅展 22～23mm。头胸红褐色。下唇须第二、三节端部有黑环，边缘有白色鳞片。触角红棕色，微锯齿状，每节有毛束。足灰黄色；跗节暗黑色，有白环。前翅灰褐色；亚基线双线，波浪形，止于翅褶；内横线双线，曲折状，2A 脉处向内弯曲成尖角形；外横线波浪形，双线，暗黑色，内面线颜色较深，前缘脉向外弯曲，至 R5 脉处又向内斜伸，在 M_1 与 M_2 间向内曲折成一尖角，以后作波浪状，斜向内弯曲；环状纹白色，椭圆形，周缘黑色；肾状纹灰白色，中央暗黑色，边缘黑色，长椭圆形，外缘稍内凹；肾状纹后方有 1 条曲折状红褐色横线，伸达翅后缘；翅前缘有黑白相间的斑点；亚缘线锯齿状，灰白色，在 M_2 下方，内侧嵌以红褐色不规则大斑，各翅脉上有黑褐色三角形细斑；翅外缘有 7～8 个小黑点；缘毛灰白色，具棕褐色细线。后翅白色，前缘和外缘镶以棕色的边。腹部灰白色。雌蛾触角纤毛状，前翅灰棕色，各横线纹比雄蛾色淡，淡棕色；肾状纹灰褐色，周缘颜色较深（图①）。

雄性外生殖器抱握器长形，冠横阔而纵窄，端部钝圆；背突弯钩状，末端稍开裂；背基突似指状；腹中部具密毛；基腹弧广阔如 "U" 形。囊状突细小。钩状突长而弯曲，端部稍膨大，渐向末端尖细。阳具细长，端部有 1 倒钩状大型刺。雌性外生殖器交配囊长球形，底部具横向并由许多骨化小颗粒组成的囊板。囊导管上有许多纵脊纹（图⑤⑥）。

幼虫　老熟幼虫体长 16～19mm。头部红棕色，颅侧区具密集的暗褐色网状纹。额区和唇基暗黄白色。气门片黑棕色，气门筛棕褐色。体色变化较大，由青绿色至灰棕色。背

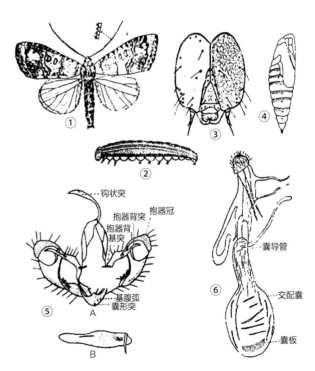

小稻叶夜蛾（吴荣宗绘）

①成虫；②幼虫；③幼虫头部；④蛹；⑤雄性外生殖器（A：抱握器；B：阳具）；⑥雌性外生殖器

中线和亚背线黄白色，腹部各节在亚背线内侧有1个半月形黑斑，除第八腹节黑斑显著小外，其余各节黑斑等大。胸、腹足黄白色。腹足趾钩列单序中带（图②③）。

蛹　红褐色至暗褐色，体长11～13mm，宽3～3.5mm。下唇须细长，纺锤形。下颚末端伸达前翅末端前方。触角末端伸达中足末端前方。前翅达第四腹节后缘。腹部末端有2个弯曲的钩状刺。第二至七腹节背面近前缘密布小刻点（图④）。

生活史及习性　成虫产卵于稻叶上，卵呈块状，上被淡黄褐色绒毛。幼虫共6龄，有假死性。幼龄幼虫取食叶肉留下上表皮；三龄后咬食叶片成缺刻状。老熟幼虫在田基附近松泥块下，或禾头中化蛹。每年发生世代不详。6～7月间在广州室内饲养，平均卵期3～4天，幼虫期22天，蛹期8天，世代历期33天左右。在广东珠江三角洲地区，6～7月间危害晚稻秧田，一般水秧比旱秧受害严重。目前仅在局部地区发生数量较多。

防治方法　参考其他夜蛾科害虫。

参考文献

吴荣宗，1977. 水稻的两种新害虫——小稻叶夜蛾和毛跗夜蛾 [J]. 昆虫知识 (3): 69-71.

张维球，1977. 农业昆虫学：水稻害虫（稻夜蛾类）[M]. 北京：农业出版社：201-206.

（撰稿：刘艳荷；审稿：张传溪）

小地老虎　*Agrotis ipsilon* (Hüfnagel)

一种幼虫具有潜土取食和咬断植物幼苗、成虫具有远距离迁飞习性的夜蛾类地下害虫。又名为切根虫、地蚕、截虫、土蚕等。英文名 black cutworm。鳞翅目（Lepidoptera）夜蛾科（Noctuidae）地夜蛾属（*Agrotis*）。*Agrotis ypsilon* (Rottemberg) 为其同种异名。国外主要分布于亚洲、欧洲、美洲北部和非洲北部等地。在中国遍布各地。

寄主　幼虫为多食性害虫。寄主植物十分广泛，除水生植物外，几乎危害所有植物的幼苗。主要取食危害棉花、玉米、高粱、豆类、小麦、芝麻、烟草、麻类、薯类、蔬菜等农作物，以及中草药、牧草、果树、花卉和林木的幼苗。

危害状　初孵幼虫至二龄期主要在产卵寄主植物的叶背或移至寄主心叶啃食叶肉。三龄以上幼虫昼伏土中，夜出取食危害。多在地表取食幼苗的植株茎基部，常咬断幼苗或将其拖入土中继续取食；造成植株折断、缺苗断垄甚至毁种重播（图1）。成虫不危害植物，仅取食植物的花蜜。

形态特征

成虫　体长16～23mm，翅展42～52mm。头、胸及前翅褐色或黑灰色。雌蛾触角丝状，雄蛾触角双栉齿状，栉齿渐短，端部丝状。前翅前缘区与翅脉纹黑色，基线、内线及外线均双线黑色；肾形斑（纹）、环形斑及剑（棒）形斑位于其中，各斑（纹）均环以黑边。在肾形斑中部有1个尖端向外的楔形黑斑，在亚缘线内侧有2个尖端向内的楔形黑斑，3个楔形斑尖端相对（图2①），易于识别。后翅灰白色，

翅脉及边缘呈黑褐色。雄性外生殖器（图2②），钩形突细长，端部尖，有冠刺，抱器瓣端部肥大，抱钩为一细指状突起；阳茎粗，较直，短于抱器瓣，内囊无角状器。

卵　扁圆形，顶部稍隆起，底部平。纵脊20～25条（图2⑦）。初产色乳白，渐变褐色。

幼虫　末龄体长37～47mm，头宽3～3.5mm。体色较深，黄褐色至暗褐色不等。虫体背面及侧面有暗褐色纵带，表皮粗糙，满布大小不等的稍突起的颗粒（图2③）。头部黄褐色至褐色，变化很大；额为一等边三角形，颅中沟很短，额区直达颅顶，顶呈单峰（图2④）。腹部各节背面的毛片后两个要比前两个大2倍左右（图2⑤）。气门后方的毛片也较大，至少比气门大1倍多；气门长卵形，气门片黑色。臀板黄褐色（图2⑥），有2条明显的深褐色纵带。臀板基部连接的表皮有明显的大颗粒，臀板上的小黑点除近基部有1

图1　小地老虎危害状（曹雅忠提供）

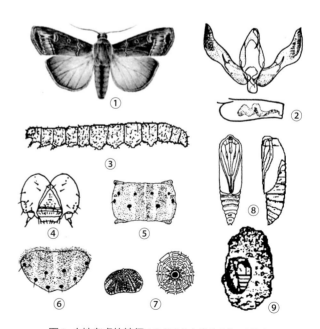

图2　小地老虎的特征（仿罗益镇和崔景岳等，1995）

①成虫；②雄性外生殖器；③幼虫；④幼虫头部；⑤幼虫腹节背面；
⑥幼虫臀板；⑦卵；⑧蛹；⑨蛹室

列外，在刚毛之间也有 10 多个小黑点。

蛹 体长 18～24mm，体宽 6～7mm。黄褐色至暗褐色；腹部第一至三腹节无明显横沟，第四腹节背侧面有 3～4 排刻点（圈状凹纹），第五至七腹节背面的刻点较侧面大；腹末稍延长，有 1 对较短的黑褐色臀刺（图 2 ⑧）。

生活史及习性 小地老虎成虫主要集中在夜间羽化，全过程需 1～2 小时。成虫羽化后出土，昼伏夜出。白天栖息在田间草丛、枯叶、土缝、柴草垛等隐蔽场所，在夜间进行飞翔、取食、交配、产卵等活动。成虫具有取食补充营养的特性，主要吸食蜜源植物的花蜜、蚜虫和介壳虫分泌的蜜露；成虫对糖醋液及其他发酵物有明显的趋性，并对黑光灯的短波（350nm）光源也有较强的趋性。小地老虎成虫在夜间进行交配，性冲动行为随蛾龄而变化，4 日龄蛾的每夜性冲动次数最多；交配 1～2 次最多，少数 3 次或 4 次；一般每次性冲动时间约 1 分钟；6～7 日龄后逐渐停止交配，并进入产卵盛期。小地老虎不能孤雌生殖，不进行交配虽能产卵，但卵量少、且不能孵化。雌蛾产卵多在夜间，产卵场所因季节、植物种类和地貌等不同而异。杂草或作物未出苗前，多产在土块或枯草秆上；寄主植物丰盛时，多产在植物上，一般将卵产在植物近地表的叶片背面。卵大多散产，在产卵盛期也有数粒产在一起的。并具有边取食补充营养边产卵的习性。成虫产卵具有一定的选择性，主要在杂草多的田块产卵，尤其喜欢在灰藜（藜科植物）上产卵。另外，对于叶面性质也有选择性；凡表面粗糙多毛者，落卵量大。所以在测报上，提倡将麻袋片剪成小块置于田间诱集产卵。小地老虎产卵量多为 800～1000 粒，最高达 2000 粒。小地老虎幼虫期一般有 6 龄，少数 5 龄或 7 龄。小地老虎一、二龄幼虫有趋光性，三龄后逐渐逆转，四至六龄期表现出明显的畏光性。幼虫发育到老熟后停止取食，在土内分泌黏液筑成土室化蛹（图 2 ⑨）。化蛹深度与土质、土层松紧及土壤湿度有关。一般土室顶端距土表 3cm 左右。

发生规律 小地老虎主要发生区多集中在华北平原，西北、西南和东南的河谷地带（江、河两岸的冲积平原及低洼内涝地区）以及城市郊区的菜田等。小地老虎不同虫态均没有滞育现象；年发生世代数由年积温而决定，由南向北递减，由低海拔向高海拔递减。例如：在南岭以南地区 1 年可完成 6～7 代，在东北中北部等地 1 年完成 1～2 代。当地无论发生几个世代，都以最早发生的一代幼虫危害最重。不同虫态的生长发育历期主要受温度影响，其次是食料。在长江以北广大地区，越冬代成虫在日平均气温达到 5℃时始见活动，日平均气温稳定在 10℃以上进入盛蛾期。不同虫态的发育起点温度和有效积温的观测结果差异较大。其中，卵期发育起点温度为 7.2～11.42℃，有效积温为 43.9～68.85 日·度；幼虫期发育起点温度为 5.6～10.98℃，有效积温为 254.6～387.32 日·度；蛹期发育起点温度为 9.43～11.21℃，有效积温为 175.9～201.63 日·度；全世代的发育起点温度为 10.74～11.84℃，有效积温为 504.0～620.64 日·度。根据越冬调查、标记回收、室内观测等试验及相关资料分析，确定了 1 月 0℃等温线为小地老虎能否越冬的分界线；通过成虫田间标记回收，明确了中国境内小地老虎随季风活动、南北往返迁移的发生危害规律。如在广东曲江进行标记

释放的成虫，同期在北方的山东聊城、内蒙古呼和浩特分别回收到，其直线距离均超过 1300km（最远为 1818 km）；证明了小地老虎成虫具有很强的远距离迁飞能力。春季越冬代成虫主要是由南向北迁飞，即由越冬虫源区逐步从南向北迁出；秋季的成虫再由北方地区向南方迁飞返回到越冬区过冬，从而构成一年内大区间的世代循环。按照 1 月不同等温线将全国划分为 4 类小地老虎的越冬区域。①主要越冬区：为 10℃等温线以南地区，是中国境内春季的主要迁出虫源基地。②次要越冬区：为 4～10℃等温线之间的地区，有大批过境成虫。③零星越冬区：为 0～4℃等温线之间的地区；春季发生危害的虫源主要依靠南方迁入，亦有部分过境成虫。④非越冬区：即 0℃等温线以北广大地区；春季越冬代成虫全部由南方越冬区迁入。小地老虎的飞翔活动表现出明显的昼夜节律。在室内静风条件下，最长累计飞行时间可达 65 小时，最远累计飞行距离可达 1003km。在风场中，远距离飞行的移动方向与风向基本一致，但头部方向主要是侧逆风（虫体与风向约 30°夹角）。最适宜飞翔的温度为 18～20℃；飞翔活动的临界低温约为 6℃，抑制飞翔的临界高温为 36℃。

防治方法 防治小地老虎行之有效的方法较多，但应根据不同作物受害的生育阶段、危害幼虫的龄期、小地老虎的生活习性和发生规律、种群的田间分布状况和数量以及防治投资的效益等，结合当地实际情况，综合考虑，选择适宜的防治技术。

农业防治 早春清除农田及周围杂草，防止小地老虎成虫产卵是关键环节；作物收获后及时清除田间杂草，剔除残留在地表的作物残梗碎叶；在小地老虎发生期可铲埂灭蛹，以减轻危害。结合土壤养育的耕翻与培墒等农事操作，深秋或初冬深耕翻土细耙，不仅能直接杀灭部分越冬蛹和幼虫，还可将蛹和幼虫暴露于地表，使其被冻死、风干，或被食虫鸟啄食，被天敌昆虫捕食或寄生，以有效减少和压低越冬虫口发生基数。在有水利条件的地区，针对小地老虎幼虫在土壤中栖息、取食和在地下越冬化蛹的习性，在其盛发期或越冬期可结合农事需要进行大水浇灌，可致使土中部分幼虫和蛹窒息死亡，压低土壤虫口密度。

物理防治 利用小地老虎成虫的趋光性，可采用黑光灯进行诱杀。于小地老虎成虫发生期，在作物田地面以上 1.0～1.5m 处，安装频振式杀虫灯，隔 1～2 天收集昆虫袋和清理杀虫电网，每盏灯可控制 2hm² 左右的范围。在春季或小地老虎盛发期利用糖醋液诱杀越冬代成虫或其他世代成虫，按糖 3 份、醋 4 份、酒 1 份、水 2 份，再加 1 份杀虫剂调匀配成诱液，将诱液放于盆内。傍晚时放到作物田间，位置距离地面 1m 左右，翌晨检查并去除杀死的小地老虎和其他害虫。利用地老虎对一些寄主植物（或场所）有趋性的特点进行诱杀。如用新鲜杨树或柳树的枝叶扎成把，每公顷插 150 把，或老桐树叶每公顷放 900～1200 片，浸入药液后于傍晚插放入田间，翌日清晨进行检查；或用泡菜水或发酵变酸的甘薯、胡萝卜、烂水果等加适量农药诱杀成虫。在作物苗定植前，小地老虎幼虫仅以田中杂草为食，因此可选择其喜食的灰菜、刺儿菜、苦荬菜、小旋花等杂草堆放诱捕幼虫。

生物防治 重点是注意保护天敌和利用生物或生物源

制剂进行防治。如六索线虫在田间对小地老虎幼虫的寄生率高达49%～68%，对棉田第一代小地老虎寄生率可达84%。另外，斯氏线虫NC116、Mex、An/6等品系对小地老虎也具有较高的侵染致病活性。应用黄地老虎颗粒体病毒制剂制成毒饵，也可获得较好的防治效果。用芫菁夜蛾线虫制成毒饵或浇灌对小地老虎幼虫也有较好的防治效果。在蔬菜大棚大量释放松毛虫赤眼蜂和广赤眼蜂可以有效控制小地老虎等的危害，对小地老虎卵的寄生率可达到75.91%～80.76%。利用小地老虎性诱剂进行诱杀防治也是十分有效的生物防治措施。生物制剂（或生物源农药）的田间使用剂量，应根据不同生物制剂的具体用量和使用说明严格掌握。另外，注意生物制剂与化学药剂的协调防治。

化学防治　主要采用药剂拌种、撒施毒土、毒饵诱杀、药液浇灌等控制措施和方法。一至三龄幼虫的耐药性差，且暴露在寄主植物或地面上，是药剂防治的适期。可采用70%噻虫嗪干粉种衣剂1g处理300g种子；或60%吡虫啉悬浮种衣剂1g处理200g种子；或5%、8%氟虫腈悬浮种衣剂按药种比1：50～1：100和1：100～1：150包衣处理；均可防治小地老虎等多种地下害虫对作物苗的危害。采用50%辛硫磷0.5kg，加适量水，喷拌细土50kg，每公顷用毒土或毒沙300～375kg，播种时顺垄撒在种子上，或在小地老虎危害期撒在幼苗根附近；或采用5%二嗪磷颗粒剂600～900g/hm^{2}随播种进行撒施，防治地老虎对作物苗期的为害。利用地老虎幼虫对香甜物质有强烈趋性的特点，采用撒施毒饵的方法加以防治。先将饵料（麦麸、谷子、豆饼、玉米碎粒等）炒香，每公顷用饵料60～75kg，再拌入90%敌百虫晶体2.25kg，加适量水配成毒饵，于傍晚撒施在农作物的苗间或畦面上，引诱毒杀。在小地老虎严重危害期，用16%阿维×毒死蜱微囊悬浮剂、48%毒死蜱乳油用药量为900～1200ml/hm^2，防治效果均达95%，还可兼治蝼蛄等地下害虫。用16%阿维·毒死蜱微囊悬浮剂、48%毒死蜱乳油1000倍液等对受害作物进行灌根；或20%氰戊菊酯乳油3000倍液、20%菊·马乳油3000倍液、50%辛硫磷乳油1000倍液、5%氯氰菊酯乳油5.6～7.5g/hm^{2}进行喷雾防治。

参考文献

陈一心，1986.中国农区地老虎[M].北京：农业出版社.

黄国洋，王荫长，尤子平，1992.五种地老虎幼虫抗寒性的比较研究[J].南京农业大学学报，15(1): 33-38.

贾佩华，曹雅忠，1992.小地老虎成虫飞翔活动[J].昆虫学报，35(1): 59-65.

李裕嫦，曹雅忠，贾佩华，等，1991.小老虎有效积温测定及与各地的比较分析[J].病虫测报(2): 64.

全国小地老虎科研协作组.1990.小地老虎越冬与迁飞规律的研究[J].植物保护学报，17(4):337-342.

魏鸿钧，张治良，王荫长，1989.中国地下害虫[M].上海：上海科学技术出版社：273-376.

武海斌，范昆，辛力，等，2015.昆虫病原线虫对小地老虎的致病力测定及防治效果[J].植物保护学报，42(2): 244-250.

向玉勇，杨康林，廖启荣，等，2009.温度对小地老虎发育和繁殖的影响[J].安徽农业大学学报，36(3): 365-368.

于伟丽，杜军辉，胡延萍，等，2012.六种杀虫剂对小地老虎的

毒力及对土壤生物安全性评价[J].植物保护学报，39(3): 277-282.

中国农业科学院植物保护研究所，中国植物保护学会，2015.中国农作物病虫害：中册[M].3版.北京：中国农业出版社：1494-1598.

（撰稿：曹雅忠；审稿：李克斌）

小贯小绿叶蝉　*Empoasca onukii* Matsuda

一种在中国茶区分布最广、危害最重的以影响夏秋茶产量为主的刺吸式害虫。又名茶小绿叶蝉。英文名tea green leafhopper。半翅目（Hemiptera）叶蝉科（Cicadellidae）小叶蝉亚科（Typhlocybinae）小绿叶蝉族（Empoascini）小绿叶蝉属（*Empoasca*）。国外分布于日本、印度、越南、韩国等。中国主要分布于浙江、安徽、江西、福建、湖北、湖南、山东、河南、四川、重庆、广东、广西、贵州、云南、陕西、海南、台湾等地。

寄主　茶树、葡萄、桃、油茶、大豆、蚕豆、豌豆、猪屎豆、花生以及多种杂草。

图1　小贯小绿叶蝉成虫（周孝贵提供）

图2　小贯小绿叶蝉若虫（周孝贵提供）

危害状　以成、若虫吸取汁液危害茶树，导致茶树芽叶失水、生长迟缓、焦边和焦叶，造成茶叶减产、品质下降。

形态特征

成虫　淡绿至黄绿色，体长 3～4mm，头前缘有一对绿色圈，复眼灰褐色。前翅绿色半透明，后翅无色透明（图1）。

卵　新月形，初产时乳白色，后渐变淡绿色。

若虫　共5龄，体长 2.0～2.2mm。一龄若虫体乳白色，复眼突出明显，头大体纤细；二至三龄若虫体淡黄色，体节分明；四至五龄若虫体淡绿色，翅芽明显可见。若虫除翅尚未形成外，体型与体色与成虫相似（图2）。

生活史及习性　1年发生 9～12 代，以成虫越冬。翌年早春转暖时，成虫开始取食、补充营养，陆续孕卵和分批产卵。卵散产于茶树嫩茎皮层与木质部之间。若虫大多栖息在嫩叶背及嫩茎上，善爬行、畏光。田间各虫态混杂，世代重叠。时晴时雨、留养及杂草丛生的茶园有利于小贯小绿叶蝉的发生。

防治方法

分批、多次采摘　结合田间采摘要求，及时分批勤采，可随芽叶带走小贯小绿叶蝉的卵和低龄若虫，降低虫口密度。

药剂防治　可选用联苯菊酯水乳剂、虫螨腈悬浮剂或氟啶虫酰胺水分散粒剂等药剂进行防治。

参考文献

孟召娜，边磊，罗宗秀，等，2018. 全国主产茶区茶树小绿叶蝉种类鉴定及分析 [J]. 应用昆虫学报，55(3): 514-526.

秦道正，肖强，王玉春，等，2014. 危害陕西茶区茶树的小绿叶蝉种类订正及对我国茶树小绿叶蝉的再认识 [J]. 西北农林科技大学学报（自然科学版），42 (5): 124-134, 140.

唐美君，肖强，2018. 茶树病虫及天敌图谱 [M]. 北京：中国农业出版社：88.

于晓飞，孟泽洪，杨茂发，等，2015. 贵州及南方其他部分省区茶树小绿叶蝉种类调查与考订 [J]. 应用昆虫学报，52(5): 1277-1287.

QIN D, ZHANG L, XIAO Q, et al, 2015. Clarification of the identity of the tea green leafhopper based on morphological comparison between Chinese and Japanese specimens [J]. PLoS ONE, 10(9): e0139202.

（撰稿：肖强；审稿：唐美君）

小黄鳃金龟　*Pseudosymmachia flavescens* (Brenske)

一种在农林植物上广泛存在的害虫，成虫幼虫均可危害，主要危害草坪、灌木及乔本。鞘翅目（Coleoptera）金龟科（Scarabaeidae）鳃金龟亚科（Melolonthinae）鲜黄金龟属（*Pseudosymmachia*）。该虫国外未见有报道，中国主要分布在华北地区，包括北京、天津、河北、山西、山东、陕西、甘肃、河南、江苏、浙江、湖南、云南等地也有。

寄主　苹果、山楂、梨、核桃、丁香、海棠、杨树、白蜡、银杏、花生、玉米、大豆。

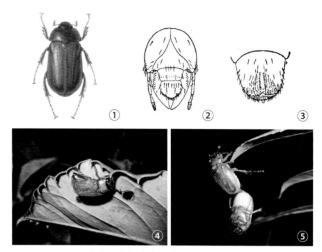

小黄鳃金龟成虫及幼虫形态特征图
（①仿刘广瑞等，②③仿郭佩联，④⑤张珑摄）
①成虫；②幼虫头部正面观；③幼虫肛腹片；④成虫取食，夜间活动，位于叶片背面；⑤成虫交配，上雌下雄

危害状　成虫和幼虫都可危害。成虫主要为害果树的树叶，藏在叶片背面，从叶缘处向叶脉中央处取食（图④），把叶片咬成不规则的缺刻，减少光合面积，特别喜食核桃叶，严重影响坐果率及树势。幼虫危害植物的地下部分，咬断须根，取食地下菜果，也可取食刚播的作物种子及幼苗，是地下害虫的重要来源。该虫在苗圃，尤其是白蜡苗圃危害严重，幼虫密度可达 500 头 /m²，吃光须根后啃食主根皮，致使树苗衰弱，严重时死亡。

形态特征

成虫　体长 11～13mm，宽 5～8mm。体椭圆形，黄褐色，体表密被黄色短毛（图①）。头部黑褐色，复眼黑色，额区无凹陷和隆起，唇基前缘平直向上翻卷。触角9节，鳃片部3节，较短小。前胸背板刻点粗大，小盾片三角形。两鞘翅侧缘近平行，密被均匀的圆形刻点。臀板圆三角形；前足胫节外缘3齿；二爪等长，有深裂，爪端向内深切，下页大，与爪基部不成直角。

幼虫　蛴螬型，体长 11～13mm，头宽 2.9～3.1mm，头长 2.1～2.2mm。头顶毛每侧2根，其中冠缝、额缝边各1根（图②）；后顶毛每侧1根；额中侧毛左右各2根；额前缘毛 4～6 根。触角长 1.8～1.9mm，第二节长于第一节，后者约与第三节等长，第一、二节上通常各具毛1根。肛腹片覆毛区刺毛列刺毛 12～16 根，排列整齐，两列间分开较宽，两纵列前、后两端刺毛略向中央靠拢，呈长椭圆形，前端不达钩毛区前缘（图③）。钩状刚毛较少，一般不超过 20 根。肛门3裂，纵裂略短于一侧横裂的1/2。

生活史及习性　1年发生1代，以三龄幼虫在地下 30～50cm 处越冬。翌年春季 10cm 地温达到 4℃时幼虫开始向上移动；4月上旬，地温稳定在 4.5℃时开始危害；5月下旬幼虫移动到 10cm 以上土层，做土室化蛹，6月上中旬为蛹盛期；6月上旬成虫开始羽化出土，6月中旬至7月上旬为羽化盛期；成虫6月下旬交配产卵，8月下旬为产

X

卵末期；卵期约11天，7月上旬卵开始孵化，9月下旬幼虫开始向下转移，移动到30～50cm土层深处越冬。

成虫羽化后不立即出土，而是在土中静伏几天后方出土活动。成虫昼伏夜出，白天潜藏在3～5cm土中，夜晚21：00左右出土活动，在树叶上交配、取食，次日凌晨4：30左右下树潜伏，多群聚于小树根际附近。交配时，当雌雄生殖器联在一起后，雄虫倒挂在雌虫下方，雌虫则攀附在叶片上继续取食或静止不动（图④⑤）。交配后8～10天雌虫开始产卵，多产于核桃、苹果、梨等果树根部附近疏松土壤内，散产，平均产卵量11.3粒。成虫趋光性强，有伪死的习性，受到振动后即从树叶上跌落。

防治方法

物理防治　利用黑光灯或杀虫灯诱杀成虫。

生物防治　将绿僵菌、白僵菌等微生物农药拌入土中防治幼虫。

农业防治　深翻土地。种植早播蓖麻，毒杀成虫。

化学防治　采用菊酯类农药叶面喷雾防治成虫，辛硫磷颗粒剂地下拌土防治幼虫。

参考文献

高念昭，樊卫国，杨胜学，等，1994.小黄鳃金龟对银杏苗木的危害与防治[J].中国果树(1): 33-34.

郭佩联，温乐忠，1988.小黄鳃金龟发生与防治研究[J].昆虫知识(5): 271-272.

刘广瑞，章有为，王瑞，1997.中国北方常见金龟子彩色图鉴[M].北京：中国林业出版社.

山东林木昆虫志编委会，1993.山东林木昆虫志[M].北京：中国林业出版社：259.

杨福田，1991.小黄鳃金龟的生物学特性及防治[J].昆虫知识(5): 285-286.

杨映礼，刘霞，2008.武定县苹果园小黄鳃金龟生活习性观察与防治[J].云南农业科技(4): 51-52.

张芝利，1984.中国经济昆虫志：第二十八册　鞘翅目　金龟总科幼虫[M].北京：科学出版社：209-210.

（撰稿：刘守柱；审稿：周洪旭）

小灰长角天牛　*Acanthocinus griseus* (Fabricius)

一种分布广泛的钻蛀性害虫，危害松属、云杉属植物，尤以红松受害较为严重。鞘翅目（Coleoptera）天牛科（Cerambycidae）沟胫天牛亚科（Lamiinae）长角天牛属（*Acanthocinus*）。国外分布于欧洲、前苏联、日本、韩国、朝鲜等地。中国分布于黑龙江、吉林、辽宁、河北、陕西、山东等地。

寄主　红松、鱼鳞云杉、油松、华山松等。

危害状　产卵时会在树皮上咬刻漏斗状刻槽，幼虫在韧皮部蛀食并留下坑道，在木质部做蛹室，羽化孔圆形（图2）。

形态特征

成虫　体略扁平，长8～12mm，宽2～4mm。底色棕红，或深或淡，被不十分密厚的灰色绒毛，与底色相衬，有时呈深灰色，有时于灰色中带棕红或粉红。额近乎方形，具有相当密的小颗粒。体长与触角之比，雄虫1：2.5～3，雌虫为1：2，触角被淡灰色绒毛，每节端部1/2左右为棕红或深棕红色，雄虫的第二至第五节下缘密被短柔毛；触角柄节表面刻点粗糙，略呈粒状，第三节柄节稍长（图1①）；前胸背板有许多不规则横脊线，并杂有粗糙刻点，前端有4个污黄色圆形毛斑，排成一横行；侧刺突基部阔大，刺端很短，微向后弯。鞘翅被黑褐、褐或灰色绒毛。后足跗节第一节长度约与其他3节的总和相等。雌虫产卵器外露，极显著；腹部第五节较第三、四节的总和略长，末端不凹陷（图1②）。

幼虫　老熟幼虫长而细扁。额上有8个具刚毛的孔排成一横排。唇基上有2～4条宽而分离的纵痕。触角2节，第二节为长方形，并着生1个小圆锥形的透明突起。前胸前缘有一横列刚毛，前胸背板的后面，有2个非常粗糙的红褐色区域，同时具有多数散开的平滑斑点（图2①）。

生活史及习性　此虫1年发生1代，通常以成虫在蛹室越冬。翌年5月，成虫咬1个扇圆形羽化孔而出；6月初产卵在新近死亡的或伐倒的针叶树干。产卵前先在树皮上咬1个漏斗状的刻槽，然后以产卵管穿孔使其加深。幼虫在韧皮部蛀食，到夏末，才蛀入木质部表层内化蛹，也有少数在树

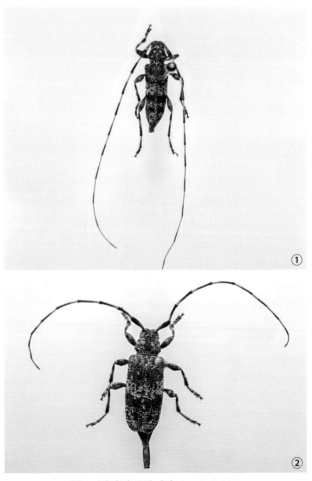

图1 小灰长角天牛成虫（任利利提供）

①雄虫；②雌虫

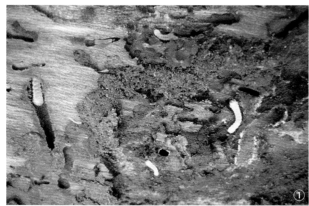

图 2　小灰长角天牛各虫态及危害状（骆有庆提供）
①坑道和幼虫；②蛹；③成虫

皮下构成蛹室化蛹，化蛹期在 8 月末 9 月初。成虫羽化后常在蛹室越冬。

防治方法　及时清理虫害木，强化养护管理，提高树木生长势和抗虫能力。释放蒲螨寄生成虫和幼虫。使用松林内天牛引诱剂诱杀。

参考文献

萧刚柔，1992. 中国森林昆虫 [M]. 2 版. 北京：中国林业出版社 .

徐公天，杨志华，2007. 中国园林昆虫 [M]. 北京：中国林业出版社 .

蒋书楠，蒲富基，华立中，1985. 中国经济昆虫志：第三十五册　鞘翅目　天牛科（三）[M]. 北京：科学出版社 .

周嘉熹，刘铭汤，孙益知，等，1979. 陕西省天牛初步名录 [J].

西北农林科技大学学报（自然科学版）(2): 75-89.

（撰稿：任利利；审稿：骆有庆）

小绿叶蝉　*Edwardsiana flavescens* (Fabricius)

一种以成若虫吸食幼嫩组织汁液的叶蝉害虫。又名桃小绿叶蝉、桃小浮尘子、桃叶蝉等。英文名 smaller green leafhopper。半翅目（Hemiptera）叶蝉科（Cicadellidae）小叶蝉亚科（Typhlocybinae）埃小叶蝉属（*Edwardsiana*）。国外分布于朝鲜、日本、俄罗斯、菲律宾、越南、老挝、柬埔寨、泰国、印度、巴基斯坦、斯里兰卡、马来西亚、印度尼西亚及欧洲、非洲、北美洲、南美洲。中国主要分布在黄河以南，局部地区密度较大。全国各地均有分布。

寄主　桃、杏、李、樱桃、梅、葡萄、棉花、茄子、菜豆、十字花科蔬菜、马铃薯、甜菜、水稻等。

危害状　成、若虫吸芽、叶和枝梢汁液，被害叶初现黄白色斑点，渐扩成片，严重时全叶苍白早落（见图）。

形态特征

成虫　体长 3～4mm，淡黄绿至绿色，头背面略短，向前突，喙微褐，基部绿色。复眼灰褐至深褐色，无单眼，触角刚毛状，末端黑色。头顶中央有 1 个白纹，两侧各有 1 个不明显的黑点，复眼内侧和头部后缘也有白纹，并与前一白纹连成"山"形。前胸背板、小盾片浅鲜绿色，常具白色斑点。前翅绿色半透明，略呈革质，淡黄白色，周缘具淡绿色细边；后翅无色透明。各足胫节端部以下淡青绿色，爪褐色；雌成虫腹面草绿色，雄成虫腹面黄绿色（图⑤⑥⑦）。

卵　香蕉形，长径 0.6mm，短径 0.15mm，头端略大，浅黄绿色，后期出现 1 对红色眼点。

若虫　体长 2.5～3.5mm，除翅尚未形成外，体型和体色与成虫相似。

生活史及习性　1 年发生 4～6 代，以成虫在落叶、杂草或低矮绿色植物中越冬。翌春桃、李、杏发芽后出蛰，飞到树上刺吸汁液，经取食后交尾产卵，卵多产在新梢或叶片主脉里。卵期 5～20 天；若虫期 10～20 天，非越冬成虫寿命 30 天；完成 1 个世代 40～50 天。因发生期不整齐致世代重叠。6 月虫口数量增加，8～9 月最多且为害重。秋后以末代成虫越冬。成、若虫喜白天活动，在叶背刺吸汁液或栖息。成虫善跳，可借风力扩散，旬均温 15～25℃适其生长发育，28℃以上及连阴雨天气虫口密度下降。

防治方法　①成虫出蛰前清除落叶及杂草，减少越冬虫源。②掌握在越冬代成虫迁入后，各代若虫孵化盛期及时喷洒农药。喷洒 20% 叶蝉散（灭扑威）乳油 800 倍液、25%速灭威可湿性粉剂 600～800 倍液、2.5% 敌杀死或功夫乳油、50% 抗蚜威超微可湿性粉剂 3000～4000 倍液、10% 吡虫啉可湿性粉剂 2500 倍液、20% 扑虱灵乳油 1000 倍液或 2.5%保得乳油 2000 倍液，均能收到较好效果。

参考文献

黄其林，田立新，杨莲芳，1984. 农业昆虫鉴定 [M]. 上海：上海科学技术出版社 : 82.

X

小绿叶蝉危害状（吴楚提供）

①桃树；②梅树；③辣椒；④茄子；⑤大豆；⑥樱桃；⑦棉花

吕佩珂，高振江，张宝棣，等，1999.中国粮食作物、经济作物、药用植物病虫原色图鉴（下）[M].呼和浩特：远方出版社：650.

齐国俊，仵均祥，2002.陕西麦田害虫与天敌彩色图鉴[M].西安：西安地图出版社：64-65.

沈阳农业大学，1999.农业昆虫学[M].北京：中国农业出版社：222-225.

徐公天，杨志华，2007.中国园林害虫[M].北京：中国林业出版社：30.

（撰稿：袁忠林；审稿：刘同先）

小卵象 *Calomycterus obconicus* Chao

棉花苗期害虫之一。鞘翅目（Coleoptera）象虫科（Curculionidae）卵象甲属（*Calomycterus*）。中国主要分布于江苏、浙江、四川、陕西、河北、广东、福建等地。

寄主 主要有棉花、油菜、大豆、番茄、桑、苎麻等。

危害状 一般年份发生危害较轻，但在重发生年，局部棉田的棉苗常引起落叶、光秆，甚至死亡。

小卵象（罗心宇摄）

形态特征

成虫　雄成虫体长 3.3～3.6mm，宽 1.6～1.8mm；雌虫体长 3.5～3.9mm，体暗灰色。头部梯形，喙粗短，末端褐色，复眼黑色，椭圆形。触角 11 节膝状，柄节为全长 1/2，鞭节 3 节。前胸背板具很多小粒状突起，密生暗灰色鳞毛。1 对鞘翅，翅面上生纵行刻点纹 10 条，且密生圆形的灰白色鳞片，纹间稍隆起（见图）。

卵　长 0.8mm，初乳白色，后变黑褐色。

幼虫　末龄幼虫体长 3mm，初孵化时乳白色，后渐变黄色。体 12 节，纺锤形，常弯曲。

蛹　长 2.5～2.9mm，初乳白色，后变黄褐色。

生活史及习性

小卵象 1 年发生 1 代，以幼虫在土下越冬。成虫有假死性和群聚性。成虫以早晚活动为害最烈。除阴雨天全天为害外，一般早晨 7：00 前下午 18：00 后在棉株上危害，其余时间皆躲入棉株根部四周泥块或落叶下。棉株上的成虫，一遇惊动即跌落假死，几秒至几十秒后又继续爬向棉株危害。受害叶片成孔洞或缺刻，亦有食害叶柄及嫩尖的现象。受害后主要引起落叶，严重的田块造成棉苗光秆，个别棉株也会死亡。

发生规律

小卵象在南北棉区均 1 年发生 1 代，在棉花出苗至现蕾前危害，温度偏低有利于小卵象的发生，气温较高时小卵象繁殖受到抑制，虫口迅速下降，时晴时雨天气有利于棉小卵象的发生。以幼虫在被害作物地耕层土里越冬，5 月中下旬化蛹，10 天左右成虫出现，成虫取食地面上的杂草，棉花出苗后，开始危害棉苗。7 月上旬交配产卵，7 月中旬卵孵化。6 月下旬至 7 月中旬是危害盛期。

防治方法　见棉尖象甲。

参考文献

刘立春，1988. 棉小卵象的初步观察 [J]. 昆虫知识，25(1): 18-19.

张正新，胡必利，2004. 陕南地区小卵象的生活史及其空间分布和抽样技术研究 [J]. 西北林学院学报，19(1): 82-84.

（撰稿：崔金杰、王丽、高雪珂；审稿：马艳）

小麦皮蓟马　*Haplothrips tritici* (Kurdjumov)

麦类作物的重要害虫。又名小麦管蓟马、麦简管蓟马。英文名 wheat thrip。缨翅目（Thysanoptera）管蓟马科（Phlaeothripidae）简管蓟马属（*Haplothrips*）。国外分布于欧洲、中亚地区。中国分布于新疆、甘肃、内蒙古、宁夏、山东、天津和黑龙江等地。

寄主　小麦、大麦、黑麦、燕麦、芦苇、看麦娘、狗尾草等禾本科植物。此外，还危害向日葵、蒲公英、苜蓿、芥菜、甘草、胡麻等。

危害状　成、若虫通过锉吸式口器，锉破植物表皮，吮吸汁液，危害寄主植物。小麦皮蓟马危害小麦花器，灌浆乳熟时吸食麦粒浆液，使麦粒灌浆不饱满，严重时麦粒空秕；还可危害麦穗的护颖和外颖，颖片受害后皱缩，枯萎，发黄，发白或呈黑褐斑，被害部极易受病菌侵害，造成霉烂或腐败。

形态特征

成虫　体长 1.5～2mm，黑褐色。触角 8 节，头部近长方形，复眼分离，中胸与后胸愈合，前胸能转动。翅 2 对，边缘均有长缨毛，前翅无色，仅近基部较暗。腹部 10 节，腹部末端延长成尾管。

卵　长 0.45mm，宽 0.20mm。初产白色，以后变为淡黄色，长椭圆形，一头较尖。

若虫　共 5 个龄期，无翅。初孵淡黄色，后变橙红色，触角及尾管黑色。前蛹及伪蛹体长比若虫短，淡红色，四周生有白毛。

生活史及习性

1 年发生 1 代，以若虫在麦茬、麦根及晒场地下 10cm 左右处越冬，主要分布在 1～5cm 土壤表层。在北方，小麦皮蓟马分布的地理范围跨度较大，不同地区小麦的生育期存在差异，导致其出蛰活动、化蛹、羽化和危害的时间存在差异。

在新疆天山以北地区，当 4 月上中旬日平均温度达到 8℃时，小麦皮蓟马开始活动，5 月中旬进入化蛹盛期，5 月中下旬开始羽化成虫，6 月上旬为羽化盛期，羽化后大批成虫飞至麦株，在上部叶片内侧、叶耳、叶舌处吸食液汁，破坏花器，造成白穗。6 月中旬达羽化高峰。成虫危害及产卵时间仅 2～3 天。成虫羽化后 7～15 天开始产卵，主要产在冬麦穗内，多为不规则的卵块，被胶质粘固，卵块的部位较固定，多产在麦穗上的小穗基部和护颖的尖端内侧。每小穗一般有卵 4～55 粒。卵期 6～8 天，幼虫在 6 月上中旬小麦灌浆期危害最盛。7 月上中旬陆续离开麦穗停止危害。

小麦皮蓟马的发生程度与连作及邻作有关，一般连作麦田或邻作也是麦田，发生重。另与小麦生育期有关，抽穗期越晚危害越重，反之则轻。一般早熟品种受害比晚熟品种轻，春麦比冬麦受害重。

防治方法

农业防治　合理轮作倒茬。种植早熟品种或适时早播，错过为害盛期。秋季或麦收后及时进行深耕，压低越冬虫口基数。清除麦场四周杂草，破坏越冬场所。

化学防治　在小麦孕穗期，大批成虫飞到麦田产卵时，及时喷药进行防治。防治药剂主要为有机磷类杀虫剂。在小麦扬花期，应注意防治初孵若虫。

参考文献

韩英，2017. 小麦皮蓟马的发生与防治技术 [J]. 现代农业研究(6): 66.

刘兆第，李蕴敏，陈长战，等，1962. 小麦皮蓟马生活规律及测

X

报技术的初步研究 [J].新疆农业科学 (3): 101-103.

（撰稿：武予清；审稿：乔格侠）

小麦叶蜂　*Dolerus tritici* Chu

麦类作物的重要害虫。又名齐头虫、小黏虫、青布袋虫。英文名 wheat sawfly。膜翅目（Hymenoptera）叶蜂科（Tenthredinidae）麦叶蜂属（*Dolerus*）。中国主要分布于甘肃、安徽、江苏等华北、东北、华东地区。

寄主　除麦类外，尚可取食看麦娘、野燕麦、雀麦等禾本科杂草。

危害状　以幼虫危害小麦上部主要功能叶片，从叶的边缘向内咬食成缺刻，或全部吃光仅留主脉。严重发生年份，麦株可被吃成光秆，仅剩麦穗，使麦粒灌浆不足，影响产量（图 1）。近年来，在局部地区危害加重，已上升为主要害虫。

形态特征

成虫　雌蜂体长 9～10mm，雄蜂体长 8～9mm。大体黑色，腹背闪蓝色光。头部黑色，粗糙具网状纹及刻点，复眼大而突出。触角线状 9 节。头部后缘曲折，头顶沟明显。前胸背板、中胸前盾片前叶、两侧叶及翅基片锈黄色。翅膜质透明，前翅略带黄色，后翅无色；翅痣及翅脉黑褐色。后胸背面两侧各有 1 白斑。小盾片黑色近三角形，有细稀刻点（图 2）。

卵　肾形，初产时翠绿色，然后变为淡绿色，孵化前为灰黄褐色，有明显的暗红色眼点。

幼虫　共 5 龄，老龄幼虫 18～19mm，体细圆筒状，胸部稍粗，腹末稍细，各节具横皱纹。头部深褐色，上唇不对称，胸腹部灰绿色，背面暗蓝色。末节背面有 2 个暗纹。腹足 7 对，腹足基部各有 1 条暗纹（图 3）。

蛹　长约 9mm，裸蛹。初蛹为淡黄绿色，逐渐变为浅栗色、深栗色。胸部背面锈黄色部分与成虫相同。头、胸部粗大、顶端圆，腹部细小，末端分叉。

生活史及习性　在北方麦区 1 年发生 1 代，以蛹在土中 20cm 左右处结茧越冬。翌年 3 月气温回升后开始羽化，在麦田内产卵。4 月中旬幼虫进入为害盛期，5 月上中旬幼虫老熟入土做土茧滞育越夏，9～10 月蜕皮化蛹越冬。

成虫喜在 9：00～15：00 时活动，飞翔力不强，夜晚或阴天隐蔽在麦株根际或浅土中，白天活动、交尾、产卵。成虫寿命 2～7 天。成虫交尾后 3～5 分钟即可产卵，产卵的选择性较强，用锯状产卵器将卵产在刚展开的新叶背面中脉附近的组织内，少数产在叶片正面与叶尖。卵粒单产，也有串产，产卵处鼓起。雌虫产卵时头向麦叶基部，1 头雄虫可交尾 2～4 次。初孵幼虫多在附近的麦苗心叶取食；三龄前多集中在小麦中、下部叶片或无效分蘖上危害；三龄后则危害有效分蘖的上部叶片；三龄后畏强光，白天隐藏在麦株中下部或土缝中，傍晚为害；进入四龄后，食量剧增。幼虫有假死性，遇振动即落地。

发生规律

气候条件　小麦叶蜂的发生为害与气候因素密切相关。冬季酷寒、土壤干旱、成虫羽化期雨水多、湿度大，都能抑制其发生为害；反之，则有利于该虫发生。

种植结构　生长旺盛、通风透光不良的麦田以及背风向阳的麦田，落卵量偏高，一般较其他地块发生严重。

土壤类型　砂质土壤麦田比黏性土壤麦田受害重。

防治方法

农业防治　在小麦播种前深耕细耙，可把土中休眠的幼虫或蛹翻出地面，破坏其越冬环境，有效降低其越冬基数。有条件的地区实行水旱轮作，进行稻麦倒茬，可减轻虫害。

人工捕打　利用小麦叶蜂幼虫的假死习性，于发生盛期清晨和傍晚进行人工捕打。

生物防治　保护利用卵寄生蜂，如姬蜂等。

化学防治　在小麦孕穗期，幼虫三龄前，选用 5% 甲氨基阿维菌素苯甲酸盐乳油 300～450ml/hm²、20% 甲氰菊酯乳油 450～600ml/hm²、25% 甲维·虫酰肼悬浮剂 600～900ml/hm²、2.5% 高效氯氟氰菊酯乳油 450～600ml/hm² 等药剂进行防治。

参考文献

蒋金炜，乔红波，安世恒，2013.农田常见昆虫图鉴 [M].郑州：河南科学技术出版社.

卢兆成，沈彩云，沈北芳，等，1994.小麦叶蜂的生物学特性及防治研究 [J].信阳师范学院学报（自然科学版），7(1): 84-90.

唐孝明，钱荣，2014.小麦叶蜂的鉴别与防治研究 [J].农业灾害研究，4(3): 9-11.

图 1　小麦叶蜂危害状（李世民摄）　　图 2　小麦叶蜂成虫（李世民摄）　　图 3　小麦叶蜂幼虫（范志业摄）

滕世辉，李晓霞，李明明，等，2014.小麦麦叶蜂逐年重发原因及防治措施研究 [J].农业科技通讯 (10): 151-152.

张玉聚，鲁传涛，封洪强，等，2011.中国植保技术原色图解：1.小麦病虫草害原色图解 [M].北京：中国农业科学技术出版社：122-126.

（撰稿：陈琦；审稿：武予清）

小青花金龟　*Gametis jucunda* (Faldermann)

以成虫取食花瓣、花蕊，影响授粉和结果的害虫。又名小青花潜、银点花金龟。鞘翅目（Coleoptera）金龟科（Scarabaeidae）花金龟亚科（Cetoniinae）青花金龟属（*Gametis*）。国外分布于朝鲜、日本、俄罗斯（远东）、印度、孟加拉国、尼泊尔及美国、加拿大等国家。中国分布普遍，除新疆未见外，其他各地均有分布。

寄主　主要有棉、杏、桃、李、梨、苹果、山楂、柑橘、板栗、葡萄、草莓、葱、杨、柳、榆、松、刺槐、紫穗槐、合欢、丁香、珍珠梅、木芙蓉、蔷薇、玫瑰、月季、无花果、万寿菊、波斯菊、何首乌、美人蕉、大丽花、萱草等多种林果花木。

危害状　主要以成虫食害多种植物的花蕾和花，常群集在花序上，将花瓣、花蕊吃光。食花常从雄蕊基部咬断花丝，或从雌蕊基部咬断柱头，或咬坏子房等器官，取食花蜜。幼虫以腐殖质为食，危害不大（图 1）。

形态特征

成虫　体长 12～14mm，宽 7～7.5mm。体色有古铜、暗绿、青黑等色，常有青、紫等色闪光。头部黑褐色，唇基前缘深深中凹（图 1）。前胸背板后缘中段内弯，绒毛浓密；中部两侧盘区各具白绒斑 1 个。鞘翅上有深浅不一的半椭圆条刻，并有黄白色斑纹，一般在侧缘和翅合缝处各具较大的斑 3 个。足皆为黑褐色（图 1、图 2）。

幼虫　老熟幼虫体长 32～36mm，乳白色。头部棕褐色或暗褐色，冠缝两侧各具 1 根刚毛，额缝两侧各有 2 根刚毛。各体节多皱褶，密生绒毛，肛腹板覆毛区具有短刺状钩状毛，并有 2 列纵向排列的刺毛列，每列具刺 16～24 根，多为 18～22 根。

生活史及习性　每年发生 1 代，华北以成虫在土中越冬，黄淮地区可以幼虫、蛹及成虫越冬。翌年 4～5 月份出土，可活动至 6 月中旬。成虫白天活动，飞行力强，主要取食花蕊和花瓣，往往随寄主开花早迟而转移，常几头聚在一个花朵上为害。春季在晴天无风和气温较高的 10：00～15：00 活动最盛；夏季 8：00～12：00 及 14：00～17：00 活动最盛。如遇风雨天或低温，则栖息在花上不动，日落后飞到土中潜伏、产卵。成虫喜在腐殖质多的土壤和枯枝落叶下产卵，卵散产在土中或杂草下。幼虫孵化后以腐殖质为食，长大后可危害根部，但不明显。秋季老熟后做土室化蛹于浅土层，羽化后不出土即越冬。

防治方法

人工防治　早晨成虫不活跃，可利用其假死性，人工振

图 1　小青花金龟危害状（吴楚提供）

①②鸡冠花危害状；③韭菜危害状；④⑤山楂危害状

图2 小青花金龟（赵川德摄）

落捕杀。

化学防治　地面施药控制潜入土中的成虫，常用药剂有辛硫磷颗粒剂或辛硫磷乳油兑阿维菌素乳油拌细土撒施；在成虫发生期可采用高效氯氟氰菊酯乳油兑水喷雾。

参考文献

胡淼，张旭光，李明，1993. 小青花金龟的危害习性与防治 [J]. 植物保护，19(1): 25-26.

苗苗，李佳琦，2016. 小青花金龟成虫对苹果树危害的初步研究 [J]. 中国森林病虫 (1): 20-22.

倪同良，李志勇，王曼，等，2002, 小青花金龟的发生与防治 [J]. 河北林业科技 (3): 43.

（撰稿：周洪旭、顾松东；审稿：郑桂玲）

小线角木蠹蛾　*Streltzoviella insularis* (Staudinger)

主要危害柳、榆、槐、白蜡、银杏等常见绿化树种的钻蛀性害虫。又名小褐木蠹蛾。鳞翅目（Lepidoptera）木蠹蛾科（Cossidae）斯木蠹蛾属（*Streltzoviella*）。国外主要分布于俄罗斯。中国分布于北京、河北、山东、辽宁、江苏、安徽、江西、福建、湖南、吉林、黑龙江、内蒙古、陕西、宁夏、天津、上海等地。

寄主　榆树、构树、美国白蜡、柳树、龙爪槐、银杏、悬铃木、香椿、白玉兰、元宝枫、丁香、麻栎、苹果、海棠、山楂、榆叶梅、栾树、紫薇、樱花、冬青卫矛、柽柳等。

危害状　主要以幼虫群聚为害，在皮层、韧皮部及木质部蛀食，破坏输导组织，影响养分和水分的运输，被害树木轻者风折、枯枝，重者整株死亡，同时幼虫从排粪孔排出大量粪屑，挂满树干或飘落到地上（图1）。

形态特征

成虫　体长 14～28mm，雄蛾较小，翅展 32～72mm。触角线状，头顶毛丛鼠灰色，翅基片褐灰色，中胸背板白灰色，后胸有一条黑横带。腹部深灰色，圆筒形，极长，末端有突出的黄褐色产卵管。前翅顶角极钝圆，底色深灰色，中

图1 小线角木蠹蛾危害状（骆有庆课题组提供）

①寄主受害状；②幼虫排粪孔

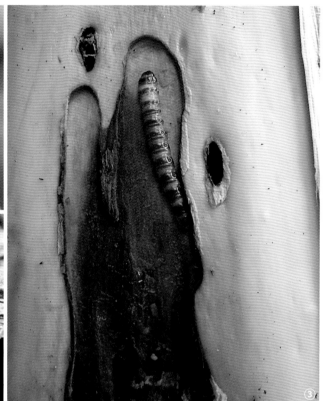

图 2　小线角木蠹蛾各虫态（骆有庆、任利利提供）

①成虫；②蛹；③幼虫

室及前缘 2/3 较暗，为暗黑色，中室末端有 1 小白点，基半部有条纹，端半部有许多网纹，亚外缘线明显，缘毛灰色，有明显的暗格纹。后翅暗灰色，无条纹，缘毛暗色格纹不明显。前翅反面暗灰色，条纹不明显，后翅反面灰色，有微弱细纹。中足胫节具 1 对距，后足胫节 2 对距，中距位于胫节端部 1/3 处，后足跗节不膨大，爪间突退化（图 2 ①）。

幼虫　扁圆桶形，老熟幼虫长 30～40mm，头部棕褐色，前胸背板有褐色斑纹，中央有 1 菱形白斑，中后胸半骨化斑纹均为浅褐色。腹背面黄白色（图 2 ③）。

生活史及习性　小线角木蠹蛾在济南 2 年发生 1 代。3 月越冬幼虫开始活动为害。5 月下旬至 8 月上旬为化蛹期。6～9 月为成虫发生期，羽化时蛹壳半露在羽化孔外。成虫具趋光性，昼伏夜出，从树干飞出当天即可交配产卵。产卵多在夜间，产卵于树皮裂缝、伤痕、旧虫孔附近，以主干及分枝处较多。卵呈块状。幼虫昼夜均可取食，夜间为甚。7 月上旬可见初孵幼虫，初孵幼虫具群集性，聚集在韧皮部附近为害，形成纵横、深浅不一的蛀道，三龄后各自蛀入木质部，蛀孔椭圆形，在木质部向上、下及周围蛀食形成不规则、相互连通的蛀道。11 月幼虫在枝干蛀道内粘聚木丝做薄茧包被虫体越冬。当年蛀入为害的幼虫，翌年在树体中继续为害 1 年，第三年 5 月开始化蛹（图 2 ②）羽化。

防治方法

严格检疫制度，严禁调运带有小线角木蠹蛾的苗木。在成虫高发期，喷洒树干和枝叶。向排粪孔口注入内吸杀虫剂，最后用湿泥堵住虫孔，杀死幼虫。成虫羽化后，采用性信息素诱捕；重点区域设置诱虫灯诱杀成虫。

参考文献

李红光，2008. 毛白蜡小线角木蠹蛾的综合防治 [J]. 森林保护 (8): 29-31.

杨爽，李婧，李海鹏，等，2014. 构树小线角木蠹蛾的发生及防治方法 [J]. 国际沙棘研究与开发，12(2): 35-38.

周尧，花保祯，1986. 中国线角木蠹蛾属三新种（鳞翅目：木蠹蛾科）[J]. 昆虫分类学报 (Z1): 67-72.

YAKOVLEV R V, 2001. Catalogue of the family Cossidae of the Old World (Lepidoptera)[J]. Neue entomologische nachrichten. 66: 1-30.

YAKOVLEV R V, 2006. A revision of carpenter moths of the genus *Holcocerus* Staudinger, 1884 (sl) [J]. Eversmannia(1): 1-4.

（撰稿：任利利、杨宇超；审稿：宗世祥）

小象白蚁　*Nasutitermes parvonasutus* (Shiraki)

一种取食腐木和危害活立木的白蚁。等翅目（Isoptera）白蚁科（Termitidae）象白蚁亚科（Nasutitermitinae）象白蚁属（*Nasutitermes*）。中国分布于台湾、福建、湖南、安徽、贵州。

寄主　枯立木、伐倒木以及壳斗科、木兰科、樟科活立木。

危害状　腐烂的木段常被取食成薄片状。危害树木导致树干中空，树势衰弱逐渐死亡。

形态特征

　　有翅成虫　头褐色，触角、上唇及后唇基黄色。前胸背板浅于头色，具黄色"T"形斑。中、后胸前部黄色，后部褐色。腹部背面褐色，腹面略黄。翅半透明，淡黑褐色，翅脉较黑。头被密毛，前胸背板毛密。头宽卵形，顶中央凹坑。囟小，裂隙状。触角15节，第三节最小，第二节较小，四、六节近等长。复眼小，圆形，单眼卵形，单、复眼距约为单眼长度。后唇基隆起，前缘近平直，后缘弓出。前胸背板狭

于头，宽1.5倍于长，前缘近平直略高起，后缘中部切刻。前翅M脉无分支或具1～3个分支，位置近Cu脉，Cu脉有8～10斜分支。后翅M脉在肩缝后由Rs脉分出。其余同前翅（图1～图3）。

　　兵蚁　头黄色，象鼻赤色微杂褐色，腹部近白色。头赤裸或仅具极少细微短毛，腹部背面具极短毛，间以数枚细长毛，末端长毛稍多。头短圆形，长略大于宽，最宽处在中央稍后，后缘曲度小，象鼻管状，微倾斜伸向头的腹面，鼻与头顶近于直线或微下凹，多数上颚侧端尖，但不伸出，少数具尖刺。触角13节，第四节最短，第二、三、五节约等长。如12节者，第四、五节分裂不彻底，成为较长的节。前胸背板前、后半部几等宽，前部直立或微后倾，前缘中央无缺刻。

　　工蚁　头黄色，腹部近白色。头具少许短毛，腹部背面密生短毛，腹面具短毛，每节后端具1列长毛。头卵形，顶部平，背面淡色"T"形纹，全长4.72～5.00mm，头长至上唇尖1.36～1.43mm，头最宽1.09～1.16mm，位于头中部。后唇基略隆起，长约为宽的1/3。触角14节，第四节最短，二、三节约等长。前胸背板前部直立，宽0.66～0.70mm，前缘中央深凹刻。

　　生活史及习性　木栖性白蚁，多危害活树，也危害枯立木与伐倒木。以壳斗科、木兰科、樟科植物木材为食。营巢于树干内部，巢体与木质部相连结。从树心部开始向上、向边材部逐步蛀食，致使树干空心枯死。蚁巢结构比较复杂，以排泄物胶合而成，巢片黑褐色，似蜂窝状，干燥时坚硬，湿润时松脆。成年巢往往有1～2个副巢。主、副巢之间以及地下泥土中有蚁道相通。在建巢及危害木之部位，往往有黑褐色泥被线暴露在表面。小象白蚁兵蚁和工蚁只有一种类型。兵蚁受惊均遁入巢内，越靠近王室，兵蚁越多。触动时，象鼻形突起端能喷射丝状胶质液体以御敌。在湖南，成虫于6～7月间分飞，分飞多在闷热的傍晚进行。分飞前，繁殖蚁均聚在羽化孔的蛀道内，无特殊的"候飞室"与分飞孔。成虫有趋光性。

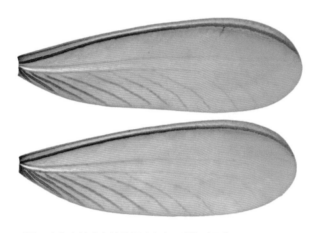

图1　小象白蚁成虫的前翅（上）、后翅（下）（梁维仁提供）

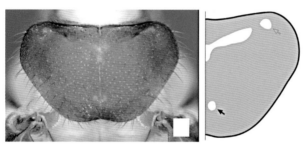

图2　成虫中胸背板（左）及示意图（右）（梁维仁提供）

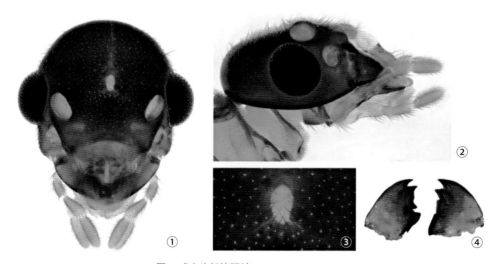

图3　成虫头部的照片（梁维仁提供）
①正面；②侧面；③囟门；④上颚

防治方法　小白象蚁多在空心木、枯立木、树桩内营巢。及时采伐空心木和清除伐倒木和树桩，是防止小象白蚁营巢的有效措施。

参考文献

陈亭旭，2012.贵州白蚁分类研究（昆虫纲：蜚蠊目：等翅下目）[D].贵阳：贵州大学.

陈政，徐勇，1992.黄山林木白蚁种类及分布的初步考查 [J].华东昆虫学报，1(2): 10-12.

黄复生，朱世模，平正明，等，2000.中国动物志：昆虫纲　第十七卷　等翅目 [M].北京：科学出版社.

梁维仁，2016.台湾产象白蚁属（等翅目：白蚁科：象白蚁亚科）之分类 [D].台中：中兴大学昆虫学系所.

萧刚柔，1992.中国森林昆虫 [M].2 版.北京：中国林业出版社.

WEI-REN LIANG, HOU-FENG LI. 2016. Redescriptions of three *Nasutitermes* species (Isoptera: Termitidae: Nasutitermitinae) occurring in Taiwan [J]. Annals of the Entomological Society of America, 1(5): 779-795.

（撰稿：文平；审稿：嵇保中）

小用克尺蠖　*Jankowskia fuscaria* (Leech)

一种主要危害桉树的食叶害虫。鳞翅目（Lepidoptera）尺蛾科（Geometridae）用克尺蛾属（*Jankowskia*）。中国分布于广西。

寄主　主要危害桉树。

危害状　小用克尺蠖暴发危害，新老叶片全被吃光，状如火烧。

形态特征

成虫　前翅长雄 17～20mm，雌 21～32mm。雄触角双栉形，末端约 1/4 线形无栉齿；雌触角线形。下唇须短，尖端伸达额外。头和胸腹部背面灰褐色掺杂黑褐色，第一腹节背面灰黄色。前翅顶角浑圆，外缘十分倾斜；后翅外缘波状，雌较雄波曲深。翅大部灰褐至深灰褐色，前后翅后缘和后翅基部色较浅；前翅内线和前后翅外线为黑色短条状；翅端部在 M₁ 以下为浅色大斑，通常为淡灰褐色至浅黄褐色；缘线为 1 列黑灰色点；缘毛深灰褐色与灰黄色掺杂。翅反面深褐色，斑纹极其模糊（见图）。

幼虫　初孵幼虫头宽 0.25～0.3mm，体黑褐色，背上有 7 道白色环纹，着生于各节间；腹面有 5 条由白点组成的节间线段。老熟幼虫头宽 3.2～3.4mm，体长 48～54mm，体灰褐色，有的幼虫头胸及臀节略带肉红色，体上密布褐色不规则的网状纹，体上有稀少的短毛，前胸及腹节的气门近圆形，气门圈黑褐色，头部有散生的黑色小点。

生活史及习性　成虫夜晚羽化，爬至树干 2m 以下部位栖息。双翅平展贴附于树干上，翅面的颜色由淡转至正常。成虫绝大多数选择桉树表皮已与树干分离、由灰白色转为黑褐色的卷、翘、行将脱落的表皮上；翅与树皮的色泽几乎混同，不易分辨。次日即可配对交尾，时间长达数小时。交尾后的雌成虫飞至树梢的嫩叶上产卵；通常为一次产完，约

小用克尺蠖成虫（王敏提供）

300 粒一堆，上方覆盖着雌虫自身的绒毛。3～4 天卵孵化。

卵的孵化率可达 100%。初孵幼虫群集在几片相邻的嫩叶上取食叶片的一侧，不将叶片完全咬穿；受惊即可吐丝下垂，也可卷曲成 "C" 型，卷曲后如缝衣针孔大小，不易觉察。随后幼虫分散取食，近老熟时每天可取食叶片 1 张以上。幼虫中老龄后的粪便容易辨认，跌下地面的新鲜粪粒呈绿褐色，半天后呈黑褐色，长圆筒形，不光滑，质地疏松，老熟幼虫粪粒长约 3.5mm，粗约 2.4mm。

幼虫 6～7 龄。幼虫自初孵出壳至老熟，爬行过程时均呈弓形；遇突然风吹或者振动均可吐丝下垂，然后落地或转移到相邻的枝叶上。老熟的幼虫吐丝或沿树干爬下，多在距树干 1m 范围内的不足 2cm 的表土或落叶层中化蛹。幼虫选择疏松或有裂缝的位置钻入，化蛹相隔可近至 3cm 左右；如有裂缝，则可多头成行排列。预蛹期约 2 天。蛹的头端向上，尾部向下；如地表过硬也可平摆于地表化蛹。蛹期 7～10 天。羽化时将中足及触角原始体部位顶破钻出。

防治方法

生物防治　保护林间的多种鸟类。

人工防治　幼虫期可用长木杆、竹竿打动枝叶或摇动树干，捕杀下垂的幼虫；如在蛹期，可刮树根周围的地表收集虫蛹烧毁；对刚孵化出来或栖息于树干的成虫，可扑打杀死。

化学防治　可采用杀虫粉剂进行喷杀，配方可稍加大药量，因为幼虫的身体比较光滑，接触的药量会相应减少；使用喷淋的作业机械，喷洒杀松毛虫的药剂，效果也可达 90% 以上。

参考文献

萧刚柔，1992.中国森林昆虫 [M].2 版.北京：中国林业出版社.

王缉健，2002.小用克尺蛾生物学特性及其防治 [J].广西林业科学，31(1): 32, 40.

王缉健，罗林，2007.广西速生桉主要食叶害虫和成灾分析 [J].桉树科技，24(1): 57-60.

吴耀军，2015.油桐尺蛾和小用克尺蠖——防治病虫害系列科普文章之六 [J].广西林业 (11): 45.

（撰稿：代鲁鲁；审稿：陈辉）

X

小圆胸小蠹　*Euwallacea fornicatus* (Eichhoff)

一种林木蛀干害虫，严重危害茶树、悬铃木等植物。又名茶材小蠹、茶枝小蠹。英文名 tea shot hole borer。鞘翅目（Coleoptera）象虫科（Curculionidae）小蠹亚科（Scolytinae）方胸小蠹属（*Euwallacea*）。国外分布于斯里兰卡、孟加拉国、柬埔寨、日本、印度、印度尼西亚、马来西亚、缅甸、泰国、越南、菲律宾、新几内亚、所罗门群岛、斐济、萨摩亚、留尼汪岛、密克罗尼西亚、澳大利亚、以色列、马达加斯加、巴拿马、美国等地。中国分布于广东、广西、海南、四川、云南、贵州、福建、台湾等地。

寄主　茶树、鳄梨、法国梧桐、荔枝、三角枫、栲叶槭、龙眼、橡胶树、蓖麻、洋槐、铁刀木、黄心树等树种，以及合欢属、樟属、杨属、栎属、柳属等植物。

危害状　雌成虫在寄主的主干或侧枝上钻蛀坑道直至木质部，同一受害枝有多个虫孔（直径为 1.5mm 左右的圆孔，图 1），孔口常有木屑堆积，有时会在虫孔形成 3～8mm 的牙签状木屑条。成虫蛀入枝干内为害成圆环状坑道，由母坑道又分蛀成与之平行且相连的子坑道，子坑道短、垂直于母坑道；坑道由于伴生菌的存在而呈现深褐色至黑色。由于小圆胸小蠹的钻蛀以及伴生真菌的生长，阻碍了水分及养分的输导，最终枝干逐渐枯萎甚至死亡，受害枝极易风折。

形态特征

成虫　雌虫为黑褐色，体长 1.8～3.0mm（图 2 ①）。头部隐藏在前胸背板下面，从背面看不见（图 2 ②）。触角

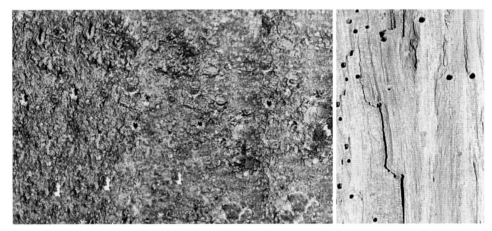

图 1　小圆胸小蠹危害状（骆有庆课题组提供）

图 2　小圆胸小蠹成虫（骆有庆课题组提供）

①成虫背面；②成虫侧面；③雌虫鞘翅；④雄虫鞘翅

膝状。背面观前胸背板前缘圆钝，后缘方形，整个背板呈方盾形；侧面观背板的前半部向下倾斜，背顶部突出；前半部分为鳞状瘤区，呈颗粒状，如波浪，由大渐小从背板前缘至背板顶端，占整个背板的3/5；后半部分为刻点区，呈细网状且刻点细小极不明显。背面观鞘翅侧缘的3/4部分两边平行且稍向外缘弓曲，鞘翅后缘1/4部分向中间收成弧形，鞘翅刻点沟稍凹陷。沟中刻点明显，基部刻点稍微凹陷，后慢慢突起，在鞘翅后部变成小粒状；沟间部的刻点中心生1根绒毛且排成纵列，翅后部更加明显（图2③）。

雄虫为黄褐色，体长1.5～1.67mm，宽约0.8mm。前胸背板长小于宽，长宽比约0.8。背面观鞘翅基缘横直，轮廓为钝圆形，最大宽度在背板基缘附近（图2④）。翅长度为前胸背板长度的1.6倍，为两翅合宽的1.3倍，侧面观鞘翅表面由基部至端部一直下倾，表面被毛。

幼虫　乳白色，较肥胖具有皱纹。胸足退化，腹足仅留痕迹，头黄褐色。末龄幼虫体长约为2.4mm。

生活史及习性　年发生代数因地区而异，在贵州赤水市1年发生2代；在云南昆明地区1年发生2～3代，世代重叠，常见4种虫态并存。小圆胸小蠹在昆明以成虫或幼虫越冬。越冬成虫于翌年2月开始活动，3月进行交配并产卵于坑道内，4月可见幼虫；幼虫取食坑道中培育的菌丝体，经过5个龄期发育成蛹；6月中旬是第一代幼虫发生高峰期，9月下旬是第二代幼虫发生高峰期；7～9月是新成虫出现高峰期。雌成虫的头部前方有专门的携带真菌孢子的结构，称为贮菌器。该小蠹在不同地区、不同寄主上面携带的伴生菌有一定的差异，但主要携带的伴生菌为致病性的镰刀菌。雌成虫在寄主树木的木质部钻蛀坑道，并将携带的伴生真菌孢子释放在坑道内，真菌在坑道内生长。然后雌虫开始在坑道内产卵（15～20颗），产卵的时间为10～20天；3～4天后幼虫开始孵化，幼虫和成虫都以伴生真菌的菌丝为营养来源。

防治方法　及时修剪虫害枝干，并将受害枝干清理、烧毁，减少有效虫源。

将小圆胸小蠹聚集信息素诱芯放入多层漏斗形诱捕器中，可进行有效的监测和诱杀。

在小圆胸小蠹成虫扬飞期，对寄主枝干喷洒化学药剂，可有效防治该虫。

参考文献

陈铣，邓振权，张丽，等，2002.16%虫线清乳油防治荔枝龙眼茶材小蠹[J].植物保护，20(2)：50-52.

胡钟予，王嫩仙，赵丽涵，等，2016.浙江省一种新入侵的危险性林木害虫小圆胸小蠹[J].浙江农业科学(2)：231-234.

李巧，张格，郭宏伟，等，2014.三角枫上的一种重要害虫——小圆胸小蠹[J].中国森林病虫，33(4)：25-27.

王文荣，阮兆英，2003.荔枝新害虫茶材小蠹的防治技术[J].中国南方果树，32(5)：34-35.

殷蕙芬，黄复生，李兆麟，1984.中国经济昆虫志：第二十九册　鞘翅目　小蠹科[M].北京：科学出版社：128-129.

GARCÍA-AVILA C D J, TRUJILLO-ARRIAGA F J, LÓPEZ-BUENFIL J A, et al, 2016. First report of *Euwallacea* nr. *fornicatus* (Coleoptera: Curculionidae) in Mexico[J], Florida entomologist, 99(3): 555-556.

（撰稿：任利利；审稿：骆有庆）

小猿叶甲　*Phaedon brassicae* Baly

一种危害十字花科蔬菜的重要害虫。又名小猿叶虫、白菜猿叶甲、猿叶虫。英文名 daikon leaf beetle。鞘翅目（Coleoptera）叶甲科（Chrysomelidae）猿叶甲属（*Phaedon*）。国外分布于日本、朝鲜、印度和越南等国家。中国除新疆、西藏外均有分布。

寄主　主要取食白菜、芥菜、菜心、萝卜、芥蓝等十字花科蔬菜，尤其喜爱取食西洋菜、白菜型油菜、大白菜。其他寄主包括莴苣、茼蒿、胡萝卜、洋葱、葱、甜菜等。

危害状　成、幼虫均喜食叶片，主要以三龄幼虫和成虫危害，成虫常群聚为害，取食叶片呈缺刻或孔洞（图1），严重时叶片被取食成网状，仅留叶脉。苗期发生较重时，可造成严重的缺苗、断垄甚至毁种。近年来，小猿叶甲对十字花科蔬菜的危害有逐渐加重的趋势，在珠江三角洲和粤北反季节蔬菜等菜区，小猿叶甲为害不断加重，尤其对西洋菜的生产影响巨大。

形态特征

成虫　体长2.8～4mm，卵圆形。蓝黑色，有绿色金属光泽。头小，深嵌入前胸，刻点深密。触角基部2节的顶端带棕色，触角向后伸展达鞘翅基部，端部5节明显加粗。前胸背板短，宽为长的2倍以上。鞘翅刻点排列规则，每翅8行半，肩瘤外侧还有1行相当稀疏的刻点（图2②）。

幼虫　初孵时淡黄色，后变暗褐色。老熟幼虫长约7mm，头部黑色，胴部灰褐色，各节有大型黑色肉疣8个，排成一横列，肉瘤上有几条黑色长毛（图2①）。

生活史及习性　在长江流域1年发生3代，春季1代，秋季2代，以成虫在枯叶下或根隙间越冬。在广东菜区，1年发生5代，无明显越冬现象，主要危害期在4～5月和9～11月，2月底3月初成虫开始活动，3月中旬产卵，3月底孵化，4月成虫和幼虫混合为害最烈，4月下旬化蛹及羽化。5月中旬气温渐高，成虫进入滞育状态越夏。8月下旬又开始活动，9月上旬产卵，9～11月盛发，各虫态均有，12月中下旬成虫越冬。

成虫寿命较长，平均可达34天。成虫具假死性，受惊

图1　小猿叶甲危害状（何余容提供）

图 2 小猿叶甲成虫与老熟幼虫（何余容摄）

①老熟幼虫；②成虫

后假死落地，其后翅退化，无飞翔能力。略有群集性，日夜均可取食，常与大猿叶甲混合发生。小猿叶虫雌雄成虫往往白天成对在叶背交尾，在不同蔬菜上产卵部位有所差异。在萝卜上，小猿叶虫成虫喜产卵于嫩叶上半部叶背的叶脉中；在青菜、大白菜上，成虫多将卵散产并嵌入叶背叶脉的正面或侧面，下部叶和嫩叶上的产卵率相近，叶柄上很少着卵；在甘蓝和花椰菜等厚叶十字花科蔬菜上很少产卵。产卵前，成虫以口器将叶脉咬出一个凹入的浅洞，然后伸出产卵器，将卵产于浅洞中，一孔一卵。卵粒平卧或直立，长椭圆形，上覆盖薄薄的棕色黏液。每头雌虫可产卵 200～500 粒，卵期 3～6 天。初孵幼虫爬出卵壳后，转移到近叶缘处，多分布在叶的背面啃食叶肉。幼虫共 4 龄，幼虫期约 20 天。幼虫喜在心叶取食，昼夜活动，以晚上为甚。幼虫也具假死性，受惊后即缩足落地。老熟幼虫入土 3cm 左右，筑土室化蛹，蛹期 7～11 天。

防治方法

农业防治　合理布局，尽量避免在小范围内周年连作十字花科蔬菜；合理轮作，夏季停种过渡寄主，可对小猿叶虫发生起到"拆除断代"的作用。清除侵染来源，冬季在苗房内熏蒸灭虫或彻底清除残枝、落叶后再育苗，培育无虫苗。精心管理，苗床气温较高时，覆盖防虫网和遮阳网。冬季收获后，翻土冷冻，夏季收获后，晒土灭虫，消除越冬或越夏的成虫、幼虫。

生物防治　在田间幼虫高峰期喷施 10^8 孢子/ml 的球孢白僵菌，对小猿叶甲的种群控制效果可达到 75%。

物理防治　小猿叶甲成虫和幼虫都具有假死性，可用盛有洗洁精水的浅口容器接于叶下，然后击打，集中杀死。

化学防治　在小猿叶虫发生初期，科学合理施用农药，仍是非常重要的应急防治手段。越冬成虫出土盛期和幼虫孵化盛期为防治适期，可用锐劲特、阿维菌素、辛硫磷、氰戊菊酯、乐斯本等药剂兑水，进行叶面喷雾。采收期 6 天前应停止使用叶面喷雾。对害虫发生较重的种植区，还可用高效氯氟氰菊酯灌根处理。

参考文献

李伟丰，古德就，陈亦根，等，2000. 蔬菜品种对小猿叶甲生物学特性影响的研究 [J]. 华南农业大学学报，21 (2): 38-40.

舒晓晗，刘亚慧，苗雨，等，2015. 小猿叶甲对不同蔬菜寄主的偏好性 [J]. 浙江农林大学学报，32 (1): 123-126.

王小平，周兴苗，雷朝亮，2009. 小猿叶甲对寄主植物衰老和缺乏的适应 [J]. 昆虫知识，46 (3): 403-407.

魏林，黄均元，梁志怀，等，2016. 猿叶虫发生规律及其综合防治 [J]. 长江蔬菜（植保技术）(3): 49-50.

（撰稿：何余容；审稿：吕利华）

小云斑鳃金龟　*Polyphylla gracicornis* (Blanchard)

严重危害林木、果树幼苗和各种作物、蔬菜，是北方重要害虫之一。又名小云鳃金龟。鞘翅目（Coleoptera）金龟科（Scarabaeidae）鳃金龟亚科（Melolonthinae）云鳃金龟属（*Polyphylla*）。在中国西北、华北各地均有分布，云南也有报道。

寄主　云杉、冷杉、油松、樱桃、小麦、玉米、胡麻、大豆、马铃薯、油菜、百合、当归、甜菜、山药、瓜类等作物。

危害状　主要以幼虫危害。危害作物根时，根茎常被平截咬断；啃食树木主根时，呈不规则缺刻状，严重时啃光整个主根根皮，使地上植株叶片萎蔫，最终焦枯。

形态特征

成虫　体长 26～28.5mm，宽 13.4～14.2mm。长椭圆形，体栗褐至赤褐色。头及前胸背板颜色较鞘翅深。额部表面有大刻点和皱纹；雄虫唇基前缘中段微内弯，雌虫唇基短，前缘中段内弯明显。触角 10 节，鳃片部雄虫由 7 节组成，弯曲，长度等于前胸背板长；雌虫由 6 节组成，较雄虫小。前胸背板前缘有很多粗毛；中胸小盾片中间大部分平滑无刻点。鞘翅密布不规则的白色或黄色鳞状毛，呈云斑状；鞘翅较短。臀板近三角形，密布针状绒毛。前足胫节外缘雄虫 1 齿，雌虫 3 齿，爪修长（图 1）。

幼虫　三龄幼虫体长 55～56mm。头部前顶刚毛每侧 4～5 根，后顶刚毛每侧 1 根较长，旁有 1～2 根短小刚毛。臀节腹面刺毛列由短锥状刚毛组成，每列多为 10～11 根，多数两列刺毛平行，其前端不达钩毛区的前缘（图 2）。

生活史及习性　在甘肃南部及青海等地 4 年发生 1 代，以幼虫在土壤中做土室越冬，翌年 4 月上中旬上升活动为害。

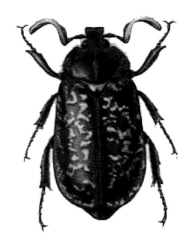

图 1 小云斑鳃金龟成虫（仿刘广瑞图）

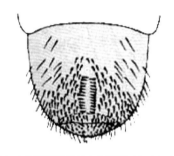

图 2 小云斑鳃金龟幼虫肛腹板（仿刘广瑞图）

成虫的发生初期多为 6 月中旬，盛期为 7 月中下旬。羽化后，白天到土中潜伏，黄昏时飞出，寻偶交尾，其尤喜阴雨天，在小雨天活动频繁。成虫不取食，寿命 14～17 天。雄虫善飞翔，行动活跃，趋光性强；雌虫行动迟缓，不善于飞翔，趋光性很弱。雌雄多在草丛及土缝中交尾，交尾 4～5 天后开始产卵，单粒散产，每雌最高产卵量为 60 粒，平均 26 粒。产卵入土深度不等，多为 6～15cm，卵期 25～30 天。田间卵的孵化盛期多为 8 月中旬。幼虫孵化后在作物根部为害，但为害很轻；当 10cm 土温低于 8℃时，一龄幼虫下潜越冬。翌年 4 月上中旬，当 10cm 土温高于 8℃时，一龄幼虫则开始上升至土表为害。6 月上中旬蜕皮进入二龄，继续活动为害至 10 月中旬下潜越冬。越冬后的二龄幼虫于次年 6 月上中旬进入三龄，继续活动为害至深秋，并以三龄幼虫越冬。三龄幼虫再经 2 次越冬，于第五年 5 月上中旬化蛹，蛹期为 28～35 天。

防治方法

农业防治 禁用未腐熟的有机肥。夏作物收获后及时翻耕。

物理防治 在 6～7 月利用黑光灯诱杀成虫。

化学防治 春播时用辛硫磷乳油兑水进行药剂拌种。在作物生长季节，可用辛硫磷乳油和阿维菌素乳油拌上干土，撒于地面，再进行浅锄。

参考文献

孟铁男，冯泽，王长政，1989. 小云斑鳃金龟的生活史研究 [J]. 植物保护，15(1): 2-4.

王国鼎，2004. 小云斑鳃金龟生物学特性研究 [J]. 甘肃林业科技，29(1): 35-38.

王兴辉，李定业，2009. 小云斑鳃金龟在大樱桃上的发生规律及防治方法 [J]. 北方园艺 (9): 151.

（撰稿：顾松东；审稿：周洪旭）

小字大蚕蛾 *Cricula trifenestrata* Helfer

行道树阴香的主要害虫。鳞翅目（Lepidoptera）大蚕蛾科（Saturniidae）大蚕蛾亚科（Saturniinae）小字大蚕蛾属（*Cricula*）。国外分布于菲律宾、斯里兰卡、印度。中国分布于湖南、四川、广东、海南、广西、贵州、云南、西藏等地。

寄主 阴香、杧果、槚如树、李属、橄榄及漆树科等植物。

危害状 幼虫取食时从叶缘开始蚕食，最后仅留叶柄。

形态特征

成虫 雌蛾体长 20～28mm，翅展 60～90mm；雄蛾体长 15～20mm，翅展 55～65mm。体色多变，多呈橘黄色和锈褐色，少数灰褐色。触角棕褐色，雄蛾长双栉形，雌蛾栉齿形。前翅内横线紫褐色，呈波状弯曲；外横线较直、明显、紫褐色，自顶角内侧斜伸至后缘中部；中室端有 4 个透明斑，其中 3 个排列成小字形，在第三个斑的内下方一个很小的斑；顶角稍尖，其下方稍内陷；后角紫褐色。后翅色与前翅相同，内横线显著较直，外横线波状较细，中室端只有 1 个较小的圆形透明斑，斑外围紫红色（见图）。

幼虫 初龄淡黄色，四龄以上青绿色。头红褐色。前胸背面两侧及第八腹节背面中央各有 1 个黑点，背线明显。全身还密布许多小肉瘤，上生白毛。肛上板及肛侧板骨化面呈黑褐色。趾钩中列二序。

生活史及习性 在广西凭祥 1 年 4 代，以幼虫和蛹越冬。翌年 3 月中旬成虫羽化。第一代卵于 3 月中下旬孵化，3 月下旬至 4 月底为幼虫期，4 月下旬结茧化蛹，5 月中下旬成虫

小字大蚕蛾成虫（王敏提供）

出现；第二代卵 6 月上中旬孵化，6 月中旬至 8 月上旬为幼虫期，7 月中下旬结茧化蛹，8 月中下旬虫出现。第三代卵于 8 月下旬孵化，8 月下旬至 10 月上旬为幼虫期，10 月中下旬成虫出现。第四代卵于 11 月上旬孵化，11 月中旬至翌年 1 月底为幼虫期，12 月底或 1 月初开始结茧化蛹，以幼虫或蛹越冬。幼虫 6～7 龄，历期 29～48 天；蛹期 21～61 天，成虫期 3～7 天，卵期 10～22 天。

成虫有趋光性，卵多产于叶背，沿叶脉整齐层叠排列，每个卵块 200～300 粒。刚孵化幼虫有群集在卵壳上取食卵壳的习性，3～4 小时后爬到叶片上群集危害。一至三龄幼虫有群集性，四龄以后分散活动危害。随着虫龄增大，食量逐渐增多。老熟幼虫大多在叶片密集隐蔽处结茧化蛹。在结茧之前，一般停止取食 1～2 天，然后吐丝结茧，把自己网于 1～2 张叶片之间，一般多在枝梢结茧化蛹。

防治方法

农业防治 加强检疫，减少小字大蚕蛾随苗木传播扩散。

物理防治 晚上利用黑光灯诱杀成虫。

生物防治 天敌有纵卷叶螟绒茧蜂、螟蛉芮茧蜂、松毛虫短角平腹小蜂、次生大腿小蜂、柞蚕饰腹寄蝇和淡红猎蝽。保护现有天敌种类，并在此基础上人工营巢吸引天敌，抑制种群数量。

化学防治 用灭幼脲、辛硫磷、敌敌畏乳剂等喷杀幼虫。

参考文献

黄金义，蒙美琼，1986. 林木病虫害防治图册 [M]. 南宁：广西人民出版社 .

黎健春，2007. 阴香主要病虫害的识别及防治 [J]. 南方农业 (6)：61-63.

阮甘棣，唐月兰，1986. 危害阴香的小字大蚕蛾 [J]. 广西林业 (3)：37-38.

萧刚柔，1992. 中国森林昆虫 [M].2 版 . 北京：中国林业出版社：995.

中国科学院动物研究所，1983. 中国蛾类图鉴 IV [M]. 北京：科学出版社：413.

朱弘复，1973. 蛾类图册 [M]. 北京：科学出版社 .

朱弘复，王林瑶，1996. 中国动物志：昆虫纲　第五卷　鳞翅目（蚕蛾科，大蚕蛾科，网蛾科）[M]. 北京：科学出版社 .

（撰稿：贺虹；审稿：陈辉）

协同进化　coevolution

两个或多个物种相互影响彼此的进化。该思想的雏形最早见于 1895 年 C. Darwin《物种的起源》中对显花植物和传粉昆虫之间相互作用的描述。1964 年，P. R. Ehrlich 和 P. H. Raven 在讨论植物和植食性昆虫的关系时首次用到协同进化一词。1980 年，协同进化的严格定义由 Jasen 提出：即 A 物种的性状作为对 B 物种性状的响应而进化，B 物种的性状又为了响应 A 物种的性状发生进化。协同进化在很多重要的进化过渡中起到了驱动作用，例如有性生殖的进化和染色体倍性的转变。最近的研究揭示，协同进化甚至可以影响生态群落的结构和功能及传染病的动态变化。

协同进化的核心概念是每一个参与者对其他参与者施加了选择压力从而影响了进化。在很多情况中，选择压力驱动的是相关物种之间的 "进化军备竞赛"。然而，两个物种之间成对发生的或特异的协同进化并非唯一可能性，有时协同进化的参与者可能是两个以上的物种。例如，显花植物的花蜜可以驱动蜜蜂、蝇类和甲虫等几个物种的传粉者共同发生进化，这样的进化模式被称为弥散进化。

协同进化的形式包括：①互利共生。物种之间从另外一方得到利益。例如：显花植物与传粉者的关系，包括虫媒花和昆虫，鸟类和鸟媒花；无花果和榕小蜂的关系；蚂蚁与金合欢树的关系等。②寄主和寄生虫。例如寄生虫与有性繁殖寄主的关系；巢寄生与寄主的关系等。③捕食者和猎物。捕食者进化出更高效的捕食策略，而猎物进化出反捕食适应机制。这种模式也适用于植食者和植物的互作。④两性冲突。生殖利益分歧导致雌性和雄性在交配中进化出拮抗性性征。例如生殖器的进化；交配策略的进化等。

参考文献

孙儒泳，2001. 动物生态学原理 [M]. 北京：北京师范大学出版社 .

PARKER G A, 2006. Sexual conflict over mating and fertilization: an overview[J]. Philosophical transactions of the royal society B: Biological sciences, 361(1466): 235-259.

WOOLHOUSE M E, WEBSTER J P, DOMINGO E, et al, 2002. Biological and biomedical implications of the co-evolution of pathogens and their hosts [J]. Nature genetics, 32(4): 569-577.

（撰稿：葛璐；审稿：王宪锋）

新渡户树蜂　*Sirex nitobei* Matsumura

一种本土钻蛀性害虫，主要危害油松、樟子松等松属植物。膜翅目（Hymenoptera）树蜂科（Siricidae）树蜂属（*Sirex*）。国外主要分布于日本、朝鲜、韩国等地。中国主要分布于内蒙古、河北、北京、陕西、吉林、辽宁、云南等地。

寄主 樟子松、油松、华山松、赤松、落叶松、日本黑松等。

危害状 与一般钻蛀性害虫钻蛀树木而造成危害的特点不同，新渡户树蜂能通过产卵行为将自身分泌的毒素和体内贮菌囊中的共生真菌随同虫卵一起注入寄主树木体内，加速树势的衰弱甚至造成寄主树木死亡。主要危害树势衰弱、胸径较小的树木，林分密度过大的区域，一般不危害健康树木。受树蜂危害的树木，针叶萎蔫或脱落。成虫产卵于树皮内侧和木质部表面，流脂呈泪状，有明显的流脂线起点，区别于一般生理性斑状渗透流脂。虫道弯曲且被木屑和虫粪紧实填充，羽化孔正圆形。危害特征与同属的松树蜂极相似（图 1）。

形态特征

成虫 雌成虫体长 20～28mm，体色蓝黑且具有光泽，

图 1　新渡户树蜂的典型危害状（骆有庆课题组提供）
①成虫的产卵流脂点；②成虫羽化孔；③林分受害状

少数个体腹部黄色或橙色。触角通常黑色，基部呈黄褐色，19～25 节，长为体长的 1/3～1/2。前胸背板后端前凹。翅膜质透明，端部褐色半透明。产卵器稍长于腹部。雌成虫后足第二跗节垫长度与第二跗节几乎相等（图 2 ①）。

雄虫比雌虫略小，体长 14～24mm，有少数个体体型体于一般雌虫，达到 32mm 左右；头、胸部、腹部基部 2 节为蓝黑色并具有蓝紫色金属光泽，腹部其余节为橙色或黄褐色。

前足、中足的腿节、胫节、跗节基部黄色，其余部分为黑色且具有金属光泽；后足股节全部、胫节基部、第四和第五跗分节黄褐色，胫节和第一至三跗分节黑色（图 2 ②）。

幼虫　乳白色且为圆筒形，胸足 3 对，较短；腹部末端有黑色尾突。

生活史及习性　主要危害濒死木、枯立木及长势衰弱的寄主。在内蒙古通辽市 1 年 1 代，以各龄幼虫在树干内越冬。羽化期集中在 8 月底到 9 月底左右，成虫羽化后即交配产卵，初孵幼虫从产卵处向树干深层蛀食木质部及韧皮部，虫道内布满白色木屑。老熟幼虫多在边材咬筑蛹室化蛹。成虫羽化后咬一羽化孔飞出，羽化孔圆形。成虫羽化孔主要分布在树干 0.2～5m 的范围内，阳面居多。成虫喜在中午阳光下飞翔，常栖息于树顶进行交配。未交配的成虫寿命 4～8 天。

防治方法　饵木诱集新渡户树蜂的技术简单、效果好。清理林间衰弱木，减少其繁殖源，降低虫口密度。

①

②

图 2　新渡户树蜂成虫（任利利提供）
①雌虫；②雄虫

参考文献

杜万光，焦进卫，王全勇，2011. 饵木诱集新渡户树蜂试验初报 [J]. 黑龙江农业科学 (5): 57-58.

卢钟宝，2018. 中国树蜂属系统分类学研究（膜翅目：树蜂科）[D]. 北京 : 北京林业大学 .

王明，保敏，敖特根，等，2017. 两种共同危害樟子松的树蜂的种群分布格局及生态位对比 [J]. 应用昆虫学报，54(6): 924-932.

萧刚柔，黄孝运，周淑芷，等，1992. 中国经济叶蜂志 [M]. 陕西 : 天则出版社 .

徐强，敖特根，刘东力，等，2018. 内蒙古大青沟新渡户树蜂危害特征调查与防控对策 [J]. 植物检疫，32(3): 76-80.

FUKUDA HIDESHI, KAJMURA HISASHI, HIJII NAOKI, 1993. Fecundity of the woodwasp, Sirex nitobei Matsumura, in relation to its body size[J]. Journal of the Japanese Forestry Society, 75(5): 405-408.

HIDESHI, FUKUDA, 1997. Resource utilization and reproductive strategy of three woodwasp species (Hymenoptera: Siricidae)[J]. Bulletin of the Nagoya University Forests, 16: 23-73.

（撰稿：任利利、王明；审稿：骆有庆）

X

星天牛 *Anoplophora chinensis* (Förster)

一种严重危害杨、柳、悬铃木等植物的钻蛀性害虫。鞘翅目（Coleoptera）天牛科（Cerambycidae）沟胫天牛亚科（Lamiinae）星天牛属（*Anoplophora*）。国外分布于日本、韩国、缅甸、朝鲜、意大利、法国、荷兰等地。中国分布于河北、北京、山东、上海、江苏、浙江、江西、台湾、山西、陕西、甘肃、湖北、湖南、四川、贵州、福建、广东、香港、海南、广西、云南、吉林等地。

寄主 杨属、柳属、榆属、刺槐、木麻黄、栾树、梧桐、苦楝、悬铃木、核桃、柑橘、李、梨等多种植物。

危害状 成虫羽化后，飞向树冠，啃食细枝皮层补充营养，雌虫产卵于"L"形刻槽。幼虫在皮下蛀食2～3个月后进入木质部蛀食形成虫道，咬碎的木屑及粪便部分塞满孔内，部分排出孔外，排出物堆积在树干周围（图1）。

形态特征

成虫 雌成虫体长36～45mm，宽11～14mm；雄成虫体长28～37mm，宽8～12mm，触角超出身体，鞭状，11节，第一、二节为黑色，其余各节前半部为黑色，后半部为蓝白色。头部和身体腹面被银白色和部分蓝灰色细毛，但不形成斑纹。在鞘翅基部密布颗粒状瘤突，翅面具白色绒毛组成的小斑，每翅约20个，排列成不整齐的5横行（图2）。

幼虫 幼虫老熟时体长40～70mm，扁圆筒形，乳白色至淡黄色，头大而扁（图3），前胸宽11.5~12.5mm，前胸背板前缘部分色淡，其后为1对形似飞鸟的黄褐色斑纹，前缘密生粗短刚毛，前胸背板的后区有1个明显的较深色的"凸"字纹，前胸腹板中前腹片分界明显（图3），腹部背步泡突微隆，具2横沟及4列念珠状瘤突。

生活史及习性 在浙江南部1年发生1代，个别地区3年2代或2年1代，以幼虫在被害寄主木质部内越冬。越冬幼虫于次年3月以后开始活动，4月化蛹，4月下旬逐渐羽化为成虫，5～6月为羽化盛期。成虫羽化后在蛹室内滞留3～6天，于晴天爬出羽化孔，啃食嫩枝梢的皮层补充营养，10～15天达性成熟后进行交尾，雌雄成虫均有多次交尾现象，交尾后10～15天才在树干基部寻找适当部位产卵。一般在直径5～7cm以上的大树树干近地面3～7cm处产卵最多，产卵前先在树皮上咬刻槽，再将产卵器插入刻槽一边的树皮与木质部之间产卵，每处1粒，少有空槽，每雌虫一代可产卵20～80粒。幼虫孵化后在树皮层蛀食，树皮受害后渗出黄白色胶质，呈浸润状，幼虫向下蛀食2～3月后开始横向蛀入木质部，排出粪屑。

防治方法

生物防治 利用天敌，包括蚂蚁、花绒寄甲和川硬皮肿腿蜂；采用白僵菌、病原线虫防治星天牛。林间采用白僵菌粘膏涂孔法，防治效果较好，其余依次为菌液塞孔法、菌液喷干和菌粉撒干法。

诱饵树诱杀 苦楝树和银糖槭作为饵树诱集星天牛。

物理防治 及时伐除枯折树木，在成虫盛发期人工捕杀成虫，在产卵盛期刮除虫卵，键击幼龄幼虫等。

化学防治 在星天牛雌虫产卵的常见部位喷绿色威雷，

图1 星天牛典型危害状（骆有庆提供）

图2 星天牛雌成虫（骆有庆课题组提供）

图 3　星天牛幼虫（任利利提供）

来杀死雌虫；利用氧化乐果配煤油防治幼虫。

参考文献

陈丽，2008. 星天牛对杨树的危害研究 [J]. 安徽农学通报，14(7): 185.

何学友，黄金水，叶剑雄，等，2003. 星天牛行为及控制技术研究Ⅱ. 星天牛控制技术的研究 [J]. 福建林业科技，30(2): 1-4.

黄金水，何学友，高美玲，等，2000. 苦楝树林间引诱星天牛试验研究 [J]. 防护林科技 (S2): 7-9.

刘清浪，陈瑞屏，吴若光，等，1999. 应用生物防治棉蝗及星天牛——沿海防护林木麻黄病虫害综合控制技术研究报告 [J]. 昆虫天敌，21(3): 97-106.

魏建荣，赵文霞，张永安，2011. 星天牛研究进展 [J]. 植物检疫，25(5): 81-85.

萧刚柔，1992. 中国森林昆虫 [M]. 2 版. 北京：中国林业出版社.

（撰稿：任利利；审稿：骆有庆）

杏白带麦蛾　*Agnippe syrictis* (Meyrick)

危害核果类林木叶片的害虫。又名环纹贴叶虫、环纹贴叶麦蛾。鳞翅目（Lepidoptera）麦蛾科（Gelechiidae）树麦蛾属（*Agnippe*）。中国分布于山西、河北、北京、陕西、河南。

寄主　桃、杏、李、苹果、山楂、樱桃、槟沙果。

危害状　初孵幼虫多啃食叶片，呈针眼状筛孔，留一层表皮。第二次蜕皮后吐丝缀叶，将上下两叶平展相粘，幼虫在两叶间食上部叶片下表皮和叶肉，留上表皮，或食下部叶片的上表皮和叶肉，留下表皮，形成不规则斑痕，虫粪排泄在被害处的边缘。

形态特征

成虫　体小型，色暗淡。头部的鳞片平贴。触角第一节上有刺毛排成梳状。下唇须向上弯曲，伸过头顶，末端尖细，呈象鼻状。前翅披针形，端部尖锐，A 脉 1 支，基部分叉；R_4、R_5 与 M_1 共柄。后翅顶角尖突，后缘倾斜或凹入，菜刀状，Rs 与 M_1 共柄或基部接近，后缘具长缘毛（图②）。

幼虫　初孵幼虫体长 0.7～0.9mm，淡褐色体扁，头

部和臀板黑色，前胸背板和胸足暗褐色；四龄幼虫体长 4.2～4.6mm，体为黄褐色，各腹节间黄白色，各腹节基部 1/2 紫红色，似"斑马"（图①）。

生活史及习性　晋中地区 1 年发生 2 代，以蛹茧在剪锯口、败叶下、树皮缝越冬。翌年春季越冬蛹出蛰活动，于 4 月下旬前后开始羽化，5 月间为羽化盛期，6 月初仍可见到越冬代成虫。为害到 7 月上旬开始化蛹，7 月中旬前后为第一代化蛹盛期，7 月下旬为末期。蛹期最长 16 天，最短 8 天，平均为 10 天左右。越冬代蛹期为 7～8 个月。越冬代成虫产卵在枝条顶端 1～3 片嫩叶背面近基部主脉两侧，少量产在芽腋间、叶缘和叶端上。第一代产在芽鳞内，少量也产在芽腋间和叶柄基部。卵单粒散产，或几粒产在一块，雄虫比雌虫早羽化 3～8 天。幼虫喜在枝条下部 4～5 片叶上为害，幼虫老熟后不再转移。幼虫比较活泼，触动时迅速扭曲身体向前或向后摆动，或吐丝下垂。

防治方法

寄生性天敌　金纹细蛾跳小蜂、墨玉巨胸小蜂、绒茧蜂、螟黑纹茧蜂寄生幼虫。

清洁果园　冬季清扫园内及附近落叶和杂草，消灭越冬蛹。

化学防治　春季幼虫危害初期，可喷施敌敌畏乳油、功

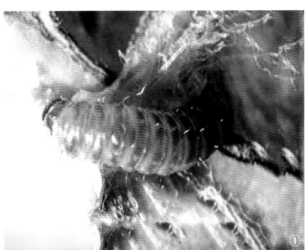

杏白带麦蛾形态（吴楚提供）
①幼虫；②成虫

夫乳油等菊酯类农药。

参考文献

曹克诚,郭拴凤,1987.杏白带麦蛾生物学特性观察初报 [J].昆虫知识 (5): 25-27.

程致远,2010.山西重要小蛾类的种类调查及其分布规律分析 [D].青岛:青岛农业大学.

于忠峰,2011.杏树主要病虫害及其防治方法 [J].辽宁林业科技 (1): 60-62.

（撰稿：王甦、王杰；审稿：李姝）

杏瘤蚜　*Myzus mumecola* (Matsumura)

以口针在幼叶背面吸食寄主汁液的小型昆虫,是杏和梅等蔷薇果树的重要害虫。英文名 apricot aphid。半翅目（Hemiptera）蚜科（Aphididae）蚜亚科（Aphidinae）瘤蚜属（*Myzus*）。国外分布于俄罗斯、日本、印度、意大利。中国分布于内蒙古、辽宁、黑龙江、北京、河北、甘肃。

寄主　杏。国外记载也危害梅。

危害状　一般在幼叶背面取食,使叶片向反面纵卷（图1、图2）。

形态特征

无翅孤雌蚜　体卵圆形,体长 2.4mm,宽 1.3mm。活体淡绿色。玻片标本淡色,头顶、触角第六节及足跗节灰黑色,喙、足胫节、尾片及尾板稍骨化灰色。头部背面有很多圆形微突起,前、中胸背板有微突起构成瓦纹,后胸背板及腹部第一至六背片有不规则微曲纹;第七、八背片有明显粒状突起构成瓦纹。气门圆形关闭,气门片淡色。节间斑不显。中胸腹岔有短柄。体毛稍长尖锐;头部有中额毛 2 根,额瘤毛 4～5 对,头背毛 8 根;前胸背板有中、侧、缘毛各 2 根,中胸背板有中毛 6 根,侧、缘毛各 4 根;后胸背板有中、侧、缘毛各 4 根;腹部第一至六背片有中、侧、缘毛各 4 根;第七背片有毛 6 根,第八背片有毛 4 根;头顶毛、腹部第一和第八背片毛长分别为触角第三节直径的 95%、49%、62%。中额稍隆,额瘤显著隆起内倾,额瘤顶端有多个小圆形突起。触角 6 节,有瓦纹,全长 1.50mm,为体长的 63%;第三节长 0.48mm;节第一至六长度比例:15:12:100:58:44:24+65;第一至六节毛数:9 或 10,4 或 5,20～27,10～18,7～9;2 或 3+1～5 根,第三节毛长为该节直径的 49%;原生感觉圈无睫。喙短,端部达中足基节;第四和第五节长为基宽的 2.3 倍,为后足第二跗节的 1.30 倍;有原生刚毛 2 对,次生刚毛 3 对。后足股节长 0.61mm,为触角第三节的 1.3 倍,端部外缘有微圆突纹;后足胫节长 1.10mm,为体长的 46%,后足胫节毛长为该节中宽的 92%;第一跗节毛序:3、3、。腹管长圆筒形,有微刺突瓦纹,缘突、切迹明显;长 0.61mm,为体长的 25%,为基宽的 7 倍,为尾片的 3 倍。尾片短圆锥状,末端钝,有小刺突构成横纹;长 0.23mm,不长于基宽,有长曲毛 6～8 根。尾板半圆形,有毛 12～14 根。生殖板淡色,半圆形,末端平,有短毛 16 根（图 3）。

有翅孤雌蚜　体长卵形,体长 2.6mm,宽 0.96mm。玻片标本头部、胸部骨化黑色;腹部淡色,有明显黑斑。触角、喙节第三至第五节、腹管、足基节、转节、股节端部 3/4、胫节端部 1/4 及基部、跗节、生殖板黑色,其他部分淡色。

图 1　杏瘤蚜危害状（龙海摄）

图 2　杏瘤蚜群聚（龙海摄）

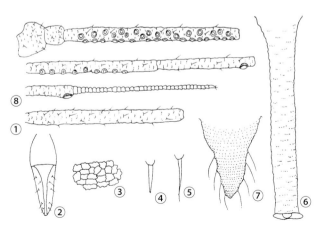

图 3　杏瘤蚜（钟铁森绘）

无翅孤雌蚜:①触角第三节;②喙节第四和第五节;③体背网纹;
④体背毛;⑤体腹面毛;⑥腹管;⑦尾片
有翅孤雌蚜:⑧触角

腹部第四至五背片中、侧斑愈合为 1 个大方斑，背片一、二有大圆形缘斑 1 个，中斑缺，侧斑断续分散；背片三、四各有大缘斑 1 个；腹管后émbol大，前斑缺，背片七、八各有 1 个横带，背片八背斑灰色。气门圆形半开放，气门片黑色。头部有背毛 18 根；中胸背板有中、侧毛 10 根，缺缘毛；后胸背板有中、侧毛 6 根；腹部背片 1～3 各有中毛 4 根，侧毛 2 根，背片一有缘毛 2 根，背片二、三各有缘毛 4 根；背片四、五各有中毛 2 根，侧毛、缘毛各 4 根；背片六有中、侧、缘毛各 4 根；背片七、八各有毛 6 根。触角 6 节，全长 1.90mm，为体长的 73%；第三节长 0.51mm，第一至六节长度比例：15∶11∶100∶76∶54∶27+84；第三、四节分别有次生感觉圈：28～38 个，9～12 个。喙节第四和第五有次生刚毛 4 对。尾片短圆锥形。腹管长筒状，长 0.44mm，为尾片的 3.20 倍。尾板末端稍平。生殖板有 12～14 根短毛和 2 根长毛。其他特征与无翅孤雌蚜相似（图 3）。

生活史及习性　无相关报道。

防治方法　在发生期，使用 50% 氟啶虫胺腈水分散粒剂 41.67mg/L、240g/L 螺虫乙酯悬浮剂 28.00mg/L、70% 吡虫啉水分散粒剂 35.00mg/L 或 20% 啶虫脒水分散粒剂 33.33mg/L 进行喷雾处理，可达到良好的防治效果。

参考文献

宫庆涛，耿军，武海斌，等，2016. 3 种果树蚜虫有效防治药剂及剂量筛选 [J]. 植物保护，42(5): 225-229.

张广学，钟铁森，1983. 中国经济昆虫志：第二十五册　同翅目　蚜虫类（一）[M]. 北京：科学出版社.

（撰稿：姜立云；审稿：乔格侠）

性信息素　sex pheromone

在昆虫性成熟后，由特定腺体合成并分泌到体外、借以吸引或促进同种异性个体进行交配的微量化学物质。鳞翅目、鞘翅目、双翅目、半翅目、膜翅目和蜚蠊目等很多昆虫都利用性信息素进行两性间的通讯，其中蛾类昆虫由于在夜间进行求偶和交配，其性信息素通讯最为灵敏并具有高度的种特异性。性信息素一般由雌虫释放，通常远距离吸引雄虫，起主要作用；但很多昆虫的雄虫也可以释放，主要在近距离起次要作用。性信息素绝大多数以混合物（包括异构体）的形式存在；在一些同域分布的近缘种间，混合物的组分相同但组分间比例明显不同。多组分及组分间特定比例构成了昆虫性信息素的种特异性，在保证同种雌、雄虫间准确定位并交配的同时，也在种间生殖隔离中起到重要作用。

性信息素腺体　由体壁的皮细胞特化形成，其位置和形态因虫种及性别不同变化很大，通常位于腹部，但头部、胸部、足和翅上也有存在。蛾类昆虫中，绝大多数双孔亚目种类的雌性腺体位于腹部第八、九节的节间膜，位于腹面、背面或环绕虫体一圈；非双孔类蛾类常见于第五腹节的腹面。雄蛾的性信息素腺体常伴有扩散构造，如很多夜蛾在接近求偶雌蛾时伸出腹部末端的味刷（hair pencil）并剧烈振翅以促进性信息素的散发；很多雄性灯蛾在后腹部有 2 个可外翻的囊状构造（香囊），外翻后促进性信息素的释放。与蛾类不同，蝶类在远距离主要依靠视觉定向配偶，只在近距离时雄性释放性信息素来引诱雌蝶。雄蝶的腺体一般位于翅上，称香鳞，蛱蝶的香鳞位于前翅，斑蝶则位于后翅。鞘翅目中，很多金龟科雌性的腺体是由最后 2 节腹板及肛上板的皮细胞特化构成；暗锥尾叩甲 [Agriotes obscurus（L.）] 的雌性腺体则是位于腹部第七节的乳白色囊状物；小蠹类则多在马氏管或后肠上，其性信息素伴随粪便排出体外。半翅目昆虫中，显角微刺盲蝽 [Campylomma verbasci（Meyer）] 等盲蝽的雌性腺体是位于后胸的臭腺；原丽盲蝽 [Lygocoris pabulinus（L.）] 的腺体则位于足上。膜翅目中，蜜蜂和熊蜂的蜂王的性信息素由上颚腺分泌。在高等双翅目昆虫中，性信息素（为表皮碳氢化合物）则由腹部的皮细胞产生并分泌。

性信息素化学结构　在鳞翅目中，雌蛾昆虫产生的性信息素主要分为 3 类：大部分为 I 类性信息素，是由 10～18 个偶数碳原子组成的直链化合物，其末端功能团为乙酸酯、醇和醛，通常在 5、7、9 或 11 位上含有 1～3 个碳—碳双键。少数蛾类（如进化程度较高的尺蛾和灯蛾等）则使用 17～25 个碳链长度的多烯烃及其环氧化合物等作为性信息素组分，含有 1 个或多个双键，称为 II 类性信息素。还有一些蛾类的性信息素是含有 1～2 个甲基侧链的长链碳氢化合物，同时可能含有 1 个到多个双键或具有末端功能团（醇、酯）或非末端的功能团（环氧基、酮、醇），称为 III 类组分。在非鳞翅目昆虫中，许多双翅目雌虫的性信息素是长链烯烃（如 Z9- 二十三碳烯），起短距离的激发作用。雌性蚧类分泌的性信息素，是具支链的酯和不饱和烯醇。鞘翅目昆虫性信息素变化较多，各个科都有独特的组分，如丙二烯酯、直链烯酸和醛、支链烷酮、呋喃酮和单萜醇以及各种醛类等。

碳链长度、碳链上功能团、双键个数和位置及异构体（包括顺反异构体和对映体）等的变化，赋予性信息素组分在结构上的多样性，加之在组成上多组分及组分间特定比例的特点，使昆虫特别是蛾类的性信息素具有很高的种特异性。

性信息素生物合成　绝大多数昆虫合成性信息素的前体物来自虫体内代谢库，一些种类是将食物中的特殊化合物经过简单修饰后作为信息素，更有少数昆虫直接使用食物中的化合物作为性信息素。蜚蠊目、双翅目和鳞翅目昆虫以脂肪酸为起始前体的合成途径中，主要涉及脂肪酸链的延伸（蜚蠊目和双翅目）或缩短（鳞翅目），同时伴随去饱和（或）羰基碳的还原等修饰。在鞘翅目中，主要以类异戊二烯或脂肪酸途径来从头合成其信息素；也有很多鞘翅目昆虫能将食物中的植物组分转化为萜类信息素，如墨西哥棉铃象（Anthonomus grandis Boheman）雄虫以棉蕾中的牻牛儿醇（geraniol）及橙花醇（nerol）为前体合成其性信息素。

在蛾类昆虫中，I 类性信息素合成的前体物为 12、14、16 及 18 碳的饱和脂肪酸，其中 16 和 18 碳的脂肪酸（酰）由乙酰 CoA 在脂肪酸合成酶系的作用下从头合成，并可经 β- 氧化形成更短碳链的脂肪酸。在性信息素腺体内，这些脂肪酸前体由去饱和酶引入双键，形成顺、反异构体，并可再次进行 β- 氧化使碳链缩短。最后，含有双键的不饱和脂肪酸中间体经还原、氧化、乙酰化等作用形成醇、醛或乙酸酯，甚至进一步形成烃类和环氧烃类，成为不同的性信息素组分。除脂肪酸合成酶系外，去饱和酶、碳链缩短酶、脂肪酸还原酶、醇氧化酶、乙酰基转移酶都参与性信息素的合成。这些酶系均特异性存在于昆虫性腺体细胞中，其种类、活性及表达量共同决定了合成的性信息素的种类及比例，因此一旦酶或酶系对底物特异性发生变化，就可以导致信息素组分性质或比例的改变，演化形成新的种群甚至新种。例如，欧洲玉米螟有 2 个性信息素生物型（Z 型和 E 型），其性信息组分 E11-14：Ac 和 Z11-14：Ac 的比例（Z/E）分别为 98：2 和 3：97，其原因是 2 个生物型昆虫体内的脂肪酸还原酶对 Z 型和 E 型脂肪酸底物的偏好性刚好相反。又如，棉铃虫和烟青虫均以顺 11- 十六碳烯醛（Z11-16：Ald）和顺 9- 十六碳烯醛（Z9-16：Ald）构成二元性信息素，但比例分别为 97：3 和 7：93。与此相一致，11 位去饱和酶基因 LPAQ 在棉铃虫腺体的表达量是烟青虫的 70 倍，而 9 位去饱和酶基因 NPVE 在烟青虫的表达量是棉铃虫的 60 倍。

性信息素合成受到多种内外信号的影响和调控。蛾类昆虫中普遍存在一种信息素生物合成激活神经肽（PBAN），对性信息素的合成和释放起关键调控作用；保幼激素对一些鞘翅目、鞘翅目及迁飞性蛾类昆虫（如小地老虎）具有调控作用，蜕皮激素则为家蝇等双翅目昆虫性信息素的合成所必需。

性信息素感受 昆虫触角上密布大量对性信息素敏感的感器，但绝大部分为毛形感器。每个感器含有 1 个或多个感觉神经元，但每个感觉神经元只含有 1 种信息素受体（pheromone receptor，PR）或其他气味受体（odorant receptor，OR），感觉神经元是性信息素感受的基本单位。性信息素的感受同其他气味的感受过程基本相同，但灵敏性和特异性更高。基本过程为：性信息素分子通过感器表面的微孔进入亲水性的感器淋巴液；淋巴液中的信息素结合蛋白（pheromone binding protein，PBP）快速识别并结合性信息素分子，运送到位于感受神经元树突表面的受体PR；性信息素单独或以"信息素 -PBP 复合体"的形式刺激 PR 后，使 PR 构型改变导致离子通道打开（PR 与非特异性受体 Orco 共同形成配体门控的离子通道），进而产生动作电位；电信号通过轴突传递到触角叶等中枢神经系统，并经整合后引起昆虫的行为反应。性信息素分子在激活 PR 并转导为电信号后，即由性信息素降解酶（pheromone degrading enzyme，PDE）等途径迅速失活并降解，神经元的敏感性得以恢复。此外，昆虫感觉神经元膜蛋白（sensory neuron membrane protein，SNMP）、离子型受体（ionotropic receptor，IR）等也可能参与了性信息素的感受。一种昆虫含有几种 PBP，可能在不同性信息素组分的选择性运输中起到作用，但最终决定性信息素感受特异性的是 PR。在欧洲玉米螟和亚洲玉米螟中，气味受体同源基因 OR3 在 148 位点的氨基酸分别为丙氨酸和苏氨酸，该差异直接导致了对各自性信息素组分的特异性：欧洲玉米螟中 OR3 对其性信息素组分 E11-16：Ac 特异性感受，亚洲玉米螟中 OR3 对其性信息素组分 E12 和 Z12-14：Ac 敏感。

昆虫对性信息素质、量和持续时间等的编码及其向中枢神经系统的传递方式属于标记线型（labeled line pattern）。每个感觉神经元只对一种性信息素组分进行编码，并直接传递给中枢神经系统；不同性信息素组分间的协同作用，都由多条彼此独立的路线在进入中枢神经系统后，经过神经元的汇聚和信息的整合并最终做出反应，具有很高的严谨性。但近年研究发现，一些 PR（特别是感受主要性信息素组分的 PR）只对单一性信息素组分敏感，但也有 PR 对多个性信息素组分或拮抗组分有反应，不同感觉神经元对性信息素的编码存在差异。

性信息素应用 与化学杀虫剂相比，昆虫性信息素具有专一性强、无公害、保护天敌、害虫不易产生抗性等优点，规模效应和积累效应突出，符合害虫可持续防治的发展趋势。自 20 世纪 50 年代以来，性信息素已经在害虫种群监测、预测预报及防治中得到应用，在中国发展很快。性信息素应用于害虫防治的方法有 3 种，即大量诱捕、交配干扰以及与生物农药联合应用，目前国外多用交配干扰的方法，国内则以大量诱捕为主。现阶段该技术仍存在成本较高、效果欠稳定、使用不够方便等问题，随着研究不断深入和技术不断完善，性信息素将在害虫治理中起到越来越重要的作用。此外，利用转基因技术培育能合成并释放性信息素组分的转基因植物，不但可生产高纯度的性信息素组分，同时有可能直接用于害虫的防治。

参考文献

王荫长，2004. 昆虫生理学 [M]. 北京：中国农业出版社：336-366.

ANDERSSON M N, LÖFSTEDT C, NEWCOMB R D, 2015. Insect olfaction and the evolution of receptor tuning[J]. Frontiers in ecology & evolution, 3: Article 53.

DING B J, HOFVANDER P, WANG H L, et al, 2014. A plant factory for moth pheromone production [J]. Nature co mmunications, 5 (2): 3353.

FLEISCHER J, KRIEGER J, 2021. Molecular mechanisms of pheromone detection[A]. 2nd ed. Gary J Blomquist, Richard G Vogt. Insect pheromone biochemistry and molecular biology[M]. Academic Press: 355-414.

LEARY G P, ALLEN J E, BUNGER P L, et al, 2012. Single mutation to a sex pheromone receptor provides adaptive specificity between closely related moth species [J]. PNAS, 109: 14081-14086.

LI R T, NING C, HUANG L Q, et al, 2017. Expressional divergences of two desaturase genes determine the opposite ratios of two sex pheromone components in *Helicoverpa armigera* and *Helicoverpa assulta* [J]. Insect biochemistry and molecular biology, 90: 90-100.

MATSUMOTO S, 2010. Molecular mechanisms underlying sex pheromone production in moths [J]. Bioscience biotechnology & biochemistry, 74 (2): 223-231.

TILLMAN J A, SEYBOLD S J, JURENKA R A, et al, 1999. Insect pheromones - an overview of biosynthesis and endocrine regulation [J]. Insect biochemistry and molecular biology, 29(6): 481-514.

ZHANG D D, LÖFSTEDT C, 2015. Moth pheromone receptor: gene sequences, function, and evolution [J]. Frontiers in ecology and evolution, 3: Article 105.

（撰稿：董双林；审稿：王琛柱）

性诱器　sex pheromones traps

一种利用天然或人工合成的性信息素引诱捕获昆虫的装置。用于害虫发生动态的预测预报，或作为害虫防治的辅助手段。

性信息素和聚集性信息素是最常用的信息素。将信息素添加浸润到信息素诱饵上，然后放置在诱捕器中进行昆虫诱捕。

常用的诱捕器类型

水盆式　用水盆盛水，水中放少量洗衣粉以降低水的表面张力，将水盆放在田间适当地方，再将性诱物质或活虫分别装在诱器内，悬挂在水盆上距水面 2cm 左右处，可引诱同种异性昆虫跌落水面。此种装置需防雨防晒，最好在盆上加覆盖物。

黏胶式　将厚纸片或塑料片卷成圆筒形，筒的内壁涂黏胶，诱物吊在筒内，然后将筒悬挂在田间。

漏斗式　将诱物装在特制的诱集器中，这种诱器四周有孔或裂隙状漏斗，虫易进难出，有的诱器中还加有风扇吸气装置或诱虫灯光，可增加诱集效果。

性诱方法（依据性外激素的来源）

活体诱集法　一般是将未交配的昆虫，装在一个小铁纱笼中，悬挂在诱器上诱集异性。

粗提物诱集法　将羽化后未交配昆虫（如蛾类）的性外激素腺体部位腹部末端剪下，浸入有机溶剂中 12～24 小时，滤取浸液滴在 5cm×5cm 的滤纸上，趁未干时卷成纸筒，装在诱器上应用。

人工合成性诱剂诱集法　将人工合成性诱剂用多孔性材料吸收，封入塑料包或塑料管中，用时剪开即可。

性诱器的应用及优缺点

性诱捕器对诱捕昆虫非常敏感，可以诱捕到很低密度下的昆虫。经常用于对外来有害昆虫的检测、取样、监测，从而确定害虫在某一区域首次的出现。性诱捕器可以成功有效地监测和控制害虫，例如在棉铃虫的监测和控制橡皮虫的传播中取得很大的成功。性诱捕器具有很高的物种特异性，并且价格便宜，易应用于生产。但是，在大多数情况下，使用信息素诱捕器完全去除或"剔除"害虫是不切实际的。一些基于信息素的害虫防治方法虽然已经取得了成功，但是通常是那些旨在保护家庭或储存设施等封闭区域的性诱捕器。性诱捕器在扰乱昆虫交配的过程中也取得了很大的成功。其中一种扰乱交配的形式就是，雄性被一个具有强的交配竞争力的包含雌性性信息素的诱饵吸引，或者将信息素黏附到雄性身体上，当被黏附信息素的雄性飞走时，这个信息素可以吸引其他的雄性。在这一欺骗行为中，如果有足够多的雄性追求雄性，而使得雌性得不到交配，最终将会导致产卵量下降。

当然，性诱器的有效应用也存在很多的问题，比如对坏天气的敏感性，吸引邻近区域害虫的能力。通常是用于吸引成虫，而大多数危害植物的是其幼虫。

参考文献

杜家纬，石光奇，1980. 测报和田间试验应用的诱捕器 [J]. 植物保护 (5): 24-28.

房明华，刘涛，沈志杰，等，2021. 基于性信息素和糖醋酒液的改良诱捕器对桃园梨小食心虫的诱捕效果[J]. 浙江农业科学，62 (9)：1796-1797，1802.

舒畅，陈凤英，余发根，等，2003. 不同规格和孔径诱捕器诱杀斜纹夜蛾、小菜蛾效果的研究 [J]. 江西园艺 (6)：23.

ROELOFS W, COMEAU A, 1968. Sex pheromone perception[J]. Nature, 220: 600–601.

（撰稿：陈大风；审稿：王宪辉）

胸部　thorax

昆虫体躯的第二体段。是昆虫的运动中心，由前胸、中胸和后胸三节组成。前面以颈膜与头部相连，后面与腹部相接。每胸节具 1 对附肢，即前足、中足和后足。中胸和后胸

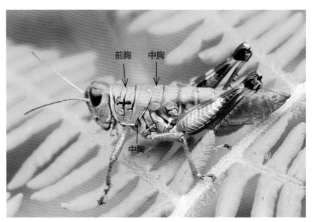

前胸　中胸

中胸

昆虫的胸部（以直翅目昆虫为例）（吴超提供）

通常各具 1 对翅，故又合称翅胸，具有承受足及翅运动的特殊结构。前胸构造较翅胸简单，但形状变化较大。很多昆虫前足特别发达，或前胸具有保护作用，前胸相应也比较发达并产生特化结构。

（撰稿：吴超、刘春香；审稿：康乐）

胸足　thoracic legs

为昆虫胸部的行动附肢。前、中和后胸各具 1 对，着生在各胸节背、腹板间的基节臼中。

胸足常分 6 节，自基部向端部分为基节、转节、股节、胫节、跗节和前跗节。

基节较粗短，筒形或锥形，基缘有一基节关节点与胸部侧基突相支接，为牵动全足运动的关节构造。末端以前，后

X

图 1 昆虫的胸足结构（以螳螂目为例）

两关节突与转节相接。基节基部的横沟为基脊沟，被横沟划分出的窄缘为基缘片（coxo-marginale 或 basicoxite），在关节臼后方的基缘片略宽，特称后基。足以基缘片周围的基节膜与基节臼相连接。此外，基节常有 1 条顺侧板侧沟而下的沟，称基节沟。

转节一般较小，端部以背腹关节与腿节紧密连接，唯蜻蜓目昆虫转节分为 2 节。

股节常为足中最长的节之一，末端同胫节以前后关节相接，两关节的背腹面有较宽的膜，股胫节间因而可作较大范围的活动，使胫节可以折贴于腿节之下。

胫节细长，边缘常有成排的刺，末端有距，控制胫节的肌肉源自股节。

跗节通常较短，全变态类的幼虫保持原始不分节的形式，成虫则分为 5 个小节（但经常出现愈合或退化），第一节称基跗节，各小节间有膜。整个跗节的活动由源于胫节的肌肉所控制。跗节腹面常有成对的肉质跗垫。

前跗节位于足的末端，呈锥状，多数昆虫的前跗节为源于跗节端部膜质中的一对爪及一个中叶，即中垫。爪着生在前跗节端部背面的负爪片上，爪内中空与前跗节相通。前跗节在端部有 1 小骨片，称掣爪片，端部与爪的降肌腱相接。掣爪片常分为 2 个骨片，端部的另称跗掌。前跗节及跗节上的垫状构造多为袋状，内充血液，下面凹陷，便于吸附在光滑物表面，有时垫状构造的表面被覆着管状或鳞片状毛，称粘吸毛或鳞毛，毛的末端为腺体分泌物所湿润，以辅助攀缘。

伴随昆虫的习性和功能，足的形态会发生变化，常见有步行足、跳跃足、捕捉足、开掘足、游泳足、携粉足等。步行足各节无显著变化，适于行走；跳跃足胫节用以弹跳，十分发达的胫节肌源于股节，股节十分粗壮。捕捉足基节延长，股节腹面有槽，胫节可以折嵌在股节槽内，形似折刀。开掘足胫节宽扁有粗齿，适于掘土。游泳足扁平，有较长的缘毛，用以划水。抱握足跗节膨大，上有吸盘。携粉足胫节宽扁，两边有长毛，相对环抱，用以携带花粉，通称"花粉篮"，基跗节很大，内面有 10 ~ 12 排横列的硬毛，用以梳刮附着在身体上的花粉。

昆虫幼虫的胸足构造比较简单，跗节不分节，前跗节仅一爪，节间膜较宽，节间通常只有单一的背关节，但脉翅类、毛翅目等幼虫在腿节与胫节间有 2 个关节突。部分鞘翅目幼虫，胫节和跗节合并为胫跗节。

（撰稿：吴超、刘春香；审稿：康乐）

休眠 dormancy

是生态或进化意义上的适应性机制，保护个体免遭不利环境的影响而得以生存下来，是一个泛指的术语，涵盖所有动植物的发育停滞现象。许多动植物在不良环境来临时，都能够进入所谓"休眠"状态，最大的特征是发育停滞，体内代谢活动显著下降。一旦不良环境因素消除之后，又可很快恢复正常的生命活动。常见的有动物的冬眠（由于低温和缺少食物）或夏眠（酷暑季节）、植物的冬季落叶休眠等，休眠现象在生物界十分普遍，从单细胞的原核生物到多细胞的动植物，常见的休眠体包括芽孢、种子、卵、个体等。动植物个体休眠往往只是季节性的，而种子、休眠卵等则可延续更长的时间（可长达数百年）。对任何形式的生命来说，没有什么事情比成功度过不良环境以获得更大的生存机会更为重要的事情了，所以说度过不良环境生存下去是物种进化的重要选择力量之一。休眠可能推进了有性生殖的起源——有性生殖是自然界中真核的动植物在适应与克服不利的环境条件，使种族得以成功繁衍的过程中诞生与发展起来的，即通过制造、固化与强化休眠以抵御不良环境。

休眠和昆虫滞育表现出的生理生化特性类似，广义上来说，滞育被包含在休眠中，是休眠中的一个特殊类型。但是有两点明显不同：①高等动植物的休眠不受人工诱导，这一点上区别于昆虫滞育，比如熟知的动物的休眠，是无法用温度、光照来诱导的，它是恶劣环境到来的时候才进入休眠状态。而滞育发生在恶劣环境到来之前主动停滞发育，受环境信号的诱导。②不良环境消除之后，动植物休眠个体可恢复正常的生命活动。但是昆虫则依然保持滞育状态，直到经历长时间的环境条件诱导后打破了滞育，方可重新启动发育。休眠的近义词冬眠主要用于哺乳动物，进入冬眠后的个体通常伴随着体温下降，代谢活性受到抑制。此外，还有一个近义词是静止，指个体对不利环境因子处于生理阈值线以下时的直接快速应答，不需要经过个体中枢的调节或指令，一旦环境条件恢复，立即从静止转为正常发育或生长。

休眠的发生与环境条件密切相关，如逐渐变短的光周期、逐步降低的温度被植物用作冬天出现的前兆。关于休眠的机制研究，最为详尽的是来自低等的线虫（*Caenorhabditis elegans*），在线虫有一个专门的术语 dauer（来源于德语的持久的意思，即维持同一形态持久，意译为发育停滞）用来描述休眠。引发线虫滞育的因素是高密度、食物缺乏和温度升高，高密度意味个体数多，营养不足；温度升高意味着代谢活性高，营养跟不上，所以这 3 个因素本质上都是与食物直接或间接相关。一旦这 3 个限制因素解除，线虫很快恢复正常的发育。根据对线虫的系统研究，揭示 4 个信号路径参与休眠的调节：①第二信使 cGMP（guanylyl cyclase pathway）；②转化生长因子（transforming growth factor beta（TGFβ）-like pathway）；③胰岛素（insulin-like pathway）；④甾体激素（steroid hormone pathway）。线虫的研究和果蝇相似，基于遗传学的方法：通过基因突变、基因敲除、基因表达下调等，然后观察表型变化和其他相关基因的表达变化。比如 4 个调节休眠路径中的胰岛素信号是研究最为透彻的路径，通过突变胰岛素受体基因 *Daf-2*，出现了生命延长的休眠表型，说明胰岛素信号路径与休眠相关；通过基因表达分析，找到了 *Daf-2* 突变后发生基因表达变化的 PTEN、PI3K、FoxO 等；同时看到 *FoxO* 基因（在线虫称作 *Daf-16*）是和 *Daf-2* 相反的功能，说明 *FoxO* 基因是主动引发休眠的关键基因，而且敲除 *FoxO* 基因就不能出现休眠这样的结果得到证实。因为休眠涉及整个个体，是复杂的生理学应答反应，所以许多信号参与调节休眠，但是各信号路径之间的关系仍不清楚。

参考文献

HU P J, 2007. Dauer [M]. WormBook: the online review of *C. elegans* biology: 1-19.

（撰稿：徐卫华；审稿：王琛柱）

䗛目　Phasmatodea

䗛目统称为竹节虫。世界性分布，但在热带地区表现出最高的多样性。目前已知 13 科超过 3000 种。

䗛目为半变态昆虫，体型长棍状，或扁平，或叶片状；一些种类体长可以达到 30cm 以上，是现生最长的昆虫。头通常卵圆形；口器为咀嚼式；复眼相对较小，圆形，突出；单眼有或无，通常仅在雄性中出现；触角短或长，从仅有 8 节分节，到超多 100 节，通常丝状。前胸较小，中、后胸相对发达。具 2 对翅，但经常呈不同程度的退化或消失，完全无翅的种类十分普遍。在有翅种类中，前翅为革质的覆翅，通常较短，不能完全覆盖住后翅，一些后翅发达的种类中也可能出现前翅完全消失的情况；后翅膜质，宽阔，常具有鲜艳的色彩及斑纹，通常只在雄性中具有飞行能力。各足为步行足，常具防御性的刺，或配合拟态的宽大叶状扩展；足十分易断，经过蜕皮可不同程度地再生。腹部细长或叶状宽阔，具 11 节，第十一节腹板在雄虫中常形成肛上板；雄性外生殖器不对称，隐藏。尾须长短不一，仅由 1 节构成。一些种类可孤雌生殖，甚至从未有雄性被发现。

多数种类为间隔较久地单独产出一粒粒的卵，少数种同步产出群卵。卵形似植物的种子，具坚硬的外壳及复杂的纹路或刻点，可用于不同种类的识别。卵可黏附在植物上或掉落地面，可能有很长的滞育期。䗛目昆虫均为植食性，部分种有非常专一的寄主植物；常表现出对植物的复杂拟态，从枯枝到新鲜的茎、苔藓丛或宽大的树叶。䗛目为直翅群内直翅目的姊妹群。

参考文献

GULLAN P J, CRANSTON P S, 2009. 昆虫学概论 [M]. 3 版. 彩万志，花保祯，宋敦伦，等，译. 北京：中国农业大学出版社.

陈树椿，何允恒，2008. 中国䗛目昆虫 [M]. 北京：中国林业出版社.

郑乐怡，归鸿，1999. 昆虫分类学 [M]. 南京：南京师范大学出版社.

袁锋，张雅林，冯纪年，等，2006. 昆虫分类学 [M]. 北京：中国农业出版社.

（撰稿：吴超、刘春香；审稿：康乐）

䗛目昆虫代表（吴超摄）

绣线菊蚜　*Aphis spiraecola* Patch

苹果、梨、山楂等多种果树的重要害虫。英文名 spirea aphid、green citrus aphid。半翅目（Hemiptera）蚜科（Aphididae）蚜亚科（Aphidinae）蚜属（*Aphis*）。国外分布于朝鲜、日本以及北美、中美地区。中国分布于陕西、甘肃、新疆、河北、内蒙古、山东、浙江、河南、台湾。

寄主　苹果、沙果、海棠、梨属、木瓜属、山楂等多种经济作物，也在多种花卉上为害。

危害状　主要危害幼芽、幼枝顶端、幼叶背面，被害叶片向下方弯曲或稍横卷缩。严重时可盖满嫩梢和嫩叶反面，使植株生长受阻，严重时也可布满幼果表面，影响幼果正常生长发育，同时由于蜜露污染而诱发煤污病，影响果实的外观品质（图 1、图 2）。

形态特征

无翅孤雌蚜　体长约 1.70mm，体宽约 0.94mm。活体金黄色、黄色至黄绿色，腹管与尾片黑色，足与触角淡黄色与灰黑色相间。玻片标本淡色，仅腹部节第五、六节间斑黑色。腹管、尾片及尾板黑色。缘瘤位于前胸、腹部第一和六节。中胸腹岔有短柄。触角长为体长的 71%，第一至六节长度比例：17：17：100：69：64：34+93；第三节毛长为该节直径的 41%。中额平，额瘤微隆。喙端部可达后足基节，长为基宽的 2.40 倍，有原生毛 2 对，次生毛 1 对。第一跗节毛序：3、3、2。腹管圆筒形，基宽约为端宽的 2 倍，有缘凸与切迹；长为尾片的 1.60 倍，稍长于触角第三节。尾片长圆锥形，近中部收缩，有长毛 9～13 根。尾板末端圆形，有毛 12 或 13 根。生殖板有毛 13～26 根（图 3）。

有翅孤雌蚜　体长约 1.70mm，体宽约 0.75mm。活体头部、胸部黑色，腹部黄色，有黑色斑纹，腹管、尾片黑色。玻片标本腹部第二至六背片有大型缘斑，腹管后斑大、近方形。触角第一至六节长度比例：27：25：100：71：63：46+118；第三节有小圆形次生感觉圈 5～10 个，分布于全长，排成一行；第四节有次生感觉圈 0～4 个。其他特

X

图 1 绣线菊蚜危害状（高超摄）

图 2 绣线菊蚜种群（高超摄）

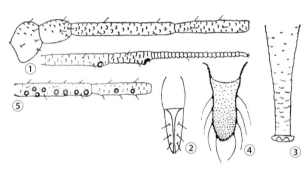

图 3 绣线菊蚜（钟铁森绘）

无翅孤雌蚜：①触角；②喙节第四和第五节；③腹管；④尾片。

有翅孤雌蚜：⑤触角第四至五节

参考文献

宫庆涛，耿军，武海斌，等，2016. 3 种果树蚜虫有效防治药剂及剂量筛选 [J]. 植物保护，42 (5): 225-229.

张广学，钟铁森，1983. 中国经济昆虫志：第二十五册　同翅目　蚜虫类（一）[M]. 北京：科学出版社.

张益民，李定旭，陈根强，等，1997. 苹果园绣线菊蚜种群动态的研究 [J]. 河南农业大学学报，31 (2): 197-200.

（撰稿：姜立云；审稿：乔格侠）

锈赤扁谷盗　*Cryptolestes ferrugineus* (Stephens)

一种常见的储粮害虫。英文名 rusty grain beetle。鞘翅目（Coleoptera）扁谷盗科（Laemophloeidae）扁谷盗属（*Cryptolestes*）。广泛分布于世界温带和热带地区。中国各地均有发生。

寄主　常发生于一些粮食仓库中，也发生于面粉厂、米厂的加工车间、原料库、成品库，在酒厂存放酒曲的仓库内发生也很严重。

危害状　成虫和幼虫都可危害破碎和受损伤的原粮，如稻谷、麦类、油料、豆类多种农产品与其加工产品，也可危害豆饼、大米、粉类、酒曲、糕点、干菜、干果、药材等产品，其中以在粉类和油料类中发生最多。是粮仓内最难防治的害虫之一。

形态特征

成虫　体长 1.7～2.3mm，赤褐色，扁平，身体两侧近平行，具光泽。头部和前胸背板上的刻点少而稀。雄虫上颚外缘具一大齿突。两性触角均接近于念珠状，雄虫触角长约等于体长的 1/2，雌虫触角略短。前胸背板两侧缘向基部方向显著收缩，雄虫更明显；前角略突出。鞘翅长度为两鞘翅总宽度的 1.6～1.9 倍；第一、第二行间各有 4 纵列刚毛（见图）。

征与无翅孤雌蚜相似（图 3）。

生活史及习性　每年可发生 15～18 代，以受精卵在小枝条芽腋、表皮粗糙处及枝杈处越冬。翌年苹果树萌芽时开始孵化，4 月上旬苹果树展叶后干母发育成熟并开始产若蚜，在 4 月下旬至 5 月中下旬形成春季危害高峰，5 月底 6 月初春梢生长减慢或停止时田间蚜量急剧减少，7 月上中旬秋梢开始生长后田间蚜量再次剧增，在 7 月中下旬至 8 月上中旬形成秋季危害高峰，8 月底 9 月初田间蚜量逐渐减少，9 月下旬至 10 月上旬田间蚜量有所增加，以有翅成蚜为主，10 月下旬至 11 月上旬陆续产生性蚜，11 月中下旬产卵越冬。

防治方法　防治有利时机在果树休眠期和发生初期，使用 50% 氟啶虫胺腈水分散粒剂 55.56mg/L 和 240g/L 螺虫乙酯悬浮剂 28.00mg/L 进行喷雾处理，可控制绣线菊蚜为害。捕食性天敌有瓢虫、草蛉和食蚜蝇，施药时应注意保护。

锈赤扁谷盗（白旭光提供）

雌虫（左）；雄虫（右）

幼虫　末龄幼虫体长 3～4mm，爬虫式，扁长形。头部赤褐色，腹末暗褐色，其余淡黄白色。触角 3 节，第一节宽短，第二、三节略等长并且长过第一节的 2 倍。头部的骨化舌杆伸达头部腹面后缘，骨化杆状物近端部 1/4 处各有一分支伸向触角基部。有单眼 5 对，位于头部侧缘触角后方，排列成向腹面开口的缺环。前胸腹面中纵骨化纹明显，其色泽远较头部色泽深而与骨化舌杆色泽接近。前胸腹面具丝腺 1 对，丝腺的端部位于前胸侧角，膨大呈肩状，与体愈合，其顶端有显著的直刚毛，在背面能看见。腹末有臀叉，腹面有一中央开口的环肛骨片。

生活史及习性

成虫　羽化后 1～2 天开始交尾。雌虫产卵于粮粒裂隙或破损处，尤喜产于粮粒的胚部。在 35℃、相对湿度 70% 条件下，每雌产卵可多达 423 粒，每天平均产卵 6 粒。在 32℃、湿度 60%～90% 条件下，卵期平均为 3.8 天，一龄幼虫平均龄期 4.1 天，二龄幼虫平均 3.0 天，三龄幼虫平均 3.5 天，四龄幼虫平均 6.8 天，蛹期平均 4.3 天，由卵孵化到成虫羽化平均 25.37 天。在 40℃ 与湿度 70% 时，卵的孵化率只有 50%。在 21℃ 下雄虫的寿命 180 天，雌虫寿命 214 天；在 32℃ 下雄虫的寿命仅 90 天，雌虫寿命仅 134 天。最适发育温度为 32～35℃，最适湿度为 70%～90%。在最适发育条件下，1 个月的增殖速率为 60 倍。在 20～40℃、40%～95% 湿度条件下，可顺利完成发育和繁殖；在 -20℃ 和相对湿度 10% 条件下仍然可以存活。

锈赤扁谷盗不但可在小麦等食物上产卵发育，也经常发现于树皮下、土壤内或植物性材料的堆放处。除取食植物性物质外，还可兼营捕食性生活，并具有同类相残习性。

防治方法

化学防治　可使用储粮防护剂和熏蒸剂。①储粮防护剂可用于基本无虫粮的防护。杀螟硫磷：粮堆有效剂量一般为 5～15mg/kg；甲基嘧啶磷：粮堆有效剂量一般为 5～10mg/kg；溴氰菊酯：粮堆有效剂量为 0.4～0.75mg/kg，最高不得超过 1mg/kg。②当大量发生时可采用磷化氢密闭熏蒸杀虫。中国的锈赤扁谷盗种群普遍对磷化氢具有不同程度的抗药性，因此磷化氢熏蒸时要求较高的气体浓度和较长的暴露时间，如粮温 15～20℃ 时，采用 350ml/m³ 的浓度，密闭时间不少于 21 天；粮温 20～25℃ 时，采用 350ml/m³ 的浓度，密闭时间不少于 14 天；粮温 25℃ 以上时，采用 300ml/m³ 的浓度，密闭时间不少于 14 天。当粮堆中因聚集引起发热时，可采用 500ml/m³ 的磷化氢浓度进行熏蒸。

物理防治　可使用惰性粉拌粮和氮气气调杀虫。①硅藻土等惰性粉拌粮。一般原粮用量为 100～500mg/kg；空仓杀虫用量为 3～5g/m²。②氮气气调杀虫。氮气浓度 97% 以上，粮温 15～20℃ 时，维持时间 105 天；粮温 20～25℃ 时，维持时间 28 天；粮温 25℃ 以上时，维持时间 14 天。

参考文献

白旭光，2008. 储藏物害虫与防治 [M]. 2 版. 北京：科学出版社：229-231.

王殿轩，白旭光，周玉香，等，2008. 中国储粮昆虫图鉴 [M]. 北京：中国农业科学技术出版社：53.

张生芳，樊新华，高渊，等，2016. 储藏物甲虫 [M]. 北京：科学出版社：284-285.

（撰稿：白旭光；审稿：张生芳）

锈色棕榈象　*Rhynchophorus ferrugineus* (Olivier)

一种外来高危性检疫害虫，严重危害椰子、油棕等棕榈科植物。又名红棕象甲、椰子隐喙象、椰子甲虫、亚洲棕榈象甲、印度红棕象甲。鞘翅目（Coleoptera）象虫科（Curculionidae）鼻隐喙象属（*Rhynchophorus*）。国外分布于阿尔巴尼亚、克罗地亚、塞浦路斯、丹麦、芬兰、法国、希腊、意大利、马耳他、荷兰、波兰、葡萄牙、斯洛文尼亚、西班牙、英国、乌克兰等地。中国分布于广东、广西、海南、福建、云南、浙江、西藏、贵州、四川、上海、重庆、台湾、香港等地。

寄主　油棕、棍棒椰子、酒瓶椰子、蒲葵、裂叶蒲葵、西密棕、三角椰子、加拿利海枣等。

危害状　成虫和幼虫都能危害，尤以幼虫所造成的损失为大。一般危害 3～15 年生植株。5 年生受害株，幼虫主要集中在树冠、叶柄及树干危害。随树龄增加，幼虫逐渐向靠近生长点附近的主干蛀食；15 年生以上植株，幼虫主要在树冠、叶柄及树冠下 1m 内的树干内危害。常钻蛀主干取食茎杆输导组织。为害初期，新抽的叶片残缺不全。为害后期，中心叶片干枯，被害树的叶量减少，被害叶基部枯死，呈倒披状。移开枯死的叶柄，可见锈色棕榈象结的茧，剥开表皮则可见幼虫蛀道。受害严重的植株，新叶枯萎，生长点死亡，仅剩数片老叶；受害主干甚至被蛀食中空，树势逐渐衰弱，易受风折。

形态特征

成虫　体红褐色，长 19～34mm，宽 8～15mm。触角膝状，柄节和索节黑褐色，棒节膨大呈红褐色。喙圆柱形，近基部中央向端部具一条中纵脊；雄虫喙表面较粗糙，纵脊两侧各

锈色棕榈象成虫（张润志摄）

有一列瘤，喙背面近端部 1/2 处有一丛短的褐色毛；雌虫喙表面光滑无毛，且较细并弯曲。前胸前缘较窄，向后渐宽略呈椭圆形；前胸背板具两排黑斑，排列成前后 2 行，前排 3 个或 5 个，中间一个较大，两侧的较小，后排 3 个均较大，有极少数个体无上述黑斑；小盾片呈狭长倒三角形。鞘翅较腹部短，鞘翅边缘（尤其侧缘和基缘）和接缝黑色，有时鞘翅全部暗黑褐色，每一鞘翅上具 6 条纵沟；虫体腹面黑红相间，腹部末端外露；各足腿节和胫节末端黑色，跗节黑褐色（见图）。

幼虫　体粗壮，体表柔软，多皱褶，无足。气门椭圆形，8 对。头部发达，突出，具刚毛。腹部末端扁平，略凹陷，周缘具刚毛。初龄幼虫体乳白色，比卵略细长。老龄幼虫体黄白至黄褐色，略透明，可见体内背中线部位一条黑色线纹。头部坚硬，蜕裂线"Y"形，两侧分别具黄色斜纹。体宽于头部，纺锤形，可长达 50mm。

生活史及习性　长江以南大部分地区 1 年发生 2～3 代，世代重叠，以老熟幼虫、蛹、成虫在寄主组织内越冬。第一代最短，100.5 天；第三代最长，127.8 天。卵期 1～3 天；幼虫 7～9 龄，历期平均 55 天，雌虫发育历期较雄虫长，但差异不显著。蛹期平均 33 天，羽化后成虫在茧内静伏 4～17 天（平均 8 天）；成虫寿命变化较大，雌虫平均 100.6 天，雄虫平均 119.3 天。雌成虫喜产卵于植株幼嫩组织伤口上，产卵时将长且锐利的产卵器深深插入植物组织中。有时也将卵产于叶柄的裂缝或组织暴露部位，还经常在由二疣犀甲（Oryctes rhinoceros L.）造成损伤的部位产卵，卵单产，每雌产卵量 162～350 粒，平均 221.4 粒。通常雌虫在死亡前 10 天停止产卵。初孵幼虫取食植物多汁部位，并不断向深层部位取食，形成纵横交错的蛀道。老熟幼虫用取食形成的植物纤维结茧，茧圆筒状，结茧需 2～4 天。成虫昼夜均可活动，白天较为活跃，可长距离飞行，在大范围内寻找寄主。一般羽化后即可交尾，交尾全天可见，一生可多次交尾，每次 15～30 秒。

防治方法

聚集信息素监测与诱杀　将锈色棕榈象聚集信息素诱芯放入漏斗形诱捕器内可进行有效监测和诱杀。

化学防治　采用噻虫啉或吡虫啉微胶囊悬浮剂于树干打孔注射。

参考文献

黄山春，覃伟权，李朝绪，等，2010. 红棕象甲为害调查与诱集监测 [J]. 热带作物学报，31(4): 640-645.

鞠瑞亭，李跃忠，杜予州，等，2006. 警惕外来危害害虫红棕象甲的扩散 [J]. 应用昆虫学报，43(2): 159-163.

李伟丰，姚卫民，2006. 红棕象甲在中国扩散的风险分析 [J]. 热带作物学报，27(4): 108-112.

萧刚柔，李镇宇，2020. 中国森林昆虫 [M]. 3 版. 北京：中国林业出版社.

张润志，任立，孙江华，等，2003. 椰子大害虫：锈色棕榈象及其近缘种的鉴别 [J]. 中国森林病虫，22(2): 3-6.

（撰稿：马苗；审稿：张润志）

悬铃木方翅网蝽　*Corythucha ciliata* (Say)

一种危害悬铃木属植物的重要入侵害虫。半翅目（Hemiptera）网蝽科（Tingidae）方翅网蝽属（Corythucha）。原产于北美的中东部，目前已传入欧洲、南美洲、大洋洲、亚洲地区。在中国已侵入西南、华中、华北、华南等地区。

寄主　一球悬铃木、二球悬铃木、三球悬铃木、红叶李、构树、红花檵、白蜡树等。

危害状　以成虫和若虫群集在寄主叶片背面刺吸汁液危害，导致受害叶形成密集的白色细小斑点，叶背面可见锈色斑，叶片失绿，危害严重时，则引起寄主植物叶片大量枯黄脱落。同时还可传播悬铃木溃疡病菌和法国梧桐炭疽病菌，导致病害的发生（图 1）。

形态特征

成虫　体长约 3.5mm，乳白色，体型扁平，头兜发达呈盔状；前翅近长方形，两前翅近基部分别有一明显褐斑，翅脉呈网状分布；足细长（图 2 ①）。

若虫　体型似成虫，但无翅，共 5 龄，体色为浅褐色。一龄若虫体无明显刺突；二龄若虫中胸小盾片具不明显刺突；三龄若虫前翅翅芽初现，中胸小盾片具 2 个明显的刺突；四龄若虫前翅翅芽伸至第一腹节前缘，前胸背板具 2 个明显刺突；末龄若虫前翅翅芽伸至第四腹节前缘，前胸背板有头兜和中纵脊，头部具刺突 5 个（图 2 ②）。

生活史及习性　在不同地区的世代数差异较大。在美国、意大利和日本等地 1 年发生 2～3 代。越冬成虫于翌年春季开始活动，在 4 月底 5 月初，随着气温变暖（8～10℃），开始危害，如遇气温突降，会转移至树皮下，当温度高于 10℃时再转移至树冠危害。成虫交配约 1 周后产卵，一直持续至 6 月。各代成虫危害的高峰期分别在 7 月初、8 月初和 9 月中旬。9 月初以成虫群集形式在悬铃木主干和支干的树皮下，或墙壁缝隙及落叶绿篱上越冬。该虫对越冬所处树木部位有一定的选择偏好，主要在树干基部（高 11～16m 树的基部为 4.8m）以及东北和西北方位的树皮下越冬；在北京地区主要在树干下部越冬，在中国南方地区，在树干下部和上部均能成功越冬。此外，此虫更倾向于在较大胸径的树木上、较大面积的翘皮下越冬。

防治方法

物理防治　冬季清除枯枝落叶，刮除一级分权枝和主干枝上的疏松树皮层，春季对悬铃木进行剥芽，夏季清除有虫枝梢和叶片并销毁，均降低种群密度。

生物防治　利用半翅目、膜翅目等捕食性天敌均可有效降低卵、若虫或成虫的数量。

化学防治　采用噻虫嗪、啶虫脒、丁硫克百威、甲氨基阿维菌素、吡虫啉、阿克泰、氯氰菊酯、噻虫嗪和阿维菌素等进行树冠喷药，防效均在 70% 以上。另外，采用吡虫啉进行树干注射或灌根均具有较好的效果。

参考文献

李峰奇，付宁宁，张连忠，等，2018. 悬铃木方翅网蝽生物学、化学生态学及防治研究进展 [J]. 昆虫学报，61(9): 1076-1086.

孟继森，杨泽宁，祖国浩，等，2019. 悬铃木害虫悬铃木方翅网

图 1　悬铃木方翅网蝽危害状（武海卫提供）

①林份危害状；②叶片背面的成虫；③成虫和若虫；④越冬成虫

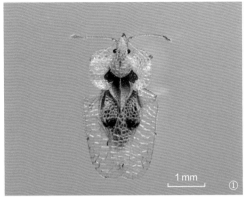

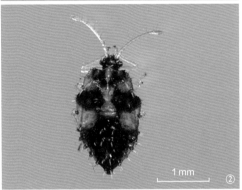

图 2　悬铃木方翅网蝽形态（武海卫提供）

①成虫正面；②若虫正面

蝽的诊断与防治 [J]. 天津农林科技 (4): 25-27.

王福莲，李传仁，刘万学，等，2008. 新入侵物种悬铃木方翅网蝽的生物学特性与防治技术研究进展 [J]. 林业科学，44(6): 137-142.

（撰稿：徐晗；审稿：宗世祥）

旋纹潜蛾　*Leucoptera malifoliella* (Costa)

　　一种以幼虫潜食叶片的害虫。英文名 pear leaf blister moth、ribbed apple leaf miner、apple leaf miner。鳞翅目（Lepidoptera）潜蛾科（Lyonetiidae）白潜蛾属（*Leucoptera*）。国外分布于哈萨克斯坦、乌兹别克斯坦、土库曼斯坦、伊朗、土耳其、俄罗斯和欧洲地区。中国分布于北京、陕西、宁夏、新疆、吉林、辽宁、河北、山西、河南、山东、四川、贵州等地。

　　寄主　桦木科的灰赤杨、垂枝桦、毛枝桦，蔷薇科的卵叶唐棣、欧洲甜樱桃、草原樱桃、欧洲酸樱桃、全缘枸子、单子山楂、榅桲、苹果、小苹果、欧洲花楸、欧洲李、黑刺李、西洋梨、桃、酸樱桃、沙梨和番茄。在中国，旋纹潜蛾的寄主为苹果、海棠果、三叶海棠、山定子和多种梨。

　　危害状　刚孵化的幼虫咬破与叶片相粘一面的卵壳，直接钻入叶肉组织。幼虫几乎按同心圆环绕潜食，并排泄小颗粒状的粪便，透过上表皮可见呈同心圆排列的粪粒。叶片被潜食后，被潜食部分的上表皮枯死，呈枯黄色，似病斑。潜斑较小时，在叶正面可见潜斑，而在叶背不显。潜斑大小、形状不一，大多近于圆形，部分近于椭圆形。有时发生数量大，由于潜食范围的扩大，而与相邻的潜斑相通，可多达 4 头幼虫在一个相通的潜斑内。

形态特征

成虫　体长约 2.3mm，翅展约 6mm。体、前翅及足银白色。头顶具竖立的银白色毛丛。触角丝状稍褐，几乎与体等长，眼罩大。前翅近端部 2/5 大部橘黄色，其前缘及翅端共有 7 条褐色纹，顶端第三至四条呈放射状，第一至二条之间为银白色，三至四、四至五条间为白或橘黄色，在第二和第三条短褐纹下具 1 银白色小斑点，翅端下方有 2 个大而深紫黑色斑。前翅前半部具长而浅灰黄或灰白色绒毛；后翅浅褐色，缘毛白色（见图）。

卵　扁平椭圆形，长约 0.3mm，浅绿至灰白色，近半透明，具光泽。

幼虫　体长约 5mm，黄白微绿稍扁平。头大黑褐色，胴部节间较细，略呈念珠状。前胸背板及腹板中央具 1 长方形的大黑斑。后胸与第一、二腹节两侧各具 1 棒状小突起，上生 1 刚毛。

蛹　体长约 3mm，纺锤形，稍扁平，初淡黄褐后变浅褐色，羽化前黑褐色。

生活史及习性

旋纹潜蛾在山西、河北 1 年发生 3～4 代，陕西、山东 4 代，河南 4～5 代。均以蛹在枝干皮缝和叶背结茧越冬。4 月中旬至 5 月陆续羽化。成虫于晴天活动，月光下显出银色闪光，羽化后即可交尾，次日产卵。卵散产于叶背，单雌卵量平均 30 粒。成虫寿命约 8 天。幼虫孵化后潜入叶肉为害。5 月上中旬始见被害叶，老熟后爬出并吐丝下垂到下面叶片即于叶背结茧化蛹。羽化后继续繁殖危害，每年以 7～8 月危害最重，9～10 月最后一代幼虫老熟，并陆续脱叶吐丝下垂于枝干皮缝和叶背结茧化蛹越冬。该虫卵期 10 天左右，幼虫期约 25 天，前蛹期 3 天左右，蛹期：越冬代 230 天左右，非越冬代 15 天左右。

防治方法

保护天敌　旋纹潜蛾是苹果和梨上的一种次要害虫，寄生蜂是重要的自然控制因子。由于寄生蜂的重要作用，因此在苹果园或梨园的病虫害管理上，应充分考虑天敌的保护和利用，如使用的农药对潜叶类天敌的影响较小，少用或不用广谱性的化学杀虫剂，可选用仿生的生长调节剂等，这样可减少对寄生蜂成虫的杀伤。

果树休眠期防治　冬前或早春结合修剪，刮树皮、清理果园，集中处理园中残枝落叶及修剪下的枝条与刮的树皮，可消灭部分越冬蛹；或喷洒 5% 柴油乳剂或矿物油乳剂可杀灭越冬蛹。

果树生长期防治　各代成虫盛发期可喷洒 50% 杀螟松乳油、马拉松乳油、二溴磷乳油、敌敌畏乳油 1000 倍液，或 2.5% 敌杀死等菊酯类乳油 8000 倍液，对成虫、初龄幼虫均有良好的防效。杀螟松乳油及功夫乳油对卵有特效作用。

参考文献

中国科学院动物研究所，1981. 中国蛾类图鉴 I [M]. 北京：科学出版社.

虞国跃，王合，张君明，等，2013. 旋纹潜蛾的生物学及综合防治 [J]. 昆虫学报，56(7)：816-823

KUROKO H, 1964. Revisional studies on the family Lyonetiidae of Japan (Lepidoptera) [J]. Esakia, 4: 13-34.

（撰稿：武春生；审稿：陈付强）

旋夜蛾　*Eligma narcissus* (Cramer)

重要的食叶害虫，大量发生时可造成全株树叶啃食干净，影响植株生长。又名旋皮夜蛾、水仙夜蛾、臭椿皮夜蛾等。鳞翅目（Lepidoptera）瘤蛾科（Nolidae）丽夜蛾亚科（Chloephorinae）旋夜蛾属（*Eligma*）。国外分布于日本、印度、马来西亚、菲律宾、印度尼西亚。中国分布于辽宁、山东、河北、浙江、福建、湖北、湖南、四川、云南。

寄主　臭椿、香椿、红椿、桃和李等园林观赏树木。

危害状　幼龄幼虫取食叶肉，残留表皮，叶片呈纱网状。大龄幼虫造成叶片缺刻和孔洞，严重时只留粗叶脉和叶柄。

形态特征

成虫　翅展 66～72mm。头部浅棕色至浅灰褐色，略带紫色，额区黄色，其上具小黑点。下唇须棕色，外侧具黑条。触角线状。胸部棕色，其上具 3 对黑点；领片上具 2 对黑点；翅基片基部及端部具黑点。腹部亮黄色，每个腹节上具一黑色斑块。前翅底色棕色，一白色纹由基部近前缘处略弧形延伸至顶角，由宽渐细，并于亚缘线区形成复杂网状淡色纹；基线不明显，仅可见 4～5 颗黑点；内横线不明显，由 5 颗互相分离的黑点组成；中横线不明显，仅在前缘具 1 黑点；外横线黑色明显，由前缘波浪形弯曲至后缘；亚缘线由 1 列黑色长点组成，由前缘呈与外缘近平行弯曲至后缘；外缘线由翅脉间的小黑点组成，饰毛棕色；环状纹及肾状纹不显。后翅底色杏黄色，顶角及周围蓝黑色，约占整个翅面的 2/5，与翅面底色分界明显；新月纹不显；外缘区为 1 列粉蓝色条状斑；饰毛灰白色（见图）。

卵　圆形，一色，直径 0.75～1.0mm，卵面有近圆形凹陷。

幼虫　幼虫刚孵化时，全体淡绿色，无斑纹，体长 2.5～3.0mm，头宽 0.25mm，胴部背板 2～9 节，每节有黑斑 1 对，透明瘤 1 对。体色鲜黄，各节背面具 1 条不整齐的

旋纹潜蛾成虫（武春生提供）

旋夜蛾成虫（V.S.Kononenko 提供）

黑色斑纹，并有瘤状突起的毛瘤，瘤上生有长 2.4～2.7cm 的白毛。

蛹 纺锤形，红褐色宽而扁，蛹长 2.2～2.8cm，胸宽 0.6～0.95cm，每雌蛹重 0.5848g，每雄蛹重 0.388g。雌蛹略肥大。茧为梭形，灰褐色，酷似树皮，由树皮、体毛及幼虫吐出的丝所构成。茧长 3.6～5.0cm，中央直径 1.0～1.3cm。

生活史及习性 1 年发生 2～3 代。部分老熟幼虫在 9 月下旬开始结茧化蛹越冬（大部分是在 9 月下旬至 10 月上旬结茧化蛹）。翌年 4 月上旬越冬蛹羽化为成虫产卵，4 月下旬至 5 月上旬一代幼虫出现危害，5 月中旬结茧化蛹，5 月下旬至 6 月上旬成虫产卵；6 月上旬至 7 月上旬二代幼虫出现危害，7 月中下旬结茧化蛹，7 月下旬至 8 月上旬成虫出现并产卵；8 月下旬至 9 月下旬三代幼虫出现，部分老熟幼虫在 9 月中下旬开始结茧越冬。此虫代与代之间不明显，有世代重叠现象。

成虫白天静伏于树干或叶下等阴暗处，夜间交尾产卵，卵多呈块状散产于叶背面，每叶最多产 5 块，每块少则 5 粒，多则达 27 粒，每雌蛾产卵百余粒。卵期 4 天。三龄前幼虫有群体性，三龄后分散取食，幼虫在小枝上及叶柄上栖息，在叶背上取食，老熟后移至老枝条及树干上结茧。

防治方法 于冬春季在树枝、树干上寻茧灭蛹。检查树下的虫粪及树上的被害状，发现幼虫人工振动枝条捕杀。幼虫期可用 20% 灭扫利乳油 2000 倍液、2.5% 功夫乳油 2000 倍液、2.5% 敌杀死乳油 2000 倍液等喷洒防治，还可推广使用一些低毒、无污染农药及生物农药，如阿维菌素、Bt 乳剂等。灯光诱杀成虫。天敌昆虫保护。

参考文献

曹友强，韩辉林，2016. 山东省青岛市习见森林昆虫图鉴 [M]. 哈尔滨：黑龙江科学技术出版社：315.

陈一心，1999. 中国动物志：昆虫纲 第十六卷 鳞翅目 夜蛾科 [M]. 北京：科学出版社.

徐光余，杨爱农，陈继东，等，2008. 臭椿皮蛾生物学特性及防治试验 [J]. 安徽林业 (3)：51.

于思勤，孙元峰，1993. 河南农业昆虫志 [M]. 北京：中国农业科技出版社：552.

（撰稿：韩辉林；审稿：李成德）

旋幽夜蛾　*Anarta trifolii* (Hüfnagel)

一种危害甜菜叶部的鳞翅目害虫。又名三叶草夜蛾。鳞翅目（Lepidoptera）夜蛾科（Noctuidae）盗夜蛾亚科（Hadeninae）窄眼夜蛾属（*Anarta*）。国外分布在印度以及亚洲西部、欧洲、非洲北部等地。中国分布在辽宁、内蒙古、河北、陕西、宁夏、甘肃、青海、新疆、西藏等地。

寄主 包括甜菜、甘蓝、白菜、油菜、胡麻、豌豆、小麦、玉米、谷子、糜子、棉花、向日葵、蓖麻等 20 余种作物及灰菜、田旋花等多种杂草，其中尤为喜食藜科植物。

危害状 旋幽夜蛾以幼虫进行为害，具有隐蔽性、暴发性、转移危害性等特点。在甜菜苗期，低龄幼虫先咬食心叶幼嫩部分，往往破坏甜菜苗的生长点，虫口密度大时，在几天之内就可将幼苗咬光，造成毁苗。甜菜生长的中后期，幼虫多在叶背取食，低龄幼虫常取食叶片背面的叶肉，仅留下上表皮，第二至三龄幼虫则可将叶片咬成缺刻（图1）。随着龄期增加，幼虫食量加大，高龄幼虫通常可把叶片吃光，只剩较粗的叶脉和叶柄。20 世纪 70～80 年代，该虫一直是新疆、甘肃甜菜产区的重要害虫，并相继在内蒙古甜菜产区发生并危害。1990 年，在新疆南疆的沙雅、新和阿瓦提棉田首次发现其为害。之后，1995 年在北疆的玛纳斯县旋幽夜蛾发生面积达该县棉花总面积的 50%，危害严重的棉田受害率达到 60% 左右。2005 年，吉林白城的向日葵、蓖麻等农作物大面积受旋幽夜蛾为害，受害严重地块叶片全部吃光，只剩下茎秆。

形态特征

成虫 体长 12～18mm，翅展 30～40mm。头部、胸部褐灰色，腹部黄褐色。前翅灰带浅褐色，基线、内线均为双

图 1 旋幽夜蛾幼虫危害状（王锁牢提供）

线黑色。剑纹褐色，环纹灰黄色，肾纹较大，蓝灰色，均围黑边。外线黑色锯齿形，亚端线灰黄色，在第三、第四脉为大锯齿形，线内方第二至第四脉间有黑齿纹。后翅白色带污褐色，外缘端颜色加深，呈灰褐色宽带。雌、雄蛾触角均为线状（图2①）。

卵　卵散产，半球形，直径约0.5mm，高约0.3mm。卵壁上有放射状纵脊约45条。初产时为乳白色，之后表面逐渐出现褐色斑纹，孵化前呈现出暗灰色（图2②）。

幼虫　幼虫共6个龄期。一龄幼虫初孵时灰黑色，之后逐渐变为污白色，此时由于虫体较小，体壁较薄，虫体颜色受所取食食物的影响较大。头部具单眼6对。腹足4对，臀足1对，其中第三、第四节的两对腹足退化，行走时似尺蠖，趾钩为单序中带。二至五龄幼虫绿色，四、五龄幼虫气门下线主体为白色，部分个体白色中间呈现黄色或红色。六龄幼虫体色会出现灰绿色、深绿色、褐色、红褐色等多种颜色。背线较细，亚背线从清楚可见到断断续续到基本消失，有的幼虫在每一体节亚背线内侧会出现1对基本平行的黑斑（图2③④⑥⑦）。

蛹　入土化蛹，外包土茧。蛹长13～16mm，宽4～5mm，刚化蛹时绿色，很快变为黄褐色，羽化前颜色已加深为黑褐色。腹部末端着生臀棘2对，靠腹面的一对较长（图2⑤）。

生活史及习性　在新疆昌吉、石河子地区及甘肃武威地区1年发生3代，世代重叠现象严重，在诱虫灯下整个甜菜生长期均可见到成虫。在新疆昌吉、石河子地区，越冬代成虫出现在4月下旬，5月上中旬为高峰期，4月底至5月初在甜菜上见卵。幼虫于5月上中旬危害甜菜，虫量大时，可造成缺苗断垄，甚至吃光毁种。第一代幼虫危害重于第二代幼虫和第三代幼虫。第一代成虫出现在6月初，6月下旬至7月上旬为成虫高峰期。第二代成虫出现在7月中旬，8月上中旬为第二代成虫高峰期。幼虫在8月中下旬至9月中旬取食后，于9月下旬开始入土化蛹越冬。在甘肃武威地区，4月下旬至5月上旬田间陆续出现越冬代成虫，5月中下旬为发蛾高峰期。6月上旬至中旬为第一代幼虫危害盛期，7月上中旬为第一代成虫发蛾高峰时期，7月中下旬为第二代幼虫危害盛期，8月中下旬为第二代成虫发蛾高峰期，8月下旬至9月上中旬为第三代幼虫危害盛期。9月下旬至10月上旬幼虫进入化蛹越冬期。

成虫多在早晨羽化，羽化的成虫喜食花蜜和露水。一般白天隐藏在杂草丛、土缝、屋檐下等背光处，夜间才开始活动，以22：00左右活动最盛，主要是取食花蜜补充营养、交配和产卵。自然条件下，成虫寿命一般12天左右。成虫具有强烈的趋光性，但趋化性不强。产卵多为散产，产卵时对寄主植物及植物组织具有较强的选择性。在甜菜产区，成虫在甜菜和灰菜上产卵最多，其次是白菜、甘蓝等十字花科植物，卵产在叶片正面或背面。在棉田，一般以灰菜上产的卵最多，其次是苘麻和棉花，卵多数产在叶的背面，可占65%～70%。幼虫三龄前腹足发育不全，行走呈尺蠖状。低龄幼虫较活泼，受到惊扰时会假死或吐丝下垂逃逸。高龄幼虫受惊扰后将身体蜷缩呈"C"形。旋幽夜蛾以蛹在甜菜、胡麻、豌豆、蔬菜等寄主根际土壤中做土室越冬，蛹多集中在10～20cm深的土层中。

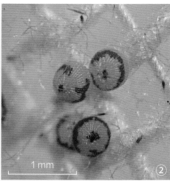
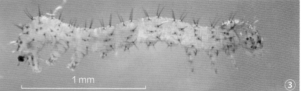

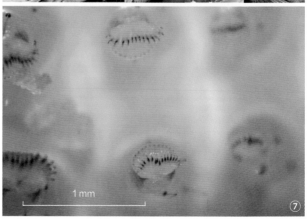

图2　旋幽夜蛾（张航提供）

①成虫；②卵；③一龄幼虫；④末龄幼虫；⑤蛹；
⑥末龄幼虫的不同色型；⑦幼虫趾钩

在室内饲养条件下（温度 26℃，湿度 40%），旋幽夜蛾各虫态的发育历期分别为：卵期 4 天左右，幼虫期 17 天左右，蛹期 10 天左右，成虫期 12 天左右。

发生规律　旋幽夜蛾具有明显的迁飞现象，除在陆地上跨地域迁飞外，还可进行跨海迁飞。在渤海海峡，旋幽夜蛾在春末夏初随南风向北迁飞，在夏末秋初随北风返回南方。旋幽夜蛾虫源除本地越冬虫源外，也可以通过迁飞而来。北京地区旋幽夜蛾的虫源主要从陕西、山西北部和内蒙古鄂尔多斯、呼和浩特、乌兰察布等中西部地区，随偏西气流向东北、东南方向迁飞扩散而来。而在旋幽夜蛾难以越冬的吉林白城地区，其虫源为外地迁飞虫源。旋幽夜蛾夜间迁飞主要集中在风向有利、风速较大的 300～500m 高度，持续飞行时间可达 8 小时。

旋幽夜蛾越冬成虫的发生受春季月平均气温的影响，当月平均气温在 5℃ 以上时，则越冬成虫会出现在 4 月上旬；若月平均气温低于 3℃ 时，越冬成虫则推迟到 4 月中旬出现，且成虫羽化不整齐。越冬成虫产卵后，如遇到低于 18℃ 气温时，则卵期可延长达 8～13 天。

灰藜是旋幽夜蛾成虫喜欢产卵的寄主植物，凡是作物受害严重的田块一般灰藜都生长较多。

在自然界除步甲、虎甲等捕食性昆虫及蜘蛛类可捕食旋幽夜蛾的幼虫外，可侵染旋幽夜蛾幼虫的病毒有三叶草夜蛾颗粒体病毒、核型多角体病毒。

防治方法

农业防治　清除田间地头杂草，减少旋幽夜蛾的产卵寄主，也可以降低作物上的幼虫密度。秋耕冬灌可消灭大量越冬蛹，显著减少越冬基数。

物理防治　成虫发生期可以利用黑光灯和频振诱虫灯等诱杀成虫。

生物防治　球孢白僵菌制剂、Bt 制剂、杀螟杆菌菌粉、青虫菌菌粉等对旋幽夜蛾幼虫有一定的防治效果。旋幽夜蛾雌蛾性信息素的两种主要成分为：（Z）-11- 十六烷烯 -1- 醇及其乙酸酯，国外相关田间试验结果表明，以上两种化合物以 1：9 的比例混合在田间对雄蛾有很好的诱集效果。

化学防治　一般当成虫盛发期开始 1 周后，即为药剂防治适期。可施用毒死蜱、高效氯氟氰菊酯等菊酯类药剂进行防治。

参考文献

陈一心 ,1999. 中国动物志：昆虫纲　第十六卷　鳞翅目　夜蛾科 [M]. 北京：科学出版社 .

毛美珍，吴祖银 ,1984. 三叶草夜蛾颗粒体病毒研究初报 [J]. 微生物学通报 (3): 99-100.

张云慧，陈林，程登发，等 ,2007. 旋幽夜蛾迁飞的雷达观测和虫源分析 [J]. 昆虫学报 ,50(5): 494-500.

张云慧，程登发，姜玉英，等 ,2010. 北京地区越冬代旋幽夜蛾迁飞的虫源分析 [J]. 中国农业科学 ,43(9): 1815-1822.

赵占江，陈恩祥，张毅 ,1992. 旋幽夜蛾生物学特性与防治研究 [J]. 中国糖科 (4): 27-30.

中国农业大学 ,2014. 甜菜主要病虫害简明识别手册 [M]. 北京：中国农业出版社 : 108-110.

HE L M, FU X W, HUANG Y X, et al, 2018. Seasonal patterns of *Scotogramma trifolii* Rottemberg (Lepidoptera: Noctuidae) migration across the Bohai Strait in northern China[J]. Crop Protection, 106: 34-41.

UNDERHILL E W, STECK W F, CHISHOLM M D, 1976. Sex pheromone of the clover cutworm moth, *Scotogra mma trifolii*: isolation, identification and field studies [J]. Environmental Entomology, 5: 307-310.

（撰稿：张航、王锁宁；审稿：蔡青年）

眩灯蛾　*Lacydes spectabilis* (Tauscher)

一种草场和棉田的重要害虫。鳞翅目（Lepidoptera）目夜蛾科（Erebidae）眩灯蛾属（*Lacydes*）。国外分布于俄罗斯、蒙古、哈萨克斯坦、土库曼斯坦、阿富汗、叙利亚、土耳其。中国分布于新疆。

寄主　驼绒藜、柽柳、黄花草木樨、紫花苜蓿、白蒿、黄花蒿、稗草、车前草、小蓟、群心菜、白花三叶草、苦马豆、千叶蓍、苦豆子等 8 科 21 种草原植物，以及小麦、玉米、大豆、油菜、甜菜、棉花等农作物。

危害状　该虫食性颇杂。幼期啃食寄主植物的幼枝和嫩叶，轻者将其食成缺刻或半叶，重者则将子叶、真叶及生长点蚕食光，幼虫在局地大暴发时大有席卷草原之势。

形态特征

成虫　翅展 34～36mm。头、胸部淡黄褐色，头顶具黑褐点；触角栉齿状，触角干部和下唇须大部白色；翅基片及胸部有褐纵纹；腹部背面橙色并具黑褐带，腹面白色；前翅乳白色，前缘域基部具淡黄褐纹，内线浅黄褐色，中室内 1 短带、其下方有三角斑，前缘中部至中室下角有 1 浅黄褐色 V 形纹，1 斜带由此向后分布，由翅顶至后缘中部的外侧具 1 污黄色斜带，其内侧在第五脉处有 1 短带与前缘相接，翅顶至臀角有 1 污黄褐色带与端线上的点相接；后翅乳白色，横脉暗褐色，亚端线与端线各 1 列浅黄褐色点，五脉上的亚端点较大。雌蛾斑纹暗黄褐色，后翅纵脉间呈暗褐色。

卵　馒头形，初期乳白色，后变为米黄色，较平滑；宽 1mm，高 0.7～0.8mm。

幼虫　毛虫型。黑褐色，头黑色，体毛灰白色，丛生于毛瘤上。每节毛瘤 12 个，节间具浅黄带，体侧毛瘤黄褐色，其上丛生白毛，体背毛瘤浅黄色，白色丛间杂以少量黑褐毛，部分个体的一些体节背面丛毛黄色。老熟幼虫体长约 23mm，第三至六腹节各 1 对腹足，第 10 节 1 对臀足；趾钩 16～17 个，棕黑色，单序中列式。

蛹　棕褐色，长 10～16mm，宽 2.4～5mm，腹末端有褐色臀棘 7～14 个。

生活史及习性　该虫在新疆天山北麓 1 年发生 1 代，以二龄幼虫在植物根际的表土下越冬；翌年 4 月中旬越冬幼虫大量出蛰并危害荒漠植物，并于 4 月下旬至 5 月上旬侵入农田危害；5 月中下旬老熟幼虫潜入驼绒藜、柽柳等植物根际的表土层中越夏；与此同时，发生在春季牧场的幼虫也选择在其他昆虫的洞穴内、大型哺乳动物的蹄坑中或粪便下蛰伏

X

越夏，7月下旬至8月上旬化蛹，8月下旬到9月上旬羽化为成虫；成虫于9月上旬产卵，并于该月中旬孵化成幼虫并入土越冬；卵产于植物根茎处，排列整齐；幼虫期6龄，一至三龄幼虫通常群聚活动，四龄则分散取食，行动快速，受到惊扰时蜷体坠地作假死状。幼虫的取食活动选择白天温度较高时进行。六龄幼虫于5月中下旬在寄主植物上将接近地面的落叶和砂土缀成丝质茧并躲于其中化蛹。成虫在日落后0.5～2小时活动，寿命2～5天，有一定趋光性。雄虫较雌虫活跃，交配后雌虫即可产卵，单雌产卵量高达200粒。

防治方法

物理防治　在成虫活动高峰期设置黑光灯诱捕。

化学防治　利用有机磷类农药进行喷洒防治。

生物防治　利用生物制剂苏云金杆菌、Bt可湿性粉剂或印棟素液喷洒防治幼虫危害。

参考文献

方承莱，2000.中国动物志：昆虫纲　第十九卷　鳞翅目　灯蛾科 [M].北京：科学出版社．

陶士成，张余鹏，2009.荒漠与绿洲交错带眩灯蛾的发生与防治 [J].农村科技 (4): 54.

许浩然，徐其江，马勤，等，1994.眩灯蛾的生物学特性及其防治 [J].植物保护 (3): 15-16.

杨涛，王佩玲，熊建喜，等，2010.一种新入侵棉花害虫——眩灯蛾生物学特性研究 [J].棉花学报，22(2): 191-192.

（撰稿：巴义彬；审稿：任国栋）

血淋巴　hemolymph

血淋巴（hemolymph或haemolymph）是节肢动物体内直接与内部组织器官接触的、进行开放式循环且清澈的液体，与脊椎动物血液类似，为蛛形纲、甲壳纲和昆虫纲所特有。血淋巴由血浆和悬浮在其中的多种血细胞组成。血浆成分比较复杂，除了血细胞外，还含有无机盐、氨基酸、蛋白质、碳水化合物、色素、各种代谢产物等多种物质。

昆虫血浆能直接与血细胞的质膜相接触，与其他组织器官之间则有一层底膜，而底膜对血浆中的组分有选择性通透作用。血浆与血细胞、血浆与组织器官之间频繁的物质交换构成了血淋巴中复杂的物质体系和动态变化。血浆的体积和组分因昆虫的种类、虫态与生理状态而变化。血浆中的无机离子组分因虫种和食性而异，一般为Na^+、K^+、Ca^{2+}、Mg^{2+}、Cl^-、PO_4^{3-}、HCO_3^-等。就阳离子而言，在蜻蜓目、直翅目、半翅目等低等昆虫的血浆中一般Na^+含量较高，鳞翅目、膜翅目和鞘翅目等高等内翅类昆虫体内K^+和Mg^{2+}含量较高，而吸血昆虫体内的离子组成与寄主血液相似，以Na^+为主、K^+很少。血淋巴中的无机离子多数以与大分子物质结合态存在，游离态无机离子一般通过主动运输形式进出各种组织和细胞。血浆中无机离子的作用主要是参与物质运输和生物电形成，构成或调节神经和肌肉的电位差、酶活力、pH和渗透压。血浆中的碳水化合物主要是海藻糖，其他种

类的糖如葡萄糖、麦芽糖、阿拉伯糖、半乳糖、甘露糖等在昆虫血浆中的含量很少。血浆中糖类物质含量的变化受到激素的调控，不仅在发育的各个阶段或龄期内有明显的变化规律，而且会表现出明显的日节律。血浆中的糖类不仅是昆虫血淋巴中的主要能源物质，还是表皮中几丁质合成原料以及各种黏多糖和糖蛋白的成分物质。血浆中的脂类化合物一般包括甘油单酯、甘油二酯、甘油三酯、脂肪酸、甾醇、磷脂和其他烃类化合物，其中最主要的是甘油二酯。血浆脂类通常结合成脂蛋白的形式运输。昆虫血浆中还含有高浓度的氨基酸，它们多是合成多种蛋白质所需要的各种氨基酸以及某些氨基酸衍生物，因此血浆中氨基酸最重要的功能是为合成蛋白质提供原料。此外，血浆中氨基酸还具有其他一些特殊功能，如作为神经递质参与神经信号传递、作为表皮鞣化剂前体参与表皮鞣化等。昆虫血浆中蛋白质按功能和类型可以分成贮存蛋白、载脂蛋白、色素蛋白、糖蛋白和其他受到各种逆境条件激发后产生的各种抗逆蛋白，这些蛋白的含量因昆虫种类和发育阶段的不同而变化，如在双翅目中总量最高可达200mg/ml。由于昆虫循环系统为开放式，所以血浆中还含有：以尿酸、尿囊素、尿囊酶和氨为主的氮素代谢产物；神经分泌细胞或腺体分泌产生的激素以及神经递质；三羧酸循环有关的有机酸、多元醇和一些共生微生物的代谢产物等。昆虫的血浆除了少数如摇蚊幼虫因含血红素而呈现红色外，其余均因含有不同的色素而呈现黄色、橙黄色或蓝绿色。昆虫血浆的渗透压一般为300～500mOsm—L，构成渗透压的物质主要是无机离子和游离氨基酸。昆虫血浆的pH范围一般在6.0～8.2，参与调节pH的主要缓冲物质是碳酸盐、磷酸盐、氨基酸和蛋白质。

昆虫血细胞（hemocyte）是一类在无脊椎动物免疫系统中发挥作用的细胞，也是无脊椎动物的噬菌细胞，约占血淋巴总重量的2.5%。每毫升血淋巴中血细胞的个数一般在10^3～10^4波动。血细胞的种类通常可以分成原血细胞、浆血细胞、粒血细胞、类绛色血细胞、珠血细胞、凝血细胞和脂血细胞等7类，前4种为血淋巴中最主要和常见的血细胞类型。原血细胞是血淋巴中出现最早的、直径为6～13μm、呈圆形的血细胞，也是其他血细胞的干细胞，主要功能是通过分裂补充其他血细胞。浆血细胞是一类形态多变、直径为40～50μm的免疫防御细胞，其主要功能是参与吞噬异物及愈合伤口以及参与包囊和结节作用。粒血细胞是一类表面密布小颗粒、呈圆形或梭形的血细胞，其大小因虫种不同而异（最大可达45μm），因其可以参与包囊作用，又可分化成其他类型的血细胞，所以同时具有储存、分泌和防御的功能。类绛色细胞是一类形态和大小多变的血细胞，因其细胞质中含有酪氨酸酶、糖蛋白和酚氧化酶原等多种物质而又不具备吞噬作用，所以其主要功能是参与免疫防御中体液免疫。血细胞由胚胎发育时期的中胚层细胞游离分化而来，并通过有丝分裂进一步补充。有丝分裂产生血细胞是由位于昆虫心脏附近、呈囊状被膜的造血器官完成。造血器官通过先产生网状细胞再分化成干细胞，干细胞经过多次分裂和分化后形成同类型细胞群（各种血细胞）后释放进入血淋巴中。通常，血细胞只有部分参与血淋巴循环，只有外源异物入侵和脂肪体组织解离的时候才会有更多的血细胞进入循环系统并迅速

X

地聚集到解离组织或者外源异物的周围。

昆虫血淋巴因与蛋白质、氨基酸、糖类和脂类的代谢都有十分密切的关系，同时也能参与结缔组织和表皮的形成，所以既是物质代谢的重要场所，也是物质在不同组织器官间转运的主要途径。血淋巴中的血细胞直接参与吞噬、包囊、结节等细胞免疫过程，还可以分泌多种酶类物质和肽类物质参与体液免疫过程，所以承担了包括止血、愈伤、清除外源入侵物（病原物和寄生物）等在内的昆虫免疫与防御的功能。

（撰稿：陈学新；审稿：王琛柱）

Y

亚麻细卷蛾　*Falseuncaria kaszabi* Razowski

一种仅危害亚麻蒴果的专食性害虫。又名胡麻短纹卷蛾、胡麻漏油虫、亚麻短纹蛾。鳞翅目（Lepidoptera）卷蛾科（Tortricidae）卷蛾亚科（Tortricinae）短纹卷蛾属（*Falseuncaria*）。国外分布于蒙古。中国分布于宁夏、甘肃、内蒙古、青海、陕西等地。

寄主　亚麻。

危害状　以幼虫蛀食蒴果，形成空壳或籽粒残缺，影响产量和品质。

形态特征

成虫　体长 6mm，翅展 16mm，头、胸部黄白色，肩片下半部黑褐色。下唇须 3 节，向上弯至复眼上缘。第二节宽大，鳞片厚密，外侧赤褐色，内侧黄白色。前翅前缘赤褐至黑褐色，基半部与胸背部同色，端半部赤褐色，两色界线由中室中部向内斜至后缘，呈一黑褐色三角晕斑，沿后缘有 4～5 个小黑点，前缘近端部有 3 个小黑点，缘毛两层，内层黑色，外层黄褐色，翅里面灰黑色；后翅暗灰色具银色光，缘毛长，黄色。前、中足赤褐色，后足长而色淡。

卵　白色，长椭圆形，长 0.3mm，宽 0.2mm，表面密列细纵刻纹。

幼虫　体长 5～8mm，黄绿、黄或橙色。头及前胸背板黄褐色，稀布淡色体毛，腹足短小，趾钩 12～16 个，单序全环，臀足趾钩 5～9 个，半圆形。

蛹　长 5～7mm，赤褐色，头顶有一前弯的尖突，翅芽和后足端抵达第四腹节后缘，第二至第七腹节背面各有两横列细齿，腹端平钝，周缘有 8 个小粒突，各突上生一细刺钩。越冬茧圆筒形，长约 7mm，直径 2mm，以丝粘土粒而成，质坚。化蛹茧长筒形，长约 10mm，宽约 3mm，丝质，较松软，一端有羽化孔。

生活史及习性　1 年发生 1 代，以末龄幼虫在土中 1～3cm 深处结茧越冬，翌年 6 月中旬至 7 月下旬陆续破茧出土，在地表再结茧化蛹，蛹期约 10 天，6 月下旬至 7 月下旬羽化。成虫寿命 5～6 天，在亚麻盛花期盛发，有趋光性，用黑光灯诱到大量成虫。稍有趋化性，糖醋诱杀也有一定的效果。成虫昼伏夜出，傍晚开始活动，或进行交尾产卵。白天多栖息植株行间的土块下及背阴处。卵多产于亚麻中上部叶片上，少数产在蒴果萼片上，每雌产卵 35 粒左右。卵期约 7 天。幼虫孵化后蛀入蒴果危害籽粒，蛀入孔愈合留一褐色小点，当亚麻成熟时幼虫老熟，在蒴果上咬一圆孔钻出落

地，入土结茧越冬。

发生规律

气候条件　亚麻细卷蛾的发生轻重、迟早与气温有关。如田间气温达 16.5℃，成虫、幼虫开始发生。成虫发生的适宜温度为 18～20℃。气温低于 1.5℃时，幼虫进入越冬阶段。

降水量和湿度也是影响亚麻细卷蛾发生的重要因素，大雨冲刷能降低田间虫口密度。亚麻细卷蛾在旱平地发生重，湿下坡地发生轻。秋耕较深的地块幼虫少，未秋耕的地块幼虫多。

天敌　亚麻细卷蛾寄生性天敌有窄胫小蜂、甲腹茧蜂、绒茧蜂、多胚跳小蜂等。

防治方法

农业防治　因地制宜选用高产优质的中晚熟亚麻品种，早熟品种适当晚播；秋季深翻地；减少压青地，与绿肥轮作、化蛹、羽化期耕翻青地，保护天敌。

物理防治　在成虫始盛期，安装黑光灯或频振式杀虫灯，或糖醋诱杀成虫。

化学防治　5 月底当越冬幼虫出土前，可用触杀性杀虫剂配成毒土撒于地面；收获时用毒土撒于亚麻堆放处地面，可集中触杀脱果越冬幼虫，可用药剂有敌敌畏、敌百虫等。

参考文献

李良成，1985. 亚麻细卷蛾的观察研究 [J]. 山西农业科学 (6)：14-15.

叶增芳，白金江，唐德智，1988. 亚麻细卷蛾发生及防治研究初报 [J]. 植物保护，14(6)：26.

（撰稿：曾粮斌；审稿：薛召东）

亚皮夜蛾　*Nycteola asiatica* (Krulikowsky)

食叶害虫，早春大发生可影响树苗的生长。鳞翅目（Lepidoptera）瘤蛾科（Nolidae）皮夜蛾亚科（Sarrothripinae）皮夜蛾属（*Nycteola*）。国外分布于蒙古、朝鲜、韩国、日本、印度、尼泊尔以及中亚、欧洲地区。中国分布于吉林、辽宁、山东、湖南。

寄主　杨属、柳属、杞柳、筐柳、簸箕柳等植物。

危害状　主要以幼虫取食危害苗木和幼树的顶梢嫩叶，致使顶梢干枯、断顶，萌发形成多头。

亚皮夜蛾成虫（V. S. Kononenko 提供）

形态特征

成虫　翅展 26～28mm。头部灰色，额部光滑；触角线形。胸部灰褐色，两侧具有黑色纵条纹，达后缘；腹部亮灰色。前翅底色灰色至灰褐色；基线仅呈一黑点斑；内横线淡黑色，较模糊；中横线黑色双线，前 2/3 明显，波浪形弯曲；外横线较底色淡，内侧伴衬模糊的黑褐色；亚缘线黑色点斑组成，较模糊；外缘线黑色，纤细；前缘区中、外横线间呈黑褐色斑块，且散布棕红色。后翅较前翅色淡，外缘区色深，翅脉可见。个体变异较大种类之一（见图）。

卵　半球形，直径 0.45～0.5mm，卵面具放射状排列的小瘤突，顶部的瘤突成一圈环状。初为乳白色，后呈黄白色，隐隐显蓝紫色光泽。

幼虫　体长 17.20mm，黄绿色，头小体胖。身具次生刚毛、白色，前胸背部 20 根，中、后胸背部 12 根，1～8 腹节背板各 10 根，9 腹背 6 根。臀板次生刚毛 8 根，排成二列，每列 4 根，其后缘 4 根原生刚毛。趾钩单序双纵带。

蛹　长约 10mm，苍白至灰绿色，背中带棕红色，翅芽达第四腹节末，触角、后足与翅芽等长，其他附肢均短于翅芽。第五腹节腹面具一列、臀节端部具一圈小瘤突。

茧　白色，长 11mm，一端粗一端细，粗端端部较平截，向上翘起。

生活史及习性　在鲁南苏北地区 1 年发生 3～4 代，以成虫在背风向阳的墙缝、乱草堆及翘裂树皮下越冬。翌年 3 月底至 4 月中旬出来活动并产卵。4 月 10 日前后第一代幼虫开始孵化，中旬为孵化盛期，5 月初老熟幼虫开始结茧，20 日前后成虫出现，月底进入羽化盛期，6 月上旬为羽化末期。第二代成虫羽化期在 6 月下旬至 7 月上旬，以后各代成虫羽化期分别为 7 月中下旬，8 月上旬至下旬，9 月初至月底，10 月上旬至 11 月上旬。

成虫全天均能羽化，但多在 6：00～9：00 和 16：00～18：00，其他时间较少，羽化率一般在 95% 以上。成虫从茧中爬出后，约停留半小时即飞到浓郁的枝叶背面及树干、墙壁的背阴面潜伏不动，其前后翅平展在身体两侧。成虫活动力较差，具趋光性，白天静伏夜间活动，常吸取叶面上的露滴补充营养。交尾时间及交尾次数不详。产卵多在 0：00～5：00 进行，卵产在柳条梢头的嫩叶背面，单粒散产，每梢仅产 2～5 粒。套笼（1m×1.5m×2m）饲养的成虫多不产卵，也未见交尾，偶有产卵的其产卵量也很低，所见最多的

仅在 40 粒左右，卵历期 3.2～4.5 天。成虫寿命一般 3～7 天，越冬代长达 155～175 天。幼虫多在早晨 8：00 以前孵化。孵化时将上部顶开一个圆形的"卵盖"，钻出后食掉卵壳，然后于顶梢的嫩叶间吐丝粘叶为害。一、二龄不分散，2～5 头在一起剥食叶肉；三龄以后分散转移到别的嫩梢上食叶成缺刻。三、四龄危害一梢，五龄危害一梢。幼虫所粘叶片较松散，其每转移一梢，首先咬坏顶芽，使顶梢不能生长，从而造成柳条大量分杈。幼虫活动迟缓，受惊只作缓慢爬行，避敌能力较差。取食不分昼夜，但食量较小，一生取食鲜柳叶 1.2g 左右（约合 5 片叶）。幼虫共蜕 4 次皮，蜕皮多在下午 14：00～19：00 进行，各龄历期 2.5～4.5 天，蜕皮头壳宽分别为 0.25～0.28、0.4～0.5、0.7～0.8、1.1～1.25mm。一龄幼虫初孵时体长 1.2mm（蜕皮前长约 3mm），二龄体长 4～5mm，三龄 6～7mm，四龄 9～13mm，均为绿色。五龄老熟幼虫多在柳条中下部或原为害处结茧化蛹。蛹历期第一代 13～18 天（其中预蛹期 2 天），其他几代多为 8～10 天。

防治方法

生物防治　保护和利用天敌：亚皮夜蛾的天敌种类多，抑制作用强，其各个发生期均有相应的天敌。因此，在亚皮夜蛾非重发片（盛发期柳条被害率低于 0.5%）或天敌寄生、捕食率大于 15% 的林片，当杜绝采用化学防治。

喷洒每克含活孢子 100 亿个以上的 Bt 乳剂 500～600 倍，杀灭幼虫效果好，对人畜、天敌安全。亦可保护利用草蛉幼虫等天敌捕杀典皮夜蛾幼虫，效果很好。

化学防治　灭幼脲防治：4 月中下旬第一代幼虫发生期或 8 月下旬第五代幼虫盛发期，用 25% 灭幼脲Ⅲ号 3000 倍液喷洒柳条梢部，防治效果在 90% 以上，且不污染环境（4、8 月份分别是条柳春、秋条的生长前期，此时防治省功省药）。

在亚皮夜蛾、柳蓝叶甲、杨黄星象或柳俊蚜等几种害虫同时发生的林片，可于 5 月上旬或 8 月中旬，用 15% 铁灭克（每亩用量 0.8kg）或 3% 呋喃丹（每亩用量 3kg）进行埋根防治。方法：每垄柳条开一条深约 10cm 的沟（靠近条垄），将药与干细沙按 1：5 的比例混合均匀后撒入沟中，覆土埋平，有条件的随浇一遍水（水浸湿土层 30cm 为宜）。如大面积的连片防治，此法可达到一药治多虫（地下地上）和一次用药长期（2～3 年）控制的目的。40% 乐果，80% 敌敌畏 800～1000 倍，2.5% 敌杀死 500～800 倍液，喷雾杀灭幼虫达 95% 以上，效果显著。

参考文献

陈一心，1999. 中国动物志：昆虫纲　第十六卷　夜蛾科 [M]. 北京：科学出版社：962-963.

董彦才，王家双，陈宝泉，1995. 亚皮夜蛾的研究 [J]. 中国森林病虫 (1)：7-9.

杨玉兰，汪鲜宏，宏文，2000. 典皮夜蛾的初步观察 [J]. 新疆林业 (3)：17.

MATOV A Y, KONONENKO V S, 2012. Trophic connections of the larvae of Noctuoidea of Russia (Lepidoptera, Noctuoidea: Nolidae, Erebidae, Euteliidae, Noctuidae) [J]. Vladivostok: Dal`nauka: 346.

（撰稿：韩辉林；审稿：李成德）

亚洲飞蝗　*Locusta migratoria migratoria* (Linnaeus)

一种主要在北方草原地区和农区发生危害的蝗虫。英文名 Asian migratory locust。直翅目（Orthoptera）斑翅蝗科（Oedipodidae）飞蝗亚科（Locustinae）飞蝗属（*Locusta*）。国外分布于土耳其、伊朗、阿富汗、俄罗斯、哈萨克斯坦、乌兹别克斯坦、吉尔吉斯斯坦、土库曼斯坦、乌克兰、欧洲南部、蒙古、朝鲜和日本北部。中国分布于新疆、青海、宁夏、内蒙古以及东北地区和甘肃的河西走廊，以蒙新高原的低洼地区为主要发生区。

寄主　主要取食禾本科和莎草科植物，嗜食芦苇、稗、荻草等禾本科杂草，也喜欢取食小麦、玉米、高粱、水稻、谷子、甘蔗等禾本科作物。

危害状　以成虫和若虫咬食植物叶片、嫩茎、幼穗等，从叶缘咬成缺刻甚至蚕食全叶，大发生时将寄主植物食成光秆。

形态特征

成虫　雄成虫体长 36.1～46.4mm，前翅长 43～55mm；雌成虫体长 43.8～56.5mm，前翅长 53～61mm。颜面垂直，隆起宽平，头顶宽短，与颜面形成圆形。头侧窝消失。前胸背板前端较窄，后端较宽，中隆线发达，后横沟几乎位于背板中部；前缘呈钝角或弧形。前翅发达，超过后足胫节中部。根据形态和生活习性分为 3 种类型：群居型、散居型和中间型。群居型：头部较宽，复眼较大。前胸背板略短，沟前区明显缩狭，沟后区较宽平。前胸背板中隆线较平直；前缘近圆形，后缘呈钝圆形。前翅较长，远超过腹部末端。后足胫节淡黄色。体多呈黑褐色。散居型：头部较窄，复眼较小。前胸背板稍长，沟前区不明显缩狭，沟后区略高，不呈鞍状；中隆线呈弧状隆起，呈屋脊形；前缘为锐角形向前突出，后缘呈直角形。前翅较短，略超过腹部末端。后足胫节多为淡红色。体色常随环境的变化而改变，一般呈绿色或黄绿色、灰褐色等。中间型形态特征介于两者之间。

卵囊及卵　卵囊褐玫瑰色，长筒形，略弯曲，长 50～75mm。卵囊上部及卵粒之间充满海绵胶质物质，下部斜排着卵粒，55～115 粒，一般排成 4 排。卵粒黄褐色，长 7～8mm，呈香蕉状。

蝗蝻　一龄：触角 13～14 节，体长 7～10mm。群居型体橙黄或黑褐色，无光泽。前胸背板背面具黑绒色纵纹，背板镶有狭波状的黄边，中胸及后胸背板微凸。散居型体多为绿色、黄绿色或淡褐色。二龄：触角 15～17 节，体长 10～14mm。群居型体橙黄或黑褐色。前胸背板 2 条黑绒色纵纹明显。散居型体多呈绿色、黄绿色或淡褐色，前胸背板无黑绒色纵纹。翅芽较明显，顶端指向下方。三龄：触角 22～23 节，体长 15～21mm。翅芽明显指向下方。群居型翅芽呈黑色，散居型翅芽呈绿色或淡褐色。四龄：触角 21～25 节，体长 24～26mm。前翅芽狭短，后翅芽三角形，均向上翻折，后翅芽在外，且盖住前翅芽。翅芽端部均指向后方，其长度可达腹部第三节。五龄：触角 23～26 节，雄体长 25～36mm，雌体长 32～40mm。翅芽较前胸背板长或等长，翅芽长度可达腹部第四、五节。

生活史与习性

在新疆博斯腾湖蝗区和北疆准噶尔盆地蝗区 1 年发生 1 代，哈密、吐鲁番盆地 1 年发生 2 代。以卵在土中越冬。发生时期随年份不同和地区等环境条件的变化而有较大的差异。在南疆的博斯腾湖蝗区，4 月下旬至 5 月上旬为卵孵化期，6 月上中旬为成虫羽化盛期，6 月下旬至 7 月上旬开始产卵，8 月为产卵盛期。在北疆准噶尔盆地蝗区，5 月上旬为卵孵化期，6 月中旬成虫羽化，7 月初交尾和产卵，产卵期可延至 9 月中下旬或 10 月初逐渐死亡。

繁殖力强，一生可产卵 300～400 粒。成虫具有远距离迁飞习性，能跨地区乃至跨国迁飞扩散，导致其扩散区当年或翌年蝗灾的暴发。群居型成虫迁飞多发生于羽化后 5～10 天的性成熟前期，开始在蝗群中有少数个体在空中盘旋试飞，逐渐带动蝗群群旋，蝗群越来越大，连续试飞 2～3 天，即可定向迁飞。微风时常逆向飞行，大风时顺风飞行，可持续 1～3 天。需要取食饮水时即可降落，也可因下雨迫降。

发生规律

虫源基数　种群密度与上一年越冬卵存活率有密切关系。春秋两季气候变化频繁，春季偏早、干热，能促进蝗卵提早孵化和加速蝗蝻生长发育，秋季适时高温则可保证秋蝗充分产卵，翌春蝗卵基数可能明显提高；但若秋季高温持续时间过长，则不利于越冬蝗卵存活。反之亦然。

环境条件　适生环境为土壤含盐量低、pH 7.5～8.0 的滨湖滩地，是气候、水文、土质、地形、植被等综合作用的结果。

气候条件　越冬卵和蝗蝻发育起点温度分别为 14.7℃和 17.7℃，在 24～36℃的恒温条件下，蝗卵孵化需要 8.4～18.5 天；在 24～34.5℃的恒温条件下，蝗蝻羽化为成虫需要 22.9～59.8 天，且温度越高发育历期越短。

天敌　主要包括蜥蜴、蜘蛛、芫菁、寄生蜂、寄生蝇、鸟类等。

防治方法

牧鸡、牧鸭灭蝗　在有条件的地区，养鸡、养鸭灭蝗，既能发展养殖业，又保护草原。

人工筑巢招引益鸟治蝗　在蝗区人工修筑鸟巢和乱石堆，创造益鸟栖息产卵的场所，招引益鸟栖息育雏，捕食蝗虫，效果明显。

绿僵菌灭蝗　采用 100 亿孢子 /ml 绿僵菌油悬浮剂进行喷雾，施用剂量 1200ml/hm²。

蝗虫微孢子虫灭蝗　0.4 亿孢子 /ml 蝗虫微孢子虫悬浮剂，施用剂量 120～240ml/hm²。

药剂防治　4.5% 高效氯氰菊酯乳油、50g/L 氟虫脲可分散液剂、20% 高氯·马乳油、20% 阿维·三唑磷乳油等喷雾施药。

参考文献

刘长仲，2015. 草地保护学 [M]. 2 版. 北京：中国农业大学出版社.

中国农业科学院植物保护研究所，中国植物保护学会，2015. 中国农作物病虫害 [M]. 3 版. 北京：中国农业出版社.

（撰写：庞保平；审稿：郝树广）

亚洲小车蝗 *Oedaleus asiaticus* Bey-Bienko

中国北方草原和农牧交错区的重要害虫。直翅目（Orthoptera）斑翅蝗科（Oedipodidae）斑翅蝗亚科（Oedipodinae）小车蝗属（*Oedaleus*）。国外分布于俄罗斯和蒙古。中国分布于内蒙古、宁夏、新疆、甘肃、青海、陕西、河北、黑龙江、吉林和辽宁等地。

寄主 危害针茅、羊草、隐子草、冰草、薹草等，也可危害玉米、小麦、谷子等禾本科农作物。

危害状 成虫和蝗蝻均取食寄主植物叶片，造成叶片缺刻、残缺不全，严重时造成光秆。

形态特征

成虫 雌虫体长 31～37mm，前翅长 28.5～34.5mm；雄虫体型较小，体长 21～25mm，前翅长 20～24.5mm。全体灰褐色或绿色，有深褐色斑。头、胸及翅上的黑褐斑纹鲜艳。前胸背板中部明显缩狭，有明显的"X"字纹，图纹在沟前区与沟后区等宽。前胸背板侧片近后部有倾斜的淡色斑，前翅基半部有 2～3 块大黑斑，端半部有细碎不明显的褐斑。后翅基部淡黄绿色，中部有车轮形褐色带纹。后足腿节顶端黑色，上侧和内侧有 3 个黑斑，胫节红色，基部具有不明显的淡黄褐色环（见图）。

卵 卵囊为无囊壁的土穴，中部稍弯。卵为淡灰褐色，长形较粗，中部稍弯，平均长 5.95mm，宽 1.66mm，卵室交错排列成 3～4 排，每一卵囊内含卵 8～33 粒。

蝗蝻 一龄体长 4.76～6.85mm，翅芽不明显，较肥厚。二龄体长 7.10～10.64mm，翅芽明显长出背板侧缘。三龄雄体长 9.04～14.16mm，雌体长 9.04～14.3mm，翅芽雄性翻到背上，雌性明显宽出背板侧缘，翅脉明显。四龄雄体长 13.28～18.54mm，雌体长 13.09～19.44mm，雄体翅芽长达第三腹节后缘，雌体翅芽翻到背上。五龄体长 18.3～30.27mm。翅芽长达第三腹节后缘或第四腹节中部。蝗蝻前胸背板上可见明显的"X"字纹。

生活史与习性 1 年发生 1 代，以卵在土壤中越冬。在内蒙古乌兰察布市四子王旗草原，6 月中旬越冬卵开始孵化，

亚洲小车蝗成虫（庞保平提供）

一至三龄蝗蝻高峰期在 6 月中下旬至 7 月初，终见期在 7 月下旬；4～5 龄蝗蝻于 6 月下旬始见，高峰期在 7 月上中旬，终见期在 7 月末；成虫于 7 月上旬始见，高峰期在 7 月中旬至 8 月上旬，7 月下旬至 8 月上旬开始产卵，终见期在 9 月上旬。

地栖性蝗虫，适生于土壤板结的砂质土，植被稀疏的向阳坡地，地表裸露的丘陵等温度较高的环境。中午为活动高峰，阴雨、大风天不活动。成虫具有一定的趋光性，雌虫强于雄虫。成虫喜欢选择在地面裸露、土壤偏碱性（pH 7.5～8.8）、湿度较大的向阳坡地产卵，黄砂土壤易于形成卵囊。产卵数量随土壤硬度的增加而明显增加，在土壤硬度为 10.4kg/cm^2 时产卵量最大，松软土壤内产卵块数明显下降。初孵化蝗蝻活动能力弱，群集在孵化处的杂草丛中栖息和取食，三龄后活动能力增强并逐渐扩散。

发生规律

气候条件 温湿度是影响亚洲小车蝗地理分布、发育存活以及种群动态的重要因素。暖冬利于卵越冬，春季雨多，卵孵化提早，孵化整齐，孵化率高，虫口密度大。春季降雨量大有利于草场萌芽返青，为蝗蝻提供了丰富的食料，从而导致小车蝗暴发成灾。夏季气候干旱时，会促使蝗虫迁入农田危害。

草原管理 草场退化是草原蝗虫大发生的一个重要原因。亚洲小车蝗分布与植物种类、草地盖度和生产力有关，在重度和过度放牧退化草原区域分布较多。退化草原植被稀疏，地表相对裸露，适宜亚洲小车蝗等多种地栖性蝗虫栖息生存，而蝗虫的猖獗为害又加重了草原的退化，由此形成恶性循环。

寄主植物 喜食禾本科植物，非喜食植物会对其生长发育和繁殖造成不良影响。禾本科植物对亚洲小车蝗有很强的引诱作用，特别是对雌虫引诱作用更强。以不同植物饲养亚洲小车蝗，羊草最优，大针茅次之，而冷蒿和菊叶委陵菜对其生长发育极为不利。不论是在蝻期还是成虫期，不同食料植物对亚洲小车蝗产卵量有显著的影响，取食喜食的植物，产卵量大；取食不喜食的植物，产卵量则低；给其拒食或特别不喜食的食料植物，则不能产卵。

天敌 在草原上，百灵鸟、沙鸡、鹌鹑、刺猬、蜥蜴、蟾蜍、虎甲、步甲、食虫虻、寄生蝇、泥蜂、蜘蛛、芫菁等天敌对蝗虫起一定的制约作用。但随着草原退化，生态环境恶化以及人类捕猎，破坏了生物多样性，天敌数量锐减。

防治方法 在控制草原蝗虫过程中，因地制宜采取多种措施，相互配合，相互补充，充分考虑自然天敌和生态治理措施对蝗虫种群的影响，逐步建立以生物防治和生态治理为主、化学防治为辅的草原蝗虫可持续治理体系。

生态治理 防治蝗虫的根本途径是改造蝗虫发生的环境条件。在草原和牧区要实行以草定畜、轮封轮牧、移民休牧、退耕还林还草，阻止草原退化，恢复草原植被，增加植被覆盖度，提高植物多样性和丰富度，减少蝗虫产卵的裸地，创造一个良好的生态环境，就能有效抑制蝗虫的产卵繁殖，从而抑制蝗灾的发生。

生物防治 ①保护天敌资源，严禁滥捕乱猎天敌；避免

Y

大量使用化学农药，为天敌创造安全的生存环境，可以有效控制蝗灾的暴发。目前常用的措施有牧鸡牧鸭治蝗、人工筑巢招引粉红椋鸟治蝗等。②在草原蝗虫发生区可采用100亿孢子/ml绿僵菌油悬浮剂进行喷雾，施用剂量为1200ml/hm²左右。③微孢子虫与麦麸配制的饵料被蝗虫取食后，可引起蝗虫感病死亡，微孢子存活在残虫体内可产生大量孢子，在蝗虫种群中传播。④可采用0.3%印楝素乳油、1.2%烟碱×苦参碱乳油、1%苦参碱可溶液剂等进行地面大型机械喷雾，施用剂量为1200ml/hm²左右。在蝗虫暴发区也可进行飞机超低容量喷雾。

化学防治　可选用2.5%高效氯氰菊酯水乳剂、5%阿维×高氯乳油等进行地面大型机械喷雾，施用剂量为500ml/hm²；或飞机超低量喷雾，施用剂量为1800～2500ml/hm²。

参考文献

洪军，杜桂林，贠旭疆，等，2014.近十年来我国草原虫害生物防控综合配套技术的研究与推广进展[J].草业学报，23(5):303.

马耀，李鸿昌，康乐，1991.内蒙古草地昆虫[M].西安：天则出版社.

中国农业科学院植物保护研究所，中国植物保护学会，2015.中国农作物病虫害[M].3版.北京：中国农业出版社.

周晓榕，陈阳，郭永华，等，2012.内蒙古荒漠草原亚洲小车蝗的种群动态[J].应用昆虫学报，49(6):1598-1603.

（撰稿：庞保平；审稿：郝树广）

亚洲玉米螟　*Ostrinia furnacalis* (Guenée)

一种世界性分布、常发性以危害玉米为主的多食性害虫。又名玉米钻心虫。英文名Asian corn borer。鳞翅目（Lepidoptera）草螟科（Crambidae）秆野螟属（*Ostrinia*）。国外分布于日本、朝鲜半岛、泰国、菲律宾、马来西亚、澳大利亚和太平洋诸岛屿。中国分布于除西藏和青海以外的各省（自治区、直辖市），北起黑龙江、内蒙古，南至台湾、海南。以北方春玉米区、黄淮海夏玉米区以及西南山地玉米区危害严重。

寄主　主要危害玉米、高粱、谷子，还危害小麦、黍子、水稻、稷等粮食作物以及棉花、生姜、啤酒花、甘蔗、大麻、马铃薯、向日葵等经济作物和蚕豆、菜豆、青椒等蔬菜作物，还可取食苍耳、酸模叶蓼、金盛银盘、狼把草、艾蒿、黄花蒿、苋菜、金盏菜、刺菜、四棱蒿、稗草、山菠菜、狗尾草、仙人掌、蓝蓼、大川谷、野生高粱、芦苇、荻等杂草。

危害状　幼虫钻蛀危害，在玉米心叶期，初孵幼虫潜入心叶丛，蛀食未展开的心叶造成针孔或"花叶"，叶片展开时出现排孔；玉米进入打苞期，取食雄穗；散粉后幼虫开始向下转移蛀入雄穗柄或继续向下转移至雌穗着生节及其上、下节入茎秆。此时玉米雌穗已开始发育，茎节被蛀会明显影响甚至中止发育，遇风极易造成倒伏。穗期世代初孵幼虫潜藏取食花丝继而取食雌穗顶部幼嫩籽粒，三龄以后部分蛀入穗轴、雌穗柄或茎秆。影响灌浆，降低千粒重，穗折而脱落。此外常引发玉米穗腐病、茎腐病的感染，更加重了产量损失和品质下降。

形态特征

成虫　雄蛾（图2）淡黄褐色，体长10～14mm，翅展20～26mm。触角丝状；复眼黑色；前翅浅黄色，斑纹暗褐色。前缘脉在中部以前平直，然后稍折向翅顶。内横线明显。有1小深褐色的环形斑及1肾形的褐斑；环形斑和肾形斑之间有1黄色小斑。外横线锯齿状，内折角在脉上，外折角在脉间，外有1明显的黄色"Z"形暗斑。缘毛灰黄褐色。后翅浅黄色，斑纹暗褐色。在中区有暗褐色亚缘带和后中带，其间有1大黄斑。雌蛾（图1）翅展26～30mm。较雄性色淡，前翅浅灰黄色，横线明显或不明显。后翅正面浅黄色，横线不明显或无。

卵　椭圆形，长约1mm，宽约0.8mm，略有光泽。常15～60粒产在一起，呈不规则鱼鳞状卵块。初产卵块为乳白色，渐变黄白色，半透明。正常卵孵化前卵粒中心呈现黑点（即幼虫的头部），称为"黑头卵"（图4）。

幼虫　共5个龄期。初孵幼虫长约1.5mm，头壳黑色，体乳白色半透明。老熟幼虫体长20～30mm，头壳深棕色，体浅灰褐色或浅红褐色。有纵线3条，以背线较为明显，暗褐色。第二、三胸节背面各有4个圆形毛疣，其上各生2根细毛。第一至八腹节背面各有2列横排毛疣，前列4个，后列2个，且前大后小；第九腹节具毛疣3个。胸足黄色；腹

图1 亚洲玉米螟雌蛾（王振营摄）　　图2 亚洲玉米螟雄蛾（王振营摄）　　图3 亚洲玉米螟幼虫（王振营摄）

图4 亚洲玉米螟卵块（王振营摄）

足趾钩为三序缺环型，上环缺口很小（图3）。

蛹　黄褐色至红褐色，长15～18mm，纺锤形。初化新蛹为粉白色，渐变黄褐色至红褐色，羽化前呈黑褐色。腹部背面气门间均有细毛4列。臀棘黑褐色，端部有5～8根向上弯曲的刺毛。雄蛹较小，生殖孔位于第七腹节气门后方，开口于第九腹节腹面。雌蛹比雄蛹肥大，生殖孔在第七腹节，开口于第八腹节腹面。

生活史及习性　中国1年发生1～7代，北方春玉米区北部及较高海拔地区，包括兴安岭山地及长白山区等地为1代；三江平原、松嫩平原等地为1～2代；北方春玉米区南部和低纬度高海拔的云贵高原北部、四川山区等地1年发生2代；黄淮海夏玉米区以及云贵高原南部等地区1年发生3代；长江中下游平原中南部、四川盆地、江南丘陵玉米区等地1年发生4代；北回归线至北纬25°，包括江西南部、福建南部、台湾等地，1年发生5～6代；北回归线以南，包括广东、广西丘陵等地，1年发生6～7代或周年发生，世代不明显，夏秋季为年发生高峰期，冬季种群数量较小。在多世代发生区，不论春、夏播玉米，在其整个生长发育过程中，有2代螟虫危害。

以老熟幼虫在寄主茎秆、穗轴和根茬内越冬，翌年春天化蛹，成虫飞翔力强，具趋光性。成虫产卵对植株的生育期、长势和部位均有一定的选择，成虫多将卵产在玉米叶背中脉附近，呈块状。

成虫多在夜间羽化，雄蛾常比雌蛾早羽化1～3天，雄蛾寿命比雌蛾短。昼伏夜出，且具栖息场所与产卵场所异地习性，即白天多栖息于较高的杂草丛或茂密的农作物中如麦田、苜蓿、稻田、豆田等。傍晚开始婚飞等活动，由未交配的处女雌蛾释放性信息素以吸引雄蛾。成虫在22：00以后开始交尾，3：00～4：00为交尾高峰期。雄蛾一生大多交尾2～4次，最多可达8次。雌蛾一生大都只交尾1次，交尾2次的仅占7.3%，少有交尾3次。一般羽化当天即交尾，1～2天后产卵。每头雌蛾每晚产卵1块，少数2块，一生可产10～20块卵，约300～600粒，最多可达1476粒。卵多产于禾本科寄主叶背中脉附近，玉米穗期少数产在苞叶上；棉花则卵多产在中部果枝上的棉叶背面。

成虫具有较强的趋湿、趋密和趋化性。荫郁潮湿的低洼地及水浇地落卵相对较多。亚洲玉米螟对不同寄主植物也具有明显的选择偏好性。春播谷子、玉米和高粱是其产卵的主要寄主作物。除对不同种寄主具有产卵选择性外，对产卵环境、寄主生育期和长势等都表现出一定的选择性。同是玉米以授粉初期最具有吸引力，心叶末期和乳熟期次之。处于同一生育期内的玉米，喜选择长势好、茂密及较高的植株产卵。成虫还具有较强的趋光性，雄蛾的趋光性强于雌蛾。雌蛾对375～474nm的紫外至蓝光有强烈的趋性，雄蛾则对光波的反应范围延伸至绿光区，即对313～550nm的光波均有较高的趋性。

卵的发育起点温度13.7℃，有效积温为44.7℃。田间，卵一般经3～5天孵化为幼虫，孵化以9：00～11：00较多。

初孵化幼虫先群集取食卵壳，约经1小时即开始爬行分散，行动敏捷，扩散迅速。遇风吹和被触动，常吐丝下垂，转移到寄主其他部位或扩散到相邻植株。其扩散范围与世代和寄主作物有关。在玉米上的扩散范围为7～13株；棉花上第一代幼虫只扩散1～3株，第二和三代幼虫可分别扩散4～8株和5～10株。

幼虫具有趋糖、趋醋、趋湿和趋光等多种特性。低龄幼虫多趋于在寄主植物含糖量高的部位，如玉米未展开的幼嫩心叶、未抽出的雄穗苞、雌穗新鲜的花丝丛、花粉以及叶腋等处栖息取食。第三至四龄开始钻蛀危害。五龄幼虫发育成熟后多为隧道内化蛹。幼虫的发育起点温度18.04℃，有效积温为184.8℃。

蛹的发育起点温度为9.11℃，有效积温为100.55℃。在田间，一般蛹6～10天羽化为成虫。

发生规律

气候条件　亚洲玉米螟发生受气候影响。光照可影响其世代发生数，温湿度可影响其发育和种群数量。亚洲玉米螟属长日照发育型昆虫，短光照是诱导滞育的主要因素，导致亚洲玉米螟发生世代不同。成虫产卵的适宜温、湿度为20～28℃，相对湿度70%以上。在卵盛孵期间，连续大雨对低龄幼虫不利。生长季干旱不利卵块孵化及初孵幼虫存活，暴雨可增加初孵幼虫死亡率。

种植结构　寄主植物种类、品种、生育期以及生长势决定食料质量，与该虫发生有着明显的关系。亚洲玉米螟喜欢播期早、生长茂盛、叶色浓绿的玉米植株有上产卵。在玉米花丝、雄穗和籽粒上的存活率显著高于心叶。作物布局影响亚洲玉米螟的发生，大面积连作区玉米秸秆量大，亚洲玉米螟越冬基数大，发生危害重；黄淮海夏玉米区春播寄主面积减少，夏播玉米危害轻。鲜食玉米分期种植，导致亚洲玉米螟世代重叠，防治困难。

天敌　亚洲玉米螟的天敌种类较多。寄生性天敌卵期主要有玉米螟赤眼蜂、松毛虫赤眼蜂、螟黄赤眼蜂等；幼虫寄生性天敌主要有玉米螟厉寄蝇、腰带长体茧蜂、大螟钝唇姬蜂等。捕食性天敌有日本大螳螂、黄足肥螋、赤胸步甲、黄缘步甲、中华狼蛛，以及多种草蛉和瓢虫。病原微生物有球状白僵菌、苏云金杆菌、玉米螟微粒子虫等。天敌对亚洲玉米螟种群具有明显的抑制作用，特别是赤眼蜂、腰带长体茧蜂、玉米螟厉寄蝇、白僵菌和微粒子虫等。

Y

化学农药　亚洲玉米螟对化学农药的抗性研究曾在 20 世纪 80 年代有报道，六六六自 20 世纪 50 年代开始大量应用并在 20 世纪 80 年代初禁用，夏玉米区亚洲玉米螟对六六六的抗性是敏感区的 10 倍，但春玉米区的亚洲玉米螟对六六六没有产生明显抗性，且对六六六产生抗性的亚洲玉米螟对目前已经禁用的甲基对硫磷、对硫磷没有交互抗性，对辛硫磷也没有交互抗性，对目前已经禁用的克百威以及氰戊菊酯产生了一定的交互抗性。连续 12 年应用对硫磷地区亚洲玉米螟没有对该药产生抗性。近年来没有新的有关亚洲玉米螟抗药性的研究报道。

防治方法

农业防治　玉米秸秆粉碎还田，杀死秸秆内的幼虫，降低虫源基数；春季亚洲玉米螟越冬代成虫化蛹前将残存的玉米、高粱等越冬寄主秸秆等处理掉。选用抗虫品种，玉米品种间对亚洲玉米螟的抗性存在明显差异。与绿豆、大蒜、花生或甘蔗等作物间（套）作，可减轻亚洲玉米螟的危害。

物理防治　在春季越冬代成虫羽化时用性诱剂迷向或灯光诱杀越冬代成虫，或杀虫灯与性信息素结合，提高对越冬成虫的诱杀效果。

生物防治　春季越冬代成虫羽化前对残存秸秆垛利用白僵菌封垛。在卵期释放玉米螟赤眼蜂或松毛虫赤眼蜂 2～3 次，每亩释放 1 万～2 万头，防治亚洲玉米螟。在亚洲玉米螟卵孵化盛期，使用苏云金芽孢杆菌（Bt）、白僵菌等生物制剂心叶内撒施或喷雾。

化学防治　防治适期为卵孵高峰期至低龄幼虫期施药。根据玉米心叶期和散粉吐丝期两代亚洲玉米螟危害以及幼虫四龄后钻蛀危害特点，选用高效、低毒、低残留、环境友好型农药。防治指标为百株累计卵量 12 块。在心叶末期施用 14% 毒死蜱颗粒剂、3% 丁硫克百威颗粒剂，每株 1～2g；或用 3% 辛硫磷颗粒剂 1kg，每株 2g；或 50% 辛硫磷乳油按 1∶100 配成毒土混匀撒入心叶中，每株撒 2g。也可利用 20% 氯虫苯甲酰胺 5000 倍液或 3% 甲维盐 2500 倍液喷雾，心叶期注意将药液喷到心叶丛中，穗期喷到花丝和果穗上。

参考文献

何康来，王振营，文丽萍，等，2002. 我国玉米主产区亚洲玉米螟越冬幼虫天敌调查 [J]. 中国生物防治，18(8): 49-53.

慕立义，王开运，1987. 亚洲玉米螟对六六六抗药性及取代药剂的研究 [J]. 植物保护学报 (3): 209-215.

慕立义，王开运，1988. 杀虫剂室内选育亚洲玉米螟抗药性及交互抗性的研究 [J]. 植物保护学报 (3): 209-214.

王振营，鲁新，何康来，等，2000. 我国研究亚洲玉米螟历史、现状与展望 [J]. 沈阳农业大学学报，31(5): 402-412.

张荆，王金玲，丛斌，1990. 我国亚洲玉米螟赤眼蜂种类及优势种的调查研究 [J]. 中国生物防治学报，6(2): 49-53.

赵秀梅，王振营，张树权，等，2014. 亚洲玉米螟绿色防控技术组装集成田间防效测定与评价 [J]. 应用昆虫学报，51(3): 680-688.

中国农业科学院植物保护研究所，中国植物保护学会，2015. 中国农作物病虫害：上册 [M]. 3 版. 北京：中国农业出版社：673-683.

周大荣，何康来，1997. 玉米螟综合防治 [M]. 北京：金盾出版社.

WANG Z Y, HE K L, ZHANG F, et al, 2014. Mass rearing and release of *Trichogramma* for biological control of insect pests of corn in China [J]. Biological control, 68: 136-144.

（撰稿：王振营；审稿：王兴亮）

烟扁角树蜂　*Tremex fuscicornis* (Fabricius)

欧亚大陆中北部地区广泛分布的森林常见害虫。又名烟角树蜂。英文名 tremex wasp。膜翅目（Hymenoptera）树蜂科（Siricidae）扁角树蜂亚科（Tremicinae）扁角树蜂属（*Tremex*）。本种分布比较广泛。国外分布于日本、韩国、朝鲜、蒙古和欧洲几乎全境，南半球的智利也有记载被传入危害。中国分布于黑龙江、吉林、辽宁、内蒙古、甘肃、陕西、山西、河北、北京、天津、河南、江苏、上海、浙江、福建、江西、湖南、西藏。

寄主　寄主范围较宽，主要危害多种杨树和柳树，也可以危害刺槐、朴树、枫杨、桃、杏以及槭属、榆属、桦属、栎属、榉属等植物。

危害状　以幼虫蛀干危害树木，一般危害衰弱树木，大发生时也可危害健康树木。严重时每株树干内可多达数百条大小不一的幼虫同时在危害，坑道相互连接，造成树干中空，阻滞水分和养分正常输导，导致树势衰弱，枝梢死亡，直至树木死亡，被害树木容易风折。

形态特征

成虫　雌虫体长 16～40mm（图①）。体色变化较大，常见体色如下：头部头顶、上眶、颊、触角基部和端部红褐色，触角中部数节黑褐色至黑色，唇基、额区、头顶中沟两侧和前部黑色；前胸背板大部、中胸背板前叶大部、盾片和小盾片红褐色，胸部背板其余部分和侧板大部黑色；腹部第一背板黑色，第二、三背板大部或全部黄色，第四至六背板前缘黄色，其余黑色，第七背板前部黄色，后部黑色，第八背板前后缘黄色，中间黑色，第九背板大部红褐色，前缘两侧具黑条斑；足红褐色，基节、转节和中后足股节黑色，前足胫节基半部、中后足胫节基部 3/5 左右和后足基跗节基半部黄白色；翅淡烟褐色，翅脉浅褐色。头部和前胸背板刻点密集、粗糙，前胸背板具不规则小瘤突，中胸背板和前侧片刻点粗大密集，腹部第一和第八背板具少许刻点。体毛褐色至暗褐色，头胸部柔毛较密集。头顶中纵沟不明显。第九背板凹盘横向，表面光滑，中纵脊可分辨。产卵器明显短于腹部长，伸出锯鞘部分短于锯鞘基长；背面观末背板角突近似三角形，端部不特别细尖。雄虫体长 11～17mm（图②）。体黑色，具极微弱暗蓝绿色光泽，触角基部有时暗红褐色，前中足胫、跗节红褐色至褐色；体毛暗褐色至黑色；头顶中沟宽浅，刻点粗大、较密集（图③）；下生殖板中突细长（图⑤）。

卵　乳白色，长 1～1.5mm，长圆形，稍弯曲。

幼虫　老熟幼虫体长 12～46mm。体圆筒形，乳白色，头部淡黄褐色，上颚和臀突暗红褐色；胸足退化，短小，不分节；腹部第十节背面中央具纵凹陷，无腹足（图④）。

蛹　雌蛹体长 16～42mm，雄蛹体长 11～17mm。初蛹乳白色，逐渐变为红褐色，雄蛹后期渐变黑色。

烟扁角树蜂（图①由虫虫特工 liuxibao888 摄，其余魏美才摄）
①雌成虫产卵状；②雄虫背面观；③雄虫头部背面观；④幼虫；⑤雄虫腹部端部背面观

生活史及习性　山东、陕西、辽宁、黑龙江等地1年发生1代，以各龄幼虫在树干内的虫道内越冬。幼虫3月中下旬开始活动取食，4月下旬开始化蛹，7月下旬至9月初为化蛹盛期。成虫5月下旬开始羽化，8月下旬至10月中旬为羽化出孔盛期，8月下旬至10月下旬为产卵盛期。初孵化幼虫6月中旬开始出现，12月进入越冬期。成虫通常白天活动，凌晨亦可见活动，无明显趋光性，具较强飞行能力，飞翔高度可达15m。成虫羽化1天后开始交尾，一般交尾1次，少数可多次交尾。交尾后1～3天后开始产卵，卵多产在树干光滑部位或皮孔位置的树干内，外观仅留1个直径为0.2mm左右的产卵孔。卵期28～36天，幼虫期9～10个月，一年中幼虫虫龄参差不齐。幼虫一般4龄，少数可到6龄，偶尔仅3龄。一般在树干8m以下部分蛀食危害，老熟幼虫多在边材10～20mm处筑蛹室化蛹，也有在心材处化蛹。蛹期25～35天。成虫寿命7～10天，雄蜂稍短。交尾后雌虫约5天后、雄虫3天后死亡。

防治方法

营林措施　选育抗虫树种，营造混交林，加强林木抚育和管理，有助于控制烟扁角树蜂的危害。发现危害时，应伐除虫害木并妥善处理，防止扩散蔓延。

生物防治　褐斑马尾姬蜂是烟扁角树蜂的常见寄生天敌，寄生率比较高，可用于烟扁角树蜂的生物防治。

化学防治　成虫盛发期可以采用高效低毒农药涂干，防止烟扁角树蜂产卵、危害。

参考文献

李景刚，张西秀，宋敬苗，等，2005.烟扁角树蜂生活史习性观察[J].江苏林业科技(3):51.

萧刚柔，黄孝运，周淑芷，等，1992.中国经济叶蜂志(I).香港：天则出版社.

（撰稿：魏美才；审稿：牛耕耘）

Y

烟草粉螟 *Ephestia elutella* (Hübner)

一种世界性分布的仓储害虫。英文名 tobacco moth。鳞翅目（Lepidoptera）螟蛾科（Pyralidae）粉斑螟属（*Ephestia*）。中国各地均有分布。

寄主 烟叶，也取食小麦、燕麦、大豆、豌豆、蚕豆、花生仁、可可豆、面粉等。

危害状 幼虫危害烟叶，烟叶被食成不规则的孔洞，有时仅留叶脉。喜欢于柔软多糖的烟叶中吐丝缠连，潜伏取食，虫尸、虫粪和丝状物污染烟叶，降低烟叶品质，被害烟叶受潮易霉变（图1）。

形态特征

成虫 体长5～7mm，前翅灰黑色，有棕褐色花纹，近翅基部及端部各有一淡色横纹，外缘有明显的黑色斑点；后翅银灰色，半透明（图2）。

蛹 长7～8.5mm，细长，黄褐色，羽化前棕褐色。

幼虫 体长10～15mm，头部赤褐色，背面通常桃红色，前胸盾、臀板和毛片黑褐色，腹部淡黄色或黄色（图3）。

卵 长约0.5mm，宽约0.3mm，椭圆形，卵壳表面有花生壳状网纹。初产时为乳白色，略有光泽，随着发育颜色逐渐加深。

图1 烟草粉螟危害状（任广伟提供）

图2 烟草粉螟成虫（任广伟提供）

图3 烟草粉螟幼虫（任广伟提供）

生活史及习性 烟草粉螟以老熟幼虫在墙缝、烟包折缝、垫席或烟包内越冬，1年发生2～3代。成虫昼伏夜出，趋光性弱。卵单粒散产或数粒聚产，一般产卵于烟叶中脉附近、皱褶内或包装物上，且以上等烟叶上为多。幼虫喜欢取食中、上等烟叶。老熟幼虫多于墙壁缝隙、烟包麻袋片以及草席等处吐丝结茧化蛹。烟草粉螟喜欢湿度较高的生活环境，烟叶含水量在13%左右，幼虫发育最快，而低于10%时，幼虫不能完全发育或死亡。幼虫多在夜间危害。不耐低温，温度20～30℃和相对湿度70%～80%条件有利于其生长发育。

发生规律

食物 烟草粉螟幼虫喜欢取食上、中等烟叶，并喜欢取食贮存1.5～2年的烟叶。

温度与湿度 幼虫喜欢湿度较高的环境，烟叶含水量13%～15%时，幼虫发育迅速，烟叶含水量低于10%时，幼虫不能完成发育或死亡。在18～30℃，卵、幼虫、蛹历期及成虫寿命随温度升高而缩短。幼虫不耐低温，在温度−2℃、相对湿度55%条件下，经51天越冬幼虫全部死亡。

防治方法 见烟草甲。

参考文献

陈迅，高念昭，武祖荣，等，1996.烟仓害虫及其防治 [M].贵阳：贵州科技出版社.

杜艳丽，李子忠，2000.烟草粉螟 Ephestia elutella 的生物学特性 [J].山地农业生物学报，19(6): 431-435.

RYAN L, 2000.烟草仓贮害虫控制 [M].杜予州，译.北京：地震出版社.

任广伟，张连涛，2003.烟仓害虫的发生与防治 [J].烟草科技(2): 45-47.

沈建平，陈乾锦，张根顺，等，2003.烟草粉螟的发育历期、发育起点温度与有效积温研究 [J].江西农业大学学报，25(3): 366-368.

汤朝起，张俊，陆益敏，2000.烟草甲和烟草粉螟的防治研究 [J].中国烟草科学，21(4): 50-52.

（撰稿：王秀芳；审稿：任广伟）

烟草甲　*Lasioderma serricorne* (Fabricius)

一种世界性分布的以危害烟草、粮食、中药材等储藏物品为主的杂食性害虫。英文名 cigarette beetle。鞘翅目（Coleoptera）窃蠹科（Anobiidae）毛窃蠹属（*Lasioderma*）。广泛分布于两极之外的东洋区、古北区、澳洲区、非洲区、新北区和新热区等 6 大生物地理区。中国除宁夏、青海等外均有分布。

寄主　严重危害储藏的烟叶及其加工产品，也可危害谷

图 1　烟草甲形态图（杨文佳、朱晓晔提供）
①成虫；②幼虫

物、中药材、干果、动物性药材、动植物标本等。

危害状　对于储藏烟草，烟草甲喜取食叶肉，仅留表皮；对于卷烟，可随加工的烟丝进入卷烟内部，蛀食烟丝，蛀穿卷烟纸。对于其他储藏物品，烟草甲一般以钻蛀危害为主，形成纵横交替的隧道，烟草甲成虫、幼虫等藏匿其中，物品表面则是数量不等、大小不均的小孔，严重时周围形成大量粉末（图 2、图 3）。

形态特征

成虫　体长 2～3mm，卵圆形，红褐色，密被倒伏状淡色绒毛。头隐于前胸背板之下；触角淡黄色，短，第四至第十节锯齿状。前胸背板半圆形，后缘与鞘翅等宽。鞘翅上散布小刻点，刻点不成行。前足胫节在端部之前强烈扩展；后足跗节短，第一跗节为第二跗节的 2～3 倍（图 1①、图 4）。

卵　长椭圆形，长约 0.5mm，淡黄色。

幼虫　老熟幼虫长约 4mm，身体弯曲，密生细毛。头部淡黄色。有胸足 3 对（图 1②、图 5）。

蛹　椭圆形，长约 3mm，乳白色。

生活史及习性　烟草甲每年发生代数因地而异。低温地区 1 年发生 1～2 代，高温地区 7～8 代。多数地区自然库房状态下一般年份发生 3～6 代。主要以幼虫越冬，少数以

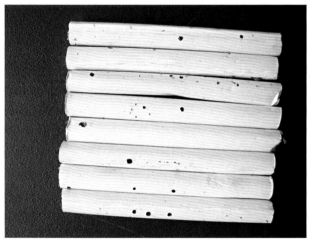

图 2　烟草甲危害卷烟（任广伟提供）

图 3　烟草甲危害烟叶（任广伟提供）

图 4　烟草甲成虫（任广伟提供）

图 5　烟草甲幼虫（任广伟提供）

蛹越冬。上海、河南、安徽、江西南昌、湖北武昌1年发生2～3代，湖南长沙3～4代，福建4代，贵阳2～3代。在河南郑州、安徽合肥，越冬幼虫5月初开始化蛹，5月上旬出现成虫，5月下旬至6月上旬为越冬代成虫盛发期；7月中、下旬为第一代成虫盛发期；第二代成虫8月中旬出现，8月下旬至9月上旬为盛发期。在贵阳地区越冬代幼虫多在4月开始化蛹，越冬代成虫于5月上旬出现，5月下旬发生量大；第一代成虫的盛发期为7月中旬；第二代成虫的盛发期为9月下旬至10月上旬；以第三代幼虫及少数蛹在烟包及卷烟或者其他被害物内越冬。

烟草甲幼虫孵出后取食卵壳，有群集性，耐饥力较强。初孵幼虫活泼，具负趋光性，通常隐蔽在避光处危害，喜蛀入烟梗或咬食烟叶片或中药材取食。老熟幼虫行动迟缓，同时停止取食，并以分泌物黏缀寄主食物的碎屑。在包装物、寄主食物或缝隙中做半透明白色坚韧薄茧，在茧内化蛹。幼虫化蛹前要经过7天左右的预蛹阶段，不食不动。成虫羽化后需在蛹室内静伏一段时间，待性成熟后外出交配、产卵。产卵方式多为散产，且具有选择性，多产在烟叶主脉凹陷处、叶片皱褶处、烟屑中或中药材碎屑中。成虫白天或光线强时潜伏于缝隙黑暗处，黄昏、夜间或高温、高湿时飞出活动，有假死性、趋光性。

烟草甲的发生受温度、湿度及寄主食物的影响较大，因此，其在不同地区的发生时间、发生代数、高峰期等均有差异。烟草甲的卵、幼虫、蛹及全世代在烟叶上的发育起点温度分别为15.49℃、10.36℃、15.42℃和12.53℃，有效积温分别为35.99、422.07、72.38和524.85日·度；其各虫态在中药材红参上的发育起点温度分别为16.51℃、11.07℃、11.78℃和12.20℃，有效积温分别为89.59、669.53、137.12和912.72日·度。在25～35℃范围内，60%～80%相对湿度下，其卵期为5.0～12.0天，幼虫期6.38～92.2天，蛹期3.2～12天，成虫期10.5～22.8天，完成一代的总历期为29.1～109.2天。

烟草甲单雌平均产卵量在41～72.0粒，最大产卵量可达134.0粒，其内禀增长率 r_m 在营养麦片上为0.047，净增殖率 R_0 为19.14，种群趋势指数 I 为39.77；而 r_m、R_0 和 I 在甘草上分别为0.016、4.64和7.55；在干酵母与麦麸配制的人工饲料上，r_m 和 R_0 可分别达到0.09和33.83。

防治方法

物理防治　利用高温和低温持续处理，可杀死烟草甲的各虫态个体。高温在卷烟加工过程中常用于烟草甲的防治。天气寒冷的地区，打开烟叶仓库门窗通风，可直接抑制烟草甲的生长和繁殖。

气调技术防治储藏物害虫被公认为是一项有效化学药品熏蒸替代技术。利用高浓度 CO_2 和低浓度 O_2 协同作用，联同改变储藏环境的温度和湿度来提高对害虫的控制得到国内外学者的认可。国外利用 CO_2、O_2 和 N_2 为65：8：27的体积比控制烟草甲，取得了理想的防治效果。在中国 CO_2 气调被很好地运用在中药材储藏期烟草甲的防治，并深入阐明了 CO_2 气调的作用机理，这一技术在贵州多家中药材及医药公司得到推广和应用，但是气调技术仍面临烟草甲抗气性的问题。

利用γ射线、X射线照射可导致烟草甲死亡，如利用 ^{60}Coγ 射线进行卷烟辐射可防虫、防霉，实现在常态下延长贮藏期的目的。另外，某些辐射可引起烟草甲的不育。

此外，利用薄膜包装烟草及烟仓安装窗纱、气帘可有效阻隔烟草甲侵害，还可利用灯光诱捕器诱杀烟草甲成虫。

化学防治　对烟草甲的防治仍以化学防治为主，最常用的方法是利用以磷化铝或磷化镁为发生剂的磷化氢进行熏蒸处理。随着国内外对环境保护的日益重视及害虫的抗性问题，化学防治也越来越受到相关法规的制约，需要新的熏蒸药剂以及非化学防治控制烟草甲的开发研究。

生物防治　烟草甲的天敌昆虫主要是米象金小蜂 [Lariophagus distinguendus（Förster）]。此外，田野细角花蝽 [Lyctocoris campestris（Fabricius]也可捕食烟草甲，腐食酪螨（Tyrophagus putrescentiae Schrank）、海肥螋 [Anisolabis maritima（Bonelli]可寄生和捕食烟草甲幼虫。

苏云金杆菌（Bt）制剂在控制烟草甲幼虫方面具有杀虫潜力，目前分离出属于苏云金亚种、库斯塔克亚种、肯尼亚亚种等多种高毒力的致病株系。但Bt药效慢、成本高和专一性强，在限定的时间和剂量下，Bt菌株或商品制剂作为烟草甲杀虫剂并不理想，其规模化应用尚有待评估。此外，诸如玫烟色拟青霉（Paecilomyces fumosoroseus）、布氏白僵菌（Beauveria brongniartii）、球孢白僵菌（Beauveria bassiana）、环链拟青霉（Paecilomyces cateniannulatus）及斜链拟青霉（Paccilomyces cateniobliquus）等多种虫生真菌对烟草甲具有致病力，但高致病菌株还在筛选、测试中。

国内外在利用植物材料或植物提取物进行烟草甲防治方面，开展了大量植物源农药的研究，一些杀虫植物提取物有良好的发展前景，主要涉及植物精油和柠檬素类化合物两个方面。植物精油的主要作用方式为熏蒸，极具开发利用前景，而含有柠檬素的植物是印楝（Azadirachta indica），对烟草甲的急性触杀作用不强，但后效作用明显。

利用烟草甲性信息素诱捕烟草甲，其有效成分为（4S，6S, 7S）-7-羟基-4,6-二甲基-3-壬酮。常用的诱芯有新型Serrico诱芯、Lasiotrap诱芯和Trécé诱芯，主要用于烟草甲种群数量动态监测，也可用于诱杀控制。烟草甲性信息素与腊状芽孢杆菌（Bacillus cereus）联合使用，可有效控制烟草甲危害。

参考文献

李灿，李子忠，周波，等，2007. 高浓度二氧化碳对药材甲和烟草甲乙酰胆碱酯酶活性的影响 [J]. 植物保护学报，34(6): 642-646.

李灿，2008. 中药材储藏期主要害虫种群生态及气调毒理研究 [D]. 贵阳：贵州大学.

吕建华，袁良月，2008. 烟草甲生物学特性研究进展 [J]. 中国植保导刊，28(9): 12-15.

张生芳，刘永平，武增强，1998. 中国储藏物甲虫 [M]. 北京：中国农业科技出版社：279-280.

IMAI T, 2014. The additive effect of carbon dioxide on mortality of the cigarette beetle Lasioderma serricorne (Coleoptera: Anobiidae) in low-oxygen atmospheres[J]. Applied entomology & zoology, 50: 11-15.

LI C, LI Z Z, CAO Y, et al, 2009. Partial characterization of stress-induced carboxylesterase from adults of Stegobium paniceum and *Lasioderma serricorne* (Coleoptera: Anobiidae) subjected to CO_2-enriched atmosphere[J]. Journal of pest science 82: 7-11.

MAHROOF R M, PHILLIPS T W, 2008. Life history parameters of *Lasioderma serricorne*, (F.) as influenced by food sources[J]. Journal of stored products research, 44(3): 219-226.

RAJENDRAN S, NARASIMHAN K S, 1994. Phosphine resistance in the cigarette beetle (Coleoptera: Anobiidae) and overcoming control failures during fumigation of stored tobacco[J]. International journal of pest management, 40: 207-210.

YOU C, GUO S, ZHANG W, et al, 2015. Identification of repellent and insecticidal constituents from *Artemisia mongolica* essential oil against *Lasioderma serricorne* [J]. Journal of chemistry 2015: 1-7.

（撰稿：李灿；审稿：张生芳）

烟草潜叶蛾 *Phthorimaea operculella* (Zeller)

一种世界性分布的潜叶型害虫。又名马铃薯块茎蛾、马铃薯麦蛾。英文名 tobacco splitworm。鳞翅目（Lepidoptera）麦蛾科（Gelechiida）块茎蛾属（*Phthorimaea*）。原始虫源地位于中美洲和南美洲地区。被许多国家列为植物检疫对象，目前已经发展成为一种世界性害虫。中国对烟草潜叶蛾的记载始于1937年，初时主要在云南、贵州、广西局部地区发生，现已几乎遍布全国，包括四川、贵州、云南、广东、广西、湖北、湖南、江西、河南、陕西、山西、山东、甘肃、安徽、台湾等地。全国多数烟区发生较轻，仅个别烟区少数烟田发生较重，山东部分烟田时有发生。

寄主 最嗜寄主为烟草，其次为马铃薯和茄子，也可危害辣椒、番茄、枸杞等植物。

危害状 该虫以幼虫潜食于叶片之内蛀食叶肉，仅剩上下表皮，形成弯曲的隧道，随着叶片的生长，隧道逐渐扩大而连成一片，形成透亮的大斑（图1）。

形态特征

成虫 雌成虫体长5～6.2mm，雄成虫体长5～5.6mm，翅展14.2～15.8mm。体灰褐色，微带银灰色光泽。头顶有发达的毛簇，复眼黑褐色。触角黄褐色，丝状。前翅狭长，灰褐色或黄褐色，有黑色；翅尖略向下弯，臀角钝圆；翅前缘及翅尖颜色较深，翅中部有3～4个黑褐色斑点。雌蛾停息时两翅上的条斑合并成长斑纹，臀区具黑褐色大条斑；雄蛾无黑条斑，仅有4个黑褐色斑点，两翅合并时无长条斑。前翅缘毛长短不等，但排列整齐。后翅灰褐色，翅尖突出，前缘基部具有长毛一束（图2）。

卵 椭圆形，长约0.5mm，宽约0.4mm，光滑。初产时乳白色，略透明，有白色光泽，孵化前变为黑褐色，有紫色光泽。

幼虫 体色多灰绿色或黄白色。老熟幼虫体背淡红色或暗绿色，长10～13mm，头部棕褐色，每侧有单眼6个。前胸背板及胸足黑褐色，臀板淡黄色。腹足趾钩双序环形，臀足趾钩双序横带微弧形（图3）。

蛹 近似圆锥形，长5～7mm，宽1.2～2mm。初期淡绿色，中期棕黄色，后期复眼、翅芽、跗节均为黑褐色。臀棘短而尖，向上弯曲，周围有刚毛8根。

生活史及习性 烟草潜叶蛾的发生期及每年发生代数因地而异。高温高湿不利其发生为害，干旱少雨的地方相对发生较重。烟草潜叶蛾的发生有世代重叠现象，其中在四川每年发生6～9代，在湖南长沙每年发生6～7代，在云南昆明每年发生5代，在河南、山西每年发生4代或不完全

图1 烟草潜叶蛾危害状（任广伟提供）

图2 烟草潜叶蛾成虫（任广伟提供）

图3 烟草潜叶蛾幼虫（任广伟提供）

Y

的 5 代。烟草潜叶蛾各虫态在中国南方均能越冬，主要以幼虫在冬藏薯块、田间残留薯块、烟残株和茄茬等越冬。冬季在室内仍可危害，但发育较慢。在河南、陕西等地，幼虫在田间或窖藏薯块上均不能越冬，只有少量蛹可以越冬。烟草潜叶蛾在中国南、北方的发生差异大。在云南、贵州烟区，越冬代成虫于 1 月中旬至 2 月中旬出现，第一代幼虫主要在未清理的越冬烟茬新萌发的权芽叶上生活，同时危害烟苗；第二至第四代幼虫则危害大田生长期烟株，9 月以后的第四至第五代幼虫在烟草残株上生活。在河南烟区，第一代幼虫 3 月下旬即开始危害自生烟苗，第二代开始在烟草、茄子上繁殖危害。在陕西，第一代幼虫在 4 月中旬才开始危害马铃薯，第二代幼虫 6 月上旬至 7 月上旬开始转移到烟草和茄子上取食。

成虫白天潜伏，夜晚活动。成虫飞翔能力不强，有趋光性，雄成虫比雌成虫趋光性强。羽化当天或次日成虫开始交配，羽化后 2～4 天的成虫交配活跃，有多次交配现象，温度低时需经 2～3 天后才开始交配。以烟草为例，卵多散产于幼苗期，多产于心叶的背面、大田烟株的基部第一至第四片叶的反面或正面中脉附近，有时也产于烟茎基部。幼虫孵化后吐丝下坠，随风扩散到附近植株上开始蛀食。老熟幼虫咬破潜道的下表皮，然后在土面或土表下做土茧化蛹。幼虫有极强的抗饥饿能力，初孵幼虫耐饥力在 8 天以上，三龄幼虫则长达 46 天左右。

发生规律

气候条件　烟草潜叶蛾的发育速度与温度密切相关，27.2 ℃时卵的历期为 2 天，12.4 ℃时为 25 天；在 27.5～27.7 ℃时，幼虫发育历期 7～11 天；蛹发育历期在均温 26.9～27.6 ℃时为 4～9 天，16.8 ℃时为 14～21 天。成虫寿命在 30.3 ℃时为 4～8 天，25 ℃时为 17 天。卵、幼虫和蛹的发育起点温度和有效积温分别为 13 ℃ /58.8 ℃、13.4 ℃ /162.4 ℃、16 ℃ /83.7 ℃。整个世代的发育起点温度为 8.6 ℃，有效积温为 370.1 ℃。

耕作条件　前茬作物等影响烟草潜叶蛾的种群数量和发生程度。在湖南和云南的研究表明，前茬为水稻的烟田潜叶蛾危害极轻，前茬为马铃薯、烟草或附近有马铃薯、茄子、蔓陀罗等寄主植物的烟田发生严重。

寄主植物　烟草潜叶蛾的主要寄主植物包括烟草、马铃薯、茄子等，幼虫对烟草选择性强，有烟草时幼虫不取食马铃薯和茄子等。由于烟草潜叶蛾嗜食烟草，同时危害马铃薯，故这两种植物的种植格局直接影响其分布，例如在贵州，马铃薯田与烟田面积之比约为 10：3，烟草潜叶蛾发生比较普遍；四川、湖北马铃薯田与烟田面积之比约为 10：1，烟草潜叶蛾发生不够普遍。

防治方法

严格执行检疫制度　烟草潜叶蛾主要通过人为运输马铃薯传播，若发现薯块中有幼虫、蛹、卵时，必须进行熏蒸杀虫处理或停止调运。

农业防治　清除烟草残株落叶及烟地附近的茄科植物残体，集中处理，以减少越冬虫源。在以烟草种植为主的地区，避免种植马铃薯。烟草移栽时，发现幼虫，立即防治，并结合烟田的中耕、培土措施摘除脚叶，集中处理，以减少

成虫产卵及幼虫危害的集中场所。

生物防治　近年来，国内外对烟草潜叶蛾天敌的研究正由过去的以生物学和生态学为主逐渐转入实际应用，通过保护利用天敌昆虫来控制烟草潜叶蛾种群。

化学防治　于幼虫发生初期进行药剂防治，一般喷施 1～2 次，间隔 10 天 1 次。可选用 1.8% 阿维菌素乳油 3000 倍液或 2.5% 高效氯氟氰菊酯乳油 2000 倍液等。

参考文献

曹骥，陈仲梅，文家慧，1981. 烟潜叶蛾在我国的分布 [J]. 动物学研究，2(4): 327-332.

陈丹，陈德鑫，许家来，等，2013. 五种杀虫剂对烟草潜叶蛾的毒力测定 [J]. 中国烟草科学，34(2): 37-40.

任广伟，秦焕菊，徐建华，1999. 山东烟区首次发现烟草潜叶蛾危害烟草 [J]. 中国烟草科学 (4): 51.

武祖荣，1957. 烟草潜叶蛾的初步研究 [J]. 昆虫学报 (1): 67-88.

朱弘复，1953. 菸潜叶蛾 [J]. 昆虫学报 (4): 259-263.

（撰稿：陈丹；审稿：徐蓬军）

烟草蛀茎蛾　*Scrobipalpa heliopa* (Lower)

一种世界性分布的茎部蛀食类害虫。又名烟草茎蛾、烟草瘦蛾、烟草麦蛾等。英文名 tobacco stem borer。鳞翅目（Lepidoptera）麦蛾科（Gelechiidae）沟须麦蛾属（*Scrobipalpa*）。世界性分布害虫，国外分布于亚洲、欧洲、非洲和大洋洲。中国主要分布于广东、广西、湖南、湖北、江西、四川、云南、贵州、台湾等长江以南地区。

寄主　以烟草和茄子为主要寄主，尤嗜食烟草。

危害状　在烟草苗床及大田均可发生危害。其中，苗期危害会形成虫瘿（俗称"大脖子"），造成生长停滞，植株矮小，顶端叶片细小呈簇状，叶片不能伸展，且易分权和发生侧芽；在大田烟株生育期，幼虫多在烟草植株主茎髓部蛀食，外观症状不明显，但会造成植株显著矮小、茎围加大、叶片变小，严重影响烟叶的产量及质量（图 1）。

形态特征

成虫　体黄褐色或灰褐色，长 7～8mm，翅展 13～15mm。丝状触角，长约为体长的 2/3。复眼圆形、黑褐色。头顶有毛簇。前翅狭长，呈棕褐色或褐色，无斑，翅上有黑褐色鳞片，翅外缘和后缘均着生长缘毛。后翅菜刀状，灰褐色，比前翅稍宽大，顶角突出，翅缘有长毛。足的胫节以下黑白相间，跗节 5 节，具 2 爪。雌成虫腹部末端丛毛排列整齐，两侧有黄白色长毛丛，雄成虫无毛丛。雌成虫具翅缰 3 根，雄成虫仅为 1 根。

卵　长椭圆形，长约 0.5mm，宽 0.3mm，表面粗糙。初产时乳白色、微带青色，后渐变为浅黄色，孵化前卵内可见黑点。

幼虫　体色依虫龄不同而异，初孵幼虫多为灰绿色，后变为黄白色或乳白色；老熟幼虫体长 10～13mm，多皱褶。头部棕褐色。胸部稍肥大，前胸背板及胸足黑褐色。臀板褐色或黄褐色。腹足趾钩单序环形，臀足趾钩单序横带（图 2）。

图 1　烟草蛀茎蛾危害状（任广伟提供）

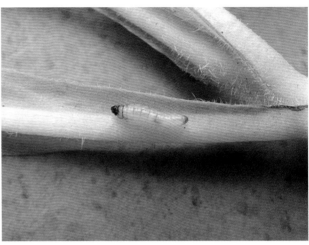

图 2　烟草蛀茎蛾幼虫（任广伟提供）

　　蛹　呈纺锤形，棕色，长 5～8mm，宽约 2mm。臀棘小，钩齿状，两侧生有尖端弯曲的刚毛。

　　生活史及习性　成虫夜晚活动，受惊时可做短距离飞行，但多白天羽化，其中 8：00～12：00 最多。羽化后当日即可交配，但多数羽化后 2～3 天交配，可进行多次交配，交尾时间一般 2～7 小时。交尾前，雌、雄蛾相互追逐数分钟；交尾时，雌、雄蛾呈"一"字形静止不动。成虫趋光性弱，多栖息于烟叶背面或杂草丛等隐蔽处，产卵前期为 1～3 天，产卵期 5～7 天，单雌产卵量通常 30～80 粒，最多可达 198 粒，产卵时间多在 18：00 至翌日 8：00，卵多数产于叶背、叶面、嫩茎及叶耳处。成虫寿命 4～16 天。

　　初孵幼虫由烟叶表皮蛀入取食叶肉，后可沿支脉、主脉、叶基蛀入烟茎，也可直接从叶基或茎端直接蛀入烟茎。幼虫活动能力弱，不转株取食危害，烟株死亡后仍在烟株残体内蛀食。幼虫在取食处结白色薄茧化蛹。成虫羽化后，由羽化孔钻出。

　　多以幼虫或蛹在烟茬、烟秆内越冬，成虫和蛹也可越冬。无滞育现象。冬季天暖时，幼虫仍会在未腐烂的烟秆髓部及皮层处活动、取食。冬季会有部分老熟幼虫化蛹、羽化，但多数死亡。烟草蛀茎蛾在中国每年发生 3～5 代，其中，贵州 3～4 代，湖南、江西、云南、广西等地区一般发生 4～5 代，具有世代重叠现象。

　　以贵州为例，越冬幼虫常在 3 月上旬化蛹，至 4 月上旬开始羽化，羽化盛期一般在 4 月下旬至 5 月上旬。第一代幼虫孵化盛期发生在 5 月中旬，春烟旺长始期危害，是造成烟草损失的主要时期和防治的关键时期。第二代幼虫孵化盛期在 6 月下旬至 8 月上旬，此时春烟处于旺长至成熟采收期，仅对晚栽烟有一定的影响。第三、第四代幼虫孵化盛期发生在 9 月上旬至 10 月下旬，以幼虫和蛹进入越冬状态。由于第三、四代幼虫期，烟叶大部采收完毕，基本不造成经济损失。

　　发生规律　冬季气温高，早春气温回升快，则越冬幼虫及蛹死亡率低，导致翌年成虫存活基数提高，成虫羽化亦早，易暴发危害。若 1 月均温低于 0.4±0.9℃ 时，越冬虫态会全部死亡。连续晴天、高温低湿能抑制成虫羽化。当日均温大于 27℃，相对湿度 51% 时，蛹难以羽化为成虫，死亡率高达 86.4%。卵、幼虫、蛹发育历期的长短与温度的关系密切。大雨等不利天气可杀死初孵幼虫。海拔高度越高发生越轻，一般低于 800m 的地区受害重，1000m 以上地区发生轻。

　　防治方法

　　农业防治　烟蛀茎蛾的主要越冬场所为烟秆，因此加强管理，做好田间卫生，可有效减少翌年虫口基数。另外，带虫烟苗也是田间发生危害的虫源之一，移栽时选取无虫健苗是预防烟蛀茎蛾的关键措施之一。

　　化学防治　越冬代成虫产卵高峰期至幼虫孵化期用 2.5% 高效氯氟氰菊酯乳油 2000 倍液喷雾；移栽时用上述药液浸苗 1～2 分钟，对已蛀食的幼虫也有一定的防治效果。

　　参考文献

　　杜予州，陈凤玉，杨绪纲，1991. 贵州烟草蛀茎蛾的发生与分布调查初报 [J]. 耕作与栽培 (2): 51-52.

　　高念昭，1990. 烟草蛀茎蛾的危害发生与防治 [J]. 烟草科技 (3): 45-46.

　　胡坚，2006. 烟蛀茎蛾的发生及防治 [J]. 南方农业学报，37(6): 676-677.

　　简富明，狄光华，1983. 息烽县烟草蛀茎蛾发生条件调查 [J]. 贵州农业科学 (4): 54-55.

　　刘春明，徐鸿飞，罗简波，2014. 云南红河州烟草蛀茎蛾发生初报 [J]. 云南农业科技 (5): 12-14.

（撰稿：王新伟；审稿：任广伟）

烟翅腮扁蜂　*Cephalcia infumata* Zhang et Wei

　　中国特有的云杉食叶害虫。又名烟翅腮扁叶蜂。膜翅目（Hymenoptera）扁蜂科（Pamphiliidae）腮扁蜂亚科（Cephalciinae）腮扁蜂属（*Cephalcia*）。国外目前无分布记载。中国目前发现分布于内蒙古和宁夏，但青海和甘肃地区的青海云杉林区都可能是潜在的分布区和危害区。

　　寄主　松科的青海云杉（*Picea crassifolia* Kom.）。目

前未发现取食其他植物。

危害状　以幼虫做虫巢取食云杉针叶（图⑭）。贺兰山区危害较严重的区域，青海云杉平均被害株率达 85.8%、平均枝梢被害率 78.1%，致使云杉针叶几乎被食光，树冠畸形，树势衰弱，远观似火烧，严重影响青海云杉正常生长，甚至造成树木死亡（图⑬）。

形态特征

成虫　雌虫体长 14～15mm（图①）。体黑褐色，头部色斑背面观如图⑤，前面观如图⑥，黄斑较小；触角黄褐色，端部 10 节左右褐色；前胸背板前腹角后缘狭边、翅基片、中胸背板前叶后半部、小盾片横斑、中胸前侧片顶角小斑黄褐色；腹部第二至六背板两侧边缘和背板缘折、第二腹板后缘狭边、第三至六腹板后缘宽边、第七至十节大部和尾须橘褐色；足基半部黑色，前足膝部、中后足股节前侧端半部和各足胫跗节浅褐色。翅显著烟褐色，翅外缘和翅痣下方模糊横带烟色深于其余部分，翅痣黑褐色，前翅基部 1/3 稍带烟黄色光泽，该区域翅脉浅褐色，其余部分翅脉黑褐色；后翅均匀深烟褐色。体毛暗褐色。头部具粗疏浅大刻点，刻点间隙无明显刻纹；唇基后部、唇基上区刻点较粗密，触角窝侧区刻点浅弱模糊，局部光滑；内眶上半部、额区和单眼区刻点糙密集（图⑤⑥）；中胸背板前叶后半部几乎光滑，无刻纹和刻点；侧叶中部、前坡和后坡具粗大刻点；小盾片具稀疏浅弱刻点和微刻纹；中胸前侧片大部具不规则皱刻纹和浅弱、模糊刻点；腹部第一背板刻纹细弱，第二至六背板除两侧缘外刻纹细密。左上颚外齿中部具明显肩状齿，右上颚双齿（图⑦）；唇基前缘钝截型，颚眼距约 1.7 倍于侧单眼直径；触角窝侧区两侧和背缘圆钝，无脊，触角窝侧区下部约 2/5 光裸、无刻点，复眼下缘间距 2.3 倍于复眼长径（图⑥）；单复眼距：后单眼距：单眼后头距 =45：12：52（图⑤）；后眶中下部无后颊脊；触角 25～26 节，第三节明显长于第一节，长宽比约等于 5.5，稍长于第四和五节之和（图③）。前足胫节近端部无亚端距，胫节端半部内侧具 1 列中端部扁平的刺毛，中后足各具 2 组共 3 个亚端距；爪内齿短小，近中位，短三角形。前翅 C 室和 Sc1 室具较稀疏但明显的刺毛，Sc2 室和翅缘光裸无毛；Cu 脉脉桩显著。第七腹板具 1 对向后强烈分歧的显著斜脊。雄虫体长

烟翅腮扁蜂（图①～⑪魏美才、张宁摄，图⑫～⑮王晓勤摄）

①雌成虫；②雄成虫；③雌虫触角基部 5 节；④阳茎瓣；⑤雌虫头部顶面观；⑥雌虫头部前面观；⑦雌虫上颚；⑧雄虫外生殖器；⑨雄虫头部背面观；⑩雄虫头部前面观；⑪雄虫腹部末端侧面观；⑫落地幼虫；⑬青海云杉林被害状；⑭幼虫和虫巢；⑮蛹

13～14mm（图②）；体色和构造类似雌虫，但头部内眶上端和单眼后区侧沟上的纵斑缺如（图⑨），内眶下部和唇基全部黄色（图⑩），中胸小盾片黑色，中胸前侧片中部具倾斜黄褐色长斑，腹部第七背板大部、第八背板中部黑色，各足基节端部、转节大部、股节和胫跗节全部黄褐色；头部后颊脊较明显；下生殖板端部明显瘤突状突出（图⑪）；阳茎瓣头叶近似长方形，端缘钝截型，无尾角（图④）；抱器长大于宽，端部钝截形（图⑧）。

卵　长椭圆形，稍弯曲，长 1.5～2.2mm。卵初产为灰绿色，有油光，逐渐变为白色，孵化前渐变为黑色。

幼虫　老熟幼虫体长 15～20mm。幼虫体青绿色；头部暗褐色至深褐色；触角 7 节，暗褐色；体节气门周围色泽稍暗（图⑫）。

蛹　离蛹，体长 13～15mm；初蛹乳白色，渐变鲜绿色，羽化前颜色逐渐变深（图⑮）。

生活史及习性　在内蒙古阿拉善云杉林区 2 年 1 代。以老熟幼虫在土内越冬，第二年幼虫在土层内不食不动，第三年 5 月上旬土壤渐渐解冻后开始活动；5 月上旬初见蛹，中旬为化蛹盛期，下旬为化蛹高峰期；5 月下旬成虫开始羽化，6 月中旬为成虫羽化盛期，6 月底为羽化末期；6 月下旬初见幼虫孵化，7 月中旬为幼虫盛期，7 月下旬为幼虫孵化高峰期，8 月中旬所有幼虫均已入土越冬。成虫在晴天喜于树冠下飞行，雄成虫飞翔能力稍强，较活跃，雌虫不活跃。成虫发育进度与温度有关，同一时期海拔高的地段有少量的成虫飞翔，山下几乎见不到成虫。成虫寿命 7 天左右。卵成单行产于针叶上，每个针叶上产 5～6 粒卵。每个雌虫平均产卵量 50 粒左右。卵期 15 天左右。幼虫孵出后即在孵化处小枝上取食针叶基部叶肉，边食边将粪便排于身后。二龄以后幼虫转移到针叶上，吐丝连缀针叶成网，慢慢形成虫巢继续危害，同一虫巢内可有多头至数十头幼虫取食危害。幼虫老熟时爬出虫巢，坠地钻入土中，在 5～6cm 深的土层中越冬，直到第三年 5 月下旬，成虫羽化后钻出土层。

防治方法

物理防治　根据烟翅腮扁叶蜂成虫具有趋黄色的特性，在云杉距地面 1m 上下的树干上缠围黄色粘虫胶带诱杀成虫，效果比较显著。成虫盛发期，一圈 20cm 左右宽度的胶带上可诱杀数百只雄成虫（但雌虫甚少）。在林间 1.5m 左右高度上悬挂黄色诱虫板，也有一定的诱杀效果。但本法成本偏高，色板回收比较困难。根据成虫飞行能力较弱、羽化后沿树干上爬的习性，可以采用普通宽胶带缠绕在树干上，能有效粘杀雌雄成虫。此法成本低，防治效果较好。

化学防治　大面积发生时，采用 3.6% 烟碱、苦参碱微囊悬浮剂和 1.2% 森得保可湿性粉剂飞机喷雾防治，每亩用药 120 克，可有效杀灭成虫。本方法防治范围大、效果好、成本低，能控制烟翅腮扁蜂快速向临近林区蔓延扩散，可推广使用。但因为烟翅腮扁蜂幼虫通常在大虫巢内取食，飞机防治幼虫的效果不佳。

参考文献

姚艳芳，巴依尔，许静，等，2020.阿拉善左旗贺兰山青海云杉常发性害虫危害及防治 [J].内蒙古林业调查设计，43(3): 56-57, 60.

姚艳芳，萨日娜，2017.危害青海云杉的烟翅腮扁蜂初步观察 [J].中国森林病虫，36(6): 45-46.

张宁，杨云天，王晓勤，等，2018.危害青海云杉的腮扁蜂属（膜翅目：扁蜂科）一新种 [J].林业科学，54(2): 126-130.

（撰稿：魏美才；审稿：牛耕耘）

烟粉虱　*Bemisia tabaci* (Gennadius)

一种世界性分布的刺吸类害虫。又名银叶粉虱、甘薯粉虱、棉粉虱。英文名 tobacco whitefly。半翅目（Hemiptera）粉虱科（Aleyrodidae）伯粉虱属（*Bemisia*）。广泛分布于除南极洲外的各大洲，包括 100 多个国家和地区。

烟粉虱最早于 1889 年在希腊的烟草上发现，目前是世界上危害最大的入侵物种之一，对多个国家和地区的农作物造成毁灭性危害。20 世纪 80 年代以前，烟粉虱主要在棉花上危害；80 年代以后，发现此虫对西瓜、番茄、豆类、花卉等造成严重的危害。20 世纪 90 年代初，烟粉虱仅限于 30 个国家和地区，后来迅速蔓延至世界各地。在中国，烟粉虱作为非主要经济害虫始记于 1949 年。20 世纪 90 年代后，烟粉虱的分布范围逐步扩大，为害日趋严重，引起广泛关注。1997 年烟粉虱开始在广东东莞发生危害；2000 年，烟粉虱在河北、北京、广东、天津、山东、河南等多个地区大发生。

烟粉虱是一个包含 30 多个隐种的物种复合体，中国境内已报道包括 13 个本地种和 2 个全球入侵种在内的 15 个烟粉虱隐种。两个入侵种为中东—小亚细亚 1 隐种（Middle East–Asia Minor 1 隐种）（原称为 B 型）和地中海隐种（Mediterranean 隐种），在烟草上均可危害。2003 年，烟粉虱几乎遍布全国，其中 B 型为主要生物型。近年，在中国的河南、北京和云南等地又相继发现了另一种危害十分严重的烟粉虱生物型，即 Q 型烟粉虱。

寄主　寄主植物 600 多种，可危害烟草、番茄、木薯、棉花以及十字花科、葫芦科、豆科、茄科、锦葵科植物等。

危害状　烟粉虱成、若虫均可危害，在寄主叶片和嫩茎上刺吸汁液，造成植株生长发育受阻，并可分泌蜜露污染

图 1　烟粉虱危害状（任广伟提供）

Y

叶片、诱发煤污病，影响叶片光合作用。烟粉虱在刺吸危害的同时还可传播多种植物病毒，如烟草曲叶病毒（Tobacco leaf curl virus，TLCV）（图1）。

形态特征

成虫 雌成虫体长约0.91mm，雄成虫略小，体长约0.85mm。体黄色，翅白色，体、翅均覆有白色粉状物。前翅翅脉不分叉，左右翅合拢时呈屋脊状。触角7节，跗节2节，约等长，端部具2爪，并有爪间鬃。雌成虫尾端尖形，雄成虫尾端呈钳状（图2）。

卵 长椭圆形，有光泽，长约0.2mm，基部以短柄黏附于叶片。卵初产时淡黄绿色，孵化前颜色加深至深褐色。

若虫1～3龄 初孵若虫椭圆形，灰白色，稍透明；二、三龄若虫触角与足等附肢消失，仅有口器，固定在叶片背面取食，体灰黄色。

伪蛹 四龄若虫末期，体长0.6～0.9mm，椭圆形，后方稍收缩，淡黄色，稍透明，背面显著隆起并可见红褐色复眼。伪蛹壳卵圆形，边缘扁薄或自然下陷，无周缘蜡丝，黄色，中胸部分最宽，有2根尾刚毛。胸气门和尾气门外常有蜡缘饰，在胸气门处呈左右对称。管状孔三角形，长大于宽，孔后端有小瘤状突起，孔内缘具不规则齿，盖瓣半圆形可覆盖孔约1/2，舌状器呈长匙形，伸出于盖瓣之外（图3）。

生活史及习性 烟粉虱的发生代数，因各地气候条件不同而差异显著，在热带和亚热带等气候适宜的地区每年发生11～15代，在温带地区每年可发生4～6代。在中国的北方露地不能越冬，但在保护地可常年发生，每年10代以上，田间世代重叠极为严重。在温室大棚等保护地里，烟粉虱各虫态都可越冬，但自然条件下一般以卵、四龄若虫或成虫在杂草上越冬，春季和夏季迁移至经济作物，随温度上升，虫口数量迅速增加，常在夏季暴发成灾。

成虫有趋嫩、趋黄色和集聚的习性，多在温暖无风的天气活动。雌雄成虫常成对停落于叶片背面。温度较高，阳光明媚时活跃，白天比晚上活跃，晴天比阴天活跃。成虫羽化24小时后产卵，卵散产或排列成环状，多产于植株上中部叶片背面。一龄若虫孵化后可四处爬动，常在靠近叶脉处吸食叶片组织的汁液。若虫含4个龄期，其中四龄若虫通常被称为伪蛹。烟粉虱以两性生殖为主，可产生雌虫和雄虫，也可产雄孤雌生殖。烟粉虱在不同的寄主植物上发育时间不同。25°C条件下，从卵到成虫需要18～30天。成虫寿命为10～22天。单雌产卵量多为30～300粒。

发生规律

气候条件 ①温度。在21～28°C的范围内，烟粉虱产卵量随温度的升高而增多，成虫在适合的寄主上平均产卵200粒以上。在32.2°C时，其单雌产卵量仍可达72粒，低于14.9°C时停止产卵。烟粉虱的发育历期随温度升高而缩短，在15～30°C条件下，卵在茄子上的历期从25.8天降至4.2天，若虫期从79.1天降至9.4天。高温适于烟粉虱的发生和繁殖。②湿度。大雨或暴雨对烟粉虱成虫有较大的杀伤力，往往大雨后数天，成虫数量明显减少。

耕作制度 不同的种植方式可影响烟粉虱种群数量和危害程度。套种甘薯或大豆的烟田烟粉虱发生量均明显高于纯种烟田，甘薯、大豆为烟粉虱最喜食的寄主之一，种植甘薯、大豆起到了吸引烟粉虱的作用，同时与烟草套种形成了寄主之间的重叠，扩大了烟粉虱的取食范围，为烟粉虱的生存及繁殖创造了有利条件。

防治方法

农业防治 ①避免种植越冬寄主。在保护地秋冬茬种植烟粉虱不喜好的半耐寒性叶菜如芹菜、生菜、韭菜等，从越冬环节切断烟粉虱的生活史。烟草育苗棚尽量远离蔬菜大棚，在通风口设置40目防虫网。②清洁田园。及时清理烟粉虱的越冬场所可压低越冬虫口基数。③避免烟草与烟粉虱喜食植物间作套种。

物理防治 ①高温闷棚。在中国北方，危害烟田的烟粉虱多从保护地迁入，可通过高温闷杀法降低烟粉虱虫口密度。具体处理方法：棚内温度45～48°C，相对湿度为90%以上，闷棚时间保持2小时。②黄板诱杀。烟粉虱对黄色有趋性，可在大田内设置黄板诱杀成虫，按照每亩30块黄板密度设置。

生物防治 烟粉虱的天敌资源丰富，如恩蚜小蜂属和浆角蚜小蜂属天敌昆虫，瓢虫、草蛉、花蝽等捕食性天敌。有条件的烟区可释放丽蚜小蜂防治烟粉虱。

化学防治 田间防治烟粉虱应重视前期防治工作，在田

图2 烟粉虱成虫（任广伟提供）

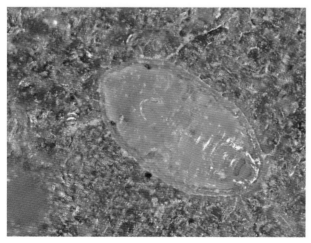

图3 烟粉虱伪蛹（任广伟提供）

间种群数量较低和低龄若虫期是生产上防治的关键时期。可选用如下药剂进行防治：25% 噻嗪酮可湿性粉剂 2000 倍液、1% 阿维菌素乳油 2000～3000 倍液、25% 噻虫嗪水分散粒剂 2000～3000 倍液。每隔 5～7 天防治 1 次，连用 2～3 次可有效控制其危害。施药时最好选择早晨或傍晚施药，喷雾器内适当加少量洗衣粉有利于提高防治效果。

参考文献

刘银泉，刘树生，2012. 烟粉虱的分类地位及在中国的分布 [J]. 生物安全学报，21(4): 247-255.

许丽丽，蔡力，沈伟江，等，2014. 中国部分地区烟粉虱生物型种类及系统发育关系分析 [J]. 应用生态学报，25(4): 1137-1143.

张灿，王兴民，邱宝利，等，2015. 烟粉虱热点问题研究进展 [J]. 应用昆虫学报，52(1): 32-46.

周福才，黄振，王勇，等，2008. 烟粉虱的寄主选择性 [J]. 生态学报，28(8): 3825-3831.

褚栋，毕玉平，张友军，等，2005. 烟粉虱生物型研究进展 [J]. 生态学报，25(12): 3398-3405.

（撰稿：王新伟；审稿：任广伟）

烟盲蝽　*Nesidiocoris tenuis* (Reuter)

危害多种作物的害虫，也是一种捕食性天敌。英文名 tobacco capsid。半翅目（Hemiptera）盲蝽科（Miridae）烟盲蝽属（*Nesidiocoris*）。中国普遍分布，山东、河南、四川、广西、广东、云南和贵州等烟区均有发生。

寄主　烟草、芝麻、泡桐和葫芦科植物等。

危害状　以成、若虫危害烟草叶片、花蕾和花，受害叶片出现失绿斑点或孔洞，蕾和花受害易脱落。烟盲蝽具有杂食性，既能吸食烟草、芝麻、泡桐和葫芦等植物汁液，也能猎食一些小型害虫，如烟蚜低龄若虫、烟粉虱卵和若虫、夜蛾卵及一龄幼虫等。烟粉虱或烟蚜数量较多时，烟盲蝽主要表现为捕食性，而猎物数量不足时，则表现为植食性；对斜纹夜蛾一龄幼虫和烟蚜有明显的捕食作用（图 1、图 2）。

形态特征

成虫　体长 3～5mm，细长，纤弱，黄绿色，具黄色毛。头圆形，复眼后细缩似颈，后缘黑色，中叶黑褐色且突出。喙伸达后足基节。复眼大，黑色。触角褐色，较粗，多毛，第二、三节两端和第一节除端部黄色外，其余部分黑褐色。前胸背板前缘具"宽颈"，黄白色，胝区突出，色深。后侧角钝圆，向侧方突出，后缘前拱。中胸小盾片明显，倒三角形，绿色或淡色，末端黑褐色。前翅半透明，前缘直，多毛，革片顶角和楔片顶角色较深，膜片白色透明。足细长，胫节色暗，具短毛并混生刺毛，跗节末端黑色，假爪垫显著（图 3）。

卵　长 0.7～0.8mm，香蕉形。顶端卵盖平斜。初产时白色透明，近孵化时为棕色。

若虫　共 5 龄，一龄体黄色或橙色，二至五龄体深绿色，翅芽随龄期而增大。五龄若虫体长 2.6～3.1mm，体初无色透明，后变成白色或黄色至深绿色，复眼红色，触角浅

褐色，足浅黄色，翅芽浅黄绿色。

生活史及习性　1 年发生 3～4 代，世代重叠。在 20～30℃、相对湿度 40%～80% 的室内条件下，世代历期为 38±4 天。以成虫在杂草丛等隐蔽场所越冬。翌年 4 月上、中旬开始活动。成虫主要在叶背面活动，遇惊即飞。卵散

图 1　烟盲蝽危害幼苗（任广伟提供）

图 2　烟盲蝽危害成株叶片（任广伟提供）

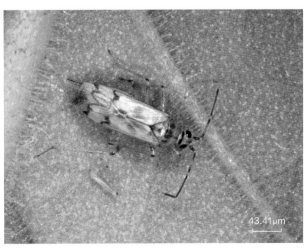

43.41μm

图 3　烟盲蝽成虫（任广伟提供）

产，多产于烟株中部叶片背面主脉或叶柄表皮下，产卵处稍凹陷。温暖季节很活跃，温度在 10℃ 以下时不活跃。

发生规律　在中国烟田主要发生于烟株生长的中后期。

防治方法

农业防治　及时打顶、抹杈，清洁田园，消灭越冬寄主。

化学防治　一般不需单独采用杀虫剂防治，发生严重时可用吡虫啉或氯氰菊酯等药剂进行喷雾防治。

参考文献

官宝斌，陈家骅，陈乾锦，等，1999.烟盲蝽对斜纹夜蛾幼虫和烟蚜的捕食功能反应 [J].中国烟草学报，5(4): 21-24.

胡梅操，1993.烟盲蝽发生危害及其防治研究 [J].江西农业学报，5(2): 150-156.

李正跃，张青文，2005.烟盲蝽田间种群动态及不同龄期与病毒病传播的关系 [J].中国农业大学学报，10(2): 26-29.

张绍升，顾钢，刘长明，2012.烟草病虫害诊治图鉴 [M].福州：福建科学技术出版社.

（撰稿：刘长明；审稿：徐蓬军）

图 1　烟青虫幼虫及危害状（任广伟提供）

烟青虫　*Helicoverpa assulta* (Guenée)

一种烟草食叶性害虫。又名烟夜蛾。英文名 tobacco budworm。鳞翅目（Lepidoptera）夜蛾科（Noctuidae）铃夜蛾属（*Helicoverpa*）。为亚洲、欧洲、大洋洲和非洲共有种。中国各地均有分布。

寄主　寄主植物 70 多种，包括烟草、辣椒、玉米、高粱、亚麻、豌豆、苋菜、向日葵、甘蓝、甘蔗、南瓜、洋葱、扁豆等。

危害状　以烟草为例，烟青虫主要以幼虫取食烟株危害，包括心芽、嫩叶、蕾、花和果实，偶尔蛀食烟茎（图 1），造成烟草产量、质量下降，其中黄淮、华中和西南烟区每年因烟青虫危害造成的烟草产量损失达 5%～10%，严重的超过 25%。发生危害程度年度间变化大，例如，湖南郴州烟青虫危害株率一般在 10.0%～33.6%，危害株率低的年份只有 1%～4%。

形态特征

成虫　体长 15～18mm，翅展 27～35mm。成虫体色呈现显著的雌雄二型，雌蛾体背及前翅棕黄色，雄蛾灰黄绿色。前翅内横线、中横线和外横线波浪状，其中，外横线为双线，亚外缘线为宽带状，内横线与中横线之间有 1 褐色环形纹，中横线上端分 2 叉，叉间有 1 灰褐色肾形纹。后翅近外缘有 1 黑色宽带，宽带内侧中部有 1 条与其平行的黄褐色至黑褐色细线（图 2）。

卵　高 0.4～0.55mm，底部平，扁圆形，卵壳表面有长短相间排列的纵棱，纵棱在卵壳中部有 23～26 条，近顶部边缘处有 8～11 条，卵顶花冠有菊花瓣形纹 11～15 个。卵初产出时为乳白色，数小时后变为灰黄色，孵化前为紫褐色或黑色。

幼虫　初孵幼虫体长约 2mm，末龄幼虫体长 31～41mm。体色多变，常见的体色包括黄褐色、绿褐色、红褐色、青绿

图 2　烟青虫成虫（任广伟提供）

色、黄绿色等。前胸气门前下方 2 毛基部连线的延长线远离气门下缘。体表密生短而粗的小刺，体背常散生白色小点，背中线明显。

蛹　长 17～21mm，纺锤形。蛹初期浅绿色，以后渐变为红褐色。腹部第五至七节前缘密生小刻点，第四节背面刻点较稀。末端有臀刺 1 对，基部靠近。

生活史及习性　烟青虫在全国各地的发生代数差异显著，其中，东北地区 1 年发生 2 代，河北 2～3 代，黄淮地区 3～4 代，湖北、安徽、浙江、上海、四川、云南、贵州等地 4～6 代。以山东为例：1 年发生 4 代，成虫初见于 6 月上中旬，第一、二和三代成虫分别发生于 6 月中下旬、7

月上中旬和8月上中旬，第四代幼虫发生于8月下旬至9月中旬。烟青虫发育历期随温度高低或世代不同而变化。在山东烟区，卵期、幼虫期均以第二代最短，平均分别为3.0天和11.1天，第四代最长，分别为4.0天和25.3天。在温度为26±1℃，相对湿度75%左右，光周期为16小时光照/8小时黑暗的条件下，卵期为3.57天，一至六龄幼虫期分别为3.77天、2.58天、2.15天、1.95天、2.14天和2.54天，全幼虫期14.13天。

烟青虫成虫羽化多在夜间，具有趋光性和趋化性，对波长405nm的灯光趋性明显，对萎蔫的黑杨枝叶具有很强的趋向反应。求偶多在夜间20：00～23：00。交配高峰一般在羽化后第三天。产卵多于夜间21：00至次日10：00进行，其中夜间22：00～24：00最多，占全天产卵量的42%左右。田间第二代雌蛾产卵量最大，单雌产卵量平均为739粒。成虫期寿命一般9～12天，产卵期3～5天。

发生规律

虫源基数　越冬虫源数量影响翌年第一代幼虫发生量，冬季低温可减少翌年越冬代成虫数量。如湖南2005年与2008年冬季温度相对较低，烟青虫越冬代成虫数量亦为历年最低。

气候条件　①温度。温度影响烟青虫各虫态的发育历期，在20～36℃，卵、幼虫和蛹的发育历期随温度升高而缩短。温度显著影响成虫的寿命和产卵量，在20～36℃，雌蛾寿命随温度升高而缩短，20℃时达17.05天，36℃时仅为4.36天。24～28℃时产卵量较高。各虫态的发育起点温度和有效积温各地略有不同，卵、幼虫和世代发育起点温度分别为13℃、15℃和16℃左右，有效积温分别为50℃、150℃和300℃。②湿度和降水。湿度和降水是影响烟青虫发生量的重要因素。以山东沂水为例，第二代幼虫盛发期及第三代发蛾高峰期，平均温度26℃、相对湿度80%左右时幼虫危害重，蛾量大，卵量多，孵化率高，而27.8℃、相对湿度70%以下不利于成虫和幼虫的发生。③光照。光照与温度共同调控烟青虫的滞育。如22℃、一昼夜光照9～13小时时，可诱导安徽凤阳种群90%以上的个体进入滞育；光照时间延长至13小时以上时，滞育率明显下降；24℃、光照9～12小时的不同组合，所诱导的滞育率与22℃下相比略有降低，光照延长至13小时，所诱导的滞育率明显下降；26℃时各光照条件下，所诱导的滞育率均大幅下降

寄主植物　影响烟青虫的产卵选择性、发育历期和存活率。当烟草与其他寄主植物共存时，成虫一般偏爱在烟草上产卵。在28℃条件下，取食烟草时世代发育历期为31.3天，幼虫及蛹的死亡率分别为21.4%～35.2%和4.5%～11.1%，取食辣椒时世代发育历期25.9天，幼虫及其所化蛹的死亡率分别为2.8%～11.3%和1.4%～15.3%。另外，烟草品种也影响烟青虫的生长发育和死亡率。

天敌　①捕食性天敌。种类多，包括草蛉、猎蝽、姬蝽、花蝽、隐翅虫、瓢虫、蜘蛛等类群。②寄生性天敌。主要有棉铃虫齿唇姬蜂和螟蛉悬茧姬蜂。③微生物。包括球孢白僵菌、苏云金杆菌、核多角体病毒等。棉铃虫齿唇姬蜂是烟青虫的优势种天敌，其对烟田各代烟青虫的寄生率以第一代为

最高，第二、三代次之，第四代最低。

化学杀虫剂　化学杀虫剂的长期使用导致烟青虫的抗药性水平提高。例如，2004年对山东、河南和湖北的6个烟区烟青虫抗药性测定表明，烟青虫对常用杀虫剂氰戊菊酯、辛硫磷和灭多威均已产生了不同程度的抗性。

防治方法

农业防治　农业防治可与常规栽培管理措施结合进行。以烟田为例，采烤结束后及时深翻烟田，利用冬季低温可杀灭部分越冬蛹，减少翌年虫源。

生物防治　包括保护利用天敌，施用生物杀虫剂等。在幼虫孵化盛期，喷施苏云金杆菌16 000IU/mg可湿性粉剂750～1500g（制剂）/hm²，或者棉铃虫核型多角体病毒50亿PIB/ml悬浮剂，每10ml加水15kg喷雾。

理化诱控　性诱剂诱杀成虫。在第一代烟青虫成虫发生前，每亩烟田放置1套诱捕器诱杀成虫。烟青虫成虫具有趋光性，因此可用杀虫灯诱杀成虫，一般每2hm²设置1盏。

化学防治　于幼虫三龄前选用0.5%苦参碱水剂700倍液、5.7%甲氨基阿维菌素苯甲酸盐水分散粒剂2500倍液、2.5%高效氯氟氰菊酯乳油2000倍液、20%氯虫苯甲酰胺悬浮剂5000倍液等药剂进行防治。

参考文献

李照会, 2002. 农业昆虫鉴定 [M]. 北京：中国农业科学出版社.

蔺忠龙, 郭怡卿, 浦勇, 2011. 病虫害生物防治技术最新研究进展 [J]. 中国烟草学报, 17(2): 90-94.

辛海军, 张勇, 王开运, 2005. 我国中东部烟区烟青虫抗药性检测 [J]. 山东农业大学学报（自然科学版）, 36 (2): 205-208.

张翠萍, 杨硕媛, 杨璧愫, 2010. 性诱剂对烟田3种主要鳞翅目害虫诱杀效果的初步研究 [J]. 西南农业学报, 23(3): 744-746.

中国农业科学院烟草研究所, 2005. 中国烟草栽培学 [M]. 上海：上海科学技术出版社.

（撰稿：徐莲军；审稿：王秀芳）

延庆腮扁蜂　*Cephalcia yanqingensis* Xiao

中国特有的松树主要食叶害虫之一。又名延庆腮扁叶蜂。膜翅目（Hymenoptera）扁蜂科（Pamphiliidae）腮扁蜂亚科（Cephalciinae）腮扁蜂属（*Cephalcia*）。是中国特有种，目前仅发现分布于北京和四川西部。本种与昆嵛腮扁蜂的遗传分化距离与扁蜂科内一般种间的遗传距离相比明显较小。

寄主　松科的油松。未见报道危害其他植物。

危害状　幼虫在松针基部做简单虫巢取食松针，局部危害较重（图2④）。被害松树远观树冠枯黄，重者濒于死亡，轻者松针枯黄、脱落，显著影响油松树木生长。

形态特征

成虫　雌虫体长13～19mm（图1①）。虫体背侧大部橘褐色，腹侧以及触角和足大部黄褐色，仅单眼圈、上颚末端、中胸背板前叶中部和小盾片不定型斑、触角端部二至三节黑色，触角第三节稍暗。翅两色，前缘室和亚前

缘室、臀室大部烟黄色，前缘脉黄褐色，其余翅面深烟褐色，翅痣和其余翅脉黑褐色。头部较宽大，背面观在复眼后侧几乎不收窄；唇基端缘近似平直，中部明显隆起，前缘稍倾斜突出（图1③⑦）；左上颚端齿内侧中部具肩状齿（图1⑤），右上颚基齿尖（图1⑥）；颚眼距约等于单眼直径；额脊不突出，中窝浅，侧缝、冠缝、横缝明显，OOL：POL：OCL=45：18：65；触角27～29节，一、三、四和五节长度比为33：38：28（图1⑫）。头部背侧细毛较直，浅褐色。体表光滑，光泽强；头顶及眼上区刻点粗大、稀疏，横过单眼区两复眼间及额区刻点较密集；唇基刻点小且稀疏，眼侧区上部2/3具刻点和刺毛，下部1/3光滑无毛，无刻点（图1⑦）；中胸背板局部具稀疏刻点，中胸前侧片大部刻点稀疏，腹板具零散刻点；腹部背板表面无明显细横刻纹。雄虫体长13～16mm；头部大部黑色，背侧色斑如图1④、前面观色斑如图1⑧，颜面大部黄色；胸部和腹部背侧大部黑色，前胸背板两侧、翅基片、胸部侧板大部

黄白色，腹部背板两侧黄褐色，各足基节、转节、前中足股节基半部的后侧具黑斑；颚眼距稍短于单眼直径，头顶及眼上区刻点较雌虫粗密，头及胸部褐色细毛较雌虫长且明显弯曲，触角27～28节，第三节3倍于第四节长（图1⑪）；下生殖板宽稍大于长，端部钝截型（图1⑨）；生殖铗如图1⑩，抱器长明显大于宽，指状突明显弯曲，阳茎瓣头叶背侧中端部不愈合；阳茎瓣头叶微倾斜，尾角不明显，顶角稍倾斜突出（图1⑬）。

卵　长椭圆形，长2～2.5mm，宽1～1.1mm，微弯曲，背面稍鼓（图2③）。初产时黄色，有光泽，后渐变黄褐色，常多个卵粒连续排列。

幼虫　初孵幼虫头部背侧褐色，腹侧浅褐色；老熟幼虫体长20～26mm。头部红褐色，额区具3个暗褐色斑，胴体淡黄褐色，前胸背板后半部有1个隆起的横向垫状大褐斑，两侧具1大小2个黑斑，中后胸两侧各有1大1小2个垫状黑斑，中后胸背板和腹部背板两侧具较短小的褐色横斑；胸

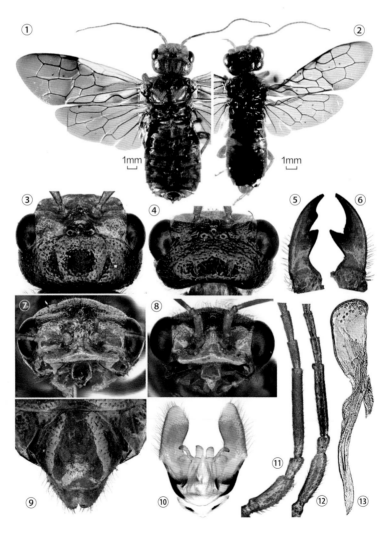

图1 延庆腮扁蜂（魏美才、张宁摄）

①雌成虫背面观；②雄成虫背面观；③雌虫头部背面观；④雄虫头部背面观；⑤雌虫左上颚；⑥雌虫右上颚；⑦雌虫头部前面观；⑧雄虫头部前面观；⑨下生殖板腹面观；⑩雄虫生殖铗腹面观；⑪雄虫触角基部5节；⑫雌虫触角基部5节；⑬雄虫阳茎瓣

足淡色；触角 7 节，各节主体暗褐色，端部较淡；体节气门褐色。

蛹　裸蛹，体长 13～21mm，初蛹淡黄色，渐变黄褐色（图 2⑤）。预蛹头部红褐色，胴体橘褐色。土室短椭球形，内壁较光滑（图 2⑦）。

生活史及习性　北京地区该种 1 年通常发生 1 代，较少 2 代，幼虫 6 龄。老熟幼虫下树入土做土室以预蛹越冬。翌年 5 月上旬幼虫开始化蛹，5 月中旬为化蛹盛期，蛹期平均 15 天。5 月下旬成虫开始羽化，5 月底至 6 月上旬为羽化盛期，羽化期约 10 天，雄虫较雌虫早羽化 3～5 天。成虫多在 9：00～15：00 羽化。初羽化的成虫在地面短时间爬行后，上树进行交尾，交尾后 4～5 天开始产卵。成虫喜欢在晴朗温暖天气活动，10：00～15：00 最活跃，常围绕树冠和在松树间飞舞、追逐，进行交配。阴冷多风时活动减少，多停息在针叶和草丛间。雌成虫寿命 20～30 天，雌雄性比为 1：1.25。羽化前期雄虫多，后期雌多雄少。卵产于当年生嫩梢基部或 2 年生小枝上部，单粒整齐排列于针叶正面，每针叶产卵 5～9 粒。雌虫产卵量 24～40 粒。卵期 26～30 天，林间卵的孵化率在 90% 以上。初孵化幼虫吐丝结长筒状简单虫巢，将咬断的松针拉回巢内啃食，幼虫受惊则缩回巢内。当一处松针被食尽，则转移至新枝上筑新巢取食，每巢 1 虫。幼虫历期 28～47 天，1 头幼虫一生可取食 20 束松针。老熟幼虫吐丝下垂并坠落至地表爬行，找到适宜处入土做椭圆土室越夏越冬，土室深 2～3cm。

防治方法　该种只危害油松，营造混交林、加强森林抚育管理，改善生态环境，提高林木抗虫能力以及保护天敌等措施，可预防和减低其危害。在秋末冬初进行林地垦山翻土，破坏越冬的场所，人工挖除越冬幼虫，也可减少虫源。成虫羽化前，在林地内离地面 1M 左右的树干上布置红色黏虫胶带，或在近地面 1～2M 的空中悬挂红色诱虫板，可以诱集

图 2　延庆腮扁蜂（图①②⑦康小龙提供；③④⑤⑥虞国跃提供）
①雌虫出土状；②新出土雄虫；③卵列；④松针基部的幼虫和虫巢；⑤蛹；⑥老熟幼虫；⑦预蛹和土室

灭杀大量成虫，其中雄虫尤为突出。

对于危害较轻的林区，可采用生物防治为主，化学防治为辅的综合措施。生物防治可采用 Bt 悬浮剂稀释 100～300 倍液，加 5% 的溴氰菊酯 10000 倍弥雾防治，或用白僵菌稀释液进行弥雾防治。对严重危害的林区采用化学防治为主，使用高效低毒的内吸性杀虫剂树干环涂，大面积发生时，可以采用飞机喷雾防治。

参考文献

萧刚柔，1987. 中国腮扁叶蜂亚科四新种 [J]. 林业科学（昆虫专辑）(6): 1-4.

萧刚柔，2002. 中国扁叶蜂（膜翅目：扁叶蜂科）[M]. 北京：中国林业出版社 .

WEI M C, NIU G Y, 2008. Two new species of Pamphiliidae from China [J]. Acta zootaxonomica sinica, 33(1): 57-60.

（撰稿：魏美才；审稿：牛耕耘）

眼纹疏广翅蜡蝉　*Euricania ocellus* (Walker)

一种中国茶树上常见的刺吸式害虫。又名桑广翅蜡蝉、眼纹广翅蜡蝉。半翅目（Hemiptera）广翅蜡蝉科（Ricaniidae）广翅蜡蝉亚科（Ricaniinae）疏广翅蜡蝉属（*Euricania*）。国外分布于日本、缅甸、越南、印度、孟加拉国等。中国分布于海南、台湾、河北、江苏、浙江、湖北、安徽、四川、江西、陕西、湖南、广东、广西等地。

寄主　柑橘、茶、桑、油茶、桃、构树、喜树、法国梧桐、刺槐、油桐、蓖麻、益母草。

危害状　以若虫和成虫刺吸茶树嫩梢、叶片的汁液，致使枝梢生长不良、叶片发黄并脱落，影响茶树生长。

形态特征

成虫　体长为 4.7～6mm、翅展 15～18mm。头、前胸背板、中胸背板黑色。前胸背板明显隆起，具中脊，中脊两侧各有 1 刻点。中胸背板扇形，具 3 条明显的纵脊。前翅大部分透明，翅脉中央基部无色，其余褐色。前翅翅面中横带暗褐色，中部围成环状，环中间有 1 灰白色透明斑。环前面有黑色斑点，

眼纹疏广翅蜡蝉成虫（周红春提供）

前缘褐带在前缘中部被 1 浅黄色三角形斑横断，三角形色斑内有 1 白色小圆斑，在靠近顶角处前缘色带又被 1 黄色小斑横断。后翅透明，只在外缘和后缘有褐色带（见图）。

若虫　在五龄期为 2.55～3.13mm。体色呈天蓝色至淡黄绿色，中纵脊绿色，蜡丝天蓝至淡灰色，可覆盖全体。

生活史及习性　以卵在嫩枝的组织内越冬。1 年发生 1 代，主要在上年 7 月中旬至当年 10 月中旬发生。危害盛期一般在 6 月中旬至 8 月下旬。

防治方法

清园修剪　春季修剪，冬季清园，剪除带有卵块的茶树枝条。

色板诱杀　成虫发生期可在田间安置黄色粘虫板，诱杀成虫。

药剂防治　一般可结合茶园其他害虫的防治进行兼治。

参考文献

罗天相，2003. 为害果树的广翅蜡蝉科害虫的田间识别 [J]. 江西植保，26(1): 14-15.

谢广林，邹海伦，王文凯，2015. 湖北省广翅蜡蝉科害虫种类调查初报 [J]. 湖北农业科学，54(10): 2394-2396.

（撰稿：王志博；审稿：肖强）

杨白潜蛾　*Leucoptera sinuella* (Reutti)

一种危害杨树和柳树的潜叶害虫。英文名 poplar leaf blister moth。鳞翅目（Lepidoptera）巢蛾总科（Yponomeutoidea）潜叶蛾科（Lyonetiidae）纹潜蛾属（*Leucoptera*）。国外分布于日本、欧洲、北非等地。中国分布于黑龙江、吉林、辽宁、北京、河北、山西、内蒙古、山东、河南、贵州、新疆、上海等地。

寄主　杨属和柳属植物。

危害状　以幼虫在叶片组织中钻成隧道，内有一堆堆黑色虫粪，被害部分组织很快死去，呈黑褐色，后期烂掉穿孔，重者枯萎脱落。

形态特征

成虫　体长 3～4mm，翅展 8～9mm。体银白色；头顶上有 1 丛竖立的银白色毛。复眼黑色。触角灰白色，基部形成大的"眼罩"。唇须较短。前翅银白色，近端部有 4 条褐色纹，第一至第二条、第三和第四条之间呈淡黄色，第二和第三条之间为银白色。臀角具一块黑色斑纹，斑纹中间有银色凸起；缘毛前半部褐色，后半部银白色。后翅披针形，银白色，缘毛长。腹部腹面可见 6 节，雄虫第九背板明显，可与雌虫区别。

卵　白色，扁圆形，长 0.3mm，表面具网眼状刻纹。

幼虫　老熟幼虫体长约 6.5mm，白色。头部较窄，口器褐色，向前方突出。头部及侧方生有长毛 3 根。前胸扁平，体节明显，以腹部第三节最大，后方逐渐缩小。

蛹　浅黄色，梭形，体长 3mm，藏于近"工"字形的白色丝茧中。

生活史及习性　辽宁 1 年发生 3 代，新疆 1 年 3～4 代，

均以蛹在"工"型薄茧内、树干缝中与枯枝落叶处过冬。翌年5月中下旬第一代成虫羽化，当日即可交尾产卵。每头雌虫产卵23～74粒，平均49粒。每卵块2～3行，每行2～5粒，每块卵5～15粒，并列于主脉或侧脉上。成虫具趋光性。雌虫寿命2～8天，雄虫寿命5～9天。第一代卵期10天，第二至第四代卵期4～10天，大多数6～7天。初孵幼虫咬破与叶面相接部分的卵壳及叶片表皮蛀入叶内，灰白色的卵壳仍附着在叶片上。被害处形成黑褐色虫斑，虫斑逐渐扩大，常由2～3个虫斑相连成大斑，往往1个大斑占叶面的1/3～1/2。幼虫老熟后从叶正面咬孔而出，寻找化蛹场所，幼虫停留片刻，头部左右摆动，吐丝结"工"字形茧，1天左右化蛹。各代蛹发育历期分别为：第一代9～14天，第二代7～11天，第三代7～11天。

防治方法

物理防治 在越冬蛹羽化前或在杨苗出土后扫除落叶，集中销毁。在苗圃、片林、防护林可用诱虫灯诱杀成虫。

生物防治 保护潜蛾黄姬小蜂、潜蛾姬小蜂和潜蛾阿跳小蜂等常见天敌。

化学防治 成虫交尾产卵期用40%乐果乳剂800倍液或50%杀螟松乳油1000倍液防治。也可用0.5%甲维盐1500倍液、25%灭幼脲Ⅲ号1500倍液、50%马拉硫磷1000倍液或50%乐果乳油2500倍液、90%敌百虫800倍液防治幼虫。

参考文献

葛建明,张伟,王焱,等,2006.上海嘉定区杨白潜蛾的生物学特性及防治[J].上海交通大学学报,24(2):177-181.

李明,龙正权,1998.贵州省杨白纹潜蛾生物学初步研究[J].应用昆虫学报,35(6):340-343.

李升隆,1984.杨白潜蛾的生活习性与防治[J].生物灾害科学(1):37-36.

中国科学院动物研究所,1981.中国蛾类图鉴[M].北京:科学出版社.

张世权,1992.杨白潜蛾 Leucoptera susinella Herrich-Schäffer[M]//萧刚柔.中国森林昆虫.2版.北京:中国林业出版社:704-705.

朱慧倩,1988.太原晋祠杨白潜蛾寄生蜂的研究[J].环境昆虫学报(1):52-55,21.

（撰稿：郝德君；审稿：嵇保中）

杨背麦蛾 *Anacampsis populella* (Clerck)

杨、柳、槭树的重要食叶害虫。又名山杨卷叶麦蛾、山杨麦蛾。英文名 poplar sober。鳞翅目（Lepidoptera）麦蛾总科（Gelechioidea）麦蛾科（Gelechiidae）麦蛾亚科（Gelechiinae）背麦蛾族（Anacampsini）背麦蛾属（Anacampsis）。国外分布于蒙古、俄罗斯、中亚、西欧等地。中国分布于内蒙古、黑龙江、吉林、辽宁、山西、北京、陕西、河北、甘肃、青海、宁夏、新疆等地。

寄主 杨树、柳树、槭树、桦树等。

危害性 幼虫卷叶取食叶片。在甘肃祁连山林区山杨林

中发生普遍，一般在林缘和郁闭度低的林分受害较重，反之则轻。在山西等地，小叶杨、合作杨等易受害，加杨、钻天杨、青杨等较抗害。越冬成虫喜干燥温暖环境，若冬春季节连续干旱且相对温暖，则翌年虫害发生严重；若冬春低温潮湿会使越冬成虫大量死亡，翌年虫害相对轻微（图4）。

形态特征

成虫 体长7.8～11.0mm，翅展17.5～23mm，灰褐色。头部密布灰色鳞片，有光泽。唇须镰刀形，第二节扁平宽大，外侧灰黑色，内侧色淡。第三节圆细光滑，末端尖，超过头顶，第三节略长于第二节。触角灰褐色，丝状，间有白色环纹（图1①、图2）。

前翅披针形，灰黑色，外缘有6个等距离排列的明显黑斑，外横线灰白色波状，近似"3"字形，翅面有不规则的8个云片状黑斑，其中近中室中部第一个呈燕尾状。后翅菜刀形，灰褐色，外缘色深，缘毛约为后翅宽度的1/3。后足胫节中部和端部各有1对距，中足胫节端部有1对较短的距，各足跗节外侧有4个黑白相间的环纹。雌腹部背面2～4节为淡黄色，端部黑褐色，产卵期腹部长达9mm左右。雄虫灰褐色。

卵 椭圆形，长0.5mm，宽0.8mm，有纵脊。初产时乳白色，后变为淡红色（图1②）。

幼虫 体长12～16mm。初孵幼虫淡黄色，老熟幼虫灰绿色。头部黑褐色，前胸背板黄褐色，胸足黑色，胴部

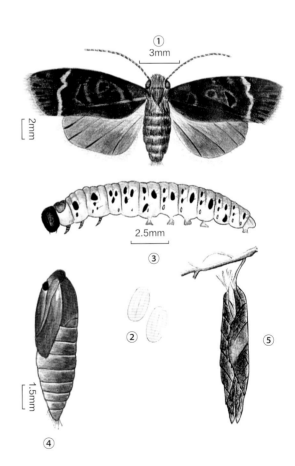

图1 杨背麦蛾形态（仿《甘肃省林木病虫图志》（第二集））

①成虫；②卵；③幼虫；④蛹；⑤被害状

图 2　杨背麦蛾成虫（汪有奎提供）

①成虫侧面；②杨背麦蛾雄成虫

图 3　杨背麦蛾蛹（汪有奎提供）

各节背面具有排列整齐的漆黑色毛斑。腹足趾钩三序二横带，趾钩 24～26 根，臀足趾钩集成 2 团。臀板黄褐色（图 1 ③）。

蛹　体长 8～9mm，黄褐色，头、胸部色较深，复眼黑褐色。腹部末端着生臀棘 24 根（图 1 ④，图 3）。

生活史及习性　1 年发生 1 代，以卵在小枯枝基部的树皮缝内越冬。翌年 4 月至 5 月上、中旬，杨树芽苞放绿时开始孵化。初孵幼虫自绿色部分钻入嫩芽内取食 7～8 天，一般 1 芽 1 虫，个别亦有 2～3 头虫，此期幼虫淡黄色。随着展叶，幼虫吐丝将叶纵卷成筒状，从芽内转移到卷叶内取食，颜色变为黄绿色（图 4 ①）。卷叶相接处有 3～7 处丝状缝合线（图 4 ②）。5:00～10:00 时和 21:00 时左右，幼虫多爬出卷叶活动，其余时间在卷叶内取食叶肉。单卷叶期危害约 10 天，取食后的叶片呈网眼状。当叶卷内叶肉大部分被取食后，幼虫从残叶中爬出，转移到附近叶片上危害，常将 3～4 片叶纵卷在一起，用丝紧固，幼虫在内作孔状或片状取食，外层叶片常保持完整，而里层卷叶均枯黄。幼虫比较活跃，有弹跳动退特性，遇惊动爬行甚速，在卷叶中进退自如，一般不外出。5 月下旬至 6 月中、下旬，幼虫陆续老熟，随同一部分卷叶落地，在卷叶中结白色薄茧化蛹，蛹期 12～20 天。6 月中旬至下旬成虫羽化，6 月中旬至 7 月中旬达羽化盛期，7 月下旬到 7 月底为末期。成虫羽化结束时，树上的卷叶全部脱落（图 4 ③），严重时树枝光秃。

成虫全天都有羽化，约 40% 左右集中在 6:00～8:00。成虫羽化后从卷叶中爬出，待翅舒展后即可短距离飞行。成虫飞翔力不强，无趋光性，有趋糖性，白天潜伏在 4m 以下树干皮缝中，20:00～23:00 时开始活动，常急速爬行于树干上，寻找蚜蝉等昆虫分泌物补充营养，或相互追逐交尾，或寻找产卵场所产卵。成虫羽化 5 天后开始交尾，交尾时间一般 30 分钟，最长可达 1 小时，交尾次数 3～4 次。7 月中旬成虫开始产卵，7 月下旬至 8 月上旬达到产卵高峰期，8 月下旬产卵末期。卵在枯枝基部的树皮缝中集成块状，每处十数粒至数十粒不等，每雌蛾产卵 49～71 粒，平均 60 粒。成虫寿命平均 40 天左右。

防治方法

物理防治　秋末冬初收集落地卷筒集中销毁，苗圃地可结合松土深翻土壤破坏成虫越冬场所，尽可能消灭准备越冬的老熟幼虫和蛹。成虫羽化期可用糖醋液诱杀成虫。

营林措施　适度进行林分抚育，保持林分合理密度，可

图 4　杨背麦蛾危害状（汪有奎提供）

①卷叶状虫苞；②部分展开的虫苞；③地面的碎叶和虫苞

减轻其危害。避免营造杨树纯林，加强经营管理，增强树势，合理密植，对害虫发生有一定抑制作用。

生物防治　杨背麦蛾卵和幼虫期，有点缘跳小蜂寄生，幼虫期有绒茧蜂和一种病毒寄生，蛹期被一种姬蜂和一种寄生蝇寄生。当杨背麦蛾寄生率达到30%以上时，无需采取化学农药防治。产卵高峰期或幼虫孵化高峰期，在气温20℃以上，17：00时左右或阴天全天，喷施20亿/g棉铃虫核多角体病毒悬液1000倍液、100亿孢子/g苏云金杆菌乳剂500倍液、100亿孢子/g杀螟杆菌400～600倍液、3200IU/mg苏云金杆菌可湿性粉剂1000～1500倍液、100亿孢子/g青虫菌粉剂500～1000倍液，防治效果可达76.8%。

化学防治　幼虫孵化高峰前喷施0.36%苦参碱水剂1000倍液、20%氰戊菊酯乳油2000～2500倍液、2.5%溴氰菊酯乳油2000倍液、2.5%功夫菊酯乳油2000倍液、1.2%烟参碱乳油1000倍液，或在幼虫转移危害期，在树冠喷洒2.5%溴氰菊酯5000～7000倍液、50%乐果乳油或50%杀螟松乳油1000倍液，毒杀幼虫。在成虫羽化盛期至产卵前，用5%敌敌畏插管烟剂每公顷施放15kg，熏杀成虫。

参考文献

李柏春，袁虹，汪有奎，等，2006. 祁连山北坡山杨林病虫害调查及防治策略 [J]. 植物保护, 32(2): 78-83.

李孟楼，李后魂，王伟平，等，1991. 关中地区杨树叶部的蛾类危害特征及防治适期的预测 [J]. 西北林学院学报, 6(4): 40-47.

李进军，汪有奎，2005. 祁连山自然保护区森林昆虫区系及水平分布规律 [J]. 东北林业大学学报, 33(6): 96-99.

刘友樵，白九维，1979. 带岭林区五种麦蛾的调查研究 [J]. 林业科学 (4): 276-280.

王树楠，刘启雄，李卫芳，等，1995. 甘肃省林木病虫图志 (第二集) [M]. 陕西杨陵：天则出版社 : 52.

王志超，赵海雁，2015. 大同大学周边地区鳞翅目昆虫调查初报 [J]. 山西农业科学, 43(12): 1624-1626, 1631.

萧刚柔，1992. 中国森林昆虫 [M]. 2 版. 北京：中国林业出版社 : 748-749.

杨全生，汪有奎，齐多德，等，2008. 祁连山森林嫩梢叶部害虫发生危害调查研究 [J]. 林业科学研究, 21(4): 571-575.

张志勇，1980. 杨卷叶麦蛾初步研究 [J]. 山西林业科技 (3): 16-19.

赵清雷，1981. 杨卷叶麦蛾发生规律和防治的研究 [J]. 内蒙古林业科技 (1): 6-10.

（撰稿：汪有奎；审稿：嵇保中）

杨毒蛾　*Leucoma candida* (Staudinger)

危害杨、柳的主要食叶害虫。又名杨雪毒蛾。英文名 willow moth。鳞翅目（Lepidoptera）目夜蛾科（Erebidae）雪毒蛾属（*Leucoma*）。国外分布于欧洲西部、地中海、加拿大、朝鲜、日本、蒙古、俄罗斯。中国主要分布于北京、河北、山西、内蒙古、辽宁、吉林、黑龙江、山东、江苏、河南、湖北、湖南、江西、四川、云南、甘肃、陕西、青海、新疆、西藏等地。

寄主　主要危害杨、柳、白桦、榛子等树种。

危害状　以幼虫取食寄主叶片，暴发性强，大发生时数天之内即可将杨树叶片吃光。从而影响树木生长甚至导致整株死亡。在北方一些地区常与柳毒蛾伴随发生（图1）。

形态特征

成虫　雄虫翅展35～42mm，雌成虫48～52mm，体翅均白色。翅有光泽，不透明，鳞片狭长，纺锤状，先端有齿2～3个。触角干黑色相间。雄交配器瓣外缘有很多细锯齿。

卵　馒头形。初产时为灰褐色，孵化前为黑褐色。卵呈块状，上面覆盖灰色胶状物，卵块表面的覆盖物灰白色较粗糙，呈泡沫状（图2①）。外表不见卵粒（图2②）。

幼虫　背面有灰白色较狭纵带，中央有1条暗色纹，背上的毛瘤为黑色，头部淡褐色（图2③）。

蛹　棕褐色或黑褐色，无白斑，光泽差，毛簇灰黄色（图2④）。

生活史及习性　在东北地区1年发生1代，华北、华东、西北地区1年2代，以一、二龄幼虫在枯枝落叶下或者树皮裂缝内越冬。翌年早春杨、柳展叶时幼虫上树危害，多于嫩梢取食叶肉，留下叶脉。受惊吓时，立即停止取食或吐丝下垂，随风飘往它处。老熟幼虫少有吐丝下垂现象，受惊也不坠落。四龄后食尽整个叶片。幼虫一般夜间上树取食，白天下树隐蔽潜伏。但早春夜间过于寒冷时，也可白天取食。老熟幼虫

图 1 杨毒蛾危害状（李跃提供）

图 2 杨毒蛾各虫态（①②③李跃提供；④高瑞桐提供）
①成虫；②卵块；③幼虫；④蛹

在树洞或者土内化蛹。成虫有趋光性，雌虫比雄虫明显。成虫白天常静伏叶背、小枝、杂草中，受惊时飞走。傍晚开始活动，2：00～5：00最盛。交尾多集中在3：00～5：00，交尾时长达16～20小时。雄蛾有重复交尾现象，雌蛾只交尾1次。交尾后当晚产卵。常产卵于树叶或者枝干上，被一层雌蛾性腺分泌物。

防治方法

物理阻隔 由于该虫有上树危害特性，将药剂在树干上涂环或者采用绑扎毒绳防治。越冬期幼虫收集法：越冬幼虫下树前，用麦草捆扎于树干基部，翌年开春检查幼虫并销毁。

生物防治 可采用杨毒蛾NPV病毒、苏云金杆菌等喷雾防治等。

诱捕法 包括黑光灯和性信息素诱捕。

化学防治 高密度发生的紧急情况下，可用化学防治，如5%高效氯氰菊酯。

参考文献

保尔·夏裴，姚得富，尤德康，2000.柳毒蛾性信息素诱捕杨毒蛾林间实验[J].中国森林病虫，19(5)：39-41.

董宏，2013.杨毒蛾生物防治技术[J].内蒙古林业(3)：11.

刘振清，李锋，王世启，等，1994.杨毒蛾核型多角体病毒的初步研究[J].内蒙古林业科技(2)：40-41，48.

陆文敏，1992.杨毒蛾 Stilpnotia candida Staudinger [M]//萧刚柔.中国森林昆虫.2版.北京：中国林业出版社.

水生英，李镇宇，2020.杨雪毒蛾[M]//萧刚柔，李镇宇.中国森林昆虫.3版.北京：中国林业出版社.

赵仲苓，2003.中国动物志：昆虫纲 第三十卷 鳞翅目 毒蛾科[M].北京：科学出版社：246-248.

（撰稿：张苏芳；审稿：张真）

杨二尾舟蛾 *Cerura menciana* Moore

严重危害杨柳科植物的食叶害虫。又名双尾天社蛾、二尾柳天社蛾、贴树皮、杨二岔。英文名 poplar prominent。鳞翅目（Lepidoptera）舟蛾科（Notodontidae）二尾舟蛾属（*Cerura*）。国外分布于俄罗斯（南部）、日本、朝鲜、越南、缅甸、老挝、泰国及欧洲。中国分布于北京、河北、内蒙古、辽宁、吉林、黑龙江、江苏、浙江、安徽、福建、江西、山东、河南、湖北、湖南、海南、四川、云南、西藏、陕西、甘肃、宁夏、台湾等地。

寄主 杨柳科植物。

危害状 幼虫稍大后吐丝下垂随风飘散，食叶呈缺刻。四、五龄时食量大增，如遇惊动便将尾角的红色翻缩腺摇晃，而后慢慢收回。幼虫5龄，老熟幼虫于枝干分杈或树干啃咬树皮，将木质碎屑吐丝粘连在被啃处结茧，茧坚硬，紧贴于树干，色与树皮一致（图1）。

形态特征

成虫 体长28～30mm，翅展75～80mm。全体灰白色，头部和胸部带少许紫褐色。胸部有黑点2列，8～10个。前翅基部有2个黑点，中室外有数排黑色波纹，外缘有8个黑点；后翅黑白色微带紫色，翅脉黑褐色，横脉纹黑色。前胸背板有1个紫红色的三角斑，第四腹节侧面有白色条纹。臀足延伸变为1对长尾角，尾角上生有赤褐色微刺（图2）。

图 1 杨二尾舟蛾典型危害状（①张润志提供；②徐公天提供）
①杨二尾舟蛾茧；②杨二尾舟蛾留在树皮上的茧痕

卵 馒头状，直径 3mm，赤褐色，中央有 1 个黑点，边缘色淡（图 3）。

幼虫 老熟幼虫体长 50mm，宽 6mm。头褐色，两颊具黑斑，胸部背面有三角形直立肉瘤突起，斑纹为紫红色，第四肢节靠近后缘有 1 条白色条纹，纹前具褐边，1 对臀足退化为尾状，上有小刺（图 4）。

蛹 体长 2mm，宽 12mm，赤褐色。蛹体结实，上端有 1 个胶体密封羽化孔。

茧 长 37mm，宽 22mm。

图 2 杨二尾舟蛾成虫　　　图 3 杨二尾舟蛾卵
（徐公天提供）　　　　　（徐公天提供）

图 4 杨二尾舟蛾幼虫（徐公天提供）
①幼虫；②低龄幼虫

生活史及习性 大部分地区 1 年 2 代。以蛹越冬。在陕西西安 1 年 3 代。2 代区越冬代成虫于 4 月陆续羽化，5 月下旬幼虫孵化，5 月底至 7 月初为第一代幼虫危害期。8 月至 9 月上旬为第二代幼虫危害期。9 月中旬后幼虫老熟结茧化蛹越冬。成虫寿命 7～10 天，白天静伏，夜间活动，具有趋光性。成虫于 16：00 左右开始羽化，以 18：00 为最多。当晚交尾，以 2：00～3：00 最多，交尾后当晚产卵于叶面，卵散产（图 3）。多数产于叶背，亦有产于叶面或小枝上者。卵期 15 天左右，孵化率一般为 95% 左右。

防治方法

物理防治 用锤击杀树干上的茧蛹，减少翌年春季第一代虫口基数。人工捕杀幼虫。

化学防治 可在幼虫期施用 12% 的噻虫嗪和高效氯氟氰菊酯乳油 1000～1500 倍液防治。利用赤眼蜂携带昆虫病毒病原进行防治。用灯光诱杀成虫。

参考文献

李亚杰，林继惠，1992. 杨二尾舟蛾 Cerura menciana Moore[M]// 萧刚柔. 中国森林昆虫. 2 版. 北京：中国林业出版社.

萧刚柔，1992. 近年来我国森林昆虫研究进展 [J]. 中国森林病虫 (3): 36-43.

余军，2001. 杨二尾舟蛾生物学特性及防治 [J]. 安徽林业科技 (2): 24.

（撰稿：郭鑫；审稿：李镇宇）

杨干透翅蛾 *Sesia siningensis* (Hsu)

一种危害杨、柳的钻蛀性害虫。英文名 poplar pole clearwing moth，poplar-trunk clearwing moth。鳞翅目（Lepidoptera）透翅蛾总科（Sesioidea）透翅蛾科（Sesiidae）透翅蛾属（*Sesia*）。国外分布于前苏联。中国分布于山西、内蒙古、辽宁、安徽、山东、云南、陕西、甘肃、宁夏、青海、西藏等地。

寄主 合作杨、箭杆杨、欧美杨、小叶杨、青杨、新疆杨、河北杨、加杨、部分柳属植物。

危害状 主要以幼虫集中危害 5 年生以上杨柳树的树干基部，也危害树干中部至上部树干的大枝分权处和根部，亦可反复蛀害已有虫道和伤口的衰弱树。影响树木生长，造成大量的风倒木、树皮开裂以至整株枯死（图 1）。

形态特征

成虫 前翅狭长，后翅扇形，均比白杨透翅蛾的宽大；前、后翅均透明，缘毛深褐色。腹部具 5 条黄褐相间的环带。雌蛾体长 25～30mm，翅展 45～55mm。触角棍棒状，端部尖而稍弯向后方。腹部肥大，末端尖而向下弯曲，产卵器淡黄，稍伸出。雄蛾体长 20～25mm，翅展 40～45mm。触角栉齿状，较平直。腹部瘦小，末端长有 1 束密集的褐色毛丛（图 2①）。

卵 长圆形，褐色，长径 1.2～1.4mm，短径 0.6～0.8mm。表面光滑，无光泽。

幼虫 体圆筒形。初孵幼虫头黑色，体灰白色；老熟幼

图1 杨干透翅蛾的危害状（骆有庆、任利利提供）
①危害根基部；②排粪；③羽化后留在树干上的蛹壳

图2 杨干透翅蛾
①成虫；②幼虫

虫头深紫色，体黄白色。体长40～45mm，体表具稀疏黄褐色细毛。前胸背板两侧各有一条褐色浅沟，前缘近背中线处有2个并列的褐斑。趾钩单序二横带式，臀足退化，仅有中列式趾钩，臀板后方具1个深褐色细刺（图2②）。

蛹 褐色，纺锤形，长25～35mm，腹部第二至六节背面有细刺2排，尾部具粗壮的臀刺10根。

生活史及习性

2年1代，跨3个年度。以幼虫潜伏皮下或在木质部虫道内越冬。翌年春季4月初活动危害，至10月上旬停止取食，第二次越冬。老龄幼虫越冬后，第三年春季3月下旬再行危害。7月下旬幼虫老熟化蛹，8月中旬成虫出现，9月中旬羽化结束。新一代幼虫8月底孵化蛀入树干危害，9月中旬为孵化盛期，9月下旬至10月上旬进入越冬。杨干透翅蛾因各地气候条件不一，成虫羽化高峰期也不尽一致，在青海西宁成虫羽化有2个高峰期，第一个高峰期在6月上旬，另一个主要高峰期在8月中旬末。

陕西榆林地区或山西太原成虫羽化多集中于9：00～11：00时，占当天羽化总量分别为73.8%和74.3%，成虫羽化后多在树冠活动，飞翔力强。成虫羽化期长，无趋光性，但雌蛾的性诱能力强。雌蛾交尾后，于次日中午开始产卵，持续2～3天。卵单粒或成团产于大树基部开裂之树皮深处。雌虫寿命最长6天，最短3.5天，平均4.3天；雄虫寿命最长3.5天，最短2天，平均3.1天。幼虫孵化后多于卵壳附近爬行，之后选择树皮裂缝深处的嫩组织，或从伤口处蛀入，先在韧皮部与木质部之间围绕枝干蛀食，树液养分运输受到影响，被害处逐渐膨胀形成瘤状虫瘿。10月下旬在韧皮部与木质部之间越冬，第二年春蛀入木质部，虫道与树干垂直方向一致，老龄幼虫横向取食至树皮，咬一个仅留表皮的圆形羽化孔，并做蛹室化蛹。在成虫羽化前，蛹体摆动，使体节上的倒刺与孔壁摩擦，使虫体顶破羽化孔。成虫羽化后，蛹壳留在树干基部。

防治方法

营林技术措施 选择抗性较强适合当地生长的杨树品种如毛白杨、滇杨、抗虫杨等树种，北京杨、合作杨、中东杨等树种比较感虫，同时加强水肥管理，增强树势，提高抗病虫害能力。

生物防治 应用杨干透翅蛾性诱剂，对降低虫口密度具有显著效果。另可利用1：20白僵菌液，棉球浸菌液塞蛀孔，泥土封口。

化学防治 熏蒸药剂塞入虫孔，泥土封口，熏蒸处理；幼虫孵化期喷洒药剂。

物理防治 根据其危害生物学特点，该虫危害主要集中在树干基部。在羽化前，将树干基部埋土或包裹，将羽化成虫杀死，在其羽化后采取人工捕捉，亦能收到较好的防治效果。

参考文献

冯士明，曾述圣，杨棱轩，等．1999.杨干透翅蛾的初步研究 [J].西南林业大学学报（自然科学），19(4): 231-234.

李镇宇，伍佩珩，郭广忠. 1991.杨干透翅蛾性信息素的研究 [J].北京林业大学学报，13(1): 24-29.

萧刚柔. 1992.中国森林昆虫 [M]. 2版.北京：中国林业出版社.

吴旭东，王晓俪，吴建功，等. 1997.杨干透翅蛾干基埋土防治试验 [J].山西林业科技 (3): 44-46.

徐守珍，吴建功，孟常孝，等. 1996.杨干透翅蛾生物学及防治 [J].应用昆虫学报，33(6): 338-340.

张星耀，骆有庆，2003.中国森林重大生物灾害 [M].北京：中国林业出版社.

（撰稿：任利利；审稿：骆有庆）

杨干隐喙象 *Cryptorrhynchus lapathi* (Linnaeus)

危害杨柳科树木的毁灭性钻蛀害虫。又名杨干象、杨干白尾象虫、杨干象甲、白尾象鼻虫。英文名 poplar and willow weevil、mottled willow borer、willow beetle。鞘翅目(Coleoptera)象虫科（Curculionidae）隐喙象属（*Cryptorrhynchus*）。国外分布于俄罗斯、韩国、日本、匈牙利、捷克、斯洛伐克、德国、英国、意大利、波兰、法国、西班牙、荷兰、加拿大、美国等地。中国广泛分布于华北、西北和东北地区，包括黑龙江、吉林、辽宁、内蒙古、河北、陕西、甘肃、新疆和四川等地。

寄主　多为杨柳科树木，在国内以杨树为主，而国外研究发现其更喜欢危害柳树。主要寄主有甜杨、小黑杨、北京杨、小叶杨、旱柳、爆竹柳、赤杨和矮桦。

危害状　主要危害 3—6 年生的杨柳科树木，以幼虫蛀食杨柳科树木造成危害，幼虫沿着树干横切面环形取食韧皮部，同时在木质部中钻蛀坑道，导致树木生长受影响，危害严重时会导致树木死亡（图 2）。

形态特征

成虫　体长 5～8mm，身体长椭圆形，高凸。体壁黑色，被覆瓦状圆形黑色鳞片，唯下列部分被覆白或黄色鳞片：前胸两侧和腹面，鞘翅肩部的 1 个斜带和端部 1/3。前胸中间以前具排成一列的 3 个黑色直立鳞片束，前胸中间具有两个同样的鳞片束，鞘翅行间 3、5、7 各具一行同样的鳞片束。腿节黑色，中间具白色环，跗节红褐色，触角暗褐色。头部球形，密布刻点，头顶中间具略明显的隆线；喙弯，略长于前胸，触角基部以后密布互相连合的纵列刻点，具中隆线，

图 1 杨干隐喙象形态（骆有庆、任利利提供）
①成虫；②幼虫

触角基部以前散布分离的小而稀的刻点；触角柄节末达到眼，索节 1、2 长约相等，3 长于宽，其他节长宽约相等，棒节倒长卵形，密布绵毛；眼梨形，略突出。前胸背板宽大于长，中间最宽，向后略缩窄，向前猛缩窄，散布大刻点，中隆线细。小盾片圆。鞘翅前端 2/3 平行，端部 1/3 逐渐缩窄，肩胝明显，行纹刻点大，各具一鳞片，行间扁平，宽于行纹。腿节具齿两个，胫节直，外缘具隆线。雄虫腹板 1 中间具沟（图 1①）。

幼虫　乳白色，体弯曲呈马蹄状，体长 8.0～13.0mm，全体疏生黄色短毛。头黄褐色，头颅缝明显。上颚黑褐色，下颚黄褐色。前胸有 1 对黄色硬皮板，腹部 1～7 节由 3 小节组成，胸足退化，足痕处生有黄毛。气门黄褐色（图 1②）。

生活史及习性　在辽宁地区，该虫 1 年发生 1 代，以卵或幼虫在树木枝干韧皮部或木质部越冬。翌年 4 月下旬，幼虫开始活动，卵开始孵化。幼虫先取食木栓层，然后逐渐深入韧皮部和木质部。5 月中下旬，幼虫沿虫道蛀入木质部形成蛹室进行化蛹，蛹期 10～15 天，6 月中旬逐渐开始羽化，7 月中旬为羽化盛期。成虫羽化后，顺原虫道爬出，从羽化到爬出树干需时 10 天左右。7 月下旬，成虫开始交尾产卵。当年孵化的幼虫咬破卵室，不取食在原处越冬，不孵化的在卵室越冬。

成虫行动缓慢，善于爬行，在嫩枝或叶片上取食，在叶片上取食时使叶片成网眼状，很少飞行，趋光性不明显，有假死性，一受惊扰便收缩肢坠落地面不动。成虫寿命一般为 30～40 天。交尾和产卵多在早晨进行，卵产于叶痕和树皮裂缝中，多产于 5 生以上幼树上，产卵时先咬产卵孔，然后插入产卵管产卵，每孔产 1 粒卵，并排泄出黑色分泌物将孔口堵好才离去，单雌产卵 40 余粒，卵期 14 天左右。初孵幼虫先取食木栓层，然后逐渐深入韧皮部和木质部，在韧皮部和木质部之间形成圆形虫道，随虫龄增大，虫道表面颜色变深且呈油浸状，虫道处树皮常开裂呈刀砍状。幼虫老熟后进入木质部，向上开凿 10～20cm 长的羽化道，并推出木丝，最后做一椭圆形蛹室，其上下两端塞有木丝，这过程需要 30 天。随后化蛹，蛹期 12 天左右。成虫羽化后，顺原道

图 2 杨干隐喙象危害状（骆有庆、任利利提供）

Y

将木丝用足从腹部扒向后，即从树干爬出，从羽化到爬出树干需时 10～15 天。

防治方法

加强检疫　对调入和调出的杨树和柳树苗木、小径木和原木实行严格检疫，一经发现，立即消灭。

农业防治　栽植时尽量选择抗虫品种。对被害严重、树势衰弱的林木，要在春季进行平茬更新，栽植新的抗虫树种。砍伐下的原木、小径木必须进行剥皮处理才可使用，枝丫要立即烧毁。

物理防治　杨干隐喙象幼虫初期可采用人工方法进行防治，寻找排粪孔位，然后用锤子敲击树干上有排粪孔的部位，锤击死树皮内的幼虫。利用其假死性，于成虫羽化盛期，在早晚天气凉爽时，击打树木枝干，人工捕捉。

化学防治　幼龄幼虫期，可用 40% 氧化乐果乳油涂刷产卵孔。幼虫期，利用打孔机在距地面 30～50cm 树干处，对树干进行打孔，孔道与树干呈 30°～45° 角，孔深 4～5cm，孔径 0.4～1.0cm，每孔注入"树大夫"等药剂，然后用黄泥封好钻口。幼虫危害盛期，用棉花制成棉球签，浸入 50% 辛硫磷配制的药液内，待棉球吸足药液后制成毒签；检查发现有蛀虫的洞口后，将制成的辛硫磷毒签塞入虫洞，然后用泥巴把虫洞封住即可。依据成虫有上下树的习性，于成虫始发期，用毛刷将松毛虫长效阻杀剂涂于树干基部，形成 10～15cm 的闭合毒环，使毒环下边接近地面，从而有效阻杀成虫。

参考文献

季英超，2015. 10 种重要林业象虫在我国适生区及其经济损失评估研究 [D]. 泰安：山东农业大学.

李树春，王威，2013. 浅谈杨干象的生物学特性与防治 [J]. 科技视界 (32): 382.

尹杰，2016. 辽宁地区杨干象发生规律及防治对策初探 [J]. 内蒙古林业调查设计，39(2): 96-97.

赵养昌，陈元清，1980. 中国经济昆虫志：第二十册　鞘翅目　象虫科 [M]. 北京：科学出版社.

（撰稿：徐婧；审稿：张润志）

杨黑枯叶蛾　*Pyrosis idiota* Graeser

一种危害杨、柳等林木的食叶害虫。又名柳星枯叶蛾、白杨毛虫、杨柳枯叶蛾、白杨枯叶蛾。鳞翅目（Lepidoptera）枯叶蛾科（Lasiocampidae）黑枯叶蛾属（*Pyrosis*）。国外分布于朝鲜、日本、俄罗斯、欧洲。中国内分布于黑龙江、吉林、辽宁、内蒙古、北京、山西、河北、河南、陕西、安徽、湖北、广东等地。

寄主　杨、柳、榆、文冠果、苹果、沙果、梨、杏、糖槭等。

危害状　幼虫食叶成缺刻或孔洞，树叶被食后常可萌发新叶。幼树叶片连续两年被食尽，常导致生长势退。大树叶片被大量取食后常引起枝条枯死、树势衰弱，导致蛀干害虫发生（图②）。

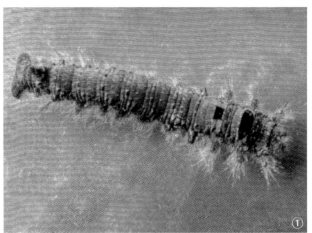

杨黑枯叶蛾幼虫及成虫（李孟楼供图均仿祁润身及徐公天）

①幼虫；②幼虫危害状；③雌成虫；④雄成虫

形态特征

成虫 雄体长 22～26mm，翅展 45～53mm，暗褐色。前翅中室白端斑近圆形或三角形。后翅中外部具浅黄色横带 2 条，中部有 1 浅黄斑与两横带接。雌体长 32～37mm，翅展 65～71mm（图③④）。

卵 椭圆形，长 1.6mm，淡黄褐色。

幼虫 体长 70～78mm，黄褐色，头具浅黄色斑纹。亚背线暗棕色，中、后胸背面各 1 丛生黑毛的横方形黑斑，第八腹节背面中部具黑毛 1 丛；前胸前缘两侧有 2 瘤突，中、后胸及 1～8 腹节侧下缘各具 1 瘤突，瘤突生黄白长毛和黑毛。初孵幼虫黑色，被毛灰白色（图①）。

蛹 褐色至暗黑色。茧长椭圆形，长 39～53mm，暗灰或土灰黄色，被毛。

生活史及习性

1 年 1 代，老熟幼虫在孔洞、树皮缝或树下各种地被物缝隙中群集结茧，以前蛹越冬。翌春 4 月中旬至 5 月中旬化蛹，蛹期 15～30 天，5 月中旬至 6 月下旬羽化，羽化当天交尾，次日产卵于 1～2 年生枝条上，每雌产卵 250～370 粒。成虫昼伏夜出，趋光性强，寿命 4～6 天。卵期 10～15 天，6 月上旬至 7 月初孵化，幼虫 8 龄。初孵幼虫群栖卵块附近取食，稍大后分散成数群危害，五、六龄后再分散，夜间取食，幼虫期 100 天以上，9 月中下旬至 10 月上旬陆续下树结茧越冬。

防治方法

人工除虫 苗圃地及幼林发生时可人工摘卵、捕杀幼虫及茧，或悬挂黑光灯诱杀成虫。

生物防治 喷洒 Bt 乳剂或核型多角体病毒水溶液，或白僵菌与松毛虫杆菌的混合液。

化学防治 幼虫期可选喷灭幼脲Ⅲ号、溴氰菊酯、氯氰菊酯、吡虫啉、呋虫胺·毒死蜱、甲维盐·噻嗪酮。

参考文献

李蓉波，陈杏安，白玉岭，1978. 白杨枯叶蛾发生规律及其防治 [J]. 林业科学，14(2)：47-49.

谢寿安，李孟楼，李荣波，2020. 杨黑枯叶蛾 [M]. // 萧刚柔，李镇宇. 中国森林昆虫. 3 版. 北京：中国林业出版社.

周嘉熹，屈邦选，王希蒙，等，1994. 西北森林害虫及防治 [M]. 西安：陕西科学技术出版社：156.

（撰稿：李孟楼；审稿：张真）

杨枯叶蛾 *Gastropacha populifolia* (Esper)

一种危害杨、柳、苹果、梨、桃等多种林木和果树的食叶害虫。又名杨褐枯叶蛾、柳星枯叶蛾、杨柳枯叶蛾、白杨枯叶蛾、白杨毛虫。英文名 poplar lasiocampid。鳞翅目（Lepidoptera）枯叶蛾科（Lasiocampidae）褐枯叶蛾属（*Gastropacha*）。国外分布于欧洲、俄罗斯亚洲地区、日本、朝鲜。中国分布于北京、河北、山西、内蒙古、辽宁、黑龙江、江苏、浙江、安徽、江西、山东、河南、湖北、湖南、广西、四川、云南、陕西、甘肃、青海等地。

寄主 杨属植物、柳属植物、核桃、梨、桃、苹果、沙果、李、杏、梅。

危害状 以幼虫危害为主，蚕食叶片，严重影响林木和果树的正常生长和发育，影响绿色景观完整和果农的经济收益。一、二龄幼虫群集取食，将树叶咬食成缺刻或孔洞；三龄以后分散危害。严重危害时仅剩叶柄。

形态特征

成虫 翅展雄蛾 38～63mm，雌蛾 54～96mm。体翅黄褐色，前翅窄长，内缘短，外缘呈弧形波状，前翅呈 5 条黑色断续的波状纹，中室端呈黑褐色斑。后翅有 3 条明显的斑纹，前缘橙黄色，后缘浅黄色。前、后翅散布有少数黑色鳞毛。体色及前翅斑纹变化较大，呈深黄褐色、黄色等，有时翅面斑纹模糊或消失（图①②）。

卵 长 2mm，椭圆形，灰白色，有黑色花纹，卵块覆盖灰黄色绒毛。

幼虫 老龄幼虫体长 80～85mm，头部棕褐色，较扁平。体灰褐色，中胸和后胸背面有蓝黑色斑一块，斑后有赤黄色横带。腹部第八节有较大瘤 1 个，四周黑色，顶部灰白色。第十一节亚背线上有圆形瘤状突起。背中线褐色，侧线呈倒"八"字形黑褐色纹。体侧每节有大小不同的褐色毛瘤 1 对，边缘呈黑色，上有土黄色毛丛。各瘤上方为黑色"V"形斑。气门黑色，围气门片黄褐色。胸足、腹足灰褐色，腹足间有棕色横带（图③④）。

蛹 褐色。茧灰褐色，上面有幼虫体毛。

生活史及习性

在河南 1 年发生 2 代，少数 3 代。以幼虫在树干上越冬。翌年 3 月中下旬开始取食，4 月中旬至 5 月中旬化蛹，5 月上旬至 6 月上旬羽化。5 月中旬第一代幼虫开始孵化，6 月中旬至 7 月中旬陆续化蛹，6 月下旬至 7 月下旬成虫羽化。7 月上中旬孵化出第二代幼虫，8 月下旬化蛹，9 月上旬成虫羽化。9 月中旬孵化出第三代幼虫。幼虫危害至 10 月中下旬，以四、五龄幼虫在枝干上越冬。部分 8 月上旬孵化出的第二代幼虫，危害至 9 月中下旬，以六、七龄幼虫越冬。北京 1 年发生 1 代，6～8 月可见成虫，11 月以低龄幼虫在枝、干或枯叶中越冬。翌年 4 月幼虫开始活动，6 月在干、枝上做茧化蛹，7 月初成虫开始羽化和产卵，7 月孵化，卵期约 12 天。

成虫一般都在夜间活动和交尾，白天很少活动。成虫羽化后，大部分在 2 天内即交尾，交尾时间一般在 22：00 以后，交尾时间达 13～22 小时，平均 19.5 小时。交尾的姿态逐渐成"一"字形，对尾式。交尾后立即产卵，产卵期 3～5 天，平均 4 天，产卵于枝叶上，成虫产卵量第一天最多，往后逐渐减少，每雌虫产卵 200～300 粒。一、二龄幼虫群集取食，将树叶咬食成缺刻或孔洞；三龄以后分散危害，幼虫大发生时，常把叶肉吃光，仅剩下叶柄，然后转移危害。老熟幼虫将要化蛹时，先制造化蛹场所，即吐丝把叶片粘成圆筒形或饺子形，然后才在其中化蛹。

防治方法

人工防治 人工捕杀枝干上的幼虫。

物理防治 黑灯光诱杀成虫。

生物防治 幼虫发生严重期喷洒 100 亿孢子/ml Bt 乳剂 500 倍液。

化学防治 喷洒 3% 啶虫脒乳油 1000 倍液，或树干基

Y

杨枯叶蛾成虫及幼虫形态（①②关玲、③潘彦平、④刘曦提供）

①②成虫；③幼虫整体；④幼虫头部

部注药防治。

参考文献

高犁牛，1992. 杨枯叶蛾 Gastropacha populifolia Esper[M]// 萧刚柔 . 中国森林昆虫 . 2 版 . 北京：中国林业出版社：970-971.

李翠芳，张玉峰，周志芳，1994. 杨枯叶蛾生物学特性及防治 [J]. 河北果树 (3): 21-22.

刘友樵，武春生，2006. 中国动物志：昆虫纲　第四十七卷　鳞翅目　枯叶蛾科 [M]. 北京：科学出版社：234-236.

徐公天，杨志华，2007. 中国园林害虫 [M]. 北京：中国林业出版社：282.

虞国跃，2015. 北京蛾类图谱 [M]. 北京：科学出版社：194.

张存立，2007. 杨树枯叶蛾生物学特性观察研究及防治 [J]. 安徽农业科学，35(11): 3289-3290.

朱弘复，等，1973. 昆虫图册第二号：蛾类图册 [M]. 北京：科学出版社 .

（撰稿：关玲；审稿：张真）

杨柳网蝽　*Metasalis populi* (Takeya)

　　一种危害檫树、杨树、柳树的重要害虫。又名娇膜肩网蝽、檫树网蝽。半翅目（Hemiptera）网蝽科（Tingidae）网蝽亚科（Tingndae）柳网蝽属（*Metasalis*）。国外分布于日本、韩国、俄罗斯。中国分布于北京、天津、河北、山西、山东、江西、河南、湖北、广东、四川、陕西、甘肃。

　　寄主　檫树、杨树、柳树。

　　危害状　主要以成虫和若虫危害寄主叶片，叶片受害初期呈黄白色小斑点，严重时则全叶干枯、脱落。

　　形态特征

　　成虫　体长 2.8～3.1mm，暗褐色。头小，触角 4 节，细长，淡黄褐色，端节色稍深。头兜球状，前端稍尖，覆盖头顶。前胸背板末端及侧缘透明，网状缘淡黄褐色，中隆线及侧隆线呈薄片状隆起，其上具网状纹。前翅透明，具网状纹，前缘基部稍翘，后域近基部具菱形隆起，翅上有 "C" 形暗色斑纹。腹部黑褐色，侧区色淡。足淡黄色（图 1）。

　　卵　长椭圆形，略弯，长 0.43～0.46mm，宽 0.15～0.16mm。初产时乳白色，后变淡黄色，孵化前变为红色。

　　若虫　共 4 个虫龄，体长 2.17～2.18mm，宽 1.14～1.16mm，头黑色。翅芽黑色呈椭圆形，伸到腹背中部、基部和末端。

　　生活史及习性　1 年发生 4 代，世代重叠。4 月中、下旬日均温度达到 12℃以上时，越冬代成虫开始出蛰，危害杨树的嫩芽和嫩叶，并开始产卵。卵产在叶背主脉和侧脉两边的叶沟里，成行排列，少数产在叶肉里，每雌一生可产卵40～60 粒。卵期 9～11 天，不同代间略有不同。若虫多数在早晨孵化，孵化后即在叶背面爬行寻找取食部位，若虫历期各代不等。成虫羽化后一般需补充营养，6～7 天后才交尾，交尾后 2～3 天开始产卵。成虫有假死性，若虫有群集危害的习性。当日平均气温低于 10℃时，成虫开始下树在落叶、杂草、树皮裂缝或土壤缝隙中越冬。

防治方法

物理防治　清除树下枯枝落叶，烧毁或深埋；冬季树干涂白；成虫下树越冬前在树干上距地面90～100cm处绑草把，待陆续下树越冬的成虫躲在草把内，即可集中销毁。

化学防治　5月中旬第一代若虫期是防治的关键期，可采用5%吡虫啉2000～3000倍液、3%啶虫脒乳油2000～2500倍液进行树冠喷药。

参考文献

胡殿芹，张继远，马泽栋，等，2008.膜肩网蝽的生物学特性及防治[J].天津农林科技(2):29.

梁成杰，赵玲，1987.膜肩网蝽的生物学和防治[J].林业科学，23(3):376-382.

马利霞，2008.膜肩网蝽的综合防治[J].河南农业(7):20.

章士美，1985.中国经济昆虫志：第三十一册　半翅目(一)[M].北京：科学出版社.

（撰稿：徐晗；审稿：宗世祥）

杨柳小卷蛾　*Gypsonoma minutana* (Hübner)

一种卷叶危害杨、柳树的害虫。又名杨小卷叶蛾、杨树卷叶蛾。英文名poplar tortricid。鳞翅目（Lepidoptera）卷蛾总科（Tortricoidea）卷蛾科（Tortricidae）新小卷蛾亚科（Olethreutinae）花小卷蛾族（Eucosmini）柳小卷蛾属（*Gypsonoma*）。国外分布于印度、日本、俄罗斯、欧洲、北非等地。中国分布于甘肃、北京、黑龙江、河北、山东、河南、山西、陕西、青海等地。

寄主　杨属和柳属植物。

危害状　受害叶部呈网孔状，轻者叶部枯黄，重者整个叶子脱落，大发生时，地面落积一层受害叶片（图1⑥、图2⑤）。

形态特征

成虫　体长5mm，翅展13mm。触角丝状，深褐色，长达体长之半。下唇须前伸，稍向上举，末端钝。前翅狭长，斑纹由淡棕色到深褐色；基斑与中带间有1条白色条纹，基斑里夹杂有少许有白条纹。肛上纹位于臀角上，不十分明显。前缘有明显的钩状纹。顶角略凸出，外缘顶角下有凹陷。后翅灰褐色，缘毛灰色（图1①②、图2①②）。

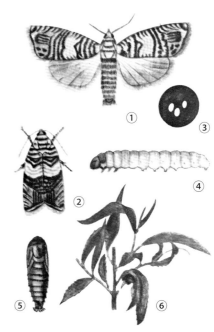

图1 杨柳小卷蛾形态手绘（张培毅绘）
①成虫；②成虫休止状；③卵；④幼虫；
⑤蛹；⑥柳叶被害状

图2 杨柳小卷蛾形态（张培毅摄）
①②成虫；③幼虫；④蛹；⑤被害状

卵　米黄色，椭圆形。长 0.6～0.7mm，宽约 0.5mm。卵面光滑有光泽（图 1③）。

幼虫　体较粗壮，灰白色，老熟时体长 8～9mm。头淡褐色，前胸背板褐色，两侧下缘各有 2 个黑点。胸足灰黑色，毛片淡褐色。体节上的毛片淡褐色，上生白色细毛。腹部第五节背面透过皮层可见到 2 个椭圆形褐色斑块（图 1④、图 2③）。

蛹　黄褐色，长 6～8mm。近羽化时黑褐色。蛹体腹面各节背面均有两横列短刺，前列大，黄褐色；后列小，黑褐色。末节背上方有 8 根臀棘（图 1⑤、图 2④）。

生物史及习性　1 年发生 3～4 代，以初龄幼虫在树皮缝隙中结茧越冬。次年 4 月上旬，杨树发芽展叶后，幼虫开始活动危害，4 月下旬先后老熟化蛹、羽化，5 月中旬为羽化盛期，5 月底为末期。第二次成虫盛发期在 6 月上旬，这代成虫发生量最多，幼虫危害最重，以后世代重叠，各虫期参差不齐，直到 9 月上旬，仍有成虫出现，这代幼虫危害至 10 月底，即在树皮缝隙中结灰白色薄茧越冬。成虫夜晚活动，有趋光性。卵产于叶面，单粒散产。幼虫孵化后，吐丝将 1、2 片叶粘在一起，啃食表皮呈箩网状。幼虫长大后，吐丝将几片叶连缀一起，形成一小撮叶。幼虫极活泼，受惊即弹跃逃逸。老熟幼虫，在叶片黏结处吐丝结白色丝质薄茧化蛹。凡林木郁闭度大，4、5 年生幼树内膛枝上的叶片受害最重。

防治方法

物理防治　成虫羽化盛期用黑光灯诱杀。刮树皮，消灭越冬幼虫。

生物防治　幼虫和蛹期寄生蝇寄生率较高，应注意保护利用。

化学防治　幼虫危害盛期用高效氯氰菊酯 1500～2000 倍液、20% 除虫脲悬浮剂每亩 2～4g、90% 敌百虫晶体 1000 倍液喷雾，均有显著效果。

参考文献

刘友樵，李广武，2002. 中国动物志：昆虫纲　第二十七卷　鳞翅目　卷蛾科 [M]. 北京：科学出版社.

刘友樵，王树楠，余吉河，等，1990. 甘肃省云杉嫩梢小蛾类的识别 [J]. 中国森林病虫 (2): 46-47.

杨有乾，1992. 杨柳小卷蛾 Gypsonoma minutana Hübner[M]// 萧刚柔. 中国森林昆虫 . 2 版 . 北京：中国林业出版社.

中国科学院动物研究所，1981. 中国蛾类图鉴 I [M]. 北京：科学出版社：47. 图版 10, 262.

（撰稿：王洪建；审稿：嵇保中）

杨毛臀萤叶甲无毛亚种　*Agelastica alni glabra* (Fischer von Waldheim)

一种危害阔叶树的害虫。又名杨蓝叶甲、杨毛臀萤叶甲东方亚种。英文名 oriental leaf beetle。鞘翅目（Coleoptera）叶甲总科（Chrysomeloidea）叶甲科（Chrysomelidae）萤叶甲属（*Agelastica*）。国外分布于哈萨克斯坦、吉尔吉斯斯坦、乌兹别克斯坦、塔吉克斯坦、土库曼斯坦、伊朗、阿富汗、俄罗斯、加拿大、美国。中国分布于甘肃、青海、陕西、四川、新疆。

寄主　杨属、柳属、榆属、苹果属、梨属、桦木属、扁桃等。

危害状　幼虫和成虫将叶片吃成网眼状大小缺刻，残叶干枯早落、受害严重的幼苗除了枝条顶端的几片嫩叶外，其余叶片均被食害、形似火烧。

形态特征

成虫　椭圆形，蓝黑色。雄虫长 7～7.5mm，雌虫长 7.5～8mm。头部及前胸背板黑色，头部宽大于长。触角黑色，11 节，第十一节渐膨大。鞘翅宽于前胸，蓝色，其上密生成行点刻（图①）。

卵　椭圆形，黄色；长径 2～3mm，宽 0.7～0.8mm。每次产卵 26～35 粒。卵粒竖立，单层紧密排列成卵块。卵壳表面覆有黏液，可使卵粒粘于叶片背面，且相互粘连（图②）。

幼虫　扁平。老熟幼虫灰黑色，长 11～12mm。头黑褐色，胸足黑色。体两侧生有两行具毛的黑色乳头状突起；尾部黑色（图③）。

蛹　椭圆形，橙黄色，长 6～7mm（图④）。

生活史及习性　在新疆 1 年发生 1 代，以成虫在枯枝落叶下越冬，入土深度 2～4cm；翌年 4 月上旬杨柳叶萌发时，成虫开始分散在树上咬食叶缘，成虫一次只能飞行 1.5～5m。补充营养 3～4 天开始交尾。一生多次交尾。成虫多选择完整叶片产卵。有假死性。雌雄性比 1：1。成虫翌年活动期平均为 50 余天。卵期平均 7 天。于 4 月下旬孵化。幼虫将叶肉咬成小孔洞，并从孔缘蚕食。幼虫共 3 龄，约 44 天。幼虫受惊扰时，能自乳头状疣突的翻缩腺孔中喷出深黄色恶臭液，借以御敌。老熟幼虫钻入树干周围较疏松的表土层内中 2～3 天后进入 5～7 天的预蛹期。然后化蛹。6 月中旬为化蛹始期，蛹经 25 天左右，7 月上、中旬为羽化盛期。成虫有越夏的习性，9 月中旬，气温下降才出蛰取食。于 10 月中、下旬开始下树隐伏在枯枝落叶下，随着气温下降则潜入 2～4cm 深土中越冬。当年成虫不交尾。断食后可存活 6～16 天。

防治方法

营林措施　秋季去除枯枝落叶。产卵盛期修剪烧毁有卵

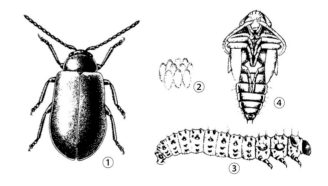

杨毛臀萤叶甲无毛亚种（引自萧刚柔和李镇宇，2020）

①成虫；②卵；③幼虫；④蛹

的枝条。做茧、化蛹的时期，翻耕树冠下的土壤。

人工防治　成虫、幼虫盛发时期，可猛烈摇动树苗，扫集成、幼虫并烧毁。

化学防治　成虫和幼虫盛发期，使用 2.5% 溴氰菊酯乳油 8000～10000 倍液、40% 氧化乐果乳油 2000 倍液防治。

参考文献

李勤，唐秀丽，王朝，等，2012. 乌鲁木齐市及其周边地区柳树害虫及寄生蜂资源初步研究 [J]. 新疆农业科学，49(7): 1229-1237.

凌冰，张茂新，1996. 杨毛臀萤叶甲 (*Agelastica alni orientalis* Baly) 胚胎发育的观察研究 [J]. 新疆农业大学学报，19(3): 36-39.

王树洪，韩会智，侯军铭，等，2016. 沧州市林业有害生物普查成果初报 [J]. 河北林业科技 (6): 40-43.

萧刚柔，李镇宇，2020. 中国森林昆虫 [M]. 3 版. 北京：中国林业出版社.

萧刚柔，1992. 中国森林昆虫 [M]. 2 版. 北京：中国林业出版社.

朱新明，1995. 杨蓝叶甲成虫和卵的空间分布型研究 [J]. 应用昆虫学报，32(2): 105-106.

（撰稿：李会平；审稿：迟德富）

杨平澜　Yang Pinglan

杨平澜（1918—1995），著名昆虫学家，原中国科学院上海昆虫研究所所长、研究员。

个人简介　1918 年 5 月 26 日生于江苏泰兴，1940 年毕业于浙江大学农学院植物病虫害系，1947—1948 年，公派赴美国明尼苏达大学留学深造。回国后，曾任中央研究院动物研究所副研究员。新中国成立后，历任中国科学院上海实验生物研究所副研究员；中国科学院昆虫研究所上海工作站副研究员、副主任；中国科学院上海昆虫研究所副研究员、研究员、上海昆虫研究所副所长（1959—1966）、所长（1978—1985）、名誉所长（1985—1995）。曾任上海市政治协商会议第五、六届常委。

杨平澜毕生致力于昆虫学研究事业，先后从事小麦吸浆虫、柑桔害虫、水稻螟虫及同翅目蚧虫分类学等研究工作，取得了多项重要成果，为中国昆虫分类学和农业害虫防治做出了卓越的贡献。尤其他在昆虫纲同翅目粉虱总科和蚧总科的分类研究方面作出了开创性工作，出版了《中国蚧虫分类概要》（1982）一书，并完成了《中国动物志·盾蚧科》的编写任务。在担任广东省"松突圆蚧防治指挥部"副组长期间，通过鉴定确认该蚧虫为外来侵入种，并指导科研组从国外引进小蜂进行防治研究，取得成功。此项科研成果获广东省科技进步特等奖和国家科技进步二等奖。

1953 年 1 月经中国科学院批准，在北京成立中国科学院昆虫研究所，在上海成立工作站，陈世骧、杨平澜、夏凯龄、范滋德等成为工作站的科技骨干。1953 年 4～11 月，杨平澜参加"中国红十字会"组织的赴越南民主共和国医疗队，在越南卫生部工作，担任红十字会越南工作组昆虫学组组长，并获得越南政府颁发的"抗战纪念章"。1954 年 10月，受中央人民政府农业部邀请，前苏联植物检疫和植物保护考察组来中国进行考察，考察组历时 2 个多月先后考察了上海、杭州、广州、汉口、重庆和成都等地，杨平澜全程陪同参加了考察。1957 年 9 月，上海工作站的工作由新任命的杨平澜副主任具体负责。1959 年 9 月，经中国科学院和上海市人民委员会批准，更名为中国科学院上海应用昆虫研究所，杨平澜担任首任所长。1962 年被聘为中国昆虫学会理事，同年 12 月被上海市农业专业委员会聘为委员。1963 年杨平澜被推选为上海市昆虫学会副理事长。1973 年 4 月，《中国动物志》组成新一届委员会，杨平澜被聘为第二届委员，10 月杨平澜在上海主持召开了盾蚧志编写小组讨论会。1980 年 10 月上海昆虫研究所创办《昆虫学研究集刊》，杨平澜任主编。1981 年杨平澜担任赴意大利中国昆虫学考察小组组长。

杨平澜一生奉献于科学事业，为上海昆虫研究所的发展，投入了毕生精力。在他的领导下昆虫所始终注重科研与国家需求相结合，以及在实验昆虫学方面的基础和应用基础研究。在农业、卫生和建筑害虫的防治，及昆虫学应用基础研究领域取得了瞩目的成就。同时，他还为研究所各领域的发展，通过积极引进人才和研究所自身培养等途径，建立了一批适应研究需求的人才队伍。

成果贡献　20 世纪 50 年代，小麦吸浆虫是中国十大害虫之一，杨平澜主持的华东地区小麦吸浆虫的防治研究，先后调查了苏北黄桥、皖北地区和河南洛阳等地，通过土壤和麦穗的检查，对成虫密度和活动进行了观察。经过 6 年的努力，创造出一套国内首先使用的土壤检测法，还通过研究提出通过地面施药，控制吸浆虫成虫羽化出土的新防治策略，并在生产上运用推广，为确保小麦增产作出了贡献，并在此基础上编写了《建国十年来小麦吸浆虫的研究和防治》。

1958 年遵循党中央的总路线和科研为生产服务的根本方针，果虫组由杨平澜带队，赴浙江衢县、黄岩区开展柑橘爆皮虫、柑橘花蕾蛆和吹棉蚧的防治研究。柑橘爆皮虫是柑橘的一大害虫，果树被害后 2～3 年就会死亡。浙江衢县每年有大量果树因爆皮虫的危害而枯死，一直没有很好的防治方法，应浙江省农业厅的要求，果虫组在 1958—1960 年间

杨平澜（殷海生提供）

在衢县进行了大量的调查研究和防治工作，提出了用有机氯杀虫剂涂刷树干封杀爆皮虫成虫羽化出洞的防治方法，经大面积推广试验，防治效果显著。

杨平澜还先后主持多个重要的科研项目：1960—1967承担上海市科委项目水稻三化螟的防治研究；1963—1967承担国家十年规划化工部及卫生部项目稻田害虫群落生态的研究；1973—1995承担中国科学院重点项目中国动物志编写；1976承担国家卫生部重点项目中央"09"项目中的双防课题。

所获奖誉　1953年4～11月，获得越南政府颁发的"抗战纪念章"。"松突圆蚧防治"获广东省科技进步特等奖和国家科技进步二等奖。1977年12月杨平澜被上海市科技大会授予先进个人。1978年被评为全国科技大会先进工作者。

参考文献

《中国科学院上海昆虫研究所编年史》编辑部，2013. 中国科学院上海昆虫研究所编年史 1953—2000 [M]. 上海：上海科学技术出版社

（撰稿：殷海生；审稿：彩万志）

杨潜叶跳象　*Rhynchaenus empopulifolis* Chen

一种象虫科的危害杨属植物的害虫。鞘翅目（Coleoptera）象虫科（Curculionidae）跳象属（*Rhynchaenus*）。中国分布于北京、河北、山西、内蒙古、辽宁、吉林、山东等地。

寄主　小叶杨、青杨、北京杨、加杨，其中小叶杨受害最严重。

危害状　杨潜叶跳象危害后易引起树势衰弱，引发杨树溃疡病、杨树黑叶病、天牛等次期病虫害的发生，对树木造成更大的威胁。

形态特征

成虫　体长 2.3～2.7mm，宽 1.3～1.5mm，近椭圆形，黑色至黑褐色。喙、触角和足的大部分为浅黄褐色，足的基节、腿节端部有时为红褐色或黑褐色。前胸被覆黄褐色向内指的尖细卧毛，鞘翅各行间除 1 列褐色长尖卧毛外，还散布短细的淡褐色卧毛；小盾片密被白色鳞毛，眼周围、体腹面和足的毛为浅褐色或白色（见图）。

幼虫　初孵幼虫半透明，可见体内绿色食物残渣；老熟幼虫体约长 3.5mm，最宽处宽约 1.5mm，胸部至腹末渐窄，隐藏于叶苞。

生活史及习性　北京1年1代，山东1年2代。以成虫越冬。翌年3月下旬越冬成虫开始出蛰上树，危害叶芽、幼叶和成叶的下表皮及叶肉。4月上旬成虫进入交尾期，4月中旬成虫开始产卵，孵化期持续半个月，幼虫孵化后即开始潜入叶肉内危害。4月下旬幼虫老熟后随叶苞掉落地面，进入预蛹期，5月上旬进入预蛹期末期，蛹期10天。5月上旬成虫羽化，羽化期为 20 天；羽化后继续上树取食叶肉，一直危害到10月下旬；9月下旬成虫开始向树下运动，危害树冠下部叶片。10月下旬成虫在枯枝落叶、石头下和表土中越冬。

杨潜叶跳象成虫（张润志摄）

防治方法

化学防治　用高效氯氰菊酯乳油 1000 倍液进行土壤处理，对成虫和蛹的防治起到很好的效果；或用康福多可溶性液注干（每厘米胸径用药剂量 0.4ml）防治杨潜叶跳象，同时兼治杨雪毒蛾，又可达到保护寄生性天敌昆虫的目的。在杨潜叶跳象幼虫期间，可使用噻虫·高氯氟悬浮剂 1000 倍液喷雾防治。

生物防治　寄生小蜂天敌有密云金小蜂、皮金小蜂、瑟茅金小蜂，以及杨跳象三盾茧蜂。

参考文献

侯雅芹，王小军，李金宇，等，2009. 杨潜叶跳象生物学特性及防治 [J]. 中国森林病虫，28(2): 32-34.

王小军，杨忠岐，王小艺，2006. 北京地区杨潜叶跳象生物学特性及药物防治效果 [J]. 应用昆虫学报，43(6): 858-863.

谢娜，赵永军，郭涛，等，2020. 泰安地区杨潜叶跳象生物学特性及化学防治 [J]. 中国森林病虫，39(5): 9-13.

姚艳霞，杨忠岐，2008. 寄生于杨潜叶跳象的 3 种金小蜂（膜翅目：金小蜂科）及 1 新种记述 [J]. 林业科学，44(4): 90-94.

（撰稿：马苗；审稿：张润志）

杨扇舟蛾　*Clostera anachoreta* (Denis et Schiffermüler)

危害杨、柳树的重要食叶害虫。又名白杨天社蛾、白杨灰天社蛾、小叶杨天社蛾、白杨舟蛾、杨树天社蛾。英文名 poplar prominent, scarce chocolate-tip。鳞翅目（Lepidoptera）舟蛾科（Notodontidae）扇舟蛾属（*Clostera*）。国外分布于俄罗斯、日本、朝鲜、印度、越南、斯里兰卡、印度尼西亚、泰国和欧洲等地。中国广泛分布于东北、西北、华北、华中、华南、西南、华东各地。

寄主　杨树和柳树。

危害状　幼虫三龄前集中缀叶成苞在内啃食叶肉，三龄后分散取食全叶，幼虫食量随虫龄增大而增加，五龄幼虫食叶量占总食叶量的 70% 左右，因此虫口密度大时，五龄幼

虫 2 ~ 3 天即可把全树叶片吃光。

形态特征

成虫 雌虫体长 15 ~ 20mm，翅展 38 ~ 42mm；雄虫体长 13 ~ 17mm，翅展 23 ~ 37mm。成虫体色为灰褐色，触角单栉齿状。前翅翅面有 4 条灰白色（灰褐色）波状横纹，顶角处有一块灰褐色扇形大斑，扇形斑下方有 1 个较大的黑点，外横线通过扇形斑一段呈斜伸的双齿形，外衬 2 ~ 3 个黄褐色带锈红色斑点；后翅灰褐色（图①）。

卵 扁圆形，初产时为黄色，后转橙红色，再后变暗红色，孵化前暗黑色（图②）。

幼虫 老熟幼虫体长 32 ~ 38mm，头部黑褐色，腹部灰白色，腹部背面灰黄色，侧面墨绿色，体表有灰白色细毛，第四和第十一节背面中央各有 1 个红褐色大肉瘤。幼虫每节着生有环形排列的橙红色瘤 8 个，其上具有长毛，两侧各有较大的黑瘤，黑瘤上着生有白色细毛 1 束，向外放射，腹部第一和第八节背面中央有较大的红黑色瘤，臀板呈赭色，胸足呈褐色（图③）。

蛹 体长 13 ~ 18mm，深紫褐色，尾端尖削，分成两叉。包裹在灰白色茧内（图④）。

茧 椭圆形，灰白色。

生活史及习性 杨扇舟蛾每年发生代数因地而异，北京 3 ~ 4 代、山东 4 代、河南 4 ~ 5 代、安徽 5 代、江西 5 ~ 6 代、湖南 7 代。以蛹在薄茧内、枯落叶中、土石块下、树皮粗缝、树洞、墙缝、窗沿下越冬。每年 3、4 月间成虫羽化，5 月初出现第一代幼虫，以后大约每隔 1 月发生 1 代，同时期内各虫态重叠，除越冬代外，9 月下旬老熟幼虫结茧并化蛹越冬，蛹期 8 ~ 13 天，越冬代则长达 180 天。成虫白天静伏，夜间活动，趋光性强。成虫交配后当天产卵，越冬代成虫产卵于树干上，其他各代则产在叶子背面，呈单层块状排列，每雌产卵 200 ~ 600 粒，卵期 7 ~ 14 天。幼虫 5 龄，初孵幼虫有群集性，常数十头或上百头聚集于叶面剥食叶肉，使叶片成网状；二龄后吐丝缀叶成苞，白天隐伏在苞中，夜晚出苞取食；三龄后分散取食，食料不足时，则吐丝随风迁移他处，再卷叶危害。四、五龄食叶量大增，占总食量的 90% 左右。

防治方法

人工防治 摘除卵块和虫苞是最直接和最原始的方法，消灭幼虫或蛹。组织专业队统一行动，集中防治，打歼灭战。

黑光灯诱杀成虫 利用其趋光性，对成虫进行诱杀。使用黑光灯诱杀成虫，需避开灯下益虫的高峰期。

生物防治 保护益鸟，如麻雀和灰喜鹊；利用细菌（如苏云金杆菌）、病毒（如杨扇舟蛾颗粒体病毒）、赤眼蜂、卵寄生蜂等进行杨扇舟蛾的防治。

化学防治 可用化学农药作为补充，全面喷雾防治，如阿维菌素、虫杀净、灭幼脲等。应用有内吸性的农药氧化乐果等向树干基部打孔注药。此外，利用生物制剂，如杀铃脲 6000 倍液、灭幼脲Ⅲ号 1500 倍液，均加农药助剂如助杀 1000 倍液、农药展着剂 1000 倍液，提高防治效果。

参考文献

南京农学院，1987. 昆虫生态及预测预报 [M]. 北京：农业出版社.

杨有乾，陈之卿，1992. 杨扇舟蛾 *Clostera anachoreta* (Fabriricius) [M]// 萧刚柔. 中国森林昆虫. 2 版. 北京：中国林业出版社：1016-1017.

杨有乾，陈之卿，2020. 杨扇舟蛾 [M]// 萧刚柔，李镇宇. 中国森林昆虫. 3 版. 北京：中国林业出版社：880-883.

张执中，1997. 森林昆虫学 [M]. 北京：中国林业出版社.

（撰稿：刘福；审稿：张真）

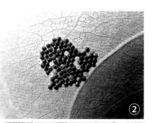

杨扇舟蛾各虫态（①④孔祥波提供；②③张真提供）

①成虫；②卵；③幼虫；④茧蛹

杨梢肖叶甲 *Parnops glasunowi* Jacobson

一种危害多种阔叶树的害虫。又名杨梢金花虫。鞘翅目（Coleoptera）叶甲总科（Chrysomeloidea）叶甲科（Chrysomelidae）叶甲亚科（Chrysomelinae）杨梢肖甲属（*Parnops*）。国外分布于土库曼斯坦、塔吉克斯坦、乌兹别克斯坦。中国分布于吉林、辽宁、北京、河北、河南、山西、陕西、甘肃、宁夏、内蒙古、新疆等地。

寄主 杨属、柳属、梨属等植物。

危害状 以成虫取食杨、柳嫩梢和叶柄为主。取食部位主要在嫩梢顶端 5 ~ 6cm 处，通常把叶柄及嫩梢咬成缺刻，其深度一般约为叶柄或嫩梢的 1/2 或 1/3。叶柄、嫩梢被害后，萎缩、下垂、干枯、脱落。受害树上常挂满枯枝败叶。危害严重时，树木形成光枝秃梢。此外，成虫还咬食叶片。将叶缘咬成缺刻，严重时能使树叶落光。影响树木生长发育。

形态特征

成虫 椭圆形。雌虫长 5.4 ~ 7.3mm，宽 2.3 ~ 3.4mm。雄虫长 5.2 ~ 6.6mm，宽 2.0 ~ 2.9mm。体底色黑或黑褐，背腹面密被灰白色平卧的鳞片状毛。头宽，基部缩入前胸；复眼内缘稍凹；唇基与额愈合，前缘中部弧状凹入；额、唇基和上唇淡棕红或棕黄色。触角丝状，等于或稍过体长之半。前胸背板宽大于长，与鞘翅基部近等宽。小盾片舌形。鞘翅两侧平行，端部狭圆。足粗壮，淡棕红或棕黄色，中、后足

Y

杨梢肖叶甲成虫（孟庆繁提供）

①背面观；②侧面观

胫节端部外侧稍凹（见图）。

卵 长椭圆形，长 0.7mm，宽 0.3mm。初产时乳白色，很快变成乳黄色。

幼虫 老熟幼虫长 10mm，宽 2.4mm，头尾略弯向腹部；头部乳黄色。腹部气门线上毛瘤较为明显；第九腹节具 2 个角状突起，尖端为黄褐色。

生活史及习性 杨梢肖叶甲 1 年发生 1 代，以幼虫在土中越冬。翌年 5 月上旬为化蛹盛期，羽化盛期为 5 月中旬至 6 月上旬。成虫出土后，危害杨、柳的叶柄和新梢。成虫在清晨和傍晚活跃，黑暗或高温条件下活动减少。成虫有假死性。飞行距离一般为 7～8m。

卵多产在茅草、土壤缝隙等隐蔽处。每雌虫产卵 16～46 粒，卵粒成堆直立，无覆盖物。幼虫取食杨树或杂草幼根，无群栖性。次年春季天气转暖后，越冬幼虫多上升到土壤表层。幼虫老熟后，做蛹室化蛹。

防治方法

营林措施防治 化蛹期可结合林地的中耕抚育破坏化蛹场所，以压低虫口密度。

人工物理防治 利用其假死性，于清晨 6 时前振动树枝，捕杀成虫。

生物防治 瓢虫、猎蝽和蜘蛛等昆虫会以杨梢肖叶甲的卵为食物，蚂蚁和鸟类会以杨梢叶甲的幼虫为食物。

化学防治 6 月上旬是成虫危害盛期，可在林内放烟雾剂熏杀杨梢肖叶甲成虫。6 月中下旬幼龄幼虫危害盛期，在林下喷施 5% 吡虫啉乳油 1500 倍溶液。

参考文献

李秀玲，彭希龙，邵金宝，2011.宁夏干旱地区速生林杨梢叶甲生物学特性及防治技术研究 [J].北京农业（下旬刊）(3): 127.

马学军，刘伟红，2007.杨梢叶甲生物学特性的研究 [J].宁夏农林科技 (5): 23.

田桂芳，马学军，曹川健，等，2007.杨梢叶甲生物学特性及防治措施 [J].中国森林病虫，26(5): 19-20.

萧刚柔，李镇宇，2020.中国森林昆虫 [M].3 版.北京：中国林业出版社：388-389.

张小娣，周成刚，1992.杨梢叶甲生物学特性观察 [J].山东林业科技 (S1): 29-30.

（撰稿：迟德富；审稿：骆有庆）

杨细蛾 *Phyllonorycter apparella* (Herrich-Schäffer)

一种危害杨柳科树木的潜叶害虫。英文名 aspen leaf blotch miner。鳞翅目（Lepidoptera）细蛾总科（Gracillarioidea）细蛾科（Gracillariidae）小潜细蛾属（*Phyllonorycter*）。国外分布于欧洲、北美洲。中国分布于新疆北部。

寄主 额河杨、杂交杨、欧洲黑杨、苦杨、箭杆杨、银白杨、新疆杨、银灰杨、欧洲山杨、白柳等。

危害状 以幼虫潜食叶肉，仅留上、下表皮。幼龄幼虫潜斑为不规则的长圆或圆形，呈淡绿色。老熟幼虫潜斑为椭圆形，呈黄褐色，中央有纵格。幼虫的粪便分布在潜斑内边缘，受害叶片提早干枯脱落（图 1）。杨细蛾的危害以树冠下层为重，树冠中、上层较轻。

形态特征

成虫 体长 3～3.8mm，翅展 7.4～7.9mm。颜面有紧贴的白色鳞片，头顶具有白色、褐色及黑褐色的冠状鳞毛。触角有黑褐色及白色相间的环状纹。复眼大，半球形，黑色，被白色鳞片覆盖。胸及腹部背面灰褐色或褐色，腹面银灰白色，前翅白色或淡白色，混杂有暗红黑褐色鳞片，前缘、后缘各有 4 块明显的红黑褐斑，翅尖有 1 黑斑；后翅披针形，

图 1 杨细蛾典型危害状（金格斯·萨哈尔依提供）

①幼龄幼虫潜斑；②老龄幼虫潜斑

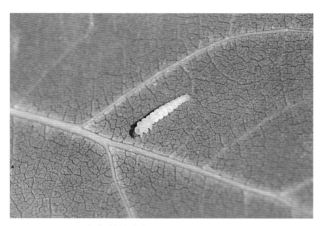

图 2 杨细蛾的幼虫（金格斯·萨哈尔依提供）

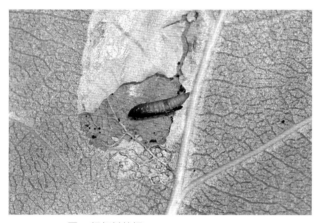

图 3 杨细蛾的蛹（金格斯·萨哈尔依提供）

灰白色，缘毛很长。各足腿节银灰白色，胫节及跗节外侧有黑褐斑。

卵　扁圆形，有不规则的网状纹，初产时为乳白色，后变灰白色。

幼虫　老熟幼虫黄白色或乳白色，体长 3.8～5.1mm，头部三角形，黄褐色。胸部比腹部粗大，尤以中胸突出。胸足 3 对，短粗，黄白色。体背部的毛粗而长（图 2）。

蛹　3.8～4.6mm，黄褐色，近羽化时变为黑褐色。头顶尖，呈圆锥形，腹部末端钝圆（图 3）。

生活史及习性　1 年发生 1 代。成虫集中在树洞中或翘皮缝中越冬。翌年 5 月杨树树叶完全展开时开始活动。5 月中旬为活动盛期，5 月中旬初见卵。5 月下旬或 6 月初为孵化盛期，6 月上旬至 7 月上旬为幼虫危害期。7 月上旬开始化蛹，7 月中旬羽化为新一代成虫，8 月中旬成虫开始迁入树洞或翘皮缝中越冬。

成虫喜在早晚活动，白天多潜伏在树干粗糙树皮缝里，交尾产卵一般在傍晚，卵散产在叶背面，卵经 8～10 天孵化，幼虫孵化后即潜入叶片取食叶肉，老熟幼虫多在浅痕斑块内化蛹，蛹经 10～12 天羽化，成虫羽化高峰在 20：00～22：00。羽化后的蛹壳半露于浅痕斑块外。

防治方法

物理防治　在成虫期用黑光灯诱杀成虫，减少虫源。

营林措施　做好林木抚育更新工作，清除林区空老树、病朽木及落叶，破坏杨细蛾的越冬场所。冬季在林地清扫落叶，集中烧毁。

生物防治　跳小蜂自然寄生率较高，可加以保护利用。

化学防治　每年春季越冬成虫活动之前，在杨细蛾较集中的越冬场所，释放烟雾剂杀灭成虫；幼虫孵化盛期和成虫羽化盛期喷洒 50% 杀螟松乳油 1000 倍液，或 80% 敌敌畏或 40% 乐果乳油 1000～2000 倍液毒杀。

参考文献

阿地力·沙塔尔，2013. 新疆林果害虫防治学 [M]. 北京：中国农业大学出版社：145-146.

夏俊文，1987. 杨细蛾的初步研究 [J]. 应用昆虫学报 (4): 221-223.

夏俊文，古丽散，徐恩葆，1999. 杨细蛾发生期与发生量预测及防治技术的研究 [J]. 森林病虫通讯 (1): 13-14.

（撰稿：杨金红；审稿：嵇保中）

杨小舟蛾　*Micromelalopha sieversi* (Staudinger)

一种危害杨树的重要食叶害虫。又名杨褐天社蛾、杨小天社蛾、小舟蛾。鳞翅目（Lepidoptera）舟蛾科（Notodontidae）小舟蛾属（*Micromelalopha*）。国外分布于日本、朝鲜和俄罗斯。中国分布于黑龙江、吉林、辽宁、北京、河北、山东、河南、安徽、江苏、浙江、江西、湖北、湖南、陕西、四川、贵州、云南、西藏等地。

寄主　杨树属植物（青杨和黑杨派）和柳属植物。

危害状　幼虫主要以啃食杨树叶片的方式进行危害，具有群集性，经常聚集在叶片上，将叶肉吃光，仅残存叶表皮和叶脉，形成罗网状。二龄以后的幼虫危害特点是分散危害，三龄后幼虫生长速度非常快，突发性极强，分散啃食杨树的叶片，把叶片咬成缺刻状，仅残留下粗的叶柄、叶脉，暴食期在第五龄，占到了总食叶量的 80% 以上，远看像进入到冬季，因此具有"夏树冬景"一说（图 1）。

形态特征

成虫　体色黄褐色、红褐色和暗褐色等，长 11～14mm，翅展 24～26mm。前翅基部到外缘有 3 条灰白色的波浪状横线，各线两侧均具有暗边，基线不明晰，内横线似 1 对小括号"（ ）"，中横线像"八"字形，外横线为倒"八"字的波浪形。后翅呈现黄褐色，臀角有 1 个赭色或红褐色小斑（图 2①）。

卵　呈半球形，颜色黄绿，具光泽，呈块状紧密排列于叶面，通常背面较正面多（图 2②）。近孵化时变为灰黑色，卵顶部有 1 黑点（幼虫头壳）。

幼虫　通常 5 龄，各龄幼虫体色变化较大，一、二龄浅绿色，三、四龄黄绿色，老熟幼虫呈现灰褐色、灰绿色等，稍带紫色。幼虫身体两侧均带有 1 条黄色的纵带，每节都有肉瘤，但不太明显（图 2③）。

蛹　长约 12mm，近纺锤形，赤褐色（图 2④）。

生活史及习性　杨小舟蛾在东北吉林 1 年发生 2 代；河南 1 年发生 3-4 代；陕西关中 1 年发生 5 代；湖北、湖南 1 年发生 6 代。以徐州地区为例，杨小舟蛾 1 年发生 5 代，以

图 1　杨小舟蛾典型危害状（郭丽提供）

①寄主整株受害状；②室内产卵状；③低龄幼虫取食状；④野外老熟幼虫和蛹

图 2　杨小舟蛾各虫态（郭丽提供）

①成虫交配；②卵块；③不同龄期幼虫；④野外化蛹

Y

蛹在枯枝落叶上、树皮裂缝或表土层越冬，翌年4月成虫羽化进行交尾产卵。4月下旬第一代幼虫开始孵化，5月上中旬、6月中下旬、7月上中旬、8月上中旬、9月上中旬分别是第一、二、三、四、五代幼虫危害期，6月下旬后林间出现世代重叠，第三、四代重叠现象明显。一般情况下，第一、二代是种群基数的积累阶段，第三、四代是成灾阶段。7～8月是全年中气温最高的时期，林间虫口密度能在较短的时间内急剧上升，林间平均虫口密度一般是第一、二代的8～9倍，极易暴发大面积灾情。

成虫羽化一般在下午14：00至夜间24：00，羽化前蛹体变软，羽化时成虫由蛹的背缝中钻出，找到依附物后，停留其上，然后尾部翘起，两翅从内缓缓翻开，呈屋脊状置于腹部背面。成虫白天多隐蔽于叶背面及隐蔽物下，有较强的趋光性和假死性，羽化当天即可交配产卵，交尾时间一般为1：00～6：00，历时约5小时。成虫交尾后约12小时的夜晚产卵，一般分2～3次，需1～3天产完；卵产于叶背或叶表面，每头雌虫平均产卵300～400粒，最多可达500多粒。初孵幼虫经5～10小时后开始啃食叶肉，三龄前幼虫仅食叶肉留表皮，三龄开始食全叶，常将叶缘食成缺刻，五龄幼虫可将老叶吃尽，仅留主脉。幼龄幼虫可吐丝下垂，较活泼，有弹跳习性，老龄时不活泼，一般夜出取食，白天常伏在小枝或叶柄上或隐藏在其他虫卷的旧叶苞里。蛹期4～7天，化蛹时间多集中在中午前后，非越冬代一般在树上卷叶化蛹。

防治方法

物理防治　清除地面落叶或翻耕土壤，以减少越冬蛹的基数。利用杨小舟蛾的趋光性，成虫羽化盛期应用频振式杀虫灯或黑光灯诱杀。

人工防治　清除地面落叶或翻耕土壤，以减少越冬蛹的基数。

生物防治　主要包括释放赤眼蜂等寄生性天敌、人工挂鸟巢招引鸟类和喷洒生物或仿生物制剂等。

化学防治　采用40%氧乐果乳油、20%吡虫啉可溶性液剂于树干打孔注射。常用25%阿维灭幼脲悬浮剂、菊酯类农药进行喷雾防治。

参考文献

陈琦，李国强，范志业，等，2011. 杨小舟蛾的生物学特性研究 [J]. 河南林业科技 (2): 7-9.

高政平，强承魁，胡苏珍，2014. 徐州地区杨小舟蛾的发生与防治 [J]. 江苏农业科学, 42(1): 108-109.

谷梅红，王玉，2014. 杨树杨小舟蛾的发生原因及防治措施 [J]. 中国园艺文摘, 30(3): 142-143.

郭同斌，王振营，梁波，等，2000. 杨小舟蛾的生物学特性 [J]. 南京林业大学学报（自然科学版），24(5): 56-60.

贾永富，朱广义，张克武，1989. 杨小舟蛾生物学特性初步观察 [J]. 吉林林业科技 (1): 24-26.

史云龙，1990. 杨小舟蛾观察及防治 [J]. 湖南林业科技 (2): 42-43.

王鸿哲，武建超，刘丽，等，2002. 杨小舟蛾研究进展 [J]. 陕西林业科技 (4): 75-78.

杨大宏，王小纪，张军灵，等，1999. 杨小舟蛾生物学特性研究 [J]. 陕西林业科技 (4): 20-22.

杨有乾，李镇宇，2020. 杨小舟蛾 [M]// 萧刚柔，李镇宇. 中国森林昆虫. 3 版. 北京：中国林业出版社：893-894.

（撰稿：郭丽；审稿：张真）

杨银叶潜蛾　*Phyllocnistis saligna* (Zeller)

一种危害杨树和柳树的潜叶害虫。英文名 willow bent-wing moth。鳞翅目（Lepidoptera）细蛾总科（Gracillarioidea）细蛾科（Gracillariidae）叶潜蛾亚科（Phyllocnistinae）叶潜蛾属（*Phyllocnistis*）。国外分布于欧洲、印度、斯里兰卡、南非、日本。中国分布于黑龙江、吉林、辽宁、北京、河北、河南、山东、山西、贵州、四川、湖南、内蒙古、甘肃、新疆、上海等地。

寄主　杨属和柳属植物。

危害状　以幼虫在叶片表皮下潜食叶肉，潜痕蜿蜒曲折，在叶脉间蛀成线形银白色斑痕，不形成坏死黑斑，叶片皱缩。

形态特征

成虫　体长约3.5mm，翅展6～8mm。体银白色，纤细，复眼黑色；触角密被银白色鳞片，着生于复眼内侧上方，梗节大而宽，其他各节暗色。前翅上纵纹外方有1条出于前缘的短纹，下纵纹末端有1条向前弯曲的褐色弧形纹；外缘具1个三角形黑色斑纹，其下方有1条向后缘弯曲的斜纹，其间呈金黄色。后翅窄长，先端渐细，缘毛细长呈灰白色。腹部可见6节，雌蛾腹部肥大，雄蛾腹部渐细（图①）。

卵　灰白色，扁椭圆形，长径0.3mm，短径0.2mm。

幼虫　浅黄色，老熟幼虫体长约6mm。体表光滑，头部窄小，口器向前方突出。头及胸部扁平，足退化，体节明显，中胸及腹部第三节最大，向后渐次缩小（图②）。

蛹　淡褐色，长约3.5mm。头顶有褐色钩向后弯，其侧方各1个突起。腹末端两侧1对突起，各腹节侧方具长毛1根（图③）。

生活史及习性　华北地区1年发生4代，以成虫或蛹在地表和枯枝落叶中越冬。翌年柳絮飞扬期成虫羽化，成虫飞翔能力不强，有趋光性，将卵产在叶片上，每堆有卵1～3粒，

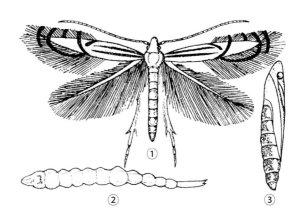

杨银叶潜蛾形态（①邵玉华绘；②③朱兴才绘）

①成虫；②幼虫；③蛹

卵期约 4 天。6 月中、下旬幼虫孵化，初孵幼虫咬破叶表潜入叶肉取食为害，叶片出现弯曲痕道，潜道较宽，银白色，中间有深褐色细线。6~10 月为幼虫危害期，10 月间老熟幼虫在潜道末端吐丝将叶向内折褶，做蛹室化蛹。成虫羽化后越冬，寒潮早来时，来不及羽化的则以蛹越冬。

防治方法

营林措施　加强栽培管理，合理密植，增强树势，提高抵抗力。清理地面枯枝落叶，集中烧毁，降低越冬虫口密度。

物理防治　利用成虫趋光性，设置诱虫灯诱杀。

化学防治　成虫发生期，利用 10% 的吡虫啉可湿性粉剂 1000~1500 倍液，或 3% 的啶虫脒 2000~2500 倍液，50% 杀螟松乳油 1500~2000 倍液或 50% 马拉硫磷乳油 1000~1500 倍液喷雾。

参考文献

邓会新, 2010. 杨银潜叶蛾的发生与防治 [J]. 中国林业 (15): 47.

李亚杰, 林继惠, 1992. 杨银叶潜蛾 Phyllocnistis saligna Zeller [M]// 萧刚柔. 中国森林昆虫. 2 版. 北京: 中国林业出版社.

刘玉娟, 尹连君, 2002. 杨银潜叶蛾的危害、识别及防治 [J]. 内蒙古林业 (12): 32.

LASTUVKA A, LASTUVKA Z, 2014. New records of mining moths from the Iberian Peninsula from 2014 (Insecta: Lepidoptera) [J]. Shilap Revista De Lepidopterologia, 42 (165) :121-133.

（撰稿：郝德君；审稿：嵇保中）

杨圆蚧　*Diaspidiotus gigas* (Thiem et Gerneck)

危害杨、柳枝干的全北区蚧虫。又名杨笠圆盾蚧、杨夸盾蚧、杨盾蚧、杨灰齿盾蚧。英文名 poplar scale。半翅目（Hemiptera）蚧总科（Coccoidea）盾蚧科（Diaspididae）灰圆盾蚧属（*Diaspidiotus*）。国外分布于阿尔及利亚、保加利亚、克罗地亚、捷克、法国、格鲁吉亚、德国、匈牙利、意大利、哈萨克斯坦、立陶宛、荷兰、波兰、罗马尼亚、俄罗斯、斯洛伐克、斯洛文尼亚、乌克兰、土耳其、西班牙、瑞士、加拿大、美国。中国分布于北京、天津、河北、山西、内蒙古、辽宁、吉林、黑龙江、陕西、甘肃、宁夏、青海、新疆等地。

寄主　中东杨、箭杆杨、钻天杨、青杨、大青杨、小青杨、白城杨、北京杨、黑杨、小黑杨、小青黑、小叶杨、银白杨、旱柳、白皮柳等。

危害状　寄生于主干和枝条上吸食汁液，严重时介壳重叠密布，可导致树势衰弱、叶片枯黄、树皮凹凸不平、开裂，甚至枝梢干枯、整株死亡。

形态特征

成虫　雌介壳（见图）近圆形，直径约 2mm，略突，有 3 圈明显轮纹，中心淡褐色，内圈深褐色，外圈灰白色；蜕皮褐色，居中或略偏。雌成虫倒梨形，长约 1.5mm，宽约 1.2mm，浅黄色，臀板黄褐色，老熟时体壁硬化；触角瘤状，生有刚毛 1 根；气门腺无；臀叶 3 对，各具 1 个外凹切，臀栉小；背管腺在臀板上排成 4 纵列；围阴腺 5 群。雄介壳椭圆形，长约 1.5mm，宽约 1mm，蜕皮居于一端，黄褐色，

蜕皮周围淡褐色，外圈黑褐色，较低的一端灰色。雄成虫体橙黄色，长约 1mm，翅展 2.1mm；触角 10 节，丝状；单眼 2 对；前翅透明，后翅为平衡棒；腹末交尾器细长，约为体长的 1/4。

卵　长椭圆形，淡黄色。长约 0.13mm，宽 0.08mm。

若虫　初孵若虫体淡黄色，长椭圆形，长约 0.13mm；触角 5 节；足和口器发达。臀叶 1 对；腹末生有 2 根长毛。二龄雌若虫似雌成虫，但体较小，长 0.58~0.84mm；围阴腺无。二龄雄若虫似二龄雌若虫，但体椭圆形，长约 0.87mm。

雄蛹　预蛹体前窄后宽，长 0.93mm，浅黄色。触角、翅和足的器官芽可见。眼点 4 个，黑色。蛹体略细长，长 0.96mm，黄色。各器官芽比预蛹更明显。交尾器圆锥状。

生活史及习性　中国北方地区 1 年发生 1 代，以二龄若虫越冬。在内蒙古包头地区，翌年 4 月中旬树液流动时恢复取食。雄若虫于 4 月底开始化蛹，5 月上、中旬羽化为成虫。雄成虫日羽化高峰在 17：00~18：30。飞翔力弱，但爬行活跃，交尾后即死去，寿命平均 29.2 小时。6 月上旬，雌成虫开始将卵产在介壳内尾部。产卵量最高 137 粒，最低 70 粒，平均 92 粒。卵经 1~2 天即孵化。初孵若虫从母介壳下爬出后沿树干向上爬行扩散，约经 1 天左右固定。固定后脱去尾毛并分泌蜡质形成介壳。7 月下旬，一龄若虫开始脱皮，8 月上旬为蜕皮盛期。二龄若虫继续取食到 9 月份陆续越冬。该蚧发育不甚整齐，各虫态出现期可延续 1~2 个月。一般发生在平地的人工片林、行道树和林带，尤以幼林、郁闭度小的林分受害较重。

捕食性天敌主要有红点唇瓢虫（*Chilocorus kuwanae* Silvestri）、龟纹瓢虫 [*Propylea japonica*（Thunberg）]、菱斑和瓢虫 [*Synharmonia conglobata*（L.）]、二星瓢虫（*Adalia bipunctata*）等；寄生性天敌主要有黄胸扑虱蚜

杨圆蚧雌介壳（武三安摄）

小蜂（*Prospaltella gigas*）、桑盾蚧黄金蚜小蜂（*Aphytis proclia*）、长角异鞭蚜小蜂（*Pteroptrix longiclava*）、双带巨角跳小蜂（*Comperiella bifasciata*）。其中红点唇瓢虫和黄胸扑虱蚜小蜂为优势种。

防治方法

营林措施　营造混交林，与非寄主植物合理搭配栽植。

化学防治　初孵若虫爬行扩散期，喷洒速杀威乳油、吡虫啉可湿性粉剂等。

参考文献

刘军侠，刘宽余，严善春，1997. 杨圆蚧发生规律的研究 [J]. 东北林业大学学报，25(5): 6-10.

张梅雨，张玉风，1994. 杨圆蚧 *Quadraspidiotus gigas* 生物学特性及防治技术的研究 [J]. 内蒙古林业科技 (2): 42-48.

（撰稿：武三安；审稿：张志勇）

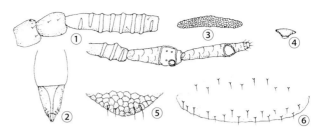

图 1　杨枝瘿绵蚜（钟铁森绘）

有翅孤雌蚜：①触角；②喙节Ⅳ + Ⅴ；③腹部背片Ⅷ蜡片；④腹管；⑤尾片；⑥生殖板

杨枝瘿绵蚜　*Pemphigus immunis* Buckton

一种杨属植物的重要害虫。英文名 poplar-spurge gall aphid。半翅目（Hemiptera）蚜科（Aphididae）瘿绵蚜亚科（Eriosomatinae）瘿绵蚜属（*Pemphigus*）。国外分布于俄罗斯、伊朗、伊拉克、巴基斯坦、印度、约旦、土耳其、埃及、摩洛哥以及北美洲。中国分布于内蒙古、辽宁、吉林、黑龙江、北京、河北、河南、云南、宁夏。

寄主　原生寄主为青杨、小叶杨、黑杨、胡杨和钻天杨；次生寄主为牛膝菊（根部）。

危害状　危害后形成虫瘿，虫瘿呈球形或梨形，表面有不均匀的裂缝，常单个出现在杨树嫩枝条的基部（图 2）。

形态特征

有翅孤雌蚜　体长卵形，体长 2.30mm，体宽 0.91mm。活体灰绿色，被白粉。玻片标本头部、胸部黑色，腹部淡色，无斑纹。体表光滑。体表有蜡片。腹部背中蜡片圆形至椭圆形，位于背片Ⅰ～Ⅴ，向后渐小；背片Ⅷ有 1 对中蜡片，互相融合为带状，蜡孔亚圆形；各蜡片有时不显。体毛短，尖锐。中额隆起，额瘤不显，头顶呈馒头形。触角 6 节，短粗，节Ⅲ～Ⅵ有瓦纹；全长 0.67mm，为体长的 29%；节Ⅲ长 0.20mm，节Ⅲ～Ⅴ分别有横条环状次生感觉圈：7 个、2～4 个、1 或 2 个，分布节Ⅲ、Ⅳ全节；节Ⅴ原生感觉圈大方形，约占该节的 2/5，内有卵形构造，节Ⅵ原生感觉圈有睫；触角毛短而少，节Ⅰ～Ⅵ毛数：4，4，5～8，2，3，2+0 根，节Ⅲ毛长为该节直径的 10%。喙短粗，端部超过前足基节，节Ⅳ + Ⅴ短粗，长为基宽的 1.10 倍，为后足跗节Ⅱ的 57%，有原生刚毛 3 对。足粗短，跗节Ⅰ毛序：2，2，2。前翅有 4 斜脉，中脉不分叉，后翅翅脉正常。腹管环状，端径与后足胫节中宽等长，为触角节Ⅲ直径的 60%。尾片盔形，长为基宽的 43%，有短毛 6 或 7 根。尾板末端圆形，有短毛 12 根。生殖板肾形，明显骨化，有毛 22～24 根（图 1）。

生活史及习性

有翅孤雌蚜在 4 月下旬至 8 月上旬迁飞至次生寄主植物

图 2　杨枝瘿绵蚜虫瘿（乔格侠摄）

根部。

防治方法　见榆四脉绵蚜。

参考文献

张广学，乔格侠，钟铁森，等，1999. 中国动物志：昆虫纲　第十四卷　同翅目　矿蚜科　瘿绵蚜科 [M]. 北京：科学出版社.

（撰稿：姜立云；审稿：乔格侠）

洋桃小卷蛾　*Gatesclakeana idia* Diakonoff

一种专食乌桕梢头幼叶、花序及果实的害虫。鳞翅目（Lepidoptera）卷蛾科（Tortricidae）桃小卷蛾属（*Gatesclakeana*）。国外分布于东南亚各国。中国分布在江西、浙江。

寄主　乌桕。

危害状　幼虫为害。第一代幼虫缀连树梢端部嫩叶，致使桕树顶端的新叶不能展开，待梢端抽出花序，又将叶片缀连在花序上取食，被害花序主轴一侧被食，整个向一侧弯曲，有的折断；第二代幼虫先在花序轴干上取食花苞及幼果柄，二龄之后陆续蛀入桕果取食，被害桕果单个或三五个连在一起，种实无存；第三代以后幼虫只能啃食桕果。

形态特征

成虫　雌虫体长约 6.1mm，翅展约 14.4mm；雄虫体长约 5.9mm，翅展 13.9mm。头顶黑褐有簇毛，单眼红色，触角黄褐色；唇须基部黄色，第三节膨大，腹面淡黄色，背面粉红色相间，第三节短小呈黑褐色，下垂。前翅宽短，黄棕色杂有黑、粉红及蓝紫色，前缘基部至中部有粉红短条，中室末端有一枚黄色斑点，缘毛黑褐色；后翅灰褐色，前缘部分和缘毛灰白色。足银灰色，跗节上有黑褐斑，中足有胫距两个，后足有两中胫距和端距。雄虫腹部腹面灰黑色，后足胫节腹面有长绒毛；雌虫腹部腹面银灰色，腹末密生粉红色鳞毛。

幼虫　末龄幼虫体长 14mm 左右，体黄绿色，有稀疏刚毛。头黄棕色，两侧有黑斑，口器黑色，下唇须棕色。前胸背板黄棕色略带淡绿色，两侧缘及后缘黑色。胸足黑色，腹足同体色，趾钩多环形。越冬期幼虫大多体色显淡红。

生活史及习性　在江西广丰 1 年发生 6 代，以二、三龄幼虫在枯柏果内或落地枯叶内越冬。越冬幼虫于翌年 4 月初开始活动，4 月中旬开始化蛹，4 月底开始羽化为成虫。第一代卵始见于 5 月初，5 月中旬为第一代幼虫孵化盛期，第六代幼虫于 11 月初陆续进入越冬。1 年 5 代的蛹分别始见于 6 月上旬、7 月上旬、8 月上旬、9 月上旬和 10 月上旬。成虫分别始见于 6 月中旬、7 月中旬、8 月中旬、9 月中旬和 10 月中旬，终见于 7 月初、8 月上旬、9 月上旬、10 月上旬和 10 月底，但个别第五代虫可延至 11 月底 12 月初。除越冬代外各代史的发育相近，但各虫态的历期不全一致。成虫羽化多在 4：00～8：00。羽化后在当天或次日夜间交尾，交尾时间长达 1～2 小时。一般只交尾 1 次，少数可以多次交尾。交尾后当天或次日夜间产卵。卵散产，多产于叶面或果皮上。每头雌虫可产卵 4～6 次，产卵量一般为 120～150 粒。雄虫寿命为 5～7 天，雌虫为 8 天左右。刚孵化的幼虫先爬行，选择适当的寄主部位。第一代幼虫以吐丝缀连梢端嫩叶在内取食。随着虫体的不断增长，缀叶数量不断增加，导致梢端新叶不能开展，于是缀连花序危害。第二代幼虫吐丝缀连抽出的花序，并在花序轴干上取食花苞，随着幼果的形成，就陆续蛀入果内取食，使果成为空果。第三代以后的各代幼虫以取食果实为主。幼虫共蜕皮 3 次。在正常情况，无转移习性。

防治方法

生物防治　幼虫寄生性天敌有长兴绒茧蜂、菱室姬蜂。蛹有无脊大腿蜂、广肩小蜂。

诱杀成虫　成虫羽化期中可用黑光灯诱杀。

化学防治　对成虫可用敌敌畏乳油常规喷雾，幼虫可用康宽 4～8 倍液茎叶喷雾防治，对作物安全。

参考文献

陈更发，俞云祥，徐禄朝，等，1989. 洋桃小卷蛾生物学特性研究初报 [J]. 生物灾害科学 (4): 3-6.

付君章，2009. 杜邦最新型杀虫剂 Rynaxypyr™[J]. 新农业 (4): 49.

张家亮，王毅，丁建清，2015. 乌桕害虫名录 [J]. 中国森林病虫，34(5): 25-35.

（撰稿：王甦、王杰；审稿：李姝）

椰花二点象　*Diocalandra frumenti* (Fabricius)

一种危害椰树的重要害虫。鞘翅目（Coleoptera）象虫科（Curculionidae）二点象甲属（*Diocalandra*）。国外主要分布于坦桑尼亚、缅甸、塞舌尔群岛、马达加斯加、印度、孟加拉国、马来西亚、泰国、印度尼西亚、菲律宾、澳大利亚、所罗门群岛、萨摩亚群岛和马里亚纳群岛等地区。中国主要分布在香港、台湾。

寄主　椰树等。

危害状　以幼虫钻蛀根部、叶柄、花序和果实等部位的基部，造成茎干、叶柄坏死，花苞枯萎，花序脱落，果蒂干枯腐烂，最终导致落花落果落叶。在蛀道口处常有流胶现象。严重影响其产量（图 1）。

形态特征

成虫　体小，体长 5～6mm，体宽 1.3～1.7mm，黑褐色，带有黑色光泽。头部延伸成喙，喙和头部的长度约为体长的 1/2。前胸前缘小，向后逐渐扩大略呈椭圆形，背面有 4 个带红色的大斑点，排成前后 2 排，前排 2 个较大，后排 2 个较小。翅鞘较腹部短，腹部末端外露。雄成虫身体略小，体长约为 5mm，宽约 1.3mm，喙短而粗且略弯曲。雌成虫体型大，体长约 6mm，宽 1.6～1.7mm，喙长而细且较直（图 2）。

卵　乳白色，长椭圆形，表面光滑，平均长约 0.8mm，宽约 0.4mm。

图 1 椰花二点象危害状（阎伟提供）

图 2 椰花二点象成虫（阎伟提供）

幼虫　老熟幼虫体长 5～6mm。初孵时为乳白色，后变为黄白色，体型呈纺锤形，前端微向腹面弯曲，腹末端扁平，胸足退化。

蛹　初时乳白色，后期呈褐色，喙长达前足胫节，触角及复眼显著突出，体长 5.5～6.5mm，体宽 1.5～2.0mm。老熟幼虫在钻蛀危害的坑道里化蛹。

生活史及习性　该虫 1 年发生 3～4 代，世代重叠。成虫在海南有两个明显的活动高峰期，即 3～4 月和 9～10 月。雌成虫交尾后 1～4 天即在椰子的伤口、裂缝中或茎干、叶柄、花苞、果蒂等基部产卵。卵散产，卵期为 4～9 天。幼虫孵出后，即向四周幼嫩组织钻蛀为害。被害植株分泌出暗红色透明树脂。幼虫期 56～70 天。老熟幼虫最后一次蜕皮后化蛹，蛹期 10～12 天。羽化后性成熟的成虫从危害坑道里爬出，交尾产卵。

防治方法　喷内吸性杀虫剂，在 3～4 月和 9～10 月该虫交尾产卵高峰期，投放用椰子酒浸泡过的甘蔗或椰子嫩茎加酵母片发酵物或将充分成熟的菠萝切成片状引诱成虫，还可用灯光、性诱剂等诱杀成虫，可达到很好的防治效果。

参考文献

吕秀霞，任立，张润志，2003. 危险性害虫椰花二点象及其近缘种的鉴别（鞘翅目：象虫科）[J]. 中国森林病虫，22(6): 1-4.

覃伟彪，2002. 椰花四星象甲生物学特性及其危害规律的研究 [J]. 植物保护，28(2): 27-28.

（撰稿：范靖宇；审稿：张润志）

椰心叶甲　*Brontispa longissima* (Gestro)

一种危害棕榈科植物的重大危险性外来有害生物。又名红胸叶虫、椰子扁金花虫、椰子棕扁叶甲、椰子刚毛叶甲。英文名 palm leaf beetle。鞘翅目（Coleoptera）叶甲总科（Chrysomeloidea）铁甲科（Hispidae）潜甲亚科（Anisoderinae）隐爪族（Cryptonychini）凸颚扁叶甲虫属（*Brontispa*）。国外分布于太平洋群岛及东南亚椰子生长区。中国分布于台湾、香港、澳门、海南、广西、广东、云南、浙江、福建等地。

寄主　椰子等棕榈科植物。

危害状　主要危害未展开的幼嫩心叶，成虫和幼虫在折叠叶内沿叶脉平行取食表皮薄壁组织，在叶上留下与叶脉平行、褐色至灰褐色的狭长条纹，严重时条纹连接成褐色坏死条斑，叶尖枯萎下垂，整叶坏死，甚至顶枯，树木受害后期表现部分枯萎和褐色顶冠，造成树势减弱后植株死亡。

形态特征

成虫　体扁平狭长，雄虫比雌虫略小。体长 8.0～10mm，宽约 2mm，触角粗线状，11 节，黄褐色；顶端 4 节色深，有绒毛，柄节长 2 倍于宽。触角间突超过柄节的 1/2，由基部向端部渐尖，不平截。沿角间突向后有浅褐色纵沟。头部红黑色；头顶背面平伸出近方形板块，两侧略平行，宽稍大于长。前胸背板黄褐色，略呈方形，长宽相当。具有不规则的粗刻点。前缘向前稍突出，两侧缘中部略内凹；后缘平直。前侧角圆，向外扩展，后侧角具 1 小齿。中央有 1 大的黑斑。

足红黄色，粗短，跗节 4 节（图 1）。

卵　椭圆形，褐色，长 1.5mm，宽 1mm。卵的上表面有蜂窝状平凸起，下表面无此结构。

幼虫　成熟幼虫体扁平，乳白色至白色。头部隆起，两侧圆。前胸和各腹节两侧有 1 对刺状侧突，腹 9 节，因第八节和第九节合并，在末端形成 1 对内弯的钳状尾突，实际只可见 8 节，腹第八节侧突长小于尾突宽，两尾突外侧近乎平行，尾突逐渐尖细（图 2）。

蛹　长 10.5mm，宽 2.5mm，与幼虫相似，但个体稍粗，出现翅芽和足，腹末仍有尾突，但基部的气门开口消失。

生活史及习性　椰心叶甲世代发育起点温度约为 11°C，有效积温约为 966 日·度，24～28°C 为其生长的适合温度。低于 17°C 时，卵的孵化率明显降低。该害虫在海南 1 年发生 4～5 代，在广东 1 年发生 3 代以上，具有明显的世代重叠。在海南每个世代需要 55～110 天，其中卵期 3～5 天，幼虫有 3～6 个龄期，幼虫期 30～40 天，预蛹期 3 天，蛹期 5～6 天，成虫寿命超过 220 天。成虫羽化天后开始产卵。一生交配多次，交配时间以傍晚居多。

每头雌虫一生可产卵 120 粒左右，最多达 196 粒，卵产于椰子树心叶的虫道内，通常 3～5 粒卵呈一纵列粘着于叶面，周围有取食的残渣和排泄物。在叶片上，成虫产卵的位置首选叶基部，其次是叶边沿，最后选择叶中部。极少重复产卵于同一地方，一般选择间隔较远的地方产卵，最少间隔 3.3～4.3cm，产卵历期受温度影响很大。

图 1　椰心叶甲成虫（李志强提供）

图 2　椰心叶甲幼虫（李志强提供）

成虫和幼虫均具有负趋光性、假死性，喜聚集在未展开的心叶基部活动，见光即迅速爬离，寻找隐蔽处。成虫具有一定的飞翔能力，飞行磨测定，24 小时未取食雌虫最远飞行距离可达 400m，成虫常在早晚飞行，飞翔最活跃时间是下午 16：00～19：00，白天多缓慢爬行。

防治方法

人工防治　对面积小疫树少的小疫点，采取根除措施，并对周围的棕榈科植物进行施药。剪除并烧毁带危害状心叶。

化学防治　对椰子树心部叶片高压喷施触杀性杀虫剂、树干注射或根部填埋内吸性杀虫剂、心叶处悬挂椰甲清等内吸性杀虫缓释粉剂等。

生物防治　可释放足量的椰扁甲啮小蜂（*Tetrastichus brontispae*）寄生椰心叶甲的幼虫和蛹进行防治。也可以喷洒绿僵菌（*Metarhizium anisopliae*）对幼虫、蛹和成虫进行防治。

参考文献

林爱寿，2014. 检疫性害虫椰心叶甲发生特点及防治 [J]. 吉林农业 (6)：83.

吕宝乾，金启安，温海波，等，2012. 入侵害虫椰心叶甲的研究进展 [J]. 应用昆虫学报，49(6)：1708-1715.

孙莉娜，董军，陈永强，等，2010. 椰心叶甲在广东的危害及其防治研究综述 [J]. 防护林科技 (4)：66-69.

萧刚柔，李镇宇，2020. 中国森林昆虫 [M]. 3 版. 北京：中国林业出版社.

（撰稿：李会平；审稿：迟德富）

椰蛀犀金龟　*Oryctes rhinoceros* (Linnaeus)

中国南方棕榈科经济作物的重要害虫。鞘翅目（Coleoptera）金龟科（Scarabaeidae）犀金龟亚科（Dynastinae）蛀犀金龟属（*Oryctes*）。国外分布于越南、老挝、柬埔寨、缅甸、泰国、印度、斯里兰卡、马来西亚、新加坡、印度尼西亚、巴布亚新几内亚、密克罗尼西亚、斐济群岛、夏威夷群岛。中国分布于海南、台湾、广东、广西、云南等地。

寄主　椰子、蒲葵、桄榔、油棕、王棕、海枣、凤梨、甘蔗等。也可危害鱼尾葵属、散尾葵属、芋属、海芋属、桑科、露兜树科、漆树科及山竹子科等多种植物。

危害状　主要以成虫为害。成虫从植株顶部沿心叶钻至叶片基部，并蛀入茎杆部，取食幼嫩组织。心叶舒展后，往往呈扇状断切或作波状缺刻。成虫有时钻入叶柄基部，使展开的叶柄出现巨大孔洞，遇强风叶片即被折断脱落。椰蛀犀金龟也可啃食其他嫩叶，使纤维外翻而干枯成团，造成叶片枯死。

形态特征

成虫　体长 35～50mm，体宽 14～22mm。体表呈亮黑色至棕色，表面被红色细毛。雌雄异型。雄成虫头前缘深凹，前胸背板中央前部 2/3 凹陷，凹区后缘中部向前方 2 个疣状突起；头小，背面中央有 1 微向后弯曲、长为 3.0～

7.5mm 的角状突起，腹面各节后缘疏生褐色短毛列；雌成虫头背面的角突呈短矮的锥状，腹部肛上板密被红褐色短毛；每一鞘翅上有 4 列平行的刻点；前足胫节有 4 枚外齿及 1 端刺。

幼虫　老熟幼虫体长 45～70mm，体淡黄色，头赤褐色。前胸气门较腹部气门大。全身均生有较长的刚毛，腹部各节密生短钩毛，肛门作一字形开口，无刺毛列。

生活史及习性　在海南每年 1 代，以老熟幼虫在腐殖质中越冬。该虫一般 4～5 月间化蛹，5～6 月间羽化，羽化后在蛹室停留 5～26 天后钻出越冬场所。成虫昼伏夜出，有趋光性；其飞翔能力很强，一次飞翔可达 200m。出土后成虫飞往椰子、海枣等树的顶梢，取食未展开的心叶，并在其上潜居取食一段时间，再飞回繁殖场所。雌虫产卵 27～35 粒，卵单个产于粪便、腐烂树叶或蔬菜中，10～12 天后孵化为幼虫。幼虫以腐殖质为食，经 4～5 个月长成老熟幼虫，然后老熟幼虫用土或腐殖质筑一长约 7cm 的茧，在茧中经 6～7 个月的休眠后再化蛹，蛹期 23～28 天。

防治方法

人工防治　5 月前彻底清除枯死树干、残桩及堆肥，消灭蛹和成虫。

物理防治　成虫期可用黑光灯诱杀。

化学防治　成虫为害时用辛硫磷乳油或高效氯氟氰菊酯乳油兑水喷雾处理。苗期在树顶端放少量食盐对成虫也有防治作用。

参考文献

龚恒亮，安玉兴，2010. 中国糖料作物地下害虫 [M]. 广州：暨南大学出版社：57-58.

叶军，郑建中，唐国梁，等，2008. 进口中东海枣树上截获椰蛀犀金龟 [J]. 植物检疫，22(3)：181-182.

郑宴义，武英，李发林，2007. 华南地区棕榈科植物主要病虫害及其防治 [J]. 中国农学通报，23(9)：409-414.

钟宝珠，吕朝军，李洪，等，2013. 二疣犀甲对不同寄主茎干的产卵选择 [J]. 环境昆虫学报，35(1)：13-17.

（撰稿：顾松东；审稿：周洪旭）

椰子木蛾　*Opisina arenosella* Walker

一种外来高危险性害虫，严重危害椰子、大王棕、中东海枣等棕榈科植物。又名椰子织蛾、椰蛀蛾、黑头履带虫。英文名 coconut black headed caterpillar。鳞翅目（Lepidoptera）麦蛾总科（Gelechioidea）木蛾科（Xyloryctidae）木蛾亚科（Xyloryctinae）椰木蛾属（*Opisina*）。国外分布于印度、斯里兰卡、缅甸、巴基斯坦、泰国、孟加拉国、马来西亚、印度尼西亚等地。中国分布于海南、广东、广西等地。

寄主　椰子、中东海枣、蒲葵、大王棕、华盛顿棕、假槟榔、狐尾椰子、酒瓶椰子、布迪椰子、槟榔、贝叶棕、糖棕、散尾葵、桄榔、霸王棕、圆叶轴榈、红脉棕、黄拉坦棕、斐济棕、枣椰、西谷椰子、董棕、非洲棕、甘蓝椰子、油棕、香蕉、甘蔗。

危害状　棕榈科植物整个生长阶段均能受到椰子木蛾危害。幼虫从下层叶片向上取食，混合排出的粪便织成丝质虫道，幼虫隐藏其中取食叶肉，严重时上层叶片、新叶和叶柄也被取食，受害叶片卷折、干枯，形似火烧（图1）。

形态特征

成虫　浅灰色。雄虫体长7.58±0.26mm，翅展17.17±0.12mm；雌虫体长9.37±0.31mm，翅展23.22±0.29mm。触角丝状，约为体长的1/2，中间各节圆柱形，端部末节锥形。触角腹面灰白色，背面褐色。头顶鳞片灰白色，毛刷状，复眼后上方后部鳞片向后延伸，其余鳞片向前向下延伸。下颚须乳白色。第二节腹面和内侧密布灰白色长鳞毛，鳞毛端部杂黑色；第三节散布黑褐色鳞片。胸部背面浅灰色，具数量不等的黑色小斑点。前翅狭长，前缘略拱，顶角钝，外缘弧形后斜。前翅底色浅灰色，零星分布黑色鳞片，前缘基部约1/6黑色，端半部有多条黑色细纵纹；中室中部和翅褶中部各具1枚黑点，中室末端具1枚模糊黑点；缘毛长，与翅同色。后翅浅灰色，缘毛基部约1/3灰褐色，端部浅灰色。胸部腹面、足及腹部腹面密被平伏鳞片，前足基节黑褐色。前足胫节基部内侧银白色，后足胫节基部外侧密布银白色鳞毛。雄虫腹部细长，在后翅边缘和肛门附近有1毛簇（图2）。

卵　圆柱形，两端稍钝，表面具网状脊纹，长径0.48±0.01mm，短径0.27±0.01mm。卵成堆产于叶背面，初产时乳白色，随着发育逐渐变为淡黄色透明状，近孵化时外围形成一淡红色晕圈（图3）。

幼虫　初孵幼虫淡黄绿色，后逐渐变为绿棕色，老熟幼虫体长20～28mm。低龄幼虫头壳黑色，随着龄期增大，逐渐变为茶褐色。胸部第一节黑色，前盾片颜色较浅；第二节背侧前缘浅黄绿色，其他部分黑色；第三节浅黄绿色。胸足黑色，端部深黄色。体背具3条红绿相间的纵带，低龄幼虫纵带细且断续，四龄以上幼虫体背3条纵带粗且连续。前7节每节具4个暗红色毛窝，后4节每节具2个暗红色毛窝，体侧气孔暗绿色，由1条红棕色纵带贯穿，4对腹足及臀足端部为粉红色红圈。老熟幼虫头略缩于前胸，腹部体节明显缩短。雄性老熟幼虫第九节前缘腹面中间有一圆形凹陷（图4）。

蛹　包被于混合寄主碎屑和虫粪的丝质茧中，蛹体红褐色。雌蛹体长10.96±0.18mm、雄蛹9.11±0.08mm。腹部末端具1突柄（图5）。

生活史及习性　1年发生5代，世代重叠。第一代最短，55.7天。第五代最长，88天。卵期3～6天，幼虫5～8龄，历期42～88天，蛹期9～12天，成虫寿命5～9天。3～5月椰子木蛾种群数量开始快速增加，至7～8月种群数量达到最大，危害最重，完成1个世代需2～2.5个月。成虫多次交配，卵成堆产于下层叶片背面，单雌平均产卵112粒。成虫白天静伏，活动时间多集中在20：00～24：00，羽化1天后交尾产卵。初孵幼虫聚集取食，有自残现象，二龄后

图1　椰子木蛾典型危害状（阎伟提供）

①椰子木蛾从寄主下层叶片逐步向上危害状；②寄主成片受害状；③幼虫危害状；④幼虫织成的坑道

图 2 椰子木蛾成虫（阎伟提供）

图 3 椰子木蛾卵（阎伟提供）

图 4 椰子木蛾幼虫（阎伟提供）

图 5 椰子木蛾蛹（阎伟提供）

分散危害，幼虫利用排出的粪便结成丝状虫道，并隐藏其中取食危害，直至化蛹。所形成的虫道不规则，幼虫密度较大时，叶正面和叶柄亦受到危害。

防治方法

物理防治　黑光灯监测和诱杀利用波长 365nm 和 368nm 的黑光灯可进行有效监测和诱杀成虫。

化学防治　防治幼虫时可向树冠喷雾，以叶片背面湿润为宜，用 4.5% 高效氯氰菊酯 2000 倍液和 3% 的甲维盐 1500 倍液，连续施用 2～3 次，每次间隔 20～30 天，效果较好。

参考文献

李洪，刘丽，阎伟，2015. 新入侵害虫椰子织蛾的发生及防治 [J]. 中国森林病虫，34(4): 10-13.

李后魂，尹艾荟，蔡波，等，2014. 重要入侵害虫——椰子木蛾的分类地位和形态特征研究（鳞翅目，木蛾科）[J]. 应用昆虫学报，51(1): 283-291.

刘向蕊，吕宝乾，金启安，等，2014. 5 种杀虫剂对入侵害虫椰子织蛾的室内毒力测定 [J]. 生物安全学报，23(1): 13-17.

阎伟，吕宝乾，李洪，等，2013. 椰子织蛾传入中国及海南省的风险性分析 [J]. 生物安全学报，22(3): 163-168.

阎伟，陶静，刘丽，等，2015. 需引起警惕的棕榈科植物入侵害虫——椰子织蛾 [J]. 植物保护，41(4): 212-217.

（撰稿：阎伟；审稿：嵇保中）

野蚕　*Bombyx mandarina* (Moore)

与家蚕形态相似，以幼虫食害桑叶，特别是嫩叶。又名桑蚕。鳞翅目（Lepidoptera）蚕蛾科（Bombycidae）野蚕蛾属（*Bombyx*）。国外主要分布于日本、朝鲜和韩国。中国分布于辽宁、陕西、四川、贵州、湖南、江西、江苏、浙江等有桑的地区。

寄主　桑树、构树。

危害状　以幼虫食害嫩叶，吃成大缺刻，只留主脉，危害严重时，常将整片桑园嫩叶吃光，影响稚蚕用桑及桑树正常生长（图 1）。

形态特征

成虫　体灰褐色，雌蛾体长 20mm，雄蛾体长 15mm。触角羽状，前翅外缘顶角下方有 1 弧形凹陷，翅面有 2 条褐色横带，两带中间有 1 深褐色新月形纹。后翅棕褐色，中央有 1 暗色阔带，后缘中央有 1 镶白边的棕黑色半月形斑，斑内有 2 白条，雌虫白条分开，雄虫白条的前端相合。雌蛾腹部肥大，腹端尖；雄蛾体色较深，腹部瘦小而向上举（图 2①）。

幼虫　初孵幼虫灰黑色，有长毛，成长幼虫呈褐色，有斑纹，头小。胸部第二、三节特别膨大，第二胸节背面具黑纹 1 对，周围红色，第三节背面有 2 个深褐色圆纹，第二腹节背面有 2 个红褐色马蹄形纹，第五腹节背面有 2 个淡圆点，第八腹节上生 1 尾角，气门灰褐色，有黑边。成长幼虫

图 1 野蚕危害状（华德公提供）

图 2 野蚕形态特征（华德公提供）
①成虫；②幼虫

体长，四眠蚕 40～65mm，三眠蚕 32～39mm（图 2 ②）。

生活史及习性 在江苏、浙江蚕区 1 年发生 3 代，少数 4 代，均以卵在桑树枝干上越冬。越冬卵孵化期长，从 4 月中下旬到 7 月上中旬。在辽宁及河北地区 1 年发生 2 代，越冬卵于 5 月上旬开始孵化。山东蚕区每年发生 2～3 代，各代幼虫发生期分别在 5 月中旬、7 月中旬和 8 月下旬，10 月上旬成虫羽化产卵越冬。野蚕卵大多在 6：00～9：00 孵化，如遇气温降低，孵化时间可延至 18：00，孵化率可达 80% 左右。幼虫蜕皮 4 或 5 次后化蛹。五龄者幼虫期 14～34 天，四龄者幼虫期 12～26 天。初孵幼虫有向上爬习性，一般喜栖息于芽苞及嫩叶上，昼夜取食，不喜活动。第三龄以后活动性增强，一般栖息于枝条及叶柄上，昼伏夜食，分散危害。一枝条上常聚集数头至数十头幼虫，整枝嫩叶被吃光后，转它枝继续取食，老熟后在叶背或两叶间吐丝结茧化蛹。蛹期第一代为 22 天，第二代为 12 天，第三代为 14 天，第四代为 44.5 天。成虫多在白天羽化，一般于羽化 1～3 小时后交尾，再隔 3～4 小时开始产卵，产在枝条或主干上。每雌产卵数各代不同，产卵量 118～402 粒。成虫寿命随气温而异，一、三代一般 4～5 天，最多 8 天；二代仅 2～3 天，最多 5 天；四代气温下降，可长达 30 天，一般为 10～20 天。

防治方法

人工捕捉 人工刮卵和捕捉幼虫。

化学防治 发生严重时喷洒 80% 敌敌畏乳油或 50% 辛硫磷乳油。

参考文献

杜占军，陈凤林，王建业，2012. 野蚕资源研究、利用现状与展望 [J]. 辽宁农业科学 (3): 29-34.

华德公，胡必利，阮怀军，等，2006. 图说桑蚕病虫害防治 [M]. 北京：金盾出版社.

黄尔田，1985. 野蚕越冬卵的孵化和年发生代数的研究 [J]. 蚕业科学 (4): 194-200.

王长青，吉志新，杨春英，1993. 野蚕生物学特性及防治的研究 [J]. 河北科技师范学院学报，7(4): 68-72.

魏巧娥，张照彩，1994. 野蚕生物学特性及其防治对策 [J]. 江苏蚕业 (3): 53-55.

（撰稿：王茜龄；审稿：夏庆友）

叶螨 leaf mites

刺吸式害虫。又名红蜘蛛。蛛形纲（Arachnida）真螨目（Acariformes）叶螨科（Tetranychidae）。危害红麻、黄麻的叶螨有朱砂叶螨 *Tetranychus cinnabarinus* Boisduval、侧多食跗线螨 *Polyphagotarsonemus latus*（Banks）、咖啡小爪螨 *Oligonychus coffeae*（Nietner）等 3 种。在中国黄河、淮河流域朱砂叶螨居多；长江流域及其以南麻区除朱砂叶螨外，还有侧多食跗线螨，部分麻区咖啡小爪螨也较严重。印度、孟加拉国则以侧多食跗线螨危害最严重。

寄主 除危害红麻、黄麻外，还危害棉花、豆类、蔬菜、树木、杂草等多种植物。

危害状 3 种螨均以成螨、若螨刺吸红麻、黄麻的叶片或嫩茎的汁液，致受害麻叶变黄卷曲、脱落，受害重的纤维减产 20% 左右（见图）。

形态特征

朱砂叶螨 *Tetranychus cinnabarinus* Boisduval

雌成虫 体长 0.28～0.32mm，体红至紫红色（有些甚至为黑色），在身体两侧各具 1 倒"山"字形黑斑，体末端圆，呈卵圆形。

雄成虫 体色常为绿色或橙黄色，较雌螨略小，体后部尖削。

卵 圆形，初产乳白色，后期呈乳黄色，产于丝网上。

侧多食跗线螨 *Polyphagotarsonemus latus*（Banks）

叶螨危害大麻状（曾粮斌提供）

Y

成螨 体长约 0.2mm，肉眼不易看见。雌成螨体椭圆形，腹部末端平截，短足 4 对，背部有 1 条白色纵带。雄成螨体近菱形，腹部末端圆锥形，淡黄色至橙黄色，半透明。

卵 椭圆形，灰白色，透明，表面具纵列瘤状突起。

幼螨 椭圆形，乳白色，体背有 1 条白色纵带，足 3 对，腹部末端有一刚毛。若螨菱形，半透明，是一静止阶段，被幼螨表皮所包围。

咖啡小爪螨 *Oligonychus coffeae*（Nietner）

成螨 雌螨宽椭圆形，长 0.4～0.5mm，宽约 0.28mm。红色，后半部暗红至紫褐色；背隆起，有 4 纵列白毛，各 6～7 根，共 26 根，毛较粗壮，末端尖细，毛长大于毛间横距；须肢端口器顶端方形。雄螨菱形，长约 0.41mm，宽约 0.24mm，深红色；阳具端向腹面直角弯曲，端部渐窄，顶圆钝。

卵 近圆形，径约 0.11mm，红色，孵化前淡橙。下方扁平，上方有一白细毛。

幼螨 椭圆，暗红色。第一若螨长约 0.2mm，宽约 0.13mm。第二若螨长 0.23～0.26mm，宽 0.14～0.15mm，足 4 对。

生活史及习性 危害红麻、黄麻的叶的叶螨繁殖快。在 28～30℃ 温度下，除咖啡小爪螨完成 1 代需要 12 天左右外，朱砂叶螨和侧多食跗线螨只需 4～8 天即可完成 1 代。长江流域麻区朱砂叶螨、侧多食跗线螨 1 年 20 多代，世代重叠。每个雌虫可产卵数十粒至数百粒。长江流域及其以北麻区，当日平均温度低于 10℃ 以下时，朱砂叶螨和侧多食跗线螨以雌成螨群集在向阳处的枯叶内或杂草根际及土块、树皮缝里潜伏越冬。翌年 3 月中旬，气温升至 10℃ 以上时，越冬螨开始取食活动。先在越冬寄主上繁殖 1～2 代，麻苗出土后迁到麻田危害。红麻、黄麻上的螨在华南麻区冬季无明显滞育现象。

在北方，朱砂叶螨 1 年可发生 20 代左右，以受精的雌成虫在土块下、杂草根际、落叶中越冬，翌年 3 月下旬成虫出蛰。首先在田边的杂草取食、生活并繁殖 1～2 代，然后由杂草上陆续迁往菜田中为害。成螨产卵前期 1 天，产卵量 50～110 粒，成虫平均寿命在 6 月为 22 天，7 月为 19 天，9～10 月为 29 天。卵的发育历期在 24℃ 为 3～4 天，在 29℃ 为 2～3 天；幼若期在 6～7 月为 5～6 天。所产卵，受精卵发育为雌虫，未受精卵发育为雄虫。朱砂叶螨种群在田间呈马鞍形变化，5 月份田间很难见到，进入 6 月后，数量逐渐增加。在正常年份麦收前后，田间红蜘蛛的种群数量会迅速增加，田间危害加重，7 月份是红蜘蛛全年发生的猖獗期，也是蔬菜受害的主要时期，常在 7 月中下旬种群达到全年高峰期。危害至 7 月末至 8 月上旬，由于高温的原因，种群数量会很快下降，8 月中、下旬以后，种群密度维持在一个较低的水平上，不再造成危害，并一直维持至秋季。在秋季，虫体陆续迁往地下的杂草上生活，于 11 月上旬越冬。

朱砂叶螨每年种群消长有所不同。低温年份发生得晚，常于 7 月后进入猖獗发生期，但下降也晚，常可危害至 8 月中旬以后；高温年份 6 月上旬即可进入年中盛期，盛期至 7 月中下旬结束。幼螨和前期若螨不甚活动。后期若螨则活泼贪食，有向上爬的习性。先危害下部叶片，而后向上蔓延。繁殖数量过多时，常在叶端群集成团，滚落地面，被风刮走。

向四周爬行扩散。雌螨除进行两性繁殖外，还可孤雌生殖，只要条件适宜，短期内即可形成群体。

发生规律

气候条件 朱砂叶螨发育起点温度为 7.7～8.5℃，最适温度为 25～30℃，最适相对湿度为 35%～55%，因此高温低湿的 6～7 月危害重，尤其干旱年份易于大发生。但温度达 30℃ 以上和相对湿度超过 70% 时，不利其繁殖，暴雨有抑制作用。

红麻、黄麻上的螨除短距离爬行扩散外，主要借风力传播，也可以随流水转移。气温 25～30℃，干旱少雨利其发生。麻田杂草多，前茬为豆科、长势差的麻田易发生，靠近沟渠、道路、村庄及棉田的发生重。

天敌 主要有肉食螨、草蛉、小花蝽等。

防治方法

农业防治 深翻土地，将害螨翻入深层；早春或秋后灌水，将螨虫淤在泥土中窒息死亡；清除田间杂草，减少害螨食料和繁殖场所；避免玉米与大豆间作。

生物防治 利用有效天敌如：拟长毛钝绥螨、德氏钝绥螨、异绒螨、塔六点蓟马和深点食螨瓢虫等，有条件的地方可保护或引进释放。当田间的益害比为 1∶10～15 时，一般在 6～7 天后，害螨将下降 90% 以上。

化学防治 加强田间害螨监测，在点片发生阶段注意挑治。轮换施用化学农药，尽量使用复配增效药剂或一些新型的特效药剂。效果较好的药剂有：40% 的菊杀乳油 2000～3000 倍液，或 40% 的菊马乳油 2000～3000 倍液，或 20% 的螨卵酯 800 倍液，25% 灭螨猛可湿性粉剂 1000～1500 倍液，20% 杀螨酯可湿性粉剂、73% 克螨特乳油或 5% 尼索朗乳油 1500 倍液喷雾防治。

参考文献

中国农业科学院植物保护研究所，中国植物保护学会，2015. 中国农作物病虫害：下册 [M]. 3 版. 北京：中国农业出版社：745-747.

（撰写：曾粮斌；审稿：薛召东）

一点蝙蛾 *Endoclita sinensis* (Moore)

一种严重危害杉木、泡桐等树木的蛀干害虫。鳞翅目（Lepidoptera）蝙蛾科（Hepialidae）胚蝙蛾属（*Endoclita*）。国外分布于日本、印度、斯里兰卡等地。中国分布于华东、华中、华南、东北地区。

寄主 杉木、柳杉、侧柏、日本花柏、泡桐、白杨、枫杨等。

危害状 幼虫多从泡桐、杉木幼树基部蛀入。蛀入前先吐丝结网，隐蔽其身体后，再开始蛀食，一般边蛀食边用口器将咬下的木屑和虫粪送出，粘于丝网上，成一囊状的虫包，将蛀道口包被。以后亦不断将虫粪和木屑推出蛀孔，以丝缀系。幼虫蛀入后先在韧皮部咬一横沟，以后再向髓心蛀入，并于髓部向下蛀食。幼虫于夜晚经常爬出虫孔，咬食皮层，严重时可沿树干咬食成环割状，导致寄主树枯死或风折（图 1）。

形态特征

成虫 雌蛾体长 33.0～53.5mm，雄蛾体长 32.1～43.0mm。体暗褐色，密被绿褐色和粉褐色鳞毛。头小，头顶具长毛，口器退化，触角丝状，细短，黑褐色。胸部具灰褐色长毛，前翅暗褐色，翅面中部有一个近三角形的暗褐色斑纹，三角形的 3 个角上有银白色斑点，其中近外缘的呈银白色短斜条纹，端部分离出一点，呈"!"状或斜置柴刀状。后翅茶褐色，无明显斑纹。足短小。雄蛾前足胫节和跗节宽扁，两侧具长毛；后足较小，胫节膨大，具 1 束橙红色刷状毛束。雌蛾无，各足跗节末端具粗大的爪钩 1 对。

卵 椭圆形，长 0.5～0.7mm，初产时乳白色，近孵化时暗褐色。

幼虫 老熟幼虫体长 70.0mm 左右，长圆筒形，黄白色。头部褐色；胸、腹部各节背面具褐色毛片 3 个，排列成"品"字形，前 1 个较大，后 2 个较小；前胸背板黄褐色（图2）。

蛹 长筒形，黄褐色至黑褐色，体长 52.0mm 左右。头顶背面黑褐色，具粗糙的棘突，腹节具侧钩刺。

生活史及习性 河南、浙江 2 年发生 1 代，以幼虫在被害树干虫道内越冬。翌年 3 月底（浙江）或 4 月上旬（河南）恢复活动，一直危害到 10 月上中旬（河南）或 10 月底（浙江）才开始越冬。第三年 5 月幼虫老熟后化蛹，6 月羽化为成虫。幼虫多在傍晚前后羽化。出壳后，用前足抓住树枝，悬挂其上，两翅逐渐伸展，呈屋脊状覆于体上。白天悬挂于枝上不动，19：00～20：00 时在林中忽上忽下来回飞翔，形似蝙蝠，并可在飞翔中交尾，羽化后 2 天开始产卵，卵散产，无固定产卵场所，也不黏附于植物体上，多散落在地面或地被物上，雌蛾产卵量很大。

图 1 一点蝙蛾典型危害状（骆有庆提供）

图 2 一点蝙蛾幼虫（宗世祥提供）

防治方法

物理防治 利用幼虫蛀道直且短的特点，用铁丝钩杀幼虫。

药剂防治 剥除虫苞，由蛀孔注入敌敌畏、敌百虫等有机磷农药，毒杀幼虫。

参考文献

萧刚柔，1992. 中国森林昆虫 [M]. 2 版. 北京：中国林业出版社.

杨锦年，1983. 一点蝙蛾生活习性及防治的初步研究 [J]. 应用昆虫学报，20(2): 78-80.

郑朝武，蔡明段，姜波，等，2011. 柑桔新害虫——一点蝙蛾为害甜橙的初步研究 [J]. 中国南方果树，40(4): 43-45.

朱弘复，等，1985. 蛀干蝙蝠蛾 [J]. 昆虫学报 (3): 293-301.

NIELSEN E S, ROBINSON G S, WAGNER D L, 2000. Ghost-moths of the world: a global inventory and bibliography of the Exoporia (Mnesarchaeoidea and Hepialoidea)(Lepidoptera)[J]. Journal of natural history, 34(6): 823-878.

（撰稿：侯泽海；审稿：宗世祥）

一字竹笋象 *Otidognathus davidis* (Fairmaire)

一种幼虫、成虫危害竹笋（幼竹）的害虫。又名笋象虫。鞘翅目（Coleoptera）象虫科（Curculionidae）鸟喙象属（*Otidognathus*）。国外分布于越南。中国分布于江苏、浙江、安徽、福建、江西、河南、湖南、湖北、广东、四川、陕西等地。

寄主 毛竹、刚竹、桂竹、篌竹、水竹、毛金竹、假毛竹、白哺鸡竹、尖头青竹、安吉金竹、浙江淡竹、黄槽毛竹、乌芽竹、红竹、花哺鸡竹、罗汉竹、淡竹、红竹、寿竹等 60 余种竹。

危害状 成虫在竹笋上啄食笋肉补充营养，将竹笋啄成许多小孔，最多可达 96 个孔。初孵幼虫在竹笋产卵穴中取食，不断将产卵穴扩大变为危害孔洞；幼虫蛀入笋内，取食笋肉，一根竹笋内最多可达 17 头。被害笋受害部位腐烂折断，即使发育为新竹，竹秆节间缩短、有虫孔和凹陷，竹材僵硬，质量下降，成竹不能通梢，群众称其为"烂头竹"，伐竹后竹材利用价值大大下降。虫口密度特大时竹笋被危害致死，竹笋被害率高达 100%，竹林林相破碎（图 1）。

形态特征

成虫 雌虫体长 14.5～21.8mm，雄虫体长 12.4～19.6mm。雌虫初羽化为乳白色，渐变为淡黄色；雄虫赤黄色，头黑色；管状喙稍向下弯曲，黑色。雌虫喙长 5.4～8.4mm，细长，表面光滑；雄虫喙长 4.4～7.5mm，粗短，有刺状突起，上方有 1 条沟，沟两侧为 2 列齿状突起。前胸背板隆起圆球形，正中有 1 个梭形黑斑，后缘弯曲成弓形；鞘翅正中各有黑斑 1 个，前缘近基部 1/3 处各有黑斑 1 个，肩角、外角内角黑色。雌雄成虫中均有全黑个体（图 1 ②、图 2 ①）。

幼虫 初孵幼虫体长约 3.0mm，乳白色，体壁柔软。三龄后体壁变硬，呈乳黄色，老熟幼虫平均体长 20.8mm，黄色；头赤褐色；口器黑色，非常锐利；体多皱褶，气门不

Y

图1　一字竹笋象危害状（何学友提供）

①笋受成虫危害状；②群集取食的成虫（与大竹象混合发生）

图2　一字竹笋象形态特征（何学友提供）

①成虫；②卵（放大）；③幼虫

明显。尾部有深黄色的突起，微分为二（图2③）。

生活史及习性　在浙江小径竹林中1年1代，在有出笋大小年的毛竹林中，分大年出笋型与小年出笋型，均为2年1代。以成虫在地下8～15cm深的土室中越冬，4月至5月初越冬成虫出土，6月上中旬林中成虫终见，出土成虫寿命30天左右。4月中旬成虫开始交尾产卵，卵经2～5天孵化，5月底至6月初幼虫老熟，经10～15天于6月中下旬化蛹，7月羽化成虫越夏越冬。在江苏与广西，各虫态分别推迟与提前15～20天。在浙江奉化，一字竹笋象危害苦化水竹，由于奉化水竹出笋期在5～6月，故一字竹笋象成虫约5月中下旬出土。

5月上中旬为越冬成虫出土盛期，温度高越冬成虫出土迅速，特别是高温闷热天气，成虫出土集中；温度低成虫活动减弱，过低的温度会使出土的成虫重新钻入地下蛰伏。成虫出土后群集于笋的中上部刺啄笋肉危害，且在笋表留下长10cm左右的纵向食孔线。成虫多在白天活动，且多集中在午后，具假死性。成虫经1天补充营养即可交尾产卵，具多次交尾习性，5月中旬为产卵盛期。雌虫产卵时头向下在笋上刺啄产卵穴，再调转头产卵，每穴产卵1粒，1株笋最多可产卵80粒。卵多产于最下一盘枝节到笋梢之间，1头雌虫可产卵15～25粒。初孵幼虫在产卵穴内取食，逐渐蛀入笋内。幼虫共5龄，三龄幼虫食量急剧增大，可将笋吃成空洞；幼虫约经20天老熟后咬破笋箨落地，寻找林地土壤较疏松处入土，2～3天筑成土茧，10～15天化蛹，蛹期约30天；7月以成虫在土中越夏过冬。1年总危害期约40天。

防治方法

营林措施　在幼虫危害期及时清除虫害笋并杀灭其中幼虫，同时结合人工捕杀成虫。秋冬季结合竹林抚育深翻松土，特别是当年新笋四旁，破坏其越冬生境，杀死地下越冬成虫。

生物防治　幼虫下竹高峰期在林间喷施白僵菌、绿僵菌菌液或粉剂。

物理防治　当竹笋长到1.2～1.5m时用60cm长废塑料袋从笋尖套袋。或利用一字竹笋象成虫的假死习性，当成虫出土产卵前闷热天气的9：00～10：00和15：00～17：00人工捕捉。

化学防治　用触杀剂或胃毒剂在出笋前喷1次，出笋后每隔1周喷1次，连续喷2～3次。大径竹可注射内吸性杀虫剂。

参考文献

蔡富春，牟建军，汪和燕，2008.毛竹一字竹象甲成虫的生物学特性观察[J].安徽农业科学(11):115-117.

蔡富春，牟建军，吴智敏，等，2008.笋尖薄膜套袋防治毛竹一字竹象甲技术初步研究[J].浙江林业科技，28(5):37-39.

将德骥，范立芳，1994.白僵菌防治一字竹象试验初报[J].安徽林业科技(2):32-33.

汤景明，赵升平，刘道锦，等，2002.把竹主要害虫生物学特性观察[J].湖北林业科技(3):26-28.

王义和，2005.一字竹笋象生物学特性及防治试验研究[J].安徽林业科技(5):43.

徐天森，王浩杰，2004.中国竹子主要害虫[M].北京：中国林业出版社：34-36.

（撰稿：何学友；审稿：张飞萍）

伊姆斯·A.D.　Augustus Daniel Imms

伊姆斯·A.D.（1880—1949），英国昆虫学家和教育家。1880年8月24日生于伍斯特郡莫斯利。1903年获伦敦大学动物学二等荣誉学位。1905年获奖学金资助入剑桥大学基督学院，1906年获伯明翰大学理学硕士学位。1911—1913年供职于印度政府，从事森林害虫研究。1913年因健康原因返英，任曼彻斯特大学农业昆虫学准教授。1918年

伊姆斯·A.D.（陈卓提供）

衣鱼目代表（吴超摄）

到洛桑试验站工作，根据他的建议设立了昆虫学系并任首席昆虫学家。1931 年任剑桥大学昆虫学准教授。1945 年退休。1949 年 4 月 3 日在德文郡逝世。

伊姆斯在剑桥大学就读期间从事五斑按蚊幼虫和蛹的解剖学研究，揭示了其独特的气管系统。在印度工作期间，研究了弹尾虫的分类学、蜻蛉的生物学，发现足丝蚁新种并揭示其社会行为和生物学。研究白蚁等级制度的起源，并指出白蚁肠道微生物系共生而非寄生。1925 年完成了《普通昆虫学教科书》，成为当时的主流昆虫学教材之一，至 1977 年已修订至第 10 版。发表论文 40 多篇，出版《昆虫学进展》（1931，1937）、《昆虫的社会行为》（1931）、《昆虫学纲要》（1942）、《昆虫的自然历史》（1947）等多部著作。

伊姆斯于 1929 年当选为英国皇家学会会员。他是经济生物学家协会（现应用生物学家协会）的创始人之一，1930—1931 年任该会会长。1936—1937 年任英国皇家昆虫学会会长。1940 年当选为剑桥大学唐宁学院院士，1945 年当选为荣誉院士，1947 年当选为美国艺术与科学院外籍院士，他还是法国农业科学院通讯院士，荷兰昆虫学会、芬兰昆虫学会和印度昆虫学会荣誉会员。1907 年获剑桥大学达尔文奖。

（撰稿：陈卓；审稿：彩万志）

衣鱼目 Zygentoma

衣鱼目昆虫是常见的原生无翅昆虫，已知 5 科约 400 种。幼体至成体形态无显著变化。通常身体扁平，小至中等大小，体表常覆盖有银灰色鳞片，鳞片易于脱落。头下口式或略微前口式；复眼不发达，常消失，或退化成相互隔离的小眼群，通常具 1～3 个单眼。细长的触角多节，丝状。口器咀嚼式，包含双髁的上颚和分为 5 节的下颚须。足有的基节较大，跗节具 2～5 分节。腹部向端部逐渐收缩，在第七至九腹节腹面具有含肌肉的刺突，这些刺突是原始附肢的残留，在部分种中，这些刺突可出现在第二至九腹节；成体在第二至七腹节刺突内可能具有 1 对翻缩性泡囊，但有时退化。腹部末端具 1 对细长多节的尾须，中部具 1 根与尾须近乎等长的中尾丝（见图）。衣鱼目昆虫是间接受精，雄性排出精包，之后由雌虫拾起。

通常，衣鱼生活在落叶层、树皮下或石下环境，不同大小的个体可群聚一处；一些种类生活在地下洞穴或土层环境；少数小型种类客居在蚁巢或白蚁巢内。衣鱼常能忍耐干燥炎热的极端环境，一些种类生活在人类居所，成为我们熟悉的伴人昆虫。衣鱼取食多样的有机碎屑，在室内，它们会取食纸张、棉制品及各种植物碎屑，可利用其自身的纤维素酶消化这些食物。

参考文献

GULLAN P J, CRANSTON P S, 2009. 昆虫学概论 [M]. 3 版. 彩万志，花保祯，宋敦伦，等，译. 北京：中国农业大学出版社：189.

袁锋，张雅林，冯纪年，等，2006. 昆虫分类学 [M]. 北京：中国农业出版社：105-108.

郑乐怡，归鸿，1999. 昆虫分类学 [M]. 南京：南京师范大学出版社：91-101.

（撰稿：吴超、刘春香；审稿：康乐）

遗传防治 genetic control

人为改变昆虫个体基因，使其后代生殖力减退或不育的方法。是新发展起来的利用遗传学手段防治害虫的方法，是害虫综合防治中一个新的途径。由于遗传防治技术具有不污染环境、害虫不产生抗性、效果迅速等优点，该防治技术在世界范围内被广泛采用并取得了巨大成功。

国内外对害虫遗传防治研究较多的是利用不育昆虫技术、雌性致死系统和昆虫显性致死技术等经典防治策略。近年来，许多新的分子生物学手段被不断提出并整合到害虫遗传防治策略中，包括归巢核酸内切酶基因、锌指核酸酶、转录激活因子样效应物核酸酶、CRISPR /Cas9 系统、Wolbachia- 细胞质不亲和性系统等。

利用遗传学手段防治害虫在国际上应用广泛。1956年，美国农业部开始在佛罗里达州筹备基于不育昆虫技术的新大陆螺旋蝇根除项目，利用X光对螺旋蝇的不育效应，通过将不育昆虫人为引入野生种群从而达到控制目的。2009年，埃及伊蚊的昆虫显性致死品系被大规模释放到开曼群岛的居民区，显著降低了当地野生埃及伊蚊的种群密度。随着社会的发展，害虫遗传防治技术越来越多地被应用到防治或根除重大害虫当中，许多国家如美国、加拿大、德国、澳大利亚等在不同规模上启动了害虫遗传防治项目。中国需要学习国外先进技术和经验，针对国内研究基础和实际情况，提出切实有效的遗传防治策略。

参考文献

GAJ T, GERSBACH C A, CARLOS F B, 2013. ZFN, TALEN and CRISPR/Cas-based methods for genome engineering [J]. Trends in biotechnology, 31(7): 397-405.

HARRIS A F, MCKEMEY A R, NI MMO D, et al, 2012. Successful suppression of a field mosquito population by sustained release of engineered male mosquitoes [J]. Nature biotechnology, 30(9): 828-830.

JR F M, 2012. Insect transgenesis: current applications and future prospects [J]. Annual review of entomology, 57: 267-289.

（撰稿：杜宝贞；审稿：王宪辉）

异迟眼蕈蚊　*Bradysia impatiens* (Johannsen)

一种危害食用菌、药用菌、蔬菜和园林植物的重要经济害虫。俗称黑菌虫。在欧美称为马铃薯疮痂蕈蚊，其幼虫俗称菌蛆。双翅目（Diptera）长角亚目（Nematocera）眼蕈蚊科（Sciaridae）迟眼蕈蚊属（*Bradysia*）。国外分布于欧洲、北美洲以及亚洲等地。中国主要分布于浙江、山东、江苏、云南、广东、陕西、辽宁以及甘肃等地。

寄主　能危害食用菌（双孢菇、平菇、蘑菇、金针菇、香菇、茶树菇、杨树菇、鸡腿菇、大球盖菇、榆黄菇等）、蔬菜（韭菜、百合、大葱、蒜、蚕豆、生菜、白菜、甘蓝、辣椒、生姜等）等。

危害状　幼虫钻蛀到菌类或者韭菜等作物的根部，取食菌类中的有机质和根部的幼嫩部分，造成温室栽培菌生长受阻，腐烂并孳生腐生菌类，造成病害的大发生，排泄的虫粪严重影响作物的品质。取食韭菜地下部的鳞茎和柔嫩的茎部后造成韭菜出苗缓慢，引起韭菜的幼茎腐烂，使韭叶枯黄、减产，严重时则整株死亡（图1）。尚未发现成虫有取食行为。

形态特征

成虫　体呈黑褐色，体长1.8~2.3mm。触角丝状，16节。雄虫稍瘦小，触角第四鞭节长为宽的1.2~1.7倍。前足胫节胫梳由6~7根粗刺组成。尾器为方形，端节末端着生5~7个大刺。雌虫一般特征与雄虫相似。第四鞭节长为宽的1.6~2.0倍。下颚须3节，基节有3~7根刚毛，其中2根明显比其他的长（图2①）。

卵　呈椭圆形和长圆形，长约0.25mm。刚产下的卵呈近乎透明状、无色，后逐渐变为浅黄色（图2②）。

幼虫　体细长，初孵化幼虫长约1.5mm，老熟幼虫约8mm。幼虫为显头无足型，咀嚼式口器，头壳黑色，体呈透明状（图2③）。

蛹　裸蛹，长约3mm。化蛹初期颜色由乳白色后渐变

图1　异迟眼蕈蚊对韭菜的危害状（刘长仲提供）
①受害植株；②鳞茎受害；③受害后缺苗断垄

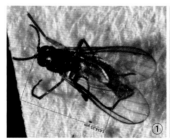
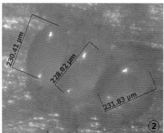

图2　异迟眼蕈蚊形态特征（刘长仲提供）
①成虫；②卵；③幼虫；④蛹

为暗褐色（图2④）。

生活史及习性　在浙江临安温室中1年发生10～14代，在开放的菇房中1年发生4～6代，在辽宁沈阳和甘肃天水等地1年发生4～6代，有世代重叠现象。以幼虫在韭菜茎基部及鳞茎附近3～5cm土层中越冬。在甘肃露地栽培韭菜，3月下旬至4月上旬始见成虫，5月中下旬发生量出现第一次小高峰，6月下旬至7月上旬达到第二个数量高峰，7～8月底正值盛夏，高温、多雨，虫口数量下降，至9月下旬出现第三次成虫活动高峰。幼虫的发生盛期则在5月下旬至6月中旬和10月上旬以后。

成虫善飞翔，具有较强的趋光性，营两性生殖，卵单产或聚产。在食用菌上多产在菌丝浓密或相对隐蔽的环境中，在韭菜地则多产于寄主附近土缝、植株基部与土缝间的缝隙、叶鞘缝隙、土块下。成虫羽化一般在傍晚至次日上午，寿命2～4天。上午10：00～11：00时是交配高峰期，通常雌虫只交尾1次而雄虫可以多次交尾，每雌虫产卵量通常在30～200粒。

发生规律　气候是影响异迟眼蕈蚊发生的重要因子之一。温暖、湿润的气候条件有利于其生长繁殖；高温、干燥则会对其发育造成严重影响。幼虫发育适温为20～25℃，相对湿度60%～80%，且其极不耐高温，当温度为34℃时，卵已不能孵化或死亡。因此，夏季发生量少。

防治方法

农业防治　选用抗虫品种。施用充分腐熟的有机肥。轮作倒茬。也可采用水培法淹死幼虫。

物理防治　应用"日晒高温覆膜法"使5cm土温上升至43℃以上杀死土壤中的卵、幼虫和蛹。采用黑板（或黄板）诱杀成虫。也可在田间覆盖防虫网避虫。

生物防治　用昆虫病原线虫、苏云金芽孢杆菌、球孢白僵菌等进行土壤处理，可对异迟眼蕈蚊幼虫起到防治作用。

化学防治　幼虫期防治可采用辛硫磷、噻虫胺、氟啶脲、吡虫啉等药剂灌根；成虫防治要抓住羽化高峰期进行，常用药剂有高效氯氰菊酯烟剂，或用马拉硫磷、辛硫磷、溴氰菊酯等药剂进行喷雾。

参考文献

苟玉萍，刘倩，刘长仲，2015. 不同植物对异迟眼蕈蚊生长发育和繁殖的影响[J]. 植物保护，41(1): 28-32.

施凯，2013. 中国眼蕈蚊科8属分类及系统发育研究（双翅目：眼蕈蚊科）[D]. 杭州：浙江农林大学.

张宏瑞，张晓云，沈登荣，等，2008. 食用菌异迟眼蕈蚊 *Bradysia difformis* 的生物学特性[J]. 中国食用菌，27(6): 54-56.

张爽，张绍勇，赵应苟，等，2014. 异迟眼蕈蚊成虫行为学特征及性息素初步研究[J]. 应用昆虫学报，51(4): 1069-1074.

张艳霞，郭苏帆，刘长仲，2016. 异迟眼蕈蚊在不同植物上的生长发育及种群参数[J]. 应用昆虫学报，53(6): 1184-1189.

LIU Q, GOU Y P, LIU C Z, 2015. Growth and survival of *Bradysia difformis* Frey in leek nurseries under various temperatures and photoperiods[J]. Egyptian journal of biological pest control, 25(2): 291-294.

（撰稿：刘长仲；审稿：吴青君）

异稻缘蝽　*Leptocorisa acuta* (Thunberg)

东亚及东南亚地区稻田和禾本科杂草田中常见的蝽类害虫。又名稻蛛缘蝽，与中稻缘蝽 *Leptocorisa chinensis* Dallas 和大稻缘蝽 *Leptocorisa oratoria*（Fabricius）常统称为稻缘蝽，这3种昆虫形态和习性极为接近。体型均细长，足和触角亦细长，常为黄绿色，善飞翔，臭腺发达，密集发生时若受惊扰，可于田间嗅到特殊气味，为其臭腺分泌物挥发所致。半翅目（Hemiptera）蛛缘蝽科（Alydidae）稻缘蝽属（*Leptocorisa*）。其中，异稻缘蝽是稻缘蝽属中分布最广泛的物种。该种的次异名 *Leptocorisa varicornis*（Fabricius）在中国长期被作为有效名使用，造成混乱。国外分布于印度、马来西亚、巴基斯坦、菲律宾、不丹、缅甸、斯里兰卡、泰国、越南、澳大利亚、斐济、巴布亚新几内亚、汤加、印度尼西亚、关岛等地。中国分布于福建、广东、广西、海南、台湾、云南、西藏等地。

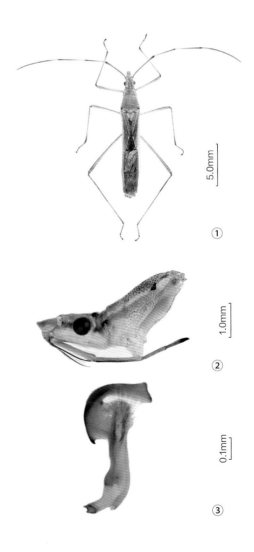

异稻缘蝽成虫（伊文博摄）

①成虫背面观；②头部和前胸背板侧面观（触角移除）；③阳基侧突侧面观

寄主 水稻、麦类、玉米、栗、高粱、大豆、花生、芝麻、棉花等作物和禾本科杂草。

危害状 吸食果、穗及嫩芽汁液。稻、麦被害后可成枯心、白穗和秕粒。

形态特征

成虫 身体细长，体长 15.0～17.5mm。棕黄色或黄绿色（图①）；密被深色刻点。头长，侧叶长于中叶，直伸，基部彼此贴合，端部稍稍分离；触角第一节基色浅；头部侧面无黑褐色斑点（图②）；复眼显著向两侧突出，后部具有一个弓状隆起。前胸背板梯形，前端具领，领的两侧各具有一个黑褐色斑点（图②）；后叶密布刻点，刻点颜色一般不加深；小盾片顶角不上翘，无刺；臭腺孔开口明显，似喇叭状；后足胫节最基部常为黑褐色。阳基侧突中部膨大，近端部弯曲，顶端 2 分叉（图③）。

生活史及习性 一年发生 3～4 代，以成虫在枝叶丛中或荫庇的茶、栎等矮丛中越冬，常有群集性。第一代发生期为 5 月上旬至 9 月上旬，第二代 7 月下旬至 11 月下旬，第三代 8 月上旬至 11 月下旬，第四代 9 月中旬至越冬。卵期 5～7 天，若虫期 20～29 天，非越冬成虫寿命 13～96 天，越冬成虫寿命可达 1 年之久。卵产于叶、茎、穗上，多在叶背边缘排成 2 列，每块 9～16 粒，每雌可产卵 17～43 块。

防治方法 结合秋季清洁田园，清除田间杂草，集中处理；低龄若虫期喷马拉硫磷乳油或功夫乳油、敌杀死（溴氰菊酯）乳油、敌敌畏乳液或杀虫威。

参考文献

萧采瑜，任树芝，郑乐怡，等，1977. 中国蝽类昆虫鉴定手册（半翅目异翅亚目·第一册）[M]. 北京：科学出版社：271-273.

伊文博，卜文俊，2017. 中国三种稻缘蝽名称订正（半翅目：蛛缘蝽科）[J]. 环境昆虫学报，39（2）：460-463.

章士美，等，1985. 中国经济昆虫志：第三十一册 半翅目（一）[M]. 北京：科学出版社：138-141.

AHMAD I, 1965. The Leptocorisinae (Hemiptera: Alydidae) of the world [J]. Bulletin of The British Museum (Natural History), Entomology Supplement 5, 1-156.

LITSINGER J A, BARRION A T, CANAPI B L, et al, 2015. *Leptocorisa* rice seed bugs (Hemiptera: Alydidae) in Asia: A review [J]. The Philippine entomologist, 29 (1): 1-103.

（撰稿：伊文博、卜文俊；审稿：张传溪）

异尾华枝螆 *Sinophasma mirabile* Günther

一种危害壳斗科树木的重要食叶害虫。螆目（Phasmatodea）长角棒螆科（Lonchodidae）华枝螆属（*Sinophasma*）。分布于浙江（百山祖）、福建（武夷山）。

寄主 甜槠、小红椆、石栎等壳斗科树种。

危害状 危害严重时将树木的叶子全部食光，造成大量树木生长严重衰弱，甚至枯死。

形状特征

成虫 雌体长约 65mm。体绿色，前足腿节基部绿色，端部黑色，其余黄褐色。头卵圆形，后凸，并有几条黑色纵条纹；触角丝状，柄节长于梗节，圆柱形。前、中胸密被颗粒；前胸背板具"十"字形沟，横沟位于前胸 1/3 处。前翅鳞片状，后翅较长。前足腿节基部弯曲，中足腿节明显短于中胸，后足腿节较长，中、后足腿节端部无外长物。腹部向后端渐细，端部 3 节近等长；肛上板较小；腹瓣短，伸达第八节末端，不超过产卵瓣，纵脊明显；尾须锥状，端尖，伸出腹部末端。雄体长 56～61mm。体黄褐色。头顶具 6 条黑纹，前足腿节端部与前翅翅突黑色，翅突前缘具黄斑，后翅前缘黄绿色。头顶具浅纵沟。触角远长于前足，第一节略扁，端厚，第二节圆柱状，略短于前节。前胸背板小，近前缘处有 1 条横沟；中胸具背中脊，中、后胸密被颗粒；前翅鳞状，翅突钝；后翅烟色，伸达第五腹节前部。足短，无齿刺等外长物。腹末 3 节加粗，第九节背板长，兜状；臀节垂直下伸，长不到前节之半，具中脊，后缘中央略凹入呈 2 叶，侧角略成直角；下生殖板后端窄钝，不超过第九腹节；尾须明显，基部膨大，端部细窄（见图）。

卵 桶形，灰黑两色相间，表面具不规则网脊。卵盖具网纹，黑色，中央稍凹，具圆形脊。卵孔板长，端尖，卵孔处黑色，卵孔杯"U"形，具脊。中线较短，伸达后端。后端中央具黑色圆斑。

生活史及习性 1 年发生 1 代，以卵在林下枯枝落叶层中越冬。3 月底开始孵化，4 月上旬为孵化盛期；6 月上旬成虫开始羽化，6 月中旬为羽化盛期；6 月下旬开始产卵。产卵期长，一直持续到雌成虫死亡。卵当年不发育，滞育到翌年春才孵化。没有发现滞育到第三年才孵化的卵。生长发育期间需要潮湿的环境，否则不能正常发育和孵化，但在其滞育、休眠期间对环境抗性较强，能耐受长期干燥的环境而保持生命力。若虫多在夜间孵化，出壳后先停留在地表或树干基部呼吸空气和吮吸露水，使身体变得粗壮，约 4 小时后开始陆续上树爬至新梢上啃食嫩叶，一般 1 片嫩叶上只有 1 头若虫，少数有 2 头。初孵若虫耐饥饿能力强，不取食可活 7 天，且性情活泼、行动迅速，受惊动即快速弹跳到其他叶

异尾华枝螆（引自萧刚柔和李镇宇，2020）
①雌虫；②雄虫

片上或躲到叶的反面。取食时，用左右足夹住叶的两面，身体伏在叶缘上将叶片边缘啃食成半圆形、弧形的缺刻；休息时则头朝叶基贴伏在叶的背面或主脉上。一龄若虫平均每天取食 3～5 次，每次食嫩叶 1～4mm²。若虫在蜕皮前 1～2 天即停止取食，爬至叶柄、小枝或树干处头朝下将身体固定住静伏不动。蜕皮后若虫继续停留在原地呼吸空气，伸展躯体。1～2 小时后将虫蜕食下，10 小时后开始恢复食叶。二龄以后若虫行动渐变迟缓，食叶量不断增大。五龄以后食叶量激增，占整个若虫期食叶量的 80% 以上。若虫四龄以前只食嫩叶的边缘部分，不食主脉，且常转移叶片取食，叶片被食后不干枯能继续生长；五龄以后开始取食主脉、全叶甚至叶柄和小枝嫩皮，叶子常干枯死亡。若虫期历时 68～83 天。雄成虫较雌成虫早 4～6 天羽化，雌雄比约 1∶1，飞翔能力不强，只能飞翔 1～3m 远，有微弱的趋光性。成虫羽化后 10 小时左右开始食叶，4～5 天后开始交尾。交尾时间为 13～60 分钟，雌虫可背着雄虫交尾边取食。雌雄虫一生可多次交尾。雌虫在羽化后 10 天左右开始产卵，产卵无固定场所，在哪里取食即在哪里产卵，产卵和排便交替进行。卵产出后自由落至地表虫粪堆或者枯枝落叶层中并在此滞育越冬。雌虫每天可产卵 3～8 粒，连续不间断直到死亡。一生可产卵 304～614 粒，平均 428 粒。雌虫不经交尾也能产卵，但所产的卵不发育。成虫期长，食量大，既食当年新叶也食老叶，是危害最严重时期，雌虫平均每天食叶约 1082mm²，折合叶片约 13 枚（按甜槠叶片计算）；整个雌成虫期食叶量约占一生总食量的 80% 以上，1 头雌虫一生平均要吃掉约 1327 枚叶片。雄虫食叶量相对较少，一生平均约食叶 47.1 枚。成虫寿命，雄虫 42～83 天，平均 68.4 天；雌虫 76～114 天，平均 83.7 天。

防治方法

化学防治　当异尾华枝蠢严重发生时，种群数量很大，仅靠天敌难以控制危害，必须采用化学防治。根据其发生特点及危害习性，结合地形等因素，采用多种方法进行化学防治，效果均很显著。①施放烟剂。由于危害发生在常绿阔叶林中，树冠浓密、郁闭，易于烟雾保持，只要地势较平坦，在若虫期燃放烟剂效果甚好，死亡率可达 90%。②树干注药。利用树干注药机向被害树树干注射内吸性农药，2 天后若虫（成虫）大量死亡，7 天后树上基本无虫，此法特别适用于树形高大、用其他方法难以防治的树木。③地面喷药。在春季若虫即将孵化时，向有卵分布的地面喷施粉剂，基本能将孵化的若虫杀死，适用于上年度已发生过危害且地表卵密度高的林分。

生物防治　保护天敌，其林间天敌种类较丰富，卵期有蠢青蜂，若虫和成虫期有蚂蚁类 3 种、食虫虻类 2 种、蜘蛛类 2 种和鸟类。

参考文献

包其敏，金党远，包文斌，等，2000. 异尾华枝蠢生物学特性及防治 [J]. 森林病虫通讯，19(3): 15-17.

陈树椿，1999. 危害我国林业的竹节虫及其生物学简介 [J]. 森林病虫通讯 (5): 34-37.

陈树椿，何允恒，2008. 中国䗛目昆虫 [M]. 北京：中国林业出版社.

萧刚柔，李镇宇，2020. 中国森林昆虫 [M]. 3 版. 北京：中国林业出版社.

（撰稿：严善春；审稿：李成德）

意大利蝗　*Calliptamus italicus* (Linnaeus)

一种广泛分布于欧洲中南部、欧洲东南部、地中海沿岸、北非、中亚、西亚、蒙古的多食性物种，是谷物、棉花和牧草的重要害虫。中国新疆荒漠草原的主要害虫。英文名 Italian locust。直翅目（Orthoptera）斑腿蝗科（Catantopidae）星翅蝗属（*Calliptamus*）。国外分布于俄罗斯欧洲部分。中国分布于青海、新疆。

寄主　蓖蓄、东方蓼、肯若藜、猪毛菜、无叶假木贼、马齿苋、独行菜、宽叶独行菜、大蒜芥、小麦、新麦草、柑橘、酸橙、桑树及胡桃等 16 科 46 种。

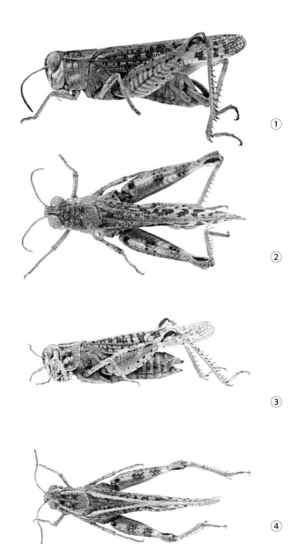

图 1　意大利蝗成虫（牛一平摄）

①雄性侧面观；②雄性背面观；③雌性侧面观；④雌性背面观

危害状 喜食冷蒿、菊科、藜科及禾本科植物。

形态特征

成虫 体长雄性14.5～25.0mm，雌性23.5～41.1mm。褐、黄褐或灰褐色。头大而短；颜面略后倾；头顶略前突，低凹，两侧缘具隆线；无头侧窝。复眼卵形。触角丝状，常达或超过前胸背板后缘。前胸背板圆筒状；中隆线和侧隆线明显；前胸腹突近圆柱状，端部钝圆。前、后翅发达，达或超过后足股节端部；前翅褐色，具多个大小不一的黑斑点，后翅基部红或玫瑰色。后足股节短粗，上侧中隆线明显可见细齿；后足股节内侧红或玫瑰色，具2个不达底缘的黑斑纹；上膝侧片黑色。后足胫节红色，无外端刺，内、外缘各9～10个刺。鼓膜器发达。腹部末节背板后缘缺尾片；肛上板长三角形，中央具纵沟；尾须狭长，顶端分上、下两齿，上齿长于下齿，下齿端裂为2个小尖齿。下生殖板圆锥形，顶端略尖（见图）。

卵 卵囊弯曲，无卵囊盖。卵粒土黄色。卵粒直或略弯，中间粗，两端渐细，两端钝圆形。卵壳较厚，粗糙。

若虫 雄性5龄，雌性6龄。一龄头、体躯黑褐或黑色，触角13节，无翅芽。二龄黑褐、黑或灰褐色，触角16～17节，前、后翅芽可见，有翅脉痕迹。三龄灰褐或黄褐色，触角18～22节，前胸腹突明显。四龄触角雄性21～22节，雌性22～23节，前、后翅芽均上翻，后翅芽将前翅芽掩盖。五龄触角雄性23～24节，雌性25～26节，翅芽长，前胸腹突与外生殖器似成虫。仅雌性具六龄，体长较五龄长。

生活史及习性 该虫在新疆地区1年发生1代，以卵在土中越冬。越冬卵在5月上旬开始孵化，6月上旬进入羽化期，6月下旬开始产卵。蝗蝻孵化后2天便开始取食，严重危害牧草。该虫具有迁徙习性，移动距离较短，常常攻击和破坏邻近草场的农田，在旱生性强、植被稀疏的地方，该虫在距土壤表面5～10mm不同密度的土壤中产卵。

防治方法 利用绿僵菌、微孢子虫等微生物制剂治蝗。使用锐劲特等农药控制其种群数量。利用鸟类、蜥蜴、螽斯等天敌对其进行捕食控制或利用牧鸡牧鸭治蝗。

参考文献

蔡余万，曾新平，蔡万仓，等，2000.锐劲特对意大利蝗的杀虫效果试验[J].农村科技(4):15.

黄训兵，张洋，曹广春，等，2013.冷蒿和苜蓿对意大利蝗生长及生殖力的影响[J].环境昆虫学报，35(5):617-622.

康健，2018.浅谈草原蝗虫治理概况[J].新疆畜牧业，33(11):45-46,28,47.

李宏，2000.伊犁河谷意大利蝗群集危害的特点及综合防治[J].草食家畜(2):46.

李鸿昌，夏凯龄，2006.中国动物志:昆虫纲 第四十三卷 直翅目 蝗总科 斑腿蝗科[M].北京:科学出版社:576.

刘举鹏，席瑞华，1986.中国蝗卵的研究:十二种有危害性蝗虫卵形态记述[J].昆虫学报(4):409-414.

王晗，何雪青，季荣，2010.意大利蝗对四种寄主植物的选择机制[J].生态学杂志，29(12):2401-2407.

王晗，于非，扈鸿霞，等，2014.新疆意大利蝗适生区的气候变化特征分析[J].中国农业气象，35(6):611-621.

徐光青，2010.意大利蝗蝗卵研究[J].新疆畜牧业(S2):10-11.

薛智平，张泉，牙森·沙力，等，2010.意大利蝗取食特性及损失估计研究[J].植物保护，36(1):95-98.

张泉，乔璋，熊玲，等，1995.意大利蝗生物学特性研究[J].新疆农业科学(6):256-257.

张新，赵莉，王世君，等，2012.三种药剂对意大利蝗的毒力测定及田间药效试验[J].新疆农业科学，49(8):1466-1470.

赵忠伟，张英财，曹广春，等，2013.温度对意大利蝗生长发育的影响[J].应用昆虫学报，50(2):466-473.

（撰稿：董赛红；审稿：任国栋）

银纹夜蛾 *Argyrogramma agnata* (Staudinger)

一种大豆生长期的食叶害虫。又名黑点银纹夜蛾、豆步曲、大豆造桥虫等。鳞翅目(Lepidoptera)夜蛾科(Noctuidae)银纹夜蛾属(*Argyrogramma*)。国外分布于日本、朝鲜、俄罗斯等国。中国各大豆产区均有分布，以黄淮、长江流域发生较重。

寄主 多食性害虫，主要寄主有大豆、花生、豌豆、向日葵、油菜、甘蓝、花椰菜、白菜、茄子、莴苣、草木樨等。

危害状 咀食危害方式。以幼虫取食叶片，将叶片吃成孔洞或缺刻。危害大豆还可取食大豆嫩尖、花器和幼荚。发生严重时，可食光大豆叶片，造成落花落荚，籽粒不饱满，影响大豆产量（图1）。

形态特征

成虫 体长12～17mm，灰褐色，前翅深褐色，翅中央有1银白色近三角形斑纹及1马蹄形银边褐色斑纹，两斑纹靠近但不相连（图2）。

幼虫 老熟幼虫体长25～32mm，头部绿色，体淡黄绿色。虫体前端较细，后端较粗，体背及体侧具白色纵纹。具腹足3对（图3）。

生活史及习性 在河北、山西北部1年发生2代，山东、河南、陕西1年发生5代，以蛹在寄主的枯叶上越冬。世代重叠。成虫昼伏夜出，趋光性强。喜在生长茂密的豆田内产

图1 银纹夜蛾幼虫危害状（于洪春提供）

图 2 银纹夜蛾成虫（于洪春提供）

图 3 银纹夜蛾幼虫（于洪春提供）

卵，卵多散产在豆株上部叶片的背面；单雌产卵平均 300 余粒。一至三龄幼虫多在叶背取食，取食后仅留叶片表皮结构，受害叶片呈纱网状；四、五龄幼虫进入暴食期，可大量蚕食叶片。幼虫有避光性，白天强光活动弱，早晨和傍晚活动盛。老熟幼虫在叶背结茧化蛹。其生长发育最适温度范围为 22～25℃，高温对银纹夜蛾发育不利；7 月温雨系数达 3.5以上，有利于幼虫发生。

防治方法

物理防治　用黑光灯或太阳能杀虫灯诱杀成虫。

生物防治　在一、二龄幼虫发生期喷施苏云金芽孢杆菌、银纹夜蛾核型多角体病毒防治幼虫。

化学防治　在幼虫二、三龄发生期喷施中等毒及以下具有触杀兼胃毒的拟除虫菊酯类和有机磷类杀虫剂，如溴氰菊酯、毒死蜱等。

参考文献

吕佩珂，高振江，张宝棣，等，1999. 中国粮食作物、经济作物、药用植物病虫原色图鉴 [M]. 呼和浩特：远方出版社.

袁锋，2007. 农业昆虫学 [M]. 3 版. 北京：中国农业出版社.

中国农业科学院植物保护研究所，中国植物保护学会，2015. 中国农作物病虫害：上册 [M]. 3 版. 北京：中国农业出版社.

（撰稿：于洪春；审稿：赵奎军）

银杏大蚕蛾　*Caligula japonica* (Moore)

一种重要的林业和药用植物害虫。又名白果蚕、白毛虫、漆毛虫，东北又名核桃楸大蚕蛾。鳞翅目（Lepidoptera）大蚕蛾科（Saturniidae）大蚕蛾亚科（Saturniinae）目大蚕蛾属（*Caligula*）。国外分布于朝鲜、前苏联区域、日本。中国分布于东北、华北以及山东、四川、福建、广东、广西、贵州、河南、湖北、湖南、江苏、江西、陕西、台湾、云南、浙江、海南等地。

寄主　银杏、核桃楸、核桃、漆树、枫杨、栗、蒙古栎、楸、榛、榆、樟、柳、柿、李、梨、苹果、枫香等。

危害状　一、二龄幼虫常数条或 10 余条群集于一片叶背面，头向叶缘排列取食，使叶片出现缺刻；三龄时较分散，活动范围扩大，食量增加，初露危害状；四、五、六龄分散活动，食量大，危害状明显，甚至吃光树叶。老熟幼虫多在树冠下部枝叶间缀叶结茧化蛹，常数条连结一处，也有少数在树杈间、树皮缝等处结茧的，呈纱笼状。

形态特征

成虫　雌蛾体长 26～60mm，翅展 95～150mm；雄蛾体长 25～40mm，翅展 90～125mm。雄虫触角羽毛状，雌虫栉齿状。体灰褐色、黄褐色或紫褐色。前翅内横线赤褐色，外横线暗褐色，两线近后缘处相接近，中间形成较宽的淡色区；中室端部有新月形透明斑，在翅反面形成眼珠状，周围有白色、紫红色和暗褐色轮纹；顶角向前缘处有 1 个黑色半圆形斑；后角有一白色新月牙形纹。后翅从基部到外横线间有较宽的紫红色区，亚外缘线区橙黄色，外缘线灰黄色；中室端有 1 个大的圆形眼斑，中间黑色如眼珠（翅反面无珠形），外围有 1 条灰橙色圆圈和 2 条银白色线圈；后角有 1 个新月形白斑。前后翅的亚外缘线由两条赤褐色的波状纹组成并相互连接（图 1）。

幼虫　老熟幼虫体长 65～110mm。头黄褐色，体黄绿色至青蓝色，亚背线淡黄色，气门上线青白色，气门线乳白色，气门下线至腹线深绿色。各体节上被有较长的青白色长毛，亚背线及气门上、下线部位有突出的毛瘤，每个毛瘤上着生较硬的黑褐色长毛。气门筛棕色，不明显；围气门片黄色。胸足褐色；腹足黄绿，外侧黄色，端部黑色（图 2）。

生活史及习性　1 年发生 1 代，以卵（图 3）越冬。在辽宁越冬卵 5 月上旬孵化，幼虫有 5～6 龄。幼虫 5～6 月危害，6 月中旬至 7 月上旬结茧（图 5）化蛹，8 月中、下旬成虫羽化产卵。在湖北西北部，4 月下旬幼虫孵化，6 月中、下旬化蛹，8 月中旬成虫羽化，9 月中旬为羽化盛期。在广西桂北、桂中一带，越冬卵于 3 月下旬至 4 月中旬孵化，幼虫于 5 月中

图 1 银杏大蚕蛾成虫（贺虹提供）

图 2 银杏大蚕蛾幼虫（贺虹提供）

图 3 银杏大蚕蛾卵　　　　　图 4 银杏大蚕蛾蛹
（贺虹提供）　　　　　　　　　　　（贺虹提供）

图 5 银杏大蚕蛾茧（贺虹提供）

旬至 6 月中旬结茧化蛹，蛹（图 4）9 月下旬开始羽化，10 月为羽化产卵盛期，11 月中旬羽化结束。成虫寿命 5～7 天，卵期 5～6 个月，幼虫期 36～72 天，预蛹期 5～13 天，蛹期 115～147 天。

成虫白天静伏于蛹茧附近的荫蔽处，傍晚开始活动，飞翔力不强，趋光性不强。雌蛾产卵于茧内、蛹壳里、树皮下、缝隙间或树干上附生的苔藓植物丛中，而以产在茧内者为多。数十粒成一块，产卵量 100～600 余粒。

防治方法

农业防治　可以在卵期和营茧期人工清除卵块和采茧进行控制。

物理防治　在羽化时可用黑光灯诱杀成虫。

生物防治　卵期天敌有赤眼蜂、黑卵蜂、平腹小蜂和白趾平腹小蜂，幼虫的天敌有家蚕追寄蝇以及鸟类，蛹的天敌有松毛虫黑点瘤姬蜂（*Xanthoptimola predator* Krieger）和核型多角体病毒。可使用白僵菌、银杏大蚕蛾质型多角体病毒（DjCPV）等生物药剂防治幼虫。

化学防治　可在幼虫盛期喷施 90% 敌百虫、25% 灭幼脲、50% 辛硫磷、20% 杀灭菊酯等。

参考文献

葛文芬，曲全生，王国汉，1979. 银杏大蚕蛾卵可以繁殖赤眼蜂 [J]. 昆虫知识 (1): 24-25.

何兴文，蒲永兰，陈杰，等，2002. 银杏大蚕蛾卵空间分布与环境关系的研究 [J]. 应用昆虫学报，39(1): 47-49.

江德安，2003. 银杏大蚕蛾的发生规律及防治措施 [J]. 林业科技，28(1): 25-27.

孙琼华，罗昌文，1991. 银杏大蚕蛾的生物学和防治技术研究 [J]. 林业科学研究，4(3): 273-279.

萧刚柔，1992. 中国森林昆虫 [M]. 2 版. 北京：中国林业出版社：996.

杨世璋，陈军，马永平，等，2006. 银杏大蚕蛾质型多角体病毒研究初报 [J]. 中国森林病虫，25(2): 43-44.

中国科学院动物研究所，1983. 中国蛾类图鉴 IV [M]. 北京：科学出版社：412.

朱弘复，1973. 蛾类图册 [M]. 北京：科学出版社.

朱弘复，王林瑶，1996. 中国动物志：昆虫纲　第五卷　鳞翅目（蚕蛾科，大蚕蛾科，网蛾科）[M]. 北京：科学出版社.

朱弘复，王林瑶，方承莱，1979. 蛾类幼虫图册（一）[M]. 北京：科学出版社.

（撰稿：贺虹；审稿：陈辉）

印度果核杧果象　*Sternochetus mangiferae* (Fabricius)

一种外来高危性检疫性害虫。蛀食杧果果核，严重危害杧果产业。鞘翅目（Coleoptera）象虫科（Curculionidae）隐喙象亚科（Cryptorrhychinae）杧果象属（*Sternochetus*）。以幼虫蛀害 50 余种杧果核仁，为国家检疫对象。严重影响经济和社会效益。国外分布在泰国、孟加拉国、印度、缅甸、菲律宾、马来西亚等国。中国分布于云南、广西的部分地区。

寄主　三年杧、象牙杧等 40 余个杧果品种。

危害状　从新孵化的幼虫到成虫均在果核内危害。成虫在杧果树开花时飞上枝梢，啃食嫩梢和幼果的皮层。1 个果核内只有 1 头成虫。未发现 2 种果核象危害果肉，果核杧象危害果核具专一性。

形态特征

成虫　体长 6～8mm，体宽 3.5～4.5mm。刚羽化时为淡红色，而后颜色逐渐加深呈暗红色，最后变为灰黑色。体被乳头状鳞片，并有黄褐色纵纹从头部伸延至胸部和鞘翅。鞘翅中部呈倒"八"字形斑纹。雄虫的中后胸腹板凹入且有稀疏的鳞片，尾板的尖端圆形。雌虫的中后胸腹板凸出，密生鳞片，尾板隆起呈纵脊状。

幼虫　初孵幼虫体乳白色，具光泽，象虫形。头部小，黑褐色。头、胸、腹可见 11 节，末节具一尾须。三龄以上幼虫背血管明显，呈紫红色，胸足退化呈肉瘤状突起，无趾沟，着生刚毛 1～2 根。幼虫体呈银灰色，体表均具光泽。

生活史及习性　在云南景谷地区 1 年发生 1 代，以成虫在杧果树干翘树皮、裂缝、树洞、树杈沉积物内、散落的果核内、疏松表土层或墙、埂缝隙中越冬。翌年 3 月中下旬飞出取食杧果树嫩梢嫩叶、花穗和幼果。4 月上中旬为取食、交尾高峰期，4 月中下旬至 5 月上旬为产卵高峰期。成虫离开越冬场所至产卵需经 20～30 天。有伪死性，取食、交尾、产卵交错进行，多在晚间。6 月中旬为化蛹高峰期，6 月下旬至 7 月上旬为羽化高峰期。羽化的成虫在果核内待出。6～7 月间，头年越冬存活的部分成虫和当年羽化的成虫同时存在。卵期 3～5 天，幼虫期 38～42 天，预蛹 1～3 天，蛹期 6～8.5 天，从卵至成虫羽化历期为 47～56 天。产卵后的成虫寿命为 15～25 天。在适宜条件下，少数成虫能存活 20 个月以上。

防治方法

农业防治　人工捡拾落果、烂果、果核，同时铲除杂草，集中烧毁。用波尔多液或生石灰浆在杧果树主干周围涂白。

化学防治　于 3 月中旬至 5 月中旬成虫取食、交尾、产卵期，分 3～4 次，用氧化乐果、来福灵、速扑杀 40% 乳液等防治。

生物防治　4 月中旬至 5 月中旬成虫产卵高峰期，用印楝素分 4～5 次喷雾。保护果园内的天敌昆虫，如黄猄蚁、大黑蚂蚁、中华猎蝽、茶色广喙蝽等。

加强检疫　严格遵守国家关于动、植物检疫规定，用辐照熏蒸处理鲜果，控制印度果核芒果象扩散。

参考文献

黄雅志，李发昌，周云，等，1989. 印度果核芒果象和云南果核芒果象 [J]. 云南热作科技，12(3): 17-25.

司徒英贤，1993. 四种芒果象的传播和识别 [J]. 西南林学院学报，13(3): 177-181.

谢珍富，1988. 果肉芒果象形态特征和三种芒果象的区别 [J]. 植物检疫 (4): 294-296.

周又生，沈发荣，等，1995. 印度果核芒果象 (*Sternochetus mangiferae* Fabricuis) 和云南果核芒果象 (*Sternochetus olivieri* Faust) 生物学及其综合防治研究 [J]. 西南农业大学学报，17(5): 461-466.

（撰稿：王甦、王杰；审稿：金振宇）

缨翅目　Thysanoptera

缨翅目是一类微小至小型的纤细昆虫，常称为蓟马，体

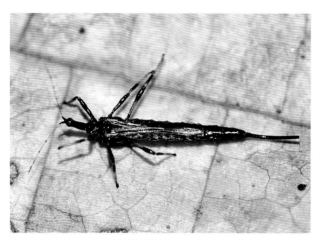

缨翅目代表（吴超摄）

长从 0.5～15mm 不等，已知 8 科 6000 余种。

缨翅目昆虫体型细长，具一个延长的头部，通常下口式。口器特化，由下颚的内颚叶形成有槽的口针，左上颚形成另一枚口针，右上颚退化。复眼从小到大不等，翅发达的类群常具有 3 个单眼。触角较短，4～9 节，丝状。胸部无显著特化，但胸部在翅发达的类群种中膨大。具翅种类具 2 对形态相似的狭窄的翅，翅无明显翅脉，边缘具发达的缨毛，这些缨毛为飞行提供动力。各足为步行足，前足有时近似捕捉足；后足可能为跳跃足；各足跗节第一至二节前跗节末端有伸缩性黏性爪间突。腹部锥状或筒状，具 11 节，但通常仅前 10 节可见。雄性外生殖器不对称。雌性尾须退化，产卵器锯齿状或退化。

缨翅目昆虫常生活在植物表面、花朵内或缝隙中。小若虫形似小号的成虫，但在第三至四龄或第三至五龄阶段，进入不动的蛹期，蛹期期间有显著的组织重组。雄性个体来自未受精卵，为单倍体；孤雌生殖十分普遍。缨翅目昆虫取食真菌、植物或花粉，一些种类会营造虫瘿，少数种类为捕食性。少数蓟马有亚社会性行为，亲代会照料子代。

参考文献

GULLAN P J, CRANSTON P S, 2009. 昆虫学概论 [M]. 3 版. 彩万志，花保祯，宋敦伦，等，译. 北京：中国农业大学出版社：234.

袁锋，张雅林，冯纪年，等，2006. 昆虫分类学 [M]. 北京：中国农业出版社：249-256.

郑乐怡，归鸿，1999. 昆虫分类学 [M]. 南京：南京师范大学出版社：370-391.

（撰稿：吴超、刘春香；审稿：康乐）

樱桃卷叶蚜　*Tuberocephalus liaoningensis* Zhang et Zhong

以口针在幼叶背面吸食寄主汁液的小型昆虫，是樱桃上的一种害虫。半翅目（Hemiptera）蚜科（Aphididae）蚜亚科（Aphidinae）瘤头蚜属（*Tuberocephalus*）。国外分布于朝鲜半岛。中国分布于辽宁、吉林、北京、甘肃等地。

Y

寄主　樱桃。

危害状　在樱桃幼叶背面为害，受害叶纵卷缩呈筒形，变红。严重时造成受害叶干枯，影响生长和结果。

形态特征

无翅孤雌蚜　体卵圆形，体长1.8～1.9mm，宽1.03mm。活体茶褐色。玻片标本体背均匀深褐色，前胸背板前后缘及腹部第八背片前后缘有淡色部分。触角第一、二、五、六节、喙节第三至五节、腹管灰黑色。头背有深色粗糙刻点分布；胸部背板、腹部背片各深色骨化部分表面粗糙，有六角形网纹及瓦纹，由深色颗粒状组成刻纹；腹部腹面由淡色刻点组成微横纹。胸部、腹部背面节间斑稍淡，有明显深色边界，前、中胸背板及腹部第一至六背片各侧域、背片第三至六各缘域及背片五中域各有节间斑1对，每斑由2～4孔组成。中胸腹岔两臂分离。体背毛稍长，尖锐；头部有头顶毛8根，头背毛8根；前胸背板有中、侧、缘毛各2根，中胸背板有中、侧、缘毛：8、2、2根，后胸背板有中、侧、缘毛：6、2、4根；腹部一至六背片各有中侧毛8～10根，缘毛2～4根；第七背片有毛6根，第八背片有毛4根；头顶毛长0.03mm，腹部第一背片毛长0.04mm，第八背片毛长与触角第三节直径约相等。触角6节，全长0.9～0.96mm，为体长的50%；第三节长0.25mm，第一至六节长度比例：32：28：100：52：40：36+76；第一至六节毛数：4或5、2～4、8～14、4或5、2+0～2根，第三节毛长为该节直径的44%。喙端部超过中足基节，第四和第五节细长，长0.13～0.14mm，为基宽的2.5倍，为后足第二跗节的1.3～1.5倍；各足短粗，光滑；后足股节长0.43mm，为触角第三节的1.7倍；后足胫节长0.70mm，为体长的88%；后足第二跗节长0.09～0.1mm，第一跗节毛序：3、3、2。腹管圆筒形，端部稍内弯，有微刺组成瓦纹，顶端有多条纵纹，有缘突；长0.23～0.26mm，为体长的13%；有毛6～8根，毛长短于端宽的50%。尾片三角形，长0.09mm，等于基宽，短于腹管的50%，有曲毛6～8根。尾板末端平圆形，有长毛8～11根（见图）。

有翅孤雌蚜　体长卵形，体长2mm，宽0.77mm。活体胸部黑色，腹部茶褐色。玻片标本头部、胸部黑色，腹部斑纹灰黑色。触角第一、第二节、胫节端部1/7及跗节黑色，触角第三至六节、喙、足、气门片、腹管、尾片、尾

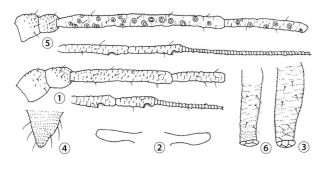

樱桃卷叶蚜（钟铁森绘）

无翅孤雌蚜：①触角；②中胸腹岔；③腹管；④尾片
有翅孤雌蚜：⑤触角；⑥腹管

板及生殖板灰黑色。体表光滑，斑纹上有粒状微刺组成网纹。头顶毛长0.02mm，腹部第一背片毛长0.02mm。触角6节，全长1.3～1.4mm，为体长的65%；第三节长0.40mm，第一至六节长度比例：20：18：100：48：39：31+80；第三节有毛7或8根，第三、第四节分别有小圆形次生感觉圈20～25个、5～8个，第三节次生感觉圈分散于全长。喙节第四和第五节长0.12～0.13mm，为基宽的2.2倍。后足股节有瓦纹，长0.46mm，为触角第三节的1.1倍；后足胫节长0.93mm，为体长的46%；后足第二跗节长0.09～0.1mm。翅脉正常。腹管长0.18～0.2mm，为基宽的4倍，为体长的10%。尾片长0.08mm，为腹管的39%，有曲毛4或5根（图1）。其他特征与无翅孤雌蚜相似。

防治方法　见樱桃瘿瘤头蚜。

参考文献

张广学，钟铁森，1983. 中国经济昆虫志：第二十五册　同翅目　蚜虫类（一）[M].北京：科学出版社.

（撰稿：姜立云；审稿：乔格侠）

樱桃瘿瘤头蚜　*Tuberocephalus higansakurae* (Monzen)

以口针在叶片吸食寄主汁液的小型昆虫，是樱桃的重要害虫。半翅目（Hemiptera）目夜蛾科（Erebidae）瘤头蚜属（*Tuberocephalus*）。国外分布于日本。中国分布于浙江、北京、河南、河北。

寄主　樱桃。

危害状　该种主要危害樱桃叶片，叶片受害后向正面肿胀凸起，形成花生壳状的伪虫瘿，初略呈红色，后变成枯黄，5月底发黑、干枯。在同一株樱桃树上，树体中下层危害较重，上层相对较轻。5～6月份樱桃花芽分化期，受其危害对翌年的坐果率有明显的影响（图1）。

形态特征

无翅孤雌蚜（干雌）　体卵圆形，体长1.40mm，宽0.97mm。活体土黄色至绿色。玻片标本头背部黑色，胸部、腹部骨化，胸部背板及腹部背片背斑灰黑色。触角、喙、股节基部1/2稍淡色，其余全黑色，腹管、尾板、尾片及生殖板灰黑色至黑色。表皮有颗粒状微刺组成的网纹，粗糙，体缘有微刺突。体背短毛尖锐。头顶毛8根；腹部第一背片中毛4根，侧毛6根，缘毛6～8根；第八背片有毛4根。中胸腹岔短柄。额瘤显著，内缘圆，外倾，中额隆起。触角6节，为体长的79%；各节有瓦纹、两缘有锯齿突；第三节长0.33mm，第一至六节长度比例：17：16：100：52：40：36+73；第三节有毛11～14毛，毛长为该节直径的0.41%。喙端部超过中足基节，第四和第五节为后足第二跗节的1.5倍，有3对次生刚毛。足粗短。后足股节有瓦纹，有卵形纹，为触角第三节的1.4倍；后足胫节为体长的53%，后足胫节毛长为该节直径的58%；第一跗节毛序：3、3、2。腹管圆筒形，向端部渐细，有微刺构组成瓦纹；与触角鞭部约等长，为体长的17%，有短毛1或2

图 1 樱桃瘿瘤头蚜危害状（冯玉增摄）

①樱桃瘿瘤头蚜危害嫩叶；②樱桃瘿瘤头蚜危害叶前期状；③樱桃瘿瘤头蚜危害叶中期状；④樱桃瘿瘤头蚜危害叶后期状

图 2 樱桃瘿瘤头蚜成蚜（冯玉增摄）

①桃瘿瘤头蚜无翅成蚜；②樱桃瘿瘤头蚜有翅成蚜

Y

根。尾片短圆锥状，长与基宽相等，有曲毛4或5根。尾板末端平或半圆形，有毛4～8根。生殖板有短毛12～22根（图2①、图3）。

有翅孤雌蚜　体长1.70mm，体宽0.72mm。活体黄色至草绿色。触角6节，为体长的71%。第三节有圆形次生感觉圈41～53个，微隆起，分布于全长；第四节有8～18个，分布于全长；第五节有0～3个。喙端部达中足基节，第四和第五节为后足第二跗节的1.4～1.6倍。后足股节为触角第三节的1.3倍；后足胫节为体长的54%。其他特征与无翅孤雌蚜相似（图2②、图3）。

生活史及习性　在春季樱桃芽苞开始膨大开裂期越冬卵孵化，干母在幼叶尖部侧缘反面为害，叶缘向正面肿胀凸起，形成花生壳状伪虫瘿长2～4cm，宽0.5～0.7cm，绿色稍红，叶背面开口。5月中下旬发生有翅孤雌蚜，10月下旬发生雌、雄性蚜在幼枝上交配产卵。以受精卵在小枝芽处越冬。越冬卵在翌年3月中旬开始孵化，一个重要的特征是樱桃盛花期，孵化期20天左右。初孵若虫开始向四周爬行，寻找新叶片，在适生叶片的反面开始固定危害。随着危害时间的推移，叶片正面会肿胀、膨大，叶片弯曲。发育1个月左右，干母发育成熟，多数虫瘿中只有1头干母，干母在虫瘿中继续为害并繁殖。5月上旬有翅成蚜从叶片反面开口爬出迁飞，5月下旬至6月上旬为迁飞危害高峰期，9月下旬至10月初产生性蚜，10月下旬即产卵越冬。

防治方法

农业防治　在4月底前，当叶片上的虫瘿刚开始变成黄白色时，趁虫瘿内翅蚜还未扩散迁飞之际，将有虫瘿叶片采摘下来，并运至安全地带焚烧销毁。

化学防治　尽量选用无公害农药，减少药物在樱桃果实上的残留。在越冬卵大部分已孵化时，连续喷洒2次白僵菌制剂防治。当白僵菌制剂起效较慢，可搭配10%吡虫啉可湿性粉剂2000～2500倍液等药剂补喷1次，即可持续发生

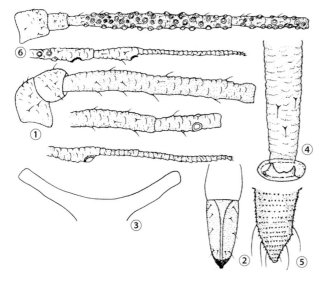

图3　樱桃瘿瘤头蚜（钟铁森绘）

无翅孤雌蚜：①触角；②喙节第四和第五节；③中胸腹岔；④腹管；⑤尾片有翅孤雌蚜：⑥触角

作用，控制樱桃瘿瘤头蚜，降低虫口密度。

生物防治　利用天敌昆虫瓢虫、寄生蜂、蜘蛛、中华大草蛉、捕食螨等，降低樱桃瘿瘤头蚜的虫口密度，以减少对樱桃树的危害。要创造有利于天敌昆虫适宜的生存环境，积极保护各类天敌昆虫。

参考文献

王建强，成珍君，2017.樱桃瘿瘤头蚜的生物学特性及防治措施初步研究［J］.现代园艺（11）: 133-134.

张广学，钟铁森，1983.中国经济昆虫志：第二十五册　同翅目　蚜虫类（一）［M］.北京：科学出版社．

（撰稿：姜立云；审稿：乔格侠）

鹰夜蛾　*Hypocala deflorata* (Fabricius)

一种主要危害柿树的食叶性害虫。又名柿梢鹰夜蛾。鳞翅目（Lepidoptera）夜蛾科（Noctuidae）裳夜蛾亚科（Catocalinae）鹰夜蛾属（*Hypocala*）。国外分布于韩国、日本、印度、泰国。中国分布于河北、山东、江西、福建、广东、海南、四川、贵州。

寄主　柿。

危害状　5月初，初孵幼虫破壳后即蛀入初展甜柿嫩芽苞中取食，1个芽苞中常有十余个幼虫聚集为害，芽体内布满细粒虫粪，被害芽迅速枯萎；二龄幼虫则分散活动，吐丝将新梢嫩叶纵卷成筒状或饺子状，虫体隐匿其中，取食叶肉；三龄以后幼虫食量增大，食尽叶片后方转移，为害严重的新梢嫩叶被食一空，仅剩叶脉而成网状。

形态特征

成虫　翅展40～44mm。头部棕灰色；触角黑褐色。胸部青灰色，散布黑色小点斑。腹部黑色，各节间橘黄色。前翅青灰色至紫灰色；有些个体横线可见，有些个体仅亚缘线可见，基线淡红棕色；内横线淡棕红色，弧形；中横线近似底色，模糊；外横线褐色至褐棕色，中室端弯折较大；亚缘线黑色，由外缘近顶角向臀角后缘延伸，M_3脉处外折成角；环状纹不显；肾状纹褐色至棕褐色圆斑。后翅橘黄色，前缘、外缘、后缘区黑色，特别在外缘区呈宽带；新月纹黑色宽月牙斑；M_2脉黑色（见图）。

卵　馒头形，直径约0.4mm，有明显的放射状条纹，横纹不明显，顶部有淡赭色花纹2圈。初产时为淡绿色，后逐渐变为黑褐色。

幼虫　体长约25mm，一龄幼虫胴部黄白色，二龄幼虫青绿色，三龄幼虫黄绿色，一至三龄幼虫头部黑色。四、五龄幼虫体色变化较大，胴部有绿色的，亦有全体黑色的；气门上线黑色，腹足趾钩为单序中带。

蛹　纺锤形，棕红色，体长18～23mm，外被有土茧。

生活史及习性　在武汉地区1年发生2代，世代重叠，以老熟幼虫在土内化蛹越冬。翌年5月上旬越冬代羽化为成虫，产卵为害。

成虫白天潜伏于甜柿园附近的杂草丛中，傍晚时作低飞活动，吸食蜜露和交尾，其飞翔能力和趋光性较弱。卵多产

鹰夜蛾成虫（韩辉林提供）

于嫩梢和嫩芽上。初孵幼虫破壳后即蛀食为害，一至三龄幼虫受惊后吐丝下垂，随风飘荡；四龄后坠地，逃避时行动敏捷。老熟幼虫入土结茧化蛹，室内人工饲养时，吐丝粘缀食后残叶和虫粪成蛹室化蛹。

防治方法

冬季翻耕　甜柿园冬季翻培行带，深度 8～10cm；对行间进行深翻耕，深度为 8cm 以上，可杀灭柿梢鹰夜蛾越冬蛹。

人工捕杀　初孵幼虫发生数量不多时，可摘除被害新梢顶芽，带出园外烧毁或深埋，对二龄以上幼虫则人工捕杀。

化学防治　5 月上旬第一代幼虫发生期，可选用 2.5% 敌杀死 3000 倍液、20% 速灭杀丁 2000 倍液、10% 天王星 3000 倍液进行叶面喷雾，重点为新梢嫩芽及嫩叶，防治效果可达 95%。以后则根据幼虫发生情况，再喷雾 1～2 次。

参考文献

陈一心，1999. 中国动物志：昆虫纲 第十六卷 鳞翅目 夜蛾科 [M]. 北京：科学出版社.

李先明，2005. 柿梢鹰夜蛾生物学特性观察 [J]. 西南园艺，33(5): 41-43.

张乐华，1989. 柿梢鹰夜蛾生物学及防治 [J]. 江西农业大学学报 (3): 25-28.

（撰稿：韩辉林；审稿：李成德）

营养　nutrition

昆虫消化、吸收、利用食物或营养物质的过程，包括摄取、消化、吸收和利用等。营养物质是维持正常生命活动所必需摄入生物体的食物成分。

昆虫的营养物质与其他动物的大同小异，有蛋白质、碳水化合物（糖类）、维生素、脂肪酸、无机盐等。蛋白质的营养作用在于它的各种氨基酸。组成食物蛋白质的 20 余种氨基酸，有 10 种为绝大多数昆虫所必需的，它们是精氨酸、组氨酸、异亮氨酸、亮氨酸、赖氨酸、甲硫氨酸、苯丙氨酸 / 酪氨酸、苏氨酸、色氨酸、缬氨酸。此外，精氨酸是无脊椎

动物肌肉磷酸肌酸、磷酸精氨酸的前体，酪氨酸对于合成酚类和醌类代谢物很重要，而这些代谢物是昆虫骨化过程中蛋白质交联的重要组分。有的昆虫还需要一些其他的氨基酸。碳水化合物主要作为能量的来源。另外，糖还作为很多昆虫的取食刺激素，特别是蔗糖，食料中若缺乏会造成昆虫很少取食甚至不取食。维生素，特别是水溶性的 B 族维生素是所有昆虫所必需的营养物，而在脂溶性维生素中，只有维生素 E 和维生素 A 分别对某些昆虫的生殖和视力有好处。抗坏血酸（维生素 C）对于植食性昆虫非常重要，是基本的生长因子，所需的剂量远比哺乳动物大，缺乏往往导致昆虫变态畸形。甾醇也是昆虫所必需的，如胆固醇和谷甾醇。有的昆虫还必须有一些不饱和脂肪酸，否则无法展翅，如花生四烯酸对于蚊虫，亚麻酸对于鳞翅目昆虫。同其他动物一样，昆虫也需要矿物质，但其离子平衡可能与哺乳动物有很大的不同，许多昆虫需要更多的钾离子和镁离子、磷酸钠和磷酸钙、氯化物。此外，胆碱和肌醇也为大多数昆虫所必需。根据昆虫的营养需求，用氨基酸、糖类、脂类、维生素、盐分等纯物质，另加琼脂或纤维素等造成适宜的物理性状，再加一定的防腐剂，可为某些昆虫配制成全纯人工饲料；若尚需加入酪蛋白、植物干粉、酵母粉等，则制成为半纯人工饲料。

食物对昆虫的营养效应表现于昆虫的生长发育速度、体重、成活率或羽化率和生殖率，在有的昆虫中还表现于性比和翅型差异等。近似消化率（approximate digestibility，AD）、转化率（efficiency of conversion of digested food，ECD）、利用率（efficiency of conversion of ingested food，ECI）是用来衡量营养效应的指标。对于植食性昆虫来说，决定昆虫营养效应的主要因素，除了寄主植物中营养物质的质和量外，还有植物中所含的次生物质。植物次生物质在来源和性质上与营养物质有所不同，是植物复杂的分支代谢途径的最后产物，不直接参与维持植物生长发育和生殖有关的原始生化活动，但具有植物种属特异性，不少对昆虫有毒，更多的能干扰昆虫对营养物质的消化利用，对昆虫有趋避或生长抑制作用。也有的专食性昆虫对次生物质产生适应，甚至利用之对其产卵和取食有刺激作用。不过，对于刺吸式口器昆虫如蚜虫来说，植物的营养效应主要取决于氨基酸等营养物质的供应。

多数植食性昆虫不能消化纤维素，因而从纤维素中得不到营养，但是有些蛀干昆虫可借助肠道共生菌分泌的酶对纤维素进行消化利用。共生真菌和细菌在不少昆虫的营养过程中起重要作用，有的共生菌可合成昆虫寄主中所缺乏的营养物，还有的可直接作为食物被昆虫所利用。

（撰稿：王琛柱；审稿：康乐）

营养阶层　trophic levels

生物群落在食物网的结构中，按其获取营养物质及能量的方式划分的层次。又名营养级。一般由生产者、消费者和分解者 3 类基本层次组成。

自养生物　自养生物主要是营光合作用的生物，通过光合作用把环境中的水、二氧化碳、氮和磷等无机物转化成有机物，构成自身组织，以化学能的形式固定于其中。这类生物属于生产者，处于营养阶层的第一层。

异养生物　异养生物主要有两个类型：消费者和分解者。

在消费者中，植食者（包括植食性昆虫）直接从生产者的组织中获取营养物，在生命活动中消耗其中的大部分，以小部分重新组成自身组织，把能量的一部分再次固定于其中。植食者属于一级消费者，处于营养阶层的第二层。

捕食者或寄生物（均包括昆虫）从植食者的组织中获取营养物质，也在生命活动中消耗其中的大部分，又以小部分重组为自身组织，把能量的一部分再次固定于其中。捕食者及寄生物属于二级消费者，处于营养阶层的第三层。

往后还可能有第三级以至第四级消费者，处于营养阶层的第四层以至第五层。每一营养阶层所能贮存的能量逐级下降，而每一营养阶层都会留下残余的有机物，如植物的枯枝、落叶和腐根，动物的排泄物，死亡的尸体等。这些残余有机物成为分解者的营养和能量来源。分解者使这些有机物继续分解为无机物，最后把生产者组成的有机物及固定贮存的能量全部还原于无机环境中。

在上述的营养阶层中，生产者作为第一营养阶层和植食者作为第二营养阶层的区别是比较明显的。捕食性生物及寄生性生物组成的第三营养阶层及第四营养阶层等的划分常常不够明确，因为往往出现一些捕食者或寄生物同时属于第三营养阶层的成员和第四营养阶层的成员。分解者的营养物质及能量既可来源于生产者，也可来源于消费者。分解者的网络关系较复杂，常被列为一个比较特殊的营养阶层。生产者、消费者、分解者及其组成的营养阶层，各营养阶层组成的食物链、网，在有机物质的生产和消费，能量的固定和消耗，物质的循环及能量的传递上相互联系在一起，构成了生态系统中各因子和各生物间的紧密联系。

（撰稿：李京；审稿：崔峰）

优势种　dominant species

在任何特定群落内，都有少数几个物种较普遍，有较高的多度，而其余大部分物种个体数相对较少，这一个或几个最普遍的物种通常称为优势种。

通常认为优势种是特定群落内数量最大的物种，但在各种群中，个体数差异较大，因而这并不是判定优势种的唯一指标。通常需要同时以个体数量和大小等结合作为评价指标。用以表示一个种在群落中的地位和作用的优势度与物种多样性正是相对的概念，优势度也可以用辛普森多样性指数（Simpson's diversity index）$= 1 - D$，$D = \Sigma\,(n_i / N)^2$ 来度量，D 值范围从 0 到 1，当值为 1 时，代表完全优势，即群落中只有 1 个物种。以植物群落为例，衡量群落内物种组成的数量特征主要有密度（density）、多度（abundance）、盖度（cover degree or coverage）、频度（frequency）、高度（height）或长度（length）、重量（weight）、体积（volume），综合特征包括优势度（dominance）、重要值（important value, IV）和综合优势比（summed dominance ratio，SDR）。例如对植物而言，通常那些个体数量多、生物量高、投影盖度大、体积较大及生活能力较强，即优势度较高的种为优势种。

优势种对群落结构和群落环境的形成起重要作用，但这并不代表其他生物量较少的物种就不重要，它们整体对群落的物种多样性有着相当可观的影响以及决定性的作用。

同一群落内，可以根据不同分类学或功能不同定义不同的优势种。例如，某落叶乔木在某一成熟落叶森林群落中为优势种，同时我们也可以定义该森林中的草本植物优势种、鸟类中的优势种或小型哺乳动物的优势种等。

群落的不同层次中也可以有各自的优势种。例如，森林群落中，乔木层、灌木层、草本层和地被层分别存在各自的优势种，其中乔木层的优势种，即优势层的优势种常称为建群种（constructive species）。

参考文献

孙儒泳, 1993. 普通生态学 [M]. 北京：高等教育出版社：132-135.

ROBERTE E RICKLRFS, 2004. 生态学 [M]. 5 版. 孙儒泳, 尚玉昌, 李庆芬, 等, 主译. 北京：高等教育出版社：377-382.

SMITH T M, SMITH R L, 2012. Elements of ecology [M]. San Francisco: Benjamin Cummings.

（撰稿：李琼；审稿：崔峰）

尤其伟　You Qiwei (Swett T. Yu)

尤其伟（1899—1968），著名农业昆虫学家、农业教育家，中国热带农业科学院（原华南热带作物科学研究院）研究员、海南大学（原华南热带作物学院）教授。

个人简介　1899 年 2 月 11 日出生于江苏南通市。1919 年 7 月毕业于南通通州师范。1920 年考南京高等师范学校农业专修科，1922 年南京高师并入国立东南大学，1924 年毕业留校任助教，同时补读大学病虫害系课程。1925 年 8 月—1928 年 7 月，在国立东南大学任助教兼江苏昆虫局技术员、技师。1928 年，国立东南大学改为国立中央大学，任讲师；同年 3 月公费赴日本考察昆虫学。1929 年 2 月—1930 年 7 月，在南昌与杨惟义筹建江西昆虫局，并任该局技正。1930 年 8 月，受聘于中山大学农学院，先后任昆虫学助理教授、副教授和指导教授，同时兼任广东省农林局昆虫研究所特约研究员。1933 年 8 月，返回江苏任南通学院教授。1949 年 2 月尤其伟被推举为南通学院临时院务委员会主任委员，1950 年 8 月作为苏北代表出席中华全国自然科学工作者会议，1951 年 5 月当选为中华昆虫学会理事。1952 年初，全国院系调整，被调往扬州筹建苏北农学院。1952 年 10 月，受命于中央高教部和林业部，赴广州参加组建华南亚热带作物科学研究所（华南热带作物科学研究院前身），任该所第四室（即热带作物病虫害研究室）主任、研究员，1954 年当选为中国昆虫学会广州分会理事长。1958 年，随热带作物科

尤其伟（杜予州提供）

学研究所迁至海南岛澹县，任华南热带作物科学研究院研究员，并兼任华南热带作物学院教授、学术委员会委员。

长期致力于昆虫学及害虫防治的教学与研究工作，在棉花等农作物害虫、热带作物害虫以及等翅目的区系分类研究方面做了许多开创性的工作。在教学之余，还结合生产需要，进行棉作害虫、小麦害虫的生物学和防治研究，以及杀虫药剂的试验推广工作。到广州和海南以后，以极大的热情主持开创了中国热带作物昆虫学的研究，填补了中国该领域研究的空白，为中国农业教育，尤其是昆虫学教育做出了卓越贡献。

成果贡献 为中国昆虫学会事业的发展做出了积极贡献。20 世纪 20～40 年代，地方性昆虫学会是中国昆虫学事业发展的开路先锋，在学术界起到活跃思想、革新学风和培养人才的作用。他是江苏"六足学会"（1924）的首批会员，并积极参与各种学术活动。1927 年，"六足学会"改名为"中国昆虫学会"，尤其伟任文书，即秘书长，协助会长张巨伯做了大量工作，执笔起草了《给全国教育会议（1928 年）的提议书》等重要文件。在他的积极推动下，1931 年春在中山大学农学院成立昆虫学会，积极开展各种学术讨论会、报告会，并组织会员野外采集，推动昆虫学会的发展，同时主编昆虫学术刊物《虫》。回到南通学院任教后，在他的积极倡导下，1934 年成立了南通"昆虫趣味会"，他被推举为名誉会长（周尧任会长），1935 年自筹经费与周尧等创办《趣味的昆虫》月刊。他为"昆虫趣味会"和《趣味的昆虫》刊物付出了大量的心血。直到中华人民共和国成立，中国昆虫学会批准成立南通分会（尤其伟任会长），"昆虫趣味会"才告结束。

是中国农业昆虫学与害虫防治的奠基人之一。他编著的《虫学大纲》（1935 年）是中国第一部较为全面、系统的昆虫学基础理论著作。早期在江苏工作期间，他就从事飞蝗、棉花、小麦等作物害虫的调查研究，并指导防治；在江西昆虫局工作期间，积极开展仓库害虫研究，组织采集标本；20

世纪 30 年代在中山大学农学院工作期间，深入田间开展水稻黏虫和白蚁研究。他善于对实践中的问题进行总结并做理论探讨。1929 年发表了重要论文"中国虫害问题及其解决之我见"，在该文章中首次提出"防重于治"的解决方法，并从"民生"的高度阐述了开展虫害研究的重要意义以及提出七条解决办法。1942 年发表了《棉作害虫学》（与张巨伯合著）；1951 年发表了《害虫防除学》，该书是中国较早的一部系统介绍作物害虫防治的大型工具书。他以其勤奋刻苦，深入调查研究的科学精神，为中国农业昆虫学事业的发展做了奠基性工作。

为中国热带作物昆虫学研究奠定了基础。1952 年底，尤其伟赴广州参加筹建华南热带作物科学研究所。在此期间，积极开展橡胶、胡椒、咖啡、油棕、椰子、海岛棉等热带作物虫害、有害动物的调查研究，初步鉴定橡胶害虫 48 种，隶属 5 目 18 科。通过调查研究，提出了在华南垦区防治热带作物害虫的措施。1954—1963 年，他先后主持和指导了橡胶等主要热带作物的虫害和有害动物的研究项目 17 项。在整个研究过程中，他重视理论与实际相结合，确定以任务带学科，以作物为对象的方针，明确了热作害虫区系，为综合防治打下基础。此外，他还广泛收集利用国外资料，了解国际研究动态，通过区域试验，解决生产中急需解决的问题。他撰写的"橡胶害虫问题""橡胶保护问题""关于橡胶树介壳虫的防治"等 20 多篇论文，为中国橡胶作物害虫研究和橡胶种植业的健康发展做出了贡献。

也是中国早期白蚁研究的主要研究者。20 世纪 30 年代初就开始从事等翅目昆虫的研究工作，发表了"地蟺生物学的研究及其根本防治之讨论"的论文。1952 年重返广州后，他又重新开展研究，发现华南垦区的白蚁有 3 科 9 属 22 种。根据橡胶苗、桉树苗及防风林遭受其严重威胁的状况，专题进行研究。通过研究，掌握当地主要白蚁种类的社会习性、巢群发生规律及巢居发展规律，为防治提供理论依据，由此带动了中国等翅目研究的开展。20 世纪 60 年代初，他重点开展了中国等翅目区系划分和分类研究，其研究成果"中国等翅目区系划分的探讨"1964 年发表在《昆虫学报》上；此外，还发表等翅目 7 新种、2 新记录种。他与助手研究的"中国杆蟺属 *Stylotermes* 的分类"获广东省科技进步二等奖（1986）。

也是一位杰出的农业教育家。他先后在多所高校执教近 30 年，开设过生物学、动物学、遗传学、普通昆虫学、经济昆虫分类学、作物害虫学、棉作害虫学、害虫防除学、橡胶害虫学、热带作物保护学等课程。他很重视学生的实践活动，经常组织学生开展田间调查、野外采集等作为课堂教学的补充，培养学生熟悉专业、热爱专业；他也十分重视学生的学以致用，课程设置与生产实际紧密结合，使学生毕业后能直接为生产服务，为社会服务。他在教学科研上严格要求，平时则像兄长一样和蔼可亲，为人谦和热情，尊敬师长，对同事和学生关怀备至，对家境贫寒的学生则慷慨解囊相助，深受同学与同事们的爱戴。他一生为中国培养了大量的农业和热带作物植保专业人才，其中不少成为著名的学者。他一生发表论文（著）近 200 余篇（部），编写教学大纲与讲义十几部（约 600 万字），为中国农业和热带作物昆虫学的教育和研究奉献了毕生的精力。

参考文献

平正明，尤世玮，1981. 怀念尤其伟教授 [J]. 昆虫分类学报，3(1): 79-69.

尤世玮，尤其伟，1992. 中国科学技术专家传略 [M]. 北京：中国科学技术出版社 .

章汝先，1994. 我国农业昆虫学研究和教育的开拓者——尤其伟 [J]. 热带作物研究，14(4): 80-84.

章汝先，1995. 著名昆虫学家尤其伟 [J]. 中国科技史料，16(1): 50-55.

（撰稿：杜予州；审稿：彩万志）

尤子平　You Ziping (You Zi-Ping)

尤子平（1919—1996），著名昆虫学家，南京农业大学教授。

个人简介　1919 年 9 月 21 日出生于江苏常州。1931—1934 年在江苏省立常州中学学习，1934—1937 年就读于南京金陵中学高中。1937 年抗战爆发后，金陵大学西迁到成都。他于 1938 年 2 月进入金陵大学植物病虫害系昆虫学组学习，并以化学为副系。尤子平勤奋好学，特别对昆虫产生了浓厚的兴趣，经常与同学们跋山涉水，到青城山等地考察、采集昆虫。高年级时，由于学习成绩优异，参与齐兆生的研究工作，并管理昆虫标本，编录图书卡片，事无巨细，埋头实干。

1942 年毕业后留校任助教。1943 年 9 月，赴江西任大庚硫酸厂研究员。翌年 3 月转入岭南大学农学院执教，主讲昆虫学。几个月后，日本侵略者进迫粤北，他辗转到江西，在信江农业学校任教务主任并讲授昆虫学。抗战胜利后，又应程淦藩邀请，回到金陵大学任讲师。1947 年底，由该校美国教师司乐堪推荐，获得美国华盛顿州立大学的助教奖学金，翌年 8 月赴美，在该校讲授昆虫学、昆虫形态学与医学昆虫学，指导学生实验，并随昆虫学教授 M. Rockstein 学习昆虫生理生化学；同时，作为硕士生研究食蚜蝇的生活史与发生规律。

尤子平（洪晓月提供）

1950 年 9 月，尤子平取得硕士学位，同年 10 月，他冲破美国政府的阻挠，返回祖国，献身于新中国的教育事业。

回国后，继续受聘于金陵大学，担任昆虫学副教授，主讲昆虫形态学、分类学和翅脉学。1952 年院系调整时成立了南京农学院植物保护学系，他在该系首次开设植物化学保护课，以后又讲授普通昆虫学和昆虫生理学。1963 年，晋升为教授，并担任昆虫教研组副主任。1979 年担任植物保护系副主任、主任，更加重视学科恢复与梯队建设，开展国际学术交流，招收研究生，主持国家科技攻关课题。

1953 年加入中国民主同盟，曾任江苏省政治协商会议第五、第六届委员，中国昆虫学会和中国植物保护学会理事，江苏省昆虫学会理事长，江苏省农学会常务理事，江苏省化学化工学会农药组组长，《昆虫学报》和《植物保护学报》编委。

成果贡献　毕生从事昆虫学的教学和科研，特别注重昆虫学的基础研究和害虫化学防治。

在教学资源建设和人才培养方面：他从 1961 年开始在南京农学院组建昆虫生理毒理学实验室，用两年时间编著出版了 54 万字的《昆虫生理生化及毒理》（1963）教材。该教材系统阐述了昆虫各种组织的生理功能以及与杀虫剂毒理的关系，在很长时间内一直作为昆虫生理毒理的重要参考书籍。至 1966 年，尤子平在南京农学院筹建的昆虫生理毒理学实验室已初具规模。这是中国高等农业院校中首个昆虫生理毒理实验室。

1978 年，农业部决定由北京农业大学管致和与南京农学院尤子平等主编全国统编教材《昆虫学通论》，尤子平负责编写昆虫内部解剖与生理学部分。他吸收国外昆虫细胞生物学方面的研究成果，大大充实与提高了普通昆虫学课程的内容。1978 年底又应管致和之邀，到北京香山为全国昆虫学师资进修班讲授昆虫生理学。他以精深渊博的知识和渴望振兴的激情，使来自全国的 60 多名昆虫学教师获得了丰富的昆虫生理学知识。1979 年南京农学院复校后，他又恢复昆虫生理毒理实验室。1982 年，受国家农委委托，主办全国昆虫生理生态研讨会，邀请中国著名昆虫学专家到南京共商发展昆虫生理毒理与生态学的大计。他十分重视师资培养，建议再次举办师资培训班。农牧渔业部重视并接受了这一建议，于 1983 年与 1984 年先后在南京农学院举办了两期昆虫生理师资培训班。上述会议和培训为中国高校培养了一大批从事昆虫生理生化和毒理的教学科研人才。

在科学研究与服务社会方面：重点关注昆虫超微结构和害虫抗药性的研究。经过 10 年努力，研究组成员先后对昆虫和叶螨的体壁、消化道、马氏管、气管、脂肪体、生殖腺及附腺的细胞结构及功能做了系统全面的研究，特别对变态过程中细胞器的变化以及药剂和环境的影响进行了深入细致的观察，提高了中国昆虫和叶螨生理解剖方面的研究水平。

他对长期大量滥用农药引起害虫的抗药性予以特别的关注。1982 年，他向农业部有关领导报告了在中国研究害虫抗药性的必要性与迫切性。他的建议为国家计委所采纳，从而连续主持了"六五""七五"长达 8 年的病虫抗药性科技攻关课题。该课题由南京农业大学、中国农科院植保所等 6 个单位的科研人员组成，制定或改进了三化螟、黏虫、稻

Y

飞虱、棉蚜、棉铃虫、棉红铃虫、果树螨类等 24 种害虫与害螨抗药性的标准测定方法，并用这些方法进行了抗性监测，及时准确地反映了中国害虫的抗性发生发展的动态。根据监测结果，在 1989、1990 年连续两次向农业部报告棉铃虫在山东、河北、河南等地即将暴发抗性的警报，引起农业部的重视，决定在南京农业大学设立抗性监测培训中心。该培训中心成立后，为国家培养了一批又一批的抗性监测人员，攻关的研究成果先后获农业部科技进步一等奖和国家科技进步二等奖。

在尤子平指导下，课题组还开展了抗性机理的研究，揭示了棉蚜、棉铃虫、二化螟、稻飞虱等害虫对菊酯类和有机磷农药的抗性生化与遗传机制，阐明了神经不敏感性、酯酶、多功能氧化酶、谷胱甘肽转移酶等代谢酶在抗性个体中所起的作用，以及与遗传基因的关系。这些成果为抗性治理奠定了良好基础。

所获奖誉　1989 年被评为江苏省优秀研究生导师；1990 年获农业部科技进步一等奖、国家科技进步二等奖；1992 年获得国家教委科技进步三等奖。

参考文献

黄可训, 1998. 中国科学技术专家传略：农学编　植物保护卷 2 [M]. 北京：中国科学技术出版社.

（撰稿：洪晓月；审稿：王荫长）

油菜蓝跳甲　*Psylliodes punctifrons* Baly

主要危害白菜型油菜及多种十字花科植物的鞘翅目害虫。又名油菜点额跳甲、油菜蚤跳甲。英文名 cabbage flea beetle。鞘翅目（Coleoptera）叶甲科（Chrysomelidae）蚤跳甲属（*Psylliodes*）。中国分布于甘肃、青海、内蒙古、江西、湖南、福建、广西、贵州、云南、四川等地。

寄主　白菜型油菜及多种十字花科植物，大白菜、大青菜、白萝卜等蔬菜田和白菜型油菜田发生重；甘蓝、花椰菜等蔬菜田和甘蓝型油菜田发生较重；芥菜和芥菜型油菜田发生轻。

危害状　成虫啃食油菜叶、荚表皮，被害处留下许多粪便和排泄物。成虫有趋上性和群聚性，喜在油菜主茎顶、角果尖端群聚取食，在油菜成熟不整齐时尤为明显。此外，还有趋绿性，成虫在田间由黄熟的植株向晚熟青绿部位集中，遇惊扰时纷纷落地假死，但很快复原，一般不轻易转移。幼虫危害油菜根颈，3 月中旬开始蛀入根颈，并向上蛀入叶的组织呈潜道，致油菜青干而死。

形态特征

成虫　体长 3mm，宽 1.5mm。长卵形，头、尾稍尖狭，背面蓝色带绿色光泽，腹面黑色。触角黑色，10 节细长，基部第二、三节棕黄色。足黑色，前、中足胫节带棕色，后足腿节黑色。头顶刻点细密；额瘤不显；触角之间宽，隆凸，唇基着生细毛，触角向后伸接近鞘翅中部，第二、三节等长，第四节较长，端部 4 节短粗；前胸背板次方形，宽大于长，侧边直形，表面具细密刻点。小盾片无刻点，略具紫色光泽，

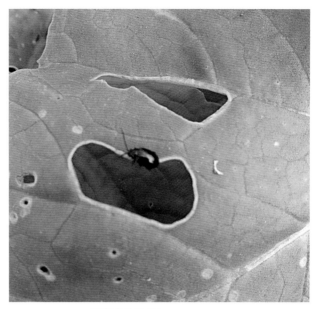

油菜蓝跳甲成虫（杨立勇提供）

鞘翅上具粗刻点，排成 11 纵列（见图）。

卵　长 0.6～0.7mm，宽 0.3mm，卵圆形。初产时鲜黄色，后渐变为棕黄色。

幼虫　体长 7～8mm，黄白色，略扁。头、前胸背板、末节背板和各节毛突褐色，末节背板末端分两叉。

蛹　裸蛹，长约 3mm。乳白色至灰褐色，卵圆形。腹末较尖削，有深色二分叉。体表有淡褐色的小突起和短毛。

生活史及习性　陕西、甘肃 1 年 1 代，以成虫在土缝中或心叶与枯叶下越冬。翌年早春交尾，卵产在油菜根部四周表土中，3 月中旬孵化出幼虫开始危害油菜根部，夏季主要危害叶片，当植株抽薹开花，基部老叶陆续干枯时，幼虫又从叶柄、茎秆中转移或潜到根、茎、分枝或上部未脱落的叶中继续为害。幼虫期约 1 个月，蛹期 18 天。5 月下旬羽化为成虫，继续危害花、荚，油菜成熟后转移到土层下或杂草上越夏。秋季油菜出苗后又迁入为害。连作地，往往子叶尚未出土便把幼苗咬死。新羽化成虫有趋上性和群聚性，喜在上端主茎顶、角果尖端集中群聚取食，在油菜成熟不整齐时尤为明显。此外还有趋绿性。成虫在田间由黄熟的植株向晚熟青绿部位集中，遇惊扰时纷纷落地假死，但很快复原，一般不轻易转移。春季卵的发育历期为 12～17 天，幼虫期 32～48 天，蛹期 12～19 天，成虫期可达 270～290 天。

发生规律　露地蔬菜田发生重，保护地蔬菜田发生轻。十字花科蔬菜连作或邻作、与油菜连作或邻作的田块发生严重。早播蔬菜田发生重。1989—1991 年在陕西杨陵、永寿、乾县、武功等地调查，一般油菜田受害株率为 28.7%～45.9%，严重田块达 85%。1994—1996 年蓝跳甲在甘肃天水地区大面积发生，对油菜危害极为严重。2007 年后该区域蓝跳甲的发生随着油菜播种面积的进一步扩大有回升之势，其为害程度日益加重，已成为当地油菜生产的主要虫害之一。

防治方法

农业防治　播种前和越冬期及时清除残株叶及田边杂

Y

草，避免与十字花科蔬菜连作，尽量种植甘蓝型品种。适期晚播、土壤灌水、增施肥料、扩大移栽等农业措施可减轻为害。播种前深耕、晒土，以消灭越冬虫源。在油菜返青抽薹期，摘除基部3个老黄叶片，带出田外深埋，可杀死大量幼虫，降低虫口基数，避免继续转移为害。

物理防治　利用成虫的趋光性采用黑光灯诱杀。

化学防治　可选用植物源杀虫剂鱼藤酮。化学农药可选用吡虫啉、甲维盐、高效氯氰菊酯，直接喷湿，或者土壤处理、拌种。大多数药剂长期使用易使害虫产生抗药性，因此，建议复配农药或菊酯类农药和其他农药混用或者轮用，不仅减缓抗药性产生，还能达到更好的防效。春油菜生产中不要使用甲拌磷、甲基异柳磷、氧化乐果等高毒农药，以确保双低油菜的品质和安全。

参考文献

韩晓荣，杨全保，郑军庆，等，2010.油菜蓝跳甲的发生及防治[J].甘肃农业科技 (2): 53-54.

王丽慧，贺春贵，王森山，等，2011.油菜蚤跳甲药剂防治试验[J].植物保护，37(1): 142-146.

仵均祥，刘绍友，董耀东，等，1995.油菜蚤跳甲生物学特性研究[J].西北农业学报，4(1): 51-55.

张建芬，来有鹏，2012.不同农药对油菜跳甲和茎象甲的防治效果[J].北方园艺 (1): 142-143.

（撰稿：常晓丽；审稿：刘亚慧）

油茶尺蠖成虫（王敏提供）

油茶尺蠖　*Biston marginata* Shiraki

一种主要危害油茶的食叶害虫。又名量步虫。鳞翅目（Lepidoptera）尺蛾科（Geometridae）鹰尺蛾属（*Biston*）。中国主要分布于广西、湖南、江西、湖北、台湾等地。

寄主　主要危害油茶，其次危害油桐、乌桕、茶树等10余种植物。

危害状　受害严重的油茶林叶片全无，形似火烧过一般。被害严重的油茶林不仅叶片被食光，而且果实不到成熟即脱落，如果连续两三年严重受害，植株就会枯死。

形态特征

成虫　体长13～18mm，翅展31～36mm。体粗短，色灰白，杂有黑色、灰黄及白色鳞毛，一般雌蛾较雄蛾体色浅。头小，雌蛾触角丝状，雄蛾羽状，复眼黑色有光泽。前翅狭长，外横线和内横线清楚，外缘有斑点6～7个，外缘和后缘都生有灰白色缘毛；后翅较短小，外横线较直，色与前翅同。胸和翅的腹面灰白。雌蛾腹部膨大，末端丛生黑褐色绒毛；雄蛾腹部末端纤细（见图）。

幼虫　老熟幼虫体长50～55mm，枯黄色，密布黑褐色斑点。头顶额区下陷，两侧有角状突起，额部具有"八"字形的黑斑两块。胸、腹部红褐色，气门紫红色。

生活史及习性　在广西1年发生1代，以蛹在寄主周围疏松土壤中越冬。翌年2月中、下旬开始羽化。2月下旬至3月上旬为产卵盛期，3月下旬幼虫孵化，6月上、中旬老熟幼虫下树化蛹，越夏、越冬。蛹期长达9个月。

不同时期产的卵卵期差异较大，2月中下旬产的卵，卵期长达1个月以上，3月中旬产的卵，卵期半个月。卵孵化均在5：00～13：00，以6：00～7：00孵化数最多，为整卵块孵化数的75%。孵化最适宜温度为19～20℃，相对湿度85%～95%，一个卵块一般一次孵化完毕，孵化率达94%以上。初孵幼虫群栖取食，受惊即吐丝下垂，随风飘荡扩散。二龄后开始分散取食，老熟幼虫停食1天，即入土准备化蛹。幼虫期平均为60.15天，最长71天，最短53天。化蛹历时4天，多在油茶树树冠的垂直范围内，土质疏松且湿润的地方化蛹，入土深15～40mm。相对湿度低于50%则均不能化蛹。

成虫羽化多在19：00～23：00，以20：00最多。成虫耐寒力很强，0.5℃的气温下不冻死。交尾产卵在夜间进行，成虫多数一生只交尾1次，极少数交尾两次。交尾时间从2：00～3：00时开始，6：00～7：00完毕。产卵在第二天20：00～24：00。气温在8℃以上正常交尾，低于8℃停止产卵。产卵量平均663.4粒，最多1234粒，最少也有412粒。成虫寿命，雌蛾平均6.25天，最长9天，最短5天；雄蛾平均4天，最长5天，最短3天。

防治方法

人工防治　挖蛹埋蛹、捕蛾挖卵和捕捉幼虫。

化学防治　在四龄幼虫以前用3%敌百虫粉剂，或50%二溴磷、25%亚胺硫磷、40%治螟灵1000倍液进行防治，效果较好。或用无公害农药0.3%印楝素乳油1500倍液、1.8%阿维菌素乳油3000倍液、15%吡虫啉可湿性粉剂1500倍液对油茶尺蠖均有较好的防治效果。

生物防治　利用捕食性天敌，蛹期有双针蚁和黑山蚁，还有大山雀、棕头鸦雀、白头鹎、鹌鸡、竹鸡等。或利用白僵菌、苏云金杆菌或杀螟杆菌每毫升1亿～2亿孢子的菌液进行喷雾防治。

参考文献

廖志安，1959.油茶尺蠖[J].昆虫知识 (3): 100-102.

王缉健，1986.油茶尺蠖生物学特征的初步研究[J].广西林业科技 (4): 32-35.

萧刚柔，1992.中国森林昆虫[M].2版.北京：中国林业出版社.

徐光余，杨爱农，徐文，等，2008.油茶尺蠖生物学特性及杀螟杆菌防治的研究[J].农技服务，25(7): 153-154.

尹维万，2004.油茶尺蠖的综合防治[J].湖南林业 (1): 25.

章明靖，2013. 5 种无公害药剂防治油茶尺蠖药效研究 [J]. 现代农业科技 (14): 122-125.

（撰稿：代鲁鲁；审稿：陈辉）

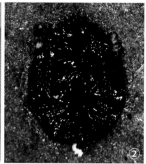

图 1 油茶黑胶粉虱（杜予州、王吉锐摄）
①危害油茶；②伪蛹背面

油茶黑胶粉虱 *Aleurotrachelus camelliae* (Kuwana)

一种体型微小的植食性刺吸式害虫，严重危害油茶等经济作物，并诱发油茶煤污病。又名油茶粉虱、山茶褐粉虱。英文名 camellia whitefly。半翅目（Hemiptera）胸喙亚目（Sternorrhyncha）粉虱科（Aleyrodidae）颈粉虱属（*Aleurotrachelus*）。国外仅分布于日本。中国分布于江苏、安徽、浙江、江西、福建、海南。

寄主 山茶、油茶、茶树、桑树、枣树、乌桕。

危害状 该虫在油茶种植区均有分布，虫口密度大时，往往油茶园发黑，造成落花落果，影响种子品质，是油茶重要害虫之一。分泌的蜜露可诱发油茶煤烟病，影响油茶正常的光合作用（图 1）。

形态特征

成虫 雌成虫（图 2 ①）体长 1.2～1.5mm。头、胸、腹以及管状孔周围均为灰色，复眼暗紫色。全翅共有 6 块灰黄色斑，分布在前、外、后缘上，当两翅复合时，有 3 块色斑相互连接。腿节和基节均为黑色。口器浅黄色，末端黑色。雄成虫（图 2 ②）体躯略小，长 1.2～1.3mm，腹部狭长，交配器钳状，铁灰色，突出于尾部后端。

卵 （图 2 ⑥）长椭圆形，略弯，长 0.19～0.21mm，宽 0.095～0.114mm。卵柄长 0.048～0.067mm。

若虫 椭圆形，浅黄色，比较透明。体长 0.25～0.27mm，宽 0.13～0.15mm。眼点紫黑色，位于触角外侧。二龄若虫体长 0.4mm，黄褐色，背面出现暗色斑块。三龄若虫（图 2 ④）长 0.6mm，背部隆起，黑色。背部两侧各有 1 条发亮黄褐色带。体缘腺成栉齿状突起，并分泌无色透明胶状物。

伪蛹 （图 1 ②、图 2 ③、图 3）蛹壳黑色有光泽，有透明胶液覆盖，椭圆形，长约 1.267mm，宽约 0.976mm。体缘锯齿状，0.1mm 内有 8～10 个小齿，前缘刚毛和后缘刚毛存在。亚缘区跟背盘分离不明显，横蜕裂缝不达体缘，纵蜕裂缝达体缘。头胸部有 1 对纵褶分布，一直延伸到第二腹节，长约 380.4μm；胸气管揳及孔不明显。腹部明显隆起，各腹节明显且基本等长，第三至七腹节两侧向亚缘区延伸形成纵褶。管状孔近圆形，长宽近等长，约为 93.2μm。盖瓣心形，几乎充塞了整个管状孔区域。尾沟不明显。头刚毛、第一腹节刚毛、第八腹节刚毛和尾刚毛均存在。

生活史及习性 1 年发生 1 代，以伪蛹于叶片背面越冬。翌年 4 月上旬成虫羽化产卵，4 月中旬为羽化盛期，亦是产卵盛期。6 月中下旬幼虫始现，6 月底、7 月初为卵孵化盛期。

成虫羽化要求温暖湿润天气，日均温达到 18±4℃，绝对最低温 6.6℃，绝对最高温度 32℃，相对湿度 69%～98%，均见有成虫羽化。羽化后的雌虫，通过短距离爬行，停息不动，等待交配。一般交配历时 1.5～3 分钟，成虫有多次交尾现象，且边交尾边产卵，而且多数成虫羽化、

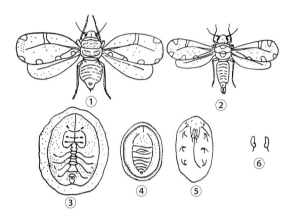

图 2 油茶黑胶粉虱（仿陈祝安）
①雌成虫；②雄成虫；③伪蛹；④三龄若虫；⑤一龄若虫；⑥卵

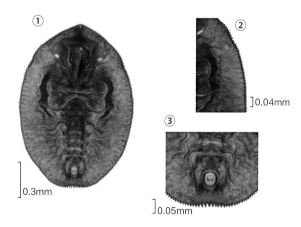

图 3 油茶黑胶粉虱伪蛹玻片照（杜予州、王吉锐摄）
①伪蛹背面；②体缘及气管揳；③管状孔

交配、产卵同在一张叶片上进行。成虫喜欢在老叶片上产卵，因此不同生理叶龄上的卵密度往往是 3 年生叶 > 2 年生叶 > 当年生叶。雌虫产卵后，转移到新梢嫩叶上栖息，善跳跃飞翔，但很少有远迁。个体成虫寿命从羽化到死亡，雌虫 2～6 天，平均 4.4 天；雄虫 4～7 天，平均 5.5 天。

防治方法 赤座霉菌是油茶黑胶粉虱的重要寄生性天敌，可用于防治油茶黑胶粉虱。

参考文献

陈祝安，1981. 油茶黑胶粉虱的研究 [J]. 林业科学，17(1): 30-36.

Y

王吉锐，徐志宏，杜予州，2017. 两种容易混淆的重要粉虱的鉴别及重新描记 [J]. 昆虫学报，60(3): 357-362.

（撰稿：杜予州；审稿：王吉锐）

图 1 油茶枯叶蛾成虫（杨忠武提供）
①展翅雌成虫；②展翅雄成虫

油茶枯叶蛾 *Lebeda nobilis sinina* Lajonquière

一种主要危害油茶、杨梅等植物的本土害虫。又名油茶毛虫、油茶大枯叶蛾、杨梅毛虫、油茶大毛虫。英文名 camellia lasiocampid。鳞翅目（Lepidoptera）枯叶蛾科（Lasiocampidae）大枯叶蛾属（*Lebeda*）。中国分布于广西、湖南、湖北、江西、浙江、江苏、安徽、福建、台湾、陕西、河南等地。

寄主　油茶、栎、杨梅、枫香、麻栎、酸枣、马尾松、侧柏、湿地松、苦槠、锥栗、板栗、山毛榉等。

危害状　以幼虫聚集或分散取食寄主的叶，虫口密度大时，可将整个寄主的叶吃光。

形态特征

成虫　雌成虫体长 40～80mm，翅展 75～141mm；触角梗节米黄色，羽枝黄褐色，体、翅淡褐色，后翅较深；前翅呈四条浅灰色横线，形成两条浅褐色横带，外横带端部向内呈弧状弯曲，外侧深褐色，内横带呈明显弧状，中室端白点呈三角形，位于中带内侧；臀角处有 2 枚黑褐色斑纹；后翅赤褐色，中部有 1 条淡褐色横带。雄成虫体长 32～49mm，翅展 73～90mm；体、翅棕褐色；前翅呈四条浅褐色横线，形成 2 条褐色横带，并自翅中间前半部开始呈弧形弯曲；两带间呈深褐色中带，中室端白点呈三角形，小而明显，位于中带内侧，后侧呈两长圆形黑点，作"一"字形排列；翅反面中间呈两条灰褐色弧形横线（图 1）。

幼虫　一龄幼虫体黑褐色，头深黑色，有光泽，上布稀疏白色刚毛；胸背棕黄色，腹背紫色，每节着生 2 束黑毛，第八节较长，腹侧灰黄色；遇惊动会吐丝下垂。二龄幼虫全体蓝黑色，间有灰白色斑纹，胸背开始露出黑黄两色毛丛。三龄幼虫体灰褐色，胸背毛丛比二龄宽。四龄幼虫腹背第一至第八节，每节上增生浅黄色毛丛，静止时前一束毛常覆盖于后一束毛之上。五龄幼虫全体麻色，胸背黄黑色毛丛渐变为蓝绿色。六龄幼虫体灰褐色，腹下方浅灰色，密布红褐色斑点。七龄幼虫体显著增大，长可达 113～205mm（图 2）。

蛹　长椭圆形，腹端略细，暗红褐色，头顶及腹部中节间密生黄褐色绒毛。雌蛹长 43～57mm，宽 24～27mm；雄蛹长 37～48mm，宽 20～24mm（图 3）。

卵　灰褐色，球形略偏长，直径 2.5mm 左右，上下球面各有 1 个棕黑色圆斑，圆斑外各有 1 灰白色环（图 4）。

生活史及习性　在广西龙胜县 1 年 1 代，以初孵幼虫在卵壳中蛰伏滞育越冬，翌年 3 月中旬当气温升至 18～22℃时，幼虫破壳而出；幼虫共 7 龄，发育历期 120～150 天。8 月中旬开始吐丝、结茧化蛹，蛹期约为 2 个月。9 月下旬至 10 月上旬成虫羽化产卵，卵期约为 1 个月。

蛹接近羽化时，腹部节间伸长，蛹壳变软，刚羽化的成虫静伏 4～5 分钟，翅微微振动展开紧贴背面，羽化后 6～8

图 2 油茶枯叶蛾幼虫（杨忠武提供）
①正在取食的幼虫；②幼虫背面；③幼虫侧面

小时交尾，交尾多在 4：00～5：00 进行。夜间产卵，卵产于油茶顶梢叶背，每雌产卵 150～170 粒，大部分 3 次产完。成虫白天静伏不动，夜间活动，有较强的趋光性，成虫寿命 3～7 天。成虫产卵多喜于林缘和郁闭度较小的林内，因此林缘和稀疏林地虫口密度高，受害严重。

卵期为 9 月上旬至 10 月上旬，卵经 20～25 天，于 10 月下旬至 11 月上旬在卵壳内孵化为幼虫，但并不出壳，初孵幼虫在卵壳内越冬，待翌年 3 月中旬气温上升至 18～22℃时，幼虫从卵壳的一端爬出，在 6：00～8：00 或 16：00～17：00

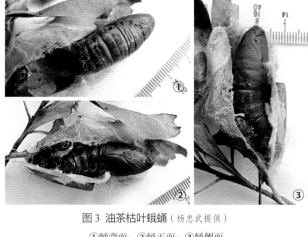

图3 油茶枯叶蛾蛹（杨忠武提供）

①蛹背面；②蛹正面；③蛹侧面

图4 油茶枯叶蛾卵（杨忠武提供）

出壳最盛。

　　一龄、二龄幼虫群集一处取食，稍遇振动吐丝下垂，三龄后逐渐分散取食，四龄后白天停止取食，常静伏于树干基部阴凉处，至黄昏和清晨方爬上枝条取食，五龄开始食量增加，六、七龄为暴食阶段。以取食油茶叶为例，油茶枯叶蛾幼虫一生食叶量为300～350片，其中四龄以前20～25片，五龄30～40片，六龄60～100片，七龄160～200片，特别是七龄，其食叶量约占终生食叶量的70%。幼虫蜕皮7次，每次蜕皮前一天和当天不食不动。

　　幼虫老熟后多在油茶树叶和杂灌丛中结茧化蛹，茧黄褐色，上附有较粗的毒毛，茧面有不规则的网状孔，预蛹期7天，蛹期22天。

防治方法

生物防治　采取Bt水剂或粉剂防治。

化学防治　用2.5%溴氰菊酯喷雾或2.5%溴氰菊酯加滑石粉喷粉防治。

参考文献

黄金义，蒙美琼，1986.林木病虫害防治图册[M].南宁：广西人民出版社：108-109.

江西宜春农林垦殖局森林病虫害防治站，1978.油茶毛虫性外激素试验简报[J].昆虫知识，15(1)：4.

廖志安，1960.油茶毛虫防治研究初报[J].昆虫知识，6(3)：85.

彭建文，1959.湖南油茶毛虫 Lebeda nobilis Walker 生活习性初步观察[J].昆虫学报，9(4)：336-341.

彭建文，马万炎，李镇宇，2020.油茶大枯叶蛾[M]//萧刚柔，李镇宇.中国森林昆虫.3版.北京：中国林业出版社：815-816.

　　　　　　　　（撰稿：杨忠武、杨春生、陈尚文；审稿：张真）

油茶宽盾蝽　*Poecilocoris latus* Dallas

　　一种茶园中区域性分布的偶发性害虫，主要危害茶果。又名茶籽盾蝽、油茶蝽。英文名 tea seed bug。半翅目（Hemiptera）盾蝽科（Scutelleridae）宽盾蝽属（*Poecilocoris*）。国外分布于印度、越南、缅甸等。中国分布于浙江、福建、江西、湖南、广东、广西、贵州、云南等地。

寄主　茶和油茶。

危害状　以若虫在茶果上吸食汁液，影响果实发育，降低产量和出油率。若虫刺吸还可诱发油茶炭疽病，引起落果。

形态特征

成虫　体长18～20mm，宽10～13mm，宽椭圆形，黄、橙黄、黄褐色，刚羽化时呈米黄色，具蓝色或蓝黑色斑。头蓝黑色；前胸背板具4块蓝黑斑，后端一对大形；小盾片具7～8块蓝黑斑，基部中央为1块大形横列斑，有时分成两块，其外侧各一小块，中央稍后横列4块，中间两块较大（图1）。

若虫　共5龄，体长可达15～17mm，橙黄色，鲜艳；复眼及触角2～5节蓝黑，头及中、后胸背面倒"山"字形斑蓝色，有光泽；腹背中央现二横列蓝斑（图2）。

生活史及习性　1年发生1代，以五龄若虫在茶丛中、下部叶背或根际枯草落叶下越冬。卵期7～10天，若虫期7个月，成虫寿命2个月或更长一些。成虫羽化后先蛰伏再逐

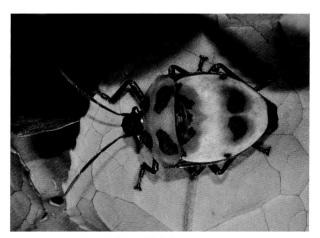

图1 油茶宽盾蝽成虫（周孝贵提供）

图 2 油茶宽盾蝽若虫 (周孝贵提供)

渐活动，有假死性。卵分批成块、多产于枝叶繁茂的叶背。初孵若虫聚集叶背刺吸茶树汁液，三龄后分散取食幼果、花蕾。

防治方法 在茶园为偶发性害虫，一般不需要进行专门防治。

参考文献

姜春燕, 2018. 油茶宽盾蝽 Poecilocoris latus Dallas [J]. 应用昆虫学报, 55(1): 24.

唐美君, 肖强, 2018. 茶树病虫及天敌图谱 [M]. 北京: 中国农业出版社: 142.

韦启元, 1985. 油茶宽盾蝽的初步研究 [J]. 昆虫知识, 22(1): 21-23.

（撰稿：肖强；审稿：唐美君）

油茶史氏叶蜂 *Dasmithius camellia* (Zhou et Huang)

中国特有的危害油茶的重要食叶害虫。又名油茶叶蜂。英文名 camellia sawfly、oil-tea sawfly。膜翅目（Hymenoptera）叶蜂科（Tenthredinidae）平背叶蜂亚科（Allantinae）史氏叶蜂属（*Dasmithius*）。国外无分布。中国广泛分布于浙江、福建、江西、湖南、广西等油茶产区。

寄主 山茶科的油茶。是油茶专性食叶害虫，未见报道危害其他植物。

危害状 幼虫单独活动，取食油茶树叶。危害严重时，油茶树叶损失较多，可降低油茶树的长势，影响油茶春稍和夏稍发育、花芽分化率、花芽数目、落果率等，进而严重影响油茶当年的开花量和翌年的果实产量。大发生时幼虫可以吃光树叶，连续危害可导致植株死亡。局部油茶产区本种危害十分严重。

形态特征

成虫 雌虫体长 6.5～8.5mm（图①）。体黑色，有光泽，上唇、前胸背板后缘和翅基片大部白色或黄褐色。足橘褐色，各足基节大部和股节全部黑色。翅透明，前翅前缘脉和翅痣大部黑褐色，翅痣基部和前缘脉端部之间浅褐色。头部额区和唇基具粗大刻点和皱纹；中胸小盾片和中胸前侧片具稀疏刻点，刻点间隙表面光滑，中胸背板刻点稀疏浅弱。上唇较小，端部凸出，唇根隐藏；唇基平坦，前缘缺口浅弧形，边缘不规则锯齿状（图②）；颚眼距短于单眼直径；头部内眶上部和单眼区侧后部略下凹，额区较平，额脊不明显；单眼后区宽稍大于长，中部稍鼓起，单眼后沟与侧沟几乎同深；背面观后头两侧边缘近似平行，长约 0.6 倍于复眼长（图④）；后颊脊显著，上端伸达上眶后部；前胸侧板腹面宽阔接触，中胸侧板无胸腹侧片（图⑥）。触角粗丝状，中部稍侧扁，第二节长约等于宽，第三节稍长于第四节，第八节长宽比约等于 2（图⑤）。中胸小盾片平坦，附片较短；后胸后背板中部收缩，但不十分狭窄，中部最短处不短于单眼直径 2 倍（图③）。前足胫节内距端部分叉（图⑧）；后足胫节稍长于股节与转节之和，后基跗节稍短于其后 4 个跗分节之和，胫节距约等于基跗节 1/3 长（图①）；爪基片微小且钝，内齿微短于外齿（图⑨）。前翅 1R1 室和 1Rs 室完全分离，2Rs 室稍长于 1Rs 室；1M 脉与 1m-cu 脉平行，R+M 脉点状，cu-a 脉位于中室下缘基部 1/3，臀横脉约呈 30° 倾斜；后翅无封闭中室，R1 室末端具小附室，臀室具柄式，柄长约等长于 cu-a 脉（图①）。侧面观锯鞘端部短于锯鞘基，端部窄圆（图⑦）；背面观锯鞘端部狭窄；锯腹片 16 刃，1～10 节缝具粗大叶状刺毛；锯刃倾斜，无内侧亚基齿，外侧亚基齿 5～7 个，刃齿端部圆钝。雄虫体长 5.5～7.5mm；体色和刻纹类似雌虫；抱器长三角形，副阳茎宽，内侧具长突，阳茎瓣头部稍宽于瓣尾。

卵 椭圆形，上端较小，下端稍大，长 1～1.2mm，宽 0.4～0.5mm。初产卵乳白色半透明，孵化前渐变暗色。

幼虫 初孵幼虫乳白色，三龄后渐变绿色，头部变为暗褐色；老龄幼虫体长 14～16mm，体暗绿色，背侧被淡粉，侧线淡色，头部暗褐色至黑褐色，单眼黑色；胸足 3 对，淡绿色，端部褐色；腹足 8 对，绿色（图⑩）。

蛹 裸蛹，体长 7～8mm；初蛹体浅黄色，后渐变黄褐色，孵化前变为黑褐色。

生物学习性 1 年 1 代。成虫羽化后不立即出土，需看天气而定。如果羽化后遇上天气恶劣，即停留在土室中，待天气好转再行出土，出土即整天活动，如遇阴雨低温天气，则停止活动。晴天 18：00～19：00 时停止活动，头朝叶柄，天黑后即转至叶背。雨停或早晨又转到叶面，仍靠近叶柄，至上午 8：00～9：00，露水干后，温度上升即比较活跃。成虫羽化后当天即可交尾，一般成虫可整天进行交尾，但以晴天上午太阳出来后交尾较多。交尾时雄蜂追逐雌蜂，雄蜂先攀上雌蜂体背，间歇地相互搅动触角，然后雄蜂后退，将腹部弯至雌性腹末进行交尾。雌虫一般只交尾一次，偶有交尾 2～3 次，每次交尾历时 3～5 分钟。交尾后当天可以产卵。成虫无补充营养和取食现象，无趋光性。飞翔扩散力不强，一般飞行 5～6m，最远 22m。卵单粒产于油茶树开始萌动的芽苞心叶中。1 孔 1 粒，产卵后留下一个明显的小黑斑孔。产卵 1 枚需 2～5 分钟。成虫产卵与油茶生长状况有很大关系，一般生长旺盛、芽苞萌发早、伸长开放快的油茶树，很少产卵。

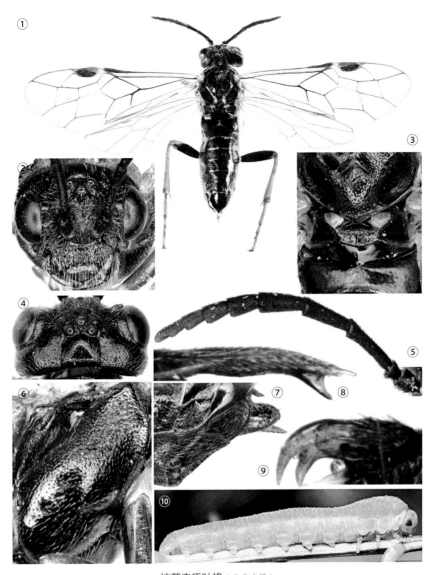

油茶史氏叶蜂（魏美才 摄）

①雌成虫；②头部前面观；③小盾片至腹部第一背板；④头部背面观；⑤雌虫触角；⑥中胸侧板；
⑦锯鞘侧面观；⑧前足胫节内距；⑨爪；⑩幼虫

幼虫共5龄。初孵幼虫出壳即能活动，但不取食，一般经2小时后方开始取食，将嫩叶取食穿孔。油茶芽苞未开放以前，即在芽苞内取食，随着芽苞开放而出苞，爬至叶缘取食。一般在芽苞内孵化的幼虫，一、二龄在芽苞内取食。幼虫全天取食，如遇大风和雨天则爬至叶背停食，晴天太阳强烈的正午12：00～15：00迁移到树冠的阴凉处或叶背处停食，待15：00以后仍爬至嫩梢叶上危害。幼虫一般只取食当年生嫩梢、嫩叶，发生严重时虫口密度大，也取食老叶，仅留主脉。幼虫每次脱皮前1天停食或少量取食，蜕皮后2小时恢复取食。五龄幼虫活跃，爬行不停，取食很少或不取食，从树干下迁至地面，寻找适当的入土位置，以头上下抬动慢慢钻入土壤内筑土室进入前蛹期。入土深度一般为11～18cm，极少超过25cm。江西萍乡、湖南中部地区以老熟幼虫于4月下旬至5月中旬沿树干下树入土，筑土室以预蛹越冬。年底至翌年元月化蛹，蛹期近2月，成虫2月下旬至3月上旬羽化。3月中旬为产卵盛期，卵期7～10天，幼虫期25～32天，平均26天。

防治方法

营林措施　油茶叶蜂幼虫入土时间很长，可以结合林间操作，采用夏挖、冬垦等方法，消灭大量幼虫。保护油茶林下生物多样性，也可以有效控制油茶叶蜂危害。

生物防治　多种鸟类，如伯劳等也可以作为天敌捕食油茶叶蜂幼虫。

化学防治　油茶叶蜂发生数量较大时，可以采用化学农药防治。油茶林一般生境比较干旱，用水不便，可以采用农药粉剂喷施。

参考文献

湖南省林科所森保室，1974. 油茶史氏叶蜂生活习性及防治的探讨 [J]. 湖南林业科技 (1): 26-33.

黄敦元，余江帆，郝家胜，等，2010. 不同生境油茶林油茶史氏叶蜂的发生与危害程度比较 [J]. 中南林业科技大学学报 , 30(1): 59-64.

萍乡市林科所 , 1978. 油茶史氏叶蜂发生及防治 [J]. 江西林业科技 (2): 38-40.

（撰稿：魏美才；审稿：牛耕耘）

油茶织蛾　*Casmara patrona* Meyrick

一种蛀食危害油茶、茶树等山茶科植物枝梢的害虫。又名茶枝镰蛾、油茶蛀蛾、油茶蛀茎虫、油茶蛀梗虫。英文名 Chinese tea oecophorid。鳞翅目（Lepidoptera）麦蛾总科（Gelechioidea）织蛾科（Oecophoridae）织蛾亚科（Oecophorinae）卡织蛾属（*Casmara*）。国外分布于日本、印度。中国分布于江苏、安徽、浙江、福建、江西、河南、湖南、广东、四川、贵州、云南、湖北、台湾等地。

寄主　油茶、茶树等山茶科植物。

危害状　主要以幼虫钻蛀危害，使树势下降，甚至枯萎死亡。初孵幼虫危害芽梢，二龄幼虫危害小枝，三龄后沿枝梢蛀入粗大的枝内由上而下蛀食枝干，导致枝干中空、枝梢萎凋，日久干枯，大枝也常整枝枯死或折断，进而严重影响树木的长势。

形态特征

成虫　体长 12～16mm，翅展 32～40mm。体被灰褐色和灰白色鳞片。前翅黑褐色，有 6 丛红棕色和黑褐色竖鳞，在基部 1/3 内有 3 丛，在中部弯曲的白纹中有 2 丛，在此白色纹的外侧还有 1 丛。后翅银灰褐色。后足长过前足 1 倍多，且较粗大。腹部褐色，有灰白斑，带光泽（图 1）。

卵　扁圆形，长约 1.1mm，赭色，上有花纹，中间略凹陷（图 2）。

幼虫　体长 25～30mm，乳黄白色。头部黄褐色，前胸背板淡黄褐色，中缝淡色。腹末 2 节背板骨化，黑褐色。腹足趾钩 3 序缺环，臀足趾钩 3 序半环（图 3）。

蛹　长圆筒形，长 16～24mm，黄褐色，腹部末节腹面有小突起 1 对（图 4）。

生活史及习性　浙江 1 年 1 代和少数 2 年 1 代混合发生，以三至五龄幼虫越冬。翌年 3 月幼虫开始取食，5 月上中旬老熟幼虫化蛹，6 月上旬至 7 月上旬为成虫羽化期。成虫交尾多发生在羽化后第二天。交尾后当晚或隔日傍晚产卵，产卵期一般在 6 月下旬到 7 月上旬，7 月上旬陆续孵化，直至 7 月中旬孵化期结束。初孵幼虫即蛀入枝干内危害，直至翌年 5 月。

在湖南、安徽 1 年发生 1 代，以老熟幼虫在茶树受害枝干中越冬。越冬幼虫于翌年 4 月下旬始化蛹，5 月上、中旬进入化蛹盛期，5 月下旬至 7 月成虫羽化后交尾产卵，6 月上中旬进入羽化高峰期，6 月下旬幼虫盛发，8 月上旬后茶树始见枯梢。成虫白天隐蔽在茶丛中，多在下午或夜间羽化，有趋光性。交尾后的成虫将卵产在茶树嫩梢上 1～6 叶腋间，每处 1 粒。初孵幼虫从叶腋处钻入芽鞘，向下钻蛀，5 天后梢部 4～6 片叶开始凋萎。一、二龄幼虫危害小枝，三龄后从小枝进入侧枝或主干处为害，常蛀到近地面处。枝干的阴面蛀有并列的排泄孔 3～5 个，幼虫栖息在最下 1 孔的下方，常从孔中排出圆柱形粪便和木屑。老熟幼虫化蛹前先在距茶枝枝端 1/3 处咬 1 个近圆形、直径 3.5～5mm 的羽化孔，然后在孔下虫道里吐丝做茧化蛹其内。

发生环境

气候条件　虫害发生时间与 4 月平均气温及降水量关系最密切，其次是 4 月日照时数和蒸发量。4 月平均气温偏高且降水量明显减少会促使虫害提前发生。

种植结构　丘陵、低山区比高山区受害重。大面积油茶纯林比油茶混交林严重。一般郁闭度大及老龄的油茶林发生较多。

防治方法

物理防治　根据成虫的趋光性，利用黑光灯进行诱杀。每年的 6 月上、中旬在田间设立黑光灯诱杀。

营林措施　对油茶进行及时修剪和疏伐，冬春季要细心检查，发现有虫枝应予以剪除，及时收集风折虫枝，集中烧毁。造林前，在 7 月到翌年 4 月间，将造林地及其附近的油茶、茶树和山茶的油茶织蛾危害的枝干剪除。

生物防治　油茶织蛾天敌主要有长体茧蜂、茶蛀梗虫茧蜂、大螟钝唇姬蜂、油茶织蛾距茧蜂，可通过营造良好的生态环境加以保护利用。

化学防治　成虫羽化期和卵孵化盛期喷洒 40% 乐果乳油 1000 倍液、20% 喹硫磷乳油 1000 倍液等进行防治。主

图 1　油茶织蛾成虫

（徐天森提供）

图 2　油茶织蛾卵

（徐天森提供）

图 3　油茶织蛾幼虫

（徐天森提供）

图 4　油茶织蛾蛹

（徐天森提供）

干明显的大叶种茶或受害但尚未完全枯死的大枝条，可用棉花蘸敌畏乳油、亚胺硫磷乳油，塞进虫孔后用泥封住，以毒杀幼虫。

参考文献

谷平，黄敦元，宋墩福，等，2017.不同生境下油茶蛀茎虫的危害程度及寄生率的比较 [J].经济林研究，35(1)：124-128.

李苗苗，舒金平，王井田，等，2015.油茶织蛾生物学特性研究 [J].林业科学研究，28(6)：900-905.

沈光普，1979.油茶织蛾的生物学特性和防治研究 [J].森林病虫通讯 (4)：127-129.

沈光普，1992.油茶织蛾 Casmara patrona Meyrick [M]// 萧刚柔.中国森林昆虫.2 版.北京：中国林业出版社：740-742.

向坚成，1964.油茶蛀茎虫（Casmara patrona Meyrick）的初步观察 [J].昆虫知识，8(4)：175-176.

周慧平，陈艺欢，肖铁光，等，2013.油茶茶枝镰蛾部分生物学特性观察及防治 [J].作物研究，27(4)：365-366，

（撰稿：全明霞；审稿：嵇保中）

油松巢蛾 *Ocnerostoma piniariellum* Zeller

一种危害较为严重的松、杉类林木潜叶害虫。鳞翅目（Lepidoptera）巢蛾总科（Yponomeutoidea）巢蛾科（Yponomeutidae）松巢蛾属（Ocnerostoma）。国外分布于欧洲、北美洲、日本。中国分布于辽宁、山西、山东、河南。

寄主 油松、赤松、冷杉、刺柏。

危害状 以幼虫蛀食针叶，被害针叶中空，充满粪便，仅残留表皮，呈半截枯黄。老熟幼虫吐丝缀合针叶成苞，在其中结茧化蛹（图③）。

形态特征

成虫 体长约 6mm，展翅 12mm。体细长，灰褐色，头部有灰白色冠丛，复眼黑色，喙黄色，下唇须较短。触角丝状，超过体长 2/3。前翅狭长，披针形，缘毛褐色。后翅小而狭，缘毛长，超过后翅宽。体及翅面上均密布银灰色与棕褐色混杂的鳞片。两翅合拢时，后缘毛向上微翘（图①）。

卵 近棱形，扁平，黄色，长 0.5～0.7mm，宽约 0.2mm。

幼虫 越冬幼虫体长 1.2mm，淡褐色，头黑色。前胸背板后缘扁平，色较体色深。老熟幼虫淡绿色，休长 5～6mm，气门小，无色。腹足趾钩单序环（图②）。

蛹 长 5～6mm。纤细，黄褐相间，外被白色丝质薄茧（图④）。

生活史及习性 山东泰山 1 年发生 1 代，以幼龄幼虫在油松被害针叶内越冬，翌年 4 月上旬开始取食活动，5 月上旬开始化蛹，5 月下旬为化蛹盛期，6 月上旬开始羽化产卵，6 月中旬为产卵盛期，7 月上旬幼虫开始孵化，直至 10 月上旬进入越冬期。成虫多在傍晚羽化，羽化期可延续 40 天左右。初羽化成虫静伏在针叶、杂草上，夜晚活动，产卵于 2 年生针叶近端部。卵单产，一般每针叶产卵 1 粒。卵期 7～10 天。初孵幼虫先在针叶近端处咬 1 小孔钻入，自上而下蛀食

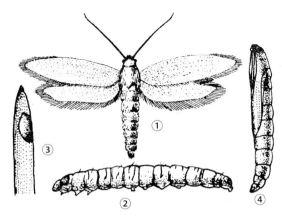

油松巢蛾各虫态（①胡兴平、②③④刘世儒绘）
①成虫；②幼虫；③针叶被害状；④蛹

叶肉，每针叶有虫 1 头。初孵幼虫食量小、生长慢，被害针叶仅在尖端稍有枯黄症状，不易分辨其中是否有虫蛀食。10 月幼虫停止取食，以二龄幼虫越冬。翌年 4 月上、中旬，越冬幼虫继续向下蛀食，随着气温上升，其食量显著加快，针叶 2/3 被蛀食时，大部分幼虫进入老熟，从针叶下部咬 1 小孔钻出。少数食量大的四、五龄幼虫钻出针叶，再次转移到其他针叶内蛀食危害直到老熟。老熟幼虫钻出针叶后，选择健康的 2 年生针叶，吐丝将 3～6 根松针缀合成束，在其内作白色茧化蛹。一般 1 束针叶内有虫 1 头。也有的将 7～8 根，以至 10 余根针叶缀成大束，其内则有虫 2～3 头。蛹期 8～10 天。

沈阳 1 年发生 1 代，以蛹在松针束内越冬。翌年 4 月下旬进入成虫羽化盛期。成虫白天交尾，傍晚产卵。卵多产在 2 年生针叶尖端背面。一般一枚针叶产卵 2～3 粒。卵期 15 天左右。初孵幼虫从卵壳下直接蛀入针叶，从上往下蛀食叶肉，外表无明显被害症状，被害针叶仅见其尖端表皮内有细微的黄色蛀痕。随着幼虫的发育，蛀痕逐渐变粗，等到针叶的 2/3 被食尽时，可见松针内有一条 10mm 长的中空段，仅留外表皮。幼虫老熟后从针叶下部咬孔钻出。1 枚针叶一般只有 1 头老熟幼虫。老熟幼虫吐丝下坠，多选择当年生健康针叶缀叶成束，叶束针叶数 4～14 根。束内一般有幼虫或蛹 2～3 头，最多可达 6～8 头。幼虫在其内结薄丝茧化蛹越冬。

防治方法 成虫期、卵期、幼虫初孵期，用 5% 来福灵乳油 500 倍液或 40% 氧乐果乳油 500 倍液喷洒。

老熟幼虫出针率 30% 左右是药剂喷雾防治最佳时期，应及时掌握老熟幼虫出针情况。采用 40% 氧化乐果乳油 500 倍液或 30% 氧乐氰菊乳油 2000 倍液树冠喷雾。

参考文献

范丽清，刘继生，黄世臣，2005.油松巢蛾的发生与防治 [J].植物保护，31(2)：93.

靳青，2011.中国巢蛾科和冠翅蛾科系统学及全区巢蛾总科系统发育研究（昆虫纲：鳞翅目）[D].天津：南开大学：36-37，112-114.

刘世儒，卢秀新，1992.油松巢蛾 *Ocnerostoma piniariellum* Zeller [M]// 萧刚柔.中国森林昆虫.2 版.北京：中国林业出版社：729-730.

卢秀新, 刘士儒, 1983. 油松巢蛾的初步观察 [J]. 昆虫知识 (4): 161-162.

张瑶琦, 戴连才, 1999. 棋盘山风景区油松巢蛾生物学特性及防治 [J]. 森林病虫通讯 (4): 24-25, 42.

（撰稿：嵇保中；审稿：骆有庆）

油松毛虫　*Dendrolimus tabulaeformis* Tsai et Liu

一种发生量大、危害面广的主要森林食叶害虫。又名狗毛虫、松虎。英文名 chinese pine caterpillar moth。鳞翅目（Lepidoptera）枯叶蛾科（Lasiocampidae）松毛虫属（*Dendrolimus*）。中国分布于北京、河北、山西、山东、河南、辽宁、内蒙古、陕西、四川、重庆、甘肃和贵州等地。

寄主　油松、樟子松、赤松、华山松、马尾松、白皮松。

危害状　以幼虫群集取食松树针叶，轻者常将松针食光，呈火烧状，重者致使松树生长极度衰弱，容易招引松墨天牛、松纵坑切梢小蠹、松白星象等蛀干害虫的入侵，造成松树大面积死亡（图1）。

形态特征

成虫　雄虫翅展 45～63mm，雌虫 57～83mm。体色有棕、褐、灰褐、灰白、枯叶等色。触角鞭节淡黄色或褐色，节枝褐色。前翅花纹较清楚，中线内侧和齿状外线外侧具1条浅色纹，颇似双重，中室端白点小可识别；亚外缘斑列黑色，各斑略呈新月形，斑列常为9个组成，7、8、9三斑斜列，内侧衬有淡棕色斑。后翅中间隐现深色弧形斑。雄亚外缘斑列内侧呈浅色斑纹（图2①）。

幼虫　初孵幼虫头部棕黄色，体背黄绿色。老熟幼虫体长 54～72mm，灰黑色，体侧有长毛。额区中央有一块状深褐斑，各体节纵带上白斑不明显，每节前方由纵带向下有一斜斑伸向腹面。腹面棕黄色，每节上生有黑褐斑纹，两侧密被灰白色绒毛（图2③）。

卵　椭圆形，长 1.7mm 左右，宽 1.2mm 左右。初产时色泽较浅，精孔端淡绿色，另一端为粉红色，孵化前呈紫红色（图2②）。

蛹　栗褐色或暗红褐色，臀棘短，末端稍弯曲，或卷曲，呈近圆形，雌蛹长 23～32mm，雄蛹长 20～26mm。茧灰白

图1　油松毛虫危害状（姜兆勇提供）

①幼虫危害状；②被害林地地面的虫粪

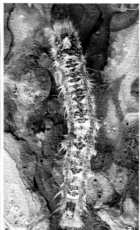

图2　油松毛虫各虫态（①②姜兆勇提供；③④张真提供）

①成虫；②卵；③幼虫；④茧

色或淡褐色，附有黑色毒毛（图 2 ④）。

生活史及习性　油松毛虫由北至南 1 年发生 1～3 代。河南 1 年发生 1 代，多以四龄幼虫在树根周围的枯枝落叶层，能活动的石块下、草根盘结和上面有覆盖物的林地凹坑中越冬。多卷曲成团。越冬幼虫于 4 月上旬日平均气温 5.7℃时，开始上树危害，6 月中旬结茧化蛹，蛹期 28～34 天，7 月上旬开始羽化为成虫并开始产卵，7 月中、下旬出现幼虫，10 月中、下旬日平均气温达到 3.6℃左右时，下树越冬。

成虫有趋光性和周围林分迁飞产卵的习性。成虫多于傍晚 16：00～20：00 时羽化，在当晚或次日晚交尾后即产卵。卵成堆产于树冠上部当年生的松针上。每卵块数十粒到 500 多粒不等。

幼虫孵化时有取食卵壳的习性。一至二龄幼虫群居并能吐丝下垂。先取食卵堆周围的松针，将针叶边缘咬成缺刻状，造成枯萎卷缩，呈吊状针丛，一头幼虫一生约取食 400～500 根松针。油松毛虫在河南林州市每年有 2 个危害高峰期，即 5 月初至 7 月末；8 月中旬至 10 月上旬。油松毛虫老熟幼虫在针丛、树干及杂草灌丛、树冠下部结茧。

防治方法

营林措施　营造混交林和封山育林是抑制松毛虫发生的根本技术措施。

性信息素监测与诱杀　利用油松毛虫性信息素诱芯结合大船型诱捕器能够有效监测林间种群数量。在低种群密度时可诱杀防控。

物理防治　采用毒环或胶环防止树下越冬幼虫上树。油松毛虫的成虫有较强的趋光性，在成虫羽化始期，按 60 亩设置一黑光灯诱杀成虫，将成虫消灭在产卵之前，可预防和除治。

生物防治　在松毛虫卵期释放赤眼蜂；幼虫期施用松毛虫杆菌、苏云金杆菌和松毛虫质型多角体病毒。

化学防治　尽量选择在低龄幼虫期防治。此时虫口密度小，危害小，且虫的抗药性相对较弱。建议使用高效低毒的化学药剂，如菊酯类农药、灭幼脲等药剂。

参考文献

程慕棕，韩大东，李青，等，1987. 油松毛虫的空间分布型及抽样技术 [J]. 昆虫学报，30(2): 160-168.

孔祥波，张真，王鸿斌，等，2006. 枯叶蛾科昆虫性信息素的研究进展 [J]. 林业科学，42(6): 115-123.

刘友樵，1963. 松毛虫属 (Dendrolimus Germar) 在中国东部的地理分布概述 [J]. 昆虫学报，12(3): 345-353.

严静君，1992. 油松毛虫 Dendrolimus tabulaeformis Tsai et Liu [M]// 萧刚柔. 中国森林昆虫. 2 版. 北京：中国林业出版社：961-963.

袁一杨，高宝嘉，李明，等，2008. 不同林分类型下油松毛虫 (Dendrolimus tabulaeformis Tsai et Liu) 种群遗传多样性 [J]. 生态学报，28(5): 2099-2106.

张永安，严静君，2020. 油松毛虫 [M]. 萧刚柔，李镇宇. 中国森林昆虫. 3 版. 北京：中国林业出版社：809-811.

（撰稿：孔祥波；审稿：张真）

油松球果螟　*Dioryctria mendacella* (Staudinger)

一种蛀食危害松、杉枝梢、球果的害虫。又名球果螟、果梢斑螟、松果梢斑螟、松小梢斑螟。鳞翅目（Lepidoptera）螟蛾总科（Pyraloidea）螟蛾科（Pyralidae）斑螟亚科（Phycitinae）斑螟族（Phycitini）梢斑螟属（Dioryctria）。国外分布于朝鲜、日本。中国分布于黑龙江、吉林、辽宁、内蒙古、山东、河北、北京、河南、湖南、湖北、天津、山西、陕西、甘肃、青海、新疆、安徽、江苏、浙江、广东、广西、四川、台湾等地。

寄主　油松、马尾松、华山松、赤松、红松、黑松、黄山松、樟子松、白皮松、落叶松、云杉、杉树等。

危害状　以幼虫蛀食当年新梢、先年球果和当年生球果。被害的当年生球果提前枯落不能成熟，先年生球果多干缩枯死无籽粒。当年生嫩梢受害后常形成大量枯梢，影响树木高生长和种子产量（图 1）。

形态特征

成虫　体长 10～13mm，翅展 22～28mm；体灰色到灰白色，有鱼鳞状白斑。头顶棕褐色。触角灰褐色。前翅红褐色，近翅基有一灰色短横线；内、外横线呈银灰色波纹，两横线间有暗赤褐色斑，靠近翅前、后缘处，有浅灰色云斑；外缘线灰白色，缘毛暗灰色。后翅茶褐色，外缘颜色加深，缘毛灰褐色（图 2 ①）。

图 1　油松球果螟危害红松枝梢及球果状（宋丽文提供）

卵　椭圆形，长径 0.7～0.8mm，宽约 0.5mm。初产卵为乳白色，渐变为樱红色、紫色，孵化前为黑褐色。卵散产或 2～3 粒堆产（图 2②）。

幼虫　初孵幼虫灰白色略带赤色，后渐变为漆黑色或蓝黑色，有光泽。老熟幼虫体长 15～22mm，头部红褐色，前胸背板、臀板均为黄褐色。体上具较长的原生刚毛，前胸气门前毛片上有两根刚毛。腹足趾钩为双序（图 2③）。

蛹　长 11～14mm，宽 3～4mm。初为橘黄色，逐渐加深，羽化前变为黑褐色。头及腹末均较圆钝而光滑，尾端有钩状臀棘 6 根，左右对称，列成弧形（图 2④）。

生活史及习性　浙江、陕西、山西、吉林均为 1 年 1 代，以幼虫越冬。一般 5 月中旬越冬幼虫开始转移，危害健康的先年生球果和当年生球果及嫩梢。5 月末至 6 月中旬在被害球果或枝梢内化蛹，蛹期 20 天左右，6 月中旬开始羽化出成虫。在吉林，果梢斑螟的成虫羽化初期与红松雄花散粉相遇。成虫多在白天羽化，成虫期持续 1 个月左右，成虫寿命 7～13 天。卵多产在球果的基部、鳞片上、嫩枝的皮上或皮缝里，个别产在松针上，6 月末开始新幼虫陆续孵出。生活史极不整齐，常在同一时期被害球果中见到不同龄的幼虫。

防治方法

物理防治　成虫盛期用黑光灯诱杀（每公顷可安装 40W 黑光灯 3 只）。

营林措施　秋季球果采集后，应及时处理被害球果中的幼虫，不要堆放在林缘，以免幼虫回到林中再次危害。春季剪除带有幼虫或蛹的枝梢和球果。捕获的幼虫和蛹可集中放在寄生蜂保护器内，以保护天敌。

生物防治　卵期释放赤眼蜂，可放蜂 2～3 次，每次放蜂间隔期 5～7 天。老熟幼虫至蛹期释放红松梢斑螟啮小蜂，可放蜂 2～3 次，每次放蜂间隔期 5～7 天。也可用白僵菌喷施防治初孵幼虫。

化学防治　如虫口密度较大，可在卵期至初孵幼虫期采用药剂喷雾或烟剂防治。药剂可采用阿维菌素乳油、杀铃脲和灭幼脲的悬浮剂或烟剂等。

参考文献

李后魂，2012. 秦岭小蛾类 [M]. 北京：科学出版社：346-347.

李宽胜，1992. 油松种实害虫防治技术研究 [M]. 西安：陕西科学技术出版社：47-56.

毛宝居，周胜利，徐清山，等，2006. 果梢斑螟无公害防治技术 [J]. 吉林林业科技，35(3): 21-25.

辛海萍，张金桐，宗世祥，等，2012. 油松球果螟羽化节律和成虫生殖行为观察 [J]. 山西农业大学学报（自然科学版），32 (1): 12-17.

（撰稿：宋丽文；审稿：嵇保中）

图 2 油松球果螟各虫态（宋丽文提供）
①成虫；②卵壳；③幼虫；④蛹

油松球果小卷蛾 *Gravitarmata margarotana* (Heinemann)

一种危害多种松树、云杉、冷杉果实和嫩梢的害虫。英文名 pine cone tortrix。鳞翅目（Lepidoptera）卷蛾总科（Tortricoidea）卷蛾科（Tortricidae）小卷蛾亚科（Olethreutinae）花小卷蛾族（Eucosmini）球果小卷蛾属（Gravitarmata）。国外分布于日本、俄罗斯、土耳其、瑞典、德国、法国、英国、奥地利、波兰。中国分布于江苏、浙江、安徽、河南、广东、四川、贵州、云南、陕西、甘肃等地。

寄主　油松、马尾松、华山松、白皮松、红松、赤松、黑松、湿地松、云南松、欧洲赤松、云杉、冷杉等。

危害状　以幼虫危害 1～2 年生球果和嫩梢，受害球果有流脂及黄褐色虫粪，触之有黏糊感。初孵幼虫危害致使 1 年生球果提早脱落，2 年生球果受害后干缩枯死。

形态特征

成虫　体灰褐色，体长 6～8mm，翅展 16～22mm。触角丝状，各节密生灰白色绒毛，与底色形成黑白相间的环纹。下唇须细长前伸，末节长而下垂。复眼暗褐色，突出呈半球形，复眼下缘及头顶有黄褐色长毛丛。前翅具灰褐、赤褐、黑褐 3 色片状鳞毛，相间组成不规则的云状斑纹，顶角处有 1 条弧形白斑纹。后翅灰褐色，外缘暗褐色，缘毛淡灰色（图①）。

卵　扁椭圆形，长约 0.94mm，宽约 0.68mm，初产呈乳白色，孵化前为黑褐色。

幼虫　老熟幼虫体长 12～20mm。初孵幼虫污黄色，后渐变为粉红色，老熟幼虫头部暗褐色，胴部肉红色（图②）。

蛹　赤褐色，长约 7.6mm，宽约 2.5mm。腹部末节有 2 分叉的角状突起，并有对称的钩状臀棘 8 根（图③）。

茧　丝质，黄褐色。长 11mm，宽 4mm。

生活史及习性　陕西 1 年发生 1 代，以蛹在枯枝落叶层及杂草下越冬。成虫 4 月中旬开始羽化，4 月下旬至 5 月上旬为羽化盛期。成虫羽化、产卵期的长短受气候影响很大，晴天产卵集中，卵散产于上年生的球果鳞片、嫩梢及针叶上，一般每果有卵 2～3 粒。卵期平均 14 天。5 月上、中旬幼虫孵化，6 月上、中旬幼虫开始老熟，离开球果，吐丝坠地，在枯枝落叶层、杂草丛中及松土层内结茧化蛹。

防治方法

物理防治　根据老熟幼虫脱果，吐丝坠地结茧化蛹习性，清除林内枯枝落叶、杂草，集中烧毁。破坏越冬场所，减少虫口密度，消灭虫源。设置诱虫灯和性引诱剂，诱杀成虫。

营林措施　营造混交林，减少油松纯林；加强抚育管理，增强树势，提高林分抗虫害能力。

生物防治　初孵幼虫期喷施 25% 苏云金杆菌乳剂 200 倍液；老熟幼虫在树冠地下化蛹期间，可以喷施白僵菌粉。卵期释放赤眼蜂。

化学防治　老熟幼虫脱果坠地结茧化蛹时，在树冠下均匀喷森得保粉剂 20g/ 亩；或用 40% 氧化乐果乳油 1000 倍液、25% 灭幼脲悬乳液 1500 倍液和 2.5% 敌杀死乳油 2000 倍液喷雾。

参考文献

李安平，2010. 油松球果小卷蛾生物学特性及综合防治技术研究 [J]. 陕西林业科技 (6): 55-57.

李成德，2004. 森林昆虫学 [M]. 北京：中国林业出版社.

张爱环、李后魂，2006. 花小卷蛾族分类学研究现状及展望 [J]. 北京农学院学报，21(2): 76-80.

中国科学院动物研究所，1981. 中国蛾类图鉴 [M]. 北京：科学出版社.

（撰稿：郝德君；审稿：嵇保中）

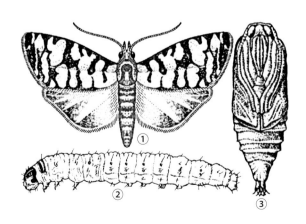

油松球果小卷蛾形态（朱兴才绘）
①成虫；②幼虫；③蛹

油桐尺蠖 *Biston suppressaria* (Guenée)

一种主要危害油桐、油茶、乌桕、桉树等多种树木的食叶害虫。又名桉尺蠖。鳞翅目（Lepidoptera）尺蛾科（Geometridae）鹰尺蛾属（Biston）。国外分布于印度、缅甸、日本。中国分布于福建、浙江、江西、湖北、湖南、广东、广西、贵州、四川。

寄主　油桐、油茶、茶树、乌桕、柿、杨梅、板栗、肉桂、枣、刺槐、漆树、桉树。

危害状　初孵幼虫仅吃叶子周缘的下表皮及叶肉，不食叶脉。叶子被害处呈针孔大小的凹穴。留下的上表皮失水褪绿，外观呈铁锈色斑点；日久表皮破裂成小洞。二龄幼虫开始从叶缘取食，形成小缺刻，留下叶脉。

形态特征

成虫　雌虫体长 23mm，翅展 65mm；雄蛾体长 17mm，翅展 56mm。雌蛾触角丝状，雄蛾双栉状。体灰白色，胸部密被灰色细毛。翅基片及腹部各节后缘生黄色鳞片。前后翅色泽及斑纹相似，基线、中横线和亚外缘线为黄褐色波纹，亚外缘线外侧部分色泽较深，翅面散生的蓝黑色鳞片，翅反面灰白色，中央有 1 个黑斑。雌蛾腹部肥大，末端有成簇黄毛，产卵器黑褐色（见图）。

幼虫　共 6 龄，初孵幼虫体长 2mm 左右，五龄平均体

油桐尺蠖成虫（王敏提供）

长 34.2mm，老熟幼虫平均体长 64.6mm。虫体深褐色，前胸至第十腹节亚背线为宽阔黑带；背线、气门线浅绿色，腹面褐色。头前端平截，第五腹节气门前上方具 1 个颗粒状突起，气门紫红色。腹足趾钩为双序中带，尾足发达扁阔，淡黄色。

生活史及习性　在湖南、浙江 1 年发生 2～3 代，以蛹在树干周围土壤中越冬。翌年 4 月上旬越冬代成虫开始羽化，4 月下旬到 5 月初为羽化盛期。第一代幼虫发生期为 5～6 月，幼虫期 40 天左右；7 月化蛹，蛹期 15～20 天；7 月下旬成虫开始羽化产卵，卵期 7～12 天。第二代幼虫发生期为 8～9 月中旬，幼虫期 35 天左右；9 月中旬化蛹越冬。少部分第三代幼虫发生于 9 月中旬～10 月下旬，11 月化蛹越冬。

卵初产时绿色，孵化时黑褐色。越冬代成虫所产之卵，卵块表面盖有浓密绒毛。幼虫在桐叶被食完后，下地取食灌木、杂草。幼虫停食时，腹足紧抱树叶或树枝，虫体直立，状如枯枝。老熟幼虫多在树苑附近土下 3～7cm 处化蛹。在桐叶充裕、土壤疏松的林内，幼虫多在树干附近土中化蛹，越近树干蛹越多；坡地桐林，树干下方的蛹最多，两侧次之，上方最少。

成虫自傍晚至凌晨羽化，以 22：00 至次日 2：00 为最多。成虫羽化后当夜即可交尾，但以第二夜交尾最多。交尾发生于 22：00～次日 5：00，以 1：00～3：00 最多。雌蛾一生交尾 1 次，极少数能交尾 2 次。交尾的当夜即可产卵，卵产在树皮裂缝、伤疤及刺蛾的茧壳内。每雌产卵数百至 2000余粒。卵块含卵量 204～1300 粒，平均 898 粒，排列较松散。

防治方法

化学防治　25% 灭幼脲和烟雾剂（4.5% 高效氯氰菊酯 +30% 乙酰甲胺磷 + 柴油）对油桐尺蠖均具有较好的防治作用。

生物防治　利用黑卵蜂、长跗姬小蜂、大黑蚁、尺蠖强姬蜂、大尺蠖姬蜂等寄生性天敌防治卵、幼虫和蛹。或利用白颈乌鸦、竹鸡、四声杜鹃、蝼蛄等捕食幼虫和蛹。利用核型多角体病毒 $2×10^8$PIB/ml 的病毒悬液防治油桐尺蠖，效果很好。

参考文献

黄水仙，2014. 桉树林油桐尺蠖防治试验 [J]. 林业勘察设计 (1): 107-110.

李兵，2016. 桉树林油桐尺蠖防治试验 [J]. 湖南林业科技，43(2): 108-112.

彭辉银，曾云添，陈新文，等，1998. 油桐尺蠖病毒杀虫剂的药效分析 [J]. 应用与环境生物学报 (3): 258-262.

王问学，莫建初，周云龙，1988. 油桐尺蠖生命表的初步研究 [J]. 中南林学院学报 (1): 84-91.

萧刚柔，1992. 中国森林昆虫 [M]. 2 版. 北京：中国林业出版社.

（撰稿：代鲁鲁；审稿：陈辉）

有效积温法则　law of effective accumulative temperature

描述温度与生物生长发育关系的最普遍规律。是指生物（包括植物和变温动物）为完成某一发育阶段所需要的总热量，其为一常数，也称为热常数或总积温。昆虫与植物和其他变温动物一样，只有在高于发育起点温度（或称生物学零点）的温度下才开始发育，因此，有效积温以公式描述为：

$$K = N(T-C)$$

式中，K 为热常数，也称有效总积温，即完成某一发育阶段所需要的总热量，用"日度"表示；N 为发育历期，即完成某一发育阶段所需要的天数；T 为发育期的平均温度；C 为发育起点温度。

发育起点温度 C 和有效积温 K　推算有效积温应满足昆虫在适温区发育速率与温度成正比例关系的前提，根据有效积温公式推导，计算有效积温和发育起点温度应将温度设置在最适温度或接近最适温度的范围之内。其测定方法常采用恒温法、人工变温法和自然变温法，计算发育起点温度 C 和有效积温 K 时常用直线回归法和加权法。

恒温法　在人工控制的恒温条件下，将待测的某发育阶段的昆虫饲养在 5 个或 5 个以上不同的适宜温度下，保持其他饲养条件相同，测得不同温度下的发育历期。

人工变温法　①利用自动化控制温度的人工气候室模拟自然界春、夏、秋、冬四季温度的昼夜变化所测得的多组不同平均温度下的发育历期。②利用恒温箱设置为白昼 8～10 小时较高温度和夜间 14～16 小时较低温度饲养昆虫，日平均温度以两种温度按小时加权平均计算，进而测得多组不同日平均温度下的发育历期。

自然变温法　在自然条件下的季节性和昼夜性的温度条件下饲养供试昆虫，获得多组不同的日平均气温或总积温下的发育历期。

实际应用

预测害虫的发生期　根据有效积温预测公式结合当地的常年平均气温以及近期的气象预报，对害虫下一代虫期（或龄期）的发生期做出预测。

推测某种昆虫的地理分布界线　如果某种昆虫在某一地区有分布，那么此地区的全年有效总积温一定要高于此昆虫完成一个世代所需的有效总积温。根据这一理论，可判断某昆虫的地理分布界限。

推测某种昆虫在某地区可能发生的世代数和绘制世代分布图　根据气象资料可计算出当地该昆虫的全年有效总积温，在确定该昆虫完成一个世代所需要的有效积温后，可计算出该昆虫可能发生的世代数。世代数 = 某地区一年的有效总积温 / 某昆虫完成一个世代所需的有效积温。结合各地区某昆虫发生的世代数，即可绘制大范围地区此昆虫的世代分布图。

预测和控制昆虫的发育期　在确定了某昆虫的发育起点温度和有效积温后，通过温度预测可以计算得出发育历期，预测下一发育阶段出现的时间，也可以通过控制温度来调节此昆虫的发育期。

参考文献

侯世星，马聪慧，马姝岑，等，2014. 香梨优斑螟有效积温测定及其在中国适生区的预测 [J]. 中国农学通报，30(13): 304-308.

魏初奖，陈顺立，2012. 松突圆蚧发育起点温度和有效积温的测定及其应用 [J]. 南京林业大学学报（自然科学版），36(1): 89-92.

IKEMOTO T, TAKAI K, 2000. A new linearized formula for the law of total effective temperature and the evaluation of line-fitting methods with both variables subject to error [J]. Environmental entomology, 29(4): 671-682.

（撰稿：赵连丰；审稿：孙玉诚）

柚喀木虱　*Cacopsylla citrisuga* (Yang et Li)

危害柑橘新梢，2012 年发现传播柑橘黄龙病。原名柚木虱。英文名 pomelo psyllid。半翅目（Hemiptera）木虱科（Psyllidae）喀木虱属（*Cacopsylla*）。国外未见报道。在中国最早报道于 1984 年，目前仅发现于云南瑞丽、陇川、腾冲、石屏、元江等地，且发生地点均为海拔近 1000m 以上的地区。

寄主　芸香科柑橘属。

危害状　危害柑橘新梢，成虫主要在嫩梢尚未展开的嫩叶顶端正面主脉两侧产卵，若虫孵化后固定在主脉两侧取食，受害叶尖端沿主脉向正面对折，严重时整叶对折（图1）。

形态特征

成虫　体长 3.23～3.71mm，体绿色，粗壮；头宽 0.81～0.88mm，头部下垂，头顶后缘微凹，前缘膨突；单眼黄褐，复眼棕褐；触角长 1.14～1.21mm，黄至黄绿色，第三至八节端部黑色，第九至十节全黑，端刚毛一长一短，黄色；胸较头为窄，中胸盾片中央平扁，小盾片膨突；足黄色，腿节黄绿色；后足胫节具 1 基刺，端距 5 个、黑色，基跗节具 1 对黑色爪状刺，后基突绿色，细而尖、略下弯；前翅长 2.6～3.13mm、宽 1.37～1.4mm，透明，翅痣狭长，缘斑 4 个淡褐色；后翅长 2.19～2.6mm，宽 0.83～0.92mm，透明；腹部背面黄绿，腹面绿色、具微毛（图2）。

卵　长 0.3mm，最宽处 0.15mm，杜果形，表面光滑，初呈白色透明状，后逐渐变黄，卵两端橘黄较浓，中间可见红色小点，孵化前中间可见黑色小点（图3）。

若虫　共 5 龄，扁椭圆形，腹部较胸宽，复眼为红色，全体为黄色，体色随虫龄变化，初孵若虫为淡黄色，无翅芽；二龄颜色逐渐变黄，翅芽显露但未伸达腹部；三龄体黄色，翅芽伸达腹部；四龄后体色开始变为黄绿色至绿色；五龄后头、胸、腹均变为绿色，复眼颜色变淡，前胸隆起（图4）。若虫取食后分泌 1 根长长的白色蜡丝拖于腹部末端。

生活史及习性　生活史和年发生世代数尚不清楚。

温度对成虫活动的影响较大，10：00 前或温度低于 8℃时，成虫基本不活动，于寄主嫩梢上静歇。当气温高于 15℃时，成虫开始活动，11：00～16：00 是活动的高峰期，12：30～14：30 是羽化的高峰期。成虫羽化时，头部固定在叶片背面，不停地振动身体，羽化完全后在羽化的位置静歇数小时，待翅膀全部展开后开始飞行活动。成虫喜欢在嫩芽或嫩叶上产卵，在嫩叶上的产卵部位为叶片正面从距离叶柄约 2/3 处直到叶尖的主脉两侧。每叶产卵 1～2 排或数排，每叶卵粒最多可达 30～50 粒。若虫孵化后喜欢群居在孵化叶片上取食，随叶片的生长而逐渐发育成熟。至二龄后部分若虫会转移至其他幼嫩叶片上固定取食。受害叶片沿主脉向上对折，若虫在对折的叶片内很少再转移，但其活动能力强，受惊扰后能迅速转移。若虫抗低温的能力较强，4℃低温下

图 1　柚喀木虱危害状（岑伊静、许鑫提供）

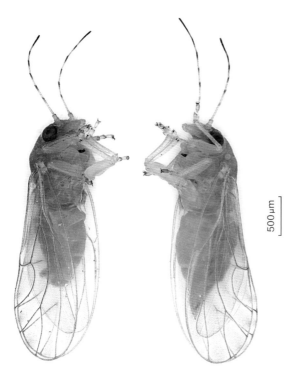

图 2　柚喀木虱成虫（王吉锋提供）

①雄虫；②雌虫

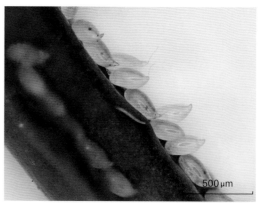

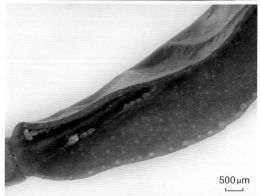

图 3　柚喀木虱卵（许鑫提供）

图 4　柚喀木虱第一至五龄若虫（王吉锋提供）

48 小时后，仍然具有活动和取食能力；置于 0℃经 4 小时后转移到室温几秒钟就能恢复活动能力。若虫、成虫对高温较为敏感，如气温持续高于 35℃以上，很少见其活动。

发生规律　在云南瑞丽海拔约 1000m 的橘园，柚喀木虱于 2 月中下旬产卵，3 月初可见若虫取食为害，3 月中下旬第一代成虫出现，4 月上旬至 6 月中上旬为发生高峰期，进入 7 月后数量急剧下降，基本上不造成大的危害，9 月后以少量成虫、若虫在阴暗、凉爽的地方越夏。而在海拔近 1500m 的橘园，卵的初显期为 3 月初，3 月中下旬可见若虫为害，4 月初第一代成虫出现，危害高峰期从 5 月初一直持续至 10 月初，11 月后危害减轻。影响柚喀木虱发生的一个主要因素是嫩梢的抽发时间和数量，另一个因素是海拔高度，发生危害随海拔的升高而加重。

防治方法　见柑橘木虱。

参考文献

郭俊，岑伊静，王自然，等，2012.柚喀木虱的形态、生物学特性及发生规律研究 [J].华南农业大学学报，33(4): 475-479.

李法圣，2011.中国木虱科 [M].北京：科学出版社：1068-1070.

王妍晶，岑伊静，江宏燕，等，2015.基于线粒体 COI 序列对云南地区柚喀木虱单倍型的鉴定 [J].华南农业大学学报，36(4): 81-86.

杨集昆，李法圣，1984.云南木虱科九新种及一新属 [J].昆虫分类学报，6(4): 251-266.

周汶静，蒲雪莲，张丽娜，等，2012.柚木虱体内韧皮部杆菌亚洲种多基因位点的分子鉴定 [J].中国南方果树，41(3): 1-5

CEN Y J, ZHANG L N, XIA Y L, et al, 2012. Detection of 'Candidatus Liberibacter asiaticus' in Cacopsylla (Psylla) citrisuga (Hemiptera: Psyllidae) [J]. Florida entomologist, 95(2): 304-311.

（撰稿：岑伊静；审稿：郭俊）

榆白长翅卷蛾　*Acleris ulmicola* (Meyrick)

一种危害多种榆树的重要食叶害虫。又名榆树卷蛾、榆白长翅小卷叶蛾、榆白小卷叶蛾。英文名 Japanese elm leafroller。鳞翅目（Lepidoptera）卷蛾总科（Tortricoidea）卷蛾科（Tortricidae）卷蛾亚科（Tortricinae）卷蛾族（Tortricini）长翅卷蛾属（*Acleris*）。国外分布于韩国、日本、俄罗斯远东地区。中国分布于黑龙江、吉林、内蒙古、山东、河南、宁夏、青海、西藏等北方地区和台湾。

寄主　白榆、龙爪榆、刺榆、黑榆、裂叶榆、春榆等。

危害状　榆白长翅卷蛾以幼虫危害榆树叶片，初孵幼虫破卵壳而出，在枝条和叶片爬行，1.5天后开始粘缀叶片并在其叶背取食。一、二龄幼虫取食叶背及叶肉组织，只留下上表皮在叶片上形成天窗。从三龄开始食量剧增，不但取食叶背和叶肉组织，还可取食上表皮，如遇惊扰则首尾摆动迅速进退或吐丝下垂落地不动。随着新梢嫩叶的伸展和幼虫逐渐长大，幼虫将转移到别处，将3、4片嫩叶缀成新苞取食危害，虫苞叶片一般呈纵卷多层的圆锥形或不规则形。每头幼虫一生转移危害榆叶可达20多片（图1）。

形态特征

成虫　体长 6～8mm，前翅长 7.5～9mm，翅展 15～17mm。唇须前伸略向下垂，末节膨大。有体色、翅色多型现象，头、胸部及前翅黄白色、灰色或淡棕褐色。前翅黄白色者基半部黄白，内线褐细，外斜，多断续；端半部中带褐或浅褐色，宽外斜，内杂相鳞；端斑宽大，色较浅，内有褐色横纹；中带与端斑间黄白色，由前缘斜伸至臀角，或不达前缘。后翅淡褐色。前翅灰色或淡棕色者翅面斑纹多不清晰；前缘中部有一三角形暗斑，或外半部色均暗，成一大斑，但沿三角形暗斑边缘界限不清；内线隐约。后翅灰色或淡黄褐色，无斑纹。翅背面色较淡，无明显的斑纹，缘毛淡白色（图2①②）。

卵　直径约 1mm，圆形，左右扁平，白色。

幼虫　分有斑和无斑两类。三龄幼虫头部浅褐色、褐色或黑色，体长 12～12.5mm。前胸背板稍骨化，浅灰色，两侧各具1黑斑。有斑者虫体草绿色或灰绿色，背中线色浅，中、后胸背中线两侧有两个横向排列的黑斑，体节侧面有两个纵

图 1　榆白长翅卷蛾典型危害状（李宁提供）

图 2　榆白长翅卷蛾成虫、幼虫与蛹（李宁提供）

①雄成虫；②雌成虫；③④幼虫；⑤蛹；⑥蛹的钩状臀棘

向排列的稍小黑斑。腹部各节背中线两侧的两黑斑呈纵向排列。体节侧面只有 1 个小黑斑（图 2③）。无斑者身体浅白色，前胸背中线色浅，中后胸及腹部背中线色深（图 2④）。

蛹　化蛹初期为深绿色，2～3 天后蛹背呈暗棕色，4～5天后腹部也变为棕色。长 6～10mm，端部具 1 突出的小柄。蛹体腹部 8 节，各腹节背面有两列平排的锯齿形横带，前排大而稀疏，后排小而密集；尾部有钩状臀棘 2 枚，臀棘末端向腹部稍弯曲（图 2⑤⑥）。

茧　幼虫将叶片粘缀结白色薄囊隐蔽取食危害，囊两端留有进出口。老熟幼虫在薄囊内结长约 1cm 的白色厚茧化蛹。

生活史及习性　1 年发生 2 代，世代重叠。幼虫共 5 龄，以低龄幼虫越冬。越冬幼虫于翌年 4 月下旬在寄主发芽抽梢时开始活动，历期 35～42 天，6 月中旬化蛹，蛹期 6～8 天。6 月下旬越冬代成虫羽化并交尾产卵。第一代幼虫出现在 7月中下旬，历期 29～36 天，成虫产卵期为 8 月下旬至 9月中下旬。从 10 月中下旬开始以第二代低龄幼虫在树干、粗枝裂缝、枝条分叉及腋芽处吐丝做小白囊越冬。成虫羽化大多在气温较高的白天进行，其羽化时间与温度密切相关，从7：00～15：00，随气温的升高羽化速率加快，羽化高峰出现在 13：00 之后，17：00 随气温下降而降低。成虫白天静伏于背光的叶面，受惊扰后绕树干短距离飞行。在不受惊扰的情况下很难在白天发现成虫。成虫的趋光性和趋化性较强。其雌、雄性比为 2：1。雌蛾一生只交尾 1 次，交尾后 2 天产卵。产卵有趋嫩性，多产于新抽叶片的背面，呈数十粒的块状，也有个别散产的。产卵时间多集中在 18：00～20：00，越冬代雌蛾产卵量 29～133 粒，平均 66.1 粒；第一代雌蛾产卵量 47～152 粒，平均 81.5 粒。第一代卵期 8～10 天，第二代 6～7 天，卵块以 7：00～8：00 孵化最多。越冬代幼虫具假死性，如遇惊扰，吐丝下垂落地不动。幼虫危害有两个盛期：越冬代为 5 月中旬至 6 月上旬，第一代为 8 月上中旬至 9 月上旬。

防治方法

物理防治　成虫活动期采用黑光灯诱杀。

营林措施　修剪及摘除虫苞：在幼虫盛发期和榆树修剪中除去虫苞和当年发生的幼虫。

化学防治　使用 40% 乐果乳油 800 倍液、4.5% 溴氰菊酯乳油 1000 倍液、1% 阿维菌素乳油 3000 倍液、1.2% 烟碱·苦参碱乳油 1000 倍液等药剂进行叶面喷雾及树干注射防治。

参考文献

蔡振声，史先鹏，徐培河，1994.青海经济昆虫志 [M].西宁：青海人民出版社：200-201.

刚存武，李淑君，2004.西宁地区榆白长翅小卷叶蛾药剂防治研究 [J].甘肃农业科技 (5): 45-47.

马琪，刘永忠，2004.榆白长翅卷蛾生物学特性初步观察 [J].青海大学学报，22(2): 63-65.

王新谱，李后魂，2005.卷蛾亚科（鳞翅目：卷蛾科）系统学研究概述 [J].农业科学研究，26(2): 56-61.

徐青萍，2015.无公害药剂防治榆白长翅卷蛾试验 [J].防护林科技 (8): 73-74.

于春梅，2015.西宁主要林业有害生物图册 [M].西宁：青海民族出版社：28-29.

中国科学院动物研究所，1981.中国蛾类图鉴 (I)[M].北京：科学出版社：29-30.

（撰稿：李宁；审稿：嵇保中）

榆斑蛾　*Illiberis ulmivora* (Graeser)

中国北方榆树的重要食叶害虫，以幼虫取食叶片，危害严重时将树叶食尽，削弱树势。又名榆星毛虫。鳞翅目（Lepidoptera）有喙亚目（Glossata）异脉次亚目（Heteroneura）斑蛾总科（Zygaenoidea）斑蛾科（Zygaenidae）小斑蛾亚科（Procridinae）鹿斑蛾属（*Illiberis*）。国外分布于蒙古、俄罗斯（远东）。中国分布于北京、天津、河北、山西、河南、山东、甘肃等地。

寄主　榆树。

危害状　被害叶片轻则出现空洞、缺刻，重则可食光叶片，仅残留叶柄。

形态特征

成虫　体长 10～11mm，翅展 27～28mm。淡褐至黑褐色。触角双栉齿状；雄蛾栉齿分枝长，雌蛾的则短。翅半透明。前翅 R4 与 R5 在基部共柄，个别不共柄；后翅 Sc+R1与 R5 平行，在中室中部以横脉相连。雄蛾翅缰 1 根，粗而长；雌蛾翅缰常为 4 根，细而短。腹部背面各节后缘有黄褐色鳞片。腹侧及腹面末端为黄褐色，后逐渐呈淡褐色。雄虫外生殖器的抱握器外供，宽而扁，背脊较骨化，顶端具钝齿，中部具 1 内向的大尖齿；阳具细长，呈棒槌形（图①）。

卵　米黄色，后逐渐变为黄褐色。长椭圆形。长约0.5mm，宽约 0.4mm（图②）。

幼虫　老熟幼虫体长 14～18mm，宽约 4mm。体粗短，长筒形。黄色，头小并缩入前胸。中、后胸呈黑色。第三腹节后半部及第八、九腹节均为黑色，有的第四、五腹节亦为黑色。每体节两侧各布有 5 个毛疣。其中，足上有 2 个毛疣，在背中线两侧的 3 个毛疣最发达，疣上生有长短、粗细不等

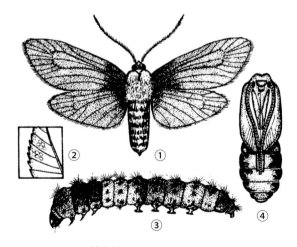

榆斑蛾（引自萧刚柔，1992）

①雌成虫；②卵；③幼虫；④蛹

的淡黄色刚毛多根。气门小而圆。腹足粗而短，趾钩为单序纵带（图③）。

蛹　体长 9～15mm，宽 4～5mm。扁长筒形，初化蛹时体较大，淡黄色，唯头、胸及附肢为金黄色；后期蛹变为黄褐色，体较小。蛹腹背第一节前缘有 1 横列纵褶，第二至第九节近前缘处均有 1 横列锥状刺，刺尖为茶褐色。其中，以第三至第七节的锥状刺为最大，且密集。蛹末端钝圆（图④）。

生活史及习性　在甘肃 1 年 1 代。8 月上、中旬下树的老熟幼虫在落叶层、砖土缝、建筑物缝隙及蛀干害虫羽化孔内吐丝结茧，在丝质茧内化蛹越冬。翌年 5 月下旬或 6 月上旬为成虫始期期，7 月下旬为终止期。6 月上、中旬为初卵期，7 月下旬至 8 月上旬为终卵期。6 月中、下旬为幼虫初孵期，10 月上、中旬为终止期。7 月中、下旬至 8 月中旬为危害盛期。成虫多在 9：00 前后羽化，在榆树树冠周围缓慢飞行，当天觅雌，呈"一"字形交尾。交尾一次长达 2～3 小时。5：00～19：00 均可交尾，但以 11：00 后居多。雌蛾寿命 5～8 天，雄蛾寿命 6～10 天。雌、雄性比为 1：1.06～1.09。羽化率为 96.4%。雌蛾喜在榆树新梢幼嫩叶背的上、中部产卵。卵块排列整齐，通常单层排列，也有部分重叠 2～3 层的卵块。个体间的产卵量差异悬殊，少则 18 粒，多达 350 粒，平均为 148.3 粒。卵期 7～10 天。卵块孵化较整齐，历期 2～3 天。平均孵化率 93.8%。幼虫孵化后，有取食卵壳的习性，群集于原卵块附近，排列整齐，食量小，不活泼，取食寄主叶片，使叶片呈天窗状。三龄后幼虫分散取食，被害叶片出现缺刻。随着虫龄的增加，幼虫食量大增，可食光叶片，仅残留叶柄。如此时虫口密度大，则成灾。幼虫发育期约 40 天。7 月底，幼虫老熟，寻找隐蔽场所，于 8 月上、中旬吐丝作茧，进入预蛹期。蛹期长达 9 个月，化蛹率 88.1%。

防治方法

人工防治　利用老熟幼虫下树化蛹的习性，可在树干基部绑草诱杀或树下撒药。

生物防治　幼虫初龄期，可使用 100 亿孢子 /g 的白僵菌或苏云金杆菌 100～200 倍液进行喷雾防治。榆斑蛾有诸多天敌，如捕食性天敌步甲、丽草蛉、日本螳螂、蝎蝽，以及寄生性天敌黑卵蜂、绒茧蜂、姬蜂、金小蜂等，应注意保护和利用。

化学防治　在幼龄幼虫期，喷施烟碱·苦参碱 1500 倍液、灭幼脲Ⅲ号 500 倍液、毒死蜱 2000～2500 倍液、甲维盐 4000～6000 倍液、高效氯氰菊酯 3000～4000 倍液。

参考文献

李成德, 2004. 森林昆虫学 [M]. 北京：中国林业出版社：264-265.

王富荣，刘启祥，1986. 榆斑蛾的生物学和防治 [J]. 山西大学学报（自然科学版）(2): 92-99.

王月星，刘厚任，刘召俊，等，1992. 榆斑蛾天敌——凹翅宽颚步甲的研究 [J]. 山东林业科技 (S1): 71-73.

萧刚柔，1992. 中国森林昆虫 [M]. 2 版. 北京：中国林业出版社.

（撰稿：李成德；审稿：韩辉林）

榆红胸三节叶蜂　*Arge captiva* (Smith)

东亚特有的榆树重要食叶害虫。又名榆三节叶蜂。英文名 elm sawfly。膜翅目（Hymenoptera）三节叶蜂科（Argidae）三节叶蜂亚科（Arginae）三节叶蜂属（Arge）的 *Arge captiva* 种团。国外分布于韩国和日本。该种在中国分布十分广泛，南端至南岭，西端至新疆，北部到吉林和内蒙古，东部至沿海各地。

寄主　本种主要危害榆科榆属的多种植物。

危害状　幼虫昼夜取食叶片，早晚危害较重。低龄幼虫列队在叶片边缘取食，高龄时逐渐分散取食。幼虫发生数量较少时，取食造成叶片缺损，数量较大、危害严重时可导致榆树全部叶片被吃光，仅遗留主要叶脉和叶梗。

形态特征

成虫　雌虫体长 10～11mm（图①）。体和足黑色，黑色部分具较弱的蓝色金属光泽，前胸背板、中胸背板和中胸侧板上半部红褐色，小盾片后端有时黑色，触角黑褐色。翅烟褐色，具弱蓝紫色光泽，翅脉和翅痣黑色。体毛银褐色，触角、锯鞘和翅面细毛黑褐色。

体较粗壮。头部前侧和背侧前部具细小刻点，虫体其余部分光滑，无明显刻点和刻纹。颚眼距等于或稍窄于单眼直径；唇基边缘锐薄，缺口浅弧形；复眼中等大，内缘稍向下收敛，间距稍宽于眼高；颜侧沟较浅；颜面强烈隆起，顶部宽圆，无中纵脊；中窝宽长，后端封闭，不与额区通连；侧脊较锐利，向下几乎不收敛，渐低钝，下端不愈合（图⑥）；额区隆起，中部稍凹，额脊低钝；OOL：POL：OCL=15：10：9；单眼中沟浅弱，单眼后沟显著；单眼后区微隆起，低于单眼平面，宽长比为 2～3：1；侧沟宽浅，稍向后收敛；背面观后头两侧明显膨大（图⑤），无后颊脊。触角等长于胸部，第一节等长于触角窝间距，第三节明显弯曲，稍短于中胸背板，亚端部显著膨大，末端钝，最宽处约 2.5 倍宽于基部（图④）。后胸淡膜区狭窄，间距约等于淡膜区长径的 1/3。前翅 R+M 脉短小，Rs 第三段稍长于 Rs 第四段，1r-m 脉下半部明显内倾，3r-m 脉中部弱弧形外鼓，cu-a 脉中位，2Rs 室长于 1Rs 室，下缘微长于上缘。后翅臀室 2 倍长于臀柄，臀柄约 2 倍于 cu-a 脉长。中后足胫节各具 1 个亚端距；后足基跗节等长于其后 3 节之和，爪无内齿。下生殖板后缘中部微弱突出。锯鞘背面观端部不尖，侧面观短于后足股节，腹缘稍弯曲；锯腹片简单、宽短，无叶状节缝刺突，具窄刺毛带；第一刃间段宽于第二刃间段，锯刃圆钝突出，具多数细小亚基齿。雄虫体长 7～8mm（图②）。体色与构造类似雌虫，但触角约等长于头胸部之和，第三节全长等宽，稍侧扁，微宽于触角第二节，立毛稍长于单眼直径（图③）；中窝侧脊锐利；前翅 1r-m 脉弯曲度弱；下生殖板端部钝截形。

卵　单产，椭圆形，长 1.5～2.5mm，宽 0.5～0.6mm；出产时淡色，孵化前变黑色。

幼虫　初孵幼虫和低龄幼虫体翠绿色，头部褐色至暗褐色，臀板稍暗，体躯无明显黑斑（图⑧）；老龄幼虫长 20～27mm，淡黄绿色，头部黑色，胸腹部各节均具 3 排黑

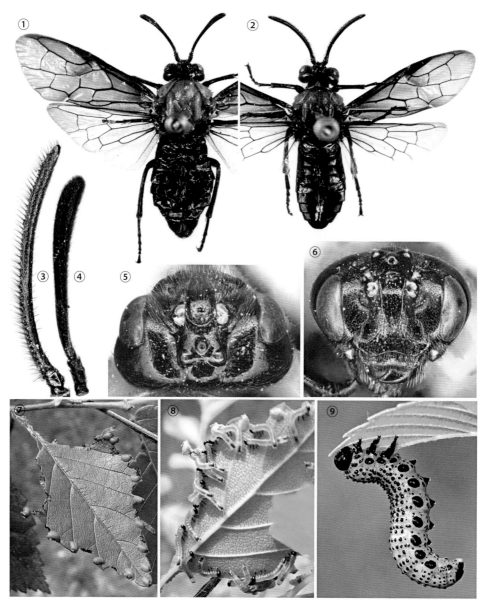

榆红胸三节叶蜂（魏美才、武星煜摄）

①雌成虫；②雄成虫；③雄虫触角；④雌虫触角；⑤雌虫头部背面观；⑥雌虫头部前面观；⑦榆叶片上的卵；⑧低龄幼虫；⑨老熟幼虫

色瘤斑，胸部两侧各具 3 个中等大黑瘤，腹部第一至七节两侧各具 1 个黑色大瘤突（图⑨）；胸足 3 对，腹足 6 对，臀足小；肛上板黑色。

茧　初茧淡黄色，渐变褐色，丝质，长卵形，长 9～13mm，直径约 5mm。

蛹　初蛹黄褐色，羽化前头部和腹部变蓝色，胸部暗红色，雌蛹长 8～12mm，雄蛹长 7～10.5mm。

生活史及习性　华北地区 1 年发生 2 代。以老熟幼虫入土结茧，以预蛹越冬。翌年 6 月中下旬开始羽化、产卵，7 月上旬幼虫孵化，7 月下旬陆续老熟，入土结茧化蛹。第二代成虫 8 月中下旬羽化、产卵，幼虫孵化后取食到 9 月中上旬，老熟幼虫入土结茧越冬。

成虫多在 6：00～9：00 羽化，飞翔力弱，先在杂草或榆树下部叶片上爬动。成虫不需补充营养，有假死习性，寿命 6～8 天。1～2 天后活动性增强，白天追逐交尾。雌蜂只交配 1 次，交配后即在榆树中下部嫩叶上产卵。产卵时成虫用胸足紧抱叶片，腹部紧贴叶缘，用锯状产卵器从叶缘缺刻的顶部、在叶的上、下表皮之间开一裂缝，卵产其中。每产完 1 粒卵向前移动再产 1 粒，每片叶的叶缘大部依次产完后，再选择另一叶片继续产卵。1 个叶片上产几粒至 30 余粒。产卵处叶片逐渐膨大，外观明显可见（图⑦）。每头雌蜂可产卵 35～60 粒。卵经 7～9 天后孵化。幼虫 5 龄，有假死习性，幼虫期 15～17 天。幼虫老熟后入土，在表土层 2cm 左右处或枯枝落叶下吐丝粘土粒结茧化蛹，第一代蛹期 6～7 天。越冬代幼虫入土 10～15cm 深处吐丝做茧越冬。

防治方法　初春至 6 月初，可以人工捕捉去除幼虫，并结合修剪，剪除受害枝和产卵枝；清理枯枝落叶，结合松土消灭虫茧。幼虫危害期，可利用其假死习性，振落幼虫捕杀。

危害严重时，可以使用常规化学农药防治。应在幼虫低龄时用高效低毒化学农药防治。

参考文献

陈连正，章森，房立新，等，2012. 榆三节叶蜂生物学特性及防治技术 [J]. 吉林林业科技，41(4): 52, 54.

崔茂良，董玉玲，田金海，等，2003. 榆叶蜂生物特性及防治方法 [J]. 防护林科技 (1): 75.

SHINOHARA A, HARA H, KIM J W, 2009. The species-group of *Arge captiva* (Insecta, Hymenoptera, Argidae) [J]. Bulletin of the national museum of nature and science, 35(4): 249-278.

（撰稿：魏美才；审稿：牛耕耘）

榆卷叶象 *Tomapoderus ruficollis* (Fabricius)

一种危害榆树、形成卷叶的象甲。鞘翅目（Coleoptera）卷象科（Attelabidae）锐卷象属（*Tomapoderus*）。国外分布于俄罗斯远东地区、日本、蒙古、朝鲜、韩国。中国分布于陕西、贵州等地。

寄主 榆树。

危害状 随着取食交尾，雌成虫进行卷叶产卵活动，先在主脉上距叶片基部 1cm 左右处咬一标记，沿标记向左或向右侧用上颚垂直于主脉将叶片切开，然后爬到叶尖处，用头、口器和 3 对足的巧妙配合，将叶片由叶缘两侧分别向主脉反复对折，大体形成长方形叶偏袋后，由叶尖向上卷筒，大约卷到距叶尖 1.5cm 处用口器在主脉附近咬一个孔洞，将一粒卵产在其间，在卷筒的过程中，在卷筒的两侧及中间巡回检查，卷到切线处，形成多层次卷筒挂在小枝上，全过程需 25～30 分钟，1 个雌成虫在 1 个小枝上可连续卷 4～5 个筒。

形态特征

成虫 体长 7mm 左右，近长方形，头管、前胸、腹背和部分腹板及 3 对足为黄色，全体被以稀疏而短的绒毛。头部呈长椭圆形，头长约是宽的 2 倍，表面微隆起，复眼半球形，发黑紫色光泽。喙在触角着生处之前方向下弯曲，先端微扩大，下颚须 4 节，触角 11 节，呈不明显的膝状，末端 3 节呈疏松棒状，柄节粗是梗节的 2 倍，自鞭节的第一节起至棒节依次加粗。柄节黄色，自梗节起为黑紫色，整个触角密被绒毛。前胸背板宽大于长，其前缘明显溢缩，中央具一条纵细沟，在沟的两侧各具一弧形沟，沟的边缘呈脊状隆起。鞘翅长方形，紫色有光泽，表面具 6 条刻点列。小盾片略呈三角形。腹板 1～4 节愈合，生殖器藏于体内，第二性征不明显，难以从外形上辨别雌雄。

幼虫 老熟幼虫体长 9.0mm，宽 4.0mm，头部黑褐色，胴部黄色表面有亮光，弯曲成镰刀状。

生活史及习性 榆卷叶象 1 年 2 代，以成虫在土壤里越冬，翌年 5 月上旬越冬成虫出蛰取食活动，5 月中旬为危害

活动盛期并开始卷叶产卵，5 月下旬为产卵盛期并有幼虫开始孵化，6 月中旬孵化盛期并有老熟幼虫开始化蛹，6 月下旬为化蛹盛期并开始羽化第一代成虫，7 月上旬为第一代成虫羽化盛期，新羽化的成虫经过 3～5 天的补充营养后开始交尾产卵，7 月中旬为产卵盛期，7 月下旬为幼虫孵化盛期，8 月上旬为化蛹盛期，8 月中旬为第二代成虫羽化盛期，新成虫于 9 月末 10 月初入土越冬。卵、幼虫、蛹均在筒内度过，卵期平均约 5 天，幼虫期平均 7 天，幼虫孵化后以卷筒内层为食，将粪便排在筒下部，老熟幼虫在筒的中部化蛹，蛹期平均 8 天，成虫羽化后，将筒壁咬食直径 5mm 的网孔爬出。成虫有假死性，受惊后落地假死不动，再次受惊后即飞翔，飞行距离 1～5m。

防治方法

振落毒杀 利用成虫受惊扰假死坠落于地面的习性，用木锤振树，同时在树冠下喷杀虫粉剂。

化学防治 10% 吡虫啉 4000～6000 倍液或 5% 吡虫啉乳油 2000～3000 倍液喷雾，30% 氯胺磷 1：1 浓度涂干或 1：5～10 打孔注药。

人工摘除虫苞 人工抓成虫集中处死，用手指捏扁卷筒可让筒内虫态致死。

参考文献

贾伟东，贾永富，车秋明，等，1993. 榆卷叶象鼻虫生物学特性的观察 [J]. 贵州林业科技 (3): 43-45.

张英俊，1982. 榆卷叶象甲生活习性简介 [J]. 昆虫知识 (1): 22.

（撰稿：马苗；审稿：张润志）

榆棱巢蛾 *Bucculatrix thoracella* (Thunberg)

一种危害榆树等阔叶树的潜叶害虫。又名榆潜蛾。英文名 bucculatricid moth。鳞翅目（Lepidoptera）细蛾总科（Gracillarioidea）颊蛾科（Bucculatricidae）栎颊蛾属（*Bucculatrix*）。国外分布于欧洲大部（除爱尔兰、伊伯利亚半岛、巴尔干半岛）、日本。中国分布于新疆、山西、陕西、河北、重庆。

寄主 欧洲鹅耳栎、欧洲山毛榉、栓皮槭、挪威槭、欧亚槭、马栗树、心叶椴、宽叶椴、银叶椴、钻天榆、白榆、糙榆、黑榆、黄榆、桤木、桦木、花楸。

危害状 初龄幼虫潜叶、以后各龄幼虫食叶危害，受害叶片出现窗斑，重者叶片绿色部分几乎被食尽，仅剩叶脉和叶面上表皮（图⑧）。

形态特征

成虫 翅长 2.7～3.1mm。颜面有白色鳞片，头顶具有白色、褐色及黑褐色的冠状长鳞毛。触角有黑褐色及白色相间的环纹。复眼大，半球形，黑色。胸部及腹部灰褐色或褐色。前翅白色或淡白褐色，混杂有竖立的鳞片；前缘基部 3/4 有 3 块黑褐色斑，后线中部有 1 块较大的黑褐色斑；中室末端有 1 个小黑褐色斑。小斑的上、下呈褐色；翅顶端有 1 个不甚明显的黑斑；缘毛灰褐色，基部有 1 排黑色鳞片呈弧形。后翅灰褐色，缘毛长，灰色。后足胫节有许多长鳞毛

（图①）。

卵　扁圆，表面有网纹，初产时白色，后变成淡黄白色（图④）。

幼虫　一龄幼虫头部和身体白色，口器褐色。体背部毛淡褐色，腹面毛白色。二龄时前胸背板出现褐色斑点，体毛颜色加深。三龄幼虫头部淡黄褐色，体暗绿色，背部毛变粗变黑，腹面毛淡黄褐色。老熟幼虫体长 4～5mm。结茧前体色由暗绿变为黄白色（图⑤⑥⑦）。

蛹　初化蛹黄白色，后变为棕黄色，羽化前棕黑色。蛹长 4.1mm，宽 1.1mm。蛹的头顶尖突，腹部末端齐，两侧各有 1 个角突（图②）。

茧　纺锤形，初为白色，后为灰白色或灰褐色，表面有黑褐斑和 6～7 条纵沟（图③）。

生活史及习性　新疆 1 年发生 3 代，以蛹在树皮裂缝及墙缝中越冬。第一代发生期：卵 4 月下旬，幼虫 5 月中旬至 6 月下旬，蛹 5 月下旬至 7 月上旬，成虫 6 月中旬至 7 月上旬；第 2 代发生期：卵 6 月中、下旬至 7 月中旬，幼虫 7 月上旬至 7 月中旬，蛹 7 月下旬至 8 月下旬，成虫 8 月上旬至 9 月上旬；第三代发生期：卵 8 月上旬至 9 月中旬，幼虫 8 月中旬至 10 月上旬，越冬蛹 9 月下旬至翌年 4 月下旬，成虫 4 月下旬至 5 月中旬。

成虫羽化时从茧的一端钻出，部分蛹壳留在茧外。成虫白天多在树皮裂缝或叶背面停息，傍晚开始在林间飞行，午夜达高潮。成虫趋光性差，飞行能力较强，常绕树冠飞舞。

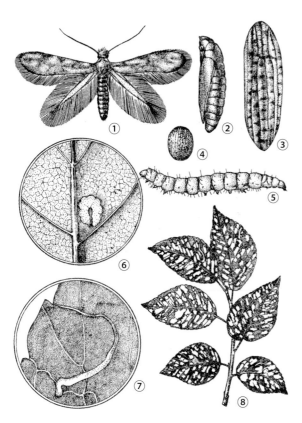

榆棱巢蛾各虫态及危害状（瞿肖瑾绘）

①成虫；②蛹；③茧；④卵；⑤幼虫；
⑥结膜蜕皮的幼虫；⑦幼虫的隧道；⑧叶片受害状

成虫多在午夜开始交尾，经历 2～4 小时至凌晨结束。交尾后次日开始产卵，每雌虫可产卵 50～55 粒。产卵期 2 天左右。雌、雄性比 1：1.8。雌蛾寿命 5～7 天，雄蛾 2～4 天。卵单产在叶背面叶缘及叶脉两侧。卵期 11～18 天。幼虫孵化后从叶叶交接处潜入叶肉组织，潜入处留有褐色小点，后逐渐形成长条状虫道。幼虫在其内边咬食边排泄黑色粪便，虫道前半段细而黑，后半较为粗白。一龄幼虫在虫道内潜食 4～6 天后，钻出虫道吐丝结成椭圆形白色薄膜，多在叶正面叶脉凹处或叶背面的叶脉两侧。透过薄膜可见到弯曲的幼虫，不食不动，经 1～3 日蜕皮后破膜而出，继续取食。每次蜕皮都是如此。二龄幼虫出膜后不再潜叶危害，只在叶背面啃食下表皮及叶肉，残留上表皮形成半透明的窗斑。幼虫有 3 龄，二至三龄幼虫行动敏捷，稍遇惊扰，便吐丝下垂或弹跳后退。幼虫期平均 14 天。幼虫化蛹前先吐白色黏液状物质围成一圈，然后在圈内吐丝做茧。第一、二代幼虫在树木、杂草的叶片上结茧，位于叶面主脉两侧。一般 1 叶 1 茧。蛹期 6～15 天。第三代幼虫多在树皮隙缝、墙缝等处结茧化蛹越冬，蛹期从 9 月中旬至翌年 4 月下旬。

防治方法

营林措施　营造混交林，既能阻隔该虫蔓延，又有利于天敌栖息。在 6～9 月清扫林内枯枝落叶，集中烧毁，杀灭部分蛹。

生物防治　蛹期有榆潜蛾黄姬小蜂、榆潜蛾双脊姬小蜂和榆潜蛾绒茧蜂，寄生率较高，应加以保护利用。

化学防治　在幼虫发生期，使用 2.5% 溴氰菊酯、20% 杀灭菊酯、25% 灭幼脲 I 号、80% 敌敌畏及 50% 杀螟松等农药喷雾防治。

参考文献

郭森，1987. 榆潜蛾生物学特性及其防治的研究 [J]. 山西大学学报 (3): 79-86.

王爱静，1992. 榆潜蛾 Bucculatrix thoracella Thunberg[M]// 萧刚柔. 中国森林昆虫. 2 版 . 北京：中国林业出版社：702-704.

王爱静，白九维，1984. 榆树的新害虫——榆潜蛾 Bucculatrix sp. 的研究 [J]. 东北林学院学报，12(4): 57-63

（撰稿：嵇保中；审稿：骆有庆）

榆绿天蛾　*Callambulyx tartarinovii* (Bremer et Grey)

一种以幼虫危害榆、柳等树木叶片的食叶害虫。又名云纹天蛾。鳞翅目（Lepidoptera）天蛾科（Sphingidae）云纹天蛾亚科（Ambulicinae）绿天蛾属（*Callambulyx*）。国外分布于朝鲜、日本、前苏联区域。中国分布于河北、河南、黑龙江、吉林、辽宁、宁夏、山东、山西等地。

寄主　榆树、刺榆、柳树、杨树、槐树、桑树等。

危害状　主要以幼虫取食危害榆、刺榆、柳树等树木的叶片。

形态特征

成虫　体长 30～33mm，翅展 75～79mm。翅面粉绿色，胸背墨绿色，腹部背面粉绿色，每节后缘有 1 条棕黄色横纹。

图 1 榆绿天蛾成虫（陈辉、袁向群、魏琮提供）

图 2 榆绿天蛾幼虫（魏琮提供）

触角上面白色，下面褐色。前翅前缘顶角有 1 块较大的三角形深绿色斑，内横线外侧连成 1 块深绿色斑，外横线呈 2 条弯曲的波状纹；翅的反面近基部后缘淡红色；后翅红色，后缘角墨绿色，外缘淡绿，后翅反面黄绿色。各足腿节淡绿色，胫节黄褐，内侧有绿色密毛，跗节赤褐色（图 1）。

幼虫 老熟幼虫体长 60～70mm，头纵长近三角形。体色鲜绿，密被淡黄色颗粒，胸部小环节明显，各腹节有 7 条横皱褶，腹部有 7 条由较大颗粒排列的斜线，第一、三、五、七节上的更为显著，尾角直立，长约 10mm，紫绿色有白色颗粒。幼虫体色可分为绿色型和赤斑型（图 2）。

生活史及习性 1 年 1 代或 2 代，以蛹在土壤中越冬。在宁夏银川 5～7 月出现成虫，6 月上、中旬见卵及幼虫，卵单产于寄主叶片上，6～8 月间幼虫危害榆叶。成虫具有很强的趋光性。

天敌 螳螂、胡蜂、茧蜂等。

防治方法

农业防治 冬季在树木周围耙土、翻地，杀死越冬蛹；对寄主树木进行定期修剪和养护，及时清除染虫枝条。

物理防治 利用幼虫受惊掉落的习性，在幼虫发生期人工击落捕杀；成虫发生期用黑光灯或频振式杀虫灯诱杀成虫。

生物防治 保护螳螂、胡蜂、茧蜂、益鸟等，以控制虫口密度。

化学防治 三至四龄前的幼虫，喷洒除虫脲、溴氰菊酯、Bt 可湿性粉剂防治。

参考文献

胡连艳，2011.榆绿天蛾的防治 [J].天津农林科技 (2)：5.

萧刚柔，1992.中国森林昆虫 [M].2 版.北京：中国林业出版社：1004.

中国科学院动物研究所，1983.中国蛾类图鉴Ⅳ [M].北京：科学出版社：396.

朱弘复，1973.蛾类图册 [M].北京：科学出版社：136.

朱弘复，王林瑶，方承莱，1979.蛾类幼虫图册（一）[M].北京：科学出版社：69.

朱弘复，王林瑶，1997.中国动物志：昆虫纲 第十一卷 鳞翅目 天蛾科 [M].北京：科学出版社.

（撰稿：魏琮；审稿：陈辉）

榆毛胸萤叶甲 *Pyrrhalta aenescens* (Fairmaire)

一种危害榆树的害虫。又名榆蓝叶甲、榆绿毛萤叶甲、榆绿叶甲、榆绿金花虫。鞘翅目（Coleoptera）叶甲总科（Chrysomeloidea）叶甲科（Chrysomelidae）萤叶甲亚科（Galerucinae）毛萤叶甲属（*Pyrrhalta*）。国外分布于韩国。中国分布于黑龙江、吉林、辽宁、河北、内蒙古、河南、山东、山西、甘肃。

寄主 榆属植物。

危害状 成虫和幼虫均危害榆树。初龄幼虫食叶肉，留下表皮。被害处呈网眼状，并逐渐变褐。优先取食嫩叶。二龄后将叶咬成孔洞。成虫取食时，一般在叶背剥食叶肉，残留叶表。表皮脱落后则成穿孔。严重时，树冠一片枯黄。

形态特征

成虫 体长 7～8.5mm。近长方形，黄褐色，鞘翅绿色。体密被柔毛。头小，头顶有 1 个钝三角形黑斑。复眼大，半球状，黑色。触角 11 节，第一至七节背面及第八至十一节全节黑色。下颚须、下唇须端部黑褐色。前胸背板前端稍窄；背板宽长比约为 2；在其中央凹陷处有 1 条倒葫芦形黑纹，并于两侧各有 1 卵形黑纹。小盾片黑色。鞘翅宽于前胸背板，且其后半部宽于翅基，每个鞘翅上各具两条隆起线。腿节粗壮。雄虫腹面末端中央呈半圆形凹入。雌虫腹末凹入为马蹄形（图 1①、图 2①～③）。

卵 尖梨状，黄色，长 1.1mm，宽 0.6mm（图 2④）。

幼虫 末龄幼虫微扁平，深黄色，体长约 11mm。中、后胸及腹部背面漆黑色。前胸背板前缘中央有 1 个灰色圆形斑，背板后方有 1 个近四方形黑斑。中、后胸和腹部一至八节背面均可分为前后两小节。中、后胸每节背面有 4 个毛瘤，两侧各有 2 个毛瘤。腹部一至八节背面前小节上有毛瘤 4 个，后小节有毛瘤 6 个。深黄色臀板疏生刚毛。吸盘后方有 2 个黑斑（图 1②、图 2⑥～⑧）。

蛹 椭圆形，黄色，体长 7.5mm 左右。背面有黑褐色刚毛（图 2⑤）。

生活史及习性 在辽宁 1 年发生 2 代，山东每年发生 3 代，以成虫在墙缝等缝隙中越冬。越冬后成虫从 5 月中旬开始，相继取食、交尾和产卵。于 5 月下旬可见幼虫。幼虫 3 龄，多栖息于树冠下层。刚蜕皮时虫体浅黄，约经 1 小时变成黑色。

第一代，幼虫期 18～23 天。老熟幼虫于 6 月下旬，爬到树干枝丫下、树洞或树皮缝等处，群集化蛹。蛹体由鲜黄逐渐变至深黄色，乃至显绿色。7 月中旬为羽化盛期，成虫羽化后经 1～2 天，爬上树冠取食。补充营养后交尾、产卵。卵多产在完好的叶片背面，卵成块，平均每块 12 粒。每头成虫 1 年平均产卵 868 粒。完成 1 个世代约需 40 天。

Y

图 1 榆毛胸萤叶甲（①②迟德富提供）

①成虫；②幼虫

图 2 榆毛胸萤叶甲各虫态（张培毅摄）

①～③成虫；④卵；⑤蛹；⑥幼虫；⑦群聚幼虫；⑧越冬幼虫

第二代卵在七月下旬开始孵化。幼虫期较第一代稍长，9月上旬为化蛹盛期。9月中、下旬为羽化盛期。9月下旬至10月上旬，成虫在风和日丽的中午，群飞寻觅越冬场所，准备越冬。越冬成虫死亡率高。

防治方法

营林措施　造林时除考虑适地适树的因素外，还应选择抗性较强的树种。

人工防治　秋季清理树下枯枝落叶、杂草并集中烧毁；人工摘除卵块；幼虫在树干上集中化蛹时及时清除。

生物防治　榆毛胸萤叶甲的天敌有榆毛萤叶甲啮小蜂、异色瓢虫及草蛉等应加以保护。

化学防治　喷施25%敌杀死乳油、25%灭幼脲Ⅲ号悬浮剂或1.8%阿维菌素乳油2000～2500倍液。

参考文献

茹桃勤，朱延林，赵海林，等，1997.榆树对榆毛胸萤叶甲的抗虫性研究[J].林业科技通讯(12): 12-15.

时振亚，王高平，司胜利，等，2001.榆毛萤叶甲啮小蜂——中国新记录种(膜翅目：姬小蜂科)[J].河南农业大学学报，35(4): 326-327.

萧刚柔，李镇宇，2020.中国森林昆虫[M].3版.北京：中国林业出版社：395-397.

NIE R E, XUE H J, HUA Y, et al, 2012. Distinct species or colour polymorphism life history, morphology and sequence data separate two *Pyrrhalta* elm beetles (Coleoptera: Chrysomelidae) [J]. Systematics and biodiversity, 10(2): 1-14.

（撰稿：迟德富；审稿：骆有庆）

榆木蠹蛾　*Yakudza vicarius* (Walker)

主要危害白榆、刺槐、麻栎、金银花等主干或根部的钻蛀性害虫。又名柳干木蠹蛾、柳乌木蠹蛾、大褐木蠹蛾。鳞翅目（Lepidoptera）木蠹蛾科（Cossidae）雅木蠹蛾属（*Yakudza*）。国外分布于俄罗斯、朝鲜、越南、日本。中国分布于吉林、内蒙古、宁夏、河北、山东、山西、河南、陕西、甘肃。

寄主　白榆、刺槐、麻栎、金银花、花椒、柳树、杨树、核桃和苹果等。

危害状　主要以幼虫危害寄主枝干和根颈部。起初由伤口及树皮裂缝侵入韧皮部及边材，稍大一点即蛀入木质部，并于当年入冬前转移至树干基部和根部进行危害。常在林木中钻蛀大虫道，土层上下的根颈部往往被为害成蜂窝状；在木质部形成广阔的不规则的密集虫道，常造成树木风折及死亡（图1）。

形态特征

成虫　体粗壮，灰褐色，雌虫体长25～40mm，翅展68～87mm，雄虫体长23～34mm，翅展52～68mm。雌、雄触角均为线状，雄成虫触角鞭节71节，先端3节短细，尤以第三节最短；雌成虫鞭节73～76节，先端2节短细。下唇须紧贴额面，伸达触角基部。头顶毛丛，领片和肩片暗灰褐色，中胸背板前缘及后半部毛丛均为鲜明白色，小盾片毛丛灰褐色，其前缘为1条黑色横带。前翅灰褐色，翅面密布许多黑褐色条纹，亚外缘线黑色、明显，外横线以内中室至前缘处呈黑褐色大斑，是为该种明显特征。后翅浅灰色，翅面无明显条纹，其反面条纹褐色，中部褐色圆斑明显。雌成虫翅缰由11～17根硬鬃组成。中足胫节1对距，后足胫节2对距，中距位于端部1/4处，后足基跗节膨大，中垫退化（图2）。

幼虫　扁筒形。体色从幼龄至老龄均为鲜红色。初孵幼虫体长3mm左右，老龄幼虫体长63～94mm。胸、腹背面

图1　榆木蠹蛾典型危害状（骆有庆课题组提供）

鲜红色，腹面色稍淡。头部黑色，前胸背板骨化，褐色，上有1个浅色的横"8"字形斑痕，幼龄幼虫该斑痕黑褐色，五龄以后变浅。斑痕前方有1长方形浅色斑纹；后胸背板有2枚圆形斑纹。腹足深橘红色，趾钩三序环状；臀足趾钩双序横带状（图3、图4）。

生活史及习性　该虫2~3年1代，幼虫主要危害枝干和根颈部。初孵幼虫于6月中旬始见，10月下旬幼虫在蛀道内越冬；再经历1~2年的取食；第三或第四年的4月上旬越冬幼虫开始活动取食，5月下旬老熟幼虫在被害树周围5~10cm深的砂土内分散化蛹，化蛹前先自织一丝质茧，并在茧中度过预蛹期，而后再进入蛹期。成虫6月初至8月上旬晚间活动，有2个羽化高峰，分别为6月中旬和7月下旬，成虫羽化当晚即可交尾，交尾当天或第二天产卵。幼虫孵化后，先危害韧皮部，常10多条聚集在一起，稍大一点即蛀入木质部。该虫有世代重叠现象。榆木蠹蛾成虫具有传递性信息素和趋光习性，处女雌蛾可以招引雄性成虫前来交配产卵，人工合成的性诱剂具有较强的引诱活性。

防治方法

性诱剂诱杀　人工合成的性诱剂诱杀效果很好。

物理防治　成虫趋光性强，灯诱效果很好。

参考文献

方德齐，陈树良，1982. 四种木蠹蛾的形态鉴别 [J]. 昆虫知识(2): 30-32.

佟秀和，2013. 榆木蠹蛾生物学特性及防治方法 [J]. 吉林农业(6): 15.

杨美红，刘红霞，刘金龙，等，2015. 榆木蠹蛾雄蛾对性信息素不同组分及其不同比例和剂量混合物的风洞行为反应 [J]. 昆虫学报，58(1): 38-44.

杨美红，牛辉林，张金桐等，2012. 榆木蠹蛾生物学特性观察 [J]. 应用昆虫学报，49(3): 735-741.

杨美红，张金桐，刘金龙等，2010. 榆木蠹蛾生殖行为及性信息素产生与释放节律 [J]. 昆虫学报，53(11): 1273-1280.

杨美红，张金桐，宗世祥等，2012. 榆木蠹蛾性诱剂的合成及林间诱蛾试验 [J]. 林业科学，48(4): 61-66.

YAKOVLEV R V, 2011. Catalogue of the family Cossidae of the Old World (Lepidoptera) [J]. Neue entomologische nachrichten. 66: 1-130.

（撰稿：陶静；审稿：宗世祥）

图2　榆木蠹蛾成虫（骆有庆课题组提供）

图3　榆木蠹蛾幼虫（骆有庆课题组提供）

图4　榆木蠹蛾幼虫（骆有庆课题组提供）

榆始袋蛾　*Dasystoma salicella* (Hübner)

一种危害榆、栎、柳等树种的食叶害虫。又名榆始蓑蛾、榆织蛾。英文名blueberry leafroller。鳞翅目（Lepidoptera）麦蛾总科（Gelechioidea）始袋蛾科（Lypusidae）Chimabachinae亚科毛始袋蛾属（*Dasystoma*）。国外分布欧洲、北美洲。中国分布于吉林、辽宁、内蒙古。

寄主　绣线菊、杜鹃、越橘、桤木、榆、栎、桦、柳、械、李。

危害状　幼虫织叶成苞，潜居其内取食危害，导致树叶凋零，树势衰弱。

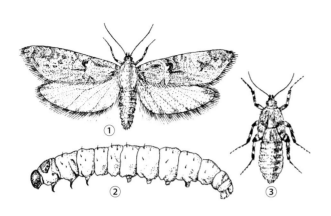

榆始袋蛾各虫态（胡兴平绘）
①雄成虫；②幼虫；③雌成虫

形态特征

成虫　雌雄异型，雄蛾有翅，雌蛾仅有翅芽。雄蛾体长7～9mm，翅展22～24mm。体呈淡灰色，密覆白色鳞片。前翅淡灰色，在内横线和外横线处各有1类似"{"形的黑斑。后翅灰褐色。雌蛾体长8～13mm。雌、雄蛾触角均为丝状，复眼黑色（图①③）。

卵　长0.7mm，宽0.4mm。卵壳粉白色，有金属光泽，孵化前出现小黑点。

幼虫　老熟时体长18～22mm，黄白色。头部褐色，前胸背板黄褐色，后缘色浓，有黑斑。胸、腹部各节散生对称的褐色毛片8个（图②）。

蛹　褐色，体长8～13mm，尾端有钩状臀棘8根。

生活史及习性　内蒙古赤峰1年发生1代，以蛹居于薄丝茧内在树干下疏松表层土内越冬。3月下旬成虫开始羽化，至4月中旬羽化完毕。羽化时间大多集中在6：00～7：00。羽化后3～4小时开始交尾，一生只交尾1次，交尾历期可达4小时，交尾后即产卵。卵产于树枝上残存的干叶包内或树皮裂缝中，每雌平均产卵160粒，卵多粒聚集呈块状。成虫有假死性，受惊即假死落地。雄蛾飞翔力较强，具趋光性。产卵期3月下旬至4月末，卵期20天左右。初孵幼虫爬至枝梢顶端织卷2、3张叶片，潜居在内取食。幼虫稍受惊动便从卷叶一端逃出，吐丝飘于空中或落地。当卷叶叶肉被食尽枯黄后，幼虫转移到新叶片上继续危害。10月上旬，幼虫老熟。在树干基部附近疏松表层内结茧化蛹。一般3～5头幼虫在一起化蛹。10月中、下旬幼虫化蛹完成。

防治方法

物理防治　冬季或早春，人工采茧。越冬代成虫产卵盛期至卵孵化前，人工采集树枝干叶包和树缝中的卵块。采集的茧蛹和卵块可置于寄生蜂保护器内，以保护天敌。

化学防治　幼虫期喷洒化学药剂，药剂可选用10%吡虫啉可湿性粉剂3000倍液、80%敌敌畏乳油800～1000倍液或2.5%溴氰菊酯乳油5000倍液。

参考文献

高鹏飞，王海燕，王维升，2011.转寄李子树的新害虫——榆织蛾[J].吉林农业(1):45.

李荣波，1992.榆织蛾 Cheimophila salicellum Hübner [M].萧刚柔.中国森林昆虫.2版.北京：中国林业出版社：742-743.

昭盟林业科学研究所，赤峰县安庆沟林场，1973.榆树织叶蛾及其防治[J].新农业(8): 24-25.

GILLESPIE D R, GGS K, SALASREYES V A, SLESSOR K N, 1984. Determination of the sex-pheromone components of *Cheimophila salicella* (Lepidoptera:Oecophoridae), a pest of blueberry in British Columbia [J]. Canadian entomologist, 116(10): 1397-1402.

（撰稿：嵇保中；审稿：骆有庆）

榆四脉绵蚜　*Tetraneura ulmi* (Linnaeus)

一种危害榆树的重要害虫。又名榆蚜、高粱根蚜、秋四脉棉蚜。英文名 elm-grass root aphid。半翅目（Hemiptera）蚜科（Aphididae）瘿绵蚜亚科（Eriosomatinae）四脉绵蚜属（Tetraneura）。国外分布于俄罗斯、中亚、中东、丹麦、瑞典、挪威、芬兰及欧洲其他地区。原产于欧洲、亚洲，被传入北美洲。中国分布于内蒙古、辽宁、黑龙江、北京、天津、河北、新疆。

寄主　原生寄主为榆树，次生寄生植物为高粱、谷子、糜子等禾本科作物（根部）。

危害状　春季在榆树叶片上形成红绿色和（或）黄色竖立在叶面上的袋状虫瘿（图2③），夏季在高粱、玉米等禾本科植物根部取食。

形态特征

无翅孤雌蚜　体卵圆形，体长2.46mm，体宽1.70mm。活体黄色，腹部腹面有薄粉。玻片标本头部与前胸分节明显，黑色，中、后胸及腹部淡色，腹部背片Ⅵ有中斑，背片Ⅶ有中侧斑，背片Ⅷ有宽横带，横贯全节。体表光滑，头部背面有皱纹，腹部腹面有横瓦纹。蜡片明显，由同等大小蜡胞排列为大小不等的空心环状；头部有头顶蜡片1对，头背

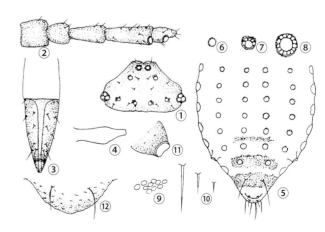

图1 榆四脉绵蚜（钟铁森绘）

无翅孤雌蚜：①头部背面观；②触角；③喙节Ⅳ+Ⅴ；④中胸腹岔（右侧）；⑤腹部背面观（背片Ⅰ～Ⅶ背毛省略）；⑥头部背后方蜡片；⑦体背中蜡片；⑧体背缘蜡片；⑨节间斑；⑩体背毛；⑪腹管；⑫尾片

图 2　榆四脉绵蚜（张培毅摄）

①干母若蚜；②无翅孤雌蚜；③虫瘿

前方蜡片 1 对，中部蜡片 1 对，背后方蜡片 1～2 对；前胸背板有中蜡片 1 对，缘蜡片 1 对；中、后胸背板及腹部背片 I～Ⅵ分别有中、侧、缘蜡片各 1 对，背片Ⅶ有中蜡片 1 对，缘蜡片 1 对；背片Ⅷ缺蜡片。节间斑明显，呈葡萄状。体背毛长短不等，尖锐。中额不隆，额瘤隆起，各呈乳头状，有淡色背中缝。复眼由 3 个小眼面组成。触角 5 节，光滑，全长 0.41mm，为体长的 17%；节Ⅲ长 0.1mm，触角毛尖锐，节 I～Ⅴ毛数：2，2，2，7～10，3+3 根；节Ⅲ毛长 0.01mm，为该节直径的 31%；节Ⅳ、Ⅴ原生感觉圈大型，有长睫。喙粗壮，粗糙，有小刺突组成纵纹，端部超过中足基节，节Ⅳ+Ⅴ楔状，长 0.2mm，为基宽的 2.2 倍，为后足跗节的 2.9 倍；有原生毛 3 对，次生毛 5～6 对。足股节有小刺突组成横纹，胫节、跗节光滑；跗节不分节，长 0.07mm，有毛 9 或 10 根，爪间有长尖毛 1 对。腹管截断短筒形，光滑，有缘突和切迹，长 0.06mm，为基宽的 57%，与尾片约等长。尾片宽舌状，有小刺突分布，有长毛 1 对。尾板高馒状，光滑，有粗长曲毛 6 根。生殖板半月状，有尖锐短毛 16～20 根。生殖突 2 个相连，各有长曲毛 9 或 10 根（图 1、图 2）。

生活史及习性　河南、宁夏 1 年发生十多代，以卵在榆树枝干、树皮缝中越冬。翌年 4 月下旬越冬卵孵化为干母若蚜，爬至新萌发的榆树叶背面固定危害，5 月上旬在受害叶面形成紫红色或黄绿色无刺毛的袋状虫瘿，干母独自潜伏在其中危害，5 月中旬干母老熟，在虫瘿中胎生仔，即干雌蚜的若蚜，每只干母能繁殖 8～15 头或更多，5 月下旬至 6 月上旬，有翅干雌蚜长成，又称春季迁移蚜，迁往高粱、玉米根部胎生繁殖危害，9 月下旬又产生有翅性母，飞回榆树枝干上产生性蚜，交配后产卵越冬，每雌产 1 粒卵。6～7 月产生有翅蚜迁飞至禾本科植物根部。

防治方法

化学防治　当蚜虫迁移到次生寄主植物根部危害时，可用 40% 乐果乳油 1kg+氯化铵化肥 25～30kg+水 500kg，浇淋根部；也可用 50% 辛硫磷乳油 1500 倍液灌根。

生物防治　有效利用瓢虫、食蚜蝇等天敌昆虫进行控制。

参考文献

李永祥，1974. 榆四条棉蚜的发生规律及防治 [J]. 昆虫知识，13(2): 24-26.

张广学，乔格侠，钟铁森，等，1999. 中国动物志：昆虫纲　第十四卷　同翅目　矿蚜科　瘿绵蚜科 [M]. 北京：科学出版社.

（撰稿：姜立云；审稿：乔格侠）

榆跳象　*Rhynchaenus alni* (Linnaeus)

一种象虫科的危害榆树的食叶害虫。鞘翅目（Coleoptera）象虫科（Curculionidae）跳象属（*Rhynchaenus*）。中国分布于上海、山东、江苏、天津、河北、内蒙古、北京、辽宁、吉林、宁夏、陕西、新疆等地。

寄主　垂榆、家榆等榆树种类。

危害状　主要以成虫和幼虫危害榆树的叶片，成虫取食叶脉间的下表皮和叶肉，残留上表皮，形成圆形、长条形或不规则形小孔。幼虫潜叶为害，多在叶尖或叶缘内取食叶肉，残留上下表皮，被害处形成泡状枯黄斑，常使叶片畸形枯黄，似火烧状。

形态特征

成虫　体长 3.0～3.5mm，宽 1.1～1.4mm，体椭圆形。头喙、小盾片、中后胸腹面、腹部第一至二节为黑色，前胸、鞘翅、腹末 3 节和足的大部分为黄色或黄褐色。鞘翅上共有 6～8 个斑。全体密被灰白色倒伏毛。触角膝状，端部棒状 3 节，卵圆形，后足腿节特别膨大。

幼虫　无足型。长 3.5～4.2mm，宽 1.0～1.2mm，乳白色，背部略带黄色。头部黑色，上颚发达，蜕裂缝乳白色，额中央有 1 对深黑色纵沟。前胸背板黑色，中央有 1 乳白色纵带，腹板有 3 个黑斑，中间的呈五边形，两侧的呈倒三角形。腹部背中线下凹、青色，每节背面和两侧均有瘤突，上面着生白色刚毛。腹末节二节为 1 黑色的骨化环。通体密布细小黑色颗粒。

生活史及习性　该虫在吉林 1 年发生 1 代，以成虫在树皮缝、落叶中及地块缝中越冬。翌年 4 月下旬始见成虫，成虫出蛰后取食嫩叶，5 月中旬开始产卵，多将卵产在叶背的主脉内，个别产在侧脉内，每叶可产卵 1～4 粒，单产。幼虫孵出后从叶脉向叶缘、叶尖方向取食叶肉。先蛀成 2～7mm 长隧道，然后巡回取食叶尖或叶缘叶肉，将叶肉吃光，残留上下表皮，被害处枯黄。5 月下旬幼虫老熟后在被害叶内结茧化蛹。6 月中旬是成虫羽化盛期。卵单产，主要产在白榆嫩叶背面的主脉里，少量产在侧脉里。一个叶片上产卵 1～3 粒。

防治方法

化学防治　40% 氧化乐果乳油原液或 1：2（水）药液涂环或打孔注药、40% 氧化乐果 500～1000 倍液喷雾可大量杀死幼虫，还可兼杀卵、蛹和成虫。在 4 月中下旬越冬成虫活动期和 5 月中旬成虫羽化高峰期，用 2.5% 溴氰菊酯乳油 2500 倍液喷雾毒杀成虫。

生物防治　保护天敌鸟类。鸟类是榆跳象最大的天敌。

营林措施　选育抗性树种和细皮类型树种，减少越冬场所。利用单食性特点，营造混交林阻隔害虫。

参考文献

李晓燕，1999. 榆跳象生物学特性及防治 [J]. 昆虫知识，36(3): 156-158.

张百仁，徐作刚，申玲，2000. 伊犁地区新害虫：榆跳象 [J]. 新疆林业 (1): 45.

（撰稿：马苗；审稿：张润志）

榆夏叶甲　*Ambrostoma fortunei* (Baly)

一种危害家榆的害虫。又名琉璃金花虫、榆琉璃叶甲。鞘翅目（Coleoptera）叶甲总科（Chrysomeloidea）叶甲科（Chrysomelidae）叶甲亚科（Chrysomelinae）榆叶甲属（*Ambrostoma*）。中国分布于河南、安徽、江苏、浙江、江西、湖南、贵州。

寄主　家榆。

危害状　出蛰成虫先取食嫩芽，再啃食梢部皮层。继而成、幼虫同期取食新叶。初孵幼虫分散在叶的背面，食害嫩叶，将叶缘吃成不规则的缺刻。随着幼虫长大，能将叶吃光，仅留主脉。对榆树危害很大。

形态特征

成虫　椭圆形，蓝绿色，有紫红色金属光泽。雌虫长约 11mm，宽约 7mm，雄虫略小。头长方形。复眼椭圆形，黑色。触角 11 节，紫黑色；前胸矩形，宽长比约为 2 倍。前翅蓝紫色，有光泽；后翅为淡桃红色。腹面仅见 5 节，末端弧形完整，足紫蓝色，跗节端生 2 爪（见图）。

本种与榆紫叶甲区别为：此虫前胸背板侧缘向前方突出较显著；鞘翅上行间刻点较密。

卵　椭圆形，褐色。长 1.9mm 左右，宽约 1mm 左右。

幼虫　初孵幼虫长约 2mm，近洋梨形。头、胸盾片、足黑色，其余各节为淡黄褐色。腹每节侧面各有 2 黑点，一个在气孔处，另一个在其下方。腹末有肉质突出，能分泌黏液。二龄幼虫平均 4.2mm。体乳黄色，头部有 6 个黑点。三龄幼虫平均 6.2mm，四龄幼虫平均 10.2mm；三龄和四龄幼虫均为黄绿色，背线绿色，气孔周围黑色，腿节与胫节相接处黄色。

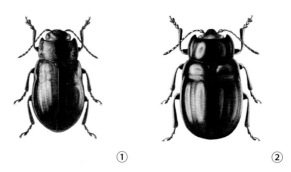

榆夏叶甲成虫（迟德富提供）
①雄虫；②雌虫

蛹　黄色裸蛹。雌虫长 8～9mm，雄虫长 6～7mm。近羽化时，体色逐渐变深。

生物学特性　在江西 1 年发生 1 代，以成虫越冬。在榆树萌芽时，越冬成虫即开始取食、交尾、产卵。4 月上旬始见幼虫，4 月底或 5 月初开始化蛹。5 月上、中旬至 7 月上、中旬成虫陆续羽化。雌虫每次产卵 5～33 粒。产卵时，如受惊扰，将另选产卵树枝；

卵期 6～14 天；卵竖立在榆树小枝上，成 2 行排列。每块卵平均 14 粒。幼虫共 5 龄；幼虫孵出后，食害嫩叶。幼虫行动能力弱。老熟幼虫入土化蛹。新羽化成虫有越夏习性。到 11 月中、下旬或 12 月初蛰伏越冬。成虫越夏越冬均在榆树枯叶中或枝杈下。雌虫平均产卵 128 粒。

防治方法

人工防治　冬季前深翻土地，并修剪树木，把枯枝落叶收集后集中处理以减少越冬虫源；摇振或敲击榆树枝干，收集捕杀。

物理防治　成虫出土前在地表喷杀虫剂，杀死土壤越冬成虫。越冬成虫上树前，在树干涂宽 20cm 的药环。

化学防治　对已上树冠取食的叶甲，可采用喷洒灭幼脲或高效氯氰菊酯微胶囊 2000 倍液等消灭成虫。

参考文献

曹志芳，1989. 灭幼脲防治榆琉璃叶甲试验 [J]. 江西林业科技 (3): 21-22.

萧刚柔，1992. 中国森林昆虫 [M]. 2 版 . 北京：中国林业出版社 .

章士美，汪广，1956. 琉璃金花虫研究简报 [J]. 昆虫学报，6(3): 373-374.

（撰稿：李会平；审稿：迟德富）

榆掌舟蛾　*Phalera assimilis* (Bremer et Grey)

中国北方地区榆树最常见食叶害虫之一。又名顶黄斑天社蛾、黄掌舟蛾、榆毛虫。鳞翅目（Lepidoptera）舟蛾科（Notodontidae）掌舟蛾亚科（Phalerinae）掌舟蛾属（*Phalera*）。国外分布于日本、朝鲜。中国分布于黑龙江、辽宁、内蒙古、山西、河北、北京、山东、河南、陕西、甘

Y

肃、江苏、湖南、安徽、浙江、云南、台湾等地。

寄主　榆树、枫杨、杨、栗、桃、樱桃、梨、樱花、海棠、栎属等植物。

危害状　主要以幼虫危害寄主植物。幼虫主要危害榆树，集中在植物叶片和枝条上食害树木叶片，低龄幼虫只食上表皮与叶肉，残留下表皮，被害处呈黄白色纱网状；三龄以后幼虫分散蚕食全部叶片，仅留主脉或叶柄。

形态特征

成虫　体长约 30mm，翅展 42～60mm。头顶淡黄色；胸部前半部黄褐色，后半部灰白色，有 2 条暗红褐色横纹；腹部背面黄褐色，末端两节各有 1 条黑色横带，腹背黄褐色。前翅灰褐色，带银白色光泽，分布有黑褐色的波曲线，顶角有黄白色的掌状斑，斑内具有黄褐色纹，前缘具 3 个暗褐色斜点，近臀角处有 1 个暗褐色斑；后翅呈棕褐色，具有一条模糊外带，缘毛呈棕褐色，其余部分黄白色。

幼虫　老熟体长约 50mm。头部黑褐色，体被白色细长毛，体背纵贯多条青白色条纹。体每节中央有 1 红色环带，臀足退化（见图）。

生活史及习性　在中国北方 1 年发生 1 代。以老熟幼虫在寄主植物周围入土化蛹越冬。翌年 7 月开始羽化为成虫，7 月中下旬孵化幼虫，一直到 11 月中下旬仍有幼虫危害。卵期约 10 天，幼虫期约 36 天，成虫期 1～9 天。幼虫羽化当天即可交尾、产卵，雌成虫将卵产在叶片背面，呈单层块状排列。孵化的幼虫集中在叶片背面，排列整齐，啃食叶肉形成白色透明罗网状。幼虫在三龄后开始分散取食叶片，8 月危害最严重，9 月开始老熟幼虫入土化蛹。幼虫静止时尾部上翘，昼伏夜出，受惊吐丝下垂，随后攀回叶片危害，老熟幼虫具有假死性，遇惊假死坠地，后沿树干返树继续危害。成虫具有趋光性，雌虫产卵 150～672 粒。

防治方法

人工防治　结合园内耕翻或刨树盘将蛹翻于土表或人工在树下挖蛹并集中销毁；在幼虫分散前，将有幼虫孵育的枝条或叶片剪摘。对具有假死性的幼虫进行振树捕杀。

化学防治　对幼虫喷施 20% 灭幼脲悬浮剂 8000 倍液或高效氯氰菊酯 1000 倍液。

黑光灯诱捕　利用黑光灯对成虫进行诱捕，将捕获的成虫集中处理。

参考文献

何宪亭，盛洪娟，何宝华，2002. 榆掌舟蛾的发生与防治 [J]. 农业知识 (14): 30.

钱积玉，李金芹，李桂云，1993. 榆掌舟蛾的发生与防治 [J]. 内蒙古农业科技 (4): 35.

孙玉剑，马璟，王海咏，等，2018. 榆掌舟蛾发生期观测及幼虫龄期测定 [J]. 山东林业科技，48(5): 34-39.

（撰稿：张志伟；审稿：张真）

榆紫叶甲　*Ambrostoma quadriimpressum* (Motschulsky)

一种危害榆科植物的害虫。又名榆紫金花虫、紫榆叶甲。鞘翅目（Coleoptera）叶甲总科（Chrysomeloidea）叶甲科（Chrysomelidae）叶甲亚科（Chrysomelinae）榆叶甲属（*Ambrostoma*）。国外主要分布于俄罗斯的西伯利亚等地区。中国主要分布于内蒙古、黑龙江、辽宁、吉林、河北、贵州等地。

寄主　家榆、春榆、金叶榆、垂榆等榆科植物。

危害状　成虫及幼虫危害榆树嫩芽、芽苞、枝梢皮层及叶片。成虫取食芽苞和嫩叶；一龄幼虫取食嫩叶，二龄、三龄及四龄幼虫取食嫩叶或成熟叶片。刚羽化成虫上树后即大量取食，并以嫩叶为主。多数时间是成虫和幼虫同时为害。严重影响榆树生长，造成树势衰弱甚至枝条枯死（图1③）。

形态特征

成虫　近椭圆形，背面呈弧形隆起，蓝紫色，具紫红色与金绿色相间的金属光泽；体长 10.5～11.0mm。复眼及上颚黑色；触角细长，棕褐色；前胸背板矩形，宽长比约为 2，两侧扁凹；小盾片平滑；鞘翅上密被刻点；后翅鲜红色。腹部的腹面可见 5 节。雄虫第五腹节腹板末端凹入成一新月形横缝。雌虫第五腹节末端钝圆（图1①②、图2①）。

卵　长椭圆形，咖啡色、茶色、鹿棕色或淡茶褐色；长 1.7～2.2mm，宽 0.8～1.1mm（图2②）。

幼虫　一龄幼虫，长楔形，末端狭窄，平均头宽 0.9mm。初孵化时棕黄色，密被微细的颗粒状，并生淡黄色刺毛的黑色毛瘤，经一段时间，头和气门周围变成黑色，腹部呈褐黄色。二龄幼虫，头宽平均 1.2mm；三龄幼虫，头宽平均 1.8mm。二龄和三龄幼虫，体灰白色，头顶淡茶褐色，有 4 个黑色斑点，前胸背板有 2 个黑色斑点，背中线灰色，下方有 1 条淡金黄纵带。四龄幼虫，头宽平均 2.3mm，近老熟时，全体乳黄色（图2③④）。

蛹　近椭圆形，体略扁，乳黄色，长约 9.5mm；羽化前体色逐渐变深，背面微现灰黑色（图2⑤）。

生活史及习性　榆紫叶甲取食榆科植物的幼芽、叶片，为寡食性。在黑龙江 1 年 1 代，以成虫在土中越冬。越冬成虫 4 月上旬开始取食、交尾、产卵。5 月份为产卵盛期，每

榆掌舟蛾幼虫（苗振旺摄）

图 1 榆紫叶甲成虫（迟德富提供）
①背面；②侧面；③成虫危害状

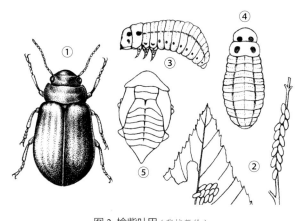

图 2 榆紫叶甲（张培毅绘）
①成虫；②卵；③④幼虫；⑤蛹

把枯枝落叶收集后集中处理。利用成虫假死性，摇振或敲击榆树枝干，收集捕杀成虫。

物理防治 春季成虫上树前，用杀虫剂在树干基部撒药圈，杀死越冬成虫和阻止成虫上树。或在树干上涂宽 20cm 的药环。

化学防治 对上树取食的榆紫叶甲，可喷洒灭幼脲悬浮剂、吡虫啉可湿性粉剂或高效氯氰菊酯微胶囊防治。

参考文献

蔡邦华，李亚杰，1960. 榆紫金花虫 *Ambrostoma quadriimpressum* Motsch. 初步研究 [J]. 昆虫学报 (2): 143-170.

高敏，达青恩，常江春，等，2015. 食叶害虫榆紫叶甲生物学特性与生活史观察 [J]. 生物灾害科学，38(4): 302-305.

李婷，张晓军，张健，等，2015. 我国榆紫叶甲防治的研究进展 [J]. 北方园艺 (22): 195-198.

刘宇，李文龙，刘淑静，等，2014. 榆紫叶甲的生物学特性及防治技术 [J]. 黑龙江农业科学 (4): 167-168.

萧刚柔，李镇宇，2020. 中国森林昆虫 [M]. 3 版. 北京：中国林业出版社：372-373.

（撰稿：李会平；审稿：迟德富）

玉带凤蝶 *Papilio polytes* Linnaeus

一种以幼虫咬食柑橘等植物叶片的常见害虫。又名白带凤蝶、黑凤蝶、缟凤蝶。英文名 common mormon。鳞翅目（Lepidoptera）凤蝶科（Papilionidae）凤蝶属（*Papilio*）。国外分布在巴基斯坦、印度、尼泊尔、斯里兰卡、缅甸、泰国、越南、老挝、柬埔寨、马来西亚、文莱、印度尼西亚、菲律宾、安达曼群岛、尼科巴群岛、北马里亚纳群岛等地。中国分布在南部和西部，大致自黄河以南一直到台湾岛、海南岛都有分布。

寄主 黄皮、酒饼簕、两面针、柑橘、柚、枳、过山香、花椒、山椒等。

危害状 幼虫咬食嫩叶，造成缺刻等机械损伤，严重则食光嫩叶及嫩芽（图 1）。

形态特征

成虫 体长 25～28mm，翅展 77～95mm。全体黑色。复眼黑褐色，触角棒状，胸部背有 10 个小白点，排成 2 纵列。雄蝶以黑色为主，有尾突，前翅外缘有一列向顶角由大至小排列的白斑，后翅中区有 7 个横列白斑连成带状，外缘或配有红色新月形斑纹，翅斑纹正反面相似。雌蝶有两型：第一型似雄蝶，但后翅红色新月形斑纹发达；第二型为常见型，前翅外缘无白斑，后翅正反面均具红色弦月斑，中部有 4 个长形斑，斑纹的颜色多数个体为二白二红，少数全为白色，部分个体在中室端有 1 小斑纹（图 2）。

卵 球形，直径 1.2mm。初产时淡黄白色，后变为深黄色，孵化前灰黑至紫黑色。

幼虫 共 5 龄，初龄黄白色，二龄黄褐色，三龄黑褐色。一至三龄体上有肉质突起和淡色斑纹；四龄油绿色；末龄幼虫体长 45mm，头黄褐色，体绿至深绿色，前胸背有 1 对可

雌一生产卵 200～300 粒。榆叶展开前，卵呈两行排列，产在枝梢底端；榆树展叶后，卵多产于叶上。孵化盛期在每年的 6～7 月。6 月上旬开始幼虫陆续入土化蛹。刚羽化成虫上树后即大量取食，并以嫩叶为主。气温达到 30℃ 以上时，多滞育越夏，部分成虫无越夏现象，但取食量减小，不活跃。成虫期长，有世代重叠的现象。8 月气温转凉后，又开始严重为害。此时少量成虫交尾，但当年不产卵。10 月上旬开始，成虫相继下树入土越冬，入土深度可达 10cm 以上。

防治方法

人工防治 秋季封冻前深翻土地，并对树木进行修剪，

图 3　玉带凤蝶幼虫（周祥提供）

①低龄幼虫；②高龄幼虫

翻缩的紫红色臭腺角，后胸背前缘有 1 齿形黑色横纹，中间有 4 个灰紫色斑点，两侧有黑色眼状斑；第二腹节前缘有 1 黑色横带；四、五腹节两侧各有 1 黑褐色斜带，带上有黄、绿、紫、灰色斑点；第六腹节两侧各有 1 斜形花纹（图1、图3）。

蛹　长 30mm。体色多变，有灰褐、灰黄、灰黑、灰绿等色，头顶两侧和胸背部各有 1 突起，胸背突起两侧略突出似菱角形。

生活史及习性　在河南 1 年生 3～4 代，浙江、四川、江西 4～5 代，福建、广东 5～6 代。浙江黄岩各代成虫发生期依次为：第一代为 5 月上中旬；第二代为 6 月中下旬；第三代为 7 月中下旬；第四代为 8 月中下旬；第五代为 9 月中下旬。广东各代成虫发生期依次为：第一代为 3 月上中旬；第二代为 4 月上旬至 5 月上旬；第三代为 5 月下旬至 6 月中旬；第四代为 6 月下旬至 7 月；第五代为 7 月下旬至 10 月上旬；第六代为 10 月下旬至 11 月。以第六代蛹在枝干及柑橘叶背等隐蔽处越冬，越冬蛹期 103～121 天。

成虫喜爱访花，常在阳光普照的花园出现，尤其喜欢马缨丹、龙船花、茉莉等，寄主植物多为木兰科植物和芸香科植物。雄蝶会吸水；雌性玉带凤蝶拟态，模仿的物种红珠凤蝶［Pachliopta aristolochiae（Fabricius）］、南亚联珠凤蝶（Pachliopta hector）等，都是有毒的种类。而在苏拉威西岛，雌性玉带凤蝶又会模仿宝珠凤蝶（Pachliopta polyphontes）。每年春末夏初，雌蝶在柑橘等植物的叶片上产卵，多为单粒散产，偶有多粒产于同一嫩梢。

防治方法

农业防治　发生数量不大时人工捕杀幼虫和蛹。

生物防治　保护和释放天敌，玉带凤蝶蛹寄生蜂有凤蝶金小蜂［Pteromalus puparum（L.）］等。也可喷洒 16000IU/mg 苏云金杆菌可湿性粉剂 200～300 倍液。

化学防治　在低龄幼虫发生期可选用 10% 吡虫啉可湿性粉剂 3000 倍液、25% 除虫脲可湿性粉剂、10% 氯氰菊酯或者 2.5% 溴氰菊酯乳油 2000 倍液喷雾。

参考文献

廖宇，2009. 玉带凤蝶生物学特性研究 [D]. 福州：福建农林大学.

雷朝亮，宗良炳，黄洪，1987. 玉带凤蝶幼虫特征的观察 [J]. 华中农业大学学报 (3): 305-307.

图 1　玉带凤蝶幼虫及柑橘危害状（吴楚提供）

图 2　玉带凤蝶成虫（雄）（周祥提供）

吴平辉，杨萍，刘琼，等，2006.玉带凤蝶生物学特性研究 [J].
重庆林业科技 (2): 18-19, 17.

（撰稿：周祥；审稿：张帆）

玉米黄呆蓟马　*Anaphothrips obscurus* (Müller)

一种世界分布，以危害玉米、水稻和小麦等禾本科作物
为主的害虫。又名黄呆蓟马、玉米黄蓟马、草蓟马。英文名
grass thrips。缨翅目（Thysanoptera）蓟马科（Thripidae）呆蓟
马属（*Anaphothrips*）。国外分布于朝鲜、日本、马来西亚、
埃及、欧洲、北美洲及大洋洲等地。中国分布于河北、北京、
河南、山东、内蒙古、山西、陕西、甘肃、宁夏、新疆、江
苏、浙江、福建、广东、海南、四川、西藏、台湾等地。

寄主　玉米、水稻、小麦、谷子等禾本科作物以及棉花、
蚕豆等。

危害状　主要以成虫锉吸玉米幼嫩部位汁液，对玉米造
成严重危害，被害叶背出现断续的银白色条斑（图 1），伴
随小污点（即虫粪），叶正面与银白色斑相对的部位呈黄色，
受害严重的叶背如涂一层银粉，端半部变黄枯干。严重被害
玉米苗叶片扭曲成"马鞭状"。

形态特征

成虫　有多型现象，分为长翅型、半长翅型和短翅型，
以长翅型最多，少量短翅型和极少数半长翅型。长翅型雌成
虫体长 1.0～1.2mm。体深黄色，胸部有不定形的暗灰色斑，
腹部背片较暗。头、前胸背无长鬃。触角 8 节，第一节淡白
色，第二至四节黄色，但颜色渐深，第五至八节棕色；第二
节较大，第三、四节具叉状感觉锥，第六节有淡而亮的斜缝。
前翅淡黄，前脉鬃间断，绝大多数有 2 根端鬃，少数 1 根，
脉鬃弱小，缘缨长，具翅胸节明显宽于前胸。第八节腹背板
后缘有完整的梳，腹端鬃较长而暗（图 2）。

卵　长 0.3mm 左右，宽 0.13mm 左右，肾形，乳白至
乳黄色。

若虫　共 4 龄，初孵时小如针尖，头、胸占身体的比例
较大，触角较粗短。二龄后乳青或乳黄，有灰斑纹。三龄（前
蛹）头、胸、腹淡黄，触角、翅芽及足淡白，复眼红色。触
角分节不明显，略呈鞘囊状，向前伸。体鬃短而尖，第八腹
节侧鬃较长。第九腹节背面有 4 根弯曲的齿。四龄（蛹）触
角鞘背于头上，向后至前胸；翅芽较长，接近羽化时带褐色。

生活史及习性　以成虫在禾本科杂草根基部和枯叶内
越冬，年发生世代数尚不清楚。在 25℃、60%RH 的试验
条件下，长翅型和短翅型完成 1 个世代分别需要 28.6 天和
27.4 天，成虫寿命分别为 23.1 天和 22.1 天，产卵量分别为
136.4 粒和 145.8 粒。在山东，每年 5 月中下旬从禾本科植
物上迁向春播玉米，在春播玉米上繁殖 2 代，7 月上旬成虫
迁入夏玉米危害。成虫行动迟钝，不活泼，阴雨时很少活动，
受惊后亦不愿迁飞。成虫为产雌孤雌生殖，取食处就是它产
卵的场所。卵产在叶片组织内，卵背突出于叶面，发亮，摘
下有卵叶片，对光观察可见卵及卵壳呈针尖大小密密麻麻的
小白点。

图 1　玉米黄呆蓟马危害状（王振营摄）

图 2　玉米黄呆蓟马成虫（王振营摄）

以成虫和一、二龄若虫为害，若虫在取食后逐渐变为乳
青或乳黄色。三、四龄若虫停止取食，掉落在松土内或隐藏
于植株基部叶鞘、枯叶内。喜集中在自下而上第二至六叶片
上危害，很少向新伸展的叶片上迁移。在玉米上以苗期和喇
叭口期发生数量最大，过此时期数量下降，但玉米苗期受害
严重。6 月中旬主要是成虫猖獗危害期，6 月下旬、7 月初
若虫数量增加。干旱对其大发生有利，降雨对其发生和危害
有直接的抑制作用。

光周期、寄主植物质量和自身密度影响玉米黄呆蓟马的
翅型。

发生规律

气候条件　干旱有利于玉米黄呆蓟马发生，降雨对种群
数量有较大的抑制作用。5 月下旬至 6 月上旬，降水偏少、
气温偏高，对其发生极为有利。黄淮海地区此期常遇干旱，
有利于其的大发生。

种植结构　在黄淮海夏玉米区广泛采用的免耕技术，在小麦收获后带茬播种玉米，使得原来在小麦和麦田杂草上危害的玉米黄呆蓟马，在夏玉米出苗后转移到幼苗上危害，可能是近十几年来玉米苗期蓟马严重危害的原因之一。麦套玉米田蓟马严重，玉米套播早或套后收割晚，即玉米与小麦共生时间长，玉米苗往往长势弱，受害重。缺水缺肥田，玉米长势弱，受害亦重。

天敌　玉米黄呆蓟马在北方的天敌主要有小花蝽、蜘蛛、瓢虫。在室内龟纹瓢虫成虫、二龄幼虫的对玉米黄呆蓟马的捕食上限可达73.5头和16.2头/天，表明龟纹瓢虫成虫对玉米黄呆蓟马有一定的捕食潜能。

防治方法

农业防治　结合小麦中耕除草，冬春尽量清除田间地边杂草，减少越冬虫口基数。加强田间管理，促进植株本身生长势，改善田间生态条件，减轻危害，对卷成"牛尾巴"状畸形的苗，拧断其顶端，可促进心叶抽出，要适时灌水施肥，加强管理，促进玉米苗早发快长，渡过苗期，减轻危害，同时也改变了玉米田小气候，增加湿度，不利于蓟马的发生。轮作可以减少玉米黄呆蓟马的危害。适时栽培，避开高峰期，选用抗耐虫品种，马齿型品种要比硬粒型品种耐虫抗害。因玉米受蓟马危害后苗弱，防治时可加入喷施宝、磷酸二氢钾叶面肥混合使用，以促进玉米生长。

物理防治　蓟马具有趋蓝色的习性，可用蓝色的PVC板，涂上不干胶，每间隔10m置1块，板高70～100cm，略高于作物10～30cm，可减少成虫产卵和危害。

生物防治　充分发挥自然天敌的控制作用，是防治玉米黄呆蓟马的有效措施。虽然目前中国应用天敌防治玉米黄呆蓟马。可以保护和利用自然天敌，如施药时喷雾改为地面喷粉或种衣剂拌种，可明显减少对天敌的危害。

化学防治　化学药剂是控制玉米黄呆蓟马的有效措施。选用60%吡虫啉悬浮种衣剂拌种，防效可达90%以上，提高出苗率7%左右。利用含噻虫嗪成分的种衣剂包衣，对其有很好的防控效果，且不杀伤天敌。田间试验表明有机磷和氨基甲酸酯类对其有较好防效。40%毒死蜱乳油1000倍液、10%吡虫啉可湿性粉剂2000倍液，防效均在85%以上。因该虫主要集中在玉米心叶内危害，所以用药时要注意药剂应喷进玉米心叶内。田间和室内药效试验证明菊酯类药剂对玉米黄呆蓟马无效，甚至有时可能对其有引诱作用，因此，应避免应用菊酯类农药。

参考文献

韩靖玲，段惠敏，张尚卿，等，2012. 种子处理对玉米生长的影响及对蓟马的防治效果研究[J]. 河北农业科学，16(10): 60-62.

韩运发，1997. 中国经济昆虫志：第五十五册　缨翅目[M]. 北京：科学出版社：196-198.

JIANG H X, NIU S H, LI X W, et al, 2015. Comparison of developmental and reproductive biology in wing diphenic *Anaphothrips obscurus* (Thysanoptera: Thripidae)[J]. Journal of Asia-Pacific Entomology, 18: 735-739.

（撰稿：王振营；审稿：王兴亮）

玉米三点斑叶蝉　*Zyginidia eremita* Zachvatkin

一种区域性分布、常发性以为害玉米危主的害虫。半翅目（Hemiptera）叶蝉科（Cicadellidae）小叶蝉亚科（Typhlocybinae）三点叶蝉属（*Zyginidia*）。玉米三点斑叶蝉1982年开始在中国新疆北部发生危害，而后蔓延到新疆全区，普遍分布于南疆和北疆，是新疆玉米生产的重要害虫。

寄主　除危害玉米外，三点斑叶蝉还危害小麦、水稻、高粱、糜子等禾本科作物，早熟禾、僵麦草、狗尾草、赖草、拂子毛、无芒雀麦等多种禾本科杂草也为该虫的寄主。

危害状　主要以成虫、若虫聚集叶背刺吸汁液（图1），破坏叶绿体，初期沿叶脉吸食汁液，在叶片上形成零星褪绿白色斑点（图2），后连成白色条斑，并逐渐变为褐色，阻碍植物的光合作用；虫口密度大时，叶片褪绿发白，植物早衰。6月下旬以后，因虫口密度大增，受害重的叶片上形成紫红色条斑。8月下旬以后受害较重的田块被害叶片严重失

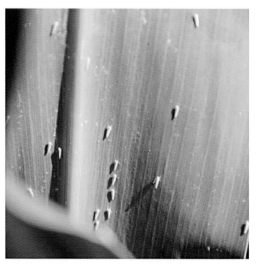

图1　三点斑叶蝉在玉米叶背刺吸危害（王振营摄）

图2　玉米三点斑叶蝉危害后形成的白色斑点（王振营摄）

绿，甚至干枯死亡。玉米三点斑叶蝉不仅直接吸取植物汁液，分泌大量毒素，导致叶斑或整叶枯黄，轻者影响光合作用，阻碍玉米生长发育，重者影响玉米抽穗，严重影响玉米的产量和质量。

形态特征

成虫　体长 2.6～2.9mm（包括翅约为 3.1mm），灰白色。头冠向前呈钝圆锥形突出，头顶前缘区有淡褐色斑纹，呈倒"八"字形，复眼黑色。前胸背板革质透明，在成虫中胸盾片上有 3 个大小相等的椭圆形黑斑，小盾片末端亦有一相同形状的黑斑，前后翅白色透明，腹部背面具黑色横带。

卵　长 0.6～0.8mm，白色较弯曲，表面光滑。

若虫　共 5 龄。一龄若虫体长约 1.0mm，淡白色，复眼黑色；二龄若虫体长约 1.4mm，淡白色，初现翅芽，胸部背面有二条淡褐色纵线，腹部有一黑色纵线，系消化道食物；三龄若虫体长约 1.9mm，灰白色，翅芽伸达第一节末；四龄若虫体长约 2.2mm，灰白色，翅芽伸达腹部第三节末；五龄若虫长 2.5～2.8mm，灰白色，体较扁平，翅芽伸达腹部第五节。

生活史及习性

一般一年发生 3 代，第二、三代在玉米田的发生数量大、危害重，尤以第三代发生量最大。以成虫在冬麦田、玉米田的枯枝落叶下及田埂上禾本科杂草根际处越冬，第二年春季 4 月中旬左右越冬成虫首先在冬麦田、杂草上繁殖危害。在玉米 3～5 叶期，玉米三点斑叶蝉即开始从麦田、禾本科杂草上迁至玉米田危害、繁殖。于 5 月中下旬开始产卵，一代成虫危害高峰期在 6 月中旬至 7 月上旬，世代重叠。成虫活泼、善飞、群集性较强、扩散能力强、喜热、有趋光性；若虫受到惊扰时会迅速横向爬行隐匿。在刚迁入玉米田时先在边行下部叶片危害，后逐渐向里行、向上部叶片发展蔓延，到灌浆期达到危害高峰并持续为害到收获前，几乎整个生长期均可发生危害。10 月上中旬以后，随着玉米的成熟，玉米三点斑叶蝉成虫转到田边、渠埂禾本科杂草上、冬麦苗上继续取食并越冬。

发生规律

气候条件　玉米三点斑叶蝉喜温热，适宜暴发危害的温度为 21～27℃，湿度为 60% 左右。玉米三点斑叶蝉迁入玉米田后，如果环境条件适合，则立即繁殖蔓延，种群数量迅速提高。

种植结构　耕作措施与玉米三点斑叶蝉发生关系密切。玉米三点斑叶蝉初发生于麦田和禾本科杂草上，完成一代后迁入玉米田。禾本科杂草是玉米三点斑叶蝉发生基的虫源地，玉米田周围种植禾本科作物及禾本科杂草多时发生重，如玉米如与小麦邻作，玉米田叶蝉发生早且重。邻作为双子叶植物且高秆的向日葵对玉米三点斑叶蝉起到一定阻隔作用，可减轻危害，发生时间也稍晚。管理精细，水肥条件较好，玉米长势好，禾本科杂草少，则发生轻。前茬作物对玉米三点斑叶蝉的发生也有一定影响，玉米连作田玉米三点斑叶蝉的发生数量明显高于前茬作物为甜菜、棉花的玉米田。

天敌　玉米三点斑叶蝉的天敌主要有瓢虫类、草蛉类、蜘蛛类、猎蝽等捕食性天敌。瓢虫主要以七星瓢虫（*Coccinella septempunctata* L.）、多异瓢虫 *Hippodamia variegata*（Goeze）和菱斑巧瓢虫（*Oenopia conglobata* L.）为主，这三种瓢虫对玉米三点斑叶蝉若虫有很强的捕食效应。草蛉主要为普通草蛉 *Chrysoperla carnea*（Stephens）和日本通草蛉 *Chrysoperla nipponensis*（Okamoto），成虫于 5 月底进入玉米田中，6 月上旬达高峰，7 月中旬至 8 月可达第二个高峰。猎蝽以华姬蝽（*Nabis sinoferus* Hsiao）为优势种，于 7 月下旬发生，至 8 月中旬达高峰期。玉米三点斑叶蝉的蜘蛛类天敌种类繁多，如花蟹蛛、平腹蛛等 20 多种。除以上 4 类主要天敌外，玉米田还有多种甲虫、隐翅虫和寄生性天敌等 40 种以上。这些天敌对玉米叶蝉均有一定的控制作用，应加以保护和利用。

防治方法

农业防治　清洁田园，降低越冬虫口基数。为减轻玉米三点斑叶蝉发生程度，秋收后应清洁田园，实施秋翻冬灌，并铲除渠边田埂的寄主杂草，集中烧毁，破坏越冬场所，减少越冬虫量。玉米生长期，要注意铲除田边地头、渠边杂草，尤其是禾本科杂草，加强水肥田间管理，及时中耕，促进玉米发育，玉米集中连片种植，减少地畔，合理密植，可有效降低该虫发生数量，地边种植高秆作物可阻隔叶蝉相互转移和迁入。玉米三点斑叶蝉发生比较重的地方，必须轮作倒茬，控制玉米三点斑叶蝉发生与危害。选用抗虫品种也可降低三点斑叶蝉危害程度。

化学防治　玉米三点斑叶蝉在田间蔓延较快，危害初期在田边杂草及边行危害时，用内吸性药剂控制虫口密度，蔓延，10% 吡虫啉可湿性粉剂 2500 倍液或 20% 啶虫脒液剂 3000 倍液或 25% 噻虫嗪可湿性粉剂 2500～3000 倍液喷雾防治。

在玉米苗期，由于发生数量少，危害症状轻，常常忽略了前期的调查与防治，使玉米三点斑叶蝉迁入田内后大量产卵繁殖，到 7～8 月田间虫口密度大增玉米受害严重时，防治困难，常常造成防治失控，最终导致暴发成灾，使用噻虫嗪进行玉米种子包衣，对早期迁入的玉米三点斑叶蝉有一定的控制作用。

参考文献

于江南，陈燕，魏建华，等，1995. 玉米三点斑叶蝉发生及防治的研究 [J]. 八一农学院学报，18(1): 48-51.

于江南，李刚，马德英，等，2001. 新疆玉米三点斑叶蝉发生消长规律及防治对策 [J]. 玉米科学，9(3): 79-81.

中国农业科学院植物保护研究所，中国植物保护学会，2015. 中国农作物病虫害：上册 [M]. 3 版. 北京：中国农业出版社.

（撰稿：王振营；审稿：王兴亮）

玉米象　*Sitophilus zeamais* (Motschulsky)

一种广泛分布可严重危害禾谷类原粮的害虫。英文名 maize weevil。鞘翅目（Coleoptera）象虫科（Curculionidae）米象甲属（*Sitophilus*）。被称为中国头号储粮害虫。1853 年初次发现于南美圭亚那的玉米中，现已分布世界大多数国家和地区，仅发现米象而无玉米象的国家和地区有：阿尔及利亚、阿拉伯地区、多米尼加、埃及、厄瓜多尔、危地马拉、伊拉克、黎巴嫩、斯里兰卡、智利、塞浦路斯、新几内亚岛、尼加拉瓜、巴拉圭、索马里、津巴布韦、利比亚、毛里求斯、摩洛哥、西班牙、瑞典、土耳其。中国各地广泛分布。

寄主　对多种谷物及加工品、豆类、油料、干果、药材均造成严重危害。

危害状　成虫直接产卵在寄主内部，幼虫孵化后蛀食为害。成虫羽化后爬出寄主，继续为害。在适宜的条件下，粮食储藏期所造成的重量损失在3个月内可达11.25%，6个月内可达35.12%。

形态特征

成虫　体长3～5mm，圆筒形，全体锈褐色至暗褐色，甚至黑色，背面稍有光泽。头部向前延伸呈象鼻状，称为"喙"。触角膝状，柄节长大，第三节与第四节长度之比约为5：3；端节呈长椭圆形，实际由第八、九两节好似愈合而成，故看起来像由8节组成。前胸背板端缘较后缘狭，与头部相连接的部分呈一窄领状，中央稍向后方凹入。在领状的后缘生有刻点，呈一横列，并生有淡黄色叶状毛。整个前胸背板布着圆形刻点。鞘翅长形，后缘细而尖圆。两鞘翅刻点和隆起线不明显，约有13条纵刻点行。每鞘翅基部和端部各有一个橙黄色的椭圆形斑纹，有些个体不明显。后翅发达，膜质透明。跗节5节，第一、二节等长，第三节端部二裂，第四节微小，隐于第三节背面的凹陷内（见图）。

雄虫外生殖器阳茎表面几乎扁平，但中间有一条纵隆脊，脊两侧各有一条明显的纵沟。因此，阳茎横切面呈"山"字形。阳茎基片呈长三角形。雌虫外生殖器的"Y"形骨片两臂较狭长，略向内弯，臂的顶端略尖。

幼虫　体长3～4mm，体肥胖，背隆起，无足，腹部底面平坦，除头部有色泽外，胸腹部均为乳白色。头部呈椭圆形，但上方略为细小，有光泽。内隆脊长度超过额长1/2，端部宽，基部细，上颚具明显的端齿二个。胸、腹部背面除前胸无横皱外，其余各节至少横皱1条，而其中第一至第三腹节各具横皱2条，各被横皱划为三部分，尾节小而不明显，腹部各节的两侧均有纵皱，第一、二节有2条，第三节3条，以后各节均为5条，而尾节及其相连的则不明显。

生活史及习性　在中国北方地区一年发生1～2代，中原地区3～4代，亚热带地区可达6～7代。主要以成虫越冬。

当气温下降到15℃以下时成虫不再活动。成虫用喙在粮粒表面做卵窝，每个卵窝内产1粒卵，然后用黏液封口。卵期一般为3～16天，幼虫期13～28天，前蛹期1～2天，蛹期4～12天。幼虫有4龄。在27℃及相对湿度66%～72%下，1～4龄幼虫的历期分别为3.6天、4.7天、4.8天和5天。玉米象发育的温度范围为17～34℃，最适温为27～31℃；发育的相对湿度范围为45%～100%，最适相对湿度为70%。

与米象相比，玉米象的抗寒力比较强。因此，该种在中国的分布大幅向北伸延。

从食性上比较，玉米象喜食大粒谷物，如玉米；而米象则喜食小粒谷物，如大米。从行为上比较，玉米象更善飞，而米象较少飞翔。

防治方法

化学防治　可使用储粮防护剂和熏蒸剂。①储粮防护剂可用于基本无虫粮的防护。杀螟硫磷：粮堆有效剂量一般为5～15mg/kg；甲基嘧啶磷：粮堆有效剂量一般为5～10mg/kg；溴氰菊酯：粮堆有效剂量为0.4～0.75mg/kg，最高不得超过1mg/kg。②当大量发生时可采用磷化氢密闭熏蒸杀虫。粮温15～20℃时，采用250ml/m³的浓度，密闭时间不少于21天；粮温20～25℃时，采用250ml/m³的浓度，密闭时间不少于14天；粮温25℃以上时，采用200ml/m³的浓度，密闭时间不少于14天。

物理防治　可使用惰性粉拌粮和氮气气调杀虫。①硅藻土等惰性粉拌粮。一般原粮用量为100～500mg/kg；空仓杀虫用量为3～5g/m²。②氮气气调杀虫。氮气浓度97%以上，粮温15～20℃时，维持时间105天；粮温20～25℃时，维持时间28天；粮温25℃以上时，维持时间14天。

参考文献

白旭光,2008.储藏物害虫与防治[M].2版.北京:科学出版社:214-215.

陈耀溪,1984.仓库害虫[M].增订版.北京:农业出版社:32.

王殿轩,白旭光,周玉香,等,2008.中国储粮昆虫图鉴[M].北京:中国农业科学技术出版社:124.

张生芳,樊新华,高渊,等,2016.储藏物甲虫[M].北京:科学出版社:64-65.

（撰稿：白旭光；审稿：张生芳）

玉米象成虫（白旭光提供）

成虫（左）；前胸背板（右）

玉米蚜　*Rhopalosiphum maidis* (Fitch)

一种世界性分布、常发性的危害禾本科作物，特别是小麦、玉米的重要害虫。又名玉米缢管蚜，俗称"腻虫"。英文名corn leaf aphid。半翅目（Hemiptera）蚜科（Aphididae）缢管蚜属（*Rhopalosiphum*）。在世界各大洲均有分布，在美国和加拿大南部危害严重。中国广泛分布于东北、华北、华东、华南、中南、西南等各玉米产区。

寄主　除危害玉米外，也危害高粱、谷子、大麦、小麦、水稻等禾本科作物，寄主还包括狗尾草、鹅观草、马唐、芦苇、稗草、牛筋草等多种禾本科杂草。

危害状　成、若蚜群集于叶片背面、心叶、花丝和雄穗取食。能分泌"蜜露"并常在被害部位形成黑色霉状物，影响光合作用，叶片边缘发黄；发生在雄穗上会影响授粉并导致减产；被害严重的植株的果穗瘦小，籽粒不饱满，秃尖较长。此外玉米蚜还能传播甘蔗矮花叶病毒和大麦黄矮病毒引起玉米矮花叶病病和玉米红叶病毒病，造成更大产量损失（图1）。

形态特征

有翅胎生雌蚜　体长为1.6～2.0mm，长卵形，深绿色或黑绿色，无显著粉被。头、胸黑色发亮，复眼红褐色，中额瘤及额瘤稍微隆起。翅展为5.5mm左右，翅透明，前翅中脉分为三叉。头部触角6节，长度为体长一半；第三节触角不规则排列着圆形感觉圈12～19个，第四节感觉圈2～7个，第五节1～3个；腹部第三、四节两侧各有1个黑色小点；腹管为圆筒形，端部呈瓶口状，上具复瓦状纹；尾片圆锥形，中部微收缩，两侧各有2根刚毛，足黑色。

无翅孤雌蚜　体长1.8～2.2mm，暗绿色，披薄白粉，附肢黑色，复眼红褐色。触角6节，较短，约为体长1/3，第三、四、五各节无次生感觉圈，第六节鞭节长度为基部的1.5～2.5倍。腹管长圆筒形，端部收缩，腹管具覆瓦状纹。尾片圆锥状，具毛4～5根（图2）。

生活史及习性

在中国从北到南一年发生8～20余代，在东北发生8～10余代，在华北及以南地区可发生20余代。以成、若蚜在麦类及禾本科杂草心叶（小麦根际）里越冬。次年3～4月气温上升开始活动，先在麦类心叶处繁殖危害，随着植株的生长不断向上移动，4～5月当麦类开始黄熟便陆续产生大量有翅雌蚜迁飞到玉米、高粱等作物上繁殖危害。在春玉米上，未抽穗前多群集心叶刺吸，孕穗打苞时群集剑叶正反面危害，该虫终生营孤雌生殖，虫口数量增加很快，在扬花期气温较适宜时，蚜量可迅速增加，当春玉米进入乳熟期后，雄穗开始枯黄，玉米蚜产生有翅迁移蚜，形成第二次飞高峰，陆续向夏玉米上转移，仍集中在心叶处危害，虫口密度升高以后，逐渐向玉米上部蔓延，同时产生有翅胎生雌蚜向附近株上扩散，到玉米大喇叭口末期蚜量迅速增加，密度大时在展开的叶面可见到一层密布的灰白色脱皮壳。

在玉米扬花期，由于温度适宜、营养丰富，玉米蚜数量成倍增加，雄穗和上部叶片密布蚜虫，严重时影响授粉和光合作用，玉米抽雄后则转移到玉米中部雌穗及其周边叶片上进行危害，影响玉米的产量。如果条件适宜危害可持续到玉米成熟前，植株衰老、气温下降时，蚜量减少，后产生有翅蚜飞至越冬寄主上准备越冬。玉米蚜以孤雌生殖繁殖后代，大多数成蚜在羽化后24小时开始产仔，繁殖高峰出现在成蚜羽化后的4～9天，夏季孤雌胎生的每一头雌蚜日产7～8头若蚜，每龄若虫只需1天时间，到第四天若虫变为成虫，每个世代只用6～8天时间就完成，成若比为1：8以上，这种快速发育、生殖方式使虫源越来越多，潜伏期距大暴发期也越来越近。

发生规律

气候条件　温湿度是对玉米蚜的发生量起主要作用的气候因素，在适宜温湿度下，种群数量发展极快，室内恒温条件下，在10～25℃范围内，随着温度升高发育历期缩短，生长发育、繁殖速度加快，在23～25℃时玉米蚜的内禀增长率最高，死亡率最低。玉米在抽雄期，如旬平均气温在23～25℃左右，相对湿度80%～85%左右，非常有利于玉米蚜孳生繁殖，玉米蚜在此时增殖最快，蚜量往往比抽雄前激增100倍左右。

寄主植物　玉米蚜的发生与玉米的生育期紧密相关，当处于抽雄、扬花期，玉米由营养生长转向生殖生长时，一方面玉米的抗虫能力下降，另一方面玉米此时营养丰富，为玉米蚜繁殖危害提供了良好的条件，此时玉米蚜虫大量繁殖，如遇合适的天气条件则极易暴发。玉米进入成熟后，植株衰老，营养条件恶化，即使气候有利于玉米蚜的繁殖，但仍开始产生有翅孤雌胎生蚜，寻找营养条件合适的寄主。玉米品种间抗蚜性差异明显。禾本科杂草较重的田块，玉米蚜发生较重。

天敌因素　天敌数量大时可以抑制其数量增在田间影响玉米蚜种群动态，有效抑制玉米蚜虫发生危害。主要寄生性天敌位蚜茧蜂，捕食性天敌种类多，有瓢虫、草蛉、蜘蛛、食蚜蝇，此外还有病原菌蚜霉菌等。

防治方法

农业防治　选育和推广抗蚜品种，品种间抗性存在差异；加强田间管理，清除田间杂草，消灭蚜虫的寄主，减少向玉米田转移的虫源基数；合理施肥加强田间管理，促进植株健壮生长，增强抗虫能力；在发生初期，拔除危害中心蚜株雄穗，及时进行有效处理，消灭虫源，防止进一步扩散为害。

生物防治　在发生程度轻的地区，改进施药技术，科学施药，减少化学农药的使用量，保护天敌资源，充分发挥天敌的控制作用。当田间蜘蛛、草蛉、龟纹瓢虫等天敌与蚜虫比在1：100以上时，天敌可以控制蚜虫的危害，一般来说不需要进行化学防治。

化学防治　用含噻虫嗪或吡虫啉等具有内吸性农药种衣剂进行种子包衣，对苗期蚜虫防治效果较好。在玉米抽穗初期调查，当百株玉米蚜量达4000头，有蚜株率50%以上时，应及时进行药剂防治，此时由于玉米植株高大，防治时气温较高，必须注意施药安全，化学农药选择高效低毒品种，如

图1 玉米蚜危害玉米　　　图2 玉米蚜无翅孤雌蚜
（陈瑜摄）　　　　　　（王振营摄）

Y

吡虫啉、噻虫嗪、吡蚜酮等进行喷雾。

参考文献

王永宏, 苏丽, 仵均祥, 2002. 温度对玉米蚜种群增长的影响 [J]. 昆虫知识, 39(4): 277-280.

王永宏, 仵均祥, 苏丽, 2003. 玉米蚜的发生动态研究 [J]. 西北农林科技大学学报 (自然科学版), 31(S1): 25-28.

中国农业科学院植物保护研究所, 中国植物保护学会, 2015. 中国农作物病虫害 [M]. 3 版. 北京: 中国农业出版社.

（撰稿: 王振营; 审稿: 王兴亮）

图 1　玉米异跗萤叶甲钻蛀为害　　图 2　玉米异跗萤叶甲幼虫
（王振营摄）　　　　　　　　　（王振营摄）

玉米异跗萤叶甲　*Apophylia flavovirens* (Fairmaire)

一种玉米苗期的地下害虫。又名旋心虫、玉米枯心叶甲, 俗称玉米蛀虫、黄米虫。鞘翅目 (Coleoptera) 叶甲科 (Chrysomelidae) 萤叶甲亚科 (Galerucinae) 异跗萤叶甲属 (*Apophylia*)。国外分布于朝鲜、越南、老挝及泰国。中国分布于吉林、辽宁、内蒙古、河北、山东、山西、陕西、安徽、浙江、湖北、江西、湖南、福建、台湾、广东、海南、广西、四川、贵州及西藏等地。

寄主　幼虫除危害玉米外, 也危害高粱、谷子、粟; 成虫不为害玉米, 但危害紫苏、白苏、冬凌草、丹参、薄荷和野蓟等叶片。

危害状　幼虫在近地表面 2～3cm 的茎基部或根茎交界处钻入植株取食 (图 1)。被害株心叶产生纵向黄色条纹; 严重时生长点受害形成枯心苗或植株矮化畸形, 分蘖增多。茎基部被害处有明显的褐色虫孔或虫伤, 在被害株根部或茎基部很容易找到异跗萤叶甲幼虫, 一般每株有虫 1～6 头。玉米苗的根也常被异跗萤叶甲幼虫取食, 被害苗根系不发达。幼虫有转株危害习性。

形态特征

成虫　雌成虫体长 5.9～6.8mm, 宽 1.8～2.6mm; 雄成虫体长 3.9～6.1mm, 宽 1.5～2.1mm。触角丝状, 11 节, 基部 4 节黄褐色, 其余黑褐色。体长形, 全身被短毛。头后半部、小盾片黑色; 头前半部、前胸和足黄褐色, 中、后胸和腹部黑褐至黑色; 鞘翅翠绿色, 有时带蓝紫色。复眼大。雄虫触角长, 几乎达翅端; 雌虫触角伸至鞘翅中部。前胸背板倒梯形, 前、后缘微凹, 表面具细密刻点, 中央微凹, 两侧各有 1 个较深凹窝。小盾片舌形, 密布小刻点和毛。鞘翅两侧近于平行, 翅面刻点密。

卵　椭圆形, 长约 0.8mm, 表面光滑, 初产淡黄色, 后呈黄色, 部分为褐色。

幼虫　3 个龄期, 末龄幼虫体长 10～12mm, 体黄色至黄褐色, 头部深褐色, 体节 11 节, 中胸至腹部末端每节均有红褐色毛片, 中、后胸两侧各有 4 个, 腹部一至八节两侧各有 5 个, 尾片黑褐色 (图 2)。

蛹　长 5～7mm, 黄色, 裸蛹。

生活史及习性　一年发生 1 代, 以卵在土中越冬, 翌年 6 月下旬幼虫开始危害, 7 月上中旬进入危害盛期, 7 月下旬老熟幼虫在地表做土茧化蛹。8 月上中旬成虫羽化出土,

成虫喜食小蓟, 白天活动, 夜晚栖息在株间, 有假死性。成虫将卵散产在疏松的玉米田土表中或植物根部附近, 呈团状, 每头雌虫可产卵 10 余粒, 多者 20～30 余粒。

发生规律

气候条件　玉米异跗萤叶甲的发生与秋冬季气候有关, 温暖、干旱少雨雪, 则越冬卵存活率高, 有利于翌年虫害发生。降水对玉米异跗萤叶甲的发生程度有一定影响。一般 5 月降水少, 发生危害重; 雨水充沛, 夏玉米生长健壮, 不利幼虫蛀入危害, 同时大雨还可以降低土壤中越冬卵的成活率。

种植结构　玉米异跗萤叶甲的发生与耕作栽培和环境的关系十分密切。连作地、田间及四周杂草尤其是刺蓟多、管理粗放、栽培过密、株行间通风透光差, 或套种大豆的玉米田, 或地势低洼, 排水不良, 土壤潮湿, 以及使用未充分腐熟的农家肥及采用免耕技术田块受害重。不进行处理直接播种的田块比经过包衣和进行药剂拌种的发生程度重。玉米异跗萤叶甲的发生与播种时间及玉米的长势有关。玉米幼苗期与该虫孵化期相吻合, 为其蛀入危害提供了良好的食物条件, 发生重。

防治方法

农业防治　实行轮作, 与马铃薯、豆类等非寄主作物轮作, 有条件的地区可实行水旱轮作; 合理密植, 防止种植密度过大; 结合间苗、定苗, 拔除被蛀苗株, 携出田外集中处理, 可压低转株率; 及时清除田间、地埂、渠边杂草; 秋季深翻灭卵, 降低越冬基数, 上年发生严重的地块, 不要将根茬旋耕在地里, 将其捡出集中处理, 可减轻翌年危害。要因地制宜选用抗虫品种, 重施基肥、有机肥, 增施磷钾肥, 加强管理, 培育壮苗, 提高作物自身抗虫能力。

化学防治　用含吡虫啉、氟虫腈或丁硫克百威成分的种衣剂包衣。在危害初期用 40% 辛硫磷乳油 1000～1500 倍液, 或 40% 乐果乳油 500 倍液、或 15% 毒死蜱乳油 500 倍液灌根; 也可每亩用 25% 甲萘威可湿性粉剂, 或用 2.5% 的敌百虫粉剂 1～1.5kg, 拌细土 20kg, 搅拌均匀后, 顺垄撒在玉米根周围, 杀伤转移危害的幼虫; 用 90% 晶体敌百虫 1000 倍液, 或用 80% 敌敌畏乳油 1500 倍液喷雾。防治成虫应在上午 9:00 前或下午 17:00 后, 进行大面积联合统一防治。药剂可选用 2.5% 的高效氯氟氰菊酯乳油 3000 倍液, 20% 氰戊菊酯乳油 2000 倍液, 或 90% 晶体敌百虫 1000 倍液进行喷雾防治, 一般 1～2 次即可控制危害。

参考文献

陈霈, 马思忠, 段福堂, 1960. 玉米旋心虫 *Apophylia flavovirens*

Fairmaire 研究初报 [J]. 昆虫知识 (5): 144-147.

魏鸿钧 , 1958. 为害玉米的新害虫——玉米旋心虫 [J]. 昆虫知识 (5): 220-221.

中国农业科学院植物保护研究所 , 中国植物保护学会 , 2015. 中国农作物病虫害 [M]. 3 版 . 北京 : 中国农业出版社 .

（撰稿：王振营；审稿：王兴亮）

米苗有群集危害的习性。玉米趾铁甲主要危害世代为第一代，以幼虫危害春玉米，常造成严重的产量损失；第二代发生量极小，对晚播玉米危害不大。第一代卵盛发期为 4 月上旬至 5 月中旬，第二代卵盛期为 6 月上旬至 7 月上旬。从卵至成虫羽化发育历期一般需要 31 ~ 35 天，第二代较第一代短 4 天左右。成虫有假死性和群集为害习性，卵产于心叶正面用口器咬成的凹穴内，每穴 1 粒。

玉米趾铁甲　*Dactylispa setifera* (Chapuis)

一种区域性分布的以危害玉米为主的害虫。又名玉米铁甲虫。鞘翅目（Coleoptera）铁甲科（Hispidae）趾铁甲属（*Dactylispa*）。国外分布于印度尼西亚的爪哇和马鲁古群岛。中国分布于广西、贵州、云南及海南等地，发生猖獗的地区主要为广西西南部及贵州的罗甸、望漠一带玉米产区。

寄主　主要危害玉米，也危害甘蔗、高粱、小麦、谷子、水稻等多种禾本科作物以及看麦娘、罗氏草、两耳草、芒草、芦苇等禾本科杂草。

危害状　以成虫和幼虫取食玉米叶片。成虫咬食叶肉后形成长短不一的白色枯条斑，玉米叶片被取食成一片枯白，俗称"穿白衣"。成虫产卵于玉米嫩叶组织中，幼虫孵化后直接在叶片内潜食叶肉直至化蛹。叶片被幼虫咬食叶肉后仅留下表皮，呈现枯斑，俗称"穿花衣"（图 1）。一张叶片上可有虫数十头，全叶变白干枯，造成减产甚至绝收。

形态特征

成虫　雌成虫体长 5mm，宽 2mm。雄成虫体长 7mm，宽 3mm。长方形，头部暗褐，触角及复眼黑色。前胸背板红褐色至暗褐色，具颗粒状刻点，中区部分有一黑褐色椭圆形光滑突起，突起中央有 1 浅纵沟，纵沟部分色淡，呈褐色；前胸背板前缘中部有两个分叉的长刺，侧缘前端具一分叉长刺，靠后具 1 短刺。鞘翅深黑色，每鞘翅边缘每簇有刺两根，侧缘各有刺三根；每个鞘翅上着生刻点 9 排和长短不等的刺 21 根，后翅灰黑色，翅基部暗黄色。腹和足均为黄褐色；触角 11 节，黑褐色，末端膨大呈棍棒状，各节着生有绒毛（图 2）。

卵　椭圆形，长 1 ~ 1.3mm，宽 0.5 ~ 0.7mm，初产时淡黄白色，后渐变黄褐色，表面光滑，上盖腊质。散产（图 3）。

幼虫　老熟幼虫体长 7 ~ 7.5mm，宽 2.2mm。头扁平细小，黄褐色，上颚深褐色，胸腹部乳白色，取食后为黄绿色；胸足 3 对，腹部 9 节，无足，胸部除第一节外，每节两侧向外有 1 个黄色大而低的瘤状突起，上有"一"字横纹一条；尾节有向后伸的棕色尾刺一对。

蛹　体长 6 ~ 6.5mm，宽 3mm，扁平，长椭圆形，背面微隆起，足、翅发达，覆盖整个胸部及腹部第一、二节。初为乳白色，后变为黄褐色。前胸与腹部每节两侧各有 1 瘤状突起，突起上有分叉的刺两根，每个腹节背面有 2 列瘤状小突起，末端有短刺 4 根向后伸出。

生活史及习性　一年 1 ~ 2 代，以成虫在寄主或杂草上越冬，气温达 17 ~ 18℃时，开始活动危害。成虫有趋绿、趋密性和假死性，清晨行动迟钝。成虫对嫩绿、长势旺的玉

图 1　玉米趾铁甲幼虫危害状（王振营摄）

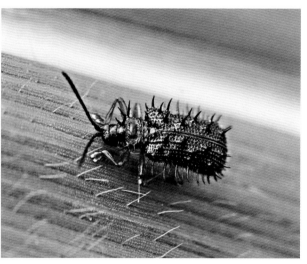

图 2　玉米趾铁甲成虫（王振营摄）

图 3　产于叶肉中的玉米趾铁甲卵（王振营摄）

Y

玉米趾铁甲第一代成虫除极小部分在羽化25天左右进行当年第2次交尾产卵繁殖第二代之外，其余大多数成虫不再交配产卵繁殖，而是以越夏和越冬状态生存到次年春天再在春玉米上取食和交尾繁殖下一代。当年交尾产卵繁殖的幼虫，如因不能在秋玉米上取食危害，大部分因营养不良或高温而死亡，不能发育成为第二代。所以一年内很少发现玉米趾铁甲有2次发生和造成2次危害即秋玉米受害的状况。除玉米外，玉米趾铁甲尚可在罗氏草、两耳草上取食完成整个世代生活史。

发生规律

气候条件　冬春季气温高有利于玉米趾铁甲成虫的越冬存活，且迁入繁殖危害早；开春气温不稳定、倒春寒严重的天气，玉米趾铁甲迁入期相对推迟。3～4月正是玉米趾铁甲成虫从山上迁飞到玉米地危害取食、交尾产卵的时期，天气温暖晴朗，降水量少、干燥，有利于成虫补充营养、大量交尾产卵，田间卵粒密度大，幼虫孵化成活率高，则发生严重，反之则较轻。

种植结构　玉米、甘蔗混栽区，小麦套种区玉米趾铁甲发生严重于纯玉米栽培区。甘蔗种植面积扩大，为玉米趾铁甲提供良好的越夏越冬生境，提供丰富食料，以及迁入危害玉米的桥梁，有利于虫源繁殖、积累和扩散更有利于其发生为害。

天敌　有白僵菌、寄生蜂、蚁、猎蝽和鸟类等，这些天敌对玉米趾铁甲的发生有一定的抑制作用，但在大发生年对铁甲虫控制作用不大，对玉米趾铁甲有经济意义作用的天敌主要是卵和幼虫的寄生蜂，对第二代玉米趾铁甲自然寄生率较高。

化学农药　目前尚未见有关该虫化学农药产生的抗药性，及化学农药对该害虫发生规律的影响的文献报道。

防治方法

农业防治　调整农作物种植结构，在重灾区避免土地连片种植玉米、甘蔗或桑树，杜绝混栽，提供有利的药剂防治条件，避免顾此失彼；可适当减少玉米种植面积。清理越冬场所，如铲除玉米地边、沟边、山脚杂草，清除甘蔗地的残叶等。在玉米趾铁甲幼虫化蛹尚未羽化前（5月下旬），用镰刀割除叶片上有虫部分，并立即集中烧毁，可有效减少第二年的发生数量。成虫高峰期（3月下旬至4月上旬）在上午露水未干或阴天全天进行人工捕杀成虫，连续几天，并集中处理。

化学防治　①成虫防治 药剂防治可每亩选用40%氰戊菊酯12ml加25%杀虫双水剂200ml兑水50～60kg喷雾，或其他拟除虫菊酯类农药按要求配制喷杀。防治时间应在成虫尚未产卵前进行，一般在4月上中旬。由于成虫扩散性能力强，在防治成虫时，要区域联防、统一时间、统一药剂、连片防治，才能提高效果。②玉米趾铁甲卵孵化率达15%左右时是最佳防治时期，每亩用25%杀虫双水剂200ml加40%氰戊菊酯10ml兑水50～60kg喷雾，可兼防治成虫。用药时间第一次在4月下旬至5月上旬，主要防治早播玉米上的幼虫；第二次在5月20日左右。

参考文献

郭振中，1988.贵州农林昆虫志（卷2）[M].贵阳：贵州人民出版社.

黄标，1997.玉米铁甲虫的发生与防治[J].昆虫知识，34(6):331-333.

秦昌文，覃保荣，胡明钰，2003.广西玉米铁甲虫发生为害规律及其防治技术应用[J].广西植保，16(1): 21-22.

（撰稿：王振营；审稿：王兴亮）

预测诱虫灯　light trap for insect prediction

利用害虫趋光性诱集害虫和监测害虫发生情况的灯光装置。

中国预测诱虫灯的规格是1956年全国农作物病虫预测预报会议统一规定的。只有诱虫灯的大小、高矮和光的波长及照度的标准化，才能对当地不同年份、不同世代的诱虫记录进行比较。根据诱捕害虫的时间和数量，可以推测该种害虫的初见、盛发和终见期，以及发生期的推迟或提早情况，并可估计当代或下一代害虫的发生量和为害程度。还可对不同年份或地区间诱虫灯资料进行比较，明确害虫发生情况的异同。

诱虫灯的类型

黑光灯　黑光灯是国内外首先在农业上广泛应用的一种诱虫灯，是属于特种气体放电灯。黑光灯由高压电网灭虫器与黑光灯两部分组成，利用灯光把害虫诱入高压电网的有效电场内，当害虫触及电网时瞬时产生高压电弧，把害虫击毙。

高压汞灯　高压汞灯集害虫诱杀、测报和种类调查于一体，它以特制的高压汞灯作为电源，辐射出能被昆虫感知的光谱，对人体及环境无害。当夜幕降临时，该灯会自动开启。发出黄橙色灯光，吸引害虫蜂拥而至，纷纷触高压灯网而死。该灯还可配置引诱剂挂钩，根据本地区配专用信息诱芯，以增强对本地区靶标害虫的引诱能力，利用高压汞灯可大量诱杀成虫，减少田间落卵量和害虫数量，从而减轻化学防治压力，达到控制害虫的目的。

佳多频振式杀虫灯　佳多频振式杀虫灯，利用害虫较强的趋光、波的特性，将光波设在特定的范围内，近距离用光，远距离用波，灯外配以频振高压电网触杀，使害虫落袋，达到降低田间落卵量、压低虫口基数而起到防治害虫作用。

太阳能诱虫灯　太阳能诱虫灯采用免维护独立的太阳能供电系统为其提供独立电源，避免了在田间地头乱拉交流电线带来的不便和危害，同时可方便地调节并控制光源的光谱和光强，根据不同害虫的趋光特性，智能控制器有针对性地给出不同波长和光强的光源有效地灭杀害虫，克服了传统的光诱灭虫器性能单一的缺陷，提高了灭虫的效率。

双波灯　双波灯具有短波黑光灯和长波白炽灯的特点，是能同时发出长短两列光波的诱虫灯，它克服了单一短光波黑光灯及长光波白炽灯的不足，当双波灯发光时，长光波首先将远处的昆虫诱到近灯区。由于昆虫复眼对紫外线耐受能力差产生炫目而扑灯。

粘胶灭虫灯　是利用害虫的趋光性，灯外配以粘胶触杀，使害虫被胶所粘灭的一种物理灭虫设施。

光电生物灭虫器——巴克星　利用光谱变频技术突破了传统灭虫灯使用单一光波段的局限性，使有效光波范围更广、诱引害虫种类及数量更多。

LED　新型光源 LED 以其固有的特性，由于其光色纯的特点，可以针对不同的昆虫使用不同的光谱，可以准确地锁定目标害虫，最大限度地杀灭害虫，保护益虫。同时，由于其有高亮度、远射程及低功耗的特点，使我们可以在节能的前提下，诱捕更大范围的害虫。其工作寿命长，无需频繁地更换光源，降低了成本。在害虫的防治领域将得到广泛的应用。

诱虫灯的安装方式　可以分为：

箱式固定诱虫灯；悬挂式诱虫灯。

预测诱虫灯优缺点　诱虫灯的使用可以集中消灭大量有效虫源；迫使大量害虫回避离去；抑制或影响部分害虫的正常活动；减少化学防治，使可观的天敌得到有效保护。害虫综合治理中诱虫灯的利用对减少农药用量，发展中国的有机农业事业有重大意义。

长期以来把灯诱昆虫作为农作物害虫测报的一种手段，曾在一段时间里被人们用作防治害虫的重要措施之一。但是，我们也不应忽视它的负面作用，由于诱虫灯诱杀昆虫数量多，范围广、面积大，对生物多样性的保护和自然生态平衡具有负面影响。杀伤有益昆虫，杀伤非目标昆虫，杀伤无益无害昆虫。诱虫灯诱杀昆虫的能力强，而且诱杀的都是成虫，因此，如果不加限制地大面积使用，很可能会使自然生态平衡和生物多样性遭到破坏。

参考文献

任志峰，齐同信，2002. 集团型黑光灯诱杀落叶松毛虫 [J]. 林业实用技术 (10): 32.

徐广强，2005. 纳米灯诱杀器 [J]. 山西果树 (3): 56.

赵建伟，何玉仙，翁启勇，2008. 诱虫灯在中国的应用研究概况 [J]. 华东昆虫学报，17(1): 76-80.

赵文新，贺建峰，张国彦，等，1999. 高压汞灯诱杀棉铃虫成虫技术的研究 [J]. 河南农业大学学报，33 (2): 151-155.

（撰稿：陈大凤；审稿：王宪辉）

愈纹萤叶甲　*Galeruca reichardti* Jacobson

一种危害韭、葱等植物的重要害虫。又名愈韭叶甲、蒜萤叶甲、韭萤叶甲、脊萤叶甲。鞘翅目（Coleoptera）叶甲科（Chrysomelidae）萤叶甲属（*Galeruca*）。国外分布于朝鲜、俄罗斯（西伯利亚）。中国分布于辽宁、内蒙古、河北、北京、山西、陕西、山东、甘肃、新疆、浙江、四川等地。

寄主　韭、葱、蒜、白菜、薤白等。

危害状　幼虫危害韭菜叶片时，始于叶缘，使之呈不规则缺刻状，继而向内啃食致叶片残破或折断，甚至啃光；危害假茎时，大多自外向内啃食，严重时其地上部分可被啃咬干净。危害小葱时，自上往下取食，致使葱叶无顶或吃光地上部分；取食较大植株时，大多在叶片上咬出孔洞，导致葱叶开裂和折断，有时也直接由外向内蚕食假茎，导致假茎倒伏。

形态特征

成虫　体长 9.0～13.0mm，宽 6.0～8.0mm。触角及体背深褐色，鞘翅脊、腹面及足黑色。触角 11 节，向后略长过鞘翅肩角；第一节最长，棒状；第三与十一节约等长。头顶具中沟并布稠密的具毛刻点；额瘤不发达，具粗刻点；前胸背板前缘强凹，基缘突出；侧缘基半部较直，端半部圆阔；盘区着生具毛具粗刻点；盘区中部及两侧各 1 浅凹。小盾片舌形，具稀疏无毛刻点。鞘翅基部窄，向端部变宽；第一脊基部明显并连续，中部之后逐渐间断并消失；第二条脊几乎达到端部，中间间断；第三脊消失或退化；第四脊退化；盘区刻点较前胸背板粗，刻点内无毛；缘折宽，直达端部。腹面及足被黄色毛，足上刻点稀疏（见图）。

卵　椭圆形，长约 1.5mm。初产为淡黄色，渐变褐色或黑褐色，具网状花纹，产成卵块，外有褐色包膜，每卵块有卵 30 粒左右。

幼虫　老熟幼虫体长 15.0～17.0mm，宽 4.0～5.0mm，黑色。头圆形，窄于前胸；幼虫蜕裂线明显，冠缝长。体瘤明显，胸部 3 节，各具 1 对足；腹部 10 节，背面可见 9 节，瘤突发达，第十节形成 1 对臀足。

蛹　离蛹，长 6.0～9.0mm，宽 4.0～5.0mm，黄褐色。

生活史及习性　在北方 1 年发生 1 代，因时间各地有差异。越冬成虫在陕西关中地区于 4 月初出土活动并产卵，在北京地区主要集中在 4 月中旬至 5 月中旬发生，而在陕西洛南 3 月中旬便发现二、三龄幼虫危害；该虫在不同地域越冬方式也不相同，在陕西关中以成虫越冬，在北京和山东烟台均以卵越冬。

幼虫受惊易坠落，并缩成"C"字形，随后钻入土块下静伏隐藏，有群居性和聚集危害行为，白天取食。

防治方法

农业防治　避免韭菜、葱、洋葱、薤白等作物连作或以上几种作物连片种植。入冬前适当深耕，在昼消夜冻季节浇冻水。及时清除田园残株落叶及杂物。田间少量发生该虫时，利用其假死性晃动植株，然后人工捡除。

化学防治　可选择内吸性和触杀性农药对其幼虫期进行防治。使用有机磷农药防治 1 次幼虫，其死亡率可高达 99% 以上。当该幼虫的虫口密度在韭菜田中达到 20 头 /m² 时，

愈纹萤叶甲成虫（李照会摄）

每亩用 1.3% 苦参碱水剂，或 1.2% 烟碱苦参碱乳油，或 0.3% 印楝素乳油等 30ml 对其进行防治，选择早晨和下午喷雾。

参考文献

古丽曼，李慧，张希山，等，2007. 新疆乌苏市草地叶甲的生物学特性和防治试验 [J]. 新疆畜牧业 (S1): 31-32.

郭帅帅，李宝功，郑小惠，等，2021. 商洛市韭萤叶甲幼虫发生情况与防治策略 [J]. 中国蔬菜 (2): 107-108.

胡彬，穆常青，郑建秋，等，2020. 北京市韭萤叶甲的发生和防治 [J]. 中国蔬菜 (1): 97-98.

李志勇，史大臣，李照会，1991. 愈纹萤叶的生物学及防治 [J]. 山东农业科学 (2): 42-43.

虞佩玉，1996. 中国经济昆虫志：第五十四册　鞘翅目　叶甲总科 (二) [M]. 北京：科学出版社：95.

（撰稿：牛一平；审稿：任国栋）

原尾纲　Protura

目前的原尾纲昆虫，称原尾虫或蚖，曾作为昆虫纲中的一个目，即原尾目，后被提升为一个单独的纲。

原尾纲昆虫成虫体长在 2mm 以下。头部前方锥形，无触角。无复眼和单眼，仅在头部背面两侧有 1 对假眼器（pseudoculli）。内口式口器，上唇突起，上颚与下唇基部均陷入头部，头的后颊部分向下包裹，形成口腔；上颚呈尖刀形，下颚分内外两叶，下颚须 3～4 节，内叶或内外两叶均变为穿刺器官，下唇由 1 基部骨片及 1 对尖锐的中唇舌组成，下唇须 2～3 节，短。胸部分节明显，但前胸小。前足特别长，上具特殊的感觉器，可代替触角的感觉功能；中、后足较短，跗节仅 1 节，末端有 1 爪。腹部 12 节，第一至三节的腹面各生 1 对腹足，腹足的节数和上生刚毛数目均为分类依据；腹端缺尾须；生殖孔开口于第十一腹节腹板的后方。雄性外生殖器为成对延长的针状突起。

增节发育是原尾虫发育过程中的一大特点，原尾虫第一龄称为前幼期（praelarva），腹足仅 9 节，口器和腹足发育不全；第二龄（第一幼虫）腹节仍为 9 节，但口器和腹足发育完全；第三龄的腹节为 10 节；第四龄为童虫期（maturus junior），腹节增至 12 节，但生殖器不发达。以上各龄期所增腹节均出自末二节之间。第五龄为前成虫期（praeimago），腹部 12 节，生殖器发育不完全，内骨骼不发达、蜕皮后发育为成虫。

原尾目昆虫分布广泛，主要生活于山林环境，如石下、枯枝落叶间或湿润土壤中。原尾目昆虫虽与人类无直接经济关系，但在动物进化的理论研究方面，有重要的意义。

参考文献

GULLAN P J, CRANSTON P S, 2009. 昆虫学概论 [M]. 3 版. 彩万志，花保祯，宋敦伦，等，译. 北京：中国农业大学出版社：189.

中国农业百科全书总编辑委员会昆虫卷编辑委员会，中国农业百科全书编辑部，1990. 中国农业百科全书：昆虫卷 [M]. 北京：农业出版社.

（撰稿：吴超、刘春香；审稿：康乐）

圆柏大痣小蜂　*Megastigmus sabinae* Xu et He

一种危害圆柏的林业危险性害虫。膜翅目（Hymenoptera）长尾小蜂科（Torymidae）痣小蜂属（*Megastigmus*）。国外无分布记录。中国分布于青海、甘肃。

寄主　圆柏、大果圆柏、塔枝圆柏、方枝柏及细枝圆柏。

危害状　大痣小蜂危害树木的外部形态无明显特征，主要危害圆柏种实，树枝顶端结实颜色略有不同，种实外部有虫孔，种子重量较轻。

形态特征

成虫　雌虫体长 3.1～3.6mm，橙黄色。后头及头顶橙红色，单眼区两旁有 2 个黑斑，触角洼下方中央有 1 个黑斑，触角柄节及梗节红褐色，鞭节黑褐色。前胸背板两侧白色，宽为长的 1.4 倍；中胸盾片中叶基半部除两侧外橙红色片内方橙红色，外方白色；三角片橙红色，内角有小白斑，外侧有黑斑；后胸背板白色，两侧稍具黑色，胸部腹板黑色，并胸腹节白色，上有弱而不甚规则的纵皱，基部有少量黑红色。翅透明，翅脉及翅痣褐色至黑褐色，前翅缘脉稍短于后缘脉。腹部背板中央有纵向黑斑；第二、三背板背面有横向黑斑，产卵管鞘除基部外均为黑色。雄虫体长 3.5～4.5mm，头黑色；后单眼与复眼黄褐色，且有时延伸至颜面上方，上唇基两侧黄褐色；触角柄节与梗节背面黑至黑褐色，腹面黄褐色，鞭节黑色。前胸背板前缘及中央稍具黑褐色，其余大部分黄白色；中胸盾片中叶前缘有 2 个黑斑，盾侧片大部分黑褐色；并胸腹节黑色；足黄褐至黑褐色；翅透明（图①）。

卵　具柄，长卵形，长 0.4mm，宽 0.19mm，柄长 1.4～1.8mm，乳白色（图②）。

幼虫　体色乳白，弯曲呈橘瓣状，13 节（图③）。

蛹　裸蛹，长 2.5～5.1mm，初期乳白色，后变为黑褐色

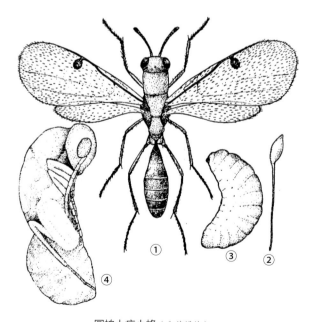

圆柏大痣小蜂（朱荣禄绘）

①成虫；②卵；③幼虫；④蛹

（图④）。

生活史及习性 1年发生1代，以三龄幼虫在种仁内越冬。成虫羽化当天便可交配产卵，并有孤雌生殖现象。卵直接产在种仁内，10～15天孵化，即将孵出的卵内幼虫，因其两个红色上颚靠近卵柄部非常明显。卵在7月下旬开始孵化，初孵幼虫便可取食种仁，由于个体小、食量小，不影响种仁的生长，经过2次蜕皮，在9月下旬以三龄若虫越冬，也有极少数以一龄和二龄幼虫越冬。翌年5月初，随温度的不断升高，越冬幼虫开始大量取食，种仁被取食殆尽。6月中旬幼虫开始化蛹，6月下旬为化蛹盛期，7月中旬成虫开始羽化，羽化孔圆形，雄虫较雌虫先出现，成虫不需要补充营养，当天便可交尾产卵。交尾多在树枝和种子上进行，雌雄虫一生只交配一次，每雌蜂产卵8～20粒，平均16粒，3天内羽化成虫的产卵最多。雄虫寿命平均7天，雌虫平均9天。成虫具有喜光性，喜欢活动于光照较好、气温较暖的枝头和树间，因此，在圆柏树的上部、中部、东、西南部虫口密度较大。成虫飞行能力不强，一般一次飞行不超过5m。

防治方法

加强检疫 严格实行检疫制度，杜绝带虫种子外调。

加强对种实采收的管理 采尽种子以杜绝越冬虫源，虫害严重的林地秋后进行土壤深翻，深埋落地虫害种子。在结实小年，无采收价值时摘净种子，使大痣小蜂失去寄主；或保留部分便于管理的果实作为诱饵，待适当时候摘除青果并进行焚烧或深埋。

信息素诱杀 7月至9月上中旬，利用成虫喜欢在针叶嫩枝、嫩果和树干10m以下的韧皮部产卵，采用引诱剂进行诱杀。

化学防治 用绿色威雷、20%灭扫利乳油喷洒果穗；在成虫羽化期可用阿维烟剂、益力Ⅱ号熏蒸。

参考文献

李秉新，吕东，张宏斌，等，2014.祁连圆柏林圆柏大痣小蜂幼虫空间分布格局[J].环境昆虫学报，36(2):276-282.

李春风，缪晓星.2009.玛可河林区圆柏大痣小蜂的发生与防治[J].青海大学学报，27(2):66-68.

吴洪源，张德海，陈道玉，1992.圆柏大痣小蜂（*Aegastigmus sabinae* Xu et He）生物生态学研究[J].林业科学(4):367-371.

（撰稿：姚艳霞；审稿：宗世祥）

缘纹广翅蜡蝉 *Ricania marginalis* (Walker)

一种中国茶园中常见的杂食性刺吸式害虫。半翅目（Hemiptera）广翅蜡蝉科（Ricaniidae）广翅蜡蝉亚科（Ricaniinae）广翅蜡蝉属（*Ricania*）。国外分布于缅甸、印度和马来西亚等。中国分布于湖北、浙江、广东、江苏等地。

寄主 茶树、油茶、柑橘、桃、桑、咖啡、黄杨、女贞、樟树、栀子、构树、石榴、刺槐、牡荆、迎春花。

危害状 以若虫和成虫刺吸嫩梢和叶片的汁液危害茶树，致使枝梢生长不良、叶片发黄并脱落，影响茶树生长。

形态特征

成虫 体长6～8mm，翅尖9～10mm，翅展15～17mm。身体大部分褐色至深褐色，中胸盾片近黑褐色。前翅深褐色，后缘颜色稍浅。前翅有6个透明斑，近顶角2/3处有1三角形大斑，近中部有1近圆形斑，其内侧有1暗褐小圆斑，外缘有1大2小透明斑，后方常散成多个小斑。沿外缘还有1列极小的透明斑点，翅面上散布有白色蜡粉。后翅黑褐色半透明（图1）。

若虫 体淡褐色，胸背外露、有4条褐色纵纹，腹部被有白蜡，腹末有2束绢状白蜡长丝（图2）。

生活史及习性 1年发生1～2代，以卵在茶树下部枝梢内越冬。初孵若虫刺吸茶树嫩梢并分泌蜡丝。6～7月成虫盛发，危害夏秋茶嫩梢，产卵于在枝梢皮层内。

防治方法

剪除产卵虫梢 可在冬季和早春剪除产卵枝梢，带出园外销毁，减少越冬虫源基数。

色板诱杀 成虫发生期可在田间安置黄色粘虫板，诱杀成虫。

药剂防治 可在若虫发生期喷施联苯菊酯等药剂进行防治。

图1 缘纹广翅蜡蝉成虫（周孝贵提供）

图2 缘纹广翅蜡蝉若虫（周孝贵提供）

参考文献

谭济才，1995. 湖南省茶园蜡蝉种类调查研究初报 [J]. 茶叶科学，15(1):33-37.

唐美君，肖强，2018. 茶树病虫及天敌图谱 [M]. 北京：中国农业出版社.

谢广林，邹海伦，王文凯，2015. 湖北省广翅蜡蝉科害虫种类调查初报 [J]. 湖北农业科学，54(10): 2394-2396.

（撰稿：王志博；审稿：肖强）

远东杉苞蚧　*Physokermes jezoensis* Siraiwa

一种危害云杉类植物的东亚蚧虫。又名红皮云杉球蚧、云杉伪球蚧。英文名 sprucebud scale。半翅目（Hemiptera）蚧总科(Coccoidea)蚧科（Coccidae）杉苞蚧属（*Physokermes*）。国外分布于俄罗斯远东地区。中国分布于黑龙江、吉林、辽宁、山西等地。

寄主　红皮云杉、鱼鳞云杉、白杆云杉和青杆云杉。

危害状　以雌成虫和若虫寄生在枝条芽鳞下和叶片上刺吸汁液为害（见图），可使针叶发黄、凋落，小枝干枯，尤以树冠下层受害最重。

形态特征

成虫　雌成虫肾球形，背中有明显纵沟，长 3.0～4.2mm，宽 4.5～6.1mm；初期粉红略带黄色，产卵后黄褐色，具光泽；触角和足高度退化，瘤突状；管腺在腹面成宽亚缘带；肛板和气门刺均无。雄成虫体长约 1.7mm，棕褐色；触角 10 节，端节有 3 根端部膨大的刚毛；足胫节末端有 1 根长刺，可伸达跗节 1/2 处；翅 1 对，膜质。

卵　长椭圆形，紫褐色，被有白色蜡粉。

若虫　一龄若虫长椭圆形，长约 0.70mm；黄褐色；触角 6 节；足发达；气门刺 2 根，气门路上多格腺 3～5 个；肛板三角形，有 3 短 1 长共 4 根刚毛。二龄雌若虫体椭圆形，背面隆起，乳黄或乳白色。二龄雄若虫体长椭圆形，背中央纵向隆起，浅黄色。

雄蛹　棕褐色。包裹在长椭圆形、毛玻璃状蜡茧内。

生活史及习性

1 年发生 1 代，以二龄若虫在针叶两面越冬。在黑龙江哈尔滨市，翌年 3 月中下旬越冬若虫开始活动，雌若虫迁向 1～2 年生小枝基部芽鳞下定居，刺吸取食，4 月初达到高峰，5 月中旬大多蜕皮后进入成虫期。雄若虫仍固定在针叶上，4 月中旬分泌蜡质形成蛹茧，在其中蜕皮变为预蛹、蛹，5 月中旬羽化为雄成虫。雌雄比 1：1.4。交尾多在上午 9：00～10：00 进行。雄成虫寿命仅 1～2 天，交尾后即死去。交配后的雌成虫迅速膨大，于 6 月上旬产卵于腹下腔内，每雌产卵 500 余粒。6 月下旬若虫大量孵化，并从母体腹下方爬出，在附近针叶背面或正面寻找合适位置固定寄生，8 月下旬蜕皮进入二龄期，10 月中下旬进入越冬状态。该蚧喜阴，虫口密度阴面大于阳面，叶背大于叶面。

防治方法

人工防治　零散发生时，剪除有虫枝条或刷除产卵前的

远东杉苞蚧危害状（武三安摄）

雌成虫。

化学防治　初冬或早春向树体喷洒 3～5 波美度的石硫合剂。一龄若虫活动盛期，应用吡虫啉可湿性粉剂、高效氯氰菊酯和乐果混剂喷雾防治。

参考文献

谷枫，董希文，王丽敏，等，2003. 红皮云杉球蚧的生物学特性及防治 [J]. 防护林科技 (4): 64-65.

韩业辰，于洪春，阎凤霞，2007. 远东杉苞蚧发生规律与防治的初步研究 [J]. 东北农业大学学报，38 (2): 157-160.

祁庆兰，1989. 云杉伪球蚧的生物学特性及其防治 [J]. 昆虫知识，26(1): 23-24.

杨立铭，1979. 红皮云杉球蚧 (*Physokermes* sp.) 生物学特性及其防治的初步研究 [J]. 东北林学院学报 (2): 36-48.

（撰稿：武三安；审稿：张志勇）

月季白轮盾蚧　*Aulacaspis rosarum* Borchsennius

刺吸危害蔷薇类植物枝干的蚧虫。又名拟蔷薇白轮蚧、黑蜕白轮蚧。英文名 Chinese rose scale。半翅目（Hemiptera）蚧总科（Coccoidea）盾蚧科（Diaspididae）白轮盾蚧属

（*Aulacaspis*）。国外无记录。中国分布于北京、河北、内蒙古、山西、宁夏、河南、山东、江苏、上海、浙江、福建、台湾、四川、贵州、云南。

寄主 月季、蔷薇、玫瑰、悬钩子、苏铁、樟树等植物。

危害状 雌成虫和若虫在枝、干上刺吸汁液危害，严重时介壳重叠，全株一片白色，造成叶片发黄早落，枝条枯死。

形态特征

成虫 雌成虫介壳（见图）宽椭圆形或近圆形，直径2.0～2.4mm，白色，背面略隆起；蜕皮2个，偏心，靠近边缘，深褐色，第一蜕皮常叠在第二蜕皮上，第二蜕皮中脊线状隆起。虫体长椭圆形，长约1.2mm，初期橙黄色，渐变为赤橙色；头胸部宽大，两侧近平行，前侧角明显；臀叶3对，中臀叶陷入臀板内，喇叭形，基部相连，基半部直，端半部外斜，锯齿状；管腺双环式，在第三至五腹节体背形成3个亚缘群，在第二至六腹节体背形成8个亚中列，缘腺每侧4群；围阴腺5群。雄成虫介壳长条形，长约0.8mm，白色溶蜡状，背面有3条纵脊；蜕皮1个，位于前端，深褐色。雄成虫体瘦长，长约0.7mm，橙红色；触角10节，足3对，翅2个。交尾器针状。

卵 长椭圆形，橙红色。

若虫 一龄若虫红色椭圆形，触角和足发达，腹末有1对长尾毛。二龄若虫橙红色，触角退化，足消失。

雄蛹 长椭圆形，橙红色，眼点黑色。

生活史及习性 年发生代数因地而异。吉林2代，以雌成虫和雄蛹在枝干上越冬；北京、河南郑州、上海、江西南昌2～3代，以二龄若虫和少数雌成虫越冬，世代重叠；贵州3代，以雌成虫和雄蛹越冬；成都3～4代，以二龄若虫和少数雌成虫越冬。在北京，翌年4月雌成虫产卵于介壳下，每雌产卵90～120粒。卵期15天左右。5月中旬若虫开始孵化，在枝条上爬行选择位置固定取食，多寄生在2年生枝条上。7月下旬和9月下旬第二、三代若虫分别孵化，11月以第二代雌成虫和第三代二龄若虫进入越冬状态。营两性和孤雌卵生。

捕食性天敌有日本方头甲（*Cybocephalus nipponicus* Endroby-Yonge）、红点唇瓢虫（*Chilocorus kuwanae* Silvestri）、中华草蛉（*Chrysoperla sinica* Tjeder）等；寄生性天敌的优势种是双黄蚜小蜂（*Aphytis* sp.）。

防治方法

人工防治 及时剪除受害重的枝条。

化学防治 若虫爬行扩散期喷施吡虫啉可湿性粉剂、速克灭乳油等药剂。

参考文献

沈光普，龚三员，胡雪雁，等，1989.黑蜕白轮蚧的初步研究[J].森林病虫通讯(4): 9-10.

徐公天，杨志华，2007.中国园林害虫[M].北京：中国林业出版社：110-111.

周莉，谢祥林，罗恩华，1997.月季白轮蚧的生物学及其防治[J].昆虫知识，34(4): 220-222.

（撰稿：武三安；审稿：张志勇）

月季白轮盾蚧雌介壳（武三安摄）

月季黄腹三节叶蜂 *Arge geei* Rohwer

中国特有的蔷薇属多种植物的重要食叶害虫。又名玫瑰叶蜂、玫瑰三节叶蜂、月季叶蜂。膜翅目（Hymenoptera）三节叶蜂科（Argidae）三节叶蜂亚科（Arginae）的三节叶蜂属（*Arge*）。国外尚未见该种分布记录。该种在中国分布广泛，目前记载分布于内蒙古、甘肃、宁夏、陕西、河北、北京、山西、山东、河南、安徽、江苏、湖北、浙江、福建、江西、湖南、重庆、四川、广东、广西、贵州、台湾。其近缘种列斑黄腹三节叶蜂［*Arge xanthogaster*（Cameron，1876）］与该种十分近似，该种腹部背板具多列黑色横带斑，其分布也与月季黄腹三节叶蜂在秦岭—大别山一线以南广大区域互相重叠，但该种在国内的香港和云南很常见，国外则在越南和印度也比较常见。国内科学文献和互联网数据中经常记载的在国内和东亚地区分布、危害玫瑰和月季的玫瑰三节叶蜂［*Arge pagana*（Panzer）］均是错误鉴定，该种目前已知仅分布于欧洲。

寄主 本种主要危害蔷薇属多种植物，中国重要园艺植物月季是其主要寄主植物之一。除月季黄腹三节叶蜂外，中国的震旦黄腹三节叶蜂（*Arge aurora* Wei）、欧洲的玫瑰黄腹三节叶蜂［*Arge pagana*（Panzer）］、中国北部的短棘黄腹三节叶蜂（*Arge brevispina* Wei）也危害蔷薇属多种园艺植物。

形态特征

成虫 雌虫体长8～9mm，翅展18～21mm（图①）。头部（图③）、胸部、腹部第一背板和足黑色，具明显的蓝色光泽，腹部第二节以后黄色（图⑭）；触角黑色至黑褐色，无蓝色光泽（图④）。翅明显烟褐色，端部稍淡，翅痣和翅脉黑褐色（图①）。头部的颜面、额区、内眶、上眶前部刻点细小，较明显，头部其余部分无明显刻点（图③⑥）；胸部除前胸背板具细弱刻点外，均十分光滑，无刻点或刻纹；腹部光滑，无刻点或刻纹。上唇端部具浅弧形缺口，颚眼距等长于中单眼直径（图⑥），背面观头部两侧稍膨大（图③）；触角第三节等长于胸部，端部不明显膨大（图④）。前翅R+M脉段短于Sc脉游离段，3r-m脉强烈弯曲、倾斜，

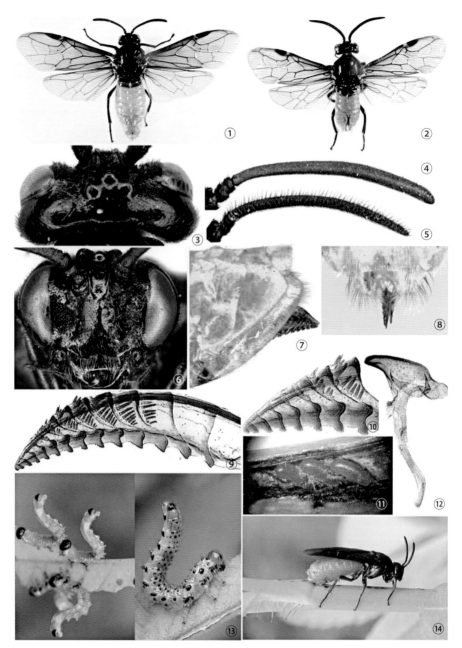

月季黄腹三节叶蜂（魏美才摄）

①雌成虫；②雄成虫；③雌虫头部背面观；④雌虫触角；⑤雄虫触角；⑥雌虫头部前面观；⑦雌虫腹部末端；⑧雌虫产卵器背面观；
⑨雌虫产卵器锯腹片；⑩雌虫锯腹片端部；⑪月季嫩茎中的卵列；⑫雄虫阳茎瓣；⑬低龄（左）和老龄（右）幼虫；⑭雌虫产卵状

2Rs 室上缘 1.5 倍于下缘长；后翅臀室柄约 0.8 倍于臀室长（图①）。侧面观锯鞘腹缘几乎平直，端部圆钝（图⑦）；锯鞘背面观端部钝截型，两侧缘向后稍收窄（图⑧）；锯腹片强骨化，14 锯节，第三至十锯节具叶状粗刺毛，第三至七节刺毛粗长，第一、二节缝无粗刺毛，锯刃粗齿状，具细小外侧亚基齿（图⑨），端部数个锯节无刺毛，近腹缘距较小（图⑩）。雄虫体长 6～7mm，翅展 13～15mm（图②），触角具明显的立毛，端部尖（图⑤）；下生殖板宽大于长，端缘钝截型；阳茎瓣头叶锤形，稍倾斜，背面观前角扁平，侧面观前角稍尖，尾叶圆（图⑫）。

幼虫　初孵化幼虫半透明，后头边缘和足黑褐色。二龄幼虫体变绿色，头部和足黑色，体躯上的垫状突和刺毛逐渐发育。老龄幼虫头部淡黄色，体躯后部通常部分黄色，前胸背板具 2 横列黑色垫状疣突，中后胸各具 3 横列黑色垫状疣突，腹部第一至八背板各具 3 横列共 18 个黑色垫状疣突，胸部 3 节和腹部第一至八节体侧各具 1 个较大而突出的黑色疣突（图⑬右）。老熟时体长 18～23mm。

生活史、习性和危害状　国内北方 1 年发生 2～3 代，陕西西安一带 1 年 4 代，南方可多达 1 年 8 代，世代重叠现象比较突出。以老熟幼虫于秋季入土结茧越冬。次年春末夏初，越冬代幼虫在茧内化蛹。羽化后成虫产卵于玫瑰嫩茎内，倾斜排列，初产乳白色，渐变为乳黄色（图⑪），孵化前变为黑褐色，卵期 10～15 天。幼虫 5～6 龄。低龄时幼虫有一定的群集性，高龄时分散取食。幼虫取食叶片，数量较少时，造成叶片缺损（图⑬），危害严重时可导致月季全部叶片被吃光，仅遗留主要叶脉和叶梗。成虫产卵行为也可导致枝条枯死。

防治方法　家庭培育的月季上发生危害时，可以人工捕捉，去除幼虫。

规模种植时，发生月季三节叶蜂虫害，可以使用常规化学农药防治。应尽量在幼虫低龄时用药防治。

参考文献

魏美才，牛耕耘，李泽建，等，2018. 膜翅目：广腰亚目 Symphyta [M] // 陈学新. 秦岭昆虫志：膜翅目. 西安：世界图书出版公司.

ZHAO Y G, HUA B Z, 2016. Morphology of the immature stages of *Arge pagana* (Panzer, 1798) (Hymenoptera: Argidae) with notes on its biology [J]. Journal of Asia-Pacific Entomology, 19(4): 903–909.

（撰稿：魏美才；审稿：牛耕耘）

图 1　云斑白条天牛典型危害状（任利利提供）
①排粪；②幼虫蛀道

云斑白条天牛　*Batocera lineolata* Chevrolat

一种主要危害杨、核桃、白蜡等的钻蛀性害虫。英文名 white-striped longhorn beetle。鞘翅目（Coleoptera）天牛科（Cerambycidae）沟胫天牛亚科（Lamiinae）白条天牛属（*Batocera*）。国外分布于越南、日本、印度。中国主要分布于山东、河南、河北、陕西、贵州、四川、云南、湖北、湖南、江西、安徽、江苏、浙江、广东、广西、台湾、山西、重庆和福建等地。

寄主　杨、核桃、山核桃、白蜡、桑、榆、柳、桦、桉、榕、女贞、悬铃木、乌桕、栎、栗、苹果、梨、枇杷、油橄榄、木麻黄、木荷、水青冈、泡桐、油桐等。

危害状　主要以幼虫危害树木主干及根的基部、分杈处和大枝。受害处树皮变黑膨胀，树干基部向外明显突起，并有褐色粪便和木屑排出（图 1①），幼虫能蛀入木质部，深达髓心，危害严重时可导致整株树死亡或风折（图 1②）。成虫补充营养，危害嫩枝、叶和果实。对于不同受害树种，常伴有混合危害，如在洋白蜡上与小线角木蠹蛾混合发生。

形态特征

成虫　体长 34～61mm，体宽 9～15mm，黑褐色至黑色，密被灰白色和灰褐色绒毛（图 2、图 3）。雄虫触角超过体长约 1/3，雌虫触角略长于体长，各节下方生有稀疏细刺。前胸背板中央有 1 对白色或浅黄色肾形斑；侧刺突大而尖锐。小盾片近半圆形，除基部小部分被暗灰色绒毛所覆盖外，其余皆被白色绒毛。每个鞘翅上有由白色或浅黄色绒毛组成的云片状斑纹，斑纹大小变较大，一般列成 2～3 纵行，以外面 1 行数量居多，并延伸至翅端部（图 2、图 3）。鞘翅基部有大小不等的颗粒状瘤突，肩刺大而尖端略斜向后上方，末端向内斜切，外端角钝圆或略尖。本种与多斑白条天牛 *Batocera horsfieldi*（Hope）的区别在于：（1）云斑白条天牛前胸背板斑纹相距较远，多斑白条天牛的相距较近（图

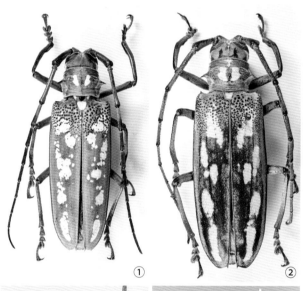

①　　　　　　　　　　　②

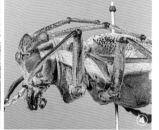

③　　　　　　　　　　④

图 2　云斑白条天牛与多斑白条天牛的形态区别（任利利提供）
①②前胸背板斑纹距离不同（①云斑白条天牛；②多斑白条天牛）；
③④中胸后侧片颜色不同（③云斑白条天牛；④多斑白条天牛）

2①）；（2）云斑白条天牛中胸后侧片为白色，而多斑白条天牛的为灰白色至黑色（图 2②）。

卵　长 6～10mm，宽 3～4mm，长椭圆形，略弯曲，一端略细。初产时乳白色，以后逐渐变成黄白色。

幼虫　大型，圆筒状，粗肥多皱（图 4①）。老熟时体长可达 70～90mm，前胸宽可达 16mm。体色淡黄白色。头部除上颚、中缝及额的一部分为黑色外，其余皆浅棕色（图 4②）。前胸背板略呈方形，前缘后方密生短刚毛 1 排或 1 横条；其余后方光滑，并有不规则、大小不等的褐色颗粒；前方近中线处具 2 个黄白色小点，小点上各生刚毛 1 根

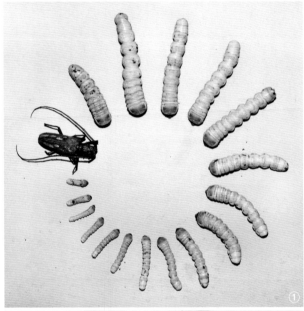

图 3 云斑白条天牛成虫（任利利提供）

①雌虫；②雄虫

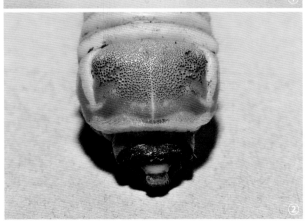

图 4 云斑白条天牛幼虫与成虫（任利利提供）

①不同龄期的幼虫与成虫；②前胸背板

图 5 云斑白条天牛蛹（骆有庆课题组提供）

（图 4②）。

蛹　体长 40～70mm，淡黄白色。头部及胸部背面生有稀疏的棕色刚毛。腹部第一至第六节背面中央两侧密生棕色刚毛（图 5）。

生活史及习性　在贵州两年发生 1 代，跨 3 年，以幼虫和成虫在蛀道内和蛹室中越冬。成虫寿命包括越冬期在内约 9 个月，而在林中活动的时间仅 40 天左右。4、5 月成虫咬一圆形羽化孔钻出树干，喜在蔷薇科植物上取食嫩枝皮补充营养。6、7 月交配产卵，产于寄主刻槽下，并分泌黏液粘合孔口。初孵幼虫先在韧皮部取食，随后钻入树干危害，当年以幼虫在树干中越冬，翌年的 4、5 月开始活动危害，一直到 8、9 月开始化蛹。在蛹室中羽化为成虫，继续留在树干中以成虫越冬。第三年 4、5 月，结束越冬的成虫从蛹室向外在树干上咬一圆形羽化孔钻出，完成一个世代。

防治方法

化学防治　天牛成虫期在树干喷药或用涂干剂在树干上涂一毒环，可有效杀死成虫。对于幼虫，可使用毒签堵孔、根部埋药，点涂产卵刻槽等方法。

物理防治　用锤敲击卵和幼虫。

生物防治　利用跳小蜂科进行卵寄生，病原线虫、肿腿蜂寄生幼虫，大斑啄木鸟取食幼虫等。

参考文献

蒋书楠，1989. 中国天牛幼虫 [M]. 重庆：重庆出版社.

蒋书楠，蒲富基，华立中，1985. 中国经济昆虫志：第三十五册　鞘翅目　天牛科（三）[M]. 北京：科学出版社.

刘莹，熊赛，任杰群，等，2012. 中国白条天牛属比较形态学研究（鞘翅目，天牛科，沟胫天牛亚科，白条天牛族）[J]. 动物分类学报，37(4): 701-711.

萧刚柔，1992. 中国森林昆虫 [M]. 2 版. 北京：中国林业出版社.

（撰稿：任利利；审稿：骆有庆）

云南木蠹象　*Pissodes yunnanensis* Langor et Zhang

一种危害松科植物的蛀干害虫，成虫和幼虫均可对寄主造成危害。又名云南松梢木蠹象。鞘翅目（Coleoptera）象虫科（Curculionidae）木蠹象属（Pissodes）。中国分布于四川、贵州、云南等地。

寄主　云南松、马尾松、高山松等。

危害状　成虫和幼虫都能危害，成虫在嫩梢鳞片中脊蛀洞取食和产卵，幼虫蛀食嫩梢髓部或树茎干顶部的形成层和木质部边材，并在蛀道内作蛹室化蛹。云南木蠹象对云南松的危害可分为成虫危害和幼虫危害两个阶段。成虫羽化后，爬行于树干或枝梢表面，在针叶叶鞘基部取食，导致受害针叶干枯失绿。初孵幼虫在树干表皮蛀食，然后进入到茎干或枝梢的木质部蛀食。幼虫可蛀食木质部内除心材以外的大部分组织，留下不规则坑道。幼虫的危害导致树木髓部组织完全破坏，受害木质部失去正常的生理功能，危害严重时导致云南松幼树死亡。云南木蠹象多分布在树干70cm以上，直径小于3cm的枝干上。

形态特征

成虫　体褐色，长6.6～7.2mm，宽2.7mm。喙端半2/3、前胸背板侧缘和后缘、鞘翅不包围横带的剩余部分、体腹面和足暗褐色，背和体腹面被覆较稀疏的横向白色的、不同大小和形状的刚毛，微刻纹微网纹，大小相同。喙与前胸背板等长，稍弯曲，喙端稍宽，基半刻点密而皱。头部刻点、鳞片稀，触角着生在喙中点稍后，柄节短于索节；第一索节比第二索节与第三索节之和长10%；棒节卵形，长为宽的1.5倍。前胸背板宽胜于长，但窄于鞘翅宽的15%，两侧基部4/5中等圆凸。鞘翅两侧前2/3近平行；肩部至前斜带稍加宽，翅坡窄缩；前缘波状，肩圆；前缘至翅base大多数行间直，行间3和5强烈隆起。体腹面刻点密而浅。足腿节和胫节密被长鳞片，后腿节鳞片不成带状。

幼虫　体长8～9mm，淡红色，新月形。内唇感器分布前区1对，侧端3对，区内有1对长感器，其内侧前、后各有1对小感器；上颚有3齿，内齿尖，长而弯，外表面有1根刚毛。

生活史及习性　1年1代。以近老熟或老熟幼虫在受害枝内越冬，翌年2月中下旬幼虫开始继续取食危害。成虫喜温暖，避日晒，白天藏在针叶丛中，傍晚取食和交尾，产卵前成虫补充营养2周，卵产于枝干居多，每次产出1～2粒卵。5月上旬以后遇晴天，成虫羽化整齐，有利扩散。5月下旬至8月中旬产卵，6月上旬卵开始孵化，幼虫在枝条内取食和越冬，并于翌年3月下旬至4月下旬化蛹。

防治方法

烧毁病枝，刮皮　每年3～4月幼虫化蛹前清理受害枝干，就地烧毁。受害木需刮皮处理。

化学防治　磷化铝片20g/m³原木帐幕熏蒸3天，或用12%噻虫·高氯氟悬浮剂30～60倍液添加专用渗透剂后高浓度喷涂树干。

加强虫情监察　当30%受害梢出现羽化孔时用25g/L高效氯氰菊酯乳油超低容量喷雾。

参考文献

萧刚柔，李镇宇，2020. 中国森林昆虫 [M]. 3 版. 北京：中国林业出版社.

徐长山，张宏瑞，张珍荫，等. 2002. 云南木蠹象对云南松幼树的危害 [J]. 中国森林病虫，21(3): 45.

张宏瑞，叶辉，徐长山，2008. 云南木蠹象（Pissodes yunnanensis）生物学特性研究再报 [J]. 云南大学学报（自然科学版），30 (S1): 135-139.

张宏瑞，叶辉，徐长山，等，2004. 云南木蠹象的生物学研究 [J]. 昆虫学报，47(1): 130-134.

LANGOR D W, SITU Y X, ZHANG R Z, 1999. Two new species of *Pissodes* (Coleoptera: Curculionidae) from China [J]. The Canadian entomologist, 131: 593-603.

（撰稿：马茁；审稿：张润志）

云南切梢小蠹　*Tomicus yunnanensis* Kirkendall et Faccoli

一种严重危害云南松的钻蛀性害虫。鞘翅目（Coleoptera）象虫科（Curculionidae）小蠹亚科（Scolytinae）切梢小蠹属（*Tomicus*）。在中国主要分布于云南。

寄主　云南松。

危害状　因危害时期不同而相异。蛀梢期：云南切梢小蠹成虫羽化后，飞到树冠上蛀食枝梢补充营养，主要蛀食枝梢的髓部组织，枝梢被害后颜色会由绿色—黄绿色—黄色—枯红色转变（图1①），一般每个变色枝梢有1～2个侵入孔，掰断枝梢发现内部为蛀道。蛀干期：云南切梢小蠹从树梢向树干转移，在树干上可以清楚地看到有侵入孔，一般在侵入孔的周围会有松脂流出，颜色由白色向红褐色逐渐转变，最后形成一个柔软的漏斗状凝脂管。成虫在树干韧皮部内蛀食坑道产卵，幼虫孵化后也蛀食树木韧皮组织，在韧皮部内留下子坑道（图1②）。

形态特征

成虫　体长4.3～5.5mm。触角呈单一的黑褐色或棕褐色，头部以及前胸背板常为黑色或棕褐色，鞘翅呈现黑褐色或红褐色，有光泽。鞘翅斜面的第二沟间部明显凹陷，凹陷部位没有颗瘤且较平坦，凹陷上面有呈双列或"Z"字形排列的刻点，刻点均匀排列，鞘翅斜面的颗瘤上着生有刚毛，长而尖，刚毛长度常与沟间距近等长（图2）。

卵　乳白色，椭圆形。

幼虫　体长约为56mm，头部为浅黄色，躯体为乳白色，粗且微弯曲。

图1　云南切梢小蠹典型危害状（刘宇杰提供）

①寄主受害状；②云南切梢小蠹坑道

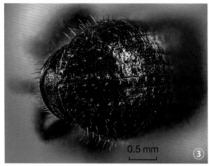

图2 云南切梢小蠹成虫（任利利提供）
①成虫背面；②成虫侧面；③成虫鞘翅斜面

蛹 体长约为4.5mm，白色，腹面末端有1对针突，向两侧伸出。

生活史及习性 在昆明地区，云南切梢小蠹常为1年1代，有世代交替的现象，成虫在冬季没有越冬习性。生活史分为蛀梢期和蛀干期两个阶段，成虫于当年11月开始由梢至干转移，进行产卵繁殖，在此期间依然有部分成虫在枝梢内取食，梢转干期一直持续到翌年3月，1~2月为梢转干的高峰期，4月初出开始陆续有成虫羽化，4月下旬至5月上旬为成虫羽化的高峰期，直至10月结束。在此期间，云南切梢小蠹的卵、幼虫和蛹的生长发育均是在云南松的主干上进行。新羽化的成虫会飞向周围云南松的树冠，入侵枝梢，取食梢头的髓部组织来补充营养，直至其发育至性成熟。

防治方法

林地清理 对受害林分中的萎蔫木、濒死木和枯立木及时进行清理。

营林措施 营造多树种针叶阔叶林，提高森林生态系统的恢复及自控能力。

化学防治 采用化学药剂防治，每年可以在小蠹蛀梢期间注射杀虫剂防治。

参考文献

李成德，2003. 森林昆虫学 [M]. 北京：中国林业出版社 .

李霞，张真，曹鹏，等，2012. 切梢小蠹属昆虫分类鉴定方法 [J]. 林业科学，48(2): 110-116.

沈绍伟，骆有庆，俞琳锋，等，2018. 两种切梢小蠹危害云南松的时空生态位 [J]. 应用昆虫学报，55(2): 279-287.

俞琳锋，黄华国，泽桑梓，等，2017. 云南松林两种切梢小蠹成虫蛀梢期的空间分布格局 [J]. 应用昆虫学报，54(6): 940-946.

KIRKENDALL L R, FACCOLI M, YE H, 2008. Description of the Yunnan shoot borer, *Tomicus yunnanensis* Kirkendall & Faccoli sp. n. (Curculionidae, Scolytinae), an unusually aggressive pine shoot beetle from southern China, with a key to the species of *Tomicus*[J]. Bryologist, 1819: 25-39.

（撰稿：任利利、刘宇杰；审稿：骆有庆）

云南松毛虫 *Dendrolimus grisea* (Moore)

一种分布于中国南方的重要森林食叶害虫。又名狗毛虫、柳杉毛虫。英文名 Yunnan pine moth。鳞翅目（Lepidoptera）枯叶蛾科（Lasiocampidae）松毛虫属（*Dendrolimus*）。国外分布于印度、缅甸、斯里兰卡、印度尼西亚。中国分布于云南、贵州、四川、陕西、江西、浙江、福建、湖北、湖南、广东和广西等地。

寄主 云南松、高山松、思茅松、侧柏、圆柏、油杉和柳杉等。

危害状 危害特点以幼虫啃食寄主针叶、嫩枝，影响植株生长，轻者降低生长量，重者则造成成片林木呈火烧状死亡（图1）。

形态特征

成虫 雌虫灰褐色，体长36~55mm，翅展110~125mm；前翅宽大，中室白斑不明显，由翅基至外缘有4条浅褐色波状纹，亚缘线由9个灰黑色斑组成，后翅无斑纹，腹部粗肥。雄虫体长34~48mm，翅展70~95mm，颜色较雌虫为深，触角羽状，翅面斑纹与雌虫相同，中室白斑较明显，腹部瘦小（图2①）。

卵 扁球形，1.5~1.7mm，灰褐色，卵壳有3条黄色环纹，中间一条环纹的两侧各有1灰褐色圆点（图2②）。

幼虫 老熟幼虫体长70~116mm，头宽6.0~7.5mm。体粗壮，黑褐色，略扁，两侧毛比较长，褐色斑清楚，各节背面着生2丛发达的黑色刚毛束，4~5节背面各有1个显著的灰白色蝶形斑（图2③）。

蛹 纺锤形，长35~60mm，后期呈深褐色，各节稀疏着生淡褐色短毛。茧长椭圆形，长60~90mm，初期灰白色，后期为枯黄色，上缀有毒毛（图2④）。

生活史及习性 在云南普洱1年2代，以幼虫越冬；福建、贵州等地1年1代，以卵过冬。越冬卵于1月中旬开始孵化，3月上旬孵化盛期，4月上旬结束；幼虫7龄；结茧化蛹始于7月上旬，8月上旬结束，盛期在7月中旬；成虫9月中旬开始羽化，9月下旬为羽化产卵盛期，10月下旬结束。

图 1　云南松毛虫危害状（刘悦、白南平提供）

①云南松毛虫被害状远观；②云南松毛虫被害状近景

图 2　云南松毛虫各虫态（①姜红、②④陈疆、③张真提供）

①成虫；②卵；③幼虫；④茧和蛹

成虫多在 17：00～19：00 羽化，当晚即行交尾产卵，有多次交尾产卵习性。产卵量为 80～500 粒，平均 300 多粒。卵多产于寄主针叶上，仅少数产于树下灌木丛中。成虫昼伏夜出，有趋光性，寿命平均为 7～9 天。初孵幼虫活泼，食卵壳，有群集吐丝下垂习性。幼虫啃食针叶和嫩枝，一至三龄食量较小，四龄后食量暴增，六、七龄食量最大，是危害最严重期。

温度高于 30℃，幼虫停止取食；连续长时间高温，幼虫爬行于地面并大量死亡。"倒春寒"温度低于 3℃ 能冻死大量幼虫。强风暴雨能将初孵幼虫冲刷死亡，并影响成虫交尾产卵。海拔 700～1000m 是云南松毛虫分布最适宜区。

防治方法

营林措施　营造混交林和封山育林是抑制松毛虫发生的根本技术措施。

性信息素监测与诱杀　利用云南松毛虫性信息素诱芯结合大船型诱捕器能够有效监测林间种群数量，且在低种群密度时可诱杀防控。

物理防治　在成虫羽化期，设置黑光灯诱杀成虫，将成虫消灭在产卵之前，可预防和除治。

生物防治　在松毛虫卵期释放赤眼蜂，每亩 5 万～10 万头，还可释放平腹小蜂。在幼虫大发生期，可施用苏云金杆菌、芽孢杆菌、白僵菌粉剂和松毛虫质型多角体病毒进行生物防控。

化学防治　尽量选择在低龄幼虫期防治。此时虫口密度小，危害小，且虫的抗药性相对较弱。建议使用高效低毒的化学药剂，如菊酯类农药。

参考文献

江叶钦，张亚坤，陈文杰，等，1989.云南松毛虫的防治研究 [J].福建林学院学报，9(1): 22-27.

孔祥波，张真，王鸿斌，等，2006.枯叶蛾科昆虫性信息素的研究进展 [J].林业科学，42(6): 115-123.

刘友樵，1963.松毛虫属（Dendrolimus Germar）在中国东部的地理分布概述 [J].昆虫学报，12(3): 345-353.

刘友樵，武春生，2006.中国动物志：第四十七卷　鳞翅目　枯叶蛾科 [M].北京：科学出版社.

张永安，赵丛礼，徐维良，2020.云南松毛虫 [M]// 萧刚柔，李镇宇.中国森林昆虫.3 版.北京：中国林业出版社：790-792.

赵丛礼，徐维良，1992.云南松毛虫 Dendrolimus houi Lajonquiére

Y

[M]// 萧刚柔. 中国森林昆虫. 2 版. 北京：中国林业出版社：944-945.

KONG X B, ZHANG Z, ZHAO C H, et al, 2007. Female sex pheromone of the Yunnan pine caterpillar moth *Dendrolimus houi*: First (E,Z)-Isomers in pheromone components of *Dendrolimus* spp. [J]. Journal of chemical ecology, 33: 1316-1327.

（撰稿：孔祥波；审稿：张真）

云南松梢小卷蛾 *Rhyacionia insulariana* Liu

一种危害较严重的松梢害虫，幼虫蛀食嫩梢和芽苞、取食幼嫩针叶。鳞翅目（Lepidoptera）卷蛾总科（Tortricoidea）卷蛾科（Tortricidae）新小卷蛾亚科（Olethreutinae）花小卷蛾族（Eucosmini）梢小卷蛾属（*Rhyacionia*）。中国分布于云南、四川。

寄主 云南松、思茅松、高山松、华山松、马尾松。

危害状 幼虫可蛀入叶鞘，取食幼嫩组织，将基部啃断，使被害针叶枯黄；少数幼虫爬至新针叶中上部，吐丝将几束松针连接在一起，藏匿其中取食危害；也可取食松梢嫩皮，受害梢常向被害面弯曲下垂，易风折；有的直接蛀入新梢内取食嫩梢髓心组织，导致嫩梢萎蔫；有的在顶芽开放前即蛀入危害，造成芽苞枯死。受害严重林分，嫩梢大量被害，针叶变黄，逐渐枯萎似火烧状。

形态特征

成虫 体长 8～11mm，翅展 20～32mm。头部有赤褐色毛丛。胸部赤褐色，背板后部具银灰色鳞毛。前翅赤褐色，着生有银灰色鳞片组成的不规则云状条斑。后翅灰褐色，缘毛灰白色。腹部灰褐色（图①）。

卵 长 0.6mm，宽 0.4mm。初产时橘黄色，后为淡黄色。

幼虫 体长 14～15mm。浅黄褐色。头部浅红褐色。前胸背板暗栗色。腹部各节刚毛片细小（图②）。

蛹 体长 9～13mm。棕褐色。腹部背面第二至八节各有小刺突 2 列，第九至十节各为 1 列。腹末有钩状臀棘 12 根（图③）。

生活史及习性 四川西昌 1 年发生 1 代，以幼虫越冬。翌年 2 月中、下旬越冬幼虫开始活动。有的咬破越冬小室爬至春梢上取食嫩皮和部分髓心，受害嫩梢常向被害面弯曲下垂，易风折；有的直接由越冬小室蛀入新梢内取食髓心，导致嫩梢萎蔫；有的在顶芽或侧芽开放前即蛀入危害，造成芽苞枯死。3 月下旬以后，幼虫取食量大，常转梢危害。幼虫老熟后，于 4 月上旬开始在松梢的蛀道外侧、蛀孔口、雄花序中或树皮裂缝内，吐丝与松脂黏结成白色薄茧，静伏 1～3 天后化蛹。蛹期 28～49 天。成虫于 4 月底初见，6 月上旬为羽化盛期。成虫主要在 15：00～21：00 羽化。雌、雄性比约 1：1。成虫寿命平均 10.2 天。成虫有趋光性。多在午后和夜间飞至树梢寻偶交尾，21：00～23：00 为交尾高峰。雌、雄虫一生均只交尾 1 次，5 月底始见个别产卵，6 月中、下旬为盛期。卵产在针叶、叶鞘或嫩梢上。单粒散产或 3～5 粒成行。每雌产卵 23～52 粒。卵期 9～23 天。幼虫在 6、7 月孵化，初孵幼虫活动力强，常迅速爬行或吐丝迁移，数分

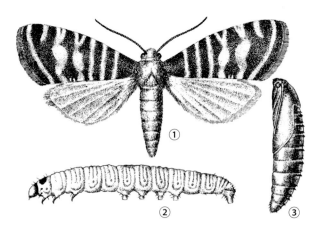

云南松梢小卷蛾各虫态（张培毅绘）
①成虫；②幼虫；③蛹

钟内即可蛀入叶鞘，取食幼嫩组织，使被害针叶枯黄。幼虫在叶鞘间转移蛀害后，常再爬至嫩梢上危害。8 月中、下旬在新梢顶芽间吐丝连结松脂做成小室，藏在其中继续取食，间或爬出危害。少数幼虫爬至新针叶中、上部，吐丝将几束松针黏合在一起，居中取食针叶。9 月下旬幼虫开始在小室内越冬。

发生与环境 云南松梢小卷蛾在飞播的云南松林普遍发生。在温度较高、发育不良的林分和"小老林"或残林附近的幼林中发生较严重。一般在 10～20 年生的林内发生，10 年生以下次之，20 年生以上的轻微。各虫态发生期，因地理分布、海拔高度和气候的影响而有差异。在大凉山、小相岭（如越西）的林区，发生或要比安宁河谷林区推迟 10～20 天，而幼虫开始越冬却提早 20 天左右。

防治方法

物理防治 化蛹期，在密度不大的低矮林分，可以人工摘除虫苞；在成虫羽化期间，使用黑光灯诱杀成虫；秋冬季节，刮除受害树体粗皮、翘皮，消灭越冬幼虫。

生物防治 幼虫和蛹的天敌有白僵菌、黑瘤姬蜂、茧蜂、寄生蝇等，应注意保护利用。也可于卵始盛期到盛末期，按每株 1000～1500 头的放蜂量，隔株释放赤眼蜂。

化学防治 越冬幼虫出蛰盛期及卵孵化盛期是施药的关键期。可使用触杀剂或胃毒剂喷洒。

参考文献

刘能敏, 1992. 云南松梢小卷蛾 *Rhyacionia insulariana* Liu [M]// 萧刚柔. 中国森林昆虫. 2 版. 北京：中国林业出版社：841-842.

刘能敏, 张务民, 孙锡麟, 等, 1983. 云南松梢小卷蛾生物学及防治的初步研究 [J]. 森林病虫通讯 (4): 23-25.

刘友樵, 1987. 为害种实的小蛾类 [J]. 森林病虫通讯 (1): 30-35.

刘友樵, 白九维, 1981. 中国梢小卷蛾属研究（鳞翅目：卷蛾科）[J]. 昆虫分类学报, 3(2): 99-102.

熊光灿, 江忠寿, 隆孝雄, 等, 1987. 云南松梢小卷蛾成虫生物学特性研究 [J]. 森林病虫通讯 (1): 6-8.

杨晓峰, 胡文, 冯永贤, 等, 2008. 云南松梢小卷蛾生物学特性

及危害研究 [J]. 四川林业科技 , 29(5): 43-44.

（撰稿：嵇保中；审稿：骆有庆）

云南松叶甲　*Cleoporus variabilis* (Baly)

一种广泛分布于亚洲，危害多类植物。又名李叶甲，在台湾地区称变色姬猿金花虫。英文名 variable leaf beetle。鞘翅目（Coleoptera）肖叶甲科（Eumolpidae）肖叶甲亚科（Eumolpinae）李肖叶甲属（*Cleoporus*）。国外分布于日本、韩国、朝鲜、俄罗斯（西伯利亚）、越南、老挝、柬埔寨、泰国、菲律宾、印度等国家。中国分布于北京、黑龙江、辽宁、河北、山西、陕西、山东、江苏、四川、浙江、江西、湖南、湖北、福建、台湾、广东、海南、广西、贵州、云南。

寄主　云南松、华山松、马尾松、栎类、马桑属、桤木属、胡枝子属、大叶桉、桃属、李属、梨属等。

危害状　成虫危害云南松时取食针叶中部或基部的表皮和叶肉，被害针叶下垂卷曲枯黄，少数断落在地；严重时，吃光针叶后，啃食嫩梢上部表皮深至木质部，造成秃秆。5年以下幼树受害后，可造成死亡。危害阔叶树时，常将叶片咬成网状或穿孔。

形态特征

成虫　雄虫体长 2.5～3.0mm；雄虫体长 3.0～3.8mm。黑色，椭圆形，头隐藏在前胸背板下。复眼卵圆形。触角基部 2 节为黄棕色，鞭节的 9 个亚节为黑棕色。前胸背板窄于鞘翅，前端钝圆，有不规则的刻点。小盾片圆舌形。鞘翅末端呈圆状，每个鞘翅上有 13 条刻点纵列。足基节为黑棕色，其余黄棕色。腿节膨大，呈纺锤形。

幼虫　老熟幼虫体长 5～6mm。乳白色。体扁。虫体呈"C"状弯曲。头部黄褐色。前胸背板淡黄色。中胸至第八腹节均有 8 个生有浅黄色长刚毛的小毛瘤。

卵　淡黄色，椭圆形，长和宽分别约 0.5mm 和 0.2mm。

蛹　长 3.0～4.0mm，宽 2.0～2.5mm。乳白色，后足腿节前端有 1 个钩状齿。腹部每节背面有 8 个生有刚毛的瘤。腹末有黄褐色臀钩 1 对。

生活史及习性　在凉山 1 年发生 1 代，以卵于土中越冬。3 月开始孵化，4 月中为孵化盛期。初孵幼虫在土壤表层内活动，取食腐殖质、草根或树木须根。幼虫喜弃耕地、荒地，不喜低湿。幼虫老熟时，移向土壤表层。在地下 2～3cm的土层处筑土质蛹室，并化蛹。7 月上、中旬为成虫出土盛期。

羽化出土多在雨季开始后。雨晴相间且天气闷热时，出土多。成虫在断食状态下可存活 6～16 天。气温低、针叶潮湿时成虫不飞翔，受惊扰后可爬行。气温高时成虫活跃，善跳跃，频频食。成虫有假死习性。刚出土的成虫，先在草上爬行并取食，再到云南松上取食针叶。成虫每天可取食 3cm 左右针叶。一次飞翔可达 8m 左右。成虫补充营养期约 7 天左右，然后交尾。每次交尾可达 30 分钟。卵产在土内，平均每雌产 40～50 粒。

成虫喜光、喜群栖危害。取食郁闭后的林中树木时，喜取食树梢部位。散生树、未郁闭幼林、疏林和林缘易受害。

防治方法

营林技术　在云南松叶甲发生的地区，营造适当比例的松阔混交林，改善生态环境，以减少受害面积。

化学防治　用触杀剂或胃毒剂喷洒，防治效果达 90%～95%。

生物防治　可用每毫升 2 亿孢子的白僵菌液喷雾。

参考文献

黄兴武 , 1994. 云南松叶甲的危害及防治 [J]. 广西林业 (1): 26.

孙锡麟、杨永厚、张务民，等，1983. 云南松叶甲生物学特性研究 [J]. 森林病虫通讯 (3): 21-22.

谭娟杰、王书永、周红章，2005. 中国动物志　第四十卷　昆虫纲　鞘翅目　叶甲科　肖叶甲亚科 [M]. 北京：科学出版社：132.

王向东、赵芹、李莉娜，2003. 凉山州云南松主要害虫分布及发生情况研究 [J]. 中国农学通报，19(6): 221-223.

萧刚柔，1992. 中国森林昆虫 [M].2 版. 北京：中国林业出版社：533-534.

周红章，1999. 福建省肖叶甲科物种垂直分布与区域分化的比较研究（鞘翅目：肖叶甲科）[J]. 动物分类学报，24(3): 320-330.

（撰稿：迟德富；审稿：骆有庆）

云南松脂瘿蚊　*Cecidomyia yunnanensis* Wu et Zou

一种危害云南松的重要枝梢害虫。英文名 pine resin midge。双翅目（Diptera）瘿蚊科（Cecidomyiidae）瘿蚊属（*Cecidomyia*）。国外未见报道。中国分布于云南。

寄主　云南松。

危害状　受害林木的枝条呈现瘿瘤，表现畸形，针叶枯黄卷曲，树势衰弱，连年受害的枝梢密布瘿瘤，严重时林木枯死。

形态特征

成虫　雄虫体长 3.0～4.0mm，翅长 3.7～4.0mm；雌虫体长 3.4～4.5mm，翅长 3.4～4.0mm。复眼深褐色，几乎占据整个头部；下唇须 4 节，褐色，第四节长约为宽的 4 倍。触角褐色，14 节，梗节比柄节稍短，约为第一鞭节长的 1/3；雄虫鞭节各亚节呈双结状，两结之间的缢缩部分长小于宽，具 2 轮放射状刚毛和 3 轮环丝；雌虫鞭节各亚节圆柱状，刚毛呈不规则散生，具 2 轮不明显的环丝，由 2 条纵向连索相连。雄虫胸部褐色，足的基节及转节以及中后足端部跗节深褐色，其余部分浅褐色；腹部浅褐色，生殖节的基片极大，端片圆形，密生鬃毛，尖端呈齿状，第十腹片明显宽于阳茎（图①）。

卵　长椭圆形，中部微弯曲，橘红色，长 0.25～0.30mm。

幼虫　老熟幼虫纺锤形，橘红色，体长 3.2～5.8mm。无胸骨片，腹部无背瘤，腹气门深褐色，后气门刺短而钝；第八腹节后气门附近具 2 对背侧毛，腹端两侧各具 4 个乳突，其中 2 个乳突各顶生 1 根正常刚毛，另 1 个着生半球形钉状

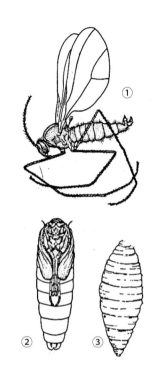

云南松脂瘿蚊（引自萧刚柔，1992）
①成虫；②蛹；③幼虫

毛，还有 1 个乳突及其刚毛退化（图③）。

蛹　纺锤形，褐黑色，长 3.4～4.1mm（图②）。

生活史及习性　在云南 1 年发生 1 代，以老熟幼虫在被害梢的瘿瘤脂穴中越冬，1 月下旬开始化蛹，2 月中旬始见成虫，2 月下旬和 3 月上旬为羽化盛期。成虫在羽化当天即可交尾，产卵于当年新梢上，卵期 10～15 天。2 月下旬幼虫开始孵化，初孵幼虫经过 3～5 天后，移至新叶鞘基部附近取食，经 20 天左右，即被树脂包埋于松脂穴内，开始固定取食；幼虫于当年 3 月中旬固定取食后，直至翌年 2 月中旬羽化前均在受害梢的脂穴内取食生活。成虫羽化时，靠虫体蠕动突破瘿瘤，形成羽化孔；蛹壳仍留于瘿穴内，有时半个蛹壳露出羽化孔，黏附于松脂上。成虫在 8：00～12：00 羽化，9：00～11：00 为羽化高峰，成虫飞翔力较弱，羽化后常静伏于松针基部；成虫一生只交尾一次，偶有二次交尾的现象。卵多散产于新叶叶鞘上，偶有聚集产卵现象，每雌产卵 70～100 粒不等。成虫寿命较短，约 24 小时。

防治方法

物理防治　每年 1 月初瘿蚊化蛹前修除当年被害枝条。

化学防治　于 2 月下旬成虫羽化活动盛期使用稀释后的氧化乐果乳剂、辛硫磷和溴氰菊酯喷雾。

参考文献

潘涌智，吴加林，曹葵光，等，1999.云南松脂瘿蚊研究Ⅱ.天敌和治理 [J].西南林学院学报 (2): 114-117.

潘涌智，吴加林，曹葵光，等，1999.云南松脂瘿蚊研究：Ⅰ.生物学与生态学特性 [J].西南林学院学报，19(1): 30-34.

（撰稿：姚艳霞；审稿：宗世祥）

云南土白蚁　*Odontotermes yunnanensis* Tsai et Chen

一种危害林木、作物幼苗和水利堤坝的白蚁，同时也是热带森林生态系统的主要分解者之一。等翅目（Isoptera）白蚁科（Termitidae）大白蚁亚科（Macrotermitinae）土白蚁属（*Odontotermes*）。国外分布于越南、老挝、缅甸、泰国等地。中国分布于云南南部。

寄主　主要取食林木凋落物，不危害活立木，在土壤状况不好的环境中会随植物根际空隙寻找食物，最终修筑泥被取食至活立木的树皮木栓层，影响热带树木抗冻能力。

危害状　树木树皮和腐朽的木段内会经常可见云南土白蚁的活动痕迹，外露活动点可见泥被泥线（图③）。旺盛的蚁巢还能产生鸡枞菌子实体。

形态特征

有翅成虫　头部赤褐色，前胸背板、腹部背板、触角及翅为黄褐色，后唇基、上颚基部及腹部的腹面为暗黄色，全身被有密毛。头宽卵形，扁平。复眼长圆形，大而突出。单眼近圆形，显著突出，单眼与复眼的距离短于单眼的宽度。后唇基明显隆起，但隆起度不高，前缘与后缘皆略弓向后方，中央纵缝分明，长度约为宽度的 1/3。囟位于头背中央，呈小锥形突起，其前方有 1 块与囟大小相当的淡色斑点。触角 19 节，第三、四、五节长度相等，均略短于第二节。前胸背板前缘近于直线，前缘宽，后缘狭，前缘具微刻，后缘略向前凹。前翅鳞仅稍大于后翅鳞。前翅 M 脉在肩缝后由 Cu 脉分出，以后与 Cu 脉的距离比 Rs 脉近。M 脉在中段及靠近翅尖的 1/3 处形成数条分支，Cu 脉有 10 余条分支。后翅 M 脉在肩缝后由 Rs 脉分出，最初位于 Rs 脉与 Cu 脉中间，以后比较偏近 Cu 脉。

兵蚁　头深黄色，上颚基部褐黄色，其余部分黑色。胸、腹部皆淡黄色。头有少数毛，胸、腹部有很多直立短毛。头部扁平，最厚处在头部中央，背面观头形介于长方形与卵圆形之间，侧缘接近于直线，前端略狭窄，最宽处靠近头的后端，头的后缘成弓形，但曲度很小。囟在头前端 1/4 处，为点状的突起，颇不明显。上颚强壮，镰刀状，前端弯向中线。在左上颚中点后方有 1 个三角形的小尖齿，齿尖向内。右上颚的相当部位有 1 个不明显的弱齿。上唇舌形，侧缘在前端猛向内凹，形成很大的曲折，因此使上唇尖端形成 1 块突伸向前的部分，沿上唇的边缘有 1 列长毛，上唇尖端伸超上颚齿。触角 17 节，第二节长于第三节，末节尖端狭窄。前胸背板明显地比头狭窄，前中部隆起，前后缘中央有缺刻（图①）。

工蚁　色淡，头近圆形。触角 18 节，第二节稍长于第三节。前胸背板马鞍形。头长至上唇端 1.67～2.00mm，头宽 1.50～1.56mm。

生活史及习性　从 5 月到 12 月均可见分飞，但是分飞期主要集中在 5 月，即旱季结束雨季来临时，其余时节仅为零星出飞。分飞前工蚁在土垄上修筑多个分飞孔，下连接候飞腔。分飞孔未打开时，多呈圆锥形，直径 50mm 左右。在雨季前 3 场大雨的闷热傍晚（约 19：00），工蚁打开分

云南土白蚁形态、蚁巢和活动点（文平提供）

①兵蚁；②建群初期的蚁垄；③采食活动的泥被；④脱翅成虫（雌）；⑤建群盛期的蚁垄

飞孔，羽化后待分飞的有翅成虫则成群地飞出。每次分飞时间约半小时。出孔后，有翅成虫的分飞方向不定，有趋光性，飞翔速度缓慢，飞行高度可达 30m 以上。分飞后落地的成虫，振动 4 翅，随即脱落。雌虫腹部末端上翘振动，露出腹板腺释放性信息素召唤雄虫，一旦有雄虫接触，则雌前雄后追逐，寻找木材与地表接触处隙缝钻入营巢。采食队伍具有修筑泥被泥线进行采食的习性。成熟巢会修筑大型的土垄（图③），高度和直径可达 2m 以上。巢内有许多分离的菌圃腔，王宫约与地平面同高，同一王宫内可有 2 后或 3 后。

防治方法

除险加固　土白蚁危害水利堤坝时，需要进行有效的除险加固施工，常用的方法是寻找大型蚁巢，开挖毁巢后，回填压实。

饵剂诱杀　通过农药与饵料配合使用，诱杀堤坝土白蚁。药物如氟虫胺、伏蚁腙、氟铃脲、杀铃脲、氟虫腈、克蚁星、"一扫清"等。

行为干扰　土白蚁使用的信息素浓度极低，当在环境中补充足够量的人工合成踪迹信息素和性信息素时，采食和分飞行为被阻断，可起到预防和灭治的作用。

参考文献

蔡邦华，陈宁生，1963. 中国南部的白蚁新种 [J]. 昆虫学报 (2): 167-198.

陈镈尧，周维，庞正平，等，2009. 我国土白蚁发生危害与治理 [J]. 中华卫生杀虫药械，15(5): 418-421.

何银竹，刘蓓，梁醒财 . 2009. 云南大白蚁亚科白蚁分飞情况及与蚁巢伞关系 [J]. 昆虫知识，46(6): 935-940, 1008.

黄复生，朱世模，平正明，等，2000. 中国动物志：昆虫纲　第十七卷　等翅目 [M]. 北京：科学出版社 .

李栋，赵元，石锦祥，等，2000. 云南文山、玉溪（州、区）大坝白蚁害调查研究 [J]. 白蚁科技 (1): 9-14.

张玉金，2012. 云南鸡㙡菌与共生白蚁的系统发育和协同演化关系研究 [D]. 昆明：云南农业大学 .

WEN X L, WEN P, DAHLSJÖ C A L, et al, 2017. Breaking the cipher: ant eavesdropping on the variational trail pheromone of its termite prey [J]. Proceedings of the Royal Society B: Biological sciences, 284(1853).

（撰稿：文平；审稿：嵇保中）

云南紫胶蚧　*Kerria yunnanensis* Ou et Hong

一种仅分布中国的兼具产胶与危害的蚧虫。又名云南紫胶虫。英文名 yunnan lac scale。半翅目（Hemiptera）蚧总科（Coccoidea）胶蚧科（Kerriidae）胶蚧属（*Kerria*）。国外无分布。中国原产云南，后引种到广东、广西、台湾、福建、贵州、四川。

寄主　钝叶黄檀、思茅黄檀、泡火绳、木豆、山合欢、球状榕、哈氏榕、大叶千斤拔等 45 科 131 属植物。

危害状　雌成虫和若虫群集在枝条上刺吸汁液为害，分泌琥珀色的胶液，遇空气干涸而成胶壳（见图）。受害植株叶片发黄、脱落，树势衰弱，枝条枯死。

形态特征

成虫　雌成虫体近球形或圆锥形，长 3.4～6.0mm，宽 2.5～4.0mm，紫红色。口器微小，位于虫体前端；触角不分节，具 5～6 根刚毛，位于口气两侧后方；前气门大，后气门

云南紫胶蚧危害状（张润志摄）

小；足全缺；周缘管腺群 6 群，每群由 40～50 个管腺组成；多格腺在肛突基部两侧各有 12～15 群，每群大小不等，由 6～50 个聚集成圆形。雄成虫体紫红色，触角 9 节；前翅宽阔，后翅棒形；腹末有 1 对白色蜡丝。

卵　卵圆形，紫红色，壳薄透明。

若虫　一龄若虫椭圆形，紫红色。触角发达，端部有 2 根长刚毛。足发达。腹末有长尾毛 1 对。

生活史及习性　在云南自然分布区 1 年发生 2 代，初孵若虫涌散期第一代在 4～5 月，第二代在 9～10 月。营两性生殖。每雌产卵量 200～500 粒，最多 1000 余粒。卵期约 1 小时。若虫孵化后从孵化腔里向外爬行觅食的行为称为涌散，其群体从涌散开始至结束的时间称为涌散期。涌散期是云南紫胶蚧进行迁移扩散的时期。若虫涌散后沿枝腋爬行，选择适宜部位，插入口针，固定取食，从此不再移动。多选择固定在阳光充足而不直接照射的树冠上层、中层的 2、3 年生枝条上，群居，密度为每平方厘米 120～200 头。若虫固定后，体壁胶腺开始分泌胶液形成胶壳，对虫体起到保护作用。工业上用的紫胶即由胶壳加工而来。雌虫经卵和 3 个若虫虫龄发育为雌成虫，雄虫则历经卵、2 个若虫虫龄、预蛹和蛹变为雄成虫。

天敌有紫胶猎夜蛾（*Eublemma amabilis* Moore）、紫胶遮颜蛾（*Holcocera pulverea* Meyr）、黄胸跳小蜂（*Tachardiaephagus tachardiae* Howard）等。

防治方法

营林措施　剪除有胶被的带虫枝条。

生物防治　保护和利用天敌。

化学防治　若虫涌散期喷洒吡虫啉可湿性粉剂。

参考文献

欧炳荣，洪广基，1990. 云南紫胶蚧新种记述（同翅目：胶蚧科）[J]. 昆虫分类学报，12(1): 15-18.

萧刚柔，1992. 中国森林昆虫 [M]. 2 版. 北京：中国林业出版社：256-259.

（撰稿：武三安；审稿：张志勇）

云杉八齿小蠹　*Ips typographus* (Linnaeus)

一种严重危害云杉、落叶松等松科植物的钻蛀性害虫。英文名 eight-dentate bark beetle，eight-spined engraver，eight-toothed spruce bark beetle。鞘翅目（Coleoptera）象虫科（Curculionidae）小蠹亚科（Scolytinae）齿小蠹属（*Ips*）。国外分布于巴基斯坦、日本、朝鲜、欧洲等地。中国分布于黑龙江、吉林、新疆等地。

寄主　红皮云杉、天山云杉、欧洲云杉、鱼鳞云杉、落叶松、红松等。

危害状　云杉八齿小蠹是次期性害虫，有时也直接侵害健康树。母坑道复纵坑，多为 2 条，交配室上下各一条，排成直线，长 5～8cm，宽为 3mm；子坑道自母坑道两侧横向伸展，危害韧皮部。危害初期症状不明显，仅在侵入孔下或树基地面有褐色木屑，树干有流脂，以后针叶失去光泽，变黄绿而脱落（图 1）。

形态特征

成虫　体长 4.0～5.5mm。圆柱形，黑褐色，有光泽（图 2 ①）。额部散布均匀粒状刻点。额心偏下有 1 大瘤，在额面点粒之上（图 2 ②）。瘤区颗瘤鳞片状，规则铺展，绒毛金黄色，倒 U 字分布在背板上；刻点区刻点圆小细浅，稠密均匀散布，无毛；背中线平滑无点（图 2 ③）。翅面有清晰纵沟；刻点沟中刻点圆大深陷，紧密相连；沟间部宽阔，背中部部分光亮无毛，翅侧缘与鞘翅末端部分遍布刻点，分布混乱。鞘翅前方无毛，后方绒毛细弱舒长。翅盘底无光，似有一层蜡膜；底面刻点细小匀散，点心光秃无毛；翅盘两侧边缘各有 4 齿，各自独立。第一齿尖小如锥，为四齿中最小，第二齿基宽顶尖，如扁阔三角，第三齿如镖枪端头，最为高大，第四齿圆钝。第一齿与第二齿的间距最大。

卵　长椭圆形，长 1.0mm，宽 0.7mm，乳白色。

蛹　乳白色，羽化前上颚及前翅末端变褐色（图 3）。

生活史及习性　北方针叶林区重要害虫之一。在黑龙江林区生活史 1 年 1 代，成虫能多次产卵；越冬成虫从 5 月下旬开始活动，幼虫孵化后发育至 7 月上旬羽化，第二批幼虫

图 1 云杉八齿小蠹危害状（骆有庆、阿地力提供）

①云杉八齿小蠹坑道总览；②寄主受害状

图 2　云杉八齿小蠹成虫特征（任利利提供）

①成虫背面；②成虫头部；③成虫侧面

图 3　云杉八齿小蠹蛹特征（骆有庆课题组提供）

在 7 月下旬至 8 月上旬羽化，第三批在 8 月下旬至 9 月上旬羽化；所有成虫于 9 月底钻入土层或树干基部越冬。

防治方法

营林防治　及时清除虫害木、衰弱木、濒死木和枝丫，保持林内卫生。

天敌防治　利用蚁形郭公虫、金小蜂、啄木鸟等进行防治。

饵木诱杀　在卫生条件较好的林分内的空地或林缘，选择去枝丫、梢头 2m 长的饵木，当小蠹蛀入木段高峰期过后，大部分卵已孵化时，进行剥皮或化学药剂处理。

化学防治　在小蠹成虫飞扬的季节，向树干 3m 以下处喷洒化学药剂。

引诱剂防治　利用引诱剂与诱捕器诱集，每个诱捕器间隔 50 ~ 100m，放置高度距离地面 1.5m。

参考文献

孙晓玲，程彬，高长启，等，2007. 云杉八齿小蠹生态学研究进展 [J]. 生态学杂志，26(12): 2089-2095.

王志明，杨斌，魏春艳，等，2008. 长白山林区云杉八齿小蠹的危害及防治 [J]. 植物检疫，22(2): 89-91.

萧刚柔，1992. 中国森林昆虫 [M]. 2 版. 北京：中国林业出版社 .

殷蕙芬，黄复生，李兆麟，1984. 中国经济昆虫志：第二十九册　鞘翅目　小蠹科 [M]. 北京：科学出版社 .

（撰稿：任利利；审稿：骆有庆）

云杉大墨天牛　*Monochamus urussovii* (Fischer von Waldheim)

一种危害松科植物的钻蛀性害虫。鞘翅目（Coleoptera）天牛科（Cerambycidae）沟胫天牛亚科（Lamiinae）墨天牛属（*Monochamus*）。国外分布于前苏联、欧洲、蒙古、朝鲜、日本等地区。中国分布于黑龙江、吉林、辽宁、内蒙古、河北、山东、陕西等地。

寄主　红皮云杉、鱼鳞云杉、兴安落叶松、红松、樟子松、臭冷杉、长白落叶松等。

危害状　幼虫危害伐倒木、生长衰弱的立木、风倒木以及贮木场中原木，形成粗大虫道，是北方针叶树木材的主要害虫。成虫啃食活树小枝嫩皮补充营养（图 1）。

形态特征

成虫　体长 20 ~ 35mm。体黑色，带墨绿色或古铜光泽（图 2①）。雄虫触角长为体长 2 ~ 3.5 倍，雌虫触角比体稍长。前胸背板有不明显的瘤状突 3 个，侧刺突发达（图 2②）。小盾片密被灰黄色短毛，无缝。鞘翅基部前 1/3 隆起，紧接 1 条横压痕；鞘翅基部密被颗粒状刻点，并有稀疏短绒毛，愈向鞘翅末端，刻点渐平，毛愈密，末端全被绒毛覆盖，呈浅土黄色。雄虫鞘翅基部最宽，向后渐窄。雌虫鞘翅两侧近平行，中部有灰白色毛斑，聚成 4 块，但常有不规则变化（图 2③④）。

卵　肾形，长 4.5 ~ 5mm，宽 1.2 ~ 1.5mm，乳白色。

幼虫　老熟幼虫体长 37 ~ 50mm，头壳宽 3 ~ 5.9mm，乳黄色。头长方形，后端圆形。前胸背板有凸形红褐色斑。胸、腹部的背面和腹面有步泡突，背步泡突上有 2 条横沟，横沟两端有环形沟，腹步泡突上有 1 条横沟，横沟两端有向后的短斜沟。

蛹　体长 25 ~ 34mm，白色至乳黄色，前胸背板有发达的侧刺突，腹部可见 9 节。

生活史及习性　在小兴安岭一般 2 年 1 代，少数 1 年 1 代，以大、小幼虫越冬。成虫在 6 月上旬开始羽化，6 月下旬至 9 月上旬是产卵期，7 月上旬幼虫开始孵化，先在树皮下啃食韧皮部和边材表层，被害部呈不规则形，经过 1 个月左右，幼虫开始向木质部筑垂直的坑道，至 9 月末钻入坑道内越冬。翌年 5 月从木质部钻出到韧皮部取食，到 7 月中旬

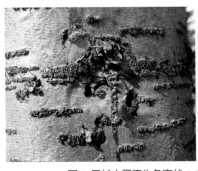

图1 云杉大墨天牛危害状（骆有庆提供）

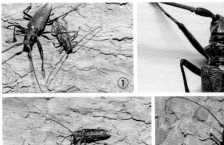

图2 云杉大墨天牛成虫（任利利提供）
①雌雄成虫；②示小盾片；③雌虫；④雄虫

幼虫成熟，再次钻入木质部中筑坑道，并在坑道末端做蛹室，幼虫共有6龄。老熟幼虫在蛹室中再次越冬，第三年5月上旬化蛹。成虫羽化后在树干内的蛹室中滞留约1周，然后从羽化孔中钻出，羽化孔直径约为8mm。雌虫自羽化飞出后经过10～21天开始产卵。雌虫交配后找到合适的树干，开始咬"一"字形刻槽，每槽产卵1～2粒，但1/3～2/3的槽里没有卵。该虫主要危害倒木和衰弱木，也可在成虫期补充营养时危害嫩枝。

防治方法

天敌防治　保护花绒寄甲、啄木鸟等天敌。

营林措施　营造混交林，加强抚育，增强树势。设置饵木诱杀。及时清除衰弱林木。

引诱剂诱捕　利用植物源及性信息素等诱剂。

参考文献

萧刚柔，1992.中国森林昆虫[M].2版.北京：中国林业出版社.

朱军，刘强，魏继成，等，2005.欧洲的墨天牛属害虫[J].植物检疫，19(1): 35-37.

CHEREPANOV AI, ZOLOTARENKO GS, KOTHEKAR VS. Cerambycidae of northern Asia. Volume 3. Lamiinae, part 2. Department of Agriculture, Washington, DC (United States); 1991 Dec 31.

WALLIN H, SCHROEDER MA, KVA MME T, 2013. A review of the European species of Monochamus Dejean, 1821 (Coleoptera, Cerambycidae) - with a description of the genitalia characters[J]. Norwegian journal of entomology, 60(1): 11-38.

（撰稿：任利利；审稿：骆有庆）

云杉花墨天牛　*Monochamus saltuarius* (Gebler)

一种严重危害红松、油松等松科树种的钻蛀性害虫。鞘翅目（Coleoptera）天牛科（Cerambycidae）沟胫天牛亚科（Lamiinae）墨天牛属（*Monochamus*）。国外分布于朝鲜、日本、韩国、奥地利、德国、意大利、立陶宛、波兰、俄罗斯、瑞士和乌克兰等。中国广泛分布于辽宁、吉林、黑龙江、内蒙古、北京、河北、山西、山东、陕西、甘肃、新疆、浙江、江西等地。

寄主　云杉、冷杉、红松、油松、赤松、樟子松、落叶松、北美短针松、黑松、琉球松等。

危害状　是松材线虫在中国东北地区的主要传播媒介（图1①）。二龄前幼虫在树皮内取食形成层，形成明显的曲线坑道；二龄后幼虫蛀食皮层及韧皮部，形成不规则的蛀道，塞满了褐色蛀屑与长条状虫粪；三至四龄开始转向木质部深处钻蛀取食（图1②）。

形态特征

成虫　11～20mm，雌虫体型大于雄虫。体色黑褐色，微带古铜色光泽。雄虫触角超过体长1倍多，黑色；雌虫超过体长1/4或更长，从第三节起每节基部被灰色毛。前胸侧刺突中等大，鞘翅末端钝圆，小盾片被淡黄色绒毛，中央具1光滑纵纹；前胸背板中区前方有2个较显著的黄色小斑点，有时后方还有2个更小的小斑点。鞘翅基部1/4以下绒毛较浓密，呈棕褐色，并杂有许多淡黄色或白色斑点，尤以雌虫为多，淡斑隐约排列成3条横带。粗糙的条纹或粒状刻点只覆盖鞘翅的前1/4，至多到1/3，鞘翅的剩余部分的刻点光滑、细、稀疏；这是本种与云杉小墨天牛（*Monochamus sutor*）、樟子松墨天牛（*Monochamus galloprovincialis*）（粗糙的条纹或粒状刻点覆盖至鞘翅一半）较好分辨的特征之一（图2、图3）。

卵　长椭圆形，稍弯曲；平均长4.5mm，宽1.2mm。白色。

幼虫　老熟幼虫体长27mm，胸部宽约6mm。前胸背板前缘有刚毛1列，背面被稀疏细毛。腹部散生细毛，背步泡突有1条明显纵沟，将其分为左右两半，步泡突周围有1条沟环绕（图4①②）。腹步泡突有1条横沟，沟为倒"人"字形，两端后弯，弯处为圆形。

蛹　与云杉小墨天牛相似，只是个体稍小，触角与翅芽

图1 云杉花墨天牛携带松材线虫危害林分景观（骆有庆课题组提供）
①整体危害状；②侵入孔和虫粪

图 2 云杉花墨天牛成虫（任利利提供）

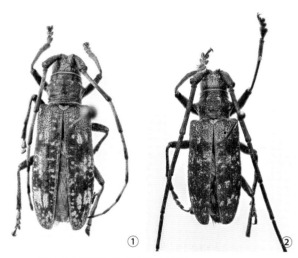

图 3 云杉花墨天牛成虫形态特征（任利利提供）

①雌虫；②雄虫

图 4 云杉花墨天牛幼虫和蛹（李佳星提供）

①幼虫危害状；②幼虫；③④蛹

颜色较浅（图 4 ③④）。

生活史及习性　在东北地区 1 年 1 代。成虫多在生长势较差的松树上产卵，产卵时先咬一刻槽，然后产卵其中，刻槽为长棱形。幼虫孵化后，开始在韧皮部取食，二龄幼虫咬食边材，三至四龄幼虫开始向木质部钻蛀虫道，一般在冬季之前在木质部中形成蛹室，以幼虫在蛹室内越冬。翌年 4 月，在蛹室内化蛹，5 月上旬始见成虫，5 月底 6 月初为羽化高峰期，新羽化成虫需要 1～2 周补充营养。补充营养时，如受惊扰就马上落下不动，几分钟后又开始迅速爬行和飞走。补充营养达到性成熟后，交尾产卵，一生可交尾多次。不太喜光，多藏在枝条和木段下。

防治方法

生物防治　保护利用天敌昆虫和天敌微生物。信息素对成虫具有很好的诱集效果。

检疫措施　依法加强检疫，防止松材线虫扩散。

营林措施　及时清理病树和枯死木以及衰弱木。

化学防治　在羽化高峰期，喷洒化学药剂杀灭成虫。

参考文献

方三阳，马凤林，王长山，1988. 丰林自然保护区红松天牛优势种类及其为害的研究 [J]. 森林病虫通讯 (1): 2-3.

蒋书楠，1989. 中国天牛幼虫 [M]. 重庆：重庆出版社 .

林美英，2015. 常见天牛野外识别手册 [M]. 重庆：重庆大学出版社 .

孟维洋，王凯军，铁利伟，等，1997. 云杉花墨天牛虫害发生与环境条件关系的研究初报 [J]. 吉林林业科技 (4): 10-12.

萧刚柔，1992. 中国森林昆虫 [M]. 2 版 . 北京：中国林业出版社 .

于海英，吴昊，2018. 辽宁发现松材线虫新寄主植物和新传播媒介昆虫 [J]. 中国森林病虫 , 37(5): 61.

AKBULUT S, STAMPS W T, 2012. Insect vectors of the pinewood nematode: A review of the biology and ecology of *Monochamus* species[J]. Forest pathology, 42(2), 89-99.

HAN J H, YOON C, SHIN, S C, et al, 2007. Seasonal occurrence and morphological measurements of pine sawyer, *Monochamus saltuarius* adults (Coleoptera: Cerambycidae) [J]. Journal of Asia-Pacific Entomology, 10(1), 63-67.

（撰稿：任利利、刘漪舟；审稿：骆有庆）

云杉黄卷蛾　*Archips oporanus* (Linnaeus)

一种危害松、杉类林木针叶、芽、雄花的害虫。又名松芽卷叶蛾、松粗卷叶蛾。鳞翅目（Lepidoptera）卷蛾总科（Tortricoidea）卷蛾科（Tortricidae）卷蛾亚科（Tortricinae）黄卷蛾族（Archipini）黄卷蛾属（*Archips*）。国外分布于欧洲、朝鲜、韩国、日本。中国分布于黑龙江、吉林、辽宁、浙江以及华中、华南等地。

寄主　欧洲刺柏、欧洲赤松、湿地松、火炬松、马尾松、红松、云杉、冷杉、桧柏、崖柏。

危害状　幼虫蛀食腋芽、花芽和雄花，啃食针叶，影响林木生长及种子产量（图⑥）。

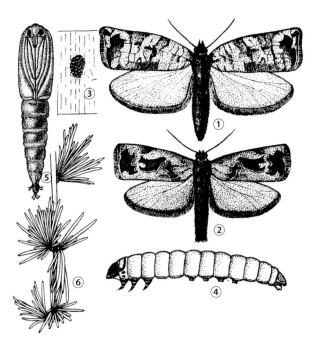

云杉黄卷蛾各虫态和危害状（⑥程义存绘；其余白九维绘）

①雌成虫；②雄成虫；③卵块；④幼虫；⑤蛹；⑥危害状

形态特征

成虫 体长 10～12mm。翅展：雄蛾 22mm，雌蛾 30mm。雄蛾头部、前胸为赤褐色，腹部褐色，前翅褐色，有赤褐色不规则斑纹；顶角略凸出。后翅灰褐色，前缘黄白色，顶角黄色。雌蛾前翅为黄褐色，有许多褐色短横纹，翅基显著收缩，顶角突出明显。后翅前半部金黄色，后半部灰褐色，缘毛灰白色（图①②）。

卵 扁椭圆形，长约 0.96mm。初产时为乳白色，逐渐变成黄色，孵化前呈黑色，卵块呈鳞片状排列（图③）。

幼虫 体长约 20mm，体淡暗绿色。头部深褐色或黑色。前胸背板橙色，镶有黑褐色边。胸足黑褐色；全身毛片淡褐色。肛上板淡黄色（图④）。

蛹 长 15～16mm。初化蛹时绿黄色，以后逐渐变为褐色。臀棘有 8 根，末端强度卷曲，每个大小、长短均相等，中间的 4 根比较集中（图⑤）。

生活史及习性

东北地区 1 年发生 1～2 代，以一龄或二龄幼虫吐丝黏合叶片于枝干腋芽附近越冬。5 月上旬开始活动，常常吐丝将两丛针叶黏合一起，中间部分再与枝干黏合，躲在其中食害心叶。6 月中旬在食害针叶中化蛹。蛹期 8～15 天，平均 12 天。6 月下旬有成虫出现。成虫活动时间多在 17：00～20：00，有趋光性。白天静伏针叶上，羽化当晚即交尾，次日产卵。雌蛾寿命 10～12 天，雄蛾 4～7 天。卵多产在树干表皮上，集成堆状。每头雌蛾平均产卵 2.5 块，产卵量 205～410 粒。初孵化幼虫爬行甚速，有吐丝下垂习性。浙江 1 年 2～3 代，以二至三龄幼虫吐丝缀于枝干腋芽处越冬。翌年 3 月下旬至 4 月初开始活动取食，常将花芽食成椭圆形凹陷，以后继续取食雄球花。取食针叶时，常吐丝将几束针叶缀在一起，并将中间部分与枝干黏合，在其中食害心叶，食叶量大，常转移危害。4 月下旬幼虫吐丝将 3～5

个雄球花序连成 1 束，在内化蛹，或在被害针叶中化蛹。蛹期 5～10 天，5 月初成虫羽化。第二代成虫在 8 月中、下旬出现。

防治方法

物理防治 用黑光灯诱杀成虫。

营林措施 营造混交林，加强抚育，增强树势，可减少危害；结合采种，剪除缀结腋芽，减少越冬虫源。

化学防治 幼虫期喷洒 90% 晶体敌百虫、40% 乐果 2000～3000 倍液，或 50% 敌敌畏乳油 1000 倍液。

参考文献

李兴鹏，陈越渠，于海英，等，2017. 红松球果及枝梢害虫研究进展 [J]. 中国森林病虫，36(5): 35-41.

刘友樵，1987. 为害种实的小蛾类 [J]. 森林病虫通讯 (1): 30-35.

刘友樵，白九维，云杉黄卷蛾 Archips oporanus (Linnaeus) [M]// 萧刚柔 .1992. 中国森林昆虫 .2 版 .北京：中国林业出版社 .

（撰稿：嵇保中；审稿：骆有庆）

云杉球果小卷蛾 Cydia strobilella (Linnaeus)

一种危害云杉、落叶松种实的害虫。又名云杉小卷蛾、云杉球果卷叶蛾。英文名 spruce seed moth。鳞翅目（Lepidoptera）卷蛾总科（Tortricoidea）卷蛾科（Tortricidae）小卷蛾亚科（Olethreutinae）小食心虫族（Grapholitin）小卷蛾属（Cydia）。国外分布于俄罗斯、欧洲北部和中部、美国、加拿大等地。中国分布于内蒙古、黑龙江、陕西、甘肃、宁夏、青海、新疆等地。

寄主 挪威云杉、沙地云杉、红皮云杉、鱼鳞云杉、兴安落叶松。

危害状 以幼虫取食云杉的球果、种子和嫩梢，被害球果常发育不良，弯曲，流出树脂（图③）。

形态特征

成虫 体长 6mm，翅展 8～13mm。体黑色。前翅狭长，棕黑色；浅黑色基斑中部向前凸出；中带棕黑色，起自前缘中部，止于后缘近臀角处，中部略凸出呈弧形；前缘中部至顶角有 3～4 组灰白色具金属光泽的钩状纹，钩状纹向下延长成 4 条同样金属光泽的银灰色斜纹，伸向后缘、臀角和外缘。后翅淡棕黑色，基部淡，缘毛黄白色（图①）。

卵 圆形或略扁平，黄色。

幼虫 体长 10～11mm，略扁平，黄白色至黄色。头部褐色，后头的色彩较光亮（图②）。

蛹 褐色，体长 4～5mm，额部凸出；倒数第二节上有突起，其上有刺及 4 根钩状臀棘。

生活史及习性

内蒙古和黑龙江 1 年或 2 年发生 1 代，以老熟幼虫在被害球果内越冬。翌年 4 月下旬开始活动。5 月上旬化蛹，5 月中旬为化蛹盛期，6 月中旬为化蛹末期。成虫 5 月上旬开始产卵，5 月下旬、6 月上旬为产卵盛期，6 月中旬为产卵末期。幼虫 6 月上旬开始孵化，6 月中、下旬为孵化盛期，7 月上旬为孵化末期，7 月下旬到 8 月下旬幼虫老熟进入果轴内越冬。羽化后 1～2 天成虫即可交尾产卵，

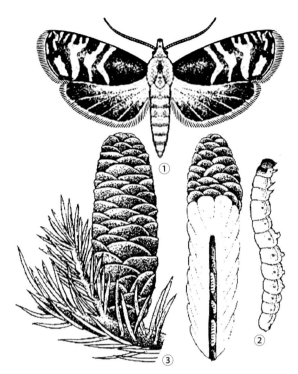

云杉球果小卷蛾（李成德提供）
①成虫；②幼虫；③被害球果

卵单产在幼嫩球果鳞片上，每果有卵 1～6 粒，最多达 29 粒。每雌蛾产卵量最多 105 粒，平均 53 粒。成虫寿命约 5 天。幼虫孵出后即钻入鳞片内，蛀成虫道，以后通向幼嫩的种子，危害未成熟的胚乳。幼虫老熟后，从鳞片和种子间向果轴穿蛀虫道，钻入果轴内咬 1 长圆形越冬室，在其中越冬。

防治方法

物理防治　选择成虫未羽化前，人工拾球果并集中烧毁。成虫羽化后利用诱虫灯或性信息素诱杀。

营林措施　营造混交林，加强抚育，增强树势。

化学防治　成虫羽化期，用 20% 氯氰菊酯 1000 倍液，40% 溴氰菊酯 2000 倍液喷雾，或用 50% 敌敌畏乳油 1000 倍液放烟。幼虫蛀果期用乐果和氧化乐果进行打孔注药。

参考文献

孙江华，严善春，张旭东，2001. 云杉球果小卷蛾性外激素的诱捕试验 [J]. 中国森林病虫 (2): 25-26.

王杰，刘友樵，白九维，1992. 云杉球果小卷蛾，*Pseudotomoides strobilellus* Linnaeus[M]// 萧刚柔 . 中国森林昆虫 . 2 版 . 北京 : 中国林业出版社 : 834-835.

王晓东，李国娥，陈艳，等，2007. 东峡林区青海云杉球果小卷蛾发生规律及综合防治初探 [J]. 青海农林科技 (4): 88, 90.

BROWN R L, MILLER W E, 1983. Valid names of the spruce seed moth and a related *Cydia* species (Lepidoptera: Tortricidae) [J]. Annals of the Entomological Society of America, 76(1): 110-111.

WANG H L, SVENSSON G P, ROSENBERG O, et al, 2010. Identification of the sex pheromone of the spruce seed moth, *Cydia strobilella* L. [J]. Journal of chemical ecology, 36: 305-313.

（撰稿：郝德君；审稿：嵇保中）

云杉小墨天牛　*Monochamus sutor* (Linnaeus)

一种危害松科植物的钻蛀性害虫。鞘翅目（Coleoptera）天牛科（Cerambycidae）沟胫天牛亚科（Lamiinae）墨天牛属（*Monochamus*）。国外分布于俄罗斯、朝鲜、日本、蒙古、西欧、中亚等地。中国分布于东北、河北、北京、内蒙古、山东、青海等地。

寄主　云杉、冷杉、落叶松、红松、油松、欧洲赤松等。

危害状　可危害活立木、衰弱木、倒木。其幼虫可蛀食木质部，形成如指状粗大虫道。成虫补充营养时啃咬树枝韧皮部。

形态特征

成虫　体长 15～24mm，宽 4.5～7mm。体黑色，略带古铜色光泽。全身密被淡灰色稀疏绒毛。雄虫触角超过体长 1 倍，黑色；雌虫触角超过体长约 1/4，从第三节起每节基部被灰色毛。前胸背板两侧有刻点，中央前方略有皱纹；侧刺突粗壮，末端钝圆；雌虫前胸背板中区前方常有 2 个淡色小型斑。小盾片具灰白色或灰黄色毛斑，中央有 1 条无毛细纵纹。鞘翅黑色，末端钝圆，粗糙的条纹或粒状刻点覆盖至鞘翅一半；有的种群鞘翅上有稀散的淡色小斑，有的种群则缺失。腹面被棕色长毛，以后胸腹板为密（图 1、图 2）。

卵　长 3.3～3.8mm，宽 1～1.6mm，白色，长椭圆形，稍弯曲。

幼虫　老熟幼虫体长 35～40mm，体淡黄白色。中、后胸各有 1 横行刚毛。

图 1 云杉小墨天牛成虫（任利利提供）

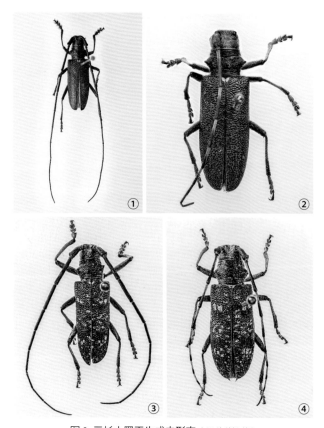

图 2 云杉小墨天牛成虫形态（任利利提供）

①雄虫（长白山种群）；②雌虫（长白山种群）；③雄虫（木兰围场种群）；
④雌虫（木兰围场种群）

蛹 长 17～20mm，白色。触角在中足和后足之间弯成螺旋状。胸部有钝齿，腹部有黑色刚毛。最后腹节呈长圆锥形。

生活史及习性 在中国东北地区 1 年 1 代，以幼虫在木质部虫道内越冬。翌年 5 月继续取食，老熟后在蛀道末端作蛹室化蛹。6 月初成虫咬羽化孔飞出，一直延续到 8 月。成虫飞出后在树冠上取食嫩枝皮补充营养。成虫较活泼，有假死性，喜光。该虫一生可交尾多次。产卵时成虫先在树皮上咬长菱形刻槽，把卵产在表皮与韧皮部之间。一般 1 个刻槽产卵 1 粒，个别刻槽无卵或有 2 粒卵。初孵幼虫开始只取食周围韧皮部，形成不规则虫道，蛀屑呈褐色，紧贴在边材上。而后咬 1 个扁圆形侵入孔蛀入木质部。幼虫蛀道有"一"字形、"U"字形和"L"形 3 种。

防治方法

营林措施 营造混交林，加强抚育，增强树势。夏季采伐原木要及时运出林外。对贮木场的原木应及时剥皮，减少天牛的适生寄主。

化学防治 成虫期，特别是羽化高峰期补充营养时进行防治，在成虫补充营养时用化学药剂喷寄主树冠和树干。

引诱剂诱捕 利用植物源及性信息素等诱剂。

参考文献

萧刚柔，1992. 中国森林昆虫 [M]. 2 版. 北京：中国林业出版社.

（撰稿：任利利；审稿：骆有庆）

Y

Z

杂拟谷盗　*Tribolium confusum* Jacquelin du Val

一种世界性分布的仓储害虫。又名杂拟谷甲、广颊谷蛀。英文名 confused flour beetle。鞘翅目（Coleoptera）拟步行虫科（Tenebrionidae）拟谷盗属（*Tribolium*）。是与赤拟谷盗相似的近缘种。与赤拟谷盗发生场所相近，但分布范围在热带并不普遍而更趋于温暖地区。中国分布于黑龙江、辽宁、吉林、内蒙古、山东、山西、陕西、河南、新疆、四川、湖南、江苏、安徽、江西、贵州、云南、广西。

寄主　杂拟谷盗可危害粮食、油料、中药材、食用菌、肉类及加工产品，尤其对粉类和油料危害最严重。

危害状　致粉或粉屑状粮表观污染。

形态特征

成虫　体长 2.6～4.4mm，宽约 1mm，长椭圆形，扁平，褐至赤褐色，有光泽。头部扁阔，复眼背区有明显的内侧脊。复眼黑色，较大。腹面观，两复眼的间距为 1 个复眼横直径的 3 倍。侧面观，复眼被颊外侧分割后所剩留的最窄部分为 1 个小眼面的宽度。触角 11 节，末 5 节逐渐膨大整体呈棍棒状。扫描电镜下观察，其雌、雄成虫触角上均存在以下 6 类 14 种感器，包括 Bhm 氏鬃毛、3 种毛形感器、1 种栓锥形感器、6 种锥形感器、1 种刺形感器、2 种指形感器。前胸背板前缘无缘线。小盾片近横长方形。鞘翅具纵刻点行 10 条，雄虫刻点行在近端部消失，雌虫第三、四、六、七刻点行完整（见图）。

卵　长约 0.6mm，宽约 0.4mm，长椭圆形，乳白色，表面粗糙无光泽。

幼虫　老熟幼虫体长约 8mm，爬虫式、细长圆筒形，略扁平，强骨化，骨化部分为淡黄色或黄白色。头部额后部两侧呈凸弧形，后端呈宽圆形或近截形。触角 3 节，其长度约为头长的 1/2，第一节长等于宽或等于第二节长的 2/5。第一对气门位于前胸与中胸之间。第九腹节背面具深色向上翘的臀叉，其基半部粗，端半部较尖。腹面末端具一对伪足状突起。

蛹　外形与赤拟谷盗相似。不同之处在于其腹面观，复眼呈狭条状，小眼面如明显则侧缘有 4～5 列，两复眼间距 0.4～0.5mm。颊显著隆起，颊上部在复眼附近近于直角。

生活史及习性　杂拟谷盗 1 年发生 5～6 代，温度 19.5～30°C、相对湿度 56%～65.5% 时，每代平均需要 42～70 天。越冬代平均需要时间 192.9 天。多以成虫群集于包装物、围席、夹杂物或仓内各种缝隙中越冬。成虫羽化出后 1～3 天开始交配，交配后 6～9 天开始产卵。成虫平均产卵期 218 天，每雌每日产卵约 5 粒，一生平均产卵可达 1069 粒。末交配雌虫所产卵不能孵化。卵散产于粮粒表面或裂缝，或碎屑中，卵外有黏液可黏附粉屑，不易被发现。成虫和幼虫耐饥能力强，雄虫绝食约 14 天，雌虫绝食约 18 天仍能生存。成虫喜黑暗，不善飞行，有群集性和假死性。虫体上有臭腺，能分泌臭液。幼虫通常 6～9 龄。开始发育的最低温度为 17°C，停止发育的温度为 35°C。

防治方法

管理防治　储粮控制粮食质量，如完整度、水分含量，力求粮食干燥、干净、籽粒饱满。做好储藏环境清洁卫生，清除储藏物品周边害虫感染源和害虫隐蔽场所。

物理防治　可采用制氮气调、充二氧化碳气调、缺氧气调进行杀虫处理等。对粮食加工厂和一些农林产品土特产等可采用干热空气进行热处理杀虫。杂拟谷盗对冷也较敏感，低温 15°C 以下或准低温 20°C 以下（储粮）可有效控制害虫的生长、发育和危害。

化学防治　储粮用优质马拉硫磷、优质杀螟硫磷、凯安保等防护剂，以及惰性粉或硅藻土可作原粮防护剂防虫。储粮中允许使用的熏蒸剂包括磷化氢、硫酰氟。通常采用磷化氢熏蒸时以环流熏蒸杀虫效果较好，相关储粮技术规程中推荐的最低磷化氢浓度为 300ml/m³，最短熏蒸时间为 14 天，最低磷化氢浓度为 200ml/m³ 时的最短熏蒸时间为 28 天。

其他防治　对于小规模或小批量商品，可采用小包装防虫、小包装气调杀虫、诱集法防虫、拌和防虫物质防虫、机械清除、冷冻杀虫、微波等处理。

杂拟谷盗（王殿轩提供）

参考文献

陈耀溪，1984. 仓库害虫 [M]. 增订本. 北京：农业出版社.

唐培安，吴海晶，孔德英，等，2016. 杂拟谷盗触角感器的扫描电镜观察 [J]. 植物保护，42(1): 99-105.

王殿轩，白旭光，周玉香，等，2008. 中国储粮昆虫图鉴 [M]. 北京：中国农业科学技术出版社.

张生芳，刘永平，武增强，1998. 中国储藏物甲虫 [M]. 北京：中国农业科技出版社.

SUBRAMANYAM B, HAGSTRUM D W, 1996. Integrated management of insects in stored products [M]. New York: Marcel Dekker, Inc.

（撰稿：王殿轩；审稿：张生芳）

枣尺蠖 *Sucra jujuba* Chu

枣树食叶性害虫。又名枣步曲、枣造桥虫等。英文名 jujube looper。鳞翅目（Lepidoptera）尺蠖蛾科（Geometridae）*Sucra* 属。是中国北方枣区重要害虫，分布于河北、河南、山西、陕西、山东等地。

寄主 主要是危害枣、苹果，也可危害梨。

危害状 枣树萌芽露绿时，初孵幼虫开始危害嫩芽，取食嫩叶，随着幼虫虫龄增大，食量也随之增加，严重的可将枣叶和花蕾全部吃光，造成枣树大量减产，甚至绝收，不但影响当年产量，而且影响来年结果。管理差的果园，出现 2 次发芽现象。

形态特征 雌蛾体长 15mm，灰褐色，触角丝状，前后翅均退化，尾部有一细长产卵器、呈管状、可缩入体内（图 1）。雄蛾体长约 13mm，触角羽毛状、棕色，后翅中部有 1 条明显的黑色波状横线（图 2）。卵椭圆形，有光泽，常块状排列，初产时淡绿色，渐变为淡黄褐色，近孵化时成黑褐色，并具金属光泽。老熟幼虫体长约 45mm，胴部灰绿色，有多条黑色纵条纹，腹部只在第六节和末节上有 2 对腹足，爬行时，身体一屈一伸，如同人用手量尺度一样（图 3）。蛹枣红色，体长约 15mm。

图 1 枣尺蠖雌成虫（陈汉杰提供）

图 2 枣尺蠖雄成虫（陈汉杰提供）

图 3 枣尺蠖幼虫（陈汉杰提供）

生活史及习性 每年发生 1 代，以蛹在树冠下土中越冬，以距主干 1m 内土中最多。翌年惊蛰后成虫开始羽化出土，3 月中下旬为羽化盛期。成虫羽化后交尾交卵，每雌产卵可高达 1000 多粒，卵期 15～26 天。4 月中下旬至 5 月上旬为卵孵化盛期。幼虫孵化后上树为害。5 月为幼虫为害盛期，5 月下旬幼虫老熟开始入土化蛹。

防治方法 重点做好树下防治，对树上部分漏网幼虫，可采用树冠喷药。老龄幼虫食量大，为害重，且抗药性强，因此，喷药防治应在低龄幼虫期（三龄前）进行。

人工挖蛹 在秋季和早春（3 月中旬以前）成虫羽化出土前，在树干基部 1m 范围内的土壤中人工挖出越冬蛹，集中消灭。

阻止雌蛾上树产卵 惊蛰前，在树干基部光滑处绑一圈 5cm 宽的塑料薄膜，下缘内折，接口处要用订书钉或铁钉子钉牢，塑料膜下不能有孔隙。然后在塑料带的下缘涂抹尺蠖灵药膏，每米带长涂药 2～3g，涂药宽度为 1cm，不要涂在树皮上，涂药后出现 20mm 以上降雨，或风沙太大把药膜覆盖，要及时重涂一次，可同时防治出土雌成虫和在树下孵化的小幼虫。

化学防治 在绝大部分卵已孵化而绝大多数幼虫处在三龄前，向树冠喷酒 4.5% 高效顺反氯氰菊酯 1500 倍液，或 25% 灭幼脲Ⅲ号胶悬剂 1500～2000 倍液，或 0.5% 绿保威乳油 1000 ~ 2000 倍液，或苏云金杆菌 500 倍液 +0.1% 洗衣粉等。

参考文献

舒宗泉，韦国华，陈汉杰，等，1983.菊酯农药防治枣尺蠖试验研究及其应用 [J].植物保护学报，10(3): 191-195.

张广学，王林瑶，1956.梨步曲和枣步曲的生活习性观察 [J].昆虫知识 (6): 265-270, 255.

（撰稿：陈汉杰；审稿：李夏鸣）

枣顶冠瘿螨　*Tegolophus zizyphagus* (Keifer)

枣树的重要害螨之一。又名枣上瘿螨、枣叶锈螨、枣叶壁虱、枣灰叶等。英文名 jujube gall mite。蛛形纲（Arachnida）蜱螨亚纲（Acarina）蜱螨目（Acariformes）瘿螨科（Eriophyidae）*Tegolophus* 属。国外分布于美国、印度等地。中国分布于湖南、河南、河北、陕西、宁夏、新疆、浙江、甘肃、江苏、山东、安徽、辽宁等地。

寄主　枣、山枣、酸枣、桃、杏等。

危害状　常以成螨、若螨群集在叶片背部用口针吸取汁液，有时也危害花蕾、花、幼果及嫩梢。枣树受害初期，叶片基部及沿叶脉部位呈轻度灰白色，随危害程度加重而叶片极度灰白，叶肉增厚，并向叶面卷曲，远看枣叶发灰，故又名灰叶病，严重时叶片枯焦脱落。花蕾和花受害后，逐渐变为褐色，干枯凋落。果实受害，一般多在梗洼及果肩部呈现银灰色锈斑，果实个头较小，严重时锈斑逐渐扩展，后期果实凋萎脱落，造成大幅度减产，品质下降（见图）。

形态特征

成螨　体长约0.15mm，宽约0.06mm，纺锤形。初为白色，后为淡黄色。足 2 对，位于前体段。胸板盾状，其前瓣盖住口器。口器尖细，向下弯曲。腹部背面有环纹约 36 节，腹面有环纹约 60 节，前、中、后各具 1 对粗壮刚毛，末端有 1 对等长的尾毛。

卵　圆球形，极小，初为乳白色，表面光滑透明，有光泽，渐变为淡黄色。

若螨　体型与成螨相似，略小，乳白色，半透明。

生活史及习性　发生世代因地区而异，一般 3 ~ 10 代不等，以成螨或若螨在枣股鳞片或枣枝皮缝中越冬。枣芽萌发时越冬螨开始活动、取食，此时密度小，多集中在枣叶背面三主脉两侧。6 月上旬（枣树花期）进入危害盛期，危害状开始显现；6 月中旬虫口密度最大，枣顶冠瘿螨在 6 月份繁殖最快，为全年发生最盛期。7月中旬至 8 月的高温天气时，有的转入枣股老芽鳞内越夏，叶片虫口数量显著减少。9 月份枣顶冠瘿螨繁殖速率下降，虫口密度最小，9 月底全部入蛰越冬。

防治方法

生物防治　释放捕食螨，保护利用塔六点蓟马、横纹蓟马、深点食螨瓢等天敌。

物理防治　加强树体管理，合理修剪枝条，控制新梢抽生数量和生长量。

枣顶冠瘿螨危害状（冯玉增摄）
①枣叶背面；②枣叶正面；③枣叶后期

化学防治　选用 24% 螺螨酯 5000 ~ 6000 倍液、22.4% 螺虫乙酯 4000 ~ 5000 倍液、30% 乙唑螨腈 3000 ~ 5000 倍液、11% 乙螨唑 5000 ~ 6000 倍液、50% 苯丁锡 2500 倍液、50% 丁醚脲 1500 ~ 2000 倍液、73% 炔螨特 2500 ~ 3000 倍液、5% 唑螨酯 2000 ~ 2500 倍液、1.8% 阿维菌素 2000 ~ 3000 倍液等。

参考文献

黄星硕，曲仕绅，屈立峰，等，1993.枣顶冠瘿螨的生物学特性与防治研究 [J].植物保护，19(6): 16-17.

屈立峰，曲仕绅，黄星硕，等，1994.枣顶冠瘿螨的发生与防

Z

治 [J]. 昆虫知识, 31 (3): 164-168.

王琼, 2014. 湖南省瘿螨总科 (蜱螨亚纲 : 前气门亚目) 的分类研究 [D]. 南京 : 南京农业大学 .

杨帅, 焦旭东, 郭燕兰, 等, 2012. 枣顶冠瘿螨在新疆的发生规律及防控技术 [J]. 北方园艺 (8): 145-147.

（撰稿：王进军、袁国瑞、张强；审稿：冉春）

枣镰翅小卷蛾　*Ancylis sativa* Liu

危害枣叶、枣果的重要害虫。又名枣实菜蛾、枣黏虫，俗称粘叶虫、包叶虫、卷叶蛾。英文名 jujube leaftier。鳞翅目（Lepidoptera）小卷蛾科（Olethreutidae）镰翅小卷蛾属（*Ancylis*）。中国分布于河北、河南、山西、陕西、山东、江苏、浙江、湖北、湖南等地。

寄主　枣、酸枣。

危害状　以幼虫为害枣芽、花、叶，并蛀食枣果。常将两片或数片叶子吐丝缀连在一起或将叶片正面纵卷成饺子状，幼虫潜藏其中取食叶片，还可将叶片与果实粘在一起，由果柄蛀入果内，取食果肉，造成枣果脱落，严重影响产量（图 1）。

形态特征

成虫　体长 6～7mm，翅展 14mm，体黄褐色，前翅前缘有 10 多条黑褐色斜纹，翅中部有 2～3 条黑褐色纵条纹；后翅深灰色，缘毛较长（图 2）。

卵　扁圆形，表面有网状纹，初产时无色透明，后变橘红色至深红色。

幼虫　初孵幼虫头黑褐色，全身黄白色，渐变黄绿色；老熟幼虫头黄褐色，有黑褐色斑点，身体变黄白色，前胸背板赤褐色、分为 2 片，两侧与前足之前各有赤褐色斑 2 个，腹末节背面有"山"字形赤褐色斑纹（图 3）。

蛹　纺锤形，外有薄层白茧（图 4）。

生活史及习性　在河南、河北、山东、陕西、山西 1 年发生 3 代，江苏 4 代，浙江 5 代，世代重叠。以蛹在枣树主干粗皮裂缝及树洞内结茧越冬。翌年 3 月中下旬越冬代成虫开始羽化，4 月中下旬为羽化盛期。成虫多在白天潜伏，晚上活动，3 天后交配产卵。第一代成虫卵散产于 1～2 年生光滑枝条上，其他 2 代成虫主要在叶片上产卵，卵期 7～15天。成虫具有很强的趋光性和趋化性。第一代成虫高峰期在 6 月中旬，第二代在 7 月下旬。第一代幼虫在枣树发芽期，咬食未展叶的嫩芽和嫩叶，常转叶为害，危害期约 25 天。

图 1　枣镰翅小卷蛾危害状（陈汉杰提供）

图 2　枣镰翅小卷蛾成虫（陈汉杰提供）

图 3　枣镰翅小卷蛾幼虫（陈汉杰提供）

图 4　枣镰翅小卷蛾蛹（陈汉杰提供）

第二代幼虫发生期，正值枣树开花，幼虫危害枣花，继之危害枣叶和幼果，危害期约 20 天。第三代幼虫在果实膨大期，约 8 月上旬发生最多，除吐丝粘叶为害外，还将叶片粘在果实上，啃食果皮和钻入果内取食果肉，而将粪便排出。此代幼虫约经 300 天老熟，于 10 月上旬全部爬回树干上化蛹越冬。

防治方法

人工灭蛹　冬季或早春刮除树干粗皮，锯掉砍枝留下的破枝头，集中消灭越冬虫蛹。主干涂白，或堵塞树洞消灭越冬蛹。

绑草诱集幼虫化蛹　8 月下旬第三代老熟幼虫潜伏化蛹前，在枣树主干上部或主侧枝基部绑草，诱集老熟幼虫潜伏其中化蛹越冬，早春取下草束集中烧毁。

诱杀成虫　利用枣镰翅小卷蛾的趋光性和趋化性，在枣园中用黑光灯、糖醋液诱杀成虫。

做好预测预报，确定用药时期　成虫发生期，在枣园内距地面 1.5m 左右，用铁丝将口径 20cm 的瓷碗悬挂于枣树侧枝上，碗内盛满加有少量洗衣粉（0.1%～0.2%）的清水，碗口上方用铁丝穿挂人工合成的枣镰翅小卷蛾诱芯（有效含量为 100μg/ 芯），诱芯距水表面 1～2cm，测报期间要随时补充碗内蒸发的水量。逐日统计诱蛾量变化确定成虫发生高峰。越冬代蛾高峰过后 15 天喷药，第一代和第二代蛾高峰过后 7 天（5 月中旬和 6 月下旬）喷药。可选用 25% 灭幼脲Ⅲ号 1500～2000 倍液、4.5% 高效顺反氯氰菊酯 1500～2000 倍液、10% 联苯菊酯乳油 2000～3000 倍液或 75% 辛硫磷乳油 2000 倍液等。

生物防治　在第二、第三代枣镰翅小卷蛾产卵期，每株枣树释放人工繁殖的松毛虫赤眼蜂 3000～5000 头，可收到良好的防治效果。若在枣镰翅小卷蛾成虫产卵初期、初盛期和盛期以不同蜂量分别放蜂 1 次，防治效果更为理想。

参考文献

陈川，杨美霞，聂瑞娥，等，2016. 陕西延川枣镰翅小卷蛾发生规律 [J]. 植物保护，42 (5): 217-220.

陈汉杰，2006. 新编林果病虫害防治手册 [M]. 郑州：中原农民出版社：261-263.

韩桂彪，马瑞燕，杜家纬，等，2001. 枣镰翅小卷蛾雄蛾对性信息素的行为反应 [J]. 昆虫学报，44 (2): 176-181.

（撰稿：陈汉杰；审稿：李夏鸣）

枣实蝇　*Carpomya vesuviana* Costa

一种外来高危险性枣树害虫，被列入《中华人民共和国进境植物检疫性有害生物名录》和《全国林业检疫性有害生物名单》。英文名 ber fruit fly。双翅目（Diptera）实蝇科（Tephritidae）实蝇亚科（Trypetinae）实蝇族（Trypetini）咔实蝇属（Carpomya）。原产印度，国外分布于亚洲的阿曼、阿拉伯半岛、伊朗、阿富汗、塔吉克斯坦、土库曼斯坦、乌兹别克斯坦、巴基斯坦、泰国、斯里兰卡；印度洋上的留尼汪岛；欧洲的波斯尼亚、高加索、意大利、土耳其和俄罗斯；非洲热带草原与撒哈拉沙漠之间的过渡带萨赫勒地区和毛里

求斯。中国分布于新疆吐鲁番市（高昌区、鄯善县、托克逊县）。

寄主　各类枣树，包括野生枣树和栽培枣树，如大枣及其各栽培品种、叙利亚枣、滇刺枣、金丝枣和莲枣等。

危害状　仅危害枣树果实，成虫产卵后枣果表面产卵孔周围的组织发育停止，形成凹陷或长瘤；幼虫蛀食后果肉腐烂呈红褐色或发黑；老熟幼虫脱果后，果实外部留下 1 圆形脱出孔（图 1）。

形态特征

成虫　体、翅长 2.9～3.1mm。头宽大于长（图 2 ①）。单眼鬃细小，额和侧额不具银色斑（图 2 ①②）。胸部鬃序发达，肩鬃、沟前鬃、翅后鬃、翅内鬃、小盾前鬃、背中鬃、翅侧鬃和腹侧鬃各 1 对，肩板鬃、背侧鬃、中侧鬃和小盾鬃

图 1　枣实蝇危害状（何善勇提供）

①产卵孔；②幼虫脱出孔；③幼虫果中蛀食状；④幼虫脱落后果实受害状

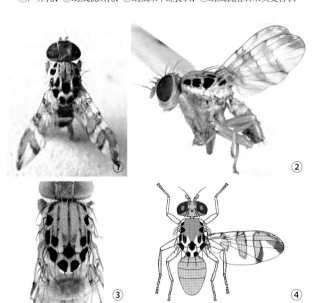

图 2　枣实蝇成虫（何善勇提供）

①成虫背面观；②成虫侧面观；③成虫胸部；④成虫翅

图 3　枣实蝇幼虫 (何善勇提供)

各 2 对，除肩板鬃和翅侧鬃为黄色至黄褐色外，其余均黑色；盾片黄色或红黄色，中间具 3 个细窄黑褐色条纹，向后终止于横缝略后，两侧各有 4 个黑色斑点；小盾片白黄色，具 5 个分离的黑色斑点（图 2 ③）。翅透明，具 4 个黄色至黄褐色横带，亚端带较长，伸达翅后缘，其前端与前端带相互连接成倒 V 形（图 2 ④）。

幼虫　蛆形。三龄幼虫体长 7.0～9.0mm，宽 1.9～2.0mm；口感器具 4 个口前齿；口脊 3 条，其缘齿尖锐；口钩具 1 个弓形大端齿。第一胸节背面具微刺，第二、三胸节和第一腹节均有微刺环绕，第三至七腹节腹面具条痕，第八腹节具数对大瘤突（图 3）。

生活史及习性　在中国吐鲁番市，枣实蝇 1 年发生 2～3 代，以蛹越冬，世代重叠现象严重，成虫于翌年 5 月中旬羽化，9 月下旬进入越冬期。成虫羽化多在 8：00～16：00，高峰期为 10：00 前后；雌虫羽化后 4～5 天即可交配产卵，雌虫产卵主要在白天，产卵位置主要在果实底部，每个产卵孔内通常有卵 1～2 粒，最高时单孔有卵 6 粒，危害严重时单果中曾发现 19 头幼虫。幼虫主要蛀食枣果内部的果肉，不蛀食枣核，接近枣核后围绕枣核四周继续蛀食，幼虫老熟前逐渐向外蛀食，于果实表面咬出圆形脱出孔，脱落入土中化蛹。蛹集中分布在 0～15cm 深度范围内的土壤中，且绝大部分分布在树冠垂直投影范围内。

防治方法

物理防治　定期清园、采摘和拾起枣园枣树上和地上的带虫枣果，集中进行深埋，减少幼虫种群数量；蛹期对枣园进行翻土并结合枣园杂草焚烧、喷洒含糖毒药及定时灌溉等，大幅降低蛹的种群密度。

生物防治　利用天敌 *Fopus carpomyie* 防治枣实蝇，寄生率可达 24%。使用枣实蝇引诱剂大量诱杀成虫。

化学防治　高效氟氯氰菊酯是防治枣实蝇的最佳药剂，间隔 15 天施用倍硫磷和西维因 XLR 能使枣实蝇危害率降低 90.31%～95.03%。

参考文献

阿地力·沙塔尔，何善勇，田呈明，等，2008. 枣实蝇在吐鲁番地区的发生及蛹的分布规律 [J]. 植物检疫，22(5): 295-297.

何善勇，2009. 枣实蝇生物生态学特性及适生性分析 [D]. 北京：北京林业大学.

何善勇，温俊宝，阿地力·沙塔尔，等，2010. 检疫性有害生物枣实蝇研究进展 [J]. 林业科学，46(7): 147-154.

何善勇，朱银飞，阿地力·沙塔尔，等，2009. 吐鲁番地区枣实蝇发生规律 [J]. 昆虫知识，46(6): 930-934, 822.

胡陇生，2012. 枣实蝇生物学特性与产卵选择性研究 [D]. 乌鲁木齐：新疆农业大学.

胡陇生，田呈明，朱银飞，等，2013. 枣实蝇生物学特性研究 [J]. 昆虫学报，56(1): 69-78.

吴佳教，陈乃中，2008. *Carpomya* 属检疫性实蝇 [J]. 植物检疫，22(1): 32-34, 67.

张润志，汪兴鉴，阿地力·沙塔尔，2007. 检疫性害虫枣实蝇的鉴定与入侵威胁 [J]. 昆虫知识，44(6): 928-930, 951.

（撰稿：何善勇；审稿：温俊宝）

枣树锈瘿螨　*Epitrimerus zizyphagus* (Keifer)

枣树上的主要害螨之一。又名枣锈壁虱、枣叶壁虱、枣锈螨、枣壁虱、枣灰叶、灰叶病等。蛛形纲（Arachnida）蜱螨目（Acarina）瘿螨科（Eriophyoidea）*Epitrimerus* 属。中国分布于山东、河北、河南等枣产区。

寄主　枣、酸枣、桃、杏等。

危害状　主要以成螨和若螨刺吸危害果树的芽、叶、花、蕾、果及绿色嫩梢。叶片受害初期受害部分没有明显症状，展叶后 20 天左右基部和沿主脉部分逐渐现出灰白色、发亮，约 40 天后叶肉增厚，叶面卷曲，甚至脱落；受害花蕾不能开花，绿色部分渐变为浅褐色，干枯凋落；花受害后花蕊发育不良，落花落果；受害果实常畸形，出现褐色锈斑或凋萎脱落。

形态特征

成螨　体长约 0.15mm，宽约 0.06mm，楔形。初为乳白色，后为淡褐色，半透明；足 2 对，位于前体段；胸板盾状，其前瓣盖住口器；口器尖细，向下弯曲；后体段背、腹面为异环结构，背面约 40 环，前、中、后各具 1 对粗壮刚毛，末端有 1 对等长的尾毛。

若螨　体白色，初孵时半透明，体型与成螨相似。

卵　圆球形，乳白色，表面光滑，有光泽。

生活史及习性　发生世代因地理位置而异，具有代数多、繁殖快、抗逆性强、蔓延迅速、分布面广等特点。以成若螨在枣股、芽鳞或枝条皮缝中越冬，翌年 4 月枣芽萌发时出蛰活动，展叶后多群集于叶脉两侧吸食，以近叶柄处最多，可借风力迁移，扩散较快。5 月中旬开始产卵，卵散产于叶片正反面和嫩枝表面，叶的两面均可发现螨的活动，但以背面为主，迫使叶片向上纵向卷曲。6 月份当平均气温达 20℃、相对湿度 60% 左右时，此螨繁殖速度最快，为全年发生最盛期。7 月下旬至 8 月上旬高温天气时，叶片虫口数量显著减少。9 月中下旬，进入芽鳞缝隙越冬。该螨在枣树生长季节有 4 次危害高峰：展叶至新梢速长期（4 月下旬至 5 月上旬）；盛花中期（6 月中旬）；生理落果至果实膨大初期（7 月份）；果实膨大期至着色期。每次高峰期持续 5～7 天。

防治方法

农业防治　冬季或早春清除落叶、枯枝、杂草，集中烧毁，减少越冬螨基数。加强树体管理，剪除过密枝条，通风透光，抑制螨害。加强肥水管理，喷药时加入 0.3% 磷酸二氢钾和 0.2% 尿素混合液。

化学防治　可在 5 月末或 6 月初枣树始花期，用 1.8%

的阿维菌素 3000～5000 倍液，或 20% 的哒螨灵 2000 倍液，或 30% 的三磷锡 2000 倍液，或 40% 氧化乐果乳油 1500 倍液进行科学轮换防治。

参考文献

胡爱芝，徐好学，2011. 麦盖提县枣瘿螨发生及防治 [J]. 农村科技 (8): 24.

季延平，仝德全，侯玉芹，等，1997. 枣树锈瘿螨对枣树几项生理指标的影响 [J]. 山东林业科技 (1): 18-20.

李占文，于洁，王丽先，等，2008. 灵武长枣叶壁虱的危害与防控技术 [J]. 西北园艺 (2): 30-31.

（撰稿：王进军、袁国瑞、侯秋丽、蒙力维；审稿：刘怀）

枣芽象甲　*Pachyrhinus yasumatsui* (Kône et Morimoto)

早春枣园重要害虫，危害枣芽。又名枣飞象、小灰象甲、小白象。英文名 jujube bud weevil。鞘翅目（Coleoptera）象虫科（Curculionidae）食芽象甲属（*Pachyrhinus*）。中国分布于河南、河北、山西、陕西、山东、辽宁等地。

寄主　枣、苹果、梨、核桃、香柏等。

危害状　以成虫危害枣树嫩芽、幼叶，严重时可将嫩芽吃光，迫使枣树重新萌发出枣吊和枣叶，从而削弱树势，影响生长发育，严重降低枣果产量和品质。危害严重时树头光秃，只有树冠下部发芽（图 1）。

形态特征

成虫　体长 4.3～5.5mm，深灰色，有一长而粗的头管。鞘翅弧形，每侧各有 10 条细纵沟，两沟之间有黑色毛，鞘翅背面有模糊的褐色晕斑（图 2）。

卵　长椭圆形，初产时乳白色，后变棕色。

幼虫　乳白色，体长 5mm，略弯曲，无足，状似蛴螬。

生活史及习性　每年发生 1 代，以幼虫在土壤中越冬。翌年 4 月上旬幼虫开始化蛹，中旬为化蛹盛期，蛹期 12～15 天。成虫羽化后 4～7 天出土，4 月下旬田间出现成

图 1　枣芽象甲危害状（陈汉杰提供）

图 2　枣芽象甲成虫（陈汉杰提供）

虫，4 月底至 5 月上旬为成虫盛发期。成虫寿命 20～30 天。成虫在 10：00～16：00 气温较高时最活跃，在枝上来回爬行，取食嫩芽和叶片，将嫩芽咬断或食尽，造成二次发芽，展叶后仍能为害。成虫上树为害后，即交尾产卵，每雌一生可产卵 100 多粒。5 月中下旬为产卵期，卵期 12 天左右，5 月下旬至 6 月上旬为卵孵化盛期。幼虫孵化后落入土中，取食植物根部，9 月以后潜入土中 30cm 左右处过冬。

防治方法　成虫出土上树前，在树干基部培一光滑土堆，撒 3% 辛硫磷粉剂毒杀出土成虫，每株树施用 0.1～0.15kg，如虫口密度大、出土时间长，可相隔 7～10 天后，再施药 1 次。

成虫上树时，利用其假死性于清晨或傍晚振树，使成虫受惊落地，然后向地面喷洒 3% 辛硫磷粉剂或 2.5% 溴氰菊酯粉剂触杀落地成虫，每株树下施药 0.1kg。

在成虫上树为害期，向树冠喷洒 4.5% 高效顺反氯氰菊酯乳油 1500 倍液，或 2.5% 高效氯氟氰菊酯乳油 1500～2000 倍液，或 60% 敌马合剂乳油 1500 倍液 + 害立平 1000 倍液杀灭成虫。

参考文献

北京农业大学，2001. 果树昆虫学 [M]. 北京：中国农业出版社：542-543.

洪波，张锋，李英梅，等，2017. 食芽象甲成虫在陕北枣园的空间分布格局 [J]. 植物保护，43(6): 113-117, 122.

王晶，2016. 枣树食芽象甲生活习性与发生规律研究 [J]. 防护林科技 (9): 90, 112.

（撰稿：陈汉杰；审稿：李夏鸣）

Z

枣叶瘿蚊　*Dasineura datifolia* Jiang

枣树上的主要害虫之一。又名卷叶蛆。双翅目（Diptera）瘿蚊科（Cecidomyiidae）叶瘿蚊属（*Dasineura*）。分布于中国各地枣区。

寄主　红枣、酸枣、灰枣、桃树等。

危害状　主要危害嫩叶，有时也可危害花蕾和幼果。嫩叶受害，被害叶片呈淡紫红色卷皱筒状，叶缘向上卷曲而不能展开，质硬而脆，幼虫在卷曲叶中取食，后期受害叶片变黑而干枯脱落，影响枣头和枣吊生长，枣头生长发育不良，造成减产达 15%～20%，特别对幼树生长发育危害很大。花蕾被害后不能开放，花萼膨大，直至枯黄脱落。危害幼果时，幼虫蛀食于果心内，不久变黄脱落。

形态特征

成虫　小型昆虫，雌虫体长 1.4～2mm，头、胸灰黄色，复眼黑褐色。翅展 3～4mm，前翅椭圆，翅脉简单，后翅退化为短小的平衡棒，形似蚊子，灰褐色或橙红色。触角细长，念珠状，14 节，各节环生密而长的刚毛。腹部共 8 节，1～5 节背面有红褐色带，尾部具产卵器，腹部黄白或橘红色。雄虫小，体长 1.1～1.3mm，灰黄色，触角发达，长过体半，腹部细长。

卵　白色，细长近似椭圆形，长 0.3mm 左右，半透明，初产白色，后呈红色。

幼虫　蛆形，体长 1.5～2.9mm。一龄、二龄幼虫体黄色，蜡状光泽；三龄、四龄幼虫体乳白色，头很小，无足。

蛹　略呈纺锤形，体长 1.1～1.9mm，黄褐色。尾端略粗，初化蛹为浅橘黄色，胸足及翅芽清晰，腹部 8 节。后期黄褐色。

茧　略呈椭圆形，长 2mm 左右，丝质，灰土色，外粘土粒。

生活史及习性　1 年发生 4～5 代，以最后一代老熟幼虫在浅土层内做茧或化蛹越冬，茧、蛹多集中在浅土层中和草根处、腐烂有机质处，少数在杂草、落叶、树皮内越冬。4 月中下旬越冬代蛹开始羽化，高峰期出现在 5 月上旬，越冬代成虫于 4 月底 5 月上旬开始产卵，产卵时间为 20～30 分钟。成虫个体寿命 1～3 天。第一代卵产在未展新叶、幼芽缝隙内，以后各代卵产在幼芽缝隙、花序缝隙内，卵块状或线状排列。第一代卵期 20 天左右。4 月底 5 月上旬开始孵化第一代幼虫。此时叶腋处发生 1～4 个花蕾，孵化高峰期在 5 月中旬，枣树始花。幼虫孵化后，一龄幼虫分泌黏液于体后，二龄幼虫黏液包裹整个身体。幼虫经 4 次蜕皮后变成蛹。第一代幼虫期约 25 天，以后世代重叠。5 月中旬至 7 月中旬发生第二代，6 月中旬至 8 月中旬发生第三代，7 月下旬开始发生第四代，8 月下旬第四代老熟幼虫入土做茧或化蛹越冬。

成虫在低温时活动力差，一天内以中午温度高时活跃，多在此时产卵。第二代以后成虫一部分将卵产在花序内危害花蕾。幼虫吸食幼叶后造成叶片卷曲，并逐渐干枯。一叶内常有几头至二十几头幼虫。幼虫在一叶内危害，不转移到其他叶片，老熟幼虫化蛹前，一部分咬破叶片落入土中化蛹，另一部分通过钻出叶片落入土中化蛹。枣叶瘿蚊发生与天气关系密切。4 月大风降温天气使第一代幼虫发生量减少，发生高峰期推迟 3 天。

防治方法

农业防治　适时对枣树修剪，拉撑枝条，增加通风透光，破坏枣叶瘿蚊生存环境。秋季枣树落叶后，清理树盘杂草及树上、树下病虫枝、叶、果、杂草等集中烧毁，减少越冬病虫源。高龄幼虫期和蛹期要深耕及灌水，消灭土中的幼虫，破坏蛹的羽化环境。在当年 8 月下旬以前，在枣树下覆盖薄膜，阻止老熟幼虫入土做茧或化蛹越冬。在翌年 3 月下旬以前，在枣树下覆盖薄膜，阻止越冬蛹羽化出土。

生物防治　保护和利用天敌，利用枣园边角余地种植一些花期长的植物，以招引寄生蝇和草蛉等。枣树树干绑带或包扎废纸布条等，能招引枣园周围农作物上的天敌如小花蝽、三突花蛛等。

化学防治　防治重点是第一代幼虫，如防治得好，以后各代不重点防治，可在防治红蜘蛛、介壳虫时兼治。在 5 月初枣吊展 5～6 片叶展叶时，树上喷药一次，第一代幼虫入土期视灌水情况在地面喷一次，可选用的药剂有：90% 敌百虫、50% 辛硫磷乳剂、350g/L 吡虫啉悬浮剂 3000 倍液、20% 啶虫脒可溶性粉剂 2000 倍液、1.8% 阿维菌素乳油 1000 倍液。一般成虫高峰期 4～7 天后即为防治适期，或叶片受害率达 10%～20% 应及时防治，控制其向上扩展危害和压低下一代虫口密度。

参考文献

任国兰，2002.枣树病虫害防治 [M].北京：金盾出版社：86-87.

王江柱，姜奎年，2013.枣病虫害诊断与防治原色图鉴 [M].北京：化学工业出版社．

（撰稿：王进军、袁国瑞、景田兵；审稿：刘怀）

枣奕刺蛾　*Phlossa conjuncta* (Walker)

以幼虫取食叶片危害果树林木的害虫。又名枣刺蛾。鳞翅目（Lepidoptera）刺蛾科（Limacodidae）奕刺蛾属（*Phlossa*）。国外分布于朝鲜、日本、印度、尼泊尔、泰国、越南。中国分布于黑龙江、辽宁、北京、河北、山东、河南、陕西、甘肃、江苏、安徽、浙江、湖北、江西、湖南、福建、台湾、广东、海南、广西、四川、贵州、云南、西藏。

寄主　油桐、苹果、梨、杏、桃、樱桃、枣、柿、核桃、杧果、茶。

危害状　幼虫取食叶片，低龄幼虫取食叶肉留下表皮，稍大后即可取食整片叶子（图 1）。

形态特征

成虫　雌蛾翅展 29～33mm，触角丝状；雄蛾翅展 28～31.5mm，触角短栉齿状。全体褐色。头小，复眼灰褐色。胸背上部鳞毛稍长，中间微显褐红色，两边为褐色。腹部背面各节有似 "人" 字形的褐红色鳞毛。前翅基部褐色，其外缘形成直的内线；中部黄褐色；近外缘处有 2 块近似菱形的斑纹彼此连接，靠前缘一块为褐色，靠后缘一块为红褐色；

横脉上有 1 个黑点。后翅为灰褐色（图 2）。

卵　椭圆形，扁平，长 1.2～2.2mm，宽 1.0～1.6mm。初产时鲜黄色。

幼虫　初孵幼虫体长 0.9～1.3mm，筒状，浅黄色，背部色深。头部及第一、二节各有 1 对较大的刺突，腹末有 2 对刺突。老熟幼虫体长 21mm。头小，褐色，缩于胸前。身体浅黄绿色，背面有绿色的云纹，在胸背前三节上有 3 对、身体中部 1 对，腹末 2 对皆为红色长枝刺，体的两侧周边各节上有红色短刺毛丛 1 对（图 3）。

蛹　椭圆形，长 12～13mm。初化蛹时黄色，渐变浅褐色，羽化前变为褐色，翅芽为黑褐色。

生活史及习性　在河北阜平 1 年发生 1 代，以老熟幼虫在树干根颈部附近土内 7～9cm 深处结茧（图 4）越冬。翌年 6 月上旬开始化蛹，蛹期 17～31 天，平均 21.9 天，一般为 20～26 天。6 月下旬开始羽化为成虫，同期可见到卵，卵期约 7 天。7 月上旬幼虫开始危害，危害严重期在 7 月下旬至 8 月中旬，自 8 月下旬开始，幼虫逐渐老熟，下树入土结茧越冬。

成虫有趋光性。寿命 1～4 天。白天静伏叶背，有时抓住枣叶悬系倒垂，或两翅做支撑状，翘起身体，不受惊扰，长久不动。晚间追逐交尾，交尾时间长者达 15 个小时以上。交尾后次日即产卵于叶背，卵成片排列。初孵幼虫爬行缓慢，集聚较短时间即分散枣叶背面危害。初期取食叶肉留下表皮，虫体稍大即取食全叶。

图 1 枣奕刺蛾危害状（冯玉增摄）
①初孵幼虫危害枣叶状；②幼虫危害状

图 2 枣奕刺蛾成虫（冯玉增、武春生摄）

图 3 枣奕刺蛾幼虫（冯玉增摄）
①低龄幼虫；②中龄幼虫；③老熟幼虫

图 4 枣奕刺蛾羽化茧（冯玉增摄）

防治方法

生物防治 枣奕刺蛾茧内的老熟幼虫，可被上海青蜂寄生，其寄生率很高，控制效果显著。被寄生的虫茧，上端有一寄生蜂产卵时留下的小孔，容易识别。在冬季或早春，剪下树上的越冬茧，挑出被寄生茧保存，让天敌羽化后重新飞回自然界。

化学防治 发生严重的年份，在卵孵化盛期和幼虫低龄期喷洒 1500 倍 25% 天达灭幼脲Ⅲ号液或 20% 天达虫酰肼 2000 倍液或 2.5% 高效氯氟氰菊酯乳油 2000 倍液；或 0.5 亿 /ml 芽孢的青虫菌液。

参考文献

中国科学院动物研究所，1981. 中国蛾类图鉴Ⅰ [M]. 北京：科学出版社.

王小兵，2016. 果树害虫枣刺蛾和黄刺蛾的发生与防治 [J]. 现代农村科技 (16): 24.

（撰稿：武春生；审稿：陈付强）

蚤目 Siphonaptera

蚤目为高度特化、无翅的脊椎动物外寄生物。完全变态发育。已知 16 科约 2500 种。

蚤目成虫身体侧扁、坚韧，以适应寄主身体的挤压。口

蚤目代表（吴超摄）

器为特化的刺吸式口器，无下颚。跳蚤没有复眼，单眼发达或消失。触角位于侧沟之内。身体上具有多的向后延伸的刚毛和刺，在颊部和胸部聚集呈栉状。后胸非常发达。各足长而强壮，具有力的爪用以抓握寄主的毛发，发达的后胸，具强壮的肌肉群可连接后足，使得后足有非常强的跳跃能力。肠道具有 1 个能将唾液注入寄主伤口的唾泵，食窦和咽泵能够吸取血液。

幼虫为自由生活的蠕虫，以寄主身体脱落的碎屑为食。蛹为裸蛹或无颚蛹，通常具疏松的茧。成虫吸食寄主的血液，部分种有专一的寄主。一些跳蚤传播严重的疾病。

参考文献

GULLAN P J, CRANSTON P S, 2009. 昆虫学概论 [M]. 3 版. 彩万志，花保祯，宋敦伦，等，译. 北京：中国农业大学出版社：312.

袁锋，张雅林，冯纪年，等，2006. 昆虫分类学 [M]. 北京：中国农业出版社：482-489.

郑乐怡，归鸿，1999. 昆虫分类学 [M]. 南京：南京师范大学出版社：757-781.

（撰稿：吴超、刘春香；审稿：康乐）

皂角豆象 *Megabruchidius dorsalis* (Fåhraeus)

一种为害皂角种荚和种子的害虫。又名皂荚豆象。鞘翅目（Coleoptera）豆象科（Bruchidae）大锥胸豆象属（*Megabruchidius*）。国外分布于日本、印度、孟加拉国、缅甸等地。中国分布于山东、河南、江苏、福建、台湾、广西、贵州、四川、云南、青海、新疆、甘肃、陕西等地。

寄主 豆科皂荚属植物果实的主要害虫。

危害状 幼虫在种子内化蛹，幼虫期可食掉整粒种子的 1/3 ~ 1/2，使之形成凹坑，有的将种子吃光只剩种皮。一般凹坑长径约 9mm，短径约 4mm。一粒种子内一头幼虫。成虫羽化时咬破种皮及荚果皮爬出后可立即飞翔。

形态特征

成虫 体长 4 ~ 6mm，宽 2.5 ~ 3mm，头和前胸背板为黑蓝色。雌成虫较大，腹部末端外露部分成圆形截面，上面有 4 个不甚明显的褐色小斑点。雄成虫腹部外露部分成锐形截面，上面先端有 2 块较大而明显的凹坑，深褐色具金属光泽。雄性外生殖器稍挤压即可伸出易见。每鞘翅各有 10 余由黑褐色绒毛组成的纵带，极明显；鞘翅上有黑白相间不规则的斑块（见图）。

幼虫 老熟时体长约 7mm，宽约 3.5mm，头部红褐色，体乳黄色，弯曲成马蹄形。

生活史及习性 该虫在辽宁 1 年 1 代；多数以成虫越冬，少数以蛹或幼虫在荚果种子内越冬。7 月下旬至 8 月上旬成虫出现。卵散产于荚果表面及种子附近的凹陷处，每个荚果上平均有卵 20 ~ 50 粒，最多达 107 粒。卵期约 10 天，幼虫多从卵壳下部钻入荚果内，排泄物堆积于种子内，幼虫随着种子发育而长大，此时种皮无被害痕迹。1 头幼虫只危害 1 粒种子，食掉整粒种子的 1/3 ~ 1/2，使之形成长椭圆形凹陷，有的将种仁全部吃光只剩下种皮，一般凹坑长径约 9mm，

皂角豆象成虫（张润志摄）

短径约 4mm；10 月上中旬成虫羽化前咬破种子及荚果皮后爬出，立即展翅飞翔。羽化孔呈圆形，边缘整齐，也有呈椭圆形的，孔径长 2～2.5mm。一般 1 个荚果最多 14～15 个羽化孔。雌雄成虫性比约为 1.1∶0.9。

防治方法

严格检疫　严格实施产地检疫和调运检疫，把住种子采收、入库、调运关。

种子处理　播种前用 50～70℃热水浸烫皂角种子 10～40 分钟。

化学防治　常温下每麻袋种子用磷化铝片剂 1.5g，熏蒸袋内密闭 6 天。

参考文献

王洪魁，1984. 皂角豆象在我国东北地区为害的初步调查 [J]. 森林病虫通讯 (2): 36-37.

杨有乾，周亚君，1974. 危害皂角的两种害虫：皂角食心虫、皂角豆象 [J]. 林业科技通讯 (11): 11-13.

（撰稿：马苗；审稿：张润志）

曾省　Zeng Xing

曾省（1899—1968），又名曾省之，著名农业昆虫学家，中国农业科学院植物保护研究所研究员。

个人简介

1899 年 9 月 26 日生于浙江瑞安县。1914 年考入南京高等师范农业专科，1917 年农业专修科毕业，留校任助教。1919 年南京高等师范改为东南大学，曾省转入该校生物系任教并补修学分，于 1924 年获学士学位。在此期间，亲受秉志指导，对动物组织切片技术颇有研究，并开设组织切片方法课程。1927 年初，受国内土地革命影响，到南京市郊农民协会任干事，从事农民福利工作，后因国民党政府强行改组农民协会，1928 年回中央大学（原东南大学）生物系任教，不久升任讲师。1928 年经秉志等著名生物学家的推荐，得到中华文化基金会资助，前往法国里昂大学理学院攻读昆虫学、寄生虫学和真菌学，1930 年获里昂大学理学博士学位，由于论文优秀，即由里昂 BOSC 兄弟出版社出版专著。随后前往瑞士暖狭登大学及巴黎博物馆任研究员，从事生物学研究。1932 年回国，受聘于青岛大学，任生物系主任兼教授，开展海洋生物的研究工作。1934 年前往济南筹建山东大学农学院，任院长。1935 年秋，受四川大学任鸿隽校长之邀，筹建四川大学农学院并任院长、教授。1946 年前往湖北，先在汉口商品检验局任技正，兼任湖北省农学院教授和植物病虫害系主任，后转入华中大学生物系任教授直至 1951 年。1949 年前往北京参加中华全国自然科学工作者代表大会筹建工作。1950 年参与中南农业科学研究所（后更名为华中农业科学研究所）的筹备，任副所长，兼植物保护系主任、研究员，并任科学技术委员会主任。1959 年奉调北京，任中国农业科学院植物保护研究所研究员，负责昆虫标本室工作，任中国农业科学院第一届学术委员，全国植保学会理事。曾任湖北省民主同盟委员、武汉市政协委员、湖北省科学技术协会副主席及《昆虫学报》编委。主持《中国主要农作物病虫害图谱》（1～2 集）编审工作及第 3 集主编工作。"文化大革命"期间受迫害，于 1968 年 6 月 10 日含冤辞世。1978 年得到平反昭雪。

成果贡献

曾省在植物病虫害生物防治的研究上，取得了一系列开创性的成果，是中国生物防治先驱之一。他从异地引种大红瓢虫，建立人工自然种群成功防治柑橘吹绵蚧，为中国国内天敌异地引种开创了典范。他分离出杀螟杆菌，并应用于水稻生产，为害虫防治开辟了新途径。他还将家畜寄生虫的防治方法移植到柞蚕寄生蝇的防治上，取得了良好效果。此外，他对小麦吸浆虫等防治的研究也有较深造诣。

曾省早年在果树、粮食、桑蚕等的害虫天敌的研究上做了大量工作，较早提出"生物防治"概念。20 世纪 40 年代，针对四川严重的烟草及蚕区的白僵虫病，曾以白僵病菌作生物防治研究，成效显著。1952 年湖北宜都等县发生了严重

曾省（郭建英提供）

的柑橘吹绵蚧为害，宜都县 20 万株柑橘，仅产 5000 多千克，严重影响了产量。他利用天敌防治虫害的原理，派出助手前往浙江永嘉县采集大红瓢虫 300 余头，通过人工饲养、繁殖、驯化，采用多点释放和保护越冬等措施，使大红瓢虫适应了当地环境条件，建立了自然种群。经过三年努力，基本控制了宜都柑橘吹绵蚧的为害，为中国国内天敌异地引种防治害虫开创了成功的典范。此项成果后来被引用到四川泸州柑橘产地，也收到了明显的防治效果。

20 世纪 60 年代初，柞蚕饰腹寄蝇的为害成为柞蚕丝绸生产的主要威胁，仅辽宁生产区产量损失就达 65% 左右，灾情严重地区损失高达 100%。1962 年，曾省接受辽宁柞蚕研究所的邀请，参加柞蚕饰腹寄蝇防治协作组。他不顾年老体弱，带领助手多次奔赴蚕区调查虫情，细致研究了寄蝇生活史和习性，并根据寄蝇的特殊产卵行为和在蚕体内发育过程，提出了防治对策。他在辽宁省凤城县调查时，从柞蚕饰腹寄蝇蛹体上分离到一种虫生真菌，经鉴定定名为赤色穗状菌，对柞蚕饰腹寄蝇和家蝇的蛹及其他多种害虫都能广泛寄生和杀灭，为后来以生物防治杀灭寄生蝇提供了重要依据。他运用丰富的寄生虫学知识，成功地将有关家畜寄生虫防治方法移植到柞蚕饰腹寄蝇防治上，取得了显著效果。他提出用"灭蚕蝇"喷洒过的柞树叶喂养柞蚕，杀死蚕体内的寄蝇蛆，能使受害柞蚕能正常生长发育和吐丝结茧，试验效果十分理想。此方法后来在江南桑蚕区用来防治家蚕寄生蝇也取得同样效果。随着协作组参加单位的增多和研究的深入，经济效益和防治效果更加显著，该项成果于 1981 年荣获国家发明二等奖。

1964 年，以中国昆虫学会和中国植物保护学会名义，由刘崇乐和曾省共同主持，在武汉召开了"全国第一届生物防治学术讨论会"，对如何加强中国生物防治研究提出了不少很好的建议。在曾省的倡议和主持下，中国农业科学院植物保护研究所正式设立了由他主持的生物防治研究课题，开展了赤眼蜂繁殖和应用研究；对苏云金杆菌防治菜青虫以及京郊主要农作物害虫天敌种类调查，都取得了良好的成果。1965 年 11 月，他和助手从长沙湖南省农业科学院的试验田内采集到三化螟幼虫尸体，从中分离出一种芽孢杆菌，定名为杀螟杆菌。在湖南省微生物工厂协作下，使该菌顺利地通过了深层发酵工艺，进行批量生产。生产出来的杀螟杆菌剂对稻苞虫、水稻三化螟、茶毛虫、菜青虫等均有良好防治效果。这是中国首次自主采集、分离并进行工厂化生产和大面积应用于田间的细菌杀虫剂。

曾省对具有广谱生物防治害虫的赤眼蜂分类也有较深入的研究，他利用赤眼蜂雄蜂外生殖器和翅上毛列作为分类依据，对辽宁和北京郊区采集到的三种赤眼蜂进行了鉴定。他是中国最早应用雄蜂外生殖器形态和翅上毛列排序作为赤眼蜂分类依据的学者之一。

曾省在小麦吸浆虫防治研究上有较深的造诣。20 世纪50 年代，小麦吸浆虫严重威胁中国冬麦区的生产。他亲自率领科技人员奔赴河南南阳等吸浆虫为害严重地区，深入生产实际，连续蹲点农村 8 年，观察研究其生活史、生活习性和发生发展规律，提出了小麦吸浆虫预测预报的方法；并采取选育抗虫品种、拉网捕捉成虫和化学防治相结合的防治措施，获得了很好的防治效果，为当地农业生产做出了贡献，挽救了 3000 多万亩小麦的减产损失，并撰写了《小麦吸浆虫防治方法》和《小麦吸浆虫》专著和论文。

曾省在中国高等教育岗位上整整耕耘了 30 个春秋，为国家培养了大批的专业人才。在植物保护科学研究上，他主张必须联系农业生产，不论选题、研究方法，都应围绕着生产中存在的实际问题去考虑，并且深入农村，建立基点，开展调查和分析，才能收到实效。

所获奖誉

1981 年获国家发明二等奖（防治柞蚕饰腹寄蝇的有效药剂——灭蚕蝇 I 号和 III 号）。

性情爱好

曾省一生爱好多与他的事业有关。为了掌握更多知识，他努力学习外语，熟练掌握英、法、德、日、俄 5 种语言，曾用英、法文在国际杂志上发表多篇论文及专著。其次，喜欢研究食品菌类与生产发酵工艺，并亲自动手制作，抗战期间他曾自制各种葡萄酒、樱桃白兰地、黄油、奶酪等馈赠亲友。为了亲自了解农村病虫害，他经常徒步几十里访问农村，为此，多年练习太极拳，健身强体。

参考文献

湖北省农业科学院 . 1988. 曾省 [M] // 湖北省农业科学院志（二）: 人物志 : 731-732.

叶正楚 , 1992. 曾省 [M] // 中国科学技术协会编 . 中国科学技术专家传略 : 农学编 植物保护卷 : 99-106.

（撰稿：郭建英；审稿：彩万志）

张广学 Zhang Guangxue

张广学（1921—2010），著名昆虫学家，中国科学院院士，中国科学院动物研究所研究员。

个人简介 1921 年 1 月 31 日出生于山东定陶县，回族。1946 年毕业于中央大学农学系。1946 年在四川遂宁农业改进所遂宁棉厂工作；1947 年 1 月调到北平农业部棉产改进处，从事棉花害虫防治工作；1948 年与北平研究院昆虫研究室合作研究棉蚜；1951 年调至中国科学院实验生物研究所昆虫研究室，从事蚜虫学系统研究，先后在中国科学院昆虫研究所和动物研究所工作，历任中国科学院实验生物所、昆虫研究所、动物研究所助理研究员，1979 年任副研究员、1983 年任研究员。

1984 年起先后任北京昆虫学会秘书长、中国昆虫学理事、常务理事、《昆虫学报》副主编、《昆虫知识》主编，1985 年任中国植物保护学会第四、五届常务理事、第六届副理事长。1985 年任国家科委发明评选委员会审查员。1986 年国务院授予博士生导师。1991 年当选为中国科学院学部委员（院士），同年任中国科学院动物研究所学术自委员会主任。1998 年任中国昆虫学会理事长。

成果贡献 是中国蚜虫学家和生物防治专家。从 20 世纪 40 年代末，他就开始棉花害虫与蚜虫的系统研究，在系统分类、生物学、系统发生演化理论和害虫综合治理方面取得了重大研究成果，为中国蚜虫学的发展和基于生态理念开展害虫防治做出了重要贡献。

在半个多世纪的坚持与努力下，将中国蚜虫记录从148种推进到1000余种，占世界已知蚜虫总数的1/4；先后发表了9新属224新种，以及一大批中国新记录种，极大地丰富了中国的蚜虫物种多样性。在开展系统分类学的同时，他能及时把握学科前沿，利用新的技术和方法开展蚜虫系统发育研究，率先利用数值分类、细胞分类和胚胎特征进行蚜虫分类；利用系统演化理论和支序分类学方法突破蚜虫11科分类系统，建立了13科系统；基于胚胎和胚胎毛序演化规律，研究世界斑蚜科属间系统演化，创立4亚科分类系统。

根据蚜虫与寄主植物之间密切的相互关系，首次证明植物界的科、属级分别与蚜虫的属、种级平行演化。基于大量的田间繁殖与种间杂交实验，对国际权威R. A. Mordvilko的蚜虫生活周期型的演化理论提出了重要修订。同时，根据国家经济建设的实际需求，结合标本采集、物种鉴定、形态分类与生物学的观察记录，于1983年出版了专著《中国经济昆虫志·第二十五册　同翅目　蚜虫类（一）》，这本专著被国际同行推荐为东亚蚜虫鉴定的重要用书。

在开展蚜虫系统学研究的同时，他不忘初心，坚持解决生产一线的实际问题。最早提出以基地非耕种指数、生态自然调控机制和生物多样性作为评选马铃薯无病毒原种基地的首要条件，并提出综合防治蚜传病毒的方法，改进了国际先进技术，使马铃薯产量增加了50%。

首次确定了中药当归"麻口病"的病因，他主持研制的当归种苗包衣剂可防治"麻口病"，效果达98%，创造了筒式栽培法和一整套优质丰产栽培技术，解决了当归人工栽培中的三大难题。

提出俄罗斯麦蚜和冰草麦蚜是由同寄主全周期的杂草演化而来的小麦害虫；结合地球史和生物史提出在演化关系上多食、广布型的棉蚜，应是寡食性分布型的大豆蚜的祖型，在国际上产生深远影响。先后出版《棉蚜及其预测预报》（1956）《中国棉花害虫》（1959）《棉虫图册》（1972）《棉花害虫的综合治理》（1982）等专著，在辽宁朝阳建立万亩棉田自控棉蚜样板。提出植物能够并且应当作为生物防治因素加以利用的"相生植保"新思路，并指导创制新疆棉蚜生态治理技术，获得大面积推广应用。

共发表论文318篇（科普16篇），专著33册（科普9册）。其在理论上和联系生产实际上的成就，引起国内外的关注，受邀为有关农业大学师生授课百余次，听讲者数千人，为中国培养了大批植物保护人才。培养博士生24名、硕士生6名、博士后1名。

不仅学术渊博、成果繁丰，而且提携后学、甘为人梯，将自己的奖金用于建立"广学动物系统学研究生教育奖励基金"，以激励年轻一代奋发努力，开拓创新。

所获奖誉　1978年获科技大会重大科技成果奖；1984、1986、1989年获中国科学院科技进步奖一等奖各一次；1986年获中国科学院科技进步奖特等奖、河北省科技进步奖一等奖；1989年国务院授予全国先进工作者，获第四届全国发明展览会金牌奖、首届北京国际博览会金奖；1995年

张广学（乔格侠提供）

获中国科学院自然科学一等奖；1996年获香港求是科技基金会杰出科技成就集体奖；2001年获国家自然科学二等奖。

性情爱好　幼年家境贫寒，他一生都生活朴素节俭。他自幼身体不好，常说自己是"等外身体"，因此他非常注意体育锻炼，长期坚持打太极拳。同时他也喜欢音乐，能拉二胡，也喜欢唱京剧，是一位寒门走出来的有追求、有爱好的科学家。

参考文献

潘锋，孙忻，2010. 追记张广学院士：用一生揭示蚜虫的秘密 [J]. 科学时报，3(1):A1.

张万玉，1994. 张广学与蚜虫学. [M]// 卢嘉锡. 中国当代科技精华——生物学卷. 哈尔滨：黑龙江教育出版社.

（撰稿：乔格侠；审稿：彩万志）

樟蚕　*Saturnia pyretorum* Westwood

一种野生吐丝昆虫，也是一些树木的食叶害虫。又名枫蚕。鳞翅目（Lepidoptera）大蚕蛾科（Saturniidae）大蚕蛾亚科（Saturniinae）目大蚕蛾属（*Saturnia*）。国外分布于前苏联区域、印度、越南。中国有3个亚种。

寄主　枫香、枫杨、樟、麻栎、板栗、核桃、喜树、沙梨、番石榴、冬青、枇杷、野蔷薇、乌桕、漆树、银杏、槭等。

危害状　一至三龄幼虫群集危害，四龄以后分散危害，食量增大，造成叶片缺刻或整个叶片被吃光。

形态特征

成虫　体长35～40mm，翅展100mm左右。头灰褐色，触角黄褐色，雄蛾长双栉形，雌蛾齿栉形；肩板白色，胸部

棕色有长绒毛，中后胸色浅，腹部灰白色，各节间有棕褐色横带，雌性尾端有棕褐色长毛丛。前翅前缘棕灰色，基部呈暗褐色斑，顶角稍外突，端部钝圆，并有紫红色条纹，内侧上方近前缘有一椭圆形黑斑及一短黑色条纹；内线棕黑色、内线与翅基的暗褐色斑间有白色横带；中室端有圆形大眼斑，外层蓝黑色，内层的外侧有淡蓝色半圆纹，最内层为土黄色圈，圈的内侧棕褐色，中间为月牙形透明斑。后翅灰白色有紫红色光泽，内线灰褐色，稍弯曲，外线呈单行齿形，亚外缘线双行、中间色深似一条宽带，端线灰色，两线间色浅，中室端的眼形斑较小，中间有眸形黑点及白色围线，中间无月牙形半透明斑。前后翅反面斑线与正面近似，但颜色稍浅，前翅外线上的齿较正面钝，斜面亦小于正面，内线紫红色不见（图1④⑤）。

幼虫 老熟幼虫体长85～100mm。头绿色，身体黄绿色。背线、亚背线、气门线色较淡，腹面暗绿色；背线及亚背线、气门上、下线及侧腹线部位每体节上有枝刺，顶端平，中央下凹，四周有褐色小刺5～6根，各体节节间色较深；胸足橘黄色，腹足略黄，气门筛黄褐色，围气门片黑色。幼虫8龄（图1②）。

生活史及习性 1年发生1代，以蛹（图1③）在茧内越冬。翌年2月底开始羽化，3月中旬为羽化盛期，3月底成虫

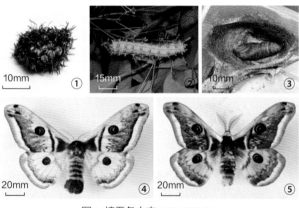

图 1 樟蚕各虫态（林浩宇提供）
①卵；②幼虫；③蛹；④雌虫；⑤雄虫

图 2 樟蚕茧（贺虹提供）

始见，3月上旬开始产卵，卵期10天，最长30天。3月中旬到7月为幼虫危害期，6月开始结茧化蛹，幼虫期长52～78天。

成虫羽化一般多在傍晚或清晨，羽化历期可持续25～35天。成虫通常栖息于隐蔽的枝叶、灌木或草丛中，趋光性很强。卵（图1①）大多成堆产于树干或树枝上，少数散产，每堆有卵50余粒，卵块上密被雌蛾遗下的黑绒毛，每雌可产卵250～420粒。一至三龄幼虫具群集性，四龄以后分散危害。老熟幼虫先在树干或分枝处结茧（图2），经8～12天的预蛹期后化蛹。

防治方法

农业防治 当年8月至翌年2月摘除树上的茧，并集中销毁，减少越冬基数；在老熟幼虫下树时人工捕杀。

物理防治 在成虫期，用灯光诱杀成虫。

生物防治 卵的天敌有赤眼蜂（*Trichogramma* sp.），幼虫的天敌有松毛虫黑点瘤姬蜂（*Xanthoptimola predator* Krieger）、松毛虫匙鬃瘤姬蜂（*Theronia zebradiluta* Gupta）、家蚕追寄蝇及白僵菌。幼虫期喷洒苏云金杆菌孢子悬浮液、灭幼脲、白僵菌粉等生物制剂。

化学防治 幼虫期三龄前喷施10%氯氰菊酯、50%马拉硫磷乳油、65%敌百虫乳剂或吡虫啉、溴氰菊酯等药剂。

参考文献

陈家畅，1965. 广西桂林地区樟蚕的初步研究 [J]. 昆虫知识，9(4): 211-214.

夏明洋，梅爱华，王明，2016. 樟树主要食叶害虫种类及其防治技术 [J]. 湖北林业科技，45(3): 86-88.

萧刚柔，1992. 中国森林昆虫 [M]. 2版. 北京：中国林业出版社：998.

中国科学院动物研究所，1983. 中国蛾类图鉴 IV [M]. 北京：科学出版社：413.

朱弘复，1973. 蛾类图册 [M]. 北京：科学出版社：145.

朱弘复，王林瑶，1996. 中国动物志：昆虫纲 第五卷 鳞翅目 蚕蛾科 大蚕蛾科 网蛾科 [M]. 北京：科学出版社：141.

朱弘复，王林瑶，方承莱，1979. 蛾类幼虫图册（一）[M]. 北京：科学出版社：20.

（撰稿：贺虹；审稿：陈辉）

樟翠尺蛾 *Thalassodes quadraria* Guenée

一种主要危害樟树的食叶害虫。又名亚樟翠尺蛾。鳞翅目（Lepidoptera）尺蛾科（Geometridae）灰尺蛾亚科（Ennominae）樟翠尺蛾属（*Thalassodes*）。国外分布于印度、日本、泰国、马来西亚、印度尼西亚等地。中国已知分布于福建、江西、上海、浙江、广东、广西、云南、台湾等地。

寄主 幼虫主要危害樟树，也危害杧果、茶等植物。

危害状 初孵幼虫善于爬行，有的吐丝随风飘散，一、二龄幼虫食量甚微，常在叶面啃食叶肉，留下叶脉和下表皮三龄食叶成孔洞或缺刻。四龄后食量增大。从叶缘开始取食，五、六龄幼虫取食全叶，仅留叶柄。

形态特征

成虫　体长 12～14mm，翅展 33～36mm。头灰黄色。复眼黑色。触角灰黄色，雄蛾触角羽毛状，雌蛾触角丝状。胸、腹部背面翠绿色，两侧及腹面灰白色。翅翠绿色。蛹具细碎纹，前翅前缘灰黄色，前、后翅各有 2 条白色横细线，较直，缘毛灰黄色，翅反面灰白色。前足、中足胫节红褐色，其余灰白色，后足灰白色（图 1）。

幼虫　老熟幼虫体长 27～29mm，头大腹末稍尖。头黄绿色，头顶两侧呈角状隆起，头顶后缘有一个 "八" 字形沟纹，额区凹陷。胴部黄绿色，气门线淡黄色，稍明显，其他线纹不清晰。腹部末端尖锐，似锥状。气门淡黄色，胸足、腹足黄绿色（图 2）。

生活史及习性　在福建南平 1 年发生 4 代，南昌 1 年发生 4～6 代，世代重叠，以老熟幼虫在寄主枝叶上停育越冬。翌年 2 月下旬越冬幼虫开始活动取食，3 月下旬老熟幼虫吐丝缀叶化蛹，4 月上旬成虫羽化，第一代幼虫 4 月中旬孵出。各代幼虫危害盛期：第一代是 5 月中、下旬，第二代 7 月上、中旬，第三代 9 月中、下旬，第四代 3 月中、下旬。各世代有重叠现象。在南昌的第四代于 10 月底羽化的成虫，年内不再产卵繁殖，成为无效蛾，只有在 10 月中旬前羽化的，才能正常产卵孵化，以成长幼虫越冬。第五代在 10 月初以前孵出的，才能正常化蛹羽化，如在 10 月中旬以后尚未孵化，则因天气转冷，卵遂被冻死。第五代蛹于 10 月中旬前羽化的，于 10 月上、中旬产卵，继续进行繁殖，10 月中旬后羽化的，成为无效蛾，10 月初以后孵出的，以高龄幼虫越冬。部分第六代卵如于 10 月中旬后尚未孵化的，亦被冻死，成为无效卵。

成虫多在夜间羽化，羽化后当夜即可交尾，交尾历时 3～7 小时，雌蛾一生交尾 1 次，少数交尾 2 次。交尾后次日开始产卵，少数雌虫当夜即可产卵。卵产于树皮裂缝、枝杈下部及叶背上，卵多散产。第一代雌蛾平均产卵 276 粒，最多 348 粒。成虫白天多栖息于树冠枝、叶间。室内饲养的成虫多停息在樟叶上，或养虫笼壁上，静伏不动，通常在傍晚后开始飞翔活动。成虫具趋光性。卵的孵化高峰在 8：00～10：00，一次产下的卵在同一天内孵化完毕。幼虫共 6 龄。室内饲养食量测定，每头幼虫一生平均可食樟叶 11.8 片。幼虫上午活动取食频繁，晴天午后常爬到遮阴处，在叶缘停息。幼虫静止时，多在叶子尖端或叶缘处用臀足攀住叶子，身体向外直立伸出，形如小枝。幼虫每次蜕皮前 1～2 天停止取食，蜕皮后常先取食蜕，1～2 小时后才开始取食活动。幼虫老熟后吐丝将其附近樟叶缀织在一起，在缀叶中化蛹（图 3），化蛹前虫体由黄绿色转变为紫红色，预蛹期 2～3 天。

防治方法

生物防治　已知天敌主要有一种小茧蜂（*Apanteles* sp.）。寄生率较低。在林间发现有幼虫和蛹被白僵菌寄生，据 1986 年调查，第一代寄生率达 27%。日常保护小茧蜂（*Apanteles* sp）、叉角厉蝽（*Cantheconidae furcellata*）、胡蜂、土蜂、麻雀等天敌。

化学防治　5 月中旬第一代幼虫盛发期喷撒白僵菌粉，效果较好。樟树幼林地、苗圃可用 50% 辛硫磷乳剂 2500 倍液，90% 敌百虫晶体 1000 倍液，25% 灭幼脲Ⅲ号 2000 倍液，

0.36% 苦参碱水剂 1000 倍液，灭蛾灵 1000 倍液，喷杀低龄幼虫，防治效果可达 90% 以上。

参考文献

陈顺立，李友恭，李钦周，1989. 樟翠尺蛾的初步研究 [J]. 森林病虫通讯 (3): 14-15.

丁文华，关元妹，孙兴全，2012. 闵行区樟树害虫樟叶蜂、樟翠

图 1 樟翠尺蛾成虫（南小宁提供）

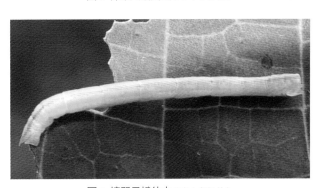

图 2 樟翠尺蛾幼虫（南小宁提供）

图 3 樟翠尺蛾蛹（南小宁提供）

Z

尺蛾的药剂防治研究 [J]. 安徽农学通报 , 18(4): 83, 107.

黄忠良 , 2000. 樟翠尺蛾种群动态与植物群落结构及气候因子的关系 [J]. 生态学杂志 , 19(3): 24-27, 31.

裴峰, 孙兴全, 叶黎红, 等, 2008. 樟翠尺蛾的发生规律及其防治研究 [J], 安徽农学通报 , 14(22): 98-99.

萧刚柔 , 1992. 中国森林昆虫 [M]. 2 版 . 北京 : 中国林业出版社 .

章士美 , 胡海操 , 1984. 南昌两种樟树尺蛾的生活史观察 [J], 森林病虫通讯 (4): 18-20.

（撰稿：南小宁；审稿：陈辉）

樟个木虱 *Trioza camphorae* Sasaki

一种危害樟树的害虫，又名樟叶木虱、樟叶个木虱、香樟木虱。英文名 camphor sucker。半翅目（Hemiptera）个木虱科（Triozinae）后个木虱亚科（Metariozidinae）个木虱属（*Trioza*）。国外分布于日本。中国分布于湖南、广东、江西、福建、上海、浙江、河南、江苏、台湾、香港。

寄主 樟树。

危害状 若虫在樟树苗木、幼树的嫩芽、嫩叶聚集危害，危害初期，叶面出现椭圆形、黄绿色的褪绿斑点；随着虫体长大，被害处叶面增生、加厚，形成红色的虫瘿；最后，随着虫瘿的膨大，颜色转为紫黑色。成虫亦在嫩芽、嫩叶聚集危害，被害处出现褐色小斑点。樟树受害后叶片扭曲变形、脱落，树势衰弱，影响生长。

形态特征

成虫 雄虫体长 1.33～1.67mm，雌虫体长 1.62～1.93mm，黄色。触角黄褐色；复眼 1 对，半球形，褐色；单眼 3 个，橘黄色；复眼 1 对，大，呈半球形，单眼 3 个。前翅透明，翅痣不明显，缘纹 3 个、淡色；脉黄色至黄褐色。胸足胫节末端均有 1 圈较粗的刚毛，后足胫节另具 3 个粗黑的齿；跗节 2 节，第二跗节末端具 1 对的爪。

卵 长约 0.32mm，近香蕉形，顶端尖，腹面平坦，背面圆，基部腹面处稍突出，并着生 1 个卵柄，柄长约为 0.03mm；卵初产时乳白色，后淡褐色，孵化前变为黑色。

若虫 长椭圆形或宽椭圆形，体周缘着生瓶腺，分泌玻璃状蜡丝，围绕整个虫体。

生活史及习性 在福建 1 年发生 1 代，少数 2 代，以中、老龄若虫在被害叶的虫瘿中越冬。就 1 年 1 代而言，3 月上旬成虫开始羽化，3 月中旬为羽化高峰，4 月初羽化结束；3 月下旬新一代若虫开始孵化，4 月上中旬达孵化高峰，并以当代若虫越冬。就 1 年 2 代而言，当代若虫 5 月初羽化，5 月中、下旬第二代若虫陆续孵化、并以该代若虫越冬。

卵散产或成行产于樟树的春梢或夏梢的嫩叶上，卵全天均可孵化。

若虫孵化后，先在嫩梢或叶片上缓慢爬行，之后固定于嫩叶背面取食，不再移动，若虫共 5 龄。

成虫全天均可羽化，主要集中在 2：00～3：00 及 12：00～19：00，刚羽化的成虫活动能力差，仅能在枝叶上爬动，后逐渐加强，能不断跳跃，受惊扰时，可作短距离飞翔，交尾

期间，飞翔能力最强；羽化后 1～2 天即可交尾，昼夜均可，以 7：00～10：00 交尾最为频繁，并有多次交尾习性；成虫交尾后即可产卵，卵产于春梢嫩叶上，1 年 2 代者，第二代卵产于夏梢嫩叶上，均以卵柄黏附于叶上。成虫寿命 4～20天，雌虫寿命较雄虫长，雌雄性比约 1 ： 1.9。

防治方法

加强检疫，不引进和不种植带虫植株，发现虫株应及时进行处理，以避免扩大危害。同时，保护和利用好蚜虫跳小蜂、黄斑盘瓢虫等天敌。

对部分栽植过密的植物进行整形疏枝，用以加强植株的通风和透光性；越冬时，修枝以减少越冬若虫。

在虫瘿形成以前和若虫孵化期，选择 10% 的吡虫啉可湿性粉剂 2000 倍液、20% 啶虫脒 8000 倍液、1.2% 的烟参碱 1000 倍液、1% 杀虫素 2000 倍液、40% 氧化乐果乳油 1500 倍液，或 75% 辛硫磷乳油 1500 倍液喷施叶片背面。

参考文献

池杏珍 , 陈连根 , 徐颖 , 等 , 2005. 樟个木虱形态特征及生物学特性 [J]. 昆虫知识 , 42(2): 158-162.

黄翠琴 , 1998. 福建樟叶个木虱的初步研究 [J]. 福建林学院学报 , 18(4): 359-361.

江叶钦 , 1994. 福建樟叶个木虱初步研究 [J]. 福建林学院学报 (4): 375-378.

李法圣 , 2011. 中国木虱志 [M]. 北京 : 科学出版社 : 1599-1601.

SASAKI C, 1910. On the life history of *Trioza camphorae* n. sp. of camphor tree and its injuries. [J]. J. Coll. Agr. Ima. Univ. Tokyo, 2(5): 277-286.

（撰稿：侯泽海；审稿：宗世祥）

樟青凤蝶 *Graphium sarpedon* (Linnaeus)

幼虫危害樟科植物，成虫有观赏价值。又名青凤蝶、青带樟凤蝶、绿带凤蝶、竹青蝶、蓝带青凤蝶。英文名 common bluebottle butterfly。鳞翅目（Lepidoptera）凤蝶科（Papilionidae）青凤蝶属（*Graphium*）。国外分布于印度、尼泊尔、斯里兰卡、不丹、缅甸、泰国、印度尼西亚、日本、马来西亚、澳大利亚。中国分布于陕西、湖北、湖南、四川、云南、西藏、江西、浙江、福建、广东、广西、海南、台湾、香港等地。

寄主 涉及樟科 4 属 13 种植物，有香樟、云南樟、四川大叶樟、沉水樟、黄樟、浙江樟、细叶香桂、肉桂、越南肉桂、阴香、月桂、楠木、油梨等。

危害状 幼虫、取食叶片，造成叶片残缺不全。

形态特征

成虫 体长 25mm 左右，翅展 70～85mm。翅黑色或浅黑色。前翅有 9 个一列的青蓝色方斑，从顶角内侧开始斜向后缘中部，逐斑递增，近前缘的 1 斑最小，后缘的 1 斑变窄。后翅前缘中部到后缘中部有 3 个斑，其中近前缘 1 斑白色或淡青色；外缘区有 1 列新月形青蓝色斑纹，外缘波状，无尾突。雄性后翅有内缘褶，其中密布白色的发香鳞。前翅反面除色淡外，其余与正面相似。后翅反面基部有 1 红色短线。

中后区有数条红色斑纹，其他与正面相似。有春型和夏型之分，春型稍小，翅面青蓝色斑列稍宽（图 1、图 2）。

幼虫 一龄幼虫约 5mm 长，头部与身体均呈暗褐色，但尾部呈白色，头部棕黑色，背部有规则地排列着 2 行细绒毛；二、三龄幼虫均为褐色，但末端白色。随着幼虫的成长而色彩渐淡，到四龄时体转为绿色。胸部每节各有 1 对圆锥形突，初龄时淡褐色，二龄时呈蓝黑色而有金属光泽；到末龄时中胸的突起变小，后胸的突起变为肉瘤，中央出现淡褐色纹，体上出现 1 条黄色横线与之相连；气门淡褐色；臭角淡黄色。即将化蛹时体色为淡绿色半透明。

生活史及习性 在安徽芜湖地区 1 年发生 3 代，有世代重叠，以蛹在寄主中下部枝条或叶上悬挂越冬。翌年 4 月中旬至 5 月中旬陆续羽化为成虫，经过 1～2 天补充营养后交配产卵。第一代成虫出现在 6 月上旬至 7 月上旬；第二代成虫出现在 8 月上旬至 8 月下旬。在陕西 1 年发生 2 代。在浙江 1 年发生 4 代。

成虫清晨羽化，有个别在傍晚羽化，静候至第二天早晨才开始活动。成虫于中午时分开始在空中飞翔求偶，速度快，飞翔力强，常悬停于马缨丹属（*Lantang*）、醉鱼草属（*Buddleia*）及七叶树属（*Aesculus*）等植物的花上吸取花蜜，休栖时双翅竖直。特别在傍晚时分喜追逐于树梢顶部、潮湿地面及水池旁，天黑停止活动。白天交尾，交尾后翌日开始产卵，卵单产于初萌嫩叶背面，1 头雌虫可产卵 15～30 粒。

图 1 樟青凤蝶成虫（袁向群、李怡萍提供）

图 2 樟青凤蝶生境（张培毅摄）

卵产后 3 天幼虫孵出，多在夜间或清晨孵化。初孵幼虫有食卵壳习性，后在嫩叶背面取食叶肉；其余各龄幼虫在每次蜕皮后均先以蜕下的表皮为食，然后再取食叶片。幼虫均吐丝在叶面，起固着作用，便于爬动。幼虫喜食嫩叶，通常从枝顶的嫩芽开始进食，进而取食梢下的嫩叶，若枝条再无嫩叶，迅速转向另一枝条取食；幼虫每日有规律地取食，取食完毕则栖息叶片正面，直至吃完这一枝的叶片。幼虫 5 龄，一般每隔 4 天蜕皮 1 次，幼虫期 20 天左右。幼虫随着虫龄的增加食量也随着增加，四龄幼虫一天能吃 4～5 片嫩叶，五龄幼虫每天要取食 5～8 片嫩叶。幼虫头部的 2 个突起，受惊扰时会翻出 2 个臭角，淡黄绿色，并释放出刺激性臭味，类似樟脑丸。幼虫发育适宜温度为 20～28℃。

老熟幼虫化蛹前，先从取食处向下移动，选择隐蔽的小枝或老叶背面停下，吐丝固定尾部，然后安静经过 2～3 天不食不动的预蛹期，最后蜕皮羽化成虫。越冬代蛹期 150 天以上，其余各代均 10 天左右。

种型分化 中国有 3 亚种，指明亚种 *Graphium sarpedon sarpedon*（Linnaeus），分布于四川、云南、贵州、浙江、福建；蓝斑亚种 *Graphium sarpedon connectens*（Fruhstorfer），分布于台湾；斑带亚种 *Graphium sarpedon semifascistum*（Honrath），分布于海南、湖南等地。

防治方法

人工防治 通过科学管理，增强树势，提高树木综合抗虫能力。结合树木修剪管理，人工采卵、捕捉幼虫和蛹体。

生物防治 幼虫常被胡蜂、寄生蝇、蚂蚁或鸟类等天敌捕食，可保护和利用；也可选用苏云金杆菌、白僵菌、青虫菌或芽孢杆菌对其进行生物防治。

化学防治 当虫口密度高、天敌寄生率低、危害严重时，可采用化学防治。以第一、二代低龄幼虫为防治重点，压低下一代虫口基数。由于低龄幼虫口食量少，抵抗弱，一、二龄期或成虫羽化盛期后 10～15 天可作为防治最适期，在晴天早上或傍晚全树冠均匀喷雾喷杀。药剂可选用 45% 马拉硫磷乳油 1500 倍液、25% 亚胺硫磷乳油 1000 倍液、50% 杀螟松乳剂 1500 倍液或 20% 杀灭菊酯乳油 2000 倍液喷雾。

参考文献

武春生, 2001. 中国动物志：昆虫纲 第二十五卷 凤蝶科 [M]. 北京：科学出版社.

萧刚柔, 1992. 中国森林昆虫 [M].2 版. 北京：中国林业出版社.

周尧, 1994. 中国蝶类志：上下册 [M]. 郑州：河南科学技术出版社.

周尧, 袁锋, 陈丽轸, 2004. 世界名蝶鉴赏图谱 [M]. 郑州：河南科学技术出版社.

（撰稿：袁向群、袁锋；审稿：陈辉）

樟萤叶甲 *Atysa marginata cinnamomi* Chen

一种危害樟树的害虫。鞘翅目（Coleoptera）叶甲总科（Chrysomeloidea）叶甲科（Chrysomelidae）萤叶甲亚科

（Galerucinae）樟萤叶甲属（*Atysa*）。中国分布于福建、浙江、广东、江西。

寄主 樟树。

危害状 危害樟树叶片和嫩枝，从春季幼叶萌发至秋季连续危害 8 个月。成虫和幼虫均取食叶肉，残留叶脉，形似火烧。多形成枯梢，造成树势衰弱，当年不能采种，幼树被害可致枯死。

形态特征

成虫 体长椭圆形，黑褐色，体背有浅灰色绒毛；体长 6～7.5mm，宽 2.5～3.5mm。头前部暗黄；触角位于两复眼之间的中部，黑色，雄虫触角超过体长的 3/4，雌虫触角稍短；头上额瘤明显突出，略呈三角形，额瘤后有 1 个三角形黑斑；头后部与前胸橘红色；前胸短宽，边框完整明显，背面中部有 1 条颇深的纵沟，两侧各有 1 个大凹洼；小盾片和鞘翅暗黑色；小盾片三角形，颇大。鞘翅基部明显较前胸宽。鞘翅边缘黄色或橘红色。足深棕色，转节黄色。爪呈亚双齿式，其内齿基部宽。

卵 淡黄色，扁圆形，直径 1～1.2mm。

幼虫 长楔形，体扁平，腹部末端具有 1 对钳状肉质的尾突，或称"伪足"。第一代幼虫深黑色，有金属光泽；第二代一至二龄深黑色，三至四龄为金黄色；中、后胸及腹节背板两侧各有 1 对乳头状突起，背面有 4 行黑色斑点。

蛹 体淡黄色，具有规则的黑色刚毛；体长 5～6mm，宽 2.5～3.5mm；前胸背板上有 6 个突出的黑刺。

生活史及习性 在福建地区 1 年 2 代，以老熟幼虫在土室中越冬，翌年 3 月上旬越冬幼虫，开始化蛹。4 月上旬成虫大量出现，补充营养取食嫩叶，4 月下旬开始交配、产卵。5 月上、中旬幼虫孵化，食害樟树春季新长的叶片。幼虫共 4 龄，老熟幼虫于 6 月下旬至 7 月上旬入土，钻进 5～10cm 深的土中，筑室越夏。8 月下旬化蛹。成虫于 9 月中、下旬大量出现，上树进行补充营养。9 月底至 10 月初，开始交配产卵。卵期 7～10 天，幼虫孵化后，继续危害樟树。

老熟幼虫于 11 月底至 12 月上、中旬入土越冬。成虫不活泼，可飞翔迁移。有假死习性。成虫经补充营养，开始交配、产卵。卵散产于叶面，一般每叶产卵 3～5 粒，一头雌虫可产 12～18 粒卵。各虫态的出现时期不整齐，世代重叠。

防治方法

人工防治 及时搜集树下林地上的枯落叶并烧毁，然后浅翻泥土。

化学防治 采用高效氯氟氰菊酯、0.5% 甲维盐或 1% 噻虫啉进行喷雾防治。

参考文献

付赛红，楼尧平，2014. 生物粉剂防治樟萤叶甲幼虫效果试验 [J]. 黑龙江生态工程职业学院学报，27(4): 11-12.

李加源，1980. 樟萤叶甲的生活史观察及其防治 [J]. 昆虫学报，23(3): 338-340.

汤啸峰，钟张胜，吴旭冬，等，2017. 龙泉市樟萤叶甲防治实践与探讨 [J]. 南方农业，11(13): 21-22, 31.

萧刚柔，1992. 中国森林昆虫 [M]. 2 版. 北京: 中国林业出版社: 524-525.

俞云祥，徐近勇，1991. 江西省首次发现樟萤叶甲为害 [J]. 江西林业科技 (5): 39.

章秋林，马金德，巫佳黎，等，2015. 生物药剂防治樟萤叶甲幼虫试验 [J]. 中国森林病虫，34(2): 46, 34.

YANG X K, GE S Q, NIE R E, et al, 2015. Chinese leaf beetles[M]. Beijing: Science Press: 107.

（撰稿：李会平；审稿：迟德富）

樟子松木蠹象 *Pissodes validirostris* Gyllenhyl

主要危害樟子松等松树的球果，以成虫和幼虫取食球果鳞片和种子，造成球果早落。又名樟子松球果象甲。鞘翅目（Coleoptera）象虫科（Curculionidae）木蠹象属（*Pissodes*）。国外分布于俄罗斯（西伯利亚）、日本、朝鲜、土耳其、芬兰、波兰、匈牙利、德国、法国、西班牙。中国分布于山西、内蒙古大兴安岭山地和呼伦贝尔高原樟子松各自然分布区、黑龙江大兴安岭、甘肃祁连山林区。

寄主 樟子松、华山松、油松、欧洲赤松、意大利五针松、黑松、北美黄杉。

危害状 主要是幼虫在球果内危害，幼虫开始危害时，产卵孔周围变成深褐色，以后沿着鳞片蛀成隧道，并在被害球果上出现 1 条深褐色弯曲而突起的条纹，上面布满松脂。以后幼虫便进入鳞片基部及果轴危害，严重的将果轴全部吃空。球果被害后发育不良，萎缩脱落，尤其是早期被害的球果到 8 月中旬后即大量脱落。在长春地区，该虫是樟子松人工林的一种主要害虫，以幼虫蛀食樟子松衰弱木枝及主干，侵入树干后，由于阻碍树液流通，致树木枯死。

该虫的发生危害规律是：孤立木重于成片林，阳坡重于阴坡，松桦或松杨混交林重于纯林，而且樟子松的比例越小被害越严重。

形态特征

成虫 体长 5.5～6.3mm，宽 1.8～2.0mm。黑褐色，全体有许多刻点，刻点上被有白色或砖红色的羽状鳞片。喙黑色，圆柱形，前端略ా粗，伸向前下方。头黑褐色，呈三角形。触角膝状，着生于喙中部两侧，第一节长，锤状部分 8 节。胸部前端尖，自中部向后较宽，两侧呈弧形，背面两边各有 1 个由很多羽状鳞片组成的白斑；中隆线明显；前胸背板与头部连接处呈褐色，前胸背板中央有 1 条纵隆带；腹面在中、后胸连接处有 1 条由黄色鳞片组成的横带。前胸背板后部与鞘翅连接处中央有 1 个鳞片组成的圆形白点。肩部略呈直角，翅向后逐渐变窄，将整个腹部覆盖；雄虫鞘翅略超过腹部末端，雌虫鞘翅与腹末等齐。鞘翅上各有 11 条由刻点构成的细沟，鞘翅中部有由白色及黄色鳞片形成的 2 条不规则横带，前横带有时呈斑点状，后横带宽而明显，几横贯全翅。腿上被白色鳞片，后腿胫节外侧有齿状刚毛，跗节 3 节，每节腹面有 1 丛黄色绒毛，爪可以自由活动（图①）。

幼虫 乳白色，体圆筒形。共 5 龄。5 龄幼虫头宽 1.3mm，体长 7.0～8.7mm（图②）。

蛹 长 6.0～6.6mm，乳白色，附肢紧贴身体，腹部能

樟子松木蠹象（刘潇舟提供）
①成虫；②幼虫

究 [J]. 吉林林业科技，29(6): 6-8.

盛茂领，孙淑萍，2010. 中国林木蛀虫天敌姬蜂 [M]. 北京：科学出版社 .

萧刚柔，李镇宇，2020. 中国森林昆虫 [M]. 3 版 . 北京：中国林业出版社 .

赵养昌，陈元清，1980. 中国经济昆虫志：第二十册　鞘翅目　象虫科（一）[M]. 北京：科学出版社 .

（撰稿：马苗；审稿：张润志）

活动。

生活史及习性　1 年 1 代。以成虫在树干或粗枝上的树皮下越冬。翌年 5 月中旬开始活动，5 月下旬、6 月初开始产卵，6 月中、下旬为产卵盛期，卵期 10～13 天。6 月上旬日平均气温达 18°C 时，成虫进入活动盛期，大批成虫出来取食樟子松雄花和嫩果鳞片。成虫具喜光性，多在树冠顶部及阳面活动，夜晚和有大风的白天又钻入球果的果柄处隐蔽，成虫多在嫩果上进行补充营养。雌虫产卵时先用喙在幼果鳞片上扎产卵孔，每孔产卵 1 粒，每个球果上一般产 3～5 粒卵。

防治方法

人工防治　可在 7～8 月成虫羽化期前组织群众手捡地面被害球果，集中消灭。

生物防治　在被害球果的落果中，短角曲姬蜂、宽颊曲姬蜂、密点曲姬蜂、沙曲姬蜂、球象曲姬蜂可加以利用。

化学防治　苦参碱可溶性液剂和藜芦碱可溶性粉剂施药于成虫活动期间。樟脑、风油精和六神花露水可用于趋避。

参考文献
李成德，2003. 森林昆虫学 [M]. 北京：中国林业出版社 .

李亚白，李树源，何维勤，1981. 樟子松球果象甲的生物学特性及其综合防治 [J]. 内蒙古林业科技 (2): 1-18.

马晓乾，魏霞，周琦，等，2008. 2 种趋避剂对樟子松球果象甲的趋避作用 [J]. 林业科技，33(5): 28-29.

孟祥志，纪玉和，孙秀峰，2000. 樟子松木蠹象生物学特性的研

樟子松梢斑螟　*Dioryctria mongolicella* Wang et Sung

一种蛀食危害樟子松、红松主干和大枝的害虫。鳞翅目（Lepidoptera）螟蛾总科（Pyraloidea）螟蛾科（Pyralidae）斑螟亚科（Phycitinae）斑螟族（Phycitini）梢斑螟属（*Dioryctria*）。国外分布于蒙古。中国分布于黑龙江、内蒙古、吉林。

寄主　樟子松、红松。

危害状　幼虫钻蛀危害主干或较粗的侧枝。初期围绕枝干蛀食韧皮部，后期可蛀食木质部。导致危害部位大量流脂，在枝干表面形成混有棕褐色虫粪的凝脂团（表面不平整，大小约 6cm×3.5cm）。严重危害时凝脂团往往集聚成堆，初期呈浅白色熔蜡状，渐转白色，后期黄白色变干硬。如从樟子松疱锈病伤口侵入，则主要在较粗侧枝基部危害，受害部位虫粪凝脂混杂，但不形成较大凝脂团。植株受害后严重影响正常生长，树干、大枝极易从被害部位处折断，或自被害部位以上枯死。导致植株枯顶、无主梢及干形严重弯曲。

形态特征

成虫　体长 13～15mm，翅展 24～30mm。头部黑褐色。喙发达。触角灰褐色细长纤毛状，基部鳞片深黑色。雄蛾触角柄节鳞簇有浅凹陷，末端黑色有 1 枚黑斑。下唇须向上弯曲，第三节细尖超越头顶，鳞片黑灰交错。下颚须灰褐色。胸部深黑褐色。领片和翅基片褐黑色。腹部褐黑色。前翅光滑，背面无竖鳞，底色深黑。基域和亚基域浅黄褐色。亚基线灰色，前中线黑白色，朝向基域伸出 2 个尖突。中域在中室内布满黑鳞，中间夹杂着少数分散的块状灰白色鳞片。中室端斑白色，细小鲜明。后中线灰白色，清晰鲜明，中部朝向翅端伸出三角形尖突。端线灰白色，宽阔并混杂黑色鳞片。缘毛灰色。后翅暗褐色，沿外缘略黑，翅面有少数黑鳞，缘毛灰色（图①）。

幼虫　初孵幼虫体长 1mm，灰白色。老熟幼虫体长 22～33mm，灰绿色。头部褐色。前胸背板黑褐色。各体节亚背线、气门上线、下线部位分布有对称的黑褐色毛片 10 个，每毛片有刚毛 1～2 根，排成 6 纵列。前胸气门前骨片上有刚毛 2 根。臀板与足黄褐色。腹足趾钩二序环（图②）。

蛹　体长 14～23mm，体宽 3.5～4.3mm。纺锤形，红褐色，羽化前黑褐色。腹部四至八节背面及五、六节腹面各具 1 对褐色毛突。尾端有 6 根钩状臀棘，中间 4 根靠近，两侧 2 根相距较远。蛹末端节背面有粗糙皱纹（图③）。

Z

樟子松梢斑螟各虫态（钱范俊绘）
①成虫；②幼虫；③蛹；④雄性外生殖器

生活史及习性

黑龙江1年发生1代，以幼虫越冬。翌年4月下旬越冬幼虫开始活动。7月上、中旬幼虫老熟，在凝脂团内或韧皮部蛀道中吐丝作灰白色长椭圆形丝茧化蛹。蛹期10～15天。8月中旬野外尚可见蛹。7月中、下旬成虫羽化。7月下旬新1代幼虫由枝干伤口等处侵入。9月下旬后幼虫在被害部位蛀道中越冬。

成虫多在7：00～11：00羽化，羽化后蛹壳残留凝脂团蛹室中。刚羽化成虫静伏枝干上，数小时后即飞离，觅偶交尾并寻找合适场所产卵。雄成虫寿命6天，雌成虫寿命8天。

幼虫喜从枝干伤口及新愈合嫩皮处侵入蛀食韧皮部，并引起流脂，凝脂块初期较小，浅白色；后期凝脂块堆集形成混有棕褐色虫粪的较大凝脂团。幼虫有转移为害现象。蛀道一般长10～30mm，蛀道口圆形。幼虫能在黏稠的熔蜡状凝脂中正常活动，并依靠虫体蠕动不断将松脂及棕褐色虫粪排出蛀道，致树皮表面凝脂团不断增大。

化蛹前老熟幼虫在凝脂团或韧皮部蛀道中的上方吐丝作茧，2天后头部向上化蛹。

发生与环境　该虫危害在天然林中一般在9～70年生幼壮林中较多见，9年生以下幼树上极少见，但百余年的大树上亦可见。近年来该虫危害已扩散至人工林，被害树树龄亦下降。该虫的为害与各种伤口的形成密切相关（如樟子松瘤锈病、疱锈病伤口、采种、整枝伤口、机械伤、啄木鸟啄伤及自然皮裂伤口等）。一般林缘被害较林内重，阳坡被害比阴坡重。

防治方法

检疫措施　加强对疫区樟子松种苗、枝干等调运植物的检疫措施，防止疫区扩大。

物理防治　成虫盛发期在林内设置黑光灯，可诱杀部分成虫。

营林措施　加强经营管理。积极防治樟子松瘤锈病、疱锈病等病害。防止由于采种、采穗、修枝等引发的损伤。加强对林区车马等运输工具的管理，以降低因各种伤口而导致的害虫入侵。少量发生时可人工刮除枝干凝脂消灭凝脂或蛀道内幼虫和蛹。严重发生时应及时伐除虫害株，清理林内残留枝干，降低林分虫口密度。

生物防治　加强保护和开发利用优势天敌螟虫长距茧蜂。

化学防治　喷雾防治：成虫盛发期应用1.2%苦参碱乳油、48%乐施本乳油或20%克百威乳油1：100喷雾。药签薰杀：用15%杀螟松药签薰杀蛀道内幼虫。

参考文献

高文韬，1988. 红松新害虫——樟子松梢斑螟的初步研究[J]. 吉林林学院学报，4(1): 12-16.

钱范俊，1981. 樟子松梢斑螟调查初报[J]. 林业科技通讯(9): 27-30.

钱范俊，于和，1986. 樟子松两种钻蛀性害虫生物生态学特性的研究[J]. 东北林业大学学报(4): 60-66.

钱范俊，1992. 樟子松梢斑螟 Dioryctria mongolicella Wang et Sung[M]// 萧刚柔. 中国森林昆虫. 2版. 北京：中国林业出版社：866-868.

王平远，宋士美，1982. 中国东北为害樟子松的松梢螟新种和一新种团(鳞翅目：螟蛾科，斑螟亚科)[J]. 昆虫学报(3): 323-327.

徐明海，2008. 冷杉梢斑螟与樟子松梢斑螟防治技术的研究[D]. 长春：吉林农业大学：13-29.

赵姝妍，谢敏，于宝生，等，2016. 浅论新害虫——樟子松梢斑螟综合治理对策[J]. 科学种养(5): 118.

（撰稿：钱范俊；审稿：嵇保中）

赭色鸟喙象甲　*Otidognathus rubriceps* Chevrolat

一种主要危害甘蔗的钻蛀害虫。鞘翅目（Coleoptera）象虫科（Curculionidae）隐颏象甲亚科（Dryophthorinae）鸟喙象甲属（*Otidognathus*）。仅在云南发现，分布于勐海、孟连、弥勒、景东、德宏、临沧、保山等蔗区。

寄主　甘蔗、玉米、割手密、斑茅、类芦及白茅等粮食作物及甘蔗属野生近缘植物。

危害状　以成虫咬食甘蔗嫩茎或未展开的心叶，幼虫向下蛀食蔗茎，被害蔗株心叶发黄，茎节缩短变细，最后整株枯死。一般1头幼虫危害1株甘蔗，有的可连续转株危害2～3株。受害株率一般为26.2%～48.2%，重的达61.5%，个别田块高达90%左右。宿根蔗因发苗不均、缺塘断垄，产量损失更严重（图1）。

形态特征

成虫　雄成虫体长17.0～19.5mm，宽8.0～9.1mm；雌成虫体长18.0～21.5mm，宽8.2～10.0mm。体略呈菱形，黄褐至赤褐色，体背光滑无鳞，有黑色斑纹，腹面和足的腹缘有稀疏丛毛。头小，半球形，两侧具黑色椭圆形复眼，眼大。触角着生于喙基部，索节6节，棒节愈合，呈靴形。前胸背板盾形，中间有1个梭形黑色纵斑纹。小盾片黑色，为长等腰三角形。鞘翅宽于前胸，肩部最宽，每个鞘翅各有黑斑2个。臀板外露，腹面可见5节，黑色，腹板5有赤褐色三角形斑。胫节端部有一锐刺，跗节3宽叶状，爪分离（图2①）。

卵　长椭圆形，长径3.5～4.0mm，短径1.5～1.8mm。

初产时玉白色，渐变成乳白色，表面光滑，无斑纹。

幼虫 老熟幼虫体长20～26mm，宽8～11mm。深黄色，头部黄褐色，口器黑色。体呈拱形弯曲，多皱褶，可见浅黄褐色背线1条。腹末端呈六边形凹陷，周边具6对较长棕色刚毛（图2②）。

蛹 长20～22mm，宽9～11mm，深黄色。头上有6对棕色长刚毛，腿节端部外侧各有1根棕色刚毛，腹部背面各节有横列突起。茧覆有蔗残渣纤维与泥土，长椭圆形，长径40～60mm，短径20～40mm。

生活史及习性 成虫于9月下旬开始羽化，初羽化成虫鲜黄色，后变为黄褐或赤褐色。成虫羽化后仍在土中蛹室内越冬，直到翌年5月底6月初开始出土。出土成虫于日出露干后方可活动，以晴天8：00～11：00，15：00～18：00活动最多，中午、夜间及雨天多停于蔗叶背面或地面隐蔽处。成虫飞翔力强，以雄虫飞行为多，飞行时速度缓慢，嗡嗡作响。成虫有假死性，一遇惊扰，随即坠落地面、草丛，腹部向上，经片刻即翻身爬行飞去；亦有少数在坠落途中即展翅飞去。成虫出土后，即可咬食嫩芽或未展开的心叶，补充营养。成虫经补充营养后，即寻偶交尾。交尾时，雌虫多在蔗株上取食，雄虫飞来在雌虫体侧停息、挑逗，再行交尾。间有2～3头雄虫在雌虫体侧相争交尾，寻不到雌虫交尾的

雄虫躁动不安，不停地爬行纷飞，常见生殖器伸出腹末端。雌虫边交尾边取食，若遇惊扰，慢慢拔出喙不动，惊扰稍大，即双双飞去或坠落地面躲藏。交尾方式为重叠式，观察12对交尾，每次需时10～21分钟，交尾完毕雄虫会用足轻轻擦拭雌虫腹背。1天可交尾多次，昼夜可行交尾，但以每天8：00～11：00交尾最多。一雄可与多雌交尾，一雌也可同多雄交尾。交尾后2～3天开始产卵，产卵前，雌虫先飞行寻觅未产过卵的蔗株，择其嫩茎部位啄1个较圆较光滑的产卵孔，然后产卵1粒，并分泌一褐色物覆盖孔口，保护卵粒。1株蔗株只产卵1粒，成虫在产卵期间仍继续取食、交尾。1997年室内饲养的产卵始期为6月19日，1998年的为6月26日。产卵前期为260天左右，如1997年10月27日羽化的成虫，到1998年7月14日产卵。雌虫分次产卵，大多1天1～3粒，少数4～7粒，产卵多在夜间或早上。系统观察30对，产卵历期25～79天，其中产卵日19～47天，1生产卵28～86粒，平均46.3粒。统计22对成虫，6月下旬至9月中旬共产卵1180粒，其中92.71%的卵量在8月中旬以前产出。雌虫产卵大多在9月上旬结束，少数到9月中旬结束，一般产卵结束2～12天便死去。室内饲养羽化或田间采集的成虫，一般都是雄虫多于雌虫，据统计747头成虫，平均雌雄性比为1：2.05。观察30对成虫，寿命一

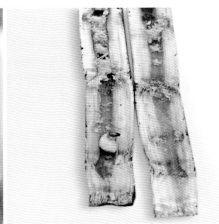

图1 赭色鸟喙象甲危害状（黄应昆提供）
①危害甘蔗心叶；②危害蔗茎

图2 赭色鸟喙象甲（黄应昆提供）
①成虫；②幼虫

般为 10～11 个月，雄虫比雌虫多活 10～20 天。成虫在土中长达 7～8 个月，出土活动 3 个月左右。

卵通常单粒散产，初产时玉白色，1 天后两端清澈，中间浓白色；2～3 天卵的一端半透明，另一端出现乳白色丝状物；3～4 天可见褐色上颚及淡黄褐色幼虫头部，此时幼体不时在卵壳内上下蠕动，上颚刺破卵壳，经 4～6 分钟头部慢慢伸出并作左右摆动，历时 35～45 分钟的间隙性蠕动，幼虫完成脱壳而出。

在饱和湿度条件下，日平均温度 26.6～27.8°C范围内，卵期 3～5 天，多数 4 天。卵耐湿不耐干，在干燥条件下极易干瘪死亡，但在湿润条件下孵化率很高。观察 22 对成虫室内所产卵粒，孵化率达 87.27%～100%，平均为 93.87%。前期产的卵孵化率高，后期产的卵孵化率低。

初乳幼虫稍待休息，即从孵化孔处沿蔗茎中央向下蛀食。起初蛀道细，蛀移较快，每 5 天可蛀移 7～9cm；随虫体生长发育，食量渐增，蛀道渐宽；蛀入蔗头后，则活动变慢，一直蛀食蔗头直到成熟为止。幼虫昼夜取食，边取食边排泄出纤维状虫粪。蛀道通直，赤红色，有酸腐味。1 头幼虫蛀食 1 株甘蔗，蔗头蛀空未成熟，常转株危害，仍蛀食蔗头。初孵幼虫对干燥十分敏感，在干燥条件下 1～2 小时便失水干瘪而死，但在湿润条件下 24 小时不取食仍可存活。老熟幼虫在蔗头下入土化蛹，一般入土 8～15cm，深者达 25cm 左右。幼虫筑蛹室时，需数次回到入土口拉入一些蔗渣纤维，与土做成蛹室。观察 1998 年 7 月 20 日至 8 月 18 日室内孵化饲养的幼虫 40 头，历期 56～96 天，多数 70 天左右。

幼虫老熟后身体缩短僵直，经 10～14 天的前蛹期化蛹。初化蛹体乳白色，后期蛹体浅黄褐色。蛹体平卧蛹室内，多静不动，室内饲养时，移动频繁不能正常发育。观察 50 头幼虫，化蛹率为 96%。蛹期的长短随温度而异，在室内饲养，日平均温度 27.12°C，蛹期 18～20 天；日平均温度 24.3°C，蛹期 24～28 天。通过田间调查和室内饲养观察，赭色鸟喙象 1 年发生 1 代。在土中蛹室内越冬的成虫于翌年 5 月底 6 月初春雨降后，土壤湿润，逐渐出土活动、取食、寻偶交尾。7 月中下旬出土最盛，9 月下旬成虫终见。6 月中旬至 9 月中旬产卵，7 月中旬至 8 月上旬为产卵盛期。6 月下旬至 10 月上旬幼虫取食危害。9 月上旬至 11 月上旬幼虫老熟入土化蛹，化蛹盛期为 10 月上中旬。9 月下旬至 11 月下旬成虫羽化，其羽化盛期在 10 月下旬至 11 月上旬，羽化后的成虫在土中蛹室内越冬。

发生规律　春季降雨早、量多，土壤湿润，有利象虫出土，发生早，危害重；春季降雨迟、量少，土壤干旱，不利成虫出土，发生偏后，危害较轻。如云南勐海 1996 年、1997 年 2～5 月均先后降雨，成虫 5 月底即开始出土，6 月下旬开始出现受害枯死株，其中受害株约 80% 都属主茎株，损失重；而 1998 年 2～5 月未降雨，成虫 6 月中旬才开始出土，7 月中旬开始出现受害枯死株，其中受害株约 50% 都属分蘖株，损失较轻；胶泥土上的赭色鸟喙象甲比砂壤土上发生重，如在勐遮黎明农场调查，胶泥土蔗地受害株率 25%～48%；砂壤土上受害株率 0～10%。究其原因，胶泥土黏性重，冬春土表层温湿度适中，有利象虫入土做茧、繁衍生存；砂壤土松散，冬春土表层易干旱、温度高，不利象

虫入土做茧、繁衍生存；宿根蔗一般比新植蔗受害重。宿根年限越长，虫口累积越多，甘蔗受害越重。在勐海调查，新植蔗受害株率 10%～20%；1～2 年宿根升为 30%～48%；3～4 年高达 50%～70%。亩产甘蔗分别为 6.4～7.2t、3.8～5.6t、2～3.5t；甘蔗长期连作、成片种植，或与玉米轮作的田块受害重；甘蔗与水稻轮作、零星种植的田块受害轻，受害株率低于 10%；不同甘蔗品种赭色鸟喙象甲发生轻重不同。'台糖 172''元红 76-14''垦垦 80-27''桂糖 12' 等受害株率高，为易感虫品种；而'台糖 160''福引 79-8''桂糖 11''选蔗 3 号' 等受害株率低，为抗虫品种；田间调查发现，白僵菌和曲霉菌侵染赭色鸟喙象甲成虫、蛹，发病率 2%～3%，红蚂蚁捕食赭色鸟喙象甲幼虫，捕食率 1.5%。自然天敌对赭色鸟喙象的抑制作用极微。

防治方法　见细平象。

参考文献

黄应昆，李文凤，罗志明，等，2001. 甘蔗赭色鸟喙象危害成灾因素及综合防治 [J]. 植物保护，27(3): 23-25.

黄应昆，李文凤，杨琼英，等，1999. 甘蔗赭色鸟喙象药剂防治试验 [J]. 农药，38(9): 24.

黄应昆，李文凤，杨琼英，等，1999. 云南甘蔗产区赭色鸟喙象大发生原因探讨 [J]. 昆虫知识，36(4): 219-220.

黄应昆，李文凤，杨琼英，等，2000. 甘蔗赭色鸟喙象生物学及防治研究 [J]. 昆虫知识，37(6): 327-333.

（撰稿：黄应昆；审稿：黄诚华）

浙江双栉蝠蛾　*Bipectilus zhejiangensis* Wang

一种竹林笋期重要地下害虫，以幼虫取食刚竹属为主的竹笋及根系，严重影响竹笋生长。鳞翅目（Lepidoptera）蝠蛾科（Hepialidae）双栉蝠蛾属（*Bipectilus*）。中国分布于浙江、福建、江西、四川、湖南等地。

寄主　毛竹、雷竹、石竹、苦竹、早竹、红壳竹、甜竹、斑竹、淡竹、京竹、高节竹、花哺鸡竹、绿粉竹等竹笋。

危害状　以幼虫危害竹笋地下部分。低龄幼虫主要危害毛竹的根系以及毛竹冬笋的不定根，3 月中旬至 4 月初幼虫开始大量集中在春笋的周围或者蛀入笋内危害，轻者笋肉老化变硬，可溶性固形物下降，营养品质和食用价值降低，成竹后竹腔易积水，竹纤维变脆，利用价值不高；重者笋体严重受损，地上部分竹箨发白，枯萎脱落，笋尖萎蔫死亡，对竹林的生长构成严重的威胁（图 1）。

形态特征

成虫　雌虫体长 14.2～18.7mm，翅展 32.5～35.6mm；雄虫体长 10.8～16.7mm，翅展 29.4～31.8mm。体浅棕色至棕灰色，触角黄褐色，双栉齿状。复眼漆黑色。胸部背板黄褐色，中胸前缘色深，正中色深似一横线，肩板被长毛，黄褐色。腹部有棕色节间环。前足胫节有胫距，长约为胫节 1/2。前翅前缘色浅，R_2(10) 脉到 M_1(6) 脉区灰黑色至褐色，亚端线以外缘浅灰棕色，中室鲜黄棕色，两者之间为灰黑色。后翅浅褐色，鳞片较密，无斑纹（图 2）。

图 1 浙江双栉蝠蛾危害状（吴智才提供）
①幼虫危害状；②笋受害；③竹林受害

图 2 浙江双栉蝠蛾成虫（吴智才提供）

图 3 浙江双栉蝠蛾幼虫（吴智才提供）

幼虫 老熟幼虫体长 39～55mm，乳白色，圆筒形。头部浅黄色，后胸节第一至二腹节隆起，第八至九腹节稍上翘。前胸背板橘黄色，中、后胸各分 2 个小节。腹部第一至八节分别为 3～5 个小节不等，腹足趾钩为单序扁圆形（图 3）。

生活史及习性 在福建 1 年发生 1 代，幼虫 6 月中旬孵化，初孵幼虫孵化后即钻入土中，主要取食土壤腐殖质和杂草根系，11 月至翌年 2 月上旬幼虫危害毛竹笋萌发的不定根或冬笋。3 月中旬至 4 月初幼虫开始大量出现，集中在笋的周围或者蛀入竹笋内为害，老熟幼虫在 3 月中旬开始化蛹，化蛹盛期为 4 月中旬到下旬。4 月中旬蛹开始羽化，羽化盛期为 5 月中旬。雌成虫羽化当天即开始交配产卵，散产。雌成虫多次产卵，单雌 1 次产卵 23～806 粒，单雌平均产卵 1063 粒。雄成虫寿命 5～7 天，雌成虫寿命 4～8 天。

防治方法

生物防治 用绿僵菌对笋体撒菌粉，或拌砂土对笋基沟施，或在林地上撒施后再浅翻。

化学防治 采用噻虫啉或吡虫啉微胶囊悬浮剂喷施土壤。

参考文献

陈顺立，林春穆，罗群荣，等，2009. 浙江双栉蝠蛾危害对毛竹鲜笋品质的影响 [J]. 福建林学院学报，29(4): 289-292.

林春穆，罗群荣，张潮巨，等，2009. 金龟子绿僵菌对浙江双栉蝠蛾幼虫的感染试验 [J]. 福建林学院学报，29(1): 41-44.

罗群荣，2009. 浙江双栉蝠蛾生物学特性研究 [J]. 江西农业大学学报，31(3): 508-511.

罗群荣，2009. 浙江双栉蝠蛾幼虫的防治试验 [J]. 福建林学院学报，29(3): 280-284.

吴智才，2007. 浙江双栉蝠蛾幼虫发生与环境的关系 [J]. 华东昆虫学报，16(2): 92-95.

（撰稿：郑兆飞；审稿：张飞萍）

蔗腹齿蓟马 *Fulmekiola serrata* (Kobus)

以成若虫吸食汁液，主要危害甘蔗的害虫。又名甘蔗蓟马。缨翅目（Thysanoptera）蓟马科（Thripidae）腹齿蓟马属（*Fulmekiola*）。中国在广西、广东、云南、福建、海南、四川、江西、浙江、湖南、台湾等地均有分布，尤以温带蔗区最重。

寄主 甘蔗、斑茅、芦苇等。

危害状 成虫和若虫均危害甘蔗，主要栖息在甘蔗心叶

Z

内，锉吸叶片汁液，被害叶片未展开时略呈水渍状黄斑，因叶绿素破坏，故叶片展开后，呈黄色或淡黄色斑块。为害严重时使蔗叶卷缩萎黄，缠绕打结，甚至干枯死亡，影响叶片光合作用，妨碍甘蔗生长并造成减产（图1）。

形态特征

成虫　雄成虫体长1.1～1.2mm，宽8～9.1mm；雌成虫体长18～21.5mm，宽8.2～10mm。暗褐色或褐色，头长于前胸，触角7节，第三、四节上有叉状感觉锥，第三至第五节色淡，中胸腹板胸内骨无小刺，腹部第二至第七节后缘着生不整齐的栉小齿。前翅斜长，淡灰色，上脉基鬃7根，端鬃3根。雌虫体长1.2～1.3mm，产卵器锯齿状，向下弯曲（图2）。

卵　长0.2～0.35mm，长椭圆形，稍弯曲，初产时为白色，后转灰白色。

若虫　似成虫，体型较小，黄白色，无翅。前蛹似若虫，有翅芽。复眼紫色（图2）。

蛹　体似若虫，触角伸达头背面，翅芽伸达腹部第五、六节。体黄白色，接近羽化时亦为淡褐色，体长接近成虫。

生活史及习性　蔗腹齿蓟马的世代历期较短，1年可发生10余代，世代重叠，冬季无明显的休眠现象。雄成虫寿命4～8天；雌成虫寿命一般18～31天，秋季可达48天。在日均温度25℃左右，卵历期4～6天，若虫全期8～10天。蔗腹齿蓟马的繁殖可进行有性生殖和孤雌生殖两种，两种生殖方式的产卵量接近，一般在羽化后3～5天产卵最多，可连产4～7天。每雌虫在20～25℃适温内可产卵80粒左右，每昼夜能产卵6～12粒，孤雌生殖后代多为雄虫。

成虫具有趋嫩习性，多产卵于甘蔗心叶内侧组织内。卵、若虫和成虫的绝大部分时间都在尚未展开的心叶内，其中以心叶中部最多。成虫有翅可飞翔，可借风扩散传播，迁移扩散能力较强。

蔗腹齿蓟马在3月中下旬开始活动繁殖，一般先在秋植蔗和秋笋上为害，3月下旬宿根蔗出苗后，借风扩散到宿根蔗苗上为害，4月中旬春植蔗出苗后，成虫迁移到春植蔗苗上为害。5月中旬后，蔗田蓟马数量迅速增加，各种虫态在蔗田均可见到，6月下旬种群数量达到最高峰，以后逐渐下降，12月至翌年2月危害当年下种的秋植蔗。

发生规律　蔗腹齿蓟马的发生与气候条件关系很大。一般气温在20～25℃时，适宜于蓟马繁殖。高于28℃时，

生长繁殖受到抑制。它在干旱的季节繁殖很快，加上干旱时甘蔗心叶展开缓慢，也为蓟马的栖息为害提供了有利条件，往往为害成灾。一般5～8月是它的发生期，5月中下旬气候干旱炎热则盛发为害。但蓟马不耐高温高湿，因此当高温和雨季来临后，其发生就会受到抑制。

蔗腹齿蓟马的发生与甘蔗栽培管理有密切相关。雨天积水、栽培管理不良、甘蔗生长缓慢，为害严重；反之，肥足、水分适宜、甘蔗生长旺盛、心叶展开快，不利于此虫的生存和取食，甘蔗受害便轻。因此，蓟马在保水保肥力差的坡地和砂土，间套玉米、小麦的蔗地，生长势差的蔗地，一般受害重，反之则受害轻。另外，不同的甘蔗品种，受害程度有所不同，通常前期生长慢的品种受害较重。

防治方法

农业防治　加强栽培管理。新种植甘蔗或宿根蔗破垄松蔸时，施足基肥；干旱时适时灌溉，积水时及时排水，缺肥时赶施速效肥，促进甘蔗生势壮旺，使心叶快速展开，可有效减少蓟马为害。选用前期生长快、丰产性能好的品种，能有效地减轻蓟马为害。

化学防治　喷药防治。在蔗腹齿蓟马发生较多时，选用以下农药喷洒：50%杀螟睛乳油1000倍液，50%杀螟松乳油1500倍液，40%乐果乳油加50%敌敌畏乳油混合成1500倍液，10%吡虫啉可湿性粉剂2000～3000倍液。在日出前或日落后喷在心叶上，同时可在每箱药液中加入150g尿素，可起追肥和杀虫增效的作用。隔5天再喷1次。

土壤施药防治　25%噻虫嗪水分散粒剂每公顷600g，于5月上旬前后蔗腹齿蓟马为害盛期前，与普钙均匀混合后

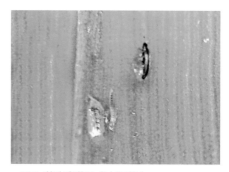

图2　蔗腹齿蓟马成虫和若虫（王伯辉提供）

图1　蓟马危害甘蔗状（黄诚华提供）

施于蔗株基部，盖土，可有效防治蓟马发生。

参考文献

安玉兴，管楚雄，2009. 甘蔗病虫及防治图谱 [M]. 广州：暨南大学出版社．

黄诚华，王伯辉，2013. 主要农作物病虫害简明识别手册 [M]. 南宁：广西科学技术出版社．

黄诚华，王伯辉，2014. 甘蔗病虫防治图志 [M]. 南宁：广西科学技术出版社．

黄应昆，李文凤，2011. 现代甘蔗病虫草害原色图谱 [M]. 北京：中国农业出版社．

（撰稿：黄诚华；审稿：黄应昆）

蔗根土天牛 *Dorysthenes granulosus* (Thomson)

一种主要以幼虫蛀食根茎的甘蔗害虫。又名蔗根锯天牛、蔗根天牛。鞘翅目（Coleoptera）天牛科（Cerambycidae）土天牛属（*Dorysthenes*）。中国主要分布在广东、海南、广西、台湾、云南、福建等地，局部蔗区发生。

寄主 甘蔗。

危害状 以幼虫啃食蔗种、蔗根、幼苗和蔗茎。甘蔗苗期受害造成死苗；中后期受害往往造成甘蔗黄萎、枯死和倒伏，影响翌年宿根发株，造成甘蔗减产，甚至失收，尤以砂质土特别是多年宿根或连作蔗地受害最重（图 1）。

图 1 蔗根土天牛危害甘蔗状（黄诚华提供）

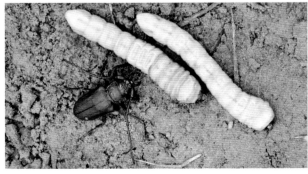

图 2 蔗根土天牛幼虫及成虫（黄诚华提供）

形态特征

成虫 体长 15～63mm，体宽 8～25mm，个体大小差异较大。棕红色，头部和触角基部棕黑色。雄虫触角稍长于虫体，雌虫则仅达翅中部，三至七节外端角突出。前胸背板两侧有 3 枚刺突，中刺最长，稍向后弯，后刺最短。雄虫前足比中后足粗大，腿、胫节下侧有成列的齿刺；雌虫前足比中后足略小，无齿刺。腹末后缘弧形，有时可见产卵管外伸。左右鞘翅中间各有 2 条纵隆线（图 2）。

卵 长约 3mm。长椭圆形，一端稍尖，乳白至淡黄色，表面具纵纹。

幼虫 体长 57～90mm。老熟幼虫乳黄色。头部棕色，近似方形。头棕红色，上颚巨大黑色。前胸最大，长于中后胸之和。腹背一至七节正中隆起，上有扁"田"字纹；腹面一至七节隆起成泡突，为行动器官（图 2）。

蛹 裸蛹，体长 33～70mm。初时体淡黄色，复眼紫红色。头部向下弯，下颚须与下唇须向后呈放射状伸出。触角经前中足外侧绕到腹面中足末端。翅芽伸达第四腹节，后足长达第六腹节末端。一至七腹节背面残存着幼虫期扁"田"字纹的痕迹。

生活史及习性 中国南方蔗区一般为 2 年 1 代，以幼虫越冬。成虫于 4 月上旬开始羽化，羽化后，先在蛹室内静伏 1 个月左右，待身体硬化后，遇雨天土壤潮湿疏松，便突破蛹室爬出土面。5 月为成虫羽化出土盛期，6 月为羽化出土末期。成虫出土后的当天即可交配，次日开始产卵，卵期一般 7～9 天，卵产于土表深 1～3cm 处，成虫多在夜晚交配产卵，每头雌虫平均产卵 251 粒。成虫具有较强的趋光性，白天潜伏于隐蔽处，间歇飞行距离约 1000m。5 月中旬至 6 月中旬为卵孵高峰期。幼虫龄期较多，各龄历期也不整齐，当年孵化的幼虫至年底可达 10 龄。幼虫经历 15～18 个龄期。老熟幼虫在蔗蔸旁或离蔗蔸 10～20cm、距地表 20～30cm 处做土室化蛹。蛹室似鸭蛋形，用粪便、泥土、甘蔗纤维、叶鞘碎屑等粘结筑成。从 11 月开始至翌年 3 月间均有老熟幼虫做蛹室，但 90% 以上在 3 月做蛹室。老熟幼虫在室内蛰居的时间短则 1 个月，长则 4 个月。老熟幼虫于 3 月下旬至 5 月下旬化蛹，4 月为化蛹盛期。

初孵幼虫潜入植株附近，咬食甘蔗嫩根，长大后逐渐向茎内蛀食，若蔗种种茎或宿根蔗头蛀空后，甘蔗仍处于苗期或分蘖期，幼虫则蛀食蔗苗基部，侵入中心处，致使叶片呈失水状纵卷，逐渐枯黄，最终造成死苗。若蔗种种茎或宿根蔗头蛀空后，甘蔗开始拔节，则幼虫向茎内蛀食，并由地下拾茎而上蛀食地上茎节，幼虫向上蛀食可达 33～100cm，幼虫将茎内组织蛀空，形成空心蔗。空心蔗遇风易倒折，受害严重的植株整株枯死。

发生规律

土壤条件 蔗根土天牛多发生在砂质壤土中，以排水良好的砂质土的丘陵、坡地受害最重；土壤较黏、水改田以及稍黏的水稻—甘蔗轮作田，受害极轻。

气候条件 气候炎热又干旱少雨的年份，卵及初孵幼虫的成活率高，甘蔗受害就重。

甘蔗植期 宿根蔗受害重于新植蔗，宿根年限愈长受害也愈重。

品种特性　蔗茎粗大，水分较多，纤维较软或纤维含量较少的甘蔗品种极易受害。

防治方法

人工和机械防治　深耕蔗地。甘蔗收获后，不留宿根的蔗地采用拖拉机悬挂旋耕机，深耕20～30cm，打破蔗头，可直接杀死天牛幼虫，同时捕捉暴露于土表的幼虫和蛹，集中杀灭，以减少下造的虫源。苗期人工杀幼虫。加强甘蔗苗期的田间检查，发现死苗时，天牛幼虫往往仍藏匿于死苗中或死苗的基部，割去带虫的死苗，集中烧毁，能有效减少虫口基数。受害特别严重的蔗园，8～9月已出现大面积死蔗时，应立即斩去甘蔗，犁垄深翻，捕捉土中幼虫，改种秋植蔗或改种其他作物。挖坑捕杀成虫。成虫期在虫害发生的蔗地内挖10个30cm×30cm的土坑，内衬塑料薄膜或相同大小的塑料桶，每天早上去蔗地里将掉入坑内的成虫收集杀死。

灯光诱杀　利用蔗根土天牛成虫趋光性强特点，在成虫羽化出土高峰期的5～6月间，晚上19：00～22：00在甘蔗田间地头安放频振式杀虫灯进行诱杀，或在蔗地附近水塘上设置诱虫灯，使成虫落水而死亡。

生物防治　在宿根蔗破垄松蔸和新植蔗播种时，每公顷用7.5kg含孢子$1.08×10^{13}$的绿僵菌粉75kg撒施于蔗蔸或蔗种上，然后盖土。

化学防治　根施农药。在甘蔗新植、宿根蔗破垄松蔸或大培土时，每公顷施3%呋喃丹或3%米乐尔（氯唑磷）或20%益舒宝（丙线磷）颗粒剂45～60kg；或5%辛硫磷颗粒剂75kg，施后盖土。药液浸种。在蔗根土天牛为害较重的蔗区，选择持效期较长，内吸、渗透性强的杀虫剂如48%毒死蜱乳油稀释300～500倍液，兑好药液后，将蔗种投于药液中浸种20～30分钟，捞起晾干后即可播种。

参考文献

龚恒亮，安玉兴，2010. 中国糖料作物地下害虫 [M]. 广州：暨南大学出版社.

龚恒亮，安玉兴，管楚雄，等，2008. 我国蔗根锯天牛的为害及防治对策 [J]. 甘蔗糖业 (5): 1-5, 38.

黄诚华，王伯辉，2013. 主要农作物病虫害简明识别手册 [M]. 南宁：广西科学技术出版社.

黄诚华，王伯辉，2014. 甘蔗病虫防治图志 [M]. 南宁：广西科学技术出版社.

黄应昆，李文凤，2011. 现代甘蔗病虫草害原色图谱 [M]. 北京：中国农业出版社.

（撰稿：黄诚华；审稿：黄应昆）

蔗褐木蠹蛾　*Phragmataecia castaneae* (Hübner)

一种主要以幼虫蛀害甘蔗的鳞翅目害虫。鳞翅目（Lepidoptera）木蠹蛾科（Cossidae）苇蠹蛾属（*Phragmataecia*）。中国主要分布于广东、广西、海南、四川和台湾等局部旱地蔗区，广东只多见于雷州半岛蔗区，海南多见于北部蔗区，但近几年在广东北部蔗区，广西南部和中部地区也有木蠹蛾危害的报道。

寄主　甘蔗。

危害状　褐木蠹蛾整年均可危害甘蔗，苗期受害，造成枯心苗；伸长期受害，可引起甘蔗枯鞘，侵入蔗茎后，幼虫由上向下蛀食，引起虫蛀节，虫道能穿过多个节间，蛀道长且大。蔗褐木蠹蛾除危害甘蔗外，尚未发现在田间危害其他作物，但在室内，幼虫可取食玉米、香茅、荔枝树皮和木麻黄等多种植物。

形态特征

成虫　全身被茶褐色的鳞片。成虫体长、翅短。雌大雄小。雌蛾体长18～30mm，翅长15～20mm；雄虫体长15～24mm。头、胸淡褐色。前翅色泽均一，各翅脉间有暗黑细线，中室下角有1黑斑，外缘有斑点11个，外缘毛后方有1白纹边。后翅灰白色，顶角处稍褐。前足静止时多向前伸出。触角栉齿状，雌蛾两面的栉齿较短，而雄虫较长且基部呈羽毛状，端部呈鞭状。静止时腹末露出翅端，雌蛾裸露较长，末端常有2mm长的米黄色产卵管，后翅缰3～4条；雄蛾裸露较短，后翅缰仅1条。足跗节具黑白相间的斑纹，静止时足多伸向前方（图①）。

幼虫　体肥大，末龄幼虫体长30～40mm。幼虫紫茄色，腹部色较淡，体有光泽。体毛较少而短。头及前胸背板淡黄色，有很小的深褐色斑点，头中缝线两侧及头顶有橙黄色"六"字纹。各体节腰鼓状。初孵幼虫白色，各体节有褪色环状纹，体毛多而长。幼虫可蜕皮16～20次，多数18～19次。低龄幼虫腹足钩数较少，虫龄越大齿钩数越多，一、二龄10～14个，排列成两横带状，三龄后14～20个，排列成单序全环，七龄后增至30个以上。气门肾形（图③）。

卵　块状、堆状或圆形条状产。卵扁椭圆形，长径1.4～1.5mm，短径0.7～0.85mm，初卵为乳白色，后变黄褐色，孵化前为紫褐色。受精卵周围有网纹，边缘有棱格（图④）。

蛹　体肥大。雌蛹长28～35mm，雄蛹长21～26mm。紫褐色，头、胸部被白色蜡粉。头顶部有小尖突。翅芽短，略伸过第二腹节。腹部第二节前缘和第三至第七节的前后缘各有1列齿状凹刻，腹末有锐齿4个，第八腹节正面有"八"

蔗褐木蠹蛾（安玉兴提供）
①成虫（左蔗黑右蔗褐）；②蛹（左蔗褐右蔗黑）；
③幼虫（左蔗褐右蔗黑）；④卵

字纹。雌蛹腹部第七节特别大，中部有 1 列缺刻，雄蛹腹部第七节不增大（图②）。

生活史及习性 蔗褐木蠹蛾在广东湛江地区 1 年发生 1 代，以老熟幼虫在地下蔗头最底部越冬。成虫于 4 月中旬至 5 月下旬羽化，成虫寿命 1～4 天，平均 2.1 天。成虫交配后即产卵，卵期为 4 月中旬至 5 月下旬，卵历期 7～12 天，平均 9.6 天。4 月下旬出现幼虫，幼虫历期长达 9～12 个月，平均 325 天。幼虫的暴食期在 6～7 月。老熟幼虫于翌年 2～3 月化蛹，3 月底至 5 月初为蛹期，蛹历期 13～27 天，平均 18.3 天。

成虫多在夜间羽化，并于当晚凌晨 4：00～5：00 交配，交配一直延续至当日黄昏完毕，交一次尾持续 14～15 小时。如第二晚才交尾，效配率则大大下降。成虫寿命较短，趋光性不强，雌蛾有释放性信息素的能力。雌蛾交尾后不久即产卵，多为当晚 20：00～21：00。卵多产于叶鞘的内侧，亦有少数产在心叶上。一般一天内产完卵。卵块产，每雌可产 2～3 个卵块，每块有卵 40～500 粒。卵粒相互黏结成块，堆集成筒状，孵化率高达 98%～100%。卵期 9～10 天。

幼虫孵化后，先聚集在卵壳附近或背光处，静止不动，待到第二天后才开始爬行，吐丝分散，有趋光性。初孵幼虫从蔗梢顶部三叉口附近叶鞘内侧侵入，并于三叉口下 1.5cm 处蛀入蔗茎，常几头幼虫同时侵入一株蔗苗内。4～6 天便出现枯心苗。另外幼虫亦可从顶部心叶直接侵入，蛀食心叶细嫩组织，当心叶展开后，造成叶片不规律的穿孔，或叶基部中脉腐烂，致使叶基部曲折。甘蔗伸长期受害，引起枯鞘。三龄幼虫始侵入蔗茎，初期在上部为害，6 月开始向下为害，8 月蛀食至甘蔗茎的地下部，能穿过多个节间，蛀道长且大，蔗茎呈中空状。当幼虫老熟时大多已蛀达蔗茎的地下部，致蔗株枯死。一般一株甘蔗内只有 1 头幼虫，偶有 2 头的。幼虫自 4 月下旬出现，6 月为暴食期，并能转株为害。幼虫在枯死的蔗茎内可存活很长时间。幼虫历期 9～12 个月。幼虫龄期 18～19 龄，随着龄期的增加，虫体也相应增大，食量也相应增加，至八龄后，虫体的大小与龄期增多无关。老熟幼虫在被害蔗茎的地下部越冬、化蛹。化蛹前在蔗头切口附近咬一个仅留表皮的羽化孔，蛹能自下而上移动至羽化孔，成虫羽化后从羽化孔膜中冲出，并将蛹壳留在羽化孔外面。

发生规律

气候条件 蔗褐木蠹蛾喜偏旱的环境，因此，少雨偏旱的年份木蠹蛾发生较多，而多雨潮湿的年份特别是 4～5 月雨水天气偏多时，蔗褐木蠹蛾的发生就轻。

寄主植物 蔗褐木蠹蛾发生轻重与甘蔗植期有一定的关系。宿根蔗面积大，发生为害较多，特别是多年宿根蔗田，其发生程度更重。从发生地势看，山腰地蔗田发生最多，而坡地蔗田次之，水田蔗不多。

化学农药 蔗褐木蠹蛾是在近年重又现身且分布有所扩展。目前不仅在广东西部蔗区，在广东北部、广西桂中、南蔗区亦有发现。这可能也与传统杀虫剂防治效果下降有关系。

防治方法

农业防治 ①消灭越冬虫源。斩蔗后即检查蔗头切口处有无虫道，见虫道可用 90% 晶体敌百虫 100 倍液加少许煤油注入虫道，杀死其中的幼虫。不留宿根的蔗地，及早犁耙蔗地，并将蔗头捡拾集中，晒干，并于 4 月前烧毁或水浸处理，以消灭其中的越冬虫源。②人工捉虫。木蠹蛾成虫体大色深，白天交尾时间长，可在其交尾的高峰季节（4～5 月间）巡田捕杀成虫。在苗期，发现枯心苗时，人工割除，从而消灭枯心中的幼虫。采用育苗移栽的方法，于 4～5 月移植，从而错过木蠹蛾为害期。

物理防治 利用蔗褐木蠹蛾成虫的趋光习性，用黑光灯诱杀成虫，可获得较好效果。

生物防治 木蠹蛾幼虫有 4 种寄生菌，分别为多毛孢菌、拟青霉菌、沙雷氏杆菌、日本曲霉。另外，还有捕食性天敌如螳螂，能咬食越冬幼虫和蛹。

化学防治 ①根部撒施颗粒剂。宿根蔗在 4 月前后结合小培土，1hm² 施用 3% 克百威（呋喃丹）颗粒剂 60kg，或 3% 甲基异柳磷颗粒剂 75kg，或 5% 蔗来茎颗粒剂 60kg，将药剂均匀撒施于蔗苗根际周围，并覆土。②药液灌注。在 4～9 月幼虫蛀入蔗茎时会在茎秆上留下虫孔，且幼虫又是由上往下蛀食，可利用这一习性，用 90% 晶体敌百虫 500 倍液，或 41.7% 毒死蜱乳油 500 倍由孔口将药液注入虫道中杀死茎秆中的幼虫。

参考文献

安玉兴，管楚雄，2009. 甘蔗病虫及防治图谱 [M]. 2 版. 广州：暨南大学出版社.

黄诚华，王伯辉，2014. 甘蔗病虫防治图志 [M]. 南宁：广西科学技术出版社.

李奇伟，陈子云，梁洪，2000. 现代甘蔗改良技术 [M]. 广州：华南理工大学出版社.

中国农业科学院植物保护研究所，1995. 中国农作物病虫害：下册 [M]. 2 版. 北京：中国农业出版社.

（撰稿：安玉兴；审稿：黄诚华）

真梶小爪螨 *Oligonychus shinkajii* Ehara

一种吸食甘蔗叶片汁液的螨类害虫。又名甘蔗黄蜘蛛。蛛形纲（Arachnidea）蜱螨目（Acarina）叶螨科（Tetranychidae）*Oligonychus* 属。中国的广东、广西、福建、湖南和台湾等地均有分布。

寄主 除危害甘蔗外，在野古草上也有发生。国外报道，在温室内发现危害玉米和水稻。

危害状 其成螨及幼螨多群集于蔗株中部叶片背面为害，吸取蔗叶汁液。被害部初呈淡黄色斑点，日久斑点多变为赤红色，受害严重时斑点合并呈暗赤色斑块，大大影响甘蔗植株的光合作用，使植株生长受阻。

形态特征

雌螨 体卵形，体长 0.41～0.45mm，宽 0.26～0.29mm，微红色或淡黄色。须肢、胫节、爪发达，跗节锤突端部钝圆，长约 6μm，宽约 5μm。轴突与锤突约等长。刺明显长于轴突。口针鞘前缘尖滑，钝圆。气门沟端部呈小球状。背毛 13 对。

雄螨　体菱形，腹部末端略尖，体长约 0.37mm，宽约 0.2mm。阳茎钩部较短，突然向上弯曲，须部发达，球状，近侧突钝圆，外侧突略尖延伸。有足 4 对。

若螨　与成螨相似，唯身体稍圆。

卵　球形，直径约 0.14mm，微红或淡黄白色。卵顶有一短刚毛。

生活史及习性　本种在中国南方一年四季均有发生，以夏季 6～7 月发生最盛，尤以干旱年份发生为最烈。

防治方法　加强田间管理，尤其在干旱季节，应多注意灌溉，保持蔗田湿度，避免甘蔗受旱，以减轻受害。

药剂防治　在螨发生初期，选用 1.8% 阿维菌素乳油 2000 倍液、73% 克螨特乳油 1000 倍液、95% 机油乳剂 300～500 倍液、20% 灭扫利乳油 2000 倍液、5% 尼索朗乳油 1500 倍液、50% 托尔克可湿性粉剂 1500～2000 倍液喷雾。

保护利用天敌　合理用药，保护和利用食螨瓢虫、捕食螨、食螨蓟马、草蛉等天敌。

参考文献

安玉兴，管楚雄，2009. 甘蔗病虫及防治图谱 [M]. 广州：暨南大学出版社.

黄诚华，王伯辉，2013. 主要农作物病虫害简明识别手册 [M]. 南宁：广西科学技术出版社.

黄诚华，王伯辉，2014. 甘蔗病虫防治图志 [M]. 南宁：广西科学技术出版社

黄应昆，李文凤，2011. 现代甘蔗病虫草害原色图谱 [M]. 北京：中国农业出版社.

（撰稿：黄诚华；审稿：黄应昆）

榛褐卷蛾　*Pandemis corylana* (Fabricius)

一种果树食叶类害虫，主要危害苹果、梨、桃等植物。又名榛卷叶蛾。英文名 chequered fruit-tree tortrix。鳞翅目（Lepidoptera）卷蛾科（Totricidae）卷蛾亚科（Tortricinae）褐卷蛾属（*Pandemis*）。国外分布于韩国、日本、俄罗斯（远东地区）、波兰、捷克、德国、罗马尼亚、斯洛文尼亚、塞尔维亚等地。中国分布于北京、天津、吉林、黑龙江、河北等地。

寄主　苹果、梨、桃、樱桃、李、悬钩子、枸杞、欧鼠李、桦木、水曲柳、栎。

危害状　幼虫可吐丝缀芽、叶片、花蕾和果实，严重时造成嫩芽不能展叶、叶片枯焦和不能开花结果，影响树势生长。幼虫危害果实时，在果面形成凹陷咬痕。

形态特征

成虫　雄性翅展 19.5～20.5mm，雌性翅展 22.5～24.5mm。下唇须细约为复眼直径的 2.5 倍，外侧灰白色且夹杂一些灰褐色鳞片，内侧灰白色；第二节鳞片较松散。额及头顶被灰白色鳞片；触角黄白色。翅基片发达，与胸部均为黄白色。前翅宽阔，前缘 1/3 隆起，其后平直，顶角近直角，外缘略斜直。前翅底色土黄色，斑纹黄褐色；基斑大；

中带后半部略宽于前部；亚端纹小；顶角和外缘端部缘毛黄褐色，其余灰色。后翅灰色，顶角略带黄白色，缘毛同底色。足灰白色，被一些灰褐色鳞片。腹部背面灰褐色，腹面黄白色。

卵　卵长 1mm 左右，初产时呈淡黄绿色，逐渐变为暗褐色；卵聚产，呈鱼鳞状排列，卵块外有一层胶状物。

幼虫　老熟幼虫长 18～21mm，体绿色，头部褐色，两侧单眼区有黑色斑。前胸背板黄绿色，臀栉 5～8 根，腹足趾钩多行环式，腹末肛上板两侧各有长刚毛。

蛹　长 12～14mm，纺锤形，预蛹体呈草绿色，后颜色渐深，最后为紫褐色，腹部背面各节前缘和后缘各着生 1 排短刺突，臀棘 8 根。

生活史及习性　中国北方 1 年发生 1～2 代。以低龄幼虫在树皮、树杈裂缝下吐丝结茧越冬，翌年 5 月中下旬出蛰危害。幼虫期 22～31 天，蛹期 7～10 天。7 月上旬越冬代成虫出现，卵期 5～7 天，7 月中旬第一代幼虫出现，8 月中下旬第二代幼虫出现，9 月上旬幼虫开始越冬。

卵多见于叶片背面，聚产成块状，每块 30～130 粒，孵化集中在 6：00～12：00。初孵化幼虫爬行迅速且群集在嫩叶或嫩梢上取食叶肉，致叶片呈网状枯斑；三龄后分散到植株上部嫩叶并吐丝缀缀 1～3 片叶，潜于其中危害。幼虫共 5 龄，性活泼，遇惊动即吐丝下垂或弹跳或前进、后退，老熟幼虫在缀叶内化蛹。成虫白天静伏于叶背或枝干上，夜间活动频繁，趋光性较强，有趋化性。

防治方法

物理防控　将频振式杀虫灯悬挂于果园及周围诱杀成虫；褐卷蛾性诱剂及诱捕器配合诱杀成虫；糖醋液诱捕成虫；利用迷向剂（丝）干扰成虫交配。

生物防治　苏云金杆菌（Bt）喷雾防治幼虫。

化学防治　一、二龄时用马拉硫磷、高效氯氟氰菊酯和杀螟松等喷雾防治。

参考文献

刘友樵，白九维，1977. 中国经济昆虫志：第十一册　鳞翅目　卷蛾科（一）[M]. 北京：科学出版社：13.

BOSCHERI S, PAOLI N, RIZZOLLI W, et al, 1992. Control studies with the mating confusion technique against the codling moth and fruit-peel tortricids[J]. Obstbau Weinbau, 12(3): 56-60.

MLETZKO H G, ZECH E, 1972. Ecological investigations on tortrix moths (Lep. Tortricidae) in an intensively managed apple orchard[J]. Nachrichtenblatt fur den Pflanzenschutzdienst in der Ddr, 20(3): 26-31.

（撰稿：王新谱；审稿：于海丽）

榛实象　*Curculio dieckmanni* (Faust)

一种危害榛林的重要害虫。鞘翅目（Coleoptera）象虫科（Curculionidae）象甲属（*Curculio*）。国外主要分布于土耳其、俄罗斯、日本、朝鲜等地。中国多分布于黑龙江、吉林、辽宁等地。

寄主 天然榛林及人工榛树经济林。

危害状 危害榛子的果实，成虫补充营养时取食榛叶、果苞和嫩芽，严重影响榛子的产量。

形态特征

成虫 椭圆形，长 6～8mm，宽 3.0～3.6mm。黑色，被灰黄色鳞毛。头部半球形，基侧有大而圆形的黑色复眼。喙管细长，向下弯曲，触角膝状，柄节细长，索节由 7 节组成。雄虫触角着生于喙管的 1/2 处，雌虫触角着生于喙管的 1/3 处（距头）。雄虫喙管较短，约为前胸背板的 2.5 倍；雌虫喙管较长，约为前胸背板的 3 倍。鞘翅近三角形，具刻点沟 10 条，列间宽于点沟，灰色毛鳞中杂以黄色毛鳞，形成不整齐的波状斑纹。腹面被白色鳞毛。

幼虫 老熟幼虫体长 10～11mm，宽 4～5mm，头部黄褐色，上颚黑褐色。头侧下方具黑色单眼。通体乳白色，疏生黄色细毛。前胸背板宽广，淡黄褐色。

卵 椭圆形，长 0.8～1.2mm，宽 0.5～0.7mm，乳白色，表面光滑。

生活史及习性 东北地区多数为 2 年 1 代，历经 3 个年度。少数 3 年 1 代。常以老熟幼虫及成虫在土中越冬。2 年 1 代经历 3 个年度：以老熟幼虫及成虫在土中越冬，越冬成虫于翌年 5 月上旬出土，开始在枯枝落叶层下活动，5 月中旬成虫上树活动并开始取食嫩叶，5 月下旬成虫进入盛期。6 月中下旬为榛子幼果发育期，成虫开始交尾，6 月下旬开始产卵于幼果内，7 月上中旬为产卵盛期，卵期 10～14 天，于 7 月上旬在榛果内孵化成幼虫。7 月中下旬为孵化盛期。幼虫在果内取食近 1 个月，则发育成老熟幼虫。8 月上旬，当榛果实日趋成熟时，老熟幼虫随果坠到地面，脱果后钻入土中 20～30cm 处作土室准备越冬，8 月中下旬为入土盛期。第三年，7 月上旬开始化蛹，7 月下旬进入化蛹盛期，蛹期 15 天左右。7 月中旬出现越冬代成虫，8 月上中旬羽化盛期，新羽化的成虫当年不出土，即转入越冬状态。

防治方法

化学防治 在成虫产卵前补充营养期及产卵初期用触杀药剂毒杀成虫。幼虫脱果前及虫果脱落期在地面上撒粉剂毒杀脱果幼虫。

人工捕杀 在幼虫未脱果前采摘坚果，然后集中堆放在干净的水泥地面或木板上，幼虫脱果后集中消灭。

生物防治 成虫期、幼虫下地入土期，对其喷施金龟子绿僵菌除杀成虫及幼虫。

参考文献

李华，钟思兰，刘剑锋，2016. 榛实象甲的生物学特性及防治对策 [J]. 安徽农业科学，44(26)：119-121.

梁维坚，2015. 中国果树科学与实践 [M]. 西宁：陕西科学技术出版社.

萧刚柔，李镇宇，2020. 中国森林昆虫 [M]. 3 版. 北京：中国林业出版社.

中国林业科学研究院，1983. 中国森林昆虫 [M]. 北京：中国林业出版社：381-383.

（撰稿：范靖宇；审稿：张润志）

震旦黄腹三节叶蜂 *Arge aurora* Wei

中国特有的蔷薇属多种植物的重要食叶害虫。膜翅目（Hymenoptera）三节叶蜂科（Argidae）三节叶蜂亚科（Arginae）三节叶蜂属（*Arge*）的 *Arge nipponensis* 种团。国外尚未见本种分布记录。中国分布于内蒙古、甘肃、宁夏、陕西、河北、北京、山西、山东、河南、安徽、江苏、湖北、上海、浙江、福建、江西、湖南、重庆、四川、广东、广西、贵州。国内习用多年的日本黄腹三节叶蜂（*Arge nipponensis* Rohwer）是错误鉴定，该种目前确认仅分布于日本和韩国。

本种在中国中南部与列斑黄腹三节叶蜂［*Arge xanthogaster*（Cameron）］、月季黄腹三节叶蜂（*Arge geei* Rohwer）混合发生，在北方与短棘黄腹三节叶蜂混合发生，均是多种蔷薇属园林植物的常见害虫，被统称为玫瑰叶蜂、玫瑰三节叶蜂、月季叶蜂。列斑黄腹三节叶蜂、短棘黄腹三节叶蜂和欧洲的玫瑰黄腹三节叶蜂［*Arge pagana*（Panzer）］均隶属于 *Arge pagana* 种团，其翅均匀烟褐色，端部仅微弱变淡；锯腹片具多列粗大刺突，近腹缘距显著；阳茎瓣锤形，阳茎瓣头部横型，尾突宽大等，与本种在翅色和构造上差别较大。

寄主 主要危害蔷薇科的蔷薇属多种植物，月季是其主要寄主植物之一。除震旦黄腹三节叶蜂、欧洲的玫瑰黄腹三节叶蜂、中国南部的列斑黄腹三节叶蜂、东部的葛氏黄腹三节叶蜂和中北部的短棘黄腹三节叶蜂也危害蔷薇属多种园艺植物。有记载本种可以危害萝卜、卷心菜、芥菜、胡萝卜和刺玫，但需要后续研究确认。

危害状 幼虫昼夜分散取食蔷薇属植物叶片，数量较少时，造成叶片缺损，种群较大时，可导致月季全部叶片被吃光，仅残留叶子主脉和叶柄。取食时经常把腹部后部翘起，多个幼虫取食一片叶子时，常会排成规则的队列。成虫产卵行为也可导致枝条枯死。

形态特征

成虫 雌虫体长 6～8mm（图①）。头部（图③④）、胸部全部、腹部第一背板和足黑色，具明显的蓝色光泽，腹部第二节以后黄色（图①）；触角黑色，除柄节外无蓝色光泽（图④）。翅明显烟褐色，端部 1/3 明显变淡，翅痣和翅脉黑褐色（图①）。头部的颜面、额区、内眶、上眶前部刻点细小，额区附近刻点较细密，头部其余部分无明显刻点（图③④）；胸腹部除前胸背板具细弱刻纹外，均十分光滑，无刻点或刻纹。上唇端部具深弧形缺口，颚眼距稍长于中单眼直径，触角窝侧脊和颜面中纵脊锐利，侧脊端部汇合（图③）；中窝上端向额区开放，背面观头部两侧不明显膨大（图④）；触角较细，长于胸部，短于头胸部之和，第三节端部不明显膨大（图⑨）。前翅 R+M 脉段短于 Sc 脉游离段，3r-m 脉弧形弯曲，中上部外凸，2Rs 室上缘稍长于下缘；后翅臀室柄约 0.6 倍于臀室长（图①）。侧面观锯鞘腹缘亚基部显著凹入，端部突出（图⑤）；锯鞘背面观各叶粗短，近似三角形，外缘弧形凸出（图⑥）；锯腹片骨化弱，20 锯节，无叶状粗刺毛，锯刃无亚基齿，基部锯刃近似三角形，中端部锯刃近方形突出，互相之间缺口宽深，无近腹缘距

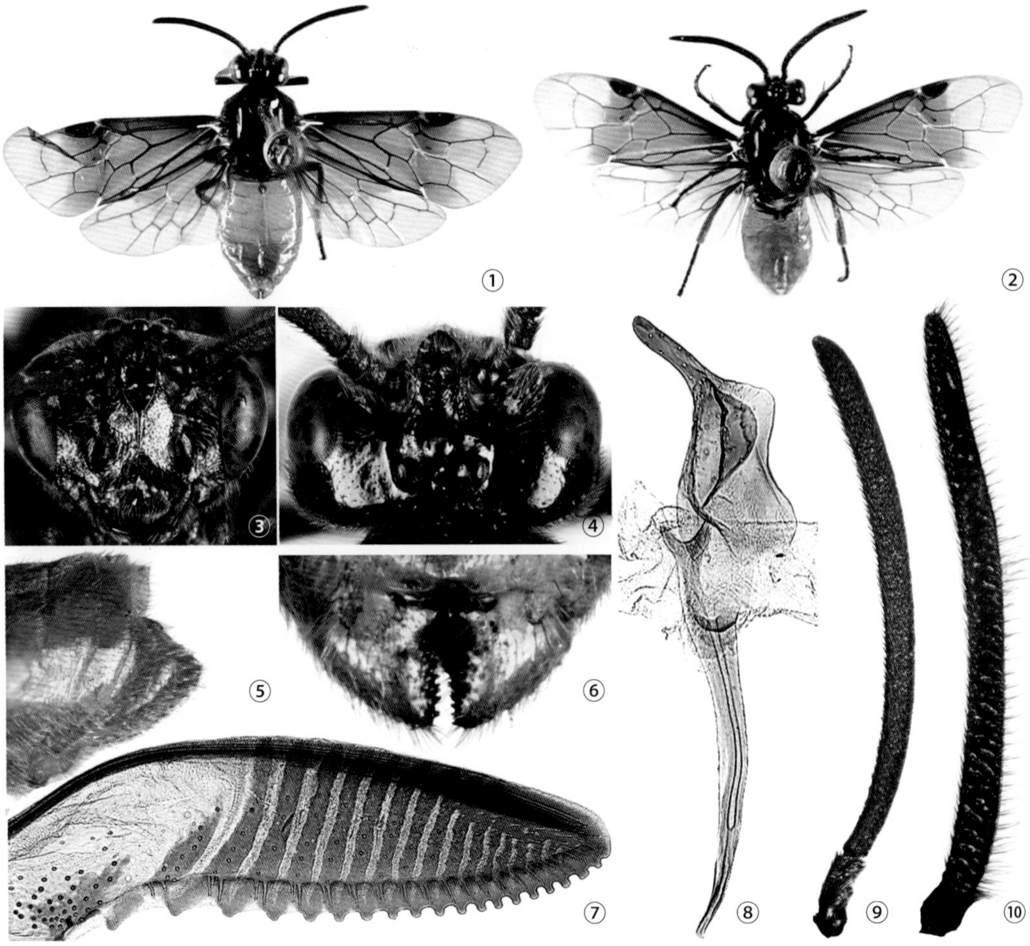

震旦黄腹三节叶蜂（魏美才、刘婷摄）

①雌成虫；②雄成虫；③雌虫头部前面观；④雌虫头部背面观；⑤雌虫腹部端部侧面观；⑥雌虫锯鞘背面观；⑦雌虫锯腹片；
⑧雄虫阳茎瓣；⑨雌虫触角；⑩雄虫触角

（图⑦）。雄虫体长 5～6mm（图②），体色和构造类似雌虫，但触角具明显的立毛（图⑩）；下生殖板宽大于长，端缘钝截型；阳茎瓣头叶纵向，几乎不倾斜，具倾斜、窄长的端腹突，侧叶耳形，十分明显，基腹钩指向前侧，尾叶稍突出（图⑧）。

卵 单产，近椭圆形，长约 1.2mm，宽 0.5～0.6mm。

幼虫 老龄幼虫长 13～16mm，青绿色，头黄褐色具褐色宽纵带，胸腹部具 6 条黑色小瘤突组成的 6 条纵线，最下侧的瘤突较大；胸足 3 对，腹足 6 对；肛上板黑色。

蛹 初蛹黄色，羽化前头胸部变蓝色。

茧 丝质，两层，外层较稀疏，内层较密。

生活史及习性 华东地区 1 年发生 5～6 代，世代重叠现象比较突出。以老熟幼虫于秋季入土结茧，以预蛹越冬。翌年春末夏初，越冬代幼虫在茧内化蛹，4 月中旬左右羽化出土，末代成虫见于 9 月底至 10 月初。成虫不需补充营养，有一定假死习性，当天交配后即可产卵。卵产于玫瑰上部半木质化的嫩茎内，左右两列成八字形倾斜排列，卵膨大后外观可见。卵期 10 天左右。幼虫 5 龄。低龄时幼虫有一定的群集性，高龄时分散取食，有自相残杀习性，无假死性，三龄后幼虫爬行时会举起腹部末端 4 节，左右摆动。幼虫老熟后入土，在表土层 2cm 左右处或枯枝落叶下结茧化蛹。

防治方法

园林措施 家庭培育的月季上发生危害时，可以人工捕捉，去除幼虫，并结合花枝修剪，剪除受害枝和产卵枝；清理枯枝落叶，结合松土消灭虫茧。

化学防治 规模种植时，发生叶蜂虫害，可以使用常规化学农药防治。应尽量在幼虫低龄时用药防治。

参考文献

万昭进，汪廷魁，1989. 日本三节叶蜂的研究 [J]. 昆虫知识，26(2): 85-88.

魏美才，牛耕耘，李泽建，等，2018. 膜翅目：广腰亚目 Symphyta [M] // 陈学新. 秦岭昆虫志：膜翅目. 西安：世界图书出版公司.

WAN S Y, WU D, NIU G Y, et al, 2022. *Arge aurora* Wei sp. nov. (Hymenoptera, Argidae) from China with a key to Eastern Asian species of *Arge nipponensis* group [J]. Entomological research, 52(1): 33-43.

ZHAO Y G, HUA B Z, 2016. Morphology of the immature stages of *Arge pagana* (Panzer, 1798) (Hymenoptera: Argidae) with notes on its biology [J]. Journal of Asia-Pacific Entomology, 19(4): 903-909.

（撰稿：魏美才；审稿：牛耕耘）

郑辟疆　Zheng Pijiang

郑辟疆（1880—1969），著名畜牧学家、农业教育家，苏州大学（原苏州丝绸工学院、原苏州蚕桑专科学校）教授。

个人简介　字紫卿，1880 年 11 月 21 日出生于江苏吴江县。1900 年考入浙江蚕学馆，1902 年毕业后留校任教，1903—1905 年赴日本考察学习，1905 年回国后，任山东青州蚕桑学堂教员，1906—1917 年任山东高等农业学堂（1913 年更名为山东省立农业专门学校）教授，1917 年任浙江省原蚕种制造场主任技术员，1918 年应史量才、黄炎培先生邀请，出任江苏省立女子蚕业学校第三任校长，1929—1931 年兼任江苏省立蚕丝试验场技正、厂长，1936 年兼任江苏省立制丝专科学校（1937 年更名为江苏省立蚕丝专科学校）主任、代校长，1958 年任苏州丝绸专科学校（1961 年更名为苏州丝绸工学院）、苏州蚕桑专科学校校长。1969 年 11 月 27 日在苏州逝世。曾任第一届全国人大代表，第一届全国政协特邀代表，第三、四届全国政协委员，苏南行署委员，江苏省人民委员会委员，第三届江苏省政协常委，中国蚕学会第一届理事会名誉理事长，江苏省蚕桑学会第一届理事会理事长等职。

毕生致力于中国蚕丝业的改革与发展。早在东渡日本考察期间，他就深刻认识到中日蚕丝业间的巨大差距，并立志要改变中国近代蚕丝业的落后面貌。在山东任教期间，他拟就的《提倡蚕桑十二条陈》提出了振兴中国蚕丝业的办法与主张。他提倡科学养蚕，是中国蚕种改良、蚕丝业技术与机械改革的主要领导者。在长达 60 余年的蚕学教育生涯中，他编写了中国最早的有系统的蚕学教材，构建了中国近现代蚕桑人才培养体系。他主张教学、实践和行政联合，形成了理论联系实际、学校教育与社会生产相结合的教育思想，为中国近现代高等教育和职业教育做出重要贡献。他倡导的蚕丝业推广工作是中国在农村开展合作社运动、进行科学普及和科技兴农的早期实践，开创了学校为地方经济发展服务的新模式。晚年致力于校勘中国蚕学典籍，为继承和发扬中国古代蚕桑文化做出贡献。

成果贡献　是中国现代蚕学理论体系的奠基人。他是最早在国内提倡科学养蚕的先驱之一。1915 年起，他先后编写了《桑树栽培》《蚕体生理》《蚕种制造》《养蚕法》《蚕体解剖》《蚕体病理》《制丝学》和《蚕丝概论》等八部教材，至 1928 年有的已再版 10 余次之多，是中国最早的有系统的蚕学教材。20 世纪 60 年代，郑辟疆开始进行中国蚕学古籍的整理与校注工作，校释出版了《蚕桑辑要》《豳风广义》《广蚕桑说辑补》《野蚕说》等四部著作。

是杰出的蚕学教育家，是中国现代蚕学教育体系的奠基人。他从事蚕学教育达 67 年之久，其中有 51 年担任中高等蚕桑院校的校（院）长。他首先提出"振兴蚕丝业必先提倡蚕丝教育，培养实干人才"的思想。1914 年他出任山东省立农业专门学校蚕学本科主任，是该校蚕学教育的创始人之一。接任江苏省立女子蚕业学校校长后，他在校内先后设立场务部、原种部、试验部、推广部和缫丝实习工厂，为中国培养了一批蚕学专业人才。他于 1934 年创办了江苏省立制丝专科学校，成为中国高等制丝教育的发端，构建了养蚕与制丝学科同步发展、中级和高级人才同步培养的蚕桑人才培养体系。他推行理论联系实际、学校教育与社会生产相结合的教育思想，充分发挥了学校的社会服务职能，促进了我国蚕学高等教育和职业教育的发展。1939 年，他还带领江苏省立女子蚕业学校和蚕丝专科学校的师生迁往四川乐山复校，为推动中国西部的蚕学教育和蚕丝业发展做出贡献。

是中国蚕丝业改革和现代化的重要领导者。赴日考察回国后不久，他就拟成《提倡蚕桑十二条陈》送呈山东巡抚，提出自己关于振兴中国蚕丝业的见解，这些主张后来得到民国政府的肯定。1923 年，他发起"土种革命"，进行蚕种改良和推广；1926 年他与邵申培等一起建立了大有蚕种场，培育出广受蚕农欢迎的"方形牌"优质蚕种；他推动江苏省政府颁布《江苏省蚕业取缔法规》，使蚕种生产步入规范化。1929 年他组织成立的开弦弓生丝精制合作社是中国最早的农村自办机械制丝厂，也是中国农村合作社的先声。20 世纪 30 年代，他开始对中国制丝机械进行改进，在缫丝机、烘茧机、煮茧机等方面做了大量引进、仿制、改造和推广工作，极大提高了中国生丝的产量和质量；在他的主持和领导下，中国实现了从直缫车到坐缫车、立缫车再到自动缫丝机的重大技术革新。

所获奖誉　具有坚定的爱国精神和远大的理想抱负，几十年来为振兴中国蚕丝业而兢兢业业，矢志不渝，享有崇高的学术地位和社会威望。社会学家费孝通称他是"一生为使别人生活得好起来而不计较报酬埋头工作的人"，日本蚕学界更尊称他为"中国蚕丝业的圣人"，他带领下的江苏省立女子蚕业学校被誉为"中国蚕丝业改革的发动机"。1954 年他出席全国人大会议期间，得到毛泽东主席、周恩来总理接见并勉励他"把我国的蚕丝业发扬光大"。1957 年加入九三学社。中国蚕学会成立之初，他即被选为第一届名誉理事长。

性情爱好　是伟大的爱国主义科学家、教育家和社会活动家。当他看到日本蚕丝业的兴盛和中国蚕丝业的没落时，忧心如焚，怀揣着"实业救国""教育救国"的远大理想毅

郑辟疆（陈卓提供）

然回到祖国，脚踏实地地为复兴中国蚕丝业奋斗了终身。他视教育为神圣的使命，不惜为此放弃个人利益；他抱持独身主义思想，直到70岁高龄才与学生、助手费达生教授结为连理；他是学有远见的科学家，又是平易近人的教育家，主张男女平等，提倡女子教育，强调理论和实践的结合。在办学艰难之际，郑辟疆受命出任女子蚕业学校校长，拟定校训"诚谨勤朴"；在蚕病爆发之时，他率先自我检讨；他还体恤工人、农民的利益，千方百计为他们解决困难。

参考文献

费达生，曹鄂，1993. 郑辟疆 [M] // 安民 . 中国科学技术专家传略：农学编　养殖卷 1. 北京：中国科学技术出版社 .

余广彤，1988. 中国蚕丝教育家、革新家——郑辟疆 [J]. 苏州丝绸工学院学报 (3): 4.

余广彤，1990. 蚕丝春秋 [M]. 南京：南京出版社 .

余广彤，2011. 郑辟疆 [M] // 石元春 . 20 世纪中国知名科学家学术成就概览：农学卷　第一分册 [M]. 北京：科学出版社：71-78.

郑声铺，1987. 郑辟疆（1880—1969）[M] // 陆星垣 . 中国农业百科全书：蚕业卷 . 北京：农业出版社：256-257.

朱跃，2013. 郑辟疆与其同志们 [J]. 丝绸，50(8): 75-79.

朱跃，2013. 郑辟疆教育思想与实践研究 [M]. 苏州：苏州大学出版社 .

朱跃，2016. 郑辟疆与江苏省立女子蚕业学校 [J]. 苏州大学学报（教育科学版），4(2): 113-119.

（撰稿人：陈卓；审稿：彩万志）

支原体　mycoplasmas

支原体属（*Mycoplasma*）的细菌是迄今发现的最小的细菌细胞，也是能独立生长的最小的微生物。其显著的结构特征是缺乏细胞壁，这使得它们对作用于细胞壁合成的抗生素（如 β- 内酰胺类抗生素）天然不敏感。缺乏刚性细胞壁也使它们非常容易干燥和渗透裂解，因此虽然能独立生长，但在自然界中并没有发现独立存在的支原体。它们通常栖息在呼吸道或泌尿生殖道的黏膜表面，部分能感染人和动物引起严重的疾病，其中肺炎支原体（*Mycoplasma pneumoniae*，Mp）是全世界儿童和成人社区获得性上、下呼吸道感染的常见病原体。

"支原体"一词来自希腊语"μύκης"（myces，真菌）和"πλάσμα"（plasma，形成的），1898 年埃德蒙·诺卡德（Edmond Nocard）和埃米尔·儒克斯（Emile Roux）培养的牛传染性胸膜肺炎的病原体胸膜肺炎样微生物（pleuropneumonia-like organism，PPLO），是首个被分离的支原体种细菌，目前被分类为丝状支原体丝状亚种（*Mycoplasma mycoides* subsp. *mycoides*）。20 世纪 50 年代朱利安·诺瓦克（Julian Nowak）以属名 *Mycoplasma* 命名了这一类类似于 PPLO 的丝状微生物。后来发现，真菌丝状生长仅为丝状支原体（*Mycoplasma mycoides*）的典型特征，但 mycoplasma 这个术语一直沿用至今。

支原体属分类于柔膜菌纲（Mollicutes），支原体（mycoplasma，不大写）通常指柔膜菌纲的所有细菌，由 4 个目、5 个科、8 个属组成。其中支原体目（Mycoplasmatales）仅有支原体科（Mycoplasmataceae）1 个科员，由支原体属（*Mycoplasma*）和脲原体属（*Ureaplasmas*）2 个属组成。支原体属包括 100 多个已鉴定的种，其中至少 16 个种以人类为宿主，最重要的人类致病菌为肺炎支原体、人型支原体（*Mycoplasma hominis*）和生殖支原体（*Mycoplasma genitalium*）；脲原体属包含 7 个种，其中 2 个为人类致病菌，分别为解脲脲原体（*Ureaplasmas urealyticum*）和细小支原体（*Ureaplasmas parvum*）。在本词条中，支原体或 mycoplasma 描述柔膜菌纲的细菌，支原体属或 *Mycoplasma* 则特指支原体属的细菌。

支原体虽然缺少细胞壁，但菌体却能保持一定的形状。在没有刚性细胞壁的情况下，菌体形状的保持表明了细胞骨架的存在。与人类相关的支原体为球形和球杆状（图①②）。一些支原体具有特殊的"尖端"结构，使细胞形成独特的烧瓶状外观（图①），如 Mp、生殖支原体和穿透支原体（*M. penetrans*）。该"尖端"结构在支原体对宿主细胞的黏附中

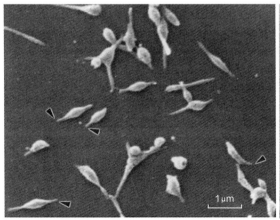
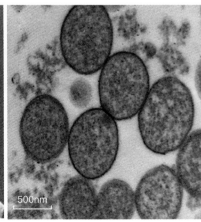
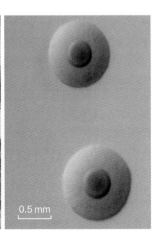

显微镜下的支原体（Citti & Blanchard, 2013; Waites & Talkington, 2004）
①扫描电镜下肺炎支原体的形态和大小。箭头指向为附着结构；②透射电镜下无乳支原体（*M. agalactiae*）的细胞形态和大小；
③无乳支原体在固体培养基上形成的典型的"煎蛋样"菌落

表1   全基因组测序的新发或再发支原体（Waites and Talkington, 2004）

支原体属	基因组大小	自然宿主	相关疾病	新发或再发状态
生殖支原体	580kb	人类	非淋球菌性尿道炎	新发抗生素抗性菌株
肺炎支原体	816kb	人类	非典型肺炎	新发抗生素抗性菌株
鸡毒支原体	996kb	家禽	鸡慢性呼吸道病	新发于野生动物
无乳支原体	877kb	小反刍动物	接触性无乳病	再发于南欧，新发于野生动物
丝状支原体	1211kb	大反刍动物	牛传染性胸膜肺炎	非洲流行区扩展，其他地区再发风险

起重要作用，也与支原体的滑行相关。

支原体是快速进化的细菌，进化特征为基因组急剧缩小、基因编码能力降低、代谢途径数量减少。如：Mp 基因组仅有 677 个蛋白质编码基因，缺失了完全的合成代谢（无氨基酸合成）和代谢途径以及用于合成复杂结构（如需要大量基因的细胞壁）的基因。固醇是支原体细胞膜不可或缺的组成部分，但自身无法合成。由于这些退化的基因组特性，支原体虽然能在人工合成的培养基上生长，但需要复杂的营养条件，需要添加固醇和动物血清。支原体在固体培养基上 2～7 天长出直径 10～600μm 的典型的"煎蛋样"菌落，低倍显微镜下见菌落形态呈圆形，中心致密隆起，深入琼脂，外周由颗粒包绕（图③）。

对支原体感染的研究主要集中在人和家养动物，研究最深入的为肺炎支原体。Mp 通过呼吸道飞沫传播，引起多种临床表现，包括咽炎、气管炎、支气管炎和肺炎。在原发性呼吸道感染后，有时会通过直接传播或自身免疫作用而出现肺外表现。Mp 被宿主吸入之后滑动到纤毛上皮，其"尖端"结构黏附在细胞表面。细胞壁缺失促进了细菌细胞与宿主细胞的紧密联系，保证了细菌生长和增殖所必需的化合物交换。细胞黏附性由 P1 黏附素和其他辅助蛋白介导，继黏附之后，Mp 合成的过氧化氢、超氧化物自由基同宿主细胞自身产生的内源性活性氧引起上皮细胞的氧化应激损伤。在动物模型中，Mp 表面的社区获得性呼吸窘迫综合征（CARDS）毒素与宿主细胞上的受体结合并被内吞进入宿主细胞，导致纤毛停滞，细胞核破裂，促炎细胞因子的产生、急性细胞炎症反应和气道损伤。

支原体本身具有占据所有类型生态位的可能，近年来在野生动物中也逐渐发现新的支原体。鸡毒支原体在野生鸟类中的爆发是支原体适应新宿主产生严重后果的代表性例子。1994 年在美国东部的家禽中首次检测到鸡毒支原体，在之后的 3 年内，鸡毒支原体导致了约 2.25 亿只燕雀死亡。对 1994—2007 年整个流行期间采样的鸡毒支原体进行测序，表明家禽的鸡毒支原体进化非常快，每年在每个位点上发生的碱基替代率约为（$0.8～1.2$）$\times 10^{-5}$。

植物支原体包括植原体（phytoplasma）和植物致病性螺原体（spiroplasmas），其中植原体属隶属于非固醇菌原体目（Acholeplasmatales）非固醇菌原体科（Acholeplasmataceae），是目前唯一不能体外培养的支原体。植原体生活在植物的韧皮部筛管，主要依靠以韧皮部为食的昆虫（主要是叶蝉和木虱）在植物间传播。当媒介昆虫通过刺吸取食被植原体感染的植物时，病菌随韧皮部汁液进入昆虫中肠，随后进入血淋巴并复制增殖，从血淋巴感染唾液腺，并随着昆虫的再次取食，病菌被传播给健康植物。虫媒一旦获得植原体，会终生携带，但植原体的繁殖并不引起昆虫显著的病原学效应。被感染的植物则表现出多种伤害，包括丛枝、黄化、萎缩、韧皮部坏死等。植物感染植原体后通常没有治愈的方法。由于植原体需要特定的虫媒进行传播，灭虫是防控此类病害的重要手段。杀虫剂导致环境污染，研究虫媒与植原体之间特异性的分子互作，据此开发将病菌阻断于虫媒体内，使其不能传播至植物寄主的抗病策略，是防控植原体病害新的环境友好的研究方向之一。

支原体中有很多人类、动物和植物的病原体，但其发病率和发生率长久以来一直处于被低估的状态。随着测序技术的进步，许多支原体种和菌株得以鉴定，在临床样本中发现了多种支原体并存于同一样本的感染情况，对已知支原体感染新宿主造成新疾病流行的状况能够进行病原体鉴定、溯源和进化研究（表 1）。支原体是一种成功的病原体，它们已经进化出许多机制和策略，可以在恶劣的环境中生存并适应新的生态位或宿主。对不同宿主中支原体进行大规模测序及进化分析，将极大促进对新发传染病的溯源及对潜在新病原的预测。

参考文献

CITTI C, BLANCHARD A, 2013. Mycoplasmas and their host: emerging and re-emerging minimal pathogens[J]. Trends in microbiology, 21(4): 196-203.

GARNIER M, FOISSAC X, GAURIVAUD P, et al, 2001. Mycoplasmas, plants, insect vectors: a matrimonial triangle[J]. Comptes rendus de lácadémie des sciences-serie Ⅲ, 324(10): 923-928.

HI MMELREICH R, HILBERT H, PLAGENS H, et al, 1996. Complete sequence analysis of the genome of the bacterium *mycoplasma pneumoniae*[J]. Nucleic acids research, 24(22): 4420-4449.

SIRAND-PUGNET P, CITTI C, BARRE A, et al, 2007. Evolution of mollicutes: down a bumpy road with twists and turns[J]. Research in microbiology, 158(10): 754-766.

WAITES K B, TALKINGTON D F, 2004. *Mycoplasma pneumoniae* and its role as a human pathogen[J]. Clinical microbiology reviews, 17(4): 697-728.

WAITES K B, XIAO L, 2015. Molecular medical microbiology[M]. Boston: Academic Press: 1587-1609.

（撰稿：张莉莉；审稿：崔峰）

Z

芝麻鬼脸天蛾　*Acherontia styx* (Westwood)

在中国属偶发性害虫，个别年份局部发生较重。又名芝麻天蛾、芝麻面形天蛾、茄天蛾。鳞翅目（Lepidoptera）天蛾科（Sphingidae）面型天蛾属（*Acherontia*）。国外分布于日本、韩国、朝鲜、新加坡、印度、越南、泰国（南部）、马来西亚、菲律宾、印度尼西亚、斯里兰卡、缅甸等地。中国分布于北京、河北、河南、山东、浙江、江苏、湖北、湖南、江西、福建、广东、广西、山西、陕西、四川、云南、海南、台湾等地。

寄主　幼虫取食胡麻科、木樨科、茄科、豆科、马鞭草科等植物。

危害状　成虫和幼虫均造成危害。幼虫喜取食新梢叶片及嫩茎，一般取食芝麻、桂花、茄子等植物的叶片造成缺刻或孔洞。取食芝麻叶片，常将芝麻吃成光秆，影响光合作用，造成芝麻籽粒瘦瘪，对产量影响较大。成虫期以虹吸式口器刺吸龙眼、荔枝、枇杷、桃、李、杧果等果实上的果汁，刺孔处流出汁液，伤口软腐呈水渍状，内部果肉腐烂，果实最后脱落，即便未落的果实品质也大受影响，严重影响产量。

形态特征

成虫　体长 43～46mm，翅展 100～120mm。头顶平，棕黑色，前额浅凹如槽状。触角扁，略成镰状。复眼大，黑色。胸部背面有骷髅形纹，眼斑以上具灰白色大斑。腹部黄色，各环节间具黑色横带，背线青蓝色，较宽，第五腹节后盖满整个背面。前翅黑色，具微小白色斑点，间杂有黄褐色鳞片，内、外横线各由数条深浅不同颜色的波纹组成，顶角附近有较大的茶褐色斑，中室具 1 灰白色小点，室外有浓黑的曲折横线；后翅杏黄色，基部、中部及外缘处具较宽的 3 条横带，后角附近有 1 块灰蓝色斑（见图）。

卵　球形，淡黄色，高 0.8～0.1mm，直径 2mm。

幼虫　低龄时体色较浅，头胸部有明显的淡黄色颗粒。老熟时体长 90～110mm，腹部末端具尾角，长 10～15mm，向后上方弯曲，上有瘤状刺突和颗粒。体色多变，有绿色、黄绿色、浅橄榄绿色、褐色等，以前两种居多。褐色型：头部黄色，两侧具黑色纵条带，体色暗褐色略带紫色，胸部具白色细背中线，前胸除背中线外均为黑色，中、后胸背中线两侧黑色，再向两侧具白色杂黑色纵条带，腹部各节均具数条环状皱纹，背面有倒"八"字形黑色条纹，腹部第一至第八节两侧各有灰色斜纹，背面具灰黄色散点，尾角灰黄色，气门黑色，隐约具白色环，胸足黑色，腹足黑褐色。绿色型：头黄绿色，外缘具黑色纵条带，身体黄绿色，前胸较小，中、后胸膨大，各节具横皱纹 1～2 条，腹部第一至第七节体侧各具 1 条从气门线到背部的靛蓝色斜线，斜线后缘黄绿色，各腹节有数条绿色皱纹，近背部有较密的褐绿色颗粒，尾角黄色，呈"S"形，气门黑色镶黄白色环边，胸足黑色，腹足绿色。

蛹　体长 55～60mm，红褐色，各体节前半色深，后半色淡，腹端棕黑色。后胸背面有 1 对粗糙雕刻状纹，腹部第五至第七节气门各有 1 条横沟纹。

生活史及习性　在河南、湖北每年发生 1 代，在长江以南的江西、广东、广西、云南等地区每年发生 2 代，以蛹在土室中越冬。每年 1 代区：6 月上旬成虫羽化，6 月中下旬产卵，7 月中下旬为幼虫危害盛期，8 月中下旬至 9 月上旬，幼虫老熟后入土化蛹越冬。每年 2 代区：6 月下旬越冬代成虫羽化并产卵，第一代幼虫发生在 7 月中下旬，8 月上旬化蛹，8 月下旬第一代成虫羽化，第二代幼虫发生在 9 月，10 月上旬幼虫老熟后入土化蛹越冬。

低龄幼虫白天栖息在叶背，晚间取食，老龄幼虫昼夜取食，常将叶片吃光。幼虫随龄期增大有转株危害的习性。

成虫具趋化性，成虫羽化出来后，需吸食水分和蜜糖以补充营养，促进发育，才能进行正常的交配和产卵，因此，成虫在果实成熟期发生量大。成虫在夜晚具趋光性，白天躲在隐蔽处栖息，晚上进行吸食、交尾、产卵等活动。成虫一般将卵产于芝麻顶梢的嫩叶上，叶正面和背面都有，每个叶片一般产卵 1 粒，每只雌蛾可产卵 100～150 粒，成虫飞翔能力不强，常隐蔽在寄主叶背，把卵散产在寄主的叶面或叶背的主脉附近。活动时间是 21:00～23:00，24:00 以后逐渐减少；晴天、闷热、无风、无月光的夜晚成虫出现数量大，危害重；刮风下雨或气温下降的夜晚比较少，危害也轻；山区丘陵果园受害重。

防治方法

物理防治　利用成虫的趋光性，于成虫盛发期用黑光灯、频振灯诱杀成虫。用杨树枝捆扎成束，喷上吡虫啉插在田间，对诱杀成虫也有一定效果。

生物防治　保护、释放天敌，如螟黄赤眼蜂、松毛虫赤眼蜂、北方凤蝶卵跳小蜂、广赤眼蜂等；利用青虫菌、苏云金杆菌生物制剂防治。

化学防治　药杀幼虫掌握低龄幼虫期，选用 25% 灭幼脲悬浮剂 500～600 倍液或 10% 吡虫啉可湿性粉剂 1500 倍液、2.5% 溴氰菊酯乳油 24～40ml/ 亩，交替或混合施用，喷匀喷足。

参考文献

雷仲仁，郭予元，李世访，2014. 中国主要农作物有害生物名录 [M]. 北京：中国农业科学技术出版社：170.

舒畅，汤建国，2009. 昆虫实用数据手册 [M]. 北京：中国农业出版社：289-290.

中国农业科学院植物保护研究所，中国植物保护学会，2015. 中国农作物病虫害：上册 [M]. 3 版. 北京：中国农业出版社.

（撰稿：郭巍、赵丹；审稿：董建臻）

芝麻鬼脸天蛾成虫（杨向东提供）

芝麻荚螟　*Antigastra catalaunalis* Duponchel

寡食性害虫，是长江以南芝麻产区的重要害虫之一。又名芝麻荚野螟、胡麻蛀螟。鳞翅目（Lepidoptera）螟蛾科（Pyralidae）荚野螟属（*Antigastra*）。中国分布于北起江苏、河南，南至台湾、广东、广西、云南，东起滨海，西达四川、云南。

寄主　芝麻。

危害状　以幼虫在荚果内危害，造成烂果、烂籽，严重者可将籽粒吃光，造成蒴果脱落，也可取食叶肉、花心和嫩茎，直接影响芝麻的产量和质量。幼虫危害时吐丝缠绕芝麻叶、花，取食叶肉，钻入花心、嫩茎和蒴果内取食，轻者被害籽粒被蛀成缺刻，不能作种，并且充满虫粪以至霉烂，直接影响产量和质量；严重者可将整个蒴果内种子吃掉、蒴果变黑脱落，整株枯黄。

形态特征

成虫　小型，身体细长，体长7～9mm，翅展18～20mm。体暗褐色。复眼黑褐色，复眼到喙基部具1条白色细线。前翅淡黄色，赤脉橙红色，内、外横线黄褐色，不达翅后缘，中室内有一点及端脉点，外缘线黑褐色，缘毛长，缘毛基半部黑褐色，端半部灰褐色。后翅灰黄色、翅上有2个不明显的黑斑。

卵　长圆形，长约0.5mm。初产时乳白色，后转为淡黄至粉红色。

幼虫　老熟幼虫长16mm，头胸部较细，腹部较粗。幼虫体色变化较大，有绿、黄绿、淡灰黄和红褐等色，越冬幼虫多为浅灰绿色。背线、亚背线较宽，深红褐色。头黑褐色，前胸背板生有2个黑褐色长斑，中、后胸背板各有4个黑斑。上生刚毛，各腹节背面有6个黑斑，前4后2排成两排，体侧各有小黑痣3～4个，上生刚毛。腹足趾钩单序缺环，约16个，臀足趾钩单横带。

蛹　体长10mm。初化蛹为淡绿色，后变绿褐色。喙和触角末端与蛹体分离。

生活史及习性　芝麻荚螟1年发生4代，有世代重叠现象，以蛹越冬。成虫盛发期在8月，有趋光性，飞翔力弱，白天多停息在芝麻叶背或杂草丛中，傍晚开始活动产卵。卵散产于芝麻叶、花、蒴果和嫩梢上，卵经6～7天孵化。初孵幼虫主要钻入花心和蒴果内危害蛀食籽粒及蒴果，也可取食叶肉，幼虫危害有迁移习性，多在蒴果期危害。幼虫期约15天，老熟幼虫在卷叶内、蒴果中或茎缝间结灰白色薄茧化蛹，蛹期约7天。完成一个世代需37～38天。喜欢较高的温度，高温高湿年份危害较重；植株茂密、品种混杂、播期参差不齐地区受害较重。

防治方法

物理防治　在成虫盛发期，利用黑光灯诱杀成虫。

生物防治　在芝麻开花期用0.3%印楝素乳油1000～1200倍液喷雾防治。

化学防治　在幼虫发生初期喷药。药剂有：90%敌百虫可溶性粉剂800～1000倍液、20%的甲氰菊酯乳油1500～2500倍液、50%的杀螟丹可湿性粉剂1000倍液、50%的氯虫苯甲酰胺悬浮剂4000倍液、5%的氟啶脲乳油1000倍液等。三龄以上幼虫可用10%的虫螨腈悬浮剂1000倍液、20%的虫酰肼悬浮剂1000～1500倍液喷雾防治。三龄后害虫体型增大，抗药*性增强，可在第一次喷药后7～10天补喷1次。不同的杀虫剂可以交替使用，避免害虫产生抗药性。

参考文献

中国农业科学院植物保护研究所,中国植物保护学会,2015.中国农作物病虫害:上册[M].3版.北京:中国农业出版社.

（撰稿：郭巍、赵丹；审稿：董建臻）

脂肪体　fat body

脂肪体是存在于昆虫体腔中的动态组织，由薄片状或丝带状不规则的脂肪细胞群或悬浮于血腔中的小节结组成，通常呈白色或黄色，其主要成分是蛋白质、脂类和糖元。许多昆虫，特别是全变态类昆虫的幼虫，脂肪体是其内部解剖中常见的组分，紧挨着昆虫体壁下分布有外周（peripheral）或腔壁（parietal）脂肪体层，环绕消化道还存在内脏周（perivisceral）脂肪体层。脂肪体在昆虫的腹部非常明显，其组分可以扩展到胸部和头部。

脂肪体在昆虫体内的排列在同一物种是比较恒定的，但不同目昆虫之间差异很大。在半变态昆虫中，幼虫的脂肪体可以存留到成虫阶段而不发生大的变化，但在完全变态的昆虫中，脂肪体则会在变态过程中完全重建。

脂肪体中的主要细胞类型是脂肪细胞（adipocytes）。在一些昆虫中，脂肪体还可能包含尿盐细胞（urate cells）、含菌细胞（mycetocytes）和绛色细胞（oenocytes）等。这些细胞与血淋巴充分接触，有利于代谢物的交换。

昆虫脂肪体行使与脊椎动物的肝和脂肪组织类似的功能，是昆虫中间代谢的主要器官，也是营养和能量的储存中心，为昆虫发育、变态和繁殖提供所需要的物质和能量。脂肪体的主要功能是合成和储存蛋白质、脂类和碳水化合物，由脂肪体组织中的脂肪细胞来完成。同一物种昆虫个体间脂肪体的大小反映了物质在脂肪体细胞中的储存量。

大多数的血淋巴蛋白，如储藏蛋白、脂蛋白、卵黄蛋白原、滞育蛋白等，都由脂肪体来产生。脂肪体也可以把由脂肪体合成分泌的蛋白质从血淋巴中移除而储存起来。通常情况下脂肪体中发生的蛋白合成与储存不是同时发生的。脂肪体还是氨基酸之间转氨作用的主要场所。

昆虫中大多数的脂类物质以甘油三酯的形式存在于脂肪体中，占脂肪体干重的70%以上，脂生成主要是在脂肪体中进行，包括脂肪酸的合成和随后的甘油三酯的生成。脂肪体以食物营养依赖的方式调节脂肪生成与脂解过程的平衡。

碳水化合物是以糖元的形式储存于昆虫体中，这一过程是在活跃取食阶段的昆虫脂肪体中进行。在昆虫需要的时候，可以通过激素活化脂肪体细胞中的磷酸化酶将储存的糖元转化为海藻糖。

Z

脂肪体组织中的尿盐细胞用于储存尿酸或尿酸盐，这些物质是昆虫体内的氮素代谢废物，其中的氮可能在菌胞中的菌作用下再循环利用。脂肪体也是解毒组织，在杀虫剂与植物次生性物质代谢解毒中发挥作用。

参考文献

CAPINERA J L, 2008. Encyclopedia of entomology [M]. 2nd ed. Berlin: Springer.

CHAPMAN R F, 1998. The insects: structure and function [M]. 4th ed. Cambridge: Cambridge University Press.

ARRESE E L, SOULAGES J L, 2010. Insect fat body: energy, metabolism, and regulation [J]. Annual review of entomology, 55: 207-225.

MAKKI R, CINNAMON E, GOULD A P, 2014. The development and functions of oenocytes [J]. Annual review of entomology, 59: 405-425.

（撰稿：邱星辉；审稿：王琛柱）

直翅目　Orthoptera

直翅目昆虫包含了形形色色的蝗虫、螽斯和蟋蟀。根据不同的分类系统，被划分为 13～30 个科，已知 20000 余种。通常被划分为螽亚目及蝗亚目两个大类。直翅目昆虫为半变态昆虫，体型小至大型，最大型的种类可以超过 12cm；粗壮的用于跳跃的后足是该目最显著的特征，尽管一些穴居种类次生的不具备这一特征。通常为下口式，少数前口式，咀嚼式口器，具发达的用于切割和磨碎植物的上颚。头常近卵圆形、锥状，或延长；具 1 对发达的复眼，但在穴居的驼螽中，复眼可能完全消失；单眼存在或缺失；触角通常丝状，多节，一些螽亚目的种类具有长过身体数倍的触角。前胸发达，前胸背板常马鞍状，中胸较小，后胸发达。前中足为步行足，一些捕食性种类在前中足具发达的刺突，用于抱住猎物；螽亚目中，前足胫节常具听器；一些穴居种类，前足为开掘足；后足通常为发达的跳跃足；跗节 1～4 节不等。通常具 2 对翅，前翅窄长，革质，螽亚目中，雄性常于翅基部具摩擦发音器官；后翅宽大，臀域发达。一些种类的翅或多或少地退化，甚至消失。腹部肥大，具 8～9 可见腹节，雌性具有发达的源于附肢的产卵器，尾须不分节。直翅目昆虫常有复杂的求偶行为，从动作到鸣声。卵产于植物组织内部或土壤中，一些种类有照料卵的行为。若虫与成虫形态十分相似，在有翅类群中，若虫的翅芽方位在不同龄期会有变化，至倒数第二龄时，后翅翅芽盖住前翅。直翅目昆虫适应多样的环境，日行或夜行，大多数种类植食性，部分种杂食或捕食性；具有迁飞能力的数种蝗虫曾造成农业生产的毁灭性打击。直翅目与蟷目有密切的亲缘关系，但与其他新翅类的关系尚需研究。

参考文献

GULLAN P J, CRANSTON P S, 2009. 昆虫学概论 [M]. 3 版 . 彩万志 , 花保祯 , 宋敦伦 , 等 , 译 . 北京 : 中国农业大学出版社 : 232.

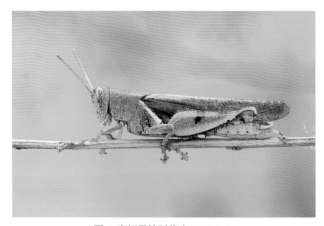

图 1　直翅目蝗科代表（吴超摄）

图 2　直翅目蟋蟀科代表（吴超摄）

图 3　直翅目螽斯科代表（吴超摄）

印象初 , 1982. 中国蝗总科 (Acridoidea) 分类系统的研究 [J]. 高原生物学集刊 (1): 69-99.

袁锋 , 张雅林 , 冯纪年 , 等 , 2006. 昆虫分类学 [M]. 北京 : 中国农业出版社 : 149-172.

郑乐怡 , 归鸿 , 1999. 昆虫分类学 [M]. 南京 : 南京师范大学出版社 : 169-280.

（撰稿：吴超、刘春香；审稿：康乐）

直纹稻弄蝶　*Parnara guttata* (Bremer et Gery)

一种卷叶、食叶昆虫，为水稻的主要害虫之一。又名直纹稻苞虫。鳞翅目（Lepidoptera）弄蝶科（Hesperiidae）稻弄蝶属（*Parnara*）。幼虫称稻苞虫，是中国水稻的主要害虫之一。20世纪70年代后期，陕西陕南稻区因杂交稻中晚熟组合的大面积种植及氮肥用量增加，稻苞虫由局部危害演变为普遍危害。在中国分布范围广，东自台湾，西至四川、云南，北起牡丹江一带，南迄海南岛均有分布。但是邻近陕甘的宁夏银川稻区无分布，新疆稻区未见分布。在山区、丘陵地区稻田危害严重。

寄主　较为复杂，栽培作物以水稻为主，偶见危害高粱、玉米、甘蔗、大麦，野生寄主较为常见的有游草、野茭白、稗草、白茅、芦苇、蟋蟀草、狼尾草、知风草、三棱草。

危害状　直纹稻弄蝶幼虫为食叶性害虫，幼虫孵化后爬至叶片边缘或叶尖处吐丝缀合叶片，做成圆筒状纵卷叶苞，潜伏在其中为害，每头幼虫可食害稻叶10～14片，对水稻产量的影响因品种、生育期、受害部位、个体和群体补偿能力及水肥管理措施等而异。当水稻分蘖期受害，如每亩达1万～2万头时，全部稻叶可被吃光，无法进行光合作用，致使植株矮小，穗短粒少；抽穗前为害严重时，稻穗被卷在虫苞内，不能抽穗或抽出弯曲的稻穗，不利于开花结实，不实粒多。

形态特征

成虫　体长16.0～22.0mm，体被黄褐色鳞毛，带金黄光泽。前翅长16.0～19.2mm，近三角形而狭长，前翅具白斑7～8枚，排成半环形；中室斑纹2枚，呈上下排列，雌蝶上枚粗且长，下枚细小，雄蝶反之；中域斑纹3枚，从大至小分位于Cu_1、M_3、M_2室；翅顶斑纹2～3枚，分位于R_3、R_4、R_5室，雌蝶部分个体2A脉上具1条细长白斑纹，部分雌蝶中室下1枚斑纹，雄蝶R_3室斑消失；后翅中域4枚白斑，分位于M_1+M_2室内2枚，M_3、Cu_1各1枚，以Cu_1室斑最大，从大到小排成一直线，故名"直纹"，雄蝶斑排列不平直，且M_1+M_2室内2枚斑退化变小或成褐色点，中室端具不透明斑1枚。雌蝶外生殖器交配囊呈瓶状，导管颈细长；雄虫外生殖器抱握器瓣片背缘内凹，基部与外端大小

一致，阳茎棍棒状（图①）。

卵　半圆球形，卵心略凹，侧看卵顶略平，卵底平直，卵径0.84～0.98mm，卵高0.54～0.63mm，正看卵长、短两轴差距较大，卵心纹（紧靠卵孔的一层网纹）花朵状，甚小，长轴0.059mm左右，由8～12瓣组成，瓣形瘦长。卵孔大而明显，四周具辐射状卵孔侧枝5～7条，侧枝长度不等，短的略与卵孔径等长，最长侧枝可达卵孔径4倍。

幼虫　初孵幼虫体长2.5mm左右，头宽0.575～0.6mm，体乳白色，取食后青绿色，前胸背面具黑色带状盾板1枚。二龄以后背线、亚背线明显，前者色暗绿色，稍宽，后者色浅而细。三、四龄臀板上有圆圈形、丁字形、带状等黑纹，有些整片臀板黑色，末龄幼虫臀板各形状的黑纹消失。老熟幼虫体长27～38mm，头宽2.76～3.2mm，淡褐头色，头纹黑褐，额区的"人"字形纹及紧位其上的两条纵走平行纹不很明显，单眼内侧的黄白色半圆形斑不甚鲜明，体色灰绿，尤以高温世代体色更浓；气门大而内凹较深，孔缘略与体壁平齐，第四腹气门长轴为0.28mm左右。幼虫体表布满褐色至无色的小疣状突起，疣突四周围暗绿色而成一圆斑，疣突中央缀有淡棕褐色至无色短刚毛（图②）。

蛹　圆筒形，长而粗大，末端细小，长19～25mm，头宽4～5mm，蛹体背面皱而粗糙，刚毛基部具小疣突，胸气门纺锤形，通常中部膨大，上端或上下两端尖削，长轴0.64～0.84mm，前足尖端较长或略等于触角尖端（图③）。

生活史及习性　长城以北1年2代，长城以南黄河以北1年3代，黄河以南长江以北4～5代，长江以南南岭以北5～6代，南岭以南6～8代。同一地区，海拔不同，发生代数不同。南方以中、小龄幼虫在背风的田埂、渠边、沟边的茭白、小竹丛等禾本科植物上结苞越冬，气温高于12℃能取食，第一代主要发生在茭白上，以后各代主要在水稻上。各虫态发育起点温度：卵12.6℃，幼虫9.3℃，蛹14.9℃。气温15～16℃时卵期15～16天，气温21～26℃时5天。幼虫期气温26～28℃时18～20天，低于24℃或高于30℃为21天，越冬代幼虫期长达180天。蛹期7～16天，成虫期2～19天。成虫昼伏夜出，清晨羽化。卵散产，每片叶上1～2粒，有的2～3粒连在一起，发生严重的稻田每丛稻上着卵60～70粒，卵多分布于稻叶正面，分蘖盛期及孕穗期，顶上二、三张叶片着卵量占70%～80%，封行稻田禾叶荫蔽，

图1　直纹稻弄蝶（吴楚提供）

①成虫；②幼虫；③蛹

小气候湿度大，上部卵多于中部，下部卵少；禾苗未封行时，小气候湿度小，卵多分布于下部叶片；保水田卵量多于落干田，少数卵产于茎秆上或产于虫苞内。

初孵幼虫先咬食卵壳，爬至叶尖或叶缘，吐丝缀叶结苞取食，清晨或傍晚爬至苞外，田水落干时，幼虫向植株下部老叶转移。灌水后上移，末龄幼虫多缀叶结苞化蛹。幼虫的发育历期不仅与温度、湿度相关，同时与取食的水稻品种也有关系。成虫补充营养的主要来源是各种花蜜，如马缨丹、苕子、萝卜、胡萝卜等，成虫还有嗜食牛粪尿、鸡屎、臭泥浆的特性。补充营养对成虫繁殖力、寿命影响很大。

张兴华等用卵孵50%至齐穗期的天数（即为危害时间）作为期距 D，将虫量 X、期距 D 和每头幼虫日减产率 K 组建稻苞虫危害损失率计算经验式：减产率 $Z=(0.0377+KD)X-0.5586$，可以较好预测损失率。同时，他们还测算出在1981～1984年的生产条件下陕西南部危害期分别为发生期0、5、10、15天的防治指标分别为54～95头/百丛，可以较原指标减少57%的防治面积，避免人力、物力的浪费和利于保护天敌。

发生规律

气候条件　稻苞虫的发生和消长与前一年12月至当年2月及6～8月的温湿度关系最为密切。冬春气温低或前一个月雨量大、雨日多易流行；夏季高温高湿是直纹稻弄蝶发生的有利因素，而高温低湿则不利于其发生。当成虫盛发期，如遇暴风雨，成虫数量骤减，如雨晴调匀，成虫活动正常，利于其觅食、交配、产卵；雨量少，成虫多产不孕卵，卵被寄生率高。不同温湿度条件组合对稻弄蝶生长发育、繁殖力、死亡率的影响是不同的。在汉中，8月上旬水稻齐穗率是影响稻苞虫为害的最主要因素，而7、8月降雨量、7月中下旬均温等4项气候因子也严重影响当地稻苞虫的发生发展，且这几项因子的变化均有利于稻苞虫的发展加剧。

种植结构　稻区的演变深刻影响到直纹稻弄蝶的发生型，使其在有关寄主之间迁移。如20世纪50年代初期，广东、广西、湖南等地很多属于单季稻区，当地第三代直纹稻弄蝶往往于7～8月上旬危害严重，但这些地区全面进行单改双后，第三代只能转移到杂草上完成一个世代。皖东地区大力推进农村土地流转和农业规模经营，土地流转迅速，大面积承包田水稻生育期较以往普遍推迟，使得处于分蘖、圆秆期的水稻与稻苞虫繁殖生长相吻合，极有利于稻苞虫发生。

天敌　直纹稻弄蝶自然天敌颇多，对抑制其发生有很大作用，主要天敌有寄生蜂、寄生蝇、蜘蛛、蜻蜓、螳螂、瓢虫、隐翅虫、猎蝽、蚂蚁、青蛙等。现已知的寄生蜂有50种，寄生蝇10种，寄生蜂、寄生蝇明显抑制当代及下代虫口密度。直纹稻弄蝶幼虫期寄生天敌的优势种，自然寄生率一般为26.7%～35.5%，最高达85.7%。天敌与弄蝶的发生消长有从属关系，自然条件下，直纹稻弄蝶种群数量的变化处于一种动态平衡，而天敌的控制效能与直纹稻弄蝶繁殖之间不能维持一定幅度的动态平衡，当直纹稻弄蝶种群密度增加，害虫和天敌相遇的概率增加，天敌种群数量上升，当直纹稻弄蝶种群密度骤减，天敌寄主匮乏，数量就下降，直纹稻弄蝶种群数量回升，因此，在自然条件下，天敌控制效能只可达到一定的水平。湖南地区稻苞虫的幼虫寄生蜂主要

有稻苞虫绒茧蜂（*Apanteles baorus* Wilkinson）、黄足绒茧蜂［*Apanteles flavipes*（Cameron）］和稻苞虫寄生蝇（*Zenillia roseanae* B.B.）、蛹期寄生有黑点瘤姬蜂（*Xanthopimpla punctata* Fabricius）、稻苞虫黄姬蜂 Theronia sp.日本瘦姬蜂（*Campolex japonjcus* Camer）、大腿蜂（*Brachyeri alasus* Walker）和稻苞虫蛹姬小蜂（*Sympicsis* sp.），卵期主要为稻苞虫黑卵蜂［*Telenomus*（*Aholcus*）*paranarae*］。

化学农药　大量施用化学农药是种群消长异常原因之一。

防治方法

农业防治　一是结合冬季积肥，铲除田边、沟边、塘边杂草及茭白残株，减少越冬虫源。幼虫虫量不大或虫龄较高时，利用幼虫结苞不活泼特点，人工采苞灭幼虫。二是合理调整耕作制度和水稻品种布局，避免大面积种植单一品种和混栽，合理安排迟、中、早熟品种的播栽期。三是合理施肥，重施有机肥，控制氮肥施用量，增施磷、钾肥，提高水稻抗逆力。四是水稻田周边种植芝麻、瓜类、棉花、千日红等蜜源植物，集中诱杀成虫。

物理防治　使用稻苞虫诱芯诱盆诱杀成虫，设置密度60～75个/hm²。

生物防治　一是保护利用寄生蜂、蓝蝽等天敌昆虫，对有益生物适宜的生态环境加强保护，以增加天敌种群数量，发挥其自然控制作用。二是可采用释放赤眼蜂，当每百丛水稻有卵10粒以上时，每隔3～4天释放一次，每次放1万～2万头，连续释放3～4次，效果可达85%以上。三是生物农药防治，用动物源杀虫剂（蜘蛛毒素、沙蚕毒素等）、植物源杀虫剂（天然除虫菊素、印楝素、苦皮藤素、苦参碱等）、微生物细菌、多角体病毒等对稻苞虫进行防治。

化学防治　一般在稻苞虫卵孵盛期至三龄幼虫前期，当田间幼虫密度高于防治指标（百丛水稻有卵20粒或分蘖期幼虫5头，圆秆期幼虫10头以上或百丛水稻有初结虫苞5～10个）时进行防治，可供选用的药剂有1.8%阿维菌素、5%氯虫苯甲酰胺悬浮剂+1.8%阿维菌素、10%虫螨腈乳油+2.5%甲维盐、15%茚虫威悬浮剂+1%苦皮藤素悬浮剂。采用化学防治时，应注意农药的轮换使用，不可随意加大农药用量和施药次数，严格执行安全间隔期。

参考文献

程德元，沈进松，1988.直纹稻苞虫卵巢发育特征初探[J].昆虫知识(6): 323-325.

方正尧，1986.常见水稻弄蝶[M].北京：农业出版社.

高霞，王清文，张勇，等，2012.汉中稻区直纹稻苞虫发生影响因子分析[J].陕西农业科学，58(2): 55-58.

雷铁栓，于梅娥，韩怀琦，1990.直纹稻苞虫幼虫空间分布型及抽样技术研究[J].昆虫知识(4): 197-200.

李傅隆，1965.中国稻弄蝶属的种类及其地理分布（第一部分：成虫）[J].动物学报，17(2): 189-194.

李傅隆，1975.中国稻弄蝶属三个亲缘种的幼期鉴别[J].昆虫学报，18(1): 105-108.

李国柱，李世良，刘树法，1985.北方直纹稻苞虫虫源初析[J].江苏农业科学(2): 17-18.

李勇，2014.务川县直纹稻弄蝶的发生规律及防治技术[J].耕

作与栽培 (4): 68-69.

刘克俭，1987. 稻苞虫寄生性天敌调查续报 [J]. 昆虫天敌 (3): 148-150.

刘绍友，张兴华，王波，等，1990. 直纹稻弄蝶为害损失及防治指标的初步研究 [J]. 植物保护学报 (3): 201-207.

龙林根，1981. 稻苞虫寄生性天敌的初步观察 [J]. 江西农业科技 (10): 14-15.

王清文，张勇，张吉昌，等，2012. 汉中稻苞区直纹稻苞虫虫源性质的初步研究 [J]. 陕西农业科学，58(1): 90-92.

王万群，刘轩武，缪新伟，2015. 皖东地区稻苞虫的重发原因及综合防治 [J]. 现代农业科技 (2): 159-160.

吴明庆，张兴华，吴志清，1991. 直纹稻弄蝶为害演变及防治对策探讨 [J]. 病虫测报 (1): 1-3.

熊致富，1982. 九江直纹稻苞虫寄生性天敌昆虫研究初报 [J]. 江西植保 (4): 4-9.

曾显光，周金铎，陈云亮，等，2001. 直纹稻苞虫虫源性质研究初报 [J]. 植保技术与推广 (10): 3-5.

曾颖，黄昊，司嘉怡，等，直纹稻苞虫在长沙地区的发生规律及防治研究 [J]. 湖南农业科学 (5): 37-38.

张兴华，王波，吴明庆，1987. 直纹稻弄蝶危害水稻的减产率及防治指标 [J]. 陕西农业科学 (3): 26-27.

周金铎，曾显光，赵更云，等，1993. 直纹稻苞虫虫源性质研究与应用 [J]. 植物保护 (6): 23-24.

（撰稿：原鑫、祝增荣；审稿：张传溪）

《对外植物检疫操作规程》《中国进出境植物检疫手册》《中华人民共和国进出境动植物检疫法行政处罚实施办法》。农业农村部颁布了《植物检疫条例实施细则（农业部分）》，共 8 章 30 条，同时公布了《全国植物检疫对象和应施检疫的植物、植物产品名单》《国外引种检疫审批管理办法》。这些检疫法规是目前中国植物检疫工作的基本法规，也是广大植物检疫人员执法的主要依据。这些检疫法规的发布，使植物检疫工作更有保障，更有利于检疫工作的进一步开展。

随着国际经济全球化进程和中国改革开放的深入发展，植物检疫在管理体制、工作模式等方面进行了一系列的改革。随着多学科之间的交叉融合，新技术、新方法的应用，使植物检疫技术水平不断提高，在植物检疫性病虫的检测、鉴定中应用分子生物学技术取得的成果最为显著。中国检验检疫系统应用克隆与基因表达、DNA 序列测定、基因探针、PCR、生物芯片等技术对检疫性昆虫、真菌、细菌、病毒、线虫等全面开展研究应用。与国外广泛开展植物检疫合作，在国际上产生了积极的影响。对国家贸易的发展、经济安全、生态环境建设和人民的健康发挥了重要的作用。

参考文献

姚文国，2007. 我国植物检疫的现状与技术进展 [J]. 植物保护，33(5): 14-21.

张裕君，刘跃庭，廖芳，等，2010. DNA 条形码技术研究进展及其在植物检疫中的应用展望 [J]. 中国植保导刊，30(4): 15-17.

（撰稿：杜宝贞；审稿：王宪辉）

植物检疫 plant quarantine

通过法律、行政和技术的手段，对植物及其产品实行检疫、检验和处理，防止危险性植物病、虫、杂草和其他有害生物的人为传播，保障农林业的安全，促进贸易发展的措施。quarantine（检疫）一词源自拉丁文 quarantum，原意为"四十天"。14 世纪威尼斯共和国为预防在欧洲流行的鼠疫、霍乱、疟疾的传播，规定对抵达港口的船只实行强制性隔离 40 天。这些传染病如果在 40 天的潜伏期内没有表现出来，经过检查无患病者才许登陆。这种带有强制性的隔离措施，对阻止疫病的传播蔓延起到了很大的作用。

植物检疫作为一项植物保护措施，与传统的化学防治、物理防治、生物防治和农业防治不同，其特点是对未传入的病虫害，利用其具有的法律强制性从宏观整体上对有害生物的传入、定殖与扩散进行防控。

1982 年 6 月 4 日国务院发布了《中华人民共和国进出口动植物检疫条例》（外检条例，包括动物检疫和植物检疫）。1983 年 1 月 3 日，国务院发布了《植物检疫条例》（植物内检条例）。1992 年 4 月 1 日，国家正式实施《中华人民共和国进出境动植物检疫法》。1992 年 5 月 13 日国务院修订发布了新的《植物检疫条例》，共 24 条。为了更好地贯彻检疫法规，国家有关部门分别制定了实施细则和一系列配套规定，如《中华人民共和国进境植物检疫危险性病、虫、杂草名录》《中华人民共和国进境植物检疫禁止进境物名录》

痣鳞鳃金龟 *Lepidiota stigma* (Fabricius)

一种成虫和幼虫都能危害的鞘翅目地下害虫。又名二点褐鳃金龟。鞘翅目（Coleoptera）金龟科（Scarabaeidae）鳃金龟亚科（Melolonthinae）鳞鳃金龟属（Lipidiota）。广东湛江、广西北海等地主要的地下害虫。主要发生在砂质土壤蔗地。

寄主 幼虫危害甘蔗、花生、甘薯、橡胶和桉树幼苗、豆科植物等，成虫危害大叶榕、木波罗、杧果、凤凰木、细叶榕、木麻黄等幼嫩叶片。

危害状 甘蔗苗期，为害造成蔗苗萎蔫枯死，缺苗断垄严重（图 1）。在甘蔗生长中后期，咬食蔗根蔗头，造成蔗株枯黄倒伏。低龄幼虫取食甘蔗的幼根，三龄后食量大增，活动范围也较广，有时一晚可咬断 2 根蔗苗，造成甘蔗死苗。

形态特征

成虫 体长 34～48mm，宽 12～26mm，头宽 6～8mm，长椭圆形。体底色虽为黑色，但密被黄褐、灰褐或灰白色等柱状鳞毛；头黑褐色，触角、复眼棕褐色。唇基新月形，前缘中间微凹，上卷。额唇基缝中间向后呈角弧状突出。触角 10 节，鳃片部 3 节，雌雄同形。前胸背板前缘弧状内弯，中央有由白鳞毛密集成的中纵线，侧缘弧状外扩，边缘不完整锯齿形，后缘外凸。小盾片呈三角形。鞘翅除缝肋明显外，每侧尚隐约可见 3 条窄的纵肋。缘褶明显，从肩疣起直达弧状的后缘。位于翅鞘近端处，每侧有 1 个由白色鳞毛组成的椭圆形斑，十分显目，斑的下方鞘翅下弯。前臀板三角形，中间隆起，顶端呈弧状，两侧及顶端边缘卷起。身体腹面多数从中、后胸侧片直至腹部各腹板两侧，均有灰白鳞毛密集成界限不太清晰的白色边缘。前足胫节外缘具3外齿，但基部退化不显。内方距位于中、基齿之间凹陷处的对面（图2①）。

卵　椭圆形，乳白色，直径3.0～5.6mm。

幼虫　三龄幼虫体长59～75mm，宽14～17mm，头长7.2～7.4mm，头宽10.5～13.0mm，乳白色。头部前顶刚毛每侧5～9根，呈1纵列；后顶刚毛每侧2～3根，额中侧刚毛约15根。额前缘刚毛多，25～30根，略呈一横列。内唇端感区刺多，约36根，呈3～4排横弧状排列，其前沿小圆形感觉器22～26个，其中6个较大，感前片、内唇前片和前侧褶区均缺（图2②）。在肛腹片后部覆毛区中间的刺毛列，由短锥状刺毛组成，每列22～30根，两列间相距较近，刺毛尖常接触交叉，排列不整齐，刺毛列前端远超出钩状刚毛区的前缘（图2③）。肛门孔横裂呈波浪形，有明显的纵裂痕迹。

蛹　裸蛹，黄褐色，长35～54mm，宽15～23mm。

生活史及习性　在广东雷州半岛和广西等地，2年发生1代，以幼虫越冬。老熟幼虫3月中旬开始化蛹，一直持续至6月上旬。成虫于4月上旬开始羽化，5月上中旬为盛期，一直延续到7月中旬。卵于5月中旬始见，6月中旬出现一龄幼虫，以二龄幼虫在第一年冬季越冬，以三龄幼虫在第二年冬季越冬。

成虫羽化出土后，白天蛰伏于浅土中或树荫蔽处，一般在6：00～7：00开始一天中的第一次飞翔，19：00～20：00作一天中的第二次飞翔，在阳光下主要是交尾活动，往往多头雄虫追逐一头雌虫，其交尾活动一直延续到晚上。交尾方式为背负式或一字式，交尾时间持续约2小时。成虫活动受天气的影响很大，无风闷热的夜晚活动力强，刮风下雨或阴雨天很少活动。到22：00后成虫才取食，有群集取食的习性。成虫取食大叶榕、木波罗、杧果、凤凰木、细叶榕、木麻黄等幼嫩叶片作为补充营养，最喜食细叶榕。黎明前飞回浅土中或树荫蔽处潜伏。成虫具假死性，具有较强的趋光性。扑灯时间以19：00～21：00为最多，占整夜灯诱虫数的72.35%，雌雄性比为1∶1.5。成虫羽化出土后，约经20天，甚至更长一些时间方交配，交配后约13天后潜入土中产卵，每雌产卵量为30～40粒，卵多产于砂壤土蔗地边缘，深度为15～30mm，成虫寿命19～39天，平均27.2天。卵期15～17天。在土壤较干燥的情况下，卵期缩短而提早孵化。初孵幼虫常群集一起，在土深10～20cm处栖息，取食甘蔗的幼根，三龄后食量大增，活动范围也较广，有时一晚可咬断2根蔗苗，一龄幼虫历期30～110天，平均65天；二龄历期197～266天，平均225天；三龄历期302～407天，平均348天。老熟幼虫在地表下20～30cm处作土室化蛹。蛹期32～43天，平均38.1天。夏、秋季幼虫在土中以土壤水分15%～20%为适宜，其在土中的深度与土壤湿度有极密切的关系，而与土壤温度的关系不大。

发生规律

虫口基数　虫口基数大小与甘蔗受害程度关系密切。由于痣鳞鳃金龟幼虫虫体大，特别是进入三龄后，幼虫含量大增。田间虫口基数在500头/亩以下，造成田间3%～5%死苗，对中后期甘蔗影响不大；当虫口基数达超过1000头/亩时，甘蔗苗期将出现5%～15%的死苗，后期将出现局部蔗株枯黄；当虫口基数超过3000头/亩时，苗期将出现25%以上的死苗，田间缺苗断垄现象严重，7～8月即可见到成片甘蔗枯黄，9月后蔗株枯死，减产严重甚至造成甘蔗失收。

气候条件　痣鳞鳃金龟喜砂土和砂质壤土，尤其是近海地带、河滩地带的砂土为害最重。1993—1994年在广西博白蔗区调查时发现，在位于南流江两岸的近2000亩砂壤蔗地，受痣鳞鳃金龟为害特别严重，8月蔗茎已大面积枯死，挖开蔗头，平均每个蔗头有2～3头蛴螬，而就在旁边不远的水田蔗地，虫口密度很低，甚至挖不到蛴螬。庞统1986年在海南琼海市潭门区调查时发现，在近海地带砂土中蛴螬密度达到1.7头/m²，而红土、黏土的土壤板结，无此虫或虫口密度极低。

图1　痣鳞鳃金龟幼虫及蔗苗期危害状（商显坤提供）

图2　痣鳞鳃金龟（商显坤提供）

①成虫；②三龄幼虫；③幼虫肛腹部刺毛群

寄主植物　甘蔗受害与甘蔗植期、耕作制度均有一定的关系，宿根蔗比新植蔗受害重，且宿根年限越长，受害越重。连作蔗地比水旱轮作蔗地受害重。同样的土壤类型，其前作是花生地、番薯地、马占相思林地的，由于这些植物是成虫的喜食寄主，吸引成虫在此产卵，虫口密度大，甘蔗受害重。历年发生蛴螬为害的蔗区，受害重。水、旱轮作受害轻，前作为水稻、桉树林地，成虫产卵少，受害较轻或不受为害。

靠近细叶榕等树林边的蔗田，痣鳞鳃金龟发生量大，为害重。

防治方法

农业防治　翻蔸蔗地应在 3 月之前，采用大型拖拉机进行深耕深翻，翻地深度应达 30cm 以上，再用旋耕耙细耙一次，可把越冬虫体直接杀死或翻出土壤表面便于人工捡拾、动物捕食和鸟禽啄食。苗期危害严重的蔗地应及时翻蔸新种或改种其他作物。另外，成虫在盛发期的傍晚很容易在蔗田、地头及附近的树林上集中活动或取食，可借助成虫的假死习性，振摇树枝，使其跌落地面，集中捕捉杀死。

物理防治　在 4～6 月，成虫羽化出土盛期，利用成虫趋光习性，在蔗地边安装黑光灯、频振式杀虫灯等灯诱工具进行诱杀，效果显著。

生物防治　①利用乳状菌防治蛴螬。地下害虫的天敌种类虽然很多，但目前实际可用于生产的是乳状菌和卵孢白僵菌。在美国，乳状菌制剂 Doom（即甲型日本金龟甲乳状杆菌和 Japidemic（即乙型日本金龟甲乳状杆菌 *Bacillus 1entimobus*）已做商品出售，在美国乳状菌制剂 Doom 和 Japidemic 已有商品出售，用量是 22.5kg/hm² 菌粉，这种菌粉每克含有 1×10⁹ 活孢子，防治效果一般达 60%～80%。法国将卵孢白僵菌施入土中，1 年后仍有效。国内生产的卵孢白僵菌，可于甘蔗中耕培土期，每公顷施 150 万亿孢子或 75 万亿孢子加 40% 甲基异柳磷 EC 1.2kg 制成毒土，施入花生根际附近土壤中。②利用金龟成虫性信息素诱杀或引诱剂诱杀成虫。

化学防治　①成虫期喷雾。痣鳞鳃金龟成虫有聚集于蔗地，或其田边地头及附近喜食的树林上取食、活动的习性，此时用杀虫剂进行喷雾处理，可有效杀灭成虫，减少田间落卵量。使用药剂有辛硫磷、氰戊菊酯、氯氰菊酯等。②幼虫期用药。在甘蔗种植和中耕培土期，施用颗粒剂农药进行防治，将农药撒施在甘蔗植沟中，施药后覆土。药剂有毒死蜱、辛硫磷、杀虫单、噻虫胺等单剂或复配药剂。在春植蔗收获后，若发现蔗头幼虫较多，但仍可留宿根的蔗田，则应及早开垄松蔸，用上述药剂施于蔗头后覆土，可起到一定的防治效果。③药剂浸种。选择持效期较长，内吸、渗透性强的杀虫剂，将药液稀释 300～500 倍液，浸泡蔗种 20～30 分钟，捞起晾干后即可播种，剩余药液可淋在蔗沟中。常用毒死蜱、好年冬等乳油或可湿性粉剂等剂型的药剂。

参考文献

陈爱，韩伟明，任大方，1984. 两点褐鳃金龟发生及其防治的研究 [J]. 甘蔗糖业 (9): 33-39.

陈爱，杨彩，邝乐生，等，1986. 甲基异柳磷防治蔗田金龟子的研究 [J]. 甘蔗糖业 (8): 27-32.

龚恒亮，安玉兴，2010. 中国糖料作物地下害虫 [M]. 广州：暨南大学出版社.

黄诚华，王伯辉，2014. 甘蔗病虫防治图志 [M]. 南宁：广西科学技术出版社.

庞统，顾茂彬，2000. 痣鳞鳃金龟的生物学特性与防治 [J]. 广东林业科技，16(1): 45-47.

商显坤，黄诚华，潘雪红，等，2017. 广西北海蔗区灯下金龟子种类组成及发生动态 [J]. 植物保护学报，44(4): 693-694.

商显坤，黄诚华，王伯辉，2011. 我国化学防治甘蔗金龟子研究进展 [J]. 南方农业学报，42(10): 1229-1232.

王助引，周至宏，陈可才，等，1994. 广西蔗龟已知种及其分布 [J]. 广西农业科学 (1): 31-36.

中国农业科学院植物保护研究所，中国植物保护学会，2015. 中国农作物病虫害 [M]. 3 版. 北京：中国农业出版社.

（撰稿：商显坤；审稿：黄诚华）

滞育　diapause

昆虫维持某个特定的发育状态长期不变，体内的代谢活性低、抗逆性强。滞育是由遗传因素和环境条件决定的，一般分为兼性滞育和专性滞育两类。专性滞育是指完全由遗传基因决定，到了特定的时期就进入滞育，与环境条件的好坏无关。人们通常所说的滞育是指兼性滞育，即昆虫通过环境信号预见到即将到来的恶劣环境，改变体内的生理生化反应，主动进入生长发育停滞、抗逆性强的状态，以应对和度过恶劣的环境。就是说昆虫进入滞育的时候，环境条件还是允许生长发育的，如日常生活中见到的家蚕卵滞育，通常就出现在每年的 6 月；农业害虫棉铃虫的蛹滞育通常发生在每年的 10 月前后，此时的环境条件（包括食物因素）还是适合昆虫生存的。根据不同昆虫发生滞育的时期不同，划分为卵（或胚胎）滞育（家蚕）、幼虫滞育（玉米螟）、蛹滞育（棉铃虫）和成虫滞育（蚊虫）四大类型。通常情况下，昆虫一个世代只进入滞育一次，滞育期可维持几个月或更长。但是在极端环境下（高海拔、高纬度），滞育期甚至长达数年之久，会在生长发育的不同阶段多次进入滞育状态，以度过恶劣的自然环境。诱导滞育的环境条件主要有光照、温度、湿度、营养等，其中最重要的因素是光照，因为光周期是稳定可靠的指标，光周期再辅以温度，是野外昆虫最重要、最普遍的诱导滞育环境信号。环境信号通过改变个体激素的变化进而引发滞育已经是共识，但是不同类型的滞育是由不同的激素调控的，如胚胎滞育由滞育激素（diapause hormone，DH）、幼虫滞育由保幼激素（juvenile hormome，JH）、蛹滞育由促前胸腺激素（prothoracicotropic hormone，PTTH）和蜕皮激素（ecdysone）、成虫滞育由保幼激素或蜕皮激素分别控制。

整个昆虫滞育的过程可以划分为 3 个阶段。滞育前期、滞育期和滞育后期。根据昆虫应答环境信号导致的昆虫体内生理与生化以及表型的变化，每个阶段又可以进一步细分。①滞育前期可以分为滞育诱导期和滞育准备期。在滞育诱导期，昆虫对接收到的环境信号最为敏感，通过感知环境信号后，首先将环境的物理信号在脑中转化为体内的化学信号，如生物钟基因、激素、神经肽等变化；在滞育准备期，收到上游这些激素、神经肽的指令，下游相关的信号通路启动，开始引导个体为滞育进入做好相关的物质准备，如幼虫期的延长、增加糖类或者脂肪储存、表皮增厚以及合成抗冻物质等。②滞育期可分为滞育进入期、滞育维持期和滞育解除期。在滞育进入期，由于上游激素、神经肽等出现大的变化，导致昆虫的呼吸速率下降、代谢水平逐步下调、发育减缓，同时将体内的营养物质转化为能源和抗逆性物质，如海藻糖、多元醇等储存起来；一旦昆虫进入滞育，即使外界环境适合生长，昆虫个体也会维持这种低代谢、抗逆性强的滞育状态长达数月以上，外观形态几乎不变，这就是滞育维持期；经过长达数月以上的滞育维持期，个体已经接收到滞育打破的环境信号（自然环境下低温是主要的因素，当然在实验室用高温也可以打破滞育），滞育被打破，可以重启发育进程，这是滞育解除期。③滞育后期。是指滞育被解除后，已经进入可以发育的状态，可能因为当时所处环境的不利因素（如低温），发育处于被抑制的状态，一旦环境有利发育，就重新启动生长发育，恢复正常行为。

关于滞育的机制研究，早年以家蚕的胚胎滞育研究最为详尽，是食道下神经节分泌的滞育激素诱导家蚕滞育。如二化性家蚕卵置于25°C（高温）保护，孵化出的幼虫发育到成虫，产下的下一代卵将发育到胚胎的时期8（即尾节分化完成后的时期）就进入滞育；反之，卵置于15°C（低温）保护，下代全部是非滞育（发育）卵。由于家蚕是经过几千年的人工驯化和室内饲养，滞育与温度相关，而与光周期无关，和野生昆虫完全不同。家蚕胚胎发育被划分为30个时期，胚胎对高温的敏感期在卵的发育时期20～25，此时期的高温诱发滞育激素的表达，然后激活四龄、五龄和蛹期的滞育激素表达；蛹期的滞育激素作用于靶标——卵巢，与滞育激素受体结合后，通过第二信使或打开钙离子通道，激活卵巢膜上的海藻糖酶，把血糖海藻糖分解为葡萄糖后转运进卵内，在卵内进一步合成多元醇化合物，如山梨醇、甘油等，这些多元醇既可以减少细胞内的水分，降低代谢活性，又是很好的抗冻物质，为卵滞育做好了准备。当成虫产下的卵发育到时期8便进入滞育状态，但是这时的卵内没有检测出滞育激素，胚胎如何发育停下来的机制至今不清楚。所以说家蚕是滞育激素诱导滞育的说法有待商榷，推测滞育激素在蛹期的作用似乎是为滞育做好物质上的准备，并不直接诱导胚胎进入滞育。

对滞育机制研究最为详尽的棉铃虫蛹滞育，其诱导因素主要是光周期和温度。①滞育前期。幼虫饲养在10小时光/14小时暗（短光照）和20°C条件下，90%以上个体化蛹后进入滞育；相反，幼虫饲养在14h光/10h暗（长光照）和20°C条件下，所有蛹直接发育为成虫，其中对短光照的敏感期是整个五龄到六龄1天。光信号通过复眼到达脑的光受体，受体如何将光信号转化为化学信号至今是个谜。受到短光照的诱导，滞育型个体在六龄中后期延长取食，大量积累能量物质。通过抑制性差减杂交、蛋白组学、代谢组学等技术，检测到滞育前期的脑、血淋巴等基因表达、代谢物在发育和滞育个体间的差异，多数集中在能量代谢和信号转导方

面，特别是蛋白磷酸酶2（protein phosphatase 2A，PP2A）在滞育敏感期高表达，显示出通过调节靶标蛋白的磷酸化与滞育发生密切相关。另外，海藻糖在六龄中后期及化蛹后大量积累在体内，这些改变为长期滞育做好了能源的物质准备。②滞育期。化蛹后在20°C条件下大约8～10天进入滞育，通过比较10天内的滞育和发育蛹，发现了脑PTTH基因表达和血淋巴中的滴度在滞育个体显著下调，导致前胸腺的蜕皮激素合成与分泌减少，这是滞育诱导的上游信号，起因是短光照导致组蛋白甲基化修饰减少，抑制了PTTH的表达，低水平的PTTH表达导致蜕皮激素合成与释放的减少；减少的蜕皮激素致使脂肪体代谢活性下降，合成的中间代谢产物减少，包括葡萄糖、丙酮酸、延胡索酸、苹果酸等；这些血液的中间产物的减少，一是反馈抑制脑的PTTH和蜕皮激素的合成，二是直接抑制脑的三羧酸循环活性，产生的能量少，导致脑的代谢活性低下。昆虫脑是发育的指挥部，一旦脑的代谢活性低下，便指令整个个体进入滞育。从发育到滞育，是整体应答环境信号的复杂生理学过程，机制十分复杂。目前已经查明涉及PTTH-蜕皮激素、胰岛素、TGFβ、第二信使、Wnt/cmyc等众多的信号路径参与调节，重要的下游靶点是线粒体活性和能量代谢。特别是近年发现低氧、低代谢引发的活性氧（reactive oxygen species，ROS）显示出调节滞育的突出作用，活性氧通过激活胰岛素等相关信号路径的活性，改变正常体内的信号路径，诱导个体进入滞育。

参考文献

DENLINGER D L, YOCUM G D, RINEHART J P, 2005. Hormonal control of diapause [M]// Gilbert L I. Comprehensive molecular insect science. Amsterdam: Elsevier: 615-650.

KOSTAL V, 2006. Eco-physiological phases of insect diapause[J]. Journal of insect physiology, 52(2): 113-127.

XU W H, LU Y X, DENLINGER D L, 2012. Cross-talk between the fat body and brain regulates insect developmental arrest[J]. Proceedings of the National Academy of Sciences of the United States of America, 109(36): 14687-14692.

YAMASHITA, O, 1996. Diapause hormone of the silkworm, *Bombyx mori*: structure, gene expression and function[J]. Journal of insect physiology, 42(7): 669-679.

（撰稿：徐卫华；审稿：王琛柱）

中带褐网蛾　*Rhodoneura sphoraria* (Swinhoe)

以幼虫为害，板栗林内常见的食叶害虫。鳞翅目（Lepidoptera）网蛾科（Thyrididae）剑网蛾亚科（Siculinae）黑线网蛾属（*Rhodoneura*）。国外分布于印度。中国分布于浙江、河北、四川。

寄主　板栗、锥栗、麻栎、白栎、柿树。

危害状　幼虫卷叶成虫苞，取食叶片，破坏同化功能，对板栗植株造成危害。

形态特征

成虫　体长8～9mm，翅展22～25mm。头部棕褐色，

触角丝状，长度约为前翅长的1/2。身体黄褐色，腹面色稍浅。胸足褐色，跗节灰褐色，各节有白环，前足胫节有胫突，无距，中足胫节端距1对，后足胫节中距、端距各1对。前后翅褐色，布满棕色网纹；前翅前缘有1列不规则的黑色点纹。后翅内带双线，不甚明显。前后翅缘毛黄白与黑褐色相间，前翅黑色较多，后翅较少黑色，有些个体后翅缘毛黄色而无黑色。

幼虫 初孵幼虫体长2mm，乳黄色，前胸背板色略深。老熟幼虫体长12～15mm，宽2～2.5mm，黄绿色。头部高宽略相等，两侧圆，冠缝线长于额高。单眼6个，触角乳黄色。前胸背板骨化较强，棕黑色，后缘有两个、侧缘各1个棕黑色斑。中缝为一不甚明显的白色线。胸足深褐色。胴体每节中间具1皱褶，因而各节呈2小节状。各节遍布大小不等的棕黑色毛疣，每个毛疣上生出1根柔软的细毛。腹足趾钩为双序全环，长短相间。臀足趾钩为双序缺环。气门黄色，围气门片褐色。

生活史及习性 在浙江1年发生3代，以蛹在枯落于林地的虫苞内越冬。4月上旬起越冬代成虫陆续羽化、产卵，4月中旬幼虫开始为害。第二、三代幼虫分别于6月上旬和8月上旬开始危害。从4月中旬起至10月下旬均可见到幼虫为害。第一、二代成虫分别从5月下旬和7月中旬起陆续羽化。成虫多在清晨羽化。新出蛹壳的蛾子即爬向附近可攀附的树枝等物体，伸展翅翼。当受惊时，即飞起逃逸。白天可在野花上见到成虫访花。雌虫产卵于叶片正面，散产，卵均产于叶脉上。

防治方法

农业防治 幼虫为害期缀叶片成喇叭形，容易发现，应及时采摘销毁。冬季栗树落叶后清除栗园落叶，集中处理，可降低害虫越冬基数。

生物防治 寄生幼虫的有小腹茧蜂、顶姬蜂、姬小蜂、扁股小蜂；寄生幼虫和蛹的有广黑点瘤姬蜂、羽角姬小蜂。捕食性昆虫有宽大眼长蝽。

化学防治 可在栗果采收1个月之前用氧化乐果注干。每株直径10cm的栗树，于晴好天气注入40%氧化乐果5倍稀释液5ml，可有效杀死在虫苞内取食的幼虫。

参考文献

陈汉林，董丽云，周传良，等，2002.中带褐网蛾生物学特性研究[J].中国森林病虫，21(4):9-11.

王晓勤，温晓蕾，路常宽，2010.我国板栗害虫防治研究进展(综述)[J].河北科技师范学院学报，24(1):39-44.

朱弘复，王林瑶，1996.中国动物志：昆虫纲 第五卷 鳞翅目 蚕蛾科 大蚕蛾科 网蛾科[M].北京：科学出版社.

（撰稿：王甦、王杰；审稿：李姝）

中稻缘蝽 *Leptocorisa chinensis* Dallas

一种以水稻和禾本科杂草为主要寄主的稻田常见蝽类害虫。又名华稻缘蝽、中华稻缘蝽、稻丝缘蝽、中华缘蝽等。半翅目（Hemiptera）蛛缘蝽科（Alydidae）稻缘蝽属（*Leptocorisa*）。国外分布于日本、韩国、马来西亚等地。中国分布于安徽、福建、广东、广西、贵州、湖南、江苏、江西、四川、云南、浙江等地。

寄主 水稻、麦类、黄粟、高粱、玉米等，并喜食狗尾草、游草、雀稗等禾本科杂草。

危害状 成虫、若虫吸食寄主汁液，灌浆期被害，往往造成不实粒或减轻千粒重，严重时对产量和品质影响极大。

形态特征

成虫 身体细长，体长15.3～17.5mm。棕黄色或黄绿色（图①）；密被深色刻点。头长，侧叶长于中叶，直伸，

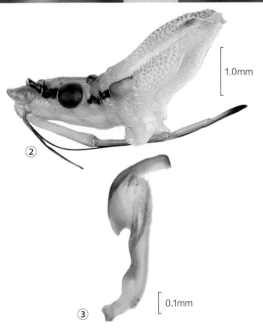

中稻缘蝽成虫（伊文博摄）

①成虫生态照；②头部和前胸背板侧面观（触角移除）；③阳基侧突侧面观

基部彼此贴合，端部稍稍分离；触角第一节基部色浅；头侧面复眼后方的区域具有显著的黑色斑点，大多数个体复眼前至触角第一节端部外侧均为黑色（图②），也有很少的标本触角第一节外侧色浅。前胸背板前端具领，领的两侧各具有一个黑褐色斑点（图②）；足黄色，但胫节的顶端与股节相连接的位置颜色加深。阳基侧突中部膨大，端部弯曲，顶端宽钝，似刀片状（图③）。

生活史及习性 一年发生2～3代，以成虫在枝叶丛中或荫庇的茶、栎等矮丛中越冬，常有群集性。第一代发生期为5月上旬至9月上旬，第二代7月下旬至11月下旬，第三代8月上旬至11月下旬，第四代9月中旬至越冬。卵期5～7天，若虫期20～29天，非越冬成虫寿命13～96天，越冬成虫寿命可达1年之久。卵产于叶、茎、穗上，多在叶背边缘排成2列，每块9～16粒，每雌可产卵17～43块。

防治方法 一般可结合其他害虫兼治。若虫口密度大，可施用甲六粉或马拉松、杀螟松、乐果等任选一种。

参考文献

萧采瑜，任树芝，郑乐怡，等，1977. 中国蝽类昆虫鉴定手册（半翅目异翅亚目·第一册）[M]. 北京：科学出版社：271-273.

伊文博，卜文俊，2017. 中国三种稻缘蝽名称订正（半翅目：蛛缘蝽科）[J]. 环境昆虫学报，39（2）：460-463.

章士美，等，1985. 中国经济昆虫志：第三十一册 半翅目（一）[M]. 北京：科学出版社：138-141.

AHMAD I, 1965. The Leptocorisinae (Heteroptera: Alydidae) of the world [J]. Bulletin of The British Museum (Natural History), Entomology Supplement 5: 1-156.

LITSINGER J A, BARRION A T, CANAPI B L, et al, 2015. *Leptocorisa* rice seed bugs (Hemiptera: Alydidae) in Asia: A review [J]. The Philippine Entomologist, 29 (1): 1-103.

（撰稿：伊文博、卜文俊；审稿：张传溪）

中国扁刺蛾 *Thosea sinensis* (Walker)

阔叶林木和果树上一种常见害虫。大发生时将树叶吃光，严重影响树木生长。又名扁刺蛾。鳞翅目（Lepidoptera）有喙亚目（Glossata）异脉次亚目（Heteroneura）斑蛾总科（Zygaenoidea）刺蛾科（Limacodidae）扁刺蛾属（*Thosea*）。国外分布于朝鲜、越南、不丹、泰国、柬埔寨等国。中国分布于黑龙江、吉林、辽宁、北京、河北、山东、河南、上海、江苏、浙江、安徽、江西、福建、台湾、湖北、湖南、广东、广西、海南、四川、贵州、云南、陕西、甘肃、香港。

寄主 核桃、柿、枣、苹果、梨、乌桕、枫香、桂花、苦楝、香樟、泡桐等59种林木和果树。

危害状 二龄幼虫开始取食叶肉，四龄以后逐渐咬穿表皮，六龄后自叶缘蚕食叶片。受害严重的枝条上叶片全被吃光。

形态特征

成虫 雌虫体长16.5～17.5mm，翅展30～38mm；雄虫体长14～16mm，翅展26～34mm。头部灰褐色，复眼黑褐色；触角褐色。前胫节端部有白点。胸部灰褐色。前翅褐灰到浅灰色，内半部和外线以外带黄褐色并稍具黑色雾点；外线暗褐色，从前缘近翅顶直向后斜伸到后缘中央前方；横脉纹为1黑色圆点。后翅暗灰到黄褐色。南方种群的体型大于北方种群，中室端的黑点较北方种群明显（图1）。

雄性外生殖器：爪形突细长，末端尖；颚形突细长，末端尖；抱器瓣略呈长方形，腹缘尖削状突出，背缘纵条状反卷折叠，末端较尖，抱器瓣基突狭长（明显长于抱器瓣）；囊形突不明显；阳茎细，稍弯曲，无角状器（图2①②）。

雌性外生殖器：第八腹板扩大，后缘和前缘中央深凹；前表皮突不明显；囊导管十分狭长，端部螺旋状；交配囊相对小，卵形；囊突较大，马蹄形（图2③）。

卵 扁长椭圆形，长径1.2～1.4mm，短径0.9～1.2mm，初产时黄绿色，后变灰褐色。

幼虫 初孵时体长1.1～1.2mm，色淡，可见中胸到腹部第九节上的枝刺。老熟幼虫扁平长圆形，体长22～26mm，体宽12～13mm；虫体翠绿色。背部有白色线条贯串头尾；背侧各节枝刺不发达，上着生多数刺毛；中、后胸

图1 中国扁刺蛾成虫（吴俊提供）

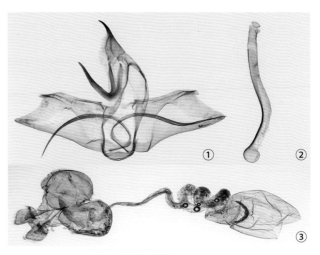

图2 中国扁刺蛾（吴俊提供）
①雄性外生殖器；②阳茎；③雌性外生殖器

枝刺明显较腹部枝刺短，腹部各节背侧和腹侧间有1条白色斜线，基部各有红色斑点1对。幼虫共8龄。

蛹　近纺锤形，长11.5～15mm，宽7.5～8.5mm。初化蛹时为乳白色，将羽化时呈黄褐色。茧近圆球形，长11.5～14mm，宽9～11mm，黑褐色。

生活史及习性　在长江以南1年发生2～3代，以老熟幼虫结茧越冬。在浙江越冬幼虫5月初开始化蛹。5月下旬成虫开始羽化，6月中旬为羽化产卵盛期。6月中、下旬第一代幼虫孵化，7月下旬至8月上旬结茧化蛹，8月间第一代成虫羽化产卵。1周后，出现第二代幼虫，9月底10月初老熟幼虫陆续结茧越冬。在江西部分第二代老熟幼虫于9月下旬结茧化蛹，9月底羽化为第二代成虫，产卵后经1周孵化为幼虫，10月下旬后陆续结茧越冬。

卵散产于叶片上，且多产于叶面。卵期为6～8天。初孵幼虫不取食，二龄幼虫啃食卵壳和叶肉，四龄以后逐渐咬穿表皮，六龄后自叶缘蚕食叶片。老熟幼虫早晚沿树干爬下，于树冠附近的浅土层、杂草丛及石缝中结茧。幼虫落地时间集中在20：00～6：00。结茧入土深度一般在3cm以内（90%以上），但在砂质壤土中可达深13cm左右。成虫羽化多在18：00～20：00，羽化后稍停息后即可飞翔和交尾，次日晚产卵。成虫有强趋光性。

防治方法

人工防治　老熟幼虫沿树干下行至干基或地面结茧时，可采取树干绑草等方法及时清除。

灯光诱杀　成虫羽化期于19：00～21：00用灯光诱杀。

生物防治　一、二龄幼虫期喷施扁刺蛾核型多角体病毒（NPV）悬浮液，$1.0×10^8$～$1.0×10^{10}$多角体/ml；也可在傍晚喷施从扁刺蛾体上分离培养的拟青霉（*Paecilomyces* sp.）孢子悬浮液，$1.0×10^7$～$1.0×10^8$孢子/ml；或者将NPV悬浮液与拟青霉孢子悬浮液等量混合后喷施。

化学防治　幼龄幼虫期喷施4000倍液的菊酯类农药或1500倍液的有机磷农药；亦可在傍晚喷施Bt可湿性粉剂200～300g/亩。

参考文献

崔林，刘月生，2005.茶园扁刺蛾的发生及防治[J].中国茶叶(2): 21.

方永健，程观泰，2001.Bt防治扁刺蛾药效试验[J].蚕桑茶叶通讯(2): 32.

刘小英，陈棣华，张立人，1989.扁刺蛾核型多角体病毒的形态结构与某些生化特性的测定[J].病毒学报，5(2): 150-158, 203.

汪广，章士美，1953.扁刺蛾的初步研究[J].昆虫学报(5): 309-318.

汪海洋，衡永志，刘涌，等，1998.Bt防治茶叶扁刺蛾试验初报[J].茶业通报，20 (1): 30.

魏忠民，武春生，2008.中国扁刺蛾属分类研究（鳞翅目，刺蛾科)[J].动物分类学报，33(2): 385-390.

萧刚柔，1992.中国森林昆虫[M].2版.北京：中国林业出版社：793-794.

IRUNGBAM J S, CHIB M S, SOLOVYEV A V. 2017. Moths of the family Limacodidae Duponchel, 1845 (Lepidoptera: Zygaenoidea) from Bhutan with new generic and 12 new species records[J]. Journal of

threatened taxa, 9(9): 9795-9813.

（撰稿：李成德；审稿：韩辉林）

中国唇锤角叶蜂　*Labriocimbex sinicus* Yan et Wei

中国特有的危害樱桃的食叶害虫。又名樱桃锤角叶蜂。膜翅目（Hymenoptera）锤角叶蜂科（Cimbicidae）锤角叶蜂亚科（Cimbicinae）唇锤角叶蜂属（*Labriocimbex*）。国外无分布。中国分布于浙江和湖南。

中国樱桃树上还有熊毛锤角叶蜂（*Trichiosoma bombiforme* Takeuchi）和煤色锤角叶蜂（*T. anthracinum* Forsius）等另外两种锤角叶蜂危害。这两种锤角叶蜂成虫的后足股节亚端部腹侧有1个明显的大齿，容易与后足股节无齿突的唇锤角叶蜂属种类鉴别。

寄主　蔷薇科的野生樱桃［*Cerasus pseudocerasus*(Lindl.) G. Don］。

危害状　幼虫单个取食樱桃叶片（图⑩）。危害严重时可吃掉大部分甚至全部樱桃树叶，导致樱桃树长势显著衰退，果实发育缓慢，严重降低樱桃产量。

形态特征

成虫　雌虫体长18～21mm（图①）。体黑色；中胸后侧片后缘、后胸侧板大部、中胸小盾片后缘狭边、后胸背板除淡膜区后缘小斑外、腹部第1背板中部三角形斑和后缘狭边黄褐色；各足胫节端部和跗节暗红褐色。翅近透明，前缘脉端部和翅痣黑色。头部、前胸背板与小盾片长毛基部黑褐色，端部黄白色；中胸背板毛黑色，中胸侧板毛基部黑色，端部棕黄色；基节、股节毛基部2/5黑色，端部3/5黄褐色（图⑪）；腹部一、二背板全部和第三、四背板后缘毛黄白色。体表具细密小刻点，光泽微弱。颊部长毛密集，明显短于头宽1/3，胸部和腹部第一、二节具密集长毛，腹部第三至十节被毛稀疏且短（图①）；股节具密集长毛（图⑪）。上唇端部加厚，具中间槽；颚眼距2.3倍于中单眼直径，复眼内缘亚平行，间距稍长于复眼长径（图③）；额区中部显著凹入，额侧沟浅；单眼后沟明显，中沟深长；POL：OOL：OCL=1.1：1.4：2.5；单眼后区近似方形，无中纵沟，侧沟浅弱，向后分歧（图④）。触角7节，长约0.8倍于头胸部长度之和，1.3倍于头部宽，第三节长1.4倍于第四、五节之和，第七节分节模糊，棒状部强烈膨大，最宽处宽约4倍于第三节中部宽（图⑫）。中胸侧板不具横脊。前翅M脉几乎顶接于cu-a脉；2r-m脉和2m-cu互相靠近；各足胫节端距端部膜质，末端圆钝（图⑧）；爪简单，无内齿（图⑨）。锯鞘较短，侧面观端部近圆形，背面观锯鞘端短小，端部稍尖。锯腹片十分狭长，节缝平行，中部锯节高长比约等于4(图⑥)；锯刃高稍短于宽，端部近似截型，每侧具5～6个小齿，锯刃间距约1.5倍于锯刃高（图⑦）。雄虫体长21～23mm，体色和结构类似雌虫，但后胸背板和腹部第一节全部黑色，无黄斑；上唇更宽大，各节腹板端缘缺口明显；下生殖板宽稍长于长，端缘圆钝；阳茎瓣宽

Z

中国唇锤角叶蜂（晏毓晨、魏美才摄）

①雌成虫；②雄成虫；③雌虫头部前面观；④雌虫头部背面观；⑤阳茎瓣；⑥锯腹片；⑦锯腹片中部锯刃；⑧后足胫节端距；
⑨爪；⑩幼虫；⑪后足股节；⑫雌虫触角

大、倾斜，具顶叶突，腹钩不明显，主叶前缘具短小刺列（图⑤）。

卵　扁椭圆形，长径约 2.5mm，宽约 1mm。初产卵壳柔软透明，后渐硬化，变浅绿色，半透明，孵化前渐变深色。

幼虫　老熟幼虫体长 30～35mm。头部和臀板均匀浅灰褐色，单眼黑色；胴体青绿色，具薄层灰白色粉被，小节缝底部灰黑色，足无黑斑（图⑩）。

蛹　裸蛹，长 18～22mm；初蛹乳白色，羽化前渐变黑褐色。茧椭圆形，皮革质，长 20～25mm，内壁光洁，外部稍粗糙。

生活史及习性　在湖南云山 1 年 1 代。越冬幼虫于 3 月下旬开始化蛹，蛹期约 10 天。4 月上旬至 4 月中旬成虫羽化出土。羽化后成虫大多在樱桃树下的草丛上活动。成虫飞行能力强，可以在树冠上 1～2m 高、5～10m 内快速飞行，天气晴朗时成虫在樱桃树冠上聚集追逐、停息、交配，雄虫凶猛好斗。1～2 天后雌虫开始产卵，成虫寿命 10 天左右。卵多产于树冠上部叶片，单产于寄主叶片表皮下。4 月下旬至 5 月上旬幼虫开始孵化，初孵化幼虫取食卵壳，再取食嫩叶，4 龄后幼虫食量大；幼虫单独活动，活跃性较低，一个叶片上仅 1 个幼虫取食；通常夜晚取食，白天静息。静止时幼虫隐蔽栖息于叶片反面，遇惊扰时有假死习性。6 月幼虫老熟，跌落下树，在寄主周围的浅土层或地表枯枝落叶内作茧越夏和越冬。

防治方法

营林措施　早春清理林下地表枯枝落叶，摘除虫茧，可以破坏其越冬环境，导致该虫直接死亡或被天敌取食。本种成虫发生期比较集中，可以在羽化盛期人工网捕，减低虫源基数。

化学防治　局部危害比较严重时，在幼虫低龄期使用一般的高效低毒农药喷雾可以有效控制种群数量。也可使用苦皮藤和川楝素等植物性杀虫剂喷雾杀灭低龄幼虫，效果虽稍低于化学农药，但毒性较低且对环境污染较弱。

参考文献

王凤葵，张振平，何清泉，等，1992. 樱桃树锤角叶蜂研究 [J]. 西北农林科技大学学报，20(1): 82-86.

晏毓晨，2021. 中国锤角叶蜂科系统发育和系统分类研究 [D]. 长沙：中南林业科技大学.

MALAISE R, 1939. The genus *Leptocimbex* Sem. and some other Cimbicidae[J]. Entomologisk tidskrift, 60: 1-28.

YAN Y C, NIU G Y, ZHANG Y Y, et al, 2019. Complete mitochondrial genome sequence of *Labriocimbex sinicus*, a new genus and new species of Cimbicidae (Hymenoptera) from China[J]. PeerJ, 7: e7853 (1-39).

（撰稿：魏美才；审稿：牛耕耘）

中国古代农业害虫防治史　history of agricultural pest insect management in ancient China

中国是世界上农业起源最早的国家之一，在距今约 1 万年前的新石器时代，古中国人就开始了农耕活动。对农业害虫的防治是伴随着农耕活动的进行而开展的，在红山文化时期（约 6000 年前）的出土文物中已有蝗虫、蝉等的玉雕、石雕等，有文字记载的中国古代农业害虫防治历史也有 3000 多年。

夏、商、西周时期（约前 21 世纪—前 771 年）　从早期出土器物上的虫形纹和甲骨文的象形字中不难看出，当时的先民对昆虫已有一定认识了。距今约 2600 年前，人们将农业害虫分为螟、螣、蟊、贼四类，《诗经·毛传》中说"食心曰螟，食叶曰螣，食根曰蟊，食节曰贼"，这是根据危害的部位对害虫进行了初步分类。关于害虫防治，《诗经·大田》中说"去其螟螣，及其蟊贼，无害我田稚"，只说了"去"害虫而没有讲具体方法。在《周礼·秋官》中记有"庶氏掌除毒蛊……嘉草攻之……翦氏掌除蠹物……以莽草熏之……赤犮氏掌除墙屋，以蜃炭攻之，以灰洒毒之，凡隙屋除其狸虫。壶涿氏掌除水虫，以炮土之鼓驱之，以焚石投之……"，不仅说明西周时期已有治虫官职，还对不同害虫的防治方法做了介绍，也是用药物杀虫的最早记载。这一时期的害虫防治方法还比较简单，并且都是着眼于"治"而非"防"。

春秋、战国时期（前 770—前 222 年）　春秋时期是原始农业向精耕细作的传统农业转型的关键时期，害虫防治更加得到重视。《管子·度地》中记有"善为国者，必先除其五害……人乃终身无患害而孝慈焉"，这里的"五害"之一就有虫害，表明害虫治理已经成为治国要务。关于虫灾的最早记载也在这时出现，如《春秋》中记有从前 718 年至前 482 年间虫害 15 次，其中又以蝗灾最多，螟灾次之，《史记·秦始皇本纪》中还有蝗虫迁飞的最早记载。战国时期，人们开始把害虫防治与耕作制度相结合，由被动的"治"向主动的"防"发展，如《吕氏春秋·任地》中记有"五耕五耨，必审以尽，其深殖之度，阴土必得，大草不生，又无螟蜮，今兹美禾，来兹美麦"。

秦、汉时期（前 221—219 年）　两汉时期，受"天人感应"思想的影响，虫灾一度被视作一种天意儆戒人事的现象，虫灾的发生被归咎于五行的变动，如《后汉书》中认为蝗灾属水，螟灾和其他虫灾属土。这些唯心的观点还被作为维护封建统治的工具，在此后长达千余年的封建社会中被广泛流传，深深影响了人们对农业害虫的正确认识和有效防治。当时也有以科学观点来看待害虫发生的，如王充的《论衡·商虫篇》中记有"虫以温湿生也""谷干燥者，虫不生；温湿餲饐，虫生不禁"，从生态学角度来解释害虫发生的问题，以科学的眼光来看待农业害虫防治。这一时期害虫防治方法的记载十分稀少。《氾胜之书》中记载了种子防虫技术，《论衡·顺鼓篇》中介绍了掘沟捕蝗的方法，《汉书·平帝纪》中还有悬赏民众捕蝗的最早记载。

魏、晋、南北朝时期（220—580 年）　这一时期中国历史上朝代更替频繁，政权纷争割据，记载虫灾的文献较多，《三国志》《晋书》《南史》《北史》等文献中共记载虫灾 50 次，以蝗灾最多，黏虫次之，螟灾第三。这时治理蝗灾的方法是派遣军队或发动民众捕捉，然后直接埋掉，在《晋书》《资治通鉴》《北齐书》等文献中均有记载。晋代嵇含的《南方草木状》记载了中国南方的橘农利用黄猄蚁防除柑

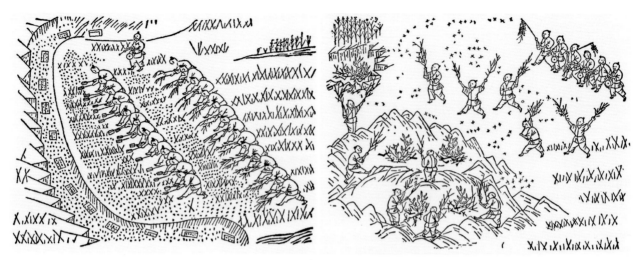

图 1 陈崇砥《治蝗书》捕蝗图

橘害虫的事例，这是害虫生物防治的最早记载。北魏贾思勰的《齐民要术》记载了当时的治虫防虫方法，包括剉麦藏种法、用牛羊骨诱捕蚂蚁、用水沤或火煏的方法防止木材生虫等，还有选用抗虫农作物品种的记录，表明当时的害虫防治技术已得到很大发展。

隋、唐、五代时期（581—959 年） 关于这一时期虫灾的记载见于各史的《五行志》和《本纪》中，共 41 次，蝗灾、黏虫和螟灾仍居前三。汉代产生的"天人感应"思想到隋唐时期仍十分流行，很大程度上影响了农业害虫防治的进步，一度出现了"百姓皆烧香礼拜，设祭祈恩。眼看食苗，手不敢近"（《旧唐书·姚崇传》）的荒诞景象。最先证明害虫应治与可治的是唐朝宰相姚崇，他在唐开元四年（716 年）突破重重阻力，成功治理了山东的蝗灾，在中国古代农业害虫防治史上具有重要意义。姚崇还把火烧法与沟埋法结合起来，"夜中设火，火边掘坑，且焚且瘗，除之可尽"，推动了中国古代蝗灾治理的发展。保护害虫天敌在当时也得到重视，后汉隐帝刘承祐在位期间（948—950 年）就曾下令禁捕取食蝗虫的鸲鹆。

宋、元时期（960—1367 年） 宋代是中国历史上经济、文化、教育、科技高度繁荣的时代，农业在当时得到了长足发展，与之相应的害虫防治也取得很大进步。最早的治虫法规《熙宁诏》就是在熙宁八年（1075 年）颁布的，它对治理蝗灾的要求和奖励措施做了明确规定。随后在淳熙年间（1174—1189 年）颁布了《淳熙敕》，增加了惩罚办法。这表明宋代的农业害虫防治工作已经用法规的形式做了界定。南宋董煟的《救荒活民书》中载有"捕蝗法"七条，是详述治蝗方法的最早文献。到宋代时，人们对蔬菜、花卉、果树等害虫的防治已积累了一定经验，总结出了成套的方法。宋、元时期栽桑养蚕得到很大发展，桑树害虫的防治得到重视，元司农司所编《农桑辑要》中引《农桑要旨》对桑树害虫的种类和防治方法都作了详细记录。元代时还规定每年 10 月为巡察蝗患的时期，较之宋代更有发展。这一时期共记载虫灾 240 次。

明、清时期（1368—1911 年） 明、清时期，传统农业向精细化、集约化、商品化的方向迅速发展，中国古代农业害虫防治技术也日趋完善。在化学防治上，明代宋应星的《天工开物·乃粒麦工》出现了用砒霜除虫的最早记载，其后蒲松龄还详述了砒毒的制备方法和剂量。在生物防治方面，明代陈经纶的《治蝗笔记》中记载了养鸭防治稻田蝗蝻的方法。从生态学角度出发防治害虫的思想在明代已经出现，徐光启的《屯盐疏·除蝗疏》中对飞蝗的发生和治理做了详述，并对各大蝗区作了初步划分，后来的《农政全书》中还有改善飞蝗发生基地环境来根治蝗灾的设想和轮作防治害虫的方法。明末清初出现了"虾化蝗"的错误认识，这是陈子龙删改《农政全书》时自行掺入的，后被清代治蝗著作广为传播。明、清时期治虫器械已较广泛地应用，如明代马一龙的《农说》和清代刘应棠的《梭山农谱》中记载的虫梳除虫、清代陈崇砥的《治蝗书》中记载的滑车捕黏虫等。害虫防治专著在清代开始出现，最早如陈芳生的《捕蝗考》是转录董煟、徐光启等前人著作而来的，虽然没有创新的内容，但可满足一般应用之需。后来的一些著作，如俞森的《捕蝗集要》、陆曾禹的《捕蝗必览》、王勋的《捕蝻历效》、彭寿山的《留云阁捕蝗记》、陈仅的《捕蝗汇编》四卷、胡芳秋的《遇蝗便览》、顾彦的《治蝗全法》四卷、李惺甫的《捕除蝗蝻要法三种》、陈崇砥的《治蝗书》等，大都是以前人著述为框架、稍加修改而成的。清代方大湜的《农桑提要》则对桑树害虫及其防治做了详述，方法较之前代更有进步。这一时期所记之虫灾，明代有 51 次，清代有 99 次。

中国古代农业害虫防治是伴随着农业的起源而发端的，先民们对农业害虫的认识经历了从朴素到科学的过程，对农业害虫的防治也经历了从不可治、不敢治到可治、应治的转变，并积累了丰富的经验。这些害虫防治方法具有简便、无公害的特点，但这些方法不成体系，多是一些经验性的总结。清代后期（1840—1911 年）有关农业害虫防治的问题不在本节讨论的范畴（见中国近代农业昆虫学史）。

（撰稿：陈卓、彩万志；审稿：张雅林）

中国近代农业昆虫学史　history of agricultural entomology in modern China

中国古代的科学技术"往往远远超越同时代的欧洲，在15世纪之前尤其如此"，但16世纪之后，西方国家先后发生资产阶级革命和工业革命，而盲目自大的清朝统治者却对外闭关锁国、对内文化专制，政治的腐败昏庸造成经济的衰弱和科技的落后。随着第一次"鸦片战争"的失败和《南京条约》的签订，中国开始沦为半殖民地半封建社会。"洋务运动"开始后，包括昆虫学在内的近代科学技术进入中国，与中国古代传统的益虫利用、害虫防治和玩虫赏育结合起来，中国近代昆虫学也就此发端。中国近代农业昆虫学作为昆虫学的一个分支，就是在这样的历史背景下孕育、创立和发展的。

孕育时期（1840—1910年）　这一时期的中国昆虫学以翻译和介绍外国昆虫学知识为主，既无专门的研究机构，也无自己的昆虫学家。西方昆虫学理论开始和中国古代昆虫利用与防治经验相结合，中国昆虫学由此萌芽。

对西方学术著作翻译、发行最多且影响最大的是江南机器制造总局翻译馆，该馆发行的《格致汇编》是中国近代首个中文科学期刊，每期都有关于生物学知识的介绍，时而可见昆虫学论文。"洋务运动"失败后，"维新运动"又起，上海农学会刊行《农学报》，先后共登载昆虫学译文94篇、译著25部，成为该时期传播昆虫学知识最主要的刊物。如1898年与1899年，陈寿彭分别在《农学报》上发表了《驱除浮沉子及预防法》《治蝗虫及蚱蜢新法》与《鸡虱类志》3篇文章；1900年该报第100期上刊载了罗振玉的《创设虫学研究所议》，对中国昆虫学进行了细致考证和长远规划，首次提出建立专门昆虫学研究机构的设想，但囿于当时的社会状况而未能实现。

中国昆虫学教育发端于浙江蚕学馆和京师大学堂。前者1897年在杭州成立，旨在"用中国之成法，参东西洋之新理，相互考证，以兼善众长"；该馆开设害虫论、蚕体生理、蚕体病理等19门课程。1898年成立的京师大学堂是中国第一个国立大学，中国最早的昆虫学者邹树文和秉志从该校毕业后分别于1908、1909年赴美国留学。20世纪初期，全国各地的蚕桑学堂或农业学堂蚕科也相继创办。

这一时期还有一些外国人在中国开展昆虫等生物考察、建立博物馆，并通过其创办的教会学校进行昆虫学教学。这些考察活动从沿海到内陆、从边境到内地，几乎到处都有开展，且规模逐次增大，尽管带有侵略色彩，但一定程度上还是推动了中国昆虫学的发展。

创立时期（1911—1936年）　这一时期，中国最早的昆虫学留学生学成归国，国内培养的首批昆虫研究生毕业，中国开始有了自己的昆虫学家。中国早期昆虫学研究机构和学术团体在这时相继成立，国内高校开始开设昆虫学课程，国人自创的首个昆虫学期刊和自编的首部昆虫学教材《虫学大纲》（尤其伟，1935）也在这时开始发行，胡经甫（1935）编写的《中国昆虫名录》等一批经典著作出版，害虫防治事业步入科学指导、全国统筹的道路。中国昆虫学由此初步创立，科研教学工作逐渐发展起来。吴福桢和陆培文曾将该阶段再分为两个时期：初创时期（1911—1932年）和发展时期（1933—1936年）。

昆虫学者队伍形成　1911年，邹树文在美国科学联合会上宣读了《白蜡介壳虫》，这是近代中国人撰写的第一篇昆虫学论文。1912年他又在美国发表了《鳞翅目幼虫毛序同源的研究》一文。邹树文于1915年回国，先后在金陵大学、国立北京农业专门学校和国立东南大学任教，并在江苏昆虫局、浙江昆虫局从事研究工作，为中国近代农业害虫防治做出了贡献。1915年，秉志在《科学》上的"疟蚊"、邹应蕙（邹树文）在《科学》上的"调查皖北蝗患复上韩省长书"、咏棠在《中国实业界》上的"中国白蜡虫之养殖法"是国内期刊上刊载的几篇早期昆虫学论文。1919年，国内培养的首位昆虫学研究生胡经甫从东吴大学毕业。这一时期旅外归国的昆虫学家还有张巨伯、张景欧等，他们大都进入高等学校或研究机构中从事昆虫学教育和研究，成为中国近代农业昆虫学的先驱。

昆虫学研究机构建立和运行　1911年（有人记载为1914年），北京中央农业试验场添设病虫害科。1916年，各省也开设农业试验场，安徽、浙江等省还在其内设立病虫害科。1919年上海棉花造桥虫大发生，造成很大经济损失，由实业家穆抒斋捐资，邹秉文于1921年在上海设立了棉虫研究所，并委托张巨伯主持。

1922年，为了挽救棉花种植业和统筹江苏省的害虫防治工作，中国近代第一个昆虫学研究机构——江苏昆虫局在南京成立。江苏昆虫局最早聘请美国昆虫学家吴伟士（C. W. Woodworth）任局长兼总技师，邹树文、张巨伯、胡经甫等都曾在该局工作。江苏昆虫局负责主持全省农业害虫防治的研究和推广，涉及蝗虫、螟虫、棉花害虫和桑树害虫等，其下设四个研究所，对各主要害虫采取分治的方法。江苏昆虫局于1931年因经费等原因停办，它对中国近代农业昆虫学发展做出开拓性贡献。

1924年，浙江效仿江苏，在嘉兴成立了浙江昆虫局，聘费耕雨为局长，负责嘉兴等县的螟虫治理。1928年，浙江昆虫局迁址杭州并扩充规模，以邹树文为局长，开始统筹全省的农业害虫防治研究和推广。浙江昆虫局下设昆虫分类室、病理研究室、药剂室等若干研究室和多个防治所，对不同害虫采取分而防治的策略，在浙江省害虫防治上取得很多成果。1930年，浙江昆虫局改组为浙江省立植物病虫害防治所，吴福桢任所长，并将原有各防治所分别改为稻虫、果虫和桑虫研究所，增加杀虫药械设计室，开办浙江省治虫人员养成所，为中国农业昆虫学人才培养做出贡献。1932年，该局复名为浙江昆虫局，还添设蚊蝇、棉虫、菜虫等多个研究室。1933年该局发行《昆虫与植病》，这是由中国人自办的首部昆虫学专刊。浙江昆虫局于1937年因战争爆发而停办，是中国近代历时最长的昆虫学研究机构。

受江苏、浙江两省带动，江西、河北、湖南等省相继成立了昆虫局，广东省农林局下也设立昆虫研究所，但这些机构大都历时不长，成立后不久即停办或并入其他机构。这时还有很多生物学研究机构和博物馆相继成立，其中多数涉及昆虫学研究，如中国科学社生物研究所、北平静生生物调查所、震旦博物院等。

昆虫学教育步入规模化　当中国近代昆虫学者队伍初具规模后，中国昆虫学教育才一改20世纪10年代依赖外国教师、教材、教学模式的局面，开始由浅入深、切合实际地发展起来。1898年京师大学堂开设昆虫学、养蚕论等课程；国立北京农业专门学校1914年成立时设有农科，其下开设昆虫学、害虫学、养蚕学等课程，所用教学昆虫标本从日本而来；1923年，该校改为北京农业大学，设立有病虫害系并开有普通昆虫学、昆虫分类学等课程。1928年，北京农业大学合并为北平大学农学院，其下所设农业生物系，开设普通昆虫学、昆虫分类学、应用昆虫学、养蜂学、养蚕学、病虫害药剂等课程，在农艺系、林学系、农业化学系还开设了蚕桑学、经济昆虫学、病虫害药剂学等课程；邹树文（邹应藼）、蔡邦华、张景欧、易希陶等先后在此任教。金陵大学于1914年创办农科，1916年合并为农林科，1925年其下添设病虫害组，1933年改为经济昆虫组，属该校农学院植物系。金陵大学共开设普通昆虫学等8门昆虫学课程，邹树文、张巨伯、曾省等曾在此任教。南京高等师范学校（1922年改称国立东南大学）于1917年成立农科，并采用美国的教学模式开课，1921年设病虫害系，邹树文、张巨伯、胡经甫等曾在此任教，该科收藏有昆虫标本4万余件。除上述三所高校外，还有南通农学院、中山大学农学院、东吴大学等开设昆虫学课程，到20世纪30年代中期开办昆虫学课程的高校已达近30所。这些高校或单设病虫害系，或在农学院或农学系、生物系之下教授昆虫学，可见中国昆虫学教育已渐成体系。这时中国还有公费或自费出国学习昆虫学者30多人。

昆虫学术团体的组建与活动　中国近代昆虫学术团体是在20世纪20年代昆虫学者队伍成形后、在昆虫学机构开始建立和昆虫学教育得到发展的基础上创建起来的。中国第一个昆虫学术团体是1924年成立的六足学会，发起人有张巨伯、吴福桢、柳支英等，其活动一直比较局限。中山大学师生于1931年发起成立昆虫学会，并举办报告会、研讨会和野外考察等活动，研究结果则发表于校刊《农声》上，其中不乏一些重要文献。南通农学院则成立了昆虫趣味会（1934年），印行《趣味的昆虫》《昆虫摘要》等刊物，中国人自编的第一部昆虫学教材《虫学大纲》（1935）也由该会出版。此外还有杭州植物病虫学会等昆虫学组织，但尚无全国性昆虫学术团体出现。

病虫害防治工作的全国统筹　1933年，中国农村复兴委员会制定了中国近代植物保护历史上第一个病虫害防治研究规划——《中国植物病虫害防治计划草案》，对稻作、麦作、棉花、桑树等作物的害虫、园艺害虫、仓库害虫、松毛虫、白蚁等的防治进行了规划，同时还包括设计杀虫药械制作、全国虫害损失统计、昆虫分类、植物检疫等工作。这一《草案》的大部分内容都得以实施。

1933年，为确保《草案》的顺利实施，中央农业实验所成立病虫害系（1940年改称植物病虫害系），开始主持全国植物病虫害的研究与防治工作，并协助各省农事试验场的技术推广。该系最早由吴福桢主持，下设12个研究室和实验楼、养虫室等设施，研究涉及重要农作物主要病虫害、仓库害虫、杀虫药械研制等，并刊印相关研究报告。该系与各高等院校、中央棉产改进所棉虫股、全国稻麦改进所等机构合作，还接受美国洛克菲勒基金会赠款，扩充杀虫药械设计、研制与推广规模，并于1936年举办全国首届治虫讲习会，培养专业治虫人员87名。该系与中央棉产改进所合建杀虫药械制造室，成功制成了双管和自动式两种喷雾器，在农业生产中得到应用。《中国植物病虫害防治计划草案》的颁布实施和中央农业实验所病虫害系的建立，打破了之前病虫害防治缺乏统筹、地区发展不平衡的局面。

昆虫学出版初步发展　这时已创刊发行数种昆虫学期刊，但多未能持续刊行，其中《中国昆虫学记录》是中国首部昆虫学期刊，《昆虫与植病》是中国人创办的首部中文昆虫学期刊。当时除翻译外国著作外，中国人自编的专著和教材也陆续面世。在农业昆虫学方面，出版了吴宏吉等的《害虫防治法》（1933）、易希陶的《农业害虫便览》（1934）、邹钟琳的《农业病虫害防治法》（1934）、张景欧的《蚕桑害虫学》（1934）、王历农的《害虫防治法纲要》（1935）和《治螟新法》（1935）、李凤荪和马骏超的《中国棉作害虫》（1935）等专著，还有周明牂的《中国作物害虫表》（1935），这是一部中国农作物重要害虫及其寄主的名录。

农业昆虫学研究概况　与中国古代农业害虫防治依赖经验的情形不同，这时的害虫防治工作是在近代科学的指导下进行的。1914年安徽蝗灾的调查是中国近代最早的害虫调查工作。1917年，江苏省政府组织治螟考察团，首次用科学方法成功治理了螟害。1933年，中央棉产改进所进行全国范围的棉虫调查，对棉虫的分布和为害情况作了统计。1934年，实业部召开全国治蝗会议，并于1934—1937年组织全国蝗灾调查，为根治蝗灾奠定基础。1934—1936年，清华大学对华北农业害虫做了广泛调查。

在害虫防治上，对水稻、棉花和桑树害虫的研究较多，此外还涉及了果树、蔬菜、仓储害虫等。稻虫方面，江苏、浙江两省昆虫局均设有稻虫研究所，在稻螟的生物学和防治研究上取得突出成绩，提出摘除卵块、灯光诱杀、毁除遗株等防治方法，还开拓了寄生蜂防治、培育抗螟稻种等方向。棉虫方面，以地老虎、卷叶螟、棉铃虫、棉蚜和金刚钻的防治为重点，发展了棉虫的化学防治。对桑树害虫的种类、分布、生活史和防治方法研究也在这时得到发展。害虫的化学防治，在20世纪20年代之前以使用土产农药为主，1918年费耕雨就曾发表第一篇研究土产农药的论文。1930年浙江昆虫局设立中国最早的杀虫药剂研究室，1935年中央农业试验所也建立了杀虫药剂研究室，这两个研究室以近代化学理论为指导研究土产农药。虽然中国在民国初年就曾从美、日等国进口喷雾器、喷粉器等杀虫器械，但由于这些设备成本高昂，且仿制一直未能成功而无法推广。中央农业实验所病虫害系成立后，一直致力于杀虫药械的研制和推广，后与中央棉产改进所合建杀虫药械制造室，成功制成自动式、双管式两种喷雾器，并带动江苏省农具制造所仿制喷雾器，做成商品出售。中国近代害虫生物防治始于20世纪初，1930年浙江昆虫局在嘉兴设立寄生蜂保护室。20世纪30年代后，有关寄生蜂、捕食性瓢虫和寄蝇等的生物防治研究开始增多。

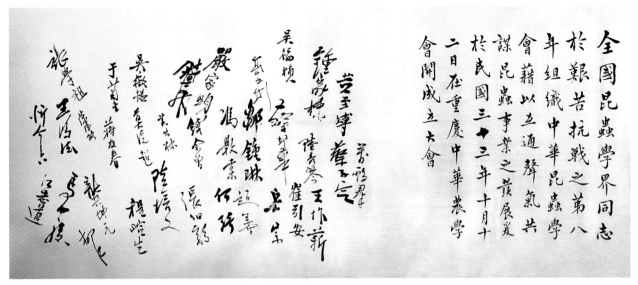

1944 年中华昆虫学会在重庆成立（中国昆虫学会提供）

发展时期（1937—1949 年） 这一时期，抗日战争、解放战争相继发生，社会急剧动荡，初创的中国昆虫学在十分艰苦的境地中求生存、谋发展。抗日战争期间，中国科研、教育中心西移，客观上带动了中国西部地区科教事业的发展。1946—1947 年又是中国近代高等农业教育发展的高峰期。吴福桢和陆培文曾将该阶段再分为两个时期：抗日战争时期（1937—1945 年）和战后恢复时期（1945—1949 年）。

昆虫学研究机构的变迁 1937 年 7 月 7 日，日本军国主义者悍然发动了"卢沟桥事变"，全面抗日战争从此拉开序幕。战争期间，一批昆虫学研究机构被毁于炮火之中或被日军占领，其他多数机构均迁往西部，在敌后形成一个多部门、多学科纵横交错的工作环境。在这一过程中，以重庆、广西柳州、陕西武功、云南昆明为中心，分别以各自地区为主开展昆虫学研究和害虫防治。1945 年抗日战争胜利后，除多数已有昆虫学研究机构恢复原址外，还成立了一批新的研究机构，如全国棉产改进处棉虫股、全国烟草改进处、台湾农业试验所和私立的天则昆虫研究所等，1943 年成立重庆农林部病虫药械制造实验厂，负责杀虫药械的研制和生产。在解放区还成立了延安自然科学研究院（1940 年改称延安自然科学院），负责西北地区生物资源调查和农业害虫防治。

昆虫学教育中心的西移 抗日战争爆发后，中国原来的科教中心北京和东部各省相继沦陷，科研机构和高等院校不得不前往西部开展工作，如北京大学、清华大学、南开大学等迁往云南昆明组建西南联大，中央大学迁往重庆，浙江大学农学院迁往贵州湄潭，金陵大学迁往四川成都，北平大学农学院则几经辗转与西北农林专科学校合并为西北农学院等，南通农学院则迁入上海租界。还有一些未及搬迁或无法搬迁的高校则被停办解散。民国政府在这时还组建了大量新的农学系科，较前一个阶段几乎增加一倍。昆虫学教育中心的西移，客观上使中国原本落后的西部地区农业得到发展，也使中国高等农业教育的布局更趋合理。1946—1947 年，中国高等农业教育发展进入高峰期，北京大学、清华大学分

别于 1946 年和 1947 年设立了国内仅有的两个昆虫学系。当时全国共有各类农业院校和专科学校 30 所，除 2 所设昆虫学系外，还有 8 所设植物病虫害系、3 所设蚕桑系、1 所设农业生物系，且绝大多数院校均开设昆虫学课程，公费派遣或自费出国留学的昆虫学者也有数十人。

昆虫学术团体从地区面向全国 1938 年，以"提倡昆虫科学，研讨昆虫问题，联络昆虫学界，发表昆虫著作"为目的的清华昆虫学会在昆明成立，这是中国近代历时最长的昆虫学术团体。1942 年在福建邵武成立了邵武昆虫学会。中国第一个全国性昆虫学术团体是 1944 年成立的中华昆虫学会，该会至 1948 年已有个人会员 408 位，团体会员 37 个，遍及全国 10 个省市，还在成都、广州、武汉等地成立 5 个分会。中华昆虫学会成立之初确立了五项目标，但因战争原因多未实现。该会于 1947 年开始刊行《中华昆虫学会通讯》，至 1949 年只出版了 2 卷 5 期。虽然中华昆虫学会从诞生到停办只有短短 5 年，但它结束了中国昆虫学工作者分散行动的局面，为中国现代昆虫学事业的发展做出重要贡献。

昆虫学出版事业举步维艰 中国已有的几种昆虫学刊物中，除《中国昆虫学记录》刊行至 1949 年外，其他期刊都在战前或战时停刊且战后未能复刊。在专著方面，这时出版有李凤荪的《中国经济昆虫学》（1940）、邹钟琳的《经济昆虫学》（1942），以及农业昆虫学著作若干，如张景欧的《稻作害虫学》（1937）、顾玄的《农用杀虫杀菌剂学》（1937）、任明道的《病虫防治学》（1948）等。汪仲毅（1938）还发表了《中国经济昆虫汇录》，对周明牂（1935）的农作物害虫名录做了增补，并增加了医学害虫和各种益虫。

农业昆虫学研究概况 为了支持抗日救亡，保障敌后农产品收成，各西迁科研机构和高等院校在农业害虫调查与防治上做了大量工作。1938 年，中央农业实验所会同有关机构对 11 省 22 种农林作物害虫的种类和发生情况进行调查，还对 6 省积谷制度和仓库害虫的种类和发生情况进行调查，并将东部地区原有的害虫防治技术推向西部。同时还有若干

区域性害虫调查工作开展，这些工作使中国农业害虫种类从上个时期的 1000 余种增至 20 世纪 40 年代的近 3000 种。在对稻螟、稻蝗、稻飞虱等水稻害虫的研究上，不仅对其生物学研究又取得系列进展，还进一步开发了新的农业防治方法，增加了天敌昆虫的种类。这一时期对棉虫、以柑橘为主的果树害虫也做了大量研究工作。1947 年，任玮应聘在云南大学开设了"森林保护学"课程，森林昆虫学正式进入中国高等教育的课程设置。

农业害虫的化学防治 20 世纪 40 年代以前主要以植物性或矿物性土产农药为主，附带有从国外进口砷酸铅、氰化钠、氯化苦等。对中国西南地区植物性杀虫剂做了比较全面考察和系统研究，明确了豆薯种子、雷公藤、鸡血藤、除虫菊等植物的有效杀虫成分，对其杀虫效力做了研究。20 世纪 40 年代，中国从国外进口 DDT 并仿制成功。20 世纪 40 年代后期，为了解决 DDT 灭蝗效果不显著的问题，中国又从英国进口了"六六六"，该药于 1950 年仿制成功并投入规模化生产。DDT 和"六六六"在 20 世纪 40 年代至 20 世纪 70 年代一直是中国应用最广、用量最大的两种农药，后因环境污染和毒性残留问题而于 20 世纪 70 年代后期被停用。齐兆生（1948）用梯度浓度的八甲磷液浸润蚕豆种子防治蚜虫成功，这一研究成果发表在《自然》杂志上并获颁英国国家专利，这是中国昆虫学家在植物内吸剂防虫方面取得的重要成果。

杀虫药械的制造 中国从 20 世纪 20 年代开始以近代科学为指导研制土产农药，20 世纪 30 年代仿制进口药械并自行设计，20 世纪 40 年代则达到小规模的工厂化生产阶段。1943 年，农林部病虫药械制造实验厂在重庆成立，生产了大批砷素农药和硫酸铜、碳酸铜等，并制造了一批喷药设备。该厂与中央农业实验所合作，于 1945 年仿制 DDT 成功。该厂在抗战结束后迁往上海，改称农林部病虫药械制造实验总厂，并设立北平分厂，于 1948 年召开病虫药械应用技术联合检讨会，协调了各机构的合作事宜。这一时期成立的药械制造机构还有四川省农业改进所植物病虫药剂制造厂、浙江省农业改进所杀虫药剂制造厂、农林部东北病虫药械制造实验厂和沈阳分厂等。

中国近代的农业昆虫学，是西方近代科技理论与中国古代农业害虫防治经验结合的产物。由于中国近代的社会动荡，当时的农业昆虫学进展缓慢，在学科间、地区间的发展也不甚平衡。

（撰稿：彩万志、陈卓；审稿：张雅林）

中国喀梨木虱 *Cacopsylla chinensis* (Yang et Li)

中国梨产区主要害虫之一。又名中国梨木虱、梨木虱。英文名 Chinese pear psyllid。半翅目（Hemiptera）木虱科（Psyllidae）喀木虱属（*Cacopsylla*）。中国分布于北京、河北、山西、陕西、内蒙古、辽宁、吉林、河南、山东、江苏、上海、湖北、江西、福建、重庆、四川、云南、新疆、广东、台湾等梨产区。

寄主 中国本土栽培的梨属果树，包括白梨、沙梨及秋子梨，但很少在西洋梨上发生。

危害状 该虫食性单一，以成虫和若虫刺吸梨树嫩绿组织汁液。对梨树的危害有直接危害和间接危害。直接危害主要表现为梨叶片干枯卷曲，叶片上有褐色枯斑；间接危害为若虫分泌大量蜜露，当空气相对湿度超过 60% 时，霉菌大量繁殖，使梨叶变黑，阻止叶片光合作用。叶片粘在果实表面形成果实病斑，引起腐烂（图 1）。

形态特征

成虫 分为夏型和冬型两种。冬型成虫较大（图 2 ①），体长 2.6～3.1mm，身体呈褐色，单眼黄色，触角

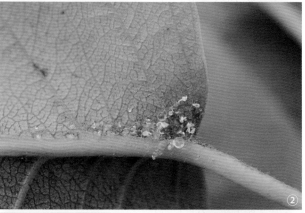

图 1 中国喀梨木虱危害状（徐环李提供）

①叶片受害状；②若虫分泌蜜露；③果实煤污

图 2　中国喀梨木虱成虫及若虫（徐环李提供）
①冬型成虫；②夏型成虫；③若虫

黄褐色，第四到第七节末端暗褐色，第八到第十节全部黑色。胸部褐色，中胸背板上有 4 条褐色纵条纹。足褐色，腿节黑色。前翅透明，翅脉暗褐色，后缘臀区有较小的暗褐斑；夏型成虫较小（图 2②），体长 2.4～2.7mm，身体呈黄绿色。单眼橙色，复眼灰色。触角淡黄色，第四到第八节末端褐色，第九到第十节全部黑色。中胸背板上有 6 条黄色纵条纹，足黄色。前翅透明，翅脉黄色，后缘臀区无斑纹。静伏时，梨木虱的翅呈屋脊状。雌雄生殖器褐色。

若虫　分为 5 个龄期，初孵若虫为扁椭圆形，头宽大于胸宽和腹宽，淡黄色，复眼红色。第五龄若虫呈扁圆形（图 2③），身体变为绿褐色，触角第七节端部 2/3 黑色。翅芽呈长圆形突出于虫体的两侧，在若虫腹面的尾部，环绕肛门有 1 圈被称为泌蜡表皮的表皮膜结构，能分泌蜡质丝。泌蜡表皮由许多弓形支架结构组成，突出于若虫的体表，形成蜡囊。腹末端生有 7 对长的和 4 对短的刚毛。

生活史及习性　中国喀梨木虱 1 年发生多代，随着发生地的不同而有所差异，山东烟台梨区每年发生 4 代，河北中南部梨区每年发生 6～7 代，在安徽砀山 1 年发生 6 代。以其冬型成虫越冬。主要越冬部位在梨园的落叶、枯草间，其次为树干 50cm 以下的树皮缝隙中，50cm 以上树干较少发现越冬成虫。梨木虱一般自 2 月中旬开始出蛰，2 月底至 3 月初是成虫出蛰的盛期，3 月底出蛰结束。3 月中旬梨木虱成虫开始产卵，4 月上旬是梨木虱的产卵盛期。同时个别卵开始孵化，梨树的盛花期为卵的孵化盛期，梨树落花 95% 时，卵的孵化结束。在 4 月下旬第一代若虫开始大量发生，以后各代连续发生，有世代重叠。11 月下旬梨木虱成虫开始越冬。

防治方法

农业防治　梨树落叶后，在树干基部绑瓦楞纸，开春前移去集中处理，清洁园中落叶，压低越冬基数。

化学防治　早春梨芽露白，园内树上喷施 5 波美度石硫合剂或矿物油，杀死越冬成虫及初产卵；落花后，喷施阿维菌素加吡虫啉，杀灭初孵若虫。

参考文献

潘成杰，杜相革，2006. 有机梨园中国梨木虱发生规律与综合防治技术的研究 [J]. 中国农业通报 (10): 303-305.

杨集昆，李法圣，1981. 梨木虱考——记七新种（同翅目：木虱科）[J]. 昆虫分类学报，3(1): 35-47.

LUO X Y, Li F S, MA Y F, et al, 2012. A revision of Chinese pear psyllids (Hemiptera: Psylloidea) associated with *Pyrus ussuriensis* [J]. Zootaxa, 3489: 58-80.

（撰稿：徐环李；审稿：张帆）

中国昆虫学技术推广机构　institutions of entomological extension in China

昆虫学技术推广与昆虫学科研、昆虫学教育是昆虫学发展的"三大支柱"，是昆虫学理论与技术向应用转化的重要环节。昆虫学技术推广机构是促进昆虫学成果转化的组织保证，也是中国昆虫学事业体系的重要组成。

中国近代昆虫学技术推广　近代昆虫学在中国生根发芽时，中国的昆虫学工作者就开始致力于昆虫学技术的推广。中国早期昆虫学研究机构，如江苏棉虫研究所、江苏昆虫局、浙江昆虫局等在进行害虫防治研究的同时，都十分重视示范推广，指导农民防治害虫，浙江省立植物病虫害防治所还成立浙江省治虫人员养成所。1929 年，民国政府颁布《农业推广章程》，成立中央农业推广委员会，后又增设各省、县级农业推广所，中央农推会还与高等院校合建教学实验基地，中国农业技术推广体系的框架就此成形。中央农业推广委员会主持编写的《农业文库》（1934）中就有"蚕桑篇"和"害虫篇"，在推广普及害虫知识和防治方法上起到积极作用。中央农业试验所病虫害系也会同各省农事试验场进行害虫防治技术推广，还举办治虫讲习班，培养专门治虫人员 87 名。

抗日战争期间，民国政府撤销中央农业推广委员会，成立农产促进委员会（1945 年与粮食增产委员会合并为中央农业推广委员会）和敌后各省农业推广繁殖站。西迁的中央农业试验所病虫害系则会同这些机构进行害虫防治技术的推广，中国东部过去行之有效的害虫防治方法由此被推广到西部。20 世纪 40 年代，中国杀虫药械也已进入小规模工厂化生产并面向社会出售，由于价格低廉，广受农民的欢迎。

中国共产党领导的陕甘宁边区设有延安自然科学院、光华农场（延安农业试验场）和农业学校，前者开设病虫害课，后者则对粟灰螟进行细致研究，选育和推广了抗螟品种狼尾谷。中国共产党十分重视害虫防治知识的推广普及，其发行的《解放日报》就开设有"农学知识栏"和"科学园地"两

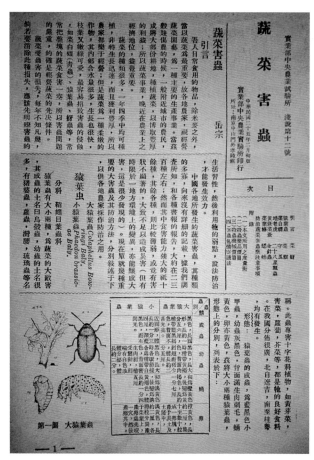

1936 年中央农业试验所发行的《浅说第十二号》

个专栏，此外还曾举办农业展览会、组织群众灭蝗等。

中国近代除有上述政府机构或科研机构从事昆虫学技术推广外，还有很多高等院校和学术团体参与其中。金陵大学在每年暑期任用学生 20 余人为江苏昆虫局临时治蝗专员，1928、1929 年江苏及周边地区蝗灾暴发时就曾深入蝗区，指导农民进行蝗虫防治。国立西北农学院植物病虫害系教师在教研之余，还下乡做推广工作、举办害虫展览，并指导农民防治害虫，同时编印有《治蝗浅说》《防除棉虫浅说》一类的科普手册。中华昆虫学会将"研究全国昆虫问题并将其结果宣布社会"作为五项任务之一。

中国现代昆虫学技术推广机构　中国现代农业推广机构是中华人民共和国成立后构建与完善的，主要由各级农业行政部门、农业技术推广站、示范农场等组成；1991 年全国农业技术推广协会成立，1993 年《中华人民共和国农业技术推广法》颁布，1995 年成立了农业部全国农业技术推广服务中心，目前已经形成了国家、省、地、县、乡五级农业技术推广体系，行政型、科研型、教育型、企业型和自助型农业技术推广机构并存。

全国农业技术推广服务中心成立于 1995 年，是农业部直属事业单位。该机构的主要职责就包括全国有害生物防治、农药安全使用等重大技术的引进、试验、示范与推广，全国农业植物检疫管理，全国农作物有害生物发生动态监测预报等。其下设 22 个处（室），其中包括植物检疫处、病虫害

测报处、病虫害防治处、农药与药械处和植物检疫隔离场 5 个与农业害虫防治有关的部门。

中国农业科学院设有成果转化局，中国农业科学院植物保护研究所也设有成果转化处和各试验基地。各省（自治区、直辖市）、市（地）级农业科学院（所）也设立相关机构，负责农业成果转化和技术推广工作。这些科研机构的设置就构成成科研型推广机构，服务面向农民和涉农企业。

农业推广教育依赖高等农业院校和中等农业职业学校进行，这些机构就成为教育型农业技术推广机构。国务院学位委员会于 1999 年设农业推广硕士（2014 年改称农学硕士），其下又分植物保护等 15 个专业，目前在各大农林院校和一些综合性院校都有开设。这些高校或中等学校的教师还开展教育、咨询活动，例如将最新病虫害防治方法推广到农村、实地指导农民防治害虫等。

国家林业与草原局森林病虫害防治总站（现生物灾害防控中心）专门设有森林害虫防治技术推广应用的部门。企业型推广机构所面向的是特定专业化农场或农民，他们是原料的供应者或产品的消费者，能够帮助这些企业增加经济效益。这些生物技术公司一般以开发利用天敌昆虫为主，寻找能够替代农药的生态、绿色、可持续发展的害虫防治方法并推广给农民。

（撰稿：陈卓、彩万志；审稿：张雅林）

中国昆虫学教育　entomological education in China

中国昆虫学教育发端于浙江蚕学馆（图 1）和京师大学堂（图 2）。前者 1897 年在杭州成立，开设害虫论、蚕体生理、蚕体病理等课程。后者 1898 年在北京成立，是中国第一个国立大学，中国最早的昆虫学者邹树文和秉志从该校毕业后分别于 1908、1909 年赴美国留学。20 世纪初期，全国各地的蚕桑学堂或农业学堂蚕科也相继创办，它们对中国昆虫学教育（尤其是蚕学教育）起到推动作用。

1903 年清政府制定《奏定学堂章程》，将害虫论列为初、中等农业学堂课程，将昆虫学、养蜂学和养蚕学列为高等农工商实业学堂课程，在农科大学开设昆虫学课程，在格致科大学开设动物学课程。但这一制度只在京师大学堂等少数学校付诸实施。清朝末年的农学教育以初、中等农业学堂为主，教学体系多沿袭日本，高等农业教育尚较缺乏。

20 世纪初中国派出最早一批昆虫学留学生，如邹树文、秉志、张巨伯等，他们在国外取得硕士或博士学位后于 1915—1920 年间回国。1919 年中国自己培养的第一名昆虫学硕士研究生胡经甫从东吴大学毕业。从民国初年到抗日战争前，开展昆虫学教育的院校共有 28 所，其中规模和影响较大的有北京农业大学、金陵大学、东南大学、燕京大学、浙江大学、东吴大学、岭南大学、南通农学院、福建协和大学等，另有一些昆虫学研究机构和中、高等农业学校也开设有昆虫学课程。1935 年尤其伟的《虫学大纲》（上编）出版，这是中国人自编的首部昆虫学教材。这时的昆虫学课程已从

图1 浙江蚕学馆

图2 京师大学堂（引自《北京农业大学校史》）

单一的昆虫学分为普通昆虫学、昆虫形态学、昆虫分类学、经济昆虫学等多门课程。这一时期还有在华任教或研究的外国昆虫学者20多人，出国留学的中国昆虫学者30多人，也促进了中国昆虫学教育事业的发展。

1937年抗日战争开始，初创的中国昆虫学事业遭到摧残，昆虫学教育中心迁往西南。抗战胜利后，中国高等农业教育发展迎来高峰，北京大学（1946）、清华大学（1947）先后组建了昆虫学系，开设昆虫学课程的院校已达30多所。但接踵而起的内战又使中国昆虫学教育受到破坏。

中华人民共和国成立后，昆虫学教育发生了巨大变化。1949年北京大学、清华大学和华北大学3所高校的农学院合并，成立北京农业大学（现中国农业大学），并设有当时国内唯一的昆虫学系，其他大学则在农学院中设立植物病虫害系。随着1952年院校调整，各综合性大学农学院均分出成为独立院校，昆虫学系被撤销，改组植物病虫害系为植物保护系，下设植物保护专业。同时在教学体系上仿照苏联，昆虫学课程主要有普通昆虫学、农业昆虫学和植物化学保护3门。相关专业招生人数增长数十倍，包括少量无学位的研究生。1960年前后，有的院校将植物保护专业拆分为农业昆虫专业和植物病理专业，有的后来又合并回去。1958年，北京林学院（现北京林业大学）和南京林学院（现南京林业大学）首次设立森林保护专业，其他林学院校也先后开设森保专业，开始进行系统的森林昆虫学方向的人才培养。20世纪50—60年代，又有一批自编或翻译的昆虫学教材面世，1956年管致和等的《普通昆虫学》（上卷）出版，这是新中国成立后的首部自编昆虫学教材。这一阶段的中国昆虫学教育归属植物保护专业，所设课程包括普通昆虫学、昆虫生理学、昆虫毒理学、昆虫分类学、昆虫生态学、农业昆虫学、植物化学保护等，基础理论逐渐获得重视。同时森林昆虫学、蚕学和蜂学教育也得到发展，部分高等院校开始设置养蜂学课程或专业。

改革开放后，中国昆虫学教育迎来了蓬勃发展的新时期。1977年高考制度恢复，北京农业大学（现中国农业大学）、南京农学院（现南京农业大学）、华南农学院（现华南农业大学）等先后恢复或设立农业昆虫专业，20多所高等农业院校开设植物保护专业，10多所高等林业院校开设

森林病虫害防治专业，一些综合性大学，如北京大学、南开大学、中山大学、复旦大学、北京师范大学、四川大学等也开设有昆虫学专业，各中等农业或林业学校也有讲授昆虫学课程者。1980年后出版的自编或翻译昆虫学教材30余部。这时的昆虫学课程除专业课外，还开设有相关选修课，课程种类得到扩充。养蚕学、养蜂学教育也开始步入正轨。1978年学位研究生制度恢复，各大专院校农业昆虫、植物保护、森林昆虫、森林保护、蚕学和蜂学等专业开始招收研究生，同时一些农业研究机构、昆虫研究机构也培养研究生。这一时期之后，派送各国的留学生、短期出国讲学、考察访问或合作研究的学者数量大幅增加。

20世纪后期，昆虫学研究发生了重大变革，新成果、新观点、新方法不断涌现，为中国昆虫学教育带来了机遇。20世纪90年代后，随着计算机和互联网技术的发展和普及，昆虫学网络教学得以开展。20世纪末21世纪初，多媒体技术在昆虫学教育中的应用日益广泛。为了顺应时代发展的需要，一批优秀的昆虫学教材相继出版，极大推动了中国昆虫学教育事业的发展。

香港和澳门特别行政区也有一些大学开设昆虫学相关课程，如香港大学生命科学学院等。1945年后，台湾省的昆虫学教育逐渐系统化、规模化，台湾大学、中兴大学设立昆虫学系，屏东科技大学、嘉义技术学院设立植物保护系，开设有普通昆虫学、昆虫形态学、昆虫生理学、昆虫分类学、昆虫生态学、经济昆虫学、昆虫学专题讨论、虫害防治等课程。

（撰稿：彩万志、陈卓；审稿：张雅林）

中国绿刺蛾 *Parasa sinica* Moore

是阔叶树林木和果树的重要食叶害虫。大发生时将树叶吃光，严重影响树木生长。又名棕边青刺蛾、棕边绿刺蛾、双齿绿刺蛾、蓼绿刺蛾。鳞翅目（Lepidoptera）有喙亚目（Glossata）异脉次亚目（Heteroneura）斑蛾总科（Zygaenoidea）刺蛾科（Limacodidae）绿刺蛾属（*Parasa*）。国外分布于朝鲜、

Z

日本、俄罗斯、泰国。中国分布于黑龙江、吉林、北京、天津、河北、上海、浙江、福建、江西、河南、湖北、湖南、广东、广西、四川、云南、陕西、甘肃、台湾。

寄主 栎、槭、桦、枣、柿、核桃、苹果、杏、桃、樱桃、梨等。

危害状 幼龄幼虫啃食叶肉，留下表皮。三龄以后取食全叶，只留下较粗的叶脉。

图 1 中国绿刺蛾成虫（吴俊提供）

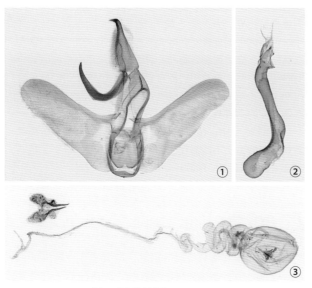

图 2 中国绿刺蛾（吴俊提供）

①雄性外生殖器；②阳茎；③雌性外生殖器

形态特征

成虫 体长 9～11mm；翅展 23～26mm。触角和下唇须为暗褐色。头顶和胸背绿色；腹背苍黄色；前翅绿色；基斑褐色；外缘线较宽，向内突出 2 钝齿：其一在 Cu2 脉上，较大；另一在 M_2 脉上。外缘及缘毛黄褐色。后翅淡黄色，外缘稍带褐色，臀角暗褐色（图 1、图 3）。

雄性外生殖器：爪形突长三角形，末端尖细；颚形突相对大，弯曲，端部钩状；抱器瓣长，几乎等宽，末端宽圆；阳茎长大，比抱器瓣稍长，基部 1/3 粗，亚端部有尖枚齿形骨化区，上有小刻点（图 2①②）。

雌性外生殖器：前、后表皮突长；囊导管基部较粗，中部十分细长，端部粗而呈螺旋状；交配囊较大，卵形；囊突较大，弱骨化，马蹄形，上有小齿突（图 2③）。

卵 扁椭圆形，乳白色。

幼虫 体长 17mm，绿色。前胸背板有 1 对黑斑，背线天蓝色，两侧衬较宽的杏黄色线。各体节上均有 4 个瘤状突起，丛生粗毛，在中、后胸背面及腹部第六节背面上的刺毛为黑色，腹部末端并排有 4 丛细密的黑色刺毛。

蛹 长 11mm，宽 7mm，淡灰褐色，椭圆形，略扁平。

生活史及习性 生物学习性：在河北 1 年发生 1～2 代，以老熟幼虫在树干基部或树干伤疤、粗皮裂缝中结茧越冬，有时成排群集。5 月下旬至 6 月中旬可见第一代卵。室外群体饲养，卵期 7 天左右，幼虫期 20 天左右，蛹期 7 天左右，成虫期 5 天左右，世代历期约 40 天。7 月中下旬为第二代卵高峰期，卵期 7 天左右，幼虫期 29 天左右，老熟幼虫持续半年左右。

雌成虫产卵在寄主植物叶背面。卵浅绿色，成块，在卵块的表面有一层很薄的胶质物。幼虫在三龄以前黄绿色，营群聚生活，食量小，而且只啃食寄主植物叶片的叶肉，留下表皮。三龄以后，虫体变大，随着虫体的增大食量也增加，取食全叶片，只留下较粗的叶脉。第一代老熟幼虫喜欢在树干，尤其是 1 级分枝枝干基部结石灰质茧，在茧中化蛹。茧散乱分布，有时十多个、几十个在一起。第二代幼虫的化蛹场所除树干上外，也见于树周围的碎石、砖块上。成虫多在夜间活动、交配、产卵。

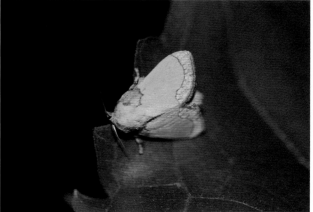

图 3 中国绿刺蛾成虫（张培毅摄）

防治方法

人工防治　人工摘除卵块，捕杀低龄群集幼虫；老熟幼虫沿树干下行至干基结茧时，可采取树干绑草等方法及时清除。

灯光诱杀　成虫羽化期于 19：00～21：00 用灯光诱杀。

生物防治　主要天敌茧蜂、蝎蛉、螳螂等，幼虫常被核型多角体病毒感染，尤其是对第二代幼虫虫口有很明显的抑制作用，应注意保护和利用。

化学防治　幼龄幼虫期喷施 25% 灭幼脲Ⅲ号 2500 倍液、灭百可乳油 4000 倍液、16000IU/mg 的苏云金杆菌可湿性粉剂 500～700 倍液、20% 除虫脲悬浮剂 2500～3000 倍液、20% 虫酰肼悬浮剂 1500～2000 倍液等。当幼虫大面积发生时，可喷施 4.5% 高效氯氰菊酯乳油 1500～2000 倍液、2.5% 溴氰菊酯 1500～2000 倍液、50% 辛硫磷乳油 1000～1500 倍液、1.2% 苦·烟乳油 800～1000 倍液等；亦可树干注射 20% 速灭杀丁、6% 吡虫啉可溶性液剂 20 倍液。

参考文献

蔡荣权，1983. 我国绿刺蛾属的研究及新种记述（鳞翅目：刺蛾科）[J]. 昆虫学报，26(4): 437-447, 485.

桂炳中，王裒，赵国晨，2018. 中国绿刺蛾的为害和综合防治方法 [J]. 科学种养 (2): 41.

宋新强，谢杰，冀国军，2000. 中国绿刺蛾的无公害防治 [J]. 林业科技，25(5): 26-28.

萧刚柔，1992. 中国森林昆虫 [M]. 2 版. 北京：中国林业出版社：785.

SOLOVYEV A V, 2008. The limacodid moths (Lepidoptera: Limacodidae) of Russia [J]. Eversmannia, 15/16: 17-43.

（撰稿：李成德；审稿：韩辉林）

中国农业昆虫学研究机构　research institutions of agricultural entomology in China

中国虽然有长期的农业害虫防治和益虫利用历史，但 20 世纪前一直没有专门的农业昆虫研究机构。1900 年，罗振玉最先倡导成立昆虫学研究机构，但限于当时的历史背景，他的提议未能付诸实施。1922 年，江苏昆虫局在南京成立，中国农业昆虫学研究机构才由此发端。中华人民共和国成立后，国家对科研院所和高等院校进行了重新规划部署，现今中国的农业昆虫学研究机构，主要分属于各级农、林业科学院（所）与政府部门、中国科学院下属研究机构和高等院校下属研究所（室）三大系统，一些农业生物技术企业也开展一些农业昆虫学的研究和技术推广（见"中国昆虫学技术推广机构"）。

中国近代农业昆虫学研究机构　中国第一个昆虫学研究机构——江苏昆虫局于 1922 年在南京成立，主持江苏省农业害虫的研究和防治事宜。江苏昆虫局下分棉虫、稻虫、桑虫和标本四股，又设治蝗、稻虫、棉虫和桑虫 4 个研究所，并刊印年刊和研究报告。1931 年江苏昆虫局因经费不足等原因被撤销。

1924 年浙江昆虫局在嘉兴成立，并逐步从治虫防虫发展成为理论研究与推广应用并重的综合性研究机构，为浙江省农业病虫害防治做出了突出贡献。1930 年该局改组为浙江省立植物病虫害防治所，并组建浙江省治虫人员养成所，对培育农业昆虫学人才起到积极的推动作用。1932 年浙江昆虫局复名，1933 年开始刊行《昆虫与植病》，这些工作一直进行到 1937 年抗战爆发。地方农业昆虫学研究机构除上述 2 局外，还有江西昆虫局（1928）、河北昆虫局（1928）、湖南昆虫局（1930）等，虽然这些机构大都历时较短，但它们对发展中国农业昆虫学起到了开拓性作用。

1933 年，中央农业实验所成立病虫害系，负责全国病虫害研究与防治工作的规划管理，并协助各省农事试验场的技术推广。这一机构的组建使农业病虫害研究与防治工作首次在全国范围内得到统筹，改变了过去各自为政、各理其事的局面。该系设有 12 个研究室，研究重要农作物主要病虫害、仓库害虫、杀虫剂和器械的研制等，并刊印相关研究报告。1938 年抗日战争时期中央农业实验所迁往重庆，改组设立了植物病虫害等 11 个系，并在四川等五省建立工作站，推动了西部昆虫学的发展。同时期有关研究机构还有中央棉产改进所棉虫股（1934）、全国稻麦改进所（1935）和各省的农业实验所和农事试验场等。

当时的一些综合性生物学研究机构，如中央研究院动植物研究所、静生生物调查所、中国科学社生物研究所等也开展昆虫学的研究，但这些研究多偏重基础理论。这些研究机构在新中国成立后都进行了重新部署。

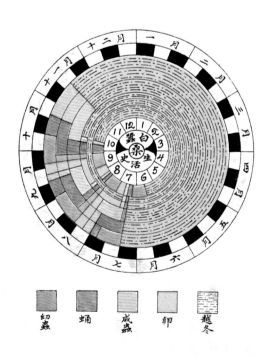

江苏昆虫局年刊第一号中桑白蚕生活史插图

全国各大高等院校中，也有不少在农科下开设昆虫学课程，或单立病虫害系。如国立东南大学于1921年设立了全国高校中最早的病虫害系，国立北京农业大学也于1923年设立病虫害系，国立浙江大学也设有植物病虫害系（1928）。抗战前期开设农业昆虫学课程的高校有20所左右，遍布在华东、华北、中南、西南、西北和东北各大地区，此外还有一些中等、高等农业学校，它们对中国农业昆虫学的发展和人才培养起到促进作用。抗战期间，中国科研和教育中心西迁，刺激了中国西部农业昆虫学的发展。抗战胜利后，除西迁的各单位恢复外，还建立了一些新的研究机构。当时的农业高等院校约有30所，其中8所开设植物病虫害系，另有1所设农业生物系、2所设昆虫学系。

各级农、林业科学院（所）与政府机关中的农业昆虫学研究机构 中国农业科学院植物保护研究所成立于1957年，建所初期设有植物病害、农业虫害和农药3个研究室，至1965年又新增了植物检疫研究室，中国植物保护学会和《植物保护》编辑部也挂靠在该所。植保所以控制全国病虫害、增加农作物产量、保障农产品供给为工作重点，组建了稻螟、黏虫、棉铃虫等专题协作组，并在河北、河南、甘肃、山东等地建立了研究基地，制订了《全国植物保护科研规划》和重大植物病虫害研究计划，在黏虫迁飞、玉米螟防控、飞蝗综合治理等方面取得重要成果。1980年成立了中国农业科学院直属的生物防治研究室（1990年更名为生物防治研究所，2002年与农业气象研究所合并为农业环境与可持续发展研究所），负责天敌昆虫资源的出境审定和引种管理、重要天敌昆虫资源的保护和扩繁、组织全国生物防治技术的研究和交流、开展生物防治技术的国际合作等，出版有期刊《中国生物防治》。1992年，植物病虫害生物学国家重点实验室投入使用。20世纪80年代至21世纪初，植保所着重研究全国重大害虫的发生规律、应用基础和综合防治，在黏虫预测预报、棉花病虫害综合防治等方面取得重大进展。2006年，农业环境与可持续发展研究所并入植保所。2013年，国家农业生物安全科学中心建成运行。截至2018年，植保所共设有农业昆虫、农药、生物防治、生物入侵等七个研究室，并在廊坊、新乡、库尔勒等八处设立试验基地。这一时期，植保所围绕农作物重大病虫害灾变机理与防控技术，在棉铃虫区域治理、外来入侵生物监控、昆虫信息感受机制等领域取得系列成果。

除植保所外，中国农业科学院下属的蔬菜花卉、棉花、水稻、油料作物、果树、麻类、茶叶和烟草等研究所也设有植物保护研究室（系或中心），研究相应作物的全国性重要害虫防治技术，进行品种资源抗虫性鉴定等。

20世纪50年代初，在华北、东北、华东、华中、华南、西南和西北七大行政区分别设立了农业科学研究所，下设植物保护系害虫研究室。1961年后各省（自治区、直辖市）相继成立农业科学研究所，或将之改组为农业（农林）科学院，下设植物保护研究所农业害虫研究室，负责统筹各省（自治区、直辖市）农业昆虫的研究工作。1979年还成立有华南热带作物科学研究院植物保护研究所，其内设昆虫研究室，研究热带作物虫害的发生规律和防控、检疫技术和农药使用方法等。

1953年，林业部成立了中央林业部林业科学研究所，1958年扩大为中国林业科学研究院。中国林业科学研究院下设林业科学研究所，开展有森林昆虫的研究与防治等工作，1993年由该所昆虫室、病理室、野生动物室和鸟类环志室划拨人员成立森林保护研究所，1998年森林保护研究所与森林生态环境研究所合并成立森林生态环境与保护研究所，其内设有国家林业局森林保护学重点实验室，在森林病虫害监测与管理、天敌昆虫资源收集与利用、森林病虫检疫与风险评估等方面开展了大量研究，基本解决了松毛虫和天牛等害虫的防治问题，促进了中国林业的发展。建于景东的中国科学院云南紫胶工作站于1961年划归中国林业科学研究院，成立紫胶研究所，1988年更名为资源昆虫研究所并迁往昆明，该所设有工业原料昆虫、环境昆虫等多个研究室和国家林业局资源昆虫培育与利用重点实验室，针对紫胶虫、白蜡虫、五倍子蚜虫等资源昆虫的开发利用开展了大量基础和应用研究，取得了"紫胶资源高效培育与精加工技术体系创新集成"等一批代表性成果。1954年后各省（自治区、直辖市）相继成立有林业科学研究所，下设森林保护或森林病虫害防治研究室，开展森林昆虫的研究与防治工作。

在储物害虫研究方面，粮食部购销储运局于1952年开始进行全国储粮害虫区系与防治的研究。1956年粮食科学研究所成立，研究储粮害虫、害螨的分类与防治技术。1960年该所扩建为粮食科学研究设计院，其下设的粮食科学研究所（1965年更名为粮食储藏科学研究所）开展储粮害虫、害螨的分类、生理和防治技术研究。

中国科学院下属研究机构中的农业昆虫学研究机构 中国科学院下属研究机构中与农业昆虫学研究相关的有动物研究所、植物生理生态研究所、昆明动物研究所等单位。

中国科学院动物研究所由原中国科学院昆虫研究所和原中国科学院动物研究所于1962年合并而成，中国昆虫学会、中国动物学会和国际动物学会3个学术团体，及 *Insect Science*、《昆虫科学》《昆虫学报》《应用昆虫学报》等七部期刊的编辑部都挂靠在该所。中科院动物所在整合中国近代生物学研究机构和博物馆的基础上，在昆虫多样性调查、保护区建设、重大农业害虫治理等方面做出过突出贡献。该所现设有农业虫鼠害综合治理研究等国家重点实验室和动物生态与保护生物学、动物进化与系统学两个院重点实验室，以及计算与进化生物学、外来有害生物鉴定与预警等4个研究中心，国家动物博物馆也附设在所内。中科院动物所围绕昆虫分类学、生态学、生理学、毒理学等领域开展虫害暴发机制与控制、物种形成与多样性维持机制、外来入侵害虫检测与管理等方面的研究。

中国科学院上海应用昆虫研究所成立于1959年，1962年更名为华东昆虫研究所，1977年更名为上海昆虫研究所，1999年与原中国科学院上海植物生理研究所合并成为中国科学院上海生命科学研究院植物生理生态研究所。几十年来，该所在昆虫系统分类、协同进化、化学生态学、生理学和毒理学等领域都取得了大量研究成果。整合后的植物生理生态研究所于2007年成立昆虫科学研究中心，2009年成立昆虫发育与进化生物学重点实验室。该实验室现设有9个研究组和上海昆虫博物馆，在昆虫系统进化、基因组学、分子遗传、昆虫—植物—微生物相互作用、发育与变态、先天免疫、RNA选择性剪切等领域开展了研究。

广东省科学院动物研究所，其前身是成立于1958年的中国科学院广州昆虫研究所。该所1961年更名为中国科学院中南昆虫研究所，1972年更名为广东省昆虫研究所，1978年归属广东省科学院，2015年更名为广东省生物资源应用研究所，2020年改为现名。广东动物所是《环境昆虫学报》主办单位之一，也是广东省昆虫学会、广东省白蚁学会等4个学术团体的挂靠单位。该所现设有资源昆虫与生物工程、环境昆虫、昆虫生态与害虫控制等8个研究中心，在资源昆虫开发利用、柑橘害虫、白蚁综合治理等领域取得过很多成果，目前仍致力于昆虫资源调查与保护利用、农林虫鼠害绿色防治技术、城市卫生害虫综合治理、新型杀虫抗菌制剂开发等方面的研究。

中国科学院昆明动物研究所、中国科学院西北高原生物研究所内也设有相关的昆虫学研究机构。中国科学院武汉病毒研究所中有昆虫病毒基因工程、农业病毒应用等学科组，开展昆虫病毒基础理论及应用技术的研究，尤其是昆虫病毒资源的调查、组学、致病机理、新型杀虫剂与生物农药的开发等。

高等院校下属研究所（室）中的农业昆虫学研究机构 开展农业昆虫学研究的高等院校，主要是各大农业类院校、一些综合类和师范类的院校。

中国农业大学是由原北京农业大学、原北京农业工程大学于1995年合并而成的，其前身可追溯至京师大学堂农科大学。该校现设有植物保护学院昆虫学系，开设的农业昆虫与害虫防治专业被列为国家级重点学科，所涉及的研究方向主要有昆虫系统与进化、生理与毒理、生态与生物防治、作物抗虫性等。西北农林科技大学则是原西北农业大学、原西北林学院等七所单位于1999年合并而成的，现设有植物保护学院昆虫学系和昆虫学研究所，还建有昆虫博物馆，开展昆虫系统学与生物多样性、生理与生化、生态与害虫治理、资源昆虫利用与保护生物学、昆虫植保资源等方向的研究。南京农业大学由原金陵大学农学院和原南京大学农学院，以及原浙江大学农学院部分系科合并而来，在植物保护学院中设有昆虫学系和农业昆虫研究所、农作物生物灾害综合治理教育部重点实验室等科研平台，开展有水生昆虫分类学、害虫生物防治、昆虫分子与信息生态、生理与生化等方面的研究。其他农业类院校，如华南农业大学、沈阳农业大学、福建农林大学、河南农业大学、河北农业大学、山东农业大学、山西农业大学、安徽农业大学、云南农业大学、四川农业大学等也设有昆虫学系。

在北京林业大学、南京林业大学、东北林业大学、中南林业科技大学、西南林业大学、浙江农林大学等林业院校中，均有从事森林昆虫方面的研究机构或平台。

在综合类院校中，浙江大学、中山大学、南开大学、西南大学、贵州大学等均在相应学院下设有昆虫学研究所或昆虫学系。一些师范类院校，如北京师范大学、华南师范大学、华东师范大学、沈阳师范大学等也有一些科研人员从事昆虫学有关的工作。

港澳台地区的农业昆虫学研究机构 香港特别行政区设有渔农自然护理署，主持香港的渔业与农业发展规划和自然资源的保护等。香港大学也有昆虫学研究的相关人员。台湾省从事农业昆虫学研究的机构较多，如"中央研究院"动物研究所、自然博物馆、台湾动植物防疫检疫局、台湾省农业试验所和各区的农业改良场等。在高等院校中，台湾大学、中兴大学设有昆虫学系，屏东科技大学、嘉义技术学院设有植物保护系，从事昆虫学研究。

（撰稿：彩万志、陈卓；审稿：张雅林）

中国资源昆虫利用史 history of resource insect utilization in China

中国对资源昆虫的利用，其历史至少可以追溯到距今约9000年前的新石器时代。在长期的生产生活实践中，古中国人对传统资源昆虫如蚕、蜂、白蜡虫、紫胶虫、五倍子蚜虫、天敌昆虫、药用昆虫、食用昆虫和观赏昆虫等进行了广泛的利用，积累了大量宝贵的知识和经验。当前，资源昆虫的范畴已经扩展，资源昆虫利用的方式也更加多样化，中国对资源昆虫的研究和利用也已步入科学化、规模化和产业化的阶段，并且形成了比较系统的资源昆虫学学科体系。

中国古代传统资源昆虫利用（约前7000年—1839年） 在原始社会的早期或更早，古中国人可能就已经开始利用昆虫及其产物了。根据历史文献和考古发掘的资料来看，中国古代资源昆虫利用的确切历史至少可以追溯到大约9000年前。

产丝昆虫的利用 中国是世界上最早开始利用蚕丝的国家。家蚕就是野蚕经过长期的人工饲养而驯化来的。中国古代就有"伏羲化蚕"和"嫘祖教民育蚕"（图1）的传说。从距今约6000年前的师村遗址出土的蚕蛹石雕和西阴村遗址出土的半个蚕茧说明那时的先民可能已与蚕形成了某种联系。距今4000多年前的钱山漾遗址中出土有大量绢片、丝带和丝线，这被认为是已知最早的丝织品，说明养蚕缫丝在当时已经出现。蚕的人工饲养在夏代已有明确记载，《夏小正》中就有"三月……摄桑，……妾子始蚕"的说法。商代设立有"女蚕"官职和"蚕王"祭典，在甲骨文中也有大量与"蚕""桑"和"丝"有关的象形字以及蚕事的卜辞，养蚕在当时的农业生产中已经占据了相当的比重。到了西周和春秋、战国时期，养蚕和纺丝已经形成一定规模，不仅有专门的蚕室以供养殖，还发展出各种养蚕器具，桑树被大面积人工种植，丝织品也逐渐从王公贵族的专用品变成民间贸易的物资，关于蚕的习性和养蚕技术的记载也开始出现，如《荀子·蚕赋》中就记录有三眠蚕的习性。秦、汉以来，古代中国人在养蚕、栽桑和纺丝技术上取得了长足的进步，养蚕成为普遍的农事活动，形成了"农桑并举，耕织并重"的景象，丝织品也随着"丝绸之路"的开辟而被远销国外。传统养蚕技术在宋、元时期已经趋于完善，宋代秦观的《蚕书》是现存最早的蚕业专著。明代时人们对蚕病及其防治

图1 嫘祖育蚕图（周尧赠）

已有了一定认识，并有利用家蚕杂种优势的最早记载，但受宋末元初植棉业发展的影响，蚕业在中国逐渐衰退，到明代中期已大面积萎缩。清代以后，受到丝织品外销的刺激，全国又开始提倡养蚕栽桑，并涌现了一些蚕业专著。养蚕技术在约公元前11世纪由中国传入朝鲜，2世纪时传入日本。"丝绸之路"开通后，养蚕技术又由此先后传入中亚、西亚、北非和欧洲。

除家蚕外，古中国人还长期饲养有柞蚕、樗蚕、天蚕等多个种类的产丝昆虫，其丝除用作服装原料外，还有作为渔具、弓弦和医用缝线，部分产品还曾销往海外。

产蜜昆虫的利用　从距今约9000年前的贾湖遗址中出土的"蜜酒"，其主要成分之一为蜂蜜，说明至少在那时古代中国人已开始采集和加工蜂蜜了。《诗经》《左传》《拾遗记》等先秦时期的著作中出现了关于蜜蜂及其习性的记录。《山海经》中则有养蜂的最早记载，说明蜂的人工饲养至少在战国时期就已出现。《礼记》中有"爵鷃蜩范，人君燕食"和"子事父母，枣栗饴蜜以甘之"的说法，记载了当时的人们取食蜜蜂幼虫、蛹和蜂蜜的事实。《神农本草经》中还有

关于蜜蜂及其产物入药的记载。东汉至魏、晋、南北朝时期，养蜂和蜂产品加工技术得到了很大发展，"山野养蜂"技术出现并形成了一定的规模，还出现了专门养蜂和传授养蜂技术的人员，当时的人们已能将蜜和蜡分开并作不同的用途。自唐代起，"山野养蜂"开始向"家庭养蜂"发展，养蜂技术也开始被收入农书之中，蜂蜜在这时除作食、药材外，还用于制香和炼丹，蜂蜡则被广泛用于制作蜡烛和传递文书的蜡丸。到了宋代，养蜂技术又取得了重大突破，发明了"棘刺王台"控制自然分蜂群的技术和蜜诱烟熏收集分蜂群的方法，蜂产品也较之前更加多样，蜂蜜被广泛地用作食材，蜂蜡则被用于印刷业。元代被认为是中国古代蜂业史上的鼎盛时期，当时在蜂箱制作和蜂房管理、割蜜方法、收蜂方法、蜂群管理以及养蜂防护等方面都取得了创新和突破，并积累了大量文献，蜂产品也在朝野之间大量流通。明、清时期的蜂业虽未取得技术上的重大突破，但当时的人们对前人经验进行了细致的总结，郝懿行的《蜂衙小记》就成书于清代晚期，书中对中国古代养蜂经验进行了深入浅出的介绍，展现了中国古代蜂业的丰硕成果。

原料昆虫的利用　中国古代利用较多的原料昆虫有白蜡虫、紫胶虫和五倍子蚜虫。虫白蜡是白蜡虫的分泌物，其作药用的最早记载见于汉、魏时期的《名医别录》中；唐代李吉甫的《元和郡县图志》中有以虫白蜡做贡品的记载；宋代周密的《癸辛杂识》中还记录了白蜡虫的放养和收蜡、制蜡的方法。紫胶在中国古籍中多被称为紫钾，是紫胶虫雌虫的分泌物，关于它的最早记录见于晋代张勃的《吴录》，当时人们不仅正确认识到紫胶是昆虫的产物，还已将其用作染料；关于紫胶作药用的记载也很多，这在《本草纲目》中有所总结；明代徐霞客首次考证到中国云南出产紫胶，并描述了紫胶虫寄主植物的形态。五倍子是五倍子蚜虫形成的虫瘿，其最早的记录当推晋代郭璞为《山海经》所做注解中的记载；唐代陈藏器的《本草拾遗》中已收入五倍子作为药材；到了宋代，人们已经认识到五倍子是由昆虫形成的，这在当时的《开宝本草》《太平广记》等著作中都有记述；宋代苏颂的《本草图经》中还有将五倍子用作染料的记载。

天敌昆虫的利用　害虫生物防治的思想在中国古已有之。晋代嵇含的《南方草木状》中记载了中国南方的橘农利用黄猄蚁防除柑橘害虫的事例，成为世界上害虫生物防治的最早记载。利用黄猄蚁防治柑橘害虫的记载还见于唐代刘恂的《岭表录异记》、宋代庄季裕的《鸡肋集》、元代俞贞木的《种树书》等多部著作中。

药用昆虫的利用　古中国人将昆虫及其产物用作生药来治疗疾病的历史非常悠久。《周礼》所记载的"五药"中就包含有"虫"。《诗经》中有"蟋蟀入药"的记载。《山海经》中明确提出了药用昆虫的效用和性能。东汉时期的《神农本草经》中收录有药材365种，其中属于昆虫的22种（类），分为上、中、下三品，简记了各自的功效却没有形态描述。南北朝时期陶弘景在其《本草经集注》中对这些药用昆虫做了注解和订正，并增加了一些种类。唐代苏敬等的《新修本草》对唐代以前的药用昆虫进行了归纳总结。药用昆虫的种类在此后仍不断增加，在《本草纲目》中已收录有74个与

昆虫及其产物相关的条目，其中一些在今天仍被沿用。关于药用昆虫的记载，历代出版的药典均有收录，这些药典自唐代以来多冠以"本草"之名，如唐代的《本草拾遗》、宋代唐慎微的《重修政和经史证类备用本草》、清代赵学敏的《本草纲目拾遗》等，其收入的药用昆虫及其产物总共多达100余种。

食用昆虫的利用 采食昆虫及其产物早在原始社会或更早就已出现了，前述的古中国人采集蜂蜜、制作"蜜酒"就是一个例证。在中国历代典籍中记载的可供食用的昆虫种类很多，如先秦时期的《周礼》《礼记》《庄子》等著作中有关于取食蚁酱、蜂和蝉的记载，这在当时还是王公贵族才能享用的高级食材。在中国古代危害猖獗的蝗虫也被人们所食用，如三国时期韦曜的《吴书》记载"百姓饥饿，以桑葚、蝗虫为干饭"，明代徐光启的《屯盐疏》中也有"田间小民，不论蝗、蛹，悉将煮食。城市之内用相馈遗"的记录。《本草纲目》中引元代吴瑞的《食用本草》记载"缫丝后蛹子，今人食之，呼小蜂儿"，这是对取食缫丝蚕蛹的最早记载，但取食蚕蛹的习惯可能在很早之前就已出现。

观赏昆虫的利用 古中国人在玩虫赏育方面的创见可谓独树一帜。汉、晋时期就有人饲养鸣蝉以供娱乐。《晋书·车胤传》记有车胤囊萤夜读的故事，而《隋书·炀帝本纪》则有隋炀帝"征求萤火得数斛，夜出游山放之，光遍岩谷"的记载。唐、宋时期，蝴蝶（图2）、金龟子、吉丁虫被人们用来充当装饰品，大量与昆虫有关的诗词在这时涌现，唐代的长安城还有赛蝉鸣的活动。唐玄宗天宝年间（742—756年），人们饲养蟋蟀，欣赏鸣声。斗蟋蟀也在唐代天宝年间开始兴起，到了宋、元时期更加风行，一直到清代也未见减弱，此间出现了许多研究蟋蟀的著述，如宋代贾似道的《促织经》、明代袁宏道的《促织志》、明代刘侗的《促织志》等，对蟋蟀的捕捉、鉴定、习性、饲养甚至逗玩方法、伤病治疗等都有较全面的介绍。

中国近代资源昆虫利用（1840—1949年） 如何将西方近代科学理论与技术同中国古代传统资源昆虫利用相结合，成为当时的有识之士普遍思考的问题。在这样的背景下，中国近代资源昆虫的研究与利用展现出了不同的面貌。

外国资源昆虫知识译介 由美国监理会主办的《万国公报》于1875年刊登了《大美国事蜂房酿蜜册》，这是近代最早传入中国的外国养蜂文献。中国最早的中文科学期刊《格致汇编》上也登载有多部与养蚕、养蜂相关的译文，其中1876—1877年刊载的傅兰雅所译《西国养蜂法》是中国最早的养蜂译著。《农学报》更是刊登有数十篇关于养蚕、养蜂和益虫利用的译文和译著，其中不少以连载的形式发表，如《蚕务条陈》从1887年起连载12期，《蚕桑答问》从1897年起连载7期，《蜜蜂之分封》从1903年起连载3期，此外还出版有藤田丰八所译花房柳条的《蜜蜂饲养法》（1898）等一批译著。1899年，陈寿彭所译的《冬季蜜蜂管理法》在《农学报》上发表，成为首篇中国人自行翻译的外国养蜂论文。

中国近代蚕业发展 19世纪初期，中国生丝出口出现危机，在养蚕技术、蚕种质量和生丝质量上也已落后于日本

图2 宋代李安忠晴春蝶戏图（周尧提供）

和欧洲。发展养蚕技术，培养蚕学人才，成为当时中国蚕业界的当务之急。1889年，江生金到法国学习养蚕新法和检种技术，成为第一个出国学习蚕学的中国人。1897、1898年，浙江蚕学馆和湖北农务学堂蚕科相继成立，以此为开端，全国多地开始兴办蚕业学堂或在农业学堂中设立蚕科。1903年，养蚕被列为高等农工商实业学堂的科目之一。辛亥革命后，国民政府十分重视蚕业发展和蚕学教育，所设的蚕业学校或农校蚕科一度多达100余所，使中国近代蚕学职业教育得到发展。20世纪20年代前后，金陵大学等5所高校开设了蚕桑系，蚕学高等教育开始兴起。中国近代第一个蚕业科研机构是1912年成立的浙江省农事试验场蚕桑科。此后，江苏、广东、四川等省也相继成立了省级的蚕业改良机关。1933年中央农业实验所蚕系成立，这是第一个全国性的蚕业科研机构，主要开展家蚕品种资源收集、杂交育种、蚕病防治等方面的研究。这一时期还成立有蚕业推广机构，如中国合众蚕桑改良会（1917）、全国经济委员会蚕丝统制委员会（1934）和各地方性的育蚕指导所，对推广和普及养蚕技术起到积极作用。中国于20世纪20年代成功试制一代杂交蚕种和人工孵化秋蚕种并进行推广，在制丝机械改良和经营模式改革等方面也取得了相当的成果。抗日战争开始后，作为中国重要蚕区的太湖地区和珠江三角洲相继沦陷，近代蚕业受到极大打击，蚕业科研和教育机构大规模西迁，客观上促进了西南地区如四川、贵州、云南等省蚕业的发展。1939年成立的中国蚕桑研究所除开展蚕的杂交育种工作外，对蚕的细胞生物学、生理生化、组织胚胎等方面都进行了大量基础研究，并出版有《中国蚕桑研究所汇报》。抗战胜利后，江浙地区的蚕业开始恢复。

中国近代蜂业发展 中国近代蜂业是随着19世纪末20世纪初活框养蜂技术的传入和西方蜜蜂的引进而形成和发展起来的。20世纪10年代以前，已有一些涉及外国养蜂技术的文献被译介到国内。1903年，清政府将养蜂列为高等农

Z

工商实业学堂的教学内容。1912 年，时任清政府驻美公使的龚怀西从美国带回 5 群意大利蜜蜂进行私人蓄养，这是意蜂首次被引入中国。1913 年，张品南从日本带回意蜂 4 群和养蜂器具、著作若干，利用活框蜂箱饲养意蜂的技术由此在中国传播起来，到 20 世纪 30 年代中后期新的养蜂技术在中国得以普及。与此同时，一批养蜂著作相继问世，如沈化夔所译《实用养蜂新书》（1912）、戚秀甫的《养蜂白话劝告》（1917）、张品南的《养蜂大意》（1919）等，中国第一部蜂学杂志——《中华养蜂杂志》也于 1920 年开始刊行。20 世纪 20 年代，中国在蜂王饲育、蜂具研发与仿制等方面取得了重大突破，养蜂场不断增多，规模逐渐扩大，至 20 世纪 20 年代末形成了一些集产、学、研、销为一体的大型养蜂场，近代蜂业达到勃兴时期。这时还成立有各种养蜂协会，开办了大量训练班、学习班和函授班等，金陵大学、中央大学、浙江大学等高校也增设了蜂学专业。然而，当时的蜂业以分蜂贩种为主要目的，蜂种逐渐供不应求，随着美洲幼虫腐臭病在华北、华中地区迅速蔓延，近代蜂业遭受沉重打击。20 世纪 30 年代，国民政府颁布了各种保护蜂业的法规，并对外来输入的蜂种进行严格检查，逐渐恢复了以养蜂取蜜为目的的蜂业。这一时期有多部蜂学杂志创刊，其中《中国养蜂杂志》（现《中国蜂业》）的存续时间最长，从 1934 年创立以来一直刊行至今。广东省于 1934 年建立了中国近代第一个蜂业科研机构——广东中蜂研究所。1937 年抗日战争全面爆发，刚刚兴起的近代蜂业遭到毁灭性打击，研究和生产活动均趋停顿。20 世纪 40 年代中后期，美洲幼虫腐臭病在国内得到控制，利用活框蜂箱饲养中华蜜蜂也取得一些进展，近代蜂业稍有复苏。

中国近代天敌昆虫利用　1926 年，刘崇乐以苹幕枯叶蛾生物防治的研究论文在美国获得博士学位。1928 年，黄启元发表了《广东柑橘类凤蝶寄生蜂之研究》。1929 年，任明道从台湾引进大红瓢虫，成功防治了浙江的柑橘吹绵蚧，开创了中国近代异地引虫治虫的先河。20 世纪 30 年代，关于天敌昆虫的研究和利用工作增多，这些工作主要围绕捕食性瓢虫和寄生蜂开展。浙江昆虫局于 1931 年设立寄生蜂保护室，1932 年又设立寄生蜂研究室，由祝汝佐主持工作，对寄生蜂分类和害虫生物防治展开了系统的研究，发表有《杭州稻苞虫寄生蜂之考查》（1934）、《江浙姬蜂志》（1935）、《中国松毛虫寄生蜂志》（1937）等论文。清华大学农业研究所也设有虫害组，开展天敌昆虫资源的调查与搜集。20 世纪 30、40 年代，刘崇乐还远赴欧美多国，进行世界寄生蜂名录的编写。

中国现代资源昆虫利用（1950 年至今）　中华人民共和国成立后，中央政府对资源昆虫的研究和利用给予了相当的重视。1964 年，刘崇乐在中国昆虫学会成立 20 周年庆祝大会上作了"发展资源昆虫学"的专题报告，这被认为是中国资源昆虫学学科建立的标志。70 年来，中国相继建立了资源昆虫研究和推广机构，对资源昆虫家底进行了长期调查，在传统和新兴资源昆虫本体利用、产物与活性物质利用、行为与机能利用、基因组和生物工程等方面开展了大量基础与应用研究，并构建了更加完善的资源昆虫教育体系，培养了大批资源昆虫专业人才。当前，中国一部分资源昆虫的利用已经进入产业化阶段。

中国现代资源昆虫研究机构　蚕业方面，1951 年成立了华东蚕业研究所。该所于 1957 年更名为中国农业科学院蚕业研究所，开展蚕种质资源收集、蚕品种选育、蚕病防治、桑树栽培与育种等多方面的研究，主办有《蚕业科学》《中国蚕业》等科技期刊。此外，四川、浙江、广东等 20 余省（自治区）也设立有蚕桑研究所或蚕业试验场，并发行有一些蚕业科技期刊。在一些蚕桑产量较高的县（区）也建有相关的蚕业研究机构。

蜂业方面，中国农业科学院养蜂研究所于 1958 年成立，1989 年更名为中国农业科学院蜜蜂研究所。该所主要开展养蜂的应用基础研究，并探索高新技术在蜂业上的应用，在授粉昆虫与生态、蜂资源与遗传育种、蜂产品加工与质量安全等方面做了大量工作，还负责《中国蜂业》的编辑与出版。继中国农业科学院养蜂研究所后，又有江西省养蜂研究所、甘肃省养蜂研究所、吉林省养蜂研究所、云南省农业科学院蜜蜂研究所等省级蜂业科研机构先后成立，一些农、牧业科研机构也设有养蜂研究室。

中国林业科学研究院资源昆虫研究所成立于 1955 年。该所前身为中苏联合云南生物考察队在景东设立的观测点，开展紫胶虫生物学研究和北移驯化试验。观测点于 1958 年确立为中国科学院昆虫研究所云南紫胶工作站，1961 年扩建为中国林业科学研究院紫胶研究所，1988 年更为现名并迁至昆明。该所针对紫胶虫、白蜡虫、食用昆虫、昆虫细胞工程等开展了大量基础与应用研究，取得了丰硕的成果。

中国科学院昆虫研究所（现中国科学院动物研究所）1953 年设有生物防治研究室，1957 年改为资源昆虫研究室，后撤销。广东省科学院动物研究所设有资源昆虫与生物工程研究中心，开展蝙蝠蛾、蜜蜂、家蝇等资源昆虫的研发，以及生物杀虫剂产业化、天然活性物质及其药效挖掘等方面的研究，该所还有产业化技术与成果转化中心，蜜蜂与蜂产品研发是该中心的研究方向之一。

此外，一些高等院校也设有从事资源昆虫研究的机构，如西北农林科技大学、东北林业大学、浙江大学等。华中农业大学设有昆虫资源研究所，围绕天敌昆虫利用与保护、资源昆虫产品开发、昆虫活性物质等方面开展了大量研究。西南大学设有蚕桑纺织与生物质科学学院，建立了家蚕基因组生物学国家重点实验室等一批科研平台，在家蚕基因组、桑树基因组、家蚕新品种选育等方面取得了很多重要成果。

中国现代资源昆虫学教育　中华人民共和国成立后，高等和中等蚕业教育迅速发展。西南农学院（现并入西南大学）、浙江农学院（现并入浙江大学）、华南农学院（现华南农业大学）等部分高等学校先后设立了蚕桑系和蚕桑专业，并于 1978 年起开始招收硕、博士研究生，职业和专科蚕业学校、丝绸工学院相继建立，中国人自编的蚕学教材也开始出版，培养了大批蚕学专业人才和一定数量的留学生。

20 世纪 50 年代，中国的蜂业教育侧重于在中等农业学校开设养蜂课，当时由农业部颁发了《中等农业学校养蜂学教学大纲（草案）》（1955），并组织编写和翻译了相关教材。同时，山东农学院（现山东农业大学）等几所高校也开设有养蜂课。1958—1960 年，农业部开办了 3 期养蜂师资培训班，培养农林学校师资 200 名。1960 年，农业部委托福建农学院等 3 所院校开办二年制养蜂专科，蜂业教育开始向更高层次发展。1980 年，福建农学院的二年制养蜂专科改为四年制本科，1981 年成立蜂学系，1984 年开始招收硕士研究生，2001 年建立福建农林大学蜂学学院，为全国蜂学人才的培养做出突出贡献。其他设有蜂学专业或开设养蜂课程的高等院校还有云南农业大学、中国农业大学、浙江大学、江西农业大学等。1981 年，首部供高校蜂学专业使用的教材——龚一飞的《养蜂学》出版。20 世纪 80 年代以后，全国各地还开办有形式多样的养蜂与蜂产品技术培训班。

20 世纪 90 年代以来，几本资源昆虫学教材相继问世，包括胡萃的《资源昆虫及其利用》（1996）、严善春的《资源昆虫学》（2001）、李孟楼的《资源昆虫学》（2005）、陈晓鸣和冯颖的《资源昆虫学概论》（2009）、雷朝亮的《资源昆虫学》（2011）、张雅林的《资源昆虫学》（2013）和严善春等的《资源昆虫学》（2018）等。

中国现代资源昆虫学术团体　中国昆虫学会 1961 年设立经济昆虫学委员会，其下有养蚕和养蜂专业学组，1987 年成立了专门的资源昆虫专业委员会。中国林学会 1985 年设立资源昆虫专业委员会。全国性的蚕学学术团体——中国蚕学会于 1963 年成立，其前身为原中华农学会、中国昆虫学会和中国农学会等学术团体中与蚕桑有关的专业组织。中国养蜂学会则成立于 1979 年，负责组织全国养蜂学术活动、普及养蜂科学知识、开展国际养蜂学术交流与合作。20 世纪 80 年代以后，地方性的蚕业、蜂业学术团体也相继成立。

该阶段资源昆虫研究与利用　20 世纪 50 年代以来，中国在家蚕遗传育种、生理生化、病理与病害防治、饲养技术等方面开展了大量系统的研究，对桑树育种与栽培、制丝工艺与技术的研究也逐渐深入，取得了显著的进展，逐渐形成了覆盖全国的集科研、教学、生产和技术推广为一体的现代蚕业体系。自 20 世纪 70 年代起，中国蚕茧和生丝产量一直保持在世界第一。2004 年，向仲怀研究团队发表了家蚕基因组框架图；2009 年，对家蚕基因组进行大规模重测序，发现驯化对家蚕性状影响的基因组印记，为从全基因组水平理解家蚕的起源和演化提供了素材。目前，中国已建成世界上最大的家蚕基因资源库，家蚕基因组学研究也逐渐从结构组学朝功能组学的方向推进。除家蚕外，中国于 20 世纪 50 年代成功引进蓖麻蚕，并在 8 个省大面积推广养殖；20 世纪 50 年代起在柞蚕室内制种、卵面消毒、寄蝇防治等方面取得技术突破，为推广柞蚕饲养奠定了基础；20 世纪 70 年代末，实现了半目大蚕（俗称天蚕）的室内饲养和繁殖。

蜂业方面，1957 年召开了全国养蜂工作座谈会，提出了发展蜂学科教事业的设想。20 世纪 50 年代以来，中国在蜂种资源调查、蜜蜂遗传育种、蜜蜂病害防治、中蜂活框饲养、蜂群管理技术、蜂王浆生产技术等方面取得长足进展，选育的蜜蜂良种已向国外出口，蜂产品及其制品已大量供应国际市场，在蜂王浆生产、蜂螨防治、蜜蜂医疗等领域处于世界先进水平。20 世纪 60 年代，中国对蜜源植物进行了大范围考察，逐步摸清了蜜源植物的种类、分布、面积和主要蜜源植物的泌蜜规律，为制定科学的养蜂生产计划提供了依据，蜜蜂作为传粉昆虫而带来的经济和生态价值也开始得到认识。1989 年，《中华蜜蜂活框饲养技术规范》颁布实施。

在原料昆虫研究与利用方面，作为世界上唯一的虫白蜡生产国，中国对白蜡虫的生物生态学研究证实了"高山产虫、低山产蜡"的现象，明确了最适产虫区与产蜡区，为科学生产虫白蜡提供了理论依据。中苏联合云南生物考察队于 1955 年起对云南紫胶生产情况展开了系统的调查和研究，并于 20 世纪 60 年代初在西南、华南和华东地区成功引种紫胶虫，显著提高了紫胶产量，至 1970 年起已开始对外出口；20 世纪 80 年代，中国引进、驯化了多个紫胶虫良种，并开展了紫胶虫寄主植物、病害防治和紫胶改性等方面的研究。中国是五倍子的主要产区，但在 20 世纪 60 年代以前，除少量用作药材外，绝大部分五倍子被出口到海外；中国昆虫学工作者对五倍子蚜虫的生物生态学开展了大量研究，并提出了一系列人工放养和繁殖方法；20 世纪 70 年代以后，中国五倍子生产方式转变为野生、半野生改造林和人工倍林培育等多种方式结合，人工饲养技术有所提高；目前，中国五倍子产量与出口量均居世界首位。中国于 2001 年引进胭脂虫并在云南人工繁育成功，对胭脂虫的生物学和产物提纯加工也进行了研究。

天敌昆虫资源的利用与保护从近代以来一直是中国昆虫学研究的重要内容。20 世纪 50 年代以来，为了配合农业生产中害虫生物防治的工作，中国开始有组织地开展天敌昆虫的研究与利用。1953 年使用蓖麻蚕卵大量繁殖赤眼蜂获得成功，赤眼蜂的利用得到大面积推广。1955 年，中国从苏联引进澳洲瓢虫、孟氏隐唇瓢虫、苹果绵蚜小蜂（俗称日光蜂）等天敌昆虫，经驯化后投入生产，取得良好的防治效果。20 世纪 60 年代以来，赤眼蜂、平腹小蜂、七星瓢虫等天敌昆虫得到广泛应用。20 世纪 70 年代，开展了机械化繁殖赤眼蜂的技术研究。天敌昆虫资源的调查与保护也开始得到重视，1979—1983 年开展了全国范围的农作物害虫天敌资源考察，初步摸清了中国天敌昆虫的种类与分布。20 世纪 80 年代，使用人工卵繁殖平腹小蜂防治荔蝽取得成功，并实现了商品化生产。1989 年发现了寄生美国白蛾的白蛾周氏啮小蜂，成功实现了用本土天敌昆虫防治外来检疫害虫。20 世纪 90 年代，成功研制出赤眼蜂人工卵半机械化生产线。近年来，针对优势天敌昆虫的生物学做了大量研究，在植物—害虫—天敌三级化学联系、寄生蜂与寄主生理互作、天敌昆虫种群遗传与保护等方面也有很多较详细的研究。同时，加快了害虫绿色防控技术产品的研发，在赤眼蜂、烟蚜茧蜂、捕食螨类等的产品研发与产业化中取得了一系列进展。

针对丰富的药用昆虫资源，中国昆虫学工作者进行了大量的整理与考证工作，药用昆虫种类进一步增多，目前已记载有 14 目 54 科 304 种，其中 20 余种被收录在《中华人民共和国药典》之中，另有昆虫药方 1000 余个。对蝙蝠蛾、芫菁、蚂蚁、中华真地鳖、九香虫等的生物生态学和人工饲养进行了系统研究，并对多种昆虫产物及活性物质如蜜蜂毒素、斑蝥素、蜈蚣毒素、抗菌肽等开展了提取技术、药理学、成分分析和临床研究。该阶段出版有蒋三俊的《中国药用昆虫集成》（1999）、杨大荣的《中国重要药用昆虫》（2015）等专著。

中国从 1979 年开始进行家蝇的人工规模化养殖和利用研究，到 20 世纪 80 年代已有了较成熟的家蝇饲养技术和系统的营养价值研究，目前中国部分省市蝇蛆养殖业有一定规模。20 世纪 80 年代以来，针对传统食用昆虫如蝗虫、蝉、蚕蛹等开展了营养成分和微量元素分析研究。20 世纪 90 年代，中国食用和饲用昆虫利用进入产业化阶段，对黄粉虫的人工饲养和营养价值研究也取得进展，黄粉虫幼虫已被广泛用作宠物和经济动物的饲料。近年来，虫茶及其保健功能开始得到关注，家蝇和黄粉虫养殖业产业扩大。该阶段出版的食用和饲用昆虫专著有文礼章的《食用昆虫学原理与应用》（1998）、陈晓鸣和冯颖的《中国食用昆虫》（1999）、冯颖等的《中国食用昆虫》（2016）等。

观赏与文化昆虫的研究与利用长期以来没有得到足够的重视。对观赏昆虫的开发主要集中在蝴蝶和萤火虫两个方面，与旅游业、节庆、婚庆服务行业等结合较紧密。台湾省在 20 世纪 70 年代出口蝴蝶工艺品的创收即高达千万美元。目前柑橘凤蝶、枯叶蛱蝶、巴黎翠凤蝶等观赏蝶种人工饲养技术已经成熟，蝴蝶工艺品开始在各地普及，蝴蝶园、昆虫博物馆等也开始建立。中国传统民间搏戏之一的斗蟋蟀在改革开放后又逐渐重回大众的视野，并已形成一种民间文化传统，山东宁津等地还设立了蟋蟀文化节。该阶段观赏昆虫与文化方面出版有邓振华和文平洋的《中国观赏昆虫》（1990）、王音和周序国等的《观赏昆虫大全》（1996）、彩万志的《中国昆虫节日文化》（1998）、张雅林和陈丽铭的《观赏昆虫》（2002）、孟昭连的《中国虫文化》（2004）等著作。

资源昆虫的传统利用方式主要是对昆虫本体和昆虫产物的利用，少数涉及对昆虫行为的利用。近几十年来，人们对资源昆虫的资源价值、生态价值和科学价值有了更多、更深入的认识，对资源昆虫的利用方式也逐渐多样化。在昆虫本体和产物利用方面，中国开展了以家蝇蛆、亮斑扁角水虻（俗称黑水虻）幼虫、黄粉虫幼虫等作为油料昆虫的应用研究，黄粉虫蛋白、黄粉虫油、蚕丝蛋白等昆虫产物被用于制造化妆品。在天敌昆虫方面，除对赤眼蜂、平腹小蜂、肿腿蜂等优势农林业害虫天敌开展工厂化繁殖和田间组合应用技术研究外，更加注重对天敌昆虫资源的保护。中国科学家利用蜣螂、金龟甲、家蝇蛆、多种水虻幼虫进行农业面源污染治理，并在生产开发有机肥料和甲壳素等方面取得一些新进展，如 2019 年解析了亮斑扁角水虻高质量基因组图谱并开发了一种基于 CRISPR/Cas9 的基因编辑技术，为优化亮斑扁角水虻产业化提供了理论和技术支撑。针对昆虫表面超微结构、胸腔和跳跃足解剖结构与运动模式等，中国科学家进行了仿生学研究，为开发疏水和自清洁新型材料、研制虫型飞机和六足机器人提供了科学依据。在传粉昆虫方面，中国对传粉昆虫多样性、传粉昆虫与植物互作、传粉昆虫对环境胁迫响应、传粉效能等方面进行了调查和基础研究；近十年来重视了传粉昆虫资源的保护及其在作物增产、发展绿色农业中的应用，农业部先后印发了关于加快蜜蜂授粉技术推广

促进养蜂业持续健康发展的意见（2010）和《蜜蜂授粉技术规程（试行）》（2013），2013 年起在全国范围内开展蜜蜂授粉与绿色防控技术集成应用与示范。20 世纪 90 年代以来，中国科学家在昆虫细胞工程和基因工程方面也开展了基础和应用研究，在构建杆状病毒—昆虫表达系统和昆虫生物反应器上做了很多探索。

该阶段出版的综合性资源昆虫研究专著包括资源昆虫编写组的《资源昆虫》（1984）、张传溪和许文华的《资源昆虫》（1990）、方三阳和严善春的《昆虫资源开发、利用和保护》（1995）、葛春华等的《实用商品资源昆虫》（1995）、杨冠煌的《中国昆虫资源利用和产业化》（1998）、雷朝亮的《昆虫资源学理论与实践》（2015）等。

（撰稿：陈卓、彩万志；审稿：张雅林）

中黑盲蝽　*Adelphocoris suturalis* (Jakovlev)

一种多食性害虫。又名中黑苜蓿盲蝽。英文名 black stripped plant bug。半翅目（Hemiptera）盲蝽科（Miridae）苜蓿盲蝽属（*Adelphocoris*）。国外分布于朝鲜、日本和前苏联区域。中国分布广泛，北起黑龙江，西至甘肃东部、陕西、四川，南迄江西、湖南，东至江苏。河北、河南、安徽、湖北、四川等地均有发生。主要在长江流域地区和黄河流域南部地区发生危害。

寄主　在中国，中黑盲蝽的寄主植物种类繁多，已记载的达 49 科 270 种。包括棉花、蚕豆、向日葵、蓖麻、苜蓿、胡萝卜、茼蒿等作物。

危害状　中黑盲蝽若虫和成虫对寄主植物的危害状基本同绿盲蝽。

形态特征

成虫　体长 7mm，宽 2.5mm，体表被褐色绒毛。头小，红褐色，三角形，唇基红褐色。眼长圆形，黑色。触角 4 节，比体长；第一、第二节绿色，第三、第四节褐色；第一节长于头部，粗短；第二节最长，长于第三节；第四节最短。前胸背板颈片浅绿色；胝深绿色；后缘褐色，弧形；背板中央有黑色圆斑 2 个；小盾片、爪片内缘与端部、楔片内方、革片与膜区相接处均为黑褐色。停歇时这些部分相连接，在背上形成 1 条黑色纵带，故名中黑盲蝽。革片前缘黄绿色，楔片黄色，膜区暗褐色。足绿色，散布黑点。后中腿节略膨大；胫节细长，具黑色刺毛，端部黑色；跗节 3 节，绿色，端节长，黑色。雌性产卵管位于第八、第九腹节腹面中央腹沟内。雄虫仅第九节呈瓣状（图 1）。

卵　淡黄色，长 1.14mm，宽 0.35mm，长形，稍弯曲。卵盖长椭圆形，中央向下凹入、平坦，卵盖上有一指状突起。颈短，微曲。

若虫　头钝三角形，唇基突出，头顶具浅色叉状纹。复眼椭圆，赤红色。触角比体长，4 节，第一节粗短，第二节最长，第四节短而膨大，基部两节淡褐色，端两节深红色。腹背第三节后缘有横形红褐色臭腺开口。足红色。腿节及胫节疏生黑色小点。跗节 2 节，端节黑色。其中，一龄若虫体长 1.04mm，

宽 0.69mm，无翅芽；二龄若虫体长 2.04mm，宽 0.82mm，具极微小的翅芽；三龄若虫体长 2.89mm，宽 1.47mm，翅芽末端达腹部第一节中部；四龄若虫体长 3.57mm，宽 1.36mm，翅芽绿色，末端达于腹部第三节；五龄若虫体长 4.46mm，宽 2.06mm，翅芽全体绿色，末端达腹部第五节（图2）。

生活史及习性 中黑盲蝽在长江流域 1 年发生 4～5 代，黄河流域 1 年发生 4 代。以滞育卵越冬，短光照是诱导滞育的主要因子，临界光周期是 13 小时 14 分钟。越冬卵产在杂草及棉花的叶柄、叶脉、叶缘组织、棉秆枝条切口髓部、枯铃夹层里，部分卵随叶片脱落在棉田土表越冬。中黑盲蝽成虫寿命长，一般在 20～30 天，因此田间世代重叠现象明显。中黑盲蝽成虫具有较强的飞行能力，室内飞行磨测试 24 小时能飞行 40km 左右。中黑盲蝽成虫具有趋花习性，常随开花植物的开花顺序而进行有规律的寄主转移，植物花中释放的正丁醚、丙烯酸丁酯、丙酸丁酯和丁酸丁酯对其成虫具有明显吸引作用。在不同寄主植物中，中黑盲蝽偏好紫花苜蓿、野胡萝卜、蚕豆等植物。

中黑盲蝽成虫全天均可羽化，雌性成虫羽化高峰为 7:00～9:00，雄性的羽化高峰为 5:00～7:00；羽化过程历时较短，仅 5～7 分钟。成虫自 4 日龄开始达到性成熟，雌性成虫主要通过由丁酸己酯等组成的性信息素吸引雄性个体，其中在 21:00～23:00 吸引作用最为强烈。在短距离情况下，雌性成虫通过足摩擦腹部（有时会伴随着振翅）吸引雄性，同时雄性成虫用足摩擦腹部并振动翅膀回应雌性。交配时，雌性成虫与雄性的生殖器并列后，两者呈 45°～90°角；交配在夜间进行，单次交配时间约 30 秒。成虫产卵前期一般为 8～10 天，产卵期能达 20 天，单雌产卵约 70 粒，卵多为散产。在棉花植株上，卵多产在直径 2mm 左右的嫩茎、叶柄、铃柄等组织上。

中黑盲蝽卵全天都能孵化，其中以夜间为主。将孵化时，卵盖向上凸起，尔后若虫将卵盖顶向一侧爬出。低龄若虫怕强光，从卵中孵出后隐藏于棉株嫩头、苞叶、叶背等处。若虫对食物也有选择性，现蕾前取食嫩头或腋芽，现蕾后多集中在蕾、花和幼龄的苞叶内取食为害。一至三龄若虫活动性小，四、五龄若虫活动性较大。此外，温度低于 15℃时，中黑盲蝽成若虫基本不活动；超过 35℃时，活动也受到抑制。

中黑盲蝽和绿盲蝽一样，除刺吸取食植物汁液外，还能捕食蚜虫、粉虱、鳞翅目昆虫卵等多种小型昆虫或昆虫的卵。

发生规律

气候条件 中黑盲蝽卵的发育起始温度和有效积温分别为 5.60℃和 189.86 日·度，若虫分别为 5.03℃和 308.83 日·度。种群发生的最适温度为 25～30℃，35℃以上的高温对该虫生长发育不利。在 60%～80% 相对湿度条件下，卵孵化率与若虫存活率提高，成虫寿命延长、产卵量增加；而在 40%～50% 低湿条件下，种群适合度明显降低。如遇多雨年份，特别是 8～9 月降水多，田间相对湿度在 80% 以上，对中黑盲蝽繁殖有利，发生量大；如遇干旱高温年份则相反。

寄主植物 中黑盲蝽偏好取食棉花蕾铃，现蕾早的棉田受害就早，蕾铃盛期亦是危害高峰期。植物含氮量高的田块易吸引中黑盲蝽，而含氮量下降往往是成虫迁出的一个重要原因。

天敌 中黑盲蝽的捕食性天敌包括常见的瓢虫、草蛉、蜘蛛等，但捕食效率均比较有限。若虫寄生蜂种类与绿盲蝽相同，也是红颈常室茧蜂和遗常室茧蜂，不过其对中黑盲蝽若虫的寄生率均较低。

防治方法 棉田是中黑盲蝽最主要的越冬场所，耕翻能将其卵埋入不同深度土层中，从而降低其孵化率。1～2cm 土层基本不影响孵化出土，3～4cm 土层卵孵化率较表土层低 13%，6～8cm 土层孵化率仅为 10%，10cm 以下未见孵化出土。另外，同等深度粒度大比粒度小的土壤孵化出土率高 5%～10%。棉茬深耕细耙能有效消灭中黑盲蝽越冬卵，压低虫源基数。

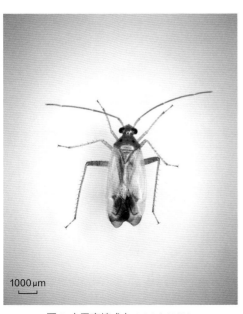

图 1 中黑盲蝽成虫（陆宴辉提供）

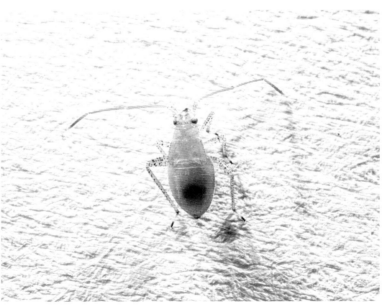

图 2 中黑盲蝽若虫（陆宴辉提供）

Z

参考文献

姜玉英，陆宴辉，曾娟，2015.盲蝽分区监测与治理 [M].北京：中国农业出版社．

陆宴辉，吴孔明，2008.棉花盲椿象及其防治 [M].北京：金盾出版社．

陆宴辉，吴孔明，2012.我国棉花盲蝽生物学特性的研究进展 [J].应用昆虫学报，49(3)：578-584.

中国农业科学院植物保护研究所，中国植物保护学会，2015.中国农作物病虫害：上册 [M].3 版.北京：中国农业出版社．

LU Y H, WU K M, 2011. Mirid bugs in China: pest status and management strategies [J]. Outlooks on pest management, 22(6): 248-252.

LU Y H, WU K M, JIANG Y Y, et al, 2010. Mirid bug outbreaks in multiple crops correlated with wide-scale adoption of Bt cotton in China [J]. Science, 328: 1151-1154.

（撰稿：潘洪生；审稿：吴益东）

中华稻蝗　*Oxya chinensis* (Thunberg)

对粮食等农作物造成严重危害，是世界范围内重要的农业害虫之一。直翅目（Orthoptera）蝗总科（Acridoidea）斑腿蝗科（Catantopidae）稻蝗属（*Oxya*）。中华稻蝗在世界范围内主要分布于亚洲、非洲和澳大利亚。亚洲主要分布于中国、日本、印度和马来西亚。在中国，中华稻蝗的分布遍及全国各地，除青海和西藏等少数地区外，北京、天津、河北、山西、内蒙古、陕西、山东、江苏、浙江、福建、河南、江西、湖南、湖北、广东、广西、海南、香港、四川、云南、贵州等大部分地区均有分布。

寄主　水稻、芦苇等禾本科植物。

危害状　普遍发生于中国水稻产区，主要危害水稻等粮食作物。若虫和成虫均啃食水稻嫩叶，造成叶片损伤，影响植物生长。其取食具有趋嫩食性，植物上部叶片损害最为严重。暴发时可导致水稻减产甚至绝收。

形态特征

成虫　雄性体长 25～30mm，前胸背板长 5.5～7mm，前翅长 23～28.5mm，后足股节长 17～18mm。雌性体长 28～35mm，前胸背板长 7～8mm，前翅长 28～33mm，后足股节长 19～21mm。

中华稻蝗体型中等，体表具细小刻点。体色呈绿色或者褐绿色，眼后带黑褐色，后足股节黄绿色，膝部黑色，后足胫节黄绿色。头顶宽圆，其在复眼之间的宽度略宽于其颜面隆起在触角之间的宽度。复眼较大，卵圆形。触角细长，其长度到达或略超过前胸背板的后缘。前胸背板较宽平，两侧缘几乎平行，中隆线呈线形，中胸腹板侧叶间之中隔较狭。前翅较长，超过后足股节顶端，后翅略短于前翅。后足胫节匀称，跗节爪间中垫较大，常超过爪长（图 1）。肛上板为较宽的三角形，表面平滑。雄性阳茎基背片桥部较狭，缺锚状突；外冠突较长，近似钩状；内冠突较小，为齿状；阳具复合体之色带瓣顶端尖锐，阳茎端瓣较细长，向上弯曲。雌性体型较大于雄性，触角较短，产卵瓣较细长，外缘具大小相等的钝齿，下生殖板表面略隆起，后缘一般具 4 个齿，中央一对较接近（图 2）。

生活史及习性　中华稻蝗平均每年发生 1～2 代。常产卵于阳光充足、湿度较小、土壤松软的田边、地埂或草丛中，产卵深度 1.5～2cm。在长江以北地区一般 5 月中下旬蝗卵开

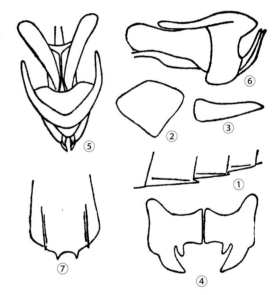

图 2　中华稻蝗分类特征（仿郑哲民，张晓洁绘）

①雌性腹部侧面；②雄性肛上板；③雄性尾须；④阳茎基背片；⑤阳茎复合体背面；⑥阳茎复合体侧面；⑦雌性下生殖板

图 1　中华稻蝗（刘耀明提供）

①初孵蝗蝻；②若虫；③成虫

始进入孵化期，6月中旬孵化旺盛，7月上中旬孵化基本完成。7月中旬成虫开始羽化，8月中旬进入羽化盛期，羽化后15天进行交尾，9月中下旬为产卵旺盛期。10月中下旬成虫基本死亡，11月中旬绝迹。长江以南地区每年发生2代。

发生规律　气候变化异常，气温普遍升高，水热季节性分配失调，引起旱、涝灾害频繁发生，以及人类对自然资源开发利用不当，严重破坏了生态环境，加重了中华稻蝗的发生频率和为害程度。引起中华稻蝗暴发的主要原因有：①蝗虫的繁殖速度快；②气候变暖，使蝗卵越冬死亡率低，蝗蝻发生期提前；③对中华稻蝗的预测预报不够准确和及时。

防治方法　见小稻蝗。

参考文献

刘举鹏，1990. 中国蝗虫鉴定手册 [M]. 西安：天则出版社.

孙汝川，彭勇，董振远，1991. 中华稻蝗发生规律和综合防治技术的研究 [J]. 昆虫知识 (6): 330-333.

郑哲民，1985. 云贵川陕宁地区的蝗虫 [M]. 北京：科学出版社：133-134.

郑哲民，1993. 蝗虫分类学 [M]. 西安：陕西师范大学出版社：80.

CHEN Y L, 1999. The Locust and Grasshopper Pests of China [M]. Beijing: China Forestry Publishing House: 14-16.

（撰稿：李涛；审稿：张建珍）

中华厚爪叶蜂　*Stauronematus sinicus* Liu, Li et Wei

中国特有的杨树食叶害虫。又名杨直角叶蜂、杨扁角叶蜂。膜翅目（Hymenoptera）叶蜂科（Tenthredinidae）突瓣叶蜂亚科（Nematinae）厚爪叶蜂属（*Stauronematus*）。国外无分布记录。中国广泛分布于华东和华北地区，包括北京、河南、山东、湖北、江苏、浙江等地。

厚爪叶蜂属国内分布多种，近缘种类鉴定有一定难度。目前国内文献记载的杨直角叶蜂 *Stauronematus compresicornis*（Fabricius, 1804）和 *Stauronematus platycerus*（Hartig, 1840）（前者是后者的同物异名）主要是中华厚爪叶蜂，但新疆、甘肃、陕西、黑龙江、辽宁、贵州等地的分布记录需要澄清种类。*Stauronematus platycerus* 目前未确定在中国有分布。

寄主　杨柳科的杨属植物。危害柳树和其他植物的可能为其他近缘种类。

危害状　幼虫单独取食杨树叶片。一般从杨树叶的中部或附近咬一小孔开始取食（图1④）。幼虫取食时在取食孔洞周围分泌短细蜡丝，外观十分显著（图1⑤）。发生数量较大时杨树多数叶片被吃残吃花，对杨树生长和生态景观造成明显危害。

形态特征

成虫　雌虫体长5～6mm（图2①）。体黑色，上唇、翅基片、各足基节、转节、股节、前中足胫节和跗节、后足胫节基部3/4和第一、二跗分节黄褐色，后足胫节端部、跗节端部黑褐色，锯鞘基浅褐色；触角基部黄褐色至黑褐色。

体毛浅黄褐色。翅透明，翅痣和翅脉大部黑褐色。头部背侧光亮，无明显刻纹和刻点（图2③）；胸腹部光滑，无明显刻纹和刻点。锯鞘端具浅小稀疏刻点和密集刻纹（图2⑥）。上唇基部明显隆起，端部圆钝；唇基很短，端部截形；颚眼距近等于中单眼直径；复眼小，下缘间距2.3倍于复眼高（图2⑤）；中窝亚圆形，额区稍隆起，前缘脊与侧脊模糊；单眼中沟和后沟不明显，无中单眼前凹，POL：OOL：OCL=11：10：8；单眼后区几乎不隆起，宽长比为2.2，无中纵沟；侧沟细浅，向后稍分歧，背面观后头约0.4倍于复眼长，两侧缘向后稍收敛（图2③）。触角丝状，第三节稍侧扁，稍短于胸腹部之和，第二节宽长比为1.8，第三至五节长度比为11：10：9。中胸前侧片上部被毛稀疏，下部具明显光裸区；后胸淡膜区间距1.2倍于淡膜区宽。前足胫节内距无膜叶；前足基跗节明显长于其后3节之和；后足胫节内端距0.4倍于基跗节长，基跗节不加粗，近等于其后4跗分节之和，跗垫极小；爪基片显著，内齿长于外齿（图2⑦）。前翅C脉端部稍膨大；前翅M脉上端远离Sc脉，长于R+M脉，基臀室开放，2Rs室长1.2倍于宽；后翅臀室柄1.5倍于cu-a脉长。锯鞘约1.9倍于后足基跗节长，锯鞘端等长于锯鞘基，侧面观端部狭锐（图2⑥）；背面观尾须端部稍伸出锯鞘端部，锯鞘毛弯曲，两侧多数细毛夹角约为45°（图2⑧）；锯腹片狭长，17锯刃，基部第一至五锯刃亚基齿细小，第六至十七锯刃亚基齿较宽大，基部第一节缝显著倾斜，第二节缝上部1/3处向外侧弯曲，第三至十二节缝上半部具显著刺毛带，锯根0.5倍于锯端长，锯基腹索踵短宽（图2⑪）；中部锯刃突出，亚基齿粗大（图2⑨）。雄虫体长4.5～5mm（图2②）；体色和构造类似雌虫，但后足跗节全部黑褐色，触角等长于胸腹部之和，明显侧扁（图2④）；后翅臀室柄2倍于cu-a脉长；抱器窄长（图2⑩），阳茎瓣背叶较窄，腹叶刺突尖长，伸向背叶背顶角，肩状部短且突，腹叶腹缘中下部稍内凹（图2⑫）。

卵　长约1mm，宽约0.3mm，稍弯曲，一端稍粗，近似香蕉形；初产卵乳白色，半透明（图1③），后渐变深色。

幼虫　初孵幼虫白色，近透明，口器淡褐色，单眼黑色，胸足端部淡褐色（图1⑧）。取食后渐变为绿色，头部褐色，各胸足基半部及外侧淡褐色，胸腹部的背面和侧面着生大小不等的圆形或长形褐色斑点。老熟时变为黄绿、青绿或嫩绿色（图1⑨）。

蛹　离蛹，长约5mm。初蛹翠绿色，仅复眼和触角基部淡褐色（图1⑩），羽化前渐变为褐色至黑色。茧椭圆形，初为黄褐色或绿褐色，后变深褐色或茶褐色（图1⑥）。

生物学习性　在山东省商河县1年发生7～8代。以老熟幼虫在树冠投影下深约5cm的土壤表层做茧越冬。翌年3月下旬至4月上旬开始化蛹，4月中下旬开始羽化，当天即可交尾，第二天即产卵。4月下旬开始出现幼虫。由于各虫态发育期短，从第一代后期开始，世代重叠现象就比较突出。幼虫9月下旬开始老熟越冬，10月中下旬全部入土越冬。成虫多在早晨至上午羽化。羽化前先将茧顶端环咬一周，顶开茧盖，渐渐钻出茧外。羽化后，多爬行上树，在枝叶上静栖。阴雨天和夜间，成虫在叶背或叶丛间静栖不动。有一

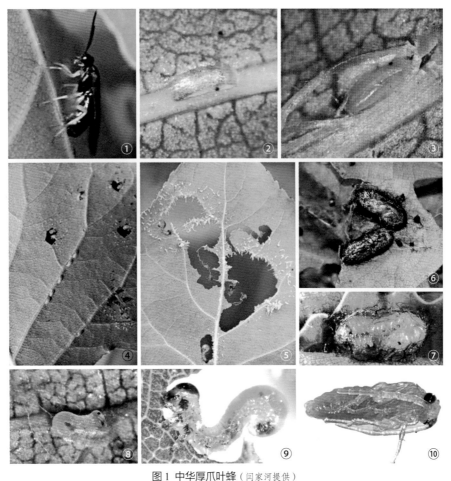

图1 中华厚爪叶蜂（闫家河提供）

①成虫产卵状；②卵泡；③卵；④卵粒分布和幼虫咬食孔；⑤幼虫取食孔洞和分泌的蜡丝；⑥茧；⑦幼虫
吐丝作茧；⑧一龄幼虫；⑨幼虫取食状；⑩蛹

定趋光性。寿命1～5天，平均雌虫约3天、雄虫2天。雌雄性比约为1:1。成虫全天均可产卵，每次产1枚，历时60～130秒。产卵时，成虫腹部下弯，用产卵器沿叶脉纵轴方向划开长约1.5mm的裂缝（图1①），将卵推挤入卵槽内，形成长椭圆形的卵包（图1②）。成虫单雌产卵量约30枚，遗腹卵一般3～6枚。第一代卵主要产在树冠中下部第一至三级侧枝叶。第二代以后，逐渐自下向上部枝叶转移。卵大多产于叶片主脉，随着叶片老化，后几代产在侧脉的渐有增加。卵在主脉的分布，以中部和基半部最多，端部最少。卵在侧脉的分布，以第一侧脉最多，第二至三脉次之，第四脉及以后很少。单叶产卵量多为1～3枚，大发生时卵粒较密（图1④）。卵历期5～8天，随气温有变化。初孵幼虫不食卵壳。取食前，小幼虫先围绕叶片上的取食点，在直径4～5mm的圆周处分泌白色泡沫状液体，后凝固形成一圈或不规则分布的白色结晶丝，晶丝高1～3mm，对其他昆虫具有明显的拒食活性。幼虫在圆圈或结晶丝范围内的叶背取食。取食成针眼大小的孔洞后，再穿洞爬至叶正面，在与叶背相对应处再吐一圈结晶丝。取食形成的孔洞多呈圆形，有的呈长条形或不规则状。幼虫一般每取食10～20分钟，停歇2～3分钟，如此重复。幼虫取食时腹部翘起，后端卷曲（图1⑨）。幼

虫取食叶肉和侧脉，一般不取食主脉，也不转叶危害。但虫量较多时可转移危害部位。雌幼虫5龄，雄幼虫4龄。幼虫历期16～18天。幼虫老熟后，大多随风力或自身重力自然掉落树冠投影下的地面，少数幼虫则自取食部位爬至叶柄或枝条上，沿枝干爬到地面。幼虫落地后假死1～2分钟，然后爬行寻找土缝，潜入地表土深2～5cm作茧。此时，幼虫极易被蚂蚁捕食，一旦被咬，即使伤口很小，幼虫亦不能入土作茧，继而死亡。老熟幼虫多在土壤表层作茧、化蛹，少量幼虫在叶面或叶柄处作茧，也能正常羽化（图1⑦）。

防治方法

营林措施　旋耕地面。中华厚爪叶蜂幼虫主要在地表土壤中作茧、化蛹，虫口密度较大的世代，在化蛹期浅度旋耕土壤，可有效杀死虫蛹。

生物防治　保护和利用天敌。捕食性天敌主要有益螨、瓢虫、草蛉、螳螂、蜘蛛和多种鸟类。这些天敌对于控制其种群密度具有积极作用，在虫害轻至中度发生时，应优先保护和利用天敌来控制其危害。

化学防治　对于发生中度以上危害的片林，可在幼虫危害盛期，选用触杀性强的阿维菌素、敌敌畏和柴油，按1:1:10的比例，在合适天气条件下用烟雾机喷烟防治，

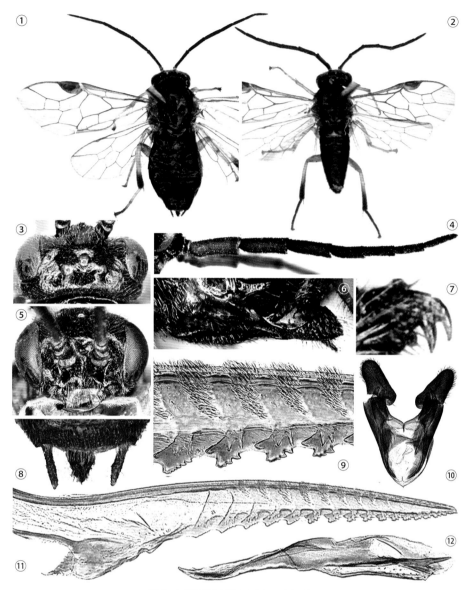

图 2 中华厚爪叶蜂（魏美才、刘萌萌摄）

①雌成虫；②雄成虫；③雌虫头部背面观；④雄虫触角；⑤雌虫头部前面观；⑥产卵器侧面观；⑦爪；
⑧锯鞘和尾须背面观；⑨锯腹片中部锯刃；⑩生殖铗；⑪锯腹片；⑫阳茎瓣

防控效果极佳。对于不宜烟雾机防治的林带林网或其他林分，可用机动喷雾机喷药防治。

参考文献

李富学，赵中有，郝猛进，等，1990. 杨直角叶蜂生物学特性观察及防治 [J]. 林业科技通讯 (9): 28-30.

刘萌萌，李泽建，闫家河，等，2018. 危害欧美杨的中国厚爪叶蜂属（膜翅目：叶蜂科）一新种 [J]. 林业科学，54(6): 94-99.

闫家河，周希政，王爱珍，等，2018. 杨树新害虫——中华厚爪叶蜂生物学特性及防治建议 [J]. 中国森林病虫，37(1): 15-20.

赵晓单，2009. 杨扁角叶蜂生物学特性及幼虫分泌物的研究 [D]. 陕西杨凌：西北农业科技大学：9-25.

（撰稿：魏美才；审稿：牛耕耘）

中华虎凤蝶　*Luehdorfia chinensis* Leech

珍稀濒危昆虫，国家二级保护野生动物，受威胁的世界凤蝶，列入《世界濒危物种红色名录》。又名中华虎绢蝶、虎凤蝶。鳞翅目（Lepidoptera）凤蝶科（Papilionidae）虎凤蝶属（*Luehdofia*）。仅分布在中国秦岭地区和长江中下游部分地区的陕西、山西、河南、湖北、江苏、浙江。

寄主　细辛、杜衡。

危害状　一龄前期取食叶片下表皮和叶肉，残留上表皮，稍大则咬食叶片成空洞或缺刻，有的最后只剩下叶缘。三龄后食量增大，逐步分群，甚至分散，四龄和五龄基本单独活动取食。

形态特征

成虫　翅展 55～65mm。赤黄色，前翅上半部有 7 条黑色横带，其中基部第一、二、四条及外缘区的 1 条宽黑带直达后缘，外缘宽带内有 1 列黄色短条斑和 1 条似显非显的黄色横线。后翅外缘锯齿状，在齿凹处有黄色弯月形斑纹，在弯月形斑外侧有相应的镶嵌黑色和黄色的边；翅的上半部有 3 条黑色带，其中基部 1 条宽而斜向内缘直达亚臀角；中后区有 1 列新月形红色斑，红斑外侧有不十分明显的蓝斑列；臀角有红、蓝、黑三色组成的圆斑。尾突中度长（短于长尾虎凤蝶，长于虎凤蝶），翅反面与正面斑纹相似。

幼虫　头部坚硬，黑褐色，一至三龄有光泽，老熟幼虫无光泽，密被黑色刚毛。单眼 6 个，深黑色而光亮，半环形排列。头盖缝淡褐色，胸腹部深紫黑色，体表刚毛丛 6 行，分别为：亚背线 - 气门上线丛 2 行；气门下线丛 2 行；基线丛 2 行，其中气门下线丛着生在略呈半球形大瘤突上。各节的刚毛丛深黑发亮，中间常夹有 1～2 根白色长刚毛。气门长椭圆形，深黑色。

卵　近圆球形，直径 0.92～0.96mm，色青白微黄，有珍珠样光泽，孵化前转呈灰褐色。

蛹　长 12.32～16.20mm，体型粗短，体表粗糙。触角外表呈细锯齿状。背面头端具有前突起 4 枚，排列成一直线。腹部以第四腹节处最为鼓突，自此向后逐渐收缩，每一腹节的背部通常咖啡色的矩形内洼块 5 枚，而在第一腹节背面中央两侧各具 1 乳白色斑。腹部末端强烈向腹面弯曲，悬垂器短而宽扁，与体中轴线成直角。前胸气门内深陷呈鼻孔状。

生活史及习性　在中国各地均 1 年发生 1 代，以蛹越夏越冬。成虫出现期因各地气温不同而有差异。浙南为 2 月下旬，杭州 3 月上中旬，南京 3 月中下旬，天目山 4 月下旬至 5 月初，庐山 5 月上旬。杭州地区越冬蛹在翌年 3 月上中旬成虫羽化、产卵，4 月上中旬一龄幼虫出现。蛹期从 5 月中旬到翌年 3 月，是生活史中最长的一个阶段。

成虫一般在 7：40～11：00 羽化，初羽化成虫一般爬到稍高处，用足抓紧植物枝条，随着喙的不断弯曲，伸直，翅逐渐展开。成虫交尾在 10：00～16：00 进行，12：00～13：00 最多。交尾时间 20～30 分钟。雄性可交尾多次。产卵前期晴天为 1 天，若连续低温阴雨，可延长至 17 天。14：00～17：00 产卵，产在叶背。卵疏松地群集在一起，偶见单产。雌虫每产 1 卵，腹端略为移动，卵粒间距大多 1～2mm，个别紧靠在一起。1 叶上最多可有两堆卵，每堆有卵 2～35 粒。雌虫寿命 12.9±5.82 天，雄性 11.5±6.64 天。每雌产卵量 1988 年为 23.5±20.55 粒，1989 年为 37.3±19.97 粒。

卵初产时淡绿色，有光泽，孵化前呈灰黑色，可见黑色虫体。卵在叶背排列成不规则形，不在一直线的每 3 粒卵相邻卵粒往往呈等边三角形。卵期 23.1±8.32 天，发育起点温度 7.68℃，有效积温 111.40 日·度。野外采集卵的孵化率 1987 年为 93.67%，1989 年为 95.64%。

幼虫孵化主要在 8：00～14：00，初孵化的幼虫群集于原先卵块所在叶背取食，先后孵化的幼虫可聚成一群。各龄幼虫的发育起点温度在 6.96～10.49℃，其中以一龄和四龄幼虫的发育起点温度相对较高。一至四龄各龄幼虫的有效积温十分接近，且均明显低于五龄幼虫，仅约为五龄的 1/3。

五龄幼虫的有效积温接近整个幼虫期有效积温的 1/2，与五龄幼虫期相对较长有关。一龄幼虫各温度间死亡率无显著差异，二龄 32℃下显著高于其他各温度；三至五龄死亡率在 32℃下达到 100%，而在其他温度下则以 28℃明显为高。一、二龄幼虫历期在 32℃和 28℃下极显著短于其他各温度，且两者间无显著差异；三至五龄在 16～28℃范围内随温度上升而极显著缩短。

老熟幼虫离开寄主植物后钻入地表枯枝落叶中或树根缝隙等隐蔽场所，先吐丝将身体固定，进入预蛹期。预蛹期为 4.1±1.14 天，蛹期长达 307.5±4.65 天。羽化率 1988 年为 75.9%，1999 年为 95.5%。

种型分化　有 2 亚种：指名亚种 *Luehdorfia chinensis chinensis* Leech, 1889，前翅的黑色横带较直略呈方形，分布于山西、湖北、江苏、浙江。华山亚种 *Luehdorfia chinensis huashanensis* Lee, 1982，前翅的黑色横带较弯而不规则，分布于陕西秦岭、河南。周尧认为 *Luehdorfia chinensis huashanensis* Lee 为未正式发表的无效名，改为李氏亚种 *Luehdorfia chinensis leei* Chou。

濒危原因　1 年发生 1 代，繁殖缓慢。寄主狭窄，仅为细辛与杜衡，这两种植物为药用植物，常被采集，寄主减少，生境易遭到破坏。早春低温阴雨影响成虫羽化、交尾和产卵。蛹期长，不在土中，容易受到天敌的侵害和不良环境的影响。

保护措施　宣传和贯彻《中华人民共和国野生动物保护法》，阻止商业性采集中华虎凤蝶的行为。封山育林，保护中华虎凤蝶的寄主植物与生态环境。中华虎凤蝶已经人工饲养成功，通过人工饲养既供观赏之用，又可释放补充野外的种群数量。

参考文献

胡萃，洪健，叶恭银，等，1992. 中华虎凤蝶 [M]. 上海：上海科学技术出版社.

胡萃，吴晓晶，王选民，1992. 珍稀濒危昆虫——中华虎凤蝶的生物学 [J]. 昆虫学报，35(2): 195-199.

胡萃，叶恭银，袁德成，1997. 珍稀濒危蝴蝶——中华虎凤蝶幼虫的取食行为 [J]. 浙江农业大学学报，23(3): 229-233.

胡萃，叶恭银，吴晓晶，等，1992. 珍稀濒危昆虫——中华虎凤蝶的半纯饲料 [J]. 浙江农业大学学报，18(3): 1-6.

武春生，2001. 中国动物志：昆虫纲　第二十五卷　凤蝶科 [M]. 北京：科学出版社.

周尧，1994. 中国蝶类志（上下册）[M]. 郑州：河南科学技术出版社.

周尧，袁锋，陈丽轸，2004. 世界名蝶鉴赏图谱 [M]. 郑州：河南科学技术出版社.

（撰稿：袁向群、袁锋；审稿：陈辉）

中华黄萤叶甲　*Fleutiauxia chinensis* (Maulik)

主要危害桑树叶片的叶甲害虫。又名桑叶甲、桑叶虫。鞘翅目（Coleoptera）叶甲科（Chrysomelidae）窝额萤叶属（*Fleutiauxia*）。中国分布于江苏、浙江、安徽等地。

寄主　桑。

危害状　成虫危害桑树春叶。多沿叶缘向内咀食，造成缺刻，当被害面积达叶的 1/3 时，该叶停止生长；超过 1/2 时，即发黄枯萎，早期脱落。在取食危害的同时，还排泄大量粪便污染桑叶，严重影响春叶的产量和质量（图 1）。

形态特征

成虫　头部和前胸背板黄色，中、后胸黑褐色。在头的后半部、两眼之间有近扁三角形黑斑，黑斑两侧和末端分别与复眼和前胸相接。触角丝状，黄色，鞭节上密生灰白色毛。鞘翅深蓝绿色，具金属闪光，有细刻点。后翅膜质，半透明。腹部可见 5 腹节，黑色，生有灰黄色细毛（图 2）。

幼虫　乳白色，老熟时变橙黄色。成长幼虫体长 10～13mm，长圆筒形，腹部平坦。头部小，黄褐色，蜕裂线明显。前胸和腹末节较小，背面各具 1 块黄色硬皮板，周围着生刚毛。第九腹节着生较为发达的乳白色囊状尾足 1 对，可助行动。

生活史及习性　中华黄萤叶甲 1 年发生 1 代，以老熟幼虫在土表下土室内越冬。成虫白天取食、活动，以晴天 9∶00～16∶00 最活泼。喜食新梢嫩叶。大风或大雨时很少上树危害。成虫具有假死性。飞翔力不高，一般只离地 3～5m。交尾前雄虫常追逐雌虫，爬行迅速，交尾一次历时 40～90

分钟，一般 60 分钟。交尾后 3～5 天雌虫腹部开始膨大，再经 5～7 天产卵。成虫寿命最长 63 天，最短 21 天，平均 40 天。

防治方法

捕杀成虫　见桑黄叶甲。

化学防治　40% 乐果乳油，80% 敌敌畏乳油。

参考文献

华德公，胡必利，阮怀军，等，2006. 图说桑蚕病虫害防治 [M]. 北京：金盾出版社.

任炳忠，王东昌，李玉，2001. 东北地区危害农业、林业的鞘翅目昆虫多样性的研究（Ⅳ）[J]. 吉林农业大学学报 (3):46-49.

周安莲，张友洪，2004. 鞘翅目几种常见桑树害虫的识别及防治 [J]. 四川蚕业 (3): 21-23.

（撰稿：王茜龄；审稿：夏庆友）

图 1　中华黄萤叶甲危害状（王茜龄提供）

图 2　中华黄萤叶甲成虫（华德公提供）

中华剑角蝗　*Acrida cinerea* (Thunberg)

为杂食性昆虫，主要取食寄主叶片。又名中华蚱蜢、东亚蚱蜢。直翅目（Orthoptera）剑角蝗科（Acrididae）剑角蝗属（*Acrida*）。在中国分布广泛，全国各地北至黑龙江，南到海南，西至四川、云南均有分布。

寄主　中华剑角蝗寄主植物广泛，可危害高粱、小麦、水稻、棉花、甘薯、甘蔗、白菜、甘蓝、萝卜、豆类、茄子、马铃薯等作物、蔬菜及各种杂草、花卉等。主要危害禾本科作物及杂草，尤其喜食谷子、水稻、小麦，其次是玉米、高粱及稗草、马唐等。

危害状　中华剑角蝗主要以成、若虫取食植物叶片危害，将叶片咬成缺刻或孔洞，严重时将叶片吃光。

形态特征

成虫　体大型，体绿色或褐色。雄虫体长 30～47mm，前翅长 25～36mm，后足股节长 20～22mm；雌虫 58～81mm，前翅长 47～65mm，后足股节长 40～43mm。前胸背板侧隆线在沟后区较分开，后横沟在侧隆线之间直，不向前弧形突出，侧片后缘较凹入，下部具有几个尖锐的节，侧片的后下角锐角形，向后突出。鼓膜板内缘直，角圆形。雄性下生殖板上缘直。雌性下生殖板后缘中突与侧突等长（见图）。

蝗卵　卵粒长 5.7～6.5mm，宽 1.0～1.3mm，呈淡黄色。卵囊较长，弯曲，卵囊长 43.4～67.0mm，宽 8.0～10.5mm。胶质部卵囊外表面与泥沙相混，构成 1 硬壳，顶端有 1 黑色坚硬的胶囊，内部胶质为白色。卵体胶囊外表面不与泥沙相混，单独形成一层黑色薄壁，内部卵胶为绛黄色。卵粒为 4 行，呈多层次排列，每卵块含卵 77～125 粒，平均 90.3 粒。卵壳表面有 1 纵行淡黄色条纹。

蝗蝻　蝗蝻有 6 龄，体绿色或灰色。头部圆锥形，触角剑状，肛上板较长，到成虫后退化，前胸背板有侧隆线。一龄体长 9～14mm，翅芽不明显，在中胸背板后缘两侧稍向外扩展，后胸背板的后缘平直。二龄体长 14～19mm，前翅芽突出，呈三角形，后翅芽明显向后下方伸展，故后胸背板的后缘略呈弧形。三龄体长 17～25mm，前后翅芽

Z

中华剑角蝗雄成虫（张小龙提供）

突出，均呈三角形。后胸背板后缘呈内凹的半圆形。四龄体长 19～35mm，前翅芽呈犬齿状，后翅芽呈长三角形，均向后方平伸，中后胸背板的后缘呈平底槽形。五龄体长 29～52mm，翅芽向背后方翻折，长度超过第一腹节。六龄体长 35～62mm，翅芽长度雌虫超过第二腹节，雄虫可达第三腹节。由三龄开始，雌雄体长差异较大。翅芽由一龄到四龄向后方斜伸，倾斜度较小，几乎与身体平行。五、六龄翅芽向背后方翻折。

生活史及习性　中华剑角蝗 1 年发生 1 代，以卵越冬，在河北省越冬卵 6 月上旬至下旬孵化，8 月中旬至 9 月上旬羽化，9 月中旬至 10 月上旬产卵，10 月中旬至 11 月上中旬成虫死亡。

据河北安新饲养观察，中华剑角蝗蝗卵孵化期比较集中，全孵化期 20 天左右。在一天中上午孵化较多，下午孵化较少，8：00～10：00 孵化最盛，雨天或低温天气不孵化。

中华剑角蝗蝗蝻有 6 个龄期。一至二龄有群居现象，二龄蝗蝻 2 小时可迁移 6m，三龄蝗蝻 2 小时可迁移 24m。在食料充足的情况下多不迁移，以植栖活动为主，当寄主植物被吃光后，便向其他地方渗透迁移危害。蝗蝻取食量三龄前较小，四龄后显著增加。在蜕皮后，约 2 小时开始取食，蜕皮和羽化前后有暴食现象。蜕皮和羽化时间，多在上午 8：00 到下午 18：00，羽化盛期在上午 9：00～11：00。夜间、阴雨或低温天气几乎不孵化、不羽化。

成虫在上午 8：00～10：00 和下午 16：00～18：00 取食较多，中午一般不取食；天气闷热时只在早晨或晚上取食，阴雨天不取食。成虫羽化后 9～16 天开始交尾，有多次交尾习性，每次交尾历时最短几分钟，最长 1 小时 40 分钟，一生中交配 7～12 次。成虫交尾后 6～33 天产卵。成虫常选择道边、堤岸、沟渠、地埂等处及植被覆盖度为 5%～33% 的地方产卵。卵块长 38～95mm，每块卵有卵 77～125 粒，平均 90.3 粒，卵囊距地面 4～11mm。每头雌虫产卵 1～4 块，产卵 69～437 粒，平均产卵 221.7 粒。成虫不做远距离迁移。

发生与规律

气候条件　中华剑角蝗的适应性较强，对环境条件要求不严，一般地势低洼地区发生较多，地势高燥的干旱地区发生较少，滨湖沿岸、东部沿海、河流两岸、内涝洼地及潮湿草滩等环境条件适宜中华剑角蝗的发生。

种植结构　中华剑角蝗寄主植物种类较多，农作物、杂草都有危害，因此其分布范围较广。

天敌　中华剑角蝗在自然界的天敌种类较多，有鸟类、寄生蜂、寄生蝇、捕食性节肢动物、蜘蛛类、蛙类、蟾类、真菌类、线虫类等。

化学农药　化学农药是控制中华剑角蝗重发区域危害的重要手段。目前，有机磷、拟除虫菊酯类等农药对中华剑角蝗具有较好的防治效果。

防治方法

农业防治　深耕细耙，破坏产卵环境、消灭蝗卵。依据中华剑角蝗产卵习性，通过春秋深耕细耙破坏产卵适生环境，深耕 10～20cm 使土中卵块受到机械性破坏或暴露地表干死、冻死。铲埂、抹埂，消灭蝗卵。依据中华剑角蝗喜产卵于田埂、渠坡、堤埂等环境的习性，结合修整田埂、清淤等农事活动，用铁锹铲田埂，深度 2～3cm，或清淤时将土翻压于渠埝之上，将卵块暴露地表干死。及时清除农田田边、地头、沟渠等处杂草，破坏中华剑角蝗的栖息环境。

生物防治　自然界中中华剑角蝗的天敌资源较为丰富，主要有鸟类、捕食性节肢动物、寄生蜂、寄生蝇、蜘蛛类、蛙类、蟾类、真菌类、微孢子虫、线虫类等。天敌对控制中华剑角蝗的发生危害起着十分重要的作用。目前，人工培养、生产的绿僵菌、微孢子虫等生物制剂以及苦参碱、苦皮藤素、印楝素等植物源农药已广泛应用于蝗虫防治实际。

化学防治　化学防治是综合防治的重要手段，特别是对于虫口密度较高、发生危害较重的区域，要及时、合理使用化学农药进行防治。一般掌握在蝗蝻三龄盛期时，立即选择高效、低毒、低残留，对农作物和天敌较为安全的农药进行防治，减少对环境、天敌的影响。目前防治中华剑角蝗的药剂可选用甲氨基阿维菌素苯甲酸盐、高效氯氰菊酯、高效氯氟氰菊酯等药剂。

参考文献

全国农业技术推广服务中心，2010.中国蝗虫的预测预报与综合防治 [M].北京：中国农业出版社.

任春光，2009.白洋淀的蝗虫与治理 [M].北京：中国农业科学技术出版社.

张书敏，张振波，勾建军，等，2015.河北省蝗区分布及蝗害可持续控制 [M].石家庄：河北科学技术出版社.

（撰稿：张小龙；审稿：李虎群）

中华松干蚧　*Matsucoccus sinensis* Chen

一种中国特有危害松针的蚧虫。又名中华松梢蚧、中华松针蚧。英文名 Chinese pine needle scale。半翅目（Hemiptera）干蚧科（Matsucoccidae）松干蚧属（*Matsucoccus*）。中国特有，分布于辽宁、安徽、江苏、浙江、福建、山东、河南、重庆、四川、贵州、云南、甘肃等地。

寄主　马尾松、黄山松、油松、黑松。

危害状　以若虫寄生在松针上刺吸汁液，致使松针枯黄，提早脱落，新梢抽出困难，枝条萎蔫枯死。严重发生时，成片的松林如火烧一般（见图）。

形态特征

成虫　雌成虫体纺锤形，头端略大而宽圆，腹部变窄且末端内陷；体长约 2mm，橙褐色；触角 9 节，念珠状；单眼 1 对，黑色；口器无；胸足趋于退化；胸气门 2 对，腹气门 7 对；背疤总数 203～242 个，成片分布于 3～9 腹节背面并在腹末背向腹面延伸。雄成虫头胸节部黑色，腹部淡褐色；体长 1.3～1.8mm，翅展 3.5～4.0mm；触角丝状，10 节；复眼紫褐色，大且突出；口器退化；胸足细长；前翅膜质，半透明，翅面具有羽状纹；后翅为平衡棒，端部生有钩状毛 3～7 根；腹部倒数第二节背有腺管 10～12 个，由此分泌出 1 束白蜡丝；交尾器钩状，位于腹部末端。

卵　椭圆形，很小。初产时乳白色，后变为淡黄色。

若虫　初孵若虫体长椭圆形，金黄色；单眼黑色；口器和足发达；腹气门 7 对，腹部末端圆锥状。一龄寄生若虫体长椭圆形，深黑色，被有白色蜡质层。二龄若虫为无肢的珠体，黑色；触角和足退化；口器特别发达；雌、雄分化明显，雌若虫较大，倒卵形，雄若虫较小，椭圆形。三龄雄若虫似雌成虫，但体长椭圆形，腹部背面无背疤，腹末不内陷。

雄蛹　预蛹和蛹均包藏在椭圆形白茧中。预蛹橙褐色。蛹的头、胸部淡黄色，眼紫褐色，附肢芽和翅芽灰白色，腹部褐色。

生活史及习性　1 年发生 1 代，以一龄寄生若虫在针叶上越冬。在陕西、河南，翌年 3 月下旬至 4 月中旬，越冬一龄寄生若虫蜕皮后，附肢全部消失，成为二龄无肢若虫。此时，雌雄分化明显，虫体迅速膨大，进入显露期。二龄无肢雄若虫于 4 月中旬至 5 月中旬脱壳变为三龄雄若虫后，常沿树干往下爬行，于树皮裂缝、球果鳞片、树干根际及地面杂草、落叶、石块下等隐蔽处分泌蜡丝结茧化蛹，蛹期 5～7 天。4 月下旬至 7 月上旬出现成虫，盛期在 5 月中旬至 6 月中旬。雄成虫羽化后在树下停留一段时间后即沿树干向上爬行或做短距离飞行到树冠上觅雌交尾，然后死去。雌成虫终生隐藏在无肢若虫的蜕壳内，仅在交尾期将腹部末端从蜕壳末端的圆裂孔伸出等待交尾。交尾后臀部缩回蜕壳内并分泌蜡丝形成白色小卵囊，产卵于其中。单雌平均产卵 56 粒，最多可达 104 粒。卵于 5 月中旬开始孵化，7 月中旬结束。初孵若虫很活跃，从蜕壳末端的圆裂孔爬出后，沿树干爬行至当年新梢的嫩叶上插入口针固定寄生，危害一段时间后即停止发育进入越冬状态。中华松针蚧对寄主、寄生部位及寄生方式都有一定的选择性，一定要寄生在当年生新梢的针叶内侧，且头朝下尾朝上；而对老针叶则不寄生。由于该蚧体型很小，本身的活动能力有限，其扩散、蔓延及远距离传播主要通过风力、雨水和人为活动等途径，其中风是最重要的传播因子。

防治方法

生物防治　秋季在树干基部束草皮或杂草引诱七星瓢虫等天敌越冬。

化学防治　早春树液开始流动前，喷施 5 波美度石硫合剂杀死越冬蚧；雄成虫羽化盛期应用敌马烟剂防治；初孵若虫涌散期喷雾吡虫啉可湿性粉剂、蚧虱速杀乳油等农药。

参考文献

成珍君，2016. 小陇山中华松针蚧生物学特性初步研究 [J]. 甘肃科技，32 (4): 138-140.

黄力群，1990. 黄山风景区中华松梢蚧发生特点与防治 [J]. 安徽林业科技 (2): 32-36.

李嘉源、陈文荣，1991. 中华松梢蚧生物学特性及其防治的研究 [J]. 福建林学院学报，11 (1): 82-89.

李向伟、杨惠昭、曾水凡，等，1991. 中华松针蚧的危害对油松生长量的影响 [J]. 河南职技师院学报，19 (3): 36-41.

于冠所、彭兴龙、张改香，等，2006. 豫西地区中华松针蚧生物生态学特性初步研究 [J]. 中国森林病虫，25 (2): 9-11.

（撰稿：武三安；审稿：张志勇）

中华松针蚧危害状（武三安摄）

中金弧夜蛾　*Thysanoplusia intermixta* (Warren)

一种取食亚麻叶、果的害虫。英文名 chrysanthemum golden plusia。鳞翅目（Lepidoptera）夜蛾科（Noctuidae）金翅夜蛾亚科（Plusiinae）金杂翅夜蛾属（*Thysanoplusia*）。国外分布不详。中国分布于东北、华北、湖北、重庆、四川、云南、台湾等地。

寄主　主要危害金盏菊、胡萝卜、莴苣、菊花、翠菊、大丽菊、蓟等。云南亚麻田间普遍发生。

危害状　以幼虫危害茎叶、蒴果，初期咬食叶片，后期吐丝，缠绕嫩尖藏在里面危害，并在其中结茧化蛹。严重时，可将全田亚麻作物吃成光秆。

形态特征

成虫　体长17mm，翅展37～42mm。头、前中胸部红褐色，后胸褐色。腹部黄白色。前翅紫褐色，有大的金色近三角形斑。

幼虫　老熟幼虫长40mm。头部小，胴部黄绿色。腹部第五至八节较粗，逐渐向前方缩小。步曲行走。

蛹　被蛹。

生活史及习性　1年发生2～3代。以蛹在寄主上越冬。4～5月羽化为成虫。成虫有趋光性。6～11月均可见到幼虫危害，以7～8月危害最烈。幼虫老熟卷叶筑一薄茧化蛹其中。是一种暴露性害虫，以幼虫咬食植物叶片危害。成虫需补充营养，成虫寿命10～15天，平均每雌产卵为500粒，幼虫共5龄期，各龄历期为2.8～4.5天，幼虫历期平均为17.7天。蛹的历期为11天。

防治方法

物理防治　根据成虫的趋光性，可用黑光灯诱杀。

人工捕杀　在幼虫少量发生时，可用人工捕捉。

化学防治　幼虫盛发时选喷苏云金杆菌乳剂200～500倍液，或敌百虫、杀螟松1000倍液。

参考文献

中国农业科学院植物保护研究所，中国植物保护学会，2015.中国农作物病虫害：下册[M].3版.北京：中国农业出版社：753-754.

（撰稿：曾根斌；审稿：薛召东）

中纹大蚊　*Tipula conjuncta* Alexander

20世纪80年代发现的一种水稻地下害虫。双翅目（Diptera）大蚊科（Tipulidae）大蚊属（*Tipula*）。国外分布于俄罗斯远东地区及蒙古。中国主要分布于辽宁、吉林、黑龙江等地。

寄主　其幼虫主要取食水稻及禾本科喜湿植物的根部，也取食土壤中的有机质，主要发生在土壤容重轻、常年积水的冷浆田内（俗称漂垫地或草甸地）。

危害状　幼虫危害移栽田稻苗根系，轻者影响稻苗生长，重者根系被吃光，呈圆秃状（图1①），导致稻苗移栽后无根、发黄或漂秧死苗（图1②）。被害苗前期生长缓慢，后期产生大量无效分蘖，使水稻贪青晚熟。

形态特征

成虫　体长18～30mm，前翅长18～26mm。体赭棕色，被灰色粉层。头部黄色，具褐色中纵带。无单眼。喙短，瘤状。触角丝状，棕褐色，13节，鞭节各节基部轮生刚毛。雄虫触角粗长，向后超过前翅基部，鞭节第一至第十节端部膨大呈钝齿状，基部微膨大；雌虫触角粗短，不达前翅基部，鞭节第一至第十节见顶端膨大。中胸"V"形沟明显，故背片黑棕色斑呈"品"字形。腿节、胫节黄色，顶端变暗。前翅黄色，翅脉棕褐色，盘室五角形（图2①）。腹部背、腹板中央具纵黑斑。雄虫腹部尾端呈截断状，向上翘（图2②③）；雌虫腹部纺锤形，腹端由尾须和第八腹板特化成产卵器，背产

卵瓣（尾须）尖而长，着生在第十节背板上，腹产卵瓣长为背瓣的1/2，着生在第八节腹板上（图2④⑤）。

卵　长1.2～1.4mm，宽0.4～0.6mm，呈两端钝圆的短柱形，表面光滑，漆黑光亮。

幼虫　老熟幼虫长55～75mm，长梭形（图2⑥），表皮因密被短粗褐色细毛而呈灰色。体两侧具明显的褐色纵带。头暗褐色，半缩于前胸内，咀嚼式口器。后气门周围具3对硬指状突起，沿缘密生疏水性纤毛，肛门孔位于其下，旁生3对软指状侧突（图2⑦）。

蛹　前胸背部具1对呼吸管。腹部4～9节背板后缘横排小刺12～16根（图2⑧）；各节腹板后缘具2横排大粗刺，前排2根，后排14～18根（图2⑨）。雄蛹腹端钝，具4个整齐的雄外生殖器突起（图2⑩）。雌蛹腹端尖，是尾须和腹产卵瓣的雏型。

生活史及习性　在中国东北1年发生1代，以卵在土壤表层越冬。在吉林蛟河越冬卵于翌年4月中旬孵化，幼虫于

图1　中纹大蚊危害状（张治良摄）

①被害根系呈圆秃状；②稻苗发黄、漂秧

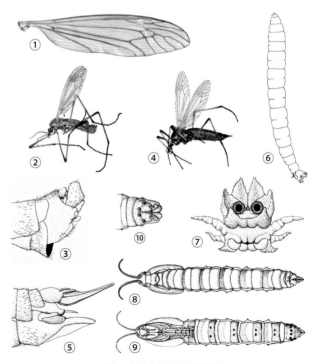

图2　中纹大蚊的形态特征

（①张治良提供；②④李彦提供，余成浩、方红图）

①前翅；②雄虫；③雄虫尾端；④雌虫；⑤雌虫尾端（人为开启）；⑥幼虫；⑦幼虫尾端；⑧雌蛹背面；⑨雌蛹腹面；⑩雄蛹尾端

图 3　幼虫以尾部露出水面进行呼吸（李彦摄）

5月中下旬至7月中旬危害。7月中旬陆续进入前蛹期，8月下旬开始化蛹，蛹期15～22天。成虫发生期为9月中旬至10月上旬，盛发期在9月下旬。

成虫白天羽化，羽化后即可交配，交配历时平均7.1～7.9小时。成虫交配后将产卵器刺入1～2mm土壤表层产卵，卵散产。每雌平均产卵443粒，最多达802粒；产卵期平均2.9天，最长为5天，最短为1天。雌蚊寿命为4～16天，平均9.3天；雄蚊为2～17天，平均9.5天。

幼虫移动性大，平时幼虫以尾部露出水面进行呼吸（图3），受振动迅速钻入土内。取食时潜入土层内啃食幼根，尤其是新生嫩根。田间无水时幼虫钻入土中。

发生规律　成虫羽化期间，田间积水对羽化率具有显著影响：积水深0.5cm的羽化率仅为7%～38%；积水深1cm时为4.7%～7%；积水8cm时为0～3%；积水超过10cm时，蛹全部死亡。

成虫活动受气温影响很大。晴朗无风天气最活跃；骤然降温、降雨及3级以上的风均影响成虫活动。

幼虫的发生与土壤的性质关系密切，主要发生于泥炭冷浆型和泥炭沼泽冷浆型土壤的稻田内。泥炭层厚、土壤容重轻、容水量大、有机物质丰富的条件下发生较重。

防治方法

农业防治　通过秋翻或插秧前进行一次细耙，可大幅度降低卵的孵化。在发生较重的田块，缓苗后适当排水晒田至土壤出现龟裂，防治效果最佳。

化学防治　采用丁硫克百威颗粒剂或氯虫·噻虫嗪水分散粒剂防治幼虫。

参考文献

方红，杨思咸，孙雨敏，等，2001. 为害中国北方农作物的两种大蚊的形态观察 [J]. 植保技术与推广, 21(12): 3-5.

何振昌，1997. 中国北方农业害虫原色图鉴 [M]. 沈阳：辽宁科学技术出版社：126-127.

刘青林，1989. 中纹大蚊发生危害及药剂防治初步研究 [J]. 吉林农业科学 (4): 21-24, 29.

刘青林，1991. 中纹大蚊的生物学特性及防治 [J]. 昆虫知识, 28(2): 68-69.

刘青林，王淑艳，刘宝山，1994. 中纹大蚊发生规律及其防治研究 [J]. 吉林农业科学 (1): 47-51.

PODENIENE V, GELHAUS J K, YADAMSUREN O, 2006. The last instar larvae and pupae of *Tipula (Arctotipula)* (Diptera, Tipulidae) from Mongolia[J]. Proceedings of the Academy of Natural Sciences of Philadelphia, 155: 79-105.

（撰稿：方红、李彦；审稿：张传溪）

中穴星坑小蠹　*Pityogenes chalcographus* (Linnaeus)

危害多种松科植物的钻蛀性害虫。英文名 six-toothed spruce bark beetle。鞘翅目（Coleoptera）象虫科（Curculionidae）小蠹亚科（Scolytinae）星坑小蠹属（*Pityogenes*）。国外分布于日本、朝鲜、俄罗斯及欧洲其他地区。中国分布于黑龙江、吉林、辽宁、内蒙古、北京、四川、新疆等地。

寄主　云杉、红皮云杉、鱼鳞云杉、红松、樟子松、白皮松。

危害状　主要危害树木的韧皮部、树冠和老树的枝丫（图1①），也会选择日照良好的倒木。母坑道3～6条，放射状，自交配室向周围伸展（图1②）。子坑道密集，与母坑道垂直。一穴中2条母坑道相互接近时，子坑道只从两母

图 1　中穴星坑小蠹危害状（骆有庆课题组提供）

①寄主受害状；②中穴星坑小蠹坑道总览；③坑道内的成虫、蛹和寄生小蜂幼虫

Z

图 2 中穴星坑小蠹成虫特征（任利利提供）
①成虫背面；②雄虫额面；③雌虫额面；④成虫侧面；⑤翅盘

坑道外侧伸出。补充营养坑道穴状不规则，同一穴中常聚若干成虫，共同取食。坑道主要位于韧皮部中，也印在边材上。

形态特征

成虫 体长 1.4～2.3mm，褐色（图 2①）。眼椭圆形。触角锤状部近圆形。雄虫额面上部突起，下部平凹，刻点微小，突起成粒，均匀散布；额毛细长舒展（图 2②）。雌虫额面正中有 1 扁圆形坑，陷坑以下额面微突，遍生绒毛；坑上部额面平展，散布圆小刻点，点心生短毛，疏散下垂（图 2③）。瘤区颗瘤墩厚低伏，刚毛短小倒伏，簇聚背顶。刻点区刻点圆小清晰，点心生小毛，纤细微弱。小盾片较大，后角圆钝。刻点沟不凹陷，由一系列圆形刻点组成（图 2④）。鞘翅前部的刻点深大，后部圆小，在斜面上点小如针刺，点心无毛或有微毛（图 2⑤）；沟间部宽阔平坦，无点无毛。鞘翅斜面的凹沟始于鞘翅中部以后，凹沟外侧各有三枚尖齿，雄虫第二齿位于第一、三两齿的正中，第三齿的下面翅缝边缘有 1 小颗粒。雌虫斜面的纵沟较浅弱，3 对齿均低平圆钝。

生活史及习性

中穴星坑小蠹喜阴，喜侵害树木枝干的背阴面。

在呼伦贝尔地区 1 年发生 1 代，以成虫越冬。从卵到成虫的发育历时 1 个半月。生活史不齐，从 6 月初到 8 月初，在坑道内都可发现成虫。

防治方法

营林防治 提高树势，及时伐除和处理受害木。

生物防治 使用人工合成信息素诱芯配套诱捕器进行防治。

参考文献

萧刚柔，1992. 中国森林昆虫 [M]. 2 版. 北京：中国林业出版社.

殷蕙芬，1984. 中国经济昆虫志：第二十九册 鞘翅目 小蠹科 [M]. 北京：科学出版社.

周明洁，任桂芳，王志良，2012. 警惕危害白皮松的新害虫——中穴星坑小蠹 [J]. 中国森林病虫，31(6): 46, 31.

KULA E, KAJFOSZ R, POLÍVKA J, 2013. Attractiveness of *Picea pungens* to the bark beetle species *Ips amitinus* (Eichh.) and *Pityogenes chalcographus* (L.)[J]. Journal of forest science, 59(12): 493-502.

（撰稿：任利利；审稿：骆有庆）

种群 population

在一定时间内占据一定空间的同种生物的所有个体，它构成物种的基本单位，是物种繁殖和进化的单位，也是构成群落的基本单位。种群具有以下 4 个特征：数量特征、空间特征、遗传特征和系统特征。①数量特征是种群最基本的特征，种群密度是种群最基本的数量特征，种群密度是指在单位面积或体积中的个体数，出生率、死亡率、迁入与迁出率对种群密度都有影响。这些参数继而又受种群的年龄结构、性别、内分布格局和遗传组成的影响，从而形成种群动态。②空间特征是指种群均占据一定的空间，其个体在空间上分布可分为聚群分布、随机分布和均匀分布，此外，在大尺度范围内的分布还形成地理分布。③遗传特征是指遗传变异在种群内和种群间的分布，它包括基因的种类及比例，基因型的种类及比例，种群具有一定的遗传组成，是一个基因库，但不同的地理种群存在着基因差异，为了适应环境，种群在世代传递的过程中不断发生变异，在较大时间尺度上，变异使物种进化成为可能；在较小时间尺度上，变异利于生物个体在一定范围内得以生存。④系统特征是指种群作为一个整体，是一个自组织、自调节的系统，种群内在的因子、生境内各种环境因子、种群数量变化三者之间都息息相关。组成种群的每个成员成为构件个体，每个构件个体均有其特定的生物学特征，有一定空间位置，执行着一定的功能。同一构件系统中各类构件间是相辅相成协调发展的，具有形态结构和空间分布格局的协同性，以及功能上的整合性。根据种群成分可以分为植物种群和动物种群，根据种群年龄结构可以分为增长型种群、稳定型种群和衰退型种群。

（撰稿：童希文；审稿：孙玉诚）

种群出生率 population natality

单位时间内该种群新出生个体的数目。或称种群生殖率。出生率反映了该种群产生新个体的能力，是特定条件下种群数量动态变化的关键因素之一，在一定程度上制约着种群的繁殖能力。若用 ΔN 表示某段时间内的新出生个体数，Δt 表示某段时间，则种群出生率 $B = \Delta N / \Delta t$。种群出生率不同于种群增长率，前者仅包含种群新出生的个体，而后者还包括种群死亡的个体。种群出生率按照具体情况的不同可分为理论出生率和实际出生率。理论出生率又称为最高出生率、生理出生率或标准出生率，是指种群的生殖在不受任何生态因子制约的理想环境下的出生率，因此，这种出生率仅受种群的生理特点和遗传特性影响。但是在实际情况下，种群不可能生活在完全理想的情况下，自然界的种群往往受到食物和生存空间等多种环境条件的限制，所能表现出的是实际出生率（又称为生态出生率）。实际出生率是指种群在实际生态因子制约或者特定环境条件下所表现出的出生率。理论出生率实际上仅存在理论情况下，对特定的种群来说，它是一个常数，但根据理论出生率可以预测种群最可能的发展趋势，结合实际出生率则可以看出环境和生态因子对出生率的抑制程度。另外，由于种群内部不同年龄的个体的出生率并不相同，因此，在具体的情况下可以使用特定年龄出生率衡量种群的生殖力。

在自然界当中，不同物种种群的出生率差异很大，例如哺乳动物大象，13～14 岁性成熟，孕期可达 22 个月，每胎产 1 仔；而同是哺乳动物的褐家鼠出生 4 个月就性成熟，怀孕 20 天左右可产仔，每次产仔 5 个以上，数量较多；而小型动物的昆虫类，如家蚕或者飞蝗等，可在出生后 1～2 月内性成熟，雌性交配后 1 周左右产卵，每次产卵几十到几百粒。由此可见，影响种群出生率的因素主要包括两方面：一方面是物种内在的遗传和生理特性；一方面是外在的环境条件。遗传特性主要取决于性成熟时间、每次产仔的数量以及产仔周期等。而外在环境条件则主要由食物和生存空间等生态因素决定。

参考文献

彩万志，花保祯，庞雄飞，等，2011. 普通昆虫学 [M]. 北京：中国农业大学出版社：428-429.

郭郛，1991. 中国飞蝗生物学 [M]. 济南：山东科学技术出版社：339-342.

梁士楚，李铭红，2015. 生态学 [M]. 武汉：华中科技大学出版社：52.

沈佐锐，2009. 昆虫生态学及害虫防治的生态学原理 [M]. 北京：中国农业大学出版社：398-399.

中国农业百科全书总编辑委员会昆虫卷编辑委员会，中国农业百科全书编辑部，1990. 中国农业百科全书：昆虫卷 [M]. 北京：农业

出版社：487.

（撰稿：周峰；审稿：孙玉诚）

种群分布型 distribution patterns of population

组成种群的个体在特定生活空间中的位置状态或布局。又名种群空间格局、内分布型。种群分布型可归纳为三类：随机分布型、均匀分布型和集群分布型。

随机分布 个体在种群内无规则、随机性地分布。随机分布中个体在种群领域中各个点的出现机会是均等的，并且每一个体的存在均不影响其他个体的分布。随机分布较为罕见，需要在环境资源分布均匀、种群个体间没有相互吸引或排斥的情况下才可能出现。

均匀分布 种群个体间保持均匀的间隔。均匀分布的主要原因在于种群个体间的相互竞争。在自然界中，绝对均匀分布极其罕见，在农田或人工林中可能出现均匀分布，此外，在某一水文条件较一致时的浮游生物分布也可能趋于均匀分布。

集群分布 种群个体成群或成簇分布。该现象最为普遍，是最常见的内分布型。造成集群分布的原因主要有 3 点：①环境资源分布不均匀，富裕和贫瘠彼此交错。②对于植物群落而言，传播种子的方式使其以母本植株为中心逐层外扩。③对于动物群落而言，社会行为促使其成群活动。集群分布又可以进一步根据本群的分布状态划分为随机群、均匀群和集群群，后者具有两级的成群分布。

种群分布型的检验方法众多，包含了等级方差分析法、三项轨迹方差法、谱分析法、二维网函数差值法。最常用的检测指标是方差与平均数比率 s^2/m。相关公式如下：

$$m = \frac{\sum fx}{n}$$

$$s^2 = \frac{\sum (fx)^2 - [(\sum fx)^2/n]}{n-1}$$

式中，x 为样方中某种个体数；f 为含 x 个体样方出现频率；n 为样本总数。s^2/m 比值小于 1 表示均匀分布，比值等于 1 表示随机分布，比值大于 1 则表示集群分布。

参考文献

GREIG-SMITH P, 1952. The use of random and contiguous quadrats in the study of the structure of plant co mmunities [M]. Annals of botany, 16: 293-316.

HILL M O, 1973. The intensity of spatial pattern in plant co mmunities [J]. Journal of ecology, 61: 225-235.

ODUM E P, 1971. Fundamentals of ecology [M]. 3rd ed. Philadelphia: W. B. Saunders Co.

RIPLEY B D, 1978. Spectral analysis and the analysis of pattern in plant co mmunities [J]. Journal of ecology, 66: 965-981.

WU JIANGUO, 1992. A method for studying spatial patterns: the net-function interpolation [J]. Coenoses, 7: 137-143.

（撰稿：赵婉；审稿：崔峰）

Z

种群密度 population density

在一定时间和单位空间内，某一物种种群的绝对数量或相对数量，称为种群密度。相应的，种群密度可分为绝对密度和相对密度。前者是指以单位面积或体积表示某一物种的个体数或生物量，适应于密度较大而活动范围较小的生物种群；后者则是指以一定时间或其他空间单位（如诱虫灯或捕虫网等）表示种群个体数或生物量，适用于密度小而活动范围大的动物。难以调查绝对密度，可用丰度指数来表示。

种群密度是衡量种群大小的一个重要量度，也是种群最基本的数量特征。种群密度越高，一定范围内种群的个体数量越多，即种群密度与种群数量呈正相关。其大小不仅标志着某一种群在整个生物群落中的重要地位，而且还反映了该种群对环境资源的利用状况。种群密度的大小有上下限，具体取决于环境中可利用资源（光、温度、水分、空气、矿物营养等）的变化、它所处的营养级、个体体型大小和代谢速率以及外来干扰等因素。一般来说，种群所处的营养级层次越高，个体体型越大，则种群密度越低，要维持其生存所需的活动空间也越大。不同的种群密度差异很大，同一种群密度在不同条件下也有差异。

种群密度的影响因素

年龄组成 指一个种群中各年龄期的个体数目的比例。主要分为 3 个类型：增长型、稳定型和衰退型，可以预测种群数量的变化趋势。幼年个体较多时，预示着将来种群密度会增大；而老年个体较多时，种群密度会减少。

性别比例 指种群中雌雄个体数目的比例，是影响数量变化的间接因素。因某种原因造成性别比例失调，必然导致生殖上的混乱，引起种群个体数量的变化。

出生率（或死亡率）以及迁入率（或迁出率） 出生率高、迁入数量多时，种群数量增加，反之，种群数量减少。该因素是决定种群大小的最直接因素。

种群密度的测定方法

绝对密度测定 一般包括两种测定方法，分别是总量调查和取样调查。前者是对一个区域内的种群所有个体进行统计调查；后者是通过取样方法、标记重捕法和去除取样法来进行取样调查。

相对密度测定 相对密度测定指标包括直接数量指标（捕获率或遇见率）和间接数量指标（例如粪堆数、鸣叫次数、捕捞数量等）。随着技术不断进步，相对密度测定方法越来越被广泛应用，由于昆虫在空间分布、栖息环境、生活习性、食物选择等方面的复杂性与多样性，多种不同的、有很强针对性的昆虫采集调查与种群检测方法被应用。

参考文献

周红章，于晓东，罗天宏，等，2014. 土壤步甲和隐翅虫的采集与田间调查取样技术 [J]. 应用昆虫学报，51(5): 1367-1375.

LEHNERT M S, 2008. The population biology and ecology of the Homerus swallowtail, *Papilio* (*Pterourus*) *homerous*, in the Cockpit Country, Jamaica [J]. Journal of insect conservation, 12(2): 179-188.

PEAKALL R, SCHIESTL F P, 2004. A mark-recapture study of male *Colletes cunicularius* bees: implications for pollination by sexual deception [J]. Behavioral ecology and sociobiology, 56(6): 579-584.

（撰稿：卢虹；审稿：崔峰）

种群密度估值法 estimative method of population density

对一定时间、空间或单位面积内种群个体数或密度估测的方法。分为绝对密度估值法、相对密度估值法和种群指标法。

绝对密度估值法 以单位面积（如亩、平方米等）或单位栖息场所（如株、穴、枝、叶、果等）中昆虫个体数量表示。常用的估值法有：①样方抽样或无样地抽样（指依据最近的邻居数或距离）。②标志重捕估值法。③抽样检查栖息地的一部分，如株、枝、叶等，再予推算。④游动取样或随机步测等。

在实际操作中，经常利用有虫频率（p）或无虫频率（$P_0 = 1-p$）来估计昆虫种群密度（M）的简化抽样方法，尤其适合于一些个体小、繁殖快而不易直接计数的昆虫，如蚜虫。这样可以减轻调查强度，节省时间、人力、物力。但此方法有一定的适用范围，对同一种昆虫的不同发生地点，不同调查时间，不同种群密度下，需要进行预先抽样，求出不同环境条件下的模型参数值，保证估计结果的可靠性。

相对密度估值法 是估测种群数量的相对高低，即单位面积或空间内种群的相对数量。例如，对寄生性的昆虫种群密度的估测，常采用百网捕获量作为其种群的相对密度的指标。对于夜行性的蛾类使用诱捕灯捕获的整个世代的数量作为相对密度的参考指标。其中一种比较特殊的相对密度估值法是种群指标法，该方法不统计种群本身数量，只调查其产物（如网、巢、皮壳、粪便等）或影响（如被害状、寄生率等），从而推断种群密度。相对密度估值可通过回归分析推算出绝对种群密度值。

无论绝对密度估值法还是相对密度估值法，都必须按照昆虫的生物学特性和空间分布规律制定合理的估测方法，这样才能获得较为可信的估测值。

参考文献

彩万志，庞雄飞，花保祯，等，2011. 普通昆虫学 [M]. 北京：中国农业大学出版社：427-428.

兰星平，1996. 森林昆虫种群密度简易估计方法的研究 [J]. 贵州林业科技，24(3): 7-11.

汪信庚，刘树生，1994. 菜蚜种群密度简易估计的数学模型 [J]. 浙江农业大学学报，20(6): 621-627.

（撰稿：李婷；审稿：孙玉诚）

种群数量波动 population fluctuations

自然条件下，种群数量不可能一直保持在平衡密度，而是会在平衡密度上下波动，这种现象称为种群数量波动。

通常平衡密度即为环境容纳量。3 种原因能够导致种群数量在环境容纳量上下波动：①外界环境的变化。外界环境的随机变化能够引起环境容纳量改变，进而导致种群数量波动。②延缓的密度制约效应，即时滞。种群密度对出生率、死亡率的影响不会立即显现，而是会在一段时间后才能够显现，种群数量会先超过环境容纳量而后再在密度制约效应下减少。③过度补偿性密度制约。当种群密度达到一定程度时，存活的个体数目将会下降。过度补偿机制能够使种群密度发生减幅震荡或者是周期波动，当物种具有高繁殖率时，能够导致种群密度没有固定的时间间隔和振幅，即混沌波动。

根据是否具有周期性，种群数量波动可分为两种模式：不规则波动和周期性波动。具有不规则波动和周期性波动的物种都能够在一定条件下发生种群爆发，对生态平衡造成影响。害虫、害鼠等的爆发会严重危害人类的食物和经济。

不规则波动　环境的随机变化会导致环境容纳量发生变化，进而导致种群数量的不规则波动。小型短寿命的物种对环境的变化更加敏感，更容易发生不规则变动。飞蝗（*Locusta migratoria*）是世界范围内重要的作物害虫，马世骏对 1913—1961 年中国洪泽湖蝗区东亚飞蝗的种群数量进行了深入研究，发现飞蝗的大发生没有任何周期性，并且夏季干旱是导致大发生的原因（图 1）。

周期性波动　相邻高峰间相距的时间基本一样，称为周期性波动。捕食和食草作用在一些情况下能够通过延缓的密度制约效应造成周期性的种群数量波动。最著名的例子是美国阿拉斯加旅鼠种群（图 2）。当旅鼠过多时，大量吃草，草原植被遭到破坏，种群数量因而减少；但数量减少后，植被又逐渐恢复，旅鼠的数量也随着恢复过来。

灰线小卷蛾的幼虫在春天出现，以松树为食。幼虫的取食行为会影响松树的生理，松针变小，致使翌年小卷蛾幼虫食物减少，进而导致其种群密度下降，低密度幼虫又反过来使松树得到恢复，使小卷蛾幼虫数量回升（图 3）。

群数量的调节　外源因素和内源因素都能够影响种群数量。外源因素可分为密度制约因素和非密度制约因素。非

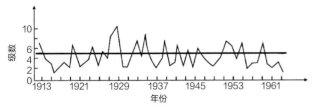

图 1　1913—1961 年东亚飞蝗在洪泽湖蝗区的种群动态曲线
（马世骏）

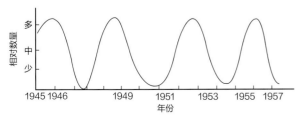

图 2　美国阿拉斯加旅鼠种群 3～4 年一轮的周期性波动示意图
（仿 Pitelka）

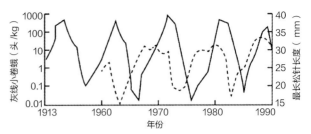

图 3　灰线小卷蛾响应松树质量的周期（牛翠娟仿 Mackenzie）
实线表示灰线小卷蛾密度，虚线表示松针长度

密度制约因素是对种群密度起限制作用，但是其作用效果与种群密度无关。非密度因素主要是气候，如风、雪、温度等。密度制约因素是指作用强度与种群密度相关的因素，如寄生、传染病在大种群中更易扩散，种群密度越大，其对种群数量的作用越剧烈，具有反馈调节机制。内源调节主要有行为调节和内分泌调节。如昆虫的社群行为和鸟类的领域行为等能够合理分配资源，维持种群平衡。种群数量密度会影响物种的内分泌，而内分泌的改变又会反过来调节种群。社会性昆虫红蚁就具有良好的内分泌调节机制；在蜜蜂中，蜂王也会通过信息素影响工蜂的激素水平，抑制工蜂产卵。

参考文献

马世骏，丁岩钦，李典谟，1965. 东亚飞蝗中长期数量预测的研究 [J]. 昆虫学报 (4): 319-338.

牛翠娟，2015. 基础生态学 [M]. 北京：高等教育出版社：82-84.

PITELKA F A, 1957. Some aspects of population structure in the short-term cycle of the brown le mming in northern Alaska [M]// Cold Spring Harbor Symposia on Quantitative Biology. Cold Spring Harbor Laboratory Press, 22: 237-251.

（撰稿：曹敏敏；审稿：孙玉诚）

种群死亡率　population mortality

种群数量变化过程中在一段时间内该种群个体死亡的数量占该种群初始数量的比例。种群死亡率同种群出生率一样是影响种群数量动态变化的关键因素之一。种群死亡率常用单位时间内种群死亡的个体数来表示，即种群死亡率 $M = \triangle Nd / \triangle t$。其中 $\triangle Nd$ 表示在时间 $\triangle t$ 内种群死亡的个体数。种群死亡率可分为生理死亡率和实际死亡率。生理死亡率也称最小死亡率，是指种群在不受到生态因子制约的最适环境下表现出的死亡率，生理死亡率由种群本身的遗传特性和生理寿命决定，在这种条件下，该种群的个体均因衰老而死，每个个体的寿命均达到生理寿命，因此生理死亡率对特定的种群来说是一个常数。但是在自然情况下，种群的个体因为食物等环境条件的限制，不可能均达到生理寿命，而表现出实际寿命和死亡率。实际死亡率又称生态死亡率，是指在自然情况下或特定环境下的死亡率，实际死亡率受生态因子的制约，在种群内部，能接近或达到生理寿命的个体往往较少，大多数个体往往会因为疾病、食物、竞争、被捕食等意外情况而表现出实际寿命。另外，由于种群内部年龄结构

Z

及组成的不同，一般情况下还可以采用特定年龄死亡率度量种群死亡情况。

对不同的物种种群来说，个体的寿命和种群的死亡率差异很大，比如人类等高级动物的寿命能达到几十年，而果蝇等昆虫的寿命则在几周到几月。在一段特定的时间内，种群的死亡率是随内部个体的寿命动态变化的，每个个体存活的寿命最终决定了整个种群在一定时间内死亡率变化，而个体的寿命则受多种因素的影响，这些因素包括了遗传特性、生理状况、环境条件限制以及意外情况等。比如，遗传物质的损伤和基因突变导致个体的病理情况的发生和发展，最终导致衰老加速和寿命下降；而自然灾害、食物短缺以及生存环境的变化也在一定程度上决定个体的寿命以及种群的死亡率。

参考文献

彩万志，花保祯，庞雄飞，等，2011. 普通昆虫学 [M]. 北京：中国农业大学出版社：429-430.

戈峰，2008. 昆虫生态学原理与方法 [M]. 北京：高等教育出版社：80-81.

梁士楚，李铭红，2015. 生态学 [M]. 武汉：华中科技大学出版社：52.

中国农业百科全书总编辑委员会昆虫卷编辑委员会，中国农业百科全书编辑部，1990. 中国农业百科全书：昆虫卷 [M]. 北京：农业出版社：491.

（撰稿：周峰；审稿：孙玉诚）

种群增长率　population growth rate

是昆虫种群动态的重要指标，表示在特定时间内，特定的生态条件下，种群的消长状况。又名净增长率。用 $R_0=B-M$ 表示。其中 B 为种群的出生率，M 为种群的死亡率。种群增长率综合了种群的繁殖与死亡两个生态过程对种群动态的影响，对反映种群数量动态具有重要意义。

参考文献

彩万志，花保祯，庞雄飞，等，2011. 普通昆虫学 [M]. 北京：中国农业大学出版社：430.

（撰稿：周峰；审稿：孙玉诚）

种群增长模型　population growth model

种群数量特征和增长过程是种群生态学研究的核心问题，同时也是理解群落演替和动态过程的基础。自然界中昆虫种群的世代可以是不重叠或完全重叠的，数量的增长可能与种群密度有关或无关，因此描述种群增长的数学模型各不相同。

无限环境条件下　若种群在无限环境条件下，种群生长不受任何条件限制，如资源无限，空间无限；气候适宜；不受其他生物制约（如无天敌、竞争，无个体迁入和迁出），种群数量以指数增长的方式变化，也称为"J"型增长，其数学模型方程为：

$$dN/dt = rN$$

式中，N 为种群数量；r 为种群瞬间增长率。

有限环境条件下　自然种群不可能长期地无限增长。当种群在一个有限空间中增长时，随着数量的上升，受有限空间资源和其他生活条件利用的限制，种内竞争增加，必然要影响种群的增长。逻辑斯蒂（Logistic）模型是种群在有限环境条件下连续增长的一种最简单的形式，又称为阻滞增长，即"S"型增长，其数学模型为：

$$dN/dt = rN（1-N/K）$$

式中，N 为种群数量；K 值为环境饱和量，如食物、空间、天敌等；r 为与环境无关的种群自然增长率。

Logistic 方程假设：①不考虑年龄结构及迁入和迁出的影响，种群中所有个体都有同样的生态学特征，即所有个体死亡、生殖、捕食或者被捕食的机会都是均等的。②种群数量变化率是当时种群数量的函数，而与种群的过去无关，即在环境中瞬间的变化：$dN/dt=f（N）$，其中 $f（N）$ 不是时间的函数。③在任何特定情况下，种群大小有其恒定的上限，即环境容纳量（常用"K"表示），当种群数量达到 K 值时，种群则不再增长。

Logistic 模型有一定的局限性。自然生态系统中种群类型多、数量多，外部环境条件无时无刻不在变化，特别是人类活动造成的环境污染和自然条件恶化对种群生长的影响，只用 Logistic 方程去概括和描述常常显得不够准确，有时甚至误差较大。因此逻辑斯蒂方程需要做时滞修正。

近代科学家又提出了以下模型来描述生物种群的生长曲线：

$$dN/dt = rN（1-N/K）f（t）$$

式中，N 为种群的数量，r 为种群瞬间增长率，K 为 N 的上限值；$f（t）$ 为随时间变化的函数，它代表了外部环境变化因素对种群生长的影响，而与 N 的大小无关，故也可以称为环境因子。

若 $f（t）>1$，种群增长速度将加快，表明环境条件在随着时间逐步改善；若 $0<f（t）<1$，种群增长速度将变慢，表明环境条件在向不利的方向变化；如果 $f（t）=1$，则该模型与 Logistic 模型相同；若 $f（t）=0$，表明种群将停止增长；若 $f（t）<0$，表明环境条件极度恶化，种群的数量将减少，即出现负增长。

参考文献

江希钿，2002. 同龄纯林密度效应新模型的研究 [J]. 生物数学学报，17(4)：476-481.

阮炯，2002. 差分方程和常微分方程 [M]. 上海：复旦大学出版社.

徐汝梅，1998. 昆虫种群生态学 [M]. 北京：北京师范大学出版社.

周宇虹，桂冰，1998. 关于 Logistic 方程的几种推导方法 [J]. 工科数学，14(4)：112-115.

LESSER M R, JACKSON S T, 2012. Making a stand: five centuries of population growth in colonizing populations of *Pinus ponderosa*[J]. Ecology, 93(5): 1071-1081.

SAKANOUE S, 2007. Extended logistic model for growth of single-species populations[J]. Ecological modelling, 205 (1-2): 159-168.

（撰稿：王慧敏；审稿：孙玉诚）

昼夜节律　circadian rhythms

在漫长的历史中，生物体面临着外界环境的长期影响，如光照、温度、潮汐、养分、湿度等环境因素。而生物体面对外界复杂的、长期的、有规律的周期性变化的环境胁迫，通过适应和进化的相互依赖和发展，生命体内进化出内源的调控周期节律产生和运行的机制称为生物钟，用于调整机体内生理生化过程和行为等来适应环境多重信号的周期性变化，进而增强其生存和竞争能力。周期性变化的环境因子一定程度上节律性地影响着地球生命的总体发展进程及个体的生长发育和新陈代谢过程。因此，生物钟的产生是生物体对环境长期适应的结果。生物钟节律的紊乱是妨碍生物体正常生命活动的主导因素之一。无论是在低等动物如昆虫还是在高等动物乃至人类的研究中发现，许多生理和行为节律是由生物钟精确调控的。自动节律维持内部的次序，具有稳定性和规律性，但受到环境因素的影响较大。

生物钟由3个主要部分构成，包括：①输入系统。接受外界环境信号并传入核心振荡器，使得生物时钟与环境同步。②核心时钟系统。是能够自我维持的昼夜振荡器，由一组呈现节律表达的钟基因和相应的蛋白组成，用于控制时间。③输出系统。将生物钟产生的信号传递出去而控制生物行为和生理变化。这三部分彼此协调、相互作用形成复杂的昼夜节律网络，使得生物的各种活动具有节律性。输入系统由感受器和传入路径组成，是指生物体接受外界环境信号（如光照、温度、食物等）并传入到振荡器，从而导引生物钟调节相关基因的表达。输入系统包括一个自我调控的反馈环路，并且能够被中央振荡器所调节。昼夜振荡器由一组呈现节律性表达的钟基因和钟蛋白组成生物钟运作的核心元件，接收外界信号，引起钟基因启动和表达，控制钟信号的输出系统。输出系统将昼夜振荡器产生的时间信号传出到特定的外周组织，经体液和神经途径传递至效应器，从而调节特定的生理、生化和行为过程，包括与信号有关的钟基因和一些钟控基因。

具有周期性变化特征的生命活动被称为生物节律。研究生命周期节律现象、调控机制及其应用的学科被称为时间生

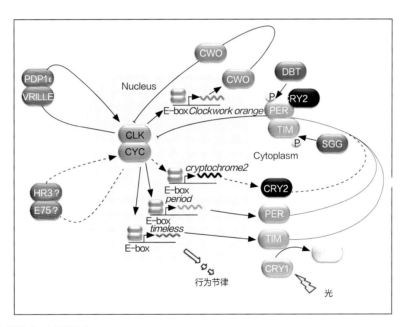

昆虫昼夜节律分子钟的模型（上述表和图引自 Current Opinion in Insect Science made by Tomiokal & Matsumoto）
实线表示果蝇的模型，虚线表示其他昆虫的模型。

CLK：由钟基因 clock/clk 编码的蛋白，是一种转录激活因子，可以与 CYC 结合形成二聚体，激活 period 和 timeless 等基因的表达。clock/clk：钟基因之一，编码蛋白 CLK。CRY1：由 cryptochrome1/cry1 基因编码的蛋白，在依赖于光的条件下，介导 TIM 降解从而重置时钟相位。cryptochrome1/cry1：钟基因之一，编码蛋白 CRY1。CRY2：由 cry2 基因编码的蛋白，负向调控昼夜节律。cryptochrome2/cry2：钟基因之一，编码蛋白 CRY2。CWO：Clockwork orange/cwo 基因编码蛋白，是一种转录因子，可以同时抑制和激活转录，参与 CLK 振荡表达的调节。Clockwork orange/cwo：钟基因之一；编码蛋白 CWO。CYC：由钟基因 cycle/cyc 编码的蛋白，是一种转录激活因子，可以与 CLK 结合促进 period 和 timeless 等基因的表达。cycle/cyc：钟基因之一，编码蛋白 CYC。Cytoplasm：细胞质。DBT：由钟基因 doubletime/dbt 编码的蛋白，是一种丝氨酸／苏氨酸蛋白激酶，磷酸化 PER，调节 PER/TIM 的入核。E75：一种核受体，可能与 HR3 结合共同调节 CYC 的表达。E-box：具有特定 DNA 序列的转录因子识别结构。HR3：激素受体3，可能通过调节 CYC 的表达参与昼夜节律的调节。Nucleus：细胞核。P：磷酸基团。PAR-domain protein 1/Pdp1：钟基因之一，可编码 PDP1ε 蛋白。Pdp1：钟基因之一，可编码 PDP1/PDP1ε。PDP1ε：由钟基因 PAR-domain protein 1/Pdp1 编码，属于 PAR 结构域 bZip 家族中的一种序列特异性转录因子，受 CLK/CYC 正向调控，可促进 CLK 的转录。PER：由钟基因 period/per 编码的蛋白，受到 CLK/CYC 转录激活，与 TIM 结合入核后可抑制 CLK/CYC 的转录活性，调节昼夜节律。period/per：钟基因之一，编码蛋白 PER。SGG：由钟基因 shaggy/sgg 编码的蛋白，具有丝氨酸／苏氨酸蛋白激酶活性，磷酸化 TIM，调节 PER/TIM 二聚体入核。Timeless/TIM：由钟基因 timeless/tim 编码，受到 CLK/CYC 转录激活，可与 PER 蛋白形成二聚体入核抑制 CLK/CYC 转录活性，从而调控昼夜节律。timeless/tim：钟基因之一，编码蛋白 TIM。timeout：钟基因之一，编码蛋白 TIMEOUT，在生物钟中调节光同步。vri：钟基因之一，可编码 VRI 蛋白。VRILLE/VRI：是由钟基因 vri 编码的 bZip 转录因子，可抑制 CLK 的转录。

物学（chronobiology），该词来自希腊语 "chrónos"，意为时间（time）。生物节律包括年节律、季节节律和近日节律。地球围绕着太阳公转使生物体产生年节律和季节节律，如动物的休眠、迁飞和繁殖等是随着每年季节的光周期和温度变化来调节节律。而地球的自转使生物体产生近日节律或称昼夜节律（circadian Rhythms），昼夜节律是一种内在节律，表现为各项生理指标和生物体的行为以近24小时为周期的变化，如动物随着每日光周期和温度的昼夜变化而稳定发生、表现在生理、生化和行为方面的节律。

第一个有文字记载的生物节律实验始于1729年，由法国天文学家 Jean Jacques d'Ortous de Mairan 完成。在自然条件下含羞草的羽状复叶在白天打开、在夜间向下合拢，de Mairan 发现在持续黑暗条件下含羞草叶片依然保持昼夜节律性运动。该结果证明，在恒定条件下依然维持周期节律运转的调控来自机体内部的作用机制，即内源的生物钟。之后，3位生物节律研究的奠基人为时间生物学的发展做出了重要的贡献，他们分别是 Jürgen Aschoff（1913—1998），德国生理学家，发现生物体体温的24小时节律性振荡，最早展开人体的生物节律研究，还深入探讨了多个物种（小鼠、鸟类、恒河猴、人）的生物钟驯化问题，定义了"授时因子"（time giver 或 synchronizer）；Colin Pittendrigh（1919—1996），英裔美国科学家，被尊称为"生物钟之父"，主要研究果蝇羽化的节律性与自然界中光信号的驯化，发展了"相位响应曲线"（phase response curve）的概念，提出"非参数驯化模型"（nonparametric entrainment model），发现了周期节律的温度补偿现象（temperature compensation）；Franz Halberg（1919—2013），美国生理学家，在明尼苏达州大学从事时间生物学研究，以拉丁语引入"近24小时生物钟"（circadian）一词。上述工作推动了生物节律的研究热潮，引发了对生物节律的极大关注和兴趣。20世纪70年代由 Seymour Benzer 及其同事通过遗传学的筛选在模式生物果蝇里找到了第一批节律发生变化的突变体，并首次发现昼夜节律受基因控制。在接下来的20年里，以 Michael Young、Michael Roshbash 以及 Jeffrey Hall 为代表的科学家对节律调节基因的分子作用机制做了深入的研究，发现了生物体控制节律的基因反馈调节环路，为此 Michael Young、Michael Roshbash 以及 Jeffrey Hall 同时获得了2017年诺贝尔生理学医学奖。

生物节律在生物界广泛存在，遍及细菌到高等动物。在昆虫中，目前发现生物节律调节着各种生理生化和行为等，许多昆虫在生长发育、能量代谢、蜕皮变态、交配产卵、寿命、滞育、迁飞、昼夜活动、取食、睡眠等各个方面均涉及生物钟的调控而呈现节律性的变化。如在蟋蟀中发现长翅成虫的飞行受到保幼激素及其保幼激素酯酶的昼夜节律调控，它们的行为和视觉系统的敏感性表现出昼夜节律。其中在昆虫中研究最深入的是黑腹果蝇内源近24小时的昼夜节律现象，其主要原因是黑腹果蝇于2000年已经完成了全基因序列测定，并经过多年的研究和积累，已建立了方便的转基因技术和方法，即 GAL4/UAS 转基因体系。即通过胚胎注射的方法，将来源于酵母中的转录因子 GAL4 和 UAS 分别导入到果蝇的卵子中并使其稳定表达。进一步将 GAL4 转基

因的果蝇品系和 UAS 转基因的果蝇品系通过遗传杂交手段，使 GAL4 和 UAS 同时存在于果蝇中，这样 GAL4 可以有效地结合到 UAS 的启动子上，激活 UAS 下游靶标基因的表达。该技术已经方便和成功地构建了数以万计的基因突变体和转基因果蝇品系，这为详细研究单个基因功能提供了便利。此外，在高等动物中包括人类，其生物节律现象和作用机理与果蝇有许多相似之处，同时由于果蝇个体体积小、易于操作、饲养简单、成本低廉、生命周期短（约两周）、繁殖力强、子代数量多等优势和特点，已作为一个极佳的模式昆虫用于生物节律的研究。

在生物节律的研究中，主要集中在昼夜的节律活动。在12L/12D 的光周期条件下，野生型黑腹果蝇具有两个明显的昼夜活动节律，一个是在早上黎明，另一个在晚上黄昏。早上和晚上的活动高峰分别在开灯和关灯前。无节律的突变体果蝇在开灯和关灯前2~3小时无法逐渐提高活动节律（即丧失了内源的节律），相反它们在开灯和关灯后才迅速提升。生物钟昼夜节律现象的内在机理相当复杂，已经发现黑腹果蝇成虫脑内约有150个与节律相关的钟神经元，每侧包括三组背神经元（DN1、DN2、DN3）、一组背侧神经元（LNds）、两组腹侧神经元（LNvs）和三个侧后神经元（LPNs）。其中腹侧神经元（LNvs）又分为可表达色素分散因子（PDF）神经肽的4个小的（s-LNvs）和4个大的腹侧神经元（l-LNvs），以及不表达 PDF 的一个小腹侧神经元（5th s-LNvs）。脑中不同的钟神经元对休息—活动周期有不同的分工，如 s-LNvs 影响早上的活动，称 M-cell。而不表达 PDF（色素分散因子）的 LNds 和 5th s-LNvs 影响晚上的活动，称 E-cell。M-cell 足以驱动24小时的日夜节律循环。

在黑腹果蝇中，目前已经发现至少有6种转录因子在生物钟节律调控中起重要作用，分别为 clock（CLK），cycle（CYC），period（PER），timeless（TIM），vrille（VRI），par domain protein 1ε（PDP1）。在果蝇中已鉴定出许多与生物钟相关的基因，并根据它们蛋白质的分子特性分为三类。其一是转录活化因子如 CLK、CYC 和 PDP1；其二是转录抑制因子如 PER、TIM 和 VRI；其三是可改变蛋白稳定性和亚细胞定位的蛋白质如 Doubletime（DBT）、Shaggy（SGG）、Slimb（SLMB）和 Casein kinase 2（CK2）。转录调控是通过两个环路来实现的：一是 PER/TIM 环路，在白天的中期 per 和 tim 的转录活化是由转录因子 CLK 和 CYC 调控的。CLK 和 CYC 形成二聚体（CLK/CYC）靶标到 per 和 tim 启动子的 E-boxes（CACGTG 增强子）上，在 per 和 tim 表达激活后有4~6小时产生 PER 和 TIM 蛋白。PER 和 TIM 随后大量合成并以二聚体 PER/TIM 形式积累在细胞质中。在晚上的中期阶段该二聚体转移到核中，与 CLK/CYC 二聚体结合并抑制了后者与 E-boxes 的结合能力（Lee et al., 1998）。第二个环路是 VRI/PDP1 环路。在白天晚期和晚上早期由 CLK/CYC 分别结合到 vri 和 pdp1 基因启动子上的 E-boxes 上并激活 vri 和 pdp1 的转录和表达。VRI 首先积累，然后 PDP1 在晚上的中期到晚期阶段开始。体外实验表明，VRI 和 PDP1 蛋白可以竞争结合到 clk 调控元件的 VRI/PDP1 盒（V/P box）上。VRI 在晚上的早期抑制 clk 的转录，随后 PDP1 在晚上中到

在众多昆虫中发现的生物钟基因

物种		生物钟基因									
		per	*tim*	*timeout*	*clock*	*cyc*	*cry1*	*cry2*	*vri*	*Pdp*1	*cwo*
双翅目	黑腹果蝇	O	O	O	O	O	O	X	O	O	O
	家蝇	O	O	?	O	O	O	X	O	?	?
	埃及伊蚊	O	O	O	O	O	O	O	?	O	?
	冈比亚按蚊	O	O	O	O	O	O	O	?	O	?
鳞翅目	柞蚕	O	O	?	O	O	O	O	O	?	?
	家蚕	O	O	O	O	O	O	O	?	?	?
	君主斑蝶	O	O	O	O	O	O	O	O	O	?
膜翅目	红火蚁	O	X	O	O	O	X	O	O	O	O
	西方蜜蜂	O	X	O	O	O	X	O	O	O	O
鞘翅目	赤拟谷盗	O	O	O	O	O	X	O	O	O	O
半翅目	豌豆蚜虫	O	O	O	O	O	O	O	O	O	O
	点蜂缘蝽	O	?	?	O	O	?	O	O	?	O
直翅目	双斑蟋	O	O	?	O	O	O	O	O	O	O
	马德拉蜚蠊	O	O	?	?	O	?	O	?	?	?
无翅目	小灶衣鱼	?	O	?	O	O	?	O	?	?	?

O、X和? 分别代表存在、缺失和有待发现的。
本分类编目的形成是基于对数据库的调查。

晚期激活 *clk* 的转录。由于细胞内 PER/TIM 二聚体的存在，新合成的 CLK 是无活性的。当 PER/TIM 二聚体被降解后，CLK/CYC 重新激活 *per*、*tim*、*vri* 和 *pdp*1 的转录，开始新的周期。此外，钟细胞膜的去极化和细胞内 Ca^{2+} 信号与节律的负转录反馈环路有关。

通过分子克隆、转录组和基因组等技术寻找昆虫的时钟基因发现，大多数昆虫（膜翅目昆虫除外，缺乏 *tim* 基因）像黑腹果蝇一样，通常具有典型的时钟基因如 *per*、*tim*、*clk* 和 *cyc*（见表）。*per* 和 *tim* 基因在大多数情况下是有节律地表达，而且它们的结构在昆虫中具有相似的功能域。然而，在一些昆虫中，其生物钟机制与果蝇不同而更像脊椎动物的特征，例如，虽然 *cry*（cryptochrome）和 *cyc* 有节律地表达，但 *clk* 的表达没有节律。表中列出了果蝇与其他昆虫在生物钟调控节律的分子机制中的差异，有利于对昆虫的节律调控机理有一总体了解。虽然生物钟的节律调控机制在许多昆虫中有待进一步研究，RNAi 干扰和基因编辑技术将加速其行为和生理节律等的研究，为全面开展昆虫生物节律的调控机制提供了基础。

参考文献

袁力、李艺柔、徐小冬，2018. 时间生物学—2017 年诺贝尔生理或医学奖解读 [J]. 遗传，12.27 online. DOI: 10.16288/j.yczz. (1): 1-11.

ALLADA R, WHITE N E, SO W V, et al, 1998. A mutant *Drosophila* homolog of mammalian Clock disrupts circadian rhythms and transcription of period and timeless [J]. Cell, 95(5): 791-804.

GLOSSOP N R, HOUL J H, ZHENG H, et al, 2003. VRILLE feeds back to control circadian transcription of clock in the *Drosophila* circadian oscillator [J]. Neuron, 37(2): 249-261.

GRIMA B, CHELOT E, XIA R, et al, 2004. Morning and evening peaks of activity rely on different clock neurons of the *Drosophila* brain [J]. Nature, 431: 869-873.

HARDIN P E, 2005. The circadian timekeeping system of *Drosophila* [J]. Current biology, 15: 714-722.

LEE C, BAE K, EDERY I, 1998. The *Drosophila* CLOCK protein undergoes daily rhythms in abundance, phosphorylation, and interactions with the PER-TIM complex [J]. Neuron, 21(4): 857-867.

STOLERU D, NAWATHEAN P, FERNANDEZ MDLP, et al, 2007. The *Drosophila* circardian network is a seasonal timer [J]. Cell, 129(1): 207-219.

STOLERU D, PENG Y, AGOSTO J, et al, 2004. Coupled oscillators control morning and evening locomotor behavior of *Drosophila* [J]. Nature, 431: 862-868.

TOMIOKA K, MATSUMOTO A, 2015. Circadian molecular clockworks in non-model insects [J]. Current opinion in insect science, 7: 58-64.

ZENG H, QIAN Z, MYERS M P, et al, 1996. A light-entrainment mechanism for the *Drosophila* circadian clock [J]. Nature, 380: 129-135.

（撰稿：赵章武；审稿：王琛柱）

Z

皱大球坚蚧 *Eulecanium kuwanai* Kanda

危害阔叶树的球形蚧虫，卵孵化后雌成虫体壁皱缩硬化。又名槐花球蚧、皱大球蚧、皱球坚蚧、桑名球坚蚧。半翅目（Hemiptera）蚧总科（Coccoidea）蚧科（Coccidae）球坚蚧属（*Eulecanium*）。国外分布于日本。中国分布于内蒙古、山西、山东、河北、北京、辽宁、吉林、黑龙江、安徽、河南、甘肃、新疆、陕西、宁夏。

寄主 槐、枣、白榆、山杏、苹果、复叶槭、杨树、华北珍珠梅、常春藤、荚蒾等。

危害状 以雌成虫和若虫主要在枝条上刺吸汁液危害，造成树势衰弱，枝条干枯，导致果品减产。

形态特征

成虫 雌成虫（图1、图2）半球形，直径6.0～6.7mm，高约5.5mm；产卵前体淡黄褐色，光亮，具虎皮状的斑纹；卵孵化后体壁皱缩，颜色暗淡，花纹消失；触角7节，第三节最长；足小；气门盘大，气门凹和气门刺不明显；缘毛刺状。雄成虫头部黑褐色，复眼大而明显；触角10节；前胸、腹部和足均黄褐色，中后胸黑褐色；前翅乳白色，后翅小棍棒状，端部有2根钩状毛；交尾器细长，淡黄色；腹末有2根白色的长蜡丝。

图1 皱大球坚蚧雌成虫（活体）（武三安摄）

图2 皱大球坚蚧雌成虫（死体）（武三安摄）

卵 卵圆形，长约0.38mm，宽0.2mm。初产时乳白色，渐变为粉红色或橙色。

若虫 初孵若虫椭圆形，肉红色，长0.3～0.5mm，宽0.2～0.3mm；触角6节；单眼红色；足发达，气门刺3根，腹末有2根长刺毛。一龄寄生若虫体扁平，草鞋形，淡黄褐色；体被白色透明蜡质。二龄若虫椭圆形，黄褐至栗褐色；体长1.0～1.3mm，宽0.5～0.7mm；触角7节；足发达；雌性虫体外被一层灰白色半透明呈龟裂状的蜡层，蜡层外附少量白色蜡丝。

雄蛹 预蛹近梭形，体长1.5mm，宽0.5mm；黄褐色；具有触角、足、翅芽的雏形。蛹体长约1.7mm，宽0.6mm，深褐色；触角和足可见分节，翅芽和交尾器明显。雄茧污白色，毛玻璃状。

生活史及习性 1年发生1代，以二龄若虫固定在嫩枝干凹陷处群集越冬。宁夏翌春4月上旬大批若虫沿树枝干向幼嫩枝条扩散，并用口针刺树皮吸取汁液继续危害。4月中旬二龄若虫开始雌、雄分化。雌虫蜕皮变为成虫，雄虫经蛹期于5月初羽化为成虫，寿命1～3天。雌雄交尾后，雌成虫于5月中、下旬孕卵，5月下旬雌成虫开始产卵，6月上旬产卵盛期，6月中旬若虫大量孵化。初孵若虫从母壳尾裂处爬出，颇活跃，到处爬行，1～2天内爬行转移到叶片和嫩枝上刺吸危害，多集中在叶背面主脉两侧。10月上、中旬寄主落叶前，叶片上的若虫再次转移到幼嫩干枝上越冬。全年危害严重期是4月中旬至5月下旬。雌成虫产卵前，腹下分泌白色蜡粉，粘贴在产出的卵粒表面。随着卵粒的产出，母体腹面向背面收缩，最后与体背贴在一起，腹腔被卵粒充满。每雌产卵量在3000～5000粒。

天敌种类多，主要有以下几种：北京展足蛾（*Beijinga utila* Yang）、球蚧花角跳小蜂［*Blastothrix sericea*（Dalman）］、黑缘红瓢虫（*Chilocorus rubidus* Hope）等。

防治方法 早春树液萌动前，向枝干上喷洒3～5波美度石硫合剂，防治越冬若虫。若虫孵化爬行期，利用吡虫啉微胶囊悬浮液、S-氰戊菊酯喷雾。

参考文献

王希蒙，王建义，1986. 皱大球蚧 *Lecanium kuwanai* Kanda 的发生规律及其综合防治 [J]. 宁夏农学院学报 (1-2): 127-129. .

王希蒙，赵玉珑，李文信，等，1984. 槐花球蚧的几种寄生蜂的初步观察 [J]. 宁夏农学院学报 (1): 104-106.

薛贤清，1980. 槐花球蚧的发生及其防治 [J]. 昆虫知识，17 (5): 213-214.

张英琴，1988. 槐花球蚧的发生及其注药防治 [J]. 园林 (2): 44.

（撰稿：武三安；审稿：张志勇）

朱蛱蝶 *Nymphalis xanthomelas* (Denis et Schiffermüller)

一种主要危害各种榆树的食叶害虫。又名榆黄黑蛱蝶。鳞翅目（Lepidoptera）蛱蝶科（Nymphalidae）蛱蝶属（*Nymphalis*）。国外分布于前苏联区域及欧洲中部和南部、土耳其、日本。

中国分布于新疆、甘肃、陕西、黑龙江、辽宁、山西、河北、河南、宁夏、青海、台湾。

寄主 白榆、圆冠榆、钻天榆、柳、桦、朴、杨、核桃、杏等。

危害状 幼虫取食榆树叶片，把叶片吃光，使榆树枯死。初龄幼虫只食叶肉，残留叶脉。3～5龄以后幼虫开始分散活动，蚕食整个叶片。五龄幼虫食量最大，吃光树叶后，能下树转移到邻近树上继续为害。

形态特征

成虫 体长19～25mm，翅展51～76mm。体黑色，密被黄褐色绒毛，复眼深褐色，触角灰褐色，端部淡白色。前后翅均呈暗黄色，前翅外缘锯齿状，内有宽黑带，黑带近外侧具有灰黄色斑块7～8个。翅中部有大小黑斑7个，除近后缘的1个色较淡外，其余6个均为浓黑色。后翅外缘的形状和色泽与前翅基本相同，唯有黑色带纹上面浮有紫蓝色带纹，近前缘中部有黑色大斑1个；后翅反面有小白点1个。前、后翅的反面，基部1/2黑色，向外呈灰色（见图）。

幼虫 初孵时体长1.5～2.0mm，头大，灰褐色，体深灰色。老龄幼虫体长35～53mm，头黑色，两侧呈角状突起，体灰黑色，密生白色细小绒毛，背中线黑色，靠近背中线两侧有纵的淡黄带纹，第一胸节较小无枝刺，第二、三胸节各有枝刺4根，腹部各节有枝刺6根，枝刺均为黑色，以背中线两侧的枝刺最粗大，每个枝刺分叉3～4枚。臀部有较小枝刺4根。胸足黑色，腹足近黄色。趾钩单序半环。

生活史及习性 在新疆石河子地区1年发生2代。在河北承德，1年发生1代，以成虫在树洞、杂草堆、河谷石缝、桥下缝隙处以及柴草垛等地方越冬或越夏。3月下旬成虫开始活动并进行补充营养，4月上、中旬交尾产卵，4月下旬开始孵化幼虫，5月上、下旬化蛹，5月下旬至6月初羽化为成虫。7月中、下旬至8月中旬进入越夏期。10月上、中旬开始越冬。

刚羽化的成虫悬挂在蛹壳或附近的枝条上，待翅面平展干燥、腹末端排出鲜红色黏液数滴后才开始飞翔。成虫多飞行在林带边缘和小片林地段，常落在树干流胶或汁液分泌处、新鲜的牛马粪上、新芽苞分泌的黏液上等处取食。成虫多在无风晴朗的中午于空中交尾。交尾后3～6小时开始产卵。卵分2～3次产完。产卵量一般为109～267粒。产卵后的

成虫活动力明显减弱，5～10天后死亡。越冬成虫在日平均气温达9℃时就开始活动，而当年羽化的成虫在日平均气温超过24.5℃时即开始越夏。如遇阴天和刮风天，成虫便很快潜伏不动。卵产于向阳面的枝梢顶端，卵聚产，成行排列。卵在白天孵化。卵期6～12天，孵化比较整齐。

初孵化的幼虫集中在卵壳上，经2小时左右离开卵壳，然后群集在榆钱或嫩叶片上吐丝作薄网。幼虫4～5龄（以四龄占多数）。幼虫期16～21天。老熟幼虫化蛹于枝条和树皮裂缝处，化蛹前幼虫先吐丝作垫，然后用臀足趾钩钩住丝垫，头部下垂弯向腹面，体悬挂空中，经10～16小时从胸背线处破裂后化蛹。蛹期11～13天。

发生规律 在承德室内饲养和室外观察，3月下旬成虫开始活动，4月中旬交尾，卵产于柳枝梢端，卵粒成行排列成块状；一头雌成虫产卵量为109～267粒，分2～3次产完。5月初卵开始孵化为幼虫，5月上中旬为幼虫为害盛期。5月中下旬化蛹于枝条梢端、树皮破裂处、草堆、门框等处。化蛹前，有的老熟幼虫会出现在路面上。6月上旬羽化为成虫。

种型分化 中国有2亚种，大陆亚种 *Nymphalis xanthomelas fervescens*（Stichel），分布于新疆、河南等地区；台湾亚种 *Nymphalis xanthomelas formosana*（Matsumura），分布于台湾。

防治方法

摘卵块、除幼虫 由于该虫的卵产在枝条梢端，初龄幼虫（5月上旬）集中在枝条顶端，形成一黑色虫团，非常明显，这时要注意摘卵块、剪除幼虫，可有效降低虫口密度。

除老熟幼虫、打蛹 该虫的老熟幼虫，有的会下树寻找墙角、门框、树皮缝、杂草堆处化蛹，这时要注意收集出现在路面上的老熟幼虫；有的就在同一枝条上化蛹，蛹排成一排，这时要注意剪除带蛹枝条。

生物防治 可利用北蝗莺、寄生蝇等天敌。北蝗莺啄食幼虫，每小时可食掉幼虫30.9条，吃饱后还能啄死大量幼虫甩在地上。树麻雀也取食少量幼虫。蛹的天敌有寄生蜂和寄生蝇各1种，寄生率不高。

化学防治 抓住幼虫还没有分散前（5月上旬）用药，可提高防治效率。用高效氯氰菊酯2400倍液喷雾防治效果好。

参考文献

姜婷，黄人鑫，2004.绢粉蝶和朱蛱蝶在新疆危害林木的初步观察[J].昆虫知识，41(3): 238-240.

萧刚柔，1992.中国森林昆虫[M].2版.北京：中国林业出版社.

周尧，1994.中国蝶类志（上下册）[M].郑州：河南科学技术出版社.

（撰稿：袁向群、袁锋；审稿：陈辉）

朱蛱蝶成虫（袁向群、李怡萍提供）

朱砂叶螨 *Tetranychus cinnabarinus* (Boisduval)

危害棉花的一种螨类害虫。叶螨科（Tetranychidae）叶螨属（*Tetranychus*）。中国分布于黄河流域棉区、长江流域棉区和西北内陆棉区。

寄主　共43科146种,除危害棉花外,还有玉米、高粱、豆类、瓜类、蔬菜、树木及杂草等。

危害状　棉花从幼苗到蕾铃期都能受到叶螨的危害,其成、若、幼螨均取食棉花叶片。叶螨常群集在棉花叶背,也可在棉花的嫩枝、嫩茎、花萼、果柄及幼嫩的蕾铃部位危害。受害部症状因棉花品种、螨的密集程度及危害时间而有不同。危害棉花初期,叶正面呈现黄白色斑点,当螨量密集时,很快呈现出橘黄色斑,严重时呈现紫红色斑块。被害处的叶背面有丝网和土粒黏结,呈现土黄色斑块。危害严重时,叶片扭曲变形,甚至枯萎脱落,棉株枯死;危害嫩茎、苞叶或蕾铃时,便会形成锈色斑。中后期发生时,叶片变红,干枯脱落,状如火烧,能引起中下部叶片、花蕾和幼铃脱落,造成棉花大幅度减产甚至绝收。

形态特征

雌成螨　体长0.42~0.52mm,体宽0.28~0.32mm,梨圆形;夏型雌成螨初羽化体呈鲜艳红色,后变为锈红色或红褐色。气门沟呈漆状弯曲。爪退化,各生1对黏毛,爪间突分裂成3对刺状毛。背毛12对,刚毛状,无臀毛。体躯两侧背面各有2个褐斑,前1对大的褐斑可以向体末延伸与后面1对小褐斑相连结。腹毛16对,生殖孔周围有放射状生殖皱壁。冬型雌螨体橘黄色,体两侧背面无褐斑(见图)。

雄成螨　体长0.26~0.36mm,体宽0.19mm,体呈红色或橙红色,头胸部前端近圆形,腹部末端稍尖。阳茎端锤顶部呈弧形,两侧突起大小相似。

卵　圆球形,直径0.13mm,初产时无色透明,快孵化时渐变为红色。

幼螨　由卵初孵的虫态叫幼螨,有足3对,圆球形。

若螨　幼螨蜕皮后变为若螨,有4对足,梨圆形,无生殖皱壁。

生活史及习性　朱砂叶螨个体发育包括卵、幼螨、若螨和成螨。若螨又分为第一若螨和第二若螨。每龄期蜕皮之前有一不食不动的静伏期。雄螨只有第一若螨期,静伏期后直接蜕皮羽化为雄成螨;从第二若螨期蜕皮后,即羽化为雌成螨。主要进行两性生殖,也可进行孤雌生殖。未受精卵发育成雄螨,在雌螨后期若螨静伏期有早羽化的雄成螨守候在旁,待雌螨羽化后争相与之交配。不经交配的雌成螨所繁殖全为雄性。

朱砂叶螨的发育起点温度为10.49°C,完成1代的有效积温为163.25日·度,生长发育适宜温区是26~28°C。在自然条件下,高温低湿环境很大程度上有助于朱砂叶螨急剧增殖,而在高湿情况下,种群数量则很快消退。通过秋耕、冬灌,可破坏棉花害螨的越冬场所,消灭部分越冬害螨,减少越冬基数。连作年限越长棉叶螨的发生越重。前茬为小麦、水稻等单子叶植物的棉田,棉叶螨发生晚而轻;凡是前作为油葵、豆类等双子叶植物,棉叶螨发生早而重。棉花邻作小麦比邻作苜蓿的棉田叶螨发生轻。对朱砂叶螨,棉花氮肥施用量增加,叶螨繁殖力亦随之增强,发育时间有随棉叶含氮率逐步提高而缩短,棉叶螨产卵量有随棉叶含氮率逐渐增高而相应延长和增加的趋势。凡靠近沟渠、道路、井台、菜田、玉米、高粱、豆类、桑树、刺槐等的棉田,由于寄主杂草多、虫源多及寄主间转移危害等原因,棉红蜘蛛往往发生早,危害重。棉株喷洒缩节胺后,朱砂叶螨危害减轻,棉株蕾铃脱落减少,产量增加。

捕食性天敌主要有深点食螨瓢虫(*Stethorus punctillum* Weise)、横纹蓟马(*Aeolothrips fasciatus* L.)、塔六点蓟马(*Scolothrips takahashii* Priesner)、肩毛小花蝽(*Orius niger* Wolff)、邻小花蝽[*O. vicinus*(Ribaut)]、食螨瘿蚊(*Acaroletes* sp.)以及其他各种瓢虫、草蛉等。

发生规律　朱砂叶螨发生代数因地而异。长江流域棉区1年18~20代,黄河流域棉区12~15代,华南棉区20代以上。在10月中下旬受精的雌成螨陆续由棉田迁至干枯的棉叶、棉秆、杂草根际或土缝中及棉田周围树皮裂缝处越冬。翌年2月下旬开始出蛰活动,在早春寄主上取食繁殖1~2代。5月上旬开始迁入棉田,初期点片发生,以后蔓延到全田。棉田于6月上旬出现第一次螨量高峰,6月下旬出现第二次螨量高峰,7月下旬至8月初如雨季来临,降雨频繁,螨群密度骤降;如持续干旱,8月份仍可出现第三次螨量高峰。9月中旬后开始越冬。各棉区严重发生期有所差异,东北、西北棉区自6月下旬至8月下旬有1个发生高峰,黄河流域棉区自6月中下旬至8月下旬可发生2个高峰。长江流域棉区和华南棉区自4月下旬至9月上旬可发生3~5次高峰。

防治方法

农业措施　越冬前及时清除棉田杂草,在危害重的棉田喷药,压低越冬虫量。在秋播时耕翻整地,通过深翻将越冬叶螨翻压到17~20cm的深土下。在棉苗出土前,及时铲除田间或田外杂草,压低虫源基数。棉花蕾期受叶螨危害后,适量施用DPC(缩节胺)可提高受害植株的耐害补偿能力,减少产量损失。

生物防治　注意保护利用自然天敌,创造有利于自然天敌安全生存的环境条件,尽可能选择对天敌毒性小的杀螨剂,必须使用对天敌杀伤力大的药剂时,应采用拌种或带状间隔喷雾等对天敌安全的施药方法。

化学防治　当大面积发生时常用的喷雾药剂有克螨特、哒螨酮、阿维菌素、螺螨酯等药剂。

参考文献

柏立新,孙洪武,束春娥,等,1997. DPC对朱砂叶螨为害棉株

朱砂叶螨雌成虫(胡恒笑摄)

的耐害补偿能力研究 [J]. 江苏农业学报 , 13(3): 162-166.

洪晓月 , 2012. 农业螨类学 [M]. 北京 : 中国农业出版社 : 186-193.

刘波 , 桂连友 , 2007. 我国朱砂叶螨研究进展 [J]. 长江大学学报 , 4(3): 9-12.

马俐 , 贾炜 , 洪晓月 , 等 , 2005. 不同寄主植物对二斑叶螨和朱砂叶螨发育历期和产卵量的影响 [J]. 南京农业大学学报 , 28(4): 60-64.

束春娥 , 曹雁平 , 柏立新 , 等 , 1996. 棉苗使用缩节胺对朱砂叶螨种群繁殖的影响 [J]. 江苏农业学报 , 12(3): 24-28.

唐以巡 , 龙叔祯 , 漆定梅 , 等 , 1994. 朱砂叶螨发育起点和有效积温研究 [J]. 蚕业科学 , 20(4): 241-242.

王慧芙 , 1981. 中国经济昆虫志 : 第二十三册　螨目　叶螨总科 [M]. 北京 : 科学出版社 : 118, 125-126.

杨群芳 , 卢永宏 , 2011. 深点食螨瓢虫和塔六点蓟马对朱砂叶螨的捕食作用 [J]. 应用昆虫学报 , 48(3): 622- 625.

张伟 , 邓新平 , 罗公树 , 等 , 2004. 10% 甲氰·阿维乳油配方的筛选及其对朱砂叶螨的联合作用 [J]. 农药学学报 , 6(2): 80-83.

中国农业科学院植物保护研究所 , 中国植物保护学会 , 2015. 中国农作物病虫害 : 上册 [M]. 3 版 . 北京 : 中国农业出版社 : 1190-1200.

BU C Y, DUAN D D, WANG Y N, et al, 2012. Acaricidal activity of ethyl palmitate against *Tetranychus cinnabarinus*[J]. Springer Berlin Heidelberg, 134: 703-712.

KAZAK C, KARUT K, KASAP I, et al, 2002. The potential of the hatay population of *Phytoseiulus persimilis* to control the carmine spider mite *Tetranychus cinnabarinus* in strawberry in Silifke - Icel, Turkey [J]. Phytoparasitica, 30 (5): 451-458.

MANSOUR F, AZAIZEH H, SAAD B, et al, 2004. The potential of middle eastern flora as a source of new safe bio-acaricides to control *Tetranychus cinnabarinus*, the carmine spider mite.[J]. Phytoparasitica, 32(1): 66-72.

SHI W B, FENG M G, 2004. Ovicidal activity of two fungal pathogens (Hyphomycetes) against *Tetranychus cinnabarinus* (Acarina: Tetranichidae) [J]. Chinese science bulletin, 49(3): 263.

（撰稿 : 张建萍 ; 审稿 : 吴益东）

竹箩舟蛾　*Besaia goddrica* (Schaus)

一种取食竹叶，严重危害时可使竹林荒芜的竹林害虫。又名纵褶竹舟蛾、竹青虫、纵稻竹舟蛾。鳞翅目（Lepidoptera）舟蛾科（Notodontidae）箩舟蛾属（*Besaia*）。中国分布于陕西、河南南部、安徽、江苏、浙江、福建、江西、湖北、湖南、广东、广西、四川等地。

寄主　毛竹、毛环水竹、五月季竹、衢县红壳竹、刚竹、水竹、淡竹、红竹、篌竹、浙江淡竹、早竹、白哺鸡竹、石竹、孝顺竹、青皮竹、撑篙竹、观音竹等。

危害状　以幼虫取食竹叶危害。低龄幼虫从竹叶边缘取食，将竹叶吃成小缺刻，缺口整齐。大龄幼虫食叶量大，日夜均可取食，以白天取食略多。危害严重的竹林，竹叶取食殆尽，仅剩竹枝（图 1）。重度危害的竹林，翌年新竹减少 20%～40%，新竹眉围下降 25%～45%，竹林荒芜。

形态特征

成虫　雄虫体长 19～25mm，翅展 43～51mm（图 2①）；雌虫体长 20～25mm，翅展 50～58mm（图 2⑤）。体灰黄至灰褐色，头前毛簇、基毛簇特长。雌成虫前翅黄白到灰黄色，从顶角到外线下，有一灰色斜纹，斜线下臀角区灰褐色；雄蛾前翅灰黄色，前缘黄白色，中央有一暗灰褐色纵纹，下衬浅黄白色边，外缘线脉间有黑色小点 5～6 个。后翅深灰褐色。

幼虫　初孵幼虫体长 3mm，淡黄绿色。老熟幼虫体长 48～62mm，翠绿色，体被白粉，背线、亚背线、气门上线粉青色，镶于翠绿色体上，但仍很清晰；气门线为从大颚、触角至单眼下方延伸而来，深棕黄色。部分个体在后胸以后线体较细，气门黄白色，前胸气门附近棕红色，上方及中后胸和腹部气门后方各有 1 个黄点（图 2②⑥）。

卵　圆球形，长径约 1.4mm，短径约 1.2mm。乳白色，卵壳平滑，无斑纹（图 2③）。

蛹　体长 20～26mm，红褐至黑褐色，臀棘 8 根，以 6、2 分 2 行排列（图 2④）。

茧　长径约 35mm，茧内灰白色，较薄，平滑，茧外附有土粒。

生活史及习性　在浙江竹箩舟蛾 1 年发生 4 代，以幼虫在被害竹竹叶上越冬。当日均气温在 3℃ 以下时、一般不会取食；日均气温在 3℃ 以上、最高气温在 8℃ 以上时，越冬幼虫中午可以取食，3 月取食量增大。约经 6 个月，于 4 月上旬越冬幼虫老熟，寻竹秆下方土层疏松地方入土深 2～3cm，做土室开始化蛹。第一代成虫 4 月上旬开始羽化，羽化高峰在 4 月下旬到 5 月上旬，第二代成虫期 6 月上旬至 7 月下旬，第三代成虫期 8 月上旬至 9 月中旬，第四代成虫期 9 月中旬至 11 月上旬。竹箩舟蛾世代重叠现象非常明显，4 月下旬第一代幼虫出现，从此竹林中一年到头均可见到此虫的幼虫。

成虫羽化多在晚上，清晨及中午偶见，以 19：00～1：30 羽化最多，约占总羽化数的 85% 以上。成虫白天不活动，多静伏在竹枝上或灌木丛中，遇惊动仅作短距离飞翔。交尾产卵成虫不需补充营养，雌成虫羽化后不久，即有雄成虫飞来交尾，以次日为多。交尾时间多在下半夜及清晨。雌、雄成虫一生只交尾 1 次。雌成虫交尾后不久即可产卵，卵散产或单行产于竹叶背面，1 行有卵 4～7 粒，1 叶可被产卵 8～10 粒，在毛竹林以中下部竹叶上卵为多。每雌虫产卵期 4～12 天，每雌平均产卵量以第一代最多，约 300 粒，成虫产卵后即死亡，多有遗腹卵。雄成虫寿命 3～10 天，雌成虫 5～14 天。各代竹箩舟蛾卵分别经 6～10 天的发育开始孵化，气温高卵期短，第二、三代卵经 6～7 天即孵化。初孵幼虫需转身回到自身卵壳上，将卵壳吃至大半或全部吃完，仅留卵底。竹箩舟蛾 1 年 4 代，每一代幼虫蜕皮次数（即龄数）不一，同一代幼虫龄数也不一。第一代幼虫有 5 龄、6 龄 2 个龄数，第二、四代幼虫有 6 龄、7 龄 2 个龄数，第三代幼虫只有 6 龄一个龄数。龄数多者幼虫期长，但和羽化为成虫时的雌雄性别没有关系。各代幼虫各龄龄期也不一，第一至三代幼虫

图 1　竹篦舟蛾危害状（舒金平提供）

图 2　竹篦舟蛾形态（舒金平提供）

①雄成虫背面观；②四龄幼虫；③卵；④蛹；⑤雌成虫背面观；
⑥老熟幼虫

一龄龄期平均 5～7 天，末龄的龄期平均 6～8 天，龄期最长，其他各龄幼虫龄期为 3～5 天。第四代幼虫是越冬虫态，幼虫期长达 6 个多月。除越冬代外，一般是龄数多者，龄期就短。

防治方法

灯光诱蛾　在各代成虫发生期，利用黑光灯诱杀，效果良好。

药剂防治　用 1.8% 阿维菌素乳油 2000 倍液喷杀幼虫。

参考文献

陈雁，钱汝明，贾克锋，1998. 竹篦舟蛾防治方法的研究 [J]. 森林病虫通讯 (Z1): 3.

徐天森，吕若清，1990. 竹篦舟蛾的研究 [J]. 林业科学研究 (6): 568-573.

徐天森，王浩杰，2020. 竹篦舟蛾 [M]// 萧刚柔，李镇宇. 中国森林昆虫 . 3 版 . 北京：中国林业出版社：872-873.

张思禄，2003. 竹篦舟蛾发生规律及综合防治研究 [J]. 华东昆虫学报 (1): 56-59.

（撰稿：舒金平；审稿：张真）

竹蝉　*Macrosemia pieli* (Kato)

一种危害竹子的重要害虫。严重危害毛竹，还危害淡竹、筱竹、早竹等竹种。又名螂蝉、山蝉、金蝉。半翅目（Hemiptera）同翅亚目（Homoptera）蝉科（Cicadidae）大马蝉属（*Macrosemia*）。其蝉蜕和被真菌寄生形成的蝉花、竹蝉虫草，有药用价值。中国分布于浙江、安徽、江苏、福建、江西、湖南、四川、贵州、广东等地。

寄主　毛竹、黄槽毛竹、方秆毛竹、刚竹、黄皮刚竹、长沙刚竹、浙江淡竹、淡竹、筱竹、早竹、天目早竹、早园竹、五月季竹、乌哺鸡竹、石竹、红竹、小竹等刚竹属中茎粗、鞭粗的竹种。

危害状　若虫在地下刺吸竹鞭的根、芽、笋的汁液，造成竹鞭溃疡，侧芽萎缩、腐烂。受害竹林出笋减少，竹笋变细，新竹围茎减小，新竹逐年减少。成虫主要刺吸竹子枝条汁液补充营养，造成活立竹枯枝，成为后代竹蝉产卵场所。还刺吸香樟、枫香、檫树、水杉、木荷、金钱松、板栗等多种树木汁液。

形态特征

成虫　体绿色、黑色及棕色相嵌。头部额中肉黄色，两侧及单眼区黑色，复眼突出，棕黑色，单眼微红，具白边，明亮似珍珠。雌虫体长 38.6～44.1mm，雄虫体长 42.9～53.5mm，体宽 16.1～18.7mm，触角黑色，鬃毛状。前胸背板正中有 1 暗绿色或肉黄色狭条箭状纹，两侧各有 3

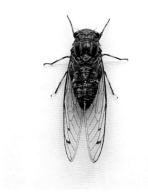

图 1　竹蝉成虫（吴健勤提供）

图 2　竹蝉若虫（舒金平提供）

图 3　竹蝉卵（舒金平提供）

块同色斜行长方形斑，中间斑最大，后缘有边。中胸粗大，正中有似京剧大花脸脸谱式黑斑纹，后缘有 1 黄色的"X"形硬质突起，硬质突起的上方及两侧内陷。翅长过腹，长48.3～56.8mm。前足腿节、胫节略粗，胫节下方有刺 2 枚，形成钳状。腹部黑褐色，被白粉，稀生金黄色短卸毛。雌虫尾部锥状，产卵器坚硬；雄虫尾较钝，发音器发达，护音瓣平均长 23.2mm（图 1）。

若虫　共 5 龄，各龄若虫体长分别为 1.8～4.5mm、6.5～9.0mm、10.3～17.2mm、20.2～29.5mm、34.4～45.5mm。初孵若虫乳白色，复眼黑色，触角前伸。前足腿节与胫节特化成钳式，胫节有齿，齿略呈红色。三龄若虫初见翅芽。老熟若虫体橙红色，额突出，额下方密生棕色刚毛；触角细长、线状，9 节；复眼突出，乳白色；前胸背板前方有 1 个倒三角形，三角形底边与两复眼间距离等宽，三角形两斜边外侧各有 1 条深沟，在背中终止；腹部各节背面后缘有 1 列棕色刚毛，气门粉白色；前足腿节、胫节粗壮，特化成钳式，胫节呈三角形，上方有齿，黑褐色，各生有棕色刚毛；前翅芽尖达至第四腹节后缘（图 2）。

生活史及习性　在浙江 6 年 1 代，以卵（图 3）在竹上枯枝内，或以各龄若虫在竹鞭附近土壤洞穴中越冬。老熟若虫于 6 月下旬到 7 月上旬开始羽化，8 月下旬羽化结束。成虫发生期为 6 月下旬到 9 月中旬。老熟若虫于 19：00～21：00 在土穴中经通气道攀爬出土后，至竹枝等攀缘物稍息，多在 19：30～22：00 羽化为成虫。初羽化成虫在蝉壳上或蝉蜕上方静伏，体翅均软，约 1 小时后变硬即可飞翔。成虫羽化次日即刺吸树液补充营养，受惊即鸣叫飞逃，具较强趋光性。成虫补充营养 10 天左右后即可交尾，雌雄成虫均可多次交尾，雌虫经 2 次交尾后可产卵。成虫多于 7 月中旬开始交尾，7 月下旬开始产卵，8 月底产卵结束；卵多产于竹枯枝中，产卵时用产卵器在枝斜向钻产卵孔，每孔产卵12～21 粒，排列紧密，雌虫一生可产卵 380～780 粒。卵在竹枯枝中停留 11～12 个月，7 月上旬卵开始孵化，初孵若虫从产卵孔蠕动而出，坠落地面，爬行到立竹下方寻找松软土壤处钻入，幼龄若虫多在嫩根、嫩鞭上取食，三龄后转移到竹鞭的节处危害，并在竹鞭处筑有土穴，与地面有垂直通气孔。若虫在土下每年蜕皮 1 次，到第五年老熟，于当年 6月下旬出土。雨水多有利该虫卵孵化，土层松厚、阴湿、立竹密度大、老竹枯枝多的竹林易受害，而山岗、西坡、土壤砂砾多、立竹密度低、老竹枯枝少的竹林受害轻，混交林发生往往重于纯林。

防治方法

清除枯枝　伐除林中老竹，降低立竹密度；人工剪除枯枝并集中烧毁。

灯光诱杀　成虫羽化前安装诱虫灯诱杀。

人工捕杀　7 月成虫盛发期用捕虫网进行人工捕杀，或于傍晚捕捉刚爬出通气孔的待羽化老熟若虫和初羽化成虫。

化学防治　采用高效低毒农药喷洒竹林。

参考文献

胡和元，董志强，董利，2011. 竹蝉的研究 [J]. 上海农业科技 (1)：108-109.

徐天森，王浩杰，2004. 中国竹子主要害虫 [M]. 北京：中国林业出版社：22-25.

徐天森，王浩杰，徐企尧，等，2001. 竹蝉生物学特性的研究 [J]. 林业科学研究，14(4)：396-402.

（撰稿：蔡国贵；审稿：张飞萍）

竹长蠹　*Dinoderus minutus* Fabricius

一种竹材重要钻蛀性害虫。是竹材、竹制品、竹建筑物最普遍的害虫。又名竹蠹。鞘翅目（Coleoptera）长蠹科（Bostrichidae）竹长蠹属（*Dinoderus*）。国外分布于印度、日本、缅甸、泰国、马来西亚、斯里兰卡、印度尼西亚、菲律宾、加拿大、美国、巴西、智利、坦桑尼亚、毛里求斯、英国和德国。中国分布于河北、内蒙古、河南、山东、陕西、云南、贵州、四川、江苏、浙江、福建、湖南、湖北、广东、广西、江西、安徽、上海、海南、台湾等地。

寄主　麻竹、毛竹、水竹、茶秆竹、苦竹、淡竹、刚竹、桂竹、油竹、粉单竹、吊丝竹、撑篙竹、黄麻竹、青皮竹等新伐竹材及藤材。

危害状　成虫和幼虫均能危害，危害初期受害竹材一

Z

般在竹片侧面、竹节、竹簧或竹青受损处有蛀孔，蛀孔直径 1.3～1.5mm，蛀孔内有竹粉排出。随着蛀害加深，蛀孔数量增加，蛀道深入竹材内部，沿纵横方向发展，从蛀口排出大量蛀粉。继而竹材内部几乎全被蛀食，只剩虫粪堵塞的空壳，用手极易剥离竹片。蛀材表面留有大量的羽化孔（见图）。

形态特征

成虫　体赤褐色或黑褐色，圆筒形，有时鞘翅表面比后部较红，须、触角棒及跗节通常黄褐色。长 2.6～3.5mm，宽 1.2～1.5mm，体小于日本竹长蠹。头部黑色，常隐匿于前胸之下。触角 10 节，末三节向内侧膨大。前胸背板后缘正中有 1 对近圆形凹陷。鞘翅上有许多刻点和刚毛，鞘翅长为前胸背板的 1.5 倍，第二中脉 M_2 不伸达翅的外缘，第一臀脉 A_1 和第二臀脉 A_2 的端部相距较近。足棕红色，有许多绒毛，前足第一跗节不长于第二、三或四节。雄虫外生殖器略粗短，两侧叶较细，呈棒状。

幼虫　乳白色，口器赤褐色，胸部粗大，无腹足。老熟幼虫长约 1.0mm，胸足 3 对，末端（胫节）有较多明显黄褐色粗毛。

生活史及习性

在南方 1 年发生 3～7 代，世代重叠，无明显分界，主要以幼虫在被害竹材中越冬，少数以成虫或蛹越冬。3～11 月均有成虫出现。各虫态历期在平均温度 28℃情况下，卵期 3～7 天，幼虫期 21～23 天，蛹期 4 天，成虫产卵前期约 10 天。成虫寿命在冬春较冷气候下可达 150 天以上。

成虫畏强光，喜隐藏在孔隙、裂缝的阴暗处。常于夜间在竹材外交尾，雌虫交尾后选择竹龄较低的竹材，从竹片的侧面、竹节、竹黄或竹青受损处蛀入，蛀孔直径 1.3～1.5mm，在蛀孔内侧旁产卵，每一雌虫可产卵 20 粒左右，卵散产。幼虫孵化后，直接蛀食竹材内部组织，沿竹材纤维上下啮食，形成纵向和横向的坑道，排出粉末状排泄物。幼虫老熟后在蛀道的末端作茧化蛹，成虫羽化后，蛀出竹材外面进行交尾，再繁殖下一代。

防治方法

加强预防　冬季砍伐竹材，砍伐 4 年生以上竹，伐后延缓去除枝叶，以加速水分蒸腾，使竹材加速干燥，或将采伐

后的竹材放流水或石灰水中浸渍，可减轻危害。

热处理　将受害的竹材或竹制品放入热风型干燥窑或温水蒸煮，竹材中心温度达 50℃以上，持续 10 分钟即可有效杀灭。

熏蒸处理　把竹材放入密室或熏蒸袋，采用硫酰氟等进行常规熏蒸。

药剂喷洒　用溴氰菊酯、敌百虫等药剂喷洒、浸渍或涂刷竹材。

参考文献

陈承德，洪成器，1961. 竹长蠹虫 (*Dinoderus Minutus*, Fab.) 之发生及其防治试验初步观察报告 [J]. 福建林学院学报 (0): 11-23.

陈志麟，向才玉，余道坚，等，2009. 进口竹藤中竹长蠹五近似种的鉴别（鞘翅目：长蠹科）[J]. 昆虫分类学报，31(2): 115-122.

伍建芬，黄增和，林爵平，等，1986. 竹长蠹初步研究 [J]. 竹子研究汇刊，5(1): 112-119.

中国林业科学研究院，1983. 中国森林昆虫 [M]. 北京：中国林业出版社：239-241.

朱其才，1985. 竹蠹和日本竹蠹的鉴别 [J]. 粮食储藏 (4): 17-18.

（撰稿：王玲萍；审稿：舒金平）

竹巢粉蚧　*Nesticoccus sinensis* Tang

蜡壳似鸟巢的一种竹类粉蚧。又名中国巢粉蚧、竹灰球粉蚧。半翅目（Hemiptera）蚧总科（Coccoidea）粉蚧科（Pseudococcidae）巢粉蚧属（*Nesticoccus*）。中国特有种，分布于福建、江苏、上海、浙江、山东、陕西、安徽、河南、北京等地。

寄主　毛竹、紫竹、淡竹、沙竹、雅竹、红壳竹、黄皮刚竹、金镶玉竹和碧玉间黄金竹。

危害状　若虫和雌成虫寄生于竹子枝腋叶鞘下吸汁危害，竹子严重受害后停止生长，不发笋、不抽梢，甚至大量枝叶枯死，为新辟竹区的主要害虫。

形态特征

成虫　雌成虫体红褐色，梨形，前端略尖，后端宽大，全体硬化，但分节明显。虫体长 2.96mm，最宽处 2.40mm；触角瘤状，2 节；胸足退化；气门发达，气门口被成群三格腺所包围；腹脐 1 个，略呈方形，位于第四与第五腹节腹板间；肛环退化成狭环状，无孔；虫体外包 1 带有石灰质混合杂屑的蜡壳，形似鸟巢（见图）。雄成虫体长 1.25～1.40mm，橘红色；触角丝状，10 节；单眼 2 对，深红褐色；前翅白色透明，平衡棒顶生钩状毛 1 根；腹末有 1 对长尾丝；交尾器坚硬，锥状。

卵　卵圆形，长 0.30～0.45mm，宽 0.15～0.25mm，初为淡黄色，孵化前变成茶褐色，略透明。

若虫　一龄若虫长椭圆形，长 0.45～0.50mm，宽 0.15～0.25mm，黄褐色；触角 6 节，基节膨大，端节较长；单眼 1 对，红褐色；足发达；背孔 1 对；腹脐 1 个，圆形；尾瓣明显，端毛 2 根较长。二龄雌雄分化。雌若虫体椭圆形，腹部增宽，橘黄色，与一龄相比，触角、足明显缩短；雄若虫

竹长蠹危害状（舒金平提供）

竹巢粉蚧雌成虫蜡壳（武三安摄）

同一龄若虫，但体较大，长 0.75～1.00mm，宽 0.32～0.55mm。三龄雌若虫体橘黄色，体长 1.1mm，宽 0.7mm，腹脐呈圆形，其他特征同雌成虫。

雄蛹　预蛹长椭圆形，长 0.98mm，宽 0.50mm，橘黄色；单眼不明显；触角 6 节。蛹长形，长 1.12mm，宽 0.33mm，红褐色；单眼 2 对，深红褐色。触角丝状，10 节；翅芽 1 对，伸达第三腹节。

生活史及习性　1 年发生 1 代，以受精雌成虫在小枝枝杈和枝节的叶鞘内越夏、越冬。翌年春天，随着树液流动，雌成虫边吸取食、边孕卵、边膨大，分泌灰褐色蜡壳，外露于小枝上。5 月上旬开始产卵并孵化，5 月中旬进入盛期，6 月中、下旬孵化结束，历时约 50 天。单雌产卵量为 283～288 粒。初孵若虫在蜡壳内聚集一段时间，即爬出蜡壳。出壳若虫非常活泼，在小枝上迅速爬动，寻找适合部位寄生。一经潜入新梢叶鞘内，即将口针插入腋芽或嫩枝基部吸食为害。若虫从出壳到插入口针固定寄生，一般需 2～3 小时。若虫固定后，尾端、体背及周缘开始分泌蜡粉。3 天左右蜡粉即布满虫体；7 天尾端蜡粉粘结成块状，并将腹部封盖。一龄若虫不分性别，历期 6～7 天。二龄若虫雌雄分化明显，历期 15～22 天。三龄雌若虫继续发育约 10 天，于 6 月上旬蜕皮即变为雌成虫。二龄雄若虫于叶鞘端部 1/3 处结 1 白色棉絮状茧，并在茧内经预蛹、蛹，最后羽化为成虫，历时约 11 天。羽化后的雄成虫在茧内停留 3 天左右，由茧的末端退出。出茧时间多在清晨 5：00～6：00 时。雌雄比接近 1：1，雌性略多于雄性。出茧后的雄成虫非常活跃，常沿小枝来回爬行，并能作短距离飞翔。交尾时，雄虫先以触角探寻配偶，然后倒转虫体，渐次向叶鞘内潜入，与雌虫交尾。交尾后雄虫即死去，寿命不超过 24 小时，而雌虫则进入越夏、越冬状态。

竹巢粉蚧的捕食性天敌有瓢虫、食虫虻和草蛉等，主要捕食初孵若虫；寄生性天敌主要有粉蚧长索跳小蜂［*Anagyrus dactylopii*（Howard）］、粉蚧跳小蜂（*Encyrtus* sp.）和粉蚧唡小蜂（*Geniocerus* sp.），竹林内自然寄生率一般为 20%～30%。

防治方法

人工防治　于冬季清除严重被害枝梢，集中销毁，减少虫口密度。

化学防治　若虫盛孵期使用马拉硫磷乳油喷雾，连喷 2 次，间隔 10 天；雌虫出蛰后用乐果乳油注入受害株基部，每株用药 0.5～3ml，注入后用湿泥或胶带封住注孔。

参考文献

胡和元，闵自金，1988.氧化乐果内吸传导防治竹巢粉蚧技术改进试验 [J].江苏林业科技 (1): 32-19.

谢国林，严敖金，1983.竹巢粉蚧的研究 [J].昆虫学报，26(3): 268-277.

（撰稿：武三安；审稿：张志勇）

竹秆寡链蚧　*Pauroaspis rutilan* (Wu)

一种寄生于竹类的介壳虫，严重危害毛竹。又名竹秆红链蚧。半翅目（Hemiptera）蚧总科（Coccoidea）链蚧科（Asterolecaniidae）寡链蚧属（*Pauroaspis*）。中国分布于福建、安徽等地。

寄主　毛竹等。

危害状　通常从毛竹秆部第一节开始危害，少数亦危害枝条。初孵若虫固定之后，用口器刺入竹秆组织，吸取毛竹汁液并分泌蜜露，继而诱发煤污病，使秆部呈现不规则的斑块或斑点，阻碍光合作用和呼吸作用。受害竹株轻则竹叶枯黄，出笋量大幅下降；重则衰老枯死，几乎不出笋。受害竹秆表现为表层由青色变为红褐色，竹腔积水严重，材质变脆（见图）。

形态特征

成虫　雌成虫近卵形或椭圆性，深红色，缘 "8" 字腺 1 列、五孔腺 2 列。触角疣状，具长短刚毛各 2 根。口器发达，黄褐色，端部无毛。阴门卵圆形，淡黄色。背管腺细长。雄成虫体长 0.6～0.7mm，除触角、足为淡黄褐色外，其他部分为红色，介壳长椭圆形，背面略隆，纵脊明显，壳体透明，边缘蜡丝在阳光下呈现彩虹色泽，交配器针形。

若虫　体椭圆形，红色，触角 6 节，头两侧具有 1 对单眼。具 3 对发达的足。

生活史及习性　在福建 1 年发生 1 代，以二龄雄若虫、三龄雌若虫在毛竹秆部越冬。翌年 3 月中旬越冬虫体膨大，

竹秆寡链蚧危害状（梁光红提供）

开始出现形态和性别分化，3月下旬为分化高峰期，4月上旬为分化末期，雄若虫发育后进入蛹期，蛹期1~3天。3月下旬少量羽化，4月上中旬为羽化盛期，4月下旬至7月上旬仍有少量羽化成雄成虫。雄虫寿命短，一般1~3天。雌末龄若虫脱皮后，4月上旬开始进入成虫期，雌成虫4月中旬开始进入孕卵期。5月中旬开始产卵，卵期长达30~90天，6月上旬为产卵盛期，6月下旬至8月中旬为产卵末期。该虫5月中旬开始危害，以6月中旬危害最烈。该虫有边取食、边产卵边孕卵的习性，世代重叠严重，幼虫以口针刺入竹秆，吸取叶汁，固定5~10天后出现白色蜡丝，蜡质和新蜕的皮组成介壳，随着虫体不断生长发育，介壳不断增大。

防治方法

生物防治　瓢虫是竹秆寡链蚧最主要的天敌，主要包括大红瓢虫、七星瓢虫等，对其暴发有良好的抑制作用。

药剂防治　5月下旬用吡虫啉或氧化乐果对竹秆基部进行注射。

参考文献

林毓银，1994. 竹秆红链蚧防治试验研究 [J]. 福建林学院学报，14(3): 240-242.

林毓银，陆登广，李修秦，等，1993. 竹秆红链蚧的生物学特性研究 [J]. 福建林学院学报 (3): 279-282.

吴世君，1983. 竹链蚧属一新种记述（同翅目：蚧总科）[J]. 昆虫学报 (4): 428-430.

肖水根，2015. 大红瓢虫成虫对竹秆红链蚧的捕食作用试验 [J]. 防护林科技 (5): 33-36, 38.

（撰稿：梁光红；审稿：舒金平）

竹广肩小蜂　*Aiolomorphus rhopaloides* Walker

一种危害毛竹的害虫，造成竹小枝叶柄膨大，导致个别受害严重的竹株枯死。又名竹瘿蜂、竹实小蜂。英文名 bamboo gall chalcid。膜翅目（Hymenoptera）广肩小蜂科（Eurytomidae）竹瘿广肩小蜂属（*Aiolomorphus*）。国外分布于日本。中国分布于福建、安徽、江苏、浙江、江西、湖南、湖北等地。

寄主　毛竹。

危害状　竹广肩小蜂产卵于当年新萌动毛竹小枝芽基部，被产卵部位组织受刺激后逐渐增生，畸形膨大，形成直径0.21~0.24cm、长1.5~4cm的梭形虫瘿，比正常竹节膨大5倍左右，表面布满白色粉末，并为枯黄的小竹箨所包裹。被害梢端部丛生2~7个分枝，较正常分枝增多约2.5倍，分枝上着生的叶片较小，小枝端部着生的新生竹叶畸型簇生、提前脱落或枯死。在虫口密度大时毛竹叶柄大多被害，造成竹枝负重过大，弯梢、落叶、长势减退，立竹头重脚轻，易遭雪压，严重时还会造成竹株枯死，导致竹林衰败，竹材利用率下降，出笋量减少（图1）。

形态特征

成虫　雌蜂体长6.8~9.0mm，黑色，被白色细绒毛，

头横阔，略宽于胸，上颚、下唇须红褐色；头顶密布点刻；复眼棕黑色，单眼黑褐色，呈钝三角形排列；触角黑色，着生于颜面中部，棒状部3节，柄节、梗节、棒节末端红褐色；口器黄褐色。胸部厚实，略膨起，背板密布刻点，前胸大，宽为长的1.5倍，中胸盾纵沟明显，并胸腹节平坦下凹有中纵沟。翅透明，淡黄褐色，翅基片，翅脉红褐色，翅面密被细毛。足基节及腿节端半部黑色，其余部分黄褐色，各胫节末端有1距。腹面橙黄色，腹部长度短于头、胸部之和，产卵器微露于腹末。雄蜂体长5.0~7.5mm，形态与雌蜂相似，唯触角长度为雌蜂的2倍（图2）。

幼虫　初孵幼虫体长0.8~1mm，乳白色。幼虫5龄，各龄幼虫头壳宽分别为0.04mm、0.17mm、0.29mm、0.42mm、0.54mm；老熟幼虫体长6~9mm，宽1.2~1.4mm，乳白色。头部扁圆形，口器黑褐色，胴部第一、三节略细长，光滑，无褶皱。

生活史及习性　在福建、江西、浙江等地1年发生1代，以蛹在虫瘿内越冬。翌年2月中旬越冬蛹羽化为成虫。3月中下旬为羽化盛期，成虫3月下旬出瘿，3月下旬至4月初盛发，5月上旬终见。卵期3月中旬至5月中旬，幼虫4月初始见，4月下旬至5月初盛发，9月上中旬老熟幼虫化蛹

图1　竹广肩小蜂危害状（林强提供）

图2　竹广肩小蜂成虫（林强提供）

越冬。

成虫 2 月中旬至 4 月中旬羽化后在虫瘿内滞留 5～30 天，成虫在瘿内停留时间长短取决于气温的高低，日平均气温在 8℃以下成虫停止咬羽化孔，静伏在虫瘿中，3 月中下旬日均温持续稳定在 10℃以上，成虫咬圆形羽化孔出瘿。成虫羽化时在靠近虫瘿端部 1/4 处咬开一直径 0.5～1.4mm 的小孔爬出，遇阴天或雨天则静伏在枝叶上，白天出瘿，以 8：00～10：00 和 14：00～16：00 最多，出瘿时间雌蜂略迟。成虫具强趋光性，雌雄性比接近 1：1。成虫出瘿当天即可交尾，交尾均在白天进行，每次交尾平均 2.2 分钟，雌雄虫一生只交尾 1 次。雌虫交尾后即可产卵，每雌产卵 71～160 粒，平均产卵 118 粒，卵散产，每芽落卵量平均 2.1 粒，同一芽上产卵多于 1 粒时，多产于同一节间内，并形成相应数量的虫瘿。雄成虫寿命 3～10 天，平均 5.4 天；雌成虫寿命 4～11 天，平均 9.3 天。幼虫孵化后终生在虫瘿内营隐蔽生活，以虫瘿内壁组织为食，性静少动。在同一虫瘿内幼虫数多于 1 头时，相互争斗，最终仅存 1 头幼虫完成发育。幼虫期 4～5 个月，9 月上旬幼虫开始化蛹越冬。

防治方法

营林措施　提高立竹密度，减弱林内光照；对受害严重竹林进行适度钩梢，并将钩下的竹梢拖出林外，在竹广肩小蜂成虫羽化前集中烧毁。

化学防治　成虫出瘿盛期对山高坡陡、林地杂灌多、林分郁闭度 0.6 以上的林分用 "621" "741" 烟剂或 "林得保" 防治；对隐蔽生活的幼虫可应用氧化乐果等农药竹腔注射。

参考文献

莫建初，王同学，王明旭，等，1992.竹小蜂的化学防治试验 [J]. 林业科技通讯 (9): 12-14.

孙永林，秦柳华，杨忠武，1993.竹小蜂生物学特性的研究 [J]. 西南林学院学报，13(4): 276-279.

王浩杰，徐天森，林长春，等，1996.两种竹瘿小蜂的生物学特性研究 [J].林业科学研究，9(1): 52-57.

徐天森，王浩杰，2004.中国竹子主要害虫 [M].北京：中国林业出版社：135.

杨忠武，唐艳琼，全桂生，等，2011.林间竹腔注射防治竹广肩小蜂试验研究 [J].广西林业科学，40(1): 56-57.

余德才，邹力骏，吴美芳，等，2000.2 种竹小蜂的生物学特性 [J].浙江林学院学报，17(1): 112-114.

（撰稿：林强；审稿：张飞萍）

竹红天牛　*Purpuricenus temminckii* (Guérin-Méneville)

竹材主要害虫之一。喜危害伐倒、风倒、风折或其他原因造成的枯立的竹子，也能危害生长健壮的竹子。又名竹紫天牛。鞘翅目（Coleoptera）天牛科（Cerembycidae）紫天牛属（*Purpuricenus*）。国外分布于朝鲜、日本。中国分布于辽宁、河北、河南、山东、安徽、江苏、浙江、福建、江西、湖北、湖南、四川、广东、广西、贵州、云南、台湾等地。

寄主　黄古竹、黄槽竹、毛环水竹、京竹、斑竹、寿竹、实心竹、角竹、淡竹、毛竹、强竹、红竹、台湾桂竹、篌竹、紫竹、高节竹、石竹、芽竹、刚竹、金竹、乌哺鸡竹、菊竹、孝顺竹、撑篙竹、粉箪竹、青皮竹、衢县苦竹、苦竹等竹子。

危害状　竹材被害至一定时期，从青竹外表可见被害处颜色变深。被害部外面常有圆形羽化孔，竹内充满粉屑及水分，发出臭味，坑道内虫粪较粗，干后不结成硬块，这是识别此虫的一个特点。枯立或砍倒的竹材被害，重者地下可见虫粉，竹身满布被竹屑堵塞的虫孔，内部布满虫道，道内充满虫粉，仅剩一层竹皮，稍经压力即行破裂。该虫可危害活竹至死。

形态特征

成虫　体长 11.5～18mm，宽 4～5mm。头、触角、足、胸、腹部腹面及小盾片黑色，唇基黄色，前胸背板及鞘翅朱红色。头短，复眼在触角外方，颊部被白色绒毛，前部紧缩。触角 11 节，向后伸展，雌虫触角较短，接近鞘翅后缘，雄虫触角约为身体 1.5 倍。前胸横宽，前胸背板有 5 个黑斑，前 2、后 3，接近后缘的 3 个较小，前方的一对较大而圆，前胸宽度约为长的 2 倍，后缘正中黑斑处可见 1 瘤状突起，两侧缘有 1 对显著的瘤状侧刺突，胸面密布刻点。鞘翅两侧缘平行，翅面密布刻点（见图）。

幼虫　初卵幼虫体长 3mm，乳白色，侵入竹秆孔约 2mm。老熟幼虫体长 25.5～34.5mm，幼虫前胸背板宽 5.8～7.5mm，体淡黄色；头浅橙黄色，大半缩于前胸内，大颚黑色；前胸背板白色，硬皮板占背板约 1/3，棕黄色，被背线平分为二，侧面也各有一块硬皮板，硬皮板后有颗粒状刻点。

生活史及习性　多数 1 年发生 1 代，少数 2 年 1 代，以成虫在竹材中越冬，也有以幼虫越冬的。越冬成虫在翌年 4 月中旬开始外出产卵，5 月上中旬孵化为幼虫，蛀入竹内为害，8 月开始化蛹，蛹期 15 天左右，9 月羽化为成虫，羽化期 20～30 天。

竹红天牛成虫（吴健勤提供）

发生规律　竹红天牛的发生与环境条件，特别是阳光、湿度等有很大关系。向阳、植被少的山坡、山顶被害重，西北面、植被多的山坡或水沟两侧危害轻，在山沟中危害更轻。总之，阳光充足、温度较高、湿度不大的地方，最适于竹红天牛的生长发育。

防治方法

营林措施　在冬季伐竹，边砍边运，翌年4月前必须将伐倒的竹全部运出竹林。

化学防治　成虫产卵期间可喷射高效低毒杀虫剂防治卵和刚孵化的幼虫。

参考文献

李燕文，殷勤，唐进根，1996. 竹材主要害虫及其防治 [J]. 江苏林业科技，23(4): 55-56.

徐天森，王浩杰，2004. 中国竹子主要害虫 [M]. 北京：中国林业出版社：145-146.

中国林业科学研究院，1983. 中国森林昆虫 [M]. 北京：中国林业出版社：292-293.

（撰稿：吴松青；审稿：张飞萍）

竹后刺长蝽　*Pirkimerus japonicus* (Hidaka)

一种危害竹秆的害虫。又名竹斑长蝽。半翅目（Hemiptera）长蝽总科（Lygaeoidea）杆长蝽科（Blissidae）后刺长蝽属（*Pirkimerus*）。国外分布于日本、越南。中国分布于江西、浙江、福建、四川、贵州、广西、湖南、江苏、安徽等地。

寄主　毛竹、金竹、黄甜竹、罗汉竹、斑竹、白哺鸡竹、角竹、淡竹、实心竹、篌竹、紫竹、石竹、早竹、刚竹、毛巾竹等。

危害状　成虫借助其他害虫的虫孔或伤口侵入竹秆，群居于竹秆内，吸食竹秆基膜与内壁皮层上的糖分等营养物质。被害部位常变成红褐色斑、发黑，节底腐蚀和枯烂，被害竹在有虫节以上竹材变脆，严重影响竹材的经济利用价值。

形态特征

成虫　体狭长，黑色，密生黄棕色绒毛。雌虫体长8.3～9.3mm，宽1.8～2.5mm；雄虫体长7.5～8.9mm，宽1.7～2.0mm。喙4节向后弯曲，伸达中胸腹板前部。复眼大而突出，球形，红棕色。触角棒状，4节，基节短，端节长，前三节黄褐色，第三节端部略深，呈深棕褐色，第四节黑褐色。前胸背板黑，后缘渐淡成黑褐色，后缘前凹，中央呈一角度，侧缘直，于前、后叶交界处不缢入。前翅爪片全部黑褐色，无光泽，革片底色黄白，无光泽，端半全部深黑褐色，基半各脉色略深，淡黄褐色；膜片深黑褐色，后缘基部具狭窄的白色带，膜片中部有一白色横带横贯，带中央缢细。后翅灰白色。足黄褐色，后足股节基半部有4～5根较长的刺，位于股节中央者最大，端半部有2列极细小的刺，数甚多（图1）。

若虫　共5龄。初孵若虫体淡黄或黄白色，微透明，有少量绒毛；胸足腿节和胫节均有短刺。三龄若虫翅芽稍露。

五龄若虫体黄褐色；头胸部与腹部第一、二节等宽；复眼红棕色；翅芽达腹部第三节后缘，羽化前呈灰褐色（图2）。

生活史及习性　年发生世代因地区而异，在浙江1年发生4代，在安徽1年发生3代。成虫、卵和各龄若虫均在竹秆内被害处越冬。越冬成虫占45.58%，卵占6.4%，各龄若虫占48.02%。成虫产卵期很长，各虫态重叠现象严重。

该虫生长、发育和繁殖均在竹内进行。成虫不善飞翔，但爬行敏捷，喜欢在阴暗、潮湿的环境中生活。成虫借助其他虫孔或伤口侵入危害和外出传播。迁出时雌雄成对，入孔时雌先雄后，迁至新节时即交尾产卵。需补充营养，产卵前期20～25天。可多次交尾，交尾后7～10天产卵。产卵位置、数量与竹秆茎内的湿度或水分有关。一般多产在竹节上部1～6cm处的竹壁上，如果湿度较小，产卵位置适当下移。卵单产，呈小片状分布，个别零星分布。卵上附着淡绿色透明物质，使卵粘于竹壁上。每雌产卵54～185粒，平均144.8粒。成虫寿命长，雌成虫289～330天，平均313.5天；雄虫230～300天，平均279.8天。卵期5～7天。初产时乳白色，逐渐加深至棕褐色时，即可孵化。室内饲养时孵化率达95.36%。若虫孵化时，头部朝上钻出，卵壳纵裂凹陷，留在竹壁上。初孵若虫爬行缓慢，向成虫或向群体靠拢，靠成虫或老熟若虫扎刺的针孔吸取营养。成虫、卵、若虫均可

图1　竹后刺长蝽成虫（赵仁友提供）

图2　竹后刺长蝽若虫（徐天森提供）

在毛竹茎内越冬，起讫时间与当地温度有关。早春最低温度5℃以上时开始取食；冬天最低温度降至1℃时，全部停止取食，开始越冬。越冬期间，由于气候等因素的影响，各虫态都有部分个体死亡。

防治方法

药剂防治　用吡虫啉、杀螟松、杀虫双、氧化乐果于竹秆基部进行竹腔注射。

保护天敌　蚂蚁、捕食螨、螳螂等对该虫均有一定程度的控制作用。

参考文献

高兆蔚，1980. 竹后刺长蝽形态、生活史及防治方法的研究 [J]. 浙江林业科技 (4): 5-7.

徐光余，杨爱农，杨圣冬，等，2007. 竹后刺长蝽生物学特性观察及防治研究 [J]. 安徽农业科学，35(16): 4884-4958.

赵仁友，江土玲，徐真旺，等，2006. 丽水山区竹子害虫种类调查与为害评估 [J]. 浙江林业科技，26(4): 58-63.

（撰稿：吴晖；审稿：舒金平）

竹蝗　bamboo locusts

一类食谱广、取食量大、危害时间长的重要竹类食叶害虫。

寄主　毛竹、青皮竹、甜竹、篙竹、苦竹、篱竹、淡竹、白夹竹、斑竹、慈竹等竹种和棕榈、水稻、玉米、高粱、白茅等100多种植物。

危害状　大发生时可将竹叶全部吃光，竹林如同火烧，竹子当年成片枯死，致使竹腔积水，纤维腐败，失去使用价值；第二年出笋少，竹林逐渐衰败（见图）。

中国竹蝗种类多，主要有黄脊雷篦蝗 ［*Ceacris kiangsu* Tsai］、青脊竹蝗（*C. nigricornis* Walker）、贺氏竹蝗（小灰竹蝗）（*C. hoffmanni* Uvarov）、黑翅竹蝗 ［*C. fasciata*（Brunner von Wattenwyl）］、思茅竹蝗（*C. fasciata szemaoensis* Zheng）、海南竹蝗（*C. hainanensis* Liu et Li）、川南竹蝗（*C.*

竹蝗的林分危害状（饶如春提供）

chuannanensis Ou, Zheng et Chen）、西藏竹蝗（*C. xizangensis* Liu）、西藏竹蝗短翅亚种（*C. xizangensis brachypennis* Liu）、蒲氏竹蝗（*C. pui* Liang）等11种（亚种），其中最主要的有黄脊雷篦蝗和青脊竹蝗。

（撰稿：魏初奖；审稿：张飞萍）

竹尖胸沫蝉　*Aphrophora horizontalis* Kato

竹子的一种重要刺吸性害虫。又名竹泡沫虫。主要危害毛竹。半翅目（Hemiptera）沫蝉科（Cercopidae）尖胸沫蝉属（*Aphrophora*）。中国分布在安徽、江苏、浙江、福建、台湾、江西、湖南、广东、广西等地。

寄主　毛竹、刚竹、淡竹、早竹、乌芽竹、甜竹、红壳竹、角竹、五月季竹、黄槽竹、黄秆京竹、京竹、斑竹、白夹竹、寿竹、篌竹、红竹、白哺鸡竹、台湾桂竹、雷竹、早园竹、石竹、水竹、苦竹等。

危害状　以若虫、成虫在被害竹的小枝、嫩梢、叶柄上刺吸汁液危害。初孵若虫到羽化前一直在自身排出的白色泡沫中活动，泡沫日益增大似痰唾液，密集黏附挂在竹枝上（图1）。受害竹林轻者竹叶枯黄，重则竹叶早落、枝枯，严重影响翌年出笋和竹材质量。

形态特征

成虫　体长7.5～9.8mm，头宽3.8～4.0mm，体黄褐色。头部复眼烟黑色，有黄斑，单眼2枚，鲜红色。前胸背板两侧有黑斑4个，有的个体隐约或无，后缘正中有较大黑斑1个。翅长过腹，前翅黄白色，翅基、翅尖烟黑色，臀角处有1黑斑。后足胫节有刺2根，末端内侧有刺2列，第一、二跗节末端有刺1列，均为黑色。

若虫　共5龄，体长分别为1.3～1.8mm、2.0～2.8mm、3.5～4.2mm、4.5～6.5mm、6.7～8.2mm，头宽分别为0.6mm、0.8mm、1.1mm、1.5mm、2.9mm。初孵若虫头、胸部黑色，腹部淡肉红色，头突出，触角线状、黑色，后足胫节末端内侧有1刺列，腹部膨大，末节截状，尾部突出微上翘。老熟体淡黄色，触角、复眼、前中胸、前翅芽、背线、胸腹部两侧均为黑色（图2）。

生活史及习性　1年发生1代，以卵越冬。4月上中旬卵开始孵化，到6月上旬老熟若虫开始羽化为成虫，6月中旬若虫终见。成虫羽化后转移到竹子幼嫩枝梢上补充营养，至9月中旬开始交尾，10月中旬到11月上中旬成虫产卵于竹子枯死的嫩枝或叶鞘内越冬。卵孵化时上端一侧出现梭形黑疤绽开，初孵若虫从绽开的裂开处蠕动而出，稍息即可迅速爬行，寻找正膨大的叶苞或嫩叶柄处停息，将口器刺入嫩竹组织内取食，同时排出白色透明的液体，浸润虫体，或尾部左右频繁摆动，搅拌液体成若干个小气泡，或排泄物从肛门排出时，肛门一张一合，像吹泡泡样地排出一个个小气泡，汇成一团泡沫，掩盖若虫虫体。每个泡沫团群集一龄若虫多达10头以上的，随着虫龄增大逐渐分散转移，重做泡沫团隐蔽虫体，以致竹上泡沫团日益增多，密集如絮。若虫分散后，一般1个泡沫团1条若虫，直到老熟，遇惊会转移，无

图1 竹枝上的竹尖胸沫蝉若虫泡沫团（何学友提供）

图2 竹尖胸沫蝉若虫（何学友提供）

若虫的泡沫团很快干涸，留下似痰液样的闪光干迹。遇暴雨泡沫团或连若虫可一同被冲落，雨后若虫很快爬行转移或在原处排出泡沫，掩盖虫体。

5月底到6月初成虫开始羽化。羽化多集中在白天6∶00～9∶00，夜间未见有羽化。羽化前老熟若虫从泡沫团中爬出，头向上停息在泡沫团的上方，经3小时左右，成虫羽化而出，蜕挂在竹上。初羽化成虫在皮蜕旁停息1～2天，如遇惊动即爬动、飞去。成虫羽化后3～5天，逐渐迁移到竹子上部幼嫩枝上进行补充营养。9月中旬成虫开始交尾，交尾时间一般为10小时，最长可达48小时，雌雄成虫均可多次交尾。雌成虫经过补充营养及多次交尾后开始产卵。卵产于枯死的嫩枝或叶鞘内，卵在竹枝内成行斜向排列，每枝可产卵1～3排，每排有卵7～10粒，每雌平均产卵48粒。成虫寿命长达160天。

防治方法

人工除卵 利用冬季和早春在其产卵孵化前剪除产卵枝梢集中烧毁。

营林措施 营造竹阔混交林，保护竹林内有益天敌，控制该虫大发生。

药剂防治 在若虫群集为害期选用氧化乐果等农药进行竹腔注射。

参考文献

陈清林，2001. 竹尖胸沫蝉林间防治研究 [J]. 福建林业科技，28(3)：24-27.

吕若清，徐天森，1992. 竹尖胸沫蝉的生物学特性及防治 [J]. 林业科学研究 (6)：687-692.

吴天赐，欧阳道明，李国维，1996. 竹尖胸沫蝉危害竹类的初步观察 [J]. 江西植保，19(2)：23-24.

徐天森，王浩杰，2004. 中国竹子主要害虫 [M]. 北京：中国林业出版社：122-123.

（撰稿：蔡国贵；审稿：张飞萍）

竹镂舟蛾 *Loudonta dispar* (Kiriakoff)

竹林的一种重要食叶害虫，常与竹篦舟蛾混合发生。又名竹青虫。鳞翅目（Lepidoptera）舟蛾科（Notodontidae）镂舟蛾属（*Loudonta*）。国内分布于江苏、安徽、浙江、福建、江西、湖北、湖南、四川、广西、云南等地。

寄主 毛竹、刚竹、淡竹、红壳竹、圆竹、五月季竹、苦竹等。

危害状 以幼虫取食竹叶危害。二龄幼虫起取食竹叶成缺刻（图1①），取食时几十条幼虫整齐排列在叶上，从叶尖向叶基部啃食。三至四龄后幼虫分散取食，常只留下竹叶中脉（图1②），或将许多竹叶咬断残落地面。严重发生时能把竹叶吃光，导致竹子枯死或生长衰退，影响成竹质量及下度出笋。

形态特征

成虫 雌虫翅展44～55mm，雄虫翅展40～53mm。雄虫体黄褐色，触角羽毛状，前翅锈黄色，翅中有1黑点，内外线隐约可见，后翅、腹部黑褐色。雌虫体黄白色，复眼黑色，触角丝状，前翅黄白色，翅中有1黑点，近前缘与基部处深黄色，亚端线位置有5～6个不明显的墨点，后翅淡黄白色或白色。少数雌雄成虫前翅中部有若干锈黄色斑纹。

幼虫 各龄幼虫体色变化较大。初孵幼虫体长约3mm，紫红色，头黑色，背线紫褐色，中、后胸及第三腹节气门上线处各有1紫褐色斑。以后各龄土黄色。老熟幼虫体长45～60mm，头土黄色，体青绿色，前胸前缘有1块黑

图1 竹镂舟蛾危害状（陈德兰提供）

图 2　竹镂舟蛾幼虫（詹祖仁提供）

绒斑，背线灰黑色。气门较宽，上为土黄色，下为粉白色。化蛹前体为暗紫红色（图 2）。

生活史及习性　该虫在福建邵武 1 年发生 3 代，越冬幼虫 3 月中旬开始化蛹，4 月上旬出现成虫，4 月中旬卵孵化。第一代幼虫平均历期 44 天，第二代幼虫平均历期 42 天，越冬代幼虫平均历期 195 天。有世代重叠现象。

成虫羽化多在夜间和凌晨，白天在竹林杂草灌木下或竹叶上静伏不动，傍晚开始活动，有趋光性。成虫羽化后数小时即可交配产卵，卵产在叶子正反面，呈块状排列，每雌可产卵 200～357 粒，分别产在数处，每处约 60 粒。成虫寿命 5～13 天，一般 7 天。

卵期 6～17 天。初孵幼虫取食卵壳并群集在竹叶背面不动，数小时后开始取食少量叶肉。二龄幼虫起取食竹叶成缺刻，从叶尖向叶基部啃食。第一至二龄幼虫有爬行或吐丝转移的习性。三至四龄后幼虫分散取食，食叶量较大，常只留下竹叶中脉，或将许多竹叶咬断残落地面。老熟幼虫化蛹前爬到地面，有的入土表作蛹室，有的吐丝缀合落叶作茧。预蛹期 3～7 天，蛹期 8～19 天。

防治方法

营林措施　加强竹林抚育垦复，破坏地面化蛹及越冬环境，灭除入土幼虫或蛹。

灯光诱杀　利用成虫趋光性，挂设黑光灯诱杀。

化学防治　在低龄幼虫期喷施高效低毒化学农药。

参考文献

陈顺立，林庆源，黄金聪，2003. 南方主要树种害虫综合管理 [M]. 厦门：厦门大学出版社：362-363.

徐天森，王浩杰，2004. 中国竹子主要害虫 [M]. 北京：中国林业出版社：98-100.

（撰稿：黄炳荣；审稿：张飞萍）

竹箩舟蛾　*Armiana retrofusca* (de Joannis)

一种严重危害竹林健康的食叶害虫。异名 *Ceira retrofusca*（de Joannis）、*Norraca retrofusca*（de Joannis），鳞翅目（Lepidoptera）舟蛾科（Notodontidae）阿姬舟蛾属（*Armiana*）。国外分布于越南。中国分布于江苏、安徽、浙江、上海、福建、江西、湖北、湖南、广东、四川。

寄主　楠竹、毛竹、刚竹、淡竹、红竹、乌哺鸡竹、早竹、石竹、水竹、五月季竹等。

危害状　初孵幼虫一般不取食所在的产卵叶，需爬行到附近竹叶上取食，将竹叶边缘吃成小缺口，缺口整齐，严重时被害竹林竹叶被食殆尽。在竹林中常与其他竹舟蛾同时危害，加重竹林被害程度。危害状同竹篦舟蛾。

形态特征

成虫　雄虫体长 21～26mm，翅展 48～64mm（图⑤）；雌虫体长 19～25mm，翅展 56～59mm 左右（图①）。体淡黄色。头灰褐色，复眼灰绿色。雄成虫触角短栉齿状，触角干黄白色，栉齿一面灰黑色，雌成虫丝状，淡黄色。前胸翅基片上毛密壮，背中央有 1 条灰褐色纵线延至头顶。前翅前缘正常，外缘基部与前缘平行，随后呈弧形与前缘相接，后缘很短，臀角近直角，使前翅狭长，呈老式菜刀形。雄虫前翅黄白色，在前缘室位置有两列中断的灰褐色斑，亚中褶处有 1 个灰褐色斑，后翅在前缘内、后缘内各有 1 块浅褐色斑；雌虫前翅浅黄色，后缘基灰红褐色，外缘隐约可见有 1 列小点。

幼虫　初孵幼虫体长约 3mm，体青灰色，毛片明显，头污黄色，顶颊有一酱黑色圈，足黑色。老熟幼虫体长 62～70mm，体色变化很大，基本为黄、灰，头为肉黄或肉白色，上颚肉黄色，与蜕裂线持平有 1 个黑色或深灰色长条斑，从口器沿前胸气门到后胸有 1 条黑斑，在后胸节未分开，向上到背线，向下到气门下线；在第一至三胸节从背线下方至气门线间为 1 个黄色斑，斑内可见黑色的亚背线、气门上线；亚背线以上至背面色深，有淡肉红色、青灰色、紫灰色；气门上线较细，青灰色或浅灰色；气门线黑色，基线鲜黄色，胸足有黑圈，腹面、腹足黑色，有较短的尾角，黑色，后面肉黄色。该虫体色变化特多，甚至还有仅肉黄色的个体，体上斑纹很少，仅后胸至第三腹节，在亚背线以下有黑色颗粒状的黑点（图②⑥）。

卵　近圆球形，直径 1.2～1.5mm，高 1.1～1.4mm，色洁白，光亮，不透明，珐琅质，极似小乒乓球，孵化前卵顶出现 1 个黑点（图③）。

蛹　体长 18～24mm，初化为鲜红褐色，后渐为深褐色。触角尖抵中足下，雄蛹可见栉齿痕迹，雌蛹光滑。臀棘 8 根，中间 6 根集中成 1 束，较长，另两根偏背面，左右分开着生，为中间 6 根的 1/2 长。臀沟明显，鲜红色有光泽。

茧　长约 32mm，以丝粘结土筑成，茧很薄，内壁光滑，外附土粒。

生活史及习性　在浙江 1 年发生 3～4 代，以蛹于表土下结茧越冬。1 年 3 代者越冬蛹于 3 月底到 4 月上旬羽化成虫，1 年 4 代者蛹要延长 20 天，于 4 月中旬羽化成虫，竹林中越冬代成虫 5 月上旬终见。1 年发生 3 代、4 代者，幼虫在 9～10 月分化；1 年 4 代者其第三代幼虫中有一部分在 9 月中旬到 10 月中旬化蛹（图⑦），并羽化成虫，产生第四代，到 11 月下旬化蛹越冬。其余幼虫到 10 月中旬开始化蛹越冬为 1 年 3 代。

各代成虫期依次分别为 4 月上旬至 5 月上旬，6 月上旬至 7 月上旬，7 月下旬至 8 月下旬，9 月下旬至 10 月中旬。

竹笋舟蛾形态图（舒金平提供）

①雌成虫；②刚蜕皮幼虫；③卵；④交尾结束；⑤雄成虫；⑥幼虫；⑦蛹

成虫羽化多在夜晚，可以全夜进行。成虫白天不活动，多静伏于竹枝、杂灌枝上，不需要补充营养，夜晚活动，飞行迅速。飞行主要为扑灯和寻偶，成虫有趋光性。羽化后于次日交尾，一般交尾45～65分钟。未见雌、雄成虫有多次交尾现象，雄成虫交尾后死亡（图④）。交尾后，雌成虫当日或隔日产卵，卵单粒，只产于竹叶正面尖端，偶见两粒。竹笋舟蛾产卵于竹叶正面尖端这一习性，是取食竹叶的十多种舟蛾中唯一的一种，成虫各代产卵数不一，1头雌虫一生可产卵161～286粒，是危害竹子的舟蛾中产卵量最少的一种，一般有遗腹卵5粒左右。幼虫蜕皮前食量先逐渐减少，并排尽体内粪便，不食不动。竹笋舟蛾各代幼虫均为5龄，但各代不同虫龄的历期均不一致，一般虫龄越大，龄期越长。

防治方法

物理防治　灯光诱杀，在各代成虫发生期，应用黑光灯诱杀成虫。

生物防治　天敌较多，以卵期黑卵蜂寄生率为高，幼虫期螳螂、猎蝽捕食较多，在天敌发生期或天敌较多的竹林应慎用药，注意保护天敌。

化学防治　对地势平缓低矮竹林，可用动力机械喷施90%晶体敌百虫1000倍液，或80%敌敌畏乳油2000倍液，效果达95%以上。对毛竹林可用动力机械喷粉或使用烟剂。虫口密度特别高时，可竹腔注射。

参考文献

王浩杰，吴志勇，鲁春富，等，2000.竹笋舟蛾的研究[J].林业科学研究，13(6): 583-588.

王国杰，2008.竹笋舟蛾的生物学特性和防治措施[J].安徽农学通报，14(1): 174.

徐天森，王浩杰，2020.竹笋舟蛾[M]//萧刚柔，李镇宇.中国森林昆虫.3版.北京：中国林业出版社.

（撰稿：舒金平；审稿：张真）

竹螟　bamboo snout moths

竹子的重要食叶害虫，常发生的有竹织叶野螟、竹绒野螟、竹云纹野螟、竹金黄镰翅野螟4种，分别隶属于鳞翅目（Lepidoptera）螟蛾科（Pyralidae）织叶野螟属（*Algedonia*）、绒野螟属（*Crocidophora*）、淡黄野螟属（*Demobotys*）、镰翅野螟属（*Circobotys*）。国外分布于朝鲜、日本、印度、越南、泰国、缅甸、加里曼丹岛、爪哇、印度等地。中国主要分布于陕西、江苏、浙江、安徽、山东、河南、江西、湖南、湖北、广东、广西、四川、贵州、台湾、福建、上海等地。

寄主　可危害绿竹、毛竹、淡竹、刚竹、麻竹、桂竹、刺竹、长枝竹、马来麻竹、巨竹、毛竹、吊丝竹、撑绿竹等竹子。

危害状　以幼虫吐丝卷叶缀叶危害，严重时吃光竹叶，影响竹鞭生长及下年度出笋，甚至使竹子成片枯死。

（撰稿：童应华；审稿：张飞萍）

竹缺爪螨　*Aponychus corpuzae* Rimando

在竹叶正背面刺吸汁液危害的叶螨。蜱螨目（Acarina）叶螨科（Tetranychidae）缺爪螨属（*Aponychus*）。中国主要分布在福建、江西、广东、广西、浙江、四川等地。

寄主　毛竹、刚竹等竹类。

危害状　在竹叶上刺吸汁液，造成叶片干枯脱落，严重影响成竹生长和竹笋产量。

形态特征　雌螨浅绿色，越冬螨深粉红色。背腹扁平，紧贴竹叶上不易发现。足几乎是体长的2倍。体长360～370mm，宽240～260mm。背面表皮有不规则粗横纹。前足体两侧向外凸出。背毛13对，有粗绒毛。第一、三对前足体背毛有肩毛。第三对后半体侧毛、后半体背中毛和第一对、第二对背侧毛短，呈披针状。足退化剩下粘毛1对。爪间突缺（图①）。

雄螨体扁平，呈菱形，末体呈长方形，后缘圆。体长260～280mm，宽140～160mm。背毛13对，足4对。阳茎无端锤，弯向背面几成直角。卵扁平，圆形，中央略凹陷，直径120mm（图②）。

生物学特性 竹缺爪螨个体发育经过卵、幼螨、第一若螨、第二若螨、成螨5个时期，雄螨缺第二若螨期。在毛竹叶片背面不织丝网，分散为害，取食时四对长足和扁平体身躯紧贴在叶面以口针吸取叶液，受害叶片出现长条状白色斑块，后期卷、枯萎、早落。当有异物触动时呈假死状或跌落，易随振动、风、气流、昆虫、人为农事活动而扩散传播。气温在24℃时，卵、幼若螨、成螨平均发育历期分别为11～10天、7～8天、14～15天。11月下旬体色由绿转为粉红色，12月上旬以雌成螨和卵进入休眠。营两性生殖或孤雌生殖，未经交尾雌螨产雄卵，林间雌雄比为2.35：1。3月上旬出蛰并开始产卵，卵散产，日产卵1～2粒，平均一生产卵9.8粒。

防治方法

营林措施　合理采伐施肥，留养壮笋。在竹子换叶季节清理落叶并集中烧毁。

生物防治　竹林叶螨发生危害时释放捕食螨。

竹腔注射　采用氧化乐果、阿维菌素等杀虫剂于竹秆基部打孔注射。

根施药肥　于每株毛竹竹箨旁挖穴，在穴内均匀撒施药肥后覆土。

参考文献

蔡秋锦，张飞萍，钟景辉，等，1999.竹缺爪螨生物学特性及其发生与环境的关系[J].林业科学，35(6): 76-80.

刘巧云，1999.毛竹叶螨防治技术的研究[J].林业科学研究，12(3): 315-320.

余华星，石纪茂，1991.南京裂爪螨的研究[J].竹子研究汇刊，10(2): 61-67.

张艳璇，刘巧云，林坚贞，等，1997.福建省毛竹叶螨种类危害及分布研究[J].福建省农科院学报，12(3): 11-15.

张艳璇，刘巧云，宋美官，等，1997.南京裂爪螨生活习性及防治研究[J].植物保护(5): 13-16.

（撰稿：刘巧云；审稿：张飞萍）

竹绒野螟　*Torulisquama evenoralis* (Walker)

一种竹子重要的食叶害虫。鳞翅目（Lepidoptera）螟蛾科（Pyralidae）窗野螟属（*Torulisquama*）。

寄主　见竹螟。

危害状　见竹螟。

形态特征

成虫　体长9～13mm，翅展26～29mm，体金黄色。头黄褐色，两侧有白条纹。触角丝状、淡黄色，基节膨大。下唇须粗壮、前伸，黄褐色，基部白色。复眼草绿色。胸腹部背面淡黄褐色，腹部各节后缘白色，雄蛾腹末端褐色，有1白斑。翅黄色，缘毛长而密，橙黄色，外缘有1紫褐色宽带，缘毛与外缘间有6～7个小黑点。前翅前缘紫褐色，有3条弯曲的横线，黑褐色，外横线下半段内倾与中线相接，内横线紫褐色，从前缘到后缘完整清晰，向外倾斜，中室内有1紫褐色斑点，中室端脉斑紫褐色"<"形，外横线紫褐色锯齿状，由前缘至Cu_1脉间平直后向内弯向中室下角后呈波状达后缘。雄蛾翅腹面在Cu_1和Cu_2脉基部有淡灰色扇状鳞丛。后翅中央有1弯曲的中线，外横线紫褐色向外倾斜至臀部消失，外缘橙黄色，有1排紫褐色斑点。前足跗节第一节，在基、端部各有1黄色环，其余均为白色，腹部末端背面褐色。

幼虫　初孵幼虫乳白色，体长约1.6mm，老熟幼虫体长22～30mm。老熟幼虫头橙黄色，体淡绿色。胸部各节背面有褐斑3块，各斑明显地被背线整齐分开为二，即每节背面有斑点6块，前胸前4块黑色。腹部各节背面有褐斑2块，被背线分割为4块，前胸气门前上方有1个较大的黑斑，中、后胸两侧各有3块黑斑，成三角形排列，胸部各节在足的上方有1块黑斑；腹部各节两侧有3块黑斑，垂直排列于气门上下，上1下2；腹部第一至二、七至九节腹面各有4块黑斑，成1列横置于各节中部（见图）。

生活史及习性　1年1代，偶有2代。以二龄幼虫在竹上虫苞中越冬。翌年4月底幼虫老熟化蛹，5月上旬为化蛹盛期，5月中、下旬成虫羽化，羽化1周后产卵，卵期5～8天。初孵幼虫于6月初开始危害，蜕皮1次即不发育，常年

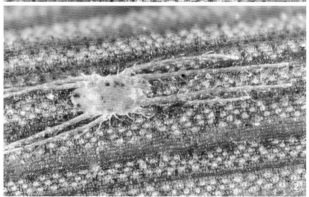

竹缺爪螨（徐云提供）

①雌成螨；②雄成螨

竹绒野螟幼虫（童应华提供）

以二龄幼虫在竹叶虫苞中越夏、越冬。在特殊气候影响下，有一部分幼虫6月正常取食，7月底老熟并化蛹，8月上旬羽化为成虫，8月上中旬产卵，初孵幼虫8月中下旬取食，蜕皮1次亦不发育，以二龄幼虫在虫苞内越冬。

越冬幼虫3月下旬开始活动，先在虫苞上咬一小孔爬出，另卷新虫苞在内取食，新虫苞有叶2～3片。4月上旬虫苞卷叶3～4片，老熟幼虫虫苞有叶8～10片。幼虫常转移至新虫苞中取食。4月底，4片竹叶的虫苞均为空苞，5片竹叶以上的虫苞多数有幼虫取食。老熟幼虫在虫苞中化蛹。成虫全天羽化，以清晨和晚上羽化最多。成虫飞行能力强，有趋光性。成虫补充营养1周后交尾，然后选择换过叶的小年竹，在叶背面产卵。每个卵块有卵15～52粒，每雌可产卵182粒，最多可达273粒。卵5～8天孵化，初孵幼虫分散爬行，并立即吐丝织叶卷成虫苞，在内取食竹叶上表皮，蜕皮一次另换新苞。

防治方法 见竹织叶野螟。

参考文献

黄邦侃，2001. 福建昆虫志：第五卷 鳞翅目 螟蛾科 [M]. 福州：福建科学技术出版社：205-208.

徐天森，1989. 森林病虫通讯 [J]. 竹绒野螟的初步研究 (1)：21-23.

徐天森，王浩杰，2004. 中国竹子主要害虫 [M]. 北京：中国林业出版社：76-83.

郑宏，2002. 竹织叶野螟生物学特性与防治 [J]. 华东昆虫学报，11(1)：73-76.

中国林业科学研究院，1983. 中国森林昆虫 [M]. 北京：中国林业出版社：618-623.

周云娥，黄琼瑶，白洪清，等，2008. 竹金黄镰翅野螟生物学特性研究 [J]. 昆虫学报，51(10)：1094-1098.

（撰稿：童应华；审稿：张飞萍）

竹梢凸唇斑蚜 *Takecallis taiwana* (Takahashii)

一种害虫。危害竹叶，并诱发煤污病，影响竹类生长和观赏性，还影响竹笋产量。半翅目（Hemiptera）斑蚜科（Callaphididae）凸唇斑蚜属（*Takecallis*）。国外分布于日本、新西兰，以及欧洲、北美洲。中国分布于山东、安徽、江苏、浙江、湖南、四川、云南、福建、甘肃、台湾等地。

寄主 五月季竹、白哺鸡竹、甜竹、淡竹、毛竹、金竹、石竹、台湾桂竹、红竹、刚竹、早竹、赤竹、青篱竹、刚竹、紫竹、雷竹、高节竹、早园竹等。

危害状 大多在竹嫩梢、初抽出的嫩叶、笋尖上刺吸汁液危害（见图）。被害嫩竹叶不易展开，并逐渐萎缩、严重影响光合作用。成竹受害难发新芽，并常诱发煤污病，幼竹受害常致使嫩枝枯萎，笋期受害常造成竹笋退化。

形态特征

有翅孤雌蚜 成蚜均为有翅蚜。体长卵圆形，以全绿色为多，少数头胸部红褐色，腹部绿褐色，长2.35～2.50mm。头部微突，光滑，具背刚毛8根。喙粗短，近三角形突起，基部有1对褐色斑。复眼大，红色，具突出的眼疣，单眼3枚。触角黑色，6节，短于体长，为体长的0.7～0.8倍。第一至五节腹部背面有瘤各1对。前翅长2.15～2.30mm，中脉2分叉，肘、臀脉分离。足细长，灰黑色。腹管短筒形，光滑，腹管端2/3、尾片、尾板及生殖板为灰色。

若蚜 体长卵圆形，红色或绿色，体长2.05～2.14mm。头部4对毛瘤，每瘤有1根刚毛，前部1对最大。复眼大，红色，具突出的眼疣，单眼3枚。触角黑色，6节，短于体长，为体长的0.65～0.75倍。第一至五节腹部背面有瘤各1对，第一至二节中瘤尤大，呈馒头状。足细长，灰黑色。

生活史及习性 1年发生50余代，常年危害，无越冬虫态和越冬阶段。气温10℃以上，平均5～8天繁殖1代；10℃以下，8～10天繁殖1代。主要由有翅孤雌蚜生殖。若蚜和有翅孤雌蚜活动力强，爬行速度快，常成堆聚集在嫩竹叶、笋尖和未伸展幼竹叶上刺吸危害。从若蚜发育成为有翅孤雌蚜需蜕皮5次，每次蜕皮15分钟左右，第四次蜕皮后产生翅基。有翅孤雌蚜寿命3～8天，平均3.9天。每只

竹梢凸唇斑蚜及危害状（陈德兰提供）

有翅孤雌蚜生殖小蚜 7～20 只，平均 12.6 只。

竹梢凸唇斑蚜发生与气温、寄主高度关系较大，气温降到 0℃ 以下时，死亡率较高；竹株高度的 2/3 以下部位分布较多，其他部位分布较少。与寄主的分布地域、密度和年龄关系不大。

防治方法

营林措施　每年春秋季对枝繁叶茂的竹林进行修枝打叶，增加通风透光性。

生物防治　保护异色瓢虫、蚜茧蜂、食蚜蝇等天敌，施放暗孢耳霉菌、球孢白僵菌等。

化学防治　在虫口密度高时施放敌马烟剂，或选用蚜虱净、功夫乳油、杀灭菊酯乳油或尿洗合剂等进行喷雾防治。

参考文献

胡国良，俞彩珠，楼君芳，等，2001. 食用笋竹蚜虫防治研究 [J]. 浙江林学院学报，18(4): 416-419.

胡国良，俞彩珠，楼君芳，等，2001. 竹梢凸唇斑蚜生物学特性与防治 [J]. 浙江林学院学报，18(3): 294-296.

王大伟，马良进，周湘，2014. 暗孢耳霉侵染竹梢凸唇斑蚜的生物学特征及毒力测定 [J]. 林业科学，50(10): 74-79.

徐天森，王浩杰，2004. 中国竹子主要害虫 [M]. 北京：中国林业出版社：65.

（撰稿：钟景辉；审稿：舒金平）

竹笋禾夜蛾　*Bambusiphila vulgaris* (Butler)

一种中国南方竹林的重要害虫。又名笋蛀虫、笋夜蛾、竹笋夜蛾。鳞翅目（Lepidoptera）夜蛾科（Noctuidae）竹笋禾夜蛾属（*Bambusiphila*）。国外分布于日本。中国分布于陕西、河南、山东、安徽、浙江、江苏、上海、福建、江西、湖北、湖南、四川、广东、广西等地。

寄主　主要危害毛竹、红壳竹、淡竹、桂竹、刚竹、石竹、慈竹，还危害中间鹅观草、法氏早熟禾、白顶早熟禾、小茅草等。

危害状　幼虫蛀入笋中取食，随竹笋生长，咬穿笋节向上取食，直到笋梢，导致受害竹笋大量死亡，少数竹笋仍能生长成竹，但竹子也是节间缩短、断头、折梢、竹内积水、心腐、材质硬脆等，严重影响竹材利用价值（图 1）。

形态特征

成虫　体灰褐色，雌虫略浅，复眼黑褐色。雌虫体长 17～25mm，翅展 35～54mm；雄虫体长 15～22mm，翅展 32～50mm。触角丝状，灰黄色。雌虫翅褐色，缘毛锯齿状，端线黑色，内有 1 列 7～8 个小黑点；肾状纹淡黄色，其外缘有 1 条白纹，与前缘、亚端线在顶角处组成 1 个倒三角形深褐色斑；顶角黄白色，翅基深褐色，环线明显，后翅色浅。雄虫翅灰白色，端线为 7～8 个黑点组成，顶角处倒三角形斑浅褐色；后翅灰褐色，翅基色浅，无斑纹；足深灰色，跗节各节末端有 1 个淡黄色斑。

幼虫　初孵幼虫体长约 1.6mm，淡紫色。老熟幼虫体长 36～50mm；头橙红色；背线、亚背线均为白色；背线很细、清晰；亚背线较宽，从前胸到尾部很整齐，无凹陷，唯第二腹节前半段断缺。前胸背盾板、臀板漆黑色，被背线从正中分开为二，被分开的部分橙红色，较宽。第九腹节背面的臀板前方有 6 个小黑斑，在背线两侧呈三角形排列，近背线的两个斑较大（图 2）。

生活史及习性　1 年发生 1 代，以卵在竹林内禾本科杂草中越冬。越冬卵翌年 2 月中旬开始孵化，3 月下旬孵化完毕。初孵幼虫从基部蛀入禾本科、莎草科杂草茎中为害，引起枯心白穗。3 月下旬竹笋出土后，第二至三龄幼虫爬到竹笋箨顶端小叶内取食，三至四龄幼虫蛀入竹笋内，啃食柔软部分。20～25 天后老熟幼虫出笋，入土 1～2mm 深结茧化

图 1　竹笋禾夜蛾危害状（陈德兰提供）

①竹受害状；②笋受害状

图 2 竹笋禾夜蛾老熟幼虫（陈志平提供）　　　　竹笋泉蝇幼虫（吴晖提供）

蛹，蛹期 16～30 天。6 月上、中旬成虫羽化，于当晚或隔日交配产卵。卵产于禾本科草叶边缘，数十粒排成条状。

成虫羽化多集中在 17：00～22：00，羽化后 1 小时左右开始飞翔。成虫白天静伏于竹林间的杂草、落叶上，夜间活动，有趋光性。成虫多在晚上 20：00～24：00 交尾，历时 1～3 小时。雄蛾有多次交尾现象。交尾后雌蛾当晚或次日晚开始产卵，一生产卵 84～467 粒。雌蛾寿命 6～13 天，雄蛾 3～7 天。

防治方法

挖除退笋　及早挖去退笋，减低虫口密度。

林地抚育　8 月结合竹林抚育清除林内杂草上的虫卵。对于发生严重的竹林应于 3 月初再锄草 1 次，减少初孵幼虫和越冬卵。

化学防治　2 月中旬在林间喷洒除草剂，或是在 3 月下旬末至 4 月初出笋时对留笋喷洒 95% 敌百虫或 20% 杀灭菊酯，每 5～7 天喷 1 次，连续喷 2～3 次。

参考文献

李明桃，2013. 竹笋禾夜蛾的发生与防治 [J]. 宁夏农林科技，54(9)：70-71.

徐天森，王浩杰，2004. 中国竹子主要害虫 [M]. 北京：中国林业出版社：50-52.

（撰稿：张华峰；审稿：张飞萍）

竹笋泉蝇 *Pegomya kiangsuensis* Fan

一种危害竹笋的蝇类。又名江苏泉蝇。双翅目（Diptera）蝇总科（Muscoidea）花蝇科（Anthomyiidae）泉蝇属（*Pegomya*）。中国分布于江苏、上海、安徽等地。

寄主　毛竹。

危害状　以幼虫蛀食竹笋，使内部腐烂，造成退笋。

形态特征

成虫　体长 6.5～8.5mm。雌虫复眼离眼式，紫褐色，单眼 3 个，橙黄色，腹部与胸等宽，末端渐尖。雄虫复眼大，接眼式，腹部比胸狭，末端圆钝。胸部背面有 3 条深色纵纹，翅透明，翅脉淡黄色，中、后足黄褐色，中、后足腿节及胫节橙黄色，基节及跗节灰褐色。

幼虫　蛆状，长 9mm，黄白色，前端细末端粗，末端呈截形。头部不明显，口器呈黑色钩状。一龄幼虫乳白色，尾部有两个黑点；二龄幼虫淡黄色，尾端逐渐变为黑色；老熟幼虫尾部黑色（见图）。

生活史及习性　1 年发生 1 代，以蛹在土中越冬，越冬蛹于翌年出笋前 15～20 天羽化为成虫。成虫喜腐烂气味，当笋出土 3～5cm 时成虫即将卵产在 20cm 高以下的笋箨内壁，每笋内可产卵 10～300 粒，卵经过 2～4 天孵化；初孵幼虫群集于卵壳周围取食笋肉表皮，呈不规则的细线虫道。二龄幼虫潜入笋肉取食，经 3～4 天危害，笋褪色发黄，笋高停止生长，笋肉开始腐烂；经过 10 天左右笋变成锯屑烂糊状，笋箨干枯，全为退笋。幼虫期 15～20 天。老熟幼虫于 5 月中旬出笋入地，或随断笋一同落地，在笋周围 10～20cm 周围内入土，入土深度以 3～5cm 为多。入土后经 2～4 天化蛹，蛹外包被一个很薄的土室，以蛹越冬。

防治方法

人工防治　挖除受害的退笋，切去被害部分，杀死幼虫。

化学防治　用 80% 敌敌畏或 2.5% 氯氟氰菊酯喷射林地，出笋前喷 1 次，出笋后每 10 天喷 1 次，连喷 2～3 次，杀虫保笋。在成虫期施放敌敌畏烟剂防治。

参考文献

范滋德，1964. 华东地区为害竹笋的泉蝇属二新种（双翅目：花蝇料）[J]. 昆虫学报，13(4)：614-618.

姚志平，薛万琦，2011. 中国泉蝇属种团研究（双翅目：花蝇科）[J]. 沈阳师范大学学报（自然科学版），29(1)：104-106.

（撰稿：蔡守平；审稿：张飞萍）

竹笋绒茎蝇 *Chyliza bambusae* Yang et Wang

一种危害竹笋嫩根的害虫。双翅目（Diptera）茎蝇科

（Pailidae）绒茎蝇属（Chyliza）。中国分布于安徽、江苏、上海、浙江、福建、江西、湖南、湖北、四川、广东、广西等地。

寄主　毛竹、早竹、淡竹、早园竹、红竹、篓竹、黄槽毛竹、乌哺鸡竹、白哺鸡竹、五月季竹、花毛竹、水竹、黄古竹等刚竹属中笋根较粗的种类。

危害状　以初孵幼虫从被害竹笋嫩根的生长点侵入，取食竹笋嫩根，致使笋根停止生长。随后将笋根中髓蛀空，使原本可生长至 80～150cm 长的笋根仅能生长 10～20cm。笋根受害后失去对水分、养分的吸收能力，导致竹笋生长衰弱或死亡。被害竹笋生长成竹后竹秆的尖削度大、出材率低，竹根短、入土浅，对竹子的支撑作用小，竹子很容易倒伏（见图）。

形态特征

成虫　雌虫体长 6～7mm，翅展 5～6mm；雄虫体长 6～8mm，翅展 5～6mm。头黄褐色，额陷入，额间具 1 个大黑斑，中额板具黑色宽条纹；复眼大，后缘微凹，3 枚单眼较靠近，具单眼鬃，触角芒长为第三节的 2 倍，羽状。胸背面黄褐色，密布具微毛的刻点，背侧具 1 对翅前鬃、2 对翅上鬃，背板后缘具 2 对鬃。小盾片黄褐色，有 3 对小盾鬃，末端 1 对较粗大。翅狭长，透明，顶端烟褐色，翅前缘在 1/3 处具 1 缺刻，并延伸一折痕横贯翅面，翅面密被微毛，翅前缘具 2 列刚毛。平衡棒淡黄色。足细长，淡黄色，具绒毛，跗节显著长于胫节。腹部细长，黑褐色，具绒毛和刚毛。

幼虫　共 3 龄，一至二龄幼虫体长分别为 0.7～1.2mm、3.2～5.1mm、8.5～11.5mm。淡黄色，口钩黑色，透过中胸体壁隐约可见。体 12 节，前胸背板有 1 对骨片，半月形，浅黑色，下方为羽状气门。从中、后胸节间至第四、五腹节间背面，后胸与第一腹节间至第五、六腹节间腹面，每节有棕黑色刺突，排列方式与排列数不一，末节末端有"山"字形棕色斑，尾端截面黑色，尾气门呈羊角形翘起，黑色。

生活史及习性　在浙江 1 年 1 代，在大、小年出笋分明的毛竹林内有少数蛹滞育 1 年，为 2 年 1 代。以蛹在被蛀的竹根中越冬。翌年 3 月下旬到 4 月上旬日均气温上升到 12℃以上时成虫开始羽化，日均气温 15℃以上出现羽化高

峰，成虫取食竹笋汁液等补充营养。4 月中旬成虫交尾产卵，卵经 4～10 天孵化，4 月底成虫终见。4 月中旬初见幼虫，幼虫经 18～25 天老熟，5 月中旬在被蛀食笋根蛀道中化蛹，5 月底幼虫终见。

防治方法

营林措施　竹笋出土后，在笋根四周加盖泥土，封闭裂缝，使成虫无法入土产卵。

化学防治　在成虫羽化高峰期，针对刚羽化成虫喜停留在竹秆下部的习性，喷施 80% 敌敌畏或溴氰菊酯等杀虫剂。

参考文献

徐天森，吕若清，1988. 竹笋绒茎蝇的研究 [J]. 林业科学研究 (3): 278-284.

徐天森，王浩杰，2004. 中国竹子主要害虫 [M]. 北京：中国林业出版社：39-40.

杨集昆，王心丽，1988. 竹子新害虫竹笋绒茎蝇的鉴定（双翅目：茎蝇科）[J]. 林业科学研究 (3): 275-277.

（撰稿：蔡守平；审稿：张飞萍）

竹小斑蛾　*Artona funeralis* (Butler)

竹林的一种重要害虫，又名竹斑蛾。鳞翅目（Lepidoptera）斑蛾科（Zygaenidae）小斑蛾属（*Artona*）。国外分布于印度、日本和朝鲜。中国分布于北京、河北、河南、安徽、江苏、浙江、江西、福建、台湾、广东、广西、湖南、湖北、四川、云南等地。

寄主　紫竹、吊丝箪竹、粉箪竹、箪竹、唐竹、大眼竹、毛竹、刚竹、淡竹、茶秆竹、青皮竹、箬竹、方竹等。

危害状　以幼虫取食竹叶危害。低龄幼虫啃食竹叶叶肉，使竹叶呈白色膜状枯斑，或全叶白枯，三龄后取食全叶，严重时可将竹叶食尽，影响生长及出笋，也破坏竹材质量。连续遇害的竹林可成片枯死。

形态特征

成虫　体长 8～12mm，翅展 17～25mm。体黑色，有青蓝色光泽。雌蛾触角丝状，雄蛾羽毛状。翅及翅脉紫黑色，后翅基部和中部半透明。

幼虫　幼虫 6 龄。一龄幼虫体长 2.8mm 左右，二龄 4.0mm 左右，三龄 6mm 左右，四龄 8mm 左右，五龄 12mm 左右，六龄 18～20mm。头褐色，幼龄幼虫胸部第一节甚宽大，常将头部盖住，三龄后胸腹部等大。身体各节背面均横列 4 个毛瘤，毛瘤上长有黑色短毛和成束的灰白色刚毛。气门线宽，紫黑色。四龄腹部背面灰白色，五龄灰绿色，六龄灰黄色，结茧前橙黄色（见图）。

生活史及习性　1 年发生 3 代（北方 2 代），以老熟幼虫下竹结茧越冬。翌年 3 月下旬开始化蛹，4 月成虫羽化产卵，十月中下旬为产卵盛期。第一代幼虫危害盛期为 5 月中下旬，第二代为 7 月中上旬，第三代为 9 月中下旬。10 月上中旬老熟幼虫开始结茧越冬。

成虫大多在 9：30～11：30 羽化，下午活动，多在竹林上空、林缘和道路边飞翔，并取食萝藦、金樱子、野茉莉、

竹笋绒茎蝇危害状（童应华提供）

竹小斑蛾幼虫（周宏键提供）

细叶女贞等花蜜，补充营养。交尾、产卵也均在白天进行，尤以 15：00～18：00 最盛。成虫飞翔缓慢，趋光性极弱。成虫交尾后 1～2 天产卵，1 头雌蛾产卵 2～4 块，卵单层块产于 1m 以下的小竹嫩叶或大竹下部叶背面，1 块卵最少 68 粒，最多 414 粒，平均 173 粒。

幼龄幼虫群集危害，常在叶背头向一方整齐并排，啃食叶肉，形成不规则白膜或全叶呈白膜状。三龄后分散食全叶，会吐丝下垂，日夜均取食，老熟后下竹结茧化蛹。

防治方法

人工防治　结合园艺管理摘除卵块，并捕杀初孵幼虫。

营林措施　每年适当施杂灰或河泥，促使竹林生长旺盛。采伐时不能过量，以保持林内有一定的郁闭度。

化学防治　幼虫孵化高峰期用 80% 敌敌畏或 25% 灭幼脲Ⅲ号胶悬剂喷雾。较密的林分，可施放苦参·烟碱烟剂。

生物防治　幼虫期喷施 Bt 杀虫剂、白僵菌。

参考文献

陈顺立，戴沿海，1997. 福建主要树种害虫及防治 [M]. 厦门：厦门大学出版社：80-81.

福建省林业科学研究所，1991. 福建森林昆虫 [M]. 北京：中国农业科技出版社：86-87.

刘立春，陈惠祥，顾国华，等，1990. 竹小斑蛾的研究 [J]. 昆虫知识，27(1)：34-35.

萧刚柔，1992. 中国森林昆虫 [M]. 2 版. 北京：中国林业出版社：796-798.

郑庆松，2014. 应用喷烟技术防治竹小斑蛾试验 [J]. 世界竹藤通讯，12(2)：10-13.

（撰稿：丁玲；审稿：张飞萍）

竹云纹野螟　*Demobotys pervulgalis* (Hampson)

一种竹子重要的食叶害虫。鳞翅目（Lepidoptera）螟蛾科（Pyralidae）淡黄野螟属（*Demobotys*）。

寄主　见竹螟。

危害状　见竹螟（图④）。

形态特征

成虫　雌成虫体长 8～11mm，翅展 24～28mm；雄成虫（见图）体长 8～10mm，翅展 22～26mm。体淡黄至黄白色，腹面银白色。头淡黄色；触角丝状，淡黄色；复眼草绿色。前、后翅淡黄色，缘毛长，黄白色；缘毛内有 1 列黄褐色小点，共 6～7 枚；前翅有 3 条弯曲的横线，外横线内倾至下半段不与中线相接而中断；中线自前缘至后缘完整，浅灰色，很细，但很清晰。后翅中央有 1 弯曲的中线，浅灰色。足纤细，黄白色，胫节有褐色环。

幼虫　初孵幼虫体长 1.2～1.4mm，乳白色；老熟幼虫体长 17～24mm，淡黄色到黄褐色，头部呈橙黄色。前胸背板有黑斑 6 块，以三角形排列于背线两侧，腹部各节背面有横形褐斑 2 块，后面斑被亚背线分隔，气门上下各有褐斑 1 块。胸足与腹足都与虫体同色。幼虫与竹织叶野螟很难区别，竹织叶野螟幼虫前胸第一毛小，第二、三毛粗，腹部第

竹云纹野螟（舒金平提供）

①卵；②雄成虫；③蛹；④危害状

四至第六节三毛与气门四毛为一直线；而该虫幼虫前胸第一、二毛小，三毛粗大，腹部第四至第六节四毛位置偏前，三毛和气门四毛不在一直线上。

生活史及习性　1年发生1代，以老熟幼虫于地面的笋箨、枯叶中越冬。翌年4月底到5月底化蛹，5月下旬成虫羽化，6月上旬为羽化盛期，6月底成虫终见。成虫羽化1周后交尾，6月上旬雌成虫再飞往竹林产卵，尤喜小年竹林，卵产于梢部叶背，每个卵块有卵3～25粒，每一雌成虫可产卵6～10块，共138粒左右。卵6～10天后孵化，初孵幼虫经休息后即爬至叶面，吐丝卷一片竹叶为苞，在苞内取食竹叶上表皮，并蜕皮1次，二龄幼虫可卷2～3片竹叶为一虫苞并在其中取食，待竹叶吃掉大半，即弃旧苞，结新苞为害；老熟幼虫所卷的虫苞有竹叶10～14片；幼虫一生可卷虫苞13～15个，幼虫取食期约50天，于7月底、8月上旬老熟，幼虫老熟后即落地爬行，多爬入地面残留笋箨中越夏越冬，1个笋箨最多可钻入40余条幼虫。幼虫越冬不做茧，时间长达260～270天。

防治方法　见竹织叶野螟。

参考文献

黄邦侃，2001. 福建昆虫志：第五卷　鳞翅目　螟蛾科[M]. 福州：福建科学技术出版社：205-208.

徐天森，1989. 竹绒野螟的初步研究[J]. 森林病虫通讯(1)：21-23.

徐天森，王浩杰，2004. 中国竹子主要害虫[M]. 北京：中国林业出版社：76-83.

郑宏，2002. 竹织叶野螟生物学特性与防治[J]. 华东昆虫学报，11(1)：73-76.

中国林业科学研究院，1983. 中国森林昆虫[M]. 北京：中国林业出版社：618-623.

周云娥，黄琼瑶，白洪清，等，2008. 竹金黄镰翅野螟生物学特性研究[J]. 昆虫学报，51(10)：1094-1098.

（撰稿：童应华；审稿：张飞萍）

竹织叶野螟　*Crypsiptya coclesalis* (Walker)

竹子的重要食叶害虫。鳞翅目（Lepidoptera）螟蛾科（Pyralidae）弯茎野螟属（*Crypsiptya*）。

寄主　见竹螟。

危害状　见竹螟（图①）。

形态特征

成虫　雌成虫体长10～14mm，翅展23～32mm；雄成虫体长9～11mm，翅展24～28mm。体黄至黄褐色，腹面银白色。触角黄色，丝状。复眼草绿色，复眼与额面交界处银白色。前翅黄至深黄色；后翅色浅；前后翅外缘均有褐色宽边。前翅有3条深褐色弯曲的横线，外横线下半段内倾成一纵线与中线相接，内横线暗褐色波纹状，向外倾斜，中室端有1暗褐色斑纹，外横线暗褐色于M_2脉与Cu_2脉之间向外弯曲。后翅淡黄色，中央有1条弯横线，外缘暗褐色，外横线在M_2脉与Cu_2脉之间向外弯曲，于Cu_2脉向内弯曲至

中室下角再伸展至后缘。双翅缘毛暗褐色。足纤细，外侧黄色，其余银白色；雌成虫后足胫节内距长短各1根；雄蛾1根，另1根微露一点痕迹（图⑤）。

幼虫　初孵幼虫青白色，长约1.2mm。老熟幼虫体长

竹织叶野螟（①③⑤舒金平提供，②④何学友提供）
①危害状　②幼虫　③幼虫　④蛹　⑤成虫

约 25mm，体色多变，有青灰、橘黄、黄褐等颜色，结茧化蛹前为乳黄色。前胸背面有黑斑 6 块，中、后胸背面各有褐斑 2 块，被背线分割。腹部各节背面有长褐斑 2 块，气门斜上方有褐斑 1 块（图②③）。

生活史及习性　在福建 1 年发生 2 代，在浙江 1 年发生 1～4 代。以老熟幼虫在土茧中越冬，翌年 4 月下旬化蛹，5 月中旬成虫开始羽化。成虫羽化多在夜晚进行，以 21：00～23：00 最多。成虫经 5～7 天补充营养后开始交尾产卵，交尾多在下半夜，以 4：00～6：00 时最多。交尾后即可产卵，卵多以卵块的形式产于新竹梢叶部背面。初孵幼虫多爬至新抽出的竹叶上吐丝卷叶成苞，幼虫在苞中取食叶肉组织，每苞有幼虫 2～25 条，以 8～9 条为多。二龄幼虫开始分散转移，再缀叶 2 张成苞，每苞有幼虫 1～3 头；三龄幼虫缀叶 3～4 张成苞，每苞内通常仅有 1 头幼虫，三龄后幼虫换苞频繁，老熟幼虫天天换，每苞由 7～8 张叶片缠成，每次换苞就向下转移 1 次，三龄后竹株上部出现大量空苞。幼虫老熟后，吐丝下垂至地，在毛竹根基下方及杂草根处入土 2～5cm 结茧，少量老熟幼虫不入土结茧，而在竹上虫苞中化蛹（图④）。

防治方法

物理防治　成虫期在地势较高的开阔地带安装黑光灯诱杀。

生物防治　幼虫发生期用白僵菌粉炮或阿维菌素等生物农药防治。

化学防治　成虫和幼虫发生期用烟剂防治。

参考文献

黄邦侃，2001. 福建昆虫志：第五卷　鳞翅目　螟蛾科 [M]. 福州：福建科学技术出版社：205-208.

徐天森，1989. 森林病虫通讯 [J]. 竹绒野螟的初步研究 (1): 21-23.

徐天森，王浩杰，2004. 中国竹子主要害虫 [M]. 北京：中国林业出版社：76-83.

郑宏，2002. 竹织叶野螟生物学特性与防治 [J]. 华东昆虫学报，11(1)：73-76.

中国林业科学研究院，1983. 中国森林昆虫 [M]. 北京：中国林业出版社：618-623.

周云娥，黄琼瑶，白洪清，等，2008. 竹金黄镰翅野螟生物学特性研究 [J]. 昆虫学报，51(10)：1094-1098.

（撰稿：童应华；审稿：张飞萍）

竹纵斑蚜　*Takecallis arundinariae* (Essig)

一种竹子叶部害虫。半翅目（Hemiptera）斑蚜科（Callaphididae）凸唇斑蚜属（*Takecallis*）。国外分布于印度、日本、朝鲜，以及欧洲、北美洲。中国分布于北京、山东、安徽、江苏、浙江、广东、广西、四川、云南、福建、台湾等地。

寄主　乌芽竹、黄槽竹、黄秆金竹、五月季竹、斑竹、白夹竹、寿竹、白哺鸡竹、红哺鸡竹、富阳乌哺鸡竹、甜竹、

竹纵斑蚜（徐天森提供）

淡竹、毛竹、金竹、红竹、箬竹、早竹、雷竹、早园竹、刚竹、秋竹、苦竹、川竹、玉山竹、滑竹、海竹、苕竹、小竹、青篱竹等。

危害状　常年在竹嫩叶背面刺吸汁液危害。被害嫩竹叶出现萎缩、枯白，蚜虫分泌物诱发煤污病，特别是污染竹叶，影响竹子的光合作用和观赏性。

形态特征

无翅孤雌蚜　淡黄色，体背被薄粉。体长卵圆形，长 2.15～2.30mm。头光滑，具较长的头状背刚毛 8 根，唇基有囊状隆起，喙短。复眼大，红色，具复眼疣，单眼 3 枚。触角灰白色，6 节，约为体长的 1.1 倍，触角疣不明显，中部疣发达。足细长，灰白色（见图）。

有翅孤雌蚜　淡黄至黄色，体背被薄粉。体长卵圆形，长 2.30～2.80mm。头光滑，具背刚毛 8 根，中额隆起，额瘤外倾。喙粗短，光滑，喙末端近三角形，基部有 1 对褐色斑。复眼大，红色，具突出的眼疣，单眼 3 枚。触角灰白色，6 节，约为体长的 1.6 倍。腹部第一至七节背面中域各有黑褐色倒"八"字形的纵斑。前翅长 3.40～3.75mm，中脉 2 分叉。足细长，灰白色，除胫节中部 3/5 淡色外均黑色。气门片稍骨化。腹管短筒形，基部后面有 1 根长毛，光滑，无缘突。尾片瘤状，中央明显凹入，有刚毛 11～14 根。

生活史及习性　1 年发生 18～20 代，世代重叠，常年危害，无越冬现象。气温较高时，虫口密度下降。喜在竹叶背面聚集取食，有翅蚜居多，活动比较迅速。

防治方法

营林措施　每年春、秋季对枝繁叶茂的竹林进行修枝打叶，增加通风透光性。

生物防治　保护七星瓢虫、食蚜蝇及蚜灰蝶等天敌。

化学防治　在虫口密度高时选用蚜虱净、杀灭菊酯等进行竹冠喷雾防治。或用吡虫啉及氧化乐果等药剂竹腔注射。

参考文献

方燕，乔格侠，张广学，2006. 竹类植物叶片上八种蚜虫的形态变异分析 [J]. 昆虫学报，49(6)：991-1001.

徐天森，王浩杰，2004. 中国竹子主要害虫 [M]. 北京：中国林业出版社：64.

张飞萍，陈清林，陈顺立，等，2002. 毛竹主要食叶害虫研究进展 [J]. 竹子研究汇刊，21(3)：55-60.

（撰稿：钟景辉；审稿：舒金平）

苎麻蝙蛾　*Endoclita jianglingensis* (Zeng et Zhao)

一种以幼虫危害苎麻麻蔸的钻蛀害虫。鳞翅目（Lepidoptera）蝙蝠蛾科（Hepialidae）胚蝙蛾属（*Endoclita*）。国外未见有该虫报道。中国分布于湖南、湖北。湖南主产麻区的沅江、南县、汉寿、益阳、华容等县市均有发生。湖北江陵也有危害的报道。

寄主　主要危害苎麻。

危害状　以幼虫蛀食苎麻地下茎，使麻蔸成隧道状，蛀孔外堆有木屑状虫粪，虫粪被丝和胶质连缀，不易分开，隧道内壁光滑。被害麻蔸生长衰弱，出苗少而小，脚麻多。被害麻蔸易遭菌类和线虫侵染，加速苎麻败蔸腐烂。老麻地重于新麻地。受害重的麻园受害蔸率达68%，被害蔸导致纤维减产20%～65%。

形态特征

成虫　雄虫体长25～31mm，翅长22～24mm；雌虫体长27～36mm，翅长26.5～28mm。体褐色。头被金黄色绒毛，复眼棕色，触角丝状，橙红色，无下唇须。前翅中室的基部和端部各有1个银白色斑纹，端部斑形状变化大，大小约为基部斑的2倍；翅前缘有3个，外缘有4个，后缘有1个不规则的黑色条斑。后翅灰色，无斑纹。前翅Sc脉和R脉几乎合并成一条粗脉；Sc脉与翅前缘间在基部和中部各有一条横脉；A脉长，伸向翅外缘；Cup脉短，仅达翅中部；Cup脉中部各有一条横脉与Cua脉和A脉相连；后翅Cup脉发达，伸及翅外缘。足黄色，被棕色长毛包裹；前中足发达，爪弯曲无中叶，前足胫节无胫剿；后足萎缩，细而短小。腹末两侧各有一簇鳞毛向侧后方伸出。雄蛾后足腿节外缘密生橙黄色刷状毛。雄蛾外生殖器横阔，背兜宽大，上中部分岔，抱器瓣短小无钩。

卵　解剖羽化3天后的雌蛾，卵粒近圆形，白色，长约1mm。

幼虫　幼龄幼虫乳白色，老熟幼虫长45～48mm，头壳深黄色，宽4mm左右。各体节交界处黑色，其余白色。单眼6个，位于头部侧下方。胸足黄褐色。腹足趾钩呈椭圆形缺环。

蛹　体长32～33mm，头部棕红色，胸腹部肉黄色，羽化前变褐色。触角短，伸向两侧。胸部占整个蛹长的1/3以上。翅芽短，仅及胸部末端。腹部前5节背面各有2条褐色角质棘状突起。

生活史及习性　在湖南1年发生1代，以老熟幼虫于11月中旬苎麻地下茎的隧道中越冬，越冬幼虫在翌年3月上中旬气温上升到10℃时继续取食危害，幼虫期长达310天。4月上中旬陆续化蛹，蛹期25～30天。5月上中旬出现成虫，成虫寿命6～13天。6月上中旬出现新一代幼虫。

成虫晚上羽化，羽化前蛹体蠕动到隧道口，蛹体前半部可露出隧道口外。晚上18：00～21：00羽化最多。成虫羽化后很快寻找并攀附于附近的植株上，头部向上。成虫羽化后蛹壳仍留在隧道口外。成虫无趋光性。用各种食料喂饲成虫，未见取食，说明成虫无需补充营养。成虫白天停歇在树枝、杂草或麻叶下，晚上也很少活动，仅偶然作短距离飞翔。6月上、中旬出现新一代幼虫，幼虫仅取食苎麻地下茎，拒食营养根。幼虫有互相残杀习性，每个隧道内仅有一头成活幼虫。

老熟幼虫在隧道内化蛹，蛹靠腹部的棘状突起左右摇摆而作前后蠕动。

防治方法

化学防治　6月中、下旬发现土里有苎麻蝙蛾危害时，用药剂浇灌有虫麻蔸。可用敌百虫粉有效成分0.54～0.81kg/hm²，或敌敌畏乳油有效成分1.2～1.8kg/hm²，或二嗪磷乳油有效成分0.9～1.125kg/hm²，或辛硫磷乳油有效成分0.9～1.125kg/hm²，兑水900～1125kg灌蔸。

在有苎麻蝙蛾的地里，栽麻前，进行土壤处理。可用敌百虫粉有效成分0.375～0.5625kg/hm²按照1∶1000比例和细砂土拌匀，或氯唑磷颗粒剂有效成分0.9～2.7kg/hm²按照1∶750比例和细砂土拌匀，或辛硫磷颗粒剂有效成分0.27～0.36kg/hm²按照1∶1000比例和细砂土拌匀，或二嗪磷颗粒剂有效成分0.75kg/hm²按照均匀1∶750比例和细砂土拌匀，撒在土表，随即翻到10～15cm深土中，毒杀幼虫。

参考文献

陈洪福，薛召东，皮德宝，1994.苎麻蝙蛾及其防治研究[J].中国麻作，16(2):36-38.

中国农业科学院植物保护研究所，中国植物保护学会，2015.中国农作物病虫害：下册[M].3版.北京：中国农业出版社：741-742.

（撰稿：曾粮斌；审稿：薛召东）

苎麻卜馍夜蛾　*Dichromia indicatalis* (Walker)

一种苎麻叶面害虫。英文名 ramie bomo moth。鳞翅目（Lepidoptera）夜蛾科（Noctuidae）髯须夜蛾亚科（Hypeninae）两色夜蛾属（*Dichromia*）。国外分布不详。中国分布于湖南、湖北、四川、贵州、广西、江西等麻区。

寄主　主要危害苎麻。

危害状　苎麻卜馍夜蛾以幼虫危害，幼龄幼虫多在叶背啃食叶肉，留下一层表皮，成纱窗状。三龄后的幼虫把叶食成缺刻，甚至仅留叶脉，影响麻株正常生长。在大发生年（1982年）的二麻，被害严重的麻田，虫口密度达150多万条/hm²，减产10%左右。

形态特征

成虫　体长10mm左右，头、胸灰黑色，翅展23～27mm，前翅外缘中部略突出呈弧形，前翅基半部深紫褐色，小室末端有一小白色斑，外横线从顶角到内缘弯曲，外部有3条波浪线。

卵　椭圆形，直径0.5mm左右，初产时乳白色，孵化前变为浅褐色。

幼虫　老熟幼虫体长约25mm。绿白色或青绿色，头淡褐色，背线绿色，亚背线和气门线白色。第一对腹足退化，第二对腹足短小，第三、四对腹足及尾足发达（见图）。

蛹　长约12mm，红褐色，腹部末端有3对臀棘，中央

苎麻卜馍夜蛾幼虫（曾粮斌提供）

的 1 对粗长，两侧的 2 对较细短，黄褐色，尖端钩状。

生活史及习性 1 年发生代数、越冬虫态尚不完全清楚。在湘北麻区各季麻都有发生。一般二麻发生数量较多，危害较重，三麻次之，头麻较轻。适宜于苎麻卜馍夜蛾生长发育的温度为 25～30℃，相对湿度 75%～95%，尤其是 7～8 月，当月平均降雨量在 60mm 以上，雨日多，湿度大时，有利该虫的发生。生长旺盛、麻株嫩绿的麻田往往产卵多，虫口密度大，受害重。成虫有趋光性。

防治方法

物理防治 5 月上旬至 9 月下旬，在成虫发生期，田间每隔 150～200m 点 1 盏黑光灯或频振式杀虫灯，灯下放大盆，盆内盛水，并加少许柴油或煤油诱杀成虫。

化学防治 杀虫双水剂有效成分 0.75kg/hm²，或氟虫双酰胺水分散粒剂有效成分 0.03kg/hm²，或高效氯氰菊酯有效成分 0.027kg/hm²，或敌百虫粉剂有效成分 0.56～0.69kg/hm²，或甲氨基阿维菌素苯甲酸盐乳油有效成分 0.002～0.003kg/hm²，或 16000IU/mg 苏云金杆菌可湿性粉剂 1.2～1.8kg/hm²，兑水600～900kg 喷雾。苏云金杆菌喷雾应在早晨露水未干时进行。

参考文献

方崇古，1988. 苎麻卜馍夜蛾的危害及防治 [J]. 四川农业科技(6): 42.

张继成，黎修惕，余方平，1987. 苎麻卜馍夜蛾的识别及防治 [J]. 中国麻作 (4): 38.

中国农业科学院植物保护研究所，中国植物保护学会，2015. 中国农作物病虫害：下册 [M]. 3 版. 北京：中国农业出版社：753-754.

（撰稿：曾粮斌；审稿：薛召东）

苎麻赤蛱蝶 *Vanessa indica* (Herbst)

一种苎麻生长期主要的叶面害虫。又名大红蛱蝶、赤蛱蝶。英文名 Asian admiral。鳞翅目（Lepidoptera）蛱蝶科（Nymphalidae）蛱蝶亚科（Nymphalinae）红蛱蝶属（*Vanessa*）。国外分布于东南亚及朝鲜、日本、蒙古等地。中国除了新疆外各地区均可发生，特别是长江以南各苎麻产地发生严重。

寄主 主要危害苎麻，也危害黄麻、大麻、榆树等。

危害状 以幼虫取食麻叶，幼虫吐丝将麻叶卷起，取食叶片只留下网状叶脉，枝梢的嫩叶被害最甚。被害的麻田常因叶片片包卷，成为一片白色，致使光合作用减弱，生长缓慢，植株矮小，而降低纤维产量和质量（图 1）。

形态特征

成虫 为黑红色蝴蝶，体长 20～25mm，翅展 45～47mm。前翅近翅尖处有 7～8 个大小不等的白斑，排列成半圆形，翅中央有 1 个不规则的赤黄色的斑纹。后翅暗褐色，近外缘橘黄色，其中列生 4 个黑褐色斑。后翅斑背板均被盖蓝紫色鳞片（图 2）。

卵 长 0.7～1.0mm，长圆柱形，上有 10～12 条脊纹，初产时浅绿色，后逐渐变灰暗，近孵化时灰白色，顶部黑色（图 3）。

幼虫 共 5 龄。一龄幼虫头扁圆，黑色，体淡灰色，无短毛。二龄幼虫体色逐渐变黑色，腹部与头部之间有一白环，无短毛。三龄幼虫开始密被短毛，头黑色，有光泽。四、五龄幼虫体长 32～37mm，一般为黄绿色，密被短毛，中后胸各有 4 根短枝刺，腹部第一至八节各有 4 根枝刺，第九、十节各有 2 根枝刺，刺黑色有光泽，化蛹前变为黄绿色（图 4）。

蛹 长 20～26mm，宽 5～8mm，近纺锤形，淡灰绿色。中胸背面隆起呈角状，腹面有金属光泽，每个腹节上有 2 个左右对称的小突起，小突起有 3 列。在后期常出现金斑，故也称为金蛹（图 5）。

生活史及习性 在长江流域一般 1 年发生 2 代，以第二代成虫在屋檐、杂草和树林中越冬。越冬成虫于 2 月下旬开始活动，3 月中旬左右开始产卵，3 月下旬为幼虫盛孵期，4月下旬开始化蛹，5 月中旬为盛蛹期，5 月下旬出现第一代成虫。这代成虫羽化后进入生殖滞育越夏，至 8 月中旬才开始活动产卵，8 月下旬至 9 月中旬为幼虫盛发期，9 月下旬开始化蛹，10 月中旬第二代成虫陆续羽化，11 月底进入越冬期。

苎麻赤蛱蝶羽化多集中在清晨，羽化后 2～3 小时方能飞翔，羽化后 2～4 天即可交配产卵。成虫白天活动，飞翔力强，常取食花蜜。成虫在夏天高温时有滞育现象。卵散产，

图 1 苎麻赤蛱蝶危害状（曾粮斌提供）

图2　苎麻赤蛱蝶成虫
（曾粮斌提供）

图3　苎麻赤蛱蝶卵
（曾粮斌提供）

图4　苎麻赤蛱蝶幼虫
（曾粮斌提供）

图5　苎麻赤蛱蝶蛹
（曾粮斌提供）

多产在苎麻上部叶片上，少数产在叶柄及茎秆上部，一片叶产1～2粒。因产卵时间长，田间出现世代重叠。初孵幼虫卷食顶端嫩叶，并常群集寄主枝、叶上吐丝结网，受惊时即吐丝下垂；三龄后幼虫分散危害；老熟幼虫吐丝将尾端倒悬在卷叶内化蛹。

在湖南，从4～11月均能见到幼虫危害。幼虫有假死性，常迁移危害，三龄幼虫约2天迁移1次四龄后几乎每天迁移1次。三龄前幼虫在顶部吐丝卷叶，咬食叶面青绿部分，残留叶底白色部分；三龄后幼虫则在茎上部较大叶片上吐丝卷叶，蚕食叶片，咬断主脉，使叶片枯萎。老熟幼虫在化蛹前先在卷叶上端吐丝，尾端粘缀于叶上，虫体倒悬于空中，然后蜕皮化蛹。成虫寿命长达数月，并有在屋檐或树林中停栖越夏的习性。

卵的发育起点温度为10.8±0.25℃，有效积温为38.7±13.0日·度；幼虫的发育起点温度为12.4±0.40℃，有效积温为186.7±6.5日·度；蛹的发育起点温度为13.0±0.04℃，有效积温为78.2±0.29日·度。17℃时卵期为7天，29℃时卵期为3天，35℃时卵期为2天。21℃幼虫期为29天，30℃时幼虫期18天。17℃时蛹期为12天，26℃时蛹期为8天。

防治方法

物理防治　田间虫口密度低于0.5头/蔸时，人工摘除或用木板拍杀卷叶中的幼虫和蛹。

化学防治　当田间虫口密度高于0.5头/蔸时，于早晨8：00～10：00时或傍晚16：00～18：00时幼虫爬出虫苞时喷药防治。可用敌百虫粉有效成分0.54～0.81kg/hm²，或高效氯氟氰菊酯水乳剂有效成分0.015～0.0225kg/hm²，或氯氰·毒死蜱乳油总有效成分0.315～0.4725kg/hm²，兑水600～900kg喷雾。

参考文献

荣秀兰，周兴苗，雷朝亮，等，2005. 苎麻赤蛱蝶生物学特性和有效积温的研究[J]. 华中农业大学学报，24(2): 143-146.

张继成，薛召东，1986. 麻类作物主要害虫的发生及防治概述[J]. 中国麻作 (2): 36-39.

中国农业科学院植物保护研究所，中国植物保护学会，2015. 中国农作物病虫害：下册[M]. 3版. 北京：中国农业出版社：736-738.

（撰稿：曾粮斌；审稿：薛召东）

苎麻横沟象　*Dyscerus* sp.

一种仅取食苎麻的害虫。英文名 ramie girdle weevil。鞘翅目（Coleoptera）象虫科（Curculionidae）树皮象亚科（Hylobinae）横沟象属（*Dyscerus*）。国外分布不详。中国仅在贵州独山和正安麻区发现。

寄主　苎麻。

危害状　成虫和幼虫均能危害，以幼虫危害最大，成虫咬食苎麻嫩梢、嫩茎、麻花等，被害处形成缺刻。幼虫钻蛀苎麻地下茎，危害麻蔸木质部和髓部，边蛀边取食，形成一个充满粪渣的隧道，被害麻蔸腐败变朽，引起败蔸。被害蔸地上部分枝少，麻株矮小，叶片易凋萎，严重时麻株枯死。3年以上的老麻园麻蔸被害率达40%～70%，严重的达90%，是导致麻蔸衰败的主要原因之一。

形态特征

成虫　雄虫体长9.8mm（不包括喙，下同），宽4.2mm，腹部较窄。雌虫体长10.5mm，宽4.8mm，腹部较宽。虫体黑褐色，被覆黄褐色绒毛。喙细长，长约3mm，其两侧有深沟。触角棒状，灰褐色，柄节细长，第一索节长于第二索节（4：3），第三至七节长度近相等。棒节纺锤形，雌虫稍尖，雄虫稍钝，其长度约等于索节第四节、第五节、第六节之和。眼突出，宽大于长，从背面完全可见。前胸背板暗褐色，长宽相等，其背板中间有一隆起线，隆起线的两侧有两云纹斑突起，后缘宽于长缘。背板侧面密布刻点。小盾片长宽相等，其鳞片黄褐色。雌虫翅鞘长为宽的2.5倍，雄虫为2.3倍。翅基部纵纹较细，刻点较大，行间稍突起，具橘黄色绒毛。前足胫节端部略弯，里外各有绒毛1束。后足基部突起较尖，后胸腹板在中足基节之后有横沟（图①）。

卵　乳白色，长卵圆形，长1.06mm，宽0.67mm（图②）。

幼虫　老龄幼虫体长约16mm，头部褐色，其他部分为乳白色。体节粗肥多横纹，稍向腹面弯曲，背面有一条隐约可见的灰色背线。无足（图③）。

蛹　长约13mm，初化蛹时乳白色，后变黄褐色，腹背有绒毛（图④）。

生活史及习性　贵州独山地区以成虫和不同龄期的幼虫越冬，翌年3月下旬越冬成虫开始活动，4月中旬开始产卵，4月下旬至5月中旬为产卵盛期。8月上旬至10月下旬化蛹。8月中旬出现新成虫。越冬幼虫4月中旬至7月上旬化蛹，5月中旬羽化的成虫，6月上旬产卵，前期产的卵经幼虫、蛹于当年羽化为成虫越冬；后期产的卵以幼虫越冬。独山地区1年1代。成虫产卵期长达3个多月（5月中旬至8月下旬）。幼虫延续的时间长，而且各虫态互相交错，世代重叠。

成虫善于爬行，偶作短距离飞翔。白天栖息在麻蔸附近

Z

国农作物病虫害：下册 [M]. 3 版 . 北京：中国农业出版社：738-739.

（撰稿：曾根斌；审稿：薛召东）

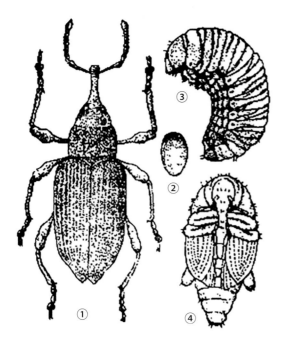

苎麻横沟象（王承森、陈曙晖绘）

①成虫；②卵；③幼虫；④蛹

枯枝落叶处或土缝中，傍晚至午夜出土活动，下半夜逐渐停止活动。成虫具假死性，受惊时触角和足卷缩装死。每只雌虫可经多次交尾，每次交尾约半小时。产卵时先用喙在麻苑接近地表处咬一产卵孔，每孔产卵 1 粒。产卵后用泥土、纤维渣堵住孔口，每只雌虫产卵 40 粒左右。成虫于 10 月下旬至 11 月下旬在麻株上栖息。日平均气温 10°C 以下时以成虫在麻园枯枝落叶处或土缝中蛰伏越冬。越冬成虫寿命 250 天左右；以幼虫越冬的非越冬成虫寿命 120 天左右。卵产在韧皮部内，卵期 7～15 天。初孵幼虫在卵壳周围取食，逐渐向下沿麻株韧皮部和木质部钻蛀侵入麻苑内部危害。越冬幼虫历期 200 天左右，当年化蛹的幼虫历期 120～140 天。老熟幼虫化蛹前于隧道端部做成椭圆形蛹室，蛹室两端用粪堵住。蛹室长 14～18mm，宽 6～8mm。蛹历期 15～20 天。

防治方法

农业防治　严格检疫。该虫目前仅在贵州独山和正安发生，其他地区严禁从该地调运麻种和麻苑，以防该虫扩散蔓延。

物理防治　捕杀越冬虫源。苎麻开花至种子成熟期，利用成虫的群集习性，在麻花和种子上可捕捉大量成虫，对减轻翌年危害有显著的效果。

化学防治　虫苑处理。用 3% 呋喃丹颗粒 25 倍液浸泡带虫麻苑 1 小时，浸泡后用清水漂洗 2～3 次。虫害发生严重的麻园，5 月中旬均匀穴施 3% 呋喃丹颗粒剂 105kg/hm²，施穴距麻苑 15cm，穴深 18cm，每苑开一穴，施药后覆土踏实。

参考文献

王承森，陈曙晖，1989. 苎麻横沟象及其防治研究 [J]. 中国麻作 (3): 41-43.

中国农业科学院植物保护研究所，中国植物保护学会，2015. 中

苎麻双脊天牛　*Paraglenea fortunei* (Saundeas)

一种钻蛀性害虫。又名苎麻天牛。英文名 ramie longicorn beetle。鞘翅目（Coleoptera）天牛科（Cerambycidae）沟胫天牛亚科（Lamiinae）双脊天牛属（*Paraglenea*）。国外分布于东南亚各国。中国分布于湖南、湖北、四川、江西、重庆等苎麻产区。

寄主　主要危害苎麻，也危害木槿、桑等。

危害状　老麻园发生较多。成虫、幼虫均可危害，以幼虫危害最严重。幼虫蛀食麻株茎秆基部和地下茎（龙头根、扁担根、跑马根），使麻苑内营养物质减少，形成弱苑，导致麻苗出土迟，生长慢，高矮不一，分株少而纤细，无效麻株增多，在干旱情况下，受害麻苑叶片萎缩不易恢复，严重时造成败苑、死苑。成虫取食嫩梢和叶柄，致使麻株光合作用面积减少。嫩梢咬断后主茎停止生长，发生分枝，严重影响苎麻的生长发育，降低纤维品质和产量。危害严重的麻园产量损失 50% 以上（图 1）。

形态特征

成虫　雄虫体长 11.0～13.5mm，触角比身体长约 1/3。雌虫体长 13.5～17mm，触角与身体等长或略长。雌虫腹面尾节较长，中央有纵沟 1 条。雄、雌成虫触角除基部 4 节呈淡灰蓝色外，其余黑色。体底黑色，密被淡绿色鳞片和绒毛。前胸背板淡绿色，中部两侧各有 1 个圆形黑斑。翅鞘上有淡绿色和黑色构成的两种不同型花斑，一种是每个翅鞘上有 3 个黑斑，另一种是 2 个黑斑（图 2）。

卵　长卵形，似芝麻粒，长 1.9mm，宽 0.7～1.3mm，乳白色，初产时较瘦，后逐渐饱满，孵化时为黄褐色（图 3）。

幼虫　乳白色，老熟幼虫黄白色，体长约 25mm。头部红褐色，前胸背板前半部分光滑，生有黄褐色刚毛，后半部分有褐色粒点组成的凸形斑纹，后胸至腹部第一至第七节背面各有 1 个长椭圆形下凹纹，四周有褐色斑点（图 4）。

蛹　体长 14～20mm。初期蛹乳黄白色，翅鞘半透明，近羽化时翅鞘、足变灰褐色，复眼漆黑色，前胸背面两圆点呈黑色，尾部第二节有咖啡色环（图 5）。

生活史及习性　1 年发生 1 代，以幼虫在麻苑内越冬。越冬幼虫化蛹及羽化随地区气候不同而有差异。在湖北麻区，越冬幼虫 3 月上旬至 5 月上旬化蛹，化蛹高峰期在 4 月上、中旬，成虫在 4 月下旬至 5 月上旬羽化，羽化高峰期为 5 月中、下旬，6 月上旬至 7 月孵化幼虫。在湖南麻区，越冬幼虫 3 月陆续化蛹，成虫在 4 月下旬出现，5 月上旬为盛发期。四川达州麻区于 4 月中旬初见成虫，4 月下旬至 5 月底为盛发期。

成虫羽化时，从羽化孔咬破地下茎出来。刚羽化出来的成虫，在出口处停留 2～3 分钟，然后开始爬行。羽化速度随温度升高而加快，日平均温度在 17°C 以上羽化较快。一般羽化率 90% 左右。羽化的成虫有 5%～10% 在地下茎内

图 1 苎麻双脊天牛成虫危害状（曾粮斌提供）

图 2 苎麻双脊天牛成虫（曾粮斌提供）

图 3 苎麻双脊天牛卵（曾粮斌提供）

图 4 苎麻双脊天牛幼虫及危害状（曾粮斌提供）

图 5 苎麻双脊天牛蛹（曾粮斌提供）

死亡。雄虫羽化比雌虫早 7～10 天。两性比例雌少于雄，比率为 0.89：1。成虫羽化后经 4～5 天开始交配。交配时间多在下午，以午后 3：00 左右最盛。交配后 5～6 天开始产卵，产卵期约 7 天。成虫白天活动，每日 9：00～18：00 最为活跃。早晚多栖于麻叶背面不动。有假死性，受惊即落地，易捕捉。雌虫喜在畦边或粗壮高大的麻株产卵，产卵时，先在产卵处来回爬行几次，然后咬破韧皮部，头向上，将尾伸入韧皮部与木质部之间，一次产卵 1 粒。每雌可产卵 24～40 粒。卵多产于近地 2cm 麻株基部，少数产在离地 3cm 茎上。在同一株上，另一头天牛再产卵时，多在前一头产卵之旁或侧面，因此多的一孔可达 4 粒卵。成虫产卵前需取食幼嫩梢及梢部叶柄，使得畦边麻株受害较重。产卵期一般不取食，成虫寿命 17～45 天，卵历期 12～28 天，初孵幼虫先取食孵化处的韧皮部，一般经过 10 天左右侵入麻茎内，直至茎髓部，再至麻蔸。幼虫危害地下茎的髓部及木质部，边钻边食，形成许多孔道。苎麻双脊天牛发生严重的麻田，往往 7～8 头甚至 20 头幼虫在一个麻蔸内危害。受害麻蔸被蛀食成许多孔道，形似蜂窝，经过 1～2 年便腐烂。每年 7～11 月为幼虫危害的主要时期，12 月上旬后进入越冬期，停止危害。翌年 3～4 月间开始化蛹，也有少数幼虫继续取食危害，幼虫历期 260～300 天。幼虫化蛹时，先蛀羽化孔，然后用粪渣将孔堵住。化蛹的位置，有的在地下茎接近表皮层外的木质部，有的在地下茎髓部或木质部，蛹历期 15～43 天。

发生规律

气候条件　气温对苎麻双脊天牛化蛹影响较大，日平均气温在 14℃ 以上化蛹较快，一般化蛹率 90%，蛹死亡率 5%。

天敌　主要有肿腿蜂、绿僵菌、白僵菌等。

防治方法

农业防治　清除麻园四周杂草，减少虫源。栽新麻时，选择健壮无虫种蔸。为了防止苎麻双脊天牛随种蔸传播，将砍好的种蔸放在冷水中浸泡一昼夜，滤干再种。适时收获头麻，在苎麻双脊天牛产卵盛期，齐地砍麻株，及时扯剥麻皮。

生物防治　气温在 24～28℃、相对湿度 80% 以上的条件下，用 23 万～28 万活孢子/g 绿僵菌粉剂 30kg/hm² 按 1：25 比例和细砂土拌匀，制成药土，中耕时施入。

化学防治　头麻收获后结合中耕除草，用敌百虫粉有效成分 0.375～0.5625kg/hm² 按照 1：1000 比例和细砂土拌匀，或氯唑磷颗粒剂有效成分 0.9～2.7kg/hm² 按照 1：750 比例和细砂土拌匀，或辛硫磷颗粒剂有效成分 0.27～0.36kg/hm² 按照 1：1000 比例和细砂土拌匀，或二嗪磷颗粒剂有效成分 0.75kg/hm² 按照 1：750 比例和细砂土拌匀，撒在土表，毒杀幼虫。

药杀成虫。在 5 月上、中旬成虫羽化盛期后约一周，成虫尚未产卵前喷药防治，注意上午喷药，先喷四周，后向中央围喷，7 天后再喷 1 次。使用药剂有敌百虫粉有效成分 0.54～0.81kg/hm²，或敌敌畏乳油有效成分 0.3～0.45kg/hm²，或氯氰·毒死蜱乳油总有效成分 0.315～0.4725kg/hm²，或阿维菌素有效成分 0.0054～0.0081kg/hm²，或灭幼脲Ⅲ号可湿性粉剂有效成分 0.1125～0.15kg/hm²，兑水 600～900kg 喷雾。

参考文献

张继成，薛召东，1986. 麻类作物主要害虫的发生及防治概述 [J]. 中国麻作 (2): 36-39.

中国农业科学院植物保护研究所，中国植物保护学会，2015. 中国农作物病虫害：下册 [M]. 3 版 . 北京：中国农业出版社：733-735.

（撰稿：曾粮斌；审稿：薛召东）

Z

苎麻夜蛾 *Arcte coerula* (Guenée)

苎麻生长期主要害虫之一。又名红脑壳虫、摇头虫。英文名 ramie noctuiid moth、ramie moth。鳞翅目（Lepidoptera）夜蛾科（Noctuidae）封夜蛾属（*Arcte*）。国外分布于日本、印度、斯里兰卡及东南亚等地。中国分布于湖南、湖北、四川、江西、重庆等苎麻主产区。

寄主 主要危害苎麻，在饲料缺乏的情况下也取食橡树叶、黄麻、亚麻、荨麻、蓖麻、大豆、椿树、构树叶等。

危害状 苎麻夜蛾以幼虫食害麻叶，严重时全田麻叶被蚕食一空，仅留叶柄及主脉，被害麻株生长停滞，多生侧枝，既影响本季的产量和质量，也影响下季麻的生产。二麻危害较重，危害严重的麻园产量损失在 50% 以上（图 1、图 2）。

形态特征

成虫 体长 28～32mm，翅展 65～71mm。头部黑色，口针黄褐色，胸部茶褐色，腹部深褐色，前缘及翅尖浅茶褐色。亚基线、内横线、外横线、亚外横线黑褐色，呈波状或锯齿状，肾状纹淡红褐色，内具 3 黑纹，肾状纹内侧有 1 黑线。后翅黑褐色，中央有青蓝色带 3 条，带纹中有黑色横切线，外缘缘毛短，内缘簇生长缘毛（图 3）。

卵 扁圆形，长径约 1mm，乳白色，背面有若干放射状纵纹，纵纹之间又有横纹（图 4、图 5）。

幼虫 老熟幼虫 60mm 左右。三龄前淡黄绿色，三龄后分为黄白型和黑型。黄白型具黑色气门及气门上线，第四节以下气门周围红色，且上下各有 1 黑点，每节背上有 5～6 条黑横线和 4 条白色纹（图 6）。黑型背上有若干黄色横线，气门上线及气门下线黄色，头、前胸及尾端臀板黄褐色

（图 7）。

蛹 长 25mm，颇粗壮。初化蛹时棕色，渐变黑褐色，可见前足腿节，翅端延达第四腹节末端，胸腹背面光滑，仅有少数刻点及短横线，腹部气门大，呈新月形，后胸气门则极小，腹端圆形，有两根粗壮的臀刺，先端钩状（图 8）。

生活史及习性 在长江流域 1 年发生 4 代。越冬代成虫于 4 月中旬开始产卵，4 月下旬为产卵盛期，第一代幼虫于 4 月下旬初发，5 月上、中旬盛发。第二代卵于 6 月中、下旬孵化，7 月上、中旬为第二代幼虫盛期，危害二麻。7 月中旬幼虫陆续化蛹；7 月底至 8 月上旬为成虫羽化盛期，8 月上、中旬化蛹，8 月底为成虫羽化高峰期。9 月上、中旬为第四代幼虫盛发期，危害三麻，9 月下旬为盛蛹期，10～11 月成虫陆续羽化，并以成虫越冬。

苎麻夜蛾多数在晚上羽化，20：00 左右为成虫羽化高峰。成虫常静伏麻株下丛林杂草中或土缝内，白天一般不活动，天黑后成虫飞翔活跃，有趋光性和趋化性。成虫羽化后一天便可交尾，交尾和产卵多在晚上进行。成虫需补充营养，喜食蜂蜜液，羽化后 4～5 天开始产卵，产卵期 3 天左右，第一、二、三代成虫的生育历期较短，一般寿命 6～13 天，平均寿命 10 天左右，第四代的成虫生育历期长达 190 天。以成虫群集在草丛中及房屋、屋檐、草棚缝隙内越冬。卵多产于麻株的中、上部幼嫩叶背面。卵块中卵粒一般单层排列，不整齐，每块卵 400 粒左右，多者达 1000 粒以上，被产卵的叶片正面常变黄、下垂。卵的生育历期 3～6 天，卵多在 7：00～11：00 时孵化，在日平均温度 24℃，相对湿度 90% 时，孵化率达 95%。幼虫共 6 龄，初孵幼虫在叶背停息数分钟后便开始爬行，取食部分卵壳，继而群集危害卵叶片，取食

图 1 苎麻夜蛾危害状（曾粮斌提供）

图 2 苎麻夜蛾高龄幼虫危害状（曾粮斌提供）

图 3 成虫（曾粮斌提供）

图 4 卵（曾粮斌提供）

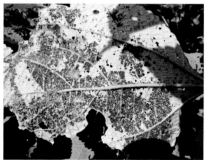

图 5 卵块（曾粮斌提供）

图 6 苎麻夜蛾幼虫黄白型（曾粮斌提供）

图 7　苎麻夜蛾幼虫黑型（曾粮斌提供）　　图 8　蛹（曾粮斌提供）

叶肉，一、二龄幼虫有群集危害和吐丝下垂转移习性。低龄幼虫常集中梢部危害嫩叶，取食叶肉，留下表皮和叶脉，而成筛网状。三龄以上幼虫分散危害，受惊动时以尾足和腹足紧握叶背，头部左右摆动，口吐黄绿色汁液。幼虫食量随着龄期增大而增加，五、六龄幼虫，危害猖獗，每头每天可蚕食 3～5 片叶，属暴食性害虫。三龄以上幼虫失去吐丝下垂的习性，受惊时即坠下地逃离，或以第三、四对腹足及臀足握住麻株，头部昂起，左右来回摇摆，若触及虫体时，吐出绿色浆汁，以此防卫，麻农称此为摇头虫。幼虫生育历期以第一代最长，平均历期 25.1 天，其次是第二、第四代，第三代最短，平均历期 17.1 天。幼虫属寡食性，田间喜食苎麻叶，在缺苎麻叶时，也取食构树叶。老熟幼虫一般在隐蔽的土坎、疏松表土层内和枯枝落叶中吐丝作薄茧化蛹，蛹期 10～25 天。

发生规律

气候条件　降雨是影响苎麻夜蛾繁殖的重要因素之一，暴风雨对田间一、二龄幼虫影响很大，致死率达 95%。

天敌　苎麻夜蛾寄生性天敌主要有金小蜂、赤眼蜂等。

防治方法

农业防治　中耕松土、消灭虫蛹。5 月底至 6 月上旬头麻收获后，正是第一代蛹期，及时中耕松土，可以消灭部分虫蛹。

物理防治　摘除卵块及群集幼虫。自 4 月下旬至 9 月中旬，勤查麻园，及时摘除卵块和幼虫群集的叶片，集中烧毁或深埋。

化学防治　抓住幼虫三龄前群集危害这段时期，采用 80% 敌敌畏乳剂 1500～2000 倍液，或 25% 杀虫双水剂 3kg/hm^2 或拟除虫菊酯类农药 300～375ml/hm^2，兑水 600～900kg 或 1% 甲氨基阿维菌素苯甲酸盐乳油 3000 倍液或 16000IU/mg 苏云金杆菌可湿性粉剂 500 倍液喷雾，早晨露水未干时撒草木灰也有很好的防效。

参考文献

张继成，薛召东，1986. 麻类作物主要害虫的发生及防治概述 [J]. 中国麻作 (2): 36-39.

中国农业科学院植物保护研究所，中国植物保护学会，2015. 中国农作物病虫害：下册 [M]. 3 版 . 北京：中国农业出版社：732-734.

（撰稿：曾粮斌；审稿：薛召东）

苎麻珍蝶　*Acraea issoria* (Hübner)

一种苎麻叶面害虫。又名苎麻黄蛱蝶、苎麻斑蛱蝶。英文名 yellow coster。鳞翅目（Lepidoptera）珍蝶科（Acraeidae）珍蝶属（*Acraea*）。国外分布于印度、缅甸、泰国、越南、印度尼西亚、菲律宾等地。中国分布于浙江、福建、江西、湖北、湖南、四川、云南、西藏、广东、广西、海南、台湾等地。

寄主　主要危害苎麻，还可以危害苎麻、醉鱼草属植物及茶树等。

危害状　以幼虫危害嫩芽和叶片，导致麻株生长受阻，光合作用减弱，降低产量和品质，尤以嫩芽受害损失最大。

形态特征

成虫　雌成虫体长 25mm，翅展约 70mm，前、后翅棕黄色，前翅楔形褐色，前缘和外缘黑褐色，外缘黑褐色部分内有 7～9 个黄色斑。后翅近外缘黑褐色部分内也有 8 个黄色斑。头部黄褐色，前额有光泽，头顶有密毛，触角黑色呈球棒状，口器卷曲时如钟表发条，复眼大，赤黑色有光泽。胸部腹面黑色，有黄色毛块，前胸背面有两丛黄色毛，中、后胸黑色。两侧有稀疏黄毛。雄成虫体较小，长约 20mm，翅展 62mm 左右，体色较雌成虫鲜艳，毛少（图 1）。

卵　椭圆形，长 0.9～1.0mm，宽 0.6～0.7mm，卵壳上有 11～14 条隆起线。卵初产时为鲜黄色，2 天后转棕黄色，近孵化时呈灰褐色。

幼虫　老熟幼虫体长 30～35mm。头部赤黄色，有"八"字形金黄色脱裂线，单眼及口器黑褐色。胸、腹部背面生有枝刺，前胸 2 根，中、后胸各 4 根，腹部第一至第八节各 6 根，末端 2 节各 2 根。枝刺基部蜡黄色，其余紫黑色。每根枝刺上生有 12 根小刺毛。背线、亚背线、气门下线为暗紫色。各体节皆为黄白色。末节为钳状，腹部两侧各有气门 8 个。胸足黑色有光泽，腹足及尾足内侧及外面基部和末端赤黄色，趾钩着生于管状透明肉柱上。雄幼虫 9 龄，雌幼虫 10 龄（图 2）。

蛹　被蛹。体长 20～25mm，灰黄色，圆锥形。初蛹为灰黄白色，羽化时为灰黄色。

生活史及习性　在湖南、湖北、浙江、福建等地苎麻产区 1 年发生 2 代。第一代历期 85 天左右，第二代历期 260～270 天（包括越冬期）。越冬代幼虫于第二年 3 月中旬出蛰危害头麻，5 月中、下旬开始化蛹，第一代成虫于 5 月下旬至 6 月上旬初出现。成虫于羽化后 1～3 天交尾，交尾后 1 天左右产卵。第一代幼虫于 6 月上旬至 8 月初危害第二季麻，8 月上旬开始化蛹。第二代成虫 8 月中、下旬开始出现，幼虫于 8 月下旬至 10 月中旬危害第三季麻，自 11 月中旬开始进入越冬期，成为翌年越冬代虫源。

成虫一般在夜晚羽化。成虫的体色有两种：雄性多数为灰褐色，雌性多为棕黄色。白天活动，飞翔能力弱，以中午在麻园中活动最盛，羽化后 2 天左右交尾，交尾后 1 天左右产卵。卵一般产在麻叶背面沿叶脉处，多产于距顶端 4～6 片叶片上；1 头雌虫一般可产卵 200～300 粒，最多可达 800 粒。成虫寿命 7 天左右，一般雌虫的寿命较雄虫长。

图 1　苎麻珍蝶成虫（曾粮斌提供）

图 2　苎麻珍蝶幼虫（曾粮斌提供）

卵粒集成块，呈不规则条状排列，每一卵块有卵数十粒到数百粒。卵初产时为黄色，后变为黄褐色，近孵化时呈灰褐色。幼虫共分 8 龄。越冬幼虫出蛰后，先在头麻地边集中危害，逐渐向地中麻苗上转移，每蔸虫量较大时，可将麻叶吃光，造成严重减产。第一、二代幼虫期正值第二、三季麻生长期，幼虫孵出后，群集嫩叶上背阳一面取食叶肉，三龄以后分散危害，以七至八龄幼虫食量最大，取食叶片后仅留表皮

和叶脉。除一龄以外，均有假死性，受惊后即滚落地面。老熟幼虫在化蛹前 1 天停食，而后用尾部臀足倒挂在叶片背面或麻园边的篱笆和枝秆上化蛹。第二代幼虫以五至六龄开始越冬，一般于 11 月上、中旬陆续迁移到麻地附近的杂草丛、灌木丛、树林、竹林等的叶背面及背风向阳的土坡裂缝内越冬。幼虫有群集越冬的习性，以麻地周围的越冬场所虫口最多，在麻地周围无越冬场所时，幼虫能迁移到较远的场地越冬。越冬一般在杂草或落叶中，也可在土缝中越冬，以背风向阳的坡地上虫口密度大。早春气温回升即迁移麻地危害。预蛹期 1～2 天，越冬代蛹历期为 10～12 天，第一代蛹为 8～10 天。

发生规律

气候条件　早春气温回升情况对越冬幼虫向麻地迁移的迟早影响很大，当日平均气温升达 17℃ 以上时，越冬幼虫便迁入麻地危害头麻。夏季气温、雨湿状况与第二代虫口的发生数量关系密切。8 月份若气温超过 29℃，降雨量低于 100mm，则蛹的死亡率高，成虫产卵少，卵的孵化率低，反之，若 8 月份气温在 28℃ 左右，降雨量在 250mm 以上，则虫口数量较多。第二代产卵期和幼虫盛孵期正值头麻、二麻收获之际，适时在卵期收获，并在阳光下暴晒，能使叶片干枯，卵粒脱落死亡，虫口下降；若收获过迟，卵已孵化，则大量幼虫将迁移危害二、三麻幼苗。

天敌　苎麻珍蝶存在不少天敌，如肉食螨能吸食其卵汁，麻雀啄食幼虫，蛹期病菌寄生等，对苎麻珍蝶的发生都有一定影响。

防治方法

农业防治　搞好麻地"三光"。冬春之际结合清洁麻地、培土，扫除残枝落叶，铲除杂草。做到厢面光、厢沟光和地边光，消灭越冬幼虫。

物理防治　利用幼虫群集趋暖越冬习性，在三麻收获后的 2～3 天内，于麻地插 750～900 个 /hm² 草把（草把上部捆紧，下部散开，形似半开的伞），在翌年惊蛰前收集草把烧毁。在虫口密度低于 0.5 头 / 蔸时，根据成虫产卵集中和初孵幼虫群集危害的习性，摘除有虫蛹、卵的叶片，捕杀成虫。

化学防治　在虫口密度高于 0.5 头 / 蔸时喷药防治。可用敌百虫有效成分 0.54～0.81kg/hm²，或高效氯氟氰菊酯水乳剂有效成分 0.015～0.0225kg/hm²，或氯氰·毒死蜱乳油总有效成分 0.315～0.4725kg/hm²，兑水 600～900kg 喷雾。

参考文献

张继成，薛召东，1986. 麻类作物主要害虫的发生及防治概述 [J]. 中国麻作 (2): 36-39.

中国农业科学院植物保护研究所，中国植物保护学会，2015. 中国农作物病虫害：下册 [M]. 3 版. 北京：中国农业出版社：735-736.

（撰稿：曾粮斌；审稿：薛召东）

祝汝佐　Zhu Ruzuo (Chu Joo-tso)

祝汝佐（1900—1981），著名昆虫学家、农业教育家，

中国桑树害虫学的奠基人，中国寄生蜂分类及害虫生物防治的先驱者，浙江大学（原浙江农业大学）教授。

个人简介 1900 年 11 月 18 日出生于江苏靖江县。1922 年毕业于江阴南菁中学，同年 9 月考入东南大学病虫害学系。在校学习期间在美驻华土蚕寄生蜂研究所兼技术员，这是他从事寄生蜂研究工作的开端。1926 年 3 月提前毕业，他到江苏省昆虫局工作，从事桑树害虫研究。1932 年 4 月任浙江省昆虫局技师，继续从事桑树害虫和寄生蜂研究。此后，任四川省农业改进所技正、四川省蚕丝试验场及南充生丝研究所研究员，兼四川大学农学院特约教授。1942 年 8 月起，任浙江大学农学院植物病虫害学系副教授、教授，兼任浙江大学农学院蚕桑学系主任、英士大学农学院特约教授、江浙两省联合防治桑虫总队副队长。1952 年 10 月起，任浙江农学院（1960 年 2 月更名为浙江农业大学）植物保护系教授、副系主任、蚕桑系主任、学校工会主席，浙江省农业科学院植物保护研究所副所长、蚕桑研究所所长等职，浙江省政协第一至四届委员、浙江昆虫植物病学会副理事长、中国植物保护学会理事、中国昆虫学会理事、《昆虫学报编委》、《植物保护学报》编委等职。

祝汝佐是富有正义感的爱国知识分子，积极进步，努力工作，曾被推选为全国先进教育工作者和浙江省社会主义建设积极分子，出席过全国群英会，1954 年参加中国民主同盟，1957 年加入中国共产党。

成果贡献 祝汝佐是中国桑树害虫防治研究的奠基人。1926 年大学毕业，祝汝佐受时任江苏省昆虫局局长张巨伯之邀请，在该局开始从事桑树害虫防治的研究。他深入江苏无锡等地，详细研究了桑毛虫的生活史和生活习性，并提出了简便有效的防治方法，1931 年发表了《桑毛虫之生活史及防除方法》一文。1929 年开始，历时 4 年，他详细研究了桑螟的分布、危害、形态、生活史、各期习性及天敌等，提出了有效的防治方法，1933 年发表了《桑螟（桑白蚕）之生活及防治方法》。1930—1937 年间，祝汝佐对桑树害

祝汝佐（陈学新提供）

虫进行了较为广泛的研究，发表了十余篇文章，其中重要的还有：《桑尺蠖生活史之考查》《桑虱》《桑蛀虫之生活史及防治法》《桑虱之生活、天敌及防治法之考查》《野蚕生活之考查》《中国桑树害虫名录》（英文）《桑象虫考查纪要》《江浙几种重要害桑蛾类之考查》《浙江省桑树害虫之分布及为害情形》等。1938 年祝汝佐辗转来到四川，继续从事桑树害虫的防治研究，对川北桑木虱的分布、形态、生活史、习性、危害损失、防治方法等做了深入研究，提出了网捕成虫、摘除卵叶、剪伐枝条等有效的防治措施，并在他的倡议下，从省到县乡村，层层建立防治组织，通过大小会议印发防治图解及各种宣传传单，举办游艺会、实物展览、防治示范等活动，还制定了治虫人员奖惩条例，规定根据蚕农捕获成就、摘除卵叶的数量，发给奖金或改良蚕种，经过 4 年的分期防治，取得了显著成效。1946 年抗战胜利后，祝汝佐回到杭州。1948 年他兼任江浙两省防治桑虫总队副总队长，在浙江崇德县等地大规模发动群众刮除桑螟卵块，进行桑虫的实地防治工作。1952 年，他编著的《中国的桑虫》一书出版，为中国桑树害虫的研究奠定了基础。

祝汝佐是中国寄生蜂分类与生物防治研究的先驱者。在大学时期祝汝佐就开始了土蚕寄生蜂的研究，之后无论在江苏、浙江，还是在四川工作，他始终关注害虫天敌，特别是寄生蜂的调查研究。1932 年他来到浙江省昆虫局，时任局长张巨伯委派他为寄生昆虫研究室主任，这是中国有关害虫天敌方面最早的研究机构。1933—1937 年间祝汝佐先后发表了有关寄生蜂的论文 12 篇。他率先开展了中国寄生蜂的分类研究和寄生蜂资源调查。《中国已发现之 *Tiphia* 属寄生蜂二十六种》介绍了中国金龟子幼虫（蛴螬）寄生蜂——钩土蜂属（*Tiphia*）的已知种类 26 种，其中有 14 种是 1930 年发表的新种，模式标本采于江苏、浙江、福建、四川和江西等地。《中国甲腹小茧蜂亚科及一新种之记述》（英文）记述中国甲腹小茧蜂亚科 3 属 6 种，包括 1 个新种、1 个中国新记录种，寄生二化螟、棉红铃虫、棉鼎点金刚钻、马尾松毛虫等。《浙江省昆虫局之江浙小蜂及卵蜂名录》（英文）记录当时浙江省昆虫局保存的小蜂总科 11 科 35 种、细蜂总科 2 科 11 种。"江浙姬蜂志"（英文）记述了 1929—1933 年间从一些重要害虫，如二化螟、稻苞虫、稻螟蛉、棉红铃虫、棉小造桥虫、棉卷叶螟、斜纹夜蛾、桑螟、桑螟、野桑蚕、茶毛虫、菜粉蝶、马尾松毛虫等饲养出来的姬蜂科 28 种 1 型和茧蜂科 29 种，其中 31 种在中国为首次记录。《中国松毛虫寄生蜂志》记述了江苏、浙江、山东等省的马尾松毛虫寄生蜂 24 种，包括 2 个新种、6 个中国新记录种，其中卵寄生蜂 3 种、幼虫寄生蜂 14 种、蛹寄生蜂 7 种。《栗螟之已知寄生蜂名录》（英文）列出了寄生欧洲玉米螟的寄生蜂 77 种，其中姬蜂科 44 种、茧蜂科 24 种、小蜂科 2 种、姬小蜂科 3 种、赤眼蜂科 4 种，有中国分布的 15 种。同时，祝汝佐也开创了中国寄生蜂生物学研究的先例。1934 年发表的《桑螟守子蜂生活之考查纪要》一文详细研究了该蜂的生物学，包括命名、分布及寄主、饲养方法、形态特征、越冬、世代数、交尾、生殖、寿命、羽化、性比等。同年发表的《白蚕（桑螟）卵寄生蜂之考查及其在杭州之放饲试验》不仅详细考查了桑螟卵寄生蜂的种类、分布、生物学特性等情

况，而且进行了放蜂试验。1932 年和 1933 年每年 5 月各放蜂 1 万余头，并在放蜂后考查了非越冬卵和越冬卵的寄生率，这是中国首次释放寄生蜂控制害虫的试验。《桑螟卵寄生蜂放蜂试验》一文则记述了 1947 年他与李学骝合作，进行了更大规模的实验，在浙江崇德 4 个自然村放蜂 9 次，总数达 245 万余头，这是当时规模最大的一次实验，结果显示非放蜂区卵寄生率为 16.9%～20.1%，而放蜂区达 41.3%，寄生率提高了 1 倍以上，桑螟为害损失率在放蜂区降低 50% 左右。1946 年发表的《赤眼蜂生活之研究》则是中国赤眼蜂研究的第一篇论文，内容涉及分类地位及分布、生物学特性、生活史、繁殖、性比、寿命、寄主及其对赤眼蜂繁殖的影响、冷藏试验等。1955 年发表的《松毛虫卵寄生蜂的生物学考查及其利用》则详细研究了中国松毛虫 3 种卵寄生蜂的生物学及其利用，极大地推动了中国松毛虫生物防治的开展。

祝汝佐把毕生的精力都奉献给了中国的寄生蜂及害虫生物防治事业。在他晚年（1973—1978），他还和他的学生何俊华连续发表了 6 篇有关水稻螟虫寄生蜂方面的文章，为中国水稻螟虫的生物防治奠定了基础。1978 年他与廖定熹、何俊华、庞雄飞、赵建铭、张广学、杨集昆、赵修复等合编出版了《天敌昆虫图册》，这是中国第一本天敌昆虫专著，对推动中国生物防治工作起到极其重要作用。

祝汝佐一生学农爱农，勤勤恳恳献身人民教育事业，踏踏实实从事昆虫学研究。教学认真负责，备课充分，讲解清楚，深入浅出。为编写教材，收集资料，殚精竭虑，斟字酌句，呕心沥血，常挑灯夜战。他教书又教人，身教重于言教。对晚辈由衷关怀，无私帮助，循循善诱，诲人不倦，视弟子如家人，爱护备至。经常鼓励后学莫错过黄金时代，要珍惜光阴，勤学习、多贡献，要"青出于蓝而胜于蓝"。他不但治学严谨，平易近人，而且为人正派，品德高尚。他的学术成就及其高尚的思想品德，赢得了同事与学生们发自内心的尊敬和爱戴。五十多年中，他为国家培养和造就了不少农业技术人才，遍布全国各地，许多已成为知名的昆虫学家、植保专家和教育战线上的骨干。

参考文献

李学骝，何俊华，胡萃，1982. 祝汝佐教授主要著作目录 [J]. 昆虫分类学报 (Z1): 92.

夏松云，1990. 纪念中国生物防治先驱祝汝佐教授九秩诞辰 [J]. 昆虫天敌，12(1): 50.

浙江农业大学植保系，1981. 深切悼念祝汝佐教授 [J]. 昆虫天敌 (4): 59-61.

（撰稿：陈学新；审稿：彩万志）

转基因抗虫植物 transgenic insect-resistant plants

利用现代生物基因工程技术，将外源抗虫基因经过人工分离、重组后，导入并整合到植物细胞的基因组中，使植物的遗传物质得到改造，表现出人类需要的抗虫性状。

外源抗虫基因主要有三大来源：①微生物、细菌中抗虫基因。最早用于植物抗虫基因工程的源于苏云金芽孢杆菌（*Bacillus thuringiensis*）的 Bt 杀虫晶体蛋白基因，编码通常所说的杀虫晶体蛋白（insecticidal crystal protein，ICPs）或 δ- 内毒素（δ-endotoxin），也称苏云金芽孢杆菌毒蛋白（Bt toxic protein）。它是目前世界上生产量最大的生物农药杀虫剂，广泛用于防治农业、林业等方面的害虫。营养杀虫蛋白是另一类高效杀虫蛋白质，主要针对对 Bt 毒蛋白不敏感的鳞翅目的小地老虎。其他微生物抗虫基因包括来源于 *Agrobacterium tumefaciens* 的异戊烯基转移酶（isopentenyl transferase IPT），是细胞分裂素合成中的关键酶；源于链霉菌的胆固醇氧化酶基因，胆固醇对细胞膜的完整性和功能是必需的，因而胆固醇氧化酶对昆虫有一定的毒性。②高等植物的抗虫基因。蛋白酶抑制剂（Proteinase Inhibitor，PI）和淀粉酶抑制剂基因是植物天然防御系统中的一部分，能与昆虫消化道内的消化酶相互作用刺激消化酶的过量分泌，使昆虫产生厌食反应，导致非正常发育或死亡。植物凝集素基因在昆虫肠腔部位与糖蛋白结合，降低膜透性从而影响营养物质的正常吸收，同时促进消化道内细菌繁殖，使昆虫得病或引起拒食、生长停滞甚至死亡。其他来源于高等植物的其他抗虫基因有几丁质酶（chitinase）、色氨酸脱羧酶（tryptophan decarboxylase，TDC）、核糖体灭活基因（ribosome inactive protein，RIP）、豌豆脂肪氧化酶（pea lipoxygenase）、番茄素（Tomatine）、多酚氧化酶（PPO）和脂氧化酶（LOX）都对昆虫有毒害作用。③昆虫自身的抗虫基因。昆虫神经激素控制着昆虫许多关键的生理过程，转蝎毒素基因的作物对取食的害虫有毒性。

抗虫基因的转化方法主要有以下 6 种：农杆菌介导法，聚乙二醇法（PEG 法），基因枪法，电穿孔法，显微注射法，花粉管通道法。目前获得的转基因抗虫作物主要有棉花、玉米、水稻、番茄、欧洲黑杨、花椰菜、马铃薯、烟草等。抗虫基因工程同样存在一些亟待解决的问题，如昆虫抗性问题、基因沉默现象、生态风险性等问题。

参考文献

康俊梅，熊恒硕，杨青川，等，2008. 植物抗虫转基因工程研究进展 [J]. 生物技术通报 (1): 14-19.

彭希文，2003. 转基因抗虫植物研究进展 [J]. 植物医生 (2): 5-6.

谢先芝，1999. 抗虫转基因植物的研究进展及前景 [J]. 生物工程进展 (6): 47-52.

（撰稿：崔娜；审稿：崔峰）

缀黄毒蛾 *Euproctis karghalica* Moore

以幼虫为害的杏树主要害虫。又名斑翅棕尾毒蛾、杏毛虫。鳞翅目（Lepidoptera）目夜蛾科（Erebidae）黄毒蛾属（*Euproctis*）。中国主要分布在黑龙江、新疆。

寄主　杏、苹果、梨、桃、桑、杨、柳、沙枣等。

危害状　越冬幼虫啃食刚萌芽膨大的杏树花蕾，然后危害叶苞、叶片。

形态特征

成虫　体白色，体长 15～20mm，翅展 33～41mm。复眼黑色，无单眼。触角栉齿状，雄为双栉齿状，棕黄色，呈羽形。雌蛾体躯粗壮，雄蛾较瘦削。胸腹部密布白色毛簇，雌蛾腹部末端有一团金黄色绒毛；雄蛾较少，呈毛笔状。前翅中室顶部横脉上有一较大环形黄褐色斑点。沿前翅的外缘有一排7～8个不规则的黄褐色斑点。后翅全白色，无斑点。

幼虫　老熟幼虫体长30～35mm，体黑褐色，头扁圆形、棕黄色，胸部及各体节上的瘤突和气孔周围，密布黄色毛丛，背线黑色间断，背面上方黄褐色，第四、五、十一体节背部黑色，腹背各节上方两边各有一条棕褐色瘤突，各体节的瘤突间并有黑斑连接，形成两条黑色纵带，背部两侧各节亦各有一稍小的瘤突，第九、十体节背部中央各有一红色肉瘤。

生活史及习性　在新疆沙雅1年发生1代，9月中下旬以二、三龄幼虫在苹果枝梗处、树干基部等处群集结丝巢越冬。到翌年3月中下旬，随着气温上升即开始爬出丝巢活动为害。幼虫耐饥力强，取食时间以20：00以后为最盛。4月下旬幼虫老熟爬至附近墙壁上、树干裂缝处，结灰茧化蛹。前蛹期历时10～14天，蛹期4～8天，5月上中旬开始羽化为成虫，羽化盛期在5月中下旬。雌虫边产卵边用尾部棕毛覆盖，最后成一卵块，每个卵块平均有卵200粒左右。成虫寿命7～10天，雄短于雌。有趋光性，灯下极易捕得。卵期18～20天，于6月上旬开始孵化幼虫，初龄幼虫取食叶肉。

防治方法

人工捕捉　在早春幼虫未爬出丝巢以前，人工摘除，但要注意毒毛刺手。

灯光诱杀　5月末，用灯诱杀成虫效果好。

参考文献

艾则孜·买吐送，吐尔洪·牙合甫，2000.于田县斑翅棕尾毒蛾发生情况及综合防治 [J].新疆农业科学 (S1): 152-153.

杜秉仁，1965.斑翅棕尾毒蛾初步观察 [J].新疆农业科学 (5): 194-195.

周大定，1975.斑翅棕尾毒蛾的初步观察 [J].昆虫知识 (4): 25-26.

（撰稿：王甦、王杰；审稿：李姝）

缀叶丛螟　*Locastra muscosalis* Walker

一种常见的危害核桃、黄连木等果树林木的食叶害虫。又名核桃缀叶螟、木橑黏虫、漆绵虫、漆巢虫、黑毛虫。鳞翅目（Lepidoptera）螟蛾科（Pyralidae）丛螟亚科（Epipaschiinae）缀叶丛螟属（*Locastra*）。国外分布于日本、印度、斯里兰卡。中国分布于北京、天津、河北、辽宁、吉林、江苏、浙江、安徽、福建、江西、山东、河南、湖北、湖南、广东、广西、海南、四川、贵州、云南、西藏、陕西、香港、台湾。

寄主　核桃、薄壳山核桃、南酸枣、黄连木、盐肤木、枫香、青麸杨、黄栌、胡桃楸、桤木、阴香、漆树、红麸杨、马桑、细柄蕈树。

危害状　幼虫群聚并吐丝结成网幕，在其中取食叶片表皮和叶肉，使成缺刻、孔洞，或仅剩叶脉、叶总轴，并常咬断叶柄和嫩枝，严重时将叶片全部食光。植株被害后枝残叶碎，冠顶光秃，形似火烧，枝条上留下雀巢状的网幕，严重影响树势生长和景观。

形态特征

成虫　翅展30～41mm。头、胸、腹部红褐色。雄蛾下唇须弯曲上举到额顶，第二节鳞片粗厚；雌蛾下唇须弯曲，略向前伸，第二节鳞片较薄。雄蛾前翅前缘2/3处有一半球形腺状突起。前翅栗褐色，翅基斜矩形深褐色；内横线深褐色，锯齿形；中室内有1丛黑色杂红褐色竖立鳞丛，中室后缘中部下方具1黑色竖立鳞丛；外横线褐色，波纹状弯曲；外横线的外侧线色浅；两条横线之间深栗色。后翅暗褐色，外横线波纹状，不明显。前后翅缘毛黑褐与红褐色相间（图1）。

卵　卵粒圆球形，淡灰或灰褐色，排列成鱼鳞状卵块。初产时乳白色半透明，孵化前黑褐色。

幼虫　初孵幼虫头宽0.2～0.3mm，体长1.6～3.0mm；头、前胸背板褐色，身体乳白色；体表较光滑。老熟幼虫头宽2.0～3.0mm，体长23～42mm；额区黑色具细刻点；前胸背板基部分布5～6个白色斑点；背中线赭色宽带状；气门杏红色；腹侧有白色斑列（图2）。

蛹　长14～16mm，宽5mm。棕黄色，复眼、触角、翅、气门色较深。纺锤形，两端稍钝。

茧　长14～25mm，宽9～17mm。初期黄褐色，后期栗褐色。扁椭圆形，边缘微翘，茧背两端有针尖大的小孔。茧壳革质，较韧。

生活史及习性　1年发生1～3代，以老熟幼虫在根颈部及其周围土壤中结茧越冬。卵期6～15天。幼虫6～8龄，历期22～43天。蛹期18～36天。成虫寿命5～26天。成虫昼伏夜出，善飞翔，有趋光性，羽化后24小时左右即交尾，1～2天后开始产卵。卵多产在寄主植物顶端和树冠外围的嫩叶上，每雌产卵101～1200粒，呈块状，卵粒呈鱼鳞状排列。初孵幼虫行动活泼，群集于卵壳周围爬行，并在叶片正面吐丝，结成密集的网幕，幼虫在网内取食叶表皮和叶肉，被害叶呈网格状。三、四龄幼虫能缀合更多的枝叶，植株上明显见到白色丝幕，数百头幼虫群集于内为害，咬断叶柄、嫩芽，夜间还群体出动为害周围的枝叶，常见虫巢周围的枝叶被食一空，虫巢内有大量虫粪屑、蜕皮的头壳，残存的枝梗叶片。

图1　缀叶丛螟成虫（林義祥提供）

图 2　缀叶丛螟幼虫（林義祥提供）

周围枝叶被害后，幼虫便转移到别的枝叶，再次缀巢为害。五龄以上及老熟幼虫不再群居缀巢，而是分散为害，危及整个树冠，为害时先吐丝缀 1～2 张叶片成圆筒形，内做黄褐色薄茧囊，白天幼虫隐居其中，夜晚钻出茧囊，啃食周围叶片。幼虫有较强的负趋光性和明显转移为害的习性，受惊扰能弹跳，触及头部则迅速倒行。老熟幼虫于夜间下树，在砖石缝、草根处、落叶层下结茧，最喜在寄主周围疏松湿润的夹石土中结茧，入土深 3～5cm。

防治方法

物理防治　黑光灯诱杀成虫或人工摘除虫巢。

生物防治　喷洒白僵菌粉剂、苏云金杆菌乳剂。

化学防治　杀灭菊酯、灭幼脲等喷洒巢网。

参考文献

陈汉林，1995. 缀叶丛螟的发生规律与防治研究 [J]. 植物保护，21 (4)：24-26.

陈森，李暗大，1983. 缀叶丛螟的初步研究 [J]. 江苏林业科技 (4)：19-21.

高冠玉，1984. 缀叶丛螟为害黄栌的初步研究 [J]. 河南农学院学报 (1)：52-55.

黄家德，丘凤波，1991. 缀叶丛螟为害盐肤的研究初报 [J]. 广西植保 (3)：20-22.

张玉华，赖永梅，臧传志，等，2003. 黄连木缀叶丛螟的发生及防治 [J]. 陕西林业科技 (1)：48-50.

（撰稿：张丹丹；审稿：庞虹）

紫薇毡蚧　*Eriococcus lagerostroemiae* Kuwana

起源于东亚的寡食性蚧虫，严重危害紫薇。又名石榴囊毡蚧、石榴绒蚧、紫薇绒蚧、榴绒粉蚧。英文名 crape myrtle bark scale。半翅目（Hemiptera）蚧总科（Coccoidea）毡蚧科（Eriococcidae）毡蚧属（*Eriococcus*）。国外分布于日本、朝鲜、韩国和印度。中国分布于华北、华中、华东、华南、西南地区，以及陕西和辽宁等地。

寄主　紫薇、石榴、扁担木、含笑、叶底珠等。

危害状　以雌成虫和若虫寄生在枝条上刺吸汁液危害

（见图）。严重时，虫体布满枝条，造成树木黄叶、落叶、枝条干枯，甚至整株死亡。排泄的蜜露诱发煤污病致使树体似覆盖了一层煤粉。

形态特征

成虫　雌成虫卵圆形，末端稍尖，暗紫红色，体背密生短刚毛，被有少量蜡粉，外观略呈灰色；体长约 3mm，宽约 2mm；老熟时分泌蜡质形成白色毡囊，虫体包在其中；触角 7 节，第三节最长；足 3 对，甚小；肛环发达，环毛 8 根；尾瓣发达，突出于肛环两侧，呈长锥状；体背和和腹缘生有许多锥状刺。雄成虫体紫红色至暗红色，长约 1.3mm；触角丝状，10 节。口器退化；前翅半透明，具翅脉 2 根；腹末有 1 对白色长蜡丝。

卵　椭圆形，粉红色，长约 0.3mm。

若虫　初孵若虫淡黄色，后变为淡紫色；椭圆形，体长 0.6mm，宽 0.25mm；触角 7 节，眼点暗红色；足 3 对，发达；尾瓣 1 对，各具长尾瓣毛 1 根；体背密布锥状刺。二龄若虫体缘有少量蜡丝，后期雌、雄分化。雌若虫外形似雌成虫，体长 0.65～2.75mm。雄若虫体长椭圆形，淡褐色，长 0.62～1.20mm，宽 0.25～0.38mm。

雄蛹　预蛹长椭圆形，紫红色，长 1.1mm，具触角、翅、足雏形。蛹体长 1.2mm，紫红色，触角、足分节明显，体末交尾器呈叉状。蛹包被于白色毡状茧中，茧长椭圆形，较扁，后端有 1 羽化孔。

生活史及习性　年发生代数和越冬虫态因地区气候而异。在山西、陕西、北京 1 年 2 代，山东、安徽 3 代，贵州 3～4 代，云南 4 代。越冬虫态在陕西西安和山西运城为一龄若虫后期，云南蒙自为成虫和若虫，贵州贵阳为卵、若虫和蛹，其余地区多为二龄若虫。越冬场所在枝条皮缝、翘皮下、枝杈处或空蜡囊中。在安徽合肥，越冬若虫于翌年 3 月上、中旬开始取食发育，4 月中旬二龄雄若虫结茧化蛹，雌若虫则发育至性成熟期才分泌白色蜡丝，形成包被虫体的毡绒状蜡囊，腹末常附 1 滴透明胶质蜜露。4 月下旬雄虫羽化，羽化时，成虫从茧末端横裂处退出，爬行或绕枝条飞翔，觅寻配偶交尾。雄成虫有多次交尾习性，寿命 1～3 天。雌雄性比为 1.2∶1。5 月上旬雌虫开始产卵，产卵时雌蚧腹末逐渐向头、胸部收缩而形成空腔，卵产于其中，每雌产卵 113～

紫薇毡蚧危害状（张润志摄）

309 粒，卵期 8～15 天。5 月中、下旬若虫开始孵化。若虫孵化后，先在蜡囊内停留 12～24 小时，于晴天的 10：00～16：00，从蜡囊末端爬出，在枝上寻找缝隙等粗糙处定居，或在叶背基部定居，一般阴面多于阳面。经 8～10 天蜕皮变成二龄若虫，在枝干上缓慢爬行，找寻合适部位定居。雌性经 10～15 天蜕皮进入三龄期，再次活动寻找定居场所，定居后经 15～20 天蜕皮变为成虫；雄虫于二龄末期分泌白色绒状蜡质茧，在茧内经预蛹期、蛹期羽化成成虫。7 月上旬第一代雌、雄成虫出现。第二代卵于 7 月下旬产出，8 月上旬若虫出现，9 月上旬第二代成虫出现。第三代卵 9 月下旬产出，若虫 10 月上旬出现，取食到 11 月中旬越冬。第一代若虫发生比较整齐，以后随着时间的推移，林间会有几种虫态同时存在。该蚧能行孤雌生殖。

在山东，冬季低温和夏季暴雨是此蚧的主要致死因素。捕食性天敌有红点唇瓢虫（*Chilocorus kuwanae* Silvestri）、黑缘红瓢虫（*Chilocorus rubidus* Hope）、红环瓢虫（*Rodolia limbata* Motschisky）、龟纹瓢虫［*Propylea japonica*（Thunberg）］、异色瓢虫［*Harmonia axyridis*（Pallas）］、大草蛉（*Chrysopa septempunctata* Wesmael）和中华草蛉（*C. sinica* Tjeder）；寄生性天敌有 2 种跳小蜂（*Comperiella* sp.）和（*Clausenia* sp.）。这些天敌对紫薇毡蚧的发生数量起到了抑制作用，尤其是红点唇瓢虫、黑缘红瓢虫对第一代雌虫捕食率在安徽可达 30%～50%。

防治方法

人工防治　结合冬季修剪，剪除并销毁带虫枝条。

生物防治　保护和利用红点唇瓢虫、黑缘红瓢虫等重要天敌。

化学防治　①于树木萌芽前，全树均匀喷布 20 倍机油乳剂，或 3～5 波美度的石硫合剂。②于第一代若虫盛孵期，使用 40% 速扑杀乳油 50ml 加水 50～100kg 液，或 0.9% 爱福丁乳油 50ml 加水 300kg 液，或 5% 高效安绿宝 50ml 加水 200kg 液喷雾，虫口密度大时，可再喷 1 次。③用 40% 乐果涂环防治，防效可达 95%。具体做法是：在树干基部刮除老皮，用毛刷环树干 1 周涂刷药液，环宽 30cm 左右。

参考文献

贺冬英，程建，赵胡，2008.紫薇绒蚧生物学特性及药剂防效 [J].昆虫知识，45(5)：811.

李雪燕，梁耀琦，1992.紫薇毡蚧发生规律与防治简报 [J].陕西林业科技 (2)：95-96.

刘博，刘旭，谭军，等，2017.苏北地区紫薇绒蚧生活史及防治方法 [J].江苏农业学报，33 (5)：1022-1027.

罗庆怀，谢祥林，周莉，2000.紫薇毡蚧种群生物学特性研究 [J].昆虫学报，43 (1)：35-42.

唐艳芳，2010.上海地区紫薇绒蚧生物学特性观察及防治初探 [J].上海农业科技 (5)：125.

张之光，石毓亮，1986.紫薇绒蚧形态及生物学研究 [J].山东农业大学学报，17 (2)：61-66.

（撰稿：武三安；审稿：张志勇）

自然平衡　balance of nature

生态系统内各因素之间通常处于相对稳定的状态。即某些参数发生的改变会被系统的一些反馈调节所校正，从而使该参数恢复到与系统其他部分相对平衡的起始点。又名生态平衡。自然界中生物与生物之间、生物与自然环境之间的物质循环与能量交换，是一种有条件的、相对的、动态的平衡状态。当生态系统处于平衡状态时，生态系统中的能量和物质的输入、输出基本相等，物质循环和能量流动保持平衡状态，生物群落的种类、数量保持一定的比例，符合能量流动规律的金字塔形的营养层次，在受到外来干扰时，能通过自我调节恢复到初始的稳定状态。

20 世纪 90 年代开始，占据生态学主导地位的非平衡理论（新生态学）指出，生态平衡并不是生态系统的常态，达到平衡反而是一种顶级状态。生态平衡并不适宜作为环境保护的目标。在新生态学观念下，生态系统健康不仅承认并采纳生态系统的生物完整性，而且将人的价值、信仰和福利也作为健康的生态系统的一部分，更好地融合了社会经济与传统的生态、环境价值。

研究历史　古希腊历史学家希罗多德阐释了捕食者和被捕食者的关系，并指出两者种群比例保持相对平衡，即最早期的自然平衡的观念。自然平衡观念渐渐被应用于生态学研究以及自然资源管理，甚至有一些自然资源保护论者认为，人类不应该对自然进行任何干预，应该任由自然自行调节。而恢复生态学、生态经济学以及文化生态学等理论认为，制定科学合理的生态环境治理政策与法律，人类的参与可以改变生态环境的不良状况。

特点　生态平衡具有以下两个特点：

一是时空有序性。生物个体出生到死亡，是一个随着时间的推移而发生的阶段性、连续性的过程，即时间有序性。生物个体，或者整个宏观生物圈内各级生态系统结构有规划地排列组合，即空间有序性。生态平衡的时空有序性，构成了生态系统结构上的稳定性。

二是相对稳定性。植物将自然界的光能、水、二氧化碳和各种无机盐类组成自己的机体，动物通过取食植物将物质和能量传递至新的层级，微生物及其他具有分解能力的动物，将动植物残体及其排泄物分解为原始物质返回自然界。自然平衡通过各因素间物能输入输出比例关系的变化，可以从一种稳定状态过渡到另一种稳定状态。

人们在生产和生活的过程中，既要适应自然，保护原有的平衡状态，又要创造条件使旧的平衡向更高一级的平衡过渡。

破坏因素　破坏生态平衡的因素有自然因素和人为因素。

自然因素如水灾、旱灾、地震、台风、山崩、海啸等自然灾害现象。发生自然灾害的地区原有的自然环境改变、物种种类和种群数量变化，生态平衡遭到破坏。由自然因素引起的生态平衡破坏称为第一环境问题。

人为因素包括以下两个方面。第一，对环境的破坏。人类产生大量的废气、废水、垃圾等，不断排放到环境中，造成了环境污染；人类盲目开荒、滥砍森林、水面过围、草原

Z

超载等对自然资源不合理利用或掠夺性利用，造成了环境恶化。例如由于牧草资源持续供给不足，牲畜无法得到充足的牧草，致使饲养户进一步过度放牧，从而导致草场承载能力持续下降，过度放牧越严重，草原生态环境越恶化。第二，对物种结构的破坏。例如人类在生态系统中，增加一个外来物种，有可能使生态平衡遭受破坏。此外，人类向环境中施放某种物质，干扰或破坏了生物间的信息联系，也有可能使生态平衡失调或遭到破坏。由人为因素引起的生态平衡破坏称为第二环境问题。人为因素是造成生态平衡失调的主要原因。

参考文献

但维宇，姜灿荣，刘世好，等，2016. 新生态学理论在石漠化治理中的应用 [J]. 中南林业调查规划，35(3): 6-10.

谢海燕，2017. 防治鼠害在草原生态建设中的重要性 [J]. 当代畜牧 (11): 30-31.

ERGAZAKI M, AMPATZIDIS G, 2012. Students' reasoning about the future of disturbed or protected ecosystems & the idea of the 'balance of nature' [J]. Research in science education, 42(3): 511-530.

ZIMMERMAN C, CUDDINGTON K, 2007. Ambiguous, circular and polysemous: students' definitions of the 'balance of nature' metaphor [J]. Public understanding of science, 16 (4): 393-406.

（撰稿：任妲妮；审稿：孙玉诚）

棕长颈卷叶象　*Paratrachelophorus nodicornis* Voss

一种主要分布于中国南方低海拔地区的茶树食叶类害虫。又名瘤角卷叶象甲、摇篮虫。英文名 brown long-neck weevil。鞘翅目（Coleoptera）卷象科（Attelabidae）栉齿角象属（*Paratrachelophorus*）。中国分布于台湾、湖北、湖南、福建等低海拔地区。

寄主　油茶、茶树、桂花、樟树、水金京、台湾山香圆、九节木、红楠等。

危害状　以成虫取食叶片危害茶树。咬食叶片成黄褐色透明斑块或咬穿叶片成圆孔状（图2）。

形态特征

成虫　体色棕红色，体长 8～16mm，头部细长，触角前端膨大成锤状，复眼黑色、圆球状；前胸背板红褐色、光滑，后胸腹面两侧各有 1 个椭圆形白斑；鞘翅棕红色，肩部具瘤突，有突起纵条纹；胸足红褐色，腿节粗圆，两端具黑斑，胫节前端具长刺 1～2 枚（图1）。

幼虫　老熟幼虫体长 4.5～6.0mm，略呈"C"字形。头红褐色，体乳白色。

生活史及习性　在福建福州，5～9 月均可见成虫，寿命 30 天以上。雌虫卷叶筑巢产卵，幼虫在巢内觅食。成虫在叶背面取食，咬食叶片成黄褐色透明斑块或咬穿叶片成圆孔状；具假死性。

防治方法　仅发现在个别茶园，尚未见该虫对茶叶生产构成影响，一般不用防治。

图1 棕长颈卷叶象成虫（周红春提供）

图2 棕长颈卷叶象危害状（周红春提供）

参考文献

肖强，2013. 茶树病虫害诊断及防治原色图谱 [M]. 北京：金盾出版社.

周红春，李密，鲍政，等，2010. 湖南发现两种新的茶树象甲害虫 [J]. 江西植保，33(3): 117-118.

（撰稿：张新；审稿：唐美君）

棕榈蓟马　*Thirps palmi* Karny

一种外来入侵的、危害亚热带和温带蔬菜、花卉和部分果树的多食性害虫。又名节瓜蓟马、瓜蓟马。英文名 palm thrips。缨翅目（Thysanoptera）蓟马科（Thripidae）蓟马属（*Thrips*）。棕榈蓟马首次在苏门答腊岛的烟草上被发现，20 世纪 70 年代迅速在世界各地大面积发生，目前在加勒比海和欧洲、亚洲、非洲、美洲、大洋洲均有分布。1976 年，中国首次在广东的蔬菜作物上发现棕榈蓟马，目前在海南、云南、湖南、浙江、广东、西藏、四川、广西、山东、湖北、上海、江苏等地分布。

Z

寄主 茄子、番茄、辣椒等茄科蔬菜，节瓜、冬瓜、西瓜、甜瓜、黄瓜、西葫芦等葫芦科蔬菜，菜豆、豇豆、豌豆、蚕豆等豆科蔬菜，十字花科蔬菜，野尚麻、菠菜、枸杞、苋菜、烟草、芝麻、香胡椒、棉花、菊花和马铃薯等作物。

危害状 植食性昆虫，以锉吸式口器刮破植物表皮，口针插入组织吸取汁液，被害处留下黄色斑点，影响光合作用，造成花朵凋落，影响果实品质。另外，棕榈蓟马与其他蓟马科昆虫一样，对寄主植物的直接危害小于其所传播病毒所造成的间接危害，能够传播番茄斑萎病毒、花生芽枯病毒和甜瓜黄斑病毒。棕榈蓟马体型微小，具有躲避性，在炎热干旱的季节，繁殖能力强，容易造成大暴发。山东是中国重要的蔬菜生产基地，随着北方日光温室蔬菜种植面积的增大，棕榈蓟马成为日光温室茄子、菜椒等蔬菜上的重要害虫（图1）。

形态特征

成虫 雌成虫体长 1.0～1.1mm，雄虫 0.8～0.9mm，体黄色。触角7节，节III和IV有叉状感觉锥。单眼3只，红色，呈三角形排列，单眼间鬃位于单眼连线的外缘。前翅上脉鬃不连续，基部鬃7根，端鬃3根；下脉鬃连续，12根。前胸后缘鬃3对，内侧的1对最长。后胸盾片前中部有7～8

条横纹，其后及两侧为较密纵纹，前缘鬃在前缘上，前中鬃不靠近前缘；有1对亮孔（钟形感觉器）。第八腹节后缘栉毛完整（图2①）。

卵 长约 0.2mm，长椭圆形。位于幼嫩组织内，可见白色针点状卵痕，初产时卵为白色，透明，卵孵化后，卵痕为黄褐色（图2③）。

若虫 初孵若虫极微细，体白色，复眼红色。一龄若虫体型粗短，二龄若虫体型变长，爬行迅速，一、二龄若虫无翅芽，淡黄色。三龄若虫也称预蛹，体淡黄色，无单眼，翅芽长度到达第三、第四腹节，触角向前伸展。四龄若虫也称伪蛹，体黄色，单眼3个，翅芽较长，伸达腹部的3/5，触角沿身体向后伸展（图2②）。

生活史及习性 波动温度 16～23°C 的平均世代周期 17.24 天，波动温度 18～45°C 的平均世代周期 14.22 天，而在 25±1°C 下，在四季豆上完成一个世代需要的平均时间为 19.13 天。实际生产中随着季节的变化，日光温室内的温度波动也会有很大的差异，单纯用某一个温度或某个波动温度推测其在寄主上的发生情况会出现偏差。冬天在枸杞、菠菜、菜豆、茄、野节瓜、白花螃蜞菊上取食活动。成虫怕光，多在未张开的叶上或叶背活动，能飞善跳，能借助气流作远

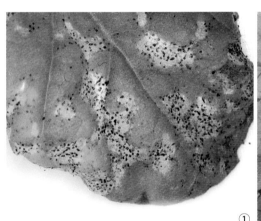

图1 棕榈蓟马危害状（郑长英、孙丽娟提供）

①危害茄子叶片；②危害茄果；③危害黄瓜叶片

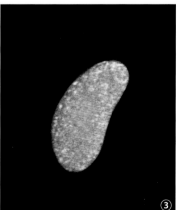

图2 棕榈蓟马（郑长英提供）

①成虫；②若虫；③卵

Z

距离迁飞，既能进行两性生殖，又能进行孤雌生殖。卵散产于植株的嫩头、嫩叶及幼果组织中。一、二龄若虫在寄主的幼嫩部位穿梭活动，活动十分活跃，锉吸汁液，躲在这些部位的背光面。三龄若虫不取食，行动缓慢，落到地上，钻到3～5cm的土层中，四龄在土中化"蛹"。羽化后成虫飞到植株幼嫩部位为害。

发生规律

温、湿度 棕榈蓟马喜温暖、干旱的天气，适宜温度15～32℃，适宜相对湿度40%～70%。湿度大不利存活。在雨季，如遇连阴多雨，寄主叶腋间积水，导致若虫死亡。暴雨可致种群迅速下降。

寄主植物 在多种寄主植物中，节瓜、茄子为嗜食寄主，受害重。葫芦科植物黄瓜、丝瓜、冬瓜、南瓜、甜瓜、西瓜等；茄科植物甜椒、马铃薯、野生颠茄、少花龙葵和枸杞等均有发生。除上述寄主外，该虫还能发生于菜豆、绿豆、大豆、菊花、棉花、兰花、杜果上，且可以在大巢菜、球序卷耳和荠菜等3种杂草上过冬。

天敌昆虫 主要有小花蝽、捕食螨、寄生蜂、龟纹瓢虫、中华微刺盲蝽等，均对棕榈蓟马有一定的控制作用。

化学农药 棕榈蓟马具有世代周期短、繁殖力强、生活习性复杂等特点，用药频繁易导致棕榈蓟马对不同类型的多种杀虫剂产生不同程度的抗药性，而且还大量杀伤天敌并造成环境污染。

防治方法

棕榈蓟马具有个体小、隐蔽性强、繁殖力高的特点，容易造成暴发性危害。对于该害虫，应该在预测预报的基础上，结合实际的生产，综合应用农业、物理、生物、化学等防治技术，将其控制在经济阈值之下。

农业防治 及时清理田间受害植物残体，加强田间管理。覆盖地膜，阻止若虫入土化蛹。

物理防治 棕榈蓟马对蓝色、黄色都有较强的趋性，可在田间悬挂色板，并用小棒轻拍植株叶片，进行诱杀。

生物防治 释放天敌进行生物防治。

药剂防治 目前主要采用化学防治，但是由于不科学的使用方法，导致防治效果不理想且极易产生抗药性。可采用甲氨基阿维菌素苯甲酸盐、噻虫嗪、啶虫脒等药剂进行防治，注意轮换用药，以延缓抗药性发生。

参考文献

贝亚维，顾秀慧，高春先，等，1996. 温度对棕榈蓟马生长发育的影响 [J]. 浙江农业学报，8(5): 312-315.

顾秀慧，贝亚维，高春先，等，2000. 棕榈蓟马在茄子上的种群增长、分布和抽样技术研究 [J]. 应用生态学报 (6): 866-868.

王泽华，石宝才，宫亚军，等，2013. 棕榈蓟马的识别与防治 [J]. 中国蔬菜 (13): 28-29.

袁琳琳，李芬，潘雪莲，等，2021. 外来入侵害虫棕榈蓟马的研究进展 [J]. 热带生物学报，12(1): 132-138.

张发盛，庄乾营，周仙红，等，2013. 日光温室防治棕榈蓟马药剂筛选 [J]. 植物保护，39(6): 180-183.

（撰稿：郑长英；审稿：衣维贤）

棕色幕枯叶蛾 *Malacosoma dentata* Mell

一种严重危害枫树等阔叶树的广食性害虫。又名棕色天幕毛虫。鳞翅目（Lepidoptera）枯叶蛾科（Lasiocampidae）幕枯叶蛾属（*Malacosoma*）。国外分布于越南。中国分布于福建、安徽、广东、广西、湖南、江西、浙江、四川、云南等地。

寄主 枫香、朴树、毛栗、栎类、榆、桑等阔叶树。

危害状 以幼虫危害，将枝叶连缀成丝幕状，白天群集于树干胸高以下的丝幕中，夜间上树取食。严重时可将叶片食尽，仅留主脉，甚至造成枝条、顶梢枯死。

形态特征

成虫 雄性翅展24～30mm，雌性38～44mm，体翅棕色或棕黄色。前翅约1/3和2/3处各具1深棕色横线，内横线较直，外横线略与翅外缘平行，形成上宽下窄的两条横带；外缘线深棕色，前翅外缘第五径脉和第一中脉间明显外突，外缘毛色相间，外突处褐色，内凹处灰黄色。后翅中间有一深色斑纹。雌蛾比雄蛾色浅，前翅外缘脉突更明显（图1）。

卵 直径约0.5mm，椭圆形，中间具一小黑点。初产时白色，后渐变为灰白色。呈块状产在当年生嫩枝上，历期

图1 棕色幕枯叶蛾成虫（左雌右雄）（黄金水提供）

9 个多月。

幼虫 共 6 龄，初孵幼虫长 3～5mm，体色较浅呈淡黄色，头部黑褐色、黑色，腹部黑褐色；二龄前体毛稀少为灰白色，三龄后颜色加深，体毛增多。老熟幼虫长 40～50mm，体色深，头部蓝灰色、黑色或黑褐色；胸部第一和二节、腹部第八节和末节背面有褐色长形大斑；背线、亚背线、气门上线均为橘黄色；侧线呈褐色宽带，自第三胸节开始，宽带上部呈灰黄色长形纵斑；腹面黑色，全体密被黄白色长毛（图 2）。

蛹 体长 15～23mm，黄褐色，体被金色细绒毛，表面被白色粉状物。

茧 丝质双层，内层初期略带铜绿色，后变为灰白色。

生活史及习性 在江南 1 年发生 1 代，以卵在小枝上越冬。在福建，翌年 3 月上旬孵化，幼虫为害盛期在 4 月下旬至 5 月上旬，5 月下旬成虫羽化并交配产卵。安徽发生期则比福建晚 1 个月左右。

成虫整天均可羽化，以傍晚最盛。每雌蛾产卵 150～600 粒，多产在直径约 2.5cm 以下的当年生嫩梢上，卵排列紧密，形成卵块，绕小枝一圈。成虫寿命平均 6.5 天，羽化高峰期在 5 月底到 6 月初，有强趋光性。

幼虫共 6 龄（少数 5 龄），初孵幼虫群集一团，并吐白丝结网。幼龄虫食量很小，只群集在卵块附近的嫩枝新叶上取食表皮，三龄后幼虫向树杈或树干下部移动，吐丝结网。8 年生以下幼树，幼虫群集于树干基部；15 年生以上大树，群集于树杈处。夜晚取食，白天则群集潜伏于网幕内，阴雨天气白天亦取食。幼虫于网幕内蜕皮。老熟幼虫于树冠暴食，大发生时可将枫香叶食尽，仅剩主脉，之后亦吃茅栗、栎类、朴树等。2～6 天后下树结茧化蛹，茧分散在树干基部周围的枯叶下或树皮裂缝中，偶尔连缀在一起。蛹期 12～17 天。

主要天敌有蜘蛛、蚂蚁、螳螂鸟类（白头翁、大山雀、杜鹃、画眉等）等捕食性天敌；姬蜂、寄生蝇、寄生蜂等寄生性天敌；还有病毒性感染，也有被细菌、白僵菌感染发生。

防治方法

人工防治 枫香树较矮时，可人工摘除卵块或捕杀网幕内的老熟幼虫，还可以根据该虫下树在杂灌丛叶背集中结茧化蛹的习性，且茧白色较大易发现，人工摘除虫茧或劈灌。

生物防治 保护和利用寄生蜂、寄生蝇、核型多角体病毒等；施用白僵菌、绿僵菌粉剂。

诱捕防治 利用灯光诱杀成虫。

药剂防治 大发生时，喷洒 2.5% 溴氰菊酯 1000～2000 倍液、25% 灭幼脲 Ⅲ 号 3500 倍液或 40% 氧化乐果 800 倍液，防治效果达 90% 以上；采用在树干上绑菊酯类农药毒绳可阻杀下树幼虫；亦可用煤油喷洒网巢，幼虫死亡率达 95%。

参考文献

黄金水，何学友，蔡天贵，等，1989. 棕色天幕毛虫生物学特性及防治试验 [J]. 福建林业科技，16(1): 34-37.

刘友樵，武春生，2006. 中国动物志：昆虫纲 第四十七卷 鳞翅目 枯叶蛾科 [M]. 北京：科学出版社：277-278.

陶维昌，王鸣凤，2004. 棕色天幕毛虫的为害习性及防治 [J] 安徽林业科技 (1): 18-19.

王鸣凤，陈柏林，吴莉莉，等，1997. 棕色天幕毛虫的危害习性及防治方法 [J]. 林业科技开发 (4): 51-52.

中国科学院动物研究所，1987. 中国农业昆虫：下 [M]. 北京：农业出版社：298.

（撰稿：黄金水、宋海天；审稿：张真）

图 2 棕色幕枯叶蛾幼虫（黄金水提供）

棕色鳃金龟 *Holotrichia titanis* Reitter

主要危害樟子松、落叶松等幼苗、幼树，是未成林和新植林的重要地下害虫。又名棕金龟子、棕齿爪鳃金龟、棕狭肋鳃金龟。鞘翅目（Coleoptera）金龟科（Scarabaeidae）鳃金龟亚科（Melolonthinae）齿爪鳃金龟属（*Holotrichia*）。分布于古北区，包括中国、朝鲜、韩国、西伯利亚东部、远东沿海地区。中国分布于黑龙江、吉林、辽宁、内蒙古、北京、河北、河南、山东、山西、陕西、江苏、浙江、湖南、四川等地。

寄主 花生、玉米、高粱、马铃薯、甘薯、大豆、小麦、棉花、甜菜、苹果、梨、杏、樱桃、核桃、桑、榆、刺槐、珍珠梅、紫藤、落叶松、草坪草等。

危害状 成虫、幼虫均能危害。成虫取食树木叶片、幼芽、嫩叶，造成缺刻或孔洞，甚至吃光，严重影响寄主的光合作用。幼虫栖息在土壤中，取食作物萌发的种子，咬断根茎、根系，造成缺苗断垄。在苗木生长期被幼虫啃食苗根后，被害幼苗叶片和苗茎萎蔫，植株枯死，且伤口易被病菌侵入，造成病害。

形态特征

成虫 体长 21.2～25.4mm，宽 11～14mm，棕黄至茶褐色，略显丝绒状闪光，腹面光亮（图1）。头小，唇基短宽，前缘中央凹缺，密布刻点。触角鳃叶状，10节，鳃叶部3节，特阔。前胸背板、鞘翅均密布刻点。前胸背板中央具一光滑纵隆线，小盾片三角形，光滑或具少数刻点。鞘翅长而薄，纵隆线4条，肩瘤显著。胸腹面具黄白色长毛，足棕褐具光泽。前足胫节外缘3齿，内具1棘刺，相对于第二齿。腹部阔圆具光泽，臀板扇形。

幼虫 老熟幼虫体长 45～55mm，头宽约 5.1mm。头部前顶刚毛每侧3根，其中冠缝侧2根，额缝上侧1根（图2①）。内唇端感区具感区刺 13～14 根，呈2行弧形排列，感受器 8～9 根（图2②）。臀节腹面覆毛区中央有2纵列刺毛列，每列具 16～24 粒左右的短锥状刺，少数整齐，多数不整齐，常具副列。刺毛列长度远超出覆毛区的前缘，肛门孔三裂状（图2③）。

生活史及习性

在山东、陕西、辽宁的生活史为2年1代。以成虫和幼虫隔年交替越冬。在山东4月上旬成虫开始出土，4月下旬为出土盛期，5月下旬为末期，6月上旬绝迹。成虫历期为 30～51 天，平均40天。成虫白天潜伏不动，18：00后开始出土，19：00是交尾盛期。雄虫飞翔能力不强，雌虫活动力弱，仅能短距爬行或跳跃式飞行，交尾后立即入土或未等结束即背负雄虫入土内继续交尾，并能多次交尾。成虫从出土到入土历时约 1.5 小时，天气暖和出土多，阴雨低温则很少出土。成虫无趋光性，活动范围小。因而有连年局部发生的特点。成虫产卵期 9.4 天，每雌产卵 14～36 粒，平均 24.2 粒。卵产在 20cm 以下土层内，以 20～30cm 处最多，最深达 49cm。卵在 5cm 土层 20°C 下，历经 26～30 天孵化，平均为 28.5 天。卵孵期集中，只有 10～15 天时间，初孵幼虫逐渐上移至 15～20cm 处生长发育，一龄历期40天，二龄47天，三龄 329～356 天，历时

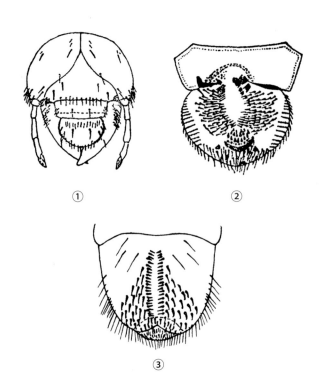

图2 棕色鳃金龟幼虫（①②仿张治良图，③仿刘广瑞图）
①头部；②内唇；③肛腹片

近1年，翌年8月化蛹，化蛹深度在土壤 22～85cm 处，蛹期 20～35 天，新羽化成虫当年不出土，在原土层越冬。

防治方法

生物防治 绿僵菌等微生物农药拌入土中防治幼虫。

化学防治 采用菊酯类农药叶面喷雾防治成虫，辛硫磷颗粒剂地下拌土防治幼虫。

参考文献

曹洪建，丁荔，吕毅，等，2020. 棕色鳃金龟在胶东果树产区发生规律及防治措施 [J]. 果农之友 (7)：45-47.

雷鹏，李杰，张麦芳，等，2017. 佛坪国家自然保护区森林虫害种类的调查 [J]. 陕西林业科技 (2)：49-52.

罗益镇，崔景岳，1995. 土壤昆虫学 [M]. 北京：中国农业出版社：197-199.

师光禄，郑王义，党泽普，等，1994. 果树害虫 [M]. 北京：中国农业出版社：122-124.

魏鸿钧，张治良，王荫长，1989. 中国地下害虫 [M]. 上海：上海科学技术出版社：109-114.

乌尔列吾别克·吾阿力汗，2014. 棕色鳃金龟在阿勒泰地区苗圃基地发生情况及防控措施 [J]. 植物保护 (5)：29.

（撰稿：郑桂玲；审稿：周洪旭）

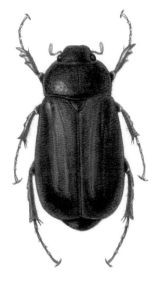

图1 棕色鳃金龟成虫（仿刘广瑞图）

纵带球须刺蛾 *Scopelodes contracta* Walker

以幼虫取食叶片危害的果树林木害虫。又名小星刺蛾、黑刺蛾。英文名 small blackish cochlid。鳞翅目（Lepidoptera）

刺蛾科（Limacodidae）球须刺蛾属（*Scopelodes*）。国外分布于日本和印度。中国分布于北京、河南、陕西、甘肃、江苏、浙江、湖北、江西、台湾、广东、海南、广西。

寄主 柿、樱、板栗、八宝树、油人面果、大叶紫薇、三球悬铃木、枫香等。

危害状 一至三龄幼虫仅取食叶背表皮和叶肉，留下叶脉及叶面表皮，使叶形成白色斑块或全叶枯白；四龄幼虫取食全叶，仅留下叶柄及主脉。危害严重时，树叶几乎被吃光。

形态特征

成虫 雌蛾体长 17～20mm，翅展 43～45mm；雄蛾体长 13～15mm，翅展 30～33mm。触角雄蛾栉齿状，雌蛾丝状。下唇须端部毛簇褐色，末端黑色。头和胸背面暗灰。腹部橙黄，末端黑褐，背面每节有 1 黑褐色横纹，这些横纹在雄蛾中几乎总是连成 1 条宽的纵带。雄蛾前翅暗褐到黑褐，雌蛾褐色。翅的后缘、外缘有银灰色缘毛。雄蛾前翅中央有 1 条黑色纵纹，从中室中部伸至亚顶端（多不达翅顶），雌蛾此纹则不甚明显。后翅除外缘有银灰色缘毛外，其余为灰黑色；雄蛾后翅灰色（见图）。

卵 椭圆，黄色，长 1.1mm，宽 0.9mm，鱼鳞状排列成块。

幼虫 老熟幼虫体长 15～28mm。体上黑斑及各刺突上刺更黑。在亚背线上的第十、十一对刺突之间又出现 1 对黑斑。第一至第三对及第九至第十一对刺突的长度、尖度与其余刺突相比，不如 1～6 龄幼虫那样明显大于其余刺突。8 龄幼虫头宽 4.0～4.5mm，体长 20～30mm，各刺突上的刺更粗更长。

蛹 长椭圆形，黄褐色，长 8～13mm，宽 6～9mm。茧卵圆形，灰黄至深褐色，长 10～15mm，宽 8～12mm。

生活史及习性 在广州 1 年发生 1～3 代，其中绝大部分 1 年 3 代，极少数为 1～2 代，因为第一、二代各有极少部分幼虫老熟结茧后滞育，当年不再化蛹羽化。各代各虫期出现期为：第一代，卵 3 月下旬至 4 月下旬，幼虫 4 月上旬至 6 月上旬，蛹 5 月中旬至 6 月下旬，成虫 6 月上旬至 7 月上旬；第二代，卵 6 月上旬至 7 月上旬，幼虫 6 月中旬至 7 月下旬，蛹 7 月中旬至 8 月中旬，成虫 8 月上旬至下旬；第三代：卵 8 月上旬至下旬；幼虫 8 月中旬至翌年 2 月。9 月上旬至 10 月上旬，幼虫陆续结茧以老熟幼虫在土中茧内越冬。各代各虫态历期为：第一代，卵 6.5～7.5 天，幼虫 37～48 天，蛹 23～29 天，成虫 4.5～9 天，生活周期 70～83 天；第二代，卵 5.0～5.5 天，幼虫 32～39 天，蛹 22～27 天，成虫 4.0～8.5 天，生活周期 62～69 天；第三代，卵 5 天，幼虫期 120 余天，成虫期 6～10 天，生活周期 134～182 天。一至七龄幼虫历期一般为 3～7 天，八龄幼虫为 4～9 天。卵多产于树冠下部嫩叶的叶背，每个卵块有卵 300～1000 粒，一般 500～600 粒。孵化率一般在 90% 以上。初孵幼虫群集卵块附近，约停息 1.5 天后开始取食。一至三龄幼虫仅取食叶背表皮和叶肉，留下叶脉及叶面表皮，使叶形成白色斑块或全叶枯白；四龄幼虫取食全叶，仅留下叶柄及主脉。幼虫一般 7～8 龄，少数 9～10 龄。虫龄多少与寄主、代别和环境条件有关，寄主、气候和条件适宜时，幼虫多数仅 7 龄，反之则龄数增加。除末龄幼虫外，其余各龄幼虫均有群集性。每次蜕皮前均停食 1～1.5 天，蜕皮后停食数小时才开始取食。以柿叶作饲料观察，在整个幼虫期可取食 601cm² 柿叶。一至六龄食量不大，仅占幼虫期取食量的 13.54%，七、八龄幼虫则分别占 23.37% 和 63.09%。幼虫老熟后将所在叶的近叶柄处咬断，随叶掉落地面，然后爬至石块下或入土 0.5～4.0cm 深处结茧。其深度随土质的松紧而定。幼虫日夜均可落地入土结茧。成虫于黄昏前后羽化，羽化后数十分钟即可飞翔。当夜或次晚即可交尾，交尾后即可产卵。白天则静伏于叶背不动。

防治方法

天敌 主要有核多角体病毒，常成为流行病，是控制此虫种群数量最主要的因素。此外，小茧蜂也较重要，局部地区寄生率常达 20%～30%，个别甚至达 90% 以上。螳螂、猎蝽、草蛉也起一定抑制作用。

人工防治 在发生严重地块人工修剪，剪除越冬茧。利用初孵幼虫群集为害特性，摘除带虫叶片，防止其扩散为害。摘叶时注意幼虫毒毛蜇人。

物理防治 利用黑光灯或频振式杀虫灯诱杀成虫。

化学防治 在刺蛾幼虫发生严重时，喷洒 35% 赛丹 1500 倍液、48% 乐斯本或 40.7% 毒死蜱 1500 倍液、2.5% 敌杀死 2000 倍液、2.5% 功夫 2000 倍液、4.5% 高效氯氰菊酯 2000 倍液、25% 灭幼脲 III 号 1500 倍液、0.3% 苦楝素 1000 倍液等药剂防治。

参考文献

王芳，刘亚娟，崔敏，等，2012. 果园刺蛾类害虫为害特点与防治措施 [J]. 西北园艺 (3): 32-33.

伍建芬，黄增和，1989. 纵带球须刺蛾的生物学特性及其防治 [J]. 中南林学院学报，9(2): 145-151.

中国科学院动物研究所，1981. 中国蛾类图鉴 I [M]. 北京：科学出版社 .

（撰稿：武春生；审稿：陈付强）

纵带球须刺蛾成虫（武春生提供）

纵坑切梢小蠹 *Tomicus piniperda* (Linnaeus)

一种严重危害多种松属植物的钻蛀性害虫。又名松纵坑切梢小蠹。英文名 pine shoot beetle，larger pine shoot beetle。鞘翅目（Coleoptera）象虫科（Curculionidae）小蠹亚科（Scolytinae）切梢小蠹属（*Tomicus*）。国外分布于朝鲜、日本、蒙古、俄罗斯、美国、加拿大、法国、德国、瑞典、波兰、荷兰、芬兰、挪威、澳大利亚等国家。中国分布于四川、辽宁、吉林、河南、湖南、浙江、江苏、陕西、重庆等地。

寄主 国外：欧洲赤松、美国黄松、扭叶松、北美乔松、火炬松、辐射松、欧洲黑松、海岸松、北美短叶松等。国内：马尾松、樟子松、黑松、华山松、赤松、油松、红松、高山松等。

危害状 因危害时期不同而相异。蛀梢期：成虫在松树树冠蛀食枝梢补充营养，侵入新梢髓心并向上蛀食形成虫道。粪便、木屑由侵入孔排出，在侵入孔附近可见粉白色的凝脂管。每头成虫蛀梢2~7个，每个受害梢有蛀孔1~4个。新梢被害后，叶色由绿变黄，失去光泽，最后变为赤红色枯死（图1①②）。枯死梢直立而不弯曲且针叶当年不脱落，可区别于松梢螟等其他蛀梢害虫。大量枝梢被蛀害后树冠呈"红冠"状。蛀干期：成虫在繁殖期蛀入衰弱木、濒死木、风倒木。刚被钻蛀的林木由蛀孔溢出松脂，形成凝脂管，极

度衰弱的林木被害不形成凝脂管。剥开干裂翘起的树皮可见大量纵横的坑道，坑道从树干上部及大侧枝至树干中部均有分布。整个坑道系统为典型的单纵坑（图1③）。母坑道纵向与树干平行，向上伸展，长3.5~6.5cm。子坑道长10.5~12.5cm，初期与母坑道垂直，后期逐渐呈放射状伸展，触及边材（图1④）。树干受害后针叶萎蔫、变黄、枯萎，树木易受风折。

形态特征

成虫 体长3.4~5.0mm，卵形。黑褐色或黑色，有光泽，密布刻点和灰黄色细毛。前胸背板近梯形，长度与背板基部宽度之比为0.8，鞘翅长度为前胸背板长度的2.6倍，为两翅合宽的1.8倍。鞘翅上有近10条由刻点组成的细沟，行列间有粒状突起。从鞘翅内缘起，第一与第二列细沟间部近鞘翅端部1/3处粒状突起消失，并向下凹陷（图2）。本种与切梢小蠹属其他种之间的主要鉴别特征见图3。

幼虫 老龄幼虫体长5.0~6.0mm。头黄色，口器褐色，

图1 纵坑切梢小蠹典型危害状（刘宇杰提供）
①寄主整体受害状；②受害枝梢；③成虫羽化孔；④单纵坑

图2 纵坑切梢小蠹成虫（任利利提供）

图3 几种切梢小蠹的鞘翅斜面形态特征（任利利提供）
①纵坑切梢小蠹；②云南切梢小蠹；③短毛切梢小蠹；④横坑切梢小蠹；
⑤多毛切梢小蠹

体乳白色，稍黄，粗而多皱纹，微弯曲，无足。

生活史及习性　纵坑切梢小蠹在中国1年发生1代，以成虫越冬。其生活史经历蛀干和蛀梢两个阶段，因地区不同而有差异。在辽宁、吉林等地，成虫在被害树干际皮下、落叶层中或土层下0～10cm处越冬。越冬成虫在翌年4月上旬，最高气温达到8℃左右时，开始飞向倒木、枯立木、衰弱木、伐根等树皮下蛀孔产卵繁殖，也有少部分越冬成虫飞向树梢，补充营养后再进入繁殖场所。成虫蛀干多从树干上部开始逐步向下，主要蛀食韧皮部，触及边材，也可钻蛀粗2.5cm以上的侧枝。坑道为单纵坑，子坑道在母坑道两侧，与母坑道略呈垂直，数量10～15条。蠹虫繁殖过程中先由雌虫侵入树干并筑交配室，然后招入雄虫进入交配，交配后的雌虫向上蛀食形成母坑道。雌虫在蛀入1～2cm之后开始在母坑道两侧的卵室产卵，平均每头雌虫产卵40～70粒，最多140粒。

卵密集产于母坑道两侧，卵期9～11天。雌虫产卵盛期在4月下旬至5月中旬，但自4月中旬至7月上旬均可发现越冬成虫钻蛀坑道、交配与产卵。5月中旬幼虫开始孵化，5月下旬至6月上旬为孵化盛期，幼虫期15～20天。6月中旬为化蛹盛期，蛹期8～9天。7月上旬出现新成虫，7月中旬为羽化盛期。成虫羽化完成后取食新梢补充营养，每头成虫蛀梢2～7个。当10月气温降至-5℃时，成虫将在2～3天内集中下树越冬。纵坑切梢小蠹飞翔和迁飞能力较弱，性成熟的成虫一次飞行距离仅约11m。

防治方法　将纵坑切梢小蠹聚集信息素诱芯放入漏斗式诱捕器中可进行有效监测和诱杀。

在蛀干繁殖期，对蠹害木树干剥皮或用硫酰氟熏蒸。清理后枝梢喷洒农药或就地焚烧掩埋。

在扬飞期，使用西维因可湿性粉剂、溴氰菊酯在林间喷药防治，或在树干注射内吸剂。

参考文献

高长启，徐桂莲，张晓军，等，2004.应用聚集信息素监测与防治纵坑切梢小蠹[J].中国森林病虫，23(2)：30-32.

李成德，2004.森林昆虫学[M].北京：中国林业出版社：332-333.

李霞，张真，曹鹏，等，2012.切梢小蠹属昆虫分类鉴定方法[J].林业科学，48(2)：110-116.

萧刚柔，1992.中国森林昆虫[M].2版.北京：中国林业出版社：637-639.

许庆亮，杨振学，周健，等，2009.松纵坑切梢小蠹发生与生态因子的关系及防治技术研究[J].吉林林业科技，38(4)：26-31.

殷蕙芬，黄复生，李兆麟，1984.中国经济昆虫志：第二十九册　鞘翅目　小蠹科[M].北京：科学出版社：53-54.

张星耀，骆有庆，2003.中国森林重大生物灾害[M].北京：中国林业出版社：217-226.

赵杰，宫淑琴，雷艳华，2002.纵坑切梢小蠹的危险性分析[J].中国森林病虫，21(4)：7-8.

BYERS J A, 1991. Simulation of the mate–finding behaviour of pine shoot beetles *Tomicus piniperda*[J]. Animal behaviour, 41: 649-660.

KIRKENDALL L R, FACCOLI M, YE H, 2008. Description of

the Yunnan shoot borer, *Tomicus yunnanensis* Kirkendall & Faccoli sp. n. (Curculionidae, Scolytinae), an unusually aggressive pine shoot beetle from southern China, with a key to the species of *Tomicus*[J]. Zootaxa, 1819: 25-39.

POLAND T M, GROOT P D, BURKE S, et al, 2003. Development of an improved attractive lure for the pine shoot beetle, *Tomicus piniperda*[J]. Agricultural & forest entomology. 5(4): 293-300.

（撰稿：任利利、刘宇杰；审稿：骆有庆）

柞蚕　*Antheraea pernyi* (Guérin-Méneville)

重要的经济昆虫，其茧是丝纺工业、化工、医药等方面的主要原料。鳞翅目（Lepidoptera）大蚕蛾科（Saturniidae）巨大蚕蛾亚科（Attacinae）目大蚕蛾属（*Antheraea*）。国外分布于朝鲜、前苏联区域、日本、印度。中国分布于河南、辽宁、山东、广西、贵州、黑龙江、湖北、吉林、内蒙古、四川、陕西等地。

寄主　主要取食栎属植物，如麻栎、辽东栎、蒙古栎、波罗栎、锐齿栎和栓皮栎等；也可取食其他植物如核桃、樟树、山楂、蒿柳、山荆子、桦树、枫树等。

危害状　幼虫取食柞叶，一至三龄小蚕取食嫩柞叶，四、五龄壮蚕取食适熟柞叶。

形态特征

成虫　雌蛾体长35～45mm，翅展150～180mm；雄蛾体长30～35mm，翅展130～160mm。体橙黄色或黄褐色，翅基片、前胸前缘、前翅前缘紫褐色，杂有白色鳞片。前翅内横线白色，外侧紫褐色，外横线黄褐色，亚外缘线紫褐色，外侧白色，中央有透明眼状斑，眼状斑外有白、黑、紫红轮廓；后翅眼斑最外圈具明显黑线（图1）。

幼虫　老熟幼虫体长60～70mm，头较小，褐绿色，常缩于前胸下，头壳表面有许多半球形突起。体黄绿色，每体节又分为2～3小环节，近前面的一节较大，背中央隆起成峰，上面着生较粗刚毛，亚背线、气门上线及气门下线上着生有瘤

图1　柞蚕成虫（贺虹提供）

图 2 柞蚕幼虫（贺虹提供）

图 3 柞蚕卵（贺虹提供）

图 4 柞蚕蛹（贺虹提供）

图 5 柞蚕茧部分茧壳被切除（贺虹提供）

状突起，其上有黄褐色刚毛，气门上方有淡黄色宽线 1 条，自腹面第一节斜伸展至第八节，臀板较发达，其上密生黄褐色微毛，外缘白色；气门椭圆形，气门筛灰白色，围气门片黄色。胸足黄褐色，腹足黄绿，端部黄色，密布褐色短毛（图 2）。

生活史及习性　1 年发生 1 代或 2 代，以蛹（图 4）越冬。N35°以南如广西、贵州、四川、河南（南阳），1 年只发生 1 代；N35°以北如山东、辽宁、吉林、黑龙江，1 年发生 2 代。光周期是影响柞蚕世代数的主要因素。1 年 2 代柞蚕分为春蚕和秋蚕，春蚕 4 月上旬成虫羽化、产卵，4 月末 5 月初幼虫孵化，6 月中、下旬结茧化蛹。春蚕蛹于 7 月上、中旬羽化为成虫、产卵（图 3），7 月末 8 月初幼虫孵化，此期幼虫即为秋蚕，秋蚕在 9 月中、下旬结茧、化蛹、越冬。

幼虫期 40～52 天，共 5 龄。刚孵出的蚁蚕喜食卵壳，刚脱皮的幼虫喜食皮蜕，幼虫最喜取食柞叶，一至三龄小蚕喜食嫩柞叶，四、五龄壮蚕喜食适熟柞叶；柞蚕还有明显的群集性、向上性和趋光性，并且幼虫还具有直接饮水的习性。老熟幼虫在结茧前，先排出身体内粪便及胃液，选择适宜位置吐丝结茧（图 5）；结茧时，先吐丝拉住 2～3 片柞叶，然后在叶裹里继续吐丝结茧，以茧蒂系缚住柞枝，吐丝最后排出含有草酸钙的体液，浸润茧层，使之坚硬。越冬蛹经过 5～12℃低温保存 50 天以上即可解除滞育。蛹在积温达到 235 日·度时开始羽化。成虫有较强的趋光性，但成虫的羽化、交尾、产卵均以黑暗为宜。

柞蚕可以在 8～30℃的范围内生活，温度高，发育快，龄期短；反之发育慢，龄期长。柞蚕不适宜在长期极端高温、低温下生活，最适温度为 20～25℃。

柞蚕带来的经济利益已远远超过其造成的危害，长期以来已作为资源昆虫进行养殖，在一些地方已形成规模化养殖产业。

天敌　寄生蜂、柞蚕饰腹寄蝇、螽斯、微孢子虫、核型多角体病毒等。

参考文献

包志愿，周志栋，2013. 河南柞蚕业生态高效技术集成 [M]. 北京：中国水利水电出版社 .

夏邦颖，王敏慧，1979. 柞蚕卵壳的结构及其与赤眼蜂寄生的关系 [J]. 昆虫学报，22 (1)：30-33.

萧刚柔，1992. 中国森林昆虫 [M]. 2 版 . 北京：中国林业出版社：992.

徐静斐，1960. 柞蚕（*Antheraea pernyi* Guér）幼虫外形的观察 [J]. 安徽农学院学报 (0)：23-29.

杨金琛，牛雄雷，张慧淳，等，2014. 柞蚕害虫螽斯的防治药剂筛选和颗粒饵剂的防效实验 [J]. 蚕业科学，40(4)：743-747.

中国科学院动物研究所，1983. 中国蛾类图鉴 IV [M]. 北京：科学出版社：411.

朱弘复，1973. 蛾类图册 [M]. 北京：科学出版社：143.

朱弘复，王林瑶，方承莱，1979. 蛾类幼虫图册（一）[M]. 北京：科学出版社：21.

朱弘复，王林瑶，1996. 中国动物志：昆虫纲　第五卷　鳞翅目　蚕蛾科　大蚕蛾科　网蛾科 [M]. 北京：科学出版社 .

（撰稿：贺虹；审稿：陈辉）

其他

Bt 抗性　　Bt resistance

指靶标害虫种群因遗传上的改变导致对 Bt 作物或 Bt 杀虫蛋白敏感性显著下降的现象。苏云金杆菌（*Bacillus thuringiensis*，简称 Bt）是在土壤中广泛存在、能产生多种杀虫活性蛋白的一种芽孢杆菌。通过现代生物技术，已成功地将编码 Bt 杀虫蛋白的基因转入农作物中，并培育出具有优良杀虫效果的 Bt 抗虫作物（Bt 玉米、Bt 棉花等）。在靶标害虫的自然种群中，存在一定比例（$10^{-3} \sim 10^{-6}$）的 Bt 抗性等位基因；随着 Bt 作物或 Bt 生物杀虫剂的大量使用，Bt 杀虫蛋白的选择压力使靶标害虫抗性基因逐渐富集；当 Bt 抗性基因频率达到一定程度后，将可能导致 Bt 作物或 Bt 生物杀虫剂对靶标害虫防治效果显著下降甚至完全丧失。

靶标害虫在摄入 Bt 杀虫蛋白后，其肠道中的蛋白酶将 Bt 蛋白活化为 Bt 毒素；Bt 毒素与中肠上皮细胞表面的受体发生一系列特异性互作，在 Bt 毒素形成寡聚体后插入细胞膜中形成孔洞；靶标害虫中肠上皮细胞因穿孔导致渗透压改变、细胞肿胀并破裂死亡；靶标害虫因中肠上皮细胞损坏而停止进食、衰竭死亡。Bt 的作用机理非常复杂，靶标害虫在杀虫过程中任一环节发生突变都可能导致抗性的产生。靶标害虫可通过中肠蛋白酶对 Bt 蛋白的破坏、中肠受体基因的突变或中肠组织损伤的修复等方式对 Bt 毒素产生抗性。鳞翅目幼虫中肠表达的钙黏蛋白（cadherin）和 ABC 转运蛋白（ABC transporter）是两类功能明确的 Bt 毒素受体，已在多种鳞翅目害虫中证实编码钙黏蛋白和 ABC 转运蛋白的基因产生突变导致对 Bt 毒素产生高水平抗性。近年来，农业害虫基因组测序的完成和基因编辑技术的成功开发将促进和加快 Bt 抗性基因的图位克隆和功能验证。

随着 Bt 作物和 Bt 生物农药的广泛使用和时间的推移，靶标害虫对 Bt 作物或 Bt 杀虫蛋白产生抗性是一个必然的过程。但是，通过制订科学的抗性治理策略并有效执行合理的抗性治理措施，可以延缓抗性进化的进程，从而延长 Bt 作物的使用寿命。通常采用高剂量策略、庇护所策略和基因聚合策略。在靶标害虫 Bt 抗性治理实践中，应依据实际情况制订和实施针对性的抗性治理措施。两种抗性治理策略组合使用的效果通常优于单一策略，如高剂量策略或基因聚合策略与庇护所策略组合使用能有效延缓 Bt 抗性的进化速度。

对靶标害虫 Bt 抗性水平进行有效检测是制订抗性治理对策、评估抗性治理效果的重要依据。常用的 Bt 抗性检测方法有：①致死中量（LD_{50} 或 LC_{50}）检测法。②抗性个体频率检测法。③F_1 筛选法。④F_2 筛选法。⑤DNA 检测法。上述检测方法都有各自的优点和不足，在制订抗性检测方案时，应根据具体目标和要求，选择合适的一种或几种检测方法。

参考文献

GAHAN L J, GOULD F, HECKEL D G, 2001. Identification of a gene associated with Bt resistance in *Heliothis virescens* [J]. Science, 293: 857-860.

GAHAN L J, PAUCHET Y, VOGEL H, et al, 2010. An ABC transporter mutation is correlated with insect resistance to *Bacillus thuringiensis* Cry1Ac toxin [J]. PLoS genetics, 6: e1001248.

JIN L, ZHANG H, LU Y, et al, 2015. Large-scale test of the natural refuge strategy for delaying insect resistance to transgenic Bt crops [J]. Nature biotechnology, 33: 169-174.

ROUSH R T, 1998. Two-toxin strategies for management of insecticidal transgenic crops: can pyramiding succeed where pesticide mixtures have not? [J]. Philosophical transactions of the Royal Society of London. series B: Biological sciences, 353: 1777-1786.

TABASHNIK B E, CARRIÈRE Y, 2017. Surge in insect resistance to transgenic crops and prospects for sustainability [J]. Nature biotechnoloyg, 35: 926-935.

WANG J, ZHANG H N, WANG H D, et al, 2016. Functional validation of cadherin as a receptor of Bt toxin Cry1Ac in *Helicoverpa armigera* utilizing the CRISPR/Cas9 system [J]. Insect biochemistry and molecular biology, 76: 11-17.

WANG J, WANG H D, LIU S Y, et al, 2017. CRISPR/Cas9 mediated genome editing of *Helicoverpa armigera* with mutations of an ABC transporter gene *HaABCA2* confers resistance to *Bacillus thuringiensis* Cry2A toxins [J]. Insect biochemistry and molecular biology, 87: 147-153.

WU Y D, 2014. Detection and mechanisms of resistance evolved in insects to Cry toxins from *Bacillus thuringiensis* [J]. Advances in insect physiology, 47: 297-342.

（撰稿：吴益东；审稿：王琛柱）

条目标题汉字笔画索引

说明

1. 本索引供读者按条目标题的汉字笔画查检条目。
2. 条目标题按第一字的笔画由少到多的顺序排列。笔画数相同的，按起笔笔形横（一）、竖（丨）、撇（丿）、点（丶）、折（乛，包括丁、乚、𠃊 等）的顺序排列。第一字相同的，依次按后面各字的笔画数和起笔笔形顺序排列。

四画

五画

七画

八画

九画

十画

十一画

十二画

十三画

条目标题外文索引

说 明

1. 本索引按照条目标题外文的逐词排列法顺序排列。无论是单词条目，还是多词条目，均以单词为单位，按字母顺序、按单词在条目标题外文中所处的先后位置，顺序排列。如果第一个单词相同，再依次按第二个、第三个，余类推。
2. 条目标题外文中英文以外的字母，按与其对应形式的英文字母顺序排列。
3. 条目标题外文中如有括号，括号内部分一般不纳入字母排列顺序；条目标题外文相同时，没有括号的排在前；括号外的条目标题外文相同时，括号内的条目按字母顺序排列。
4. 条目标题中含拉丁文的，拉丁文属名和种名字母一律斜体，其他字母正体。

A

B

D

E

G

H

I

J

K

L

M

N

O

P

S

T

内容索引

1. 本索引是全书条目标题和条目又名、别名、俗名、俗称等的索引。索引条目名按汉语拼音字母的顺序并辅以汉字笔画、起笔笔形顺序排列。同音同调时按汉字笔画由少到多的顺序排列；笔画数相同时按起笔笔形横（一）、竖（丨）、撇（丿）、点（丶）、折（乛，包括丁、乚、く等）的顺序排列。第一字相同时按第二字，余类推。索引主题中夹有外文字母、罗马数字或阿拉伯数字的，依次排在相应的汉字条目标题之后。索引主题以外文字母、希腊字母和阿拉伯数字开头的，依次排在全部汉字索引主题之后。

2. 设有条目的名称用黑体，未设条目的名称用宋体字。

3. 索引名称之后的阿拉伯数字是名称内容所在的页码，数字之后的小写拉丁字母表示索引内容所在的版面区域。本书正文的版面区域划分4区，如右图。

a	c
b	d

C

E

J

M

P

Q

R

S

T

W

Z

其他

后 记

《中国植物保护百科全书》（以下称《全书》）是国家重点图书出版规划项目、国家辞书编纂出版规划项目，并获得了国家出版基金的重点资助。《全书》共分为《综合卷》《植物病理卷》《昆虫卷》《农药卷》《杂草卷》《鼠害卷》《生物防治卷》《生物安全卷》8卷，是一部全面梳理我国农林植物保护领域知识的重要工具书。《全书》的出版填补了我国植物保护领域百科全书的空白，事关国家粮食安全、生态安全、生物安全战略的工作成果，对促进我国农业、林业生产具有重要意义。

《全书》由时任农业部副部长、中国农业科学院院长李家洋和中国林业科学研究院院长张守攻担任总主编，副总主编为吴孔明、方精云、方荣祥、朱有勇、康乐、钱旭红、陈剑平、张知彬等8位知名专家。8个分卷设分卷编委会，作者队伍由中国科学院、中国农业科学院、中国林业科学研究院等科研院所及相关高校、政府、企事业单位的专家组成。

《全书》历时近10年，篇幅宏大，作者众多，审改稿件标准要求高。3000余名相关领域专家撰稿、审稿，保证了本领域知识的专业性、权威性。中国林业出版社编辑团队怀着对出版事业的责任心和职业情怀，坚守精品出版追求，攻坚克难，力求铸就高质量的传世精品。

在《中国植物保护百科全书》面世之际，要感谢所有为《全书》出版做出贡献的人。

感谢李家洋、张守攻两位总主编，他们总揽全面，确定了《全书》的大厦根基和分卷谋划。8位副总主编对《全书》内容精心设计以及对分卷各分支卓有成效的组织，特别是吴孔明副总主编为推动编纂工作顺利进展付出的智慧和汗水令人钦佩。感谢各分卷主编对编纂工作的责任担当，感谢各分卷副主编、分支负责人、编委会秘书的辛勤努力。感谢所有撰稿人、审稿人克服各种困难，保证了各自承担任务高质量完成。

最后，感谢国家出版基金对此书出版的资助。

《中国植物保护百科全书》项目工作组

2022年5月

《中国植物保护百科全书》
项目工作组

项目总负责人、组长：邵权熙

副 组 长：何增明　贾麦娥

成 员：（按姓氏拼音排序）

李美芬　　李　娜　　邵晓娟　　盛春玲　　孙　瑶
王　全　　王思明　　王　远　　印　芳　　于界芬
袁　理　　张　东　　张　华　　郑　蓉　　邹　爱

项目组秘书：

袁　理　　孙　瑶　　王　远　　张　华　　盛春玲
苏亚辉

审稿人员：（按姓氏拼音排序）

杜建玲　　杜　娟　　高红岩　　何增明　　贾麦娥
康红梅　　李　敏　　李　伟　　刘家玲　　刘香瑞
沈登峰　　盛春玲　　孙　瑶　　田　苗　　王　全
温　晋　　肖　静　　杨长峰　　印　芳　　于界芬
袁　理　　张　华　　张　锴　　邹　爱

责任校对：许艳艳　　梁翔云　　曹　慧

策划编辑：何增明

特约编审：陈英君

书名篆刻：王利明

装帧设计：北京王红卫设计有限公司

设计排版：北京美光设计制版有限公司
中林科印文化发展（北京）有限公司
北京八度印象图文设计有限公司